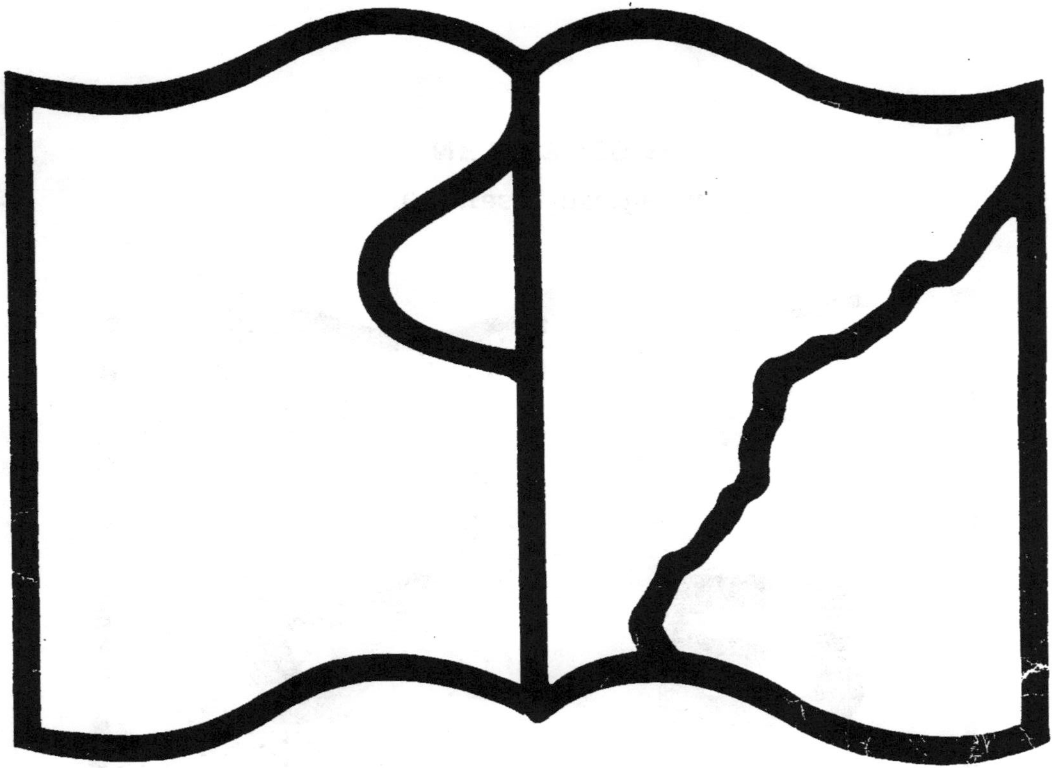

Texte détérioré — reliure défectueuse

NF Z 43-120-11

Contraste insuffisant

NF Z 43-120-14

AIDE-MÉMOIRE,

A L'USAGE

DES OFFICIERS D'ARTILLERIE

DE FRANCE.

TOME SECOND.

TABLES

Relatives aux Fers, aux Bouches à feu, aux Projectiles, aux Charges et autres objets d'Artillerie.

Nota. La plupart de ces Tables étant imprimées en Tableau, on a mis sur les revers ou à la suite, des Notes qui leur sont relatives, qui quelquefois les devancent ou ne les suivent pas exactement ; mais on a eu soin de les mettre en caractères différens pour en aider la lecture.

Prix des Fers *donné par le Gouvernement.*

En l'an 8.	A Metz. C'est à-peu-près le même prix dans les Ardennes : il est plus cher dans le Doubs.	En 1787. Le milier. de liv. pes.	En 1808. Les % kil.
francs.		livres.	francs.
116	Bombes et Boulets.	90	260,0 (1)
375	Balles de fer battu.	360	731,15
180	Affûts à Mortier.	225	344,19
	Essieux.	600	1149,12 (2)
	Tôles.	750	1125,0
	Fers ébauchés.	265	
240	Fers redoublés.	240	
	Fers de bandage.	215	

Les Bombes et Boulets étaient transportés à l'Arsenal aux frais du Gouvernement ;

Les autres objets l'étaient aux frais des Fournisseurs.

Aujourd'hui le Gouvernement paye le transport de tout, et il coûte 10 francs le % d'Hayanges à Metz.

---

(1) Les Roulettes d'Affût se payent comme les Fers coulés.

(2) Dans le département de Sambre et Meuse on ne paie que les deux tiers de ce prix.

NOTA. Les Fers ébauchés, redoublés, de bandages, avaient été divisés en 5 Classes, relativement aux prix.

La 1re., de 32 numéros A. 8, 10, 14, 15, 17, 19, 21 à 26, 30, 32, 40, se paye 467,89 les $\frac{00}{0}$ kilog.

La 2e., de 18 numéros A. 2, 16, 18, 20, 27, 28, 29, 31, 33 à 39... C. 9, 10, 11, se paye 507,78 les $\frac{00}{0}$ kilog.

La 3e., de 24 numéros A. 1, 3, 4, 5, 6, 7, 9, 11, 12', 13... D. 75 à 88, se paye 528,23 les $\frac{00}{0}$ kilog.

La 4e., de 37 numéros B. 7, 8 à 16... D. 41 à 67, se paye 545,39 les $\frac{00}{0}$ kilog.

La 5e., de 13 numéros B. 1 à 6... D. 68 à 74, se paye 578,53.

Mais cette Classification ayant occasionné des réclamations, il paraît qu'on adoptera la suivante:

1re. Classe. Nos. A. 2, 8, 10, 14, 15, 17, 19, 21 à 26, 29, 30, 32, 33, 37, 40... C. 1 à 8... à 8 pans 17 à 20.

2e. Classe. Nos. A. 16, 18, 20, 27, 28, 31, 34 à 36, 38, 39... C. 9 à 16.

3e. Classe. Nos. A. 1, 3 à 7, 9, 11, 12, 13... D. 75 à 81, 83 à 88.

4e. Classe. Nos. B. 7 à 16... D. 41 à 67.

5e. Classe. Nos. B. 1 à 6... D. 68 à 74.

TABLE *des Fers employés dans les Arsenaux.*

FER plat. A.	Largeur.		Epaisseur.		Poids du pied courant.
	pouces.	lignes.	pouces.	lignes.	
1	6	»	»	4	8,0556 liv.
2	5	»	»	6	10,0695
3	5	»	»	3	5,0347
4	4	6	»	4	6,0417
5	4	6	»	3	4,5313
6	4	»	»	3 ½	4,6991
7	4	»	»	3	4,0278
8	3	6	»	7	8,2234
9	3	6	»	3 ¼	3,8180
10	3	3	»	7	7,6360
11	3	3	»	4	4,3634
12	3	3	»	3 ¼	3,5453
13	3	2	»	2 ½	2,6572
14	3	»	»	9	9,0626
15	3	»	»	6	6,0417
16	3	»	»	3 ¼	3,2726
17	2	9	»	7	6,4613
18	2	9	»	3	2,7691
19	2	6	»	6	5,0347
20	2	6	»	3	2,5173
21	2	3	»	8	6,0417
22	2	3	»	6	4,5313

FER plat. A.	Largeur.		Épaisseur.		Poids du pied courant.
	pouces.	lignes.	pouces.	lignes.	
23	2	9	»	6	5,5382 liv.
24	2	»	1	»	8,0556
25	2	»	»	9	6,0417
26	2	»	»	7	4,6991
27	2	»	»	4 ½	3,0208
28	1	7 ½	»	4	2,1817
29	1	7	»	5	2,6572
30	1	6	»	7	3,5243
31	1	4 ½	»	4	1,8460
32	1	3	»	7	2,9369
33	1	3	»	5	2,0978
34	1	3	»	4	1,6782
35	1	2	»	4	1,5663
36	1	2	»	3 ½	1,3705
37	1	»	»	7	2,3495
38	1	»	»	3	1,0069
39	»	10	»	7	1,9579
40	4	6	»	7 ¼	10,9566
FER plat. B.					
1	7	»	»	1 ¼	2,9369 liv.
2	5	»	»	2	3,3565
3	5	»	»	1 ¼	2,0978
4	4	6	»	2	3,0208
5	4	6	»	1 ¼	1,8880
6	4	»	»	1 ¼	1,6782
7	3	6	»	2	2,3495
8	3	6	»	1 ¼	1,4684
9	3	»	»	2	2,0139
10	3	»	»	1 ¼	1,2586
11	2	6	»	2	1,6782
12	2	6	»	1 ¼	1,0489
13	2	2	»	1 ½	1,0908
14	1	11	»	2	1,2866
15	1	5	»	2	0,9510
16	1	2	»	2	0,7831

FER carré C.	Largeur.		Epaisseur.		Poids du pied courant.
	pouces.	lignes.	pouces.	lignes.	
1	1	10	1	8	12,3072 liv.
2	1	10	1	6	11,0765
3	1	6	1	3	7,5521
4	1	4	1	»	5,3704
5	1	2	1	2	5,4823
6	1	2	»	10	3,9159
7	1	»	1	»	4,0278
8	1	»	»	10	3,3565
9	»	10	»	10	2,7971
10	»	9	»	9	2,2656
11	»	8	»	8	1,7901
12	»	7	»	7	1,3705
13	»	6	»	6	1,0069
14	»	5	»	5	0,6992
15	»	4 ½	»	4 ½	0,5664
16	»	4	»	4	0,4475
Fer à 8 pans. 17	1	9	1	9	10,1684
18	1	7	1	7	8,3238
19	1	5	1	5	6,6637
20	2	»	2	»	13,2813
Fil de Fer. de 4 l.					0,3502
de 3					0,1937
de 2 ½					0,1368
de 2					0,0875

Fers ébauchés, dits D.

Numéros faisant suite aux numéros du Fer A.	Poids. liv.	onc.
41 Sous-bandes d'Affût de siége de 24	86	8
42 — de 16	72	8
43 — d'Affût de Campagne de 12	35	8
44 — de 8	29	
45 — de 4	24	
46 — d'Obusier de 8 pouces	66	
47 — d'Obusier de 6 pouces	41	
48 Susbandes d'Affût de Siége de 24	43	
49 — de 16	35	8
50 — d'Affût de Campagne de 12	21	8
51 — de 8	17	
52 — de 4	10	
53 — d'Obusier de 8 pouces	26	8
54 — d'Obusier de 6 pouces	20	8
55 Pour fournir 4 crapaudines d'Affût de Campagne	18	8
56 Etriers d'Essieu en bois, d'Affût de Siége de 24	28	

Nos.		Poids. liv.	onc.
57	— de 16.	24	
58	Etriers d'Obusier de 8 pouces.	20	
59	— d'Obusier de 6 pouces.	17	
60	— d'Affût de Place de 24.	22	
61	— de 16.	20	
62	— de 12.	19	
63	— de 8	17	
64	Les 2 Boîtes de roue d'Affût de Siége de 24.	37	8
65	— de 16.	30	8
66	— d'Affût d'Obusier, de Char. à canon, de Haq. à bat.	22	8
67	— de Haquet à nacelle, de Pont-roulant, d'Avant-train de Siége pour la plaine et pour la montagne	14	12
68	Coîffe de sellette d'Avant-train de Siége de 24 et 16.	9	12
69	— de sellette d'Avant-train de campagne de 12 et 8.	9	8
70	— de 4.	8	8
71	— de sellette de lisoir et de grande sassoire, de Chariot à canon, de Haquet et de Pont-roulant.	8	
73	Crochet de retraite de 24 et 16.	11	
74	— de 12, de 8 et d'Obusier.	5	
75	Chevilles à tête plate et à mentonnet d'affût de siége de 24 et 16.	23	
76	— de 12, de 8 et d'Obusiers.	16	
77	— de 4.	10	
78	Chevilles à tête ronde, d'Affût de siége de 24 et 16.	20	
78 *bis*	Vis pour Affût de Siége, de Place, de Côte—et d'Ob.		
79	Vis de pointage de 12 et 8.	23	
80	— de 4.	18	
81	Cheville-ouvrière d'Avant-train de 24 et 16.	42	
82	— de 12 et 8.	23	8
83	— de 4.	15	8
84	Boulons à tenons de manœuvre d'Aff. à Mort. de 12, etc.	45	
85	— de Mortiers de 8 pouces.	18	
86	— d'assemblage pour Affût à Mortier de 12 po., etc.	53	
87	— pour Mortier de 8 pouces.	25	
88	Bras de Mortiers pour le pointage.	86	

On n'a pas donné ici les Fers ébauchés relatifs au 6, au 5 et à l'Obusier de 5 pouces 7 lignes 2 points, qui vraisemblablement seront les 3 seuls calibres de l'Artillerie de l'an 11, pour lesquels on fera des Affûts, parce que ces Affûts, tels qu'ils sont, nécessitent de grandes corrections pour les simplifier, alléger, et les dépouiller de leurs pièces bisarres, et que ce qu'il y a de mieux à faire est d'appliquer à l'Affût de 6 les ferrures de l'Affût de 8, à l'Affût de l'Obusier de 24 celles de l'Affût d'Obusier de 6 pouces, et à celui de 5 la plupart de celles de l'Affût de 4.

TABLE DES TÔLES BRUTES.

- Contre-cœur. . . . .
- Pour la Forge.
  - Pour l'Atre
    - Première pièce pour le fond du foyer. . . . .
    - Seconde pièce pour *idem*. . . . .
    - Troisième pièce pour *idem*. . . . .
  - Pour la Buse du Soufflet. . . . .
  - Pour la Plaque à oreilles du devant du muffle du Soufflet. . . .
  - Pour la Garniture du Diaphragme du Soufflet. . . . .
  - Coffre
    - pour le couvert. . . .
    - pour le pignon . . . .
    - pour les 4 angles. . . .
  - Du Coffret
    - pour le couvert. . . .
    - pour les 4 angles. . . .
- Au Caisson d'Outils
  - pour le Couvert
    - de celles des bouts. . . . .
    - de celles du milieu. . . . .
- Au Caisson à Munitions
  - pour le Couvert
    - de celles des bouts. . . . .
    - de celles du milieu. . . . .
- Pour les Coffrets d'Affût de Campagne.
  - de 12
    - pour le couvert. . . .
    - pour les 4 angles. . . .
  - de 8
    - pour le couvert. . . .
    - pour les 4 angles. . . .
  - de 4
    - pour le couvert. . . .
    - pour les 4 angles. . . .
  - d'Obusi. de 6 pouc.
    - pour le couvert. . . .
    - pour les 4 angles. . . .
- Pour le Couvert des Coffrets d'Outils ou à Graisse, des Caissons d'Infanterie. . . . .
- Au Coffre d'Outils porté sur le devant des Chariots de Divisions.
  - pour le couvert. . . . .
  - pour les 2 angles de devant. . . . . . .
  - pour les 2 angles de derrière. . . . . . .
- Pour un Porte-lance. . . . .

N°.	Nombre de feuilles.		Longueur		Largeur.		Epais.	Poids d'1 feuille.	Poids de toutes les feuilles de même esp.	Poids total.
			po.	lig.	po.	lig.	lignes.	livres.	livres.	livres.
1	1		36		28	6	2	57, 39		
2	1		37		12		2	24, 83		
3	1		35	6	11	9	2	23, 34		
4	1		35	6	6		2	11, 91		
5	1		18		12		1	6, 04		
6		$\frac{1}{6}$	24		16		1	10, 74	1, 79	141, 34
7	1		14		12		$\frac{4}{21}$	0, 89		
8	4		19	6	11		$\frac{4}{21}$	1, 14	4, 56	
9		$\frac{1}{2}$	19	6	16		$\frac{4}{21}$	1, 66	0, 83	
10	1		14		14		$\frac{3}{4}$	4, 33		
11	1		31		14	8	$\frac{4}{21}$	2, 41		
12	1		12		12		$\frac{3}{4}$	3, 02		
13	8		26	6	22	6	$\frac{4}{21}$	3, 176	25, 40	25, 40
14	4		31	6	18		$\frac{4}{21}$	3, 02	12, 08	22, 80
15	4		28		18		$\frac{4}{21}$	2, 68	10, 72	
16	1		18	6	18	3	$\frac{4}{21}$	1, 80		5, 45
17	1		14	6	12		$\frac{3}{4}$	3, 65		
18	1		25		17		$\frac{4}{21}$	2, 26		5, 28
19	1		12		12		$\frac{3}{4}$	3, 02		
20	1		24	6	14		$\frac{4}{21}$	1, 83		4, 85
21	1		12		12		$\frac{3}{4}$	3, 02		
22	1		21	9	17		$\frac{4}{21}$	1, 97		5, 49
23	1		14		12		$\frac{3}{4}$	3, 52		
26	1		21	3	11	6	$\frac{4}{21}$	1, 30	1, 30	1, 30
27	2		24		18		$\frac{4}{21}$	2, 30	4, 60	
28		$\frac{1}{2}$	21	6	16		$\frac{3}{4}$	7, 22	3, 61	12, 40
29		$\frac{1}{2}$	25		16		$\frac{3}{4}$	6, 80	4, 19	
32		$\frac{1}{16}$	25		17		$\frac{3}{4}$	8, 92	0, 56	0, 56

NOTE *sur les Tôles.*

Les Tôles, pour être bonnes, doivent être élastiques lorsqu'on les plie légèrement, être bien unies, sans trous, sans bâtitures, d'une épaisseur uniforme, et le Fer ne doit pas en être brûlé.

Si on adopte le mode de faire agraffer les feuilles employées à la couverture des Caissons, il faudra qu'elles soient d'un fer bien doux et nerveux pour ne pas casser : et pour les éprouver il faudra les doubler sur elles-mêmes afin de voir si elles ne s'éclatent pas. Ce mode d'agraffer les Tôles, proposé et exécuté par le capitaine d'Ouvriers d'Aumale vers 1778, fut abandonné par la difficulté de se procurer d'excellentes tôles.

Note *sur les Epreuves d'Essieux.*

On prétend que l'Epreuve qu'on fait des Essieux, et qu'on a détaillée page 140, leur nuit: que sur-tout l'Epreuve du mouton rompt le nerf dans l'intérieur, et amène en conséquence plus vîte sa destruction; et d'après cela on conclut que l'Essieu est plus fort avant l'Epreuve qu'après cette Epreuve, et qu'il vaut mieux ne pas les éprouver.

Ce sont les Fournisseurs qui avancent tout cela sans preuve.

On peut leur répondre :

1°. Les Essieux éprouvés cassent très-rarement dans le service où on les soumet: ainsi l'Epreuve ne nuit point au service.

2°. La crainte de voir casser les Essieux aux Epreuves, oblige le Fournisseur d'apporter tous les soins dont on est convenu dans la confection de ces Essieux et dans le choix des fers qu'il y emploie. Cela est si vrai, que l'on a vu casser 9 Essieux sur 14 en arrivant dans un Arsenal, où un entrepreneur fournissait des Essieux qu'il prétendait qu'on lui avait promis de recevoir sans Epreuve, et ils se cassaient en les laissant tomber de 5 pieds de haut sur 2 cylindres de fer, de façon que les 2 fusées heurtaient en même tems sur ces 2 cylindres.

3°. On a toujours vu dans les Epreuves, que le fer de l'Essieu qui cassait était vicieux à sa cassure : elle offrait toujours des facettes, et jamais du nerf.

4°. Quand le fer est nerveux, on voit en rompant une barre, qu'il est susceptible de s'étendre sans se casser, bien au-delà de ce que l'Epreuve du Mouton exige d'extension pour courber l'Essieu de 5 lignes.

5°. Si les mises intérieures ont été bien corroyées, elles sont moins susceptibles de se casser que les extérieures, étant appuyées par celles-ci, et moins étonnées par la percussion du Mouton.

Qu'on invente une nouvelle Epreuve, si l'on veut, si l'on peut, mais qu'on continue à bien éprouver les Essieux.

On pourrait peut-être, au moyen de deux points bien solides, retenant l'Essieu dans son milieu et à un bout, amarrer l'autre bout à un cordage tiré par un treuil, jusqu'à ce que l'Essieu eût plié de 5 lignes, et examiner ensuite s'il n'a pas de travers, etc.; mais cette épreuve serait trop faible : l'Essieu étant destiné dans les cahots à supporter des chocs, qui, étonnant le fer, le cassent, il faut que l'épreuve soit relative à ces accidens.

Table *des Essieux de*. . . . .

Les Essieux des numéros 1 et 2 sont faits de 6 mises, dont les intérieures sont égales, et pèsent en tout { 256 livres. / 214

Celles du n°. 3 pèsent 151 livres; il y en a 4.
Celles du n°. 4 pèsent 183 livres; il y en a 5.

Numéros.

Longueur du corps. . . . .

Longueur totale. . . . .

Equarrissage du Corps de l'Essieu. {
- En-dessous et diamètre du gros bout de la fusée. .
- En-dessus. . . . .
- Nota. Aux numéros 1, 2, 3, 4, l'épaisseur du Corps de l'Essieu doit avoir en-dessus 1 ligne de moins qu'en-dessous.

Diamètre du petit bout de la fusée au trou de l'Esse. . . . .

Ecartement des Talons extérieurement. . . . .

Hauteur des Talons et au n°. 5 des épaulemens saillans en-dessus du Corps. . . . .

Largeur du dessus des Talons. . . . .

Largeur de la base des Talons. . . . .

Longueur des Fusées depuis le Corps jusqu'au trou de l'Esse. . .

Longueur du bout, le trou de l'Esse compris. . . . .

Longueur du trou. . . . .

Largeur du trou. . . . .

Cintre du Corps, mesure prise à la règle, d'un trou de l'Esse à l'autre. . . . .

Poids. . . . .

2 Mises extérieures. {
- Longueur. . . . .
- Largeur. . . . .
- Epaisseur. . . . .

Epaisseur des Mises intérieures, égales d'ailleurs aux extérieures.

Poids de chaque Mise extérieure. . . . .

Poids de chaque Mise intérieure. . . . .

12		8		4		Charrettes, etc.	
1		2		3		4	
35 po.	» lig.	34 po.	9 lig.	37 po.	3 lig.	36 pouc.	» lig.
77	4	77	1	73	7	78	4
3	3	3	»	2	6	2	9
3	2	2	11	2	5	2	8
2	9	2	6	2	»	2	3
12	»	11	»	9	»	Il n'y a point de Talons à l'Essieu de Charrette. Cet Essieu est contenu à chaque bout par 1 rondelle ouverte.	
1	»	1	»	1	»		
»	3	*idem.*		*idem.*			
1	6	*idem.*		*idem.*			
18	10	*idem.*		15	10	18 po.	10 lig.
2	4	*idem.*		*idem.*		*idem.*	
»	10	*idem.*		*idem.*		*idem.*	
»	6	*idem.*		*idem.*		*idem.*	
»	3	*idem.*		*idem.*		*idem.*	
204 liv.		170 liv.		115 liv.		145 liv.	
24 po.	» lig.	21 po.	» lig.	18 po.	» lig.	21 po.	» lig.
4	6	4	6	4	»	4	6
1	10	1	8	2	»	1	6
»	11	*idem.*		»	15	1	»
64 liv.		51 liv.		46 ½ liv.		45 ¼ liv.	
32		28		29		30 ½	

NOTE *sur les Grenades.*

La grande Lunette de réception est de 3 pouces 6 lignes 6 points de diamètre, et la petite de 3 pouces 5 lignes 6 points.

On observe que cette Grenade, dont les dimensions sont données dans les tables, est d'un calibre un peu fort pour être lancée à la main, et qu'il serait préférable d'en avoir de 3 Pouces seulement, du calibre de 4, pour remplir cet objet.

On fait aussi des Grenades sans Culot.

Les Grenades de Rempart pèsent depuis 16 livres jusqu'à 18 liv. Il y a beaucoup de variété dans leur calibre.

DÉTAIL DES DIMENSIONS

Des Bombes et Obus	*de 12 pouces,*		*de 10 pouces,*	
Nota. (Pour le moulage des Bombes, il faut régler leurs dimensions à la moitié de la somme de la plus petite et de la plus grande quantité que fixe cette Table).	Au moins.	Au plus.	Au moins.	Au plus.
	po. li. p.	po. li. p.	po. li. p.	po. li. p.
Diamètre. (C'est celui des 2 Lunettes de réception).	11 9 6	11 10 6	9 11 6	10 » 6
Epaisseur aux Parois.	1 4 »	1 8 »	1 4 »	1 8 »
Epaisseur au Culot (1).	2 » »	2 2 »	2 2 »	2 4 »
Diamètre du haut de la lumière (ou de l'œil).	» 15 9	» 16 3	» 15 9	» 16 3
Diamètre du bas de la Lumière.	» 14 9	» 15 3	» 14 9	» 15 3
Hauteur depuis le Culot jusqu'au haut de la Lumière.	9 8 6	9 10 6	7 8 6	7 10 6
Hauteur du Mentonnet.	» 10 »	» 11 »	» 10 »	» 11 »
Diamètre de l'OEil pour l'Anneau.		» 5 »		» 5 » » 5 »
Epaisseur du Mentonnet au-dessus de l'OEil.	» 5 »	» 6 »	» 5 »	» 6 »
Longueur du Mentonnet.		3 » »		2 6 »
Largeur du Mentonnet.		1 3 »		1 2 »
Ouverture de l'Anneau.		1 10 »		1 10 »
Grosseur du fer de l'Anneau.		» 4 »		» 4 »
Diamètre du Noyau sec.		8 10 6		7 » 6
Poids des Bombes et Obus.	145 liv.	150 liv.	98 liv.	102 liv.

Idem *des Grenades.*	Au plus.	Au moins.
	po. li. p.	po. li. p.
Diamètre extérieur.	3 6 6	3 5 6
Epaisseur aux Parois.	» 4 3	» 3 9
Epaisseur au Culot.	» 5 3	» 4 9
Diamètre au haut de la Lumière.	» 8 9	» 8 3
Diamètre au bas de la Lumière.	» 8 3	» 7 9
Hauteur depuis le Culot jusqu'à la Lumière.	3 1 6	3 » 6
Poids.	3 l. 4 on.	3 l. 2 on.

(1) Le rayon du Culot dans l'obus de 5 pouces 7 lignes 2 points, est de 3 pouces 1 ligne 6 points, et son renflement intérieur a l'OEil de 4 à 5 lignes.

	Bomb. et Ob. de 8 pou.						*Obus de 6 pouces.*						*Obus de 5 pouces.*					
	Au moins.			Au plus.			Au moins.			Au plus.			Au plus.			Au moins.		
	po.	li.	p.	po.	li.	p.	po.	li.	p.	po.	li.	p.	po.	li.	p.	po.	li.	p.
. . . .	8	1	»	8	2	»	5	11	6	6	»	6	5	6	1½	5	5	4½
. . . .	»	10	»	»	12	»	»	10	»	»	12	»	»	8	6	»	6	6
. . . .	»	14	»	»	15	»	»	14	»	»	15	»		13	»	»	11	»
. . . .	»	11	9	»	11	3	»	10	9	»	11	3	»	10	3	»	9	9
. . . .	»	11	»	»	11	6	»	10	6	»	11	»	»	9	3	»	8	9
. . . .	6	11	»	7	»	»	4	9	6	4	10	6	4	6	7½	4	5	7½
. . . .	»	7	6	»	8	»												
. . . .																		
				»	3	6												
. . . .	»	3	6	»	4	6												
. . . .				2	»	»												
. . . .				1	»	»												
. . . .				1	4	»												
. . . .				»	2	6												
. . . .				6	4	»				4	2	6						
. . . .	42 liv.			44 liv.			22 liv.			24 liv.			14 liv.			13 liv.		

Note *sur la réception des Boulets, etc.*

La longueur des Cylindres de réception est toujours de cinq Calibres du Boulet, à la verification duquel ces Cylindres servent.

L'inclinaison qu'on doit donner à ces Cylindres, dans la réception des Boulets, est de 2 pouces au plus.

La différence des diamètres de la grande et petite Lunette, est de 9 points pour les Boulets, et de 1 ligne pour les Bombes,

Chaque Boulet doit recevoir au battage 120 coups au moins.

Les Boulets sont rebutés dès qu'ils ont des cavités ou soufflures de plus de 2 lignes de profondeur; s'ils glissent dans le Cylindre au lieu d'y rouler, s'ils ont des bavures, des inégalités, s'ils ne passent pas dans la grande Lunette dans tous les sens, et s'ils passent dans la petite dans quelques sens.

Depuis qu'on bat les Boulets, ils pèsent un peu plus que leur dénomination ne l'annonce; aussi dans les procès-verbaux, estime-t-on leur poids comme il suit: celui de 24, à 24 $\frac{1}{2}$ liv... celui de 16, à 16 $\frac{1}{4}$ liv... celui de 12 à 12 $\frac{1}{8}$ liv... ceux de 8 et de 4 à leur poids ordinaire.

La longueur des Cylindres de réception pour les Obus, est de 5 calibres de l'Obus, à la vérification duquel ils doivent servir.

Le Cylindre ne doit avoir qu'un pouce de pente quand on procède à cette vérification.

Les Bombes de 12 pouces et de 10 pouces sont rebutées si elles ont des soufflures de plus de 2 lignes de profondeur, ou si elles ont des cavités masquées.

Les Bombes de 8 pouces et les Obus sont rebutés, s'ils ont des chambres d'un peu moins de 2 lignes de profondeur, et pour cavités masquées.

Les Bombes de 12 pouces et de 10 pouces sont rebutées, si elles ont 2 lignes d'épaisseur en plus ou en moins aux Parois et aux Culots.

Les Bombes de 8 pouces et les Obus sont rebutés s'ils ont une ligne d'épaisseur en plus ou en moins aux Parois, et une ligne en plus au Culot. On ne passe rien en moins au Culot.

Les Bombes et Obus sont rebutés à plus de trois points en dessus ou en dessous des dimensions de la lumière.

C'est sur-tout vers l'œil des Bombes et Obus que se trouvent des soufflures.

Le vrai calibre des Boulets, Bombes et Obus, est toujours égal au moyen arithmétique pris entre les diamètres de la grande et petite Lunette de réception.

Calibre des Boulets depuis ¼ liv. jusque, etc.

Nota. Ces Calibres sont calculés sur celui de 4 livres ayant pour diamètre 2 pouces 11 lignes 11 ¼ points; on a négligé dans le calibre du Boulet de 4 ce ¼ point, parce qu'en appliquant le calcul à cette fraction, on trouve pour le Boulet de 5 une fraction plus petite que ¼, et cette fraction va ainsi en diminuant dans les autres calibres.

Poids.	Calibre.			Poids.	Calibre.		
liv.	pouc.	lig.	points.	liv.	pouc.	lig.	points.
¼	1	2	5	21.	5	2	4
½	1	5	11	22	5	3	4
¾	1	8	6	23	5	4	4
1	1	10	7	24	5	5	2
2	2	4	6	25	5	6	1
3	2	8	5	26	5	7	»
4	2	11	11	27	5	7	10
5	3	2	8	28	5	8	3
6 (*)	3	5	1	29	5	9	6
7	3	7	3	30	5	10	3
8	3	9	»	31	5	11	»
9	3	10	11	32	5	11	9
10	4	»	8	33	6	»	6
11	4	2	3	34	6	1	7
12	4	3	9	35	6	2	1
13	4	5	2	36	6	2	8
14	4	6	6	37	6	3	4
15	4	7	2	38	6	4	»
16	4	9	»	39	6	4	9
17	4	10	2	40	6	6	4
18	4	11	8	45	7	»	»
19	5	»	4	48	7	2	»
20	5	1	7				

(*) Le calibre de 6 pour la marine a. . 3 po. 5 li. ½ p., et pèse 6 liv. 4 onc.
Le calibre de 6 pour la terre a. . . . 3 5 6

Des Piles de Boulets, etc.

Les Boulets, les Bombes, les Obus se mettent en Piles dont les bases sont ordinairement des rectangles. Quand on construit ces bases, il faut avoir soin que tous les mobiles soient bien de niveau, bien joints et bien damés pour être solides, afin que la Pile ne s'écroule pas.

Pour savoir le nombre de Mobiles contenus dans une Pile rectangulaire, multipliez le nombre de mobiles d'une des faces triangulaires par le tiers de la somme des Mobiles contenus dans les 3 arêtes parallèles de la Pile.

Pour avoir le nombre des Boulets, etc., d'une face triangulaire, multipliez le nombre des Boulets d'un des côtés de cette face, joint à l'unité, par la moitié de ce même nombre de Boulets.

Des Boulets creux.

Le Boulet creux n'est à-peu-près autre chose que l'Obus : la seule différence qu'on pourrait y supposer, serait que l'Obus eût un culot, et que le Boulet creux n'en eût point. Mais, depuis 10 ans, les novateurs ont eu tant de liberté, que souvent les Obus qu'on a sont sans culot : on est même venu à faire comme un culot du côté de l'œil, en le renforçant par un bourlet intérieur, sous prétexte que c'était la partie faible. Mais si le culot a la propriété de déterminer l'Obus à tomber sur ce culot, pour éviter d'éteindre ou de casser la fusée, la correction de supprimer le culot et de renforcer le métal du côté de l'œil, sous un prétexte d'amélioration illusoire, est extrêmement vicieuse.

La Théorie et la Pratique, malgré quelques Officiers d'Artillerie, d'un avis contraire, prouvent que le culot détermine la Bombe à tomber toujours du côté où il se trouve (1) : la fusée restant en l'air, ne court aucun risque : le culot donnant plus de poids à la Bombe, augmente sa force pour percer, écraser : la capacité intérieure de la Bombe est suffisante à la poudre nécessaire pour la faire éclater : il faut donc conserver le culot aux Bombes.

Mais le culot doit-il être conservé aux Obus, ou donné aux Boulets creux? L'Obus a trop de vitesse, et frappe la terre trop souvent pour donner le tems au culot de déterminer l'Obus à ne toucher le sol que de son côté, et à

---

(1) On en était même si persuadé généralement autrefois, que c'était cette raison qui avait fait prescrire une forme de culot différente pour les Obus. Ce n'était pas un segment parfait; l'angle curviligne que fait la corde du segment, avec la circonférence dans le profil de l'Obus, était recoupé par une ligne droite, ce qui prolongeait le culot sur les côtés : construction qui, je crois, avait été donnée, de peur que le poids du culot faisant tomber trop verticalement l'Obus, ne l'empêchât de se relever. Au reste, cette construction n'a pas été peut-être suivie; mais dans le nouvel obusier de 24, on a donné au milieu du culot 1 pouce d'épaisseur tracé ensuite dans le profil par un arc ayant 3 pouces 1 ligne 6 points de rayon.

maintenir dans ce choc la fusée en l'air; la force de percussion de l'Obus qui n'aura pas de culot est suffisante à l'effet qu'on attend de lui; enfin sa capacité intérieure ne contient pas assez de poudre pour certains usages auxquels on paraît vouloir l'employer; ainsi on croit qu'on pourrait supprimer le culot, et même diminuer l'épaisseur des parois, employer de la Fonte plus tenace dans la fabrication, pour avoir des Obus ou Boulets creux qui continssent plus de poudre.

Le nouvel emploi qu'on veut faire des Obus ou des Boulets creux s'étend à tout, mais c'est sur-tout comme Boulets, c'est-à-dire, en les lançant avec du Canon; il faut se souvenir qu'il faut dans ce tir les ensabotter nécessairement, pour éviter de casser les fusées, et de les faire éclater en sortant, ce qui serait dangereux pour ceux qui les tirent.

Le général Gribeauval, dans son Mémoire sur les Batteries de Côte, en 1778, avait justement présumé que l'Obus devait être très-utile contre les vaisseaux. Sa présomption a été sanctionnée au-delà de toute idée par les épreuves de Meudon, en les tirant avec du Canon.

Le général Andréossy avait éprouvé, en 1793, avec succès, dans les Pièces de Bataille, de simples Grenades qui, malgré la faiblesse de leurs parois, avaient eu des forces de percussion assez violentes pour lui faire desirer qu'on employât ces Boulets creux dans les Batailles, puisqu'ils brisaient les bois, et que leurs éclats multipliaient sur les hommes l'effet du Boulet ordinaire.

Le général Chauderlos-Laclos, proposa, en l'an 8, de constater l'effet du Boulet creux sur les Batteries. Cette épreuve, faite à la hâte, parce que le progrès de l'art n'était qu'un prétexte, n'a pas prouvé parfaitement ce qu'on devait chercher, malgré ce qu'en dit le procès-verbal. On fit 2 Batteries à 3 embrâsures et à 240 toises l'une de l'autre. On mit 2 Canons de 24 court, et une Pièce de 24 à l'une de ces Batteries; et l'on tira sur l'autre, servant de but.

Le rapport conclut que la justesse du tir est la même avec les Boulets creux qu'avec les autres; que les fusées prennent constamment feu et ne s'éteignent pas en passant dans la terre; qu'un petit nombre de coups détruit totalement une Batterie, qu'ainsi on doit s'en servir contre les Batteries: qu'on doit s'en servir aussi dans l'attaque des Places, quoiqu'ils doivent y avoir moins d'avantage que contre les Batteries: et enfin dans la défense des Côtes, dans l'attaque des retranchemens, etc.

On observe, sur toutes ces assertions, que les 2 Batteries étant sur le même niveau, le tir était plus facile pour le pointeur, et plus avantageux pour détruire la Batterie, que si on eût tiré de haut en bas, comme on devait le faire, parce que ce tir est plus difficile, et que le Boulet s'enfonce plus sous les terres, ce qui en rend l'effet nul, comme on va le voir; cependant, sur 30 coups, 9 seulement atteignirent le but: donc, ce tir est incertain jusqu'à nouvelle épreuve... Le renversement d'une joue ne met la Batterie hors de service que pour un tems très-court; car si elle est à ricochet, il n'y a pas de joue: si elle est de brèche, on ne craint que les coups de fusil, on s'en pare avec un masque, aisé et prompt à faire, et certes le Canonnier français ne craint pas ce feu, et met bien vîte sa Pièce en état de tirer. La Chemise qui fut détachée de l'épaulement en dedans, n'avait ni son talus, ni son piquetement bien fait, et se fût renversée elle-même au premier jour de pluie; d'ailleurs, cet inconvénient n'eût pas arrêté le feu devant une Place. Le coup qui a renversé une partie du côté de la batterie n'arrêterait pas davantage le feu; et en alongeant le demi-Merlon, on se mettrait hors de souffrance de pareils effets dans cette partie.

Sur 9 coups, 4 ont éclaté dans le Coffre sans effet, c'est-à-dire y ont fait des Globes de compression invisibles au dehors, du diamètre de 2 jusqu'à 3 pieds : dès que le Boulet est sous terre de 4 à 5 pieds, tel est son effet ; moins les terres seraient damés, plus le tir serait plongeant, plus souvent l'effet des Boulets creux se réduirait à ces Globes inutiles.

Il paraît donc qu'il faut des épreuves faites avec plus de soin, et tirer en plongeant, pour constater les avantages des Boulets creux contre les Batteries... qu'il faut en faire l'essai contre les remparts, après avoir détruit la maçonnerie, dans laquelle le Boulet soufflerait sans effet... Qu'il faut discuter si l'embarras, le danger d'en porter dans les Equipages de campagne, l'incertitude de les voir éclater au moment qu'ils traversent les rangs, le moins de force de percussion, et la moindre portée qu'ils ont, ne doivent pas maintenir l'usage du Boulet solide : car n'est-on pas en contradiction, en ne voulant pas du 4, parce qu'il a moins de force, moins de portée, et en établissant de changer les Boulets solides en Boulets creux, qui ont moins de force et moins de portée.

Enfin, il paraît que si on les adopte pour cet objet, il faut, comme je l'ai dit, supprimer le culot, etc.

NOTE *sur le Tir à Boulet rouge.*

Dans l'ancienne façon de tirer à Boulet rouge, on se servait de Boulets de calibre inférieur, qu'on faisait couler dans l'ame d'une pièce pointée de bas en haut, à laquelle on mettait le feu tout de suite, après la mise du Boulet; d'où résultait un tir sans justesse, la privation de pouvoir pointer au-dessous de l'horizon, et la nécessité de tirer sur un objet fixe; ce qui empêchait d'employer ce tir dans les Batteries de Côte, où il est le plus nécessaire, étant le plus redoutable.

Les expériences faites à Cherbourg, en 1785, ont prouvé,

1°. Que le Boulet rougi ne se dilatait pas assez pour l'empêcher d'entrer dans la Pièce de son calibre (1);

2°. Que le Boulet froid et le Boulet rouge, toutes choses d'ailleurs les mêmes, s'enfonçaient dans le bois à des profondeurs égales;

3°. Qu'on pouvait pointer sans risque une Pièce chargée à Boulet rouge, en employant la terre grasse pour Bouchon sur la Poudre et sur le Boulet;

4°. Que les Grils employés jusqu'alors à rougir les Boulets, étaient dangereux, peu économiques; que les Boulets y chauffaient lentement, imparfaitement; qu'il fallait en conséquence se servir des Fours à réverbère.

Les Fours à réverbère établis sur les côtes de la Méditerranée, en 1794, aux Batteries depuis les Bouches du Rhône jusqu'à Savone, ont paru remplir tout ce qu'on desire pour le tir à Boulet rouge.

Ces Fours sont composés d'un Fourneau de 14 sur 24 pouces en carré, où est une Grille pour recevoir le bois, au-dessus d'un cendrier, et d'une chaufferie qui lui est adjacente et perpendiculaire, où l'on met les Boulets; elle a 30 pouces de large, 16 pieds 2 pouces de longueur : le sol de cette chaufferie, divisé en quatre sillons, incliné vers le fourneau, est de niveau avec lui dans la partie la plus basse.

Résultats des Epreuves faites en Brumaire, l'an 3, à Nice, pour le Chauffage des Boulets dans les Fours à réverbère.

Pour la célérité de l'incandescence des Boulets, pour l'économie des combustibles, il faut conduire le feu uniformément.

Pour cela, toutes les 4 ou 5 minutes, jetez du bois en égales quantités, faites en sorte qu'il reste debout; s'il l'est irrégulièrement, et s'il se tasse, il faut l'éparpiller avec le grappin, pour faire élever beaucoup de flamme. Le bois ne doit avoir que 3 pouces, au plus, de diamètre, et 12 à 15 pouces de longueur.

---

(1) C'est une raison de plus pour ne pas diminuer de 6 points, comme on l'a fait en l'an 11, le vent des Pièces de Siége; car la dilatation d'un Boulet de 24, en tirant à Boulet rouge, peut aller de 4 à 9 points.

Nota. Pour chauffer le fourneau avec du Charbon, il en faut 6 quintaux pour lui donner le degré de feu nécessaire, et 12 livres par heure pour l'entretenir.

Il faut donc constamment un homme pour approvisionner, et un homme pour charger.

Le chargement, à chaque fois, peut durer une minute.

Pour mettre le Four en train, il faut une heure de feu; et pour donner au Boulet de 36 la couleur rouge-cerise, il faut 30 à 35 minutes. Dans ces deux espaces de tems réunis, on consommera 16 à 18 pieds cubes de bois blanc (pin, peuplier), peu sec.

Au lieu de terre glaise, on peut se servir sans danger de bouchons de foin, trempés dans l'eau 12 ou 15 minutes, et égoutés ensuite.

Pour les employer, placez la poudre; sur la poudre un bouchon de foin sec, dégorgez et amorcez; mettez sur le bouchon de foin sec un bouchon mouillé, tel qu'on vient de le dire, un peu gros, pour qu'il remplisse bien exactement l'ame; puis le Boulet rouge, puis encore un bouchon de foin mouillé.

Mais il est absolument nécessaire, pour éviter tout accident, de se servir de gargousses de demi-carton ou de parchemin, bien saines, visitées scrupuleusement, pour voir si elles ne tamisent pas, et de passer fréquemment le tire-bourre dans la Pièce, sur-tout si on se sert de celles de parchemin.

Plus la poudre enflammée trouve d'obstacles dans son expansion, plus la Pièce a de recul. Ainsi la Pièce chargée à Boulet rouge et à Bouchons de foin, a plus de recul que la Pièce chargée à Boulet froid, et en a moins que la Pièce chargée à Boulet rouge et à Bouchon de terre glaise.

Les Boulets ne se dilatent que d'environ 6 à 9 points, étant chauffés cerise.

Des Boulets incendiaires *attribués à Biétry, Médecin d'Auxonne, et perfectionnés par MM. Bellegarde et Fabre.*

Les Boulets incendiaires éprouvés à Meudon par une commission d'Officiers d'Artillerie et de la Marine, en Ventôse et Germinal an 6, paraissent bien supérieurs à toutes les inventions de ce genre proposées depuis quelques années.

Il reste à constater si, en vieillissant, ils ne perdent pas leur intensité de feu, et la facilite de s'enflammer; des Epreuves faites au Hâvre avec d'anciens Boulets, semblent le faire craindre.

Peut-être faudrait-il constater leur effet, en tirant obliquement, et être sûr qu'ils s'enflamment et résistent aux fortes charges pour obtenir de plus grandes portées que celle de 200 toises, où on les a tirés (1).

---

(1) La Commission n'adopta pas l'idée de tirer à de grandes distances, et obliquement sur le but, comme il lui fut proposé, soit pour les Boulets creux, soit pour les Boulets incendiaires.

Ces Boulets, composés d'une Carcasse de fer et de matières incendiaires qui la remplissent, l'enveloppent, et qui sont comprimées pour avoir plus de dureté, auront toujours plus de variété dans leur poids, et dans la position respective de leur centre de gravité et de figure, que le Boulet de fer : d'où il résultera un tir très-incertain, ce que les Epreuves ont prouvé, puisque sur 33 coups, 10 seulement ont touché le but à 200 toises de distance.

Mais l'avantage qu'ont ces Boulets de n'être d'aucun danger à bord des vaisseaux, doit engager la Marine à en porter pour un quart du nombre de ses 4 grands calibres (36, 24, 18, 16), pour tirer à petite distance (1).

On doit en avoir aussi dans les Batteries de Côte, quand les vaisseaux pourront s'en approcher de très-près, leur service étant plus prompt que celui des Boulets rouges. Le général Gribeauval en avait proposé l'essai ; mais les obus leur sont préférables.

Au reste, le calfatage des vaisseaux doit s'opposer à l'inflammation du bois, ne laissant point de passage à l'air, comme dans le but employé aux épreuves; et, d'un autre côté, la couche de goudron qui couvre un vaisseau doit favoriser l'incendie au dehors.

Nota. Ces Boulets sont fixés à un sabot qu'on peut percer d'un trou de 6 lignes dans le fond; ils ont deux lumières ; l'une porte dans le Calice du Sabot.

---

(1) La Commission proposa d'en porter 5 par Pièce de gros calibre, dans son approvisionnement; ce qui approche beaucoup de la proportion qu'on donne ici.

Sur l'Enfoncement du Boulet.

Résultat d'Epreuves faites à Metz, vers 1740, avec la Pièce de 24.

Charges.	Pointement.	Distance du But.	Nature du But.	Enfoncement.
16 liv.	Plein fouet.	20 toises.	Terres très raffermies... rideau naturel.	11 pieds.
Idem.	8°.	620	Idem.	1
Idem.	Plein fouet.	20	Maçonnerie.	3
Idem.	8°.	620	Idem.	» 3 po.
10	Plein fouet.	20	Rideau naturel.	9
Idem.	Idem.	Idem.	Terres légères.	15
8	8°.	20	Rideau naturel.	8
4	Idem.	Idem.	Idem.	6

Suivant l'ouvrage de l'Ingénieur Bousmard, le Boulet de 24 avec 2038 pieds de vitesse par seconde, à 60 toises de distance d'un but en terres bien damées, s'enfonce de 15 pieds; dans la Maçonnerie de 3 pieds, et dans le Bois de Chêne, de 43 pouces à la distance de 120 toises. Cette dernière expérience sur le Bois a été faite par le Général-ingénieur Meusnier; mais la vitesse n'est pas énoncée.

Ces vitesses sont prodigieuses; et n'étant pas même bien prouvé que celles données par les charges de Poudre ordinaires, dans les Tables Lombardines, ne doivent pas être diminuées, on n'a pas rapporté sa Table : et on croit que toutes ces épreuves ont besoin d'être refaites avec les soins scrupuleux que les vrais Savans y apportent.

Calibres étrangers.

NOTA. Il est souvent très-utile d'avoir les Calibres étrangers avec précision, et on s'en est très-peu occupé : il est vrai qu'ils sont tous très-variables, et que les notes qu'on en prend sont souvent inutiles.

Canon Anglais de 12.

	pouc.	lig.	po.
Calibre de la Pièce	4	5	9
Calibre du Boulet	4	4	9

Canon Anglais dit 9, *répondant au* 8 *Français.*

Calibre de la Pièce	3	11	4
Calibre du Boulet	3	10	»

Obusier Helvétien.

	pouc.	lig.
Calibre de l'Obusier	4	11
Longueur totale	32	7
——— du derrière des tourillons à la plate-bande de culasse	14	11
Diamètre des tourillons	3	»
Profondeur de la chambre	5	9
Diamètre de la chambre	2	$5\frac{1}{2}$
Diamètre à la plate-bande de culasse et derrière les tourillons	8	11

Charge de l'obusier, 13 onces.
Poids de l'obusier, 468 livres.
Calibre de l'obus, 4 pouc. 10 lig.
Charge de l'obus, 10 onces.
Poids de l'obus, 11 liv.

Obusiers Russes.

Anse en Licorne.

	pouc.	lig.	po.
Calibre de l'obusi. égal au grand diam. de la chamb.	4	7	4
Longueur totale	36	9	9
——— de l'ame	8	11	6

	pouc.	lig.	po.
Longueur de la chambre conique.	9	5	6
Diamètre inférieur de la chambre arrondie en demi-sphère au fond.	2	»	»
——— des tourillons.	3	3	»
——— de l'obusier derrière les tourillons.	8	8	»

Anse en Grifon.

Calibre de l'obusier égal au grand diamètre de la chambre.	4	6	9
Longueur totale.	56	3	»
——— de l'ame.	39	7	9
——— de la chambre conique.	8	7	3
Diamètre inférieur de la chambre arrondie en demi-sphère au fond.	2	»	»
——— des tourillons.	3	1	»
——— de l'obusier derrière les tourillons.	8	11	»

Anse en Licorne.

Calibre de l'obusier égal au grand diamètre de la chambre.	3	11	6
Longueur totale.	42	2	6
——— de l'ame.	28	7	6
——— de la chambre.	7	9	»
Diamètre inférieur de la chambre, le fond arrondi en demi-sphère.	2	»	»
——— des tourillons.	2	9	8
——— de l'obusier derrière les tourillons.	7	2	6

Anse en Grifon.

Calibre de l'obusier égal au grand diamètre de la chambre.	3	10	»
Longueur totale.	45	7	»
——— de l'ame.	33	5	6
——— de la chambre.	8	6	»
Diamètre inférieur de la chambre, le fond arrondi en demi-sphère.	1	11	»
——— des tourillons.	2	7	4
——— de l'obusier derrière les tourillons.	7	7	»

Il y a encore des Obusiers Russes de 5 pouces 8 lignes, de 4 pouc. 6 lig. 6 points, de 3 pouc. 6 lig.; mais je crois que ce sont les mêmes Obusiers dont on vient de parler, et dont on a mal pris les dimensions en les mesurant.

Ces 4 Obusiers ressemblent aux anciennes Pièces de canon qu'on faisait il y a 2 à 300 ans, grosses, courtes, à fort calibre, ayant le fond de l'ame en long cône renversé, et qu'on appelait Pièces *encampanées*.

Obusier Autrichien.

Anse ronde.

	pouc.	lig.	po.
Calibre de l'obusier.	5	7	6
Longueur totale.	37	3	»
——— de l'ame.	22	7	»
——— de la chambre.	7	2	»
Diamètre de la chambre cylindrique, le fond en demi-sphère.	2	10	6
——— des tourillons.	4	3	6
Distance des embases.	9	10	»

Obusier Autrichien.

Anse ronde.

Calibre de l'obusier.	6	3	6
Longueur de l'ame.	22	6	3
——— de la chambre.	7	10	9
Diamètre de la chambre.	3	6	1
——— des tourillons.	4	10	6
Distance des embases.	10	8	8

Obusiers Prussiens.

	po.	lig.	p.	po.	lig.	p.	po.	lig.	p.
Calibre.	6	4	»	5	6	9	4	4	6
Diamètre extérieur à la bouche. . .	10	4	»	8	9	»	6	9	»
Profondeur de l'ame.	27	»	»	24	»	»	22	»	»
——— de la chambre.	10	»	»	7	»	»	6	»	»
Diamètre supérieur de la chambre cylindrique.	5	»	»	3	6	»	2	»	»
——— des tourillons.	5	»	»	4	3	»	3	6	»
Longueur des tourillons.	3	10	»	4	»	»	2	10	»
Distance des embases.	13	4	»	10	6	»	9	4	»

A l'imitation du premier de ces Obusiers, on en a coulé en

France dans la révolution, un petit nombre qu'on appelle Obusiers à longue portée, on a réduit ce calibre de 6 pouc. 4 lig. à 6 pouc. 1 lig. 6 p.; la longueur totale est de 39 pouc. 6 lig. 6 p. Voyez la Table des Obusiers ci-après.

Pièce de 24 courte.

Elle a 12 calibres de longueur. . . . . Pèse 2700 liv.

Dimensions principales.

	pi.	po.	lig.	p.
Diamètre de l'ame ou calibre.		5	7	7½
Diamètre des tourillons.		4	9	2
——— de la Pièce à la culasse.		15	4	»
——— embases comprises.		15	1	»
——— au premier renfort.		14	7	6
——— à la volée.		12	4	»
——— au vif de la bouche.		10	2	»
Longueur de la plate-bande de la culasse au vif de la bouche.	5	6	6	
——— de l'ame.	5	2	2	»
——— du cul-de-lampe.	»	8	»	»
——— de la plate-bande inclusivement jusques devant les tourillons.	2	6	3	2
——— de la plate-bande inclusivement au congé de la volée ou du premier renfort. . . .	2	7	7	»
——— du congé de la volée au listel inférieur de l'astragalle.	2	1	5	»
——— du listel inférieur de l'astragalle au vif de la bouche.	9	6	»	»
——— du centre des tourillons à la plate-bande.	2	3	11	6

Charges.	Hausse.	Portée.	*Observat.*
6 liv. Boulet roulant	But en blanc.	275 à 300 toises.	
6 liv. 8 onc. pour Cart. à boul.			
6 liv. Cartouches à grosses balles.	12 lignes	120 à 130	De l'effet encore à 400.
6 liv. idem.	24 l.	150 à 160	
6 liv. idem.	42 l.	160 à 180	
6 liv. idem.	60 l.		But bien garni de Balles.
3 liv. à 3 liv. 8 onc. avec Obus pointé à.	35°.	1800	
2 liv. 8 onc. à 3 liv. pointé à .	18°.	500 toises.	
———	6 po. 10 lig.	1000 toises.	

Diamètre du Boulet creux. . . . . . 5 pouc. 6 lig. 2 points.
——— du Boulet vide. 4 6 3
Poids 16 à 18 liv., contient 12 onces.

On a fait des changemens à cette Pièce en l'an 11, sans la rendre meilleure : on lui a donné 16 calibres de longueur d'ame, et fait peser 2800 livres. Ainsi voilà des Pièces de 24 court de deux formes différentes. Toutes deux ont des tourillons du calibre de 16, et à-peu-près le même diamètre que cette Pièce derrière les tourillons, ce qui permet de les mettre sur l'Afût de 16. Cette Pièce, impropre aux batailles, aux siéges, aux places, est d'autant plus inutile qu'on a adopté l'Obusier de 5 pouces 7 lignes 2 points qui, excessivement long, doit porter l'obus de 5 pouces aussi loin qu'on puisse le desirer par fantaisie, et bien plus loin que ne l'exige l'utilité du tir, et du service.

NOTE *sur l'Enclouage du Canon, etc.*

1°. On peut enclouer une Pièce de 24, par exemple, avec un Clou de forme carrée, long de 8 pouces et de 3 lignes d'épaisseur au milieu, avec un renflement à la tête. On enfonce ce Clou dans une minute.

2°. On peut l'enclouer avec un Clou de forme carrée de 8 pouces de long, de 4 lignes d'épaisseur au milieu, et de 5 à 6 lignes à la tête. Ce Clou est très-difficile à enfoncer en entier (1).

3°. On peut l'enclouer avec un Clou acéré au bout, trempé dans toute sa longueur et taraudé, ayant 4 lignes et demie de diamètre et 7 pouces de long; il faut 2 heures 1 quart pour cette opération... il faut que les Clous soient trempés, excepté vers la pointe, afin de pouvoir les river en dedans.

Pour augmenter les obstacles, on peut mettre dans la Pièce, lorsqu'elle est enclouée, de la terre glaise, ou 1 cylindre de bois dur dans le fond, et par-dessus 1 boulet de calibre, enveloppé de feutre, et enfoncé avec force.

On désencloue la Pièce dans les deux premiers cas, en la chargeant un peu plus qu'aux tiers du poids du Boulet (à 10 livres et demie, par exemple, pour la Pièce de 24), en mettant sur la poudre un bouchon bien refoulé et mêlé de poudre et d'étoupilles; puis 1 boulet ou 2, ou 1 cylindre de bois, avec 1 bouchon semblable encore plus refoulé. On met le feu par la volée. Il faut quelquefois tirer plusieurs coups ainsi, pour faire sauter le Clou, etc.

NOTA. (Il faut bien nettoyer le refouloir avant de refouler, de peur qu'il ne s'y trouve quelque gravier).

Quand les Clous sont vissés, il faut percer une nouvelle lumière à côté de la première. Pour faire cette opération, on sait que dans le Canon de 24 il faut partir de 4 pouces 6 lignes 5 points de l'extrémité de la plate-bande de culasse, et aboutir à 3 lignes du fond de l'ame, dans l'arrondissement de l'angle; il faut environ une heure par pouce de longueur; il faut plusieurs forets de même diamètre de différentes longueurs, pour ne point trop fatiguer les tiges.

---

(1) En 1794, à l'armée d'Italie, 2 Pièces de 3, lourdes, enclouées par les Piémontais, et engorgées de terre-glaise avec un boulet (sans feutre) par dessus, n'ont jamais pu être désenclouées par le moyen des charges fortes retenues par des cylindres: et une des Pièces ayant éclaté dans l'opération, on ne put qu'avec peine détacher le boulet, de son logement dans l'éclat, à coups de masse de fer.

Quand la lumière est dégagée ou repercée, en introduisant de la poudre dans la Pièce par cette lumière, on se débarrasse aisément des obstacles intérieurs.

Ainsi l'Enclouage n'est qu'un mal passager.

Les Clous vissés sont le meilleur moyen d'enclouage ; mais ce moyen est trop long.

Le Boulet enveloppé de feutre est un des plus forts obstacles qu'on puisse opposer, mais il n'est pas invincible. Le moyen proposé de dresser la Pièce et d'y jeter des charbons ardens pour brûler le feutre, est insuffisant, car le feutre brûle difficilement, ne conserve pas le feu : les charbons s'éteignent aisément, faute de courant d'air, et la Pièce est difficilement mise dans cette situation.

Pour mettre la Pièce hors de service, on a proposé de tirer un coup de canon contre sa volée, presque à bout touchant. Ce moyen est dangereux pour ceux qui l'emploient, et ne réussit pas toujours; car on a vu le Boulet percer la volée d'un Canon, sans le mettre hors de service, en y faisant un trou sans bavures, refoulemens, etc. D'ailleurs ce moyen est long dans une sortie, car il faut 3 quarts-d'heure pour faire cette opération.

Quant au moyen de rompre les tourillons, il est impraticable; du moins pour les grands Calibres.

Nota. Il faut faire attention qu'en mettant des bouchons mêlés de poudre pour mettre le feu aux Pièces par la bouche et les désenclouer, le feu ne se communique pas toujours à la charge, et qu'il est très-dangereux de remédier à cette opération manquée. Il vaut mieux se servir d'une tringle de bois de quelques lignes d'équarrissage et de la longueur de l'ame de la Pièce, ayant une rainure dans sa longueur : on met dans cette rainure une cravatte d'étoupilles, qu'on attache à un bout et qu'on laisse pendre de quelques pieds à l'autre, on met la tringle qui aboutit à la charge du côté où la cravatte est attachée, et la rainure contre la paroi de l'ame, puis on bourre la Pièce avec des bouchons de vieilles cordes, bien refoulées avec un Levier.

Si on se sert d'un cylindre, il faut y faire une rainure dans laquelle on met aussi une cravatte d'étoupilles.

Lorsque le Clou résiste à l'explosion de la charge forte où on porte le feu par la bouche de la Pièce, il faut cerner le Clou en grattant le cuivre tout autour, y mettre de l'eau-forte, l'y laisser quelques heures, pour qu'elle fasse son effet, puis tirer comme on vient de le prescrire. L'enclouage résiste rarement à ce procédé.

Dans un Mémoire du général la M**., sur les Fontes, il est dit : que les Boulets cassés en tirant des Pièces de Canon, les ont éraflées au point qu'elles ont été hors de service après quelques coups.

On peut présumer de là que si on chargeait des Canons avec des boulets cassés, les érafflemens qu'ils feraient à l'ame les mettraient bien vîte hors de service.

On pourrait durcir le tranchant des boulets cassés, en les faisant rougir et les jetant rouges dans l'eau froide.

On peut, dit-on, mettre totalement une Pièce de Canon hors de service, en la chauffant fortement dans son milieu, portée tout-à-fait à ses bouts sur un appui qui la soutienne en l'air, parce que l'étain du bronze s'échauffe, se fond en peu de tems, et la Pièce se ploie.

NOTE *relative aux Canons de* 24, 16, 12, 8, 4.

(*a*) La longueur de l'ame des anciennes Pièces était pour	12 de 24 8 25 4 26	Calibres.

(*b*) Cette dimension des Pièces de Bataille est de 14 Calibres du Boulet en Prusse, de 16 en Autriche, et de 18 en France.

(*c*) Le résultat qu'on donne ici n'est pas satisfaisant; cet objet paraît demander de nouvelles épreuves.

Les Embases des Tourillons sont coupées parallèlement aux renforts.

Le dessus des Tourillons est à la hauteur de l'axe des Canons dans ceux de Siége, de Place et de Côte en fer. L'axe des tourillons est à $\frac{1}{12}$ de calibre au dessous de l'axe du Canon, dans ceux de Bataille : et à 6 lignes au dessus de l'axe dans les deux Obusiers.

Les Tourillons se logent dans les flasques des $\frac{2}{3}$ dans les Affûts de Siége, de Campagne et d'Obusiers : et des $\frac{3}{4}$ dans les Affûts de Place et de Côte.

Le diamètre de la Lumière est de 2 lignes 6 points pour les Pièces de Siége, de Place, de Côte, de Bataille, pour les Mortiers, Pierriers et Obusiers. Le diamètre de la Lumière pour l'éprouvette est de 1 lig. 6 points seulement. Je crois qu'en 1765 le diamètre de la Lumière avait été fixé à 2 lignes, ce qui valait mieux.

L'ame du fond des Canons est arrondi de $\frac{1}{8}$ du Calibre.

De la Plate-bande de culasse au devant des Tourillons, sont les $\frac{3}{7}$ de la longueur du Canon, et le premier renfort en comprend 2.

Table *relative aux Canons de Siége de*. . .	24 (1)				
	pi.	pouc.	lig.	po.	
Diamètre de l'Ame.		5	7	8	. . .
Vent du Boulet.			1	6	. . .
Diamètre de la grande Lunette et du Cylindre de réception.		5	6	2	. . .
Calibre du Boulet (2).		5	5	9	. . .
Diamètre de la petite Lunette de réception. . . .		5	5	4	. . .
Longueur de l'Ame des Pièces de Siége.	9	6			. . .
(*a*) Longueur de l'Ame des Pièces de Bataille. . .					. . .
Longueur des Pièces de Siége, depuis la Plate-bande de Culasse jusqu'à la Bouche.	9	11	5	4	. . .
(*b*) *Idem* pour les Pièces de Bataille.					. . .
Longueur du Bouton, y compris le Cul-de-lampe des Pièces de Siége.		10	10	8	. . .
Idem des Pièces de Bataille.					. . .
Dimensions des Pièces qui influent sur la justesse du tir. — Pièces de Siége. — Demi-diamètre à la Culasse.		9	»	3	. . .
Idem au plus grand renflement du bourlet.		6	5	5	. . .
Intervalle entre ces diamèt.	9	9	7	7	. . .
Pièces de Bataille. — Demi-diamètre à la Culasse.					. . .
Idem au plus grand renflement du bourlet.					. . .
Intervalle entre ces diamèt.					. . .
Elévation du centre des Tourillons sur la ligne de terre. — Pièces de Siége.	4	»	6		. . .
Pièces de Bataille.					. . .
Pièces de Place (y compris 3 pouces d'épaisseur des semelles de chassis). . . .	5	5			. . .
(*c*) Dilatation du Boulet chauffé rouge cerise. . .				8	. . .
Dilatation du Boulet chauffé rouge blanc.				11	. . .

(1) En l'an 11 on a resserré le vent des Pièces de Siége de 6 points; ainsi le 24 n'a plus que 5 pouc. 7 lig. 2 po. de calibre, ce qui a deux vices majeurs, comme on l'observera par la suite dans l'examen du système de l'an 11, de ne pouvoir charger avec des Boulets fortement rouillés, et de ne pouvoir plus tirer à Boulets rouges.

(2) Dans les Tables, le calibre des Boulets est toujours égal à celui des grandes Lunettes.

	16				12				8				4			
	pi.	pouc.	lig.	po.	pi.	pouc.	lig.	po.	pi.	pouc.	lig.	po.	pi.	pouc.	lig.	po.
. . . . .		4	11	3		4	5	9		3	11			3	1	4
. . . . .			1	6			1				1				1	
. . . . .		4	9	9		4	4	9		3	10	»		3	»	4
. . . . .		4	9	4		4	4	4½		3	9	7½		2	11	11
. . . . .		4	8	11		4	4			3	9	3		2	11	6
. . . . .	9	2			8	8			7	10			6	6		
. . . . .					6	1	11	8	5	4	5	10	4	3	2	
. . . . .	9	6	9	2	9	»	3	11	8	1	9	4				
. . . . .					6	6			5	8			4	6		
. . . . .		9	6	4		8	7	10		7	6	9				
. . . . .						6	6	1		5	9			4	6	6
. . . . .		7	10	10		7	2			6	3	3		4	11	9
. . . . .		5	7	9		5	1	7		4	5	9		3	6	9
. . . . .	9	5	2	1	8	10	10	7	8	»	6	2	6	8		
. . . . .						6	2	9		5	5	3		4	3	8
. . . . .						4	11	2		4	3	8		3	4	10
. . . . .					6	4	6	4	5	6	8	8	4	5		
. . . . .	4															
. . . . .					3	4	6		3	3	6		2	11	6	
. . . . .	5	4	»	3	5	3	9		5	3						
. . . . .				4				3				3				6
. . . . .				9				9				6				9

Table *relative aux Gargousses.*

à Canons de.	24		16		12		8		4		6	
	po.	li.	po.	li.	po.	li.	po.	li.	po.	li.	po.	li.
Diamètre des Mandrins.	5	2	4	6	4	»	3	6	2	9		
Longueur des Mandrins percés suivant l'axe.	18	»	15	»	14	»	13	»	12	»		
Largeur du Papier, y compris le développement de la circonférence du Mandrin et le recouvrement.	17	8	15	5	13	4	12	11	9	8		
Hauteur du Papier, compris le recouvrement du Culot.	17	8	14	»	14	»	11	»	10	»		
Hauteur du recouvrement du Sac.	1	5	1	3	1	1	»	11	»	9		
Hauteur du recouvrement du Culot.	1	2	1	»	»	10	»	8	»	6		
Hauteur de la charge de Poudre.	11	2	8	6	8	2	7	4	6	2		
Hauteur du Papier pour les charges d'exercice.	10	»	9	»	8	»	7	»	6	»		

GRAINS DE LUMIÈRE.

Les Grains de Lumière se tirent d'un Barreau de cuivre rosette, corroyé au martinet à 8 pans.

Le Canal de Lumière qu'on y fore est de 2 lignes 6 points pour tous.

Bouches à feu.	Poids du Grain prêt à être tourné.		Poids de la partie du Grain restant dans la Pièce.		Poids moyen du Barreau qui fournit 2 Grains.	
de 24.	13 liv.	8 on.	6 liv.	4 on.	50 liv.	» on.
— 16.	12	8	6	4	46	»
— 12.	9	»	4	4	26	»
— 8.	8	12	4	»	22	8
— 12 de campagne. . .	8	8	3	12	22	8
— 8.	8	4	3	8	20	8
— 4.	6	4	3	»	19	4
d'Obusiers.	8	8	3	12	22	8

Table *relative aux Canons de.* ....

Anciens Canons. Poids.
Nouveaux Canons. Poids des Pièces de Siége.
Nouveaux Canons. Poids des Pièces de Bataille.
Poids des Masselottes des Pièces de Siége.
Idem des Pièces de Bataille.
Poids des Cylindres de réception.
Poids du Boulet.
Poids réel des Boulets battus.
Charges d'Ecole (1 quart du poids du Boulet) ordinaire.
Charges de Guerre (1 tiers du poids du Boulet) ou de.
Charges en tirant à Cartouche (1 quart liv. de plus qu'en tirant à Boulet).

Charges d'épreuve, suivant l'Ordonnance de 1769.	Pièce de Siége.	2 coups à $\frac{1}{3}$ du poids du Boulet.
		2 coups aux $\frac{2}{3}$ d'*idem*.
	Pièces de Bataille.	2 coups à.
		2 coups à.

But en blanc primitif, la Pièce chargée au tiers du poids du Boulet (déterminé par M. Le Brun).
Portée à l'angle de 45°.

Prix en 1785	des Pièces (1).
	de façon à Strasbourg.
	de façon à Douai.

Prix de façon pour les 2 Fonderies en l'an 8	pour Canon de Siége.
	pour Canon de Bataille.
Prix de façon en 1808.	pour Canon de Siége.
	pour Canon de Bataille.

50 Bouchons en foin pèsent (liv.).

---

(1) On doit estimer que les Pièces toutes faites coûtaient à raison d'environ 36 sols la livre en 1785.

On a cru devoir mentionner encore l'ancien prix des façons, pour démontrer, au moins par un exemple non équivoque, qu'il ne faut pas croire au dire des entrepreneurs, qui se fondant sur d'anciens prix et sur ceux des matières donnés par le commerce, demandent des augmentations dans le prix des objets qu'ils fabriquent. Les prix du commerce établis dans leurs livres, sont le plus souvent des prix de convention et conditionnels.

	24		16		12		8		4	
	liv.	on.	liv.	on.	liv.	on.	liv.	on.	liv.	on.
. . . .	5400		4200		3200		2100		1150	
. . . .	5628		4111		3184		2175			
. . . .					1808		1186		590	
. . . .	5100		2600		1800		1200			
. . . .					1235		950		550	
. . . .	145		115		98		80		55	
. . . .	24		16		12		8		4	
. . . .	24 (1)	8	16	6	12	4	8	3	4	2
. . . .					2	8	2		1	
. . . .					4		2	8	1	8
. . . .					4	(2) 4	2	12	1	12
. . . .	8		5	5	4					
. . . .	16		10	10						
. . . .					4		2	5	1	5
. . . .					5		3	5	2	
. . . .	300 tois.		260 tois.		240 tois.		220 tois.		200 tois.	
. . . .	2250		20[illegible]0		1870		1660		1520	
. . . .										
. . . .	850 fr.		750 fr.		450 fr.		375 fr.		250 fr.	
. . . .	950		850		450		400		300	
. . . .	1200		1065		870		540			
. . . .					645		510		360	
. . . .	648,0		574,56		469,80		288,0			
. . . .					347,76		277,56		199,80	
. . . .	13 liv.		11		8		7		6	

(1) On va voir dans une Table ci-après relative aux Canons de Côte, et extraite, comme les autres, des Tables imprimées, que le Calibre du Boulet pour le même Calibre est plus petit, et le poids estimé plus fort. Voici les raisons présumées de ces variations. La Marine donne plus de vent à ses Boulets pour avoir plus de facilité de charger. L'inégalité de poids des Boulets provient de ce que ceux de terre sont estimés à un poids un peu trop faible ; ce qu'on peut attribuer à la qualité de la fonte qu'on a employée aux épreuves, pour l'évaluation des poids, qui était plus légère que celle dont s'est servie la Marine. Les Pièces de Côte peuvent toujours employer le Boulet pour l'Artillerie de terre.

(2) Les grandes Tables mettent 4 livres et demie.

Table *relative aux Canons de Côte.*

La Terre ne reconnaît pour ses Calibres que le 36, 24, 16 et 12 ; les autres Calibres proviennent de la Marine.

Canons	Calibres des Pièces.			Diamètre de la grande Lunette.			Diamètre de la petite Lunette.			Poids des Canons.	Poids des Boulets.	
	po.	li.	p.	po.	li.	p.	po.	li.	p.	liv.	liv.	ou.
de 36.	6	5	6	6	3	9	6	2	9	7190	37	8
— 24.	5	7	8	5	5	10	5	4	10	5116	25	»
— 18.	5	1	6	5	»	»	4	11	»	4212	18	12
— 16.	4	11	3	4	9	9	4	8	11	3880		
— 12.	4	5	9	4	4	3	4	3	3	3272	12	8
— 8 long. . .	3	11	»	3	9	9	3	8	9	2382	8	8
— 8 court. . .	*Idem.*			*Idem.*			*Idem.*			2056	*Idem.*	
— 6 long. . .	3	6	8	3	5	5	3	4	8	1733	6	4
— 6 court. . .	*Idem.*			*Idem.*			*Idem.*			1530	*Idem.*	
— 4 long. . .												
— 4 court. . .												

De quelques Dimensions des Canons.

Les 2 Tables suivantes, p.512, sont celles des dimensions des Canons dont on a besoin pour la construction de leur Affût. L'une est relative au Canon qu'on emploie dans le service de terre, l'autre dans le service de mer. On a mis cette dernière, parce que le Canon de la marine sert à la défense des Côtes, et que l'Artillerie de terre construit les Affûts qui leur sont nécessaires.

Dans la première dimension, qui est la longueur de la plate-bande de culasse jusques derrière les tourillons, cette plate-bande y est comprise.

Dans la seconde dimension, qui est le diamètre derrière les tourillons, les embases sont comprises.

Notes sur la Réception des Bouches à feu (1).

On met à froid le Grain de Lumière, qui doit être de cuivre rouge corroyé au martinet, aux Canons, aux Obusiers et aux Mortiers (par décision du Ministre, du 9 nivose an 5.) Avant cette décision la Lumière des Mortiers se perçait dans le métal même des Mortiers.

(2) Les Canons, les Obusiers, les Mortiers de 8 pouces; de 10 pouces à petite portée et l'Eprouvette, sont coulés pleins, et forés ensuite.

Les Mortiers de 10 pouces à grande portée, ceux de 12 pouces et les Pierriers seront coulés à noyau. Par décision du Ministre, du 25 mars 1791, ceux à la Gomer le sont aussi.

Les Pièces sont coulées par la volée.

On grave le nom de la Pièce sur la volée; celui du fondeur, l'année de la fonte sur la plate-bande de culasse; le poids de la Pièce, et un n°. sur le profil des tourillons.

L'Ame des Pièces doit être forée concentriquement, sans ondes ni coups de forêt. Les Pièces seront rebutées pour chambre de 1 ligne et demie de profondeur dans l'ame, et de plus de 2 lignes à la surface extérieure.

On éprouve les Canons, les Mortiers et les Obusiers à un calibre de 10 points au dessous du calibre de réception. Après l'épreuve, on passe le foret pour les mettre au vrai calibre, et alors les Canons sont rebutés, s'il reste le moindre vestige d'enfoncement du Boulet, et les autres Bouches à feu sont rebutées pour des enfoncemens de plus de 6 points dans les parois de l'ame, si les chocs et les pressemens de la Bombe et de l'Obus ont occasionné dans l'ame une dilatation de plus de 3 points; et si des vis masquent des chambres intérieures ou extérieures.

Après l'Epreuve du Tir, une Pièce est rebutée pour la moindre gerçure ou petite fente extérieure qui n'aurait pas été reconnue par l'examen fait avant le Tir.

Les Pièces qui font eau dans quelque partie que ce soit de la longueur, lors de l'Epreuve de l'eau, sont rebutées, à l'exception de celles qui ne laissent voir que de l'humidité entre le grain de lumière et le métal; mais si l'eau coule en cet endroit, le Fondeur est obligé de mettre un autre grain, et la Pièce subit une seconde épreuve.

Après l'Epreuve de l'eau, on passe le dernier foret.

Aux Pièces de Canon vérifiées et éprouvées, on passe le chat; et l'on s'assure s'il n'y a pas de chambres plus profondes que celles qu'on doit tolérer.

On ne passe aucune variation sur la position des Tourillons, qui doivent être exactement d'équerre avec l'axe de la Pièce.... sur la saillie des embases...

---

(1) On trouvera vers la fin de l'Ouvrage l'Instruction détaillée pour la Réception des Bouches à feu.

(2) Il est nécessaire de supprimer l'espèce de console qu'on a mise sous la lumière pour soutenir la poudre de l'amorce, parce que depuis qu'on met des grains de lumière, cette console étant rapportée et vissée au Mortier, ne peut soutenir l'effort du tir et s'en détache. On fera à la place un petit creux en onglet de 6 lignes de corde et 4 lignes de flèche, qui suffira à contenir la poudre nécessaire pour mettre le feu aisément au Mortier.

Dimensions des Canons nécessaires

Canons pour le service de terre.	Longueur de la plate-bande jusques derrière les touril-lons.				Diamètre derrière les tourillons.				Diamètre à la plate-bande.			
	pi.	pouc.	lig.	po.	pi.	pouc.	lig.	po.	pi.	pouc.	lig.	po.
24.	3	9	8	11	1	2	6	9	1	6	»	6
16.	3	8	5	»	1	»	7	7	1	3	9	7
12 long. . .	3	6	1	1	»	11	5	10	1	2	4	1
12 court. . .	2	6	5	3	»	11	5	6	1	»	5	6
8 long. . . .	3	2	1	5	»	10	»	4	1	»	6	6
8 court. . .	2	2	6	»	»	9	11	»	»	10	10	6
4 long. . . .												
4 court. . .	1	9	1	8	»	7	11	»	»	8	7	4

Pour le 24 court, les Canons de 6 et de 3. Voyez leur table page 520.

Canons pour le service de la marine.	pi.	pouc.	lig.	po.	pi.	pouc.	lig.	po.	pi.	pouc.	lig.	po.
36 (1). . . .	3	5	6	»	1	7	2	6	1	10	11	»
24.	3	3	6	5	1	4	7	»	1	8	3	»
18.	3	1	5	6	1	3	5	»	1	6	10	6
12.	2	11	6	3	1	1	5	»	1	4	8	»
8 long. . . .	3	2	6	»	1	»	8	»	1	2	7	»
8 court. . .	2	7	11	»	1	»	7	»	1	2	7	»
6 long. . . .	2	8	8	4	»	10	8	6	1	1	5	»
6 court. . .	2	5	2	8	»	10	7	6	1	1	5	»
4 long. . . .	2	2	6	4	»	10	7	»	»	11	9	5
4 court. . .	1	11	6	4	»	10	6	»	»	11	9	5

NOTA. Cette table est d'après la table des dimensions données par M. Monge, sur la fabrication des Canons.

NOTA. La table suivante est faite d'après les tables de construction de l'artillerie sur les plus gros Canons de la marine, car il y en a de 2 espèces, les uns allezés et non tournés, et les autres coulés pleins et allezés : les tourillons sont les mêmes.

36.	3	10	10	»	1	7	1	»	1	10	6	»
24.	3	7	»	»	1	5	»	»	1	8	9	»
18 et 16. . .	3	8	»	»	1	2	3	»	1	6	3	»
12.	3	6	»	»	1	1	3	»	1	4	»	»

(1) La Culasse doit, aux Pièces de la marine, l'emporter sur la volée de $\frac{1}{55}$ de la pesanteur du Canon, non compris les tourillons, le poids étant suspendu à la bouche, et les tourillons pesant sur l'arête de deux barres de fer. Cet excès de pesanteur est de $\frac{1}{39}$ dans les Pièces de bronze pour le service de terre.

à la Construction de leur Affût.

	Longueur et Diamètre des tourillons.			Longueur totale des Canons.			
	pouc.	lig.	po.	pi.	pouc.	lig.	po.
. . . .	5	5	4	10	10	5	8
. . . .	4	9	2	10	4	4	8
. . . .	4	4	9	9	9	1	5
. . . .	4	4	9	7	»	7	1
. . . .	3	10	»	8	9	5	4
. . . .	3	9	5	6	1	9	»
				4	10	6	6
. . . .	3	»	4				

	(2)			(3)				Diamètre des Boulets de la marine.		
	pouc.	lig.	po.	pi.	pouc.	lig.	po.	po.	lig.	po.
. . . .	6	7	6	10	»	1	»	6	3	»
. . . .	5	9	6	9	5	3	»	5	5	4
. . . .	5	3	6	8	10	3	»	4	11	6
. . . .	4	8	»	8	2	11	6	4	4	»
. . . .	4	1	»	8	7	10	»	3	9	6
. . . .	4	1	»	7	5	10	»			
. . . .	3	8	8	7	7	1	»	3	5	2
. . . .	3	8	8	6	9	1	4			
. . . .	3	3	4	6	»	1	11			
. . . .	3	3	4	5	2	10	»			

(2) Dans les Canons de fer de la marine, les tourillons ont 2 lignes de plus que le calibre des Pièces.

(3) Dans les Canons de la marine, ôtez 2 calibres, on aura la distance de la plate-bande à la tranche de la bouche.

sur la coupe des embases qui doit accompagner par-tout une règle posée d'un bout à l'extrémité de la plate-bande de culasse, et de l'autre à l'extrémité des embases du côté de la volée. . sur la position de la lumière du côté du fond de l'ame.

On passe 3 points de variation : sur la distance de l'extrémité de la saillie d'une embase à celle de l'autre, du côté de la volée contre les Tourillons ; cette distance comprend l'épaisseur des 2 embases et le diamètre extérieur de la Pièce, pris au même point... sur le diamètre des Tourillons en dessous, rien en dessus ; il est égal à celui du Boulet... sur le diamètre extérieur de l'ame en dessus, rien en dessous.

On passe 6 points de variation : sur la longueur depuis la tranche de la bouche jusqu'à la plate-bande de culasse, en dessous et en dessus... sur la profondeur de l'ame, en dessus et en dessous... sur la longueur des renforts, celle des moulures et leur emplacemens... sur la longueur, depuis l'extrémité de la plate-bande de culasse jusqu'au devant des Tourillons... sur la largeur des embases, en dessus et en dessous... sur la position de l'axe des Tourillons, qui doit être à un douzième de diamètre du Boulet au dessous de l'axe du Canon dans les Pièces de bataille, et à $\frac{1}{2}$ calibre du Boulet au dessous de l'axe du Canon dans les Pièces de siége... sur la longueur des Tourillons, mesure prise au dessus de leur cintre ; cette longueur est égale au diamètre du Boulet... sur le diamètre des différentes parties des Pièces.

On passe une ligne de variation : sur les dimensions du bouton... sur la position extérieure de la lumière.

On passe une ligne et demie de variation : sur la position intérieure de la lumière du côté de la volée.

Les Mortiers coulés à noyau étaient fondus aux frais et au compte du Gouvernement, qui payait au fondeur le prix convenu, pourvu que les chambres ou sifflets intérieurs ou extérieurs, n'eussent pas plus de 2 lignes. S'ils avaient plus, le Gouvernement payait la moitié du prix convenu : et rien, si ces défauts étaient plus considérables.

On éprouve les Mortiers en tirant 4 coups à chambre pleine, dont 2 pointés à 30°. et 2 pointés à 60°.

L'Alliage de la matière des Bouches à feu, est de 11 liv. d'étain sur 100 liv. de cuivre. MM. Poitevin ont diminué cette proportion quelquefois, et ont réduit l'étain jusqu'à 6 à 7 livres par 100, sur-tout en coulant les Pièces de petit calibre.

Un officier d'Artillerie assiste à la charge des fourneaux de chaque fonte ; il tient un état de la quantité de chaque espèce de métal neuf ou vieux.

AFFUT MARIN.

On peut être obligé de faire, pour les Pièces en fer des Côtes, des Affûts marins à défaut d'Affût de Côte : comme leurs dimensions ne se trouvent pas dans les Tables d'Artillerie, on va donner ici les principales qui peuvent suffire pour en faire construire, parce qu'on suppléera aisément aux détails, quand on aura quelque idée des constructions d'Artillerie, sur-tout pour les Ferrures.

Le propre de cet Affût est d'être bientôt construit, de ne pas avoir besoin d'habiles ouvriers, de consommer peu de bois pour les forts calibres et peu de fer : il ne faut que 11 à 12 solives; ses défauts sont d'être difficile à manœuvrer, d'exiger une plate-forme, d'exposer les hommes, parce qu'il faut presque toujours faire des Batteries sans merlons, le champ de feu devant être d'une très-grande étendue.

La hauteur de cet Affût a été réglée de façon à pouvoir pointer, à couler bas, en tirant au vent à la distance de 2 encablures; ainsi tant que l'élévation de la Batterie n'excédera pas de beaucoup la hauteur d'un bâtiment de la ligne de flotaison au haut, il sera inutile de pouvoir donner plus de plongée à la Pièce sur son Affût.

Les Flasques sont également épais, sont de 2 pièces assemblées par des goujons et un cran, sont en orme, ainsi que les entre-toises et les roulettes, pour que le boulet qui les frappe cause moins d'éclats. On dégorge en arc le dessous du flasque, et on le coupe en 4 degrés carrément en arrière pour les alléger, ce qu'on appelle *en Adents*. Les Roulettes de devant ne doivent pas déborder le devant des flasques.

Le centre des tourillons répond verticalement au derrière de l'essieu de devant;

Et la verticale du vif de la plate-bande de culasse tombe aux $\frac{4}{5}$ de la largeur de l'essieu de derrière en partant de l'avant de l'essieu.

Les essieux sont en chêne.

L'entre-toise affleure, par sa face antérieure, la ligne menée par le bord de l'encastrement des tourillons au derrière de l'essieu de devant.

Affûts marins de. . . . .

Ecartement des Flasques intérieurement devant les Tourillons. . . . .
——— à la Plate-bande de Culasse . . . .

Cadre. { Longueur. . . . .
Hauteur. . . . .
Epaisseur. . . . . }

Distance de la tête d'Af. à l'encastrement des Tourillons encastrés des $\frac{2}{3}$ . . .

Entre-toise d'épaisseur égale à celle du Flasque, et embrevée d'un pouce. { Hauteur. . . . .
Distance du dessus à celui du Flasque. . . . . }

Essieu de devant. { Longueur du Corps. . . . .
Epaisseur *idem*. . . . .
Hauteur *idem*. . . . .
Longueur des Fusées. . . . .
Diamètre d'*idem*. }

Essieu de derrière. { Longueur du Corps. . . . .
Epaisseur d'*idem*. . . . .
Hauteur d'*idem*. . . . .
Longueur des Fusées. . . . .
Diamètre d'*idem*. . . . .
Distance au bout des Flasques. . . . . }

Grand diamètre des Roulettes. . . . .
Epaisseur : au trou sur la largeur d'un pouce, égale à celle du Flasque, diminue ensuite jusqu'à 6 lignes du bord, où elle a. . . . . . .

Ferrures.

2 Chevilles à tête ronde, traversant les flasques perpendiculairement à son dessus, à 2 pouces de l'adent de derrière.

2 Chevilles à tête carrée vont du dessus du second adent au-dessous de l'essieu de derrière.

2 Chevilles à tête plate, à 4 pouces 3 lignes ou 4 pouces du derrière de l'encastrement des tourillons... 2 Clavettes pour ces chevilles.

2 Chevilles à mentonnet, répondant au milieu de l'essieu de devant, distantes de 4 pouces 6 lignes à 4 pouces du devant du haut des flasques.

Toutes les Chevilles sont rivées ou retenues par des clavettes, mais il vaut mieux y employer des écrous.

	36		24		18 ou 16		12		8		6		4	
	po.	li.	po.	li.	po.	li.	po.	li.	po.	li.	po.	li.	po.	li.
. . . .	19	10	17	2	16	»	14	»	13	3	11	3	11	1
. . . .	23	8	21	»	19	7	17	4	15	3	14	1	12	5
. . . .	65	6	61	6	58	6	55	6	56	»	49	6	41	6
. . . .	25	»	22	6	20	»	18	»	16	6	15	3	14	6
. . . .	5	9	5	3	4	9	4	3	3	9	3	3	3	»
. . . .	8	6	8	»	7	6	7	»	6	6	6	»	5	3
. . . .	15	»	12	6	10	6	9	6	9	»	8	10	7	9
. . . .	7	6	6	8	6	6	5	9	4	9	4	10	4	6
. . . .	35	»	32	»	29	»	26	»	23	»	21	»	20	»
. . . .	7	»	6	6	6	»	5	6	5.	»	4	6	4	»
. . . .	9	»	8	6	8	»	7	6	7	»	6	6	6	»
. . . .	10	6	9	6	9	»	8	6	7	6	7	»	6	6
. . . .	5	9	5	3	4	9	4	3	4	»	3	7	3	4
. . . .	39	»	36	»	33	»	29	»	26	»	24	»	22	»
. . . .	7	»	6	6	6	»	5	6	5	»	4.	6	4	»
. . . .	12	»	11	»	10	»	9	»	8	»	7	»	6	»
. . . .	*Idem* qu'à celui de devant.													
. . . .														
. . . .	6	3	6	»	6	»	5	6	5	6	4	6	4	6
. . . .	17	»	15	9	14	6	13	3	12	6	10	9	9	6
. . . .	5	1	4	6	4	2	3	8	3	3	2	10	2	7

Suite des Ferrures.

2 Clous rivés, à 18 lignes du dessus des flasques et à 18 lignes en avant des Chevilles à mentonnet pour empêcher les flasques de se fendre... 2 Contre-rivures.
1 Boulon d'assemblage, traversant les flasques et l'entre-toise.
10 Rondelles pour la tête des 8 Chevilles et 2 pour le Boulon.
10 Rosettes et 11 Ecrous pour mettre au bout des Chevilles.
4 Viroles de bout de fusée.
4 Esses d'essieu.
2 Susbandes, 2 Pitons, 2 Chaînettes et 2 Clavettes.

NOTES *pour la page* 520.

(*a*) On n'a pas parlé dans ces Tables de la Pièce de 24 long de l'an 11, parce qu'elle était si bizarre qu'on n'a pas osé même en faire couler. Au lieu de la longueur de 9 pieds 11 pouces 5 lignes qu'ont les Pièces de 24 ordinaires de la Plate-bande de Culasse à la bouche, on ne leur avait donné que 8 pieds 6 pouces 3 lignes; mais on avait prolongé l'ame de la Pièce jusqu'à 9 pieds 3 pouces 4 lignes par un cylindre de 14 pouces 4 lignes de longueur et de 10 $\frac{1}{2}$ pouces de diamètre, qu'on nommait parasouffle; ce qui faisait que la longueur de la pièce de la Plate-bande à la tranche du parasouffle était de 9 pieds 8 pouces 7 lignes. Ce raccourcissement de 3 pouces sur l'ancien Canon de 24, était peu de chose, et ne donnait ni avantage, ni inconvénient sensible; mais ce parasouffle qui amincissait la Pièce dans une partie souvent frappée intérieurement par son boulet; mais cet arrêt que fait la saillie de la tulipe quand le parasouffle est entré de travers dans l'embrasure, et qu'on veut mettre la Pièce en batterie, ce qui expose à dégrader souvent la chemise de l'épaulement; mais la faiblesse du Canon dans cette partie du bout souvent exposée à de grands chocs dans les manœuvres, ce qui a nécessité determiner les Canons en bourrelets tels qu'ils sont aujourd'hui, ont fait abandonner cette bizarrerie. On s'est contenté de faire le Canon de 24 sans moulures, mais en sorte que ce Canon et l'ancien vont sur le même affût. On verra par la suite si on doit revenir à faire des renforts par ressauts. On n'a pas aplati le haut du bouton pour y appliquer le quart de cercle dans le pointement, parce qu'on ne se sert pas de quart de cercle, etc. Le bouton est aplati aussi dans le 24 court, et dans l'une et l'autre Pièce, après le collet, il a la forme cylindrique.

Au reste, on disait que ce Canon ne devait peser que 4510 livres et sa masselotte 2554; mais si cette diminution était réelle, les longueurs étant à-peu-près les mêmes, les épaisseurs étaient trop faibles pour une pièce qui pèche déjà par son peu de durée.

La longueur de l'ame jusqu'à la tranche du parasouffle était de 9 pieds 3 pouces 4 lignes. Le calibre du parasouffle était de 8 pouces, et celui du Canon de 5 pouces 7 lignes 2 points. Le fond du parasouffle se raccordait avec l'ame de la Pièce par un arc.

La Plate-bande de Culasse dans le 24 court ayant une saillie plus forte que les embases, on l'a réduite en retranchant à la Pièce, en cet endroit, un segment vertical ayant 6 lignes 7 points de flèche, ce qui évite encore de donner un trop grand écartement aux Flasques.

Au 24 long et au 24 court, on enlève encore un segment à la Plate-bande de Culasse à l'endroit où doit porter la vis de pointage.

La différence du 12 de campagne en usage au 12 de campagne de l'an 11, est, pour la longueur de la Plate-bande au derrière des tourillons, de 5 lignes 10 points; pour le diamètre derrière les tourillons, embases comprises, de 1 pouce 5 lignes 11 points; pour le diamètre à la Plate-bande, de 7 lignes 9 points: l'ancien Canon a ces différences en plus, ce qui fait que ne pouvant être placé sur l'affut de 12 nouveau, on n'en a pas construit; Sa Majesté ayant observé qu'il ne pouvait entrer sous le sens commun de rendre inutiles 600 canons de 12 neufs existans.

L'axe des Tourillons est au-dessous de l'axe de la Pièce :
De 2 lignes, dans le 24, 6 long et dans l'obusier ;
De 1 ligne 6 points, dans le 6 court, 6 et 3 de montagne.

La longueur de l'ame est
De 11 calibres du boulet dans le 6 et 3 de montagne ;
De 17 calibres dans le 6 court, 12 court ;
De 22 calibres (moins $\frac{1}{4}$) dans le 6 long et 12 long ;
De 16 dans le 24 court.

(*b*) Le calibre de 24 était et doit être de 5 pouces 7 lignes 8 points, et non de 5 pouces 7 lignes 2 points, pour pouvoir tirer avec des Boulets fortement rouillés et à boulet rouge. En l'an 11, on a voulu réduire le vent des Pièces de siége comme M. de Gribeauval l'avait réduit aux Pièces de campagne, sans songer à la raison qui s'y était opposée en 1765, et qui existait encore. Voyez l'examen du prétendu système.

(*c*) *Pièce de* 3 *pour Montagne fondue à Turin, et éprouvée le* 20 *Juillet* 1807.

Demi-diamètre à la Plate-bande de Culasse.	2 po.	11 li.	3 p
———————— au plus grand renflement du Bourlet. . . .	2	7	»
Intervalle entre les 2 diamètres.	2	6	6

Angle du diamètre avec l'horizon, ligne de mire horizontale, 40 minutes.
Poids, 80 kilog.
Longueur, 11 calibres.
Epaisseur à la Culasse. . . . . 16 lig.
——— à l'Astragale. . . . . 8 $\frac{1}{2}$
Poids de l'Affût. . . . . 102 kil.
Plus, 2 Sacs en cuir, contenant 10 kil. l'un.
Portées de but en blanc sur 10 coups à $\frac{1}{4}$ du poids du boulet, 235,9 t.
Recul, 12,82 pi.
Portées de but en blanc sur 10 coups à $\frac{1}{3}$ du p. du boulet, 256,0 l.
Recul, 15,52 pi.

Poussée à bout, cette Pièce, tirée à 1 livre, les coups de minute en minute, a crevé au 640e coup au 624e, elle était hors de service par des éraillemens qui commencèrent à l'astragale, et s'étendirent vers la bouche et jusqu'à 4 pouc. de l'axe des tourillons : ces éraillemens se montrèrent après 574 coups.
A 20°. sous l'horizon, l'affût se culbute.
Cette Pièce ne paraît pas devoir être rejetée, si de nouvelles épreuves constatent celle-ci. Cependant Sa Majesté a ordonné de refondre les 30 qu'on avait coulées.

Table *relative aux Canons de l'an* II.

Calibres de.		24 (*a*) court.			
		pouc.	lig.	p.	
Calibre du Canon, ou diamètre de l'ame.		(*b*) 5	7	2	. . . .
Diamètre de la grande Lunette.		»	»	»	. . . .
Diamètre du Boulet.		»	»	»	. . . .
Diamètre de la petite Lunette.		»	»	»	. . . .
Longueur de l'ame.		88	10	8	. . . .
Longueur de la Plate-bande à la tranche de la bouche.		92	8	11	. . . .
Longueur totale des Canons.		102	2	11	. . . .
Dimensions des Canons nécessaires à la construction de leurs Affûts.	Longueur de la plate-bande jusqu'au derrière des tourillons.	37	2	4	. . . .
	Diamètre derrière les tourillons, embases comprises.	12	5	10	. . . .
	Diamètre à la plate-bande.	15	7	»	. . . .
	Longueur des tourillons, égale à leur diamètre.	4	9	2	. . . .
Poids des Canons.		2850 liv.			. . .
—— des Masselottes		»	»	»	. . .
Charge des Canons à Boulets		»	»	»	. . .
—— des Canons à Cartouches		»	»	»	. . .
Prix des Canons en 1808 (pour la façon).		574,56 fr.			. . .

	6 long.	6 court.	6 de Montagne.	3 de Montag. (*c*).	12 long.	12 court.
	po. lig. p.	po. lig. p.	po. lig. p.	po. lig. p.	po. lig. p.	po. lig. p.
. . . . . .	3 6 6	0,096	*Idem.*	2 9 5	4 5 9	*Idem.*
. . . . . .	3 5 10½	0,09464	*Idem.*			
. . . . . .	3 5 6	0,094	*Idem.*	2 8 5	4 4 9	
. . . . . .	3 5 1½	0,09294	*Idem.*			
. . . . . .	75 » 9	58 9 6	38 0 6	29 8 7	100 » 1	74 8 9
. . . . . .	77 10 9	61 4 11	40 5 6	31 » 7	103 6 1	77 11 3
. . . . . .	83 1 »	66 7 2	45 7 9	35 1 2	109 11 1	84 4 3
. . . . . .	31 9 »	24 » 3	15 1 2	13 2 »	42 » 4	30 11 1
. . . . . .	8 4 »	8 1 »	*Idem.*	5 3 1	11 5 10	10 1 7
. . . . . .	10 3 »	9 4 7	8 11 1	5 10 6	13 « 1	11 9 9
. . . . . .	3 5 6	*Idem.*	*Idem.*	2 8 5	4 4 9	*Idem.*
. . . . . .	1158 liv.	790 liv.	460 liv.	160 liv.	2040 liv.	1530 liv.
. . . . . .	710	858	776	327	1020	1327
. . . . . .		2	2	12 onc.		
. . . . . .		2 l. 4 on.		15		
. . . . . .		238,50 fr.	126,0 fr.	64,0 fr.		

DES MORTIERS-COMMINGES.

Les Mortiers à lancer des Comminges avaient des Affûts de bronze pesant 3600 livres. Le calibre de ces Mortiers était de 18 pouces 4 lignes, la profondeur de l'Ame de 27 $\frac{1}{2}$ pouces. La Chambre poire avait 13 pouces de longueur, 7 $\frac{1}{7}$ pouces au plus large et 5 $\frac{1}{2}$ en haut. Le métal autour de la chambre avait 7 pouces $\frac{1}{7}$: elle contenait 12 livres de poudre. Le poids du Mortier était de 5200 livres. La Bombe avait 17 pouces 10 lignes de diamètre : l'épaisseur du fer était de 2 pouces, celle du Culot de 2 pouces 10 lignes; elle pesait 500 livres : elle pouvait contenir 48 livres de poudre, et 12 livres suffisaient pour la faire éclater. Les 2 Mortiers et leurs 3000 Bombes qui étaient en France (à Metz), ont été refondus dans la révolution.

DE L'ÉPROUVETTE.

L'Eprouvette, chargée de 3 onces de poudre neuve, doit porter son globe à 112 toises (225 mètres), et chargée de 3 onces de poudre radoubée, le porter à 105 toises (210 mètres). Depuis quelques années, les Poudres qu'on fournit ont des portées beaucoup plus fortes. Il faut, dans les épreuves, se servir d'étoupilles pour amorcer; car, en se servant de poudre, et en dégorgeant, on peut en faire entrer dans la chambre, et augmenter ainsi la portée.

Plateau ou Plate-forme de l'Eprouvette, pèse 120 liv.

1 Plate-forme de chêne, ayant dans le milieu un embrèvement d'un pouce de profondeur, où se loge la plaque de Mortier.

4 Bandes de renfort.

4 Anneaux à patte coudée; 2 à trou carré, 2 à trou rond, leur patte sert de rosette sous la tête et l'écrou des 2 boulons qui traversent la plate-forme pour les contenir; il y en a de chaque côté une à trou carré et une à trou rond.

2 Boulons, 2 écrous d'idem.

Tire-fond à clef pour le Globe de l'Eprouvette.

1 Boulon du Tire-fond... 1 Clef de Tire-fond.

La tête du Boulon est en champignon de 2 lignes de flèche; elle est percée au milieu d'un trou conique de 3 lignes de hauteur et de diamètre à sa base pour recevoir un petit cône renversé qui fait partie de la clef et sert à l'assurer dans sa position. Le cylindre que forme la tête est entaillé pour recevoir les dents de la clef qu'on introduit dans l'entaille ou rainure au moyen de 2 coulisses diamètralement opposées, pratiquées dans l'épaulement de l'entaille. Cette entaille ne fait pas le tour entier; 2 appuis de 2 lignes d'épaisseur s'opposent à ce que la clef fasse plus d'un quart de révolution autour du Boulon.

On faisait peu ou point d'usage de ce Tire-fond à clef. Dans celui dont on se servait, le Boulon et la clef tenaient ensemble, et le trou du globe restait vide, ce qui était vicieux. Dans le nouveau Réglement sur les Poudres, du 17 Germinal an 7, on a conservé ce Tire-fond avec sa clef d'une seule pièce, et on insère dans le tir, à sa place, un Boulon taraudé ayant un cran à la tête comme dans une vis de fusil. Cette innovation a, je crois, trois défauts; le premier, c'est que les bords de ce cran ou de cette fente en tombant, se refouleront, et empêcheront le tourne-vis de pouvoir le retirer tout de suite; le

second est que l'opération de revisser ce Boulon quand le globe est dans l'ame de l'Eprouvette, retient le Canonnier devant la Bouche à feu chargée, ce qui est une position sujette à accident et qu'il faut toujours abréger. Le 3e., c'est de nécessiter 3 attirails pour cette opération, le Tire-fond, le Boulon, le Tourne-vis pour le Boulon. Le Tire-fond à clef était plus simple.

Il me semble que c'est improprement qu'on a donné le nom de Plate-forme à ce madrier dans lequel on encastre la plaque de l'Eprouvette. On devrait l'appeler Semelle; car l'Eprouvette ainsi montée se place encore sur une Plate-forme horizontale quelquefois en maçonnerie, mais qu'on fait toujours très-solide, et qui a sur chaque côté une pièce de bois nommée Coulisse servant à contenir et à diriger promptement l'Eprouvette; on a supprimé ces Coulisses dans le Réglement sur les Poudres de l'an 7, ou du moins, comme on n'en a pas fait mention, il se trouve supprimé par oubli. On donnera le précis de ce Réglement à l'article POUDRE.

Dimensions des Fusées des Grenades à main.

Diamètre au gros bout	10 lig.
——— à 1 demi-pouce en dessous	7
——— au petit bout	6
Longueur de la Fusée	30
Diamètre de la Lumière	2

TABLE *relative aux Mortiers anciens, depuis 1765.*
Pierriers et Eprouvettes.

Mortiers de	12 pouces.		
	po.	lig.	p.
Calibre ou diamètre de l'ame.	12	»	»
Profondeur de l'ame (égale à $1\frac{1}{2}$ calibre du Mortier. .	18	»	»
Diamètre de la chambre cylindrique (les angles du fond arrondis).	4	8	»
Profondeur de la chambre.	5	6	»
Vent de la Bombe.	»	1	6
Diamètre de la grande Lunette de réception.	11	10	6
Diamètre vrai de la Bombe (égal au moyen arithmétique entre les diamètres des Lunettes.			
Diamètre de la petite Lunette de réception.	11	9	6
Diamètre des tourillons (1).	8	»	»
Longueur des tourillons.	6	»	»
Distance des embases.	17	1	6
Saillie des embases.	1	2	8
Poids du Mortier.	3150 liv.		
—— de la Masselotte.	3200		
—— de la Bombe vide.	147		
Charge de la Bombe pleine.	17		
——— suffisante pour faire éclater la Bombe.	(e) 5		
——— du Mortier à chambre pleine, sans Bombe. . .	3 l. 7 on.		
———————— Bombe placée. .	3 2		
Portée du Mortier à 45°.	1200 tois.		
Prix de façon à Strasbourg en 1785.	500 liv.		
——— à Douai en 1785.			
—— commun aux deux Fonderies en l'an 8.	712 f. 50 c.		
—— en 1808.	384 48		

(1) Le diamètre du logement des tourillons a 5 lignes de plus que celui du tourillon dans l'affût à Mortier de 12 pouc. et de 10 pouc., et 2 lignes dans celui de 8 pouces.

(a)

10 pouc. à grande Portée.			10 pouc. à petite Portée.			8 pouc.			Pierrier ancien.			Pierrier nouveau.			Eprouvette.		
po.	lig.	p.	po.	lig.	p.	po.	lig.	p.	po.	lig.	p.	po.	lig.	p.	po.	lig.	p.
10	1	6	10	1	6	8	3	»	15	»	»	15	»	»	7	»	9
15	2	3	15	2	3	12	4	6	18	3	»	18	6	»	8	10	»
5	6	»	4	6	1	2	10	»	4 supér. 2	6 inf.		5 supér. 2	10 inf.		1	10	»
8	3	»	6	9	1	5	6	»	8	»	»	6 (b)	7	6	2	5	»
»	1	»	»	1	»	»	1	»		(c)			(c)		»	»	9
10	»	6	10	»	6	8	2	»									
															7 en cuivre.		
9	11	6	9	11	6	8	1	»									
8	»	»	8	»	»	4	8	»	8	»	»	8	»	»			
6	»	»	6	»	»	4	»	»	6	»	»	6	»	»			
17	1	6	16	3	6	11	»	»	16	3	6	16	3	6			
»	3	9	»	1	8	»	9	»	»	»	»	»	»	»			

10 pouc. à grande Portée.	10 pouc. à petite Portée.	8 pouc.	Pierrier ancien.	Pierrier nouveau.	Eprouvette.
2050 liv.	1600 liv.	550 liv.	1050 liv.	1500 liv.	244 liv.
2100	3200	1244	3050	3050	
100	100	43	(d)	(d)	60 l. (en cui.)
10	10	4 l. 1 on.			
3	3	1 liv.			
7 l. 4 on.	4	20 on. $\frac{3}{4}$	2 liv. $\frac{1}{2}$	3 liv.	3 onc.
6 8 $\frac{1}{4}$	3 l. 10 on. $\frac{1}{4}$	19 $\frac{3}{4}$			3
12 à 1400 t.	1100 tois.	580 tois.			90-100-115 t.
500 liv.	500 liv.	225 liv.	250 liv.		168 Eprouv. 36 Globe.
500	270	270	270		
675 fr.		322 f. 50 c.			252 Eprouv. 54 Globe.
378,0	378,0 fr.	185 76		388 f. 80 c.	172-80 Epr. 43-20 Glob.

NOTES *pour la Table précédente.*

(*a*) Il existe quelques Mortiers de Côte en bronze, (p. 5 nomenclature) de 12 et de 10 pouces. On n'en coulera vraisemblablement plus à l'avenir. Voici leurs principales dimensions.

	Mortiers de 12 pouces.			Mortiers de 10 pouces.		
Calibre du Mortier.	12 po.	li.	p.	10 po.	1 li.	6 p.
Calibre de la Bombe.	11	9	6	9	11	6
Longueur totale du Mortier.	33	8		32	7	3
Longueur de l'ame.	17	10	11	15	2	3
Profondeur de la Chambre.	7	9	»	8	7	»
Diamètre supérieur de la chambre.	9	1	4	8	2	11
Diamètre inférieur de la chambre.	4	11	6	4	10	11
Diamètre des tourillons.	8	»	»	8	»	»
Écartement extérieur des tourillons.	31	6	»	30	1	6
Diamètre du Mortier au logement des flasques.	19	6	»	18	1	6
Charge.	11 livres.			11 livres.		
Poids.	2688			2458		
Masselotte.	5200			4320		

(*b*) Dans le Pierrier nouveau, la Chambre est terminée par une portion de demi-sphère, ayant 1 pouce 5 lignes de rayon. Le diamètre de sa Lumière est de 2 lignes 6 points. Ce Pierrier a été conservé en l'an 11 sans changement.

(*c*) Le diamètre du Plateau pour l'ancien et le nouveau Pierrier, est de 14 pouces 10 lignes. L'épaisseur du Plateau, dont les bords sont arrondis en quart de cercle, est de 1 pouce 8 lignes. Le diamètre et la hauteur du Panier sont de 13 pouces.

(*d*) On compte $1\frac{1}{2}$ pied cube de pierres par coup de Pierriers (et 1 tombereau porte ordinairement pour 15 coups), parce que le pied cube de pierres pesant de 110 à 160 liv., et pouvant évaluer le vide à $\frac{1}{3}$ dans les pierres brisées, on a un poids d'environ 80 à 100 livres à projetter.

Le Plateau pèse $5\frac{1}{4}$ livres.

Le Panier, 3 livres.

(*e*) Quand on a fait ces épreuves, on n'a pas désigné la force de la poudre, observation essentielle dans toutes les épreuves où entre cette munition; on doit présumer que c'était de la poudre faite dans le tems où on n'exigeait qu'une portée de 90 toises; car d'après une épreuve faite à Metz en fructidor an 11, il ne faut que 2 liv. 10 onces de la poudre ayant 149 toises de portée à l'éprouvette pour faire éclater la bombe de 12 pouces; mais il faut observer que cette portée de poudre était obtenue d'une éprouvette nouvelle dont le vent n'était guères que la moitié de celui de l'éprouvette ancienne. Ceci est encore une preuve de la confusion ou jettent les changemens qu'on a faits aux éprouvettes, auxquels ont malheureusement applaudi sans y réfléchir trop de personnes.

DIMENSIONS *des Fusées à Bombes et à Obus.*

Ces Fusées sont tournées et faites de bois de tilleul. Il y en a de 3 grandeurs : celles du N°. 1 sont pour les Bombes de 12 pouces et de 10 pouces; celles du N°. 2, pour les Bombes et Obusiers de 8 pouces; celles du N°. 3, pour les Obusiers de 6 pouces.

	N°. 1.		N°. 2.			N°. 3.		
	po.	lig.	po.	lig.	p.	po.	lig.	p.
Longueur, y compris un massif de 5 lig. (1) au petit bout (3 li. au n°. 3).	9	»	8	»	»	5	6	»
Diamètre au gros bout, avant que le chanfrein soit formé.	1	8	1	4	»	1	3	»
Diamètre à 2 pouces du gros bout, s'y réunissant par un cintre insensible.	1	5						
Diamètre à 18 lig. du gros bout, s'y réunissant, etc.	»	»	1	1	»	1	»	»
Diamètre à 3 pouces du gros bout, en ligne droite jusqu'au petit bout. . .	1	4						
Diamètre à 3 pouces 6 lignes du gros bout.	»	»	1	»	»	»	11	»
Diamètre au petit bout, (l'angle du petit bout est abattu et non chanfreiné (2)).	1	2	»	11	»	»	10	»
Largeur du chanfrein du gros bout sur la longueur des fusées.	2	»	1	6	»	1	6	»
Largeur d'*idem* sur le diamètre des fusées.	»	1	»	»	9	»	»	9
Diamètre du canal pour la charge. . .	»	5	»	4	»	»	4	»
Godet formé sur le gros bout pour loger l'Etoupille. — Diamètre. . .	1	2	»	11	»	»	10	»
Godet formé sur le gros bout pour loger l'Etoupille. — Profondeur. .	»	3	»	3	»	»	3	»
Poids des Fusées.	5 onc.		4 onc.			4 onc. fai.		

(1) On marque par une petite rainure sur la Fusée l'endroit où commence le massif; à un pouce plus haut, on en fait une seconde pour marquer l'endroit d'où l'on doit commencer à couper en sifflet la Fusée lorsqu'elle est chargée.

(2) Le diamètre au petit bout doit être de 9 lignes seulement pour l'obus de 24, et de 10 lignes à 1 pouce au dessus.

TABLE *relative aux Mortiers à la Gomer, et de l'an* 11, *de*. . . . .

Calibre ou diamètre de l'ame. . . . .
Diamètre du Mortier à la volée. . . . .
Profondeur de l'ame. . . . .
Diamètre supérieur de la chambre. . . . .
——— inférieur (de la chambre tronc-conique). . . . .
Longueur totale des Mortiers. . . . .
Profondeur de la chambre (les angles du fond arrondis). . . . .
Diamètre de la grande Lunette de réception. . . . .
——— vrai de la Bombe (égal au moyen arithmétique entre les diamètres des Lunettes. . . . .
——— de la petite Lunette de réception. . . . .
——— des tourillons. . . . .
Longueur des tourillons. . . . .
Distance des embases. . . . .
Plaque. { Longueur. . . . .
Plaque. { Largeur. . . . .
Plaque. { Epaisseur. . . . .

Poids du Mortier. . . . .
—— de la Masselotte. . . . .
—— de la Bombe vide. . . . .
Charge de la Bombe pleine, comme aux autres . . . .
——— suffisante pour faire éclater la Bombe, *id*. . . . .
——— du Mortier à chambre pleine (*l*). . . . .
Portée du Mortier à 45°. . . . .
—— commun aux deux Fonderies, en l'an 10. . . . .
—— en 1808. . . . .

12 po. à la Gom.			10 po. à la Gom. non conservé.			8 po. à la Gom.			6 po. et 5 po. 7 li. 2 p. (*i*).			12 pouces à Semelle sphérique.			12 pouces à Chambre en cône tronqué.			Eprouv.		
po.	lig.	p.	po.	lig.	p.	po.	lig.	p.	po.	lig.	p.	po.	lig.	p.	po.	lig.	p.	po	lig.	p.
12	»	»	10	1	6	8	3	»	6	1	6	12	»	»	12	»	»	7	»	9
												21	4	6	19	6	»	9	9	»
18	»	»	15	6	»	12	4	6	9	10	»	24	»	»	18	3	»	8	10	3
9	1	4	7	9	»	5	8	3	4	11	»		(*k*)		9	1	4	3	6	»
4	11	6	4	8	1	2	9	4	3	»	»				4	11	6	1	6	5
33	1	»	28	3	»	16	4	6	17	6	»	45	2	7	35	5	4	11	10	»
7	9	»	5	11	»	4	»	»	4	4	3	11	9	8	7	9	»	1	2	6
11	10	6	10	»	6	8	2	»												
11	10	»										11	10	»	11	10	»	7	»	3
11	9	6	9	11	6	8	1	»												
8	»	»	8	»	»	4	8	»	3	7	»									
6	»	»	6	»	»	4	»	»												
19	6	»	17	1	6	12	3	»	8	9	»									
												64	»	»	44	»	»	14	6	»
												30	»	»	24	»	»	8	6	»
												5	4	3	4	»	»	1	9	»
2711 liv.			2130 liv.			563 liv.			218 liv.			9712 liv.			4512 liv.					
5200			3845			1312			202			2857			2452					
147			100			43			13			180 (1)			*idem.*					
11			7 ½			2			26 onc.			30			11					
									850 liv.			2000 tois.								
52 8			432			240														
475,20			388,80			216,0			84,55			950,40								

(1) Ces Mortiers ayant cassé leurs Bombes dans les premiers tirs, on fit des Bombes renforcées, pesant 180 livres ; mais en général on se sert de la Bombe ordinaire.

NOTES.

(*i*) L'arrêté sur l'Artillerie de l'an 11 prescrivait de couler des Mortiers de 5 pouces 7 lignes 2 points pour tirer en Bombe l'Obus de ce calibre. Sa Majesté prescrivit en 1808 de faire des Mortiers pour lancer en bombe des obus de 6 pouces, mais très-légers, pour tenir lieu de petits Mortiers, communs en Hollande, dits à la Coëhorn, et qu'on a trouvés très-utiles. On a pensé qu'on pouvait remplir les deux ordres par le même Mortier qui, avec une ame tronc-conique, pourrait lancer les deux espèces d'obus, et on a coulé ce Mortier de 6 pouces. Voici encore quelques-unes de ses dimensions.

6 pouc.	9 lig.	» p.	Longueur de la partie cylindrique de l'ame.
»	3	»	Longueur de la partie courbe de l'ame.
2	10	»	Longueur de la partie conique de l'ame.
3	2	9	Epaisseur du métal au cul du Mortier.
6	»	»	Grand diamètre de la partie conique de l'ame.
8	6	6	Diamètre extérieur à la volée.
3	»	»	Longueur des tourillons.

L'axe des tourillons est à 8 pouces du cul du Mortier, mesure prise sur l'axe.

Les 2 Flasques de l'Affût peuvent être en fer ou en bois; en fer, l'épaisseur des flasques sera de 2 pouces 1 ligne en dessus, et de 2 pouces 1 ligne 6 points en dessous; leur longueur, vide des talons compris, 32 pouc., l'écartement 9 pouces. Il y aura 2 entre-toises, 4 boulons, dont 2 de manœuvre à douille.

(*k*) Dans ce Mortier, la chambre sphérique ayant 5 pouc. 10 lign. 7 points, se termine vers l'ame en un cylindre ayant 2 pouces de longueur d'axe, et 8 pouces 9 lignes 2 points de diamètre. Cette forme est vicieuse à cause du rétrécissement qu'opère la partie cylindrique, qui arrête en pure perte l'effort de la poudre sur la Bombe, et la fait réagir sur le fond du Mortier, ce qui augmente le recul. Il semble qu'il faudrait dans le profil de cette chambre la former par deux tangentes communes à la Bombe placée et à la chambre.

(*l*) Les Mortiers à chambre cône tronqué à la Gomer, quand la charge énoncée dans la Table est placée, ont un vide autour de la Bombe, qui peut contenir encore 3 livres de poudre dans le Mortier de 12 pouces, 2 livres dans le Mortier de 10 pouces, près d'une livre dans le Mortier de 8 pouces, et environ 6 onces dans celui de 6 pouces.

Les Mortiers en fer de Côte qui ont la chambre en cône tronqué, sont du calibre de.	12 po.	10 po. 1 l. 6 p.
Leur poids de.	2688 liv.	2458 liv.
Le poids de leur Masselotte.	5200	4320
Le poids de leur charge.	11	11

NOTES *de la Table de la page suivante.*

(*m*) Le vrai diamètre de l'Obus est, comme pour tout projectile, le moyen arithmétique entre le diamètre des deux Lunettes de réception ; mais en général les dimensions des Bouches à feu, etc. qui ont pour base le diamètre des projectiles, se règlent sur celui de la grande Lunette : par exemple, le calibre d'une Bouche à feu est celui de la grande Lunette, plus le vent.

(*n*) Ces 3 dimensions qu'on donne ici des Obusiers, et qu'on a données des Canons dans leur Table respective, sont celles qui servent à déterminer la position de la ligne de mire, par rapport à l'axe, et qui influent sur la justesse du tir.

Dans l'Obusier de 5 pouces 7 lignes 2 points, le demi-diamètre à la Culasse et celui à la Bouche sont égaux ; ce qui est vicieux. Il n'en est pas de même aux Obusiers de 8 pouces et de 6 pouces, où le demi-diamètre à la Culasse a, dans le premier, $\frac{1}{2}$ ligne de plus, et dans le second, $\frac{3}{4}$ ligne aussi de plus. Cette disposition, inverse de celle des Canons, a paru bisarre à ceux qui n'y ont pas réfléchi, et a été omise dans le nouvel Obusier par la même raison. Cette construction a été ainsi déterminée, parce que si dans le pointement à une distance très-rapprochée, où il importe de toucher le but ou de ricocher en avant de lui, le pointeur donnait le plus petit angle d'élévation à son Obusier, il manquerait ce but : au lieu que par ce moyen, en visant au but, il incline l'axe de l'Obusier nécessairement sous l'horizon, et par ce tir, atteint l'objet, ou ricoche en avant de lui.

(*o*) Dans les Obusiers de 6 et de 8 pouces, l'axe des Tourillons est à 6 lig. au-dessus de celui des Obusiers ; dans l'Obusier de 24 ou de 5 pouces 7 lignes, il est à 2 lignes au-dessous de l'axe.

(*p*) Les Tables imprimées mettent 2 livres au lieu de 28 onces : c'est une erreur ; la Chambre n'a que 49 $\frac{1}{2}$ pouces cubes de capacité ; il en faudrait 54 ppp. pour en contenir 2 livres.

		Obus	
		de 6 po.	de 5 po. 7 li.
(*q*) Charges qu'on employe dans l'approvisionn. du caisson des Obus. de camp.	Charge pour tirer à Obus. . .	17 liv.	
	——— pour tirer à Cartouch.	22 (1)	
	——— de l'Obus.	22	

(1) Il y a 1 livre 14 onces dans les Tables imprimées ; mais c'est une erreur, puisque la Chambre ne contient que 28 onces quand elle est pleine.

TABLE *relative aux Obusiers de.*

Calibre ou Diamètre de l'Ame.
Profondeur de l'Ame (égale à 3 calibres de l'Obus).
Diamètre de la Chambre.
Profondeur de la Chambre, les angles du fond arrondis.
Vent de l'Obus.
Diamètre de la grande Lunette et du Cylindre de réception.
(*m*)——— des Obus.
——— de la petite Lunette de réception.
(*n*) Dimensions qui déterminent la position de la ligne de mire, par rapport à l'axe de l'Obusier. { Demi-diamètre à la Culasse.
——— au plus grand renflement de la Bombe.
Intervalle entre ces Diamètres. }
Diamètre des Tourillons.
(*o*) Elévation du centre des Tourillons au-dessus de la lig. de terre.
Longueur des Tourillons.
Distance des Embases.

Poids des Obusiers.
—— de la Masselotte.
—— des Cylindres de réception.
—— des Obus vides.
Charge des Obus pleins.
——— suffisante pour faire éclater l'Obus.
——— des Obusiers à chambre pleine.
Portées à Chambre pleine sous l'angle de 45°.
Prix de façon à Strasbourg, en 1785.
——————— à Douai, en 1785.
——— commun aux deux Fonderies en l'an 8.
—— en 1808.

8 po.	6 po.	5 po. 7 l. 2 p.		6 pouc. à longue portée, à l'instar des Prussiens.	
po. li. p.	po. li. p.	po. li. p.		po. li. p.	
8 3 »	6 1 6	5 7 2		6 1 6	
24 9 »	18 4 6	27 9 1½		26 2 3	
3 » »	3 » »	2 11 »			
7 » »	7 » 7	7 » »		9 8 6	
» 1 »	» 1 »	» 1 »			
8 2 »	6 » 6	5 6 1			
		5 5 9½			
8 1 »	5 11 6	5 5 4½			
6 10 »	5 6 »	4 9 8¼			
6 10 6	5 6 9	4 9 8¼			
34 2 »	27 9 6	37 » »			
4 4 9	3 9 »	3 9 »			
43 » »	42 » »				
4 » »	3 9 »	3 9 »			
13 9 »	11 » »	9 4 7½			

1096 liv.	650 liv.	600 liv.		1380 liv.	
1244	1070	898			
474	188				
43	23	13			
65 onc.	22 onc.				
16	12				
28 (p)	28(p) (q)	26 onc.		4 liv. 8 on.	
1600 tois.	1200 tois.			1600 tois.	
375 liv.	350 liv.				
400	409				
540	502 l. 50				
302,40	291,60	76,095		378	

Dimensions du Sabot (1) *en bois pour les Cartouches à balles des Pièces de 4 et de 3.*

Pièces de.	4			3	
	po.	lig.	p.	po.	li.
Epaisseur totale du Sabot.	1	2	»	»	10
Epaisseur prise du bas du Sabot jusqu'à la rainure.	»	3	»	»	3
Epaisseur ou diamètre de la rainure.	»	4	»	»	4
——— depuis la rainure jusqu'à l'.	»	3	»	»	3
——— de la partie qu'embrasse le fer-blanc.	»	4	»		
Diamètre inférieur du Sabot.	2	8	6	2	6
——— à la naissance de la rainure.	2	8	6	2	6
——— du Sabot au milieu de la rainure.	2	5	»	2	3
——— au bout de la rainure vers le fer-blanc.	2	10	»		
——— à l'endroit où commence le fer-blanc.	2	8	6		
——— supérieur du Sabot.	2	11	»	2	7
Dimensions du Sabot hémisphérique en bois pour les Cartouches à Balles d'Obusiers (2).					
Epaisseur de la partie cylindrique qu'embrasse le fer-blanc.		6			
Diamètre supérieur du Sabot.	5	10			
——— inférieur où commence l'hémisphère.	5	11	4		
Rayon de l'hémisphère.	3				
Sabot cylindrique pour Cartouches à Balles de l'Obusier de 5 pouc. 7 lig. 2 points.					
Hauteur totale.	1	6			
———de la partie logée dans la boîte.	»	9			
———de la partie restante.	»	9			
Diamètre du cylindre logé dans la boîte.	5	4			
——— de la partie restante.	5	5			

L'angle du dessous est en chanfrein arrondi.

Le couvercle a dans son milieu un anneau de fil-de-fer de 3 lignes de diamètre passé dans une charnière de tôle rivée sur le Couvercle.

(1) On l'appelle aussi Culot.

(2) On y perce un trou de 4 lignes pour y passer de chaque côté les bouts d'un cordage qui sert d'anse.

NOTES *sur les Sabots, Serges, etc. (pour la Table suivante.)*

(*a*) Ce diamètre du Sabot est égal à celui des Lunettes pour calibrer le Sabot.

(*b*) Ces trois dimensions du Sabot, sont les distances des 4 dents du peigne qui sert à marquer les dimensions du Sabot quand on le tourne.

(*c*) Cette concavité du Sabot est plus grande qu'elle ne paraît devoir être, relativement à la calotte du Boulet qu'elle doit recevoir; mais, sans cette précaution, le bois, en se séchant, se resserrant sur lui-même, se fendrait en entier en posant seulement le Boulet ensaboté sur la base du Sabot.

(*d*) Ces Bandelettes qu'on fait d'un fer blanc uni et pliant, embrassent le Boulet et le fixent au Sabot; elles se croisent perpendiculairement, et l'une est fendue pour recevoir l'autre. Les feuilles de fer-blanc qu'on y emploie coûtaient en 1780, 85 liv. les 300, à Strasbourg; les clous à ensaboter coûtaient alors 30 sols la livre: et la livre contient 650 des plus grands, et 950 des autres.

(*e*) Ces Sachets, pour la charge, doivent être d'une Serge serrée et croisée; quand l'étoffe est bonne, quoiqu'elle soit croisée, elle ne se relâche pas assez pour causer un inconvénient.

On trouve beaucoup de variations dans les différentes tables, sur la grandeur de ces Sachets, soit qu'ils aient été faits pour le tir des Cartouches à Balles, soit qu'on les destine au tir des Cartouches à Boulets. Ils doivent avoir les mêmes dimensions dans l'un et l'autre cas, excepté dans la hauteur, les charges à Cartouches à balles étant un peu plus fortes. On a réglé les autres dimensions comme il suit: celles du Culot sur le diamètre inférieur du Sabot, en lui donnant 1 ligne de plus que ce diamètre; cette augmentation est suffisante pour que le Sabot puisse entrer dans le Sachet jusqu'à sa rainure. La grandeur du Développement a été prise égale à la circonférence du Culot. En ajoutant à ces dimensions la grandeur des 2 remplis pour le Culot, et les 2 remplis du Développement, on aura les dimensions qu'on doit observer dans la coupe. Chaque rempli est de 3 lignes pour 12, et de 2 lignes pour les autres calibres. (Le Développement du Sachet de 12 excède celui qu'on donne de 11 lignes dans quelques tables).

Tous les Sabots sont faits de bois d'aulne ou de hêtre.

3 Ouvriers ou Tourneurs doivent faire en un jour 160 Sabots de 12, ou 200 de 4..., l'un ébauche et coupe, l'autre les tourne et les cannelle, le 3e les creuse.

1 Stere de 40 bûches, propres au 12, ou de 50 propres au 4, fournit 600 Sabots de 12 ou 900 de 4.

Les nouvelles tables imprimées ne sont pas tout-à-fait conformes à celles-ci sur les Cartouches à balles et les Sabots; mais comme il y a évidemment des erreurs dans quelques dimensions, j'ai cru devoir laisser subsister ces Tables-ci, et ne rapporter ici que les variations douteuses, qu'on suivra si l'on veut, et les observations nouvelles.

La Feuille de fer-blanc de 13 pouces de longueur sur 9 pouces 6 lignes de largeur, doit fournir, dans sa longueur, les déchets compris, 28 Bandelettes pour 4, ou 21 Bandelettes pour 12 ou pour 8.

Table *relative aux Sabots pour Cartouches à Boulets de* . .

Sabot.	Diamètre inférieur. . . . .
	——— au milieu de la rainure. . . . .
	——— supérieur (*a*). . . . .
Hauteur du Sabot jusqu'à la rainure. . . .	(*b*). . . . .
Largeur de la rainure.	(*b*). . . . .
Hauteur du Sabot, de la rainure en haut.	(*b*). . . . .
——— totale du Sabot.	
Creux pour recevoir le Boulet.	Profondeur. . . . .
	Rayon. . . . .
	Diamètre (*c*). . . . .
Bandelettes de fer-blanc percées de 2 trous à chaque bout (*d*).	Longueur. . . . .
	Largeur. . . . .
Distance des bouts de la bandelette au	premier trou. . . . .
	second trou. . . . .
Profondeur des rainures du Sabot pour recevoir les bandelettes. . . .	
Longueur des 8 clous (par Sabot) à tête plate et mince, pour ensaboter.	
Circonférence des boulets.	
Diamètre des mandrins pour vérifier les sachets.	
(*e*) Sachets de serge pour la poudre.	Hauteur sans les remplis. . . . .
	Développement *idem*. . . . .
	Diamètre des culots *idem*. . . . . . .
Hauteur des charges de poudre.	
——— totale de la cartouche à boulet.	
Poids total de la cartouche.	
Nombre de cartouches que peuvent faire 12 hommes en 10 heures. . . .	

	12			8			4			6			3	
	pouc.	lig.	p.	pouc.	lig.	p.	pouc.	lig.	p.	pouc.	lig.	p.	pouc.	lig.
. .	3	11	»	3	4	»	2	7	6	3	2	6	2	5 $\frac{1}{9}$
. .	3	7	»	3	»	6	2	5	»	3	»	»	2	4
. .	4	»	9	3	6	»	2	9	4	3	4	»	2	7
. .	»	4	»	»	4	»	»	3	»	»	4	»	»	3
. .	»	5	»	»	5	»	»	4	»	»	5	»	»	3
. .	»	15	»	»	13	»	»	11	»	1	1	»	»	10
. .	2	»	»	1	10	»	1	6	»	1	10	»	1	4
. .	»	13	»	»	11	»	»	8	»	1	»	»	»	9
. .	2	4	9	2	»	6	1	8	»	1	9	4	1	4 $\frac{3}{4}$
. .	3	11	»	3	4	»	2	7	4				2	5 $\frac{1}{2}$
. .	14	»	»	12	»	»	10	»	»	12	»	»	8	»
. .	»	5	»	»	5	»	»	4	»	»	5	»	»	4
. .	»	3	»	»	3	»	»	3	»	»	3	»		
. .	1	»	»	1	»	»	1	»	»	1	»	»		
. .	»	»	6	»	»	6	»	»	6	»	»	6	»	$\frac{1}{2}$
. .	»	4	»	»	4	»	»	3	»	»	6	»	»	6
. .	13	8	6	11	10	1	9	3	4 $\frac{1}{2}$					
. .	4	»	»	3	6	»	2	9	»					
. .	11	»	»	10	»	»	9	»	»				7	6
. .	12	7	»	10	9	»	8	6	2				8	4
. .	4	»	»	3	5	»	2	8	6				2	6
. .	8	3	»	6	9	»	6	1	»					
. .	13	6	»	11	6	»	9	11	»					
. .	16 l. 11 on.			11 li. 2 on.			5 li. 12 on.							
. .	240 cart.			300 cart.			330 cart.			300 cart.			360 cart.	

La Feuille de 12 pouces de longueur sur 9 pouces de largeur doit fournir, dans sa longueur, 22 Bandelettes de 8. Quand les Feuilles n'ont pas assez de longueur pour fournir au développement des Bandelettes de 12, qui sont les plus longues, on les réduit à la longueur de celles de 4; les bouts coupés se soudent au bout des Feuilles que l'on destine aux autres calibres.

La Feuille de 9 pouces sur 9 pouces 6 lignes, donne 26 Bandelettes pour 3.

Les clous à ensaboter ont la lance longue de 6 lignes pour 12 et 8, et de 5 lignes pour 4... L'équarissage de la lance contre la tête est de 15 points pour ceux de 12 et 8, et de 9 points pour 4... Le diamètre de la tête est de 3 lignes pour 2 et 8, et de 2 lignes pour 4. il y en a 2000 des premiers et 1800 des seconds à la livre. (Cette lance de 6 lignes est un peu longue).

La largeur de la Serge à laquelle on a ajouté un pouce de plus à cause du resserrement à l'apprêt, doit être de 24 pouces, pour fournir 200 sacs de 12 avec 32 aunes 1 quart..., de 33 pouces pour fournir 200 sacs de 8 avec 19 aunes..., de 29 pouces pour fournir 200 sacs de 4 avec 15 aunes et demie..., de 29 pouces pour faire 200 sacs de 6 avec 13 aunes un quart.

On préfère les Etoffes de laine, parce qu'elles ne charbonnent pas comme celles de fil.

Preférez la Serge à droit fil à la Serge croisée, parce que les sacs faits avec celle-ci se relâchent et la poudre tamise, sur-tout si leur hauteur est prise dans le sens de la largeur de l'Etoffe.

Quand on ne trouve pas de la Serge à droit fil, il faut prendre la largeur des sacs dans le sens de la longueur de l'Etoffe, parce que la chaîne est toujours de droit fil.

Au défaut de Serge, on prend des Etoffes qui s'en rapprochent, on en fait en Normandie qu'on appelle A TROIS LAMES, dont la chaîne est de fil et la trame de laine (1).

Pour perdre le moins d'Etoffe, faites, en carton ou en fer-blanc, des patrons de sacs et de culots: prenez les calibres les uns dans les autres; cette économie exige beaucoup de tâtonnemens.

Préférez les couleurs suivant cet ordre: grises, jaunes, bleues, rouges, blanches, rejetez les noires; elles sont presque toujours brûlées.

---

(1) On peut se servir de Camelots.

Une des meilleures, quoique croisée, parce qu'elle est serrée, est une étoffe écrue qu'on fait dans le Gévaudan, et qu'on nomme ESCOT: elle a 28 pouces de largeur, la pièce a de 34 à 35 aunes; elle coûtait 6 liv. l'aune à Lyon, en assignats, en mai 1793.

La façon des Sacs, au même lieu et à la même époque, était de 2 sols en assignats, fil fourni par le tailleur.

Pour garantir les Etoffes en approvisionnement de la piqûre des vers, trempez-les dans de l'eau où l'on mettra une pincée d'arsenic par pinte.

On pourrait aussi employer l'enduit suivant des Sacs à poudre pour la marine pour les empêcher de tamiser et les préserver des vers.

Faites dissoudre une demi-livre de colle-forte dans 6 liv. d'eau, et enduisez les Sacs pleins de poudre avec un pinceau.

Étant vides, tendez-les sur un mandrin ou une planchette qu'on retire pour les faire sécher, et enduisez-les, au pinceau, d'huile de térébenthine; 4 onces de cet esprit ou huile suffisent pour 20 Sacs de petit calibre: la livre coûte 16 sols en détail, et 12 sols en gros.

Sabot pour l'Obus de 24 ou de 5 pouc. 7 lig. 2 points.

Hauteur.	2 po.	9 lig.	» p.	On arrondit l'angle du dessous d'un rayon de 15 lig.
Diamètre.	5	5	9	
Profondeur du logement. .	1	10	»	
Rayon du logement. . . .	2	9	1	
Diamètre du logement. . .	2	6	1	
Longueur des bandelettes.	20	»	»	
Largeur d'idem	»	5	»	

Autour de l'œil de l'Obus, on met une bordure de fer-blanc de 7 lignes de large ; la bandelette affleure le trou de l'œil, et est soudée sur la bordure.
Le dessous de la fusée doit être à 2 pouces 10 lignes du dessus du Sabot.

3/4

Table *relative aux Cartouches à Balles de.* . 6 . . .

	po.	li.	p.	
Diamètre des Balles du n°. 1, dit grand calibre. . . .	1	1	5	. . .
——— des Balles du n°. 2, dit petit calibre. . . .	»	»	»	. . .
——— des Balles du n°. 3, dit arrière-petit calibre.	»	»	»	. . .
Grande Lunette du n°. 1.	1	1	7	. . .
Petite Lunette du n°. 1..	1	1	3	. . .
Grande Lunette du n°. 2.	»	»	»	. . .
Petite Lunette du n°. 2.	»	»	»	. . .
Grande Lunette du n°. 3.	»	»	»	. . .
Petite Lunette du n°. 3.	»	»	»	. . .
Feuille de Fer-blanc. { Longueur, y compris 4 lignes de recouvrement pour la soudure.	11	»	»	. . .
Feuille de Fer-blanc. { Hauteur, compris les plis du dessus et du dessous { pour gr. Cart. .	8	3	»	. . .
Feuille de Fer-blanc. { Hauteur, compris les plis du dessus et du dessous { pour pet. Cart.	»	»	»	. . .
Diamètre intérieur des Boîtes, des Culots de fer, et des Couvercles.	3	4	»	. . .
Epaisseur des Culots.	»	3	»	. . .
——— des Couvercles.	»	»	»	. . .
Hauteur extérieure des Cartouches faites. { Grande Cartouche.	7	»	»	. . .
Hauteur extérieure des Cartouches faites. { Petite Cartouche.	»	»	»	. . .
Hauteur des Charges de poudre.	»	»	»	. . .
Sachets. { Hauteur, les remplis compris.	9	6	»	. . .
Sachets. { Circonférence ou développement, les remplis compris.	11	»	»	. . .
Sachets. { Diamètre du Culot, les remplis compris. .	3	7	»	. . .
Largeur des remplis pour le corps et le Culot du Sachet.	»	»	»	. . .

Nombre des Balles du n°. 1 pour la grande Cartouche.	41 (1)	. . .
Nombre des Balles de la petite Cartouche { du n°. 2. / du n°. 3. } En tout.		. . .
Poids des Boîtes vides avec leur Culot.		. . .
—— des Culots.		. . .
Couvercles. Il en faut pour peser 1 livre.		. . .
Poids (à-peu-près) de la grande Cartouche faite. .	11 liv. $\frac{1}{4}$	. . .
—— de la petite Cartouche faite.		. . .
Prix des Feuilles de Fer-blanc.		. . .

(1) On a compliqué sans raison la Cartouche de 6 ; on l'a formée de 37 Balles, dont 30 de 1 po. 2 lig. 9 p. et 7 de 10 lig. 6 p. C'étaient les Balles des n°s. 1 et 2 pour 8 ; mais comme on compte simplifier cet embarras d'avoir 2 Cartouches et 3 espèces de Balles pour chaque calibre, et n'avoir plus que des Cartouches de 41 Balles et d'un seul n°., on ne fera cette Cartouche de 37 Balles que tant que dureront les Balles de 8 des 2 premiers n^{os}.

	3			12			8			4			Obus de 6 po.			Obus de 5 p. 7 l. 2 p.		
	po.	li.	p.	po.	li.	p.	po.	li.	p	po.	li.	p.	po.	li.	p.	po.	li.	p.
. . . .	»	10	2	1	5	»	1	2	9	»	11	10	1	5	»			
. . . .	»	»	»	1	»	»	»	10	6	»	10	9	»	»	»			
. . . .	»	»	»	»	11	10	»	10	4	»	»	»	»	»	»			
. . . .	»	10	4	1	5	2	1	2	11	1	»	»	»	»	»	1	9	»
. . . .	»	10	»	1	4	9	1	2	6	»	11	8	»	»	»	1	8	6
. . . .	»	»	»	1	»	2	»	10	8	»	10	11	»	»	»			
. . . .	»	»	»	»	11	10	»	10	4	»	1	7	»	»	»			
. . . .	»	»	»	»	11	8	»	10	4	»	»	»	»	»	»			
. . . .	»	»	»	»	11	4	»	10	»	»	»	»	»	»	»			
. . . .	»	8	9	13	11	3	12	2	6	9	9	3	18	9	»	17	3	
. . . .	»	5	3	9	»	»	7	6	»	6	4	»	8	»	»	8	9	
. . . .	»	»	»	8	4	»	7	5	»	7	3	»	»	»	»			
. . . .	»	2	7	4	3	»	3	8	6	2	11	»	5	10	»	5	4¼	
. . . .	»	»	2	»	3	6	»	3	»	»	2	6	»	4	»	»	4	
. . . .	»	»	»	»	»	»	»	»	»	»	»	»	»	1	»			
. . . .	»	5	3	8	3	»	6	9	»	5	7	»	7	4	»	8	10	
										sans le petit Sab.						Sabot comp.		
. . . .	»	»	»	7	6	»	6	8	»	6	6	»	»	»	»			
. . . .	»	»	»	8	7	»	7	4	»	7	9	»	6	6	»			
. . . .	7	6	»	12	»	»	11	»	»	10	»	»	10	»	»			
. . . .	8	6	»	13	1	»	11	1	»	8	10	2	8	10	2			
. . . .	2	10	»	4	6	»	3	9	»	3	»	6	3	»	6			
. . . .	»	2	»	»	3	»	»	2	»	»	2	»	»	2	»			

. . . .		41 Balles.	41 Balles.	41 Balles.	60 Balles.	28 B.
. . . .		80 } 112	80 } 112	4 du n° 1 } 63		
. . . .		32	32	59 du n°. 2		
. . . .		1 li. 12 on.	1 li. 9 on.	14 on.		
. . . .		1 5		6 6 gros.	2 l. 11 on.	
. . . .		10 couver.		26 couvercles.		
. . . .	4 liv. ¼	21 liv.	14	8 liv.	30	30 li.
. . . .		20	14	9		
. . . .		15 sols.	9 s. 6 d.	9 sols 6 den.		

Observations sur les Cartouches, etc.

Les 41 Balles de la grande Cartouche, sont disposées en 6 Couches, de 6 balles autour, et 1 au milieu. Mais comme dans la Couche supérieure le filet du centre serait trop élevé, on en supprime, dans cette Couche, la balle du milieu.

Les 112 Balles de la Petite Cartouche des pièces de 12 et de 8, sont disposées en 8 Couches de 10 Balles du n°. 2 autour, et 4 Balles du n°. 3 au milieu.

Les 63 Balles de la petite Cartouche des Pièces de 4, sont disposées en 8 Couches de 7 Balles autour, et 1 au milieu; mais comme dans la Couche supérieure le filet du centre serait trop élevé, on supprime dans cette Couche la Balle du milieu; alors on tombe dans l'inconvénient que ce filet, étant trop court, laisse un vide qui permet aux Balles de balotter dans la boîte. On pare à cet inconvénient, en mettant dans les 4 dernières Couches, qui ont des Balles au milieu, une Balle du n°. 1.

Les 60 Balles de la Cartouche d'Obusiers sont en 5 couches, dont 3 au milieu et 9 autour.

Dans les Arsenaux, on faisait autrefois les Culots plats pour Cartouches à balles des canons, avec une machine composée d'un emporte-pièce et d'un mouton. Le Directeur de l'arsenal de Metz y a fait exécuter une presse à balancier au moyen de laquelle il obtient des culots, rosettes, etc. avec plus de précision, de célérité et d'économie: on y découpe aussi les couvercles à froid, 4 d'un seul coup, et ce coup peut se répéter 20 fois par minute, et par conséquent en produire 80.

Voici le détail du prix de fabrication des culots d'obusier avec cette presse à balancier. Ces culots sont les plus difficiles à obtenir, et le résultat servira pour établir le prix approximatif des autres Culots, et à fixer ensuite les prix de ceux qu'ils sont quelquefois obligés d'acheter.

Travail d'une journée d'hiver de 9 heures.

3 milliers de fer A, n°. 1, consommés dans cette journée, ont produit 735 culots d'obusiers de 6 pouces, pesant 2000 liv. Il y a eu 830 livres de riblons, et 170 liv. de déchet.

Les 3,000 liv. de fer à 180 francs le millier.	540, francs.
816 liv. houille à 16 francs le millier.	13,05
9 Journées de manœuvre à 1 franc l'une.	9,
	562,05
A déduire 830 liv. riblons à 75 francs le millier. . ,	62,25
Le prix des 735 Culots est donc de.	499,80

et celui de chaque Culot de 0,68 centimes.

Culot de 12, fer compris, revient par ces moyens à		5 sols	2 deniers.
—— de 8,	idem.	3	3
—— de 4,	idem.		

Si on avait des Cartouches à Balles à faire transporter, sans employer les Caissons, on pourrait le faire commodément avec des Caisses qui auraient les dimensions suivantes, dans œuvre.

Pour Pièces de. . . .	*Cartouches à grosses Balles.*					*Cartouches à petites Balles.*					
	12		8	4		12		8		4	
	po.	li.		po.	li.	po.	li.	po.	li.	po.	li.
Longueur.	45	»		45	6	45	»	40	»	45	6
Largeur.	4	9		6	6	4	9	8	9	6	6
Hauteur.	8	4		7	3	7	10	6	3	8	3

Ces Caisses doivent être en sapin. Elles coûtaient (à Metz, en 1781) 30 sols, clous, bois, façon compris.

Soit en Cartouches à grosses balles, soit en Cartouches à petites balles, chaque Caisse contient de son calibre respectif:

10 Cartouches de 12, sur un seul rang.
20 Cartouches de 8, sur deux rangs.
30 Cartouches de 4, sur deux rangs.

La Caisse contenant :	à grosses Balles.	à petites Balles.
Les 10 Cartouches de 12 pèse.	237 liv.	228 liv.
Les 20 Cartouches de 8 pèse.		300
Les 30 Cartouches de 4 pèse.	248	280

On met dans le fond des copeaux en ruban; et dans les interstices et le dessus, on met des étoupes légèrement pressées, pour que les boîtes ne balottent pas. On met des anses en corde aux extrémités, et on cloue autour de la caisse deux cerceaux qui l'entourent en entier.

Lorsqu'on fait des Caisses pour porter à dos de mulet, des Cartouches à boulets ou à balles, il faut avoir attention. 1°. De ne point faire les caisses trop pesantes qui puissent excéder la charge d'un mulet, ou environ 250 liv.; 2°. de mettre les Cartouches debout, le boulet en bas sur le fond de la caisse; 3°. de marquer le dessus de la caisse, pour qu'elle soit toujours chargée sur les mulets dans son vrai sens, c'est-à-dire le dessus en haut.

Cartouches à Balles à Culots de fer creux et sphériques.

Des épreuves faites depuis quelques années ont prouvé que les Cartouches à balles en culots de fer sphériques et creux, pour le Canon, avaient plus de portée que les Cartouches à Culots plats.

Un cercle en tôle soudé au bas de la Boîte, sert à retenir le Culot sphérique de fer coulé, qui l'est encore par 2 bandelettes de tôle de 7 lignes de large qui l'embrassent et se croisent sous ce Culot à angle droit.

Les Couvercles sont en tôle : ceux pour 24, 16, 12 et Obusiers, ont un anneau servant à les porter.

On n'a pas fait usage de cette Cartouche; sa bonté annoncée oralement a peu convaincu les esprits, et la complication en a éloigné.

Table *relative aux Cartouches à*

N^{os}. des Balles.	Pour Canons de — Dimensions des Balles.			24	16
	pouces.	lignes.	points.		
1	2	4	6	»	»
2	2	»	»	1	»
3	1	8	9	34	1
4	1	6	6	»	34
5	1	5	»	»	»
6	1	2	9	»	»
7	»	11	10	»	»
8	»	10	6	»	»
9	»	10	2	»	»
10	»	8	3	»	»
11	»	7	4	»	»
Total pour chaque Boîte.				35	35
Nombre de couches de balles				5	5
Poids de la Cartouche.				34 liv.	24 livres.
Charge.				9 liv.	5 liv. 6 on.

Cartouches à Culots plats pour	24			16		
	po.	lig.	p.	po.	lig.	p.
Diamètre des Balles.	1	9	8	1	6	11
Grande Lunette.	1	9	10	1	7	1
Petite Lunette.	1	9	5	1	6	8
Diamètre intérieur des Boîtes et Culots.	5	5	»	4	8	9
Epaisseur du Culot.	»	5	»	»	4	»
Nombre de balles en 5 couches.	34			34		
Poids des Cartouches.	34 livres.			24 livres.		

La Marine a aussi des Cartouches à culots plats, de 2 espèces de balles, qui sont à-peu-près des numéros de celles des cartouches à culots sphériques.

Le 4e. est 1 pouc. 6 lig. 10 points.
Le 5e. — 1 4 4
Le 6e. — 1 2 2
Le 7e. — 1 » 9

Elle n'a pas d'autres numéros que les 7 premiers, et 1, 2 et 3 sont absolument les mêmes.

Balles à Culots sphériques.

12		8		4		Pour Obus.
G.	P.	G.	P.	G.	P.	
»	1	»	»	»	»	»
»	»	»	»	»	1	»
»	»	»	»	»	»	1
1	»	»	»	»	»	»
41	»	1	»	»	»	»
»	»	41	»	1	5	83
»	94	»	»	41	»	»
»	»	»	80	»	57	»
»	»	»	28	»	»	»
»	»	»	»	»	»	»
»	»	»	»	»	»	»
42	95	42	109	42	6	84
6	7	6	8	6	2	5
22 liv.	19 liv.	14 liv.	14 liv.	8 liv.	8 l v.	30
4 li. 4 on.	*Idem.*	3 l. 12 on.	*Idem.*	1 l. 12 on.	*Idem.*	1 li. 14 on.

Des Cartouches en Plâtre du général Eblé.

1°. Il faut avoir des Boîtes de fer-blanc de chaque calibre, non soudées, et sans l'excédant du fer-blanc pour la soudure. On fait joindre exactement les bords de la longueur de la Boîte, au moyen des nœuds de charnière entrelacés qu'on fait des deux côtés alternativement; ces nœuds sont traversés par une broche de fer qui les assemble : elle est à anneau par un bout pour la retirer aisément quand il le faudra. On peut contenir aussi le fer-blanc de la Boîte, se touchant bord à bord dans d'épaisses rondelles de bois, ce qui est plus commode : ces Boîtes servent à mouler la Cartouche.

2°. Il faut avoir des Culots ordinaires en fer ou en bois, qui aient le double de l'épaisseur de ceux de fer. Placez vers la circonférence supérieure de ces culots, 4 broches équidistantes de 2 lignes d'épaisseur pour le 4, et de 3 pour les autres calibres : leur hauteur sur le Culot est égale au diamètre des petites balles qui doivent entrer dans la Cartouche. On fait à la tranche, sur chaque branche, des crans irréguliers. On ne met point de Culot à la Cartouche de 4 et d'Obusiers, ou il faut chercher un moyen de l'y clouer au Sabot.

Mettez les Culots dans les Boîtes de fer-blanc contenues, comme on l'a dit, et faites entrer par le bas, jusqu'à l'épaulement, le Sabot accoutumé de 4 et d'Obusiers garnis de 4 broches comme les Culots. Rangez les Balles comme à l'ordinaire dans cette Boîte ou moule : versez-y lentement de bon Plâtre bien délayé, jusqu'à 3 à 4 lignes au-dessus des Balles de la plus haute couche. Fermez de suite la Boîte par un couvercle en bois de 3 à 4 lignes d'épaisseur, percé de plusieurs trous, pour que le plâtre, s'y insinuant, retienne le couvercle : faites que ce couvercle appuie bien sur les Balles et soit de niveau.

Quand le Plâtre a pris assez de consistance, ouvrez le moule et mettez la Cartouche en un lieu sec, ou au soleil pour qu'elle se sèche parfaitement.

Enveloppez la Cartouche bien séchée dans une toile forte et serrée; coupez-la de façon qu'elle excède, à chaque bout du diamètre de la boîte, la longueur de la Cartouche, et de 4 lignes sa circonférence. Coupez en franges l'excédant du bas ou du côté du Culot. Cousez fortement cette toile serrant au juste la Cartouche dans toute sa longueur cousez les franges les unes sur les autres, en les serrant bien, sans faire de bourrelet vers la circonférence, ce qui empêcherait la Cartouche d'entrer. Dans le 4, on lie les franges ou la toile à la rainure du Sabot avec le Sachet à poudre.

Etranglez ensuite, aussi près qu'on pourra, l'excédant du Sac de ce côté avec une ficelle forte, en formant un nœud d'artificier et l'arrêtant par un nœud droit.

Il faut bien garantir ces Cartouches de toute humidité. Le G. E., pour les mieux conserver, propose de mettre sur la toile une forte couche de couleur à l'huile.

Il faut aussi étouper ces Cartouches avec le plus grand soin en chargeant les Caissons.

On peut, à la place du plâtre, se servir d'un mastic fait avec des briques pilées et du brai ou de la resine.

Le G. E. a fait des épreuves de cette Cartouche, en Plâtre, et de celle contenue dans des Boîtes de fer-blanc, et a trouvé que leur effet était absolument le même; ce qu'on ne pouvait présumer, la Cartouche en Plâtre ayant les mêmes défauts qu'on reprochait à la Cartouche abandonnée, en grappe de raisin, étant d'ailleurs plus pesante, et celle de 4 et d'Obusiers n'ayant point de Culot pour donner de l'impulsion aux Balles.

Quand on emploie les Culots de fer, le poids seul de la Cartouche de 12, laissée sur une table, coupe la toile en moins de 15 jours.

Les Couvercles en bois se tourmentent et se séparent facilement de la Cartouche, il vaut mieux y mettre des clous dont la tête puisse s'engager entre les Balles.

Si le Plâtre n'est pas excellent, il se fend, se brise, se pulvérise, et la Cartouche se déforme.

Faute de fer-blanc ce moyen peut être utile; mais hors de là, cette Cartouche est inférieure à celle en usage.

La Cartouche à culot de fer et à boîte de fer-blanc, a cet avantage que, ses balles contenues en masse dans toute la longueur du canon, reçoivent de la charge toute l'impulsion qu'elle peut donner, et quand elles en sortent, elles n'en perdent rien pour se séparer, le faisant sans effort. Au contraire dans les Cartouches à balles liées avec de la résine, du mastic ou du Plâtre, la Cartouche, en sortant du Canon, se divise d'abord en fractions irrégulières, offrant des surfaces inégales: puis se subdivise jusqu'à l'entière séparation des balles, qui restent hérissées de la composition qui les liait: on sent combien la force d'impulsion est affaiblie par l'effort que font ces projectiles pour se séparer, et la résistance que l'air oppose à ces masses informes et surfacieuses.

Des Cartouches en Carton.

On a fait, pour le service des Places en 1792, des Cartouches en Carton.

Sur un mandrin de 6 à 8 lignes plus faible que celui de la Pièce, et sur un Culot en bois du diamètre du cylindre et de 15 à 18 lignes d'épaisseur, on roule une feuille de Carton de papier qui fasse 5 quarts de tour: on la cloue au pourtour et en dessus du Culot, et on la ficelle fortement autour du mandrin: puis on retire le mandrin et on remplit le cylindre creux qu'on vient de former de Balles sans ordre à la hauteur de 2 diamètres du Boulet: on met par dessus un couvercle en bois, de 1 pouce d'épaisseur, et on y cloue le Carton comme au Culot.

Cette Cartouche économique n'est peut-être pas mauvaise pour la défense des Places, où le but est vaste, peu distant et plongé.

On a donné, page 495, les Calibres de quelques Bouches à feu étrangères; mais depuis l'époque où on avait pris ces Calibres, la plupart des Puissances les ont changés, et les voici d'après les Pièces prises dans les dernières guerres depuis 1806. Les Calibres espagnols sont les mêmes que ceux de l'artillerie Gribeauval.

Calibre *des Bouches à feu et Projectiles*

Dénomination usitée dans chaque pays.		France. Bouches à feu.			France. Projectiles.			Angleterre. Bouches à feu.			Angleterre. Projectiles.			Autriche. Bouches à feu.			Autriche. Projectiles.		
		po.	li.	p.	po.	li.	p.	po.	li.	p.	po.	li.	p.	po.	li.	p.	po.	li.	p.
Can. de	48.	»	»	»	»	»	»	6	10	3	6	6	6	»	»	»	»	»	»
	42.	»	»	»	»	»	»	6	6	1	6	3	»	»	»	»	»	»	»
	36.	6	5	6	6	3	»	6	2	1	5	11	2	»	»	»	»	»	»
	32.	»	»	»	»	»	»	5	11	5	5	8	7	»	»	»	»	»	»
	24.	5	7	7	5	5	9	5	4	8	5	2	1	5	6	7	5	3	7
	18.	5	1	6	4	11	6	4	10	11	4	8	7	5	»	1	4	9	9
	16.	4	11	2	4	9	4	4	8	8	4	6	5	»	»	»	»	»	»
	12.	4	5	9	4	4	4	4	3	6	4	1	5	4	4	9	4	2	6
	9.	»	»	»	»	»	»	3	10	8	3	8	10	»	»	»	»	»	»
	8.	3	11	»	3	9	7	3	9	1	3	7	3	»	»	»	»	»	»
	6.	3	6	8	3	5	2	3	4	10	3	3	2	3	6	»	3	4	1
	4.	3	1	3	2	11	11	2	11	11	2	10	8	»	»	»	»	»	»
	3.	»	»	»	»	»	»	2	8	8	2	7	4	2	9	5	2	7	9
	1.	1	11	9	1	10	6	»	»	»	»	»	»	1	11	1	1	10	»
Obu. et Mor.	140 li. Stein.	»	»	»	»	»	»	»	»	»	»	»	»	»	»	»	»	»	»
	100 liv.	»	»	»	»	»	»	»	»	»	»	»	»	13	6	8	13	1	2
	13 pouces.	»	»	»	»	»	»	13	»	»	»	»	»	»	»	»	»	»	»
	80 liv.	»	»	»	»	»	»	»	»	»	»	»	»	»	»	»	»	»	»
	75 liv.	»	»	»	»	»	»	»	»	»	»	»	»	»	»	»	»	»	»
	12 pouc.	12	»	»	11	10	»	»	»	»	»	»	»	»	»	»	»	»	»
	60 liv.	»	»	»	»	»	»	»	»	»	»	»	»	11	5	7	11	1	3
	50 liv.	»	»	»	»	»	»	»	»	»	»	»	»	»	»	»	»	»	»
	48 liv.	»	»	»	»	»	»	»	»	»	»	»	»	»	»	»	»	»	»
	10 pouc.	10	1	6	10	»	»	»	»	»	»	»	»	»	»	»	»	»	»
	40 liv.	»	»	»	»	»	»	»	»	»	»	»	»	»	»	»	»	»	»
	32 liv.	»	»	»	»	»	»	»	»	»	»	»	»	»	»	»	»	»	»
	30 liv.	»	»	»	»	»	»	»	»	»	»	»	»	9	»	3	8	10	»
	25 liv.	»	»	»	»	»	»	»	»	»	»	»	»	»	»	»	»	»	»
	24 liv.	»	»	»	»	»	»	»	»	»	»	»	»	»	»	»	»	»	»
	8 pouc.	8	3	»	8	1	6	»	»	»	»	»	»	»	»	»	»	»	»
	20 liv.	»	»	»	»	»	»	»	»	»	»	»	»	»	»	»	»	»	»
	18 liv.	»	»	»	»	»	»	»	»	»	»	»	»	»	»	»	»	»	»
	16 liv.	»	»	»	»	»	»	»	»	»	»	»	»	»	»	»	»	»	»
	12 liv.	»	»	»	»	»	»	»	»	»	»	»	»	6	8	5	6	6	1
	10 liv.	»	»	»	»	»	»	»	»	»	»	»	»	6	3	7	6	1	8
	6 pouc.	6	1	6	6	»	»	»	»	»	»	»	»	»	»	»	»	»	»
	8 liv.	»	»	»	»	»	»	»	»	»	»	»	»	»	»	»	»	»	»
	5 po. 8 li.	»	»	»	»	»	»	5	8	»	»	»	»	»	»	»	»	»	»
	5 po. 7 li. 2 p.	5	7	2	5	6	2	»	»	»	»	»	»	»	»	»	»	»	»
	7 liv.	»	»	»	»	»	»	»	»	»	»	»	»	5	7	2	5	5	1
	4 po. 6 li.	»	»	»	»	»	»	»	»	»	»	»	»	»	»	»	»	»	»
	4 liv.	»	»	»	»	»	»	»	»	»	»	»	»	»	»	»	»	»	»
	1 liv.	»	»	»	»	»	»	»	»	»	»	»	»	»	»	»	»	»	»

des principales Puissances de l'Europe.

BAVIERE.						PRUSSE.						SAXE.						SUEDE.					
Bouches à feu.			Projectiles.			Bouches à feu.			Projectiles.			Bouches à feu.			Projectiles.			Bouches à feu.			Projectiles.		
po.	li.	p.	po.	li.	p.	po.	li.	p.	po.	li.	p.	po.	li.	p.	po.	li.	p.	pi.	po.	li.	pi.	po.	li.
»	»	»	»	»	»	»	»	»	»	»	»	»	»	»	»	»	»	»	»	»	»	»	»
»	»	»	»	»	»	»	»	»	»	»	»	»	»	»	»	»	»	»	»	»	»	»	»
»	»	»	»	»	»	»	»	»	»	»	»	»	»	»	»	»	»	»	»	»	»	»	»
»	»	»	»	»	»	»	»	»	»	»	»	»	»	»	»	»	»	»	»	»	»	»	»
5	5	7	5	3	8	5	6	1	5	3	9	5	4	1	»	»	»	5	8	9	5	6	6
4	11	9	4	9	9	»	»	»	»	»	»	4	10	1	»	»	»	5	3	6	5	»	6
»	»	»	»	»	»	»	»	»	»	»	»	»	»	»	»	»	»	»	»	»	»	»	»
4	4	2	4	2	6	4	4	7	4	2	6	4	2	9	»	»	»	4	7	»	4	5	»
»	»	»	»	»	»	»	»	»	»	»	»	»	»	»	»	»	»	»	»	»	»	»	»
»	»	»	»	»	»	»	»	»	»	»	»	3	8	9	»	»	»	»	»	»	»	»	»
3	5	7	3	4	1	3	5	8	3	4	1	3	4	2	»	»	»	3	7	»	3	5	»
»	»	»	»	»	»	»	»	»	»	»	»	2	11	3	»	»	»	»	»	»	»	»	»
2	9	3	2	7	9	2	9	»	2	7	10	»	»	»	»	»	»	2	10	»	2	9	»
»	»	»	»	»	»	»	»	»	»	»	»	»	»	»	»	»	»	»	»	»	»	»	»
»	»	»	»	»	»	»	»	»	»	»	»	»	»	»	»	»	»	»	»	»	»	»	»
»	»	»	»	»	»	»	»	»	»	»	»	»	»	»	»	»	»	13	6	»	13	2	»
»	»	»	»	»	»	»	»	»	»	»	»	»	»	»	»	»	»	»	»	»	»	»	»
»	»	»	»	»	»	»	»	»	»	»	»	»	»	»	»	»	»	12	3	»	11	11	»
»	»	»	»	»	»	12	1	»	11	10	»	»	»	»	»	»	»	»	»	»	»	»	»
»	»	»	»	»	»	»	»	»	»	»	»	»	»	»	»	»	»	»	»	»	»	»	»
11	1	3	10	11	4	11	1	6	10	11	8	»	»	»	»	»	»	11	3	»	11	»	»
»	»	»	»	»	»	10	5	9	10	3	9	»	»	»	»	»	»	»	»	»	»	»	»
»	»	»	»	»	»	»	»	»	»	»	»	10	8	5	10	1	9	»	»	»	»	»	»
»	»	»	»	»	»	»	»	»	»	»	»	»	»	»	»	»	»	»	»	»	»	»	»
»	»	»	»	»	»	»	»	»	»	»	»	»	»	»	»	»	»	9	9	»	9	6	»
»	»	»	»	»	»	»	»	»	»	»	»	9	3	8	8	10	1	»	»	»	»	»	»
8	10	1	8	7	10	8	10	3	8	8	4	»	»	»	»	»	»	»	»	»	»	»	»
»	»	»	»	»	»	8	4	3	8	2	3	»	»	»	»	»	»	»	»	»	»	»	»
»	»	»	»	»	»	»	»	»	»	»	»	8	6	»	8	»	2	»	»	»	»	»	»
»	»	»	»	»	»	»	»	»	»	»	»	»	»	»	»	»	»	»	»	»	»	»	»
»	»	»	»	»	»	»	»	»	»	»	»	»	»	»	»	»	»	7	8	»	7	6	»
»	»	»	»	»	»	7	6	1	7	4	1	»	»	»	»	»	»	»	»	»	»	»	»
»	»	»	»	»	»	»	»	»	»	»	»	7	5	»	7	»	2	7	4	»	7	»	»
»	»	»	»	»	»	»	»	»	»	»	»	»	»	»	»	»	»	»	»	»	»	»	»
6	1	8	6	»	1	6	3	4	6	1	8	»	»	»	»	»	»	»	»	»	»	»	»
»	»	»	»	»	»	»	»	»	»	»	»	»	»	»	»	»	»	»	»	»	»	»	»
»	»	»	»	»	»	»	»	»	»	»	»	5	11	»	5	7	1	»	»	»	»	»	»
»	»	»	»	»	»	»	»	»	»	»	»	»	»	»	»	»	»	»	»	»	»	»	»
»	»	»	»	»	»	»	»	»	»	»	»	»	»	»	»	»	»	»	»	»	»	»	»
5	5	7	5	4	2	5	5	4	5	3	9	»	»	»	»	»	»	»	»	»	»	»	»
»	»	»	»	»	»	»	»	»	»	»	»	»	»	»	»	»	»	»	»	»	»	»	»
»	»	»	»	»	»	»	»	»	»	»	»	4	7	10	4	5	4	»	»	»	»	»	»
»	»	»	»	»	»	»	»	»	»	»	»	2	9	10	2	7	8	»	»	»	»	»	»

ARMES PORTATIVES A FEU ET BLANCHES.

On a rassemblé ici tout ce qui concerne les Armes portatives : on a supprimé dans cette édition le Réglement sur les Manufactures et les Tarifs de réparation d'Armes, parce qu'on les a imprimés dans le Recueil des Lois, Arrêtés, etc. concernant l'Artillerie. On a seulement ajouté ce que le Ministre a décidé depuis l'impression de ce Recueil.

On trouvera beaucoup de moyens de s'instruire sur la fabrication, l'entretien, etc. des Armes portatives, dans deux Mémoires très-bien faits de M. le chef de bataillon Cotty, *et dans des Mémoires manuscrits de MM. les capitaines* Mocquard, Saint-Cyr, Bureau, etc.

Notes *de la page suivante.*

(*a*) Dès le commencement des guerres de 1792, la mal-adresse des faiseurs de cartouches, l'impéritie des surveillans, les dénonciations des canaillarques, voyant toujours un crime de haute trahison dans une cartouche mal faite, obligèrent de n'employer que les Balles de 20 à la livre. La canaillarchie, qui, à cette époque, s'empara de tout, fit fabriquer des Fusils sans justesse, qui nécessitèrent aussi l'usage de ces Balles.

On est parvenu à rendre aux Armes portatives à feu, l'exactitude de leurs dimensions; mais le Gouvernement, en considération des excès qu'on vient de rappeler, n'a pas voulu revenir à l'usage de la Balle de 18 à la livre, employée il y a 20 ans, qui aurait rendu au Fusil sa justesse de tir et son étendue de portée.

Calibre des Balles pour Fusils de rempart, Fusils et Pistolets.

De 12 à la liv.	8 lig.	5 p.	
— 14	7	9	
— 16	7	7 $\frac{2}{3}$	On voit par-là que le calibre vrai du Fusil est fait pour la Balle de 16 à la livre.
— 18	7	4	
— 20	7	1	Elle pèse 6 gros 29 grains.
— 22	6	10	
— 24			
— 26	6	4	

On a proposé de faire les Balles de Fusil à l'emporte-pièce par le moyen d'un balancier au lieu de les couler; mais ce perfectionnement est inutile et coûteux; la coupe du jet, le roulement dans le baril, et le criblage des Balles fondues, mettent à l'abri d'engorger les canons : le déchet du plomb pour réduire les saumons en planches de plomb pour être soumises au balancier, le second déchet résultant du débris des planches qu'il faudrait refondre pour en faire de nouvelles, etc. occasionneraient un déchet de plus de 10 pour $\frac{0}{0}$ pour obtenir un avantage très-peu nécessaire.

Mais si l'on revient à donner aux Fusils l'exactitude des dimensions qu'ils avaient autrefois, à exiger des soins du Soldat, il faudra en revenir aux Balles de 18 à la livre, pour rendre à cette Arme sa justesse dans le tir et l'étendue de ses portées.

Le premier But en blanc primitif du Fusil d'infanterie est à 14 pieds de la bouche, et le 2e. à 60 toises. Sa Portée est estimée 120 toises, mais pour l'obtenir, il faut pointer au moins à 3 pieds au-dessus du But. A 43°., on a vu des Balles arriver jusqu'à 500 toises.

ARMES A FEU PORTATIVES.

Calibre. . . . .

(*a*) Calibre de la Balle de 20 à la livre, et de 26 à la livre pour pistolet de gendarmerie seulement . . . .

Diamètre du Cylindre d'acier de 3 pouces de longueur qui doit passer d'un bout à l'autre du canon. . . . .

Diamètre du Cylindre d'acier de 3 pouces de longueur qui doit ne pouvoir pas entrer dans, etc. . . . .

Longueur du Canon. . . . .

——— de l'Arme. . . . .

Diamètre à la Bouche au plus. . . . .

——— au Tonnerre pris sur les 2 pans de côté à la hauteur de la lumière. . . . .

Longueur de chacun des 2 Bidons pour faire la double Maquette. . .

——— de la double Maquette pour faire la Lame. . . . .

——— de la Lame pour faire le Canon. . . . .

Poids du Fer pour faire la double Maquette. . . . .

—— de la double Maquette. . . . .

—— de la Lame. . . . .

—— du Canon de forge (à Saint-Etienne, 8 à 9 livres). . . . . . .

—— du Canon fini avec Culasse. . . . .

—— de la Platine. . . . .

—— de l'Arme sans Baïonnette. . . . .

—— de la Baïonnette. . . . .

—— Première charge d'épreuve. { anciennes mesures . . . .
nouvelles mesures . . . .

On met sur les charges une bourre de papier de 16 pouces carrés, et seulement de 11 pouces pour le pistolet de gendarmerie.

—— Seconde charge d'épreuve. { anciennes mesures . . . .
nouvelles mesures . . . .

Prix à Maubeuge en l'an 1808, sans Baïonnette. . . . .

—— à Charleville et à Mutzig. . . . .

—— à Saint-Etienne, Tulle, Versailles. . . . .

—— à Liége. . . . .

—— à Turin, en 1807. . . . .

	Fusils d'Infanterie.			Fusils de Dragons.			Mousquetons.			Pistolets de Cavalerie.			Pistolets de Dragons.		
	po.	li.	p.	po.	li.	p.	po.	li.	p.	po.	li.	p.	po.	li.	p.
. . . .	»	7	9	»	7	9	»	7	7	»	7	7	»	6	9
. . . .	»	7	1	»	7	1	»	7	1	»	7	1	»	6	4
. . . .	»	7	9	»	7	9	»	7	7	»	7	7	»	6	9
. . . .	»	8	»	»	8	»	»	7	10	»	7	10	»	6	11
. . . .	56	»	»	38	»	»	28	»	»	7	5	»	4	9	»
. . . .	42	6	»	52	6	»	39	»	»	13	»	»	9	»	»
. . . .	»	10	»	»	10	»	»	9	9	»	9	6	»	8	9
. . . .	»	14	»	*idem.*			»	13	5	»	12	6	»	11	2
. . . .	11	3	»												
. . . .	44	»	»												
. . . .	36	»	»	35	»	»	24	»	»	6	3	6	4	»	»
. . . .	22 liv.														
. . . .	19 liv. 4 on.														
. . . .	9	8		9 liv. » on.											
. . . .	6 à 7 liv.														
. . . .	3 liv. 15 on.			3	11		2 liv. 15 on.			13 on. 5 gro.			7 on. 6 gros.		
	à 4 liv. 2 on.			3	13		3	»		13	6				
. . . .	1 liv. 1 on.			*idem.*			12 onc. $\frac{1}{4}$			8	5		5	2	
. . . .	8 li. 12 $\frac{3}{4}$ on.			8 li. 11 $\frac{1}{2}$ on.			7 liv. 4 on.			2 liv. 9 on. $\frac{3}{8}$			1 liv. 5 on. $\frac{1}{2}$		
. . . .	»	10 $\frac{1}{4}$		*idem.*			»	11							
. . . .	7 gros 8 gra.			*idem.*			5 gros	49 $\frac{3}{5}$		4 gros.			2 gros	46 $\frac{1}{2}$	
. . . .	27 gram. 175						21	740		15	290		10	084	
. . . .	5	49 $\frac{3}{5}$		*idem.*			*idem.*			3	12		2	46	
. . . .	21 gram. 740			*idem.*			21 gram. 740			12 gram. 100			10 gram. 084		
. . . .	25 fr.	33 c.		26 fr.	52		24 fr.	30		14 fr.	88 $\frac{1}{2}$		12 fr.	52	
. . . .	30,	88		32,	46		29,	75		14,	84		12,	74	
. . . .	34,	88		37,	05		34,	03		17,	35		14,	18	
. . . .	29,	17		30,	41										
. . . .	34,	»													

TABLE *relative aux Cartouches à Fusil.*

		po.	li.	p.
Feuille de papier fournissant 12 Cartouches à balles, ou 16 sans balles.	Longueur. .	16	»	»
	Largeur. . .	13	»	»
Papier de la Cartouche, coupé en trapèze.	Hauteur (n'est que de 4 pouces pour les Cartouches sans balles).	5	»	4
	Largeur enveloppant la balle.	4	3	»
	Largeur parallèle.	2	3	»
Mandrin creusé à un bout, pour recevoir la balle.	Longueur.	7	»	»
	Diamètre.	»	6	9
Mesure en cône-tronqué, contenant un (1) 40ᵉ. de liv. de poudre 3 gros 1 cinquième. (Dimensions extérieures).	Hauteur.	1	3	»
	Diamètre inférieur. . . .	1	1	»
	Diamètre supérieur. . . .	»	9	»
Hauteur du Paquet contenant 15 Cartouches.		3	10	»

Il faut 1 feuille du papier des cartouches pour en envelopper un paquet de 15.

5 onces de petite ficelle suffisent pour lier 1000 de ces Paquets.

Le Paquet pèse 1 livre 4 onces.

On paye 20 sols le mille de Cartouches.

10 hommes en 10 heures, le papier coupé, doivent faire 8000 Cartouches. 6 hommes roulent; 2 hommes remplissent; 2 hommes empaquètent à chaque atelier.

---

(1) $\frac{1}{65}$ de livre pour Pistolet de Cavalerie.

Fabrication détaillée du Canon de Fusil de soldat, modèle 1777, dans les Manufactures impériales d'Armes de guerre.

La méthode dont on se sert pour forger le Canon et le bien finir, est de commencer par faire une double maquette destinée pour deux Canons de soldat, avant de pouvoir suivre la fabrication d'un seul.

Pour cet effet, on commence par faire casser le fer d'échantillon en morceaux de longueur convenable, qu'on appelle Bidons (on se sert pour cela d'un Casse-fer dit mouton qui est de fonte, et qui pèse de 620 à 650 liv.) Si c'est pour des Canons d'infanterie, ils doivent avoir 11 pouces 3 lignes, et peser 11 livres à 12 livres 2 onces; on prend alors deux de ces bidons qui pèsent 22 livres à 22 livres 4 onces, que l'on met l'un sur l'autre, et les prenant avec une pince par une de leurs extrémités, on procède au corroyement qui se fait à la grande forge, à la houille, et avec un gros marteau, qui pèse (lorsqu'il est de fer battu avec sa mise d'acier d'un pouce d'épaisseur) 530 à 550 livres, et lorsqu'il est de fonte 340 à 360 livres; on en forme une double maquette de 3 pieds 8 pouces de longueur, 3 pouces 9 lignes de largeur au milieu, et 2 pouces 6 lignes à ses extrémités; son épaisseur doit être de 6 lignes au milieu, et de 4 lignes à ses extrémités.

Pour cette opération, il faut à la 1re. chaude que le maquetteur donne presque blanche, qu'il resserre sous le marteau les deux bidons, d'à-peu-près la moitié de leur longueur, afin que la crasse ne puisse s'introduire entre eux, et qu'il en étire un peu le bout.

A la deuxième chaude il les change de bout, et fait la même opération à l'autre moitié.

A la troisième il chauffe blanc soudant, soude et étire son fer, pour former de ce côté la maquette à ses justes dimensions.

A la quatrième il fait la même opération de l'autre bout, et finit sa double maquette, qui pèse alors 19 liv. 4 onc. à 19 liv. 8 onc., ce qui donne, à très-peu près, 2 liv. 12 onc. de déchet.

La double maquette est cassée à froid en 2 parties égales, quelquefois au marteau à main, ce qui est long et pénible; on se sert plus ordinairement du même casse-fer que pour les barres à canon, ce qui réduit la simple maquette à 9 liv. 10 à 12 onces.

Les maquettes étant ainsi cassées, lorsqu'on veut faire les lames, le maquetteur met le gros bout des maquettes au feu de la même forge; à la première chaude, qui doit être rouge tirant sur le blanc, il les étire ou lamine sous un martinet de fer battu pesant, avec sa mise d'acier d'un pouce d'épaisseur, 200 à 220 livres, et il les met aux dimensions du derrière de la lame; à la deuxième chaude il fait la même opération pour le devant de la lame.

Etant finies, elles doivent avoir chacune 3 pieds de longueur ; 5 pouces de largeur au derrière, et 3 pouces 3 lignes au devant ; leur épaisseur au derrière doit être de 5 lignes dans les milieux, et de 2 lignes 6 points au devant, aussi dans le milieu, les bords étant amincis dans toute leur longueur en biseau ; elles doivent peser alors 9 liv. 7 à 8 onces.

Ces lames, avant d'être distribuées aux Canonniers, sont visitées par un contrôleur, et marquées du poinçon d'acceptation dès qu'il s'est assuré qu'elles ont leurs poids et proportions, et qu'il n'y paraît point de criques ou doublures.

Lorsque le Canonnier veut faire un canon, il met une lame au feu de houille, et à sa petite forge, il la chauffe rouge cerise pour la plier dans sa longueur, en commençant à 10 ou 11 pouces du petit bout, et allant jusqu'au gros ; de façon que la lèvre qui recouvre l'autre se trouve tournée au vent du soufflet, afin que la crasse ne s'y introduise pas si aisément.

Cette opération se fait en deux chaudes, après quoi le Canonnier refroidit le côté plié, et met l'autre au feu pour le chauffer au même degré, et le plier, observant de croiser les bords ou les lèvres dans le sens contraire à l'autre bout, de façon que la lèvre supérieure se trouve toujours au vent du soufflet ; cette opération se fait en une chaude ; il continue à chauffer la lame ainsi pliée pour la dresser, et y faire passer dedans une broche de 6 lignes de diamètre : ce qui donne le moyen de faire disparaître, par le forage, les défauts intérieurs, sans avoir besoin de refouler le fer vers cet intérieur, pratique nuisible. Il la laisse ensuite refroidir ; mais s'il veut faire de suite son Canon, il la remet au feu, et ayant son compagnon avec lui, il commence à souder près du pli allant vers le tonnerre ; pour cet effet, il y donne une chaude soudante de 2 pouces de long, et sur les lèvres, il en donne une seconde aussi soudante sur le côté opposé qu'on nomme les reins ; et une troisième moins chaude autour du Canon pour le parer : lorsque ces chaudes sont bien faites, cette opération suffit ; si le canonnier s'aperçoit qu'il a manqué quelque chaude, ou qu'il y ait au Canon quelqu'autre défaut, il est nécessaire qu'il le remette au feu pour le corriger. Il répète successivement cette opération de 2 pouces en 2 pouces (suivant la nature du fer, on est obligé quelquefois d'opérer de 18 lignes en 18 lignes), jusqu'à ce que le Canon soit soudé jusqu'au bout du tonnerre ; il le refroidit ensuite, et le retourne pour souder le devant.

Cela étant fait, le canonnier le chauffe presque blanc pour le réparer d'un bout à l'autre, et corriger les défauts.

Il faut observer que pendant toutes les chaudes soudantes et autres, le compagnon a une broche de 6 lignes de diamètre qu'il introduit dans le Canon, toutes les fois que le canonnier le sort du feu, et avant qu'ils frappent dessus ; dans cet état il pèse 6 liv. 14 onces à 7 livres ; donc il perd 2 livres 8 à 10 onces pour la forge du Canon. Etant ainsi fini, il est essentiel que le canonnier le dresse bien à l'œil, afin qu'on puisse l'envoyer à l'usine pour y être foré assez près du calibre : il est d'usage que l'on se serve pour cela de 24 forets.

Lorsqu'il y a un certain nombre de Canons forés, on les recuit avec des copeaux de bois blanc, pour adoucir le fer, aigri par les opérations précédentes; après quoi les garnisseurs les prennent pour les dresser en dedans, à l'œil, afin qu'on puisse commencer à les polir, pour les rapprocher encore plus du calibre; on se sert à cet effet de deux ou trois forets, dits mouches, avec des étèles.

Les garnisseurs les reprennent pour les dresser à l'œil, et au cordeau, ils les rendent à l'usine pour les repolir encore, et ils répètent cette manœuvre jusqu'à ce que l'intérieur du canon soit poli et dressé comme il convient, et qu'il soit à son calibre juste. Alors les garnisseurs les mettent très-près de leur longueur, en limant carrément ses deux extrémités; les canons, dans cet état, pèsent 5 livres 10 ou 11 onces; donc il y a à-peu-près 1 livre 4 ou 5 onces de perte pour le forage.

Les garnisseurs les compassent, et leur font les coches ou entailles nécessaires pour que l'émouleur puisse les blanchir (c'est-à-dire, les arrondir, et les mettre à-peu-près à leurs dimensions); lorsqu'ils le sont, les garnisseurs les reprennent pour les compasser de nouveau, et leur faire d'autres coches, s'il est nécessaire, pour mieux guider l'émouleur qui doit les mettre alors à leurs justes proportions; lorsqu'il n'y réussit pas à cette deuxième fois, ils répètent cette manœuvre réciproque jusqu'à ce qu'ils soient bien finis.

Les garnisseurs les mettent alors à leur longueur exacte, et les envoyent à l'usine pour faire les logemens des boutons de culasse, nommés *boîtes*, et qui sont plus larges de 4 à 6 points que les boutons taraudés : cet excédant a paru nécessaire d'après l'expérience, afin que les boutons appuyent au fond des boîtes sans être refoulés.

Trois forets suffisent pour faire la boîte; ils ont tous 8 lig. 6 p. de longueur, et autant de diamètre près de l'embase; le 1er. a 7 lig. 9 p. de diamètre à l'entrée, le 2e. 8 lig. 1 p. $\frac{1}{2}$, et le 3e. 8 lig. 6 p. en tous sens; il est fait en bonnet de prêtre pour mieux nétoyer le fond de ladite boîte. Les Canons pèsent dans cet état 3 liv. 13 onc. à 3 liv. 14 onc. : donc il y a environ 1 liv. 13 à 14 onc. de perte pour l'émoulage et la boîte.

A Saint-Etienne, on ne suit pas les mêmes procédés dans la fabrication. Voici les principales différences.

Pour fabriquer le Canon à Saint-Etienne jusqu'à la révolution, on ne se servait point de Lames : on les forgeait avec deux morceaux de fer coupés sur des barres de dimensions inégales, mais convenables, l'une au devant, l'autre au derrière du même canon. Ces deux morceaux étaient soudés par le Canonnier, roulés sur une broche et traités pour le reste comme la Lame. Des épreuves faites en 1783 ou 84, prouvèrent que les Canons ainsi faits valaient ceux des autres manufactures; mais la méthode des Lames est plus expéditive et exige moins de peine.

La Lame ne se tire pas d'une Maquette, et celle-ci des Bidons, mais d'une barre de bon fer de 30 lignes sur 6, qu'on étire en lame au Martinet.

La Lame chauffée presque blanc est roulée en rapprochant seulement les bords sans les croiser : la Lame roulée est mise au feu; la première chaude se donne à environ 8 pouces du derrière; la seconde à 3 pouces de la première en avançant vers la bouche: les chaudes se donnent ainsi successivement de 3 en 3 pouces.

On ne donne qu'une seule chaude de 3 en 3 pouces sur la soudure; on frappe seulement sur les reins pour les arrondir : on continue de souder de la même manière jusqu'à la bouche du Canon; le devant soudé, on retourne le Canon, et on soude le tonnerre par les mêmes procédés. Les partisans de cette soudure, par rapprochement, prétendent que par ce procédé on purge mieux le fer des matières étrangères : il est suivi à Tulle et en Italie.

Le Canon soudé, le canonnier le visite, et s'il y reconnaît des défauts, il les corrige de la manière suivante. S'il est inégal au derrière, ce qui arrive fréquemment, il place intérieurement une petite lame de fer du côté faible, et il l'y fixe par une chaude soudante. Lorsqu'il découvre des doublures extérieures, il les entr'ouvre avec un petit ciseau, et il y place un petit morceau de fer qu'il y fixe également par une chaude soudante. Cela fini, le Canon est remis au feu, et commençant à 6 ou 8 pouces de la bouche, on lui donne de 2 en 2 pouces des chaudes blanches, en allant d'abord jusqu'au tonnerre, et ensuite en reprenant du point où l'on avait commencé, et avançant jusqu'à la bouche.

Le Canon de forge pèse de 8 à 9 liv.

A Saint-Etienne, on repasse le Canon comme on l'a dit dans la note précédente, sans mettre de broche dans l'ame, ce qui fait que cette ame est plus resserrée, et que, pour la mettre au calibre, il faut y passer 30 forets au lieu de 22. Cette méthode fait consommer plus de fer; mais le Canon est plus propre à être mieux dressé.

Le Dressage, qui consiste en ce que le Canon soit intérieurement et extérieurement en ligne droite, que le fer soit également réparti dans chaque coupe sur sa longueur, que le cylindre vérificateur parcoure l'ame avec le même vent, que la paroi de cette ame soit bien polie, sans tache, sans annelure, et le dehors du

Canon bien uni, sans criques, pailles, travers et ondulations; ce Dressage, dis-je, s'obtient à Saint-Etienne sans le secours du cordeau et du compas d'épaisseur. Le Dresseur dirige son Canon sans culasse au bord supérieur d'une fenêtre, en sorte que l'intérieur soit en partie dans l'ombre coupée d'un rayon de jour qu'il promène sur toute la paroi intérieure et sur l'extérieur de ce Canon; ce moyen indique à son œil exercé tout ce qui manque à la perfection de cette pièce, et le marteau, l'enclume, le foret fendu, le bois à dresser, l'aiguisage, servent à la lui donner complètement.

D'ailleurs le Dressage extérieur est peu de chose depuis l'invention de la machine à tourner les Canons, inventée par le contrôleur Javelle. Ce moyen fait obtenir 4 fois plus de Canons dressés dans le même tems que les procédés suivis ailleurs; un enfant conduit la machine, ce qui est économique du $\frac{1}{3}$ au $\frac{1}{4}$ de la main-d'œuvre. L'entrepreneur estime ses tours 9000 fr. l'un : il en a 6.

Les Baguettes, à Saint-Etienne, reçoivent encore une autre épreuve que celle prescrite au n°. 32 du Réglement, et elle devrait être suivie par-tout. 1°. On appuye la tête de la Baguette sur une table; on la soutient d'une main à 1 pied environ de l'appui, et on force de l'autre main entre ces deux points pour s'assurer qu'elle ne plie pas au-dessous de la tête. 2°. On passe la Baguette sur le dos de la machoire d'un étau, en pressant de chaque main fortement de part et d'autre du point d'appui pour la plier : en faisant glisser ainsi la Baguette de toute sa longueur sur l'étau, on la roule dans la main pour présenter successivement toutes les parties à la même épreuve, qui fait développer les criques les plus imperceptibles.

Table *relative à la fabrication d'un mois pour servir à établir les Devis.*

Ouvriers nécessaires pour faire 1200 Fusils par mois.	Travail d'un jour (10 h. sans les repos) d'un Ouvr. avec son Comp.	Poids du Fer employé à une Pièce.	Poids de l'Acier employé à chaque Pièce.	Poids de la Pièce limée.	Charbon nécessaire.
		li. on. gr.	on. gros.	li. on.	
Canon......	......	......	......	3 15 à 4 2	Pour faire le Canon en entier sans la Culasse
1 Meneur d'usine.					
1 Maitre maquet. 1 Compagnon... 1 Goujat..... 2 Fais. de Lames..	30 doubles Maquet. et 30 Lames.	9 8 »	......	.....	50 li. » on.
20 Canon. forgeurs. 20 Compagnons...	4 Canons.				
8 Foreurs.	8 Cano. (*a*)				
6 Polisseurs. ...	10 Cano. (*b*)				
1 Dresseur.....	48 Cano. (*c*)				
1 Compasseur. ..	50 Canons.				
3 Emouleurs. ...	20				
1 Forgeur de Cula. 1 Compagnon. ..	50 Culasses.	» 5 3	......	.....	1 8
7 Garnisseurs. ..	8 Canons.				
5 Adoucisseurs...	12				
Platine.					
7 MaîtresForgeurs	5 Platines complètes. .	2 » »	5 2	110	16 3
90 Compa. Limeurs.	; par moyens ordinaires. 1 par moyens mécaniques.				
1 Forgeur de Noix.	50 Noix.				
1 Rodeur......	60				

(*a*) Enfans de 12 ans..... (*b*) Enfans de 15 ans..... (c) Revoit 4 fois le Canon.

Ouvriers nécessaires, etc.	Travail d'un jour, etc.	Poids du Fer. li.	ou.	gr.	Poids de l'Acier. on.	gros.	Poids de la Pièce limée. on.	gr.	Charbon nécessaire. li.	ou.
Garnitures.										
3 Forg. d'Embouc.	20 Embouch.	»	8	»	......		3	»	3	»
6 Comp. Limeurs.	10									
1 Forg. de Grenad.	60 Grenadiè.	»	4	»	......		3	»	2	»
		avec son bat								
3 Comp. Limeurs.	18									
1 Forg. de Capuci.	80 Capucin.	»	4	»	......		2	»	»	8
2 Comp. Limeurs.	40									
1 Forg. de Battans.	100 Battans.	»	3	»	......		»	»	»	$14\frac{1}{2}$
		pour batt. de sous-garde.								
2 Comp. Limeurs.	40									
3 Forg. de Sous-Gardes.	19 Sous-gar. écuss. comp.	1	»	»	......		5	1	8	5
18 Comp. Limeurs.	3 Sous-gar.									
1 Forg. de Plaques de couche. . .	43 Plaq. de couche.	»	12	»	......		7	4	3	2
4 Comp. Limeurs.	15									
1 Forg. de Porte-Vis et Détentes.	130 Por.-vis ou 100 Dét.	»	»	6	......		»	4	»	6
2 Comp. Limeurs.	35 Porte-vis ou 30 Déten.	»	»	4	......		»	$2\frac{1}{2}$	»	11
1 Forg. de Vis et de Ressorts de Garniture. .... } 1 Comp. de Forge.	250 Vis assor. Il y a 6 Vis par assortim.	2 gran. vis de plat.,		11	......		on. »	gros $7\frac{1}{2}$		
		1 vis de culas.		4	......		»	3		
		2 vis de plaq.		10	......		»	7		
3 Comp. Limeurs.	$\frac{250}{3}$	1 vis de s. garde,		2	......		»	$1\frac{1}{2}$	1	8
					Les 3 ress. de gar.	6	»	4		
					Le ressort de bag.	2	»	$1\frac{1}{2}$		
					Les 3 goupil.	1	»	1		

Ouvriers nécessaires, etc.	Travail d'un jour, etc.	Poids du Fer.			Poids de l'Acier.			Poids de la Pièce lim.		Charbon nécessaire.	
		li.	on.	gr.	li.	on.	gr.	on.	gros.	li.	on.
Baguette	. . . . . .	. . . . . .			11	»	»	8	2	3	8
4 Forgeurs. . . . . 4 Compagnons. . .	18 Bag. et les trempent.										
4 Limeurs.	14, les blanc. et les tar.										
1 Tourn. de Têtes.	68										
Tire-bourres . .	. . . . . .	. . . . . .			2	»	»	1	»	»	4
1 Forgeur.	53, et les tr. limés.										
3 Comp. Limeurs.	23										
Baïonnette de 15 po. de Lame. 4 Forgeurs. . . . . 4 Compagnons. . .	32.	» pour la douil. » pour la virol.	12 1	» 4	»	7	4	10	6	11	»
1 Foreur et 1 enfant pour tourner la roue. . .	58										
7 Limeurs de Lam.	8										
	Totaux. .	15	14	4	1	10	7				
6 Lim. de Douille.	10										
1 Tourneur d'id. . Il lui faut 1 enfant pour tourner la roue.	59										
1 Fend. de Douill. Il lui faut idem.	110										
4 Poliss. de Bag. . Il leur faut id.	18										
1 Forg. de Virolle et de Vis. . . .	125 Viroles avec Vis.										
4 Limeurs d'idem.	16										
4 Tourn. de roues. désignés à chaque ouvrier.											
1 Fais. de Fourr. .	40										

Ouvriers divers.	Travail d'un jour, etc.	Poids du Fer.	Poids de l'Acier.	Poids de la Pièce limée.	Charbon nécessaire.
		on. gr. gra.	on. gros.	on. gr.	li. on.
18 Maîtr. Monteurs ou Equipeurs. .	3				
36 Compagnons, y compris 18 enfans pour polir les Pièces.					
1 Trempeur. . . . 1 Compagnon. . .	Peuv. tremp. les pièces de 2500 Fusils par mois.				
1 Graveur. . . .	grav. les mots et chiff. des can. et plat. de 60 Fus.				
1 Fondeur. . . . . 1 Compagnon. . .	. . . . . .	Le Bassin, en cuivre pèse 2 3 36	1 6 18		
		Le Guid. en cuivre pèse 42 grains.	» » 36		

Ce qui fait 345 Maîtres ou Compagnons, non compris 26 petits garçons d'environ 10 ans pour petits travaux.

Voici en général le maximum et le minimum de ce qu'il faut de Matières pour faire un Fusil d'infanterie dans les 8 Manufactures impériales.

Fer de. . . .	7 kil. 756	à	9 kil. 680.
Acier de. . .	0, 752	à	0, 998.
Cuivre de. .	0, 081	à	0, 099.
Charbon. . .	46, 720	à	51, 728.
1 Bois et. . .	0, 098 de cuir pour le fourreau de la Baïonnette.		

Au Fusil de Dragon, les Pièces ci-après diffèrent du Fusil d'Infanterie.	Poids des Matières.			Poids des Pièces limées.		
	li.	on.	gr.	li.	on.	gr.
Lame à Canon.	9	»	»	3 3	11 13	à
Pontet de la Sous-Garde (en cuivre).	»	3	»		2	4
La Grenadière (en fer).	»	7	»		3	»
L'Embouchoir (en cuivre).	»	4	½		3	4 ½
La Capucine (en cuivre).	»	1	4		1	2 ¼
Le Porte-vis (en cuivre).	»	1	2 ½		»	7
La Baguette (en acier).	»	10	»		7	»

Terme moyen de la quantité de Matières nécessaires pour les autres Armes à feu.

	Mousqueton.				Pistolet de Cavalerie.				Pistolet de Gendarmerie.			
	li.	on.	gr.	gr.	li.	on.	gr.	gr.	li.	on.	gr.	gr.
Fer.	10	10	4	40	5	4	4	3	3	2	»	14
Acier.	»	11	6	63	»	4	2	53	»	2	6	35
Cuivre.	»	1	5	»	»	12	4	33	»	»	5	40
Charbon.	63	»	»	»	36	6	»	»	28	5	»	»
1 Bois.	»	»	»	»	»	»	»	»	»	»	»	»

Il faut observer qu'il faut 2 jours aux Ouvriers par mois pour réparer leurs outils, 3 jours aux Platineurs pour retailler leurs limes; que les dimanches, les courses de réception, les accidens, réduisent les jours de travail par mois à 22 jours, et que l'ouvrier doit se nourrir 30 jours.

Le Fer d'échantillon pour Canons est cassé en deux morceaux, qu'on appelle *Bidons de* 11 *pouces* 3 *lig.* de longueur, qui mis l'un sur l'autre, et corroyés ensemble, forment la double Maquette. Il est important qu'on prenne au juste la quantité de Fer nécessaire; car s'il y en a trop, l'excédant est en pure perte pour le malheureux canonnier, qui paye à l'entrepreneur le fer qu'il en reçoit, et s'il n'y a pas assez de fer, le canonnier le corroye mal pour parvenir à faire un canon qui ait les dimensions recevables, ou fait un canon qui, trop faible dans ses dimensions, est rebuté. De plus, lorsqu'on fait les Devis, pour asseoir le prix des Armes, si on a l'habitude de prendre trop de fer, le prix de ce trop de fer est porté dans le Devis, ce qui rend l'arme plus chère, sans profit pour personne. Cependant la quantité de Fer nécessaire pour les Bidons, varie dans chaque manufacture : cela peut provenir des mauvaises méthodes de les travailler, et de la qualité des Fers. On n'a donné dans les notes sur cet objet, que des termes-moyens; mais les Officiers des manufactures doivent observer et les opérations pour les rectifier, et la qualité des Fers avec scrupule, pour réduire ces variations à la seule cause de la qualité du Fer. Ainsi, par exemple, d'après quelques expériences faites sur 100 Bidons, on a trouvé à Charleville que

	li.	on.	gr.	gra.		li.	on.	gr.	gra.
En 1807, 1 Bidon pesant	11	7	7	25,99	don. 1 Lame pes.	10	»	5	8,64
————————	11	3	2	17,28		9	11	5	31,68
En 1808, 1 Bidon pesait.	11	1	6	16,0		»	»	»	»
Qu'à Liége, en 1808.	10	7	7	55,35		9	6	3	67,33

On tolère d'alonger une fois seulement les canons de Fusils d'infanterie et de dragons et du Mousqueton, pourvu que le cylindre de 7 lignes 10 points ne puisse entrer dans le canon de Fusil; et celui de 7 lignes 9 points, dans le canon de Mousqueton.

Tous les Canons alongés doivent être marqués par le contrôleur, pour être sûr qu'on ne les alonge qu'une fois.

Les canons de Fusils ne sont jamais alongés de plus de 6 pouces, et ceux de Mousquetons, de plus de 4.

On ne ralonge jamais les canons de Pistolets.

Il est défendu de faire des canons de Mousquetons avec les canons rebutés de Fusils, parce qu'ils auraient trop de calibre, ou qu'on n'obtiendrait leur resserrement de calibre que par des pratiques qui altèrent la matière; et de faire des canons de Pistolets avec les canons rebutés de Fusils et de Mousquetons.

Devis du prix coûtant du Fusil d'Infanterie, modèle 1777, à Charleville, au premier Janvier 1788.

Canon.

	l.	s.	d.	l.	s.	d.	l.	s.	d.
Au Forgeron	5	3	»						
Au Foreur	»	10	1						
A l'Emouleur	»	4	4	6	13	3			
Au Garnisseur, y compris la culasse	»	15	»						
Au recuit	»	»	10						
Usé de meule	»	3	11						
Frais d'épreuve	»	2	»	»	5	11	7	7	5⅓
Graisse pour les usines				»	»	6⅓			
Révision à l'Adoucisseur	»	3	3						
Révision à l'Enculasseur	»	2	1	»	6	9			
Révision au Conducteur chef de boutique	»	1	5						
Au Perceur de culasse				»	»	6			
Au Graveur				»	»	6			

Baguette.

	l.	s.	d.	l.	s.	d.	l.	s.	d.
Au Forgeron	»	12	9						
A l'Emouleur trempeur	»	2	7½	»	16	1½	»	16	6
Au Tourneur de tête	»	»	9						
Au Taraudeur				»	»	4½			

	l.	s.	d.
De l'autre part.	8	3	5 $\frac{3}{5}$

Platine.

	l.	s.	d.	l.	s.	d.
Au Forgeron et Limeur	3	11	2 $\frac{1}{2}$	3	15	6 $\frac{1}{2}$
Face de Batterie	»	1	»			
Gravure	»	1	»			
Trempe	»	2	4			

Garniture.

	l.	s.	d.	l.	s.	d.
Sous-garde	»	17	3	3	2	3 $\frac{2}{20}$
Plaque	»	8	9			
Embouchoir	»	10	3			
Grenadière	»	9	8			
Battant	»	2	4			
Capucine	»	3	2			
Porte-vis	»	1	4			
Détente	»	1	4 $\frac{1}{2}$			
Ressort d'embouchoir	»	1	»			
——— de Capucine	»	1	»			
Vis de plaque et sous-garde	»	2	6			
Grandes vis de platine et de culasse	»	1	4			
Vis et ajustage du ressort d'embouchoir	»	1	3 $\frac{3}{5}$			
Goupilles d'acier	»	1	»			

Fourniture et Main-d'œuvre.

	l.	s.	d.	l.	s.	d.
Bois de noyer	1	2	»	3	11	6
Tire-Bourre	»	3	»			
Pierre à feu	»	»	3			
Main-d'œuvre à l'Equipeur-monteur	2	6	3			

	l.	s.	d.
Prix coûtant du Fusil jusqu'au mois de septembre 1788	18	13	3 $\frac{1}{5}$

A cette époque, ce prix fut porté à 18 liv. 19 s. 8 $\frac{1}{5}$ den.

Ce devis est bon à connaître, parce que trouvé dans les papiers d'un des Entrepreneurs à qui il servait de guide, il peut fournir une base assez certaine pour asseoir un prix juste.

Le prix du devis de Fusil d'infanterie, depuis 1779 jusqu'en 1785, fut de 17 liv. 11 sols 2 den.; et le prix payé à l'entrepreneur, de 22 liv. 10 sols. Jusqu'alors les prix furent communs à toutes les manufactures d'armes, et devaient l'être : car si Saint-Etienne se trouve un peu plus loin des lieux d'où cette manufacture tire ses métaux, elle a sur place en dédommagement les charbons, etc.

L'entrepreneur de cette manufacture a fait mettre lui-même dans le rapport sur l'exposition des produits de l'industrie, qu'à Saint-Etienne on fabriquait à meilleur marché les armes que par-tout ailleurs. *Voyez le Moniteur du* 3 *décembre* 1806.

En 1790, les prix du Fusil d'infanterie étaient :

	Sans Baïonnette.			Avec Baïonnette.		
	liv.	sols	den.	liv.	sols	den.
A Saint-Etienne.	27	9		31	5	
A Charleville.	26	10		30	6	
A Maubeuge.	26	1		29	17	
Prix moyen.	26	13	4	30	9	4

Distinction des Modèles de Fusil, depuis 1746 *jusqu'en* 1800.

(On ne parlera pas des Armes à feu de la Garde : Elles sont les mêmes que celles des autres troupes. On les polit seulement avec plus de soin, ce qui coûte 10 francs de plus).

Modèle de 1746. Canon à 8 pans longs. Sa longueur est de 44 pouces. Platine carrée. Bassinet en fer. Anneaux de courroie ronds et placés sur le côté. Point de ressort de Baguette. Baguette en fer. L'embouchoir très-court. Baïonnette à douille fendue. Toutes les têtes de Vis rondes.

Modèle de 1754. Il diffère du précédent dans les anneaux ronds et placés sur la Baguette, les ressorts à crochets pour retenir les Boucles, l'embouchoir plus long d'un tiers... pèse 10 liv. 4 onces.

Modèle de 1763. Il diffère dans le Canon rond long de 42 pouc. Anneaux de courroie plats, le Ressort de Baguette attaché à l'embouchoir ; Baïonnette à virole, Baguette d'acier à tête en poire. Le Chien a un support et la tête de sa vis est percée... pèse 10 liv.

Modèle de 1766. Canon de même que le précédent, mais plus léger. Ressort de Baguette tenant au tonnerre du Canon. Baguette d'acier à tête de clou. Baïonnette à ressort... pèse 9 liv. 8 onces.

Modèle de 1768. Il diffère du précédent par la Baïonnette qui est à virole.

Modèle de 1770. Canon de même, mais plus fort. Platine demi-ronde. Anneaux, Boucles, Garnitures plus forts. Taquet faisant partie de la Pièce de détente. Ressort de Baguette tenant à la Capucine. Baïonnette à virole.

Modèle de 1771. Tenon de la Baïonnette en dessous du Canon. Canon renforcé, ainsi que les Boucles. Platine ronde. Plus de taquet à la Pièce de détente. Ressort de Baguette mis au domino. Monture en gigue (1). Hauteur du Busc supprimé.

Modèle de 1773. Canon de même. Platine, Anneaux et Garnitures aussi de même. Point de Taquet. Ressort de Baguette tenant au Canon... pèse 9 livres 6 onces.

Modèle de 1774. Canon, Platine (hors la trousse de la Batterie qui est supprimée) Anneaux et Garnitures de même. Point de taquet. Ressort de Baguette tenant à la Capucine. Ressort à Griffe, tenant au Canon pour retenir la Baïonnette qui porte un bourlet, baguette d'acier à tête poire... pèse 10 livres.

Modèle de 1776, numéroté 1777. Canon, Platine de même. Bassinet de cuivre. Boucle à vis. Ressort de Baguette à l'embouchoir. Taquet à la Pièce de détente. Pontet à bascule. Toutes les têtes de vis plates. La Crosse en gigue, ce qui conserve le fil du bois à la poignée. La Plaque de couche plane par dessous et ployée à angle droit donne un appui solide à la Crosse. Baïonnette à fente, à virole (2) : à lame plus épaisse et moins large ; ce qui la rend plus forte. Pèse 9 livres 8 onces.

Modèle de 1777, *corrigé en l'an* 9. C'est le modèle de 1777, simplifié ou perfectionné. On a supprimé au Canon le tenon pour l'embouchoir, la Vis qui y assujettissait l'embouchoir, le ressort qui s'y trouvait pour contenir la baguette et la vis de grenadière, parce qu'ils étaient gênans, fragiles, insuffisans, etc. On a rétabli la grenadière, soudée en anse de panier, de 1763, comme plus solide. Les Battans sont assujétis par un clou rivé traversant

---

(1) La monture est en gigue, lorsque le bois, au lieu d'être cintré en dessous de la poignée, a un renflement convexe en cet endroit, comme l'ont ordinairement les Fusils de chasse.

(2) Le contrôleur Regnier propose d'essayer de mettre cette virole en cuivre jaune écroui, qui ne s'oxidant pas comme le fer, permettra toujours le mouvement circulaire à cette virole, que la rouille empêche souvent de tourner; elle serait moins solide : rejetée.

une double rosette. L'embouchoir, la grenadière, la capucine, sont retenus chacun par un ressort fixé au bois. Un petit ressort en feuille de sauge, qu'on nomme aussi paillette à ressort, incrustée dans le bois sous le tonnerre du Canon, retient la baguette dans la partie inférieure de son canal.

Ainsi, le Canon à 42 pouces de longueur, est à 5 pans très-courts au tonnerre, dont l'un sert à l'ajustage de la Platine. Le calibre est de 7 lig. 9 pouces. Platine ronde, Bassinet en cuivre, Garniture en fer, Baguette d'Acier à tête en poire. Bayonnette à 3 fentes à virole, portant sur une embase. Lame d'acier à dos et évidée, ayant 15 pouces de longueur prise du dessus du coude (auparavant elle n'en avait que 14 pouces.) Ce fusil pèse 9 liv. 8 onc. sans la Bayonnette, qui pèse 10 onces $\frac{3}{4}$, et sert à toute l'infanterie, hors aux Voltigeurs.

Fusil de Dragon, modèle de l'an 9. A les formes de celui d'infanterie. Son Canon et sa Baguette ont 4 pouces de moins de longueur. L'Embouchoir, la Capucine, le Portevis et le Pontet de la Sous-garde sont en cuivre : le reste de la garniture en fer. Ce Fusil sert à armer l'Artillerie, les Dragons et les Voltigeurs, dont les Officiers et les Sous-officiers sont armés de carabines rayées.

Mousqueton, modèle de l'an 9. Canon de 28 pouces de longueur à 5 pans raccourcis. Calibre, 7 lignes 7 points. Platine ronde. Bassinet en cuivre. Embouchoir, Portevis, Pontet de la Sous-garde (l'Ecusson a été mis en fer comme au Fusil de Dragon) Plaque de couche en cuivre. Grenadière, Tringle et les Battans en fer. Baguette d'acier à tête en cône tronqué renversé. Baïonnette à 18 pouces de lame, pèse 11 onces, sa Douille est forcée au même calibre que la Baïonnette d'infanterie, parce que les Fusils et le Mousqueton ont le même calibre extérieur à la bouche. Ce Mousqueton sert à toutes les troupes à cheval.

Pistolet de Cavalerie, modèle de l'an 9. Canon de 5 pouces 7 lig. à 5 petits pans. Calibre de 7 lignes 7 points. Platine ronde. Bassinet en cuivre. Embouchoir, Portevis, Pontet de la Sous-garde et Calotte en cuivre. Ecusson, Bride de poignée en fer. Baguette d'acier à tête de clou.

L'Embouchoir a été changé, et n'est plus, à proprement parler, qu'une Capucine sans coulisse, qui unit le bois au Canon très-solidement, et dont le bord inférieur est à 3 pouces 4 lig. 8 points du derrière du Canon ; elle est retenue par une bride en cuivre qui va jusques sous la tête de la grande vis du devant de la Platine.

Ce Pistolet sert à toutes les Troupes à cheval, hors à la Gendarmerie. Il sert aussi aux Troupes de la Marine ; mais alors on y ajoute un Crochet de ceinture en acier, faisant ressort, et tenu par la grande vis du milieu de la platine, qui est plus longue pour cette destination.

Pistolet de Gendarmerie, modèle de l'an 9. Canon de 4 pouces 9 lig. de longueur, à 5 petits pans. Calibre de 6 lig. 9 points. Platine ronde. Bassinet en cuivre. Baguette d'acier à tête de clou. Garnitures en fer.

Ce Pistolet n'est que pour la Gendarmerie.

Carabine. Canon de 24 pouces de longueur, pesant 3 liv. 5 onc. Le fer a, d'épaisseur au tonnerre, 13 lig., et 11 lig. 10 points à la bouche. Calibre, 6 lignes pour balles de 28 à la livre. Charge, 1 gros 8 grains; rayée de 7 raies en spirale équidistantes, faisant le tour du Canon, et de 3 à 4 points de profondeur. Platine du Mousqueton.

Elle sert à armer les Officiers et Sous-officiers des compagnies de Voltigeurs.

On avait fait une autre Carabine dans la révolution, dont le canon n'avait que 15 pouces : on en voulait armer les troupes à cheval; le reste était comme à celles de 24 pouces de canon.

On les éprouvait, 1°. avant de les rayer, avec une charge de 4 gros de poudre, avec 2 balles de 26 à la livre, et des bourres de papier; 2°. après la rayure à la charge de 4 gros de poudre, bourre de papier, et 1 balle de 26 à la livre. Pour les charger, mettez la poudre, puis un morceau de peau ou d'étoffe coupé en rond, dit *Calpin*, par dessus; mettez la balle et chassez-la jusqu'à la charge, avec la baguette, et à coups de maillets.

La balle ainsi chassée reste sphérique du côté de la poudre, s'aplatit sous les coups qui la frappent en avant, se raye sur les côtés. Dans le tir, elle sort en suivant les lignes spirales, ce qui lui donne un mouvement de rotation suivant l'axe du Canon, ce qui, dit-on, est la cause de la justesse de son tir. Elle frappe le but par sa partie aplatie.

Cette arme est longue et pénible à charger : si la balle n'est pas au fond, le Canon peut crever : les raies s'encrassent aisément, et il est difficile de les nettoyer : si le calpin ne ferme pas bien les rayes, la portée en est affaiblie : enfin l'arme est sans Baïonnette.

De ces inconvéniens on peut conclure que la Carabine est une arme inconvenante au soldat français, et qu'elle ne convient qu'à des assassins, patiens et phlegmatiques.

Les uns prétendent que la Carabine porte plus loin que le Fusil, et d'autres soutiennent le contraire. Les uns et les autres ont raison. Si le tems durant lequel la Balle oppose sa résistance à l'effort de la poudre en faisant le trajet du Canon, est plus long que le tems nécessaire à la charge pour s'enflammer en entier, la Carabine porte moins loin que si elle était Fusil : si cette résistance est égale au tems nécessaire pour l'entière inflammation de la charge la Carabine porte plus loin que si elle était Fusil.

Ces Carabines ont été dimensionnées au hasard, on ne peut rien dire sur leur bonté, non plus que sur celles de luxe qu'on nomme à étoile, à crémaillère, à colonne ou à tourelle (celle de guerre), à cheveux ou merveilleuses, tous noms assez mal déduits des figures ou disposition de leur rayure.

Les Carabines de luxe ordinaires ont 33 rayes ou filets : il faut passer l'outil 2500 fois pour former chaque raye ; 2 hommes en rayent 3 par jour.

Les merveilleuses ont 133 rayes : 2 hommes en rayent une en 3 à 4 jours.

De quelques autres Modèles proposés depuis 1763 et 1777, admis, puis abandonnés ou rejetés.

Le Modèle Républicain, dit *n*°. 1, doit avoir le Canon, la Platine et le bois de 1777, et la garniture de celui de 1763 ou de 1774. C'est un composé que les circonstances ont admis et fait tolérer durant la Révolution. Mais presque jamais les pièces de ce Fusil ne sont conformes au modèle d'où on les tire. Les Canons n'ont point passé à la salle d'humidité, ne sont point dressés au cordeau, les ressorts manquent d'étoffe, les pièces de garniture de proportion, de solidité, etc. Joignez à tout cela le mauvais choix des matières, et on ne sera pas étonné que ce Fusil, qui, d'après toutes ces observations, doit valoir 6 à 8 francs de moins que le Fusil ordinaire, exige de continuelles réparations, toujours longues ou inexécutables, par l'irrégularité des pièces qu'il faut sans cesse faire rapporter entre elles ; de là, des dépenses énormes et la pénurie soudaine des armes. Voilà où ont conduit les ateliers merveilleux de Paris, la faiblesse des gouvernans, l'ignorance des surveillans, la rapacité des soumissionnaires, l'abandon des manufactures d'armes où l'on savait construire, le nivellement des Officiers d'Artillerie... Mais enfin l'on est sorti de cette confusion. Le modèle de 1777 est prescrit uniquement, et on ne doit désormais fabriquer de Fusils que dans les manufactures d'armes nationales, sous les yeux d'Officiers d'Artillerie éclairés sur cet art (1).

Fusil pour les Troupes de l'Artillerie, modèle fait en 1777. Canon long de 34 pouces à 5 pans courts. Calibre de 7 lignes 9 points. Platine de Mousqueton de 1786. Garniture en cuivre. Embouchoir semblable au modèle de 1777 à vis et à boutrolle. Baguette d'acier à tête poire. Baïonnette, modèle 1763, pesant 9 liv.

Devait-on conserver ce modèle, pesant à quelques onces près autant que le Fusil d'infanterie ? Non. C'était de l'embarras pour les approvisionnemens, la fabrication, etc. Il valait mieux, et on le répète encore, donner aux Canonniers le Mousqueton de Cava-

(1) On appelle aussi quelquefois Modèle dépareillé, un Fusil qui ne se rapporte à aucun Modèle, et qu'on a monté avec toute espèce de Pièces d'armes pour le mettre en état. On ne fait plus de pareils rhabillages.

lerie, avec la Baïonnette de 18 pouces : ce Mousqueton a 6 pouc. de moins que ce Fusil, et ne pèse que 7 livres. C'était lui donner une arme moins lourde, moins embarrassante, analogue à son service de voltigeur dans les Convois, et à son courage qui lui a fait toujours aborder l'ennemi sans songer à la disproportion de la longueur de ses armes; mais de jeunes chefs alléguèrent qu'un grand homme avec une arme courte n'avait pas de grace en faction. On ignore ce que les vrais juges des graces en ont pensé; il y a apparence qu'elles ont été de leur avis, car on a rejeté l'armement en Mousquetons.

Fusil à dez, semblable au modèle de 1777. Mais dans la partie que doit occuper la charge, on a un peu élargi l'ame pour y recevoir un Cylindre de tôle mince de 3 pouces 8 lignes de longueur, coupé en sifflet au bout vers la bouche de 18 lignes de longueur. Ce Cylindre doit être brasé au Fusil dans cet emplacement élargi, et non comme on a dit sur le bouton de Culasse, parce que le moindre vide qui se trouverait entre le Cylindre et la paroi du Canon se remplissant à la longue de poudre ou de poussier, il surviendrait une explosion qui le creverait. La charge remplit le Cylindre, la balle se loge au coin dans la partie coupée en sifflet, et on n'a pas besoin de bourrer.

Cette invention simple et rejetée n'est point à dédaigner, et est bien préférable au petit ressort proposé par un coutelier de Langres, qui pousse une pointe dans le Canon, comme un ressort d'embouchoir, au-dessus de la balle, et l'y fixe pour éviter aussi de bourrer l'arme.

Mousqueton de Cavalerie, modèle de 1786. Canon long de 26 pouces à 5 pans courts. Calibre de 7 livres 7 points. Platine ronde. Bassinet en cuivre. Batterie à retroussis. Garniture en cuivre, excepté la Grenadière et la tringle qui sont en fer, et conformes à celles du Mousqueton de l'an 9 : le prolongement inférieur du derrière de l'embouchoir est logé sous la Grenadière. Le bois se termine à 14 pouces 6 lignes de la bouche. La Baguette appuie sur la plaque de couche qui sert de taquet. Epaisseur au tonnerre, 13 lignes, à la bouche, 9 lignes 3 points. Pèse 6 livres 8 onces.

Ce Mousqueton a été regretté : mais le nouveau est plus solide et porte mieux la Baïonnette.

Pistolet de Cavalerie, modèle de 1763. Canon rond de 8 pouces 6 lignes de longueur. Calibre 7 lignes 9 points. Platine carrée. Bassinet en fer. Chien à gorge. Garniture en Fer. Poignée peu courbe et sans bride. Baguette à tête de clou. Pèse 2 livres 4 onces.

Pistolet à Coffre, modèle de 1777. Canon rond et long de 7 pouces. Calibre de 7 lignes 7 points. Les pièces intérieures de la

Platine sont disposées comme celles du Pistolet à l'écossaise, et le ressort de Batterie placé sous le Bassinet dans le sens inverse de ce qui se pratique au modèle actuel. Bassinet en cuivre. Chien rond et à gorge. Garniture en cuivre : le Pontet de la sous-garde fixé par 2 vis en fer. Crochet de ceinture en acier. Bride en fer à la poignée. Le devant du Canon dégarni de bois. Poignée plus courte et plus courbe qu'au modèle précédent. Baguette d'acier à tête de clou.

Pièces de rechange pour l'entretien des Armes à feu portatives, durant un an de service.

Proportions pour 1000 Fusils, à 6 pièces par Fusil, pour les Armées : on n'en prendra que les $\frac{2}{3}$ pour l'Approvisionnement des Places.

4 Platines.
16 Corps de Platine.
70 Batteries.
150 Chiens.
20 Bassinets en cuivre.
80 Mâchoires de Chien.
100 Vis de Chien.
60 Noix.
30 Brides de Noix.
120 Gachettes.
125 Ressorts de Gachette.
125 Grands Ressorts.
100 Ressorts de Batterie.
1200 Petites Vis de forge de différentes espèces pour la Platine.
100 Vis de Batterie.
20 Baïonnettes.
30 Viroles de Baïonnette.
120 Baguettes.
90 Embouchoirs.
300 Ressorts de Garnitures, dont 100 pour Baguettes.
60 Grenadières.
70 Battans de Grenadières.
50 Capucines.
25 Pontets.
150 Vis de Sous-Gardes.
50 Battans de Sous-Gardes.
30 Détentes.
25 Pièces de Détente.
10 Plaques de Couche.
40 Vis de Plaques de Couche.
250 Grandes Vis.

100 Vis de Culasse.
60 Porte-Vis.
10 Canons.
30 Culasses.
80 Bois.
300 Entures, grandes et petites.

4100 Pièces, ou 4 Pièces environ par Fusil.

Il faut à-peu-près le même nombre de Pièces de rechange pour 1000 Fusils de Dragon; seulement on prendra pour les Pièces de garniture $\frac{1}{6}$ de plus de celles en cuivre, et $\frac{1}{6}$ de moins de celles en fer.

Il faut prendre $\frac{1}{2}$ de ce nombre de Pièces de rechange pour 1000 Mousquetons, et porter des tringles ou vergettes avec 2 anneaux par tringles au lieu de grenadières.

Enfin pour 1000 Pistolets de cavalerie, on portera $\frac{1}{4}$ du nombre de Pièces de rechange nécessaires à 1000 Fusils de dragon, en observant de ne point porter les Pièces qui n'entrent pas dans la composition du Pistolet; comme plaques de couche, grenadières, etc., et de porter à leur place 16 calottes, 32 vis d'*idem*, 30 brides de poignée.

Outils nécessaires à 8 Armuriers et 4 Monteurs.

Quantités.
2 Arçons.
4 Baguettes à mèche.
1 Bigorne.
2 Boîtes à foret.
1 Clouyère.
2 Consciences.
1 Ecoine à Baguette.
2 Etablis.
8 Etaux.
3 Etaux à main.
3 Filières,
8 Fraises plates.
8 Fraises rondes.
12 Forets en fer.
2 Gouges à canon.
2 ——— à Baguettes.
2 Grattoirs.
250 Limes de différentes espèces.
2 Mandrins à canon.
2 Mandrins à baïonnettes.
2 Marteaux à main.
8 Marteaux d'établis.

Quantités.
4 Monte-ressorts.
6 Mèches de Vilbrequins (Assortiment de).
4 Pinces plates.
2 Planes.
2 Rabots à baguette.
24 Rapes en bois.
1 Scie ordinaire.
2 Tenailles.
8 Tourne-vis.
2 Vilbrequins.

Outils en Bois.

Quantités.
4 Becs à corbin.
2 Becs d'ânes.
18 Ciseaux divers.
6 Gouges en bois.
4 Pierres à huile.

Approvisionnement de 3 mois, pour 8 Ouvriers.

Quantités.
5 liv. Acier d'Allemagne.
2 Borax.
12 Colle-forte.
Cuivre à braser.
6 Cuivre en feuille.
25 Emeri.
6 Fil-de-fer à lier.
4 ——— pour goupilles.
Soudure en cuivre.
Il faudra une petite forge à ces 8 Ouvriers.

Limes nécessaires à l'Approvisionnement de 40 Armuriers pendant un an.

Quantités.
1440 Limes d'Allemagne de 3 au paquet (3 par mois).
1440 Bâtardes carrelets de 10 à 12 pouces.
1440 Bâtardes demi-rondes d'*idem*.
1440 Bâtardes carrelets de 8 à 10 pouces.
1440 Bâtardes demi-rondes d'*idem*
720 Queues de rat de 7 à 8 pouces.
720 Tiers-point.

Quantités.

480 Limes à couteau pour tailler les noix (1 par mois).
480 Limes douces de différentes espèces.
12 Queues de rat de 12 à 13 pouces.
Râpes en bois (1 par mois par Monteur).

Approvisionnement.

3 liv. de Borax par mois, etc.

NOTA. Cet état peut être un peu diminué, si les limes sont bonnes et les Ouvriers bien surveillés.

Des Matières pour la Fabrication des Armes à feu.

Fer pour les Canons. Il faut s'assurer de sa qualité. On en prend une barre qu'on fait plier en deux par le milieu, et dont on fait souder les deux parties l'une sur l'autre, et on les équarrit en un barreau de dimension un peu moindre que celles de la barre ainsi préparée. Lorsque le barreau est froid, on le fait casser, en lui donnant un coup de tranche, et le pliant et repliant sur l'endroit entamé en sens contraire jusqu'à ce qu'il se rompe. Le Fer sera bon, si n'étant cassant ni à froid ni à chaud, sa cassure présente intérieurement une couleur plombée et un grain fibreux, ce qu'on appelle *nerf* du Fer. Le Fer dont le grain est bien égal, menu, arrondi, de couleur plombée ou argentine, quoiqu'il ne montre pas de nerf et ne soit pas aussi parfait que le précédent, mérite d'être employé ; et il n'est pas même nécessaire que le Fer des lames soit à sa dernière perfection, car il la perdrait en partie par les chaudes ultérieures qu'il doit subir pour devenir Canon. Il importe encore de savoir s'il est bien soudant, et s'il supporte le taraudage.

Comme la qualité du Fer dans la fabrication des Canons est de la plus haute importance, dès qu'on soupçonne que cette partie du Fusil peût avoir le vice le plus léger, on ne se contente pas de ce simple examen. On tâche d'abord de tirer toujours le Fer des mêmes Forges (1), parce que l'ouvrier de la manufacture est

(1) Le Ministre proscrit d'en tirer des Forges qui fournissent des fers mal fabriqués, et qui ne supportent pas les épreuves.

bien plus sûr de la bonté de son travail, lorsqu'il n'opère que sur des Fers de même qualité. Ensuite dans tous les envois de Fers faits à la manufacture, on en prend quelques barres au hasard, on les casse en bidons, et l'on constate la qualité du Fer. Les bidons sont convertis en maquettes et lames, et dans ces deux états on examine encore la qualité du Fer. Les lames sont distribuées aux Canonniers, on observe comment le Fer se comporte à la Forge.

On coupe quelques Canons à la longueur de celui du Fusil de Dragon pour connaître la qualité du Fer dans cet état de Canon forgé. Les Canons sont forés, émoulus, garnis et éprouvés; on tient note des Canons rebutés dans ces différens examens, et des causes de rebut. Les Canons crevés ou éventés à l'épreuve de la poudre sont encore coupés dans différens points de leur longueur, pour connaître plus particulièrement la qualité du Fer.

Si dans ces différentes épreuves on rebute plus de Canons par 100, on n'admet point le Fer présenté.

Le Fer pour les Platines doit supporter la trempe. On l'essaie en faisant fabriquer diverses pièces de Platine; on leur donne la trempe qu'elles doivent recevoir; on les casse et on juge à la cassure si le Fer est propre à cette destination. Le *nerf*, le grain pour l'acier, la difficulté de casser les Pièces sont les indices de la bonne qualité.

Acier. C'est l'Acier de fusion qu'on emploie pour les Armes portatives, parce qu'il a plus de corps que l'Acier de cémentation, qu'il soude plus facilement avec lui-même et avec le Fer, qu'il est plus aisé à travailler et qu'il est moins sujet à s'égrener. Le bon Acier doit présenter à sa cassure un grain fin, très-égal, et d'une couleur plus sombre que celle du Fer; il doit bien prendre la *trempe* et bien soutenir le *recuit*. Il faut rejeter les Aciers *pailleux*, *cendreux*, *nerveux*, ceux-ci parce qu'ils ne prennent pas assez de dureté à la trempe, ce qui malgré l'épaisseur qu'on donne aux ressorts, ne leur laisse pas conserver le cintre qu'on leur donne en les forgeant, et qu'on appelle la *bande* du ressort. La feuille d'Acier qu'on met à la face des Batteries, doit sur-tout être de la meilleure qualité pour produire beaucoup de feu.

Cuivre. (Voyez ci-après aux Armes blanches).

Bois. Doivent être de Noyer : on fait des épreuves pour s'assurer que celui de Hêtre peut le remplacer au besoin. Les Autrichiens s'en servent. On essaie aussi le Bois de Bouleau.

Les Bois doivent avoir 3 ans de coupe. Il faut exiger qu'ils aient passé 2 ans et demi dans les magasins, dont 6 mois, et si l'on peut un an, dans un magasin séparé de celui où ils doivent rester 2 ans, débités et empilés en grillage, avec des étiquettes sur chaque pile, annonçant l'année de coupe et d'entrée dans ce 2e. magasin.

1 Noyer en grume de 5 pieds de tour, produit 5 madriers de 2 pouces 2 lignes d'épaisseur, et 30 Bois de Fusil lorsqu'il a 12 pieds de longueur. Chaque pied de tour de plus donne un madrier de plus. Le prix de ce Noyer qui contient 4 solives, dans les mêmes lieux, valait en

1763,		en 1806,		
liv.	s.	liv.	s.	
7	10	11	5	Prix d'un tronc de noyer de 5 pieds de circonférence et de 12 pieds de longueur.
6	»	7	10	—— du sciage de l'arbre en madriers, et refendage en bois de fusil.
6	»	7	10	—— du charrois de 30 bois de fusil, à 4 s. l'un.
4	10	6	»	Frais de voyage, etc.
24	»	32	5	

Il faut compter 6 Bois par 100 de rebut : ce qui augmentera le prix des 94 Bois restans de celui des 6 rebutés. Ainsi, les Bois qui valaient 22 sols environ en 1763, doivent valoir 28 à 29 sols aujourd'hui.

Charbon. On emploie pour la fabrication des Armes la Houille ou Charbon de Terre, et le Charbon de Bois, suivant le travail qu'on fait.

L'intensité de leur chaleur est différente ; celle du Charbon de Bois est à celle de l'autre, comme 1 est à 4.

La Houille forte ou grasse est celle que l'ouvrier préfère, parce que son feu est plus ardent, aussi est-on forcé de le tempérer quelquefois en y mêlant de l'argile, etc. Elle est compacte, brûle d'une flamme vive, se soutient long-tems dans l'état d'embrasement; ses parties se collent en brûlant à cause du bitume qu'elle contient ; sa couleur est d'un noir mat.

La Houille faible ou maigre est plus légère, plus sèche, plus luisante, a une flamme assez vive ; mais ne se soutient pas dans l'état d'embrasement.

Rejetez les Houilles sulfureuses, qu'on reconnaît à la flamme et à l'odeur : elles altèrent le Fer.

Le Charbon de bois, pour être bon, doit être léger, sonore, sec, casser net : sa cassure doit être brillante, sa couleur d'un noir violet. On a déjà parlé de ce Charbon à l'article du Fer. Celui des bois tendres, comme bouleau, peuplier, tremble, adoucit le fer ; celui des bois durs, l'aigrit.

Les *Charmines* sont les parties de la Houille qui ne brûlent pas, et qui sont des pierres enduites de bitumes, des pyrites, etc.

Les *Fumerons* sont des parties dans le Charbon non carbonisées.

De la Poudre pour les Epreuves.

La Poudre pour l'épreuve des Canons des armes portatives à feu, doit être de celle dite *fine* ou à *giboyer*, et de la meilleure qualité. On doit l'éprouver avant de s'en servir, elle doit avoir au moins la portée de celle de guerre. Il en faut 10 liv. pour la double épreuve de 100 Canons, moins autant de secondes charges qu'il y a de Canons crevés par la première. Il faut de plus 1 liv. pour les amorces à un banc d'épreuve pour 106 Canons; mais celle-ci peut être en Poudre de guerre, ou avariée, etc.

Examen des Armes finies.

Canon. Calibrez, mesurez sa longueur.

Il doit être encastré dans le bois de la moitié de son diamètre, bien porter sur ce bois dans toute sa longueur, sur-tout à la Culasse.

La Culasse doit bien joindre sur le Canon, n'être point cassée ni fendue au trou de la vis : le centre de sa vis doit être au milieu de la largeur de la queue, à 18 lignes du derrière du Canon aux Fusils, et à 16 au Mousqueton. La vis doit être perpendiculaire au plan supérieur de la queue (1).

Baguette. Mettez-la dans le canon : elle doit sortir de 3 à 5 lignes, et cet excédant doit être taraudé. Faites jouer la Baguette dans le canon en raclant l'intérieur pour sentir s'il est rouillé : faites-la jouer plusieurs fois dans son canal pour s'assurer qu'elle ne tient ni trop, ni trop peu au fond du logement, (observez qu'elle doit tenir plus fortement dans le Mousqueton et les Pistolets que dans les Fusils); qu'elle ne rencontre pas la grande vis du devant de la Platine; qu'elle porte bien sur son taquet; enfin, que placée, elle ne déborde pas la bouche du canon, affleure les bords de son canal dans la partie apparente creusée convenablement dans le milieu de la largeur du bois; et que la partie cachée entre la capucine et la sous-garde, soit bien dans le milieu du bois qui reste après le logement du canon. En dirigeant l'œil le long du canon, observez si le canon est bien monté, si l'embouchoir est placé bien droit, si le guidon se trouve bien dans la ligne

---

(1) Si on ôte le Canon de dessus le bois, il faut encore s'assurer que la Culasse ne balotte pas, étant dans le second ou troisième filet; que le Canon n'ait pas plus de filets que le bouton de Culasse; que le trou de la lumière (qui est d'une ligne faible) soit sans bavures... Le Canon doit se démonter sans ôter la grande vis du milieu de la Platine : l'entaille, pour cette vis dans le talon de Culasse, doit être peu profond.

de mire. L'épaisseur du Canon au tonnerre est de 13 lignes aux Fusils neufs et de 12 aux Mousquetons.

Baguettes. Eprouvez-les aux machines prescrites par les réglemens, ou à leur défaut, appuyez fortement le poignet sur leurs têtes, et obligez-les à décrire très-lentement, et sur toutes les faces, une courbe dont la flèche soit de 5 pouces, de 4 pouces 9 lignes, de 3 pouces 6 lignes, suivant qu'elle appartient au fusil d'infanterie ou de dragon, ou au mousqueton; après cette épreuve, elles ne doivent offrir ni courbure, ni criques, ni doublures : vérifiez si la tête est trempée en l'introduisant dans un trou, et en pesant sur le fort de la tige; elle ne doit point rester courbée : enfin laissez tomber la baguette, la tête en bas, sur une pierre ou un métal : si le son n'est pas éclatant, elle a des criques ou des doublures.

La Baïonnette. Sa Douille doit être forée juste au calibre extérieur de la bouche, conséquemment ne point balotter : du bas elle doit affleurer l'embouchoir et le bois; du haut, arraser la bouche du Canon, et ses entailles être aux dimensions précises. Faites tourner la virole pour vérifier qu'elle n'est pas gênée par la Baguette dans ses mouvemens; qu'elle pose bien sur son embase, tourne uniformément; que sa vis serre bien dans son écrou; que le pivot d'arrêt est solidement placé. La Lame doit, en allant vers sa pointe, diverger de l'axe. Otez la Baïonnette : observez si la douille est rouillée intérieurement; si la Lame a été bien trempée et a une élasticité roide (1); si le coude est fort, sans criques, travers ou pailles. Son fourreau doit être en bon cuir de vache, bien cousu du côté opposé à l'arête, assez long et assez large pour contenir la Lame en entier, et pour qu'elle entre et en soit retirée facilement. L'entaille du tenon qui retient la Baïonnette sur le canon, doit être peu profonde, et le tenon brasé solidement.

Platine. Faites tomber le chien sur la batterie pour voir s'il a assez de chasse pour la bien faire découvrir, s'il porte bien son feu au fond du bassinet; si la batterie ne découvre pas, le grand ressort est trop faible; si elle découvre et revient, le grand ressort est trop fort, et la percussion brise promptement les pierres : il faut remettre les ressorts en harmonie. Faites passer plusieurs fois le chien, de la chute au repos, au bandé, pour vérifier la solidité et l'harmonie des autres pièces de la Platine, et s'assurer,

1°. Que les Ressorts intérieurs ne frottent pas sur le bois;

2°. Qu'entre le Corps de Platine et le Chien il y a un jour égal (de 3 points) pour qu'il ne frotte pas sur ce Corps, et qu'à cet effet la Noix déborde un peu le Corps de Platine;

---

(1) Si on a la machine d'épreuve, on s'en sert, sinon, etc.

3°. Que le Chien ne part pas au repos quand on presse fortement sur la détente ;

4°. Que le cran du bandé n'est ni trop ni trop peu profond ;

5°. Que la Gachette ne rencontre pas le cran du repos en passant du bandé à la chute ;

6°. Que la Détente n'a aucune espèce de jeu, soit au repos, soit au bandé ;

7°. Que le Ressort de batterie a peu de jeu à sa grande branche, et que la petite porte bien ;

8°. Que le Chien a assez de chute, et qu'étant au repos, la pierre ne touche pas la batterie ;

9°. Que le Chien tombe uniformément et sans secousse.

Examinez si le Chien n'est point cassé à son carré, au trou de sa vis, à la sous-gorge.

Si les Mâchoires sont percées dans le milieu de leur largeur ; si celle supérieure s'ajuste parfaitement à la crête, et si elle pince du devant ;

Si la tête de Vis de chien est assez haute pour que son trou soit toujours au-dessus de l'extrémité de la crête, quelque enfoncée que puisse être la Vis ; si la tige est paralèlle à la crête dans toute sa longueur, et perpendiculaire à la mâchoire inférieure.

Pour que le Chien, à son repos, se présente bien à la batterie, il faut que la ligne qui passe par le milieu de la longueur de la crête et par le milieu des reins, partage la face de la batterie en deux parties égales.

Faites jouer la Batterie ; elle doit ajuster parfaitement sur le bassinet et sur le canon, sans frottement. Sa vis étant serrée autant que possible, elle doit bien roder et découvrir facilement. La vis doit être bien juste à son œil, et cet œil être sans criques ni travers.

La grande Vis du devant de Platine doit passer entre les branches du ressort de Batterie sans les faire lever ;

L'extrémité de l'autre grande Vis de Platine doit se mouvoir librement entre la bride de Bassinet et le Corps de platine.

La Lumière doit être au milieu de la largeur de la fraisure du Bassinet.

Otez la Platine de dessus le bois, et examinez,

1°. Si elle est propre dans l'intérieur ;

2°. Si la Gachette tourne librement après avoir serré la vis le plus possible, et si elle engraîne bien dans les crans de la Noix ;

3°. Si la Bride n'est point fendue ou cassée près des trous du pivot de Noix et de vis de Gachette ;

4°. Si les Ressorts sont bien cintrés, bien étoffés sans l'être trop ; si leurs petites branches ajustent bien, et si les grandes ne frottent point en ne laissant cependant entre elles et le corps que le jeu nécessaire à leur effet ;

5°. Si le bec de Gachette est suffisamment fort ;

6°. Si les fentes des Vis ne sont point déformées ;

7°. Si l'Arbre ou Tige de la Noix est bien juste en son trou, ainsi que le Pivot dans le trou de la Bride;

8°. Si la Griffe de noix ne déborde pas le bord inférieur du corps de Platine.

Observez le Logement de la Platine. Il faut,

1°. Que toutes les Arêtes en soient bien vives;

2°. Que l'Encastrement des têtes de vis de gachette et de bride ne percent pas le bois jusqu'à la détente, ni jusqu'à la culasse; que celui pour la tête de vis du grand ressort ne perce pas jusqu'au canon;

3°. Que le fond du Logement du grand Ressort ne fasse pas découvrir le Canon;

4°. Que le Trou de la queue de Gachette soit le plus étroit possible; que sa profondeur ne déborde que d'une demi-ligne la mortaise de la détente du côté le plus éloigné de la platine;

5°. Que les Goupilles soient justes à leur trou sans forcer, ne sortent pas sous le Porte-vis; et que celle de Détente ne soit pas trop près du trou pour la queue de gachette;

6°. Que la Platine ajustant parfaitement au canon, ses bords portent bien sur le bois en dessous du corps; que le bois réservé en dehors autour de la Platine ait au moins 2 lignes d'épaisseur; que la pointe du derrière de la Platine soit vis-à-vis le milieu de la Poignée; et que le Bois soit très-peu entaillé à l'endroit ou l'espalet du chien porte sur le corps de Platine;

7°. Enfin, que toutes les Pièces soient sans bavures, et la matière bien répartie suivant les dimensions.

Garniture. Les pièces de Garniture qui sont en cuivre, doivent être coulées plates, puis courbées sur mandrins et soudées.

Le devant de la Détente doit former à-peu-près un angle droit avec le plan extérieur de l'écusson : la fente qui la reçoit doit être juste à sa dimension pour que la Détente n'ait de mouvement que dans un seul plan perpendiculaire à l'axe de la goupille. Le Taquet doit porter exactement dans son logement. L'écusson doit être sans pailles à la fente et à ses trous de vis, ainsi que le Pontet vers ses nœuds.

La Plaque de couche doit appuyer sur le bois; par-tout elle doit être débordée dans son pourtour par le bois d'une demi-ligne; les trous de ses vis doivent être sains, et le dessous bien dressé du cul-de-poule à l'autre bout arrondi.

L'Embouchoir, la Grenadière, la Capucine, doivent bien ajuster sur le Bois et sur le Canon pour les maintenir solidement ensemble : la matière doit en être également répartie; on ne doit voir leur soudure ni au dedans ni au dehors.

Les Ressorts de Garniture ne doivent pas trop plonger dans le bois; leur logement ne doit point paraître dans celui du canon; et ils doivent bien revenir sur la boucle quand on cesse de presser leur tête.

Vis. En général les Vis doivent avoir leurs tiges bien cylindriques, bien droites, les filets bien vifs et assez profonds; leurs logemens être exacts à leur diamètre; les têtes fendues de la moitié de leur épaisseur, la largeur des fentes égale à leur profondeur, et les têtes bien rasées dans leur fraisure, sauf celle de Culasse, qu'on vient de rétablir saillante.

Bois. Assurez-vous de la bonne pente du fusil, soit en mettant en joue, soit au moyen du calibre qui sert à la vérifier. La Crosse trop droite fait tirer trop haut et repousser le fusil : la Crosse trop courbée fait tirer trop bas; que le Bois soit bien de fil dans toute sa longueur, ou, comme on dit, non tranché, bien sec, ni blanc, ni vergetté de jaune, ni échauffé, ni passé, ni vermoulu et sans nœuds.

Si on soupçonne que le Bois n'est pas sec, tirez-en un copeau d'un coup de plane, roulez-le dans les doigts; s'il ne se casse pas, le bois n'est pas sec, et l'odeur du bois vert se manifeste encore.

Trempe. Il faut vérifier si les pièces qui doivent être trempées le sont : pour l'être bien, il faut que la Lime ne puisse les mordre, et qu'elles fassent feu avec la pierre à fusil.

La Vis de Culasse, les grandes Vis, les Vis en bois, la Détente, toutes les pièces de la Platine, hors les Ressorts, se trempent par la *cémentation :* elle dure 4 heures pour la grosse trempe et 3 pour la petite : celle-ci est pour les Détentes, les Vis de platine, hors celle de chien (qu'on ferait bien d'y mettre pour éviter la facilité de casser), les Vis à bois et de culasse. On doit *recuire* la Noix, sa Bride, la Gachette, la Vis de chien, le pied de la Batterie, les Pièces de la petite trempe, pour reprendre une partie de la malléabilité que leur a ôté la Trempe.

Les Ressorts de platine sont trempés à la Volée; on les chauffe rouge-cerise, et on les plonge dans l'eau froide : plus l'acier est pur, moins ils doivent rester dans l'eau; puis on les recuit à l'huile pour leur ôter leur excessive fragilité : pour cela, on les frotte d'huile, et on les met sur un feu doux jusqu'à ce que l'huile soit évaporée, puis on les replonge dans l'eau, et on les en retire de suite.

Les Tire-bourres, les Ressorts de Garniture se trempent, et se recuisent comme les Ressorts de la Platine, ainsi que les Baguettes, les Lames de Sabre et de Baïonnette; mais on employe pour les Lames le charbon de bois, et avant de les plonger dans l'eau, on les passe dans un tas d'écailles de fer humectées; ce qui leur évite d'être *criquées.*

Les Tire-bourres, qui sont les mêmes pour les Fusils, le Mousqueton et le Pistolet de Cavalerie, s'éprouvent en forçant les 2 branches en spirale, l'une après l'autre sur du bois bien dur : on rebute ceux dont les branches restent pliées. Ils sont taraudés au pas de vis de la baguette.

Les Tourne-vis sont à 3 branches, dont 2 aplaties, l'une pour entrer dans la fente des têtes de grandes vis, l'autre dans celle des autres vis moyennes ; la troisième branche arrondie est pour passer dans la tête de vis de chien : les Tourne-vis doivent être recuits pour ne pas casser dans l'effort qu'ils font lorsqu'on s'en sert.

Nettoyement (1) *et Entretien.*

On emploie, pour le Dérouillement des Armes, l'émeri et l'huile d'olive ; on se sert pour les frotter de Curettes, de Spatules de bois tendre, et de Brosses rudes ; et lorsqu'on opère sur le Canon, il faut, pour l'empêcher de se courber sous l'effort qu'on fait, le soutenir intérieurement par une broche de son calibre. A défaut d'émeril, pour enlever les grosses taches, on se sert de grès pulvérisé, tamisé et humecté d'huile d'olive, et pour les petites, de brique brûlée, pilée, tamisée, et humectée de même. Les pièces nettoyées sont essuyées de façon à n'y laisser que de l'onctuosité.

Les Pièces en cuivre se nettoient avec du tripoli, ou de la brique bien pulvérisée, humectés de vinaigre. Il ne faut jamais y employer de substances grasses.

Les Armes mises en magasin doivent être nettoyées, et pour les y conserver en bon état être passées à la *pièce grasse*, c'est-à-dire avoir un degré d'onctuosité qu'on leur donne en les frottant légèrement, mais en entier, avec un chiffon humecté d'huile et de suif fondus ensemble, ou mieux encore d'huile et de cire vierge dans la proportion de 1 huile à 4 suif ou cire.

Ceci regarde toutes les Pièces, hors les bois qui ne doivent être frottés que d'une serge humectée d'huile d'olive seulement.

Les Lames de Sabre ne doivent être remises dans leur fourreau, qu'après qu'elles ont été passées à la *pièce grasse*.

Les Baïonnettes sont conservées sans fourreau.

Les Fusils et Mousquetons sont mis sur les Rateliers des salles d'Armes, les Canons en avant, et de manière que les Armes ne

---

(1) *Montage et Remontage du Fusil.*

On a indiqué, page 7, l'ordre à suivre dans le démontage et remontage du Fusil pour le nettoyer. Dans cette opération, il faut veiller à ce que le Soldat ne fasse sortir les Goupilles qu'au moyen d'un poinçon rond d'un diamètre inférieur des Goupilles ; car s'il se sert d'un Clou, il agrandit les Trous et fait perdre les Goupilles.

Avec le Monte-ressort ordinaire, souvent le Soldat inexpérimenté casse les Ressorts. M. Regnier, conservateur du Musée d'Artillerie à Paris, en a imaginé un qui rend cette maladresse impossible : il est moins volumineux que celui en usage, et donne le moyen d'ôter les ressorts de dessus le corps de Platine sans ôter les autres Pièces.

portent que par leur bois et non par leur fer sur les entailles des Porte-Canons.

Les Pistolets sont suspendus par la sous-garde à des clous.

Les Sabres sont empilés en treillage carré, une garde à chaque angle : les piles de ceux de Cavalerie sont de 400 ; celles des Briquets sont de 500.

Les Magasins ou Salles d'Armes doivent être bien secs, peu exposés aux ardeurs du soleil, lambrissés et plafonnés en bois seulement tant qu'on pourra, pour éviter la poussière des plâtres ; les greniers au-dessus peu chargés, peu fréquentés. Il faut des volets en dehors aux croisées des Salles : il faut les aérer dans le milieu des jours sereins, sans y faire entrer les rayons du soleil.

Toutes les Armes portatives, hors celles déclarées ne pouvoir être remises *en état de service*, sont à l'entretien des Gardes. On les leur remet en état et propres, et ils doivent les maintenir ainsi tant qu'elles sont dans les Salles. On constate par procès-verbal celles auxquelles il manque des pièces, et on le marque sur une carte suspendue à l'Arme, pour qu'il n'y ait plus que le remplacement de ces pièces à faire pour avoir l'Arme en état et propre.

Toutes les pièces qui, durant que les Armes sont en salle se cassent d'elles-mêmes, comme ressorts, etc., sans que ce soit par le fait du Garde, de ses ouvriers, ou des personnes qu'il introduit dans la Salle, sont remplacées au compte du Gouvernement. Le Garde remplace, à ses frais, toutes les autres pièces détériorées ou cassées.

On paie au Garde l'entretien de toutes les Armes existantes au 1er. janvier de l'année : il entretient de même toutes celles qui entrent dans les Salles après cette époque, sans qu'on les lui paie, et il fournit tout ce qui est nécessaire à l'entretien et à la main-d'œuvre.

On lui donne, pour chaque Arme à feu portative et paire de Pistolets 0,05 et 0,06 dans les Salles d'Armes des places maritimes.

Pour chaque Sabre à fourreau de fer 0,02 ;

Pour chaque Briquet, fourreau de fer sans Sabre, et Baïonnette sans Fusil, 0,01.

Il entretient en bon état toutes les pièces d'Armes destinées aux réparations sans aucune rétribution.

Les Gardes ne peuvent donner des Armes que par l'ordre du Ministre, quelquefois sur celui, par écrit, des Généraux-Commandans qui le font *par urgence*, ce qu'ils articulent dans l'ordre, et dont ils sont responsables ; mais sur l'ordre des Généraux-Commandans ils reçoivent les Armes rendues par des corps *qui ne font que passer*, donnent un reçu portant *qu'elles sont hors de service*, à moins d'un procès-verbal de situation, où assiste un Officier désigné par ce corps qui le signe, et un Commissaire des guerres. Le Réglement, sur les Armes à donner aux Troupes, et sur leur entretien, a été fait et rectifié avec soin : il faut y avoir recours pour tout ce qui concerne ces deux objets majeurs.

On ne répare plus le Fusil, Mousqueton, paire de Pistolets français qui exigent plus de 6 francs de dépense.

——— étranger, mais du calibre français, s'il faut plus de 4 fr.

——— étrangers au-dessus du calibre jusqu'à 9 lignes, s'il faut plus de 3 f.

Les Fusils, etc. au-dessous du calibre français et au-dessus de 9 lignes, sont démolis, et les bonnes pièces conservées et employées.

Les Canons à remonter et les Canons des Armes à réparer, non du modèle de 1777 ou 77 corrigé, doivent être éprouvés à la forte charge, et leur calibre vérifié.

Aux Armes à réparer, il faut employer de préférence les pièces bonnes résultantes des démolitions, lorsqu'elles sont pareilles et du même métal.

La réparation de toute espèce de Sabre français et étranger ne doit pas excéder 2 francs de dépense.

Dans les Sabres démolis, les bonnes pièces sont conservées et utilisées.

Si on remonte des Lames de Sabres démolis, il faut les éprouver.

On a fixé dans le Réglement sur les Armes à donner aux Troupes, etc., la durée du Fusil à 50 ans : on a trouvé cette durée extraordinaire ; mais elle était au-dessous de ce que l'expérience prouvait qu'elle pouvait être ; car, même en tems de guerre, un Fusil ne tire pas 500 coups par année. Or, le Duc de Châtelet, colonel du régiment du Roi, avait chargé le sieur Blanc, contrôleur d'Armes, mort il y a quelques années, de pousser à bout 4 Fusils pris au hasard dans l'armement de ce Régiment, et le sieur Blanc m'a assuré avoir tiré 25,000 coups avec chacun de ces 4 Fusils sans les avoir mis hors de service.

M. le Colonel d'Artillerie Montfort, fut chargé, en 1789, par M. le G. Demanson, de faire une semblable épreuve : il avait déjà tiré plus de 10,000 coups avec chacun des 4 Fusils qu'il prit pour cette épreuve sans qu'ils fussent hors de service. La Révolution ayant suspendu cette épreuve, il les déposa à l'arsenal de Strasbourg, avec une étiquette qui annonçait cette épreuve sur chaque Fusil qui se trouvait encore en état de servir. Averti de cette épreuve par M. de Montfort, on fit chercher ces 4 Fusils, modèle 1777, à Strasbourg : on les transporta à Paris, et en l'an 13, ayant constaté leur situation, on continua l'épreuve ; ils se trouvèrent en bon état, quelques pièces très-légèrement affaiblies ; et seulement les noix, les gachettes et les feuilles d'acier des Batteries usées : on changea ces feuilles ; l'intérieur du Canon était sans défaut et de calibre exact.

Le procès-verbal de cette épreuve existe à la direction de Paris ; on peut le consulter. On va en donner quelques résultats qui pourront être utiles.

Le Fusil n°. 2 (Les n°s. 1 et 4 ne se trouvèrent point à Strasbourg) creva après 4443 coups, avec une explosion extraordinaire à 7 pouces de la Culasse, et le fer de la cassure ayant paru d'excellente qualité, on présume qu'il éclata par l'effet d'une charge mal mise, ou redoublée par mégarde.

Dans ces 4443 coups, on employa,

159 Pierres à feu... Ainsi chaque pierre tira 28 coups.

277 Amorces qui firent long feu : donc, 1 long feu sur 16 à 17 coups.

799 Le chien s'abattit sans enflammer l'amorce : donc, 1 raté sur 5 à 6 coups.

Une feuille d'acier soutint 2186 coups sans être retrempée.

Une autre 375 coups.

Une autre 1084 après avoir été retrempée.

Il fallut changer,

1 Vis de chien ;
1 Bassinet ;
1 Noix ;
1 Gachette ;
1 Grand Ressort.

On raccourcit de 6 points un bouton de Culasse : avant cette opération 89 amorces sur 1016 coups brûlèrent sans mettre le feu. Après cette opération, 55 seulement brûlèrent de même sur 1025 coups.

Après 60 à 65 coups il fallait laver le Canon.

Le Fusil n°. 3 a tiré 12281 coups.

Dans ces 12281 coups on a employé,

410 Pierres... Donc la Pierre supporte 29 à 30 coups. Une Pierre noire de Coussi a supporté 100 coups. Une Pierre blanchie au soleil a raté 14 fois sur 50.

367 Amorces ont fait long feu... Donc l'Amorce brûle sans porter le feu sur 33 à 34 coups.

Il y a eu 1045 ratés... Donc 1 raté sur 11 à 12 coups.

Une feuille d'acier, sans être retrempée, a soutenu 4061 coups.

Une autre 510, et retrempée 1440... Une autre en acier fondu 2180.

On a changé,

1 Vis de Chien ;
1 Grand Ressort ;
1 Batterie neuve.

On a mis un grain au Canon, après 10000 coups tirés à Strasbourg et 8441 à Paris.

Quand la lumière est d'une ligne faible, il y a plus de ratés 48 sur 90) que quand elle a 1 ligne.

Le Fusil est encore en bon état ; d'où l'on peut conclure que,

1°. Le Tir n'use pas ou très-peu le Canon de Fusil ;

2°. Que le Tir exige peu de réparations dans la Platine ;

3°. Que les Bassinets en cuivre sont bons, quoique en usage par hasard, puisque celui du n°. 3 a servi à plus de 22000 coups ;

4°. Que les feuilles brasées aux Batteries sont d'un meilleur service que celles mises à l'ordinaire ;

5°. Que les Pierres brunes sont très-bonnes ;

6°. Que les Lumières un peu en avant de la Culasse font éviter les ratés ;

7°. Que les Fusils français sont d'un excellent service, et ne sont dégradés que par un nettoyage mal entendu et des réparations mal faites, sans quoi ils seraient éternels.

On a fait aussi, dans le courant de l'été de l'an 13, d'autres épreuves pour constater la résistance du fusil, modèle 1777, ou an 9. On savait que vers 1782 ou 84, on avait fait des épreuves comparatives à Saint-Etienne, sur des fusils tirés des 3 manufactures d'armes existantes à cette époque ; qu'on les avait tirés plusieurs heures à la charge d'épreuve avec une balle, quelquefois avec deux. Mais tout cela n'était transmis que de mémoire, sans résultat certain ; le procès-verbal ne s'est pas retrouvé. Comme on veille avec soin à la bonté des matières, on a pris des fusils, modèle 1777, au hasard dans un magasin, sans comparer ceux des différentes manufactures. Le hasard a fait prendre 2 fusils de celle de Liége, on les a numérotés 1 et 2, et l'on s'est proposé de remplir dans l'épreuve dont on va parler, un autre but, celui de savoir de combien un canon de fusil pouvait être diminué sans risque.

1°. Les 2 Fusils ont d'abord été diminués de 1 ligne au tonnerre, en allant, en diminuant et finissant à rien à 8 pouces du tonnerre.

On a tiré en plusieurs séances 300 coups de chacun à balle et charge ordinaire. On lavait les Canons après 40 coups. Les Canons n'ont été nullement altérés par ce tir, seulement la lumière du n°. 2 a été un peu agrandie.

2°. On a diminué encore le diamètre au tonnerre des 2 Fusils, d'une demi-ligne, semblablement au premier procédé, et pour raccorder ces diminutions au reste du Canon, on l'a limé sur toute sa longueur.

Les Fusils ont été tirés 100 coups à cartouche à balle de guerre, et lavés après 50 coups. Le Canon n'a pas été altéré.

3°. On a mis double charge de poudre et une balle par dessus.

Le Fusil n°. 1 a crevé au 13e. coup, à 18 lignes en avant de la lumière, en s'ouvrant de 6 pouces de longueur par deux ouvertures longitudinales. La monture s'est fracassée, il ne s'est détaché aucun éclat ; à l'une des fentes on a observé un fer à nerf excellent ; à l'autre le grain d'un fer cassant.

Le Fusil n°. 2 a été tiré 100 coups de suite à double charge et une balle par-dessus ; et quelquefois à 2 Cartouches l'une sur l'autre, pour imiter les inadvertances du Soldat. Le Canon n'a pas été altéré ; la lumière s'est un peu agrandie : on lavait le Canon tous les 25 coups.

4°. On a mis triple charge dans le Fusil n°. 2 et une balle par-dessus.

On a tiré 12 coups. Le Canon n'a pas été altéré; la Lumière s'est sensiblement agrandie; les pierres ont été brisées.

Ces expériences semblent prouver qu'on peut avoir confiance à la bonté des Fusils de munitions; que leur fer diminué au tonnerre de près d'une ligne, le laisse encore susceptible de résister aux plus fortes charges.

On a observé dans cette épreuve, où la température de l'air était à 14°. du thermomètre de Réaumur, qu'après 15 coups tirés en 8 minutes, la chaleur du thermomètre coulé dans l'intérieur du Canon à 1 pied du fond, était de 40°.; qu'après 44 coups tirés en 15 minutes, elle était de 64, et que la chaleur rendait le Canon insupportable au toucher; mais pour enflammer de la poudre, il faut un fer chauffé à 200°. à-peu-près: donc tant que le Soldat peut manier son fusil, quelque chaud qu'il soit, la poudre de la charge ne peut s'y enflammer par la chaleur seule du Canon.

Platines identiques.

On a donné ce nom à des Platines, dont toutes les parties devaient être parfaitement égales, en sorte qu'en démontant un nombre quelconque de ces Platines, en mêlant leurs pièces et les reprenant au hasard, on devait en composer une Platine parfaitement ajustée. Ces pièces devaient s'obtenir au moyen du fer, etc., rougi, mis dans des étampes et matrices, et frappé par un mouton.

Ce mode de faire des Platines par des moyens mécaniques, fut proposé vers 1722, et essayé par ordre du Gouvernement pendant près de 10 ans, et abandonné. On le reproduisit comme nouveau vers 1785. M. de Gribeauval ordonna l'essai, qui fut long et coûteux. L'Académie intervint, sa commission trouva le mode bon: la révolution survint; on suivit, on suspendit, on reprit ce genre de fabrication. On fit avec soin quelques centaines de platines, qu'on soumettait à l'épreuve des pièces mêlées et remontées, et qui produisaient des platines jouant, aux yeux de ceux qui ne s'y connaissaient pas. En vain représentait-on à ces partisans engoués de ces Platines identiques, qu'ils appelèrent *simillaires*, nom précisément opposé à ce que la Platine devait être; que par ce mode de fabrication, 1°. le fer s'aigrissait, n'étant plus reforgé après avoir été étampé, ce qui était prouvé par le plus grand nombre de pièces de rebut que dans la méthode ordinaire, ce qui laissait de l'inquiétude pour les pièces employées; 2°. que les étampes s'usant très-vîte, il y avait nécessairement une différence entre la première pièce et la centième, par exemple; que dès-lors les pièces n'étant plus identiques, la Platine ne pouvait plus avoir son jeu, son harmonie, et le but était manqué.

La détérioration prompte des étampes était avouée par les partisans même, et malheureusement prouvée par le plus grand prix qu'ils demandaient de leurs Platines, qui se fabriquaient cependant plus vîte que la Platine ordinaire, etc., etc. Par un procès-verbal du 7 ventose an 10, on constata enfin que sur 492 Platines (faites avec tous les soins imaginables) qu'on promenait depuis 10 ans d'Académies en Académies, de Commissions en Commissions, de Savans en Savans de cabinet, et qu'on soumit à l'épreuve du démontage et du remontage, 152 seulement furent en état d'être employées; que les autres nécessitèrent des réparations assez considérables. Or ces réparations les désidentifiant encore, on eut la preuve sans réplique pour les gens qui veulent être de bonne foi, qu'il fallait abandonner l'idée des Platines identiques, malgré l'arrêté qu'on fit prendre l'an d'après pour les établir exclusivement. On laissa refroidir l'exaltation, et on les abandonna. On n'en parle ici que pour renseignement, si quelqu'un par la suite rêvait qu'il les invente et voulait les faire adopter. Si vers 1722 on eût consigné l'épreuve infructueuse qu'on en fit pendant 8 à 10 ans, on n'eut pas dépensé 50,000 écus en pure perte vers 1793, sans compter les dépenses ultérieures.

Dans quelques manufactures, à Saint-Etienne, Versailles, on fait encore plusieurs pièces de la Platine à l'imitation des Platines identiques, mais sans prétendre à l'identité, et seulement pour fabriquer plus rapidement. On tolère ce mode sans l'étendre aux autres manufactures, pour éviter tout retard de fabrication, dans la persuasion où sont la plupart des officiers d'artillerie, que les pièces qui en résultent sont moins bonnes. On pense qu'on pourrait permettre ce moyen pour le corps de Platine, et 1 ou 2 pièces au plus. Un des entrepreneurs de manufactures a offert de faire la Platine à 20 sols meilleur marché au bout d'un an, si on lui permettait ce mode, qu'on appelle faire des Platines par des moyens mécaniques.

Il est bon encore de rappeler que dans le résultat des observations de la Commission des Officiers d'Artillerie (MM. Givry, Guériot, Pelletier, lieutenant-colonel; Guérin-Villeneuve, capitaine), du 12 janvier 1792, il a fallu 1067 heures 49 minutes pour faire 37 Platines identiques, et qu'il n'a fallu que 555 heures pour en faire le même nombre par les moyens ordinaires.

Encaissement *des Armes à feu portatives.*

Dimensions des Caisses (mesures prises hors d'œuvre).

Caisse de. . .	*Fusils d'Inf.*(1)		*Mousquetons.*		*Pistolets.*	
	pieds.	pouces.	pieds.	pouces.	pieds.	pouces.
Longueur. . . .	6	2	5	4	4	5
Largeur.	1	10	2	»	1	10
Hauteur.	1	3	*idem.*		*idem.*	

Les Planches ont 1 pouce d'épaisseur et sont en bois blanc, ordinairement en sapin, les côtés et les bouts doivent être d'une seule planche (elle doit avoir 16 pouces pour Fusils d'infanterie à cause du dressage). Le dessus et le fond seront de 2 planches.

Les Bouts ou têtes des Caisses ont un doublage de leur épaisseur, c'est une planche mise dans œuvre sur laquelle les côtés sont cloués chacun par 10 clous; les bouts ou têtes sont cloués sur les côtés, chacun par 8 clous; le dessus est cloué sur les têtes, et sur leur doublage par 16 clous, et sur les côtés par 10, enfin le fond est fixé par le même nombre de clous sur les têtes, le doublage et les côtés, en tout 52 clous.

On renforce, quand on le peut, l'assemblage des côtés et du fond avec les têtes, par des équerres de tôle de 8 pouces de développement et de 9 lignes de largeur; on les place dans le milieu des angles, formés par les côtés et le fond, avec les bouts ou têtes de la Caisse.

Il faut 36 livres de paille pour l'emballage de chaque Caisse; elle doit être très-sèche, purgée de poussière, longue; celle de seigle est préférable.

Les Caisses contiennent 33 ou 34 Fusils, c'est-à-dire 100 par 3 Caisses.

Les Fusils descendus des rateliers, et mis à portée des Caisses, 2 hommes, en un jour, peuvent en emballer 12.

Les Caisses coûtent de 6 à 10 francs, suivant le prix des bois et celui de la main-d'œuvre, qui varient à raison des localités; dans quelques-unes la main-d'œuvre n'est que de 12 sols.

Il serait très-utile, pour la conservation des armes, d'emballer extérieurement chaque Caisse en paille, retenue par une enveloppe de grosse toile, dont les coins se termineraient en oreilles de 6 pouces, et entourée de 4 cordages. Il faudrait pour cela 15 livres de paille et 5 aunes de toile en 2 largeurs. Mais cet emballage étant cher, il faut empêcher que les Caisses ne soient changées de voiture dans le trajet qu'elles ont à parcourir, ordonner que

(1) Celles pour Fusils de Dragons ont 4 pouc. de moins ou 5 pieds 10 pouc.

les voitures soient bien *bachées*, enfin éviter les transports par bateau.

Si les Fusils à encaisser sont destinés à un régiment, (si on a le tems) ôtez les platines, mettez une petite goutte d'huile aux Griffes de Noix, au bec de Gachette, aux branches inférieures des ressorts de gachette, et aux talons des Batteries.

S'ils doivent être envoyés en dépôt, il suffit de les essuyer, l'huile produirait par la suite un cambouis qui nuirait à l'arme. Si les Fusils ont été long-tems en route durant de fortes chaleurs, à leur décaissement, passez une pièce grasse sur le bois et sur les garnitures, après en avoir effacé les taches de rouille.

Portez les Fusils près des Caisses; à chaque Fusil descendez le Chien dans le Bassinet, renversez la Batterie; ôtez la Baïonnette, mettez-la dans son fourreau, passez-la du côté de la Platine, dans le pontet, entre la détente et le nœud antérieur, jusqu'à la douille, et collez la lame le long de la monture, de façon que la virole de la Baïonnette ne puisse blesser le bois du Fusil. Faites une tresse de paille d'environ 40 brins, et de 3 pieds de longueur en la tortillant légèrement; enveloppez de cette tresse le dessus du Chien et le derrière de la Batterie, passez-la sous le Fusil, embrassez la Baïonnette, puis encore le Chien et la Batterie, repassez-la de nouveau, autour du Fusil, près du nœud antérieur, en recouvrant la Baïonnette à l'extrémité de la douille, près du coude, et achevez de rouler la tresse sur la poignée.

Garnissez tout le fond de la Caisse, de 2 pouces de paille, mise dans le sens de sa largeur; faites 3 coussinets de paille de 6 pouces d'épaisseur et d'un pied de largeur; placez-en un à 6 pouces de chaque doublage, et le troisième au milieu; posez 7 Fusils à chaque bout de la Caisse couchés, la Sous-garde en dessus, les plaques de couche appuyées contre le doublage, ceux d'un côté alternés avec ceux de l'autre, et le Chien portant contre le côté intérieur du premier coussinet de chaque bout. Faites des tresses de paille en la tortillant, et placez-en une sous les bouts des 7 Fusils de chaque côté sous l'embouchoir, en le relevant doucement, puis les remettant à leur place, en les forçant de se loger entre les Fusils du côté opposé; par ce moyen, les pièces de garniture ne peuvent frotter les unes contre les autres; sur-tout si vous enveloppez aussi de semblables tresses les grenadières du milieu. Assujétissez toutes les crosses, en plaçant entre elles avec force, des tampons de paille de 8 pouces de longueur, faits avec une centaine de brins de paille que vous repliez trois fois sur eux-mêmes (la paille est supposée avoir 3 pieds). De la queue de ces tampons de paille éparpillée, qui a environ 12 pouces de longueur, faites un recouvrement à la Sous-garde et à son pontet pour les garantir.

Sur ce premier lit de 14 Fusils, disposez-en un 2e. (les coussinets peuvent n'avoir que 4 pouces) égal au premier, et avec les mêmes précautions.

Sur ce second lit, après avoir mis 2 pouces de paille, faites-en un troisième de 5 ou de 6 Fusils; mettez-les à plat, la Platine en dessus, bien recouverts de paille, les plaques de couche contre les doublages des bouts de la Caisse, 3 Fusils d'un côté et 3 de l'autre, ne se touchant pas, une tresse sous les embouchoirs des Fusils de chaque bout; placez les tire-bourres par petits paquets dans les plus grands vides, et achevez par les remplir en paille enfoncée avec force; mettez-en assez pour qu'on ait besoin de la comprimer beaucoup, et de se servir de l'outil dit *Sergent de menuisier*, lorsqu'on voudra placer et clouer le dessus de la Caisse.

On entoure la Caisse de deux bandes de tôle de 9 lignes de largeur, fixée par 16 clous chacune, qu'on nomme *cantonnières* dans certains pays, ou par 2 cerceaux ou harts de coudrier ou de charme. Placez-les à 18 pouces du bout de la Caisse.

Les Fusils de dragons s'emballent de même.

Les Mousquetons sont en même nombre que les Fusils dans leur Caisse; ils s'emballent de même, à la réserve qu'on ne met qu'une tresse, celle sous les embouchoirs: et que celle qui enveloppe le Chien et la Batterie, doit finir de se rouler sur la vergette, et l'enveloppe en entier.

Pour les Pistolets, faites un lit de paille de 2 pouces, abattez le chien et renversez la batterie; entourez le Pistolet d'une tresse de paille (1); mettez-le à plat, suivant la longueur de la Caisse, la Platine en dessus; mettez 5 Pistolets à chaque rang, suivant la largeur, et faites 4 rangs, ce qui formera un premier lit de 20 Pistolets.... faites un 2e. lit de paille, et placez de même 20 Pistolets; puis un 3e., un 4e. et un 5e. lit de même; couvrez celui-ci de paille, et fermez la Caisse qui contient par-là 100 Pistolets.

On met sur chaque Caisse un n°., le nombre et la première lettre de l'arme qu'elle contient; le tout en caractères de 4 à 5 pouces de longueur.

---

(1) La méthode de mettre du papier autour des Pistolets est vicieuse, en ce que le papier contracte plus aisément l'humidité que la paille.

Dimensions d'autres Caisses pour Armes à feu portatives.

	Dimensions dans œuvre. Long.		Larg.	Haut.		Nombre d'Armes par Caisse.	Poids des Caisses pleines.
	pi.	po.	pouc.	po.	li.		kilog.
Caisse pour Fusils d'infant.	6	»	20	13	»	33 à 34	210
———Mousquetons.	4	6	20	18	»	40	206
———Pistolets. . . .	5	2	14	16	6	100	184

On donne 4 pouces de moins de longueur aux Caisses pour Fusils de Dragons : économie peu convenable, car elle empêche que cette Caisse ne puisse servir aux Fusils d'Infanterie.

Dans l'emballage des Pistolets, au lieu d'envelopper les Pistolets d'une tresse de paille, on remplit les vides entre les Pistolets avec de petits rouleaux ou bouchons alongés de paille : on croit les mieux serrer par ce moyen.

Cette nouvelle Caisse de Mousquetons a l'avantage de servir au transport de tous les Sabres des Troupes à cheval.

CAISSES A TASSEAUX.

Caisse pour Fusils d'Infanterie.

On emploie, pour sa fabrication, des planches brutes de sapin ou de bois blanc, de 2 centimètres 70 millimètres (1 pouce) d'épaisseur, sans liteaux en dehors ; pour lui donner la même solidité, on double ses petits côtés, c'est-à-dire qu'on y met deux planches de l'épaisseur susdite, l'une en dedans de la caisse, contre laquelle sont cloués les deux longs côtés, et l'autre en dehors de la caisse, qui se cloue aux bords extérieurs des longs côtés.

Le fond et le couvert doivent recouvrir les petits côtés extérieurs.

Dimensions prises dans œuvre.

Longueur.	4 pi.	8 po.	6 li.	La largeur est invariable pour toutes les espèces d'armes, par la raison que deux de ces caisses doivent tenir dans la largeur du chariot à munition, qui ne permet pas d'en donner une plus grande.
Largeur.	1	1	8	
Hauteur.	1	5	0	

Tasseaux et Liteaux intérieurs.

Six Tasseaux en bois blanc ou sapin sans nœuds.
Longueur 1 pi. 1 po. 8 li. , largeur de la caisse.
Epaisseur 11 à 12 lig.

Quatre de ces Tasseaux ont leur côté supérieur coupé en pente de 2 lig. 6 points, de manière que la hauteur sur le devant est de 4 pouces, et sur le derrière, 4 pouc. 2 lig. 6 po.

Le côté coupé en pente a quatre entailles arrondies (1) en arc de cercle, d'un rayon de 6 lig. 6 po.; chaque entaille a 1 pouc. 1 lig. de largeur; 6 lig. de profondeur sur le derrière; et 5 lig. aussi de profondeur sur le devant; par conséquent la pente des entailles n'a que 1 lig. 6 po.

Le centre de la première entaille est à 2 pouc. 11 lig. 6 po. d'une des extrémités du Tasseau; les centres des entailles ont 3 pouc. 4 lig. de distance entre eux; de manière que celui de la quatrième se trouve à 8 lig. 6 po. de l'autre extrémité du Tasseau.

Ces mêmes Tasseaux ont aussi quatre entailles en dessous, de 1 pouce de profondeur, pour les poignées de fusils; elles sont formées par une demi-circonférence de 1 pouc. 6 lig. de diamètre, laquelle est jointe par des lignes droites à la base, où la largeur de l'entaille est de 1 pouc. 7 lig.

Le centre de la première de ces entailles (à partir de la même extrémité prise pour l'indication des entailles de dessus) est à 11 lig. 6 po.; les centres de ces entailles ont 3 pouc. 4 lig.) de distance entre eux, de manière que celui de la quatrième se trouve à 2 pouc. 8 lig. 6 po.) de l'autre extrémité du Tasseau.

Les deux autres Tasseaux du haut sont sans pente, et n'ont que quatre entailles en dessous pour les poignées. Largeur, environ 4 pouc. 6 lig.

Les arêtes des entailles doivent être tant soit peu chanfreinées, pour qu'elles ne liment pas les bois de fusils.

A 8 pouc. de chaque extrémité intérieure de la caisse, on cloue avec des pointes de Paris des Liteaux verticaux de 3 lig. d'épaisseur; de 1 pied 5 pouc. de hauteur, et de 1 pouc. de largeur, qui forment rainures, dans lesquelles on place les Tasseaux, et qui les maintiennent; il faut conséquemment huit de ces liteaux.

---

(1) On peut aussi couper ces entailles carrément, et même en triangle équilatéral, ayant pour côté le diamètre de l'entaille circulaire; ce moyen a paru également bon, et est bien plus expéditif.

Planchettes.

Quatorze Planchettes en bois blanc.

Dimensions. { Longueur. 1 pi. 5 po. (hauteur de la caisse).
Largeur. . 2 po. 6 lig.
Epaisseur { Huit de 6 lig. 6 po.
Six de 3 lig. }

Manière d'encaisser les Fusils.

Cette Caisse contient vingt-quatre Fusils divisés en trois couches de huit chacune.

On renverse la batterie et on abat le chien (1), s'ils ne le sont pas.

On ôte la baïonnette, on la passe aux huit premiers Fusils formant la couche du fond, dans le battant de la grenadière, jusqu'à ce qu'elle y soit arrêtée par le coude, la douille vers l'embouchoir et tournée du côté de la platine (sans cette disposition on ne pourrait placer la huitième baïonnette dans la caisse); on met le foureau, que l'on attache du côté de la capucine avec un bout de ficelle graissée. Pour les seize autres Fusils, on attache le coude de la baïonnette (mise dans son foureau) au dessous de la capucine, et l'on fait entrer dans le battant de la grenadière, à-peu-près 1 pouce du bout du foureau, que l'on attache aussi, si on le juge nécessaire, de manière que la lame se trouve le long du fût, et la douille pendante dans la même direction.

Cela fait, on place le premier Fusil au fond de la Caisse, le porte-vis contre le côté de ladite Caisse, et le canon en dessus; on place le second Fusil à côté du premier, mais en sens inverse, c'est-à-dire, que le bout du canon de l'un se trouve à côté de la crosse de l'autre; on place les six autres de la même manière, en alternant ainsi leur position, de sorte que cette couche présente huit Fusils ayant alternativement les crosses à une des extrémités, premier, troisième, cinquième et septième les crosses à droite; deuxième, quatrième, sixième et huitième les crosses à gauche, et tous les canons en dessus.

Puis on pose les planchettes verticalement, savoir : quatre grosses et trois minces à chaque extrémité contre les petits côtés entre les quatre canons et les quatre crosses, en sorte que les première, troisième, cinquième et septième soient des grosses, et les seconde, quatrième et sixième, des minces.

---

(1) Ils doivent toujours l'être dans les magasins.

Avant d'emballer les armes, on doit les passer à la pièce grasse.

On passe ensuite un Tasseau de chaque côté dans les rainures, la pente en dessus, et tournée vers les crosses des quatre Fusils, dont les poignées entrent dans les entailles en dessous du Tasseau.

On met sur ces deux Tasseaux la seconde couche de huit Fusils semblablement disposés que ceux de la première, de manière que les fûts entre l'embouchoir et la grenadière entrent dans les entailles de dessus des Tasseaux, et que les crosses et les canons se placent entre les planchettes. On arrête cette seconde couche par deux autres Tasseaux semblables aux premiers, sur lesquels on dispose la troisième couche de Fusils de la même manière que la seconde.

Enfin on pose les deux tasseaux du haut, qui pourront surpasser de 1 lig. la Caisse, pour que le couvercle presse fortement dessus. Celui-ci pourra avoir, pour plus de solidité, deux liteaux à travers en dedans de la Caisse, 1 pied 6 pouc. des extrémités.

Au lieu de clouer le couvercle, on pourra le fixer par huit à dix vis à bois.

Caisses pour Fusils de dragons, Mousquetons et Carabines.

La Caisse pour Fusils d'infanterie peut facilement servir pour ceux de dragons, en plaçant dans l'intérieur un petit côté mobile, 4 pouc. d'une des extrémités ; on l'adosse à deux liteaux de 1 pouce d'épaisseur, vissés ou cloués sur les longs côtés.

La même Caisse peut encore servir pour les Fusils réparés, qui se trouveraient plus courts que ceux du modèle de 1777 corrigé, en employant le même moyen ; mais il faut que les vingt-quatre Fusils de chaque caisse soient égaux en longueur.

Quant aux Mousquetons et Carabines, comme il y aurait trop d'espace perdu, il faudra faire les caisses de la longueur de ces armes.

Si l'on avait un grand nombre de Fusils de dragons à faire transporter, et qu'on n'eût pas de caisse pour Fusils d'infanterie à utiliser, on pourrait alors faire des Caisses de la longueur de ces armes.

On pourra déterminer facilement les principales dimensions des Caisses, Tasseaux et Planchettes destinés à encaisser ces différentes armes, en ayant égard,

1°. Que la longueur intérieure des Caisses doit avoir 3 à 5 lig. de plus que celle de l'arme, à cause des variations ;

2°. Que la largeur de toutes les Caisses doit être invariablement fixée à 1 pi. 1 pouc. 8 lig., pour que deux puissent tenir dans la largeur du chariot à munition ;

3°. Que la hauteur dépend du nombre des couches, mais qu'on

doit les borner de manière que le poids de la Caisse n'excède pas 150 kilogrammes.

4°. Que la hauteur des tasseaux ne doit être que celle nécessaire pour que les armes de la couche supérieure ne touchent en aucune partie celles par dessous;

5°. Que l'épaisseur de la planchette à placer entre les deux Fusils qui présentent leurs platines l'une contre le fût de l'autre, doit être au moins le double de celle des autres planchettes, qui empêchent seulement l'embouchoir de frotter contre la crosse à côté, et pour lesquelles 3 lig. sont suffisantes.

On pourra mettre des pentures, un moraillon avec cadenas, aux caisses qui servent journellement pour les petits transports et les évacuations des manufactures, comme de Versailles à Paris, de Mutzig à Strasbourg, de Saint-Etienne à Grenoble, de Liége à Maestricht, de Maubeuge à Douai ou à Lille, etc.

L'encaissement des Pistolets et des armes blanches continuera d'être le même que par le passé.

Nota. Si l'on fait transporter de ces Caisses par le roulage, il faudra les cercler, ce qui est inutile lorsqu'elles sont voiturées sur des chariots à munition.

Dans l'un et l'autre cas, il faut qu'elles soient toujours chargées le couvercle en dessus, et menées au pas ordinaire des chevaux.

L'usage sanctionnera la bonté de ces Caisses ou leurs défauts; on craint que le manque d'exactitude dans les dimensions n'entraine des accidens plus graves que ceux de la paille, qui n'en aurait pas si elle était bien sèche.

Salle d'Armes *contenant 52 Râteliers de Fusils, et 52 Râteliers de Mousquetons et de Pistolets.*

Le Ratelier est composé de 3 montans ou piliers, et d'une tâche ou poteau.

Le premier montant est adossé au mur, et a de chaque côté une feuillure d'un pouce, pour recevoir la planche du lambris.

Le 2e. montant est à 8 pieds 4 pouces du mur.

La tâche est à 7 pieds 8 pouces du second montant.

Le 3e. montant est à 3 pieds 11 pouces de la tâche.

Ces montans arrasent la ceinture d'en bas, et ont un tenon d'environ 5 pouces, qui entre dans la ceinture du haut.

A chaque côté du montant de la tâche, sont:

1 1er. Gousset à fleur du plancher;

1 2e. Gousset (dont le bord supérieur est distant du bord supérieur du premier, de 2 pieds 4 pouces);

1 Premier bras (dont le bord inférieur est éloigné du bord supérieur du 2e. gousset, de 1 pied 6 pouces);

4 Autres bras (dont le bord inférieur est éloigné du bord supérieur du bras voisin, de 1 pied 10 pouces);

1 Lien à chaque bras. . . . du sommet de l'angle formé par le montant ou la tâche et le bras, il y a 11 pouces à la mortaise du bras, et autant à celle du montant ou de la tâche. Ces deux mortaises sont pour les deux tenons du lien;

Le tenon des bras;

2 Tenons à chaque lien.

Les mortaises des piliers et des bras ont 3 pouces 6 lignes à 4 pouces de profondeur; leurs longueurs et largeurs sont déterminées par les longueurs et épaisseurs des tenons.

5 Porte-crosses de chaque côté;

5 Porte-canons de chaque côté.

Le porte-crosse est entaillé à 1 pouce du bord antérieur, et offre une courbure propre à recevoir les crosses des Fusils.

Les chevilles des bras et des liens ont 10 lignes de diamètre, et sont à 9 lignes de l'arête vive.

Les porte-canons s'encastrent d'environ 1 pouce à l'extrémité des bras coupés en mentonnet, et y sont fixés par des boulons verticaux à tête ronde, et à écrous qui les traversent.

La tige de ces boulons a 3 lignes de diamètre.

Les porte-canons sont entaillés pour recevoir les Canons de Fusil, et les empêcher de glisser à droite et à gauche, mais de façon que le fer du Canon n'appuie pas sur le bois, qui, contractant de l'humidité, le rouillerait.

Le Ratelier, contenant 2496 Mousquetons et 2496 paires de Pistolets, est appliqué sur le bout du Ratelier de Fusils.

Ce Ratelier est composé de 2 madriers ou montans. Ces montans sont joints par 2 tenons chacun, à un troisième qui les couvre et présente une corniche.

Ce dernier madrier arrase la ceinture d'en haut.

3 Porte-crosses pour les Mousquetons.

Ces porte-crosses ont leur plan supérieur de niveau avec les porte-crosses des Fusils; ils arrasent le bord de derrière des montans; ils ont à chaque bout 2 tenons de 1 pouce 9 lignes de haut, 1 pouce de large et 1 pouce 6 lignes de long, par le moyen desquels ils sont encastrés dans les montans, et y sont retenus par des chevilles de 8 lignes de diamètre, qui les traversent ainsi que les montans. Ils sont entaillés à un pouce du bord de devant, et offrent une courbure propre à recevoir et appuyer tout le bas de la crosse du Mousqueton.

Les 3 porte-canons de Mousquetons, sont garnis à chaque bout d'une équerre de fer, qui, par le moyen de 2 vis en bois, servent à fixer ce porte-canon à la hauteur qu'on veut, parce que la grenadière est à différentes hauteurs dans les Mousquetons anciens et nouveaux.

Ces équerres ont	Longueur	5 pouc.	6 lign.
	Largeur	1	»
	Epaisseur	»	2

Les porte-canons sont garnis de 16 clous verticaux, étampés et à tête arrondie.

Ils entrent dans l'anneau de grenadière ; ils ont en dehors 1 pouce 2 lignes et 1 pouce 6 lignes dans le bois. Ils sont distans entre eux de 3 pouces 2 lignes, et ont 2 lignes environ d'épaisseur.

On les plante de façon qu'un clou dans un porte-canon réponde au milieu de la distance de deux dans le porte-canon voisin.

6 Tringles encastrées dans les montans, servent à porter chacune 16 Pistolets, par le moyen de 16 clous horizontaux.

3 De ces tringles arrasent le bord de devant des montans, et y sont encastrées à queue d'hironde.

La première de ces trois tringles a son bord éloigné de 4 pouces de la corniche.

La 2e. tringle de devant est à 1 pied 8 pouces 3 lignes de distance de la précédente.

Et la 3e. est à la même distance de la seconde.

Les 3 autres tringles sont à 3 pouces du bord de devant des montans, dans lesquelles elles sont encastrées par des tenons d'un pouce d'épaisseur.

La première de ces tringles a son bord supérieur à 1 pied 2 pouces de la corniche.

La 2e. est à 1 pied 8 pouces de la précédente.

Et la 3e. est à la même distance de la seconde.

Les clous sont distans entre eux de 3 pouces 2 lignes, à même distance des montans, et sont alignés. Ils sortent de 18 lignes, sont enfoncés de 15 et recourbés de 5 lignes.

Le Ratelier des Mousquetons et Pistolets, est fixé au bout de 4 pouces des porte-canons de Fusil qui dépasse les bras des poteaux qui sont dans l'allée, par des boulons horizontaux à tête ronde et à écrous qui traversent ces porte-canons de Fusil et les montans du Ratelier de Pistolets et de Mousquetons.

Ces boulons ont leur tige de 4 lignes de diamètre ; et 2 de chaque côté posés alternativement sur les bouts des porte-canons de Fusil paraissent suffisans pour fixer invariablement le Ratelier des Mousquetons et Pistolets.

Dimensions de tous les Bois à employer pour former les Râteliers de la Salle d'Armes.

Piliers de Râteliers.	Longueur.	2 toi.	3 pi.	» po.
	Largeur.	»	»	10
	Epaisseur.	»	»	5
Bras.	Longueur, y compris le tenon de 4 pouces.		2 pi.	3 po.
	Equarrissage.		3	à 4

Nota. A compter du plancher, les 2 premiers bras n'ont que 1 pied 9 pouces depuis l'arrasement.

Liens de Bras.	Longueur, y compris les 2 tenons de 3 pouces 6 lignes.	1 pi. 9 po.
	Equarrissage.	2 po. 6 li. à 3 po.
Gousset.	Longueur.	8 pouc.
	Epaisseur.	3

Porte-Crosse.	Longueur. .	3 toi.	3 pi.	6 po.	Celui d'en bas, les
	Largeur. . .	»	»	6	4 autres, ont 3 t.
	Epaisseur. .	»	»	4	3 pi. 10 po.
Porte-Canon.	Longueur. .	3	3	6	
	Largeur. . .	»	»	3	
	Epaisseur. .	»	»	2	

Distances entre les piliers des Râteliers.	Depuis le mur.	8 pi. 4 po.
	Au poteau.	*idem.*
	Au montant de l'allée.	4 4
Distances sur les piliers des Râteliers pour l'assemblage.	Le premier gousset est à fleur du plancher.	
	Au second gousset.	2 pi. 4 po.
	Aux premiers bras.	1 6
	Aux autres bras.	1 10
Mortaise dans les piliers et dans les bras.	Profondeur de 3 pouc. ½ à 4 pouc.	
	Longueur et largeur déterminées par les longueurs et épaisseurs des tenons ; les épaisseurs sont de 1 pouce.	

Distance de l'arête vive pour l'emplacement des chevilles, 9 lignes.

La Cheville a 10 lignes de diamètre.

La largeur de l'allée est de 8 pieds, non compris 7 pouces à prendre de part et d'autre pour les Râteliers de pistolets.

Les Lambris sont faits de planches de sapin, d'un pouce d'épaisseur.

Le Plancher doit avoir 4 pouces d'épaisseur ; les premières planches brutes, 2 pouces de ciment entre deux.

La Salle d'Armes du retranchement de Guise à Metz, a environ 45 toises de longueur sur 9 de largeur : elle est divisée dans sa longueur par une allée de 8 pieds ; à droite et à gauche de cette allée, sont 52 Râteliers de fusils, et 52 de mousquetons et de pistolets.

Chaque Râtelier de fusils en contient 840 sur ses deux faces, ce qui fait 43,680 fusils.

Chaque Râtelier de Mousquetons et Pistolets contient 48 de chacune de ces armes, ce qui fait 2496 Mousquetons et 2496 paires de Pistolets.

A MAYENCE, on a mis parallèlement aux Porte-canons un second rang de Porte-canons, ce qui donne le moyen de placer le double de Fusils sur le même Râtelier. Il résulte de ce mode l'avantage qu'on vient de dire ; mais les Fusils sont inspectés et retirés plus difficilement.

On a proposé aussi de disposer les Fusils de façon à présenter les Platines ; mais ce mode, qui a l'avantage de présenter une pièce essentielle de l'arme à l'œil de l'Inspecteur, entraîne la nécessité d'entailler davantage les Porte-crosses et les Porte-canons pour faire présenter l'arme de côté, et de faire porter le canon par le fer sur le bois, ce qui le fait rouiller plutôt.

Si on n'a point de Râteliers dans les Salles d'Armes, et peu de bois, on y supplée en partie par des Râteliers construits à peu de frais.

Sur le milieu des semelles en bois de 4 pouces d'équarrissage et de 4 pieds de longueur, on mortaise des montans de 3 pieds de hauteur et de 4 pouces d'équarrissage, au bout desquels on fixe, par le moyen d'une mortaise, des traverses parallèles aux semelles de 4 pieds de longueur et de 2 pouces d'équarrissage. Sur ces traverses, on place de chaque côté, en les entaillant à demi-bois, 3 rangs de Porte-canons parallèles entre eux ; le premier à 3 pouc. du bout et les autres distans de 3 pouces de celui qui le précède : on entaille les Porte-canons pour recevoir le fusil comme à ceux des autres Râteliers de 3 pouces 6 lignes en 3 pouces 6 lignes. On met en longueur sur les semelles 2 ou 3 madriers, à commencer du poteau, ayant 1 pouce d'épaisseur, et occupant 18 pouces, qui servent à porter les crosses, et à préserver les fusils de l'humidité du sol. Les Semelles se posent de 9 en 9 pieds ; on place par ce moyen 96 fusils de chaque côté, ou 192 fusils par 9 pieds sur les deux faces.

Ce moyen est préférable à celui de mettre les fusils horizontalement sur des traverses perpendiculaires aux poteaux.

Pierre à Fusil (Silex pyromaque).

NOTA. Comme on a quelquefois de la peine à se procurer des Pierres à Fusil dans les armées, lorsqu'on est hors de la France, voici quelques détails qui pourront être utiles, si on pouvait présumer d'en rencontrer des mines.

Les Pierres silicées valent mieux que les Pierres quartzeuses ; celles-ci détruisent les batteries... Les silicées se taillent aisément... Les agates et les calcédoines se façonnent sur la meule.

Le Silex pyromaque, en sortant de la carrière, est couvert d'une écorce blanche de 2 lignes et plus quelquefois d'épaisseur, d'un aspect terreux, crétacée, d'un tissu lâche et moins pesant que le Silex qu'elle recouvre... Sa masse est globulaire... Son poids n'excède pas ordinairement 20 livres ; il ne les faut pas au-dessous de 2 livres... L'aspect intérieur est gras, luisant, d'un grain fin, presque imperceptible... Sa couleur est du jaune de miel jusqu'au brun-noirâtre... Il doit avoir une demi-transparence grasse et uniforme : un éclat de $\frac{1}{4}$ de ligne d'épaisseur mis sur l'écriture, doit la laisser appercevoir... Sa cassure doit être lisse, égale, légèrement conchoïde, (convexe ou concave).

Ceux du Cher pèsent 26,041 (l'eau pèse 10,000); ils sont blonds.

Ceux de la Rocheguyon 25,959; ils sont bruns-noirs; et 25,754, long-tems exposés à l'air.

Le Silex, plus dur que le jaspe, l'est moins que l'agate et la calcédoine.

Le blond est plus fragile que le brun; celui-ci est plus scintillant et détériore plus vîte la batterie.

Deux Silex pyromaques frottés l'un contre l'autre, développent plus de phosphorescence et une odeur plus forte que les autres Silex.

Long-tems exposés aux intempéries de l'air, ils prennent une nouvelle écorce blanche friable. Jusques dans leur intérieur, ils perdent leur œil gras, leur demi-transparence, et deviennent blanchâtres et moins pesans. Il faut les tenir dans des lieux frais et fermés, pour que leur cassure soit moins courte, et par ce moyen conserver leur tranchant.

Au sortir de la carrière, ils sont quelquefois trop humides; on les laisse sécher avant de les tailler... S'ils sont trop secs, ils ne peuvent plus être taillés, ils cassent mal.

Leur transparence vient de l'eau radicale qu'ils contiennent.

Le résultat de l'analyse est :

Silice.	97
Alumine et oxide.	1
Perte.	2
	100

Les instrumens pour les tailler sont :

1 petite masse de fer à tête carrée, sans acier;

1 marteau à deux pointes, de bon acier;

1 petite roulette d'acier non trempé, qui est un troisième marteau.

1 Ciseau en biseau des 2 côtés... et 1 lime pour l'aiguiser. Ce ciseau est sur un billot plat; il est incliné de 20° environ, vers l'ouvrier qui s'assied en avant.

La pierre à Fusil a 5 parties :

La mèche, qui se termine en biseau presque tranchant, qui doit frapper sur la batterie, doit être de 2 à 3 lignes de largeur; plus large, elle serait fragile; plus courte, elle donnerait moins d'étincelles. Cependant, dans l'Artillerie, on exige que la mèche ait 6 lignes, et on s'en trouve bien.

Les flancs, ou bords latéraux, toujours un peu irréguliers.

Le talon qui est opposé à la mèche, et a toute l'épaisseur de la Pierre.

Le dessous, qui est uni et un peu convexe.

L'assis (légèrement concave), qui est la face supérieure, entre la mèche et le talon.

Il faut une minute au plus pour faire une Pierre.

Un bon ouvrier prépare 1000 écailles en un jour;

Ou fait 500 Pierres.

En 3 jours, il fend et finit 1000 Pierres.

Les déblais montent au $\frac{1}{4}$ des blocs.

Il n'y a que la moitié des écailles qui soit bonne.

La moitié des masses ne peut être écaillée.

Le plus gros bloc ne fournit que 50 Pierres.

Des écailles trop grosses, on fait les Pierres à briquet.

Suivant leur perfection, les Pierres à fusil finies, se vendent depuis 9 sols jusqu'à 14 sols le cent : et plus du double en Italie, où on n'en trouve que de mauvaises et difficilement. Vers 1745, on les payait 12 francs le millier, tonne comprise, et rendue de Saint-Aignan à Lyon, Strasbourg, Saint-Quentin.

Lorsqu'au lieu du talon on fait une deuxième mèche, on appelle la Pierre, *Pierre à deux coups*. Elles sont trop minces, le biseau, vers la vis du chien, s'ébrèche; elles sont vicieuses, sont rejetées des Armées françaises, recherchées des Hollandais et Espagnols, et presque les seules qu'on trouve en Italie.

Départemens.	Cantons.	Communes.	Couleurs.
Loir et Cher.	Saint-Aignan (1).	Meunes.	Blonde.
		Noyer.	*Idem.*
		Couffi.	Brune.
Indre.	Villentrois.	Lye.	Blonde.
Ardèche.	Rochemaure.	Maysse.	
		Saint-Vincent.	
Yonne.	Cerisiers.	Cérilly.	Brune.
Seine et Oise.	La Roche-Guyon.	*Idem.*	Brune.

Les premiers Ouvriers qui travaillent aux Pierres à fusil, s'appellent Caillouteurs.

NOTA. Ce travail est mal sain; on a vu à Meunes, en 60 ans, ces Ouvriers se renouveler trois fois.

Les Cailloux qu'ils cherchent sont sur des lits de Marne, à 30 ou 40 pieds de profondeur, rarement plus ou moins dans les mines de Saint-Aignan.

(1) Les Travailleurs en pierres de ces trois communes montent à environ 800; en l'an 2, il y avait en magasin 30,000,000 de pierres; mais elles étaient mauvaises par leur taille et leur choix. Cette mine, qui a 4 lieues carrées de surface s'épuisera; le Gouvernement doit se précautionner contre cet épuisement;

Les Caillouteurs commencent par acheter, 1, 2 ou 3 boisselées de terre, en s'associant 3 ou 4; ils font des tranchées de 6 pieds de long, 6 de profondeur, et 2 de large; puis une autre sous celles-ci, de mêmes dimensions en revenant vers le bout d'où ils sont partis, ainsi de suite; ils appellent ces excavations Crocs; ils se renvoient à la pelle les terres, de l'un à l'autre; arrivés aux cailloux, ils font de petits caveaux horizontalement, les remplissent à mesure qu'ils en font de nouveaux, tirent les Cailloux, les partagent et les emportent.

Pour fendre les Cailloux, ils se garantissent du vent; l'hiver, ils se mettent devant le feu, à couvert, l'été au soleil en dehors.

Dimensions prescrites des Pierres à Fusil pour l'Artillerie.

Longueur,	13 à 14 lign.	Aiguisées de 6 lignes. La tablette et le dessous seront autant parallèles qu'il sera possible.
Largeur,	12 à 13	
Epaisseur,	3 à $3\frac{1}{2}$	

Idem *des Pierres à Pistolets.*

Longueur,	10 à 11 lign.	Elles seront aiguisées de 4 lignes, et les tablettes plates et parallèles autant qu'il sera possible.
Largeur,	*idem.*	
Epaisseur,	$2\frac{1}{2}$ à 3	

Les unes et les autres sans nœud, ni taches quelconques dans toute la taille.

Outre les Pierres rousses et noires lisses, il en est de grises-blanches, opaques et graineuses, qui sont aussi bonnes que les autres : on les tire du Vivarais.

Une bonne Pierre à fusil supporte 50 coups sans être hors de service; ainsi l'Approvisionnement des Pierres à Fusil doit être d'une Pierre par 20 coups au plus.

100 Pierres à fusil pèsent 2 livres 10 onces... On les met ordinairement en barils de 25,000 pesant 700 livres. La chappe d'un baril à poudre contient 18 à 19,000 Pierres à Fusil.

Du Plomb.

Les Saumons de plomb pèsent depuis 150 liv. jusqu'à 500.

Le Plomb coûtait, il y a 10 ans, 15 à 18 francs le quintal; il a doublé et au-delà aujourd'hui.

On donnait, en 1786, 18 sols de façon pour couler 1 quintal

de balles de plomb de 18 à la livre, et on passait 3 pour % de déchet (1) (à Metz). On fournissait à l'ouvrier des ustensiles.

10 ans après, on payait le double aux fondeurs des fonderies; et on leur passait 6 pour % de déchet pour les plombs neufs, et 12 pour % pour les vieilles balles.

En Italie, dans le même tems, on payait 10 francs (par marché) et on passait 8 pour % de déchet.

Le prix de 1786 précité, est le prix convenable; on peut passer de 3 à 6 pour %, suivant le Plomb neuf ou de démolition.

1 Homme coule et façonne 2 quintaux de balles par jour; et pour que le travail aille mieux, il faut faire des ateliers de 5 hommes, qui couleront un millier par journée de 10 heures. 1 homme coule, 2 dégagent les moules et alimentent les feux, 2 coupent les jets et roulent les balles dans le baril à ébarber. Il faut 5 à 6 moules par atelier, et un banc solide.

Il faut avoir, sous un appenti en plein air, un fourneau, y mettre 2 petites chaudières en fer, de 1 pied de diamètre et de 8 à 10 pouces de profondeur, 3 ateliers peuvent travailler autour; les 3 Couleurs sont entre le fourneau et leur banc, les autres sont en dehors. Le métal doit être en fusion dans une chaudière, où les Couleurs puisent, et se fondre durant ce tems dans l'autre. Le métal s'oxide moins dans ces petites chaudières. Cet ouvrage ne demande pas un grand savoir; des manœuvres l'exécutent: ainsi en payant le quintal au prix d'une forte demi-journée de manœuvre, on paie le prix convenable. . . Les Canonniers se contentent de 12 sols par %. Il faut que le Plomb soit bien impur pour passer le 6 par % dans le déchet.

Baril contenant 200 liv. de balles de plomb de 18 à la livre.	Hauteur.	13 pouces.	
	Enfonçure.	10	
	Diamètre des fonds.	8	
Caisse contenant 100 liv. de balles de 18 à la livre, coûtant 30 sols, (à Metz 1786). Il la faut un peu moins grande pour celles de 20 à la li.	Longueur extérieure.	25 po.	6 lig.
	Largeur et profondeur *idem*.	4	5
	Planches d'un pouce d'épaisseur.		

(1) Les crasses résultantes de ce déchet sont revivifiées, ou échangées pour $\frac{1}{7}$ de plomb neuf. On les revivifie en ajoutant à la fonte qu'on en fait séparément, un peu de poudre de charbon de bois, du suif ou de la résine.

ARMES BLANCHES.

SABRES ET BAÏONNETTES.

Voyez pour leur Fabrication :

Le Réglement sur les Armes blanches, dans le recueil des Lois, etc. ;

Le Mémoire de Vandermonde, imprimé en l'an 2 ;

Le Mémoire de M. le chef de bataillon Cotty, imprimé en 1806.

Il est nécessaire de rassembler ici l'explication de quelques mots peu usités, afin de mieux s'entendre.

Etoffe. Voy. pag. 366.

La Lame d'un Sabre se divise en 3 parties à-peu-près égales :

Le Talon, qui est celle la plus près de la garde ;

Le Faible, qui est le tiers terminé par la pointe ;

Le Fort, qui est la partie intermédiaire.

Enfin *La Soye* est une partie en fer qui surmonte la Lame, et qui traverse la Coquille, la Poignée et la Calotte sur laquelle elle est rivée. La Soye doit être bien soudée sur la Lame, mais ne doit s'y étendre que de 18 lignes.

La Lame hors l'extrémité du Talon sur laquelle on soude la Soye est en acier de 1re. fusion, à 3 marques pour les Lames de Cavalerie, à 2 pour les Briquets et les Baïonnettes.

Cet Acier doit être de deux qualités : l'une d'acier nerveux, mou, ferreux ; l'autre d'acier sec, cassant. L'acier étiré en languettes ou petites barres, dont la qualité est reconnue par le raffineur, est mis en trousse, en sorte que l'acier mou en occupe le centre, et l'acier sec l'extérieur : en pliant et repliant la trousse, il en obtient l'acier à 2 ou 3 marques et d'une étoffe convenable ; mais ce mot étoffe est une expression d'usage et impropre, car il n'entre point de fer dans la Lame, jusqu'à la soudure de la Soye.

Le *Plat* de la Lame est la partie qui est entre le tranchant et le dos.

Le faux *Tranchant* ou *Biseau* est le tranchant qui est à la partie inférieure du dos.

La Lame est à *Gouttières*, quand elle a une ou plusieurs arêtes éminentes, et des pans creux latéraux ; *évidée*, quand elle a un seul pan arrondi au milieu de sa longueur ; *pleine* ou *plate*, quand sa surface est plane.

Les Fourreaux en fer de Sabres de Cavalerie ont à leur partie supérieure 2 pièces de fer qui les embrassent, qu'on appelle *Bracelets* ; elles portent chacune un piton et un anneau aussi en fer, dans lesquels passent les courroies du ceinturon. Un de ces bracelets est à 2 pouces 10 lignes environ de l'entrée du fourreau, l'autre est à 7 pouces 6 lignes environ de celui-ci : ils sont brasés sur le fourreau.

La *Cuvette* est la pièce de fer de 24 lig. 3 points de hauteur, de la forme du haut du fourreau, qu'on y place pour y assujétir le *Fût* dans lequel elle doit entrer. La partie de la Cuvette qui presse le Fût contre le fourreau se nomme *Batte*.

Le *Fût* est l'espèce de Fourreau en bois qu'on introduit dans les Fourreaux de fer pour Sabres servant à les soutenir ; il doit régner dans toute leur longueur et être d'un bois bien sec : on l'a substitué aux *Alaizes,* qui n'étaient que 2 éclisses de bois réunies, seulement par le haut, et ne tapissant pas tout l'intérieur du Fourreau.

Ce Fourreau de cuir, pour Sabre de Dragons, a, au lieu de bracelets, 2 Belières en cuivre, portant des pitons et anneaux ayant le même usage que les Bracelets. La distance du piton de la 1re. bélière au bord supérieur est de 22 lignes, et celle entre les pitons de 5 pouces 11 lignes. Dans le Fourreau du Briquet, il n'y a qu'une Belière supérieure, dite aussi chappe, portant au lieu d'anneau sur le plat en dehors, un petit *Pontet* ou *Agraffe* en cuivre, où on arrête une petite courroie qui boutonne au Ceinturon, ou est retenue par une boucle pour y fixer le Sabre.

Les Fourreaux en fer ont vers l'extrémité du bas une Lame de fer saillante de quelques lignes, et longue de quelques pouces, servant à empêcher le fourreau de s'user lorsqu'il traîne : on la nomme le *Dard*.

Les Fourreaux de cuir sont terminés par un bout en cuivre : dans celui pour sabre de Dragon, ce bout est soudé à une demi-olive en fer : celui pour Sabre d'infanterie finit en olive en cuivre.

La *Garde* des sabres des Troupes à cheval est composée d'une coquille dans le bas, portant une branche principale, et 2 à 3 autres branches contournées en *S* se réunissant au-dessus de la poignée ; elles sont soudées ensemble, et la principale a un crochet pour fixer la calotte sur laquelle on rive la soye. La Garde du Sabre de Cavalerie légère n'a que 2 branches à son *S*.

La *Garde* du Sabre d'Infanterie est d'une seule branche, coulée avec les autres parties de la Monture.

Le *Quillon*, dans les Sabres de Cavalerie légère et d'Infanterie, est le prolongement de la branche principale en-delà de la Poignée ; ce prolongement se termine en bouts arrondis.

La *Croisée* est formée par 2 petites branches droites en métal au bas de la poignée, sur laquelle elles sont à angle droit.

La *Poignée*, en bois de hêtre sec pour les Sabres de Cavalerie, et en cuivre pour le Briquet, est la partie qui s'étend de la coquille à la calotte que traverse la soye et que doit occuper la main. Celle de Cavalerie légère a 2 clous de cuivre dans son milieu pour l'empêcher de tourner.

La *Calotte* est la partie qui surmonte ou termine la poignée, sur laquelle on rive la soie : on l'appelle *Pommeau* lorsqu'elle se détache de la poignée, et a la forme ronde ou ovale.

Les *Oreillons* sont 2 petites verges de cuivre arrondies en dessus, perpendiculaires au bas de la principale branche de la garde dans la partie qui correspond au plat de la Lame. Une partie de l'Oreillon porte sur la poignée, l'autre sur le milieu du plat du fourreau en fer, afin de le contenir sur une lame fort cambrée.

Il y avait de 9 à 10 espèces de Sabres pour l'Armée française. Cette variété s'était introduite sans motifs avantageux, et en perdant de vue la destination précise de cette arme dans la main du soldat, il en résultait de la complication et de la difficulté dans les approvisionnemens, et une bigarrure inutile.

Ces Sabres portaient le nom des Troupes qui s'en servaient.

En considérant l'usage que doivent faire de leur Sabre les Troupes qui en sont armées, on a cru pouvoir les réduire au nombre de 3.

1er. Le Sabre du cavalier et du dragon, droit et rendu roide par l'arête du milieu pour pointer avec force. La gendarmerie peut et doit se servir du même Sabre, puisque le dragon et le gendarme font également le service à pied et à cheval : elle a jusqu'à présent conservé ses vieux sabres avec amour.

2e. Le Sabre de hussard, de chasseur à cheval, de canonnier à cheval, recourbé et propre à tailler.

3e. Le Briquet pour les troupes à pied, légèrement cambré, propre à pointer et à tailler.

La Monture du 1er. était trop faible et incommode; on l'a améliorée par une *S* à trois branches mi-rondes, qui garantissent mieux la main, ne l'offensent pas, ne se faussent point, et ne coûtent pas davantage que les pièces qu'elle remplace. Le Fourreau du Sabre de cavalier à simple bélière, donnait au Sabre une position trop fixe qui gênait le bras, on y a substitué la double bélière du Sabre de dragon. Le bout du fourreau de l'un et de l'autre était trop court, ce qui faisait que l'éperon en détruisait promptement le cuir : on a alongé ce bout. On a soumis tous ces bouts à une épreuve, qui assure que le cuir s'étendant sous eux, les soutient et les empêche d'être faussés au moindre choc. On a aussi assuré la durée des bouts du Sabre de cavalerie, par un morceau de fer arrondi qu'on a appelé Dard.

Voilà les seuls changemens qu'on ait faits à ces 3 Sabres.

Quant aux baïonnettes, on a jugé convenable d'en faire une seconde de 18 pouces pour mettre au mousqueton.

Distinction des Modèles de Sabres, déterminés en l'an XI.

Le Sabre de Cavalerie. Lame droite à 2 gouttières... Fourreau en tôle, forte de 13 lignes d'épaisseur, avec Fût en bois... Garde à coquille, à 4 branches en *S*... Calotte et Virole en cuivre... Poignée en bois, ficelée et recouverte en basane noire.

Sabre de Dragons. Ne diffère du précédent que par le Fourreau qui est en cuir fort, dont la garniture est en cuivre laminé.

Sabre de Cavalerie légère. Lame cambrée de 1 pouce 11 lignes de flèche et évidée... Fourreau en tôle, forte de 13 lignes d'épaisseur, avec Fût en bois... Garde à 3 branches en *S*, et Calotte en cuivre... Poignée en bois, ficelée et recouverte d'une basane noire.

Sabre d'Infanterie, dit *Briquet.* Lame cambrée de 9 lignes de flèche, non évidée... Fourreau en cuir, garni en cuivre laminé... Garde et Poignée en cuivre, coulées d'une seule pièce : la poignée a 21 cannelures, précédemment en avait 28, mais la poignée était mal en main. On a grossi aussi son bout vers le pommeau.

Sabre du second Régiment de Chasseurs à cheval. Lame, dite *à la Montmorenci*, cambrée à 8 lignes de flèche, longue de 36 pouces, à grande et à petite gouttières, c'est-à-dire évidée, avec un petit pan creux le long du dos, pesant 20 onces... Garde en fer, à 2 branches plates parallèles, jointes par une troisième de même... Fourreau en cuir noir, à belières et dard en fer : bordure, bout et 3 petits bracelets en cuivre. Poids total du Sabre, 3 livres 4 onces.

(C'est une ancienne distinction militaire que ce Régiment a obtenu de conserver).

Les Sabres de la Garde impériale sont aussi au nombre de trois ; ils sont mieux finis.

Celui des *Grenadiers à cheval* porte une Grenade enflammée entre les 3 branches en *S* de la garde : sa Lame est celle du second de Chasseurs ou à la Montmorenci. Le fourreau est presque recouvert en entier de Laiton laminé très-fort, et d'une seule pièce : le dard est en fer.

Celui des *Chasseurs à cheval* a la même Lame à-peu-près que la Cavalerie légère. La Monture est à croisée et à branche simple. Le Fourreau a une construction analogue à celle des Grenadiers à cheval.

Le *Sabre des Grenadiers à pied* a sa Lame évidée, longue de

24 pouces, et cambrée à 12 lignes de flèche. Fourreau en cuir, à bout et à chappe, avec olive en cuivre.

La Lame des Sabres des *Sapeurs* de la Garde est légèrement cambrée, évidée, et a une petite gouttière ou pan creux tout le long du dos, qui est taillé en scie : la Lame a 27 pouces de longueur et 2 pouces de largeur ; elle coûte 10 francs, et le Sabre coûte 41 fr. 78 cent. La Hache pour les mêmes Sapeurs coûte 42 fr. 54 cent.

Les *Lanciers Polonais* ont dans leur armement une Lance, dont le fer pèse 2 livres 12 onces 4 gros, et coûte 5 fr. 18 cent. La Hampe a 7 pieds 2 pouces 3 lignes de longueur et 15 lignes de diamètre. 1 Forgeur et son Compagnon forgent 8 fers à lances par jour. 1 Aiguiseur en aiguise 14, et 1 Limeur en lime 3.

Les *Mamelucks de la Garde* ont les Armes qui suivent :

	Arm. d'Offic.		Arm. de Sold.
Sabre coûtant	60,45	——	31,75
Prix de la Lame	6,45	——	3,75
Poignard	49,68	——	20,68
Prix de la Lame	4,68	——	2,68
Masse d'Armes	50,10	——	33,0
Hache	40,0	——	24,0
Carabine	0,	——	55,0
Pistolets de ceinture	150,0	——	57,0
—— d'arçon	*idem.*	——	*idem.*
Tromblon	0,	——	60,0

Les Armes d'honneur qu'on a données avant la création de la Légion d'honneur consistaient en

Fusil d'Infanterie, ayant 15 onces d'argent, valant	100,0	et l'Arme totale	160,0
Fusil de Dragon	113,50	——	173,50
Mousqueton	80,0	——	136,60
Paire de Pistolets	80,0	——	196,20
Sabre d'Infanterie	90,0	——	111,68
—— de Cavalerie de ligne	100,0	——	155,88
—— légère	90,0	——	136,10

Distinction des anciens Sabres abandonnés en l'an 9.

Sabre de Cavalerie. Lame droite à 2 gouttières de 36 pouces de longueur, pesant 22 onces; fourreau en cuir de vache sans fût ni alaises à chappe ayant un bouton en demi-olive, le tout en cuivre. Garde, calotte et virole en cuivre laiton. La garde a une branche et deux autres en *S* et en laiton laminé, qui s'y soudent; poignée en bois ficelée en spirale, recouverte en basane retenue par la colle et des fils de laiton. Poids du Sabre, 3 liv. 11 onces.

Sabre de Dragons. Idem que le précédent; mais le fourreau a une chappe et une bélière en fer.

Sabre de Carabiniers. Lame droite non évidée de 36 pouces de longueur, pesant 23 onces. Fourreau en cuir, comme au Sabre de cavalerie, monture et garniture en cuivre, comme *idem.*

Sabre de Chasseurs à cheval. Lame à une gouttière, cambrée à 11 lignes de flèche, de 34 pouces de longueur, pesant 23 onces. Fourreau en cuir de vache, bout et bélières en cuivre laminé à pitons et à anneaux; garde à branche principale et à deux autres branches plates, à calotte en cuivre; poignée en bois, comme au Sabre de cavalerie.

Sabre de Hussards. Lame évidée cambrée à 26 lignes de flèche de 30 pouces de longueur, pesant 19 onces. Fourreau en bois, recouvert de cuir noirci; chappe et bout très-grand en cuivre laminé, portant l'un et l'autre un piton à anneau; garde à une branche, ayant 2 oreillons; calotte en cuivre; poignée en bois. Poids, 3 liv. 10 onces.

Sabre de Royal-Allemand. Lame à la Montmorenci, mais plus cambrée, à 12 lignes de flèche, pesant 21 onces; fourreau du second de chasseurs; garde en cuivre à 2 branches, dont la seconde plate et en *S* se joint dans son milieu à une troisième aussi plate, qui aboutit au milieu du bord de la coquille. Poids du Sabre, 4 liv. 11 onces.

Sabre de Gendarmerie. Lame droite non évidée, longue de 32 pouces 6 lignes, pèse 18 onces 4 gros. Fourreau en vache forte, noir, sans fût ni alaises, à chappe et bout en cuivre; garde à branche principale et à 2 autres plates, et calotte en cuivre; poignée en bois recouverte en basane collée et retenue par un double fil de laiton en spirale. Poids du Sabre, 2 liv. 6 onces.

Sabre d'Artillerie légère. Lame évidée et cambrée à 10 lignes de flèche, longue de 22 pouces, pesant 17 onces 4 gros; fourreau en cuir noir avec bélière et long bout en fer, l'un et l'autre à piton en cuivre, ayant un anneau en fer; monture en cuivre et à branche tombant à angle droit sur la croisée. Poids du Sabre 3 livres.

Sabre d'Artillerie à pied. Lame à deux tranchans, à soie plate à pans creux, terminée en langue de carpe, longue de 18 pouces, pesant 19 onces; fourreau à alaises en cuir de vache, noir, à chappe et à bout en cuivre laminé; monture à croisée et poignée coulées ensemble en cuivre : la poignée, en forme de col d'aigle, va en diminuant vers la tête, qui forme le pommeau. Le Sabre pèse 2 liv. 10 onces.

Ce Sabre a été regretté par l'Artillerie; cependant il n'est pas en main, et ne garantit pas la main; la lame est dangereuse, il est vrai, mais ne sert jamais contre l'ennemi, et remplace mal la serpe. Je crois donc les regrets peu fondés; ils portent plus sur une distinction que sur un avantage; mais ce corps distingué par sa valeur et son bon esprit, jadis même par ses drapeaux, pourrait réclamer celle-ci, mais non une distinction nuisible.

Sabre de Grenadiers. Lame courbée de 9 lignes, non évidée, longue de 22 pouces, pesant 18 onces; fourreau en cuir de vache, noir, sans alaises, à bout et à chappe en cuivre laminé, monture en laiton à croisée et à branche, se terminant en se logeant sous le pommeau. Le Sabre pèse 2 liv. 10 onces.

Sabre d'Artillerie de la Marine. Lame comme à l'Artillerie de terre, mais à pans non creux; fourreau sans alaises; poignée en col et tête de Lion. Pèse 2 liv. 12 onces.

Sabre d'abordage pour la Marine. Lame légèrement cambrée, ayant de chaque côté une gouttière qui règne le long du dos, de 23 pouces de longueur, pesant 19 onces; fourreau comme celui du Sabre de grenadier; garde à coquille, se terminant en branche principale, et à 2 autres branches en *S* parallèles, en cuivre; poignée en laiton et à grosses hélices.

ARMES BLANCHES.

Sabres de.	Cavalerie.	Dragons.	Chasseurs et Hussards.	Infanterie.
Longueur de la Lame. . .	36 p. » l.	36 p. » l.	32 p. 6 l.	22 p. » l.
Largeur au Talon.	» 17	» 17	1 3	1 4
Longueur totale du Sabre.	43 1	*idem.*	39 9	28 5
Epaisseur au Talon. . . .	» 4½	*idem.*	*idem.*	» 4
Cambrure au milieu de la Lame.	» »	»	1 11	» 9
Poids de la Lame.	23 on. 5 g.	*idem.*	19 on. 2 g.	14 on. 3 g.
—— du Fourreau.	57 4	14 on. 3 g.	57 7	9 3
	li. on. gr.	li. on. gr.	li. on. gr.	li. on. gr.
—— total de l'Arme. . .	6 8 4	3 11 5	6 1 7	2 11 6
Fer nécessaire pour la Soie.	5 on. »	5 on. »	6 on. »	6 onc. »
Acier nécess. pour la Lame.	27 onc. à 3 marq.	*idem.*	24 onc. à 3 marq.	19 onc. à 2 marq.
Tôle pour le Fourreau. . .	3 li. 7 on.	»	*idem.*	»
Cuivre-laiton pour Montu.	25 onc.	*idem.*	21 on. » g.	16 on. »
Cuivre laminé pour Garnit.	»	6 on. 3 gr.	»	4 »
Prix, en 1808, des Lames.	5,51	*idem.*	4,55	2,78
——de la Mont., façon, etc.	6,99	7,32	6,11	
——des Fourreaux. . . .	10,38	5,27	10,91	
Total du prix de l'Arme. .	22,88	18,10	21,57	9,60
Prix des Lames de la Garde impériale.	5,14	0	4,58	3,72
Prix total.	27,32	0	21,10	10,97

TABLE *servant à établir les Devis.*

Sabres de. . . .	Cavalerie de ligne.	Cavalerie légère.
Forgeur et son compagnon.		
Acier à 3 marques.	30 onc.	24 onc.
Fer à soie.	7	5
Houille.	5 liv.	5 liv.
Poids de la lame forgée.	30 onc. 7 gr. $\frac{3}{5}$	26 onc. 6 gr. $\frac{2}{5}$
Travail de 12 heures.	13 lames	17
Trempeur et son compagnon.		
Charbon.	3 liv.	2 liv. $\frac{2}{5}$
Travail de 12 heures	35 lames	40
Aiguiseur et son compagnon.		
Huile pour 50 lames.	3 liv.	3 liv.
Emeri pour *idem*.	2 liv.	2
Travail de 12 heures	8 lames.	18
Graveur et son compagnon.		
Meule. { Durée	71 jours.	——
Meule. { Aiguise.	3000 lames.	——
Meule. { Coûte	75 francs.	——
Travail de 12 heures.	250 lames.	——
Fondeur de montures et son compagnon.		
Cuivre.	24 on. 18 grains.	22 onc.
Charbon.	10 liv.	10 liv. $\frac{1}{5}$
Creuset pour 100 montures . . .	1 creuset.	1 creuset.
Poids de la monture.	23 onc. 2 gros.	21 onc. 2 gros
Travail de 12 heures.	30 mont.	30
Limeur de Montures.	30 mont.	36
Fourreautier seul.		
Tôle en cuivre laminé.	3 liv. 8 onc.	3 liv. 4 onc.
Cuivre de fonte pour bracelets. .		
Fer à soie.	1 liv.	1 liv.
Charbon.	3	3
Houille.	10	10
Fil-de-fer gros.	» $\frac{1}{12}$ onc.	» $\frac{1}{12}$ onc.
———— fin.	» $\frac{1}{24}$ onc.	» $\frac{1}{24}$ onc.

			GARDE IMPÉRIALE.		
	Infanterie.	Dragons.	Grenadiers à cheval.	Chasseurs à cheval.	d'Infanterie.
. . . .	20 on. à 2 marq.	30 onc.	26 onc.	24 onc.	18 onc.
. . . .	5 onc.	7	5	10	5
. . . .	3 liv.	5 liv.	5 liv.	6 liv.	4 liv.
. . . .	23 onc. 1 gr.	30 on. 7 gr. $\frac{1}{5}$	20 onc.	27 onc. $\frac{1}{8}$	20 $\frac{1}{2}$ onc.
. . . .	30	13	13	17	20
. . . .	1 liv. $\frac{1}{10}$	3 liv.	3 liv.	$\frac{2}{5}$	1 $\frac{3}{5}$
. . . .	85	35	35	40	45
. . . .	2 liv.	3 liv.	3 liv.	3 liv.	2 liv.
. . . .	1	2	2	2	1
. . . .	18	8	8	18	12
. . . .	20 jours	71 jours	71 jours	*Idem.*	62
. . . .	1875 lam.	3000 lam.	3000 lam,	——	3750
. . . .	75 fr.	75 fr.	75 fr.	——	75
. . . .	——	——	——	——	——
. . . .	17 onc.	25 onc. $\frac{1}{2}$	23 onc.	15 onc.	
. . . .	8 liv. $\frac{2}{5}$	10 $\frac{1}{5}$	23	15	
. . . .	1 creuset.	1 creuset.	1 creuset.	1 creuset.	
. . . .	16 onc.	20 onc. 7 gr.			
. . . .	40	30			
. . . .	60	30			
	(Pour fourreau et monture.)				
. . . .	4 onc.	9 onc.	29 on. 5 gr.	34 onc.	
. . . .			6 onc.	6 on. 2 gr.	
. . . .		$\frac{1}{8}$	4	5 onc.	
. . . .		1 liv. 74	4 liv.	4 liv.	
. . . .	1 $\frac{1}{2}$ onc.	0 5 onc.	8 onc.	12 onc.	
. . . .		$\frac{1}{12}$ onc.	1 onc.	1 onc.	
. . . .	76 grains.	184,52 grains.	2 onc.	2 onc.	

Fil-de-laiton.

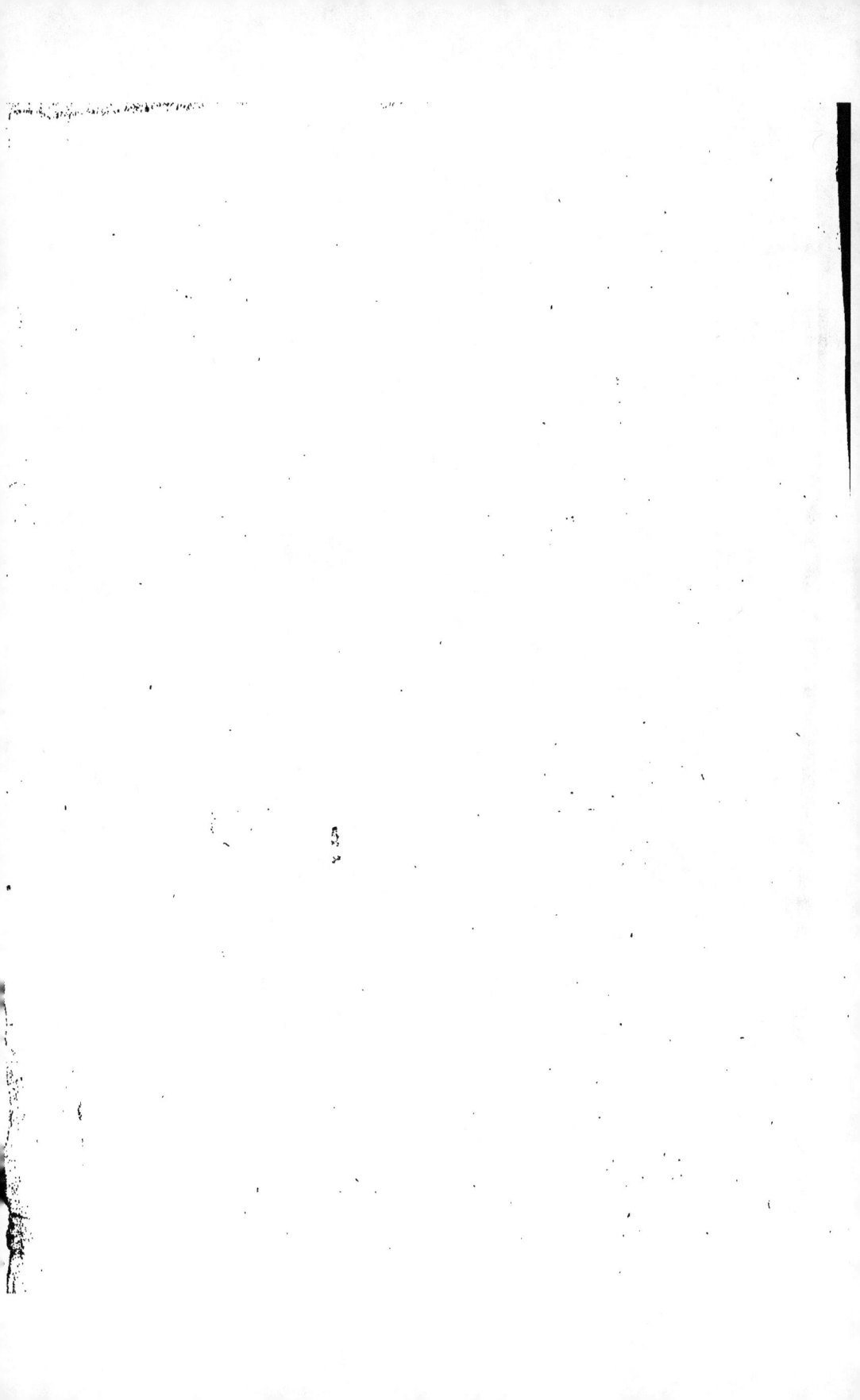

Suite de la Table servant à établir les Devis.

Sabres de. . . .	Cavalerie de ligne.	Cavalerie légère.
Fil de laiton		
Soudure	1188 grains	——
Borax	528	——
Huile d'olive	1175	——
Colle		
Poids du fourreau fini	57 onc. 4 gr.	54 on. 2 gr. $\frac{2}{3}$
Travail de 12 heures	$\frac{3}{4}$ fourr.	$\frac{17}{22}$
Cuir	. . . .	. . . .
Ficelle	. . . .	. . . .
Poids du fourreau non garni	. . . .	. . . .
Travail de 12 heures	. . . .	. . . .
Monteur de fourreau.		
Cuivre laminé	$\frac{1}{2}$ onc.	——
Borax	88 grains.	——
Soudure	237	——
Fil-de-fer fin	92,16	——
Charbon	1 liv. 10 onc.	——
Travail de 12 heures	2 $\frac{2}{4}$ mont.	2 $\frac{1}{2}$ mont.
Faiseur de poignées.		
Bois de hêtre	10 pouc. cub.	——
Colle	1 liv. par 100	——
Ficelle	1 liv. par 100	——
Basane	210 grains.	——
Fil de laiton	415	——
Travail de 12 heures	12 poig.	——
Faiseur de Fûts en noyer.		
Bois	72 pouc. cub.	——
Colle	1 par 100	——
Travail de 12 heures	8 fûts.	——
Cuir		
Poids de la lame finie	1 li. 7 on. 5 gr.	1 li. 7 on. 2 gr.
—— du sabre fini	6 8 4	6 1 7
Caisse pour Lames, coûte	3 fr., 0 c.	——
—————— contient	200 Lam.	——
Caisse pour Sabres, coûte	4 fr., 50 c.	5 fr.
—————— contient	40 Sabr.	50 Sabr.
Caisse pour fourr. seulem., coûte	3 fr.	3 fr.
—————— contient	100 Fourr.	100 Fourr.

			Garde impériale.		
	Infanterie.	Dragons.	Grenadiers à cheval.	Chasseurs à cheval.	Infanterie de la Garde.
. . . .	$\frac{1}{64}$ grains.				
. . . .	216	224 grains.	2 onc.	2 onc.	
. . . .	106	211	6 gros.	6 gros.	
. . . .	9,216	184,32			
. . . .	13 onc.	1 liv. 1 gr. 7 gr.			
. . . .	2 $\frac{1}{2}$	3			
. . . .	10 onc.	15 onc.			
. . . .	42 gra.	73 gra.			
. . . .	10 42	15 on. 73 gra.			
. . . .	19 Fourreaux.	13 Fourreaux.			
. . . .	» » »	» » »	3 gros.	——	
. . . .	» » »	» » »	4	——	
. . . .	» » »	» » »	1	——	
. . . .	» » »	» » »	12 onc.	——	
. . . .	» » »	» » »	10 pp.	10 pp.	
. . . .	» » »	» » »	$\frac{1}{2}$ gros.	$\frac{1}{2}$ gros.	
. . . .	$\frac{1}{4}$ on.		3 $\frac{1}{2}$	3 $\frac{1}{2}$	
. . . .	» » »	» » »	2 l. par 100	2 l. par 100	
. . . .	» » »	» » »	3 onc.	3 onc.	
. . . .	1 li. 2 on. 3 gr.	1 li. 7 on. 5 gr.	1 l. 4 on. $\frac{1}{12}$	20 onc. $\frac{1}{3}$	1 liv. $\frac{3}{4}$ on.
. . . .	2 11 6	3 11 5			
. . . .	2,65	——	3 fr.	2,65	2,65
. . . .	200 Lam.	——	200 Lam.	200 Lam.	200 Lam.
. . . .	3,0	4,50			
. . . .	100 Sabres.	40 Sabres.			

TABLE *servant à établir le Devis de Baïonnette.*

Baïonnettes de. . . .	15 pouces.	18 pouces.
Nota. L'estimation du résultat du travail ayant paru trop faible, ainsi qu'il l'est aussi pour les Armes à feu, on rejette en note les anciens résultats, afin qu'on tâche d'y revenir.		
(*a*) *Forgeur de Douilles.* 1 *Maître et* 1 *Compagnon.*		
Fer à Douille.	12 onc.	12 onc.
Houille.	4 liv.	4 liv.
Poids de la Douille.	8 onc. $\frac{2}{5}$	8 onc. $\frac{2}{5}$
Travail de 12 heures.	35	35 onc.
(*b*) *Forgeur de Lames.* 1 *Maître et* 1 *Compagnon.*		
Acier à 2 marques.	$\frac{15}{35}$ onc.	10 onc.
Houille.	3 liv.	3 liv.
Poids de la Lame forgée.	14 onc. $\frac{7}{100}$	24 onc.
Travail de 12 heures.	40 Lam.	30 Lam.
(*c*) *Trempeur.* 1 *Maître et* 1 *Comp.*		
Charbon.	$\frac{6}{10}$ liv.	$\frac{8}{10}$ liv.
Travail de 12 heures.	180 Baïonn.	120 Baïonn.
(*d*) *Aiguiseur* (1). 1 *Maître et* 1 *Compagnon.*		
Huile pour 100 lames	24 onc.	24 onc.
Emeri pour 100.	12	12
Travail de 12 heures.	28 Baïonn.	24 Baïonn.
(*e*) *Foreur.* 1 *Maître et* 1 *Compag.*		
Huile pour 100 Douilles.	1 liv.	1 liv.
Travail de 12 heures.	400 Douilles.	400 Douilles.

(1) *Meule.*		
Durée.	52 jours	48 jours
Sert à.	7500 Baïonnettes.	5769 Baïonnettes.
Coûte.	75 fr.	75 fr.

Baïonnettes de. . .	15 pouces.	18 pouces.
(f) Limeur.		
Fer à Virole.	1 ½ onc.	1 ½ onc.
Houille.	4	4
Travail de 12 heures.	4 Baïonn.	4 Baïonn.
Fourreautier.		
Cuir.	4 ¼ onc. »	5 onc.
Ficelle.	30 grains »	36 grains.
Poids du Fourreau non garni. .	4 on. 2 g. 30 g.	5 on. 36 gra.
Travail de 12 heures.	25 » »	22 »
Faiseur de Bouts.		*idem.*
Fer à Virole.	10,368 grains	——
Tôle.	69,	——
Houille.	2 on. 4 g. 20 g.	——
Soudure.	1,0	——
Poids du Bout fini.	2 gros 21 grains	——
Travail d'un jour.	90 Bouts	——
Poids du Fourreau fini.	2 onc.	2 on. 3 gros
—— de la Baïonnette finie. . .	10 on. 55 gros	11 87
Prix de la Caisse.	4 fr.	4 fr.
Continence de la Caisse.	500 Baïonn.	500 Baïonn.
Prix.	3 f., 88	4,48

NOTES.

(*a*) 1 Forgeur de Douilles et son Compagnon font 36 Douilles par jour : ils la soudent en 3 chaudes, et la finissent en 13 autres chaudes.

(*b*) La Lame se fait d'acier à 2 marques de 8 lignes sur 6.

La Maquette d'où on tire la Lame pèse 6 onces 4 gros.

La Douille est en fer : il en faut 12 onces.

La Virole et sa Vis se tirent d'un fer en verge pesant demi-livre le pied. Il en faut environ 1 once : après la première chaude, la Virole pèse $\frac{3}{4}$ once.

1 Forgeur de Lames de Baïonnettes de 15 pouc. et son Compagnon font 40 Lames par jour. Il faut 9 chaudes par Lame : à la seconde, il soude la Maquette à la Masselotte de la Douille après les avoir chanfreinées l'une et l'autre.

(*c*) 1 Trempeur de Baïonnettes en trempe 300 par jour; consomme par 100 Baïonnettes 3 pieds cubes de charbon, qui doit toujours être de hêtre.

(*d*) 1 Aiguiseur et son Compagnon aiguisent, polissent, etc. 30 à 36 Lames par jour. On aiguise avec des Meules de grès de 7 à 4 pieds de diamètre, et de 7 à 8 pouc. d'épaisseur. On polit à l'émeri avec de petites Meules de granit rougeâtre de 2 pieds à 15 pouces de diamètre. On brunit au charbon de hêtre avec des polissoirs ou meules de bois de chêne de 24 pouces à 2 pouces de diamètre.

(*e*) 2 Enfans de 10 à 12 ans allèsent 400 Douilles par jour, en y passant 6 allesoirs dans chacune.

(*f*) 1 Faiseur de Viroles et de Vis et son Compagnon font ou 150 Viroles, donnant 5 chaudes à chacune, ou 800 Vis, faisant 4 Vis par chaude.

1 Limeur de Douilles de Viroles, de Vis, qui blanchit, polit, brunit, etc. le coude et la Baïonnette, en fait 7 par jour.

Nota. Il faut observer que les Sabres fournis par des entrepreneurs ouvriers travaillant chez eux, doivent coûter environ $\frac{1}{10}$ de moins; parce que si on fait travailler toute l'année 155 ouvriers au Klingenthal, ils peuvent faire des armes pour la valeur de 500,000 fr. dans lesquels les frais de régie, l'entretien des bâtimens, entrent pour $\frac{1}{10}$, et comme on ne travaillera pas exactement toute l'année, que l'entretien des bâtimens peut être plus considérable accidentellement, on peut évaluer cette somme jusqu'aux $\frac{1}{20}$, d'autant plus que les entrepreneurs ouvriers sont sujets encore à quelques dépenses de moins, comme l'emballage, le transport du Klingenthal à Strasbourg, etc.

Cuivre pour Sabres.

On emploie pour les montures et garnitures, le cuivre jaune, dit Laiton, dit aussi *Arco*, quoique celui-ci ne soit proprement que le métal provenant de la refonte des crasses du laiton. Le Cuivre jaune a plus de consistance que le rouge, et s'oxide moins.

Le vrai laiton contient $\frac{7}{10}$ cuivre et $\frac{3}{10}$ zinc; le bon métal pour les sabres fait avec l'arco doit être de $\frac{3}{4}$ arco, et $\frac{1}{4}$ cuivre pur : l'étain et le plomb rendent ces alliages cassans. C'est à la couleur de la cassure qu'on juge de la bonté de l'alliage des barreaux pour les montures.

Les garnitures de Sabres se font avec du Cuivre laminé : il doit être de la couleur de celui de la monture, et être du n°. 12, ayant 4 points d'épaisseur, pour le Sabre d'infanterie; et du n°. 14, ayant 5 points d'épaisseur, pour le Sabre de dragons. On rejette les feuilles pailleuses et cendreuses.

La soudure des Pièces en cuivre se fait avec du borax et du Cuivre contenant plus de zinc que l'*Arco*, pour le rendre plus fusible, ce qui rend la soudure et les parties voisines très-cassantes : aussi ne doit-on pas permettre de souder les parties d'armes qu'on prescrit de couler d'une seule pièce pour leur donner de la solidité.

On n'emploie que le charbon de bois pour les brasures et soudures.

Dans les manufactures d'armes à feu, la soudure est $\frac{2}{3}$ en laiton, et $\frac{1}{3}$ en zinc; si on y ajoute de l'étain, on la rend cassante.

Tôles pour Fourreau.

La Tôle pour les fourreaux doit avoir 13 points d'épaisseur dans toute la feuille. Le fer doit en être doux, sans pailles ni cendrures; la feuille pèse 16 liv. 12 à 14 onces, et doit fournir à 5 fourreaux de sabre de cavalerie de ligne ou légère.

On prétend qu'une telle Tôle a souvent des doublures, et qu'il vaudrait mieux n'employer que de la Tôle de 8 points d'épaisseur;

on se trompe, à peine la Tôle de 13 points, soutenue d'un fût, résiste-t-elle aux coups de pied des chevaux, etc., et les doublures dans un fourreau sont de très-légers défauts, car elles n'affaiblissent qu'un très-petit espace.

Pour *braser* les fourreaux, on emploie du fil de laiton de 1 ligne de diamètre, et du borax réduit en poudre, puis humecté.

Fourreaux de Sabre, en cuir.

Le Cuir de bœuf est plus épais que celui de vache, mais moins compact; on le reconnaît à son grain qui est plus gros, et à sa porosité. On préfère en conséquence ceux de vache, et dans ceux-ci, ceux des grosses à ceux des petites.

Les bons cuirs entiers, tout corroyés, pèsent 24 liv. environ.

Le dos ou culée a 18 points d'épaisseur; les parties voisines 15 points. Il ne faut pas employer le ventre pour les fourreaux, et cette partie pèse $\frac{1}{3}$ du cuir; dans les 16 liv. de cuir bonnes à employer, on peut faire 24 Fourreaux de Sabre de dragon (1).

En l'an 12, le cuir de grosse vache coûtait 3 f., 20 le kilogr. Ainsi le prix du cuir du Fourreau de sabre de dragon, déchet, rognure et drayage compris, revenait à 1 f., 10.

Le fil de couture pour un Fourreau doit être écru à 4 brins, ciré à la poix noire. La couture doit être à l'Allemande et à points serrés.

La façon du Fourreau de Sabre de dragon, alaises, couture compris, vaut 0 f., 50, et le prix du Fourreau est donc de 1 f., 60.

Epreuve des Sabres.

On éprouve les lames des Sabres des deux cavaleries aiguisées et trempées. Elles sont ensuite examinées avec soin sur les proportions qu'elles doivent avoir, sur les criques, doublures, cendrures, travers, dont elles doivent être exemptes, sur-tout au tranchant et au dos. Si elles sont sans défaut, elles sont *vigoureusement* fouettées de chaque côté, du plat de la lame, et deux fois sur un billot de chêne très-uni, dans une situation inclinée de 45°. On noircit au charbon le bout de la lame pour que, faisant une empreinte sur le billot, on soit assuré que la lame a été en effet bien fouettée.

	Ce billot avait :	Il a maintenant :
De hauteur.	30 pouc.	30 pouc.
De diamètre à la base. .	18	13
De diamètre supérieur.	12	11

Cette épreuve les fait casser ou découvrir les fentes, doublures, etc.; si ces lames n'en ont pas, on les fait plier et décrire

(1) Cette différence qu'on rencontre ici avec le poids, indiqué précédemment, vient de la comparaison des fourreaux récemment faits à ceux pesés trois mois après.

lentement une courbe dont la flèche est de 5 à 7 pouces (on a augmenté en 1808 les limites de l'épreuve, à cause des plaintes) pour la cavalerie de ligne, et de 6 à 8 pour la cavalerie légère. Pour obliger d'atteindre au moins à la première limite, on assujétit 2 planchettes espacées de 2 pieds l'une au dessus de l'autre, contre un mur; le bord de celle du bas est à 3 à 4 pouces du mur; le bord de celle du haut en est distant de 6 à 7 demi-pouces pour la lame de cavalerie de ligne, et de 7 à 8 et demi pour la lame de cavalerie légère. Les Lames qui restent faussées sont redressées, retrempées, et de nouveau éprouvées; si elles restent faussées de nouveau elles sont cassées.

Les Briquets sont seulement ployés 2 fois sur chaque sens, en appuyant la pointe à terre, et leur courbe doit avoir 3 pouces de flèche.

La baïonnette trempée et aiguisée est ployée sur les deux sens, au moyen d'un mentonnet de 12 lignes de hauteur, placé sous le milieu de la longueur de la lame; la pointe étant assujétie à la même hauteur, il faut, en pesant sur l'autre extrémité de ladite lame, qu'elle vienne toucher la planche sur laquelle le mentonnet est fixé, et qu'elle ne reste point courbée.

Les Fourreaux en fer doivent résister, sans être bossués, au choc d'un poids de 2 livres environ, tombant de 19 pouces de hauteur.

Les bouts en cuivre de fourreau doivent soutenir de même le choc d'un poids en bois, de 7 onces, tombant de 9 pouces d'élévation.

Ce bout a 6 pouces de longueur au Sabre de dragons, pour garantir le fourreau de l'éperon, et pour le mieux conserver encore, il faut que le fourreau, de l'olive à la première bélière, soit revêtu d'un faux-fourreau en cuir, sur-tout en campagne.

Les gardes sont de cuivre jaune fondu, plié, poli et ajusté. La coquille et la branche principale sont coulées d'une seule pièce, ainsi que les branches de l'*S*, ensuite ployées sur un mandrin, et soudées pour former la garde. On éprouve les gardes en tordant toutes les parties qui en sont susceptibles, pour constater qu'elles ont la force suffisante pour ne pas casser. On frappe le quillon du Sabre d'infanterie sur un billot, pour voir s'il ne se casse pas : sa dimension trop forte ne permettant pas de le tordre.

NOTA. L'Epreuve des lames est trop arbitraire, elle dépend des forces et de la volonté du Contrôleur qui éprouve; aussi malgré qu'on l'ait augmentée en diminuant le diamètre du billot, et accru la largeur des planchettes, trouve-t-on des lames faussées par une seconde épreuve, qui ne l'avaient pas été par la première. Peut-être parviendrait-on à faire des épreuves précises et rassurantes par les deux moyens ci-après :

Si on taille un bloc de bois de façon à présenter la courbure que doit avoir une lame de bon acier et bien dimensionnée; qu'à l'extrémité du bloc il y ait une bride pour y engager la pointe de la lame, on donnerait à la lame, dans toutes ses parties, la courbure qu'elle doit avoir, en engageant la pointe dans cette bride, et faisant joindre la lame au bloc plusieurs fois sur les deux sens de cette lame.

Sur deux montans en bois distans de 2 à 3 pieds, placez un axe en fer, d'un pouce à 15 lignes de diamètre, coudé à une de ses extrémités, et ce coude ayant une longueur qu'on déterminera par tâtonnement. Sur la partie de l'axe entre les deux montans, pratiquez une ouverture propre à recevoir la soie d'une lame, et à y être fixée par une vis, ou coin, ou, etc., que la lame s'étende dans le sens du coude de l'axe. Au bout de ce coude fixez un poids qu'on déterminera aussi par tâtonnement. Toutes les fois qu'on soulèvera à la même hauteur, en le faisant tourner, le coude de l'axe, et qu'on l'abandonnera ensuite à son poids, la lame tombera avec une égale force, et si on dispose sous elle convenablement le billot d'épreuve, la lame frappera ce billot dans le sens de l'épreuve, et toujours avec la même force. On ôtera ainsi l'arbitraire, et on épargnera les forces du contrôleur. Ce moyen, proposé dès l'an 9, n'a pas été essayé, mais va l'être.

Examen du Sabre fini.

Dans les Sabres finis, examinez si les Pièces en fer et en cuivre sont sans soufflures, gerçures, travers, et ont les dimensions et solidité exigées; si les montures, garnitures, fourreaux en tôle sont limés, polis convenablement.

Si les Fourreaux en cuir sont solidement cousus, les bouts et les premières Belières bien ajustés, colés, épinglés; si le haut (dans ceux de dragon) de ces Belières est replié en dedans sur le cuir de 13 lignes, et dans la chappe du Briquet de 15 lignes; si les Belières ont entre elles la distance prescrite.

Si les Fourreaux de tôle sont sans travers; s'ils sont d'une seule pièce; et pour cela, avec une petite verge d'acier de 16 pouces de longueur, repliée de 6 lignes, et ce bout replié terminé en pointe bien aiguë et bien trempée, tâtez l'intérieur du fourreau sous les bracelets; si le fourreau est en plusieurs pièces, elles seront brasées vers le dessous des bracelets, et la brasure arrêtera la pointe; les fourreaux en 2 pièces de tôle seront brisés. Vérifiez ensuite si les brasures du Fourreau, du Dard et des Bracelets sont bien prises d'un bout à l'autre; enfin, si les Cuvettes s'ajustent bien sur les Fourreaux, si les Bracelets sont entre eux, et le haut du Fourreau à la distance prescrite.

Si dans les Montures la Coquille porte bien sur les épaulemens du talon des Lames; si le trou carré où se loge la Soie la reçoit exactement sans vide, (l'éclisse qu'on y glisse en cas contraire pour empêcher la Monture de balotter, altérant la solidité); si les Soies sont bien rivées sur le bouton des Pommeaux ou Calottes pour retenir et fixer les pièces qu'elle enfile; si la rivure est arrondie en goutte de suif.

Du Contrôle des Armes portatives.

Les Contrôles sont des marques appliquées avec des poinçons sur les Armes; ils servent à faire reconnaître à qui l'on peut s'en prendre de leurs défauts, etc.

Sur le *Canon* se trouvent, 1°. la lettre initiale du nom de l'inspecteur de la manufacture; 2°. celle du nom du premier contrôleur; 3°. celle du nom du contrôleur du Canon; 4°. à 6 lignes en avant de la lumière, E. F. (Empire français) sur le pan qui reçoit la platine; 5°. sur le pan supérieur, l'année de la fabrication; 6°. sur la queue de culasse, la distinction du modèle.

Sur la *Platine* sont : 1°. l'initiale du nom du contrôleur de la platine; 2°. en avant du chien sur le corps, le nom de la manufacture.

Sur la *Baïonnette*, au coude et au talon de la lame, l'initiale des noms de l'inspecteur et des contrôleurs de cette partie de l'arme.

Toutes les autres parties de l'arme reçoivent aussi la marque du contrôleur qui en est chargé.

Sur le *Plat de la crosse*, du côté de la platine, sont encore les lettres E. F. et autour l'initiale des noms de l'inspecteur, du premier contrôleur, le mois et l'année de la fabrication.

Sur le Sabre sont : 1°. sur le talon de la lame, près la soie, les initiales du nom de l'inspecteur et du contrôleur; 2°. sur les gardes et fourreaux, la marque du contrôleur de chacune de ces parties de l'arme.

Il faut que les pièces d'armes de rechange que les troupes tirent des manufactures soient contrôlées, car si elles ne l'étaient pas, ce serait une preuve qu'elles auraient été rebutées.

Bâtimens nécessaires à une Manufacture d'armes.

Magasin pour contenir les bois nécessaires pendant un an après leur coupe, avant d'entrer dans le suivant, et $\frac{1}{5}$ en sus pour les rebuts.

Magasin pour contenir les bois nécessaires pour la fabrication des Fusils qu'on doit faire en 2 ans, et $\frac{1}{7}$ en sus pour les rebuts.

Magasin pour les Fers.

——— pour les Aciers.

——— pour les Cuivres et Garnitures confectionnées.

Champ d'épreuve avec son banc pour 120 canons au moins, et la salle pour les charger.

Salle de révision à recevoir les canons au retour de l'épreuve pour le courant des canons à fabriquer.

Salle d'humidité pour ce même nombre de canons, et $\frac{1}{5}$ en sus.

Salle de recette pour les canons.

NOTA. Ces 3 Salles doivent être contiguës ou très-rapprochées, pour la facilité du Service.

Salle de recette pour les garnitures et les platines.

Salle de recette pour armes finies avec bancs, étaux, établis nécessaires.

Cabinet pour l'inspecteur et les officiers.

Une salle à portée pour les armes finies, où on les puisse emballer, charger, bacher, etc.

Caisses et Emballage des Sabres.

	Dimensions dans œuvre.			Nombre de Sabres par Caisses.	Poids des Caisses remplies.
	Long.	Larg.	Haut.		
	pi. po.	pouc.	po. lig.		k.
Sabre de cavalerie. . . .	4 6	20	18 »	42	192
—— de dragons. . . .	*Idem.*	*Idem.*	*Idem.*	*Idem.*	138
—— de cavalerie légère.	*Idem.*	*Idem.*	*Idem.*	64	250
—— d'infanterie. . . .	3 »	19	17 6	150	220

N'employez que la paille bien sèche, et jamais le foin;

Mettez les Sabres par couches égales en nombre, et séparez les couches par des lits de paille;

Entrelacez les Sabres dans chaque couche, en sorte que les gardes ne frottent pas contre les fourreaux;

Remplissez les vides entre les Sabres par de petits rouleaux alongés de paille;

Mettez un lit de paille sur la dernière couche, comprimez-la avec force avant de mettre le couvert, et en le posant,

Cerclez la caisse avec des cerceaux;

Ne laissez pas les caisses en plein air, et exigez que les voitures qui les transporteront soient bien bachées.

Cuirasses.

Les Cuirasses ne servent qu'à armer les 12 régimens de Cuirassiers. Elles sont en tôle laminée, en fer corroyé, d'environ 15 points d'épaisseur. Il faut environ 11 livres pour le plastron ou devant, en tôle brute, et 8 liv. pour le derrière de la cuirasse qui, finie, pèse 14 à 15 liv., y compris sa garniture.

Les Cuirasses sont de deux grandeurs, à cause de la différence de stature des hommes : elles ont dans la plus grande largeur, de 14 pouces à 14 pouces 6 lignes, et leur longueur de la pointe du busque au milieu de l'arrondissement pour le col, est de 15 pouces 4 lignes à 15 pouces 8 lignes.

Le plastron est busqué et à arête dans son milieu vertical; la garniture consiste en 2 épaulettes de bufle recouvertes d'écailles de laiton cousues avec du fil de même métal, ces épaulettes ont des agraffes; en une courroie de cuir de Hongrie pour ceinture garnie en cœurs de cuivre et une boucle; en un coussinet de toile rembourrée; en une bordure de drap écarlate garni de galon de fil blanc, lacée au plastron percé à cet effet.

Cette Cuirasse ne garantit pas de la balle à toutes les distances, mais de celles qui venant de loin ont perdu de leur force, et donneraient encore la mort; elles garantissent parfaitement des coups de sabre et de baïonnette. Les Cuirasses de Sapeurs qui n'ont que le plastron seul pesant de 15 à 18 livres, et dont la tôle a 2 lignes 1 quart d'épaisseur, ne sont percées par le fusil ni par la carabine courte et à rayes droites, à 12 toises; mais la carabine longue française lui fait à cette distance une empreinte très-profonde, et la carabine tyrolienne la perce.

Voici le résultat d'une épreuve faite le 11 juin 1807 sur les Cuirasses d'usage aujourd'hui, désignées par le n°. 1; sur des Cuirasses d'acier d'Allemagne corroyé, n°. 2; sur les Cuirasses anciennes de cavalerie qui n'étaient qu'un plastron pesant 14 à 15 liv. en acier et fer corroyés ensemble, mais ces plastrons avaient si peu de surface, et réunissant leur poids pour ainsi dire sur un point, parurent si insupportables à la cavalerie, qu'on les abandonna, je crois, dans la guerre de 7 ans; désignées par le n°. 3.

A 75 toises avec le fusil, la balle perce le n°. 1.
ne perce pas le n°. 2.
ne perce pas le n°. 3.

A 54 toises *idem*. La balle ne perce pas le n°. 3.
La balle perce le n°. 2 quand elle frappe vers le milieu de la côte.

A 18 toises *idem*. La balle fait bossuer le n°. 3.

A 9 toises *idem*. La balle fait bossuer le n°. 3 plus profondément; mais le coussin garantirait de l'impression.

A 18 toises avec le pistolet de cavalerie. La balle perce le n°. 1; la moitié des coups ne perce pas le n°. 2.

A 9 toises *idem*. La balle perce le n°. 1.
ne perce pas le n°. 2.

Il paraît, par les coups de poinçon mesurés au dynamomètre, que les Cuirasses d'épaisseur double ont une résistance triple.

Mais il faut refaire toutes ces épreuves, car une seule ne suffit pas pour constater si en employant l'acier d'Allemagne, ou si en le corroyant avec le fer, on peut faire des Cuirasses aussi étendues que celles dont on se sert, pas plus pesantes, et impénétrables à la balle du fusil à 50 toises.

Si le plastron d'une Cuirasse de cavalerie, qui est élastique, au lieu de porter sur le corps, s'appuyait de son bord extérieur sur le bord intérieur d'une espèce de cadre, d'un pouce et demi de largeur, dessiné en forme de plastron, et était retenu sur lui par des coulisses qui permissent au plastron frappé par une balle de glisser du bord intérieur du cadre au bord extérieur de ce cadre, on croit que la cuirasse soutiendrait le choc des balles tirées de plus près, sans être percée, et sans être sensiblement plus lourde.

Voici le Devis d'une Cuirasse, pour servir à en établir le prix dans des lieux où on serait obligé d'en faire fabriquer.

1 f.,50 pour 90 liv. Charbon.
13,30 pour 19 liv. de Tôle à 14 sols la liv.
3,90 pour Forgeur.
3,10 pour Limeur.
4,00 pour Polisseur. Ce prix est peut-être un peu faible si on polit fin.
2,10 pour 68 Boutons.
4,40 pour Epaulettes et Agraffes. Le Gouvernement fournit le drap.
2,0 pour Coussin.
1,0 pour Ceinture et Boucle.
0,80 pour Monture.
0,15 pour Etampage.
0,20 usé de Limes.
0,40 usé d'Outils.

36,85
7,37 20 pour 0/0 pour l'Entrepreneur.
44,22 Prix à-peu-près juste.

On paye la Cuirasse 45 fr., à cause de quelques objets estimés peut-être un peu trop bas : on les a payées bien plus chers dans la révolution et postérieurement.

La Bordure se paye à part, et coûte environ 40 sols de façon, comme on va le voir.

La Bordure a 2 aunes de longueur et 3 pouces de largeur. Sur l'aune de largeur qu'a le drap, il y a 14 garnitures faisant 7 paires : il faut donc 2 aunes de drap pour 7 Cuirasses.

Façon.
0f,95 pour 4 aunes galon blanc de fil.
0,23 pour 4 aunes ruban blanc.
0,15 pour 2 aunes lacets.
0,67 pour coupe et façon.

2,0

On vérifie les Cuirasses à leur réception, pour leur grandeur, au moyen d'une planchette, dit calibre, où l'on a tracé le plan de la cuirasse, et fixé 4 petits tasseaux en bois aux 4 angles principaux du plan. Pour leur poids, de 14 à 15 liv. en les pesant. Pour la bonté de la tôle, en examinant s'il y a des brasures, des pailles ou cendrures profondes, pour lesquelles on les rebute, si enfin cette tôle a de l'élasticité et résiste sans se bossuer aux coups redoublés qu'on lui donne avec un poinçon, sur-tout sur la côte de revers du devant, ou quoique emboutie à chaud, le fer se trouve souvent aminci par la mal-adresse de l'ouvrier.

Le poinçon dont on se sert est un morceau de fer arrondi, d'environ 5 pouces 6 lignes de longueur, ayant 10 lignes de diamètre au gros bout renflé en boule, 7 lignes ensuite, en allant en diminuant jusqu'à 6 lignes au bout légèrement arrondi. On saisit ce poinçon de la main droite, le gros bout contre la paume de la main, et les doigts autour; l'on frappe la Cuirasse du petit bout avec force.

Les *Caisses* pour Cuirasses ont 5 pieds 8 pouces sur 15 pouces de largeur, et 18 de hauteur : elles en contiennent 30, et pèsent 268 kilogr.

Sur les anciens Fusils, etc., *avant le général Gribeauval.*

Vers le commencement du dernier siècle, le *Mousquet* et le *Fusil ordinaire* étaient du calibre de 20 à la livre pour recevoir la balle de 24 à 22, dit le calibre français : le Canon avait 3 pieds 8 pouces et 5 pieds tout monté. On exigeait que les Canons fussent à *l'épreuve, polis, nets en dedans, et bien enculassés.*

Le *Fusil-Grenadier* était à baguette de fer; le canon avait 3 pieds 8 pouces de longueur; son calibre, 7 lig. 9 points; son épaisseur au tonnerre, 16 lignes; à la bouche 8 lig. $\frac{1}{4}$; la lumière à 7 lignes du derrière. On exigeait que le fer fût doux et liant, que le canon fût foré par 20 forets; qu'il y eût un tenon à 4 pouces du bout sous le premier anneau; que les filets de la culasse fussent bien vifs et bien enfoncés.

Le canon se vérifiait par un cylindre pour le calibre.

Les épaisseurs des bouts par des lunettes.

On les éprouvait en les tirant horizontalement, la culasse appuyée contre une poutre armée de barres de fer, ce qui arrêtant le recul rend l'épreuve plus forte. Chaque canon tirait 2 coups, le premier au poids de la balle de 18 à la livre bourrée avec du papier; la balle bourrée de même, le second coup a $\frac{1}{5}$ de moins.

La baguette était de fer *bien liant, bien net, point pailleux;* elle devait être bien dressée, bien arrondie, bien adoucie, pesant au plus 9 $\frac{1}{2}$ onces, de 3 pieds 7 pouces 8 lignes de longueur (la tête s'appelle *pousse-balle*) le petit bout taraudé pour recevoir un tire-bourre.

Le Fusil ne devait être monté qu'en bois de noyer bien sec et de fil; la crosse avoir 15 pouces de longueur; le canon y être retenu par la vis de culasse et 2 anneaux, un au commencement du canal, et l'autre à l'autre bout.

L'entrepreneur avait une marque qu'on mettait sur les canons, les plastrons et les bois.

Les baïonnettes devaient avoir 13 pouces de lame, celle-ci 1 pouce de queue ou de coude jusqu'à la douille, et être de la même étoffe que les lames de sabre. La douille et le coude devaient être de bon fer.

On voit par le peu qu'on prescrivait, toutes les précautions qu'il a fallu ajouter pour vaincre la mauvaise foi des ouvriers et des entrepreneurs, ou se mettre à l'abri des ruses.

On donnait pour l'*entretien* des armes, par an, 2 sols pour le premier mille de Fusils; 10 deniers ou 1 sol pour les autres, par Fusil; 6 deniers par canon seul, baïonnette, platine, sabre épée.

Les entrepreneurs avaient le privilége exclusif de faire fabriquer, vendre et débiter à l'étranger les armes de calibre de guerre.

Dès le 15e. siècle il y eut à Saint-Etienne des platineurs et des monteurs de Fusil, qu'on qualifiait de *Fusetiers*.

Avant 1720, d'après les besoins du Gouvernement un entrepreneur de Paris faisait des marchés d'armes avec les divers fabricans de Saint-Etienne; un seul contrôleur-canonnier était chargé de l'épreuve et de la visite de l'arme.

En 1720, le Roi prit différens entrepreneurs à Saint-Etienne pour les fournitures d'armes, et y envoya un officier d'artillerie et 3 contrôleurs pour inspecter leurs travaux. On apportait toutes les armes en un même local pour être examinées.

En 1763, tous les entrepreneurs se réunirent en une seule compagnie; à celle-ci en succéda une autre sous le ministre Monteynard.

En 1784, on exigea que les entrepreneurs auraient pour 200,000 fr. de matières premières brutes ou ouvrées, dont on leur paierait l'intérêt à 15 pour $\frac{0}{0}$; que les usines et les bâtimens seraient estimés, qu'on paierait 15 pour $\frac{0}{0}$ de leur valeur, et qu'on donnerait 10 pour $\frac{0}{0}$ du prix de fabrication à l'entrepreneur. Ce mode a paru vicieux en ce que l'entrepreneur avait intérêt de ne pas fabriquer, puisqu'il avait 15 pour $\frac{0}{0}$ de ses matières et de ses bâtimens; ce qui valait de 60 à 70,000 fr. à chacun des entrepreneurs des 3 manufactures, Charleville, Maubeuge, Saint-Etienne, et cela sans rien faire.

En 1792, on établit une régie qui dura jusqu'en 1796. A cette époque la compagnie de Jovin père et fils, et Dubouchet, fournirent des armes par marchés au Gouvernement (à 34 fr. le Fusil). Vers ce tems, une foule de commissaires vinrent à Saint-Étienne, et y firent des marchés d'armes pour le Gouvernement, pour les départemens armant des bataillons auxiliaires, etc. La confusion, la friponnerie, le désordre, présidèrent à toutes ces opérations jusqu'en l'an 8 et 9, qu'on rétablit l'ordre par des réglemens; par la surveillance des officiers et des contrôleurs, par des devis qu'on tâche tous les jours de perfectionner, et en suivant le mode plus simple d'exiger des approvisionnemens fixés dans le réglement, et de ne payer aux entrepreneurs pour toute solde et profit, que le 20 pour $\frac{0}{0}$ du prix de fabrication de chaque arme.

Chaque année, le Ministre prend les ordres de Sa Majesté pour le nombre d'armes à fabriquer, et les répartit en commandes particulières pour chaque manufacture.

Les commandes autrefois n'étaient guères que de 20,000 armes par an. Les manufactures n'en pouvaient fabriquer au plus que le double. En 1808 elles fabriquent 220 à 230,000 armes par année.

Il y avait en 1771, 558,000 fusils en approvisionnement, et 700,000 en 1789.

Les Manufactures d'armes blanches, le Klingenthal et Versailles, sont soumises aussi à un réglement et au même mode de paiement : le 20 pour $\frac{0}{0}$ du prix de fabrication fixé par un Devis. Le Klingenthal fabrique des baïonnettes et toutes les lames de sabre; Versailles monte les lames pour la Garde Impériale, et la moitié des lames que le Klingenthal fabrique pour le reste de l'armée, d'après la commande annuelle du Ministre de la guerre.

En 1790, la manufacture d'armes blanches du Klingenthal était en régie.

On donnait au régisseur, pour frais de régie, 11728 liv. 2 sols.

Pour chaque baïonnette qu'il fournissait, 3 liv. 2 sols 3 den., ce qui lui donnait 10 pour $\frac{0}{0}$ pour son bénéfice, et 5 pour $\frac{0}{0}$ pour ses avances.

Les bâtimens entretenus par le Gouvernement coutaient 6000 fr. par an; d'après cela la baïonnette revenait à 3 liv. 16 sols, y compris 4 deniers pour liv. que le Gouvernement retenait.

A cette époque les Corps faisaient le remplacement des sabres qui venaient à manquer sur leur effectif; ils en remplaçaient toujours $\frac{1}{20}$ par an, et les payaient sur leur masse; leurs prix étaient :

liv.	sols	den.	
6	7	5	pour Sabre de grenadier.
7	16	10	——— de canonnier.
14	13	11	——— de cavalier, dragon, chasseur à cheval.
14	17	2	——— de hussard.

DE LA POUDRE.

La Poudre est le résultat du mélange exact du Salpêtre, du Charbon et du Soufre... Sa bonté dépend de la proportion de ces matières, de leur pureté, de leur trituration, et de leur mélange plus ou moins exact.

La proportion du Salpêtre est toujours et doit être invariablement à-peu-près des $\frac{3}{4}$ de la totalité du mélange; le Soufre et le Charbon entrent chacun pour la moitié ordinairement dans le quart restant.

On peut diminuer la proportion du Soufre, on peut même s'en passer, mais alors la Poudre est très-poreuse, n'a pas de consistance, s'altère par le transport, et il faut en soigner davantage la trituration. Au dessous de 3 liv. pour %, la Poudre perd de ses qualités essentielles.

En augmentant la proportion du Charbon, on trouve les mêmes inconvéniens qu'en diminuant le Soufre.

Pour faire le dosage de la Poudre avec précision, il faut que le Salpêtre soit très-sec et très-pur; car les autres Sels qu'on y trouve avant son raffinage étant ou déliquescens, ou incombustibles, lui feraient contracter de l'humidité, et affaibliraient la force de la Poudre. Pour être très-pur il faut qu'il soit de 3 cuites, et pour qu'il puisse atteindre à un grand degré de siccité, il faut qu'il soit en très-petits cristaux.

Le Soufre doit être purifié, si sa couleur annonce qu'il en a besoin, en le faisant fondre dans une chaudière de fer, et en l'écumant. Ou bien, en l'épurant en grand, on le fait fondre sur le feu, on le fait évaporer en gaz, qu'on conduit dans un local plus frais, où il tombe en pluie, se consolide, est ensuite brisé et employé.

Le choix du Charbon est très-essentiel; on préfère celui de Bourdaine; des expériences faites à Essonne donnent l'avantage à celui de peuplier; celui de saule, de coudrier, de sanguin, donnent de la Poudre de bonne qualité. Celui fait avec des plantes ligneuses, quoique plus léger ne vaut rien: il est trop cendreux, et encrasse par-là trop promptement les armes. Il faut que le Charbon soit sec, sonore, léger, qu'il casse net, qu'il soit récemment fait; s'il est vieux il faut le faire sécher, car il absorbe, exposé à l'air, $\frac{1}{8}$ de son poids, soit isolé, soit peut-être dans la poudre; qu'il soit fait *dans des fosses* et non en *plein air*, pour être moins compact, et n'y employer que de jeunes branches écorcées pour contenir moins de principes terreux, et ne pas faire jeter des étincelles par la Poudre dans son inflammation.

La Poudre fine est plus altérée que la Poudre à canon par la diminution du Soufre, et par une trituration incomplète.

L'eau qu'on mêle à la composition s'oppose à la volatilisation des matières, lie les parties, leur donne de la consistance, et lui fait prendre une couleur plus noire. On met dans l'arrosage 2 liv. d'eau par 20 liv. de matière ($\frac{1}{10}$) dans chaque mortier. Si la matière est trop humectée, elle ne se retourne pas; s'attachant au pilon et au mortier, le mélange se fait mal; la partie sous le pilon étant toujours battue, s'échauffe, ce qui est dangereux : si la matière est trop sèche, elle est sans consistance, elle jaillit hors des mortiers, laisse le pilon battre à fond, le moulin court risque de sauter.

Après ces généralités qu'on vient d'offrir à la mémoire, il est peut-être utile de présenter quelques détails sur la Poudre et ses matières composantes, parce que leur souvenir invitera les Officiers d'artillerie qui parcourent dans leur service bien des contrées, à observer ces objets d'une importance majeure pour la France, afin de propager ce qui est avantageux.

Le Salpêtre, un des résultats de la décomposition spontanée des matières végétales et animales, semble se développer plus facilement, non au jour ni dans l'obscurité, mais à l'ombre dans un air stagnant et humide; à une température moyenne; auprès des substances calcaires, poreuses, ochreuses, alumineuses, marneuses; sur les murs (1) exposés au nord, sur la partie de ces murs voisins de la terre; dans les pays chauds plus que dans les pays froids; dans les terres légères plus que dans les compactes. Dans l'Inde, l'Egypte, etc., le Salpêtre effleurit à la surface du sol, se rencontre et se régénère même dans les terres à de très-grandes profondeurs, et quelquefois dans l'argile.

C'est à seconder la nature dans la formation du Salpêtre, qu'est due l'idée de faire des Nitrières artificielles : on dit qu'on y a réussi en Allemagne, etc. En France, on a proposé des prix d'encouragement assez considérables pour parvenir à ce but; les prix ont été donnés, mais l'art en est resté là. C'est une fatalité que ces prix dans les arts, ils ne produisent jamais rien : les prix de poésie, de peinture, etc., n'ont pas donné d'autres résultats, ils n'ont jamais été remportés par un grand homme, parce qu'il est plus facile d'être intriguant que d'avoir du talent; il faut laisser ceux qui cultivent les arts suivre l'impulsion du génie; la réussite voilà leur vraie récompense : donne-t-on des prix ? l'intrigue s'en mêle, les remporte, et l'Artiste qui veut repousser ces menées se détourne, succombe et se décourage.

M. Champy fils, adjoint à l'administration des Poudres, qui a prouvé par des inventions heureuses ou ingénieuses, qu'il joint à beaucoup de connaissances le desir de faire avancer l'art dont il s'occupe, va faire essayer un procédé par lequel, promenant à l'ombre, dans un pays chaud, une grande humidité à travers des

(1) Le Salpêtre qu'on recueille sur les murs avec des balais s'appelle Salpêtre de Houssage.

pierres calcaires, il espère hâter le travail de la nature, et produire une quantité de Salpêtre avec facilité et promptement; car jusqu'à présent on a prétendu créer du Salpêtre, mais on n'a fait que l'extraire des objets qui le contenaient, en y versant des fluides qui en contenaient encore.

Le Salpêtre brut, outre le nitrate de potasse, qui est le vrai Salpêtre, est composé d'autres sels à bases terreuses, qui en font souvent la majeure partie, sur-tout s'il est formé dans les plâtras, les crayes, les marnes, les tufs; il en contient moins s'il provient des caves, bergeries, écuries, remises. C'est en substituant la potasse ou les cendres d'où on la tire, aux terres qui servent de base aux autres nitrates, qu'on se procure le Salpêtre pur.

La Potasse, qui est un alcali fixe végétal, qu'on trouve aussi dans les fossiles, s'obtient en passant l'eau sur les cendres des végétaux; l'eau se charge de la potasse qui est soluble, et laisse la terre, qui ne l'est pas; en faisant évaporer l'eau, on a la potasse sous une forme concrète et blanche qu'on appelle *Salin* après cette première opération. Le Salin contient encore trop d'humidité et de matière colorante extractive. On l'épure en l'exposant dans un fourneau à une chaleur forte; et on a la Potasse.

Les arbustes produisent 3 fois et les plantes 5 fois plus de cendres que les arbres. Dans l'arbre les feuilles produisent plus de cendres que les branches, et celles-ci plus que le tronc.

Les plantes en maturité produisent plus de cendres qu'avant ou après leur maturité.

Les meilleurs bois pour produire des cendres sont: le chêne, le tremble, le charme, le hêtre; le produit moyen d'un quintal de bois est de 1 livre 1 once 1 gros de cendres, et de 2 onces de salin.

Les meilleures plantes pour produire des cendres sont l'ortie, les fougères, les chardons, les glayeuls, les jones; un quintal de plantes produit 5 liv. 11 onces de cendres, et 1 liv. de salin.

On obtient encore la Potasse des cendres de lies de vin qu'on appelle *cendres gravelées*. Pour brûler les lies on les laisse égoutter; on les renferme dans de petits sachets égaux en toile, on les met debout dans une cuve pendant 24 heures pour s'égouter de nouveau, puis on les presse sous des poids mis au bout d'un long levier, et progressivement augmentés jusqu'à 200 liv., de 12 en 12 heures: on les laisse ensuite 4 jours sous ce poids, puis on retourne les sachets, et on les presse de nouveau progressivement sous des poids doubles; ensuite on les retire, on les fait essorer pendant 8 jours, et on les brûle en formant un fourneau avec ces cylindres desséchés qu'on a un peu aplatis et tuilés. 100 livres de cendres gravelées donnent 4 liv. de potasse très-pure.

Pour retirer le Salpêtre des matières qui le contiennent, on les met dans des cuves ou dans des caisses longues, en forme de trémies. Après avoir réduit en petits fragmens les plâtras, etc., on jette de l'eau dessus, qu'on reçoit en dessous, et l'eau dissout et entraîne le Salpêtre : on passe ces eaux à plusieurs reprises sur les matières même lessivées, et à mesure qu'elles se chargent de plus de Salpêtre, on leur donne les noms de *Lavages*, de *petites Eaux*, d'*Eaux-fortes*, d'*Eaux de Cuite*. On finit par les porter toutes au degré d'eaux cuites. A ce point, elles contiennent 8 pour % de Salpêtre, 4 pour % de matières étrangères, et marquent 12°. à l'aréomètre. Un mètre cube de démolition donne 15 kilog. Salpêtre brut, produit moyen.

C'est alors que pour retirer le Salpêtre, on met une solution de 4 liv. de potasse par 100 liv. de ces eaux cuites qu'on fait évaporer sur le feu, ou qu'on les jette sur la cendre des végétaux dans la proportion de 15 mesures d'eaux cuites pour une de cendres. A mesure qu'on fait évaporer, on ajoute de l'eau cuite par petites doses, et on tire les écumes. Quand cette cuite est terminée, on arrête le feu, on laisse reposer 24 heures, on décante, on fait cristalliser, et on obtient du Salpêtre qu'on appelle de *première Cuite*.

Les eaux qui surnageaient les cristaux et ont été retirées, sont ce qu'on appelle les *Eaux-mères*. De ces eaux, de ces écumes, des autres sels à bases terreuses qu'on a retirés dans cette opération, on dégage encore du nitrate de potasse.

Ce Salpêtre de première cuite contient encore des sels étrangers; on les lui enlève en le faisant dissoudre dans l'eau bouillante, en y mêlant la dissolution de 4 liv. par % de potasse, puis on le colle, on le fait bouillir et on l'écume : le Salpêtre qui en provient est dit de *seconde Cuite*.

On fait dissoudre le Salpêtre de seconde cuite dans les $\frac{8}{10}$ de son poids d'eau; on lui fait jeter quelques bouillons, on l'écume et on le fait cristalliser. Le Salpêtre est alors de troisième cuite. C'est celui-ci qu'on emploie pour la Poudre.

Baumé purifiait le Salpêtre en le lavant d'abord à l'eau froide pour en retirer le sel marin qu'elle y dissout. Le sel marin se trouve à 20 pour % dans le Salpêtre brut.

On verra ci-après combien les compositions de Poudre ont varié, et qu'on les change encore tous les jours; et comment pourrait-on être d'accord sur ce point, puisqu'on ne l'est pas sur les élémens du Salpêtre que la nature donne, et qui est le principal composant de la Poudre. On croit que le Salpêtre contient sur 100 parties :

Opinion la plus générale. . .	49 Potasse	18 Eau	33 Acide nitri.,	dont 7 oxigèn. 3 azote.
Chaptal et Henry. . . .	63	7	30	
Kirwan.	51,8	4,2	44,0	
Lavoisier. . . .	49	»	51.	dont 49,6 oxi. 10,4 azo.
etc. etc.				

Qui croira-t-on ? La variété des élémens du Salpêtre, si elle existe, ne doit-elle pas être la source de celle de la Poudre ?

Le *Charbon* pour la Poudre ne se fait pas en *faude*, qui est la méthode ordinaire, mais dans des Fours, ou dans des Fosses. Dans les Fours, les principes huileux du bois ne pouvant s'évaporer, retombent sur le Charbon et l'empêchent de se bien carboniser : on l'éteint en le renfermant 2 jours dans des étouffoirs de Tôle. En France, on préfère le Charbon fait dans des Fosses de 9 pieds de longueur et de largeur, sur 3 pieds 8 pouces de hauteur ; elles contiennent environ 12 milliers de bois en petits fagots de 30 liv., ayant 1 pied de diamètre : les brins de bois ont 6 pieds de longueur et 9 pouces de diamètre. Ce bois, brûlé à propos, doit produire 15 à 20 pour 100 de Charbon. On l'étouffe en couvrant la Fosse d'une couverture mouillée qu'on recouvre de suite de terre. On trie le charbon avec beaucoup de soin lorsqu'il est fait, d'abord à la main, en choisissant les morceaux sains et entiers ; puis en les jetant au vent par un beau jour, et les faisant retomber sur une Plate-forme carrelée et inclinée. Ce Triage est très-nécessaire, car d'après un rapport fait à l'Académie de Dijon, le 3 Thermidor an 10, les Charbons mal carbonifiés s'enflamment quelquefois par la simple percussion. M. Lavoisier avait annoncé aussi, avant la révolution, cette propriété du Charbon de s'enflammer spontanément.

M. de Cossigny dit que le Charbon ne s'enflamme spontanément que lorsqu'il est en morceaux, qu'il éprouve une percussion et que l'air soit électrique. Mais en poussière fine (passé au tamis de soie), dès qu'il n'est plus divisible, il ne s'enflamme plus ainsi.

En Angleterre, suivant Colman, on fait le Charbon dans des cylindres de fer où l'on place le bois, et dont on retire par distillation l'acide pyroligneux. Les brins de bois n'ont que 9 pouc. de longueur. Colman assure que le Charbon, fait suivant cette méthode, donne tant de force à la Poudre, que depuis qu'on la suit, on a diminué d'$\frac{1}{5}$ la charge des Bouches à feu.

M. de Cossigny n'a obtenu que de la Poudre médiocre avec ce charbon : il l'a recarbonisé, il est devenu plus léger : la Poudre a toujours été faible faite avec ce nouveau Charbon. Il l'attribue à la résine carbonisée qu'il a vue dans l'intérieur des morceaux.

Poudre. Il est parlé de compositions de Nitre de soufre et de charbon produisant les effets de la Poudre des 1216 dans les Ouvrages de Roger Bacon.

Dès le commencement de l'usage de la Poudre en Europe, il y en eut de plusieurs espèces : elles étaient relatives à leur destination à la guerre : usage embarrassant et barbare qu'on s'est efforcé de renouveler depuis peu : usage suivi par les nations du Nord, l'Angleterre, la Hollande, etc., qui ont aussi des fusils de 2 calibres pour l'infanterie de ligne et l'infanterie légère.

Compositions de Poudre pour 100 liv.

Anciennes.	Salpêtre.	Charbon.	Soufre.
	liv.	liv.	liv.
Pour grosse Artillerie.	50	$33\frac{2}{3}$	$16\frac{1}{3}$
Pour moyenne Artillerie.	$66\frac{2}{3}$	20	$13\frac{1}{3}$
Pour Arquebuses.	$83\frac{1}{3}$	$8\frac{1}{3}$	$8\frac{1}{3}$
Poudre dite très-forte.	$79\frac{7}{17}$	$11\frac{13}{17}$	$8\frac{14}{17}$
Estimée.	75	$15\frac{5}{8}$	$9\frac{3}{8}$
Autre.	$71\frac{3}{7}$	$14\frac{2}{7}$	$14\frac{2}{7}$
Autre.	76	14	10
Nouvelles.			
Prescrite par le Comité de Salut public, et employée dans la Poudre de M. Champy. . . A.	76	15	9
B.	77	17	7
C.	80	15	5
La meilleure, suivant Chaptal. . .	77	14	9
Suivant Colman (anglaise). . . .	75	15	10
De Berne, ronde et française, en l'an 8.	76	14	10
(1) Ancienne et reprise au 18 Août 1808.	75	$12\frac{1}{2}$	$12\frac{1}{2}$
De Mine.	65	15	20

On doit remarquer que si les Savans ne sont pas d'accord sur la composition du Salpêtre, ils ne le sont pas davantage sur celle de la meilleure Poudre. Tout n'est qu'incertitude sur ce point, quand on rapproche les résultats qu'on trouve épars dans les Livres ou Procès-verbaux, comme on le verra successivement.

On commença à fabriquer la Poudre en triturant ses composans dans une auge au moyen d'une meule verticale; ensuite au moyen de deux meules jumelées à un axe vertical, ou traversées d'un essieu, roulantes sur un Palier, et qu'un homme suivait en mélangeant les matières avec une spatule. Ce moyen est suivi en Angleterre (dit Colman) et à l'Ile-de-France (suivant M. de Cossigny). On l'a pratiqué long-tems à Essonne, et on l'a abandonné à cause de sa lenteur (on y avait même substitué aux meules des cylindres de bronze), et sur-tout dans la révolution, parce qu'on y fabri-

(1) On est revenu à ce Dosage à cause des plaintes continuelles de la Marine sur l'altération des Poudres et la diminution progressive de leur portée; défauts qu'elle a paru imputer au changement de Dosage et à la réduction du tems du Battage, qui a été fixé à 14 heures par décision du Ministre, le 18 Août 1808.

quait la Poudre dite Royale. Chacune de ces meules pesait 13000 l., faisait 12 révolutions par minute, et triturait 50 liv. de matières en 12 heures. A l'Isle-de-France, chaque meule pèse 4 milliers, ne fait que 6 révolutions par minute, et en 4 heures triture 120 l.

Autrefois on employait le Charbon de saule et de noisetier, ou autres bois *doux*, est-il dit. Si on employait le Charbon de bois dur, on y ajoutait 1 once de Soufre par livre de matière.

Les ordonnances anciennes pour la confection des Poudres sont de 1572.... de 1601 pour l'extraction et la purification des Salpêtres.... de 1686 pour le mieux purifier, en extraire le sel, n'employer que le charbon de Bourdaine, régler les épreuves. L'éprouvette y est déterminée telle qu'elle a été toujours jusqu'en l'an 7, où on innova mal à propos et sans utilité; en sorte qu'on est obligé de revenir à l'ancienne. Mais à cette époque de 1686, les 3 onces ne devaient porter le globe qu'à 50 toises. On a étendu cette portée, à mesure de l'amélioration des Poudres, à 70 tois... 90 toises, et 80 les radoubées... à 100 toises et 90 les radoubées... enfin à 225 mètres les Poudres neuves, et 210 les radoubées.

Aujourd'hui la Poudre, en France, se fait dans des Moulins à pilons. L'on va décrire et comparer les trois modes employés depuis 20 ans pour la fabriquer. Les Chinois, les Tartares la font *cuire* sans la piler, mais elle a peu de force. M. de Cossigny propose un moyen de faire de la *Poudre cuite* dans une heure de tems, dont la moitié sera employée à la piler pour lui donner de la consistance, et qui égalera au moins la portée de la Poudre ordinaire.

La Poudre battue est ensuite grainée. L'opinion la plus générale est que la Poudre grainée a plus de force que celle en Pulvérin. Des épreuves faites à la Fère prouvent que tout au plus la portée du Pulvérin égale celle de la Poudre ni forte ni faible. Henri, chimiste anglais, Bornot, capitaine d'artillerie, son traducteur, prétendent que la Poudre grainée a moins de force, parce qu'on est obligé, pour cette opération, de lui laisser un certain degré d'humidité qui fait cristalliser le Salpêtre et dérange l'amalgame des matières. Cependant on est obligé d'ajouter du Salpêtre à ce pulvérin, auquel on vient d'en supposer une surabondance pour le réduire en poudre. Les mêmes Auteurs disent que pour augmenter les effets de la Poudre, il faut accélérer son inflammation, et qu'elle s'accélère par le vide des grains. Ils prétendent aussi que le poussier l'accélère, et en cela ils sont conséquens. Quoi qu'il en soit, il faut grainer la Poudre, ou ne pas la remuer; sans quoi, la différence des pesanteurs spécifiques des matières en détruirait le mélange (1).

(1) Les grains de la Poudre de guerre s'obtiennent en employant un dernier crible, dont les trous ont 2 millimètres et demi de diamètre. On avait espéré de n'avoir que des grains égaux, et d'accélérer le grainage en forçant la Poudre en pâte de passer par les trous égaux d'un cône, à-peu-près comme on fait le vermicel; mais ce mode a été tenté vainement.

On croit en général aussi que la pureté du Salpêtre influe sur la bonté de la Poudre. Henri et Bornot prétendent que non ; assurent que la meilleure Poudre de l'Europe est celle de Russie, que le Salpêtre n'y est rafiné que 2 fois, et contient beaucoup de matières étrangères ; enfin ils avancent que la Poudre faite avec du Salpêtre rafiné 4 fois, est plus faible que celle où l'on n'emploie que le même Salpêtre rafiné 3 fois.

La Poudre, en Angleterre, en Hollande, etc., est séchée dans des étuves échauffées par des Poëles (moyen tenté en France, et abandonné à cause du danger qu'il fait courir, malgré toutes les précautions), ou par la vapeur (de l'eau bouillante apparemment), circulant autour du séchoir : ce mode doit être coûteux. Si la dessication est trop rapide, l'humidité contenue dans le centre du grain ne s'évapore pas entièrement et fait volatiliser le Soufre. Il est difficile de sécher la Poudre, sur-tout dans le nord de la France, une grande partie de l'année. M. de Champy fils a fait exécuter un séchoir, de son invention, à Essonne, qui paraît obvier à tous ces inconvéniens : on y a fabriqué de la Poudre égale en bonté à celle séchée à l'air : si cette Poudre se conserve de même, ce qu'on vérifie en la faisant voyager et l'éprouvant tous les 3 mois, son invention sera très-utile. En voici une description qui peut être utile, parce qu'elle peut faire naître des idées d'amélioration.

Description d'une Sécherie nouvelle, et résultat de l'épreuve des Poudres qu'on y a séchées.

La Sécherie se compose de 2 corps de pompe cylindriques de 2 mètres de hauteur sur 1 $\frac{1}{2}$ mètre de diamètre. Dans ces corps de pompe se meuvent en ligne verticale 2 pistons fixés aux extrémités d'un Balancier qui est mis en mouvement par une roue à aube. Chaque coup de piston fournit un volume d'air de 2 $\frac{1}{2}$ mètres cubes ; et chaque piston jouant 5 $\frac{1}{2}$ fois par minute, il en résulte que ces corps de pompe fournissent 1650 m. cubes par heure. Cet air, puisé au dehors, est chassé par les corps de pompe dans la partie supérieure d'une cheminée de 12 mètres de hauteur, qui renferme le tuyau d'un poële. Cet air redescend ensuite dans une petite chambre qui renferme et le corps du Poële et un Tambour de cuivre, dans lequel sa flamme circule. Il passe de cette chambre dans un régulateur. C'est un massif en maçonnerie creux, dont l'intérieur est rempli par 500 kilog. environ de petites sphères de terre cuite, puis il entre dans une caisse de 6 mètres de longueur sur 2 mètres de largeur, dans laquelle se trouve la Poudre mise en opération : il ne peut sortir de cette caisse qu'en traversant la Poudre ; alors il se rend dans une conduite pratiquée sous le sol de l'atelier, et est expulsé au dehors.

Il n'y a point de danger. Le feu du poële et du tambour, s'ils se fracturaient, ne se mêlerait point à l'air qui va traverser la Poudre, parce que le poële, le tambour, les tuyaux sont dans une atmosphère comprimée, qui se précipitant par les trous, fentes, etc., ferait un effet contraire.

Le Poële est construit de manière à brûler tout le charbon qui se trouve ordinairement en suspension dans la fumée ; le combustible est placé entre deux courans d'air, l'un supérieur, l'autre inférieur : la tourbe même qu'on y emploie donnait une fumée transparente et limpide. D'ailleurs, pour plus de sûreté, on la fait descendre à la surface d'un Baquet rempli d'eau, où elle déposerait les molécules de cendres, etc. qu'elle pourrait entraîner.

On a allumé le Poële.

1 heure après, on a placé 900 kilog. de Poudre de guerre verte dans la caisse.

Le Thermomètre centigrade placé dans le courant d'air affluant à la Poudre, marquait 60°. ; celui dans l'air effluant marquait 30°.

1 $\frac{1}{4}$ heure après, le premier Thermomètre était à 82°., et s'y est à-peu-près toujours maintenu, et le second à 38°. : 1 heure après, celui-ci est monté à 40°., et presque 41°.

Au bout de ces 2 $\frac{1}{4}$ heure, on a pris un échantillon de Poudre dans la couche supérieure qui supporte la première action de l'air affluant.

Au bout de 3 heures, on en a pris dans les 2 couches.

Au bout de 3 $\frac{1}{4}$ heures, on a pris encore 2 échantillons dans les 2 couches ;

Et on a arrêté l'opération, qui a consommé 60 kilog. de Tourbe, coûtant 0 fr. 7 cent.

Les Portées ont été de 273 mètres, 267 mètres, 269 mètres.

La Poudre ordinaire comparée a eu de portée 264 et 267 (séchée 3 jours auparavant).

Ce procédé est sans danger, donne un séchage, bon, uniforme, sans obstacle ; est plus économique, ayant moins de déchet.

Si on n'est point d'accord sur la composition du salpêtre, de la poudre, etc. on ne l'est pas davantage sur les causes de la force de cette dernière.

Newton, *Boyle*, *Lemery*, *Papin*, pensaient que la force de la Poudre provenait de l'expansion d'une vapeur ou d'un fluide qu'elle produisait dans son inflammation ; et que la raréfaction de l'air contenu dans les grains et dans leurs insterstices, contribuait à ses effets.

Halles, *Haukshée*, *Bélidor*, pensaient que le fluide de la Poudre était dû à l'air.

Jean Bernouilli croyait que l'air condensé dans chaque grain de Poudre, était mis en action par le feu ; mais que cet air n'y entrait que pour $\frac{1}{8}$, et ne pouvait se dilater par la chaleur, qu'à 1000 fois son volume au plus ; que ces principes ne pouvaient expliquer seuls les effets de la Poudre, et qu'il fallait en admettre un autre plus actif.

Le fluide de la Poudre se dilatant de 5000 fois son volume, d'après *Amontons*, *Dulac*, etc., il faudrait, pour dilater l'air jusqu'à un tel point, une chaleur 16 fois plus forte que celle de l'huile bouillante, d'où il conclut qu'il fallait chercher à expliquer les effets de la Poudre par l'expansion de l'eau que contient le salpêtre, quand la Poudre s'enflamme.

Muschenbrock, *Sthaal*, *Baumé*, *Macquer*, ont pensé que la force du fluide de la Poudre est due à l'eau réduite subitement en vapeurs à l'instant de la déflagration.

Nollet, que l'eau y entrait pour quelque chose.

Robins l'attribue à l'action d'un fluide élastique permanent, dégagé par l'inflammation, et évalue sa force à 1000 fois la pression atmosphérique.

Lombard l'attribue au même fluide, à la vaporisation de l'eau et de l'acide nitrique. Il évalue sa force à 9215 fois la pression de l'atmosphère.

Antoni, Idem, l'évalue à 18000 fois, idem.

Lavoisier observe que la force de la Poudre augmente à proportion de la quantité de calorique qui se dégage au moment de l'explosion.

Le comte de Rumfort attribue sur-tout la force de la Poudre à l'expansion de l'eau réduite en vapeurs au moment de l'inflammation. Il prouve que dans une Poudre de 67,3 nitre... 17,3 soufre... 15,4 charbon, l'eau fait le 5,611 du poids, et il évalue la force de la Poudre à 131072 pressions de l'atmosphère.

Mais *Colman* prouve par les expériences de M. *Cruickshank*, qu'il n'y a pas trace d'eau dans la Poudre, que sa force provient de l'expansion des gaz qui se forment dans sa combustion ; que plus elle est rapide, plus il s'en forme.

Non nostrum, etc.

L'inflammation de la Poudre est successive et non instantanée. Si la vitesse d'un projectile est de 1700 pieds par seconde, en supposant l'inflammation instantanée, l'inflammation successive ne la diminue que de 40 pieds (anglais).

Lorsque la flamme de la Poudre ne rencontre point d'obstacle, elle se dilate avec beaucoup plus de vitesse. Une balle qui, placée sur la charge, en recevrait une vîtesse de 1200 pieds par seconde, en recevra une de 1400, si elle se trouve à 11 pouces de cette charge. La flamme alors agit sur la balle par son choc et puis par sa pression : elle s'est accumulée derrière le projectile ; celui-ci ne cède pas avec une vîtesse proportionnée à celle de la flamme ou du fluide ; il se fait une réaction contre les parois de l'arme et elle crève souvent.

Que d'observations à faire sur ce raisonnement !!! Mais toujours est-il qu'il paraît qu'un certain vide entre le projectile et la charge augmente la portée. Aux mines du Hartz, on met à profit cette observation. Des expériences faites, il y a quelques années, à Mayence, sur des mines, paraissent la confirmer.

Suivant Robins, l'humidité de l'atmosphère affaiblit quelquefois les portées dans le rapport de 17 à 13 ;

Suivant Euler, $\frac{1}{100}$ d'humidité dans la Poudre ne l'affaiblit pas sensiblement.

Les différentes pesanteurs et densités de l'air n'apportent point de changemens sensibles aux effets de la Poudre.

On augmente la force de la Poudre (M. Bornot) d'$\frac{1}{3}$, en mêlant bien avec la Poudre 3 gros par livre de chaux bien sèche et pulvérisée.

On l'augmente aussi de $\frac{1}{3}$ à $\frac{1}{4}$, en insérant dans la charge de l'eau qui ne l'humecte qu'au moment de l'explosion (Muller).

On l'augmente encore en y mêlant du Muriate suroxigené de Potasse (M. de Cossigny).

Enfin la rapidité de l'inflammation qui accroît la force de la Poudre, dépend de la forme du grain. (Expériences faites à Auxonne en 1777).

La Poudre de Berne est à grains ronds ; elle est plus légère que celle de France, en grains irréguliers, dans le rapport de 100 à 113, et attire plus l'humidité dans le rapport de 7 à 4.

La portée de celle de France, à grains, fut de 101 toises;

La portée de celle de Berne, en grains, fut de 122 toises :

Réduites l'une et l'autre en Pulvérin,

Celle de France porte à 101 toises,

Celle de Berne à 95 toises.

Donc il faut adopter la Poudre en grains ronds et égaux pour la guerre; on y gagnera de plus de pouvoir mieux reconnaître les vols.

Voici la comparaison des 3 manières de faire la Poudre en France depuis 20 ans.

Comparaison des trois procédés qu'on peut

Premier, par les Moulins à Pilon.

PULVÉRISATION.	Avant l'ancienne régie, les 3 matières qui composent la Poudre, se mettaient en masse dans les Mortiers, où leur pulvérisation et leur mélange s'opéraient en même tems par un battage de 24 ou 22 heures, rarement de 12. Depuis 1795, on les pulvérise et on les tamise séparément, ce qui abrège la durée du battage, et évite une partie (1) des dangers de ce genre de fabrication. Le battage pourrait se réduire à 3 heures, la Poudre serait bonne, mais elle s'altérerait aisément.
TRITURATION ET MÉLANGE.	Les matières distribuées dans les Mortiers (2), à raison de 20 livres pour chacun, sont soumises à l'action des Pilons qui battent 55 coups par minute. Leur mélange, lorsqu'elles ont été pulvérisées d'avance, peut s'achever en 6 heures, en les rechangeant chaque demi-heure d'un Mortier à l'autre.
ARROSAGE.	Il est employé pour empêcher la volatilisation, dans des proportions qui varient suivant la température; ils sont communément de 2 liv. d'eau par Mortier, ou de 10 liv. par 100.

(1) Mais, pour éviter le danger, il faut que les matières soient passées au tamis de soie, et soient en poudre impalpable. Le charbon, dit-on, ne peut se tamiser ainsi.

(2) Les Mortiers sont sphériques et les Pilons cylindriques, par-là, dans le battage, les matières sont incessamment poussées du centre à la circonférence, et de celle-ci au centre.

employer pour fabriquer la Poudre.

2e. par les Tonneaux, Plateaux et Presses.	3e. par les Tonneaux seuls. (Poudre Champy).
Les Salpètres, Soufres et Charbons sont pulvérisés séparément à l'aide d'une machine à 2 meules, de 4 à 6 milliers verticales, et tournantes dans une auge circulaire, qui fait mouvoir en même tems 6 bluteaux, où ils se tamisent. Les meules et les auges sont de métal de cloche. On évite ainsi les pierres et autres corps étrangers qui, malgré tous les soins, se trouvent dans ces matières, sur-tout dans les charbons.	Les matières sont aussi pulvérisées et tamisées séparément avant leur réunion.
On met dans chaque tonneau 75 livres de matières pulvérisées, avec 80 liv. de balles de métal de cloche, de 8 lignes de diamètre. Elles achèvent de se triturer, et leur mélange est parfait après 2 heures de rotation, lorsque les tonneaux font 25 à 30 révolutions par minute. On en sépare les balles, et on porte la Poudre au platelage.	Le mélange et la trituration s'opèrent comme dans le second procédé.
Pour donner au grain la solidité nécessaire, on est obligé d'arroser la matière sèche avant de la mettre dans les Plateaux : on mouille en outre les toiles qui les recouvrent; la quantité d'eau employée à ces deux usages, s'élève à environ 5 pour 100.	La matière en poudre, sortant des tonneaux, est arrosée avec 15 liv. par 100 d'eau, qu'on répartit le plus également qu'il est possible : à cet effet, on la passe successivement par 2 cribles; c'est du soin mis à cette opération que dépend la perfection du grain.

1er. *procédé, par les Moulins à Pilon.*

Compression. La percussion des Pilons du poids de 80 livres tombant de 16 à 18 pouces de haut, donne à la matière une densité suffisante, pour que le grain soit solide, si le dosage du charbon, égal à celui du soufre, n'excède pas 12 liv. $\frac{1}{2}$ par 100.

Granulation. Les matières portées au Grainoir sont passées successivement dans 2 cribles, à l'aide d'un tourteau de bois qui les brise. Un bon ouvrier peut grainer par jour 300 livres.

Séparation des Grains. On passe la matière dans un crible fin, à l'aide duquel on obtient environ 60 pour % de grains de grosseur différentes, qu'on divise en 2 espèces, en les passant dans un autre crible.

Emploi des Poussiers. Les Poussiers séparés du grain sont arrosés et portés au moulin pour y subir un nouveau battage, après lequel on les graine comme la matière neuve. La Poudre qui en provient est inférieure. Les déchets par volatilisation sont d'une livre pour %.

Séchage. 7 à 8 heures de beau tems suffisent.

2ᵉ. *par les Tonneaux, Plateaux et Presses.*	3ᵉ. *par les Tonneaux seuls.*
	(*Poudre Champy*).
2° Plateaux placés l'un sur l'autre, et contenant ensemble environ 40 liv. de matière, sont soumis à l'action d'une presse dont la Vis en fer est serrée par 4 hommes, et sous laquelle on les laisse 15 minutes.	Elle s'opère par le seul mouvement de rotation du tonneau, dans lequel on met la matière préparée qui s'y convertit totalement en grains ronds.
On retire les galettes formées dans les plateaux; on les brise à la main; on les passe ensuite dans deux cribles, avec les tourteaux en bois.	Elle se fait dans les tonneaux, sans le secours d'aucun ouvrier, et n'exige qu'une demi-heure.
On n'obtient qu'environ 50 pour 100 de grains, qu'on divise en 2 espèces, comme dans le premier procédé.	La totalité de la matière est en grains, excepté 3 à 4 pour 100 qui adhère aux parois du tonneau. Ces grains se séparent suivant leur grosseur, comme dans les autres procédés.
Les Poussiers passent de nouveau dans les Plateaux et sous les Presses: on les graine ensuite. Les déchets excèdent 3 pour 100.	La petite quantité de matière attachée au tonneau se mêle à la composition suivante. Déchets nuls.
Il n'exige que 3 à 4 heures.	Il faut 2 jours pour obtenir une dessication complette; et les matières grainées ne peuvent s'entasser qu'après avoir été essorées; ce qui exigera un séchoir couvert pour servir dans les mauvais tems.

Pour fabriquer 2,000 liv. de Poudre ordinaire par jour, il faut 80 hommes par la méthode du platelage (1), 40 hommes par celle des pilons.

Comme le poussier est considérable, et principalement composé de charbon, en le remettant, sans égard à sa nature, dans les compositions suivantes, elles en sont affaiblies.

Pour fabriquer en un jour 2,000 liv. Poudre Champy, il ne faut que 20 hommes (il a fabriqué 900 liv. en 7 heures); elle donne moins de poussier, et il attribue à cette diminution celle de la main-d'œuvre, parce qu'il faut rebattre ce poussier.

Elle sèche plus lentement; mais, après 24 heures, elle perd les $\frac{7}{8}$ de l'eau de sa composition, $\frac{1}{12}$ dont s'évapore dans la granulation, (dans les tonneaux)... Dans 24 heures, elle perd encore $\frac{1}{16}$, puis $\frac{1}{16}$ dans 4 heures de soleil ardent.

Ses Avantages.

Elle prend par la suite moins d'humidité, ayant moins de surface que la Poudre anguleuse.

Elle a plus de consistance. 200 livres mises dans 4 tonneaux (50 liv. par tonneau), tournant 14 heures de suite à 20 tours par minute, ont donné 20 fois moins de poussier (2) que la Poudre ordinaire soumise à la même épreuve. La Poudre ronde, Dosage C, a donné moins que $\frac{1}{4}$ du poussier produit par la Poudre platelée.

Les portées de la Poudre Champy sont plus fortes, excepté avec la pièce de 12 courte; mais cette épreuve, de 2 coups seulement, est incomplète.

Elle est moins coûteuse pour la fabrication, puisqu'il faut moins de tems et moins d'hommes.

Sa fabrication est à l'abri des accidens trop fréquens qui ont lieu dans le travail des pilons.

---

(1) Le sénateur Chaptal, dans sa Chimie, dit que 33 hommes en fabriquent 4320 liv. en 12 heures en un atelier. Cependant il dit aussi qu'il y avait 1800 poudriers à Grenelle, et on n'y fabriquait que 30,000 liv. de Poudre par jour; et d'après son premier calcul, il n'aurait fallu que 8 ateliers ou 264 hommes.

(2) La Poudre ronde doit donner moins de poussier, parce que ce poussier est produit par les parties anguleuses qui se brisent.

Ses Désavantages.

Il faut plus de tems pour la sécher... Mais la belle saison suffit pour en faire dans l'année au-delà de ce qu'on ferait en Poudre anguleuse.

Elle s'enflamme moins promptement dans le bassinet des armes portatives... Mais la Poudre de Berne a le même défaut, et on la recherche; mais cet inconvénient, qui provient de l'avantage qu'elle a de produire moins de poussier que la Poudre anguleuse, disparaîtra, si l'on veut, en mêlant du poussier à la Poudre dont on se servira pour faire les cartouches d'infanterie.

Le grand inconvénient de cette Poudre (dont le rapport ne parle pas), est que l'humidité, qu'on est obligé de lui donner, ramollit et détruit très-promptement la peau des cribles dont on se sert pour la confectionner. On croit pouvoir remédier à cet inconvénient par des cribles de bois en usage en Alsace.

Résultat des Epreuves faites à la Fère depuis le 19 thermidor, jusqu'au 24 fructidor an 4, par MM. Pelletier, Borda, et le général Aboville, sur la Poudre ordinaire et la Poudre ronde de M. Champy.

Bouches à feu.	Charges communes.		Portée de la Poudre ordinaire.		Portée de la Poudre ronde A. B.	
	liv.	onc.	tois.	pi.	tois.	pi.
Eprouvette (Poudre à Canon ordinaire)	»	3	109	4	114	3
Eprouvette (Poudre à Cartouches ordinaire)	»	»	101	4	110	4
Mortier de 8 pouces	»	24	Avantage p[r]. la Poudre ronde.		Incomplet. On n'a tiré que 3 coups.	
Mortier de 8 pouces, à Chambre cylindrique, à 43°.	»	19	657	»	678	»
Mortier de 10 pouces à Chambre cylindrique à 43°.	4	»	929	»	991	»
Mortier à la Gomer, à grande portée à 43°.	8	»	1347	»	1381	»
Mortier de 12 pouces à la Gomer, à 43°.	12	»	1375	»	1429	»
Canon de 24 à 42°	8	8	2187	»	2187	»
———	12	»	2325	»	2354	»
Canon de 12 long à 42°.	4	»	1902	»	1942	»
——— de 12 court.	4	»	grand avantage dans 2 coups.		opération incomplette à refaire.	
	charges communes.					
(1) Canon de 4 long à 40°.						
——— de 4 court.						
Fusil.						
Fusil d'infanterie.	3 gros.		58		99 $\frac{1}{4}$	
Idem 2e. Epreuve.	3		57 $\frac{1}{6}$		64 $\frac{1}{4}$	
Pistolet de cavalerie.	3		27 $\frac{2}{3}$		29 $\frac{1}{4}$	

(1) Avec les Pièces de 4, les Portées ont été mal vérifiées, parce qu'on avait peine à trouver le Boulet; on ne dit pas si c'est avec le 4 long ou court qu'on a tiré : on a estimé les Portées à-peu-près égales et à 1520 toises sous l'angle de 40°., et beaucoup plus grandes sous l'angle de 30°.

Les épreuves du Fusil et du Pistolet, ont été faites avec un pendule, composé d'un fort madrier, recouvert d'un pied cube de bois qui recevait le coup des balles. Le madrier était suspendu par 2 tringles de fer de 22 ½ pieds de longueur, terminées en couteau à leur partie supérieure; le recul était marqué par une règle que le pendule poussait et faisait mouvoir dans une coulisse qui portait les divisions.

Effets du simple mélange des Matières composant la Poudre.

Extrait de l'Appendice du rapport sur les Epreuves des Poudres anguleuses et rondes.

Il résulte des épreuves :

1°. Que les coups tirés avec le simple mélange des matières composant la Poudre, pulvérisées, mais non battues ni grainées, ont égalé les coups moyens de la Poudre grainée, et que quelques-uns ont approché des plus forts de celle-ci.

2°. Ceux du simple mélange du salpêtre et du charbon (4 salp. 1 charb.), ont été inférieurs; mais peut-être qu'en supprimant le soufre, la proportion de 4 à 1 n'est pas la bonne.

3°. Les portées du mélange non battu ni grainé, ont été quintuplées et au-delà par l'admission d'un coin circulaire embrassant le boulet dans son pourtour : et avec ce coin, la Poudre grainée n'a eu aucun avantage; ce qui provient de la lenteur de l'inflammation dans la première expérience.

NOTE *sur les Charges des Canons en diverses proportions.*

Extrait de l'Appendice du Rapport du 25 Vendémiaire an 5, des Epreuves des Poudres anguleuses et rondes, faites à la Fère en l'an 4.

	Charges.		Rapport au poids du Boul.		Portées.	Observations.
	liv.	on.			toises.	
Pièce de 24.	»	4	»	$\frac{1}{96}$	242	
Idem.	»	8	»	$\frac{1}{48}$	558	
Idem.	1	»	»	$\frac{1}{24}$	2 *id.*	
Idem.	2	»	»	$\frac{1}{12}$		La portée a augmenté : : 7 : 11.
Idem.	4	»	»	$\frac{1}{3}$		A augmenté de $\frac{1}{9}$.
Idem.	8	»	»	$\frac{1}{3}$	2173	A augmen. de $\frac{1}{10}$.
Idem.	12	»	»	$\frac{1}{2}$	2153	A diminué de 20 toises.
Pièce de 24, (*un autre jour 7 fructidor*). .	*idem.*		»	$\frac{1}{2}$	2339	
Idem, (*le même jour*).	8	8	7	$\frac{1}{3}$	2339	
Idem, (*le 5 fructidor*).	8	8	7	$\frac{1}{3}$	2364	

On en conclut que le maximum de charge doit être à $\frac{1}{3}$. (Il faut en conclure que ces épreuves n'ont pas été régulièrement faites, parce qu'il fallait tirer le même jour toutes les espèces de charges, puisqu'on pense que la densité de l'air est cause de leur variabilité ; ainsi il faut les recommencer).

On conclut aussi de ces épreuves, que, dans bien des cas, où l'on tire à $\frac{1}{3}$ du poids du boulet, on pourrait obtenir des portées suffisantes, en réduisant les consommations de Poudre à $\frac{1}{2}$, même à $\frac{1}{4}$.

(C'est encore une erreur, et une opinion contraire au Rapport, où on dit que les portées ne doivent pas servir à estimer les vîtesses ; car, dans l'exécution de l'artillerie, on doit tirer à portée ; mais la portée ne suffit pas, c'est la vîtesse dont on a besoin : car l'effet suit de la masse par la vîtesse).

RÉSULTAT *des Epreuves faites en l'an 6, à Vincennes, par MM. Darcet, Chaptal, les Généraux Ernouf, Tolosé, Durtubie, et le Chef de Brigade Gassendi.*

Bouches à feu.

Poudre irrégulière. PORTÉES moyennes.	*Eprouvette.*		Poudre ronde. PORTÉES vraies.
Mètres.			Mètres.
263,44	3 onces.		266,89
248,06	—*Idem.*		242,71
177,01	—Pulvérin brut.		154
144,68	————tamisé.		159,70
	Canon de 24.		
502,19	4 onces	51°.	401,67
1082	8 onces	51°.	1074,87
379,10	4 livres	horizontal.	389,20
502,80	8 livres	horizontal.	536,10
520,20	8 livres ½	horizontal.	479,91
627,70	12 livres ½	horizontal.	597,60
	Canon de 12 long.		
336,16	4 livres	horizontal.	339,63
308,41	4 livres	horizontal.	310,46
	Canon de 4 de Campagne.		
241,64	1 livre ¼	horizontal.	230,85
812,62	1 livre ¼	3°.	860,82
307,65	1 livre ½	horizontal.	296,99
866,51	1 livre ½	3°.	956,22
	Mortier de 12 pouces à la Gomer.		
1288,93	12 livres	75°.	1292,41

Poudre irrégulière.			Poudre ronde.
PORTÉES moyennes.	*Mortier de 10 pouces à grande portée.*		PORTÉES vraies.
Mètres.			Mètres.
1222,37	12 livres.		1170,02
1119,92	6 livres.	75°.	1123,85
1475,42	6 livres.	15°.	1374,15
662,02	3 livres.	75°.	531,73
770,33	3 livres.	15°.	663,46
	Mortier de 10 pouces à petite portée.		
956,88	4 livres.	60°.	1168,40
1333,29	4 livres.	20°.	1332,93
	Mortier de 8 pouces à la Gomer.		
1296,03	24 onces.	47°.	1025,36
1310,38	*Idem*, répété.		1061,40
	Mortier cylindrique.		
1361,52	19 onces.	47°.	1426,69

Tous les résultats qu'on vient d'offrir dans ces Epreuves, sont des moyens arithmétiques pris régulièrement sur 3 portées.

NOTE *sur la déviation des Projectiles hors du plan vertical du Tir.*

Extrait de l'Appendice du Rapport sur les Epreuves faites à la Fère, sur les Poudres rondes et, etc. en l'an 4.

La grande déviation des Projectiles avait fait soupçonner qu'elle ne provenait pas toujours des erreurs du pointement, et du dernier choc du boulet contre la paroi de la pièce, lorsqu'il en sort. Le général Aboville s'en assura par des épreuves, en 1771, et les répéta en l'an 4, lors des épreuves sur la Poudre anguleuse et la Poudre ronde. Il plaça une planchette d'environ 18 pouces de long et de large, ayant 2 lignes d'épaisseur, parallèlement à la tranche de la bouche, à 20 pieds environ de cette bouche; l'axe de la pièce fut dirigé sur le milieu de la planchette, qui est retenue dans un chassis. Le trou que le Boulet fait dans la planchette, quand on tire la pièce, fait connaître la direction de ce Boulet, qui s'en éloigne quelquefois de 8°, comme sa chûte le prouve, sans qu'on puisse attribuer cet écart au vent, vers lequel il se fait souvent. On l'a attribué au mouvement de rotation qu'a pu acquérir le Boulet à son départ de la pièce; mais il est difficile de croire que ce soit lui seul qui puisse l'occasionner.

Quoi qu'il en soit de cette cause qui produit cet écartement latéral, elle peut aussi agir vers le haut ou vers le bas, mettre beaucoup de différence dans les portées, et occasionner de grandes erreurs, en jugeant la vîtesse des Boulets par la distance de leur chute.

De cette observation on conclut de se servir, dans les épreuves de Poudre, du Pendule, au lieu de l'Eprouvette, comme moyen plus sûr et moins coûteux d'en constater la bonté.

NOTA. Cependant le même général qui a présidé à ces épreuves a renoncé à ce mode. Voyez Epreuve des Poudres, pag. 660.

Comment a-t-on pu déterminer, d'après cette expérience, que le Boulet s'écartait jusqu'à 8°? On ne parle pas de l'endroit où la planchette a été frappée, et au reste peu importe; car si le Boulet flottant dans la pièce supposée de 12, frappe une des parois, de façon qu'il effleure la paroi opposée en sortant, il est clair, par les simples notions de la géométrie, que (2 pouc. : 1 lig. :: 240 pouc. : 120 lignes), ce Boulet passera à 10 pouces de la ligne du milieu de la planchette, et par conséquent ne la touchera pas. Si on a joint à cette force déviatrice, celle qui doit résulter du fluide qui frappe obliquement le derrière du Boulet quand il sort, et dans le même sens qu'il est déjà dévié, il ne sera pas étonnant que la Pièce bien pointée jette son Boulet hors la ligne de direction, avec une très-grande déviation.

Mais la conséquence est toujours juste, de ne pas estimer les vîtesses par les portées, ou plutôt de ne pas comparer par les portées, et les Pièces, et les Poudres, etc.

Une déviation bien plus difficile à expliquer, est que le Boulet, après s'être dévié d'un côté en commençant son trajet, finit quelquefois par se dévier de l'autre.

Epreuve des Poudres.

L'ordonnance du 25 octobre 1769, sur l'épreuve des Poudres, a été remplacée par un arrêté du directoire, du 17 germinal an 7; on a traduit les anciennes mesures en mesures nouvelles; les autres changemens sont: la portée, qui, fixée auparavant à 90 toises pour les Poudres neuves, l'a été à 102 : les grains de lumière qu'on doit mettre en platine aux Eprouvettes, pour être d'un diamètre constant : la fabrication des Eprouvettes, qui ne doit plus avoir lieu qu'à Paris, pour en avoir de plus exactes : et le cerclage en cuivre des barils de Poudre qu'on propose d'employer à l'avenir, pour éviter les radoubs dangereux que les cercles de bois nécessitent souvent. Quant aux différences que l'on trouve dans quelques mesures relatives de l'ordonnance et de l'arrêté, elles proviennent bien plus des subdivisions des nouvelles mesures, qu'on a voulu employer en nombre rond, que de l'intention de les changer, si on excepte cependant le vent qui, réduit de moitié, n'a plus permis de vérifier si les Poudres anciennes avaient été fabriquées mauvaises, ou s'étaient détériorées, etc. On croit pouvoir se permettre quelques observations sur cet arrêté, sans craindre d'offenser les officiers distingués qui l'ont proposé; pour ne pas adopter l'opinion des personnes, on n'en est pas moins pénétré d'estime pour elles.

On dit, dans le préambule de l'arrêté, qu'on avait d'abord pensé à substituer au mode d'épreuve ordinaire, celui de tirer contre un Pendule : on donne ensuite les raisons pourquoi on ne l'a pas fait; ce mode en effet serait coûteux, difficile, long et embarrassé de calculs que tout le monde ne ferait pas, etc. C'était, je crois, une mauvaise pensée qu'il ne fallait pas confesser au public, parce qu'à Paris, où le désœuvrement, l'ennui, la cupidité, les prétentions, tourmentent tant de gens, où le moindre abonné d'un Lycée se croit un Borda; le premier intrigant qui lira ce nouveau Mode d'épreuve croira l'avoir imaginé, et assiégera Législateurs, Généraux et Ministres, pour le faire mettre en pratique à l'Artillerie.

Le Grain de lumière en platine (1), malgré son éternelle durée,

---

(1) Par décision du 22 fructidor an 10, on a remplacé ce Grain de platine par un en cuivre.

est un luxe superflu; car s'il s'agit de comparer des Poudres entre elles, en les tirant alternativement à la même Eprouvette, on est sûr de les bien juger : s'il s'agit d'atteindre la portée fixée pour la vérification, on l'obtient toujours au-delà avec l'Eprouvette, si la Poudre est réellement bonne; et comme c'était avec cet instrument et cette Lumière, un peu plus ou un peu moins grande, qu'on l'obtenait aussi par le passé, et qu'on voudra toujours comparer à la portée de l'ancienne Poudre, celle de la nouvelle, pour connaître leur force relative, il fallait conserver le grain tel qu'il était, et laisser aux besoins des autres arts ce métal précieux et rare. Ces nouveaux Grains tenteront la cupidité; ils coûteront 120 francs; ainsi 40 Eprouvettes qu'il faut au moins en France, coûteront 240 francs d'intérêt par an. On fabrique 4 millions de Poudre. On tire un coup par 2 milliers, voilà donc 50 coups que tire chaque Eprouvette : le Grain ordinaire supporte au moins 1000 coups, ainsi il durera 20 ans, au bout desquels il coûtera 6 francs à faire remettre dans un Arsenal, ce qui fera 240 fr., précisément $\frac{1}{10}$ de ce que coûtent les Grains de platine.

On annonce (page 2 de l'Arrêté) qu'on prescrira toutes les mesures possibles pour prévenir ou retarder la détérioration des Mortiers; mais on ne rencontre dans l'Arrêté aucune de ces mesures qu'on doit prendre.

La proposition d'employer un Grain plus fin dans la Poudre pour les Armes portatives, ne serait qu'une complication de plus, et un attrait plus vif de la voler, parce qu'elle conviendrait mieux aux chasseurs.

Le Cerclage en cuivre serait une grande dépense, que les vols qu'on en ferait, sur-tout à la Guerre, rendraient énorme, et la dépense de la réparation des cercles serait peu de chose, si on se conformait aux anciens ordres renouvelés par le Ministre, de faire écorcer les cercles.

Enfin les observations du Thermomètre et du Baromètre, lors des Epreuves, sont encore une formalité dont on les a embarrassées, car, comme on l'a dit, il s'agit seulement de savoir si 3 onces de Poudre portent le globe de 60 liv. à 100 toises; et que ces instrumens soient haut ou bas, si votre Poudre ne porte pas à 100 toises, elle ne sera pas reçue, et la température de l'air, etc. D'ailleurs Robins et autres ont affirmé que la pesanteur de l'air ne changeait rien aux effets de la Poudre, et qu'on pouvait se dispenser d'avoir égard à ses variations. Mais influât-elle sur cette portée, quelle correction ferait-on à la Guerre, au tir, en se servant de cette Poudre, en conséquence de cette observation qui serait consignée dans un procès-verbal enfoui à 2 ou 300 lieues? N'entourons pas le service de l'Artillerie de minuties superflues.

Ce qui est bien plus essentiel, ce sont les précautions à prendre dans le transport des Poudres, pour lesquelles le Rédacteur a renvoyé à des Réglemens inédits. Au reste, on est revenu sur presque toutes les dispositions de cet Arrêté, dont on n'a conservé que la traduction en nouvelles mesures, parce que la seule diminution du vent occasionnait un imbroglio perpétuel, quand on voulait comparer d'anciennes portées aux nouvelles.

Procédé pour les Epreuves.

Sur un massif de maçonnerie bien solide, établissez une *Plate-forme* horizontale avec des Lambourdes de 6 pouces de largeur, sur 4 d'épaisseur (0,16 sur 0,10) assemblées par 2 traverses. La longueur des Lambourdes sera suivant la ligne du tir, afin de ne pas gêner l'Eprouvette dans son recul, et elles auront de 5 à 9 pieds.

Autrefois il y avait un fort liteau fixé de chaque côté de la Plate-forme qui, dans ce sens, contenait le madrier sur lequel est arrêté l'Eprouvette, et servait à la mettre, sans tâtonnement, à sa première position ; on appelait ces liteaux COULISSES ; ils se trouvent supprimés puisqu'on n'en parle pas.... Au reste, il y a, relativement à l'Eprouvette, un double emploi du même mot, qui fait amphibologie, et qu'il faudrait éviter. Le madrier sur lequel est encastrée l'Eprouvette s'appelle Plate-forme ; les bois qu'on vient de disposer s'appellent aussi Plate-forme ; il faudrait donner à ce madrier le nom de SEMELLE : et la partie de l'Eprouvette qui sert à l'attacher à cette semelle, et qu'on appelle aussi Plaque ou Semelle, il faudrait toujours la nommer PLAQUE. Je suivrai ces dénominations.

Faites en sorte que le terrain sur lequel tombera le Globe, ne soit ni dur, ni pierreux.

Le Mortier, ou Eprouvette *de comparaison*, est une Eprouvette plus précise dans ses dimensions, déposée dans l'Arsenal le plus près de chaque Poudrerie, employée seulement dans les discussions que la faiblesse des portées peut faire élever entre les officiers d'Artillerie et les Commissaires des Poudres.

Chaque mortier est muni de 4 globes, dont deux ont 0 m, 1895 de diamètre, et deux 0 m, 190 : les deux premiers sont le n°. 1, et sont marqués ordinairement de deux PP. ; les autres sont le n°. 2 ; on s'en sert lorsque l'Eprouvette a 0 m, 1915 de calibre, en s'évasant par le tir.

Sur l'Etalon de l'Arsenal le plus voisin, vérifiez la double règle ou double équerre terminée par des plaques cylindriques d'acier.

Avec la double Equerre on vérifie l'ame du Mortier et les deux Lunettes.

Avec les deux Lunettes on vérifie le globe. Il doit passer dans l'une et non dans l'autre.

Le Vérificateur du vent est une lame d'acier formée en coin, ayant une face plate, l'autre cylindrique, comme l'ame du Mortier ; cet instrument est gradué de façon que les accroissemens de vent ont, aux yeux, 50 fois leur grandeur réelle... Il y a aussi un instrument pour vérifier la lumière, qui est une espèce de sonde terminée en bouton, qui doit ne pouvoir pas entrer dans la Lumière.

Avec le premier de ces instrumens, vérifiez le Vent, en n'enfonçant le Globe dans le Mortier que d'un diamètre au juste : avec le second, vérifiez la Lumière.

Mentionnez au Procès-verbal l'évasement du Mortier ou de la Lumière au dessus des dimensions assignées, quoique le Mortier ne soit pas dans le cas d'être réformé.

Vérifiez le Mortier dont le calibre est 7 pouces 9 points (0,191).

Vérifiez le Globe, dont le calibre est de 0,1895, et le poids de 60 liv. (293 hectogrammes).

Vérifiez la lumière, dont le diamètre est de 1 lig. 6 points.

Le Mortier est proscrit, si le diamètre a 7 pouces 13 points (0,192).

Si la lumière a 2 lignes 2 $\frac{1}{2}$ points (0,005) (autrefois 2 lignes 6 points).

Le Globe est proscrit à 3 points de moins que son diamètre.

Si le vent se trouve de 3 points (0,0005) de plus qu'il ne doit avoir, il faut réformer, ou le Globe, ou le Mortier.

Le Mortier de comparaison est proscrit dès que ce Mortier ou son Globe sont à 1 $\frac{1}{2}$ points (0,0002) de leur dimension précise (autrefois 1 point).

Les commissaires des Poudres sont tenus à faire marquer sur le fond des barils, l'année et le mois de la fabrication des Poudres qu'ils font embariller.

Autrefois, 3 onces de Poudre neuve devaient porter le Globe de 60 liv. à 90 toises; la radoubée, à 80 toises.

Aujourd'hui, 3 onces 5 grains $\frac{3}{8}$ (92 grammes) doivent porter le Globe de 60 liv. à 115 toises 3 pieds (225 mètres).

La Poudre radoubée, à 108 toises (210 mètres).

Choisissez $\frac{1}{10}$ (1) des Barils présentés : faites-les ouvrir, et peser la Poudre pour en vérifier le poids; prenez les échantillons de Poudre, en sorte qu'il y en ait de toutes les dates, du poids de 3 onces 5 $\frac{3}{8}$ grains (92 grammes); enfermez ces Echantillons dans des boîtes, et les boîtes dans une caisse fermée à clef et scellée; faites-la porter au champ d'épreuve; faites remplacer la Poudre tirée des barils.

Si les échantillons de Poudre d'une même date donnaient généralement une portée plus faible, faites une épreuve et un procès-verbal particuliers des Poudres de la même date. *Inutile, à quoi bon? Si la portée est bonne, on ne peut refuser la Poudre.*

Les Poudres doivent être d'un grain égal, dur, et bien dépouillé de poussier.

---

(1) L'ancien Réglement de 1769 fixait 1 coup par 2 milliers, c'est-à-dire, 1 dixième des barils de 200 livres, et 1 vingtième des barils de 100 livres; c'est encore l'intention de l'arrêté, mais on ne le dit pas.

L'égalité du grain se juge à la vue ; la dureté, par sa résistance sous le doigt qui essaye de l'écraser dans le creux de la main ; l'absence du poussier, par le roulage de la Poudre sur le dos de la main, qui ne doit pas en rester noircie.

Si la Poudre a ces 3 qualités, elle sera éprouvée.

Placez exactement dans la chambre du Mortier (avec un entonnoir coudé) un échantillon de Poudre sans la battre, ni la refouler ; placez le Globe dans le Mortier : mettez une étoupille, tirez.

Si le Globe qui doit aller à 225 mètres, ne va qu'à 200, la Poudre est rebutée. Si la Portée est entre ces deux distances, si le commissaire des Poudres l'impute à la défectuosité du Mortier, prenez de nouveaux échantillons de Poudre avec les mêmes soins, envoyez-les à l'Arsenal voisin pour être tirés avec le Mortier de comparaison : si avec ce Mortier les plus petites Portées ne sont pas de 225 mètres, ne recevez pas ces Poudres.

Suivez les mêmes procédés pour les Poudres radoubées : seulement observez que la Portée doit être de 210 mètres ; si elle est au dessous de 100 mètres, les Poudres seront rebutées ; si la Portée est entre ces deux distances, éprouvez les Poudres au Mortier de comparaison, et rebutez-les si elles ne donnent pas la Portée de 210 mètres.

Les Poudres pour l'Artillerie de terre seront mises en barils neufs de 204 livres 9 onces 4 grains (10 myriagrammes) garnis de chappes neuves (*il en faut aussi en barils de* 100 *livres, sur-tout pour la guerre de Montagne*). Celles de la Marine seront dans des barils de 102 liv. 3 onces 4 gros 2 grains (5 myriagrammes).

Les Douves ou *Douelles*, et les Fonds ou *Enfonçures* des Barils et Chappes, doivent être de chêne sans aubier, refendu et non scié.

On leur donnait, par le réglement de 1769, 6 lignes d'épaisseur exactement ; on tolérait la variation de $\frac{1}{2}$ ligne en plus aux Douves des chappes de 200 liv. et des barils de 100 liv. et $\frac{1}{2}$ ligne en moins aux autres.

Les Cercles doivent avoir été dépouillés de leur écorce.

Dimensions des Barils et Chappes pour les Poudres.

De 200 liv. (10 myriagrammes).

Anc. Mesures. Chappes. po.	li.	Barils. po.	li.		Nouv. Mesures. Barils.	Chappes.
23	9	19	3	Longueur intérieure.	0,52	0,64
27	9	23	3	——— extérieure.	0,63	0,75
23	6	21	4	Diamètre au bouge.	0,58	0,63
21	6	18	6	——— aux bouts.	0,50	0,58
5	»	5	»	Douves, largeur.	0,13	0,13
»	6	»	6	——— épaisseur.	0,013	0,013
6	»	5	»	Fond, largeur.	0,13	0,16
»	6	»	6	——— épaisseur.	0,013	0,013
				8 Cercles à chaque bout.		
45 liv.		30 liv.		Poids.	»	»

De 100 liv. (5 myriagrammes).

23	9	19	6	Longueur intérieure.	0,53	0,64
27	6	23	3	——— extérieure.	0,63	0,74
18	9	15	9	Diam. extér. au bouge.	0,43	0,51
16	9	13	9	——— aux bouts.	0,37	0,45
4	»	4	»	Douves, largeur.	0,10	0,12
»	6	»	6	——— épaisseur.	0,013	0,013
5	»	4	»	Fond, largeur.	0,11	0,13
»	6	»	6	——— épaisseur.	0,013	0,013
				8 Cercles à chaque bout.		
»		21 liv.		Poids.	»	»

Nota. En dedans de chaque Jable, est un Cercle contenu, avec celui du dehors, par 3 Chevilles.

Les Sacs des Barils de 100 livres (*on met des Sacs lorsqu'on ne les enchappe pas*) sont de toile forte et serrée : autrefois on leur donnait, sans les ourlets et les coutures, 46 pouces de tour et 35 de hauteur ; l'arrêté leur donne 44 pouces (1,19) de tour et 36 pouces (0,97) de hauteur.

Tous les Barils et Chappes, en quelque état qu'ils se trouvent, sont renvoyés aux Poudreries : les Commissaires des Poudres en donnent des récépissés.

Les Procès-verbaux mentionnent les Portées de tous les échantillons, l'état plus ou moins humide de l'air, la direction du vent relativement à la ligne du Tir, la hauteur du Thermomètre et du Baromètre au moment de l'Epreuve ou à-peu-près : ils sont signés par l'Officier d'Artillerie chargé de l'Epreuve, le Commissaire des Guerres ou de la Marine, et par celui des Poudres et Salpêtres.

Le Commissaire des Poudres fera étiqueter les Barils ou Chappes des Poudres reçues sur les deux fonds en couleur à l'huile, de l'année de réception et du nom de la Poudrerie où ces Poudres auront été fabriquées (1).

On ajoutera un *R* à l'étiquette des Poudres radoubées.

Les Barils à Poudre de 200 livres ne seront engerbés qu'à 3 de hauteur, ceux de 100 livres à 4. On les rangera suivant l'époque de leur fabrication.

Voyez ci-après la note sur les Magasins à Poudre, page 671.

Sous aucun prétexte, les Barils de Poudre ne seront roulés ou brouettés ni dans l'intérieur, ni à l'extérieur des Magasins. On se servira pour leur transport de la civière à toile, page 671.

« *Dans les Parcs, on se servira d'un Levier et de 2 Traits en-*
» *veloppant le Baril et l'élevant seulement à 15 pouc. de terre* ».

Les Chantiers dans les Magasins seront de chêne bien sain, sans aubier, assemblés par 2 épars de même bois, placés sur des dez cubiques de 6 pouces, aussi en chêne, et correspondans, tant qu'on pourra, aux Lambourdes du Plancher.

Ces Chantiers seront à 31 pouces des murs ou pieds droits, si la capacité du Magasin le permet.

Aérez les Magasins quand le ciel est serein et l'air sec, en ouvrant les fenêtres, même les portes; mais prenez des précautions en conséquence.

Nul ne doit entrer dans un Magasin, s'il n'a des Sandales, ou s'il n'est déchaussé, (*et ne laisse en dehors Canne, Epée, etc.*)

Dans tous les mouvemens intérieurs des Magasins, arrosez légèrement le plancher; et écartez pierres, métaux, etc. tout ce qui peut produire du feu par le choc.

N'y radoubez jamais les Barils, à moins de ne pouvoir faire autrement; et dans ce cas, étendez des toiles, arrosez, multipliez les précautions utiles.

Dans les Transports. Assujétissez les Barils sur les Voitures, en sorte qu'ils ne frottent pas dans les mouvemens; faites bien bacher les Voitures, et recouvrez-les d'une toile serrée.

Ne transportez jamais de Poudre sans escorte.

---

(1) Il faudrait aussi y marquer les Portées : on le demande depuis longtems : ce sont les qualités de Poudre qui influent sur le Tir, bien plus que l'état de l'atmosphère; mais il faudrait effacer ces Portées en se resservant des Barils.

Précautions non mentionnées.

Le Commandant de l'escorte et le Conducteur d'Artillerie, sont responsables des événemens. Ils attachent 1 homme à chaque Voiture, les visitent sans cesse, font aller au pas, marcher sur la terre et non sur le pavé, et aller en file. Rien d'étranger ne doit être sur les voitures ; personne ne doit y monter qu'en cas d'accident à réparer, ou pour le service, et toujours avec de grandes précautions.

Il faut éviter d'entrer dans les Communes, se faire informer si on peut passer au dehors, demander un Guide, envoyer le Conducteur d'Artillerie reconnaître le passage, et ne s'y engager qu'après son rapport, s'il est favorable.

Si on est forcé d'entrer dans les Communes, il faut requérir de la Municipalité de faire fermer les boutiques de Forgerons, Maréchaux, etc. ; tout atelier enfin qui peut faire craindre les accidens, et demander qu'on arrose les rues par où on doit passer.

Nul fumeur ne doit être souffert dans l'escorte, ni dans les curieux.

On ne doit jamais s'arrêter dans les Communes, mais parquer au dehors dans un lieu isolé des habitations, sûr, convenable, et reconnu à l'avance.

En cas d'insuffisance de la garde ou escorte qu'on a, il faut requérir de la Municipalité la garde nécessaire : elle est aux ordres du Commandant du Convoi.

Les Transports militaires sont assujétis aux mêmes précautions ; et elles sont applicables à tout Convoi où la Poudre entre pour quelque chose dans le chargement des Voitures. C'est la Gendarmerie qui doit fournir les escortes dans l'intérieur.

NOTE *sur les Eprouvettes.*

On a vu que l'arrêté de l'an 7, en voulant améliorer l'Eprouvette qui, la même depuis 1686 jusqu'alors, permettait de comparer les anciennes portées des Poudres aux nouvelles, n'avait servi qu'à embrouiller le service dans cette partie ; si on eût pu innover sans inconvénient, c'était le cas d'annihiler le vent du Mortier, en le faisant à ame tronc-conique, comme on l'a ordonné en l'an 11, ce qu'on n'a pas exécuté par la même raison. La réduction du vent ayant augmenté les portées, on a cru que la Poudre valait mieux qu'autrefois, et lorsque le hasard a fait éprouver ces Poudres aux anciennes Eprouvettes, on a vu qu'il n'en était rien ; il a donc fallu revenir au vent de 9 points, et cesser même de faire faire les Mortiers à Paris, où on a au suprême degré l'art de tromper sur tout, car les Eprouvettes qu'on y a faites n'ont pas été de durée, les axes de l'ame et de la chambre n'étaient point concentriques, etc., etc. Cette Eprouvette, simple et commode, est préférable à toutes celles qu'on a imaginées, à commencer par celle de Darcy, beaucoup trop machine, et bonne pour le cabinet; celles à main, à ressort, etc., sont insuffisantes; celle hydrostatique de M. Reynier, conservateur du Musée d'Artillerie, est ensuite la meilleure; c'est un tube en laiton poli, de 18 pouces de longueur sur 20 lignes de diamètre gradué en degrés, recevant à un bout un dez en fer, contenant aisément 3 grammes, et ayant à l'autre bout un cylindre de quelques pouces de longueur, et de 3 pouces environ de diamètre, qu'il nomme plongeur, et qui est lesté à sa partie inférieure; on met ce tube dans un seau de fer-blanc verni, de 24 pouces de hauteur sur 8 de diamètre, qu'on remplit d'eau, de façon que le tube qui est contenu à 1 pied au dessus du seau par une rondelle percée, dans laquelle il passe, ait sa division de 0 au niveau de la rondelle : on place un index en fil de laiton très-délié, dans l'intérieur du tube; on met le feu à la Poudre avec une cravatte d'étoupilles; l'explosion, à raison de la force de la Poudre, fait plonger le tube, l'index indique de combien.

Le défaut de cette Eprouvette, est que la Poudre ne prend pas feu en entier, que l'explosion en rejette plus ou moins, suivant la qualité ou composition de la Poudre, et que par-là les comparaisons ne peuvent pas être précises.

On a fait sur l'Eprouvette, en usage dans l'Artillerie, une épreuve si étonnante, qu'on a cru devoir la répéter, et comme le résultat est absolument contraire à celui annoncé par un savant distingué, à l'institut, on pense devoir rapporter l'une et l'autre. (*Extrait du Moniteur du 22 février* 1808). « M. de Morveau a « fait part de quelques expériences d'Artillerie assez curieuses, « sur le temps nécessaire à l'inflammation d'une masse donnée de « Poudre, et sur les effets qui en résultent; c'est parce que la « Poudre voisine de la lumière s'allume d'abord, que le boulet « creuse la partie inférieure de la pièce, *et que le Sabot, c'est-à-« dire, cette pièce de bois que l'on place derrière le boulet, diminue « d'$\frac{1}{5}$ dans son diamètre vertical* (que diminue le Sabot; est-ce la « partie creusée? est-ce la partie vide ou le vent? cela n'est pas « clair). Des expériences ingénieuses ont fait voir que la Poudre « grossière s'enflamme plus promptement que la fine (cela n'est « pas dans les petites armes, du moins c'est une opinion fondée « sur cent mille épreuves...). Mais une chose singulière, c'est « qu'en diminuant *le vent* dans un Mortier d'épreuve, et en « rendant le Globe trop juste, il s'est fait une perte plus grande « encore *de force de la Poudre*, probablement parce que l'explo-« sion, en comprimant momentanément le Globe dans le sens « longitudinal, le dilatait dans le sens transversal, et qu'alors il « y avait un frottement trop violent de bronze sur bronze ».

Et comme cet inconvénient n'a pas lieu dans la Carabine, où

comprimant la balle de plomb dans le sens *longitudinal*, on l'agrandit dans le sens transversal, M. de Morveau parle de ses Boulets cylindriques en fer à anneau de plomb, et leur trouve de grands avantages, excepté dans la pratique.

Voici l'épreuve contradictoire faite à Turin le 27 mai 1808, dirigée par un colonel d'Artillerie.

On a tiré 4 coups avec 3 Globes différens.

Temps humide.

Thermomètre 16°.

Baromètre 27 pouc. 3 lig.

Vent des Globes.	Portées moyennes.
9 points (vent ordinaire).	189,25
1 $\frac{1}{2}$ point.	272,875
$\frac{1}{2}$ point.	293,25

L'explication que donne M. de Morveau ayant paru trop subtile, le Ministre ordonna de refaire l'épreuve avant d'inviter les officiers d'Artillerie à revenir d'un principe consacré de tous les tems, que moins les armes ont de vent, plus leurs portés sont longues.

Ouvriers nécessaires, demandés dans un Moulin à Poudre, pour fabriquer 100 *milliers par mois, en travaillant nuit et jour.*

1	Chef poudrier : on les paye jusqu'à	80 francs.
12	Sous-Chefs.	50
38	Poudriers.	45
10	Manœuvres.	40

Et pour les embariller.

15	Tonneliers.	90
5	Charpentiers.	90

On peut diminuer d'$\frac{1}{4}$ cette demande.

Dimensions des Mesures cylindriques, selon la quantité de Poudre qu'elles contiennent.

Quantité DE POUDRE.		Diamètre DE LA BASE.			Hauteur DU CYLINDRE.		
liv.	onc.	pouc.	lig.	points.	pouc.	lig.	points.
»	1	1	2	»	1	6	4
»	2	1	4	10	2	1	4
»	3	1	7	4	2	4	10
»	4	1	9	3	2	7	10
»	5	1	10	10	2	10	5
»	6	2	»	4	3	»	5
»	7	2	1	7	3	2	5
»	8	2	2	9	3	4	2
»	9	2	3	10	3	5	9
»	10	2	4	10	3	7	2
»	11	2	5	9	3	8	8
»	12	2	6	7	3	10	1
»	13	2	7	5	3	11	4
»	14	2	8	3	4	»	4
»	15	2	9	»	4	1	6
1	»	2	9	8	4	2	8
2	»	3	6	6	5	3	8
3	»	4	6	2	4	10	9
4	»	4	11	7	5	4	9
5	»	5	4	3	5	9	7
6	»	5	8	3	6	2	»
7	»	5	11	10	6	6	»
8	»	6	3	1	5	9	7

Prix de la Poudre.

Le prix de la Poudre était pour la Guerre et la Marine, de 13 s. la livre, au premier janvier 1780, antérieurement, 6 s.

15 par la loi du 19 octobre 1791;

24 par la loi du 11 mars 1793;

25 par la loi du 13 fructidor an 5;

2 fr. 80 cent. le kilogramme par l'Arrêté du 27 pluviose an 8. (28 s. environ la livre).

3 fr. le kilog. depuis 1806 et en 1808.

Mais 600 milliers de Poudre qu'on vend aux particuliers font rentrer une certaine somme qui réduit ce prix à quelques sols de moins, et le fait varier en raison de la quantité de Poudre que consomment la Guerre et la Marine.

On fait payer le kilogramme de Poudre de Guerre :
Aux Armateurs, 3 fr. 40 cent. ;
Aux Débitans, celle de chasse, 6,0 ;
Aux Particuliers, *idem*, 6,50 ;
La Poudre superfine, 8,0 ;
Celle de Traite, 2,60 ;
Celle de Mine, 3,60.

Il y a en France 16 Moulins à Poudre, ayant en tout 916 pilons ;
40 Commissaires pour Poudreries, Raffineries, ventes de Poudre, réceptions de Salpêtre, et Adjoints ;
36 Entreposeurs ;
14 à 1500 Salpêtriers.

Magasin à Poudre.

La Voûte.	Epaisseur à la Clef.	8 pieds.
	Epaisseur aux reins.	3
Murs des côtés.	Epaisseur, 8 pieds.	
	Hauteur totale, 8 pieds, dont 2 sont pour la hauteur de l'aire au-dessus du terrain.	
	Fondations. Epaisseur.	10 pieds.
	Fondations. Profondeur, 6 pieds, et plus, suivant le terrain.	
	Fondations. Retraite.	
Pignons.	Epaisseur au fond.	5 pieds.
	Epaisseur du reste.	4
	Profondeur, comme les longs côtés.	
Contreforts.	Longueur.	4 pieds.
	Epaisseur.	6
	Distance.	12
Lambourdes du Plancher.	Distance entre elles, 1 ½ pieds.	
	Equarrissage.	9 pouces.
Mur de Clôture.	Distance du Magasin.	12 pieds.
	Epaisseur.	1 pied 6 pouc.
	Hauteur.	10 pieds.
Dimensions du Magasin pour 86 milliers engerbés à 3 de hauteur.	Largeur dans œuvre.	25 pieds.
	Longueur *idem*.	10 toises.
	Hauteur.	8 pieds.

Emménagement du Magasin. On le suppose de la largeur la plus usitée, 25 pieds ou 300 pouces, et de 10 toises de longueur.
Engerbez à 3 de hauteur : mettez les Poudres par tranches transversales, et, comme on dit, par *éventails*, afin de pouvoir prendre aisément les Poudres suivant leur ancienneté, sans dé-

ranger les autres. Faites aboutir chaque Baril à une allée, où il puisse passer aisément ; et laissez, puisqu'on le veut, une allée de 18 pouces contre les côtés du Magasin, pour qu'un homme puisse y passer. Laissez cinq à six pieds d'espace vide contre les Pignons.

On aura donc une allée de 18 pouc. le long d'un côté.	18 pouc.
Un rang de Barils de 28 pouces.	28
Une allée de 32 pouces.	32
Deux rangs de Barils adossés, occupant 28 pouces chacun.	56
Une allée de 32 pouces.	32
Deux rangs de Barils adossés, occupant encore 28 pouc. chacun.	56
Une allée de 32 pouces.	32
Un rang de Barils de 28 pouces.	28
Une allée de 18 pouces le long d'un côté.	18
Total. . .	300

Les 6 rangs de Barils du bas seront de 25, ainsi il y aura 432 Barils qui contiendront 86400 liv.

Si on engerbait à quatre, il y en aurait 564 contenant 112800.

Ainsi on peut compter que ce Magasin peut contenir environ 100 milliers.

Si on y dispose un entresol, il en contiendra encore les $\frac{7}{8}$ du bas, en tout 185000 liv.

Le général P**, n'a fait les Magasins à Poudre de Naples, que de 2 largeurs, a laissé la longueur variable à déterminer suivant le besoin de capacité, a fait les murs moins élevés, et n'a point mis de Contrefort, parce que le Contrefort ne pouvant, par son peu de largeur, être bien couvert, soit en dalles, soit en ardoises, son toît ruineux laisse passage à l'humidité qui gagne les murs du côté; la grande ombre des Contreforts sur les côtés les empêche d'être secs. C'est pour cette raison peut-être que les Espagnols font leurs Contreforts en dedans des Magasins.

Ses deux modèles de Magasin contiennent 5 ou 8 rangs de Barils, ils sont par étagères; les bois ont 5 pouces d'équarrissage pour les Traverses, et ceux des Montans 4 pouces : il met 4 ou 3 Barils entre 2 Montans.

Magasin à Poudre de Cherbourg, bâti en 1788.

Ce Magasin est sans Contrefort.

Les murs de longueur ont 9 pieds, du sol à la naissance de la voûte, et 8 pieds d'épaisseur. A 3 pieds au-dessous de la naissance de la voûte, commence un renfort en talus qui règne tout le long du mur jusques au sol, et ayant 3 pieds et demi à sa base contre le sol. Les fondations, qui ont 10 pieds de profondeur, s'épaississent encore par trois retraits en dehors, jusqu'à la dimension de 14 pieds.

Le Magasin a, mesuré dans œuvre, 17 toises 4 pieds de longueur sur 26 pieds de largeur, et 20 de hauteur.

La voûte a les mêmes dimensions que celle du Magasin dont on vient de parler.

Les Tonnes sont sur 3 masses d'étagères disposées suivant la longueur du Magasin, divisées en cases, une pour chaque Tonne.

La masse qui est dans le milieu contient 9 Tonnes de hauteur; les extrêmes 7, et une huitième dans le haut du second rang. Chaque masse a 2 Tonnes de largeur; les Tonnes sont ainsi bout à bout dans chaque masse; chaque tranche de Tonne, prise dans la largeur, contient donc 48 Tonnes, et comme il y a 39 cases dans la longueur, on a $48 \times 39 = 1872$ Tonnes de 200 liv. l'une, ou 374400 liv. pour la contenance du Magasin.

Ces 3 masses d'étagères sont séparées par des allées, et des planches peuvent être disposées à 2 hauteurs pour y marcher et arranger les Tonnes dans leur case. On a disposé le plancher du bas, en sorte qu'il ne porte pas sur le terrain, et des évents latéraux pris au dessus du terrain en dehors, vont dessécher ce vide en y accélérant la circulation de l'air.

Ce Magasin, dont l'idée est due au général Meunier, n'a peut-être pas tous les avantages qu'on lui a trouvés. L'augmentation de la maçonnerie des murs équivaut bien à la suppression des Contreforts pour la dépense, et les vaut-elle en solidité? C'est au Génie à le décider. Mais les mouvemens des Poudres ne sont pas commodes avec ces étagères à 9 de hauteur, et ces cases où il faut loger et déloger chaque Tonne; enfin c'est une forêt de bois qu'un tel Magasin, ce qui est très-coûteux. On voit qu'avec un entresol un Magasin de cette étendue en contiendrait à-peu-près autant.

On va proposer une disposition de Magasin qui paraît réunir plus d'avantages et moins de dépense.

L'approvisionnement en Poudre nécessaire à l'armement des Places de la France et de ses armées, peut être porté à 64 millions de livres; l'aperçu fait sous M. de Gribeauval, et la France avait alors des frontières moins étendues, portait cet approvisionnement à 52 millions, sans les armées. On croit que cette quantité n'est pas nécessaire, parce qu'on fait arriver de proche en proche les Poudres des Places voisines, au besoin. Mais réduisons-le à 45 millions (1) : les Places n'ont pas de Magasins pour la moitié de

(1) Il y en avait 30 millions en 1771, mais on engerbait à 4 Tonnes de hauteur, et on se plaignait, dès ce tems, de cette nécessité de faire un engerbement destructeur de l'embarillage, qu'on ne fait qu'à 3, tant que l'on peut.

cette quantité. Ces 45 millions à 12 francs la tonne, et la chappe comprise, coûteront 2700000 fr., en supposant que cet embarillage dure 20 ans, (ce qui n'est pas, à plus de la moitié près) 135000 francs sera le prix annuel de son entretien; celui d'aujourd'hui, vu l'augmentation des Tonnes, quoiqu'on n'ait pas cette quantité de Poudre, coûte 100000 francs par an. Par suite des dégradations et réparations de l'embarillage, les Poudres se détériorent, et prenant de l'humidité, exigent des radoubs coûteux; aussi avait-on proposé d'avoir une très-petite quantité de Poudres, et un grand approvisionnement de ses matières composantes préparées, pour les convertir, au besoin, en Poudre tout de suite. Cette idée, séduisante au premier aspect, parce qu'elle éviterait des Magasins soignés, les accidens, l'entretien, les radoubs, a été justement rejetée, parce que la confection de la Poudre annoncerait les projets politiques, et parce qu'une invasion rapide ne donnerait pas le tems nécessaire pour les fabriquer.

Les Magasins à Poudre sont d'ailleurs très-chers à construire: on pense qu'ils coûtent, en général, au moins mille francs par millier de continence. C'est le Génie qui les fait bâtir, étant plus au fait des constructions solides, voûtes, etc.

Pour obvier à la dépense de faire de nouveaux Magasins, pour mieux conserver les Poudres, pour épargner leurs radoubs et ceux de leur embarillage, pour les garantir même de la foudre et économiser les paratonnerres, dont on va parler tout à l'heure, on a proposé, il y a 7 ans, le moyen suivant.

Construisez dans les Magasins à Poudre, à 3 pieds des murs latéraux, et à 2 toises des pignons, un encaissement en maçonnerie (ou en bois, si l'expérience prouve que cela vaut mieux) de 6 à 8 pieds d'élévation; que le sol de cet encaissement porte sur de petites voûtes dans le sens de la largeur, soit en pente vers un bout, et soit à environ 2 pieds du sol du magasin: faites les murs de l'encaissement d'1 pied 15 pouces, ou 2 pieds d'épaisseur: on croit que 15 pouces seraient plus que suffisans. M. Le Gendre dit 2 pieds. Faites le dessus de l'encaissement avec des madriers à feuillure, se recouvrant exactement; garnissez les murs intérieurs et le sol de cet encaissement d'un bon ciment; appliquez sur ce ciment une feuille de plomb d'1 ligne d'épaisseur. Adaptez un robinet en cuivre, de 6 pouces de diamètre intérieur, ou une trappe à coulisse et à bec en cuivre, au bas du bout le moins élevé pour en faire sortir la Poudre. Les madriers du haut se replieront lorsqu'on voudra déposer les Poudres dans cet encaissement; on pourra les recouvrir aussi d'une feuille de plomb; enfin on mettra sur l'encaissement une enveloppe de toile cirée, qui, l'enveloppant en entier, l'isolera et le préservera de la foudre.

Les 4 toises réservées vess les pignons serviront à déposer les Tonnes vides qu'on conservera pour les transports nécessaires; les allées des côtés serviront aux mouvemens intérieurs. Si le Magasin avait un entresol, on y placerait les Tonnes vides, et on alongerait l'encaissement. Si on bâtissait un Magasin neuf, on pourrait en diminuer l'élévation de plusieurs pieds, et on pourrait encore, dans le haut de la voûte, pratiquer l'entresol suffisant pour recevoir ces tonnes et chappes vides, qui doivent être au plus pour contenir $\frac{1}{8}$ de la Poudre de l'encaissement, et dans cet encaissement on versera les $\frac{7}{8}$ de la Poudre que doit contenir le Magasin.

On voit par le calcul, qu'un magasin de 10 toises de longueur sur 25 pieds de largeur, contenant avec des Tonnes 86400 liv. de Poudre, au moyen d'un encaissement de 34 pieds de longueur sur 17 de largeur et 6 de hauteur (mesures prises intérieurement), contiendra 228888 liv. de Poudre (le poids du pied cube estimé à 66 liv.) que s'il y a un entresol on peut l'alonger d'1 toise; que si on veut l'élever davantage il contiendra, avec ses dimensions, de 34 pieds sur 17, 38148 liv. de plus par pied d'élévation de plus.

Par ce mode peu coûteux, les Poudres sont sainement; on ne peut que difficilement enlever l'approvisionnement d'une Place; en mettant une fermeture à 3 clefs à l'encaissement, comme au Magasin, on empêche l'infidélité des gardes, qui ont maintefois retiré la Poudre des barils, et y ont substitué du sable : on inspecte plus facilement l'état des Poudres; on économise 2288 tonnes ou chappes, qui à 6 fr. l'une coûtent 13728 francs et 6 à 700 francs de radoubs annuels; enfin on évite la dépense des paratonnerres, et on obvie sur-tout à la négligence d'apercevoir ou de rémédier à leur défectuosité, qui peut entraîner les plus graves accidens.

Ce mode a quelques inconvéniens, mais ils paraissent peu de chose. 1°. Il faudra quelquefois ramener avec des rables en bois la Poudre vers l'ouverture de sortie, et on la brisera un peu; on ne voit pas de remède à cet inconvénient, qui au fond n'est pas de conséquence, car le roulement des barils donne aussi du poussier. 2°. La vérification de la quantité de Poudre sera difficile; on ne le pense pas; on égalisera la surface au moyen des rables, on saura les mesures intérieures et la continence totale : on mesurera la profondeur du vide, on calculera sa continence, on la soustraira de la totale. 3°. Les Poudres de différentes qualités seront confondues; peu importe, elles devaient toutes être bonnes lorsqu'on les a déposées; d'ailleurs dans le $\frac{1}{8}$ de Tonnes qu'on conserve, on peut garder une Tonne de chaque qualité.

Le Comité du Génie, à qui le Ministre renvoya, il y a 7 ans, l'examen de ce mode pour emmagasiner les Poudres, ne répondit pas. En 1806 le Ministre le fit examiner par une commission d'officiers du Génie et d'Artillerie, et on en proposa l'essai, qui se fera en 1809.

M. Champy fils, ayant été envoyé pour examiner les moyens de radouber les Poudres de Flessingue et de Cadzan qu'il faut réparer toutes les années, et à fond tous les 3 ans au moins, a proposé : de ne plus faire d'évents aux Magasins, de les revêtir intérieurement en entier d'une feuille de plomb, de faire régner tout autour, dans l'intérieur, un encaissement de quelques pieds de largeur, versant en trémie par le bas, dans un auget de quelques pouces de large et de haut, la Poudre qu'on y déposerait au lieu de la mettre en Tonnes ; enfin, pour obvier à l'humidité continuelle de l'atmosphère, il prescrit de fermer les portes le plus hermétiquement possible, et de mettre à la porte intérieure un chassis de 6 pouces d'épaisseur, fait avec un treillage en fil d'archal de chaque côté, et de remplir l'entre-deux en muriate de chaux. Il croit que ce moyen desséchera complètement l'air le plus humide qui pourrait s'introduire dans le Magasin : que la feuille de plomb qui revêt la voûte et les murs, arrêtera aussi l'humidité qui s'infiltrerait par la maçonnerie. On en fera l'essai, mais à revêtir les murs en plomb, il vaudrait mieux le faire extérieurement, les murs ne seraient plus minés par une humidité permanente, qui ne pourra ni s'infiltrer ni s'évaporer, et quant au chassis de muriate de chaux, ce moyen me paraît par trop ingénieux, mais il est appuyé de calculs.

Des Paratonnerres.

Les Magasins à Poudre ont de tout tems excité de justes craintes aux habitans des villes, sur-tout à ceux qui en étaient voisins ; et au moindre événement analogue aux accidens qu'occasionnent les Poudres, citoyens et autorités veulent les bannir des Places ; mais c'est une réclamation bisarre, car une Place de guerre ne peut se passer de ses Magasins : il est juste cependant de diminuer tant qu'on pourra la probabilité des accidens.

Cependant, on ne retrouve que peu d'explosions de Magasins à Poudre, voici ceux qu'on a pu recueillir.

Le juin 1807, à Luxembourg. C'était une tour que l'Artillerie avait voulu dégarnir de ses Poudres, et dont on n'avait pas voulu l'évacuation, par la force des événemens qui se préparaient.

Le 4 mai 1785, à Tanger.

Le 18 août 1783, à Malaga.

Le 1769 à Brescia, on dit qu'il y périt 3000 personnes : on a exagéré, voici le détail authentique. C'était une tour carrée, à la porte Saint-Nazaro, vers la demi-gorge du bastion, et en dehors de ce bastion ; elle avait 70 pieds de hauteur, 18 pieds de côté intérieur : les murs avaient 4 pieds 9 pouces d'épaisseur ; il y avait 2 étages séparés par une voûte, et contenait alors 160 milliers de Poudre.

Sur un rayon de 100 toises, 190 maisons qui s'y trouvaient furent abattues.

Sur un rayon de 300 toises, 500 maisons furent fortement endommagées.

308 personnes furent tuées, 500 furent blessées.
1 pierre de 150 liv. fut lancée à 1 mille d'Italie.

Ainsi, depuis des siècles qu'on a des Magasins à Poudre, on voit peu de leurs explosions, et s'ils n'eussent pas été faits en tour, ou mis peut-être dans des lieux élevés, on n'en compterait pas.

Il faut donc les bien emplacer, les faire bas, et placer des Paratonnerres à tous, si on le juge convenable; à ceux sur les points élevés, si on est forcé d'y en construire. Le moyen proposé pour les Magasins à encaissement, dont on a parlé, pourrait peut-être en dispenser.

On trouvera dans les Rapports faits par les membres les plus renommés de l'Institut, en 1784, en l'an 8, et en 1807, et dans celui fait par le Comité du Génie, aussi en 1807, sur les Paratonnerres, toutes les précautions et les détails que l'observation et la théorie ont pu suggérer.

Le Conservateur du Musée d'Artillerie, M. Régnier, a aussi, dans un rapport au Ministre, exposé ce qu'il a pratiqué dans l'établissement des Paratonnerres; il vante sur-tout l'usage des cordes de fil-de-fer enduites d'une peinture à l'huile; et en effet, puisque le fluide se transmet par la surface des conducteurs, et non par leur intérieur, les cordes métalliques doivent être avantageuses. Les membres de l'Institut les rejettent comme peu durables.

Le Paratonnerre est composé d'une tige dite *Aiguille pyramidale*, de 15 à 18 lignes de base, et de 4 à 5 mètres d'élévation, placée verticalement, terminée en pointe qui soutire la matière électrique des nuages. Cette tige, intimement unie dans le bas, a des barres ou des cordes métalliques de 9 à 12 lig. du côté, dites conducteurs, leur transmet cette matière, et l'un d'eux va la dégorger dans l'eau ou dans la terre humide, ou dans un amas de charbon. Les barres des conducteurs doivent être aussi intimement unies entre elles.

L'aiguille de 15 pieds n'a la propriété d'attirer la matière électrique qu'à la distance de 30 pieds; ainsi il faut que le système des aiguilles électriques placées sur un bâtiment, soit tel que les aiguilles n'aient que 30 pieds entre elles: trop rapprochées, elles neutralisent leurs effets; et que toutes les aiguilles communiquent par des conducteurs entre elles et le principal conducteur qui aboutit à la terre ou réservoir commun.

La pointe trop émoussée ou oxidée perd sa propriété attractive; le rapport du Génie prescrit de la faire en or ou en platine; le rapport de l'Institut dit que le cuivre est aussi bon.

On prescrit de ne pas laisser des arbres, sur-tout ceux de haute futaie, auprès des Magasins à Poudre, ou des bâtimens qu'on veut défendre de la foudre.

M. Bertholon et autres disent qu'un Paratonnerre défectueux

vaut mieux que de n'en point avoir. Le rapport du Comité du Génie dit : « les accidens causés par une construction vicieuse et « par les dégradations qui ôtent au conducteur électrique sa con- « tinuité, ne peuvent entrer dans la balance quand il s'agit d'éva- « luer l'espèce de garantie qu'offrent les Paratonnerres ». Ce raisonnement ne paraît pas juste, car si les Paratonnerres où il y aura solution de continuité, ou autres défauts, occasionnent des accidens aux bâtimens qu'on veut en préserver, comme immanquablement ces solutions de continuité arriveront quelquefois, qu'est-ce qu'une garantie qui occasionnera plus d'accidens; car il y a 510 Magasins à Poudre en France, dont 49 seulement ont des Paratonnerres : on va en mettre sur tous; voilà donc 500 Magasins armés. Depuis 300 ans il n'est arrivé que l'accident de Luxembourg, encore n'était-ce pas un vrai Magasin à Poudre; dans moins de 50 ans que de solutions de continuité vont arriver à cette quantité de conducteurs; malgré la plus grande surveillance, c'est caver bas que de penser qu'il y aura au moins 10 solutions de continuité, et à coup sûr les aiguilles déterminant la matière électrique vers elles, c'est encore caver bas que de penser que sur 10 orages par an, un de ces 10 Paratonnerres défectueux ne fera pas éclater la foudre sur ces Magasins; ainsi on pense que dans 50 ans on verra arriver chaque année ce qui n'est arrivé qu'une fois dans 300 ans.

FORGES.

On avait pensé et l'on pense encore que le vrai moyen d'établir le juste prix des Fers pour l'Artillerie, soit coulés, soit forgés, était le mode suivi dans les Manufactures d'Armes, où il est bien plus difficile d'y parvenir, ce mode est celui des Devis. On ignore par quelle raison on ne le suivait pas pour les Forges avant la révolution. En l'an 9, on rassembla toutes les données qu'on put se procurer, et on l'établit. On s'attendait bien que ce premier résultat ne serait pas juste, et serait tout à l'avantage des Entrepreneurs; et une preuve de l'événement, c'est qu'il y a eu peu ou point de réclamations. On s'attendait que les Surveillans éclaireraient sur le vice des données; mais au contraire ils se sont laissé faire illusion par les Entrepreneurs, qui ont fait étalage de l'augmentation du prix des Bois, Mines, Main-d'œuvre, etc.; en sorte qu'au lieu de laisser les premiers prix, on les a singulièrement accrus, et de 115 f. pour les Fers coulés, par exemple, on les a portés au-delà de 150 f. On les a débattus plus d'une année, mais enfin le Directeur-général des Forges, persuadé que son illusion était vérité, a entraîné une décision qui a fixé à-peu-près à ce prix de 150 f., d'après des Devis fort détaillés. Cependant la défiance que l'on avait sur la justesse de ce prix, a fait chercher de nouvelles lumières, et l'on a découvert que malgré les augmentations du prix des Bois et d'autres objets, soient vraies ou fausses, on pouvait fabriquer à 25 francs au-dessous de ce prix arrêté par millier de livres : alors on a établi un nouveau Devis qui donnait ce prix pour résultat; d'où l'on a connu le peu de foi qu'on devait aux Devis, et qu'il fallait recommencer à observer; ce qui fait qu'on présentera très-peu de changemens à cette partie.

Ce qui a entravé les observations, c'est que l'esprit de système s'en est mêlé; et prenant pour prétexte la difficulté de faire les observations justes sur lesquelles on établit les Devis, plusieurs des Officiers surveillans ont pensé que le moyen d'établir les prix était de prendre celui d'un certain fer du commerce, d'y ajouter un prix de main-d'œuvre, etc., ce qui donnerait celui propre pour l'artillerie. On parlera de cette idée après avoir représenté les anciens Devis donnés en l'an 9, que l'on a même modifiés en mettant à profit quelques observations faites postérieurement et qu'on a lieu de croire justes.

Détails des Consommations et Dépenses d'un Fourneau dans les Forges de la Moselle.

Fourneau d'Hayanges.

			liv.	s.	d.
Train ordinaire d'un fondage ou durée d'un Fourneau, 22 mois et plus.			»	»	»
Produit du Fourneau par mois. — En Boulets, Bombes et Obus de recette. . . . . 75 milliers.			»	»	»
En Gueuses, Jets, pièces manquées. . . . . 35 milliers.			»	»	»
En total. . . . . 110 milliers.			»	»	»
Charbon nécessaire durant un mois, en — Mesur. du pays, 80 à 90 bannes.			»	»	»
Pieds cubes l'une. . . 155 ppp.			»	»	»
Livres pesantes. . . . 2450 liv.			»	»	»
Prix du Charbon consommé durant 1 mois. . . .			4375	»	»
Prix des Mines consommées durant un mois, Voiture compr. — Mine en roche, 300 milliers, à 30 sols. . . . . 450 liv. Mine en grain, 80 milliers, à 3 liv. 10 s. . . . . 280 liv.			730	»	»
Prix du creuset refait à chaque fondage (divisé par 12).			23	»	»
Entretien du fourneau par mois, grandes et petites réparations, fournitures de ringards, tympes, pelles, brouettes, etc.			83	6	8
Frais de régie, de bureaux, de voyages. (Il y avait d'autres usines).			168	13	4
Pour deux rechanges de soufflet par an, faisant par mois.			4	»	»
Pour 8 livres de suif par mois pour graisser les tourillons.			5	»	»
	liv.	s.			
Appointemens, etc. par mois. — Au Maître Fondeur, par mois. .	42	»			
Au Garde Fondeur.	33	»			
Aux mêmes, pour engagemens et à-bons-droits.	4	10	133	10	»
Aux 2 Chargeurs.	48	»			
Pour conduire les crasses hors du Fourneau.	6	»			
3 Mouleurs, à 24 liv. par mois			72	»	»
1 Faiseur de terre.			21	»	»
1 Faiseur de charges.			24	»	»
Total. . . .			5639	»	»

	liv.	s.	d.
Ci-contre. . . .	5639	»	»
1 Faiseur de noyaux.	24	»	»
1 Laveur de noyaux.	21	»	»
1 Rémouleur et Couleur.	27	»	»
1 Passeur de sable.	21	»	»
2 Manœuvres.	20	»	»
Au Fondeur pour recuire les noyaux.	24	»	»
4 Videurs et Ebarbeurs, à 24 liv. l'un.	96	»	»
Au Maréchal chargé de l'entretien des outils et calibres des bombes, etc.	30	»	»
A son Compagnon.	21	»	»
Pour 4 queues de Charbon, consommation de la forge dudit Maréchal..	20	»	»
Pour 200 liv. de fer pour poches à couler, crochets de chassis, etc.	36	»	»
3 Bannes de charbon par mois, à 50 liv. pour recuire les noyaux de bombe, etc.	150	»	»
Pour fer et anneaux de bombes.	30	»	»
Fourniture et entretien des arbres de bombes et obus.	20	»	»
Pour fiente de cheval nécessaire aux noyaux de bombes et obus.	6	»	»
Foin pour les noyaux, 1000 liv.	25	»	»
Au Cloutier pour pointes aux bombes, et clous pour les chassis.	24	»	»
Au Menuisier qui fait et entretient les modèles en cuivre et les chassis.	25	»	»
Pour 10 voitures de terre et sable nécessaires au moulage.	30	»	»
Fourniture d'huile à l'usage du Fourneau. . . .	10	»	»
Tamis pour le sable.	2	»	»
Cuivre et étain pour les modèles.	1	10	»
12 pour % des approvisionnemens d'avance pour un an..	756	4	»
15 pour %, bénéfice du Fournisseur pour risques de chomage, incendies, inondations, etc. . .	945	9	»
Pour loyer du Fourneau, etc.	333	7	»
Total. . . .	8338	»	»
A déduire pour la valeur des jets, pièces manquées, à 40 liv. le millier.	1400	»	»
Reste net. . . .	6938	»	»
Qui, divisées par le produit en projectile, donnent pour la valeur du millier.	92	10	$1\frac{1}{3}$

NOTES.

On n'a pas représenté un nouveau Devis, parce qu'on ne présume pas que ceux les plus récemment faits soient tels qu'ils doivent être.

Plusieurs articles y paraissent exagérés. On a porté à 201 fr., l'entretien des Fourneaux qui n'était qu'à 83 ; à 50 fr., celui du Creuset qui n'était qu'à 23 ; à 220 fr., les gages des Ouvriers qui n'étaient qu'à 133, etc. : et c'est surtout ce dernier article qui ne peut avoir reçu cet accroissement, qui a jeté de l'incertitude sur la véracité des autres. On ne peut qu'engager les Officiers d'Artillerie à chercher de démêler le vrai de toutes les illusions dont on l'entoure à leurs yeux.

Les Obus et les Boulets de petit calibre étant d'un travail minutieux, ou sujets à plus de rebut, ne valent une légère augmentation de prix, celui ci-contre étant basé sur un calibre moyen, que lorsqu'on fait travailler à un Fourneau non affecté au service de l'Artillerie.

Les frais de fabrication de Boulets sont à-peu-près les mêmes que ceux des Bombes et Obus, parce que les frais de rebattage des Boulets sont à-peu-près équivalens à ceux du moulage des Bombes.

Les Fourneaux produisent 4 milliers par 24 heures, ou 120 milliers par mois, dont les $\frac{2}{3}$ peuvent être en Projectiles.

Une Rebatterie de Boulets doit rebattre, en 2 mois, le produit d'un Fourneau pendant 10, quand il est de 75 milliers par mois... Le Four à Réverbère pour les chauffer, consomme par jour 2 $\frac{1}{2}$ Cordes de bois. On y emploie 10 Ouvriers qu'on paye 18 liv. par mois.

Les Rebuts des Projectiles peuvent aller au trentième de leur nombre.

Fer, n°. 1. *Évaluation des Prix de Fabrication des Fers forgés plats et carrés.*

Gros Calibre. (Fers plats de 18 lignes à 36 sur 5 d'épaisseur et au-dessus... Fers carrés de 12 lignes et au-dessus).

	fr.	c.
Prix de 1500 liv. de Fonte, à 47,50 les ‰ liv.	71	25
Charbon nécessaire à cette Fabrication en { 11 qucues.	0	0
170 ⅓ ppp.	0	0
2695 liv.	0	0
Prix du Charbon, à 50 fr. la banne.	55	0
Façon du millier donnée aux Forgerons.	10	0
Entretien d'Usine, frais de Régie, environ.	8	0
Prix du millier pesant des Fers forgés, plats, etc. . . .	144	25
20 pour % bénéfice des Fournisseurs, etc.	28	85
Prix du millier. . .	173	10

NOTES.

Il faut de bonnes Fontes pour la fabrication de ces Fers.

Les Fontes éprouvent plus ou moins de déchet à l'affinage : cette considération doit entrer nécessairement dans l'évaluation du prix de tous les Fers forgés.

On a compté dans ce Devis 1 Banne $\frac{1}{10}$ pour suivre le dernier renseignement.

Fer, n°. 2. *Évaluation des Prix de Fabrication des Fers platinés, Carillons.*

(*Fers platinés* de 12 lig. à 18 de large sur 3 d'épaisseur, et au-dessus. Fers carillons de 6 lig. jusqu'à 10 sur chaque face).

Nota. Ces Fers doivent être faits avec les Fers forgés, plats et carrés, du n°. 1, avant d'être échantillonnés, ils doivent valoir 6 pour $\frac{0}{0}$ de moins le millier.

	fr.	c.
Quantité de Fer (n°. 1) nécessaire à la Fabrication d'un millier. . . . . 1080 liv.		
Prix de la quantité de Fer (n°. 1) nécessaire pour la Fabrication d'un millier.	175	56
Charbon nécessaire à la Fabrication. { Mesures. . . . . 4 queues.		
Pieds cubes. . . . . 62 ppp. .		
Livres pesant. 980		
Prix de la mesure de Charbon, 5 liv. la queue.		
—— du Charbon nécessaire.	20	0
Façon donnée au Platineur, pour 1 millier.	8	0
Entretien d'Usine et frais de Régie.	6	0
Prix du millier pesant de Fer platiné.	209	56
20 pour $\frac{0}{0}$, bénéfice des Fournisseurs, etc.	41	91
Prix du millier. . .	251	47

NOTES.

Les Fers carrés au-dessous de 6 lignes pouvant être fabriqués à la Fenderie, seront du même prix que les Fers n°. 2.

Les Fers ébauchés (nommés D dans l'artillerie), eu égard à la difficulté de leur fabrication, valent 10 pour $\frac{0}{0}$ de plus que les Fers n°. 2.

Les Fers minces et larges, eu égard à la grande difficulté de leur fabrication, valent 15 pour $\frac{0}{0}$ de plus que les Fers n°. 2.

Les Fers de Bandage, à cause de leur moindre qualité provenant d'une fabrication moins soignée, sont du prix du Fer n°. 1.

Tous les Fers pour l'Artillerie, hors ceux de bandage, doivent être redoublés.

Evaluation du Prix des Essieux d'Artillerie.

				liv.	s.	d.
Le Fer des mises pour la Fabrication des Essieux doit être de 1re. qualité; il vaut le millier 215 l.						
Fer nécessaire à la Fabrication d'un millier de Fer changé en Essieux. . . . . 1250 liv.						
Prix du Fer nécessaire à la Fabrication d'un millier pesant d'Essieux.				268	15	»
Charbon nécess. à la Fabrication d'un millier pesant d'Essieux.	En Mesures, 13 ½ queues En pieds cub., 206 ppp. En liv. pesant, 3266 liv.					
Prix d'une mesure de Charbon. . . . . . . 50 liv.						
——du Charbon nécessaire à la Fabrication d'un millier pesant.				63	13	»
		liv.	s.			
Pour le Soudage des mises,	1 Chauff. par jour. .	3	10			
	1 Marteleur.	3	10			
	2 Aides.	4	»			
Pour relever les Talons,	1 Maréchal.	3	»			
	1 Chauffeur.	3	»			
	2 Compagnons. . .	4	»			
Pour arrondir les fusées, mettre les colets d'Equerre et percer les trous d'Esses,	1 Chauffeur.	3	»	36	10	»
	1 Marteleur.	3	10			
	2 Aides.	4	10			
Pour limer les colets et les trous d'Esses, 1 Lim. pour 6 Essieux mettra 1 ½ journée. .		4	10			
Ces Ouvriers, en 1 jour, feront 6 Essieux de 4, pesant 690 liv., à 115 liv. l'un.						
Prix de fabrication d'un millier pesant d'Essieux. .				52	15	6
Outils : Marteaux, Tranches, Chasses, Mandrins Limes, Carreaux, Râpes, Liens.				12	10	»
Pour un commis spécialement employé à cette fabrication.				5	»	»
Perte sur l'Epreuve, estimée à 6 pour %.				24	5	10
Total. . . .				430	»	»
Intérêts des fonds et bénéfice des entrepr. à 20 p. %.				86	»	»
Prix d'un millier pesant.				516 fr.		

Il faudrait peut-être déduire encore de cette valeur du millier d'essieux, 150 liv. que produit l'excédant des fusées qu'on coupera; mais comme on n'a pris que 1250 liv. de fer, et qu'on prétend qu'il en faut 1400 liv., il y aura compensation, s'il est bien prouvé qu'il faut 1400 liv.

Nota. Malgré que le Fer des mises pour Essieux soit de la première qualité, si les ouvriers ne sont pas exercés à ce genre de travail, on sera exposé à un rebut considérable. Il faut beaucoup de tems et beaucoup de frais pour monter un atelier nouveau.

Nouveau Devis pour les Flasques à Mortier.

Devis de la Fonte qu'on veut y employer.

2183f.11	pour 194400 kilogr. de mine lavée d'Aumetz à 11f.,23.
42,00	pour 8400 kilogr. castine à 5,00 l'un.
7469,00	pour 110 bannes charbon à 67,90 l'une.
794,71	pour autres dépenses communes aux autres fontes.
10488,82	
2307,54	Intérêts des fonds et bénéfice à 22 pour o/o.
500,00	pour loyer du fourneau.
13296,36	pour 75 milliers de fonte, ou 177,28 pour le prix du millier. Ce prix est énorme, et doit être réduit.

Devis du Flasque.

177,28	pour 1000 kilogr. de fonte brute.
36,00	pour façon du moulage, le °/o de kilogr.
15,00	pour terre préparée du moulage, *idem*.
5,00	pour crochets, fil-de-fer pour l'assemblage des Moules.
40,74	pour $\frac{6}{10}$ de banne de charbon, à 67,90 la banne.
3,00	pour entretien des modèles par °°/o de kilogr.
6,00	pour cordages et manœuvres en retirant les flasques des fosses.
12,56	pour ébarbage, usé des ciseaux, marteaux, tranches, etc.
19,72	pour pertes des pièces manquées, rebuts évalués à $\frac{1}{6}$ des frais de fabrication.
315,30	
30,36	pour intérêts des fonds et bénéfice du fournisseur, sur les frais de fabrication seulement.
345,66	prix du millier de kilogr.

Ce Devis me paraît assez juste en le comparant au précédent, sauf le prix exagéré de la fonte et du charbon, les pertes pour rebut qui sont toujours de la bonne gueuse, et les 22 pour °/o donnés à l'entrepreneur, qui devraient être au dessous des profits accordés aux entrepreneurs d'armes, et être réduits au plus à 20 pour °/o, fonds compris.

La qualité de la Fonte pour les Flasques de Mortier est très-importante et dépend principalement de la nature des Mines et de leur mélange ; on n'est pas tout à fait rassuré sur la durée des nouveaux Affûts, quoiqu'ils aient supporté l'épreuve ; parce qu'ils ne sont pas faits avec les mêmes Mines qu'autrefois. Voici le nom des Mines employées il y a 20 ans et leur dosage.

C'était au Fourneau de Creutzwald, près Hombourg-l'Evêque et Saarbruk qu'on les coulait.

8 baches de Mine de Saubach, pesant 63 liv. l'une.
3 —— en Dragées de Berwiller, — 50
2 —— de Disen ou Houve, — . . . 50
1 —— de Disen lavée, — 50

14 baches, pesant 804 liv. par charge.
2 — Castine, pesant 43.
5 paniers Charbon. — 74.

La charge pesait 1260 liv., on chargeait 14 fois par 24 heures, ce qui faisait 17640 liv. de consommation, produisant 18 à 19 quintaux de Fonte poids de marc.

On a coulé à Hayanges, en 1791 et 1792, des Flasques du mélange de Mines suivant :

½ de Mine d'Aumetz.
¼ — de Saint-Paucré.
¼ — de Fleurange en dragées.
120 liv. Castine par charge.

On était si certain de la bonne qualité des Fontes de Creutzwald, qu'avant 1791 on n'éprouvait pas les Affûts qu'on en faisait : on observait au forage qu'ils n'eussent pas de soufflures intérieures, que les copeaux fussent grands, bien roulés et la Fonte grise.

La Fonte pour Flasques de Mortier doit être grise, tenace, et néanmoins facile à forer.

Pour éviter les soufflures, on est obligé de couler ces Flasques avec des masselottes considérables qu'on en détache pour porter à l'affinerie, ce qui contribue à augmenter le prix des Flasques. On ne peut guères, sur 4800 à 5000 livres pesant que produit un fourneau par jour, couler que 3000 à 3100 liv. en Flasques et dans 2 coulées, ce qui produit 4 Flasques moyens, ou 2 grands et 2 petits; le restant est converti en fer fort ou de bandage, en fer carré pour clous, ou en fer médiocre.

Le moulage ne doit coûter qu'environ 24 francs le millier, et non 36 fr. Le ciselage, l'ébarbage, etc. que 32 sols; car 2 ouvriers cisèlent 2 Flasques par jour : il faut donc 4 ouvriers pour les 4 Flasques; on leur donne 18 fr. par mois, ou 12 sols par jour : les 3 milliers coûtent donc 4,8 fr.; le prix est donc trop fort.

Si on ajoute à 1,6 fr. pour ciselage, 4,4 fr. pour frais d'outils; il faudra porter dans le Devis 6 fr. au lieu de 12.

Le prix de la fonte, porté à 100 fr., est excessif; celui des projectiles, comme on l'a vu ci devant, n'est que de 47 liv. 10 sols; si on le porte à 60 fr. la fonte sera bien payée.

Les modèles étaient jadis en bois, ils se voilaient aisément; l'entretien en devenait cher, on a dû depuis les faire en pierre ou en bronze, et l'entretien ne doit être porté qu'à 1 fr. au plus.

Evaluation du prix des Balles de Fer battu, pour Cartouches à Canon.

On emploie des fers ronds pour la fabrication des Balles : ceux qui sont cassans à chaud y sont plus propres que les autres.

Le prix de fabrication a beaucoup varié : il ne coûtait autrefois que 40 liv. dans le département de la Moselle, où on le paye aujourd'hui 60 liv. A Milan on payait, en l'an 6, 250 francs le millier pesant de balles à des Entrepreneurs à qui on fournissait le fer.

En l'an 8, on demandait 900 francs du millier pesant de Balles, dans le département du Doubs.

Avec 1500 liv. de fonte, à 38 francs le millier, on obtient du fer affiné qui coûte 112 fr. le millier.

Avec 1075 liv. de fer affiné, à 112 fr. le millier, on obtient 1 millier de fer rond qui revient à 148 liv. 15 sols.

Pour faire 1 millier pesant de balles de fer du calibre de 8, n°. 1 (c'est à-peu-près la balle moyenne), comptez :

liv.	s.	
178	10	pour 1200 liv. de fer rond à 148 liv. 15 sols le millier.
18	»	pour 1000 liv. de houille.
25	»	pour façon du millier de balles.
138	10	pour outils, usines, régie, loyers, patentes, rebuts (1), intérêts des fonds, etc.
360	»	prix du millier pesant de balles.

Mais ce dernier article de 138 liv. 10 sols paraît exorbitant en le comparant dans ses détails à ceux donnés ci-devant : il faudrait, je crois les réduire à 31 fr. comme il est porté dans le premier Devis, y ajouter le 25 pour 100 pour le bénéfice des Entrepreneurs et les intérêts des fonds, ce qui ferait 62 francs et fixerait le prix du millier de balles à 314 fr.

Il y a à chaque Forge, pour faire des balles, 3 ouvriers, 1 maître, 1 frappeur, 1 souffleur ; lorsqu'ils sont exercés, dans 16 heures de travail ils peuvent faire :

625 balles de 12,	n°. 1... Les mille ball. sont payées	9 fr. ou	20 fr. le millier.
ou 800	8	7	25
ou 1100	4	5	30

Les balles de gros calibre pour le service de la marine, qui se fabriquent sous le martinet, coûtent moins de façon.

---

(1) Les rebuts sont de 5 pour 100.

Evaluation du Prix d'une Mesure de Charbon.

Nom de la Mesure. . . . . (Banne).
Sous-Division de la capacité de la Mesure. . . . . . . 10 queues.
Mesure évaluée en pieds cubes. . . . . 155 ppp.
——— évaluée en livres pesantes. . . . . 2459.

28,00	pour	3 Cordes de Bois, à 8 fr. l'une.
4,85	pour	Coupage, Fendage et Dressage, à 1,50 l'une.
3,50	pour	charbonner le Bois par banne.
6,00	pour	Transport de la forêt au bord de la Sarre par banne.
23,00	pour	Transport par eau et par terre aux Fourneaux par banne.
0,30	pour	l'usé des bannes.
0,25	pour	Enhallage, usé des Paniers, Râteau par banne.
2,00	pour	Gardes des Bois, Commis, Voyages, Faux-frais.
67,90		Prix de la Banne.

Si on compare ce Devis à celui donné dans l'an 9, on verra de quel surcroît de Dépenses on avait hérissé l'ancien pour embarrasser toute vérification; et cependant la Banne ne revenait qu'à 43 fr. On avait d'abord annoncé une grande fausseté; c'est qu'il fallait 6 Cordes $\frac{1}{2}$ Bois pour une Banne, tandis qu'il n'en faut que 3 $\frac{1}{2}$. Dans celui-ci, ce qui m'étonne le plus, c'est la cherté du transport.

La Corde est ici de 8 pieds de long sur 4 pieds de large et 4 de hauteur, ce qui fait 128 pieds cubes.

La Corde des Ardennes, dite d'*Espagne*, est de 77 pouces de longueur sur 33 et 44 pouces, ce qui ne fait que 64 pieds cubes $\frac{2}{3}$. Cependant on l'a fait peser 2000.

Ainsi l'estimation de la p. 364, où 1600 pieds cubes de bois ne donnent que 4000 liv. de Charbon, doit être erronée; elle n'a été fournie que par celui qui a fait l'épreuve des deux façons de carboniser.

TÔLES.

NOTA. *On n'a point encore assez de renseignemens pour pouvoir les comparer et faire un Devis exact : aussi paye-t-on les Tôles à des prix très-inégaux, jusqu'à la différence de la moitié en sus. Voici la suite des procédés en usage dans le pays de Nassau, qui pourront aider à l'établir ultérieurement.*

On en fait de 3 espèces pour le commerce ; de la forte, de la moyenne et de la mince : les deux dernières se convertissent en fer-blanc par l'étamage.

Les fortes du commerce ont de 1 ligne 6 points à 3 lignes d'épaisseur ;

Les moyennes ont de 9 points à 1 ligne 6 points ;

Les minces ont de 3 points à 9 points.

La première espèce n'est pas d'usage dans l'Artillerie.

Les Tôles sont des morceaux de fer nommés *Bâtards* ou *Bidons*, qu'on aplatit et réduit en feuilles.

Les Bidons pour les Tôles fortes se prennent à la loupe et de la grosseur proportionnée à la feuille qu'on veut avoir ; ceux pour les deux autres espèces sont des barres de gros fer.

La première opération est de réduire les Bidons en languettes. On se sert pour cela d'une chaufferie, d'un feu de houille et d'un martinet : 2 ouvriers s'y relayent continuellement, où l'un active le feu et porte à l'autre les Bidons chauffés à point ; celui-ci les étire sous le martinet : et si ce sont des barres, après les avoir étirées en longueur seulement, il les porte à la cisaille pour en faire séparer la partie martinée formant la languette, à la longueur convenable à la feuille qu'on doit faire.

On forme des amas de Languettes, et on va en prendre au besoin.

Un pareil travail de 12 heures consomme 6 à 700 kilog. de houille : et 550 à 600 kilog. de Bidons produiront 530 à 580 kilog. de Languettes, le déchet étant de 3 pour $\frac{0}{0}$.

Les Languettes sont portées au Four à former les Semelles ; ce four carré a 4 pieds intérieurement en tout sens ; là, sur 2 grils placés l'un sur l'autre à 8 ou 10 pouces de distance, et faits de 3 à 4 gros barreaux de fer posés en travers du four, on met les Languettes 2 à 2, après les avoir préalablement trempées dans de l'eau détrempée avec de la glaise, pour les empêcher de se souder sous le marteau : chaque gril reçoit 6 à 7 paires de Languettes.

Les Languettes chauffées convenablement, on les porte sous un marteau pareil à ceux d'affinerie : là chaque paire de Languettes est élargie en recevant 70 à 80 coups par minute ; et on les bat 3 à 4 minutes jusqu'à ce qu'elles deviennent noires.

Toutes les Semelles finies, on les met à part pour les réduire ensuite en feuille.

Il faut, pour ce travail, 2 Maîtres qui, en se relayant, étirent les Semelles, et 1 Valet qui les trempe dans l'eau glaisée, les porte au four, et entretient le feu. Dans ce travail de 12 heures, on use 8 à 900 kilog. de houille ; on étire 650 à 700 kilog. de Languettes, qui perdent encore 3 pour $\frac{0}{0}$.

Les Semelles finies sont mises en paquets dits *Mains*. On met par Main 20 à 30 Semelles, suivant l'épaisseur, dans les Tôles moyennes, et jusqu'à 60 dans les Tôles minces.

Les Mains sont placées dans un four à réverbère chauffé à la houille, mais par les côtés seulement ; la flamme qui s'étend sous la voûte le chauffe en tout sens. Le four peut recevoir 4 à 6 Mains dans sa largeur, et même davantage, suivant leur plus ou moins de dimension.

Lorsque les mains sont suffisamment chaudes, le Valet retire la première, le Maître Platineur la prend avec des pinces et la traîne sous le gros marteau ; là elle est battue et étirée dans sa largeur. A chaque 2 ou 3 coups, le Valet, avec un balai, nettoie la feuille supérieure des ordures que le fer rejette ; on passe ensuite cette feuille sous la Main pour que chacune vienne à son tour immédiatement sous le marteau. Ce marteau bat environ 80 coups par minute, et la *Main* est battue de 5 à 7 minutes.

Ce travail fini, et les *Mains* étant encore chaudes, on les porte sur une Table de fonte, où on sépare chaque feuille l'une de l'autre.

On brûle à ce Four, dans un travail de 12 heures, 1000 kilog. de houille : on y étire 800 kilog. de feuilles, qui ont perdu à ce travail 5 pour $\frac{0}{0}$.

On coupe ensuite ces feuilles aux dimensions prescrites, si c'est une commande, au moyen de Cisailles que l'eau fait aller, et il y a alors $\frac{1}{7}$ de perte ; ou on les coupe le moins possible, si c'est pour le commerce, et alors le déchet est de $\frac{1}{6}$ du poids. Mais on revend ces rognures 16 francs les 100 kilog. : on les recherche pour les acieries et pour les affineries, où elles donnent de la douceur au fer.

On pèse les feuilles cisaillées ; c'est sur leur poids qu'on paye les ouvriers.

Le salaire des ouvriers par 1000 kilog., est de

20 fr. pour les grosses Tôles servant de platines de salines ;
40 fr. pour les Tôles de 1 lig. à $\frac{3}{4}$ lig. ;
60 fr. pour les Tôles de $\frac{1}{2}$ lig. et au-dessous.

NOTES *sur les Fonderies du Creuzot, en* 1790.

Consommation et Produit d'un haut Fourneau durant une année.

Rapport de la houille convertie en Coal, 9 à 4, à-peu-près.	Charbon brut employé.	12 456 969 liv.
	Poids de ce Charbon converti en Coal.	5 997 800
	Ces 5 997 800 livres font 92 273 Rasses à-peu-près; la Rasse est de 65 livres.	

		liv.	sols	d.
Prix du Charbon employé. Ce prix est porté au plus haut : C'était un tems de travail extraordinaire.	12 456 969 livres Charbon brut, à 3 liv. 10 sols le millier.	43 569	10	»
	Désouffrement de 92 273 Rasses, à 1 sol 6 den. la Rasse, pour sa conversion en Coal.	6 923	»	»
	TOTAL. . .	50 522	10	»

		liv.	sols	d.
Mines de Fer ne rendent que 20 p. $\frac{0}{0}$.	3021 Queues $\frac{1}{2}$ de Mines de Chalencey, à 10 liv. 16 s. 3 den. la queue.	32 669	19	4
	1947 — de Chalancey en roche, à 8 livres.	14976	»	»
	1596 — de la Pature, à 6 liv. . . .	9 576	»	»
	125 $\frac{1}{2}$ — de Corpeau, à 8 liv.	998	»	»
	85 — de Tortecelle, à 10 liv. 16 s. 4 den.	918	»	»
La queue pèse 1500 liv.	6774 queues consommées dans l'année, valant.	59 139	0	7

		liv.
Ouvriers.	Fondeurs et Chargeurs.	2 820
	Gardien de la Machine.	720
Frais divers.	Enlèvement des Laitiers.	1 440
	Entretien et réparations des Machines et Chaudières.	1 000
	Rétablissement du Fourneau.	2 000
Charbon.	1 million 80 milliers de Charbon pour la Machine soufflante.	3 780
		11 760

Dépenses, 121 421 liv. 10 sols 7 den.

2 078 825 liv. qui ont coûté 121 421 liv.; ainsi le millier de fonte de fer est revenu à 58 liv. 8 sols 1 den.

Observations.

Le Charbon brut n'est souvent revenu qu'à 2 liv, 10 sols le millier, et si la mine est exploitée par un homme capable, il ne doit pas coûter plus à l'entreprise actuelle.

En 1792, le prix de la fonte est revenu à 69 liv. 6 den., mais on avait alors des dépenses extraordinaires que les entrepreneurs actuels ont évitées depuis.

Aux forges de Hayanges, on employait la même mine (oolites) qu'au Creusot, pour les fontes propres aux Projectiles, et on chargeait les Fourneaux pour les coulées d'un mois, de 298 590 liv. de mines oolites semblables à celle de Chalencey; au Creusot, 100 640 liv. ou 1 tiers de mine hématite de bonne qualité, et pareille à celle que les entrepreneurs du Creusot peuvent tirer par le canal de Saône et Loire.

En employant du BON COAL au Creusot, on doit avoir de bonnes fontes de fer pour les Projectiles, en y employant 1 quart en mines de la Comté.

Les mines du Creusot ne rendent que 20 pour 100 de fonte, mais avec l'alliage d'1 quart à 1 tiers des mines de la Comté, on obtiendra plus de fonte avec la même quantité de Charbon, si les fourneaux sont bien conduits et servis en COAL DE BONNE QUALITÉ.

Il faut déduire sur le prix de la mine de Comté, celui de la mine de Chalencey, qu'on supplée par une mine plus riche en fer.

Prix des Fers coulés du Creusot en 1791.

Le millier en canon fini et reçu coûtait. . .	200 livres.
Le millier de lest pour la marine.	100
— en boulets.	200
— en tuyaux et en poids.	150
— en chassis de fonte pour canon.	200
— en fourneaux.	160
— en marteaux.	120
— en cylindres.	180
— en plaques.	128
— en pièces diverses.	180

Tous ces objets, les canons exceptés, ne revenaient pour tout qu'à 125 liv. le millier.

Le prix de la Fonte coulée en diverses pièces, sauf le canon et les pièces extraordinaires, ne doit revenir que de 40 à 50 liv. le millier, au dessus du prix de la fonte brute ou en gueuse.

Détails sur les Ouvriers et les Employés du Creusot.

(En traitant les Mines de fer avec le Coal).

1 Commis pour le service du haut fourneau et le désouffrement du Charbon à. . . .	1000 fr.	2800 fr.
2 Fondeurs à 40 francs par mois l'un. . . .	960	
2 Chargeurs à 35 francs par mois l'un. . . .	840	

L'on coulait plus de 2 millions de Fonte (gueuse) par an, avec un haut fourneau de 39 pieds de hauteur sur 10 $\frac{1}{2}$ de largeur au ventre : ainsi la façon du millier de fonte était environ de 28 sols.

Pour 1 premier mouleur à 75 liv. par mois, plus son logement et chauffage.	900 fr.	3400 fr.
4 mouleurs ordinaires à 40 francs.	1900	
2 manœuvres à 20 ou 25 sols par jour, et 25 jours de travail pour préparer les sables; par mois.	600	

Détail du Moulage d'un mois.

	liv.	sols	d.	liv.	sols	d.
Gages de 5 ouvriers par mois.	283	9	8	1687	13	10
20 milliers de fonte brute à 60 liv. 19 s. 2 den. le millier.	1219	3	4			
28 tonneaux de sable de moulage. . .	49	14	»			
$\frac{1}{4}$ de tonnes de charbon de bois pilé. .	1	10	»			
2 bottes de paille.	»	12	»			
1 corde de bois pour chauffer les poches, à 7 liv. 10 sols.	7	10	»			
1 liv. et $\frac{1}{2}$ d'huile pour les grues. . . .	2	2	»			
8 tonneaux de sable de sol pour. . . .	5	16	»			
2200 liv. de charbon pour le chauffage des ouvriers.	69	7	10			
Pour les burineurs.	48	12	»			

Produit pour le Commerce.

Les coulées pour le Commerce produisirent en diverses pièces 15500 liv. de fonte.

Ces 15500 liv. ayant coûté, suivant le détail ci-contre, 1687 liv.

13 sols 10 den., il en résulte que ces Fontes coulées sont revenues à 108 liv. 17 sols 5 den. $\frac{1}{31}$ le millier.

NOTA. Si les Ouvriers étaient à un prix fixe déterminé par millier pour le moulage, ainsi qu'on fait pour les autres fonderies, et comme vraisemblablement on l'a établi au Creusot, la Fonte moulée en projectiles ne devrait revenir au plus qu'à 115 francs, comme on va le faire voir.

Fonte brute.	60 francs.
Façon du millier pesant de projectiles (estimation moyenne).	45
Frais d'impositions et de menus détails, par millier.	15
Valeur du millier. . . .	120 francs.

Et cependant les propriétaires la font payer 180 fr.

Prix du Charbon de terre au Creusot et à Blanzy.

Quantité de Charbon, extraite en 1791. 54 324 000 livres.

Dépenses faites dans les Mines durant cette année.	158 310 liv.
On donnait au propriétaire, 5 sols par millier extrait.	13 581
TOTAL. . .	171 891

Qui divisé par 54 324 000 liv., donne 3 liv. 3 sols 3 den. pour le prix du millier.

NOTA. Les Mines étant bien exploitées, le charbon ne doit pas revenir au-delà de 2 liv. 10 sols le millier, et de 3 liv. au plus, lorsqu'on est en travaux extraordinaires pour la recherche.

Consommation du Charbon faite au Creusot pendant un mois.

Le charbon mêlé de gros et menu était vendu 5 liv. à 5 liv. 10 sols le millier; ce qui revient à 15 et 16 liv. voie de Paris (pris sur la place).

La Fonderie et Fourneaux.	3 840 000 liv.
La vente au public.	267 000
La Verrerie.	420 000
Total du poids. . . .	4 527 000 liv.

On a donné ces détails sur cette localité, pour aider ceux qui voudront prendre des renseignemens ultérieurs, parce que cet établissement serait d'un grand secours par sa position centrale, si en effet on était sûr des bons produits, et qu'ils fussent à un prix raisonnable.

NOTES.

1 Fourneau de grande dimension produit 1600 milliers de Fonte par an.

3 Feux, dont 2 d'affinerie, 1 de chaufferie et un gros marteau, fabriquent par année 800 milliers de fer à canon ou bâtard à fendre.

1 Platinerie avec un feu de renarderie et un gros marteau, fabriquent par année 150 à 200 milliers.

1 Fenderie peut fendre 12 à 1500 milliers de fer par année.

Lorsqu'il faut 5 mesures quelconques pour 1 millier de fonte, il en faut 8 pour 1 millier de fer forgé.

Pour fabriquer 1 millier de Fer forgé, il faut 1500 liv. de Gueuses et 1 Banne de charbon de bois mêlés, chêne, hêtre, charme, pesant 1600 liv., car c'est la Banne de charbon de chêne qui pèse 2450 liv. et jusqu'à 2560. Dans les Ardennes, il faut $\frac{1}{9}$ de charbon de moins. (Dans quelques pays, 2000 liv. gueuse donnent 1500 liv. fer).

Les Fourneaux se chargent 12 fois par 24 heures, c'est-à-dire, de 2 en 2 heures.

Pour les proportions de la castine et du charbon, voyez p. 367.

Il faut 7 hommes pour le service d'un Fourneau... 1 Maître Fondeur et son second.... 1 Maître Chargeur et son second... 1 Chargeur de mesures de charbon... 1 Briseur de mines... 1 Enleveur des laitiers... Il faut quelques manœuvres pour les soins imprévus.

La méthode française pour faire le Fer, se fait à 2 feux, c'est-à-dire, dans 2 Forges différentes. Dans la première, qu'on nomme *Affinerie*, la Gueuse est réduite en fusion ; on en fait une Loupe de 150 livres, qu'on y réduit en *Pièce*, ayant la forme d'un parallélipipède de 110 livres pesant. Dans le second feu, qu'on nomme *Chaufferie*, on étire les subdivisions de la Loupe. Par la méthode allemande (*voyez page* 369), on achève ce travail dans une seule affinerie.

Il faut 3 hommes par Affinerie, par Chaufferie et par Fenderie, 1 Maître, 1 Garçon, 1 Goujat.

Les Martinets des Chaufferies pèsent 180 liv.

La Méthode Française consomme plus de charbon : 2 Affineries fournissent autant de fer qu'une Affinerie et 2 Chaufferies.

Les Renarderies sont à-peu-près des Chaufferies où on remet en fer les ferrailles. Le charbon de sapin est le meilleur qu'on y puisse employer.

Dans la méthode à la Catalane de faire le Fer, on grille en général là mine dans une enceinte de 18 pieds sur 12 de large et 6 de haut. On y fait une couche de bois de branchage de 18 pouc. ;

on met la mine par-dessus, puis un lit de charbon de sapin... La mine perd $\frac{1}{4}$ de son poids, puis on la bocarde.

On la met au feu de Forge : 1200 liv. mine consomment un sac rond de charbon de 2 pieds de diamètre et de 4 de hauteur.

Chaque Forge a 8 ouvriers, se relayant par moitié de 6 en 6 heures ; il y a 1 neuvième ouvrier pour les petites manœuvres. Au bout de 6 heures, la Loupe est formée ; on l'aplatit, on la coupe en 2 Lopins qu'on étire, réchauffe, met en barres l'un après l'autre, et durant ce tems, on fait une autre Loupe au même feu.

Ces Loupes donnent de l'acier et du fer de deux qualités, qu'on sépare en faisant les barres.

En Corse, on traite à la Catalane les mines de l'île d'Elbe, dans de petites forges, avec 4 hommes.

L'Acier se corroie à Siégen avec du charbon de pierre. (C'est de Siégen que le Klinghental tire ses aciers). En Styrie, on le corroie au charbon de bois ; mais il y a plus de déchet, à cause du contact qu'il faut qu'il ait avec le fer pour le chauffer. Il faut l'affiner avec du charbon de hêtre ou de charme tant qu'on peut, sur-tout pour les dernières chaudes.

Le Charbon de Bois enfermé mouillé perd de sa qualité.

Le Charbon de terre doit être renfermé dans un magasin ni trop humide, ni trop aéré : dans le premier, il se corrompt ; dans le second, il s'évente : si on le tient à l'air, il faut le garantir du soleil, en le couvrant de planches.

Par Marché du 12 avril 1775, dans le département du Doubs, on payait 56 fr. le millier de fers coulés rendu à Besançon : le 18 mai 1776, on les porta à 76 fr.

Par Marché du 11 décembre 1774, on payait les Essieux 450 fr. le millier.

En 1785, les mêmes Entrepreneurs, en Franche-Comté, demandant une augmentation, offrirent les fers coulés à 105 fr. le millier. Ils ne coûtaient alors que 77 fr. dans le pays Messin. D'où vient la différence prodigieuse de ces prix, jadis égaux ?

On s'est élevé contre les Devis faits comme les précédens, et on a dit : On ne peut avoir des données certaines, parce que ceux à qui vous les demandez, et qui peuvent les donner, ont intérêt à vous tromper. Vouloir prendre des renseignemens, c'est vouloir rassembler des erreurs ; distinguer les grandes variables des données *constantes*, n'est pas une marche plus certaine. (On ne voit point de *constantes* dans les données d'un Devis, car main-d'œuvre, prix de mine, de charbon, déchets, transports, etc., tout est variable). Le prix des Bois ne gradue pas celui des Fers ; mais au contraire, plus on aura de Fers à fabriquer, plus les Bois seront chers... Il ne reste qu'une manière de baser les prix, c'est de graduer leur augmentation et leur diminution sur le prix commercial (car c'est la boussole du fabricant), observant que le Gouvernement payera toujours plus cher. Ainsi divisez vos Fers forgés en 5 classes, suivant la difficulté qu'on a à les fabriquer, la cinquième sera celle des Fers les plus difficiles : prenez pour régulateur le prix d'un bâtard de fer fort : augmentez ce prix de 10 pour % pour la première classe ; de 20 pour % pour la seconde ; de 30 pour la troisième ; de 35 pour % pour la quatrième ; de 40 pour % pour la cinquième (1)... Prenez le prix du gros fer tendre pour le régulateur des Fers coulés ; ce prix est à celui de sa Fonte dans le rapport de 3 à 1 : ou prenez le prix du gros fer fort qui est à celui de sa fonte comme 14 est à 5. Ajoutez, pour les Projectiles creux, 10 pour % pour poches cuites de noyaux, entretien de chassis... La fonte surcarbonnée pour les affûts à mortier, sera au prix du gros fer fort, comme 3,032 à 7... Pour estimer le Battage des Boulets, on sait qu'on bat 400 boulets de 24 en 24 heures, et 100 de plus progressivement des calibres inférieurs, ou enfin terme-moyen, 650 boulets en 24 heures, pesant 6466 l. On sait qu'il faut 2,60 cordes de bois pour les chauffer, et 10 ouvriers, faisant le calcul pour un millier ; on y ajoutera 10 pour % pour l'entretien du four, des outils et pour les rebuts... Pour les Balles de fer battu, on ajoutera au prix du gros fer pour balles de 12, et au prix du bâtard préparé pour Balles de 6, dont on fera un prix moyen, le prix de fabrication... Enfin l'officier qui propose ce mode dont on vient de donner le précis, le termine par cette réflexion : « C'est ainsi qu'employé par le Gouvernement, » j'ai toujours plaidé la cause du fabricant, quand il y avait lieu, » et j'ai cru en cela servir les intérêts du premier : quand on commence par être juste, on se met en droit d'exiger le réciproque, » sans exciter le murmure ». On n'a rapporté cette réflexion que pour tenir en garde contre les idées de cet Officier, qui plein d'esprit, d'imagination et de connaissances, se laisse toujours entraîner par l'esprit de système. Je crois cependant qu'il trouverait fort mauvais, s'il avait un procès, que son avocat ne plaidât qu'en faveur de son adversaire. Le premier des devoirs, sans doute, est d'être juste ; mais le Gouvernement ne l'est-il pas, en donnant à un entrepreneur le prix des matières qu'il emploie, le prix de main-d'œuvre des objets qu'il confectionne, et le 20 pour % de cette dépense pour son profit et frais d'avances, d'établissemens ? Certes, les autres entrepreneurs du Gouvernement, lorsqu'ils ont l'intelligence de leur métier, se trouvent fort bien de ce mode.

Ce mode qu'on propose est en opposition perpétuelle avec luimême ; on est obligé, pour le suivre, de rentrer sans cesse dans

---

(1) On ne risque rien d'augmenter ainsi le prix des Fers difficiles, parce que le fabricant n'aime pas à les faire ; et que si pour un équipage de campagne il faut 500 milliers de fer, il en faut 303 de la première ; 120 de la seconde ; 58 de la troisième ; 16 de la quatrième et 3 de la cinquième.

l'autre. Car on dit : Prenez le prix commercial de tel Fer pour régulateur ou base de prix ; ajoutez-y 10, 20, 30, 35, 40 par % pour former le prix des 5 classes de Fer forgé : au prix de la fonte d'où on le tire, ajoutez le prix de fabrication des Projectiles, vous aurez le prix des Fers coulés, etc... Sur quoi établit-on ces augmentations ? N'est-ce pas sur la durée de la main-d'œuvre, sur la valeur des journées des différentes espèces d'ouvriers qu'on emploie ? A-t-on des données plus certaines sur cette valeur que sur celle des matières ? Ne faut-il pas l'établir sur des observations bien faites ? On rentre donc dans le premier mode pour une partie ; pourquoi ne pas y rentrer en totalité ?

Ce prix régulateur varie sans cesse, non à cause de la valeur du Fer, mais à cause de la concurrence : le prix des Bois aurait beau ne pas varier, dès qu'il y a beaucoup d'acheteurs, le vendeur hausse le prix des Fers : s'il n'y a pas d'acheteurs, il le baisse, parce qu'il faut qu'il vende, il a besoin d'argent : il faut donc que les prix du Gouvernement dépendent de la mauvaise spéculation des acheteurs ou des vendeurs, abondant mal à propos sur un point. C'est là la raison qui fait que le Gouvernement paye moins cher depuis 10 ans (sauf quelques numéros de Fers mal classés), parce que le fabricant ne court pas avec lui cette chance ; qu'il a un marché sur lequel il compte ; qu'on ne varie pas sur de petites hausses ou baisses de bois ou d'autres dépenses, et sur-tout parce qu'on le paye régulièrement après ses livraisons, au lieu qu'à une Foire avec des acheteurs, auxquels il est forcé de vendre, il vend à 6 mois, 1 an, 18 mois de terme.

On croit donc qu'il ne faut pas changer le mode des Devis, mais qu'il faut suivre les ouvriers dans leurs travaux sans paraître le faire : recommencer souvent ses observations, les étendre sur les bons, les médiocres, les mauvais travailleurs, pour asseoir, d'après le tems qu'ils emploient à tel ou tel ouvrage, le véritable prix moyen de la main-d'œuvre ; qu'il faut prendre de même des informations sur les achats de bois, de minerais, sur le prix des transports ; ne pas s'en tenir au dire des intéressés, mais comparer les différens aveux, pour en tirer un résultat positif. Tout cela n'est pas l'ouvrage d'un jour ; mais si les Officiers avaient bien observé depuis le premier jour qu'on les a invités à le faire, s'ils eussent transmis leur résultat à leurs successeurs, on en aurait de plus certains, et les Devis seraient plus justes.

OBSERVATIONS

Relatives à la Fabrication et réception des Fers coulés, etc.

Projectiles.

BOULETS.

On a donné, page 504, le diamètre des Lunettes et des Cylindres servant à la réception des Boulets.

Page 524, celui des Lunettes pour les Bombes, Obus et Grenades, ainsi que le poids de ces Projectiles.

Page 486, la longueur et l'inclinaison des Cylindres servant à vérifier les Boulets : le poids de ces Projectiles : la variété permise dans les dimensions, la profondeur des cavités ou chambres tolérées, et de celles qui font proscrire les Boulets, Bombes et Obus.

NOTA. Observez que dans les grandes Tables imprimées, tome III, pag. 194, il y a une faute essentielle sur le poids des Boulets, qui n'est point mentionnée à l'errata : après avoir porté le poids du Boulet de 12 à 12 livres 1 once, il porte celui de 8 à 8 liv. 8 onces, etc.

La Fonte pour Boulets, Bombes et Obus, ne doit être ni blanche, ni noire, mais grise, mais truitée ou mêlée. Lorsqu'on s'apperçoit que la Fonte devient blanche, faites couler en gueuse; et de peur qu'elle ne blanchisse sans qu'on s'en aperçoive, faites couler en gueuse chaque Fourneau tous les 7 jours, pour vider et nétoyer le creuset.

Ne laissez jamais mêler aux mines des fourneaux, des jets ou autres matières coulées, pour se refondre avec elles.

Vérifiez souvent les coquilles servant au coulage des Boulets, avec des rondelles à cet effet, et réformez les coquilles fendues, agrandies, défectueuses. Vérifiez les moules des coquilles.

Les Boulets doivent être coulés ronds, sans mâchures ni bavures, et ensuite chauffés dans un Four, à un feu de bois; lorsqu'ils ont passé la couleur rouge cerise, ou atteint la nuance blanc de lune, ils sont battus sous un marteau, du poids environ de 120 livres, pour le calibre de 24... de 80 liv. pour celui de 16... de 60 liv. pour celui de 12... de 50 liv. pour celui de 8... de 40 liv. pour celui de 4. Observez que ce poids peut varier suivant la dureté et la qualité de la Fonte.

Chaque Boulet reçoit au battage 120 coups; il doit en sortir lisse et uni, la couture effacée, sans aspérité quelconque qui puisse blesser la Pièce de canon (1).

Empêchez que les batteurs ne trempent dans l'eau les Boulets encore rouges; permettez seulement, sur la fin du battage de chaque Boulet, d'y jeter de l'eau avec un aspersoir, alors qu'on achève de le battre, afin de le rendre plus net.

Réception des Boulets.

Toutes les vérifications de réception de Fers coulés et autres doivent être faites dans les Arsenaux, et les rebuts renvoyés aux Forges, aux dépens des Entrepreneurs. Cette mesure n'a aucun inconvénient : celle de les faire dans les Forges en a beaucoup. Les Entrepreneurs seront plus attentifs à faire bien fabriquer, et ils pourront, en faisant des vérifications préliminaires, s'épargner les frais de renvoi des rebuts.

Faites précéder toutes les réceptions de la vérification des instrumens qui doivent servir à les faire. En conséquence, avec la table des dimensions des Lunettes sous les yeux, et la règle à double équerre graduée, vérifiez les rondelles, avec lesquelles vous vérifierez ensuite les Lunettes; au moyen de cette double équerre et du compas à verge, mettez l'étoile à pointes mobiles, aux différentes divisions marquées sur les coulisses, qui portent les pointes, pour les 2 Lunettes et le Cylindre de chaque calibre, et avec l'étoile, vérifiez de nouveau les Lunettes, puis le Cylindre.

Placez le Cylindre sur sa table, qui doit lui donner la pente de 2 pouces qu'on a fixé qu'il devait avoir. Retournez souvent ce Cylindre durant la vérification des Boulets, pour ne pas l'user dans un sens plus que dans un autre.

Présentez la grande Lunette sur chaque Boulet, dans plusieurs sens; refusez-le s'il se refuse de passer dans un quelconque.

Présentez de même la petite Lunette sur chaque Boulet, et rebutez-le s'il passe dans un sens quelconque.

Examinez chaque Boulet, comme on a dit page 486.

Faites passer chaque Boulet dans le Cylindre, rebutez-le s'il s'y arrête par sa fonte, et repoussez-le vers le côté par où il est entré, avec un manche d'outil en bois, pour ne pas offenser la paroi intérieure du Cylindre.

---

(1) Ces soins que l'on prescrit prouvent assez le vice des Boulets coulés en sable, dont la surface limeuse dégrade en peu de coups l'ame du Canon. On pense aujourd'hui différemment, et on prétend faire en sable des boulets aussi lisses qu'en coquille.

On pèsera $\frac{1}{10}$ des Boulets reçus, pris au hasard : s'ils n'avaient pas le poids qu'ils doivent avoir, ayant les dimensions, ce serait une preuve que la Fonte n'en vaut rien, qu'il y a de grandes chambres intérieures, il faudrait rebuter ces Projectiles.

Si $\frac{1}{10}$ des Boulets se trouvaient trop petits, mais de très-peu, et bien conditionnés d'ailleurs, tolérez que ce $\frac{1}{10}$ soit chauffé, puis refroidi dans le frasil, ce qui leur donnera un peu plus de grosseur; mais ne tolérez cette opération que deux fois au plus sur chaque Boulet.

Bombes et Obus.

Les Bombes et Obus doivent être coulés ronds, sans bosses, creux, mâchures ni bavures; leur lumière est allezée à froid; le jet et la couture formée par la jonction des chassis, seront abattus avec le ciseau à froid, de façon que la lumière soit nette et bien rondement évidée, suivant les dimensions, et que le jet et la couverture soient à l'uni de la Bombe.

Voyez, page 486, les Causes de rebut.

Dans le Moulage des Bombes et Obus, ayez attention de faire multiplier les évents, afin d'éviter les soufflures, sur-tout au pourtour intérieur et extérieur des lumières et des anses. Dans les réceptions définitives, visitez ces parties scrupuleusement : celles autour de l'œil ne s'aperçoivent souvent qu'en les recherchant au marteau, sur-tout dans les Bombes de 12 et de 10 pouces.

Les Bombes et Obus doivent passer dans la grande Lunette sous tous les sens, et sous aucun dans la petite : et les Obus doivent de plus rouler dans le Cylindre, qui n'aura que 1 pouce de pente.

Les anses sont formées en mentonnet de la même matière que la Bombe; chaque mentonnet embrasse un anneau mobile de fer forgé.

Les variations tolérées sur l'épaisseur des parois, d'après la table des dimensions, n'auraient plus lieu si le nombre des Bombes, dans ce cas, excédait $\frac{1}{10}$ du total à fournir; c'est à l'ouvrier d'arriver à l'égalité d'épaisseur, en faisant bien ses noyaux, en les séchant et en les fixant de manière à n'être pas ébranlés lors du coulage.

A la page 488, il y a une note sur la forme prescrite pour le culot de l'Obus, qui doit être rectifiée comme il suit. Dans l'Obus de 6 pouces, le culot ne doit point être coupé carrément comme aux autres Bombes et Obus, mais former une courbe concave, dont chaque extrémité ne montera pas plus haut contre les Parois, que ne monterait la ligne droite, s'il était coupé carrément.

Si la diversité des Fontes exigeait dans quelques Forges des épaisseurs plus ou moins fortes que celles qu'on a prescrites dans les Tables, on tolérera les mêmes variations.

Les officiers doivent suivre assidument le travail des Forges, pour s'assurer :

1°. De l'exactitude du mélange des Mines reconnues propres à telle ou telle fabrication.

2°. De la proportion uniforme entre ces Mines, les fondans et le charbon; proportion assignée d'après des observations sur le produit des Fourneaux.

3°. De l'attention des ouvriers à suivre les procédés reconnus bons, et à donner les dimensions précises; et ils doivent rebuter à la Forge même ce qui pécherait par la qualité de la matière, l'inexactitude des formes, ou par autres défauts certains.

Réception.

Les Bombes présentées à la réception doivent être ébarbées, c'est-à-dire, avoir le jet et la couture effacés, et être vidées et dégagées de tout le sable qui les environnait, tant intérieurement qu'extérieurement.

Assurez-vous par l'examen, que les Bombes n'ont point de soufflures au-dehors, qu'elles ne sont point graveleuses; et les frappant avec un marteau, vous reconnaîtrez au son si elles ne sont point fendues intérieurement.

Vérifiez par les 2 Lunettes ou Passe-Bombes le diamètre de chaque Bombe : elle doit passer dans l'une et non dans l'autre.

Avec le vérificateur du Culot, examinez si ce Culot a son épaisseur prescrite, et si les 2 mentonnets sont bien placés... Ce Vérificateur est une petite verge en fer, divisée en lignes, ayant une branche transversale mobile, formant avec elle une croix; on le plonge verticalement dans la Bombe par l'œil : la branche transversale et les divisions font reconnaître l'épaisseur du Culot, et la transversale doit porter à la fois sur le bord de l'œil et sur les mentonnets.

Avec le Vérificateur de l'œil, examinez si les diamètres intérieur et extérieur de l'œil ont la grandeur qu'ils doivent avoir... Ce Vérificateur est composé de deux petits plateaux en fer ou acier de 2 lignes d'épaisseur, joints par une petite tringlette de fer qui passe par leur centre; ces 2 petits plateaux sont parallèles, et à 2 ou 3 pouces l'un de l'autre; l'un a le diamètre intérieur, et l'autre le diamètre extérieur de l'œil de la Bombe.

En passant le doigt dans l'intérieur de l'œil, reconnaissez s'il n'y a ni fentes ni soufflures.

Il faut marteler fortement le tour de l'œil des Bombes et Obus, pour faire ouvrir les fentes et découvrir les chambres, car il s'y en trouve souvent en cet endroit. Il faut vérifier la ténacité que doit avoir le métal, en essayant d'en faire éclater quelques-uns avec la charge fixée à cet effet. Trop de résistance et de faiblesse dans la fonte sont des défauts.

Avec une petite verge de fer, au bout de laquelle sont 2 petites branches aussi en fer parallèles entre elles, à la distance de l'épaisseur que doit avoir la Bombe à l'œil, et perpendiculaires à cette verge, vérifiez si la Bombe a autour de l'œil l'épaisseur qu'elle doit avoir.

Enfin, avec le double compas courbe, qu'on nomme compas d'épaisseur, et un échantillon qui est un petit plateau de fer coupé à crans droits, et donnant la dimension précise de l'épaisseur de la Bombe, et la limite en plus et en moins qu'on peut tolérer; vérifiez vers la couture, à 4 points différens au moins, si la Bombe a l'épaisseur qu'elle doit avoir.

Les Mentonnets, à égale distance de l'œil, doivent, comme on a dit, aboutir à la tangente de la Bombe à l'œil, jamais au dessus d'elle, et peuvent être $\frac{1}{2}$ ligne plus bas.

L'anneau qui est dans chaque Mentonnet est de fer forgé, et la partie qui passe dans ce Mentonnet est aplatie.

Les Obus n'ont point de Mentonnets, et leur vérification est semblable à celle des Bombes, excepté qu'en outre on les fait rouler dans un Cylindre ayant 1 pouce de pente.

On termine la réception par la pesée de $\frac{1}{10}$ des Bombes ou Obus qu'on reçoit, en les prenant au hasard, et les pesant par 10 ou 20 à la fois, pour s'assurer que chaque Projectile est dans la limite prescrite des poids.

L'estimation du procès-verbal sera faite sur le poids moyen.

Pour le moulage des Projectiles, il faut régler toutes les dimensions sur le moyen arithmétique des dimensions en plus et en moins fixées par les Tables.

Réception des Balles de Fer battu, pour Cartouches à Canon.

Page 540, sont les dimensions des Lunettes.

Les Lunettes sont doubles; pourvu que la Balle passe dans un sens à travers la plus grande, et ne passe pas dans l'autre, elle sera reçue.

On les pèse ensuite.

Des Flasques de Fer coulé pour Mortiers.

Les Flasques de Mortier doivent être d'une Fonte grise, facile à forer, et tenace.

Il est nécessaire de bien choisir les Mines, d'en tâtonner le mélange, et de le déterminer par des épreuves réitérées, avant d'y avoir pleine confiance, et de faire une commande considérable de Flasques. Par exemple, les Mines de Kreutzwald et de Hombourg près Saint-Avold, sont très-bonnes pour faire des Flasques; et celles d'Hayanges près Metz, quoique mélangées, n'ont jamais réussi.

Les Flasques doivent être coulés avec des Masselottes longues et très-fortes, et il faut agiter la matière dans le moule, lors de la fusion, pour faire remonter les crasses et éviter les soufflures.

On donne aux Flasques les dimensions prescrites dans les Tables: seulement on a jugé nécessaire d'augmenter la hauteur de celui pour Mortier, de 8, de 6 lignes, et son épaisseur de 3 lignes. (Approuvé par le Ministre, le 14 février 1792.

Réception.

L'assiette du Flasque doit être bien unie, la brisure de la Masselotte bien effacée. Il ne doit s'y trouver ni cavités, ni fentes, ni enfonçures, et être bien dressés. Toute cavité masquée fera mettre le Flasque au rebut.

Vérifiez si les Flasques ont les dimensions prescrites par les Tables, au moyen d'un patron ou gabarit.

Les trous pour les Boulons d'assemblage doivent être forés à froid dans les Arsenaux par les ouvriers d'Artillerie, et on s'assurera, par l'inspection et le maniement des copeaux provenans du forage, que la Mine est grise, douce, onctueuse, pour ainsi dire, et de la qualité qu'il faut.

Les Flasques reconnus bons par l'examen des dimensions, etc., et du forage, seront pesés, et le poids de chaque Flasque sera marqué sur l'épaisseur en arrière de l'encastrement des tourillons.

On choisira les Flasques les plus égaux en poids pour les assembler en Affût, et l'on mettra bien de niveau le fond du logement des tourillons.

Eprouvez les Affûts en les tirant 3 fois de suite avec leur Mortier respectif chargé à chambre pleine, le Mortier pointé à 60°, et l'Affût placé sur une plate-forme horizontale. (Décision du Ministre, du 14 février 1792).

Recevez ceux qui auront soutenu cette épreuve sans être dégradés; ceux qui manifestent des fentes, des cavités, sont rebutés et cassés sans indemnité pour les Entrepreneurs.

Tôles.

Réception.

Voyez page 478.

Essieux.

Réception.

Voyez page 140.

Fers plats, ronds, etc.

Les Fers ébauchés ayant tous de fortes dimensions, on les fabrique dans les Forges, où les gros marteaux ou martinets qui s'y trouvent mettent plus à même de bien redoubler, étirer et corroyer les Fers de forts échantillons. On fournit des modèles pour chaque Pièce, qui est ensuite mise à ses justes dimensions, et finie dans les Arsenaux. Comme presque toujours on fabrique deux pièces ensemble, on les sépare dans les Arsenaux avec la tranche à froid, et on voit à la cassure si la Pièce a été bien forgée, et si le Fer est de bonne qualité.

Les Fers platinés ou d'un petit échantillon, lorsqu'ils sont de bonne qualité, sont d'une contexture fibreuse qu'on appelle *nerf*, d'une couleur gris-plombée, et qu'on voit parfaitement à la cassure faite à froid. Les Fers d'un gros échantillon, soit plats, soit ronds, lorsqu'ils sont de bonne qualité, ne montrent à la cassure que peu ou point du tout de nerf, mais ils ont un grain fin et d'un gris terne; si le grain est gros, s'il y a des facettes plus ou moins larges, s'il est trop blanc, le Fer a été mal travaillé ou est de mauvaise qualité; et si l'objet auquel on le destine n'exige pas un travail de forge qui puisse l'améliorer, il faut le mettre au rebut.

Ainsi, il est d'usage pour la réception des Fers forgés à employer dans les Arsenaux, de séparer les Fers ébauchés en les cassant à froid avec la tranche et le marteau.

On vient de dire *séparer*, parce qu'ils sont ordinairement couplés: s'ils ne le sont pas, on les cassera vers le bout, et on exigera qu'ils soient fabriqués un peu plus longs. On s'assurera que ceux à talons sont bien soudés vers ces talons. Le Fer carré est éprouvé par le taraudage, et ensuite plié à coups de marteau sur la partie taraudée. Le Fer qui doit être soudé est éprouvé par le soudage : toute espèce de Fer s'éprouve en le changeant d'échantillon. On cassait autrefois jusqu'à $\frac{1}{7}$ des barres de fer à recevoir : il faut en casser encore de chaque espèce, (on les casse à froid aux longueurs nécessaires aux ferrures qu'on veut en confectionner) afin de juger à la cassure, de la qualité du Fer, et s'il est recevable.

Les Fers de bandage n'ont pas besoin de montrer du nerf; le grain fin et blanc annonce de la dureté, et c'est une qualité à rechercher pour cette espèce de Fer. Il est conséquemment d'une qualité inférieure, et doit coûter moins cher. On éprouve le Fer de bandage en y perçant des trous.

Quand on ne connaît pas encore la nature des Fers qu'on tire d'une Forge, il faut le faire travailler par des ouvriers, en faire divers essais pour voir s'il n'est pas cassant à chaud, à un point qui pût trop contrarier les travaux.

Dans la réception des Fers plats, on passe de 9 points à 15 points, sur les dimensions.

Dans celle des Fers platinés, un peu plus à cause de la difficulté de les faire.

Dans celle des Fers carrés, de 3 à 6 points.

Ces tolérances ne concernent point la longueur, qui est indéterminée.

Les Procès-verbaux de toutes les espèces de Fers qu'on reçoit, sont dressés par le Commissaire des guerres, certifiés par l'Officier chargé des détails de l'Arsenal, et le commandant des ouvriers, vérifiés par le Commissaire, visés par le Directeur; c'est sur ces Procès-verbaux, joints aux récépissés des gardes, que le Ministre ordonne les paiemens, d'après des prix fixés.

Le Procès-verbal doit spécifier les espèces de Fers, les épreuves ou vérifications de qualité, les poids, la quantité de rebuts dans les Fers coulés. Autrefois on cassait les Bombes de rebut, et on devrait le faire encore; car quel dommage en résulterait-il pour l'Entrepreneur? et qui sait si l'ouvrier qui travaille à la Pièce n'en masquera pas les défauts, et ne la lui donnera pas en compte de nouveau? De la conservation des Bombes rebutées, il ne peut donc résulter que des moyens de tromper l'Entrepreneur et le Gouvernement.

DES BOUCHES A FEU, etc.

VÉRIFICATION ET RÉCEPTION DES BOUCHES A FEU.

Vérification et Réception des Canons (1).

NOTA. On n'a point mis la figure des instrumens, parce qu'ils sont connus des Officiers d'Artillerie, etc.

Les Bouches à feu sont examinées trois fois, et éprouvées avant d'être reçues.

---

(1) On ne met plus de masse de lumière aux Canons, Obusiers et Mortiers; mais on met à froid des grains de lumière à tous les Canons, Obusiers et Mortiers.

Les Grains de Lumière doivent être posés en présence de l'Officier d'Artillerie surveillant de la Fonderie. Il faut que le canal de Lumière soit foré dans le centre du grain; que le grain soit exactement tourné et taraudé; que les filets de la Vis et de l'écrou se joignent parfaitement; que le bout du teton soit forcé dans son logement, et que l'extrémité de la Vis du côté du teton appuie exactement sur l'assiette qui se trouve formée par la différence des diamètres de la vis du teton à la naissance de celui-ci.

La Vis doit entrer aisément dans l'écrou jusqu'à ce qu'elle soit à 4 tours du fond; et pour lui faire faire ces 4 derniers tours, il faut employer 4 hommes, agissant avec toute leur force au bout d'une clef ou balancier de 5 pieds de longueur.

Par décision du 9 nivose an 5, on met aux Mortiers un Grain de Lumière comme aux Canons;

Mais comme la Console pour amorcer le Mortier gênait son placement, on l'y rapportait après avoir mis le grain; et dans le Tir la console se détache. On obviera à cet inconvénient en n'en mettant plus, et en retranchant du Mortier un onglet de métal, dont la partie large de son épaisseur aboutisse à 1 ligne au-dessous du trou de la lumière : on mettra de la poudre dans ce creux pour amorcer le Mortier.

Cet onglet, ayant 3 à 4 lignes de profondeur vers la lumière, ne doit pas empêcher les filets du grain d'être en entier dans l'écrou.

L'ame des Pièces est forée à 10 points de moins que son calibre avant l'épreuve : la chambre des Mortiers a 9 points, et l'ame des Mortiers en a 18.

Les Canons et Obusiers sont placés sur deux chantiers ; ils y sont inclinés de façon que la Bouche se trouve à environ trois pieds de terre.

Les Mortiers sont placés verticalement.

Les Bouches à feu sont tournées et finies extérieurement avant d'être présentées à l'examen ; elles ne conservent que l'excédant du bouton de la culasse, où se loge le pivot de la machine, quand on les tourne : on ne coupe cet excédant qu'après leur réception.

Première Visite des Canons.

On regarde dans les Canons, pour voir s'il n'y a pas quelques taches d'étain ou chambres : on se sert du crochet de fer recouvert de cire pour en connaître la largeur et la profondeur.

Cette visite se fait au soleil, avec le miroir ; et si le tems est obscur, avec une bougie allumée.

On tolère, avant l'épreuve, 1 ligne 11 points de profondeur dans l'ame, et 2 lignes à la surface.

On visite la surface extérieure pour découvrir s'il n'existe point de chambres, et on en tient note.

Le diamètre intérieur des Canons doit être, avant l'épreuve, de 10 points plus petit que leur calibre.

On tolère 2 ou 3 points en dessus et autant en dessous.

Après l'épreuve, on met ces Bouches à feu à leur vrai calibre, et il ne doit y rester aucun vestige d'enfoncement.

Il ne sera reçu aucune Pièce où il se trouverait des soufflures ou chambres depuis le fond de l'ame jusqu'au devant des Tourillons. (Décision du 4 brumaire an 11).

Les Canons seront tirés sous un angle de 45°., s'il est possible. (Décision du 22 messidor an 12).

Si le calibre excède de 4 points, le déchet est réduit à la moitié ; s'il excède de 5, le déchet est supprimé en totalité, et la pièce est reçue dans les deux cas.

S'il excède de plus de 5 points, la Pièce est irrévocablement rebutée. (Décision du 25 vendémiaire an 8).

Epreuve (1).

Les Canons sont portés au champ d'épreuve aux frais du Gouvernement ; ils sont montés sur des Affûts de leur calibre.

On les tire 5 coups à Boulets roulans ;

Ceux de Siége et de Place, à $\frac{1}{3}$ du poids de leur boulet ;

Ceux de Bataille, de 12 . . à 4 $\frac{1}{4}$ liv.
de 8 . . à 3
de 6 . . à 2 $\frac{1}{3}$ (4 coups).
de 4 . . à 2

Pour Montagne, de 3 . . 4 coups ; les 2 premiers à 1 liv.,
les 2 seconds à 1 $\frac{1}{4}$.

Ceux de 24 courts, 4 coups avec une charge de 10 liv., sans sabots, et à 10 points au-dessous du calibre. (Décret du 3 ventose an 12).

Les Charges sont logées dans des gargousses de papier : on met un bouchon de paille ou de foin sur la poudre et 1 sur le boulet, chacun refoulé de 4 coups.

Les Bouches à feu doivent être chargées en présence du Commissaire des fontes.

Seconde Visite.

Après le dernier coup, on bouche la lumière avec une cheville graissée ; on remplit d'eau l'ame du Canon, on la presse avec un écouvillon garni d'un sac à terre, et on en examine l'extérieur,

---

(1) Par l'ordonnance de 1732, les Canons étaient éprouvés à 3 coups.
Le premier, à la pesanteur du Boulet ;
Le second, aux $\frac{3}{4}$ idem ;
Le troisième, aux $\frac{2}{3}$.

Par l'ordonnance du 11 mars 1744, les Canons doivent être éprouvés par 5 coups, dont les 2 premiers aux $\frac{2}{3}$ du poids du boulet, et les 3 seconds à $\frac{1}{2}$ id.

Par l'ordonnance du 31 octobre 1769, les Canons doivent être éprouvés par 4 coups ;

Ceux de Siége et de Place, par 2 coups $\frac{1}{3}$ du poids du boulet, et par 2 coups aux $\frac{2}{3}$ idem ;

Ceux de Bataille de { 12 . . 2 coups à 4 liv. et 2 à 5 liv.
8 . . 2 coups à 2$\frac{1}{2}$ liv. et 2 à 3 liv.
4 . . 2 coups à 1$\frac{1}{2}$ liv. et 2 à 2 liv. }

Les Obusiers des 2 calibres, 5 coups à chambre pleine.

Les Mortiers de tous calibres, 4 coups à chambre pleine, dont 2 à 30°. et 2 à 60°.

sur-tout dans les environs des anses et de la masse de lumière ou du grain, pour découvrir s'il n'y a pas quelque filtration (1).

Si l'eau transpire autour de la masse de lumière ou du grain, le fondeur doit en mettre un autre, et le Canon subir une nouvelle épreuve.

Si le Canon fait eau dans quelqu'autre endroit de sa longueur, il doit être rebuté.

S'il fait du soleil, on examine l'ame avec un miroir; on recherche les chambres avec le chat, et on en vérifie la grandeur avec le crochet garni de cire.

La grandeur des chambres est notée de nouveau sur le tableau de la première visite.

Si les chambres ont plus d'une ligne 11 points de profondeur, le Canon est rebuté.

Si le soleil ne paraît pas, on se sert du chat et de la bougie pour cette seconde visite, et elle peut se faire à la fonderie.

Troisième Visite.

Cette visite a lieu après que l'ame du Canon a été mise à son diamètre exact.

On le calibre avec l'étoile mobile.

On tolère 3 points en-dessus, et rien en-dessous du calibre.

On ne passe rien pour les enfoncemens de Boulets et les coups de foret.

On en vérifie les longueurs intérieures et extérieures avec la verge de fer à croix.

On tolère 3 lignes en-dessus et 3 lignes en-dessous de la longueur totale.

On mesure la longueur des renforts et les moulures extérieures du Canon, avec un gabari ou un échantillon de fer qui en a le profil.

On passe 2 lignes de variation sur les longueurs des renforts, et on ne fait aucune difficulté sur la saillie des moulures.

On mesure la distance du devant des tourillons à l'extrémité de la plate-bande de culasse, avec la règle à anneau carré.

On ne passe rien sur cette longueur dans le même Canon, mais on tolère d'un Canon à l'autre 2 à 3 lignes sur la mesure prescrite par l'Ordonnance.

---

(1) On laissera l'eau dans les Pièces, qu'on tiendra verticalement au moins 8 heures, et jusqu'au lendemain, si le Directeur d'Artillerie le juge convenable; on couvrira l'orifice de la Pièce pour empêcher l'évaporation de l'eau, mais sans la boucher avec force, ce qui en arrêterait la filtration. (Décision du 22 messidor an 12).

On vérifie si les tourillons sont perpendiculaires au plan vertical qui passe par la lumière, en les supposant placés horizontalement; cela se fait avec 1 équerre de fer destinée à cet usage.

(Voyez la Table des Instrumens).

On ne passe aucune variation.

On examine avec les deux croix de bois à cylindre et par le moyen d'un fil, si l'axe des tourillons est bien placé.

On ne tolère aucune variation.

Cet examen doit se faire lors du tracé des tourillons à la graverie, en présence de tous les Officiers.

On vérifie si les tourillons ont le diamètre prescrit, avec une lunette de leur calibre.

On tolère 3 points en dessous, et rien en dessus.

On mesure leur longueur.

On tolère 1 demi-ligne de variation.

La saillie des embases se mesure en présentant devant les tourillons la règle de fer destinée à cet usage.

On tolère 3 points de variation.

On examine si le plan des embases est dans la direction d'un fil présenté contre l'embase, du côté de la la volée, et rasant la plate-bande de la culasse.

Point de variation.

Diamètres à mesurer avec la règle à crans:

- A la plate-bande de culasse.
- A la lumière.
- A la fin du premier renfort, derrière la plate-bande.
- A la naissance du renfort.
- A la fin du deuxième renfort, derrière la plate-bande.
- A la naissance de la volée.
- A l'astragale du collet contre le réglet.
- Au plus grand renflement du bourlet.
- Au vif de la bouche.
- Au plus fort du bouton et au réglet de la culasse.
- Au collet du bouton.

On passe 1 demi-ligne de variation sur tous ces diamètres, soit en dessus, soit en dessous.

On vérifie avec un refouloir de calibre, dont le bout est couvert de terre grassè, et par le moyen d'un dégorgeoir, si la lumière aboutit au point prescrit par l'ordonnance.

On passe 1 ligne de variation sur la position extérieure de la lumière, et 1 ligne et demie sur sa position intérieure, mais seulement du côté de la volée.

On visite avec un fil d'acier à crochet perpendiculaire au fil, s'il n'y a pas de chambre dans le canal de lumière.

On ne passe aucune variation, et on remet un grain, s'il y a la moindre chambre.

Vérification et Réception des Mortiers et Pierriers.

Première Visite.

Le diamètre et la longueur de la chambre des Mortiers doivent être, avant l'épreuve, de 9 points moindre que leur calibre, et celui de l'ame de 18 points. On prend ces premiers diamètres avec des croix d'acier.

On passe 2 à 3 points sur ces diamètres.

On examine s'il n'y a pas de chambres ou de taches d'étain.

On tolère avant l'épreuve 3 lignes 3 points dans l'ame, et 2 lignes 3 points dans la chambre.

On forme un état pareil à celui de la visite de canons, sur lequel on note les défauts reconnus dans les Mortiers.

Epreuve.

Mortiers. { Ils sont placés sur de forts chantiers, et encore mieux sur des affûts construits pour cet usage.
Tous les Mortiers et Pierriers sont tirés 4 coups à chambre pleine, les 2 premiers à 30 degrés, les 2 autres à 60.
La charge doit être recouverte avec un culot de papier, du diamètre de la chambre, et la Bombe contenue avec 4 coins, que le commissaire des fontes est le maître de placer.

Pierriers. { On charge l'ame des Pierriers d'un panier de leur diamètre, rempli de gros cailloux et de terre séparée par lits, et on le contient avec de la terre refoulée à la spatule.

Ces Bouches à feu subissent aussi l'épreuve à l'eau.

Seconde Visite.

Le Mortier et le Pierrier sont ensuite lavés et examinés, soit au champ d'épreuve, soit à la fonderie.

On vérifie les défauts reconnus à la première visite, ainsi que ceux qui pourraient s'être découverts à la seconde, et on en fait mention sur l'état de cette visite.

Troisième Visite.

On les calibre avec l'instrument destiné à cet usage; il sert en même tems à vérifier les enfoncemens qui peuvent s'être formés dans l'ame.

On passe au diamètre de l'ame et à celui de la chambre, 6 points de plus que le calibre, mais aucun enfoncement.

On mesure la longueur et les diamètres extérieurs des Mortiers et Pierriers, de la même manière que ceux des Canons; c'est-à-dire avec un échantillon de fer, un compas courbe et une règle sur laquelle les diamètres sont marqués par des crans.

Ils sont rebutés s'il y reste des traces de foret trop fortes, ou quelques égrènemens à l'angle de la chambre (1).

Vérification et Réception des Obusiers.

Les Obusiers sont tournés avant d'être éprouvés. On les place sur 2 chantiers, où ils sont inclinés comme les Canons.

Le diamètre de la chambre des Obusiers doit avoir 6 points de moins que leur calibre, et l'ame 18 points.

La première visite des Obusiers se fait de même que celle des Canons.

On ne tolère pas les chambres qui ont plus de 2 lignes 6 points de profondeur dans l'ame et à la surface; et 1 ligne 6 points dans la chambre.

---

(1) Les Mortiers à semelle coulés à Noyon, ne sont pas reçus si la dilatation de l'ame, après l'épreuve, excède de 4 points le vrai calibre; on les reçoit si les chambres ou sifflets intérieurs ou extérieurs ont moins de 2 lig. 6 points de profondeur : on ne paye que la moitié du prix de façon, s'ils ont de 2 lignes 6 points à 3 lignes 6 points; s'ils excèdent cette limite, les Mortiers sont rebutés. (Décision du 22 messidor an 12).

Epreuve.

On les place sur des Affûts de leur calibre, et on les tire 5 coups à chambre pleine, c'est-à-dire chargés à 2 livres de poudre.

On ne tolère dans les longueurs extérieures des Obusiers que 2 lignes en dessus, 2 lignes en dessous, 2 lignes sur le renfort, etc., 1 demi-ligne sur l'emplacement des tourillons. Voyez la manière dont on prend cette distance au Canon.

Les tourillons doivent être perpendiculaires au plan vertical qui passe par la lumière : on vérifie leur position de la même façon que pour les Canons.

On ne tolère aucune variation.

Le diamètre des tourillons.

On tolère 3 points en dessous, rien en dessus.

Leur longueur.

On tolère 1 demi-ligne de plus ou de moins.

La saillie des embases.

On tolère 3 points, idem.

Les diamètres extérieurs.

On tolère 1 demi-ligne, idem.

L'emplacement de la lumière.

On tolère 1 demi-ligne extérieurement, et 1 ligne et demie intérieurement.

Les chambres de la lumière.

Les Obusiers sont rebutés s'il y a des chambres d'1 demi-ligne de profondeur dans la lumière.

Description de l'Etoile mobile.

Cet Instrument sert à connaître le calibre des Canons; il est composé d'un plateau de cuivre de 2 lignes 6 points d'épaisseur pour tous les calibres.

		pouc.	lig.
Diamètre des Plateaux.	de 24	5	»
	de 16	4	»
	de 12	3	6
	de 8	3	»
	de 4	2	6
Diamètre intérieur de la douille		1	1

Il y a 4 pointes d'acier placées sur le bord du plateau, dont 3 sont immobiles, la 4e, se meut dans une coulisse et obéit au mouvement d'un plan incliné qui la fait avancer.

La douille est fixée sur le plateau par trois pieds qui y sont attachés avec des vis. Le bas de la douille est fermé par une plaque de cuivre percée vers son bord d'un trou pour le passage d'une verge de cuivre qui a 3 lignes de diamètre, et qui correspond au centre du plateau; cette verge est prolongée par un petit Cylindre de 5 lignes de diamètre concentrique avec le premier.

Le moteur de la pointe mobile est formé par une branche horizontale et une inclinée; le bas de cette dernière est tenu au Cylindre par une bride; cette bride, ainsi que la branche, sont percées pour recevoir le Cylindre.

La partie de ce Cylindre doit, quand la branche supérieure touche le dessus du plateau, dépasser son dessous de 2 pouces, en supposant le plateau posant sur la bride.

Quand la bride touche le dessous du plateau, le plan incliné qui traverse le trou de la coulisse de la pointe mobile, la retire de 4 lignes vers le centre du plateau, et cette pointe doit alors être à la même distance du centre que les trois autres.

Si l'on ne retire le Cylindre que de 6 lignes, la pointe ne rentrera que d'une ligne, enfin si on ne retire que d'une ligne, elle ne rentrera que de deux points.

Il en sera de même si l'on pousse le Cylindre; c'est-à-dire, que si en partant du calibre exact on a poussé d'une ligne, la pointe mobile dépassera les trois autres de deux points.

On fixe cet Instrument au bout d'une verge de fer, pour pouvoir en faire usage jusques dans le fond de l'ame. Cette verge a 4 lignes de diamètre, et elle est vissée par un bout au Cylindre; le bout de la hampe est emmanché dans la douille, et y est fixé avec une vis.

La verge se loge dans une cannelure pratiquée sur l'extérieur de la hampe, où elle est contenue avec des viroles de cuivre placées à différentes distances.

Le bout de la douille est terminé par une virole ouverte vers le haut. La verge est divisée dans cet endroit sur la longueur de 2 pouces, en lignes du pied de roi, et le bord de cette virole, en parcourant ces divisions, marque le chemin de la pointe mobile dans l'ame, de sorte que dans tous les cas, une de ces lignes correspond à 2 points de saillie ou de retraite de la pointe mobile.

Cet Instrument a été perfectionné.

Usage de l'Etoile perfectionnée.

Pour se servir de cette Etoile, il faut réunir les parties de la hampe, en observant que celle du milieu n'est qu'une alonge qui sert pour les gros calibres.

Les parties de la verge de fer s'assemblent avec des vis à tête carrée, par le moyen d'une clef à cet usage. Celles de la hampe se logent l'une dans l'autre par le moyen des douilles à vis.

La poignée de la hampe est divisée en pouces et lignes ; le curseur forme un anneau autour de la poignée, et parcourt les divisions à mesure qu'il est entraîné par le mouvement de la tige à laquelle il peut être fixé par une vis de pression.

Le curseur a une entaille pour la vis, qui lui permet d'avoir un mouvement indépendant de celui de la verge ; ce mouvement procure le moyen d'ajuster le bord du curseur sur le zéro des divisions, ou sur tout autre point, sans faire mouvoir la verge.

On place dans les trous carrés pratiqués sur l'épaisseur de la circonférence du plateau, les 4 pointes du calibre du canon que l'on a à mesurer, et on les arrête par le moyen de vis à tête carrée ; il faut avoir soin de loger les pointes chacune dans le trou dont la vis porte le même nombre de trous de pointeaux que la pointe.

L'Etoile étant ainsi préparée, si on pousse la verge, elle communique son mouvement par le moyen du plan incliné à la pointe mobile.

L'usage de cet Instrument est fondé sur la saillie que prend successivement la pointe contre le bout de laquelle glisse le plan incliné : cette saillie est au mouvement progressif du plan, comme la hauteur du plan est à sa base. Ici ce rapport est comme, 1 est à 12, de sorte que quand le plan incliné et le curseur qui sont mus en même tems par la verge à laquelle ils sont unis, avancent d'une ligne, la pointe doit avoir avancé d'un point.

Avant de faire usage de cet Instrument pour prendre le diamètre d'un canon, il faut présenter l'Etoile à son carré (1) pour faire toucher la pointe mobile au côté qui lui correspond, faire glisser le curseur jusqu'à ce que son bord se trouve sur le zéro des divisions, et le fixer par le moyen d'une vis de pression ; on retire ensuite la verge à soi pour dégager les pointes du carré, et on introduit l'Instrument dans le Canon.

---

(1) Les carrés (car il y en a un pour chaque calibre) sont des règles de cuivre formant cette figure ; elles sont garnies d'acier dans la partie intérieure du milieu ; elles servent à mettre la pointe mobile au calibre exact, c'est-à-dire, à la même saillie que les trois autres.

Le diamètre que forment les pointes doit avoir 3 points de moins que le calibre, afin que l'Instrument puisse s'introduire dans des canons forés trop juste, et à cet effet, on trace sur la poignée trois divisions en dehors du zéro, qui correspondent à ces trois points.

Pour mesurer le calibre d'un Canon, il faut, quand l'Instrument y est introduit, pousser doucement la verge; et si lorsque la pointe mobile ne peut plus avancer, le bord du curseur se trouve sur le zéro, l'âme est exactement de calibre. Si le bord du curseur est au-delà du zéro de 2 ou 3 lignes, le calibre est trop fort de 2 ou 3 points; et enfin si le bord du curseur n'a pu parvenir au zéro, le calibre est trop faible, et les lignes tracées au dehors du zéro en font connaître la différence en points.

On voit que par le moyen de cet Instrument, on a des résultats justes, quand même le frottement aurait diminué la longueur des pointes.

Il y a des pointes pour le vrai calibre, et des pointes d'épreuves qui ont 3 points de moins.

A mesure qu'on change l'Instrument de position dans le Canon, il faut avoir attention de tirer la verge à soi pour faire rentrer la pointe mobile, afin de ne pas l'user par le frottement.

Instrumens pour la Vérification des Canons.

Gabari ou échantillon de fer dans lequel est entaillée la figure extérieure du Canon, et qui sert à mesurer la longueur des renforts en même-tems que la largeur et saillie des moulures.

Verge de fer à croix pour mesurer la longueur intérieure et extérieure des Canons.

Demi-cylindre de bois servant à soutenir la verge dans le centre de l'ame.

Règle mobile formant la croix de la verge, et s'appuyant sur la bouche du Canon.

Il y a, sur la Règle, des divisions pour tous les calibres, et à chaque division, il y a 6 lig. du pied-de-roi tracées en-dessus et en-dessous qui marquent les différences qu'il peut y avoir sur les longueurs.

Boîte mobile et à pointe pour marquer la longueur extérieure.

Il y a de même 6 lignes tracées au bout de la verge en-dessus et en-dessous, servant à faire voir les variations sur la longueur du Canon.

Règle de fer sur laquelle les diamètres extérieurs du Canon sont marqués par des crans, et que l'on prend avec un compas courbe; en partant du point ou cran qui est seul à une extrémité, et prenant la distance au cran le plus éloigné, et successivement aux autres, on a la longueur qui exprime le diamètre de la Pièce :

A la plate-bande de culasse,
A la lumière,
A la fin du premier renfort,
A la naissance du second renfort;
A la naissance de la volée,
A l'astragale du collet;
Au vif de la bouche.

Le diamètre, au plus grand renflement du bourlet, se mesure en épaisseur.

Règle de fer cintrée dans le milieu pour prendre l'écartement des embases par le dessous des Canons.

Le cintre est différent pour chaque calibre, parce qu'il sert à loger la partie du Canon qui surmonte le dessous des embases.

Double équerre pour vérifier la longueur du bouton.

Lunette pour le diamètre des tourillons.

Chat à 4 pointes et à ressort pour chercher les chambres des Canons.

Anneau à tige de fer pour rapprocher les pointes, lorsqu'on introduit le Chat dans les Canons.

Crochet de fer dont on couvre la pointe de cire pour connaître la profondeur des chambres.

Compas courbe servant à prendre les diamètres extérieurs des Bouches à feu.

Gabari ou échantillon pour vérifier les dimensions extérieures des Mortiers.

Refouloir dont on couvre l'arrondissement de la tête en terre grasse pour marquer sur le Refouloir, au moyen d'un Dégorgeoir introduit dans la lumière, le point où elle aboutit.

Instrumens pour la Vérification de l'emplacement des Tourillons.

On place le Canon sur des chantiers de manière que l'ame soit horizontale, ainsi que l'axe des Tourillons.

Double équerre de fer servant à vérifier si le dessus des Tourillons est une ligne droite perpendiculaire au plan vertical passant par l'axe du Canon.

Même équerre faisant voir au profil l'usage de sa languette pour vérifier si le devant et le derrière des Tourillons sont bien dressés.

Cette équerre sert aussi à mettre successivement tels points que l'on veut de la circonférence du Canon dans le plan horizontal qui passe par son axe. On pose pour cela un niveau sur la partie supérieure de l'équerre.

Règle de fer à anneau carré et à boîte mobile à deux pointes servant à mesurer la distance du devant des Tourillons à l'extrémité de la plate-bande de culasse.

2 Croix de bois de noyer, dont la première porte un cylindre qui entre dans le trou fait au bouton de la culasse, pour tourner le Canon, et la deuxième porte un autre cylindre qui entre juste dans la bouche du Canon.

Les traits d'équerre tirés sur ces croix extérieurement, servent à prendre l'aplomb desdites croix.

Les entailles horizontales faites aux branches desdites croix, servent à constater la position du centre des Tourillons des Canons de campagne, qui doit être au-dessous de l'axe de $\frac{1}{12}$ du diamètre du boulet, tandis qu'aux autres Canons le dessus des Tourillons est tangent à l'axe; on emploie pour cela un fil qui doit passer sur le centre des Tourillons des Canons de campagne, ou arraser le dessus des Tourillons des autres. Il y a dans les branches de ces croix des visières par lesquelles on fait passer un fil qui doit partager la lumière et l'intervalle entre les anses en deux parties égales.

Instrument à mesurer la profondeur de l'Ame et de la Chambre des Mortiers.

Cet Instrument, qui sert à calibrer et à mesurer en même-tems la profondeur de l'ame et de la chambre des Mortiers, se place dans l'intérieur du Mortier pour en faire usage.

Sa tige principale est cannelée intérieurement en grande partie pour recevoir une verge arrondie qui fait mouvoir une double croix; la partie qui n'est point cannelée est un peu moindre que la profondeur de la chambre du Mortier.

Une croix à trois branches qui coule à volonté le long de la tige principale : elle est fixée par une vis.

Les branches de cette croix portent un talon à boîte mobile, qui se fixe aux différens diamètres de la bouche des Mortiers par une vis.

Calibre de la chambre du Mortier formée en double croix, dont le centre est traversé par la tige principale, et dont les branches se trouvent dans la direction de la diagonale de cette tige.

Cette double croix se meut à volonté, parce qu'elle est tenue à l'extrémité de la verge arrondie, au moyen de deux coussinets de cuivre à épaulement et à trou taraudé que traverse le bout taraudé de la verge.

Coussinets à épaulemens et à trou taraudé traversé par la verge.

Le bout de la verge est arrondi, et est taraudé pour entrer dans le trou du coussinet.

Sur la tige de cet instrument du côté où entre la verge, sont tracées les différentes longueurs de l'ame des Mortiers et Obusiers, la chambre comprise; on y a tracé en avant et en arrière de chaque division trois lignes du pied-de-roi, divisées elles-mêmes de trois points en trois points pour reconnaître les variations qu'il pourrait y avoir dans la profondeur de l'ame. On a de même tracé vers l'autre bout les différentes profondeurs des chambres des Mortiers et Obusiers, et les divisions nécessaires pour reconnaître les variations. Il y a un demi-cylindre ou rouleau dont l'arrondissement est égal au demi-diamètre de la chambre, et qui est fixé par une vis à environ deux pouces du bout de la tige; il sert à contenir l'Instrument dans l'axe du Mortier.

MACHINE

A remettre les Grains de Lumière aux Canons.

1 Bascule à serrer le villebrequin. Les 2 branches qui tiennent à la partie plate, sont à 8 pans, et y mordent d'1 pouce. La partie du milieu est percée sur la surface opposée à l'ouverture du crochet, d'un nombre indéterminé de trous en amorçoirs; les extrémités des pattes formant la fourche, sont arrondies et percées d'1 trou de boulon.

1 Boulon servant de tourillon à la bascule et à son écrou, à 8 pans.

1 Support de la bascule. Le dessous du support est arrondi; le corps est d'abord équarri, puis à 8 pans, et se termine en portion cylindrique, perpendiculaire à sa direction; cette portion est percée d'un trou. Le pied est percé d'un trou de clavette dans le même sens que celui de la partie cylindrique.

1 Clavette de support.

1 Ecrou en coulisse. Il est percé d'un trou à 8 pans; le bout le plus près de ce trou, est percé d'un trou de clavette; l'autre bout est percé d'un trou taraudé pour la vis de pression, dans le sens de la largeur. Sur la largeur de l'écrou, au milieu de la partie comprise entre le trou à 8 pans et le trou taraudé, est un piton portant une chaînette, où tient une clavette.

1 Vis de pression et sa manivelle.

1 Arbre portant l'allésoir à couper le teton de lumière; un des bouts de l'arbre porte la rosette à allésoir, et l'autre bout est terminé en pointe émoussée.

1 Plaque d'appui à fourche pour l'arbre d'allésoir. La partie supérieure de cette plaque est terminée par une fourche, qui sert d'appui à la bascule, et qui la contient dans sa direction; il y a un rouleau placé dans la fourche; une partie de la plaque est percée de trous, comme la bascule. La partie inférieure se termine en deux branches, faisant une fourche formée par une traverse, aux bouts de laquelle sont 2 chaînes.

2 Tringles pour joindre les chaînes aux crochets de retraite.

Vilebrequin.

Foret de Vilebrequin.

Grain d'orge servant à équarrir la lumière, pour y placer le mandrin d'acier.

Mandrin d'acier, pour dévisser le grain de lumière.

Tourne à gauche pour l'arbre.

Ecrous à anneau, fixant au bout de l'arbre les rosettes avec leur allésoir, et empêchant cet allésoir d'attaquer le fond de la pièce de Canon, lorsque le teton de lumière est coupé.

Allésoirs taillés en couteau : leur dessus a un arrondissement égal à celui de l'ame des Canons ; la partie extérieure est taillée en couteau, jusqu'à 4 lignes du dessous ; leurs pattes ont la même courbure et la même hauteur que leur rosette : leur flèche a le même diamètre que leur rosette : leur rosette a 2 entailles à queue d'aronde, d'une profondeur de 3 lignes, dont l'écartement et les dimensions sont les mêmes qu'aux pattes d'allésoirs qui doivent y être logées.

Allésoirs taillés en lime, n'ont de différence avec les autres que dans la taille.

Les Allésoirs de 12, 8 et 4 de Place, sont les mêmes que ceux de Campagne.

Rosettes servant à contenir l'arbre dans l'axe de la Pièce. Elles ont les mêmes dimensions que les Rosettes d'Allésoirs, excepté que leur épaisseur est arrondie d'une ligne, pour faciliter son mouvement dans l'ame de la Pièce.

Angles formés par l'axe de la lumière (1) et le dessus du premier renfort.	Aux Canons de campagne.	12	108°.
		8	108 $\frac{1}{2}$
		4	11
	Aux Canons de siége et de place.	24	102
		16	103
		12	102
		8	102

Manière de se servir de cette Machine.

On laissera la Pièce sur son Affût, que l'on posera par terre, après avoir ôté les roues ; on inclinera la Pièce jusqu'à ce que l'axe de la lumière soit dans une ligne à-plomb ; elle fera alors, avec le dessus du premier renfort, l'angle donné par la table. Cette première opération faite, on placera la bascule, son bout à crochet du côté de la culasse, et son support entre les anses, où il sera arrêté par une clavette.

Avec un foret à vilebrequin (la bascule serrant dessus par des points suspendus au crochet), on agrandira le trou de l'ancienne lumière d'un diamètre déterminé par la largeur du foret. Ce trou ayant la profondeur nécessaire, on ôtera la bascule et son équipage, pour, avec un grain d'orge, ouvrir la lumière, de façon qu'elle puisse recevoir le carré d'acier qui doit la dévisser, par le moyen d'un grand tourne-à-gauche.

On placera le nouveau grain à l'ordinaire ; il ne restera plus qu'à

(1) Dans les Canons de la Marine, la Lumière est inclinée de 15°.

couper la partie du teton qui excède dans l'ame l'épaisseur de la Pièce ; ce que l'on fera, en mettant le Canon horizontal, et passant dans l'ame, l'arbre, armé de son allésoir, rosette de support et tourne-à-gauche, jusqu'à ce que l'allésoir touche le teton. Pour ensuite manœuvrer cet arbre, on replacera la bascule, mais dans un sens opposé à celui où elle était la première fois, c'est-à-dire, le bout à crochet du côté de la volée. On placera la plaque d'appui contre le bout de l'arbre ; elle sera arrêtée dans le bas aux chaînes d'attelage, et par le haut avec la vis de pression de l'écrou en coulisse. Il ne s'agira plus que de manœuvrer sur le tourne-à-gauche, jusqu'à ce que le teton soit coupé ; mais comme cette opération pourrait laisser quelques bavures, on les emportera, en mettant à la place de l'allésoir en couteau, celui en lime, qui en polira l'intérieur tel qu'il doit être.

Les anciennes Pièces de siége et de place ayant des grains de lumière mis à chaud, ne peuvent être traitées comme les Pièces de campagne ; il faut avoir des forets et des tarauds de différentes dimensions, pour y ouvrir et former l'écrou du nouveau grain. Il faut 7 forets et 4 tarauds.

Forets et Tarauds pour remettre les Grains de Lumière.

1er. Foret à couteau et à teton... Les couteaux du bout sont inclinés de 2 lignes, et placés en opposition de chaque côté du teton.

2e. Foret à couteaux et à teton arrondi, fraisé par le bout... Le bout est taillé en fraise d'un coup de tiers-point, pour emporter le conique qu'a laissé le premier foret.

Les couteaux du bout sont placés comme au premier foret.

Le 12 et 8 n'a point de second foret, parce que ces Pièces ayant moins d'épaisseur de métal, on peut du premier passer au troisième.

3e. Foret servant à ôter le conique et les bavures que laisse le second foret... Le bout est taillé d'un coup de tiers-point de 17 dents pour 24 et 16, et de 15 pour 12 et 8.

4e. Foret à couteaux et à teton arrondi... Le bout se termine en pointe émoussée... La position des couteaux est la même qu'aux autres forets.

5e. Foret à dent de loup... La partie arrondie du bout est percée de 2 trous, l'un pour recevoir la dent de loup, et l'autre pour la goupille qui tient ladite dent.

On forme sur l'une des extrémités de la longueur de la dent de loup, 2 couteaux, qui ont 2 lignes de saillie ; leur inclinaison est de 2 lignes. Le milieu est percé d'un trou de goupille qui répond à celui du foret.

6e. Foret méplat, servant à arrondir le fond du trou qui doit être taraudé... Le couteau est plat d'un côté et arrondi de l'autre : le côté plat est dans la direction de l'axe du foret. Le bout taillé en aile de mouche, est dégorgé d'un coup de demi-ronde sur la partie gauche, afin de donner de l'élévation à la partie droite pour former son couteau.

7e. Foret en fraise, servant à allezer le trou qui doit recevoir le teton de la lumière... La fraise est taillée à 8 côtés en couteau.

L'angle du renfort, du côté de la fraise, est arrondi d'une ligne.

Tarauds.

1er. Les filets ont de profondeur et d'écartement 3 lig. 1 point... Les 3 premiers filets sont abattus à la lime, afin de pouvoir placer le taraud dans une direction verticale c'est le seul dont les filets soient ainsi coupés.

2e.

3e.

4e.

Les Tarauds, le Foret à dent de loup, et la Fraise, sont de fer trempé en paquet, les autres pièces sont acérées.

Grand Tourne-à-gauche... Il est percé, dans son milieu, de 2 trous, l'un pour le carré des Tarauds, et l'autre pour celui des grains... les angles des trous doivent être dans le sens de la longueur des branches.

Tourne-à-gauche à 4 branches... Les branches sont à 8 pans jusqu'à la naissance des pointes.

4 Manches de bois.

Pour ouvrir et tarauder l'écrou qui doit recevoir le grain de lumière, on passera successivement les Forets dans l'ordre de leurs numéros; on en agira de même pour les tarauds : les 1er. et 3e. Forets avec le vilebrequin, et les 5 autres avec le tourne-à-gauche à 4 branches; ils seront tous serrés par la seule bascule placée au Canon, comme à la première position des Pièces de campagne. La bascule ôtée, les Tarauds se manœuvrent avec le grand Tourne-à-gauche : il faudra y employer 6 hommes et 4 au Tourne-à-gauche à 4 branches. Six ouvriers, dans un jour, peuvent mettre un grain à une Pièce de 24.

Lorsqu'on n'a pas de Grains pour mettre aux Bouches à feu, on pourrait les faire faire dans les Arsenaux, au moyen d'un Tour peu coûteux, tel qu'en a fait construire le capitaine Bouquero à La Fère, à Strasbourg et à Rennes; au moyen duquel il a tourné les Grains, en a formé la vis, et percé le canal de lumière; et pour 6 francs on faisait un Grain et on le posait.

Il en résultait 36 francs d'économie par Grain; car on donne 36 francs aux fondeurs, et on fournit le métal : la partie du Grain qu'on nomme Masselotte, et qui sert de prise au Tourne-à-gauche, pèse 6 livres, et vaut au moins 9 francs. Cette Masselotte et les copeaux restent au profit du fondeur; donc, évaluant à 3 francs la consommation des outils de l'Arsenal, le Gouvernement gagnerait les 36 francs qu'il donne aux fondeurs, en déduisant pourtant ce que l'ouvrier d'Artillerie coûte en subsistance, etc.

Epreuve de la Marine pour les Canons de Fer.

Les Canons sont éprouvés 2 coups à 2 boulets.

La charge est de [illegible] poids boulet.

1 Valet ou un bouchon de foin sur la poudre, et *idem* sur le second boulet.

Poudre sèche, bien grenée, non altérée.

Gargousse de papier : Boulets calibrés par le Contrôleur devant l'Officier chargé des épreuves, le Commissaire et le Fournisseur ou son Préposé.

Il y a une Table de Tolérances ci-après.

Si les chambres sont vis-à-vis, l'une à l'intérieur, ou l'autre à l'extérieur, on en somme les profondeurs ; si la somme excède de plus de 3 points la tolérance prescrite, on rebute les Pièces ; si elles ne sont pas à rebuter, on les éprouve en tirant 4 coups à charge entière et 2 boulets.

TABLE *des Tolérances*. . . .	en plus.		en moins.
	lig.	po.	points.
Calibre.	1	»	6
Diamètre extérieur, si les Canons sont tournés.	1	6	6
——————— s'ils ne le sont pas. . . .	2	6	24
Diamètre du Bouton et de son Collet. . . .	3	»	24
Longueur totale de l'Ame.	2	»	l'approfondir.
——— de la tranche de la bouche au derrière de la plate-bande de Culasse. . . .	2	»	*idem.*
NOTA. Si la Pièce est d'ailleurs recevable, on passera 1 lig. de plus sur ces 2 longueurs.			
Longueur du Bouton et du Collet.	4	»	*idem.*
——— du Renfort, si les Can. sont tourn.	2	»	*idem.*
——————— s'ils ne le sont pas. .	3	»	*idem.*
——— de la Volée, du Renf. à la bouche.	2	»	*idem.*
——— du devant des Tourillons au derrière de la plate-bande de Culasse. . . .	1	6	
Sur le vrai emplacement des Tourillons. . .	»	9	
Sur la position du dessus des Tourillons. . .	1	6	
Sur le diamètre des Tourillons.	»	9	
Sur la longueur des Tourillons.	1	6	
Sur l'alignement des Tourillons.	1	»	
NOTA. On ne passe rien sur le derrière, le devant et le dessous des Tourillons contre l'embase et aux bouts.			

		en plus.		en moins.
		lig.	po.	points.
Sur l'écartement extérieur et la largeur des embases de Tourillons.		1	6	
Profondeur des chambres dans l'intérieur.		2	3	
S'il y a de petites chambres qui se suivent, on n'en tolère qu'une.		1	6	
Profondeur des Chamb. à l'extérieur sur le Renfort.	Dirigée vers l'Ame.	2	3	
	Dans le sens de la surface.	4	»	
	Dans une suite, on n'en tolère qu'une de.	2	»	
Profondeur des Chamb. à l'extérieur sur la Volée.	Dirigée vers l'Ame.	2	6	
	Dans le sens de la surface.	4	6	
	Dans une suite, on n'en tolère qu'une de.	2	»	
Profondeur des Chamb. à l'extérieur sur le derrière et dessous d'un Tourillon (1 lig. de plus sur le dev.) et le dessus.	Dans le 24 et 36.	5	»	
	Dans les autres Calibres.	4	»	
Les Canons sont rebutés et mutilés sous le bourlet s'il y a des Chambres de 8 lignes de profondeur sur la tranche de la bouche, dans la direction de l'Ame ; si elles ont 6 lignes et sont dirigées vers l'Ame ; si la profondeur d'une onde de foret jointe à la tolérance en plus du calibre a plus d'une ligne.				
Diamètre de la Lumière.		»	6	3 »
Sur la position de l'orifice extérieur.		1	6	*idem.*
—— intérieur, en avant du point déterminé.		2	6	
—————— en arrière d'*idem.*		1	6	
Profondeur des Chambres de l'intérieur de la Lumière. Si elles ont.		»	6	
il sera remis au Canon un grain de fer battu.				

Notes sur Bouches à Feu.

Les premiers *Canons* de bronze qu'on fabriqua un peu régulièrement, avaient leur longueur divisée en 7 parties égales, d'après lesquelles on déterminait la position des autres objets : les tourillons, par exemple, étaient à 3 $\frac{1}{7}$ parties de la bouche... Il en est de même aujourd'hui, le premier renfort a $\frac{2}{7}$ de la longueur : du premier renfort au-devant des tourillons, il y a $\frac{1}{7}$; et du devant des tourillons à la bouche $\frac{4}{7}$.

Les premiers Canons avaient l'axe des Tourillons au dessous de celui de la Pièce : leur diamètre était égal à celui du boulet ; ils étaient logés des $\frac{1}{3}$ de ce diamètre dans l'affût... Il en est de même encore.

Les premiers Canons avaient tous à-peu-près l'épaisseur du métal autour de la chambre, égale au calibre du boulet... Il en est de même aujourd'hui.

Les *Coulevrines* et les *Canons*, dont il est parlé dans les historiens du 15e. siècle, n'étaient souvent que des Canons à main ou à fourchette pesant 50 liv., et des Coulevrines pesant 25 liv. Ce qu'on a appelé ensuite Canon s'appelait alors *Bombarde*, et avait 8 calibres de la bouche : on les nommait aussi *Pierrières*, parce que les boulets étaient, en général, de pierre, ou des pierres même. Il y avait une chambre au fond de l'ame, ayant $\frac{1}{3}$ du calibre de cette ame de diamètre ; sa longueur était quadruple de ce diamètre. Pour recevoir 120 liv. de pierres, on leur donnait 13 pouces, et la charge était de 29 liv. de poudre, et de 40 liv. si c'était un boulet qu'on lançât : il allait à 1500 pas ; on ne se servait de ces Canons que pour défendre les Places.

Monstrelet fait mention d'un Canon fondu à Tours, sous Louis XI, dont le boulet de pierre pesait 500 liv., ayant environ 21 pouces de calibre, et qui portait de la Bastille à Charenton, ou environ à 2700 toises.

Les Turcs avaient 50 Canons, au siége de Malte, en 1565, de 80 liv. de balle : ils en avaient de 110 liv. au siége de Belgrade, longs de 25 pieds, qu'on chargeait de 50 liv. de poudre. On prétend qu'ils en avaient de 1200 liv. de balle au siége de Constantinople.

A Marseille, en 1524, il y en avait un de 100 liv. de balle, pour le service duquel il fallait 60 hommes.

A Malaga, il y avait une Coulevrine dite la *Serventine*, de

80 liv. de balle. En général pourtant les Coulevrines étaient les Canons qui avaient le plus de longueur. On les nommait aussi Dragon, et dans le 16e. siècle elles pesaient ordinairement 140 quintaux, leurs boulets 40 liv., leur charge 32 liv.; leur longueur était de 31 calibres, et leur portée de 8500 pas.

La Coulevrine de bronze, prise à Erhenbrestein dans la guerre de la Révolution, et aujourd'hui dans l'Arsenal de Metz, pèse 22 milliers de livres, et est de 141 liv. de balle.

Presque tous les Canons, dans le 16e. siècle, avaient des chambres dans le fond de l'ame; cette chambre se joignait à l'ame sans ressauts de métal; elle avait 4 calibres de l'ame de longueur, dont 2 étaient pour la poudre, 1 pour le bouchon, et 1 pour le boulet; lorsque la chambre allait en s'élargissant du fond vers l'entrée, où elle se mariait à l'ame, on appelait les Canons *encampannés* : la pièce, à l'extérieur, avait quelquefois cette forme. C'est là, il faut le dire, la vraie forme que doit avoir le fond de l'ame des Canons, pour leur donner de la durée et plus de portée : il n'y aura plus de vent au moment de l'inflammation, par conséquent plus de pression sur le boulet, ce qui creuse la Pièce à l'endroit où il se loge. Le général Eblé l'a essayé avec succès sur un Canon de 16. Il faut se hâter de revenir sur ses pas. Les Mortiers à la Gomer sont aussi d'anciens Mortiers décrits dans Saint-Remi, mais si on eût avoué que c'était une chambre de forme antique, peut-être on l'aurait rejetée; on fera de même pour les Canons, mais avant le rejet ou l'admission, il faut en refaire l'épreuve.

Dans le 16e. siècle, on eut aussi des Canons qu'on appelait Pierriers (à cause du boulet en pierre), qui n'avaient que 8 à 9 calibres de longueur; il y en avait de 4 espèces ou calibres : leur chambre n'avait que $\frac{1}{2}$ du calibre de l'ame, de diamètre; il y en avait qui étaient ouverts par-dessus à la Culasse, pour recevoir une boîte en fer, contenant la charge, bien solide, qu'on ajustait au Canon, et était retenue contre la culasse par un coin... On a représenté cette idée comme nouvelle invention de nos jours.

Dans le 16e. siècle, on éprouvait les Pièces par trois coups à boulet : la première charge aux $\frac{2}{3}$ du poids du boulet; la seconde aux $\frac{5}{6}$; la 3e. au poids du boulet. Au reste, chaque Nation modifiait ses épreuves : en Allemagne on tirait toujours au poids du boulet. On voit par-là que si la poudre avait la même force qu'aujourd'hui, leurs fontes étaient meilleures, car nos épreuves sont moins fortes; et pourquoi les Poudres eussent-elles été plus faibles que les nôtres? On a vu que dès long-tems on avait essayé de tous les dosages des matières qui la composent : on a essayé de la Poudre faite il y a près d'un siècle, qui valait celle d'aujourd'hui; et si on allègue qu'on purifiait mal jadis les matières composantes, ne pourrait-on pas répondre qu'on nous dit aujourd'hui que la poudre Russe vaut mieux que la poudre française, et que leur salpêtre n'est que de 2 cuites, et qu'enfin la poudre faite avec le salpêtre de 4 cuites, n'a pas la force de celle faite avec celui de 3 cuites.

Sous Charles IX, il paraît qu'il y avait en France 6 espèces de Canons. Le plus fort calibre était le 33, qui était de 6 pouces 4 lignes, de 10 pieds de longueur, et pesait 5200 liv.; le plus petit calibre était le Fauconneau, dont le boulet ne pesait que $\frac{1}{4}$ livres.

D'après une ordonnance de Charles IX, donnée à Blois en 1572, le Roi seul avait le droit de faire fabriquer des Canons. Cette ordonnance n'a pas été abrogée, l'usage l'a sanctionnée, la révolution l'a suspendue, elle est encore suivie.

La charge des Canons, dans le 17ᵉ. siècle, fut fixée, en général, au poids du boulet pour l'épreuve; aux $\frac{2}{3}$ pour faire brèche, à $\frac{1}{2}$ pour les coups ordinaires, à $\frac{1}{4}$ et au $\frac{1}{3}$ pour les pièces de campagne.

Dès le commencement du 17ᵉ. siècle, Errard avait trouvé que le recul ne nuisait pas à la direction du tir... Lombard le pensait et le prouvait aussi; on croit le contraire aujourd'hui. Cependant, dans la pièce de 24 tirée avec 16 liv. de poudre, le boulet est hors du Canon, avant que l'affût ait reculé d'$\frac{1}{2}$ pouce.

Les anciens artilleurs s'étaient bien apperçus que si la longueur des Canons augmentait leur portée, il y avait un terme où il fallait s'arrêter. Collado fit successivement raccourcir la Coulevrine de Gênes, qui avait 58 calibres, et trouva qu'elle portait plus loin en la diminuant de 8 calibres, puis encore de 6.

Les dimensions des Bouches à feu déterminées par des épreuves sous Louis XIV par Dumets, le furent de nouveau par Valière, qui les fit fixer par l'ordonnance de 1732 : leur ame fut,

Pour le 24 de 20,94 calibres du boulet.
——— 16 de 23,02
——— 12 de 24,03
——— 8 de 25,36
——— 4 de 26,0

Gribeauval, en 1765, fit raccourcir les calibres de campagne de 12, 8 et 4; on dit ordinairement qu'ils ont 18 calibres de longueur, mais c'est la Pièce entière, du listel du bouton à la bouche : leur ame n'a en effet que 16,827 calibres du boulet respectif. La longueur de celles de Siége n'a pas été changée, parce que c'est la dimension nécessaire pour ne pas détruire trop vîte les joues d'embrasures : elle est variable et plus longue dans les petits calibres de siége, contradictoirement à la théorie par la même raison; mais cette raison n'existant pas pour les Pièces de campagne, Gribeauval détermina la longueur de leur ame uniformément.

Lombard voudrait donner 24 calibres à l'ame du 24, et le tirer à 12 liv. de poudre : en diminuant la poudre il faut augmenter la longueur ; avec 8 liv. de charge il faudrait 40 calibres de longueur ; avec 16 à 20 liv., il ne faudrait que 17 calibres pour avoir la même vîtesse. Il prouve que les longueurs de la charge et de la pièce doivent être en rapport pour obtenir cette plus grande vîtesse (1); que pour le 24, qui a 20 calibres d'ame, la charge doit avoir 7,71 calibres, ce qui donnerait 1 $\frac{1}{7}$ du poids du boulet ; pour les Pièces de 15 calibres d'ame, la charge aurait 6,17 calibres de longueur ; mais tout cela est fixé sur l'inflammation instantanée de la Poudre, et d'autres bases fausses, ce qui prouve le vague de la théorie.

Quant aux Canons de fer, les premiers furent en fer forgé ; on avait éprouvé le peu de résistance de ceux de fer fondu ; l'art de les fondre était alors peu connu. Cependant, on a trouvé au château de Saint-Dizier une très-ancienne pièce de 20 pouces de calibre, pesant 68 quintaux, pouvant contenir une charge de 48 liv., et lancer 8 pieds cubes de pierre, dont la volée était en fer forgé, et la chambre avec la culasse, en fer coulé.

En général, les anciennes Pièces de fer forgé sont des barres de fer assemblées, comme les douves d'un tonneau, par des cercles de fer, les unes et les autres soudées ensemble.

Au Hartz, en Hanovre, on a trouvé depuis peu de ces anciennes Pièces de fer forgé du calibre de 12 à 16, ayant 17 pieds de longueur[1], ne paraissant pas fabriquées comme on vient de le dire, mais dont on a perdu les procédés de fabrication : elles pesaient environ 8000 liv.

Les Pièces de fer, aujourd'hui, sont faites avec des gueuses refondues à un four à réverbère. Elles ne sont en usage que pour la marine et sur les côtes ; celles qui sont dans quelques Places ont été prises sur l'ennemi.

Les *Mortiers*, dès le 16e. siècle, avaient une chambre d'$\frac{1}{2}$ calibre de diamètre, et de $\frac{3}{4}$ de calibre de longueur ; de la lumière à la bouche, le Mortier avait 2 calibres ; le métal autour de la chambre avait 1 $\frac{1}{2}$ calibre d'épaisseur, et allait en diminuant jusqu'au collet, où il n'avait plus que $\frac{1}{7}$ de calibre.

Dans le siècle suivant, les Mortiers tiraient déjà des globes de pierres de 500 pesant. On avait aussi en France, depuis Louis XIV, des Mortiers qui lançaient des bombes de 500 en fer, on les appelait Comminges ; les derniers ont été refondus dans la révolution ; avec 2 à 3000 bombes qui étaient à Metz.

---

(1) Page 226 des Nouveaux principes d'Artillerie. A la page 423 il ne donne plus à la charge du 24 que 5,65 calibres de longueur, contenant 28,70 liv. de poudre.

Les Bombes creuses paraissent dater en France, de 1634.

Les *Obusiers* sont une arme empruntée des Hollandais, qui l'appellent *Aubitz :* on prit les premiers à la première bataille de Nerwinde.

La chambre, dans les Bouches à feu, est la partie qu'occupe la charge; dans le Canon c'est le fond de l'ame et en est le prolongement; dans les Mortiers, Obusiers et Pierriers, elle a une forme différente de l'ame, et plus resserrée.

On a pensé que la figure de la chambre n'influait pas sur les portées.

On croit que la chambre sphérique est la plus avantageuse, parce que sa forme est semblable à celle de l'inflammation de la poudre; parce qu'elle contient plus de poudre qu'une autre figure, sous moins de surface, etc.

On dit, d'après l'expérience, que la même quantité de poudre enflammée dans deux cylindres de différens diamètres, fera plus d'effet dans celui de moindre diamètre que dans l'autre.... Bezout prouve que c'est le cylindre équilatère qui donne la forme la plus avantageuse pour les chambres cylindriques... Le grand nombre de chambres tronc-coniques qu'on rencontre dans les Bouches à feu anciennes, étrangères, induit à croire qu'on a cru cette forme la meilleure : c'est celle adoptée pour les Mortiers à la Gomer.

On est d'accord à penser que la *Lumière*, pour être la plus avantageusement placée, doit porter le feu au centre de la charge.

C'était pour y parvenir que dans le siècle dernier on pratiquait au fond des Canons une petite chambre d'un pouce environ de diamètre et de profondeur, où aboutissait la lumière. Ce moyen faisait courir le risque de conserver le feu dans la Pièce, et fut abandonné.

MM. Muller et Desaguilliers, vers 1766, conclurent, d'après des épreuves, que la Lumière la plus avantageusement placée devait aboutir au fond de la charge.

M. Thompson dit qu'en aboutissant au milieu de la charge, la Lumière donnait une plus vive inflammation; mais que cet avantage était si peu chose, que peu importait sa position, pourvu qu'elle ne fût pas trop voisine du boulet.

Lombard assure que la position de la Lumière n'influe point sur les Portées... Hutton pense de même.

Malgré ces opinions, on avait dirigé à quelques pouces en avant du fond de la chambre, la direction de la Lumière dans les gros Mortiers de 12 pouces sur semelle, dont la chambre contient 30 liv. de poudre, et fondus depuis l'an 11. On a attribué une partie de leur recul excessif à cette position de la Lumière.

Des épreuves faites en 1808 semblent prouver que pour les petites chambres, il est avantageux de diriger la Lumière vers le milieu de la longueur de leur axe, et vers le fond, dans les chambres de grande capacité.

En parcourant ce résultat bien abrégé d'opinions sur les Bouches à feu, où l'on voit qu'on est si peu d'accord sur la Pratique de leur construction, on pensera peut-être que leur diversité provient de la Théorie qu'on a voulu établir : en effet, celle-ci est encore plus incertaine, soit par la difficulté de faire des épreuves pour en fixer les bases, soit parce que ces épreuves étant faites en petit, on a posé des principes, ou plutôt des à-peu-près, que les épreuves en grand ont démentis ; soit enfin parce qu'on a adopté des élémens faux, tels que l'inflammation instantanée de la Poudre, qui n'est que successive, etc., etc.

Voici quelques-uns de ces Principes sur lesquels on est le plus d'accord.

La résistance que l'air oppose aux projectiles est comme le carré de leur vîtesse (1)... Si la vîtesse est moindre que celle de l'air rentrant dans le vide (1302 pieds par seconde), la résistance est comme la vîtesse.

Dans la même Pièce, les vîtesses du Boulet sont comme les racines carrées du poids des charges, tant que celles-ci n'excèdent pas la moitié du poids du boulet.

Les vîtesses données par deux charges égales sont entre elles comme les racines carrées des portées d'épreuve.

La vîtesse du boulet augmente à mesure que la charge augmente jusqu'à un maximum particulier à chaque canon.... De ce maximum, la vîtesse diminue, si la charge augmente, jusqu'au point où l'ame de la pièce serait totalement remplie de poudre... Plus le Canon est long, moins ce maximum de charge a de longueur... La charge et le vide restant de l'ame sont en raison réciproque de leur racine carrée, *lors de ce maximum de charge*... La charge du plus grand effet, qui est celle qui donnerait le maximum de vîtesse, doit être d'un poids un peu au-dessus de celui du projectile (d'environ 28 liv. pour le 24. On vient de voir, page 729, que Lombard avait donné et cette charge et une bien plus forte.) et de la longueur entre le tiers et la moitié de la longueur de l'ame.

La vîtesse augmente à mesure que la longueur du Canon augmente, mais non dans la même proportion, jusqu'à un maxi-

---

(1) Euler dit que si la vîtesse d'un projectile est de 1700 pieds anglais par seconde, l'inflammation successive ne la diminue que de 40 pieds, et que la perte par le vent et par la lumière n'est que de 20 pieds.

mum, qui donnant une longueur démesurée pour la Bouche à feu, ne permet pas de les construire d'après ce principe; car le canon de 24, chargé de 8 liv. de poudre pour atteindre à ce maximum, aurait au-delà de 343 pieds... Les Vîtesses sont entre elles dans un rapport moindre que celui des racines carrées des longueurs d'ame, et dans un rapport un peu plus grand que celui de leurs racines cubiques (1).

Les Portées augmentent dans un moindre rapport que les Vîtesses, et à-peu-près comme leurs racines carrées, la pièce et l'angle de projection étant les mêmes... Les Portées croissent dans le rapport des racines cinquièmes des longueurs d'ame. En doublant la longueur de l'ame, on ne gagne que $\frac{1}{7}$ de portée.

Si le Vent du boulet est d'$\frac{1}{20}$ du calibre, il y a de $\frac{1}{3}$ à $\frac{1}{4}$ de la charge de perdu. On vient de voir que Euler a une opinion éloignée de celle-ci.

Le poids du Canon, les bouchons, le refoulement, le point d'inflammation de la charge, le recul libre ou arrêté, n'influent point sur la vîtesse et la portée. (Cela est-il bien vrai? L'inflammation de la poudre est successive : la longueur de l'ame augmente la portée, parce que la poudre a le tems de s'enflammer en entier : la carabine porte plus loin, parce que la balle arrêtée par les rayures donne le tems à la poudre de s'enflammer en entier, et les bouchons refoulés ne produiront pas un effet semblable?... La Poudre d'une charge enflammée agissant en tout sens, produit le recul; ce recul n'a plus lieu, et la force qui le produit reste morte tandis qu'elle peut agir sur le boulet en mouvement?...)

Les enfoncemens des boulets dans les bois sont comme les carrés des vîtesses.

Le Boulet se dévie jusqu'à 15°. ou $\frac{1}{4}$ de sa portée, et quelquefois dans une trajectoire à double courbure; c'est-à-dire, qu'après s'être dévié sur la droite de l'axe de la pièce, le même boulet se dévie sur la gauche. Borda trouvait la chose inexpliquée, mais d'autres Savans en ont donné la raison.

On voit que la Théorie, donnant des résultats impraticables, n'apprend rien pour régler les charges, les portées et les longueurs; et qu'il faut les proportionner d'après la facilité et la sûreté de s'en servir, et le but qu'on se propose.

---

(1) En augmentant l'ame de $\frac{1}{9}$ de longueur, on augmente la vîtesse d'$\frac{1}{15}$.

Avec la même charge, le Canon de 22 calibres a 1628 pieds de vîtesse, celui de 20 calibres, 1586 pieds.

Le Fusil d'infanterie dont le canon a 42 pouces ou 96 calibres d'ame, avec 30 calibres de charge, et par conséquent un vide de 66 et tiré, a une vîtesse initiale de 98,2 pi. par seconde, raccourci de 2 $\frac{1}{2}$ pouc. Sa vîtesse initiale est de 976,5 pi.

Si les sciences exactes ont peu éclairé sur les dimensions des Bouches à feu, les sciences physiques n'ont pas été plus utiles pour les fondre, pour déterminer les métaux ou leur alliage pour leur fabrication. Tout n'est qu'incertitude encore ou contrariétés.

Doit-on mouler en sable ou en terre?

Doit-on employer les grands Fourneaux de 40 à 50 milliers de livres, ainsi qu'on le fait généralement, ou les petits Fourneaux accouplés de 10 à 12 milliers de livres, comme on l'a essayé depuis 20 ans, et à la fonderie de Metz il y a quelques années?

Doit-on couler les Bouches à feu pleines ou à noyau? Par la volée et à masselotte en faisant tomber le métal, ou à syphon en le faisant remonter.

Doit-on faire toutes les Pièces du service de terre en fer ou en bronze?

L'alliage doit-il être variable pour chaque calibre, en conservant pour le plus fort celui de 11 d'étain sur 100 de cuivre en usage, et diminuant l'étain pour les calibres au dessous, ou bien employer le même alliage de 11 sur 100 pour tous les calibres.... Doit-on faire entrer le zinc dans l'alliage, comme jadis, où on ne se plaignait pas du peu de durée des grands calibres comme aujourd'hui, ou ne le doit-on pas?

L'alliage des métaux neufs est-il meilleur que celui des vieux?

Enfin l'alliage actuel donnant des Bouches à feu de haut calibre de peu de résistance, que doit-on faire?

Un Chimiste renommé s'était chargé, il y a 8 ans, de tenter l'alliage du cuivre et du fer qu'on prétend avoir fait en France, et même dans l'Inde, car des personnes assurent avoir vu une pièce de canon faite de cet alliage en une très-grande proportion. Le savant annonça qu'il réussirait, car il était parvenu, dit-on, à faire un lingot de cet alliage pesant 2 onces 3 gros 17 grains; malheureusement il mourut, mais il laissa un fils héritier de ses talens, connaissant ses essais, sa réussite, et flattant nos espérances d'un grand succès. Malheureusement le sucre étant devenu rare, et le goût de l'humanité ayant prévalu dans ce jeune cœur, le jeune savant a abandonné les essais d'alliage, et s'est mis à faire des sucres avec les productions endémiques. Il faut cependant espérer que dans la foule des métaux que nos chimistes découvrent chaque jour, on en trouvera un convenable à faire des Bouches à feu : à moins qu'il n'en soit de l'utilité de ces nouveaux métaux comme des nombreuses planètes qu'on a découvertes depuis quelques années, ou comme des gigantesques et antiques espèces d'animaux anéanties, dont on refait le squelette entier quand on n'en rencontre que quelques ossemens, et qui servent à prouver que la mer est venue évidemment trois fois composer le sol de Paris. Il n'est que trop vrai que les sciences viennent rarement au secours de nos besoins, et qu'il faut finir par dire comme Salomon, que la science n'est que vanité, ou comme l'observateur moderne :

> Graçe à monsieur Ch..... *..... en jongleries:
> Grace à monsieur S...... docteur en hableries,
> Mes souliers aujourd'hui, par un art tout nouveau,
> Coûtent plus, durent moins, tiennent mes pieds dans l'eau.

Et ab uno disce omnes.

Fonderie. Il faut, tant que l'on peut, que tous les bâtimens d'une Fonderie soient réunis. Voici une des dispositions les plus commodes qu'on puisse leur donner quand on les établit en terrain libre; si on n'a pas cet avantage, on les modifiera suivant les localités.

On suppose que le terrain soit en carré long de 208 pieds sur 128, et qu'on fasse la porte d'entrée de 15 à 16 pieds de largeur, sur le milieu d'un grand côté.

Si l'on imagine une parallèle à 48 pieds du côté opposé, et qu'on retranche aux deux extrémités de ce nouveau rectangle qu'on obtiendra, une localité de 48 pieds de longueur, on aura un rectangle que je nomme *A*, et deux carrés que je nomme *B*, *C*.

Si je mène à chacun deux petits côtés à 40 pieds l'un de l'autre, terminés par le long côté où est la porte et la parallèle qu'on a menée au côté opposé, j'aurai 4 rectangles que je nomme *D*, *E*, *F*, *G*, en allant de droite à gauche. Je divise le rectangle *D* transversalement en 3 rectangles égaux, que je nomme *H*, *I*, *K*, en partant du rectangle *A*.

Enfin, à droite et à gauche de la porte, je mène à 16 toises des côtés des rectangles *E*, *F*, des parallèles de 36 pieds de longueur, à commencer du côté où est la porte; je mène deux parallèles à ce côté, la première après 24 pieds, la seconde après les 36 pieds, et j'ai 4 rectangles *M*, *N* à droite à gauche de la porte, *O*, *P*, à la suite des deux premiers.

A est la Fonderie, de 112 pieds sur 48, avec 3 fourneaux; le grand de 40 à 50 000 liv., le moyen de 15 000 livres à chaque bout, et le petit fourneau de 8 000 au milieu.
B et *C* sont 2 Magasins au bois, de 48 pieds sur 48 derrière les fourneaux.
G Forerie de 80 pieds sur 40, pour 2 tours et 2 forets.
F Ciselerie et forges, de 40 pieds sur 80.
E Moulage, de 80 pieds sur 40.
H Bureau, de 40 pieds sur 26.
I Salle aux modèles, de 40 pieds sur 26.
K Magasin aux outils, de 40 pieds sur 26.
O Magasin à terre, de 16 pieds sur 12.
P Magasin au charbon, de 16 pieds sur 12.
M Logement du contrôleur, de 16 pieds sur 24.
N Logement du portier.

Tous ces bâtimens laissent au milieu d'eux une cour de 48 pieds sur 44, suffisante aux mouvemens intérieurs.

Devis d'un Fourneau de 50,000 *liv.* (à Turin).

1800 fr.	pour le revêtement, les fosses et les fondations. 90 000 briques à 20 fr. le mille.
9950	pour l'entretien du fourneau et de l'autel. 4975 grosses briques à creuset, à 2 fr. l'une.
2800	pour 24 tirans de fer et 8 ancres pesant 6000 liv. à 6 sols l'une, placés dans la maçonnerie du fourneau pour maintenir l'écartement des murs.
4000	pour 2000 journées de maçon et le déblaiement des terres. Prix moyen, 2 fr.
2000	pour chaux, sable, plâtre et outils divers.
6000	pour la grue servant à descendre et à remonter les moules de la fosse, garnie de ses cables, poulies, moufles et leviers.
2000	pour les 2 portières garnies de leurs plaques et bascules.
2000	pour 2 perières, 2 tampons, l'écluse, et autres ustensiles servant à couler.
30550 fr.	

Ce prix doit être beaucoup moins considérable dans bien d'autres localités, où la grue exceptée, on croit pouvoir faire un Fourneau de 40000 liv. pour 10000 francs.

Il faut pour chaque Fonte, qui dure autour de 26 à 30 heures, et pour cuire les canaux, 12 cordes de bois, et le treizième du prix du bois, en charbon (de bois).

Il faut de plus, en mènus achats, comme suif, fil de fer, chanvre, œufs, briques, sable, limes; outils à tourner, forer, ciseler, graver; huile, graisse, entretien de machines, chariots, triqueballe, écumoires, perches, pelles, pioches, cordages, etc., qui va de 282 f. à 79 f. par Bouche à feu, comme on l'a marqué à la table des journées d'ouvriers.

Si à chaque fonte on fait au Fourneau les légères réparations dont il peut avoir besoin, et qui s'éléveront, en matériaux ou main-d'œuvre, à 24 francs au plus, on rendra ce Fourneau presque impérissable.

L'étain ne se met dans le cuivre en fusion que demi-heure avant la coulée, si les bronzes sont vieux, et une heure si ce sont des cuivres neufs; il faut, de ce moment jusqu'à la coulée, brasser incessamment les matières en fusion.

On a proposé de mettre 13 par 100 d'étain dans le cuivre, pour composer le bronze des Bouches à feu de siége et de place, et 9 pour 100 seulement pour celui des pièces de bataille.

Le zinc donne à l'alliage du bronze de la dureté, et elle lui manque, mais il le rend aigre et cassant, c'est-à-dire diminue sa ténacité nécessaire; d'ailleurs sa facilité à s'oxider rendrait son alliage bien incertain, et déjà celui du bronze varie dans chaque couche concentrique à l'axe.

On prétend que 2 petits Fourneaux accouplés contenant 12 milliers liv. chacun, coûtent moins qu'un grand qui n'aurait même que cette continence, économisent les combustibles, produisent en moins de tems une plus grande intensité de chaleur. Il faut 3 heures pour les charger, 4 heures de feu pour couler une pièce de 24 : on n'y consomme de la houille, que la moitié du métal qu'on y met à fondre.

En 10 jours, sans toucher à l'enveloppe extérieure, on peut démolir et reconstruire entièrement le revêtement intérieur, le seul qui se dégrade.

On employait à la Fonderie où étaient ces Fourneaux, et où l'on moulait en sable :

1 Chef Fondeur;
1 Garde surveillant;
3 Foreurs, Tourneurs, Ajusteurs;
2 Maçons;
2 Tailleurs de briques;
7 Mouleurs ou Employés aux Fourneaux;
2 Forgeurs;
2 Ouvriers en bois;
8 Ciseleurs ou Limeurs;
6 Palfreniers;
6 Manœuvres.

40 Ouvriers, qui coûtaient en l'an 12, à Metz, 26000 fr. Il fallait pour l'année 1 million liv. charbon de terre et 24000 liv. charbon de bois.

Il y avait 3 Bancs de Forerie avec un seul moteur : 4 chevaux suffisaient pour travailler 3 Pièces à-la-fois : on forait sur 2 bancs, on tournait et allesait sur le troisième : on passait 2 forets dans le 24 : on espérait forer le 12 avec un seul : et la Forerie pouvait fournir en 1 mois :

6 Pièces de 24 long,
ou 8 —— de 24 court,
ou 20 —— de 12,
ou 30 —— de 6,
ou 32 Obusiers de 5 pouc.

Le *Moulage* en sable est plus expéditif, moins coûteux; mais à la jonction des Chassis qui contiennent le sable, il peut y avoir des parties humides qui occasionnent des soufflures à l'extérieur de la Pièce. Le moulage en sable augmente le déchet : le sable qui enveloppe le métal s'en pénètre jusqu'à 1 pouce de profondeur : l'alliage se décompose, les couches les plus voisines de la

Pièce contiennent un cuivre cristallisé, très-raffiné, formant des réseaux par l'interposition des grains de sable : les couches éloignées ne contiennent presque que de l'étain. Plus le métal est chaud, plus l'absorption est considérable. L'analyse de ce sable donne 43 Sable et Argile ;
2 Fer ;
55 Bronze.

Le Moulage en terre est plus long, plus coûteux, mais plus sûr.
On ne peut mouler en sable les Mortiers.
Quoique, dans le Moulage en sable, l'on puisse retirer le cuivre absorbé par ce sable, au moyen du Fourneau à manche, le déchet inévitable causé par les différentes manipulations, et leurs frais, balancent les avantages du sable dans le Moulage en grand.

Prix du Moulage en Terre de 4 Canons de 12, à Strasbourg an 10.

36,0	pour 12 Tombereaux de terre rouge, à 3 fr. l'un, transport compris ;
30f,0	pour 12 Tombereaux de sable, à 2,50 ;
10,0	pour 4 ———— de terre jaune ;
3,0	pour 15 kilog. de bourre ;
8,0	pour modeler les anses ;
6,0	pour 3 mesures plâtre, à 2 fr. pour Tourillons et Culasse ;
20,0	pour 10 kilog. suif, à 2 fr. ;
36,0	pour 20 kilog. fil-de-fer, à 1,80 ;
80,0	pour 4 cordes bois de chêne, à 20 fr. la corde, pour sécher les 4 Moules et 4 Masselottes ;
7,20	pour 8 paniers de charbon, à 0,90 le panier, pour cuire les Culasses ;
10,0	pour ½ corde bois blanc, pour recuire les 4 Moules ;
20,0	pour 1 Chef Mouleur pendant 10 jours, à 2 fr. ;
75,0	pour 5 Ouvriers Mouleurs pendant 10 jours, à 1,50.
341,20	

Prix du Moulage ensemble de 4 Canons de 12, à Metz.

20f,0	4 Tombereaux sable, transport compris, à 5 fr. l'un;
4,5	1 Tombereau d'argile, à 4,50;
5,0	4 Ouvriers pendant 1 jour, à 1,25 l'un;
20,0	4 Ouvriers, durant 4 jours, au même prix pour mouler 4 pièces;
26,0	2 milliers charbon de terre pour sécher les Moules, à 13 fr.;
2,5	1 Ouvrier, pendant 1 jour et 1 nuit, pour entretenir le feu de l'étuve;
2,5	4 Hommes, pendant ½ jour, pour cendrer les 4 Moules.
80,50	

Moulage en terre à Strasbourg. . .	341,20
——— en sable à Metz.	80,50
Différence. . .	260,70

Pour le Moulage en sable, il faut une étuve pour sécher les Moules.

Les Chassis sont en cuivre; celui de 24 court pèse 1777 kilog., et le modèle de la Pièce 530 kilog.

Il faut avoir, pour employer le nombre d'ouvriers précité, p. 738,

4 Chassis de 24 long;
4 ——— de 24 court;
6 ——— de 12;
8 ——— de 6;
12 ——— d'Obusiers de 5 pouces.

Dans le Moulage en terre, la retraite de la matière coulée dans les moules est en raison du degré de chaleur de la fonte, du poids, de la masselotte, de la longueur et du diamètre des Pièces: il faut donc les mouler plus fort que les dimensions prescrites.

Pour le 24 long, de la plate-bande de culasse à l'axe des tourillons, donnez 1 ligne 9 points de plus par pied: de l'axe des tourillons au milieu de la volée, donnez de plus 1 ligne par pied; de là à la tranche, donnez 6 points par pied: pour la grosseur, donnez 4 lignes de plus. Le Tour emportera ce que la retraite du métal laissera de trop. Pour le 6 de bataille, c'est environ la moitié, etc.

Nombre de journées d'Ouvriers nécessaires à la Fabrication des Bouches à feu.

Bouches à feu de.	24 long.	24 court	12 de Place	12 de Bat.	6 de Bat.	Obu. de 5 po.	Mor. de 8 po.	Pier-rier.
Pour le Moulage.								
Mouleurs.	20	15	15	10	8	6	10	15
Manœuvres pour les servir.	20	15	15	10	8	6	10	15
Batteurs de terre. . .	6	4	4	3	1	2	3	4
Serruriers pour la ferrure des Moules. . .	6	4	4	3	½	4	3	6
Pour façon des Anses et Tourillons. . . .	1	1	1	1	½	1	1	1
	53	39	39	27	18	18	27	41
Pour Transport des Moules dans la fosse et pilage des terres.								
Mouleurs.	6	6	6	3	2	2	3	4
Maçons.	2	2	2	1	1	½	1	2
Ouvriers en bois. . .	2	2	2	1	½	½	1	2
Manœuvres.	20	20	20	10	6	5	10	20
	30	30	30	15	9½	8	15	28
Pour le Chargement du Fourneau.								
Maçons.	2	2	2	1	1	½	1	2
Manœuvres pour le transport des Matières.	10	10	10	5	2	3	5	10
	12	12	12	6	3	3½	6	12
Pour retirer le Moule de la fosse, dépouiller la Bouche à feu et scier la Masselotte.								
Manœuvres.	8	6	6	4	2	3	4	6
Scieurs.	4	4	4	4	2	2	2	1
Serruriers.	6	4	4	3	1½	1½	3	4
	18	14	14	11	5½	6½	9	11

Bouches à feu de.	24 long.	24 court	12 de Place	12 de Bat.	6 de Bat.	Obu. de 5 po.	Mor. de 8 po.	Pierrier.
Pour forer, tourner les Bouches à feu et leurs différens transports.								
Foreurs de 1re. classe.	5	4	4	2	1 ½	1 ½	2	2
——— de 2e. classe.	5	4	4	2	1 ½	1 ½	2	2
Manœuvres pour le transport de la Pièce.	2	2	2	1	1	1	»	2
Tourn. de 1re. classe.	6	4	4	2 ½	1 ½	1 ½	»	3
——— de 2e. classe.	6	4	4	2 ½	1 ½	1 ½	»	3
Manœuv. pour transporter la Bouche à feu du Foret au Tour.	2	2	2	1	1	½	1	2
	26	20	20	11	8	7 ½	5	14
Pour façon et poser le Grain corroyé au gros Marteau.								
Fondeurs et Tourn.	2	2	2	2	2	2	2	2
Foreurs et Taraudeurs pour le trou de la Pièce, percer la Lumière.	4	4	4	4	4	4	4	4
Manœuv. pour déplacemens de la Pièce.	5	5	5	5	5	5	5	5
	11	11	11	11	11	11	11	11
Pour graver et ciseler la Bouche à feu.								
Ciseleurs.	30	24	24	12	10	8	15	20
Graveurs.	4	4	4	2	2 ½	2	3	3
	34	28	28	14	12 ½	10	18	23
Pour éprouver la Bouche à feu.								
Manœuvres.	4	4	4	2	1	1	2	4
Serruriers.	1	1	1	½	½	½	½	1
	5	5	5	2 ½	1 ½	1 ½	2 ½	5

Bouches à feu de.	24 long.	24 court	12 de Place	12 de Bat.	6 de Bat.	Obu. de 5 po.	Mor. de 8 po.	Pierrier.
Pour remettre la Bouche à feu à son juste calib. après l'épreuve.								
Foreurs.	2	2	2	1	1	1	1	2
Manœuvres pour ramener la Bouche à feu au Foret. . . .	5	4	4	2	2	1	1	4
	7	6	6	3	3	2	2	6
Pour couper et limer l'excédant du Bouton.								
Serrurier.	1	1	1	$\frac{1}{2}$	$\frac{1}{2}$	$\frac{1}{2}$	$\frac{1}{2}$	1
Manœuvres pour remuer la Pièce. . . .	1	1	1	$\frac{1}{2}$	$\frac{1}{2}$	$\frac{1}{2}$	1	1
	2	2	2	1	1	1	1 $\frac{1}{2}$	2
Dépenses divers, pour menus achats, francs	282	169	169	138	122	79	128	142

Le Déchet du métal neuf est plus considérable que celui du vieux. M. Bouquero, inspecteur de la Fonderie de Turin, pense que le grand Fourneau de 50000 liv. dont on a donné le Devis, ne produira que 2 $\frac{1}{2}$ par 100 de déchet pour les vieux métaux, et 3 par 100 pour les neufs; celui-ci ne peut aller au-delà du 4; c'est à ce taux qu'il est fixé dans tous les marchés de Fonderies impériales, depuis l'an 10; antérieurement il était de 10 pour $\frac{0}{0}$. Le déchet doit être calculé sur les Pièces entièrement finies.

Dans la révolution, le déchet fut porté à 12, 13, 15, 18, suivant que la matière provenait des batteries de cuisine, des statues, du métal des cloches, pour les réduire simplement en lingots, et le Gouvernement payait les combustibles et la main-d'œuvre, puis supportait le déchet de 10 à 12 par 100 sur la fonte en canons.

Les crasses ou déchets doivent être pilés, lavés et repassés à un fourneau à manche ou à bassins; on y trouve du cuivre surchargé d'étain.

Dans le *Coulage* en plein, on dit que l'étain se réunit vers l'axe de la pièce, et altère par là l'alliage de la partie de la masse coulée qui deviendra Canon. Les observations et l'opinion de M. Bouquère sont entièrement opposées à celles-ci.

Les Mortiers sont coulés à noyau; mais il faut avoir soin de garantir le noyau de la chute du métal, en mettant une calotte de tôle conique sur ce noyau sous la coulée du métal; sans quoi le noyau se brise et se mêle au métal, et force à refondre la Bouche à feu.

En coulant à Siphon on éviterait de briser le noyau; M. Bouquero dit que par cette méthode on risque d'engorger le Siphon et de manquer la Bouche à feu; mais si cet inconvénient n'est que présumable, ou si on peut y obvier, le Siphon ferait éviter les soufflures; cependant le métal serait moins dense n'étant plus pressé par une masselotte. Au reste, ce mode ne peut servir pour les Canons, ils sont trop longs; le métal se refroidirait en montant.

TABLES

RELATIVES AUX TRAVAUX DES SIÉGES.

TABLE *relative aux Parallèles, Tranchées et Sapes* (*).

	tois.	pieds	pouc.
Distance de la première Parallèle au chemin couvert.	300	»	»
Distance de la seconde Parallèle au chemin couvert.	140	»	»
Distance de la troisième Parallèle au chemin couvert.	20	»	»
Largeur de la première et seconde Parallèle.	»	15	»
Largeur de la troisième Parallèle.	3	»	»
Profondeur des trois Parallèles.	»	3	»
Largeur et profondeur de la Sape achevée.	»	3	»
Largeur et profondeur du creux du premier Sapeur.	»	1	6
— du second Sapeur.	»	2	»
— du troisième Sapeur.	»	2	6
— du quatrième Sapeur.	»	3	»
Largeur du fond de la Sape.	»	2	6
Largeur de la Berme, entre les gabions et le bord supérieur de la Sape.	»	1	»

(*) Quoique ce soit le Génie qui soit aujourd'hui chargé de ces ouvrages, on a continué d'en donner les dimensions, parce que l'officier d'artillerie doit les savoir pour connaître les ressources que peuvent lui offrir ces travaux dans l'établissement de ses Batteries.

Dimensions des objets relatifs aux Sapes (1).

	tois.	pieds	po.
Diamètre des Gabions farcis ou roulans.	»	3	8
Distance de 17 Piquets entre eux.	»	»	8
Hauteur des Piquets ou du Gabion, pointes sciées.	»	5	8
Diamètre des Gabions de tranchée (ils pèsent 60 liv.).	»	1	6
Distance des 7 Piquets entre eux.	»	»	8
Hauteur des Piquets, non compris 6 pouces de pointe.	»	3	»
Longueur des Fagots de Sape.	»	2	6
Diamètre des Fagots de Sape.	»	»	8
Longueur du Piquet du milieu du Fagot.	»	3	»
Circonférence des Fascines pour mettre sur les Gabions.	»	2	»
Longueur de ces Fascines.	1	»	»
Distance des 3 Harts entre elles.	»	2	»

(1) Dans les Sapes volantes on met 1 homme par 2 Gabions. Dans les premières Sapes 24 Sapeurs doivent faire 80 toises de Sapes en 24 heures. Les escouades sont de 4 hommes, et travaillent 1 heure ou 2 de suite. On leur donne 40 sols par toise, sur quoi on retient 1 dixième pour les Sergens.

Dimensions des Objets nécessaires à la Construction des Batteries de Canon.

	tois.	pieds	po.
Diamètre des Saucissons (suivant l'abondance des Bois.	»	1 ou	10
Longueur des grands Saucissons.	3	»	»
——— des moyens.	2	»	»
——— des petits.	1	3	»
Distance (1) des 35, ou 23 ou 17 Harts entre elles.	»	»	6
Longueur des trois Gîtes à Plate-forme de Siége ou de Place.	2	2	»
Equarrissage de ces trois Gîtes.	»	»	5
Longueur du Heurtoir, pour Plate-forme de Siége.	1	2	»
Equarrissage de ce Heurtoir.	»	»	8
Longueur des 14 Madriers pour couvrir la Plate-forme.	1	4	»
Largeur de ces Madriers.	»	1	»
Epaisseur de ces Madriers.	»	»	2
Longueur des 3 bouts circulaires de Madriers pour Plate-forme de côte.	»	8	»
Largeur de ces 3 bouts de Madriers.	»	»	8
Epaisseur d'*idem*.	»	»	3
Longueur de la Flèche de leur cintre.	»	»	8½
2 bouts de Madriers pour les joints, ayant de longueur chacun.	»	1	»
2 autres bouts de Madriers pour appuyer l'extrémité des Madriers circulaires, ayant de long. . .	»	1	4
14 Piquets pour chaque Plate-forme, ayant de diamètre.	»	»	3
12 Clous pour chaque Plate-forme, ayant de longueur.	»	»	6
ou			
Longueur des 4 bouts circulaires de Madriers pour Plate-forme de côte.	»	6	»
Largeur d'*idem*.	»	»	8
Epaisseur d'*idem*.	»	»	3

(1) Quelquefois on les met à 8 pouces de distance; il faut alors moins de Harts... Les Harts sont de bois plians, de chêne, de châtaignier, de noisetier, de charme, de bourdaine, de coudrier, de saule, d'osier, etc.

	tois.	pieds	po.
Longueur de la Flèche de leur cintre.	»	»	4 1/3
3 bouts de Madriers pour les joints, ayant de longueur chacun.	»	1	»
Longueur des 2 bouts de Madrier pour appuyer l'extrémité des Madriers circulaires.	»	1	4
16 Piquets, ayant de diamètre.	»	»	3
16 Clous.	»	»	6
6 Fascines pour 1 Saucisson de 20 à 21 pieds. — Longueur.	»	12	»
6 Fascines pour 1 Saucisson de 20 à 21 pieds. — Circonférence.	»	2	»
Longueur des Piquets pour les Saucissons.	»	2	6
Diamètre des mêmes Piquets à la tête. (s'ils sont plus gros, on les refend).	»	»	2
Longueur des Piquets pour Plate-forme.	»	3	»
Diamètre des mêmes Piquets.	»	»	4
Paniers pour transporter les terres (de bourdaine, de saule, de coudrier, d'osier, coûtant 5 à 6 sols.). — Hauteur.	»	1	»
Paniers … — Diamètre en haut.	»	1	3
Paniers … — Diamètre en bas.	»	1	»
Claies (du même bois que les Paniers). — Longueur.	»	15	»
Claies … — Largeur.	»	7	»
Blindes de bois, ronds ou carrés, entre 2 poteaux pointus par les 2 bouts. — Largeur de la blinde.	»	2	6
Blindes … — Equarrissage des traverses.	»	»	3
Blindes … — Distances des traverses aux bouts.	»	1	3
Blindes … — Longueur des poteaux.	»	6	»
Blindes … — Equarrissage des poteaux.	»	»	3

Dimensions des objets nécessaires à la Construction des Batteries de Mortiers.

Pour les Saucissons, etc., Voyez la Table précédente.

	tois.	pieds	po.
Longueur des 3 Gîtes ou Lambourdes pour Plate-forme à Mortier de 12 pouces et de 10 pouces, à grande portée.	1	1	»
Equarrissage de ces 3 Gîtes.	»	»	8
Longueur des 11 Lambourdes qui recouvrent les 3 Gîtes.	1	»	»
Equarrissage de ces 11 Lambourdes.	»	»	8
Longueur des 3 Gîtes pour Plate-formes à Mortier de 10 pouces à petites portées, de 8 pouces et de Pierrier.	1	»	»
Equarrissage de ces 3 Gîtes.	»	»	8

Les 9 Lambourdes qui les recouvrent ont les mêmes dimensions.

Quant à celles pour les Mortiers à semelle, voyez ci-après note (*f*) page 752.

TABLEAU *de la quantité des Objets nécessaires à la Construction d'une Batterie de Canon.*

Nombre des Pièces. . . .	1	2	3	4	5	6
(*a*) Canonniers, non compris les Sergens.	11	19	27	35	43	51
(*b*) Travailleurs de la ligne.	12	24	36	48	60	72
(*c*) Pics-hoyaux, Pioches, Pelles, (en tout).	23	43	63	83	103	123
(*d*) Saucissons d'un pied de diamètre, longs de 18 à 20 pieds.	27	40	53	66	79	92
(*e*) Piquets.	270	400	530	660	790	920
Masses.	4	7	10	13	16	19
Dames.	3	6	9	12	15	18
Grandes Scies.	1	1	2	2	3	3
Haches et Serpes, de chacun.	2	3	4	5	6	7
Grandes Règles et Niveau, de chacun.	1	2	3	4	5	6
Toises et Cordeaux de 6 toises, de chacun.	1	2	3	4	5	6
Paquets de Mèche.	2	2	2	3	3	3
Cordages pour serrer les Saucissons. . .	2	2	4	4	6	6
Leviers.	4	4	6	6	8	8
Lanternes et livres de Chandelles. . . .	1	1	1	2	2	2
Bottes de Harts.	2	2	3	3	4	4
(*f*) Heurtoirs.	1	2	3	4	5	6
(*g*) Lambourdes.	3	6	9	12	15	18
(*g*) Madriers.	14	28	42	56	70	84
(*h*) Fascines, (si les Saucissons n'ont que 10 pouces de diamètre).	35	52	69	86	103	120
Piquets de Plate-forme.	10	20	30	40	50	60

NOTES.

(*a*) On mettra 3 Canonniers pour le revêtement des côtés, 3 par embrasure, et 5 pour le revêtement du devant de la Batterie.

(*b*) On placera les Travailleurs dans le fossé, à 3 pieds de distance entre eux; et sur la Berme et le Coffre, on les placera à 5 pieds.

(*c*) C'est le plus petit nombre d'Outils qu'on puisse porter; on en prendra le double si l'on peut, et la qualité du terrain indiquera la proportion à mettre entre leurs espèces.

(*d*) S'il y a des Saucissons de 9 à 10 pieds de long, on pourra en prendre 14 au lieu de 7 de 18 pieds, pour le revêtement des demi-merlons des extrémités.

S'il y a des Saucissons de 12 à 13 pieds, on en peut prendre pour faire la moitié du revêtement de la genouillère, à raison de 3 Saucissons de 12 pieds pour 2 de 18; et on fera alternativement un rang des uns et des autres; mais de façon que les joints des Saucissons ne se rencontrent pas dans deux rangs voisins; et que, dans le rang supérieur de la genouillère, il ne se rencontre pas un joint dans l'ouverture de l'embrasure.

(*e*) On porte à 10 par Saucisson le nombre des Piquets, on pourrait le réduire à 7, sur-tout si les Piquets sont bons, et que les terres eussent peu de poussée : on en portera donc 7 alors, et on n'en mettra que 6.

(*f*) Il n'y a point de Heurtoir aux Plates-formes des Pièces de Place. Le premier Madrier est seulement percé pour recevoir la Cheville-ouvrière.

(*g*) On construit les Plates-formes des Pièces de côte avec 3 ou 4 bouts circulaires de Madriers que l'on cintre à cet effet; les bouts de chaque Madrier sont coupés de manière à se réunir dans la prolongation du rayon de leur cintre. Les joints de ces Madriers et les extrémités de la Plate-forme portent et sont cloués sur d'autres bouts de Madriers arrêtés par 2 Piquets. Les joints du milieu sont fixés par 4 clous : il n'y a que 2 clous pour fixer chaque bout de Madrier des extrémités. Le petit Chassis se place bien horizontalement contre l'épaulement, et est fixé par 6 Piquets; ses dimensions sont telles, qu'ainsi placé, et le grand Chassis posé dessus, la Pièce peut tirer à droite et à gauche, sa direction faisant un angle de 45 degrés avec l'épaulement de la Batterie, sans que les roulettes du Chassis portent sur les bouts des Madriers qui soutiennent les extrémités de la Plate-forme. La distance du trou de la cheville-ouvrière au milieu des roulettes du chassis, est de 11 pieds 8 pouces 6 lignes, pour 24... de 10 pieds 4 pouces pour le 36 ancien, et et 10 pieds 6 pouces 6 lignes pour le 36 moderne.

(*h*) On emploie des Fascines quand le terrain est sans consistance.

Le solide de la Batterie de siége pour 1 Pièce est, en nombre rond, de 2100 pieds cubes; celui de l'embrasure de 300. Il reste donc 1800 ppp. à tirer du fossé. 1 Homme, en 8 heures, doit arracher et placer 50 ppp.; ainsi les 12 Travailleurs placeront en 8 heures 1 tiers des terres de la Batterie.

Tableau de la quantité des Objets nécessaires à la construction d'une Batterie de Mortiers.

Nombre des Bouches à feu.	1	2	3	4	5	6
(*a*) Canonniers, non compris les Sergens.	8	16	24	32	40	48
(*b*) Travailleurs de la ligne.	12	24	36	48	60	72
(*c*) Pics-Hoyaux, Pelles, Pioches, (en tout).	20	40	60	80	100	120
(*d*) Saucissons d'un pied de diamètre.	21	28	35	42	49	56
(*e*) Piquets, (7 par Saucisson).	147	196	245	294	343	392
Masses.	3	6	9	12	15	18
Dames.	3	6	9	12	15	18
Grandes Scies.	1	1	1	2	2	2
Haches et Serpes, de chacun.	2	3	4	5	6	7
Règles et Niveaux, de chacun.	1	2	3	4	5	6
Toises et Cordeaux de 6 toises, de chacun.	1	2	3	4	5	6
Paquets de Mèches.	2	2	2	3	3	3
Cordages pour serrer les Saucissons.	2	2	2	3	3	3
Leviers.	4	4	4	6	6	6
Lanternes et livres de Chandelles.	1	1	1	2	2	2
Bottes de Harts.	1	1	2	2	3	3
(*f*) Lambourdes du fond.	3	6	9	12	15	18
(*f*) Lambourdes de recouvrement.	11	22	33	44	55	66
(*Si les Saucissons n'ont que 10 pouc. de diamètre*, il en faut).	27	36	45	54	63	72
Piquets pour Plate-forme.	8	16	24	32	40	48

NOTES.

(*a*) On mettra 3 Canonniers pour le revêtement des côtés, et 5 pour celui du devant de la Batterie. Comme il n'y a pas de joues d'embrasures à faire, qu'on peut s'enfoncer, et par conséquent avoir moins besoin de terre pour l'épaulement, on peut penser qu'on a pris trop de Canonniers; mais, dans les premières heures, ils uniront le terrain, ils s'enfonceront, et par-là amasseront des terres. Dans les heures suivantes, ils s'occuperont du revêtement et ne seront plus exposés à des retards.

Si cependant on veut réduire ce nombre, on pourra ne prendre en Canonniers que 8... 13... 18... 25... 28... 33 hommes.

(*b*) Les Travailleurs sont disposés comme dans la Batterie de canon.

(*c*) On peut porter au double le nombre des Outils.

(*d*) Après avoir tiré 14 du nombre des Saucissons (ces 14 sont pour le revêtement des côtés), on peut, pour la moitié du reste, prendre des Saucissons de 12 pieds, à raison de 3 pour 2 de 18 pieds.

(*e*) Le revêtement n'étant pas affaibli par la trouée des embrasures, on peut diminuer le nombre des Piquets, le porter à 6 seulement par Saucisson, et n'en mettre que 5.

(*f*) Ces nombres sont pour les Plates-formes de Mortier de 12 pouces et de 10 pouces à grandes portées. Il n'en faut que 12 en tout pour le fond et pour le recouvrement de chaque Plate-forme de Mortier de 10 pouces à petite portée, de 8 pouces et de Pierrier. Ainsi on prendra des multiples de 12.

Pour établir la Plate-forme du Mortier de 12 pouces à Plaque, il faut :

5 Gîtes. { Longueur. . 12 pi.
Largeur. . . 6 po.
Epaisseur. . 8 po. jusqu'au milieu ; puis 16 lig. par pied de talus, depuis ce milieu jusqu'à l'extrémité qui doit soutenir le derrière de la Plate-forme, et qui aura conséquemment 16 pouc.

12 Lamboundes de 9 pieds de longueur. { Largeur. . 6 pouc.
12 ———— 8 pieds ———— { Epaisseur. 8 pouc.

30 Piquets de fondation. { Longueur. . 15 pouc. Diamètre. . 3 pouc.

22 ——— de Plate-forme. { Longueur. . 3 pieds. Diamètre. . 4 pouc.

Déterminez l'emplacement de la Plate-forme.

Creusez à 15 pouces au-dessous du niveau que doit avoir le dessous des Gîtes, 5 rigoles parallèles, équidistantes, celle du milieu sur la ligne de tir. Enfoncez à tête perdue dans chaque rigole, 6 piquets de fondation, bien de niveau, équidistans à 2 pieds. (Si le terrain n'est pas ferme, creusez des trous de 18 pouces, et mettez une pierre plate au fond pour soutenir le piquet).

Placez dans ces Rigoles et sur ces Piquets, les 5 Gîtes, à 33 pouces de distance de milieu en milieu, la partie en talus sur le derrière de la Plate-forme et en-dessus.

Nivelez. Pour être sûr que les Gîtes sont dans un même plan,

Remplissez les Rigoles de terre, et damez-la fortement, sur-tout contre le Gîte, pour l'assujétir.

Placez sur les Gîtes les Lambourdes, les impaires longues et les paires courtes. La 13e. qui se trouve à la naissance du talus, doit être coupée en sifflet dans toute sa longueur, pour qu'elle appuie de toute son épaisseur contre la Lambourde qui précède.

Enfoncez à droite et à gauche des Lambourdes courtes, un piquet de plate-forme jusqu'au niveau de la Plate-forme. (Alternativement).

Arrêtez la Plate-forme au recul par 6 piquets à plate-forme, et en avant par 4.

On peut augmenter le nombre de piquets, si le terrain est mouvant.

NOTA. Pour que le Mortier à plaque puisse reculer et glisser sur le talus de la Plate-forme, on relève à chaque partie inférieure du devant et du derrière du Plateau, une petite portion de bois qui a 9 lignes d'épaisseur, et diminue insensiblement sur une longueur de 7 pouces en allant en-dessous. Les deux extrémités du Plateau sont arrondies par un rayon de 3 pouces. Cet amincissement de 9 lignes a obligé de changer la fourche du Tenon de manœuvre de derrière qui ne doit plus embrasser toute l'épaisseur du plateau : la branche inférieure doit être encastrée dans les bois, à 2 pouces du dessous dudit plateau.

Voyez, page 37, des Essais pour éviter, par la construction du Mortier, de faire cette Plate-forme qu'on vient de décrire.

Le solide d'une Batterie de Mortiers pour un seul Mortier, est, en nombre rond, de 2100 pieds cubes; et quoique plus fort de 300 ppp. que celle à Canon, on ne prend pas plus de Travailleurs, parce que les Canonniers aideront à amasser des terres, qu'on pourra s'enfoncer, et par conséquent avoir moins besoin d'en amasser, etc.

DIMENSIONS *des Batteries de Canon.*

	tois.	pieds	po.
Largeur du Fossé.	2	»	»
Profondeur du Fossé.	1	2	»
Largeur de la Berme.	»	3	»
Hauteur de la Berme au dessus du niveau.	»	»	6
(1) Epaisseur du Coffre, ou Epaulement dans les bas.	3	5	2
Epaisseur dans le haut.	3	»	»
(2) Hauteur intérieure de l'Épaulement.	1	1	»
Hauteur extérieure d'*idem*.	1	»	4
(3) Talus intérieur d'*idem*, $\frac{2}{7}$ de la hauteur.	»	2	»
Talus extérieur d'*idem*, 1 demi de la hauteur.	»	3	2
Profondeur de la Rigolle pour le premier Saucisson, (suivant qu'il y en a 9 ou 7).	»	$\frac{1}{2}$ ou	4
Hauteur de la Genouillère (de 4 ou de 5 Saucissons) au dessus du plan supérieur du Gîte du milieu.	»	3	8

(1) C'est l'épaisseur que l'on donne dans les terres les moins favorables. Dans les terres ordinaires on ne donne que 20 pieds, ce qui réduit l'épaisseur supérieure à 15 pieds environ. C'est sur ces dernières dimensions qu'est calculé le solide des Batteries de Canon et de Mortier à la fin des notes des deux Tables précédentes.

(2) Cette hauteur est égale à l'épaisseur de 9 Saucissons de 10 pouces de diamètre, ou de 7 Saucissons de 12 pouces de diamètre.

(3) C'est 3 pouces par Saucisson s'il y en a 9, et 4 pouces s'il n'y en a que 7 au revêtement.

	tois.	pieds	po.
Talus intérieur de la Genouillère.	»	1	»
Longueur du Merlon de côté.	1	3	»
Distance du milieu d'une Embrasure à l'autre. . .	3	»	»
Largeur de l'Embrasure à la Plate-forme.	»	1	8
——— de l'Embrasure vers la campagne.	1	3	»
——— de la Plate-forme au Heurtoir.	1	4	»
——— opposée.	2	4	»
Talus des Plate-formes vers le Coffre, (3 pouces par toise).	»	»	6
Ce Talus est de 2 pouces par toise dans les Batteries d'Ecole. Il n'y en a point dans les Batteries à Ricochet.			
Distance entre les milieux des 3 Lambourdes ou Gîtes parallèles.	»	2	6
Talus de l'Embrasure vers la campagne.	»	1	»
Dans les *Batteries de Brèche*, l'épaisseur de l'épaulement n'est quelquefois que de.	2	»	»
Alors la largeur de l'Embrasure vers la campagne, se fait de.	1	»	8

Dans les *Batteries de Place*, le bord supérieur du Parapet, au dessus du plan supérieur du Gîte du milieu, doit être de 5 pieds... Le Talus entier des Gîtes est de 5 pouces.

L'élévation de la Pièce de Place, au dessus de son chassis, est de 4 pieds 10 pouces.

Les 2 pouces d'épaisseur des Madriers, qui forment la Plate-forme, achèvent d'élever la Pièce de Place à 5 pieds, et l'épaisseur du Chassis sert à donner du jeu à la volée... Les nouveaux Chassis ont nécessité une nouvelle Plate-forme, qui est décrite dans la Table suivante.

Dans les *Batteries de Côte*, le bord supérieur de l'Epaulement doit être élevé de 5 pieds au dessus du plan où posera le petit Chassis... Les Pièces sont distantes entre elles de 3 toises 3 pieds.

Dimensions *de la nouvelle Plate-forme des Pièces de Place.*

		pieds	pouc.
1 Contre-Lisoir entaillé à chaque bout.	Longueur.	4	11
	Hauteur.	»	8
	Epaisseur.	»	9
3 Poutrelles.	Longueur.	14	»
	Equarrissage.	»	5
1 Gîte cintré à 2 pouces de flèche.	Longueur.	6	»
	Hauteur.	»	5
	Largeur au cintre.	»	6
	Largeur aux bouts.	»	4
2 Gîtes droits.	Longueur du premier, qui est au milieu.	6	6
	Longueur du dernier.	8	»
	Equarrissage.	»	5
Distances du devant du Contre-Lisoir au Parapet.	Si le Parapet a un Talus.	2	»
	Si le Parapet est revêtu en maçonnerie.	2	6
Distance du plan supérieur du Contre-Lisoir à la crête du Parapet.		4	10
Talus des 3 Poutrelles (les 2 extrêmes sont encastrées).		»	5
Distance du Gîte cintré au derrière du Contre-Lisoir, mesure prise du cintre.		»	7
Distance du premier Gîte droit au derrière du Contre-Lisoir. Il doit répondre à la première Entretoise.	pour 24 et 16.	3	8 ½
	pour 12 et 8.	3	2
Distance du second Gîte droit au premier Gîte. Il doit répondre à 1 pied du bout du Chassis.	pour 24 et 16.		
	pour 12 et 8.		

DIMENSIONS *des Batteries de Mortiers.*

	tois.	pieds	po.
Longueur de l'Epaulement par Mortier.	2 ou 15		»
Largeur du Fossé.	1	3	»
Ces Batteries sont souvent au dessous du niveau, c'est-à-dire enterrées.			
Profondeur du Fossé (suivant le besoin de terre).			
Largeur de la Berme.	»	3	»
(1) Hauteur de la Berme au dessus du niveau. . . .	»	»	6
(1) Epaisseur de l'Epaulement dans le haut.	3	»	»
(1) Epaisseur dans le bas d'*idem*.	3	5	2
Hauteur intérieure d'*idem*.	1	1	»
(1) Talus intérieur d'*idem*.	»	2	»
(1) Talus extérieur d'*idem*.	»	3	2
Profondeur de la Rigole où l'on enterre à demi le premier Saucisson.	»	»	6
Largeur de la Plate-forme carrée, pour Mortier de 12 pouces et de 10 pouces à grande portée. . .	1	1	»
Largeur pour Mortier de 10 pouces, à petite portée, de 8 pouces et Pierrier.	1	»	»
Distance des Plates-formes à l'Epaulement.	1	1	»
———des Plates-formes entre elles.	1	»	»
———des Plates-formes extrêmes au bout de l'Epaulement.	1	»	»

Pour les Plates-formes des Mortiers à plaque, voyez pag. 752.

NOTA. Dans les Batteries d'Obusiers, la largeur de l'Embrasure non revêtue, à la Plate-forme, est de 2 pieds 6 pouces, et le Talus de l'Embrasure vers la Plate-forme doit faire un angle de 10 degrés, parce qu'on tire à-peu-près sous cet angle.

---

(1) On sent que ces dimensions doivent varier, suivant que la Batterie sera plus ou moins, ou point du tout enterrée.

TABLES DE TIR.

Les Tables suivantes ont été dressées d'après les Tables très-détaillées et très-bien faites de Lombard, Professeur de Mathématiques à l'Ecole d'Artillerie d'Auxonne; c'est à elles qu'il faudra avoir recours quand on sera hors des cas ordinaires, pour lesquels celles-ci ont été faites.

Comme la force de la Poudre influe beaucoup sur les portées, et que, depuis quelques années, les Poudres dans les épreuves portent toujours le globe de l'Eprouvette à 100 toises, et quelquefois jusqu'à 140, on a pensé qu'il fallait rédiger les Tables suivantes d'après la supposition, que la Poudre était toujours de celle dont 3 onces chassent le globe de l'Eprouvette à 100 toises.

En parlant des vîtesses, on sous-entend toujours que l'unité de tems est 1 seconde. Ainsi, quand on assignera la vîtesse que doit avoir un boulet, pour produire tel ou tel effet, à 1300 pieds, par exemple, on sous-entendra que le mobile doit parcourir 1300 pieds en 1 seconde.

TABLE *de Tir pour les Pièces de Campagne, tirant à Boulets roulans* (1).

Canons de.	12	8	4	*Obus.*
Charges.	4 li.	2 ½ li.	1 ½ li.	17 on.
Vîtesses initiales résultantes de ces charges. pieds.	1290	1272	1293	525
But-en-blanc. toises.	241	236	226	
Distances.				
à 500 t.	24 lig.	23 lig.	22 lig.	
450	19	18	16	
400	14	13	12	
350	9	9	8	
300	5	5	5	46 lig.
250	1	1	2	36
200				28
	3 pi.	3 pi.	3 pi.	
150				20
	6 ½ pi.	6 ½ pi.	6 ½ pi.	
100				13
	6 pi.	6 pi.	6 pi.	

Les chiffres des Colonnes qui sont sur la même ligne que les distances, marquent les lignes de hausses qu'on doit donner en visant au blanc.

Les chiffres qui sont sous les lignes marquent qu'il faut pointer au-dessous du blanc de cette quantité.

(1) On mettra 2 lignes de moins de Hausse quand on tirera à BOULETS ENSABOTÉS.

(1) Table *de Tir pour les Pièces de Campagne, tirant à Cartouches.*

Canons de.		12	8	4	*Obus.*
Charges. livres.		$4\frac{1}{4}$	$2\frac{3}{4}$	$1\frac{3}{4}$	
Distance où l'on peut commencer à tirer la grande cartouche.		400 t.	350 t.	300 t.	
Idem pour la petite.		300	250	200	
Lignes de Hausse qu'on doit donner.					
Grande Cartouche.	à 400 toises.	20 lig.	24 lig.		
	350	12	15	30 li.	
	300	6	9	18	
	250			5	
Petite Cartouche.	300	18			
	250	6	6	12	
	200	3	6	6	

Table *de Tir pour les Batteries de Plein-fouet qui doivent ruiner les Défenses.*

	Canons de.	24	16
A 300 ou 250 toises de distance.	Vîtesses (2).	1400 pi.	1450 pi.
	Charge nécessaire pour donner cette vîtesse, avec la poudre de 100 toises d'épreuve.	12 liv.	$9\frac{1}{2}$ liv.
	Charge *idem*, avec la poudre de 140 toises d'épreuve.	6	4
	Quantité dont on doit pointer sous le blanc.	7 pieds.	7 pieds.
A 200 ou 150 toises.	Vîtesse (2).	1300 pi.	1400 pi.
	Charge (poudre de 100 toises d'épreuve).	9 liv.	$8\frac{1}{2}$ liv.
	Charge (Poudre de 140 toises d'épreuve).	4	$3\frac{1}{2}$
	Quantité dont on doit pointer sous le blanc.	10 pi.	10 pi.

(1) Cette Table n'est pas tirée de celles de L.

(2) C'est la vîtesse que doit avoir le boulet pour remplir l'objet qu'on se propose.

TABLE *de Tir pour les Batteries à Ricochet ou d'Enfilade.*

On suppose que ces Batteries tirent sur des remparts depuis 30 jusqu'à 60 pieds d'élévation au dessus du sol de ces Batteries... Si ces remparts avaient plus de 60 pieds de hauteur, il faudrait s'éloigner au moins à 200 toises.

L'Obusier de 6 pouces semble préférable pour ce Tir à celui de 8 pouces, parce que son Obus est susceptible d'une plus grande vîtesse.

On a indiqué seulement dans cette Table la plus grande et la plus petite Vîtesse initiale qu'on pouvait employer à chaque distance, immédiatement après la Charge qui produit cette Vîtesse; enfin, la Hausse qu'il faut donner avec cette Charge.

Distances.					*Obusiers*	
	Pièce de.	24	16	12	*de 8 po.*	*de 6 po.*
à 300 t.	Vîtesses.	800 pi.	900 pi.	1100 pi.		
	Charges.	40 onc.	36 onc.	36 onc.		
	Hausses.	3 po. 11 l.	4 po. 2 l.	1 po. 3 l.		
	Vîtesses.	650 pi.	700 pi.	700 pi.		750 po.
	Charges.	28 onc.	20 onc.	12 onc.		32 onc.
	Hausses.	7 po. 4 l.	7 po. 6 l.	6 po. 1 l.		1 po. 11 l.
à 250 t.	Vîtesses.	750 pi.	800 pi.	900 pi.		750 pi.
	Charges.	32 onc.	28 onc.	20 onc.		32 onc.
	Hausses.	3 po. 4 l.	3 po. 7 l.	1 po. 11 l.		1 po. 7 l.
	Vîtesses.	600 pi.	600 pi.	700 pi.		600 pi.
	Charges.	24 onc.	16 onc.	12 onc.		22 onc.
	Hausses.	6 po. 8 l.	6 po. 11 l.	4 po. 5 l.		2 po. 5 l.
à 200 t.	Vîtesses.	700 pi.	700 pi.	800 pi.	520 pi.	600 pi.
	Charges.	32 onc.	24 onc.	16 onc.	22 onc.	22 onc.
	Hausses.	2 po. 9 l.	2 po. 11 l.	1 po. 9 l.	3 pouc.	1 po. 10 l.
	Vîtesses.	500 pi.	500 pi.	600 pi.	500 pi.	500 pi.
	Charges.	16 onc.	12 onc.	12 onc.	20 onc.	16 onc.
	Hausses.	7 po. 8 l.	7 po. 10 l.	4 po. 8 l.	3 po. 2 l.	2 po. 7 l.
à 150 t.	Vîtesses.	600 pi.	630 pi.	650 pi.	500 pi.	450 pi.
	Charges.	24 onc.	16 onc.	12 onc.	20 onc.	12 onc.
	Hausses.	2 po. 7 l.	2 po. 5 l.	2 pouc.	2 po. 4 l.	2 po. 4 l.
	Vîtesses.	450 pi.	500 pi.	500 pi.	400 pi.	400 pi.
	Charges.	12 onc.	12 onc.	8 onces.	14 onc.	10 onc.
	Hausses.	6 po. 7 l.	5 pouc.	4 po. 1 l.	3 po. 7 l.	2 po. 10 l.
(1) à 150 t.	Vîtesses.	500 pi.	500 pi.	500 pi.	400 pi.	400 pi.
	Charges.	16 onc.	12 onc.	8 onces.	14 onc.	10 onc.
	Hausses.	4 po. 10 l.	5 pouc.	4 po. 1 l.	3 po. 7 l.	2 po. 10 l.

(1) Tirant sur un rempart de 60 pieds d'élévation.

TABLE *de Tir pour les Batteries de Brèche.*

Ces Batteries sont supposées tirer à 25 toises du rempart qu'elles battent.

On a indiqué deux Vîtesses initiales, la plus grande et la plus petite qu'on doive donner pour bien remplir l'objet qu'on se propose, soit qu'on commence la Brèche, soit qu'on la finesse.

	Pièce de.	24	16
Pour commencer la Brèche.	Vîtesse.	1600 pi.	1600 pi.
	Charge.	»	»
	Pointer sous le blanc de.	2	2
	Vîtesse.	1400	1400
	Charge.	13 liv.	9 liv.
	Pointer sous le blanc de.	2 pi.	2 pi.
Pour finir la Brèche.	Vîtesse.	1200 pi.	1200
	Charge.	7 liv.	3 liv. $\frac{1}{4}$
	Pointer sous le blanc de.	2 pi.	2 pi.
	Vîtesse.	1000	1000
	Charge.	3 liv. $\frac{1}{4}$	2 liv.
	Pointer sous le blanc de.	2 pi.	2 pi.

Table de Tir *pour les Batteries qui défendent les Places.*

La Vitesse qu'il convient de donner au Boulet, pour remplir l'objet qu'on se propose, devant être pour les 5 calibres de 1000 à 1200 pieds par seconde, on trouvera pour chaque distance deux Hausses ou Abaissemens, sous le blanc, différens, pour répondre à chacune de ces Vitesses.

	Pièces de...	24	16		12		8		4 long.	
Distances.		liv.	liv.	on.	liv.	on.	liv.	on.	liv.	on.
	Charge pour vîtesse de 1000.	4	2	12	1	12	1	4	»	12
	Charge pour vîtesse de 1200.	7	4	»	3	»	2	8	1	8
à 300 toi.	Hausses...	19 lig.	23	»	24	»	23	»	23	»
	Hausses...	4 lig.	8	»	9	»	10	»	11	»
à 260 toi.	Hausses...	11 lig.	24	»	16	»	16	»	16	»
	Hausses...	» lig.	2	»	4	»	4	»	6	»
	Sous le blanc.	2 pi.	»	»	»	»	»	»	»	»
à 200 toi.	Hausses...	» lig.	4	»	5	»	6	»	7	»
	Sous le blanc.	8 pi.	5	»	4	»	3	»	»	»
à 120 toi.	Sous le blanc.	6 pi.	4	»	4	»	3	»	2	»
	Sous le blanc.	9 pi.	7	»	7	»	6	»	5	»
à 60 tois.	Sous le blanc.	5 pi.	4	»	4	»	4	»	4	»
	Sous le blanc.	6 pi.	5	»	5	»	5	»	5	»

Table de Tir *pour les Mortiers.*

Cette Table a été faite d'après des épreuves où on tirait avec des gargousses qui renfermaient la Charge. On a marqué d'une astérisque * les portées résultantes de Charges tirées sans gargousses.

Mortiers de. . . .		12 *po.*	10 *pouces*		8 *pouc.*
			à grande portée.	à petite portée.	
Charges.	*Degrés.*	Portée.	Portée.	Portée.	Portée.
Pour 12 et 10, 1 liv. Pour 8, 5 onc. . . .	45°.	196 t.	228 t.	310 t.	165 t.
	60°.	171	198	265	159
	30°.	165	190	264	141
Pour 12 et 10, 1 liv. 8 onc. . . . . . Pour 8, 10 onc. . .	45°.	331	195	480	395
	60°.	288	307	417	332
	30°.	»	328	430	»
Pour 12 et 10, 2 liv. Pour 8, 15 onc. . . .	45°.	420	530	515	587
	60°.	370	465	551	482
	41°.	430	512	650	604
Pour 12 et 10, 2 liv. 8 onc. . . . . . Pour 8, 20 onc. . .	45°.	493	645	697	641*
	60°.	479	592	639	600*
	40°.	418	677	777	640*
3 liv.	45°.	612	755	704	»
	60°.	555	675	673	»
	39°.	638	770	797	»
5 liv.	5°.	»	1100	»	»

TABLE *pour le Tir des Bombes, avec des Pièces de Canon.*

NOTA. Il faut placer les Pièces de Canon la culasse en terre, arrêtée à son recul par un morceau de chantier de bois, incliné de façon que l'axe de la Pièce lui soit perpendiculaire. Sous la naissance de la volée, on soutient la Pièce par plusieurs chantiers empilés, et fortement arrêtés par des piquets, en sorte que cette Pièce soit pointée à 40 ou 45 degrés. On met autour du collet du Canon une espèce de cravatte en cordage, dans laquelle on passe un anneau de fer. On arrête à cet anneau, qu'on place en dessus de la Pièce, le menu cordage qu'on attache de l'autre bout à l'anneau de la Bombe placée sur la tranche de la bouche du Canon. Il faut que ce menu cordage soit dans le plan vertical qui passe par l'axe de la Pièce, et que la Bombe s'applique bien exactement sur l'orifice de la bouche du Canon; par ce moyen on obtient une grande justesse dans la direction.

Distance,	(1) *Pièces de. . .*	16		12 longue.		8 longue.	
		liv.	onc.	liv.	onc.	liv.	onc.
60 tois.	Charge pour les Bombes de 8 pouces.	2	4	2	»	1	14
100		3	8	3	»	2	14
150		4	4	4	»	3	14
200		5	8	5	»	4	14
60	Charge pour les Bombes de 10 pouces.	»	»	»	»	4	»
100		6	»	6	»	»	»
150		8	»	7	»	»	»

(1) On tirait dans les épreuves, dont cette Table offre le résultat, avec des Charges renfermées dans des Gargousses de papier, avec des bouchons ordinaires refoulés de 2 coups, et avec de la Poudre de 98 toises de portée, au Mortier d'épreuve.

NOTE *pour le Tir des Bombes.*

On peut tirer avec les Mortiers des Bombes de calibre inférieur à ces Mortiers, soit en remplissant de terre le vide du tour de la Bombe, soit en fixant la Bombe avec des coins. Ces coins doivent être des demi-segmens de plateaux de sapin, de 5 à 6 lignes d'épaisseur, ayant pour rayon le rayon de l'ame du Mortier dont on se sert, et pour flèche la moitié de la différence qui se trouve entre les calibres de ce même Mortier, et celui pour lequel la Bombe est faite.

Si l'on se sert du Mortier de 12 pouces pour lancer des Bombes de 8 pouces, la flèche du segment sera de 11 lignes 3 points; et pour lancer des Bombes de 10, cette flèche sera d'1 pouce 10 lignes 6 points.

Si l'on se sert du Mortier de 10 pouces pour lancer des Bombes de 8 pouces, la flèche sera de 10 lignes 3 points.

Le Mortier de 12 pouces pour lancer des Bombes de 8 pouces à 60 toises, doit être chargé de 1 livre et demie; et à 200 toises, de 2 livres 1 quart.

Le même Mortier pour lancer des Bombes de 10 pouces.

A 60 toises sera chargé de 1 livre et demie.
A 100 toises ———————— 2 livres.
A 150 toises ———————— 3 livres 1 quart.
A 200 toises ————————

CAMPS.

L'intervalle entre le Camp de l'infanterie et celui de la cavalerie, est de 25 toises.

La distance d'1 Ligne à l'autre est de 150 toises.

En général, le Camp d'une armée sur 2 Lignes doit avoir au moins 300 toises en profondeur de terrain libre ou aisé à rendre tel, et 60 toises de front par 100 hommes, tous les intervalles compris.

Quand la terre est couverte, on fauche jusqu'à 10 toises en avant des Tentes des soldats, parallèlement au front de Bandière.

Les communications entre les Lignes, et en avant du front de Bandière, ont 8 toises de large pour les Camps passagers, et 25 pour les Camps où l'on séjourne.

D'après l'instruction sur les Camps, de 1792, refaite dans l'an 12, voici les dispositions relatives à l'infanterie.

Les anciennes Tentes avaient 10 pieds 4 pouces sur 8 pieds, et devaient contenir 7 soldats... Les grandes Rues étaient de 16 pieds, les petites de 4 pieds 3 pouces; les Rues entre les Lignes de Tentes étaient de 4 pieds.

Les nouvelles Tentes avaient 18 pieds sur 12, et devaient contenir 14 soldats... Les grandes Rues étaient de 12 pieds, les petites et celles entre les Lignes des Tentes, de 6 pieds.

Le Front du Bataillon était de 75 toises, sa profondeur était de 28.

La Garde du Camp était à 66 toises du Front de Bandière.

Les Tentes des Prisonniers à 3 toises en arrière de la Garde du Camp.

Les Latrines des Soldats à 13 toises en arrière.

Les Faisceaux étaient à 5 toises en avant du front de Bandière.

Le Chevalet du Piquet sur l'alignement des Faisceaux.

Le Drapeau au centre du Bataillon, à égale distance du Front de Bandière et des Faisceaux.

Les Caissons à 3 toises en avant des Faisceaux, et les Canons en avant des Caissons.

Les dernières tentes à 28 toises en arrière du front de Bandière.

Les Cuisines de soldats et la Garde de police à 7 toises en arrière (toujours de l'alignement qui précède).

Le petit Etat-Major, Adjudans, etc., à 8 toises en arrière.

Les Lieutenans et Sous-Lieutenans à 10 toises en arrière.

Les Adjudans-Majors, Quartier-Maître, Chirurgien, à 10 toises en arrière.

Les Capitaines, à 10 toises en arrière.

Les Chefs de Bataillon, de Brigade, à 12 toises en arrière.
Les Latrines des officiers, à 18 toises en arrière.
Ce qui fait 164 toises depuis le Front de Bandière.
L'Artillerie des Colonnes doit camper entre les 2 Lignes en arrière et au centre des Brigades qui composent la Colonne.

Effets de Campement, etc.

Pour le Piquet il faut 1 Chevalet avec son manteau d'armes, Piquets et Maillets nécessaires.
Par Tente de 7 hommes il faut : 1 marmite, son couvercle, son sac ou étui... 1 gamelle... 1 grand bidon... 4 outils (1 pelle, 1 pioche, 1 hache, 1 serpe ou petite hache)... 2 couvertures de laine; tout cela double pour les Tentes de 14 hommes.
1 Petit Bidon à chaque Soldat.
3 Petits Bidons pour vinaigre par compagnie.
Tentes, Chevalets et Manteaux d'armes, par compagnie, suivant leur force.
2 Chevaux de peloton, par compagnie.

DES PARCS D'ARTILLERIE.

12 à 1800 toises est la distance des Parcs de Siége à la Place attaquée.

100 toises est la distance des Parcs à la queue du Camp, lorsqu'on ne les met pas entre les Lignes, ce qui vaut mieux pour n'en pas gêner les mouvemens : on couvre alors les Parcs par un corps de troupes.

40 toises est la distance du petit Parc au grand dans les Siéges : et 20 toises est la même distance dans les Camps. Ces deux Parcs se mettent ordinairement à côté l'un de l'autre. Le grand est le magasin de l'armée, le petit en est l'arsenal.

60 à 100 toises est la distance du Camp de l'Artillerie à un des côtés du Parc; on le met dans le lieu le plus découvert, pour servir de garde-avancée aux Parcs.

40 toises est la distance du Parc des Chevaux à l'autre côté des Parcs, par rapport au Camp de l'Artillerie.

15 toises est la distance qu'on met entre les Sentinelles (circonstances locales à part), elles doivent être visibles les unes des autres, et tout le Parc doit être soumis à leur vue.

7 toises est la distance entre les rangs des Voitures, hors pour les Haquets, qui en ont 16.

10 pieds est la distance des files de Voitures (ou distance entre les timons) dans les grands Parcs, et 14 pieds dans les petits pour la facilité des radoubs.

Du petit Parc dans les Siéges et Camps.

On doit y mettre :

Les Bois de remontage... les Fers non coulés (ferrures façonnées, clous, acier, etc.)... les Scies et manches d'outils de rechange... le Charbon... la Mèche... les Brouettes... les Sacs à terre... les Cordages... les Cerceaux, Lanternes, Réchauds, Meules, etc... les Civières... les Chevaux de frise.

Et ce qui suit, particulier au Parc de Siége.

Les Armemens de rechange des différentes Bouches à feu... les Fusées à bombes et à obus... les Armemens de sapeurs... les Echelles d'escalade, le Plomb, Pierres à Fusil... le Vieux-oing.

Voici un arrangement qu'on peut donner.

Les Forges en première Ligne, en avant du petit Parc.

Le Camp des Compagnies d'ouvriers à 20 toises en arrière.

Les Ateliers d'ouvriers en arrière du Camp, ou sur l'alignement des Forges à leur droite ou à leur gauche, ou enfin en arrière des Voitures du Parc, à 20 toises.

A 20 toises en arrière, les Voitures du Parc en commençant par celles qui portent les objets ci-devant désignés et suivant leur ordre... ensuite les grands Caissons du Parc portant les Outils d'ouvriers en bois, en fer, les outils tranchans, les menus achats.

A 20 toises en arrière, le logement du Directeur et du Sous-Directeur.

Les Tentes des Officiers et Employés à l'Equipage.

Les Ateliers d'Artificiers et les ustensiles d'Artifice.

Les Artifices et matières d'Artifices à 100 toises de la queue du Parc, par dépôt de 30 en 30 toises.

Sur les côtés on mettra les Triqueballes et les Ponts roulans.

L'Equipage de Pont sera sur un côté du petit Parc, à moins qu'on n'en fasse un Parc séparé. On le parquera en séparant chaque espèce de Pont.

Le petit Parc doit être au centre du grand, dans les marches : les Forges doivent être distribuées le long de la Colonne.

Du Parc aux Chevaux.

Le Parc des Chevaux est à un des côtés des Parcs, à portée du grand, sur-tout pour la célérité du service, et à portée de l'eau pour sa convenance particulière. On en réglait la profondeur en prenant 10 toises pour 2 rangs de Chevaux qu'on plaçait comme il suit :

On tendait 2 Prolonges à 12 pieds de distance, et on y attachait les Chevaux se regardant, en plaçant de même de 8 en 8 toises des Prolonges ainsi jumelées, il restait 5 toises entre les croupes des rangs de Chevaux, pour y amonceler les fumiers, etc.

On mettait les Piquets de 3 pouces de diamètre et de 4 pieds de longueur, de 6 en 6 pieds, et cet espace suffisait à placer 2 Chevaux.

Dans les guerres de 1792, pour que les Chevaux eussent, le moins de tems possible, le soleil dans les yeux, on les mit sur de simples Lignes, en les tournant tous du même côté, et tâchant de les faire regarder au Nord ou au Levant : cette disposition exige un terrain plus étendu.

Les Tentes des soldats du train seront aux extrémités des Prolonges.

Du grand Parc dans les Camps.

Les Bouches à feu en première Ligne, calibre par calibre. Le plus haut calibre à droite.

Les Caissons des Bouches à feu sur un ou plusieurs rangs, derrière leur Bouche à feu respective.

Les Caissons à cartouche d'infanterie sur l'alignement des Bouches à feu et de leurs Caissons.

Les Poudres restant sur leurs charrettes, du côté le plus éloigné du petit Parc sur les alignemens des Bouches à feu et des Caissons.

Les Chariots d'Outils à pionniers, etc., derrière les derniers Caissons.

Du grand Parc dans les Siéges.

Le Parc doit être à 12 ou 1400 toises de la Place, à couvert de son feu. Si la Place est très-redoutable, et si le terrain n'est pas avantageux, il ne faut l'établir qu'à 16 ou 1800 toises... ; il vaut mieux ne tracer que l'enceinte des Parcs, et ne pas les entourer de fossés.

On parque par Lignes; la première est vers la Place, et est composée des Chariots à Porte-Corps et autres Voitures chargées de Bouches à feu réunies par calibres.

La deuxième Ligne, à 7 ou 8 toises de la première, est composée d'Affûts; chaque Affût derrière sa Bouche à feu respective. A mesure qu'on met les Bouches à feu sur l'Affût, on fait passer les Affûts en première Ligne, et les Voitures en deuxième. On pourra même resserrer ces Voitures pour avoir plus d'espace et d'aisance dans les Manœuvres.

La troisième Ligne sera composée des Boulets, etc., empilés par calibre derrière les Affûts de même espèce, ou bien on peut en faire un petit Parc séparé. On pourra compléter cette Ligne avec des Piles d'outils à pionniers, mis espèce par espèce.

La quatrième Ligne sera composée des Plates-formes complètes derrière chaque Bouche à feu, et des armemens des Pièces, calibre par calibre.

Les 2 autres côtés du Parc seront formés avec les Charrettes à munitions, Camions et autres Voitures.

Les *Magasins à poudre* se font à 2 ou 300 toises en arrière dans la profondeur du Parc. On en met plusieurs sur le même front, à environ 50 toises de distance les uns des autres, et un à moitié chemin d'eux au Parc, pour servir d'entrepôt. Les premiers n'ont qu'une entrée du côté du Parc; le dernier en a 2 : une du côté du Parc, l'autre du côté des Magasins... La grandeur de chacun doit être d'environ 135 toises carrées pour contenir à-peu-près 100 milliers de Poudre, en n'engerbant qu'à 2 tonnes de hauteur... on entoure ces Magasins d'un fossé de 5 à 6 pieds de large et d'autant de profondeur, les terres rejetées en dedans. On les couvre d'épaulemens s'il est nécessaire... On met 2 ou 3 sentinelles par Magasin... On met sous les Tonnes, des chantiers si l'on en peut avoir.

Le *grand Corps-de-garde* de l'Artillerie sera en avant de la tête des Parcs.

Les *Régimens d'Artillerie*, etc., campent sur la droite ou sur la gauche des Parcs.

ARTIFICES.

Composition de la Mèche.

Mettez de l'eau de pluie dans une chaudière sur le feu. Jetez dans cette eau, lorsqu'elle bouillira, du sel de Saturne à raison de 6 gros de sel par livre d'eau : 5 minutes après, tems nécessaire à la dissolution, faites tremper dans ce bain bouillant les cordes que vous voulez changer en Mèche, durant 10 minutes ; ensuite retirez-les et les laissez sécher à l'air.

Si l'on n'a point de bois ou de chaudière, ou si l'on juge plus convenable de faire la composition de l'apprêt, et l'imprégnation des cordes à froid, il faudra, dans ce cas, pour la même efficacité, laisser les cordes submergées dans la dissolution l'espace de 5 ou 6 heures, afin qu'elles puissent s'abreuver aussi complètement que lorsque la composition et l'imprégnation se font à chaud.

On peut soumettre à cet apprêt toutes espèces de cordes, vieilles ou neuves, même celle d'écorce de bois de tilleul, et les Mèches anciennes gâtées, avec la précaution de les faire bouillir auparavant dans une eau commune, pour leur enlever l'ancien apprêt.

Il faut 1 livre de dissolution par livre de corde. L'once de sel coûte 2 sols. Il faut donc compter 18 deniers pour l'apprêt d'1 liv., et par conséquent 7 liv. 10 sols par 100 liv. pesant de corde.

Cette méthode est du général-sénateur La M***. : la suivante est plus simple.

Prenez la Mèche faite de 3 brins d'étoupes de lin ; faites-la bouillir dans une lessive de cendres ordinaires pendant 8 à 10 heures ; retirez-la du feu ; laissez-l'y tremper durant 3 jours : faites-la sécher en la déployant : lissez-la avec un gros linge.

La Mèche a 5 ou 6 lignes de diamètre.

4 toises de Mèche pèsent 1 livre à-peu-près... 4 à 5 pouces doivent durer 1 heure.

Il faut que le charbon, quand elle brûle, se termine en pointe qui résiste quand on le presse.

On enferme la Mèche dans des Tonnes qui en contiennent 300 livres. Elles ont 3 pieds 6 pouces de hauteur, et 2 pieds 6 pouces de diamètre. Elles sont de sapin bien sec.

Sur les trois principales Matières d'Artifices.

La bonne Poudre est de couleur d'ardoise.

Si elle est trop noire, le charbon y domine.

Si, écrasée entre les doigts, on sent des parties graveleuses, le soufre a été mal pilé.

Si, roulée sur le papier, elle le noircit, elle est humide.

Si elle s'écrase facilement entre les doigts, elle est mal ou trop peu battue; si elle offre des points brillans, c'est qu'elle a été décomposée par l'humidité.

La Poudre s'employe beaucoup en *Pulvérin* dans les artifices. Pour l'y réduire, on la pulvérise sur une table de bois dur, dont les bords sont relevés de 2 pouces, et les angles arrondis, et on se sert pour l'égruger ainsi d'un égrugeoir de 6 pouces de diamètre, à manche vertical de 3 pouces de longueur. On se sert aussi de sacs à peau dans lesquels on bat la Poudre.

On passe ensuite le pulvérin dans un tamis logé entre deux tambours.

Le Salpêtre ne s'emploie dans l'artifice qu'en Poudre impalpable, ou comme on dit *réduit en farine*. Pour cela on le met dans une chaudière (de cuivre tant que l'on peut), et on le couvre de 2 doigts d'eau ou de 2 livres d'eau par 6 livres de Salpètre. On le fait dissoudre à petit feu : dissous on le fait bouillir; on y jette un peu d'alun pilé pour faire monter les crasses, qu'on écume à mesure. Quand il s'épaissit et forme des bouillons, on le remue fortement avec des spatules de fer; on diminue le feu peu à peu, on le remue toujours, il se réduit en Poudre : on le retire, le laisse refroidir; on le passe dans un tamis de crin très-serré, et on le place en un lieu très-sec.

Si le Salpètre est en roche, on le fait dissoudre sur le feu avec un peu d'eau, on l'en retire, et il se cristallise en se refroidissant.

Le Soufre doit être d'un jaune citron : on le pile dans un mortier, et on le passe au tamis de soie pour l'employer dans l'artifice.

On fait de même pour le Charbon qui doit être fait avec du bois de bourdaine ou de peuplier.

Proportions de quelques Compositions d'Artifice.

	Pulvérin.	Salpêtre.	Soufre.	Charbon.
(*a*) *Fusées d'Amorce.*				
Composition usitée.	12	4	2	3
Composition plus vive.	16	4	»	
Fusées de Signaux.				
Composition.	»	32	8	15
Composition.	2	16	4	6
Composition.	»	16	4	9
(*b*) *Fusées à Bombe.*				
Pour Bombe de 12 pouces, composition usitée.	5	3	2	
Pour *idem*, composition vive.	7	4	2	
Pour *idem*, composition plus vive.	10	6	3	
Pour *idem*, composition très-vive.	5	3	1	
Pour Bombe de 8 pouces et Grenade, composition usitée.	4	3	2	
Pour *idem*, composition vive.	5	3	2	
Pour *idem*, composition plus vive.	10	6	3	
(*c*) *Lances à Feu.*				
Composition durant 10 minutes, humectée d'huile de lin.	10	12	6	
Composition durant 7 minutes (usitée). .	4	16	8	
Composition plus vive, durant 6 minutes.	8	16	6	
Composition durant 5 minutes.	8	16	4	
Composition plus moderne.	6	16	7	

Différentes Compositions de quelques Artifices.

Roche à feu.	1re.	2e.	3e.	4e.	5e.	6e.
Soufre (fondu lentement)	10	6	6	6	28	
Salpêtre (tamisé)	4	1	4	1	5	
Pulvérin	4	3	2 $\frac{1}{2}$	4	4	
Poudre en grain	3	»	»	»	4	
Antimoine	»	3	1 $\frac{1}{2}$	»	»	
Huile d'aspic	»	»	»	6 on.	»	
Huile de térébenthine	»	»	»	6 on.	»	
(d) Incendiaire à mettre dans les Bombes.						
Salpêtre	4					
Pulverin	2					
Borax	1					
Camphre, } broyés ensemble	2					
Soufre, } broyés ensemble	1					
(e) Tourteaux et Fascines goudronnées.						
Poix noire	24	4	»	6	»	»
Poix blanche	»	»	4	6	5	24
Colophane	»	8	»	4	15	12
Suif ou Graisse	12	»	»	8	»	4
Cire	»	2	12	»	3	»
Térébenthine	»	4	2	»	»	1
Huile de lin (pintes d')	6	»	»	»	»	1
Poix résine	»	»	8	»	»	
Camphre	»	»	4	»	»	
Soufre	»	32	»	3	3	
Huile	»	»	»	16	»	
Salpêtre	»	16	»	3	»	
Tartre	»	»	»	3	»	
Total pour 76 Tourteaux (1)	»	»	»	»	»	42

(1) 1 Tourteau dure 1 heure; il faut 9 pieds de Mèche pour chacun.

Balles à feu (à la main).	1re.	2e.	3e.	4e.	5e.	6e.
Poudre.	»	»	»	30	»	
Pulvérin.	10	2	4	»	12	
Salpêtre.	9	4	4	»	2	
Soufre.	»	1	3 $\frac{1}{2}$	»	1	
Charbon.	1	»	»	»	»	
Sciure de bois.	1	»	»	»	»	
Huile de lin.	2 $\frac{1}{2}$	»	»	»	»	
Borax.	»	1	»	»	»	
Camphre broyé avec le Soufre. .	»	2	»	»	»	
Colophane.	»	»	$\frac{3}{4}$	»	12	
Poix noire.	»	»	»	18	»	
Suif.	»	»	»	1	»	

NOTES.

Comme on peut manquer de cahier d'artifices, on a tâché d'y suppléer pour un artificier instruit, par les détails contenus dans ces notes, pour les artifices les plus nécessaires.

(*a*) L'Etoupille ou Cravatte de la Fusée d'amorce se fait de 5 brins de coton fin et bien uni.

On fait tremper ces Etoupilles 15 à 20 heures dans de bon vinaigre, et on les fait bouillir un quart d'heure dans de l'eau salpêtrée, ou on les fait tremper seulement 10 à 12 heures dans de bonne eau-de-vie, dans laquelle on a fait dissoudre 1 once de camphre par pinte.

Ensuite on enduit ces cravattes d'une pâte de pulvérin humecté de bonne eau-de-vie, dans laquelle on aura fait dissoudre 1 once et demie de gomme arabique, ou de colle-forte par pinte.

Les Roseaux des Fusées d'amorce doivent être coupés en décembre ou janvier, dans les fonds à l'abri des vents, afin d'avoir plus de corps. Leur diamètre doit être de 2 lignes 1 tiers. On les coupe en morceaux de 3 pouces de long, on les taille en sifflet d'un côté, et on les coupe droit de l'autre.

On les remplit de composition, ou un à un, ce qui est long; ou, au moyen d'une boîte de fer-blanc, où on les met en nombre, serrés, et à côté l'un de l'autre, le bout carrément coupé en haut, sur lesquels on met la composition qu'on force d'entrer; on attache les 5 brins de cravatte sur une entaille qu'on fait à ce bout.

On charge les roseaux encore différemment : on coupe les cravattes par morceaux de 10 pouces, on les fait passer d'un bout à l'autre du roseau par le bout coupé carrément, au moyen d'un crochet de fil-de-fer très-mince, et on l'assujétit aux deux bouts du roseau avec de la composition épaisse.

Avant que le chargement des roseaux soit entièrement sec, on y passe d'un bout à l'autre un fil-de-fer mince, pour que le feu se porte plus rapidement d'un bout à l'autre de l'étoupille.

Quand on manque de roseaux, on y supplée par des plumes ou du papier roulé en cartouche, ou des tuyaux de fer-blanc ou de cuivre.

Si l'Etoupille est bien faite, il faut qu'en y mettant le feu à un bout, il se porte subitement à l'autre. Si elle est lente, elle n'est pas assez imbibée de pulvérin. Si elle est trop vive, mêlez du soufre au pulvérin, ou trempez le coton dans l'eau.

Pour 100 Etoupilles et Fusées d'amorce, il faut : 6 onces de coton, 2 chopines 1 cinquième d'eau-de-vie, 1 chopine 3 quarts de vinaigre, 24 onces 2 cinquièmes de pulvérin, 9 onces 3 cinquièmes de salpêtre, 3 onces 1 cinquième de soufre, et 4 onces 4 cinquièmes de charbon.

Les Fusées d'amorces lentes se chargent d'une composition faite de : 1 livre de mastic, 1 livre salpêtre, 1 demi-livre colophane, 1 demi-livre cire jaune, et 2 onces charbon.

(*b*) La Fusée à bombe allant à 3 ou 400 toises, doit durer 50″ à 60″.
— à Obus 30″ à 40″.
— à Grenade 20″ à 25″.
On les avive par plus de pulvérin.
On les ralentit par plus de soufre.

On charge les Fusées avec 2 baguettes de cuivre du calibre du vide, et arrondies du côté où on doit frapper. La plus longue a 1 pouce de plus que la fusée, et la seconde de plus que sa moitié. On verse la composition avec une petite lanterne, on met la baguette, et on donne 15 coups en 5 reprises, ainsi de suite jusqu'à ce qu'elle soit chargée aux trois quarts : alors on met 2 brins de cravatte d'étoupille en croix de 7 à 8 pouces dans le vide restant, les bouts sortant en dehors ; on finit de charger en frappant jusqu'à 6 lignes du bord intérieur du calice ; on replie dans le calice les bouts de l'étoupille, on les couvre de pâte de pulvérin, et on coîffe la fusée en recouvrant le tout d'un morceau de toile ou de parchemin solidement attaché à 1 pouce au dessous de la tête.

Pour garantir les Fusées du feu et de l'humidité, lorsqu'on ne les emploie pas de suite, on en couvre le bout excédant le projectile d'un mastic fait de :
32 parties de poix noire ;
16 de poix blanche ;
6 d'huile de lin ;
1 de suif.

On les fond ensemble : on retire la chaudière bien loin du feu, et on y trempe les bouts des Fusées.

Avant de charger les Bombes, etc., on les vide bien, et les rend exemptes de toute humidité ; on rejette celles fendues, dont l'œil a des cavités, est mal allezé, n'est pas rond ; ou si on s'en sert il faut remplir ces vides avec de la cire, quand la Fusée est enfoncée.

On place la Fusée, et on l'enfonce au moyen du chassoir et du maillet, qui ne doit jamais frapper que sur celui-ci : elle ne doit excéder la Bombe que de 9 à 10 lignes.

(*c*) Les Lances à feu ont 15 pouces de longueur et 7 lignes de diamètre. Il faut 1 demi-main de papier pour 10 Lances à feu, et 1 livre de composition.

On fait des Lances à feu de 5 lignes de diamètre, qui durent 1 quart d'heure ; on les charge avec une composition faite de 8 onces de pulvérin, de 16 onces de salpêtre, de 8 onces de soufre, d'une demi-once de colophane, et d'une once de limaille de cuivre : il faut 1 quart de main de papier pour 10 de ces Lances.

On peut charger 100 Lances à feu de 7 lignes de diamètre avec la composition suivante : 3 liv. 5 onc. 1 tiers de pulvérin, 5 liv. de salpêtre, et 1 liv. 10 onc. 2 tiers de soufre; le tout humecté d'1 quart de chopine d'huile de lin.

(*d*) Un des meilleurs incendiaires est le suivant, car la roche à feu ne prend pas toujours, et incendie faiblement.

Prenez de la Mèche à canon ordinaire; faites-la bouillir 4 minutes dans 6 pots d'eau avec 20 liv. de salpêtre, retirez-la et faites-la sécher; coupez-la en morceaux de 2 à 3 pouces, et trempez dans de la roche à feu en fusion pour les enduire de sa composition,

1500 mèches pareilles consommeront 50 liv. de roche à feu.

Avant que la roche à feu soit figée, roulez les mèches dans de la poudre ou du pulvérin.

(*e*) Il faut battre et détordre de 5 à 9 pieds de mèche, puis la rouler mollement en l'entrelaçant sur elle-même pour en former un cercle de 5 à 6 pouc. de diamètre, avec un vide dans le milieu pour le passage de la pointe du réchaud; on l'appelle alors Tourteau, et on les enduit de ces différentes compositions à chaud, après les y avoir laissé tremper 1 quart d'heure.

On peut les finir aussi en les faisant bouillir 10 à 15 minutes dans du goudron en fusion, puis les faisant refroidir sur une planche mouillée, puis les replongeant encore dans le goudron fondu 10 à 15 minutes, et les jetant dans un baquet d'eau froide, où on leur rend en les pressant à la main la forme circulaire qu'ils ont perdue, finissant par les saupoudrer de soufre en poudre, et les faisant sécher à l'ombre.

Les Fascines goudronnées, qui sont des petits fagots de menus bois, comme sarmens de 18 pouces de long sur 5 pouces de diamètre, liés avec du fil-de-fer, se font aussi, comme on vient de le dire, pour les tourteaux.

Fusées de Signaux.

Les Fusées de signaux ont 18 lignes de diamètre.

Les instrumens nécessaires pour les faire sont :

1 Baguette à rouler, de 12 pouces de long sur 13 lignes de diamètre.

4 Baguetes à charger, dont une pour le massif (partie du cartouche qui excède la broche) ont 12 lignes de diamètre, sont percées d'un trou conique pour recevoir la broche. L'extrémité inférieure a une virole de cuivre encastrée dans le bois de son épaisseur : le côté opposé au trou a 18 lignes de diamètre, sur une longueur de 3 pouces.

La plus grande a 9 pouces de longueur, et est percée de la longueur de la broche.

La seconde a 6 pouces de long, est percée de 4 pouces.
La troisième a 4 pouces de long, est percée de 18 lignes.
La quatrième pour charger le massif, a 2 pouces 3 lignes, n'est pas percée.
1 Cylindre pour former le pot, a 4 pouc. de hauteur sur 2 pouc. 6 lignes de diamètre.
1 Broche vissée dans un socle.

La broche a de longueur.	4 po. 6 lig.	
De diamètre au gros bout.	»	$4\frac{1}{2}$
——— au petit bout.	»	2

Le diamètre du mamelon de la broche est égal à celui de la fusée.

Le socle terminé en calotte sphérique a de diamètre	5 po.	» lig.
De hauteur.	1	»
Longueur de la vis.	1	9.
Epaisseur d'*idem*.	»	6

Pour faire le cartouche,

Coupez le carton ou des papiers à 9 pouces de hauteur; roulez bien droit, bien serré ces papiers de 9 pouc., ajoutés l'un à l'autre par de la colle de farine, au moyen de la baguette et de la varlope d'artificier, jusqu'à ce que le cartouche ait 3 lignes d'épaisseur; collez l'extrémité de la dernière feuille; retirez la baguette, laissez sécher le cartouche.

Etranglez le cartouche au moyen d'un cordage de 3 lig. de diamètre, fixé solidement à un mur, à 3 à 4 pieds de hauteur par un bout, et de l'autre à un bâton contre lequel appuie l'artificier, à cheval sur le cordage qui est savonné et fait 2 tours sur le cartouche, entre les 2 baguettes qu'on y introduit, celle à rouler d'un côté, celle pour le massif de l'autre, mais n'entrant que d'1 pouce. L'artificier, en reculant et portant de son poids sur le bâton, étrangle le cartouche et y fait une gorge du diamètre de la broche.

Pour charger le cartouche, coupez-le carrément aux deux bouts: savonnez la broche pour la faire entrer facilement; enfoncez-la dans le trou de l'étranglement; mettez avec une lanterne de la composition bien tamisée dans le cartouche, ensorte que bien battue elle occupe environ 6 lignes; refoulez ces charges avec les baguettes percées qu'on frappe 8 à 10 fois avec un maillet de bois de 3 pouc. de diamètre sur 6 de longueur. On emploie la baguette pour le massif à charger la composition qui est au dessus de la broche.

Le massif ne doit pas excéder en hauteur le diamètre extérieur de la fusée; trop de massif fait tomber la fusée avant son effet; trop peu ne la laisse monter qu'aux 2 tiers de sa hauteur, ou la fait crever en partant.

Le massif chargé, mettez dessus une bourre en papier; dédoublez la partie du cartouche qui excède la composition, serrez-la sur la bourre à coups de baguette; percez ce carton replié de 3 trous avec un poinçon à arrêts pour la communication du feu à la garniture.

La garniture consiste en pétards, étoiles, serpenteaux, etc., qu'on met dans un cylindre nommé le *Pot*.

Pour faire le Pot faites un cartouche d'$\frac{1}{2}$ ligne d'épaisseur et de collez-le; étranglez-le à $\frac{1}{4}$ de sa longueur; faites entrer le bout de la fusée dans cet étranglement; assurez-le par quelques tours de ficelle, recouvrez-les de papier collé; jetez dans le fond du pot une pincée de poudre pour communiquer le feu à la garniture, et surmontez le pot d'un *Chapiteau* pour le clorre.

Pour faire le Chapiteau, taillez un cercle de carton du diamètre de la fusée; divisez-la en deux; chaque demi-cercle formera un chapiteau.

Etoiles.

Avec un dez, faites de petits cylindres de 4 ou 5 lignes de diamètre : avec la composition suivante, percez-les par le milieu; roulez-les humides dans le pulvérin, faites-les sécher.

Pulvérin. . . .	5	Humectez les matières avec de l'eau-de-vie camphrée ou gommée.
Soufre.	8	
Salpêtre. . . .	16	
Antimoine. . .	2	

Serpenteaux.

Avec une carte à jouer, sur un mandrin de 3 lignes de diamètre, faites un cartouche recouvert de 3 tours de papier, dont le dernier est collé; étranglez le cartouche à un des bouts, et placez dans l'étranglement un brin d'étoupille et une amorce en pulvérin, humecté d'eau-de-vie; chargez le cartouche jusqu'aux $\frac{3}{4}$ du restant avec une baguette; étranglez-le de nouveau à demi; remplissez le vide restant de poudre, pour faire le pétard; étranglez entièrement le cartouche au dessus du pétard.

Les Serpenteaux se mettent perpendiculairement dans le *Pot*, l'amorce en bas.

Composition des Serpenteaux.

Salpêtre.	3
Soufre.	2
Charbon.	$\frac{1}{2}$
Pulvérin.	16

Marrons ou Pétroles.

Ce sont les pétards dont on garnit les grosses fusées pour faire les marrons ; faites de petits cubes de carton ; remplissez-les de poudre ; recouvrez-les d'une ficelle bien serrée ; percez-les à un angle, et amorcez-les avec un brin d'étoupille passé jusqu'à la poudre.

Pour faire le Pétrolle, faites un cartouche de gros papier roulé sur une baguette de fusil ; remplissez-le de poudre ; amorcez un bout avec un brin d'étoupille qu'on y passe ; pliez le cartouche sur lui-même alternativement en dessus et en dessous ; liez le centre de chaque révolution avec de la ficelle, et vous aurez une suite de Pétards.

Pour tirer la Fusée, attachez-la à des baguettes de saule, d'orme ou de noisetier, ayant 8 fois la longueur de la Fusée. Au gros bout on pratique une canelure dans laquelle on couche la Fusée, et on l'attache à l'extrémité de la baguette et dans l'étranglement : l'autre extrémité se termine en pointe insensiblement ; si le tout, posé sur le doigt à 4 pouces du calice de la Fusée, s'y soutient en équilibre, la baguette est convenable ; si elle l'emporte, raccourcissez-la, etc.

Composition des Torches ou Flambeaux.

Première.		*Seconde.*	
36 liv.	Poix résine.	3 liv.	Poix noire.
12	Poix noire.	3	Poix blanche.
12	Goudron.	$\frac{1}{2}$	Térébenthine.

Faites fondre ces matières dans une Chaudière.

Formez avec 10 à 12 brins d'étoupes filées, ou de vieux cordages de 9 pieds de longueur et d'une ficelle qui les lie, des Flambeaux de 4 pieds 6 pouces de longueur, et de 2 pouces de diamètre, que vous laisserez imbiber 2 minutes dans le mélange, et qu'on suspendra ensuite au dessus des chaudières, pour les laisser égoutter.

On les tord, les arrondit, les façonne avant d'être secs, en prenant la précaution d'enduire ses mains d'huile.

Ces Flambeaux durent 1 heure par pied dans un tems calme, et la moitié de ce tems lorsqu'il fait du vent.

Faites un Cartouche de 18 lignes de diamètre avec du petit carton d'1 ligne d'épaisseur, en le roulant sur une baguette, etc.

Chargez ce Cartouche comme les Lances à feu, à petits coups de maillet, de la composition suivante:

9 liv.	» onc.	Salpêtre.
6	»	Soufre.
4	8	Résine.
3	12	Antimoine.

Mélangez ces matières, humectez-les avec 8 onces d'huile de térébenthine et 4 onces d'huile de lin.

Amorcez le Cartouche avec la composition des Lances à feu; couvrez le Cartouche d'une couche de mastic à coiffer les Fusées à bombes.

Ce petit Flambeau brûle dans l'eau, dure une heure par pied dans un tems calme: et la moitié de ce tems lorsqu'il fait du vent.

Voici les Compositions des Artifices, réduites à une formule plus simple, et utiles si on n'avait pas de poudre, et seulement ses matières composantes.

Etoupilles.

	Usitée.	*Plus vive.*
Salpêtre.	26	8
Soufre.	7	1
Charbon.	9	1

Lances à Feu

	Durant 7 minutes	*— 10 minutes.*
Salpêtre.	38	78
Soufre.	17	29
Charbon.	1	5
Colophane.	1 humectée d'huile de lin.	

Fusées à Bombes.

	Usitée.	*Autre.*
Salpêtre.	$6\frac{3}{4}$	$9\frac{1}{4}$
Soufre.	$2\frac{5}{8}$	$3\frac{7}{8}$
Charbon.	$\frac{5}{8}$	$\frac{7}{8}$

Roche à feu.

	Première.	*Seconde.*
Salpêtre.	$9\frac{1}{4}$	11
Soufre.	$16\frac{7}{8}$	29
Charbon.	$\frac{7}{8}$	1

Balles à feu.

Salpêtre.	22
Soufre.	5
Charbon.	3
Colophane.	24

Boulets incendiaires.

Salpêtre.	7
Soufre.	4
Charbon.	$\frac{1}{2}$
Colophane.	3

Etoiles.

Salpêtre.	19 $\frac{3}{4}$
Soufre.	8 $\frac{1}{2}$
Charbon.	$\frac{3}{8}$
Antimoine.	2

Serpenteaux.

Salpêtre.	15
Soufre.	4
Charbon.	2 $\frac{1}{2}$

Préparation des Baguettes combustibles d'Artillerie, pouvant suppléer au besoin la Mèche et les Lances à feu; par C. L. Cadet, Pharmacien de Sa Majesté, Professeur de Chimie, etc.

Formes des Baguettes, choix des Bois.

Les Baguettes combustibles sont des paralélipipèdes d'un demi-mètre de long sur 6 lignes d'épaisseur.

Les bois les plus propres à cet usage sont : le tilleul et le bouleau, mais à leur défaut on peut employer le peuplier et le sapin. Tous les bois blancs et tendres pourraient y suppléer; les précédens sont préférables.

La forme des Baguettes paraît indifférente au premier coup-d'œil ; cependant l'expérience a prouvé que les Baguettes rondes ne donnaient pas un feu aussi bien nourri que les Baguettes carrées ; les angles, en brûlant, entretiennent le charbon du centre dans une vive incandescence, et la Baguette est toujours terminée par un cône embrasé qui a 2 pouces de long.

Dessication des Baguettes.

Avant de saturer les Baguettes de nitrate de plomb, il faut que le bois soit parfaitement sec. Pour obtenir le degré de sécheresse convenable, il est nécessaire de les faire avec du Bois qui ait au moins un an de magasin, et de les exposer pendant une demi-journée à la chaleur d'une étuve qui aura 30 degrés de température. Si l'on n'a point d'étuve, on peut y suppléer par un four de Boulanger, et y mettre les Baguettes quand on vient d'en retirer le pain.

Fourneaux et Chaudières.

La fabrication des Baguettes exige deux fourneaux et deux chaudières. Leur forme doit être étroite et longue de $\frac{3}{4}$ de mètre, leur capacité est relative à la quantité des Baguettes que l'on veut faire à la fois.

Les Fourneaux seront construits de manière à ce que la chaleur frappe également tout le fond de la Chaudière. La première Chaudière doit être en cuivre fortement étamé, et avoir une espèce de diaphragme de même métal, destiné à presser les Baguettes et à les tenir plongées dans la solution bouillante.

La seconde Chaudière peut être ou de cuivre ou de fonte à volonté, elle doit reposer sur un bain de sable, et ne pas avoir de communication directe avec le feu du Fourneau. Il faut enfin qu'elle ait un couvercle qui la ferme exactement, et des anses pour l'enlever facilement quand cela est nécessaire.

Préparation du Nitrate de Plomb.

Pour faire ce sel, il faut saturer de l'acide nitrique (eau forte) avec de l'oxide rouge de plomb (ou litharge), mais comme il est nécessaire que le sel soit neutre et n'ait excès ni d'acide ni de base, il y a quelques précautions à prendre dans cette opération. Si l'acide est trop concentré, le sel se prend en masse cristalisée confusément, et contient beaucoup d'oxide non combiné ; si l'on emploie trop peu d'oxide, le sel est acide et détruit promptement les chaudières. Pour obtenir le terme moyen, il faut mettre dans un vase de verre ou de faïence une livre (500 grammes) de litharge, verser dessus 13 onces d'acide nitrique à 40 degrés, et 4 onces d'eau; on chauffe jusqu'à ce que tout l'oxide soit dissous, on filtre, et l'on évapore la liqueur jusqu'à siccité. On doit obtenir ainsi 20 onces de nitrate de plomb, que l'on garde pour l'usage.

Bain de Nitrate de Plomb.

Le Nitrate de plomb est très-soluble dans l'eau, mais on ne doit mettre que le moins possible de liquide, pour que le bain, très-chargé, prenne une température plus élevée que l'eau bouillante, et par là s'insinue plus facilement dans les pores du bois dilaté. Ainsi pour 1 livre de Nitrate, on ne met dans la Chaudière qu'une pinte d'eau environ; mais comme les différens bois ne se saturent pas également de sel, il faut en étudier les proportions. On a reconnu par l'expérience qu'il fallait, pour absorber 1 livre de Nitrate de plomb, 10 mètres $\frac{34}{35}$ de tilleul, 17 mètres $\frac{1}{3}$ de bouleau, et 21 mètres $\frac{31}{35}$ de peuplier : le tilleul saturé est donc le plus combustible.

Pour que la saturation des bois soit complète, il faut employer six heures d'ébullition, et ajouter de l'eau chaude quand on voit que le bain baisse et laisse précipiter le sel.

Seconde Dessication des Baguettes.

Lorsque les Baguettes sont retirées de la Chaudière, on doit les porter dans l'étuve, et les faire sécher parfaitement avant de les faire passer dans le bain suivant.

Bain de Térébenthine.

On met dans la seconde Chaudière une quantité suffisante d'essence de Térébenthine, pour couvrir les Baguettes d'un pouce environ; on chauffe très-doucement jusqu'à l'ébullition, mais aussitôt que le bain blanchit et se soulève, il faut le couvrir et l'enlever promptement de crainte d'incendie. On répète deux ou trois fois cette ébullition, ce qui dure environ une demi-heure : on laisse ensuite refroidir le bain, on retire les Baguettes, on les essuie et on les fait sécher dans l'Etuve. Elles sont alors propres au service de l'Artillerie.

Pétard.

Pétard.
Tourillons d'*idem* à épaulement.
Porte-feu.
Grand Plateau, formé de deux Madriers.
Boulons rivés.
Bandes de renfort.
Poignées.
Pitons à bouts taraudés, tenant le Pétard sur son plateau.
Piton à vis ou Tire-fond, qui se place à la porte que le Pétard doit enfoncer.
Clef pour les Ecrous et le Porte-feu.
Petit Plateau qui se place sur la charge.
Soulèvement du milieu de la poignée pour le logement du Tire-fond.

Monture du Pétard.

Le Pétard contient 9 livres de poudre; il a 7 pouces 2 lignes de hauteur intérieure... 9 pouces 6 lignes de diamètre extérieur, et 8 pouces 6 lignes de diamètre intérieur... Le diamètre de sa Lumière, taraudée en écrou au milieu de la Calotte, est de 15 lignes. On y met une Fusée de bronze façonnée en vis de 4 pouces 3 lignes de longueur. Le Pétard pèse 40 à 42 livres sans le Plateau et la Monture.

Le Plateau à mettre sur la poudre est tronc-conique; il a 4 lignes d'épaisseur, 8 pouces 3 lignes de diamètre inférieur, et 8 pouces de diamètre supérieur.

1 Plateau de chêne, formé de deux Madriers d'épaisseur inégale, appliqués l'un contre l'autre en fil contraire; et réunis par 4 clous rivés... On fait dans celui de dessus un embrèvement circulaire de 4 lignes de profondeur pour y loger le Pétard.

Longueur et largeur des Madriers		18 pouc.	» lig.
Epaisseur de celui	de dessus	1	»
	de dessous	1	6
Embrèvement	Grand diamètre	9	6
	Petit diamètre	8	6

4 Clous rivés d'assemblage, 4 contre-rivures d'*idem* n°. 6.

4 Pitons à bout taraudé. (La tige doit être coudée à 2 pouces 6 lignes de l'extrémité, afin que cette longueur étant entrée verticalement dans le Plateau, le reste, ainsi que le Piton touche au Pétard.) Ces Pitons contiennent le Pétard par ses Tourillons; leur emplacement est déterminé par les trous des Bandes de renfort... 4 Ecrous d'*idem*.

1 Bande de renfort à poignée. Elle est coudée au milieu, pour recevoir l'autre Bande qui croise sur celle-ci : elle l'est aussi vers les bouts pour les logemens des Ecrous des Pitons (à 2 pouces 9 lignes des bouts).... Cette Bande a 2 Poignées, pour porter aisément le Pétard... Il y a dans le milieu du côté extérieur des Poignées, un petit soulèvement pour le logement du Tire-fond, auquel on accroche le Pétard, lorsqu'on en fait usage... Cette Bande est encastrée de son épaisseur dans le milieu du dessous du Plateau ; elle a 2 pouces de largeur, 4 lignes d'épaisseur, et 23 pouces de longueur totale... Les Poignées doivent être relevées de 8 lignes vers le Pétard.

Une Bande de renfort simple ne diffère de l'autre que parce qu'elle est sans poignées et sans coude ; elle croise la première en équerre, et est encastrée de toute son épaisseur.

1 Tire-fond.

1 Clef... Elle est faite en T. La première ouverture doit avoir 14 lignes et servir aux Ecrous des Pitons ; la 2e., pratiquée dans le fond de la première, ne doit avoir que 10 lignes, qui est l'équarrissage du carré de la Fusée du Pétard.

Le Pétard est fait de la même matière que les Canons ; sa figure est en cône tronqué. Il y en a eu de différentes grandeurs ; ses proportions n'étaient pas autrefois déterminées.

Le Pétard se fixe sur un madrier qu'on nomme Plateau, de 3 à 4 pouces d'épaisseur, et renforcé de barres de fer : on le suspend, par le moyen d'un crochet fixé au madrier, à un Tire-fond que l'on visse dans l'objet qu'on veut briser.

On a compliqué la façon de *Charger* le Pétard ; la manière la plus simple vaut peut-être toutes les autres, la voici :

Bouchez la lumière avec un tampon de bois. Remplissez le Pétard de poudre jusqu'à trois pouces du bord, en la mettant par lits qu'on refoule sans écraser. Couvrez le dernier lit d'un feutre, ou de quelques doubles de papier gris ; mettez par-dessus un lit d'étoupes bien refoulé ; achevez de remplir le Pétard d'un mastic bien chaud, fait d'une partie de poix-résine et de deux parties de briques bien pilées et bien mêlées. Placez dans ce mastic encore chaud, et au niveau des bords du Pétard, une plaque de fer de son calibre, ayant 4 à 5 lignes d'épaisseur, armée de 3 pointes, pour entrer dans le madrier. Au milieu du madrier est un encastrement de 5 à 6 lignes de profondeur ; on y logera le Pétard.

Le Pétard fixé sur son madrier, retirez le tampon de la lumière, dégorgez-la, mettez-y un porte-feu ou une fusée à grenade, ou une étoupille lente, etc.

On supplée au Pétard par une bombe de 12 pouces, ou autre remplie de poudre qu'on suspend au Tire-fond.

DES NOEUDS EN USAGE DANS L'ARTILLERIE.

On appelle *Ganse simple*, la forme que prend un cordage en le pliant, et rapprochant un brin de l'autre.

On appelle *Boucle*, la forme que prend un cordage qu'on courbe en le pliant, et dont on fait passer un des brins sur l'autre.

On appelle *Nœud simple*, celui que tout le monde sait faire, et qui consiste à former une boucle, puis à faire entrer dans cette boucle le brin qui passe sur l'autre, en le faisant tourner sous ce même brin.

N°. 1. *Nœud droit.*

Faites successivement avec les mêmes brins 2 nœuds simples l'un sur l'autre, en faisant en sorte que les brins du même côté soient tous deux en dessus ou tous deux en dessous du brin qui les croise.

Ou : Faites une ganse simple avec un cordage; passez le brin d'un autre cordage ou du même dans cette ganse en dessus, par exemple, ramenez ce brin du dessous en dessus des deux brins de la ganse en les croisant, puis repassez ce brin dans la ganse en dessous, et le ramenez en dessus à côté du brin du même cordage ; serrez, etc.

N°. 2. *Nœud Allemand, ou d'Allemand.*

Faites une boucle ; faites tourner en entier autour d'un des brins celui qui le croise, en le faisant croiser sur lui-même, et passez-le dans la boucle.

N°. 3. *Nœud d'Artificier, appelé aussi Nœud de Batelier dans l'Artillerie.*

Faites deux boucles l'une près de l'autre, mais en sens contraire ; c'est-à-dire, si un des brins croise en dessus de la partie du cordage qui est entre les boucles, faites que l'autre brin croise en dessous. Mettez ces boucles l'une sur l'autre, de façon que les brins soient placés intérieurement ; passez dans les boucles l'objet qu'il faut serrer, etc.

Ou : Faites passer le brin d'un cordage autour d'un piquet : par exemple, ramenez-le croiser sous lui ; faites-le passer encore autour du piquet, et le ramenez aussi croiser sous la partie qui fait le second tour, en dessus de l'autre brin, etc.

N°. 4. *Ganse de Galère simple.*

Agissez comme dans le nœud simple ; mais au lieu de passer le brin simple dans la boucle, doublez ce brin en ganse simple, et passez-la dans la boucle. C'est dans cette ganse, etc. Voyez la ganse suivante.

N°. 5. *Ganse de Galère double.*

Agissez comme dans le nœud allemand ; mais au lieu de passer le brin simple dans la boucle, doublez ce brin en ganse simple, et passez-la dans la boucle. C'est dans cette dernière ganse qu'on passe les leviers, etc.

N°. 6. *Nœud de Prolonge.*

Disposez la prolonge suivant les longueurs qu'elle doit avoir. Pour faire le nœud qui doit l'arrêter sous les armons, supposez qu'on fait face au derrière de l'Avant-train.

Faites deux boucles entre les deux armons, et en-dessous, en faisant croiser les brins de droite et de gauche sur la partie du cordage qui passe dans les pitons ; passez la boucle de gauche dans celle de droite en dessus : faites passer le brin de la boucle droite en dessus dans la partie de la boucle gauche qu'on vient de passer ; serrez, etc.

Si l'anneau, pour raccourcir la prolonge, venait à manquer, on peut faire le même nœud pour former une ganse qui sert à le remplacer. La partie du cordage qui sépare les deux boucles pour faire le nœud, forme cette ganse.

N°. 7. *Nœud pour attacher les Chevaux aux Prolonges de Campement.*

Au point du licol où on doit l'attacher, faites une ganse simple de 6 à 8 pouces : placez-la le long de la prolonge. Du restant du licol faites 5 à 6 tours embrassant la prolonge et les 2 brins de la ganse ; enfin passez le bout dans le restant de la ganse, et tirez le licol pour l'y serrer.

TABLE *des Haussemens du Niveau apparent.*

Ces Haussemens sont entre eux comme le carré des distances.

Distances.	Haussemens.			Distances.	Haussemens.		
toises.	pouc.	lig.	points.	toises.	pouc.	lig.	points.
50	»	»	5	600	2	11	6
60	»	»	6	650	4	7	9
70	»	»	8	700	5	4	8
80	»	»	10	800	7	»	6
90	»	1	1	900	8	10	11
100	»	1	4	1000	11	»	»
120	»	1	11	1200	15	10	1
140	»	2	7				
150	»	3	»				
160	»	3	5				
180	»	4	3				
200	»	5	4				
220	»	6	5				
240	»	7	7				
250	»	8	4				
260	»	9	»				
280	»	10	5				
300	»	11	11				
320	1	1	6				
340	1	4	2				
350	1	4	3				
360	1	5	»				
380	1	7	1				
400	1	9	2				
450	2	3	»				
500	2	9	»				
550	3	3	11				

Pesanteurs spécifiques *de quelques solides, relativement à un pareil volume d'eau de pluie représenté par* 1. *Le pied cube de cette eau pèse* 70 *livres.* (Extr. de Bezout).

Acier flexible ou non trempé.	7,738
Acier trempé.	7,704
Alun.	1,714
Antimoine d'Allemagne.	4,000
Antimoine de Hongrie.	4,700
Ardoise bleue.	3,500
Argent de Coupelle.	11,091
Argile.	1,929
Bois d'Aulne.	0,530
—— de Buis.	1,030
—— de Brésil.	1,030
—— de Cèdre.	0,613
—— de Chêne vert.	1,143
—— de Chêne sec.	0,857
—— d'Ebène.	1,177
—— d'Erable.	0,755
—— de Frêne.	0,845
—— de Gayac.	1,337
—— de Hêtre.	0,854
—— Liége.	0,240
—— de Noyer.	0,600
—— d'Orme blanc, (rouge 0,760).	0,600
—— d'Osier.	0,543
—— Peuplier.	0,371
—— de Sapin mâle, (femelle 0,498).	0,550
—— Tilleul.	0,600
Borax.	1,720
Brique.	1,857
Caillou.	2,542
Charbon de terre.	1,240
Cinabre naturel.	7,300
Cinabre artificiel.	8,200
Cire jaune.	0,995
Corne de bœuf.	1,840
Corne de cerf.	1,875
Cuivre jaune.	7,829
Cuivre rouge.	9,257
Diamant.	3,521
Etain pur.	7,320

Etain allié d'Angleterre	7,471
Fer fondu	7,114
Fer forgé (1)	8,286
Gomme arabique	1,375
Ivoire	1,825
Litharge d'or	6,000
Litharge d'argent	6,044
Manganèse	3,530
Marbre	2,700
Mercure	13,593
Nitre	1,900
Nitre réduit en sel fixe par le feu	2,745
Or d'essai ou de coupelle	19,258
Pierre Calaminaire	5,000
——— Hématite ou sanguine	4,360
——— à Fusil, opaque	2,542
——— à Fusil, transparente	2,741
——— Grès de Paveurs	2,415
——— de Liais	2,371
——— Ponce	0,914
——— de Saint-Leu	1,643
Platine	19,500
Plâtre	1,228
Plomb	11,828
Poix	1,150
Porcelaine de Sèvres	2,145
Poudre de guerre	0,945
Rubis oriental	4,283
Sable de rivière	1,900
Sel gemme	2,143
Soufre vif	2,000
Soufre commun	1,800
Verd-de-gris	1,714
Verre blanc	3,150
Vitriol d'Angleterre	1,880
Zinc	7,190

(1) PPP. pèse 572 liv. à 576 liv... 1 ppp. pèse 5 onces 2 gros.

Un barreau rond de 12 lignes de diamètre et d'un pied de long, pèse 3 liv. 2 onces 2 gros et 2 septièmes.

Au reste, toutes les Tables de pesanteurs spécifiques varient, quoique comparées à la même pesanteur de l'eau. Bezout, Brisson, Libes, ne s'accordent nullement. Suivant Bezout, l'or pèse 19,640; suivant Libes, 19,258.

Le plomb pèse, suivant Bezout . . 11,8280
———————— Brisson. . . 11,5523
———————— Libes. . . . 11,3523

Ainsi des autres, parce qu'apparemment ils ont pesé des métaux, etc. plus ou moins épurés.

PESANTEUR SPÉCIFIQUE *de quelques Fluides.*

Air.	0,001 $\frac{1}{5}$
Eau de pluie.	1,000
——distillée.	0,993
——de Rivière.	1,009
——de Seine, filtrée.	1,00015
——de Mer.	1,030
——Régale.	1,234
——Forte.	1,300
Esprit de Nitre.	1,315
———rectifié.	1,610
———de Sel Marin.	1,130
———de Tartre.	1,073
———de Térébenthine.	0,874
———de Vin rectifié.	0,866
———de Vitriol.	1,203
Huile de lin.	0,932
—— d'olive.	0,913
—— de térébenthine.	0,792
Vin de Bordeaux.	0,993
Vin de Bourgogne.	0,953
Vinaigre de Vin.	1,011
Vinaigre distillé.	1,030

TABLE *de quelques Poids et Mesures.*

Poids de Marc, ou de Paris.

livre.	marcs.	onces.	gros.	deniers.	grains.
				1	24
			1	3	72
		1	8	24	576
	1	8	64	192	4608
1	2	16	128	384	9216

Poids Anglais de Troy (pour les matières précieuses.
L'once vaut 585 $\frac{1}{12}$ grains, poids de Paris.

livre.	onces.	dragmes.	scrupules.	grains.
			1	20
		1	3	60
	1	8	24	480
1	12	96	288	5760

Poids Anglais, avoir du Poids (pour les matières pesantes). On s'en sert pour l'Artillerie.

L'once vaut 533 $\frac{1}{5}$ grains, poids de Paris.

quintal.	livres.	onces.	dragmes.
		1	16
	1	16	256
1	112	1792	28672

	pi.	pouc.	lig.
Le Pas ordinaire (est de).	2	6	»
Le Pas géométrique.	5	»	»
La Brasse, (dans la marine, est de 6 pi. en Angleterre... 5 pi. et demi... 5 pi. en France). .	3	7	10 $\frac{1}{5}$
L'aune de Paris.	3	8	»
——— de Flandres.	2	1	5 $\frac{1}{2}$
La Canne ($\frac{1}{2}$ aune $\frac{2}{3}$ de Paris).	6	1	4

Le Pan, $\frac{1}{8}$ de la Canne.
La Toise (se subdivise, etc.). . . . 6 pi.
Le Pied-de-roi étant divisé en. . . . 1440 parties.
Le Pied de Londres en contient. . . 1351, 7
Le Pied du Rhin en contient. . . . 1392
La Perche est de 22 pieds de longueur.

L'Arpent de France est de 100 perches carrées.

Le Boisseau de Paris est mesuré ras; il a pour base un carré. Le côté de sa base a 8 pouces; sa hauteur est de 10 pouces.

La Mesure, 2 tiers de ce Boisseau, a la même base, et 6 pouces 8 lignes de hauteur.

Le Demi-Boisseau a la même base, et 5 pouces de hauteur.

Le Double-Boisseau a 1 pied carré de base, et 8 pouc. 10 lig. et demie de hauteur. (Toutes ces dimensions sont prises dans œuvre).

Mesures nouvelles Républicaines.

Mesures Linéaires.

	Toises.	Pieds.	Pouc.	Lignes.
Myriamètre ou 10000 Mètres. . . .	5132	2	5	4
Kylomètre ou 1000 Mètres. . . .	513	1	5	4
Hectomètre ou 100 Mètres. . . .	51	1	11	4
Décamètre ou 10 Mètres. . . .	5	»	9	6,4
Mètre.	»	3	»	11,44
Décimètre ou un 10e. de Mètre.	»	»	3	8,344
Centimètre ou un 100e. de Mètre.	»	»	»	4,43
Millimètre ou un 1000e. de Mètre.	»	»	»	0,443

Mesures de Superficie.

Myriare, Kilomètre carré.	263416	toises carrées.
Kilare.	26341,6	
Hectare, Hectomètre carré.	2634,16	
Décare.	263,416	
ARE, Décamètre carré.	26,342	
Déciare.	2,634	
Centiare, Mètre carré.	0,263	

Mesures de Capacité.

Kilolitre, Mètre cube.	29,2032	pieds cubes.
Hectolitre.	2,9202	
Décalitre.	0,2920	
LITRE, Décimètre cube.	50,9641	pouces cubes.
Décilitre.	5,0463	
Centilitre.	0,5046	
Millilitre, Centimètre cube.	0,0505	

Poids.

	liv.	onc.	gros.	grains.
Myriagramme.	20	7	»	58
Kilogramme, poids du décimètre cubique d'eau distillée.	2	0	5	49
Hectogramme.	»	3	2	12,1
Décagramme.	»	»	2	44,41
GRAMME, poids du centimètre cubique d'eau.	»	»	»	18,841
Milligramme, poids du millimètre cubique d'eau.	»	»	»	0,0188

STÈRE. . . . . 0,2607 de corde.

TABLE PREMIÈRE.

Différentes Mesures de longueur en usage dans les principaux Pays.

Pays par ordre alphabétique et noms de leurs Mesures.		Valeur des Mesures en millimètres.	Logarithmes de comparaison.
Amsterdam. .	Le pied d'. . . .	283,1066	2,4519500
	L'aune d'.	690,2838	2,8390277
Angleterre. . .	Le pied de Londres.	304,7625	2,4839616
	Yard	914,2875	2,9610829
Augsbourg. . .	Le pied d'. . . .	296,1904	2,4715710
	L'aune, grande.	609,5250	2,7849916
	L'aune, petite. .	592,3808	2,7726010
Autriche. . . .	1 toise de Vienne vaut 6 pieds ; chaque pied a 12 pouc. (Dans le commerce, le pouce est divisé en 2, 4 et 8 parties ; dans les régimens il l'est en 4 seulement). .	1896,614	3,2779790
	(102764 toises de Vienne=100000 toises de Paris).		
	1 pied, mesure de Vienne, est comp. de 12 po.	316,1023	2,4998277
	1 pouce. . 12 lig.	263,4186	1,4206465
	1 ligne 12 points.	2,195155	0,3414653
	1 point, 12 parties ou secondes.	0,182930	0,2622840-1
	1 Strich ou quart de pouce (mesure de régim.)	6,585 465	0,8185865
	1 Aune de Vienne (dont 1000 = 2465 pieds de Vienne).		

Suite de la première Table.

Pays par ordre alphabétique et noms de leurs Mesures.		Valeur des Mesures en millimètres.	Logarithmes de comparaison.
Autriche. . . .	Elle se subdivise en demi, tiers, quart, sixième, huitième, seizième, etc. . .	779,9224	2,8920522
	1 Faust ou Poing, mesure de 4°. pour le toisé des chevaux.	105,3675	2,0227065
	1 mille de poste (4000 toises de Vienne, ou 3892, t. 41 de France) vaut .	7586455	6,8800390
	1 Toise de Bohème ou de Prague (se divise comme celle de Paris).	1778,496	3,2500530
	1 Aune d'*idem*. .	503,9600	2,7737572
	1 Toise de Moravie.	1775,789	3,1493914
	1 Aune d'*idem*. .	790,6682	2,8979943
	1 Toise de Silésie.	1736,350	3,2396373
	1 Aune d'*idem*. .	579,0104	2,7626864
	1 Toise de Tyrol.	1884,665	3,3020420
	1 Aune d'*idem*. .	804,1356	2,9053293
	1 Joch (mesure d'arpenta.) vaut 1600 toises ou (centim. carrés).	57554320	7,7600779
Bavière. . . .	Le pied de. . . .	291,5593	2,4651736
	L'aune.	835,0180	2,9216958
Berlin.	Le pied.	309,7254	2,4909768
	L'aune.	666,8231	2,8240107
Berne.	Le pied.	293,2579	2,4672497
	L'aune.	541,6247	2,7336985
Bohème. . . .	Le pied de Prague	296,4160	2,4719017
	L'aune d'*idem*. .	593,9600	2,7737572
Bologne. . . .	Le pied.	379,4306	2,5791324
Brabant. . . .	L'aune de Brabant en Allemag.	691,4118	2,8397368

Suite de la première Table.

Pays par ordre alphabétique et noms de leurs Mesures.		Valeur des Mesures en millimètres.	Logarithmes de comparaison.
Breslau. . . .	Le pied.	284,2345	2,4536768
	L'aune.	575,9133	2,7603571
Bruxelles.. . .	Le pied.	291,0020	2,4638960
	La grande aune.	694,3443	2,8415749
	La petite. . . .	684,4188	2,8353219
Cologne. . . .	Le pied.	275,2112	2,4396661
	La grande aune.	649,7955	2,8418570
	La petite.	574,1087	2,7589941
Constantinople.	La pique.	669,0790	2,8254774
	La petite pique.	647,8741	2,8114907
Cracovie. . . .	Le pied	356,4211	2,5519634
	La grande aune.	616,9694	2,7902636
	La petite.	565,3109	2,7522874
Danemarck. . .	Le pied.	313,8536	2,4967271
	L'aune.	627,7072	2,7977571
Dresde.	Le pied.	283,1066	2,4519500
	L'aune.	566,2132	2,7529800
Espagne. . . .	Le pied.	282,6554	2,4512574
	L'aune.	847,9662	2,9283786
Ferrara. . . .	Le pied.	401,3121	2,6034823
Florence. . . .	La brasse pour la terre.	550,6371	2,7408653
	La brasse pour la laine.	582,1057	2,7650019
Francfort-sur-Mein. . .	Le pied.	286,4903	2,4571100
	L'aune.	539,5945	2,7320675
France.	La toise.	1949,0364	3,2898200
	Le pied.	324,8394	2,5116688
	Le pouce. . . .	27,06996	1,4324876
	La ligne.	2,2558300	0,3533064
	Le point	0,	
	L'aune de Paris.	1188,446	3,0749795
	Le mètre.. . . .	1000,0	3,
	Décimètre. . . .	100,000	2,
	Centimètre.. . .	10,0	1,
	Millimètre. . . .	1,0	0,
	Décamètre. . . .	10000,0	4,
	Hectomètre. . .	100000,0	5,
	Kilomètre. . . .	1000000,0	6,
	Myriamètre. . .	10000000,0	7,

Suite de la première Table.

Pays par ordre alphabétique et noms de leurs Mesures.		Valeur des Mesures en millimètres.	Logarithmes de comparaison.
Gênes.	La palme.	249,8331	2,3976500
	La canne de dix palmes.	2498,331	3,3976500
Gotha.	Le pied.	287,6183	2,4588165
	L'aune.	565,3109	2,7522874
Hambourg.	Le pied.	286,4903	2,4571100
	L'aune.	572,9806	2,7581400
Hanovre.	Le pied.	292,1298	2,4655761
	L'aune.	584,2596	2,7666061
Leipsic.	Le pied.	282,6555	2,4512574
	L'aune.	565,3110	2,7522874
Moravie.	Le pied.	295,9648	2,4712401
	L'aune.	790,6682	2,8979943
Naples.	La palme.	264,1577	2,4218632
	La canne de 4 brandes.	2112,810	3,3248605
Nuremberg.	(Le pied de).	303,8604	2,4826739
	Le pied d'artiller.	292,8701	2,4666714
	L'aune.	659,6048	2,8192837
Padoue.	Le pied.	356,6468	2,5522383
Portugal.	Le pied.	338,6000	2,5296870
	L'aune.	2185,899	3,3396301
Rhin.	(Le pied du).	313,8536	2,4967271
Rome.	Le palmo, mesure d'architecture.	223,3282	2,3489415
	Le palmo ($\frac{1}{8}$ de la canne).	250,1715	2,3982378
Russie.	Le pied.	538,2409	2,7309767
	L'arschine.	711,4887	2,8521680
	Le werschok.	44,42400	1,6479929
Suède.	Le pied.	296,8672	2,4725622
	L'aune.	593,7344	2,7735922
Trevise.	Le pied.	412,8372	2,6157788
Trieste.	L'aune pour la laine.	676,7489	2,8304276
	L'aune pour la soie.	642,1444	2,8076327
Turin.	Le pied liprando.	513,6524	2,7106693
	L'aune.	600,9530	2,7788405
Tyrol.	Le pied.	314,1109	2,5238907
	L'aune.	804,1356	2,9053293

Suite de la première Table.

Pays par ordre alphabétique et noms de leurs Mesures.		Valeur des Mesures en millimètres.	Logarithmes de comparaison.
Udine.	Le pied.	345,1420	2,5379978
Varsovie. . . .	Le pied.	356,4212	2,5519635
	L'aune.	616,9696	2,7902637
Venise.	Le pied.	347,7588	2,5412781
	L'aune.	636,8207	2,8040172
Verone.	Le pied.	270,9307	2,4328582
Vicenza. . . .	Le pied.	356,1956	2,5516885
Vienne ou *Wien.*	Le pied.	316,1023	2,4998277
	L'aune.	779,1922	2,8916446
Zurich.	Le pied.	300,9275	2,4784621
	L'aune est de 2 pieds.	601,8550	2,7794921

TABLE DEUXIÈME.

Mesures de capacité ou de solidité en usage dans divers Pays.

Noms des Pays et des Mesures.	Valeur des Mesures en décilitres.	Logarithmes de comparaison.
AMSTERDAM.		
Grains. Le Sac a 3 scheepel, 12 vierdevats, 96 kops. Le Sac = ...	810,7130	2,9088671
Liquides. Le Ahm a 4 anker, 8 steckannen, 21 viertel, 64 stoopen, 128 mingelen, 256 pintes. Le Ahm = ...	1528,394	3,1842351
ANGLETERRE.		
Grains. Le Last a 2 weys, 10 quarters, 20 combs, 40 strickes, 80 bushels. 1 Bushel = ...	357,2532	2,5529762
Liquides. La Tonne a 2 pipes, 4 hogsheads, 8 barrels, 252 gallons, 504 bottles, 2016 pintes. 1 Gallon = ...	37,88751	1,5784959
AUGSBOURG.		
Grains. Le Schaff a 8 metzen, 32 vierling, 128 viertel, 512 masle. 1 Schaff = ...	2052,669	3,3123189
Liquides. Le Foudre a 8 jetz, 16 muids, 768 mass, 1536 seidle. 1 Mass = ...	14,28219	1,1547950
AUTRICHE.		
1 Metzen (mesure de grains).	614,9949	2,7888715
10000 Metzen = 19471 pieds cubes de Vienne.		
1 Achtel égale $\frac{1}{8}$ de metzen, égale 4 grands massl = ...	76,87435	1,8857815
1 grand massl égale 2 petits massl.	19,21859	1,2837215
1 petit massl = 2 becher. . . .	9,609295	0,9826915
1 Becher = ...	4,804645	0,6816612

Suite de la deuxième Table.

Noms des Pays et des Mesures.	Valeur des Mesures en décilitres.	Logarithmes de comparaison.
Suite de l'Autriche.		
1 Muth vaut 30 metzen ou. .	18449,85	4,2659929
1 Eymer (mesure de liquide composée de 40 mass, et qui équivaut à 1,792 pieds cubes).	566,0063	2,7528212
1 Mass ou pot vaut (2 cannettes ou pintes).	14,15015	1,1507610
1 Cannette (pinte), composée de 2 seitl, vaut.	5,619934	0,7497312
1 Seitl égal 2 pfiff.	2,809967	0,4487013
1 Pfiff.	1,404984	0,1476714
1 grand seitl 3 pfiff.	4,214950	0,6247925
1 Fass (tonneau) = 10 eymer.	5660,063	3,7528212
1 Dreyling = 30 eymer. . . .	16980,19	4,2299426
1 Tonne (mesure de charbon) = 2 metzen.	1229,990	3,0899018
1 Tonne (mesure de chaux) = 3 metzen ½.	1537,487	3,1868115
1 Strich pour mesurer le grain en Bohème.	936,0224	2,9712862
1 Korschetz pour mesurer le grain en Galicie.	1229,990	3,0899018
1 Viertel pour mesurer le grain à Gratz en Styrie.	798,7864	2,9024307
1 Metzen pour mesurer le grain en Moravie.	706,1370	2,8488890
1 Scheffel pour mesurer le grain en Silésie.	763,7622	2,8829581
1 Staar pour mesurer le grain en Tyrol	305,7754	2,4854026
1 Pinte pour mesurer les liquides en Bohème.	19,11271	1,2813222
1 Mass pour mesurer les liquides en Moravie.	10,69752	1,0292832
1 Quart pour mesurer les liquides en Silésie.	7,018478	0,8462429
1 Mass pour mesurer les liquides en Tyrol.	8,108042	0,9089160
BAVIÈRE.		
Grains. Le Schaff a 6 metzen. 1 Schaff =	2228,416	3,3479969
Liquides. 1 Eymer a 60 mass, 240 quartel.		
1 Mass =.	6,171319	0,7903780

Suite de la deuxième Table.

Noms des Pays et des Mesures.	Valeur des Mesures en décilitres.	Logarithmes de comparaison.
BERLIN.		
Grains. Le Last a 4 winspel, le winspel 2 malter ou 24 scheffel, ou 96 viertel, ou 384 metzen, ou 1536 masgen. 1 scheffel = . . .	543,8144	2,7354507
Liquides. Le Foudre a 4 oxhoft, ou 6 ohm, ou 12 eymer, ou 24 ancker, ou 768 quarts. 1 quart = ...	11,50510	1,0608905
BERNE.		
Grains. Le Mutt a 48 junni, ou 96 achterli, ou 192 sechzehnerli. 1 Mütt = ...	1583,836	3,1997102
Liquides. Le Landfass a $1\frac{1}{2}$ gemeinefass, ou 6 raum, ou 24 eymer, ou 600 mass ou pintes. 1 pinte =	16,49726	1,2174117
BOLOGNE.		
Grains. Le Corba a 2 stari, 8 quarteroni, 32 quarticeni. Le Corba = . .	737,9133	2,8680054
Liquides. Le Corba a 2 galbe, 4 quartarola, 60 boccali, 240 foglietti. 1 Corba = ...	737,9133	2,8680054
BOHÈME.		
Grains. Le Strich ancien de Bohème a 4 viertel, 16 massel. Le Strich =	935,8804	2,9712204
Liquides. Le Weinfass a 4 eymer, 128 pintes, 512 seitel. La pinte =	19,09252	1,2808632
BRABANT.		
Grains. Le Last a $32\frac{1}{2}$ viertel, 130 macken. 1 viertel = ...	767,0730	2,8848367
Liquides. Le Loth a 152 stoopen. 1 stoop =	37,73822	1,5015825
BRESLAU.		
Grains. Le Malter a 12 scheffel, 48 viertel, 192 metzen, 768 massel. 1 scheffel = ...	699,0341	2,8444984
Liquides. Le Eymer a 20 topf, 80 quart, 320 quartierlein, 1 quart = . .	6,942733	0,8415305

Suite de la deuxième Table.

Noms des Pays et des Mesures.	Valeur des Mesures en décilitres.	Logarithmes de comparaison.
COLOGNE.		
Grains. Le Last a 20 malter. 1 malter =	1621,029	3,2097909
Liquides. Le Ahm a 26 viertel, 104 mass 1 mass = ...	14,97647	1,1754094
CONSTANTINOPLE.		
Grains. Le Fortin =.	351,1063	2,5454358
Liquides. L'Alma =.	52,36805	1,7190664
CRACOVIE.		
Grains. Le Korezetz = ...	1229,856	3,0898542
DANEMARCK.		
Grains. Le Kornlast a 22 tonnes ; la tonne a 8 scheffel ; le scheffel a 4 viertel. La tonne =. . . .	1391,125	3,1433663
Liquides. Le Foudre a 6 ahm, 24 ancker, 240 stubgen, 465 kannen, 930 pott, 3720 pale. 1 pott =. . .	9,660320	0,9849915
DRESDEN.		
Voyez LEIPSICK.		
ESPAGNE.		
Grains. Le Cahiz de Castille a 12 fanegas, 144 celemines. 1 Cahiz =	571,4863	2,7570058
Liquides. Le Cantaro de Castille a 8 aciembres. 1 Cantaro =.	157,5009	2,1972830
FERRARA.		
Grains. Le Moggio a 20 staga, et 1 staga = ...	302,3066	2,4804475
Liquides. Le Mastello a 8 sechie. 1 Mastello = ...	818,8460	2,9132022
FLORENCE.		
Grains. Le Sacco a 3 staga ; 36 quarti. 1 staga = ...	236,8469	2,3744668
Liquides. Le Barillo a 20 fiaschi, 40 boccali, 80 mezzetas. 1 Barillo =.	416,5640	2,6196818

Suite de la deuxième Table.

Noms des Pays et des Mesures.	Valeur des Mesures en décilitres.	Logarithmes de comparaison.
France.		
Grains. Le Muid a 12 setiers, 24 mines, 48 minots, 144 boisseaux, 2304 litrons. Le boisseau =.	126,9529	2,1036425
Liquides. Le Muid a 2 feuillettes, 3 tierçons, 4 quartons, 36 veltes, 228 pintes. 1 Muid =.	2813,791	3,4492918
Le quart ou pot a 2 pintes, 4 setiers, 8 chopines, 16 poissons, 64 roquilles. 1 quart =. . . .	19,04294	1,2797337
La toise cube de 216 ppp. =.	46715,39	4,6694600
Le Pied cube =.	216,2749	2,3350062
Le Pouce cube =.	0,198364	0,2974625-1
La Ligne cube =.	0,000114794	0,0599188-4
1 Litre = 1 décimètre cube = 1000 centimètres cubes.	10,00000	1,0000000
1 Décilitre = 100 centimètres cubes. . .	1,000000	0,0000000
1 Centilitre = 10 centimètres cubes. . .	0,10	0,0000000-1
1 Millilitre = 1 centimètre cube.	0,010000	0,0000000-2
1 Décalitre =.	100,0000	2,0000000
1 Hectolitre =.	1000,000	3,0000000
1 Kilolitre ou le Stère = ...	10000,00	4,0000000
1 Corde =.		
Francfort-sur-le-Mein.		
Grains. Le Malter a 4 simmer, 8 metzen, 16 sechter, 64 gescheid. 1 Malter =.	1079,892	3,0333806
Liquides. La Pièce de vin a 1 ¼ foudre, 7 ½ Ohm, 150 viertel, 600 mass. La Pièce ou le Steick =	1475,034	3,1688019
Gênes.		
Grains. La Mina a 8 quarts. 1 Mina =. .	1167,372	3,0672090
Liquides. La Mezzarola a 2 barilli, 200 pintes. La Mezzarola =. . . .	646,6661	2,8106801
Gotha.		
Grains. Le Malter a 2 scheffel, 4 viertel, 16 metzen, 64 massgen. 1 Malter = ...	876,1730	2,9425899

Suite de la deuxième Table.

Noms des Pays et des Mesures.	Valeur des Mesures en décilitres.	Logarithmes de comparaison.
HAMBOURG.		
Grains. Le Fass a 2 himmt, 8 spint, 32 grosse et 64 klein Mass. 1 Fass = ...	1053,709	3,0227266
Liquides. Le Foudre a 6 ahm, 30 eymer, 480 kannen, 960 quartier. 1 quartier =.	9,050350	0,9566654
HANOVRE.		
Grains. Le Last a 2 wispel, 96 himten. 1 himte =.	311,0345	2,4928086
Liquides. 1 Foudre a 4 oxthoft, 6 ahm, 15 eymer, 480 mass, 960 quartier. 1 quartier =. . . .	9,719829	0,9876586
LEIPSICK.		
Grains. Le Wispel a 2 malter, 24 scheffel, 96 viertel, 1 scheffel = ...	1066,801	3,0280833
Liquides. Le Foudre a $2\frac{2}{5}$ fass, 12 eymer, 756 kannen. 1 kannen =. . .	12,04069	1,0806512
MORAVIE.		
Voyez BOHÈME.		
NAPLES.		
Grains. Le Caro a 36 tornoli. 1 Tornolo = ...	511,5802	2,7089138
NUREMBERG.		
Grains. Le Simmer a 16 metzen. 1 metzen =.	201,7539	2,3048220
Liquides. Le Foudre a 2 eymer, 384 viertel, 768 mass. 1 mass =.	9,893395	0,9953454
PADOUE.		
Voyez VENISE.		

Suite de la deuxième Table.

Noms des Pays et des Mesures.	Valeurs des Mesures en décilitres.	Logarithmes de comparaison.
PORTUGAL.		
Grains. Le Moyo a 15 fanegas, 900 alqueires. 1 alqueire =.	135,0857	2,1306069
Liquides. La Connelada a 2 pipas, 52 almudas, 104 alqueires, 624 canhados. 1 canhado =. . . .	13,95159	1,1446237
ROME.		
Grains. Le Robbio a 22 scozzi. 1 Robbio = ...	2672,357	3,4268946
Liquides. Le Barile a 4 ½ rubbi, 32 boccali, 128 foglietti, 412 cartoni. 1 Barile =.	455,1459	2,6581506
RUSSIE.		
Liquides. 1 Osmuschka =.	15,86909	1,2005525
SUÈDE.		
Grains. La Tonne a 2 spann, 8 viertel, 32 kapper. 1 Tonne =. . . .	1465,115	3,1658718
Liquides. Le Foudre a 2 pipes, 4 oxhoft, 6 ahm, 12 eymer, 360 kannen. 1 kanne =.	26,18402	1,4180364
TRIESTE.		
Grains. Le Staro a 3 poloniki. 1 Staro =	740,8877	2,8697531
Liquides. 1 Orne = ...	656,5845	2,8172905
TURIN.		
Grains. Le Saccho a 3 staja, 6 mine. 1 Saccho =.	1149,518	3,0605159
TIROL.		
Grains. 1 Starr est égal à.	305,6784	2,4852651
VARSOVIE.		
Grains. 1 Last a 60 korczez. 1 korczez =	511,3820	2,7087454
Liquides. Le Garniec de vin a 4 quart. 1 Garniec =.	15,96826	1,2032584

Suite de la deuxième Table.

Noms des Pays et des Mesures.	Valeur des Mesures en décilitres.	Logarithmes de comparaison.
VENISE.		
Grains. 1 Sacco = ...	1274,607	3,1053762
Liquides. 1 Amphora a 4 bigoncia, 1 bigoncia =.	1580,563	3,1988118
VÉRONE.		
Grains. 1 Minello =.	368,7585	2,5667419
Liquides. 1 Brenta =.	724,0280	2,8597554
ZURICH.		
Grains. Le Mütt a 4 viertel, 16 vierling, 64 massli. 1 Mütt =. .	827,1774	2,9175986
Liquides. 1 Mass =.	182,4947	2,2612503

TABLE TROISIÈME.

Poids en usage dans divers Pays d'Europe.

Noms des Pays et de leurs Poids.		Valeur du Poids en milligram.	Logarithm. de comparais.
Allemagne. . .	La Livre de pharmacie =. . 1 ½ marc de Nuremberg =	357663,9	5,5534751
	L'once (poids de pharmacie) de 8 drachmes =. .	29805,33	4,4742939
	Le Drachme de 3 scrupel=	3725,662	3,5712039
	Le Scrupel a 20 grains. =	1241,889	3,0940826
	Le Grain =.	103,4907	2,0149014
	Le Grain (poids pour médicamens) =.	62,09444	1,7930527
Amsterdam. . .	La Livre de 16 onc. (poids du commerce) =.	493926,2	5,6936621
	La Livre de 16 onc. (poids de Troys) =.	492004,4	5,6919690
	La Livre de pharmacie, de 12 onc. de Troys =. . .	369003,3	5,5670302
	Le Marc (poids monétaire) de 8 onc. de Troys, dont l'once est subdivisée en 20 engels, chacun de 32 as, =.	246002,2	5,3909390
	L'As (poids de Troys) =	48,04730	1,6816690
Angleterre. . .	La Livre poids de roi = 1 ½ livre avoir du poids. .	680421,9	5,8327783
	Avoir du poids (poids de commerce de 16 onc.). .	453614,6	5,6566870
	La Livre de Troys (de pharmacie et monétaire) de 12 onc. =.	373135,3	5,5718664
	1 Once (poids de pharmacie) de 8 drachmes =. .	31094,61	4,4926852
	1 Once (poids de médicamens)=.	31094,52	4,4926839
	1 Drachme de 3 scrupel =	3886,827	3,5895952
	1 Scrupel de 20 grains =	1295,609	3,1124739
	1 Grain =.	64,78044	1,8114439
	1 *idem* (poids de médicamens) =.	64,78027	1,8114427

Suite de la troisième Table.

Noms des Pays et de leurs Poids.		Valeur du Poids en milligram.	Logarithm. de comparais.
Angleterre. . . .	1 Once de marc (poids de Troys) de 20 pennys =	31094,61	4,4926852
	1 Pennys de 24 grains =. .	1554,731	5,1916552
	1 Grain de 20 mits =. . .	64,78046	1,8114440
	1 Mit =.	3,239023	0,5104140
Augsbourg. . . .	La Livre de commerce de 32 loth (poids fort) =	491043,5	5,6911199
	La Livre de commerce de 32 loth (poids faible) =	472593,2	5,6744875
	Le Marc monétaire de 16 loth =.	236008,4	5,3729274
	Poids d'Ajustage pour régler les différens Poids.		
Autriche.	1 Marc de Vienne (5 en font 6 de Cologne) se partage par moitié en 65536 deniers d'ajustage. Il vaut	280644,0	5,4481558
	1 Denier d'ajustage vaut. .	4,282290	0,6316759
	Poids des Monnaies et Marchandises d'argent.		
	1 Marc de 16 loth est égal au précédent, c'est-à-dire	280644,0	5,4481558
	1 Loth est composé de 4 quentchen (gros); le quentchen de 4 pfenning. 1 Pfenning vaut.	1096,266	3,0399159
	Poids du Commerce.		
	1 Zentner (quintal ou 100 livres) =.	56001200	7,7481973
	1 Livre composée de 32 loth est de 298 deniers d'ajustage, moins forte que 2 marcs de Vienne ou Wien. 1 loth vaut 4 quentchen ; 1 quentchen égale $\frac{4}{16}$ d'1 loth ; et enfin $\frac{1}{16}$ d'1 loth vaut.	1093,773	3,0389272

Suite de la troisième Table.

Noms des Pays et de leurs Poids.		Valeur du Poids en milligram.	Logarithm. de comparais.
	Poids de Pharmacie ou de Médicamens.		
Autriche. . . .	1 Livre, composée de 12 onces ou 24 loth, du poids de commerce, vaut	420009,0	5,6232586
	1 Once vaut 8 drachmes, 1 drachme 3 scrupules; 1 scrupule est composé de 20 grains, et 1 grain =	72,91823	1,8628361
	Poids des Marchandises d'or et de ducats.		
	1 Ducat, dont 80 $\frac{2}{5}$ font 1 marc de Vienne, vaut	3490,598	3,5428998
	1 Grain est la 60e. partie du ducat, ou.	58,17663	1,7647485
	Poids pour les Pierres précieuses.		
	1 Karat pèse 48 $\frac{1}{8}$ grains d'ajustage de Vienne. . .	206,0851	2,3140466
	1 Grain ou le quart d'un karat.	51,52128	1,7119866
	Poids proportionnels pour les Essais d'or et d'argent.		
	1 Marc de 24 karats pour l'or et de 16 loth pour l'argent, pèse 1 pfenning, ou.	1096,266	3,0399159
	1 Karat de 12 grains pour l'or =.	45,67776	1,6597048
	1 Loth de 18 grains pour l'argent =.	68,51664	1,8357960
	1 Grain =.	3,806480	0,5805235
	Poids pour essayer les Mines métalliques.		
	1 Quintal de 100 marcs pèse 1 quentchen du marc de Vienne, ou.	4385,062	3,6419758

Suite de la troisième Table.

Noms des Pays et de leurs Poids.	Valeur du Poids en milligram.	Logarithm. de comparais.
Autriche. . . . 1 Marc de 16 loth =. . .	43,85062	1,6419758
1 Loth de 16 deniers =. .	2,740665	0,4378560
Poids de Transylvanie, dit Piset.		
1 Piset du poids en usage en Transylvanie pour le pesage de l'or de boccard de $\frac{19}{1024}$ de marc de Vienne =.	5207,261	3,7166094
Poids pour le Chocolat.		
1 Livre n'est que de 28 loth du poids de commerce de Vienne, ou.	490011,5	5,6902053
Poids qui sont tolérés.		
1 Livre de Bohème de 32 loth =.	514346,5	5,7112557
1 Livre de Silésie de 32 loth =.	529838,5	5,7241435
1 Livre de Tyrol de 32 loth =.	562922,3	5,6504484
1 Oka de Hongrie et de Transylvanie =.	127565,6	6,1057335
Bavière. . . . . La Livre (poids de commerce) = 1 $\frac{1}{5}$ de Cologne de 32 loth.	561288,0	5,7491858
Berlin. . . . . La Livre (poids de commerce) de 32 loth. . . .	468461,2	5,6706736
Le Marc monétaire, de 16 loth.	233870,0	5,3689746
Berne. . . . . Poids de pharmacie de 12 onces.	356655,2	5,5522485
L'Once, poids de médicamens.	29721,47	4,4730703
Le grain, poids de médicamens.	61,91974	1,7918291
Bohême. . . . La Livre de Prague, de 32 loth de commerce. . . .	514346,5	5,7112557

Suite de la troisième Table.

Noms des Pays et de leurs Poids.		Valeur du Poids en milligram.	Logarithm. de comparais.
Breslau.	La Livre, de 32 loth de commerce.	405231,0	5,6077026
	Le Marc monétaire, de 16 loth.	202615,5	5,3066726
Bruxelles. . . .	La Livre de commerce, poids fort, de 16 onces. .	492004,4	5,6919690
	La Livre de commerce, poids faible, de 16 onces.	466299,0	5,6686645
	Le Marc monétaire, de 8 onces.	246002,2	5,3909390
Cologne. . . .	La Livre de commerce, de 32 loth.	467740,1	5,6700046
	Le Marc monét. de 16 loth équivaut 65536 richtpfenning (deniers d'ajustage).	233870,0	5,3689746
	1 Richtpfenning =. . . .	3,568574	0,5524947
Constantinople.	L'Oka = 4 cheki = 400 drammen = 64 kara = 25600 grains.	1275656,0	6,1057335
Cracovie. . . .	La Livre de commerce, de 32 loth.	404846,7	5,6072905
	Le Marc monétaire, de 16 loth.	198819,7	5,2984595
Danemarck. . .	La Livre de commerce, de 32 loth.	499547,7	5,6985770
	Le Marc monétaire, de 8 onces.	235768,2	5,3724851
Dresden. . . .	La Livre, poids de commerce, de 32 loth. . . .	466827,5	5,6691565
	Le Marc monétaire, de 16 loth.	233461,8	5,3682159
Espagne. . . .	La Livre de commerce, de 16 onces.	460293,1	5,6630345
	La Livre de pharmacie, de 12 onces.	345027,6	5,5378539
	Le Marc Monétaire, de 8 onces.	230434,9	5,3625482
	L'Once, poids de médicamens.	28752,39	4,4586739
	Le Grain, poids de médicamens.	59,90081	1,7774327

Suite de la troisième Table.

Noms des Pays et de leurs Poids.		Valeur du Poids en milligram.	Logarithm. de comparais.
Francfort. . .	La Livre de 32 loth (centner gewicht).	509061,1	5,7067700
	La Livre de 32 loth (de commerce).	467019,8	5,6693353
France.	La Livre, de 16 onces, poids de commerce et de pharmacie.	489506,2	5,6897579
	Le Marc monétaire, de 8 onces.	244753,1	5,3887279
	1 Once, de 8 gros.	30594,11	4,4856379
	1 *Idem*, pour les médicamens.	30594,28	4,4856402
	1 Gros, de 72 grains. . .	3824,264	3,5825479
	1 Grain.	53,11478	1,7252154
	1 Grain, poids pour les médicamens.	51,11506	1,7252177
	1 Milligramme.	1,000000	0,0000000
	1 Centigramme.	10,00000	1,0000000
	1 Décigramme.	100,0000	2,0000000
	1 Gramme.	1000,000	3,0000000
	1 Décagramme.	10000,00	4,0000000
	1 Hectogramme.	100000,0	5,0000000
	1 Kilogramme.	1000000	6,0000000
	1 Myriagramme.	10000000	7,0000000
Gênes.	La Livre, poids faible, de 12 onces.	317112,2	5,5012129
	L'Once, poids pour les médicamens.	26425,57	4,4220243
	Le Grain, poids pour les médicamens.	55,05327	1,7407831
Hambourg. . .	La Livre, poids de commerce, de 32 loth. . . .	484316,8	5,6851295
Hanovre. . . .	La Livre, de commerce, de 32 loth.	486671,1	5,6872356
	La Livre, de pharmacie, de 12 onces.	364919,3	5,5621968
	L'Once, poids pour les médicamens.	30409,82	4,4830138
	Le Grain, poids pour les médicamens.	63,35380	1,8017726

Suite de la troisième Table.

Noms des Pays et de leurs Poids.		Valeur du Poids en milligram.	Logarithm. de comparais.
Hollande. . . .	L'Once, poids des médicamens, = ...	30750,35	4,4878300
	Le Grain, poids des médicamens.	64,06321	1,8066088
Leipsick.	La Livre de commerce, de 32 loth.	466827,5	5,6691565
Naples.	La Livre, de 12 onces, = $\frac{9}{25}$ rottolo.	320811,8	5,5062504
	L'Once, poids pour les médicamens.	26734,01	4,4270641
	Le Grain, poids pour les médicamens =.	55,69587	1,7458229
Nuremberg. . .	La Livre du commerce, de 32 loth = ...	509781,8	5,7073844
	Le Marc monétaire, de 8 onces =.	238442,6	5,3773839
Portugal. . . .	La Livre de 2 marcs, de 8 onces = ...	458947,7	5,6617633
	L'Once, poids pour les médicamens = ...	26860,89	4,4291204
	Le Grain, poids pour les médicamens =.	55,96011	1,7478792
Rome.	La Livre, de 12 onces =	339214,0	5,5304737
	L'Once, du poids des médicamens =.	28267,48	4,4512871
	Le Grain, même poids =	58,89061	1,7700459
Russie.	La Livre de commerce, de 32 loth =.	408978,6	5,6117006
Suède.	La Livre (victual gewicht) (comestible) de 32 loth =	425122,6	5,6285141
	Le Marc (poids des mines) de 32 loth =.	375826,0	5,5749868
	La Livre (poids de pharmacie) de 12 onces =. .	356318,7	5,5518387
	Le Marc (poids des monnaies), de 16 loth =. . .	210639,4	5,3235395
	L'Once, poids des médicamens =.	29693,76	4,4726652
	Le Grain, poids des médicamens =.	61,86200	1,7914240

Suite de la troisième Table.

Noms des Pays et de leurs Poids.		Valeur du Poids en milligram.	Logarithm. de comparais.
Turin.	La Livre du commerce, de 12 onces = ...	369003,3	5,5670302
	La Livre de pharmacie, de 12 onces = ...	307502,8	5,4878490
	Le Marc monétaire, de 8 onces = ...	246002,2	5,3909390
	L'Once, poids de médicamens = ...	25624,92	4,4086626
	Le Grain = ...	53,38525	1,7274214
Tyrol.	La Livre de commerce, de 32 loth = ...	562922,3	5,7504484
Venise.	Libra grossa de 2 marcs =	477494,0	5,6789680
	La Livre de 12 onces, du poids de marc = ...	358096,5	5,5540001
	Libra sottile, ou de pharmacie, de 12 onces = . .	302025,3	5,4800434
	1 Livre (peso grosso) de 12 onces = ...	468172,9	5,6704063
	1 Marc monétaire, de 8 onces = ...	238747,0	5,3779380
	1 Once, poids pour les médicamens = ...	25169,18	4,4008691
	1 Grain, même poids = . .	52,43580	1,7196279
Vienne.	1 Livre de commerce, de 32 loth = ...	560012,0	5,7481973
	1 Marc monétaire, de 16 loth = ...	280644,0	5,4481558
	1 Livre, poids de pharmacie, de 12 onces = . . .	420009,0	5,6232586
	1 Once, poids des médicamens = ...	35000,75	4,5440773
	1 Grain, poids des médicamens = ...	73,08632	1,8638361
Zurich.	1 Livre, poids faible, de 2 marcs = ...	468605,3	5,6708072

PRINCIPES OU RÉSULTATS

D'EXPÉRIENCES OU DE CONVENTION.

Un *Fantassin* occupe dans le rang un demi-mètre (ou 18 pouces).

Il occupe dans la file (y compris 1 pied d'intervalle entre les rangs), 2 pieds, quand il n'a pas de sac.

Il parcourt dans une minute, au pas ordinaire de 2 pieds, 152 pieds en 76 pas (1).

— au pas de route, *idem*, 170 à 180 pieds en 85 ou 90 pas.

— au pas accéléré, *idem*, 200 pieds en 100 pas.

— au pas de charge, 240 en 120 pas.

Il portait 36 cartouches dans sa giberne : aujourd'hui 50.

Un *Cheval* occupe dans le rang 3 pieds.

— dans la file, 9 pieds.

— dans l'écurie, 3 à 4 pieds, dans le rang.

— dans les parcs, à la prolonge, 3 pieds dans le rang.

Il parcourt 200 toises au pas dans 4 minutes 30 secondes.

— au trot, dans 2 minutes 3 secondes.

— au galop, dans 1 minute.

Il porte 180 liv. à 12 lieues par jour.
300 liv. à 8 lieues.

Il traîne 1500 liv. sur terrain horizontal, et $\frac{1}{4}$ de moins en terrain ardu.

Il porte 150 liv. et traîne 750, à 8 lieues.

Le *Pain* de munition est de $\frac{3}{4}$ froment et $\frac{1}{4}$ seigle ou orge de bonne qualité.

Le sac de grains de 202 liv. brut, doit rendre aussi un sac de farine de 200 liv. brut, ou de 198 liv. net, farine refroidie.

Le sac de grains de 200 liv. net, sans extraction de son, donne 180 rations de pain de 24 onces, et 175 si on extrait 15 liv. de son par quintal.

Il faut 2 sacs de grain pour la subsistance d'un homme durant 1 an.

Le pain de 2 rations a 8 à 9 pouces de diamètre et 3 pouces d'épaisseur. On les met sur 3 de hauteur dans les magasins. Il faut 270 pieds quarrés pour en contenir 6000.

Un Caisson attelé de 4 chevaux porte 500 pains.

Fours. Il faut 20 à 22 pieds de la bouche du Four au mur opposé, et 16 pieds de largeur pour construire un Four de 12 pieds de largeur, 13 de profondeur et 18 pouces de hauteur sous clef,

(1) Tous les pas sont de 2 pieds, hors le pas de pivot qui est d'1 pied, et de 85 à 90 par minute.

qui contiendra 500 rations ou 250 pains. Il faut 5 cordes de bois par 100 sacs de farine pour la Cuisson.

On peut faire à un Four 6 fournées par 24 heures, en distribuant le tems comme il suit :

1 h. $\frac{1}{8}$ pour le pétrissage.
» — $\frac{6}{8}$ pour peser, tourner, mettre en couche, laisser lever.
» — $\frac{4}{8}$ pour enfourner.
1 — $\frac{1}{8}$ pour Cuisson.
» — $\frac{4}{8}$ pour laisser essuyer le pain avant de le retirer, et défourner.

4 heures.

On met 117 liv. d'eau sur 198 liv. farine. Quand la pâte est bien pétrie, on la laisse reposer $\frac{1}{2}$ heure, après quoi on la divise par parties de 3 $\frac{1}{2}$ liv. qu'on tourne en pain. Ces 315 liv. donnent 180 rations ou 90 pains de 3 liv. cuits et rassis : la $\frac{1}{2}$ liv. de plus qu'on a mis à la pâte s'évapore par la cuisson.

En campagne, pour conserver le pain, on le tient au quart, à demi, ou totalement biscuité.

Le *Biscuit* est fait de farine pure de froment sans son ; 198 liv. de farine rendent 150 rations ou galettes de 18 onces ; il faut que le Four soit plus chaud, il faut plus de tems pour la cuisson : on ne fait que 5 fournées par 24 heures.

Eau. Il faut 4 pintes d'eau par jour à un homme, pour boire, faire sa soupe et se blanchir... Le muids contient 288 pintes ou 7 pieds cubes, ce qui donne 70 rations seulement à cause du déchet.

Fourrages. 2 milliers de foin ou de paille en bottes, occupent 1 toise cube ; en les mettant en presse, la moitié de cet espace ; et $\frac{1}{8}$ si on le ficelle.

Poudres. 18 Tonnes engerbées à 3 de hauteur, occupent 1 toise cube.

Fusil. 250 Ouvriers, assortis en proportion convenable, font, par an, 10,000 Fusils. Il faut donc les journées d'1 mois pour 3 Fusils $\frac{1}{3}$.

Un Fusil de munition, à la charge et balle ordinaire, tiré contre du liége, à 9 pieds de distance, y pénètre de 39 pouces.

Une *Grenade* à main peut être lancée à une distance de 13 à 16 toises.

500 Brouettées de terre contiennent 2 toises cubes.

1 Homme, dans une journée d'été, peut les transporter à 10 toises sur une rampe, et à 15 sur un terrain uni ; ce qui lui fait parcourir 4 lieues dans le premier cas, et six dans le second. (Il faut que le rouleur soit vigoureux et actif pour rouler 2 toises cubes ; ordinairement, il n'en transporte qu'une toise 3 quarts).

Dans un terrain qui s'enlève aisément au louchet, un homme peut, en un jour, enlever et charger 2 toises cubes de terre. Si le terrain est plus fort, il faut augmenter le nombre des fouilleurs, en sorte qu'à chaque atelier, ils puissent enlever et charger les deux toises cubes que chaque rouleur doit transporter.

1 Travailleur met 7 jours à faire 1 toise courante de Retranchement de ligne, à profil ordinaire.

Le travail du *Mineur* s'entend sous terre à 15 toises de distance, et à 20 s'il frappe sur du bois.

N°. 1. Les Galeries de mines maçonnées ont intérieurement 6 pieds de hauteur sur 3 de largeur.

N°. 2. Les Galeries ordinaires coffrées ont 4 pieds 6 pouces sur 3 pieds.

N°. 3. Les Rameaux 2 pieds sur 2 pieds 3 pouces.

1 Brigade de 4 Mineurs (dont 1 fouille, 1 tire les terre et les charge, et 2 roulent), pose un chassis et coffre 3 pieds en 4 heures, ou 3 toises par 24 heures ; ou fait un puits de 3 toises de profondeur en 24 heures.

Dans les Galeries sans courant d'air, (celles qui n'ont pas un puits à chaque bout), la respiration manque à 25 toises du puits dans le N°. 1 : à 20 toises dans le N°. 2 : à 15 toises dans le N°. 3.

En terrain moyen, dans une *Mine ordinaire*, le diamètre supérieur de l'entonnoir est égal à 2 fois la ligne de moindre résistance ; dans la *Mine surchargée*, le diamètre égale jusqu'à 6 fois la même ligne ; dans le *Globe de compression*, jusqu'à 8 fois.

En terrain moyen pour *Charger* la Mine ordinaire, il faut 10 liv. 10 onces 6 gros par toise cube à enlever.

Dans le même terrain, dans une Mine dont le diamètre de l'entonnoir doit être sextuple de la Ligne de moindre résistance, multipliez cette Ligne réduite en pieds par 300 ; le produit donnera le nombre de livres de poudre de la Charge.

OBJETS DIVERS.

ANCRES.

La Verge. Barreau de fer qui forme la longueur de l'Ancre ; elle a son *fort* ou son *gros rond* et son *faible*. La circonférence de la Verge a son fort ou collet près les aisselles égal à $\frac{1}{5}$ de sa longueur. La circonférence de la Verge a son faible égal aux $\frac{3}{5}$ de sa grosseur au fort.

La Croisée est formée par les 2 bras soudés au bout de la Verge.

Les Bras. Pièces courbes soudées au bout de la Verge, qui doivent entrer dans le terrain pour assujétir le vaisseau. La circonférence des bras auprès des aisselles est égale à celle de la Verge à son fort, et sa grosseur à la naissance des pattes est égale à celle du faible de la verge. La longueur du bec ou du bout des Bras est égale à $\frac{1}{3}$ du diamètre du bras à sa base. Les Bras forment un angle de 120°. dont le centre est aux $\frac{3}{8}$ de la Verge, à commencer d'entre les aisselles.

L'Encolure est l'endroit où les Bras et la Verge sont réunis. Il y a un anneau dans le bas de l'Encolure ; on y attache le cordage qui sert à débarrasser l'Ancre, quand on veut la retirer du fond de l'eau, et que se trouvant chargée de gravier, la manœuvre que l'on fait ordinairement sur le cordage d'Ancre devient difficile. On soutient ce cordage au-dessus de l'eau, en l'attachant à un baril, ou à une planche.

Les Pattes. Morceau de fer plat, de forme à peu-près triangulaire, soudé au bout des bras. 2 des angles forment les oreilles, et le 3e. le bec. La longueur des pattes est égale à $\frac{1}{2}$ de la longueur des bras : leur largeur aux oreilles est égale à $\frac{2}{5}$ de la longueur des bras.

Les Aisselles. Angles rentrans, formés par la Verge et les Bras.

La Culasse. C'est la partie prismatique quarrée ou le quarré faible de la verge qui est égal à $\frac{1}{6}$ de la longueur totale. Le côté du quarré est égal au diamètre de la verge à son faible, qui touche la culasse. Les deux faces sur lesquelles sont percés les trous pour l'organeau, sont un peu plus larges pour renforcer la partie affaiblie par les trous. Il y a un anneau un peu ovale qui passe dans le trou de la culasse; ses bouts sont réunis et forment une tige de boulon qui passe dans un trou pratiqué dans le bas de l'anneau nommé Organeau.

LES TOURILLONS. Pièces de fer soudées sur le quarré de la verge, et encastrées dans les flasques du Jas: elles ne sont point rondes; ce sont deux oreilles dont l'épaisseur est égale à $\frac{1}{5}$ de la culasse; elles sont soudées sur la même face de la culasse où est le trou de l'organeau.

L'ORGANEAU. Anneau de fer auquel on attache le cable. Le diamètre du barreau qui forme l'Organeau, est égal à $\frac{2}{3}$ d'une des faces de la culasse, mesure prise au-dessous des tourillons. Le diamètre extérieur de l'Organeau est égal à la distance du trou au faible de la culasse.

LE JAS. Ce sont 2 pièces de bois de chêne (1) exactement jointes ensemble, qui embrassent le quarré de la verge. Elles sont réunies par des Chevilles et des Frettes: on les nomme jumelles ou flasques; il y a 6 frettes. Le Jas a au milieu environ 4 fois plus de solidité que la verge, et il diminue vers les extrémités. Sa longueur est égale à celle de la verge, et sa position croise celle des bras à angles droits.

Pour éprouver une Ancre, il faut l'arrêter solidement dans le sens où elle doit faire effort, et tirer dessus avec un cabestan, au moyen d'un bon cordage de dimensions égales à celui dont on doit se servir dans l'usage où l'on emploiera l'Ancre. Ainsi, pour les Ancres d'Artillerie, on emploiera des cordages neufs et bons d'1 pouce de diamètre, jusqu'à ce qu'on voie que le cordage est prêt à rompre; il faut que l'Ancre résiste à cet effort.

---

(1) Ces Pièces sont assemblées par 3 Chevilles placées en quinconce de chaque côté de la Verge, et par 2 Frettes qui sont à 3 pouces de chaque bout, et sont tenues chacune par 4 Caboches.

CADENAS ET FERMETURE DES CAISSONS.

Il faut un cadenas par Coffret de Pièce de Campagne.

Il faut 2 Cadenas par Caisson. S'il n'y en a qu'un, on peut à cause de la longueur du couvert, le soulever du côté où il n'y en a pas, et voler ¼ de la charge du Caisson.

Il faut faire river les boulons qui tiennent les moraillons aux charnières, sinon il sera aisé de voler les Caissons en entier.

Il est si embarrassant, quand on a des Cadenas différens, de trouver les clefs, de les reconnaître, etc. qu'il est très-avantageux d'avoir des Cadenas uniformes qui aient les mêmes clefs.

Mais les mêmes clefs qu'ont les Cadenas de l'Artillerie, étaient sujets à des inconvéniens (1); le milieu à prendre est d'avoir des Cadenas uniformes pour chaque Division, ou du moins les mêmes pour les Caissons, les mêmes pour les Coffrets qui peuvent être un peu plus petits. Les grands Caissons auront des Cadenas différens et non uniformes.

Les Cadenas du commerce ne valent presque jamais rien, et on n'en pourra trouver assez de semblables pour 1 Division : il faut donc les faire faire.

La Boîte du Cadenas doit avoir 3 pouces pour être solide, dans sa plus grande dimension : la boucle doit avoir environ 3 lignes de diamètre et sera ronde. Le trou de la boucle qui est au bout de la patte pour recevoir le pène, doit être fait en œil et non en cran, c'est-à-dire, être entouré de métal de tout côté, pour qu'on ne puisse pas forcer le Cadenas ; l'épaulement de la boucle sur le Cadenas doit être fait avec précision, pour que la boucle, appuyant sur son épaulement, on puisse fermer le Cadenas sans tâtonner, c'est-à-dire, sans être obligé d'enfoncer, ou de retirer la boucle.

1 Clef suffit par Caisson, et par Coffret.

Il faut que l'ouverture de la clef dans le Cadenas soit fermée par un petit morceau de fer en tourniquet.

Il faut faire peindre les Cadenas.

Un ouvrier fait 2 Cadenas et 1 clef en 2 jours ; ainsi, 1 Cadenas bien fait vaut, de façon, 1 journée d'ouvrier.

Il faut que la tôle de la boîte soit bien jointe, pour que l'eau ne s'y infiltre pas.

On les place, le trou de la clef en-dessous, quand on les met aux Caissons et aux Coffrets.

Ce qui vaut mieux que les Cadenas pour la fermeture des Caissons, et ce qu'on a essayé avec succès à l'Armée d'Italie, c'est une espagnolette, dont la poignée aplatie en forme de moraillon, s'arrête dans une serrure fixée au milieu du Caisson.

---

(1) Les Gardes ou Conducteurs des Divisions ne voudraient plus être responsables, si d'autres avaient des clefs qui ouvrissent leurs Caissons.

CAFFUTS.

On donne le nom de Caffûts, depuis quelques années, aux différens Fers coulés hors de service, ou réputés tels, par imperfections ou cassures. On doit rappeler ici que des imperfections ne rendent pas les Projectiles hors de service ; sans doute lorsqu'on en aura au-delà de l'approvisionnement nécessaire, on devra rejeter ceux regardés comme imparfaits ; mais jusques à ce tems, ceux qui n'ont pas les coutures effacées peuvent servir dans les Pièces de fer, qu'ils n'offensent presque pas : ceux qui sont trop faibles de calibres, au moyen d'un sabot exact, peuvent tirer avec précision ; ceux qui sont trop gros peuvent servir aux Pièces du calibre au-dessus.

Quant aux Bombes, la perte des anses ou des mentonnets les rend susceptibles de servir comme Grenades de rempart. La faiblesse ou l'excès de leur calibre, n'empêche pas leur usage, au moyen des coins, etc.

Pour les Caffûts qu'on voudra vendre, on doit toujours les estimer au moins la moitié de la valeur des Projectiles neufs et de modèle. On a été long-tems abusé par les maîtres de forge qui ont obtenu de ne remplacer qu'au $\frac{1}{3}$ et au $\frac{1}{4}$.

CHEVAUX.

Âge du Cheval.

L'âge du Cheval se reconnaît à l'inspection des dents de la mâchoire inférieure, mais seulement des 6 incisives et des coins : les crochets ne sont d'aucun secours. La partie des dents qui est en dehors, s'appelle muraille, et naît la première ; la partie intérieure s'appelle muraille interne, et naît après. Les dents du Poulain sont ovalaires, creuses, finissent par se remplir, sont blanches, et à un an ont un collet à la racine.

Les dents du Cheval sont plus larges, plus longues, sont d'un blanc mat, souvent couverte de tartre, sont creuses, et se remplissent suivant l'âge, et ont des cannelures à leur muraille externe.

Le Cheval en naissant n'a point de dents incisives ;

à 15 jours les dents de la pince sortent de l'alvéole et sont creuses.

à 1 mois les mitoyennes commencent à pousser.

à 4 mois les coins.

à 1 an les pinces ne sont plus creuses, et ont un collet à leur racine.

à 13 mois les mitoyennes *idem*.

à 17 mois les coins *idem*.

à 18 mois le Poulain a rasé de ses 6 dents incisives de lait.

à 2 ans et demi les pinces tombent, et sont remplacées par les dents du Cheval. Les mitoyennes et les coins tombent successivement.

Toute pince qui est creuse tandis que les autres sont rases, annonce un cheval de 2 ans et demi à 3 ans.

A 3 ans et 3 ans et demi, les pinces et les mitoyennes sont creuses et les coins pleins.

à 4 ans et à 4 ans et demi les coins tombent.

à 5 ans, la muraille interne du coin est tranchante, et n'est pas de niveau avec l'externe.

à 6 ans, les coins ont leurs murailles égales, et l'externe un peu usée.

à 7 ans, le creux des coins est diminué de plus de moitié.

à 8 ans, les coins sont rasés.

de 8 à 11, la forme ovalaire des coins devient ronde.

de 11 à 14, la forme des coins est ronde.

de 14 à 17, la forme des coins approche de la triangulaire.

de 17 en de-là, les dents se rapprochent de plus en plus et prennent la forme ovalaire, dans le sens opposé qu'elles avaient en naissant.

Dans la vieillesse, les Chevaux ont leur ratelier diminué de largeur, le dessous des mâchoires est tranchant, les salières sont creuses, ils sont cilliés, les dents plongent en avant, la lèvre inférieure est pendante, les commissures des lèvres se renversent en dehors, ils sont ensellés. S'ils sont gris, rouans ou cap de maure, ils deviennent blancs en commençant par la tête et finissant par les jambes.

Yeux du Cheval.

Un œil, pour être beau, doit être vif, bien placé dans son orbite, débordant un tant soit peu les paupières ; sa vître ou sa cornée antérieure doit être transparente, et doit laisser appercevoir distinctement toutes les humeurs qu'elle renferme.

Pour examiner les yeux d'un Cheval, placez-le à la porte d'une écurie ou sous une remise, le corps en dedans, la tête regardant la porte, mettez-vous en face, et considérez les parties internes et externes de l'œil. Si vous voyez du blanc ou du louche, examinez de plus près la partie affectée.

Pour qu'un œil soit beau et sain, il faut que la membrane noire ou verte ou bleue, qui détermine la couleur des yeux s'apperçoive parfaitement.

Les maladies les plus communes de l'œil sont l'inflammation de la cornée opaque ou du blanc de l'œil, l'opacité totale ou la blancheur de la vître ;

Les taies, qui sont le noyau ou le résultat de cette opacité ;

L'épaississement de l'eau qui est derrière la vitre qui rend lunatique le Cheval;

L'épaississement du diamant qui produit la cataracte;

La goute sereine qu'on n'aperçoit pas, et qui fait que le cheval ne voit point du tout; mais sa marche (il élève fort haut les pieds de devant), et ses oreilles qu'il porte alternativement l'une en avant, l'autre en arrière, l'annoncent;

Les grains de suie au bord inférieur de l'uvée ou de l'iris qui rendent le cheval ombrageux.

Ferrure du Cheval.

Il faut que le cheval soit ferré à son aise, solidement, avec propreté.

Pour cela observez de bien prendre la tournure du pied, de bien ajuster son fer (1), de le faire porter également, de l'attacher comme il a été porté, le brocher en bonne corne, que les rivets soient solides, que le fer ne soit ni trop long ni trop court, qu'il garnisse en dehors, qu'il soit juste en dedans, que les éponges soient courtes et minces, que la fourchette porte à terre, que le Fer soit sain et bien forgé (ni pailleux, ni brûlé), ni trop ouvert, ni trop étranglé, d'une épaisseur suivie, bien étampé.

Ne parez jamais le pied (vider la sole en dedans du sabot), parce que naturellement la sole se débarrasse de ce qu'elle a de trop.

N'abattez jamais du pied ou de la muraille que ce qu'il faut pour faire porter le fer. (Abattre, c'est ôter l'excédent de la mauvaise corne). Ne rapez jamais la muraille.

Les fers de devant sont plus arrondis en pince, leur étampure est plus également suivie, ils sont également épais.

Ceux de derrière sont plus ouverts, n'ont point d'étampure en pince, et celles des branches sont plus près du bout de l'éponge; les éponges sont plus serrées, parce que les talons de derrière sont plus minces; la branche du dehors est plus forte que celle du dedans, et la pince plus que les branches, parce que le Cheval portant son pied en dedans, prend son point d'appui sur le quartier de dehors, et présente plus la pince que les talons. Les fers doivent être être étampés plus gras en dehors qu'en dedans, parce

---

(1) Les parties du fer sont la pince qui est le bord du devant, la voûte, les branches (de dedans, de dehors), les éponges qui sont les extrémités des branches.

Ajuster le fer c'est le relever en pince, le rendre légèrement concave dans sa voûte, et au commencement des branches; rendre celles-ci plates, c'est le bigorner et faire qu'aucun coup de fertier ne paraisse.

que les quartiers du dehors ayant plus de nourriture, croissent davantage. (Il faut 8 clous par fer).

Il faut environ 2 heures pour ferrer un Cheval.

Il ne faut guères plus d'1 heure pour ferrer un mulet.

3 Ouvriers à une forge peuvent faire environ 100 fers à Cheval par jour.

4 Fers à Cheval pèsent 6 liv... 24 clous pour fer à Cheval pèsent 1 liv.

Le fer des clous doit être doux et liant.

Le Clou, pour être bien fait, doit avoir: sa tête conique, sans carré ni collet marqué... le collet doit suivre insensiblement la tête... le corps de la lance, entre le collet et le rivet, doit être mince et délié... le rivet doit être plus fort que la lance.

Tous les clous doivent être brochés sur la même ligne, pour ne pas enclouer, piquer, serrer le pied: ni trop bas pour qu'il soit solide; le clou bien implanté doit sortir au-dessus de son rivet.

De la Nourriture.

Les herbes qui conviennent le plus au Cheval, sont:

1°. Les graminées; on range dans cette classe, le blé, l'orge, l'avoine, le seigle, le fromental, le rey-grass, le chien-dent, le tipha.

2°. La luzerne, le trèfle à fleur rouge et le sain-foin.

3°. Les plantes légumineuses comme pois, lentilles, fèves, haricots, vesces.

4°. Les racines, comme carottes, bettes, pommes de terre.

Préférez le foin des pays découverts à celui des bois: celui qui vient à mi-côte, à celui des prairies hautes: celui-ci, à celui des prairies basses.

Le foin qui vient constamment dans l'eau, celui des marais, sont dangereux.

Le bon foin doit être vert, d'une odeur agréable, légèrement aromatique et fin: il doit être sec et cassant.

Rejettez tout foin blanc, jaune, noir, gros, ligneux, humide, de mauvaise odeur, boueux.

Pour le conserver de bonne qualité, placez-le dans des magasins à l'abri de l'humidité, et élevés de terre, percés de grandes fenêtres de l'est à l'ouest, éloignez-le des murs, et remuez-le souvent par des tems secs.

La Paille doit être d'un jaune doré, les tuyaux gros et non picotés de petites taches noires. Celle qu'on emploie communément est celle de froment: c'est un des alimens le plus sain et le plus nourrissant, sur-tout si les épis contiennent encore quelques grains.

L'Avoine est le plus nourrissant de tous les alimens; plus elle sera pesante, plus elle sera farineuse et nourrissante. Sa couleur doit être noire. Rejetez toute Avoine germée ou mouillée.

Pour la conserver, ayez des greniers élevés et secs, percés de l'est à l'ouest : mettez-la en tas de 6 toises de long, de 18 pouces de hauteur, et éloignez les tas de 4 toises ; remuez-la à la pelle, en l'élevant beaucoup, d'abord tous les 8 jours, puis tous les 15, puis tous les mois.

L'Eau doit être claire, limpide, légère, inodore, nette, dissolvant le savon. Celle de pluie est telle. Celle qui est battue est préférable à l'eau dormante ; celle des grandes rivières, aux eaux de source ; celle des étangs, aux eaux de marre ; et souvent celle-ci aux eaux de puits.

L'eau ne doit être ni trop froide, ni tiède, mais à la température de l'air. Si elle est trop vive ou trop froide, trempez-y le bras, mettez-y une poignée de son, et l'y pétrissez quelques momens.

Ne faites jamais boire un cheval en sueur.

N'exercez violemment un cheval que 3 heures après ses repas.

Faites boire avant l'avoine et quelque tems après les autres alimens.

Le vert d'orge pris dans l'écurie est le meilleur.

L'écurie doit avoir son sol un peu élevé : ses fenêtres exposées au levant et au couchant : celle qui serait, comme un jeu de paulme, ouverte tout autour, serait la meilleure ; elle ne doit être ni chaude, ni froide, ni humide ; il faut en tenir les fenêtres ouvertes pour en renouveler l'air souvent.

Le sol ne doit avoir qu'un pouce par toise de pente de la mangeoire à la croupe.

Exercez le cheval à jeun.

La ration des chevaux d'artillerie lors des entrepreneurs, était

En quartier : de 10 liv. de foin, 10 liv. de paille, $\frac{3}{4}$ boisseau d'avoine mesure de Paris ; (à défaut de paille, 1 liv. de foin pour 2 liv. de paille).

En route, à l'armée, ou *travaillant :* de 20 liv. de foin et d'1 boisseau d'avoine : ou, de 15 liv. de foin, de 10 liv. de paille et d'1 boisseau d'avoine.

La Ration est actuellement, en 1808 et 1809,

En station en paix : 8 kil. de foin, 8 $\frac{1}{2}$ litre d'avoine ; et quand on peut avoir de la paille, de 5 kil. de foin et 6 kil. de paille.

En route et en *station en guerre :* de 9 kil. de foin, 9 $\frac{1}{2}$ litre d'avoine ; et quand, etc. 5 kil. de foin, 8 kil. de paille et 9 $\frac{1}{2}$ litre d'avoine.

En vert, 40 kil.

Chevaux d'Artillerie, etc.

(*Marché du 4 ventose an* 3). Les Chevaux seront entiers, hongres ou jumens... de l'âge de 4 à 9 ans... de 4 pieds 7 pouces à 5 pieds..... Les Mulets de 4 pieds 3 pouces à 4 pieds 9 pouces.

Point de Chevaux au-dessous de 4 ans.

La taille prise à la chaîne du dessous du fer à la naissance des coins sur le garrot.

Il sera passé 10 Chevaux ou Mulets, bons borgnes, par 100.

Le harnachement des Chevaux, garnis de colliers à la liégeoise, seront aux frais de l'entrepreneur.

On donnait par jour, à l'entrepreneur, 6 fr. par cheval pour la première année, et 5 fr. pour les années suivantes en assignats : on payait 1500 fr. par Cheval tué.

L'Entrepreneur fournissait, soldait, par 100 Chevaux :

1 Conducteur en premier... 1 Conducteur en second... 2 Haut-le-pied... 1 Maréchal-Ferrant... 1 Bourrelier.

Et par division de 500 Chevaux :

1 Chef de division... 1 Maréchal-Expert... 1 Chef-Bourrelier.

(*En l'an* 5). On n'admit les Chevaux entiers que pour les prolonges, les forges et les établissemens sur les derrières... Les Mulets devaient avoir de 4 pieds 4 pouces à 5 pieds (mesuré à la chaîne), et de 3 ans à 10.

En 1785, on payait 45 sous par cheval ; et le Gouvernement nourrissait hommes et chevaux.

En 1798, on a payé 47 sous, et l'Entrepreneur nourrissait les Chevaux : cela n'a pas duré.

Vers la même année, on a payé successivement 42 sous en Italie, puis 28 et 26 sous sur le Rhin : le Gouvernement nourrissait hommes et chevaux.

Aujourd'hui on n'admet plus les chevaux entiers dans les équipages d'Artillerie.

Sa Majesté dans son arrêté du 29 germinal an 9, sur le placement des Chevaux et Mulets chez les particuliers, ayant fixé que les Mulets qu'ils rendraient auraient de 4 pieds 9 pouces à 4 pieds 10 pouces, et seraient de l'âge de 5 à 10 ans : on se conforme à ces clauses tant que l'on peut, quoique le Mulet soit de bon service après 4 ans.

Les Chevaux sont hongres à tous crins :

De l'âge de 5 à 6 ans.

Ceux de derrière de la taille de 4 pieds 9 pou., 6 lig. à 4 pieds, 11 pouces (1,^{m}556 à 1,^{m}595).

Ceux de devant de 4 pieds 7 pouces à 4 pieds 8 pouces 6 lignes (1,^{m}489 1,^{m}529), mesure prise à la potence.

On tolère $\frac{1}{4}$ au plus en jumens non pleines.

Les chevaux doivent être propres au service du Train, nets, exempts de tous vices redhibitoires, et hors des dangers de la castration.

On exige qu'ils aient un licol et une longe neufs, et qu'ils soient parfaitement ferrés.

Il faut ajouter à ces bases pour les marchés que les Officiers d'Artillerie seront dans le cas de faire par ordre du Ministre de la

Guerre, ce que le Directeur-Ministre de l'Administration de la Guerre a prescrit dans son Instruction du 27 germinal an 12, sur les remontes.

Masse de remonte par cheval et par an.	Artillerie à cheval.	65 fr.	72 c.
	Train.	51	43

Les Départemens d'où on tire les Chevaux, sont :

Pour l'Artillerie à cheval, le Calvados, la Dyle, l'Eure, la Manche, la Meuse-Inférieure, l'Ourthe, l'Orne, la Seine-Inférieure.

Pour le Train : les Ardennes, le *Cantal*, la *Corrèze*, le Finistère, le Morbihan, la Nièvre, le Nord, le *Puy-de-Dôme*, les *Pyrénées*, la *Haute-Vienne*.

Les Chevaux des Départemens en *italique* auront au moins 5 ans : ceux des autres de 4 à 5 ans.

Leur taille mesurée sous potence sera

Pour l'Artillerie à cheval de 4 pieds 8 pouces 6 lignes à 4 pieds 10 pouces (de 1,^{m}529 1,^{m}570).

Pour le Train, de 4 pieds 7 pouces à 4 pieds 8 pouces 6 lignes (1,^{m}489 à 1,^{m}529).

Cette taille est un peu faible ; on fixe le prix des premiers à 460 fr., et des seconds à 360 fr.

Cette instruction prescrit entre autres mesures de retenir aux fournisseurs 10 fr. par chaque cheval sur le prix convenu à titre de prime : l'Officier-général, chargé de l'inspection d'après le procès-verbal de réception fait par le Conseil d'Administration et son propre examen, prononce si la retenue doit être faite en entier ou en partie ; elle est rendue en entier si les deux tiers des chevaux reçus réunissent toutes les qualités requises.

Pour les journées de marche et de séjour, on donne une indemnité au fournisseur ; elle est réglée chaque année. Les journées sont de 6 lieues de poste ; il y a un séjour après 4 jours de route.

Si on avait *un marché* à faire pour une levée de chevaux, on se réglera sur les notes qu'on vient de donner : on spécifiera de plus les conditions d'après les notes qui suivent.

Le nombre de conducteurs en premier, en second : brigadiers, charretiers, maréchaux, bourreliers nécessaires par brigade de 100 chevaux.

Le terme fixe, et le lieu du rassemblement en hommes et chevaux, qui sera celui de la solde et de la distribution des fourrages, que doit précéder la réception faite par l'Officier d'artillerie, le Commissaire des guerres et un Artiste vétérinaire entendu, par un procès-verbal où on mentionne l'arrivée du cheval, son signalement, et on le marque immédiatement sur la cuisse gauche d'un signe convenu ; on dresse des contrôles qui servent à passer les revues pour hommes et chevaux.

Hommes et Chevaux voyagent au compte de l'Entrepreneur sur feuilles de route, et ils ne reçoivent que le logement.

Quelque fois on fournit à l'Entrepreneur 1 forge et 1 charriot de division par 100 chevaux.

Les pertes par force majeure sont seules supportées par le Gouvernement : et cette force majeure est l'incendie, l'inondation, la prise, mort ou destruction par l'ennemi, pourvu que la négligence ou l'abandon de l'Entrepreneur n'ait pas été la cause de ces pertes qu'il aurait pu éviter par ses soins. Ces pertes sont constatées par procès-verbaux expédiés au Ministre dans les 15 jours qui suivront l'événement ; clause expresse.

Les Chevaux perdus autrement que par force majeure, les réformés d'après l'art. XI du réglement du 14 frimaire an 12 qu'on marque d'une R sur la fesse droite, (et dont on devrait couper une oreille pour plus de sûreté), sont remplacés de suite et aux frais de l'Entrepreneur.

La solde pour Hommes et Chevaux commence au jour d'arrivée et finit au jour de perte.

Les Hommes et les Chevaux doivent jouir du logement comme le Train. On spécifie si on leur accorde gratuitement les vivres comme aux autres troupes ou s'ils en paieront les rations : ce qui est fort cher si on donne 30 sous par cheval. On spécifie que les Hommes sont reçus aux hôpitaux sans retenue, parce que l'Entrepreneur doit les remplacer pour le service.

On spécifie si c'est le Gouvernement ou l'Entrepreneur qui nourrit les Chevaux, et dans le dernier cas on règle la ration, et le prix du remboursement si on doit le lui faire ; mais hors de l'Empire, le Gouvernement doit fournir de ses magasins en nature. (En 1807, on payait à l'Entrepreneur 30 sous par ration).

Le prix qu'on donne à l'Entrepreneur par jour et par cheval de selle et de trait. (En 1807, les circonstances forcèrent à donner 40 sous, c'était un peu cher, comme on le verra).

Quand on licencie un équipage d'entreprise, on alloue à l'Entrepreneur une indemnité de 15 jours de solde. Si on le licenciait peu de tems après le rassemblement, on croîtrait l'indemnité, et on peut déterminer 2 à 3 époques : tant après 3 mois, tant après 6 mois, etc.

Le Gouvernement doit se réserver le droit de reprendre les Chevaux sur estimation contradictoire ; mais ce n'est plus là un licenciement, on ne doit plus d'indemnité parce que l'Entrepreneur n'a pas de perte à essuyer pour Chevaux à revendre, dont le nombre en ferait baisser le prix. Il faut donc bien expliquer cet article du marché qui a occasionné souvent des réclamations. Le Gouvernement peut se réserver la reprise des harnais de même.

Les contestations sont jugées administrativement d'après l'article 3 du titre 14 de la loi du 10 septembre 1791.

Les employés etc. des brigades sont assujétis aux lois et réglemens militaires.

DES HARNAIS POUR L'ARTILLERIE.

Harnais pour attelage à l'Allemande.

Il faut 4 Harnais, dont 2 de derrière et 2 de devant, pour un attelage complet à l'Allemande.

Premier Harnais de derrière ou de Porteur, est composé de	*Second Harnais de derrière ou de Sous-verge, est composé de*
1 Licol avec sa longe.	*Idem.*
1 Paire de traits avec ses fourreaux, Sous-ventrière, Boucleteaux et Boucle.	*Idem*, avec un Surdos attaché aux Traits.
1 Bride de Cavalerie.	1 Bride de cuir blanc, garnie d'une paire de Rênes.
1 Selle à la dragonne avec ses étriers.	1 Couverture en forte toile grise.
1 Avaloir avec Croupière et sa Boucle.	*Idem*, la Croupière est plus longue et attachée aux Rênes.
1 Collier avec Billots et Billotins.	*Idem.*
1 Plate-longe avec ses Anneaux.	*Idem.*
Premier Harnais de devant ou de Porteur.	*Second Harnais de devant ou de Sous-verge.*
Idem que celui de derrière, sauf qu'il a une Selle à la dragonne garnie de sa Croupière, et qu'il n'a ni Avaloir ni Plate-longe.	*Idem* que celui de derrière, sauf qu'il n'a point d'Avaloir ni de Plate-longe.

L'Atelage complet pour 4 Chevaux est donc composé de

4 Licols avec leur Longe.
2 Brides de Cavalerie.
2 Brides de cuir blanc.
2 Selles à la dragonne.
2 Avaloirs avec leurs Anneaux.
4 Paires de Traits avec Sous-ventrière, dont 2 avec Surdos.
2 Plate-longes avec leurs Anneaux.
4 Colliers avec Billots, Billotins et Housse.
2 Couvertures.

	Longueur.		Largeur.	
	pi.	pouc.	pouc.	lig.
1°. *Licol.* (1)				
Le Licol renforcé dans les endroits où il est trop faible, comprend le dessus de la tête, la Muserole, la Sous-gorge; il est fortement bredi dans un fort anneau.	6 6	2 »	» »	16 15
Les Jouyères solidement bredies.	» »	11 10	» »	16 15
La Muserole.	23	»		
La Sous-gorge.	21 20	» »	» »	15 14
La Longe est de chanvre de première qualité, et bien cordagé, et doit peser au moins ¾ livres.	7 6	» 6	circ. 2 po. — 18 lig.	
2°. *Brides de Sous-verge.*				
Le Montant de chaque Bride du côté du Montoir.	» »	15 14	» »	15 14
L'autre Montant.	» »	30 28	» »	15 14
Le Frontail et la Sous-gorge.	» »	42 38	» »	15 14
Les OEillères portant 6 pouces carrés sont de bon cuir fort, avec un Blanchet rapporté et cousu à deux rangs, et ont une attache de cuir qui prendra au Frontail.				
Toutes les Rênes coupées dans le même morceau sont bredies, en couture de 3 points tournans à l'anneau, fendues à 3 pieds du bredi, avec un Blanchet sur la queue. . .	5 5	6 3	» »	14 12
Le Mords de la Bride est en fer ou en buis, entre les 2 Anneaux.	5 po. 6 lig.			
3°. *Colliers avec Billots et Billotins.*				
Les Colliers de derrière proportionnés en largeur et grosseur, ont de 19 à 24 pouces de verge en longueur et pour le corps.	» »	18 17		
Les Colliers de devant doivent être les plus petits. Ils sont garnis, en dedans et en dehors, d'une forte toile ou treillis, cousus à 2 aiguilles, garnis de bourre sur le tirage, et remplis de paille de seigle dans le reste.				

(1) On a mis à chaque article 2 dimensions, l'une est le maximum et l'autre le minimum de la dimension qu'on doit exiger.

	Longueur.		Largeur.	
	pi.	pouc.	pouc.	lig.
Les Pièces de Billot sont en bon cuir, solidement cousues autour, avec un Blanchet sous le point, et placées vis-à-vis la mortaise de l'Attèle.				
La Coiffe ferme le haut du corps du Collier.				
Les Attèles sont charpentées si besoin est : elles sont montées sur le corps du Collier avec 8 Boutons en vieux cuir de Hongrie, arrêtés chacun par 3 broquettes à tête ronde ; 2 de ces Boutons ont une boutonnière pour recevoir les attaches des couvertures. Elles sont percées en haut et en bas par 2 solides accouples, et par 2 Mortaises de 2 pouces 3 lignes de long, à 8 pouces du bas pour placer les Billots ; elles sont peintes couleur olive.				
Chaque Collier est garni d'un fort Sommier en vieux et en bon cuir de Hongrie, et a une attache pour passer les Rênes de bride : ses dimensions sont proportionnées à la force du Collier.				
Les Housses des Colliers sont en bon veau sec d'huile, clouées sur les Attèles.	» »	20 15	13 12	» »
Les Billots en fort cuir cousu à 2 rangs, et renforcés de trois cuirs au milieu.	»	9	»	13
Les Billotins sont en Bois de frêne ou de chêne, et à un seul mentonnet pour les ôter plus facilement.				

4°. La Plate-Longe avec ses Anneaux.

La Plate-Longe est faite de 3 bons cuirs cousus solidement à 3 rangs, et renforcée dans le milieu d'un quatrième cuir, sur la longueur de 3 pieds : elle a une onde à chaque bout sur la longueur de 18 pouces, pour placer les trous de l'Ardillon (1).	10 9	» 9	» »	22 21
Elle est garnie de 2 forts Anneaux d'alliance, et d'un Anneau au milieu renforcé pour recevoir les chaînes de timon : les grands d'alliance et celui du milieu auront 2 pouces ; le diamètre des petits sera de 18 lignes.				

(1) La Plate-Longe s'attache par ses deux extrémités aux anneaux de l'avaloir, et est soutenue par les Anneaux d'alliance que soutiennent les Billotins des Attèles.

	Longueur.		Largeur.	
	pi.	pouc.	pouc.	lig.
5°. *Les Traits* (1).				
Les Traits sont de chanvre de première qualité, sans être passés ils ont.	10	»	circo.	30
	9	6	——	27
La paire doit peser 5 livres; les Traits sont garnis de 2 boutons en corde, pour, en cas de besoin, pouvoir atteler un plus grand nombre de chevaux, ou il faut des crochets en fer qu'on attache aux billots.				
6°. *Fourreaux et Sur-Dos.*				
Les Fourreaux sont en vache forte, tannée et lissée.	»	13	9	»
	»	12	8	6
Les 3 attaches sont longues et en bon cuir.				
Les Fourreaux du porteur auront des Boucleteaux à boucle.				
Les Fourreaux de Sous-Verge seront garnis d'un Sur-Dos qui, tout bredi, aura.	3	10	»	16
	3	8	»	15
Le Boucleteau sera bredi sur le Fourreau hors du Montoir.				
7°. *Couverture.*				
La Couverture est en toile picarde, dite *gros grain;* toute ourlée elle a.	»	33	36	»
	»	33	33	»
Elle est garnie au milieu d'1 patte de cuir pour passer la Croupière, et de 3 Attaches en cuir sur le bord de devant.				
8°. *Panneau*				
On n'en met plus dès qu'on a des Selles.				
Le Panneau est en veau de bonne qualité; il a.	»	22	22	»
Le Gousset mis pour garantir le Garrot a.	»	6	6	»
Le milieu est traversé de bout en bout par deux rangs de couture à points plats, et est garni d'une traverse en cuir de Hongrie avec 2 Anneaux au bout pour porter les Étriers.				

(1) Coupez les traits, et vérifiez que ce n'est pas du vieux cordage recouvert de chanvre neuf.

	Longueur.		Largeur.	
	pi.	pouc.	pouc.	lig.
La Sangle arrêtée au Panneau par 2 fortes Attaches croisées, a.	6	»	»	16
Contre-sanglon cousu à 6 pouces de la bordure du derrière, pour recevoir la boucle de la Croupière.	»	18	»	18
Le Panneau est légèrement rembourré de paille de Seigle cassée et mise de longueur.				
La Toile est de même que celle de la Couverture.				

9°. *Sous-ventrière.*

La Sous-ventrière avec sa Boucle est de Chanvre de première qualité. Elle est attachée au Fourreau du côté hors du Montoir, et de l'autre on l'arrête au moyen d'un bouton fait avec un bout de fort cordeau ployé de 18 pouces.	3	»		

10°. *Avaloire avec Croupières de Sous-verge et de Porteur.*

Le Bras du bas, qui est celui qui passe sur le cul du Cheval, et se boucle à la Plate-longe, tout bredi, a.	4 3	» 8	3 3	6 3
Le Bras du haut, qui est celui qui passe sur les reins du Cheval, tout bredi. Il a 1 Blanchet dans toute sa longueur.	3 3	4 »	3 3	6 3
Le Coussinet est en bonne Toile, et excède des 2 côtés d'1 pouce 6 lignes la largeur du Bras du haut.				
Sa Couverture est en bon Cuir de Vache tanné.	» »	16 14	9 8	» »
Les 4 Branches retenues aux Bras du haut et du bas par 4 Attaches.	2 2	10 8	» »	16 15
Les 2 Porte-traits, tout bredis à l'Anneau, ont.	8 7	» »	» »	15 14
Les Anneaux sont de bon Fer ainsi que les Ardillons, et sont garnis d'un Porte-traits en Cuir de Hongrie. Diamètre.	»	4		
La Croupière du Porteur a, avec sa Boucle et son Culeron, près le Coussinet.	1	10	2	2
La Croupière de Sous-verge de devant est	1	9	2	»

	Longueur.		Largeur.	
	pi.	pouc.	pouc.	lig.
garnie d'une forte Attache assez longue pour nouer les traits ;	2	4	2	2
elle a près de la Fourchette.	2	1	2	»
Tous les Culerons sont en Veau, et sont garnis d'un Tissu en dedans.				
Toutes les Croupières auront une Boucle enchapée et un passant.				

Selle à la Dragonne et Bride.

Les Arçons auront de 14 à 15 pouces.

Les pointes de celui de devant auront 11 pouces de long.

Celles de l'Arçon de derrière 10 $\frac{1}{2}$ pouces.

Ils seront nervés dans toutes leurs parties dessus et dessous : le Nerf est le seul soutien des Selles.

Ils seront recouverts d'une toile écrue lessivée, bien collée dans toutes ses parties.

Celui de devant est ferré d'une bande de tôle couvrant les Liéges (le Liége est la partie élevée sur le devant de l'Arçon.)

Sous l'Arçon de devant, une bande de fer battu, large de 2 pouces $\frac{1}{2}$ au milieu s'étend jusqu'à 6 lignes de la pointe en diminuant de largeur jusqu'à 15 lignes.

Sur l'Arçon de devant, à hauteur de l'échancrure des Liéges, sont 2 bandes de fer enchapées, rivées avec la bande, passées en biais du côté des pointes pour le poitrail.

Sur le panneau de l'Arçon de devant, on pose une Dragonne à 2 pattes, avec anneaux pour porter le Fusil ou le Mousqueton.

L'Arçon de derrière est garni d'une bande de fer battu de 20 lig. de largeur, percée de chaque côté de trous garnis de cuir, pour recevoir les Courroies de la charge.

Sur le pontet de l'Arçon de derrière, on met une Chape en fer de 15 lignes de large portant une Boucle.

Le Trousse-quin assuré sur l'Arçon de derrière avec 2 pattes de fer de chaque côté.

Les Bandes : les longues portent 3 Chapes.

Le faux Siége fait de deux bonnes Sangles croisées, clouées en avant du Trousse-quin sur l'Arçon de derrière, passant dans les Mortaises des Liéges pour être tendues avec force en avant.

On forme le cintre du Siége en tendant fortement 2 Sangles clouées sur 2 Bandes à 5 pouces de distance.

Le faux Siége est recouvert de 2 Toiles inégalement tendues, recevant le Rembourrage qui forme le Siége, qui ne doit avoir que 5 lignes d'épaisseur et être très-ferme.

Les Quartiers de la Selle sont de cuir fort, façon d'Angleterre, de 19 pouces du devant au derrière, de 15 ½ de hauteur sur le devant, et de 16 ½ sur le derrière. Ils sont renforcés d'un Blanchet autour, de 18 lignes. Ils sont arrêtés par des Tirans de vache cousus au bord des Bandes.

Sur le derrière de chaque côté des Quartiers, est cousu un Porte-fer de 5 pouces sur 7 ½, percé d'un trou pour recevoir une Courroie d'1 pied de long et 9 lignes de large.

Le Siége est garni d'un bon veau bien tendu sur la fetrure ou rembourrage, joint aux Quartiers par une couture anglaise. Les Garnitures du devant du Trousse-quin et de derrière les Liéges sont en veau; celles de devant les Liéges et de derrière du Trousse-quin sont en cuir pareil aux Quartiers.

Les Panneaux sont en bonne basane tendue, et pâtés (c'est-à-dire, collés avec de la pâte) en plein; ils sont entoilés d'une bonne toile de chanvre écrue et lessivée; le port de la cuisse de 6 à 7 pouces sur 2 pouces : le Garot doit avoir 4 pouces sur le devant, diminuer jusqu'à 1 pouce et se relever à 18 lign. sur les rognons.

Les Panneaux débordent l'Arçon d'½ pouce tout autour, sont bordés de basane, entoilés et rembourrés de façon à n'avoir que 16 lignes d'épaisseur.

Le Coussinet est de bonne basane, pâté d'une bonne toile, long de 9 pouces sur 12 de largeur, garni de 2 attaches en cuir de Hongrie, et d'un passant propre à recevoir la Croupière.

Les Chapelets (pièces de cuir où on attache les Fontes) sont en cuir très-fort comme les Quartiers, ou sont doublés.

Les Fontes sont en cuir fort tanné pour semelle, faites de deux pièces recouvertes d'une vache couleur des Quartiers, d'une seule pièce, longues de 12 pouces du devant et de 15 du derrière, cerclées d'un fer soudé entre le cuir et la vache.

Le Poitrail est d'un cuir fort, noir et lissé; le côté gauche a 2 pieds 6 pouces, ayant la Boucle redoublée d'une paillette; le côté droit 3 pieds, œillets compris; les Montans 17 pouces : la largeur de ces Pièces est d'1 pouce.

Les Etrivières sont de cuir, façon d'Angleterre ou de Hongrie, longues de 4 pieds 6 pouces, larges de 14 lignes.

Les Etriers ont 4 pouces 6 lignes de large sur la grille, et 14 lignes d'entrée à l'œil.

La Selle a en dedans 10 Contre-sanglons, 5 de chaque côté.

Les Contre-sanglons de housse doivent être cousus sur le bord des Panneaux plutôt que sur l'Arçon du devant.

2 Porte-étriers et 2 Crampons de coussinet en cuir, bien cloués.

Les Sangles doivent être, si l'on peut, tramées en cœur, et sont garnies d'une Traverse : elles portent 6 Boucles enchappées, bien cousues.

Les Courroies de charge de 4 pouces 6 lignes sur 1 pouce, parées en dessous, sont garnies d'un Boucleteau long d'1 pied.

La Croupière est longue de 2 pieds 6 pouces : le Culeron a 15 pouces.

La Bride est d'un cuir noir, bon et bien apprêté. Le dessus de la tête a 22 pouces de longueur et 22 lignes de largeur ; la sous-garde 18 pouces, la Muserolle 26, les Montans 1 pied, la Rêne 4 pieds ; le tout large d'1 pouce.

Les Porte-mors n'ont qu'un trou à 16 lignes de la bouche ; le Mors est étamé, composé, de 2 branches longues de 5 à 6 pouces, de son embouchure large de 4 à 4 ½ pouces, d'une Gourmette plate garnie d'une Esse et d'un Crochet, enfin d'une Chaînette.

Harnais à la Française.

Les parties du Harnais de Limon, dit *à la Française*, qui diffèrent du Harnais à l'Allemande, sont :

1°. La Selle de Limon ou Sellette ;
2°. La Dossière ;
3°. La Sous-ventrière ;
4°. L'Avaloire ;
5°. Les Mancelles.

1°. *Selle de Limon ou Sellette.*

Le Fût de la Selle de Limon est renforcé du derrière au devant d'une Traverse en Fer, portant sur le devant, pour tenir la rêne de Bride, une Boucle enchapée, et sur le derrière un Crochet tournant, avec une tête à bouton pour recevoir l'Avaloir.

Le faux Siége est en forte Toile ou Treillis, avec deux bandes de Cuir sur la Traverse de Fer.

	Longueur.		Largeur.	
	pi.	pouc.	pouc.	lig.
Le Siége est en bonne vache forte, et est soulevé solidement. Derrière le Siége on adapte une Couverture de Toile picarde à gros grain de toute la longueur du Siége, et de.	»	»	9	»
La Sangle.	4	»	»	20
Le Contre-sanglon portant une Boucle. . .	2	»	»	20

Le Panneau est en Toile en dessous, et en Basane sous le Fût de la Selle ; il déborde, ce Fût, de 2 pouces 6 lignes. Il est rempli en paille de Seigle brisée, et mise de longueur, et on la garnit en dessus d'un peu de Bourre.

	Longueur.		Largeur.	
	pi.	pouc.	pouc.	lig.
2°. *Dossière.*				
La Dossière toute bredie, et garnie d'un renfort dans les emboitures.	6	»	8	»
Elle est garnie dans le milieu d'une grande pièce de Cuir pour servir de passant.				
La Courroie en fort Cuir.	6	»	»	16
3°. *Sous-ventrière.*				
La Sous-ventrière a un Blanchet : elle est bien bredie, ainsi que l'enchapure de la Boucle et son passant.	4	»	2	6
La Boucle et son Ardillon sont d'un Fer doux et fort.				
Le Contre-sanglon garni d'un Blanchet, si le Cuir est faible.	»	30	2	6
4°. *L'Avaloire.*				
Le Bras du bas tout bredi.	4	»	7	»
Le Coussinet, moitié en toile, moitié en basane, est bien rembourré et garni tout autour.				
La Couverture est en bonne Vache. . . .	»	23	9	»
Les 4 Branches avec 4 attaches au bras du haut et à celui du bas.	3	»	»	18
La Croupière sans le Culeron (largeur prise à la Fourchette).	2	»	2	»
Le Culeron est en veau, garni d'un Tissu, et solidement bredi à la Croupière.				
Au bras du haut, est une longue courroie avec un Boucleteau.	»	»	»	16
L'Anneau de l'Avaloire, garni d'un Ardillon, a 4 pouces 6 lignes d'ouverture.				
Les chaînes d'Avaloire sont d'un Fer doux, rond, de 3 lignes de diamètre; elles ont un Crochet au bout.	»	20		
5°. *Mancelles.*				
Les Mancelles sont de Fer doux, comme les chaînes d'Avaloire, y compris l'Anneau, qui a 5 pouces d'ouverture, elles ont. . . .	»	18		
Les 4 chaînes d'Avaloire ou Mancelles pèsent 6 livres. Avec le Fer d'échantillon convenable, 2 hommes en font 8 par jour, brûlent 80 liv. de Charbon, et il y a 1 livre de déchet pour le Fer.				

NOTES.

Les Harnais doivent être de Cuir de bœuf hongroyé de bonne qualité. (Il coûtait 20 sols la livre en 1801).

Le Cuir de Cheval, quoique tanné de même, et tous autres Cuirs passés à la Chaux, doivent être rejetés.

On distingue le Cuir de Bœuf de celui de Cheval à la coupe : le premier est d'un blanc terne tirant sur le jaune ; le second est d'un beau blanc uniforme. Quand les Peaux sont entières, le Cuir de Hongrie a une épaisseur égale, ou également diminuée en allant aux extrémités : le Cuir de Cheval n'a pas cette régularité même dans le milieu de la Pièce, et il s'alonge d'un tiers en le tirant.

On prétend que si les Colliers étaient brisés, c'est-à-dire, s'ils pouvaient s'ouvrir et se fermer au moyen d'une Charnière et d'une Clavette, on harnacherait plus facilement, et le Harnais étant moins ouvert, ne risquerait jamais de garotter le Cheval. On objecte contre de tels Colliers qu'ils sont moins solides, et que souvent n'étant point assez ouverts, le Cheval en serait gêné et blessé : enfin, l'usage semble décider pour les Colliers non brisés.

Il serait avantageux que les Harnais d'Artillerie fussent également propres à être mis tout de suite à la Française ou à l'Allemande, puisque les Voitures sont mises d'un moment à l'autre à Limonière et à Timon. Mais cette mesure enchérit les Harnais d'un attelage de 20 à..... fr., suivant les pays ; et on observe que dans un cas pressé,

On peut atteler avec les attelages à l'Allemande, les Charrettes-Caissons et toute Charrette légère, en mettant des Mancelles et des Chaînes de reculement en corde, et que le Panneau sert de Sellette de Limon, pourvu que l'on ait soin de ne pas charger trop à dos. Quant aux Voitures à Limonière, l'on peut atteler de même, et l'on n'a pas besoin de Dossière, parce que la Limonière étant mobile, pèse peu sur le Cheval ; la Plate-longe peut toujours rester en place.

Au reste, on peut rappeler ici que le mode d'attelage, dans l'Artillerie, a besoin d'être remis à la discussion, pour être modifié de nouveau. Le Timon est avantageux ; les Colonnes sont moins longues, les Chevaux résistent plus ; mais dans les pays montueux, les Timons se brisent sans cesse, et porter des Limonières en rechange pesant 100 liv. pour des milliers de Voitures, est un embarras des plus grands : or, nos Théâtres de guerre ne sont plus circonscrits dans les frontières de la Flandre et de l'Allemagne, mais, etc. Donc il faut des Limonières ; mais des Timons et des Limonières sont un grand embarras ; donc il faut chercher un expédient praticable.

Est-il nécessaire que 2 Chevaux attelés à l'Allemande ne soient séparés que par un Timon ? Ne pourrait-on pas atteler à l'Allemande les Chevaux à côté de la Limonière ? et la Limonière ne pourrait-elle pas à cet effet être modifiée de façon à être plus commode, pour servir à cet usage ? ou enfin, ne vaudrait-il pas mieux, pour l'Artillerie de Campagne, atteler 3 Chevaux de front, et revenir à la Limonière, pour n'avoir plus des Timons fragiles et des Limonières embarrassantes à porter ?

Devis *d'un Harnais, pour 4 Chevaux, à l'Allemande.*

55f.,0	pour 2 bandes de cuir de Hongrie, pesant de 48 à 50 liv. à 22 sols la livre.
10, 0	pour 5 Basanes pour les Colliers, à 40 sols l'une.
18, 0	—— 4 Peaux de veau pesant 12 liv., à 30 sols l'une.
5, 5	—— 3 ½ aunes de toile picarde, à 30 sols l'une.
1,10	—— 1 aune pour doubler les colliers.
6, 0	—— Vache à fourreaux et peau d'Avaloir.
2, 0	—— Fil et Ficelle.
2, 0	—— Bourre pour colliers, *panneaux* et coussinets.
1,10	—— Paille.
6, 0	—— 4 Paires d'attèles peintes, à 30 sols l'une.
18, 0	—— 4 Paires de traits, longe et sous-ventrière de corde.
0,16	—— 4 Mors, à 4 sols l'un.
1,16	—— 4 Anneaux d'alliance, 2 du milieu et 4 de licols.
1, 4	—— 4 Anneaux d'Avaloir.
0,15	—— 4 Anneaux de panneaux pour étriers, et 8 Boucles.
0,12	—— Clous.
0, 8	—— 4 Paires de Billotins en bois.
21, 0	—— Main-d'œuvre.
151,16	

Ce Devis, en 1808, est trop cher d'$\frac{1}{5}$. Les Harnais pour 4 Chevaux ne coûtaient que 120 fr. en l'an 9, 140 en 1807, et la selle 60 francs.

Pour un Harnais de limon à la Française, en l'an 9.

1 Collier à la Française.	10
1 Paire de Mancelles fortes.	4
1 Paire de Billots plus grands et plus forts qu'à l'Allemande, Billotins compris.	1
(*) Sellette.	8
(*) Dossière de 4 pouces de large.	15
(*) Sous-ventrière de 3 pouces de large.	5
Avaloir à la Française, garni de fortes chaînes.	15
Bride de Limon.	5
Licol avec Longe.	2
Total.	65

(*) Ces trois objets sont payés trop cher, ils ne valent que 18 à 20 francs.

Et pour le Harnais d'un Cheval de devant, pour Attelage à la Française.

1 Collier à la Française, moins fort que celui de derrière.	8 fr.	»
1 Bride de Porteur.	3	»
1 Panneau.	7	50
1 Croupière de Porteur.	1	50
1 Paire de Traits avec Fourreau, plus forts qu'à l'Allemande.	5	50
1 Licol avec Longe.	2	»
Total.	27,	50

Conservation des Harnais en Magasin.

Les Harnais doivent être visités et réparés avec soin avant leur emmagasinement.

Tous les Cuirs blancs doivent être bien *suifés*.

Les Harnais doivent être visités tous les 6 mois et *suifés* tous les ans (mesure de rigueur).

Les Licols et Brides doivent être nettoyés, réparés, *suifés* et réunis en paquets de 12 ou 16, et être suspendus. Dans les Brides, il faut de plus retrousser et attacher les Rênes sur les Têtières.

Les Colliers doivent être dégarnis de leurs Traits, réparés, c'est-à-dire, rembourrés, garnis de leurs Boutons (Lanières de cuir, qui par trois clous, dits broquettes, arrêtent les corps de Colliers aux attelles), passés à la forme, posés sur des Madriers à terre, debout suivant leur grand axe, et les uns sur les autres sur 4 à 5 rangs; ils seront mieux encore enfilés dans des perches suspendues.

Les corps des Colliers ne sont pas *suifés*, mais les Boutons doivent l'être.

Les Traits, passés dans leur Fourreau, assemblés par 8 ou 16 paires, seront suspendus.

Les Selles, réunies par 4 ou par 8, seront suspendues par leurs Sangles.

Dans les Avaloirs, on détache les Branches du Bras d'en haut, pour empêcher qu'ils ne prennent de faux plis, on les rassemble par 4 ou 5 attelages, et on les suspend.

Les Plate-longes sont suspendues.

Il faut 1 livre de suif par Harnais de cheval, ou 4 livres par Attelage à l'Allemande.

Les Magasins doivent être bien secs sans être chauds, garnis de fortes Traverses et Chevilles en bois, scellées dans les murs, pour y suspendre les parties de Harnais.

Caisses pour Harnais et Selles.

(Mesures prises hors d'œuvre).

				Poids (1).
Caisse pour Harnais contenant 4 Attelages.	Longueur.	5 pi.	8 po.	360 kil. à 375 kil. pleines.
	Largeur.	»	41	
	Hauteur.	»	31	

				Poids.
Caisse pour Selles ; elle contient 20	Longueur.	5 pi.	8 po.	368 kil. au moins.
	Largeur.	»	41	
	Hauteur.	»	27	

Il y a des variations dans les poids à cause de celui des cuirs et de la différence des bois qu'on emploie.

Construction de ces Caisses.

Elles se font de voliges de bois blanc, à l'exception des tasseaux de planches qui entourent la Caisse, et de ceux qui forment les petits côtés, auxquels on emploie du bois de bateau de la moindre qualité pour mieux résister aux clous du fond et du couvercle, les voliges étant trop minces. Les planches sont assemblées à jour, c'est-à-dire, qu'il y a environ 2 pouces d'intervalle entre elles; elles sont maintenues ensemble par de forts tasseaux de bois de bateau, ou, ce qui est moins coûteux, de dosses de voliges. On en met deux à chacun des longs côtés, au fond et au couvercle, qui forment ensemble deux cercles autour de la Caisse, en la partageant en trois parties dans sa longueur ; on en met également deux à chacun des petits côtés.

Ce sont les Layetiers qui font ordinairement ces Caisses ; toutes les planches restent brutes, on n'en dresse que celles nécessaires pour l'assemblage de la Caisse.

Encaissement.

On commence par mettre les Colliers (ou les Selles) debout dans la Caisse ; on place dans les vides des Colliers tous les menus objets des attelages, comme Licols, Brides, Billots, Billotins, Couvertures, etc. A côté et dans l'intervalle des Colliers, on place les Plate-longes, au-dessus les Traits avec leurs Fourreaux et les Avaloires ; on dresse debout, tout autour de l'intérieur de la Caisse, de la paille longue et on en garnit bien le tout. Il faut 7 à 8 bottes de paille de 10 livres l'une.

(1) 4 Harnais complets pèsent 83 kil., et 64 kil. sans les Selles.

Détail des Objets contenus dans une Caisse de Harnais.

16 Colliers ;
8 Plate-longes ;
8 Avaloires avec leurs Croupières ;
16 Paires de Traits avec Fourreaux ;
4 Croupières pour les chevaux de sous-verge de devant ;
16 Licols ;
8 Brides ;
8 Couvertures ;
16 Paires de Billots ;
32 Billotins ;
8 Anneaux doubles ;
32 Anneaux simples.

La Caisse fermée, on marque le dessus, pour qu'elle soit chargée de même sur la voiture ; autrement si la Caisse se trouvait dans un autre sens, il y aurait à craindre des flottemens dans la Caisse.

HAUSSES POUR CANONS DE CAMPAGNE.

1 Plaque de cuivre.
1 Hausse en cuivre, composée d'une tige intérieure non graduée, et d'une tige extérieure graduée sur la hauteur de 18 lignes, mesure prise de la ligne du dessous de la tête, sur laquelle est gravé un zéro ; il y a 18 grandes divisions horizontales numérotées, et chacune est divisée encore en deux ; au milieu de la tête de la Hausse, est le cran de mire ou visière.
1 Vis de pression, d'acier.
1 Ecrou à vis de pression, à deux oreilles en cuivre.
4 Vis de pression, d'acier.

La Hausse s'adapte à la culasse des Canons de Campagne, et donne la plus grande justesse au tir ; on n'a pas cru nécessaire d'en mettre au Canon de Place ou de Siége : le tir de ces Canons est exact depuis le remplacement des coins par des Vis de pointage, au moyen d'une mesure qui, placée entre l'écrou et le plateau de la Vis, fait trouver sans tâtonnement le degré d'élévation qu'on a jugé convenable de donner à la Pièce.

Le seul inconvénient qui fût résulté de l'adoption des Vis de pointage, pour le tir des Canons de Siége ou de Place, était de ne pouvoir tirer en plongeant, sans donner beaucoup de longueur à la Vis, ce qui l'exposait à se fausser et à ralentir le service. On y a remédié, en plaçant sur la tête de la Vis un Plateau de bois de 6 pouces de longueur sur 3 d'épaisseur, à pans coupés, sur le dessus duquel est une entaille pour les moulures sous lesquelles il doit se trouver, afin qu'il ne tourne pas en même tems que la Vis.

PRÉCIS DE LA FABRICATION DE LA MÈCHE.

Comme la Mèche dont on se sert dans la plupart des écoles d'Artillerie est encore de celle qui fut préparée pour les guerres de Flandre, il sera peut-être utile, quand on voudra en faire faire de la nouvelle, d'avoir le précis des procédés qu'on suit pour sa fabrication : car de changer les cordes en Mèche, par le procédé indiqué pag. 770, est un moyen cher, à cause du prix des Cordages.

La mèche se fait avec les étoupes de lin, ou d'un chanvre très-doux, pilées avec des maillets, battues avec des baguettes, et peignées avec soin, pour être bien purgées des grosses chenevottes et des bouchons.

Les petites parcelles de chenevottes ne nuisent point à la bonté de la Mèche.

Les étoupes de lin sont préférables.

Quand on ne tire que deux brins du chanvre, le troisième, bien nettoyé de ses chenevottes, fournit de bonnes Mèches.

Les étoupes qui tombent, quand on broie ou qu'on espade le chanvre, sont à rejeter.

On file les étoupes avec les mêmes rouets que le fil de carret.

Le fil des étoupes dont on doit composer les Mèches, doit être peu tortillé.

Les Mèches sont faites de trois fils ; on peut les faire à plus de fils, mais les premières sont préférables.

Les Mèches doivent avoir 16 ou 20 lig. de tour ; plus grosses, elles consomment trop de matière ; plus fines, elles s'éteignent aisément.

Les Mèches recouvertes d'un troisième brin de chanvre, quoique bien affiné, sont vicieuses, parce que cette couverture masque les défauts de la Mèche, et hâte inégalement sa consommation.

Il faut regarder les trois fils, qu'on doit commettre ensemble, comme autant de torons ; ainsi le tortillement qu'on a donné aux fils, doit suffire pour les commettre.

On peut réunir les trois fils à une molette, et l'effort que ces trois fils feront pour se détordre, joint au tortillement qu'occasionnent les molettes, commettra les fils ; le cordier les suit avec la main, à mesure qu'ils se roulent les uns sur les autres, pour faire en sorte qu'ils se commettent régulièrement ; ou :

On commet les Mèches comme les cordes, avec un toupin qu'on conduit à la main, sans l'attacher à un chariot.

Pour que les Mèches soient fermes, sans être dures, on doit les commettre au cinquième ou au quart, tout au plus.

Les Mèches commises, on les lessive.

La bonne Lessive doit être de 50 liv. de bonnes cendres, et de 25 à 30 liv. de chaux vive par 100 livres de Mèche. Si les cendres sont faibles en sel alcali, on en augmentera la quantité.

Pour faire la Lessive, on met dans des bailles, lit par lit, une couche de cendres et une de chaux; on verse dessus de l'eau bouillante qui s'écoule par le fonds de la baille; on repasse plusieurs fois cette eau sur les cendres, afin qu'elle soit imprégnée de sels, au point qu'un œuf nage dessus; ou,

On fait à part de l'eau de chaux qu'on jette sur les cendres.

Ensuite on met dans une chaudière les Mèches et la Lessive; on les fait bouillir doucement 4 ou 5 heures; à mesure que l'eau s'évapore, on en fournit de la nouvelle, pour que les Mèches en soient toujours recouvertes (pour les empêcher de surnager, on peut les charger de pierres), et on les laisse refroidir dans la chaudière.

La meilleure façon est de mettre les Mèches dans un cuvier, et de couler la Lessive 15 ou 20 heures, comme pour blanchir le linge; en ce cas, on met les cendres et la chaux au-dessus du cuvier.

On peut, mais ce n'est pas nécessaire, on peut améliorer les Mèches lessivées, en les faisant tremper 3 à 4 heures dans de l'eau, où l'on fait dissoudre 4 liv. de salpêtre par 100 liv. de Mèche.

On entasse les Mèches, on les couvre d'étoupes, et on les laisse en fermentation 12 à 15 jours.

D'autres les trempent dans des eaux de fumier, ou les mettent en tas sous des bouzes de vaches, etc. Toutes ces pratiques inutiles ont des inconvéniens.

Quand on a procuré aux Mèches un commencement de pourriture, qui n'est peut-être pas si utile qu'on se l'imagine, on lisse les Mèches.

Pour lisser les Mèches, on étend chaque pièce à part sur des chevalets; en saisissant une pièce à chaque bout avec un fer à commettre, on la tord assez fortement pour la bien affermir. Pendant qu'elle est bien tendue, on fait glisser le long de la mèche, en l'embrassant et la serrant fortement, une corde de crin, ou un morceau de cuir de vache d'environ un pied en carré, garni de petits clous rivés, ce qui nettoie la Mèche des parties de chénevottes qui pourraient se trouver à sa superficie, où elles hâteraient la consommation de la Mèche, en propageant le feu trop rapidement.

Les Mèches qu'on lisse avec de la colle sont vicieuses; la colle nuit au progrès du feu.

Les Mèches lissées, on les fait sécher au soleil.

Les Mèches parfaitement sèches, sont pliées par pièces de 10 à 15 toises ; chacune doit peser 8 à 9 livres.

On fait des paquets de 10 pièces ou de 100 toises.

On les renferme dans des caisses, pour les mettre à l'abri de la poussière, ou dans des tonnes de sapin bien sec. Ces tonnes ont 3 pieds 6 pouces de hauteur, et 2 pieds 6 pouces de diamètre. Chacune contient 3 quintaux de Mèche.

Réception de la Mèche.

Etripez quelques bouts de Mèche, pour voir si l'intérieur ne renferme pas des Etoupes sales, pourries, mêlées de grosses chénevottes, de feuilles ou d'autres corps étrangers. Il faut que les Mèches soient fermes sans être trop dures, ni trop serrées ; il faut que la lessive ait pénétré jusqu'au centre ; la différence de couleur indique le contraire. Les Mèches, enfin, doivent être bien sèches, sans moisissure, ni pourriture : ce que leur couleur et leur odeur annonceront.

On éprouve les Mèches en les allumant. Elles doivent conserver le feu, brûler uniformément, sans interruption, même par un tems humide, et ne se consumer pas trop vîte : 4 à 5 pouces doivent durer une heure. Le charbon doit être dur, clair, vif, pointu, résistant lorsqu'on l'appuie sur quelque chose de solide ; brûler, percer un papier tendu, et rester allumé.

OUTILS POUR 6 MAÇONS.

6	Ciseaux à tailler la pierre.
6 liv.	Cordeaux.
2	Equerres en fer.
12	Fils à plomb.
2	Marteaux.
6	Marteaux de Maçons.
1	Masse (grosse).
4	Masses en fer (petites).
2	Massettes.
1	Niveau de Maçon.
4	Passe-mortiers.
12	Pieds de roi.
12	Pointes à tailler la Pierre.
6	Seaux à poignée.
1	Tranche.
6	Truelles.

OUTILS A MINEURS (1).

Pour une Compagnie.	Quantité.	Poids du Fer. liv.	Poids du Fer. onc.	Poids de l'Acier. onc.
Sonde ou Trépan.	2	»	»	»
Aiguilles à pétarder, longues de 6 pieds, et de 16 lig. de diamètre.	2	»	»	»
Aiguilles à pétarder, longues de 54 pouces.	»	24	»	16
Aiguilles à pétarder, longues de 4 pieds 6 pouces.	2	»	»	»
Curettes longues de 4 pieds 6 pouces.	2	»	»	»
Curettes longues de 2 pieds.	2	»	»	»
Epinglettes (de même longueur que les curettes) de 4 pieds 6 pouces, et de 5 lig. de diamètre.	2	»	»	»
Epinglettes de 37 pouces.	»	»	14	$\frac{1}{2}$
Epinglettes de 2 pieds.	2	»	»	»
Grosse Pince de 5 pieds de long.	2	»	»	»
Moyennes Pinces de 3 pieds 6 pouces de longueur.	6	17	7	8
Pinces à main de 2 pieds de long.	12	»	»	»
Pistolets, (les têtes ne doivent pas être acérées) tous de 20 lig. de diamètre, de 3 pieds de long.	2			
Pistolets, de 18 à 20 pouces de long.	20			
Poinçons à tête de Boulon, ou tête ronde d'un pied.	20	8	»	3
Poinçons de 2 pieds de longueur.	»	2	10	2
Coin de Fer grand.	72	10	»	8
Coin de Fer petit.	»	3	13	6
Chandeliers.	48	»	15	»
Ciseaux grand, de 2 pieds de long.	»	6	6	3
Ciseaux petit, de 1 pied de long.	»	2	8	2
Masses à main, de 4 pouces de long.	12	7	»	»
Masses à tranche verticale, de 8 à 9 pouces de longueur.	6	18	6	13
Masses carrées, de 5 à 6 pouces de longueur totale.	6	15	9	»
Pics-hoyaux à tranche horisontale et à tranche				

(1) Les Officiers d'Artillerie pouvant être obligés de suppléer les Officiers de Génie, et ayant reçu, à l'Ecole d'application, de l'instruction sur les Mines, il est utile qu'ils en connaissent les Outils.

	Quantité.	Poids du Fer.		Poids de l'Acier.
		liv.	onc.	onc.
verticale, ou Pioches les plus fortes qu'on trouvera.	60	6	3	13
Pics à roc, de 10 pouces de longueur totale.	12	5	7	6
Pics à 2 pointes, l'une à grain d'orge, l'autre un peu aplatie.	6	5	2	6 (1)
Becs de canne à tête d'1 pied de longueur totale.	20	5	12	14
Pics à feuille de Sauge de 16 pouces de longueur totale.	12	5	9	6
Ecoupes, ou Pelles rondes.	60	»	»	»
Pelles carrées, un peu grandes, dont on peut faire des Dragues.	48	3	10	5
Langues de bœufs.	12	»	»	»
Louchets.	12	3	$6\frac{1}{2}$	5
Marteau à main et à panne fendue.	8	»	»	»
Refouloir de 48 pouces de longueur totale, pesant 21 $\frac{1}{2}$, avec une cannelure au gros bout, de 2 pieds 3 pouces pour y loger l'Epinglette lorsqu'on charge le Pétard.				

NOTA. On suppose que les Mineurs trouveront au Parc les outils en bois dont ils auront besoin ; qu'on y construira les treuils des puits, et les caisses pour tirer les terres ; et qu'on leur fournira les cordes ou prolonges, et autres petits objets qui leur sont nécessaires, et qui font partie de l'approvisionnement du Parc.

Le Trépan à sonder les terres, a la figure d'une vrille ; sa pointe est formée en spirale et s'appelle la *mouche*.

Le reste est fait en cuiller alongée ; sa tige est à 8 pans, et elle est terminée par une douille qui s'assemble avec une Alonge, au moyen d'un boulon à tige plate et à clavette.

On donne au Trépan, par le moyen de ses Alonges, la longueur que l'on juge à propos. La dernière est terminée par une pièce dans laquelle on passe le manche ; elle a 8 pouces de longueur, celle du cuiller 27 pouces, celle des alonges 15.

Drague est une pelle quarrée, pliée en équerre, à 5 pouces de la douille, et renforcée au coude.

La Feuille de sauge est un hoyau pointu, élargi en s'arrondissant dans le milieu de sa longueur ; il est renforcé, du côté du

(1) A chaque pointe.

manche, par une arète qui règne depuis le bord de l'œil jusqu'à la pointe. L'outil est cintré du côté du manche, de façon qu'en l'appliquant sur une règle, les pointes sont élevées.

Pince. Le dessus de la Pince est en ligne droite, elle est équarrie dans le bas, et son bout est coupé en coin en dessous. On réduit à 8 pans la partie qui suit le quarré, et le reste est arrondi... il y en a de 5 longueurs... 6 pieds 6 pouces... 5 pieds... 3 pieds 8 pouces... 3 pieds... 2 pieds 6 pouces.

Pistolets, on en a quelquefois de 4 longueurs, de 3 pieds, de 2 pieds, de 18 pouces, et d'1 pied. Leur taillant, qui est le même, est court et renforcé, et il a plus de largeur que le corps du Pistolet n'a de diamètre. Celui de 30 pouces pèse 12 liv. 3 onces, et l'acier 8 onces.

PÉTARD CONTRE LES ROCHERS.

Dans l'établissement d'une batterie de côte, etc., on a quelquefois besoin de se débarrasser d'un rocher qui résiste aux outils à pionniers, etc. On le fait sauter par un Pétard qui se fait comme il suit :

Dans la partie la plus dégagée du roc, en frappant fortement avec une masse de fer de 6 à 8 liv. sur un pistolet de mineur qui est une aiguille de fer d'environ 2 pieds de longueur de 10 à 12 lignes de diamètre, dont le bout est taillé en ciseau ; creusez un trou d'environ 1 pied à 1 pied 6 pouces de profondeur, et de 14 à 15 lignes de diamètre : tournez le pistolet à chaque coup pour qu'il ne s'engage pas, et pour faire le trou rond. Avec le cuiller de l'épinglette de mineur, nettoyez le trou des débris et de la poussière. Mettez l'épinglette par sa pointe dans le trou contre le côté le plus uni, remplissez le trou de $\frac{1}{4}$ au $\frac{1}{3}$ de poudre à canon : remplissez le restant du trou avec de l'argile ou terre grasse, en y mêlant de petites pierres et en le faisant par lits bien battus au moyen d'une pince ou bourroir de fer de la grosseur du trou ; ayez soin de tourner souvent l'épinglette en bourrant pour la tenir dégagée et ne pas la casser en la retirant. Retirez l'épinglette : remplissez de poudre fine le trou qu'elle laisse ; laissez sécher le bourrage : mettez le feu au moyen d'un moine, qui est un morceau d'amadou d'1 à 2 lignes de large, de 8 à 9 de long, qu'on fait passer dans le trou d'un papier dont on recouvre l'amorce : l'amadou doit porter en dessous sur l'amorce, et le papier être fixé au rocher avec de la terre grasse. On allume le bout extérieur de l'amadou et on s'éloigne promptement.

PIQUETS SABOTÉS ET FRETTÉS.

Pour les ponts, ils ont depuis 5 pieds jusqu'à 6 pieds de haut, et 4 à 5 pouces de diamètre à la tête.

Pour les Cabestans et les Prolonges de Chevaux, ils ont 3 pieds de long et 2 pouces 6 lignes à 3 pouces de diamètre à la tête; la pointe est garnie d'une ferrure nommée Sabot.

Le Sabot doit avoir 4 oreilles, et 2 doivent être au moins traversées par un rivet : les deux autres seront fixées par des clous.

La Frette du haut doit entrer par le petit côté et non être encastrée ; il faut la retenir par deux clous traversant le fer, et par des caboches en-dessous.

Il ne faut point d'anneau à piton aux Piquets de Prolonge, parce qu'on les arrache et les vole ; il faut à 4 ou 5 pouces du haut, y percer 1 trou de 15 lignes pour recevoir la Prolonge.

SOUDURE.

Essai d'une Soudure mise à la Couverture des Caissons pour empêcher l'eau d'y filtrer (1795).

Longueur de la Couture soudée, 30 pouces.

Tems employé par deux ouvriers à gratter la Couture.	$\frac{1}{2}$ heure.
— A souder la Couture.	$\frac{1}{2}$ heure.
Etain employé à cette Soudure.	1 once.
Nombre de Clous soudés, 30.	
Tems employé par deux ouvriers à gratter les têtes de Clous.	3 heures.
Tems employé à mettre la Soudure sur ces têtes de Clous.	1 heure.
Etain employé à cette Soudure.	1 $\frac{1}{4}$ once.

Comme il y a 168 Clous apparens à souder, il faudrait donc ajouter à ce qu'il faut de tems et de Soudure pour la couture de 30 pouces, 6 fois le tems, et la Soudure employés aux 30 clous : ce qui fera par Caissons 37 heures pour gratter... 6 heures $\frac{1}{2}$ pour Souder, et 8 $\frac{1}{2}$ onces de Soudure.

Si on employait la Soudure dont on se sert pour les Pontons, qui est de $\frac{2}{3}$ étain et $\frac{1}{3}$ plomb, il faudrait la moitié du tems de plus pour Souder, c'est-à-dire, environ 10 heures.

On croit qu'il est inutile de souder les coutures horizontales.

Dans les Caissons faits dans les 5 Arsenaux primitifs de l'Artillerie, il n'y a qu'une couture verticale à découvert, les deux autres sont masquées par les charnières.

On consomme très-peu de sel ammoniac, parce qu'on ne fait que frotter les parties qu'on veut souder. Lorsque la Soudure est difficile ou que les Pièces à souder sont écartées, on met sur le sel ammoniac un peu de résine.

On se sert de 5 fers à souder de différentes grandeurs ; le fer à souder est composé d'une tête de cuivre rouge en forme de coin, du poids de $\frac{1}{4}$ à 1 livre, d'une tige en fer rivé, et d'une poignée de bois avec virole en fer ; ces outils, chauffés au feu de forge et de charbon de terre, demandent à être réparés 2 fois par jour ; on croit que chauffés au feu de charbon de bois, ils résisteraient davantage ; mais alors il faudrait augmenter l'intensité de la chaleur.

NOTA. Il faut avoir soin d'ôter les Charnières, de remplir de Soudure le vide des Trous autour de la Tige des Boulons de la Charnière, et après avoir mis les Charnières, de garnir encore de Soudure le tour de cette même Tige, dans la partie qui les traverse, avant de remettre les Ecrous.

On fera bien de souder les feuilles de tôle, même dans les coutures qui sont sous les charnières.

Cette Soudure autour des tiges des boulons, est absolument nécessaire, sur-tout dans les Caissons construits hors des 5 Arsenaux d'Artillerie primitifs, pour empêcher l'eau de filtrer dans les Caissons.

On espère n'avoir pas besoin de cette Soudure par le mode d'agraffer les tôles du couvert.

TOILES CIRÉES.

Prenez garde de les enfermer en les empilant sans être bien sèches, sans quoi elles s'échaufferont, se brûleront, et pourront même s'enflammer.

Les Toiles cirées du commerce sont d'un mauvais usage ; préférez-leur des toiles fortes, sur-tout les croisées dites *Treillis*, que vous couvrirez de 2 couches de peinture à l'huile.

TRANSPORTS.

La totalité des transports d'objets d'Artillerie que peut ordonner le Ministre de la Guerre, excepté ceux de l'intérieur des places, ceux pour l'armement des batteries de côte, et se fait par un Entrepreneur général des transports, qui les exécute par terre à fr., et par eau à fr., qu'on lui donne par quintal métrique et par lieue de poste, sauf ceux qu'on ne peut faire qu'à dos de mulet, et ceux du 1er. novembre au 1er. mai dans le passage du Mont-Cénis et de Suze à Thermignon. Cet Entrepreneur a des Agens dans toute la France, au moins un dans chaque division militaire et il fournit un cautionnement de 100,000 fr. Les ordres lui sont donnés par le Ministre ou en cas d'urgence par les Directeurs et Commandans d'Artillerie, en se conformant aux articles d'un marché et d'une instruction imprimés et qui leur ont été envoyés. Chaque expédition est accompagnée d'une lettre de voiture qui constate la date de l'ordre du transport, le nom du voiturier, la nature du transport par terre ou par eau : la nature, la quantité des effets à transporter, le No. des caisses, tonneaux, etc., et le poids de chacun : l'époque où les objets seront rendus à destination, quand le transport a lieu par terre.... La pesée se fait devant un officier d'artillerie, s'il y en a, et on en relate le procès-verbal, signé du Garde d'Artillerie dans la déclaration d'enlèvement que signe la personne qui fait la remise. Les objets doivent être rendus par terre, de la date de la déclaration d'enlèvement, à une époque déterminée à raison de 5 lieues de poste par jour, sous peine de la retenue de $\frac{1}{3}$ du prix du transport, si le retard égale $\frac{1}{3}$ du tems fixé. Par eau le Ministre détermine à-peu-près l'époque d'après la distance et les circonstances qui peuvent retarder. On suppose que le retard ne vient pas de force majeure : si cette force a lieu, elle doit être constatée légalement.

On fait à l'Agent des transports une réquisition pour enlever les objets, et on lui indique le lieu de destination et la voie à suivre par terre ou par eau. L'Agent doit faire partir par terre 2 jours après la réquisition, et 8 jours après si c'est par eau. Après ce délai qu'on constate par procès-verbal, si l'Agent n'en fait pas une déclaration par écrit, on fait faire le transport à ses risques et périls par marché fait devant le Commissaire des guerres ; à l'arrivée des objets transportés, le récépissé est donné par la personne à qui ils sont adressés, et sont visés par le Directeur ou Commandant d'artillerie, ou au moins par le Commissaire des guerres ou son suppléant.

La visite des objets est faite à l'arrivée devant le Voiturier et l'Agent des transports : les dégradations de l'emballage sont constatées par procès-verbal devant le Commissaire des guerres, dans les 24 heures de la remise, les avaries qui en proviennent dans les 3 jours qui suivent : et si elles ne proviennent de force majeure (1), elles sont estimées et payées par l'Entrepreneur. Les avaries des armes sont toujours à sa charge, quand même l'emballage n'est pas dégradé.

Les frais de chargement, de déchargement, d'embarquement et de débarquement, à moins que le lieu de ceux-ci ne soit à une demi-lieue des magasins, (alors on paye la distance qui se trouve par terre) ; les frais de bureau, d'impression, de correspondance, de commission : les droits de route, de navigation existans (le 6 octobre 1808), sont à la charge de l'Entrepreneur.

(1) La force majeure n'existe pas, lorsqu'on a pu l'éviter par les précautions ordinaires.

Pour être liquidé, l'Entrepreneur fournit : l'ordre de transport, la déclaration d'enlèvement, les récépissés des gardes d'artillerie ou des personnes auxquelles les objets ont été adressés, qui mentionnera par quelle voie (de terre, d'eau, à dos de mulet) ils seront parvenus ; s'ils sont en bon état : et, dans le cas de perte ou dommage, la valeur du déficit d'après le procès-verbal qu'on a dû en dresser.

Année commune, les transports d'artillerie coûtent 7 à 800,000 fr., et leur poids est d'environ 10 millions de kil.

Si on veut comparer la dépense qu'ils coûteraient à les faire par entreprise ou par les bataillons du train, on peut le faire dans les données suivantes.

On suppose qu'un bataillon ait 800 chevaux en état, marchant 20 jours par mois, se reposant 10 :

Faisant 6 lieues par jour, donc 1440 par année, dont 720 traînant charge.

Emmenant 180 voitures portant 1500 kilogram. l'une, en tout 270,000 kil.

Ce bataillon en ne comprenant pas la solde des hommes, mais seulement les indemnités de route, et portant en dépense les masses de remonte, de ferrage ; les fourrages ; les voitures (à 800 f. l'une, renouvellées tous les 5 ans et coûtant d'entretien $\frac{1}{20}$ du prix) coûtera plus de. . . . . 612,000 fr.

Le transport par entreprise des 270,000 kil. à 720 lieues, coûtera. 272,160 fr.

On voit d'après cet aperçu qu'il faut environ 3 bataillons pour faire ce service, et qu'il coûte plus du double que par l'entreprise ; mais comme les bataillons du train sont un moyen puissant de bien faire la guerre, *fléau du Ciel, affreux mais nécessaire*, et qu'il faut au moins en entretenir les cadres en tems de paix ; on pourrait, pour en diminuer la dépense, employer 2 à 3000 chevaux conservés dans les bataillons, à faire le service des transports. On observe que ce mode consommera plus de chevaux, et que les avaries des objets transportés ne seront plus payées comme par l'entreprise. Il faut observer encore de ne pas morceler en relais sur les routes les chevaux des bataillons, si on ne veut perdre à la fois et les chevaux, et les hommes et la discipline ; mais quand la route est longue, on peut envoyer à mi-chemin entre deux stations, au-devant du convoi qui vient, un détachement égal pour prendre ses voitures et les amener à destination.

PRÉCIS

DE L'EXERCICE DES BOUCHES A FEU.

Disposition des Hommes, et de l'Approvisionnement pour les Pièces de Siége et de Place.

Pièce de Siége, servie par 8 Hommes.

A gauche.	*A droite.*
3 Servans, 1 Canonnier. L'Ecouvillon.... le Refouloir.... 3 Leviers.... 1 Masse.... les Boulets.	3 Servans, 1 Canonnier. Le Chapiteau... le Balai... 3 Leviers.... 1 Masse.... les Bouchons.

Pièce de Place, servie par 5 Hommes.

A gauche.	*A droite.*
2 Servans, 1 Canonnier. L'Ecouvillon.... le Refouloir.... 2 Leviers... 1 Coin d'arrêt... les Boulets.	2 Servans. Le Chapiteau... le Balai... 2 Leviers... 1 Coin d'arrêt... les Bouchons.

Pièce de Côte, servie par 5 Hommes.

Comme à la Pièce de Place; mais il n'y a qu'un Coin d'arrêt placé du côté opposé à celui par où on met le feu : et 3 Leviers, 1 à droite, 1 à gauche pour les Servans, et le troisième, qui est le Levier directeur.

A chaque côté de la Pièce, sur l'alignement des Servans, il y a un Sabot pour les Boute-feux.

Obusier de 8 pouces, servi par 5 Hommes.

A gauche.	*A droite.*
2 Servans, 1 Bombardier.	2 Servans.
2 Leviers... 1 Ecouvillon à refouloir... 1 Quart de Cercle. 1 Boute-feu à 20 pas en arrière. Des Bombes à 20 pas en arrière. 1 Masse.	2 Leviers... 1 Balai... 1 Chapiteau... 1 Panier, contenant : 1 Curette, 1 Sac à Terre, le Plomb, 1 Spatule, 1 Maillet, 1 Chasse-fusées, des Eclisses... 1 Masse.

COMMANDEMENS *avant et après l'Ecole.*

Avant l'Ecole.

Front. *Quand les hommes sont arrivés derrière leur Pièce.*
Canonniers et Servans à vos postes. — Marche.
Front. *Quand chaque Canonnier et Servant est à sa place.*
Approvisionnez — la Batterie.

Après l'Ecole.

Canonniers et Servans, à vos postes. — Marche.
Front.
Aux — Leviers.
Pour mettre en batterie — embarrez.
En — batterie.
La Pièce — hors d'eau.
Placez le Chapiteau... dressez les Leviers.
Par le flanc gauche et par le flanc droit. — A gauche et à droite.
Marche.
Halte.
Par le flanc { gauche. / droit. } A { gauche. / droite. }
Serrez en masse — marche.
En avant — marche. (*Pour prendre les armes aux Faisceaux*).

Commandemens pour les Pièces de Siége (1).

Gauche.		Droite.
1. 2. 3.	1. Aux — Leviers,	1. 2. 3.
1. 2. c. 3.	2. Embarrez,	1. 2. c. 3.
T.	3. Hors — de Batterie,	T.
1. 2.	4. Au Bouton — à la Masse,	1. 2. c.
1. 2. 3.	5. Posez — vos Leviers,	1. 2. 3.
1. c.	6. A l'Ecouvillon, bouchez la Lumière. — A la Poudre,	1. 3.
1.	7. Ecouvillonnez,	1. 3.
1.	8. L'Ecouvillon à sa place — au Refouloir,	
1.	9. La Poudre — dans le Canon,	1.
1. 2.	10. Refoulez,	1. 2.
1.	11. Le Boulet dans le Canon,	1.
1. 2.	12. Refoulez,	1. 2.
1. c.	13. Le Refouloir — à sa place,	1.
1. 2. 3.	14. Aux — Leviers,	1. 2. 3.
1. 2. 3.	15. Embarrez,	1. 2. c. 3.
1. 2. 3.	16. En Batterie,	1. 2. 3.
1. 2. 3.	17. Pointez,	1. 2. c. 3.
1. 2. 3.	18. Posez — vos Leviers,	1. 2. 3.
c.	19. Dégorgez, — amorcez,	3.
T.	20. Au Boute-feu — à la Masse,	T.
2. c. 3.	21. Marche,	2. c. 3.
2. c. 3.	22. Front,	2. c. 3.
2.	23. Boute-feu — Marche,	c.
2.	24. Haut le bras,	
2. 1.	25. Feu.	1.

A la Muette.

Chargez... (Quand on voudra faire feu, on fera faire un roulement).

Au Boute-feu — à la Masse.

Marche, etc.

(1) Les Chiffres 1, 2, 3 désignent les Servans; la lettre C le Canonnier; la lettre T veut dire tous les hommes de ce côté... Les chiffres, etc. qui sont vis-à-vis chaque Commandement, désignent les Servans ou Canonniers qui se mettent en mouvement pour l'exécuter. Il en sera de même pour les Commandemens des autres Bouches à feu.

Commandemens pour les Pièces de Place.

Gauche.		Droite.
1. 2.	1. Aux — Leviers,	1. 2.
1. 2.	2. Embarrez,	1. 2.
1. 2.	3. Hors — de Batterie,	1. 2.
1. 2. C.	4. Au Bouton — à la Masse,	1. 2.
1. 2.	5. Posez — vos Leviers,	1. 2.
1. C.	6. A l'Ecouvillon, bouchez la Lumière — à la Poudre,	1. 2.
1.	7. Ecouvillonnez,	1. 2.
1.	8. L'Ecouvillon à sa place — au Refouloir,	
1.	9. La Poudre — dans le Canon,	1.
1. 2.	10. Refoulez,	1. 2.
1.	11. Le Boulet — dans le Canon,	1.
1. 2.	12. Refoulez,	1. 2.
1. C.	13. Le Refouloir — à sa place,	1.
1. 2.	14. Aux — Leviers,	1. 2.
T.	15. Embarrez,	T.
1. 2.	16. En Batterie,	1. 2.
1. 2. C.	17. Pointez,	1. 2.
1. 2.	18. Posez — vos Leviers,	1. 2.
C.	19. Dégorgez, — amorcez,	2.
T.	20. Au Boute-feu — à la Masse,	T.
2. C.	21. Marche,	2.
C.	22. Front,	2.
2. C.	23. Boute-feu — Marche,	
2.	24. Haut le bras,	
2. 1.	25. Feu.	1.

Commandemens pour les Pièces de Côte.

Gauche.		Droite.
1.	1. Aux — Leviers,	1.
1. 2.	2. Embarrez,	1. 2.
1. 2.	3. Hors — de Batterie,	1. 2.
1. 2. c.	4. Au Bouton — à la Masse,	1. 2.
1.	5. Posez — vos Leviers,	1.
1. c.	6. A l'Ecouvillon, bouchez la Lumière — à la Poudre,	1. 2.
1. 2.	7. Ecouvillonnez,	1. 2.
2.	8. L'Ecouvillon à sa place — au Refouloir,	2.
1.	9. La Poudre — dans le Canon,	1.
1. 2.	10. Refoulez,	1. 2.
1.	11. Le Boulet — dans le Canon,	1.
1. 2	12. Refoulez,	1. 2.
1. c.	13. Le Refouloir — à sa place,	1.
1.	14. Aux — Leviers,	1.
1.	15. Embarrez,	1.
1.	16. En — batterie,	1.
	17. Pointez.	

A ce Commandement,

Le premier prend le Boute-feu, si on met le feu par la gauche, ou, etc. Le second va au Levier directeur. Le Canonnier pointe. La Pièce pointée, il descend et commande FEU.

Le premier embarre sous la Culasse, si on met le feu par la gauche, on va au Boute-feu, si on met le feu par la droite. Le second va au Levier directeur.

A ce Commandement, le premier Servant qui a embarré sous la Culasse, pose son Levier, prend le Coin d'arrêt pour le placer. L'autre premier Servant met le feu, et rapporte le Boute-feu au Sabot.

Commandemens pour l'Obusier de Siége.

Gauche.			Droite.
1. 2.		1. Aux — Leviers,	1. 2.
1. 2.		2. Embarrez,	1. 2.
1. 2.		3. Hors — de Batterie,	1. 2.
T.		4. Au Bouton — à la Masse,	T.
1. 2.		5. Posez — vos Leviers,	1. 2.
1.	b.	6. Nettoyez — l'Obusier,	1.
2.		7. A la Poudre, — à l'Obus,	2.
2. 1.		8. La Poudre — dans l'Obusier,	2. 1.
1. 2.	b.	9. L'Obus — dans l'Obusier,	1.
1. 2.		10. Aux — Leviers;	1. 2.
T.		11. Embarrez,	T.
1. 2.		12. En — Batterie,	1. 2.
1. 2.	b.	13. Donnez les degrés, — pointez,	1. 2.
2.		14. Posez — vos Leviers,	1. 2.
	b.	15. Dégorgez, — amorcez,	
T.		16. Au Boute-feu, — à la Masse,	T.
2.	b.	17. Marche,	2.
2.	b.	18. Front,	2.
	b.	19. Boute-feu — marche,	
	b.	20. Haut le bras,	
		21. Feu.	1.

DISPOSITION DES HOMMES,

Et de l'Approvisionnement pour les Mortiers et Pierriers.

Mortiers de 12 pouces, 10 pouces et Pierrier, servis par 5 Hommes.

A gauche.	*A droite.*
2 Servans, 1 Bombardier. 2 Leviers... 1 Ecouvillon (1) portant 1 Refouloir... (1 Dégorgeoir, 1 sac à Etoupilles, 1 paire de Manchettes pour le Bombardier, 1 Quart de cercle... 1 double Crochet de fer, vis-à-vis le milieu de l'Affût). Des Bombes à 20 pas en arrière de la Batterie. 1 Boute-feu à 20 pas en arrière de la Batterie.	2 Servans. 2 Leviers... 2 Coins de mire... 1 Balai... 1 Panier contenant: 1 Curette, 1 Sac à terre, 1 à plomb, 1 Spatule, 1 Maillet, 1 Chasse-Fusées, des Eclisses et des Fiches.

Nota. Dans le Pierrier, il ne faut ni Crochet de fer, ni Spatule, ni Maillet, ni Chasse-fusées, ni Bombes, ni Eclisses.

Il faut de plus, des Plateaux de bois pour mettre sur la Poudre, et des Paniers remplis de Pierres pour les Pierriers.

Mortiers de 8 pouces, servis par 3 Hommes.

Gauche.	*Droite.*
1 Servant, 1 Bombardier. 1 Levier.	1 Servant. 1 Levier.

Le reste, comme au Mortier de 10 pouces, excepté qu'il ne faut pas de Crochet de fer.

---

(1) Ils seront séparés à l'avenir.

Commandemens avant et après l'Ecole.

Avant l'Ecole.

Front. *Quand les Hommes sont arrivés derrière leurs Mortiers.*
Bombardiers et Servans à vos Postes. — Marche.
Front. *Quand chaque Bombardier et Servant est à sa place.*
Approvisionnez — la Batterie.

Après l'Ecole.

Bombardiers et Servans à vos Postes — Marche.
Front.
Aux — Leviers.
Embarrez.
En — Batterie.
Renversez — le Mortier.
Rangez les Leviers. — Placez le Tampon.
Par le flanc gauche, et par le flanc droit — à gauche et à droite.
Marche.
Halte.

Par le flanc { droit, / gauche, } à { droite, / gauche. }

Serrez en masse — Marche.
En avant — Marche. *Pour prendre les Armes aux Faisceaux.*

Commandemens pour les Mortiers (1), *Pierriers.*

Gauche.			Droite.
1. 2.		1. Aux — Leviers,	1. 2.
T.		2. Embarrez,	T.
1. 2.	b.	3. En — Batterie,	1. 2.
1. 2.		4. Posez — vos Leviers,	2.
1.	b.	5. Nétoyez — le Mortier,	2.
T.		6. Dressez — le Mortier.	T.
1.	b.	7. A la Poudre — à la Bombe,	1.
2.	b.	8. La Poudre — dans le Mortier.	1.
1. 2.		9. La Bombe — dans le Mortier,	1. 2.
T.		10. Baissez — le Mortier,	T.
1. 2.		11. Aux — Leviers,	2.
1. 2.	b.	12. Donnez les degrés — pointez,	1. 2.
1. 2.		13. Posez — vos Leviers,	1. 2.
	b.	14. Dégorgez. — Amorcez,	1. 2.
T.		15. Au — Boute-feu,	T.
T.		16. Marche.	T.
2.	b.	17. Front.	1. 2.
1.		18. Boute-feu — Marche,	
1.	b.	19. Haut le bras.	
1.		20. Feu,	

(1) Pour les Mortiers de 8, les premiers Servans s'acquittent des fonctions des seconds, chacun de son côté.

SERVICE ET MANOEUVRES

DES PIÈCES DE BATAILLE.

Voyez, page 183, pour l'Armement et l'Assortiment nécessaire.

Service d'une Pièce de 4, par 8 Hommes.

Il faut 2 Canonniers et 6 Servans d'Artillerie.

Toutes les Bricoles pendront de gauche à droite.

Tous les Sacs à Cartouches et à Lances à feu pendront de droite à gauche, en dessus des Bricoles.

Hommes de gauche.

En avant s'accrochent de la main droite.

En retraite, s'accrochent de la main gauche.

1er. *Servant*, a une Bricole, un Sac à Cartouches, est pourvoyeur de la Pièce, est à hauteur de la bouche de la Pièce. En avant, s'accroche à la tête d'Affût; en retraite, à la Flotte.

2e. *Servant*, a une Bricole, un Dégorgeoir, et un Sac à Etoupilles en ceinture. Il dégorge, met l'Etoupille, et fait le signal du feu, est à hauteur du Bouton. En avant, s'accroche à la Flotte; en retraite, à la Crosse.

Canonnier, bouche la Lumière et pointe; en avant, saisit des deux mains le Levier de pointage de gauche, en retraite, le soutient de la main gauche, est à hauteur des Crosses.

Hommes de droite.

En avant, s'accrochent de la main gauche.

En retraite, s'accrochent de la main droite.

1er. *Servant*, a une Bricole, un Ecouvillon qu'il porte horizontalement de la main droite, en marchant en avant, et de la gauche en retraite. Il écouvillonne et charge, est à la hauteur, etc.

2e. *Servant*, a une Bricole, un Sac à Lances à feu, un Portelance ou un Boute-feu qu'il porte en dehors de la Pièce, est chargé du seau, met le feu à la Pièce au signal du 2e. Servant de gauche, ou au commandement de l'Officier, est à la hauteur, etc.

Canonnier, dirige la Pièce, fait le commandement *chargez;* en avant, saisit des deux mains le Levier de droite; en retraite, le soutient de la main droite, est à la hauteur du bout des Leviers de pointage.

Homme de gauche.	*Homme de droite.*
3e. *Servant*, a un Sac à Cartouches, est pourvoyeur de la Pièce, porte les Munitions au 1er. Servant de gauche, le remplace au besoin : en avant, se place entre les Leviers et les soutient; en retraite, à la Volée de la Pièce, et aide à son mouvement.	3e. *Servant*, distribue les Cartouches du Coffret au pourvoyeur de la Pièce, tient le Coffre fermé; en avant et en retraite, conduit le Cheval de la droite de l'Avant-train.

Service d'une Pièce de 6, *par* 11 *Hommes.*

On supprimera du 8 les 2 cinquièmes.

Le 11e. s'appellera 9e., et le reste de la manœuvre se fera tout comme au 8, sauf les tems de charge, parce que l'Ecouvillon doit être à Hampe recourbée, et on suivra alors la manœuvre de 4.

Service d'une Pièce de 8, *par* 13 *Hommes.*

Quoiqu'on n'attache plus de Servans d'infanterie aux gros calibres, on laisse ce précis de manœuvre subsister tel qu'il est, parce qu'au besoin on peut prendre des hommes de secours et qu'on verra alors les fonctions qu'ils peuvent remplir.

Il faut 2 Canonniers, 6 Servans d'Artillerie, et 5 Servans d'Infanterie *.

Toutes les Bricoles pendront de gauche à droite.

Tous les Sacs à Cartouches et à Lances à feu pendront de droite à gauche par dessus les Bricoles.

En avant, ceux qui ont de longues Bricoles s'accrochent les premiers; en retraite, dans chaque côté, ceux qui ont des Bricoles courtes sont entre ceux qui en ont de longues.

Hommes de gauche.	*Hommes de droite.*
En avant, s'accrochent de la main droite.	En avant, s'accrochent de la main gauche.
En retraite, s'accrochent de la main gauche.	En retraite, s'accrochent de la main droite.
1er. *Servant* d'Artillerie, a une Bricole longue, point de Sac, reçoit par sa droite la Cartouche des mains des 3e. et 5e. Servans.	1er. *Servant* d'Artillerie, *idem* qu'à 4; il porte l'Ecouvillon, le Refouloir en l'air, en dehors.

Hommes de gauche.

2e. *Servant* d'Artillerie, sans Bricole, *idem* qu'à 4, en avant et en retraite, aux Leviers de manœuvre.
Canonnier, idem qu'à 4.
3e. *Servant* d'Artillerie, a une Bricole courte, et un Sac à Cartouches; alterne avec le 4e. et 5e. Servans de gauche, pour être pourvoyeur de la Pièce.
* 4e. *Servant* d'Infanterie, a une Bricole longue et un Sac à Cartouches; alterne avec le 3e. et le 5e. Servans de gauche, pour être pourvoyeur de la Pièce.
* 5e. *Servant* d'Infanterie, a une Bricole courte, et un Sac à Cartouches; alterne avec le 3e. et 4e. Servans de gauche, pour être pourvoyeur de la Pièce.

Hommes de droite.

2e. *Servant* d'Artillerie, sans Bricole, *idem* qu'à 4, en avant et en retraite, aux Leviers de manœuvre.
Canonnier, idem qu'à 4.
* 3e. *Servant* d'Infanterie, a une Bricole courte.
* 4e. *Servant* d'Infanterie, a une Bricole longue.
* 5e. *Servant* d'Infanterie, a une Bricole courte.

* 1e. *Servant* d'Artillerie est au Coffret, distribue les Munitions durant l'action, tient le Coffre toujours fermé; en avant et en retraite, conduit le Cheval de la droite de l'Avant-train.

Service d'une Pièce de 12, par 15 Hommes.

Il faut 2 Canonniers, 6 Servans d'Artillerie, et 7 Servans d'Infanterie *.
Toutes les Bricoles comme à la Pièce de 8.
Tous les Sacs comme à la Pièce de 8.
Ceux qui ont des Bricoles s'accrochent comme à la Pièce de 8.

Hommes de gauche.

1er. *Servant* d'Artillerie, *idem* qu'à la Pièce de 8.
2e. *Servant* d'Artillerie, *idem.*
Canonnier, idem.
3e. *Servant* d'Artillerie, *idem.*
* 4e. *Servant* d'Infanterie, *idem.*
* 5e. *Servant* d'Infanterie, *idem.*
* 6e. *Servant* d'Infanterie; en

Hommes de droite.

1er. *Servant* d'Artillerie, *idem* qu'à la Pièce de 8.
2e. *Servant* d'Artillerie, *idem.*
Canonnier, idem.
* 3e. *Servant* d'Infanterie, *idem.*
* 4e. *Servant* d'Infanterie, *idem.*
* 5e. *Servant* d'Infanterie, *idem.*
* 6e. *Servant* d'Infanterie; en

Hommes de gauche.	*Hommes de droite.*
marchant en avant, est aux Leviers de manœuvre, contre les Flasques; en retraite, à la volée; durant l'action, à la garde des Caissons.	marchant, etc., semblablement au 6e. de gauche.

13e. *Servant* d'Artillerie, a les mêmes fonctions que le 11e. à la Pièce de 8.

NOTA. L'OBUSIER de 6 pouces est servi par 13 hommes comme la Pièce de 8. Les 2 Canonniers s'appellent *Bombardiers*. Le 3e. Servant de gauche porte les Munitions au 1er. Servant de gauche, et le remplace au besoin. Le 4e. et le 5e. de gauche alternent pour fournir les Obus au 1er. Servant de gauche.

Remplacement des Hommes tués.

A la Pièce de 4.

Le 1er. homme tué sera remplacé par le 2e. Servant de gauche, que suppléera le Canonnier de gauche.

Le 2e. tué sera remplacé par le Canonnier de gauche, que suppléera celui de droite, alors chargé de trois fonctions.

Le 3e. tué sera remplacé par le 2e. Servant de droite, que suppléera le 1er. Servant de droite.

Aux Pièces de 8 et de 12.

Les hommes tués seront remplacés par les hommes employés à l'Avant-train, à commencer par ceux d'Artillerie, ensuite on suivra l'ordre prescrit à la Pièce de 4.

Positions des Canonniers, etc. dans les mouvemens généraux.

NOTA. Quand les Canonniers, etc. sont en file ou en rang, à droite et à gauche de la Pièce, c'est toujours à 18 pouces en dehors des Roues.

A la Pièce de 4 en Parade.

Les Canonniers, etc. font tous face à l'ennemi.

Les 1ers. Servans à hauteur de la bouche (l'écouvillon est tenu horizontalement de la main droite).

Les 2es. Servans à hauteur de l'essieu, en file des 1ers.

Les Canonniers à hauteur du bouton de culasse, en file des 1ers. et 2es. Servans.

Les 3es. Servans à l'Avant-train, l'un à côté du cheval de droite, l'autre de celui de gauche, ou à hauteur du bout de timon, s'il n'y a point de chevaux.

Le Sergent en arrière des leviers de pointage.

L'Officier au centre des 2 Pièces, deux pas en avant de l'alignement des Bouches.

A la Pièce de 4 en Batterie, au Commandement, à vos Postes.

Les Canonniers, etc. font tous face à la Pièce, excepté les 3es. Servans.

Les 1ers. Servans, à hauteur de la Bouche.

Les 2es. Servans, à hauteur du Bouton.

Les 2 Canonniers vis-à-vis le milieu des Leviers de pointage, sur l'alignement des 1ers. et 2es. Servans.

Les 3es. Servans font face à l'ennemi, l'un à côté du cheval de droite, l'autre de celui de gauche, ou à la hauteur du bout de timon s'il n'y a pas de chevaux, et sur l'alignement des 1ers. et 2es. Servans.

Le Sergent à l'Avant-train.

L'Officier où sa présence est nécessaire.

A la Pièce de 4 sur l'Avant-train sans Chevaux.

Les 1ers. Servans s'accrochent au bout de l'essieu.

Les 2es. Servans s'accrochent à la crosse.

Les 2 Canonniers et les 3es Servans au levier en galère, placé au bout du timon par le Canonnier de gauche; les Canonniers placés contre le timon.

Le Sergent à hauteur du bout de timon, entre les Pièces.

L'Officier en arrière des volées, entre les 2 Pièces.

A la Pièce de 4 sur l'Avant-train, avec Chevaux.

Les Canonniers et Servans se placeront en file à droite et à gauche, distans d'un pas l'un de l'autre : les 1ers. Servans à hauteur de la volée, les autres suivant leur rang en avançant vers l'Avant-train.

Le 3e. Servant de droite tient la bride du cheval de droite.

Le Sergent à la tête des chevaux entre les Pièces.

L'Officier en arrière des volées entre les Pièces.

A la Pièce de 8 et de 12 en Parade.

Les Canonniers, etc. font tous face à l'ennemi.
Les 1ers. Servans à hauteur de la bouche.
(Le refouloir en l'air porté sur l'épaule droite.)
Les 2es. Servans, les 2 Canonniers, les 3es. Servans sont placés comme à la Pièce de 4.
Les 4es. Servans en file derrière les 3es.
Les 5es. Servans en file derrière les 4es.
Les 6es. Servans en file derrière les 5es.
Le 11e. ou 13e. Servant se place près du coffret.
L'Officier et le Sergent se placent comme à la Pièce de 4.

A la Pièce de 8 et de 12 en Batterie, au Commandement, à vos Postes.

Les 1ers. et 2es. Servans, les 2 Canonniers et les 3es. Servans se placent comme à la Pièce de 4.
Les 4es., 5es. et 6es. Servans se placent en file derrière les 3es., en allant vers l'avant-train, faisant face à l'ennemi.
Le 11e. ou 13e. Servant se place au coffret.
L'Officier et le Sergent se placent comme à la Pièce de 4.

A la Pièce de 8 et de 12 sur l'Avant-train, sans Chevaux.

Les 1ers. et 3es. Servans s'accrochent au bout de l'essieu, les courtes bricoles en dehors.
Les 4es. et 5es. Servans s'accrochent à la crosse, les courtes bricoles en dehors.
Les 2 Canonniers et les 2es. Servans au levier, etc. comme à la Pièce de 4.
Les 6es. Servans à droite et à gauche de la volée, poussant aux anses.
Le 11e. ou 13e. où il pourra être utile.
L'Officier et le Sergent se placent comme à la Pièce de 4.

A la Pièce de 8 et de 12 sur l'Avant-train, avec Chevaux.

Les Canonniers, etc. se placeront comme à la Pièce de 4.
Le 11e. ou 13e. tient la bride du cheval de droite.
L'Officier et le Sergent se placent comme à la Pièce de 4.

CHANGEMENT D'ENCASTREMENT *de celui de Route à celui de Tir.*

1er. Commandement.

Préparez-vous à changer d'Encastrement.

Les deux seconds Servans lèvent les susbandes; le 2e. Servant de droite enraye la roue, le Canonnier de gauche détache les leviers, à l'aide du 1er. Servant de gauche, qu'il passe au 1er. Servant de droite, au Canonnier de droite, et chacun en garde un.

2e. Commandement.

Changez d'Encastrement.

Le 1er. Servant de gauche met son levier dans la volée.

Le 1er. Servant de droite et le Canonnier de gauche embarrent en pince sous le bouton, à l'aide des 2es. Servans, ils soulèvent la culasse.

Le Canonnier de droite, tournant le dos à l'avant-train, place son levier en rouleau sous le premier renfort, l'arrêtoir en-delà des flasques, et fait avancer le levier jusqu'au cintre de mire.

Le 1er. Servant de droite met son levier en croix sous celui qui est dans la volée.

Le Canonnier de gauche passe le sien dans l'anse de la droite et contient la Pièce.

Le 2e. Servant de droite se porte au secours du 1er. Servant de droite au bout du levier en croix.
Le 3e. Servant de droite se porte au levier qui est dans la volée.
Le 2e. et le 3e. Servant de gauche se portent au bout de leur côté du levier en croix.

3e. Commandement.

Ferme.

Tous agissent ensemble; le Canonnier de droite fait rouler son levier. Ils font ainsi descendre la Pièce doucement dans l'encastrement de tir. Alors les 3es. Servans retournent à leurs postes; les 2es. replacent les susbandes... Le 2e. de droite désenraye la roue.... Les 1ers. pèsent sur la volée... Les Canonniers dégagent leurs leviers, les posent debout contre les bras du coffret.... Le Canonnier de gauche relève la vis... Le Canonnier de droite soutient la semelle. Les Canonniers passent leurs leviers dans les anneaux... Les 1ers. Servans reprennent leurs postes.

CHANGEMENT D'ENCASTREMENT *de celui de Tir à celui de Route.*

1er. Commandement.

Amenez l'Avant-train, et changez d'Encastrement.

Les Canonniers ôtent les leviers de pointage qu'on passe au 1er. Servant de gauche ; on met l'Affût sur l'Avant-train ; les 2es. Servans ôtent les susbandes et calent les roues. Le Canonnier de gauche couche la tête de la vis contre l'entre-toise de support.

Suivez pour le reste la même disposition que dans le changement d'encastrement précédent (au second commandement).

Pour dégager le levier du Canonnier de droite, le Canonnier de gauche embarre sous le bouton, et le 1er. Servant de droite sous le premier renfort ; ils soulèvent la culasse à l'aide des 2es. Servans ; on place ensuite les susbandes et les leviers.

MOYEN *d'attacher et de disposer la Prolonge.*

Mesurez 28 pieds à commencer de la clef, enveloppez l'armon de gauche avec le bout qui reste au-delà des 28 pieds ; passez-le par les anneaux placés sur le derrière de la sellette ; enveloppez-en l'armon de droite, ramenez-le sous le milieu de la grande sassoire, et faites le nœud n°. 6. (Voyez l'article des nœuds.) Sur la longueur de la Prolonge, à 8 pieds, mesure prise de la sassoire, on fera le même nœud, s'il n'y a point d'anneau.

La Prolonge entière sera de 24 pieds : raccourcie, de 16 : doublée, de 12.

MANŒUVRES DE L'AVANT-TRAIN, *etc.*

Otez l'Avant-train. (Lorsque la volée est vers l'ennemi).

3e. Servant de droite, qu'on appelle aussi 8e., lève le timon.

Canonnier de droite décroche la chaîne d'embrelage.

Canonnier de droite, Canonnier de gauche, 2e. Servant de droite, 2e. Servant de gauche, lèvent la crosse.

3e. Servant de droite retire l'avant-train à 3 pas, et s'arrête quand le Canonnier de droite commande *halte*.

Canonnier de droite, Canonnier de gauche, placent le coffret sur l'avant-train.

Canonnier de droite commande *marche*, alors :

3e. Servant de droite mène l'Avant-train à 20 pas en arrière, en obliquant un peu à droite, et tourne à gauche.

2e. Servant de gauche décroche les 4 leviers et les donne à placer aux Canonnier de droite, Canonnier de gauche, 2e. Servant de droite, et il place le 4e.

2e. Servant de droite décroche le seau, défait l'étrier, prend le porte-lance; le 1er. Servant de droite prend l'écouvillon.

Amenez l'Avant-train.

3e. (1) Servant de droite amène l'avant-train obliquement à droite, et tourne à gauche à quelque pas de la Pièce.

Canonnier de droite, Canonnier de gauche, 2e. Servant de droite donnent les leviers au 2e. Servant de gauche, qui avec le 1er. Servant de gauche, les place.

2e. Servant de droite accroche le seau.

Canonnier de droite, Canonnier de gauche placent le coffret entre les flasques.

1er. Servant de droite place l'écouvillon.

Canonnier de droite, Canonnier de gauche, 2e. Servant de droite, 2e. Servant de gauche, lèvent les crosses.

1er. Servant de droite, 1er. Servant de gauche poussent aux roues.

Aux Pièces de 8 et de 12, les 3es. poussent aux crosses.

La cheville ouvrière entrée, le Canonnier de droite met le crochet de la chaîne d'embrelage en dessus de l'anneau, si on n'a pas changé d'encastrement; en dessous, si on en a changé.

Amenez l'Avant-train en avant.

L'Avant-train passe par la droite; on tourne les crosses par la gauche. Le reste comme au commandement : *Amenez l'Avant-train.*

En Batterie. (Lorsque le Timon est vers l'ennemi).

On ôte l'Avant-train; il marche quelques pas, tourne à gauche, s'en va par la droite de la Pièce, qui est le côté opposé à celui par où il est arrivé; les crosses tournent par la gauche (2), sur la roue gauche, pour que la Pièce soit à sa première position : le 1er. Servant de gauche met le pied sur la jante d'en-bas.

---

(1) On l'appelle le 9e. au 6... le 11e. au 8... le 13e. au 12.

(2) On a pris l'habitude de tourner par la droite; mais ce devrait être comme je dis.

Amenez la Prolonge.

On conduit l'avant-train obliquement à droite vers la Pièce, pour être vis-à-vis en le tournant par la gauche. Le 3e. Servant de gauche, ou le 5e. ou le 6e. de droite, développe la Prolonge; le Canonnier de droite passe la clef dans l'anneau d'embrelage.

Amenez la Prolonge pour le feu de Retraite.

On développe la Prolonge.

Le Canonnier de droite passe la clef dans l'anneau d'embrelage et dans la boucle du nœud sous la sassoire.

L'exécution de ce feu se fait aux commandemens de l'Officier : *en action... marche... halte...*

Amenez la Prolonge pour le feu de Flanc.

On développe la Prolonge.

Le Canonnier de droite passe la clef dans l'anneau d'embrelage et dans la boucle du nœud formé à 8 pieds de la sassoire.

L'exécution de ce feu se fait aux commandemens de l'Officier : *en action... marche... halte...*

Otez la Prolonge.

Le Canonnier de droite dégage le billot, ou la clef.

Le Servant qui a développé la Prolonge, la replie autour des crochets des armons.

MANOEUVRES

DES BOUCHES A FEU DE BATAILLE.

1. L'exercice ou l'exécution des Bouches-à-feu est le même pour l'Artillerie à pied, que pour l'Artillerie à cheval. Leurs manœuvres doivent très-peu différer. Elles ne sont point déterminées par un réglement ; ce qu'on va en dire n'est donc que ce que pratiquent quelques Régimens, ou ce qu'on leur propose de faire.

L'Artillerie à pied conserve ses Pièces sur l'Avant-train dans tous ses mouvemens. On les y remet pour les exécuter.

L'Artillerie à cheval met ses Pièces à la Prolonge aussitôt qu'elle est arrivée sur le champ d'exercice ou de bataille. Le Canonnier pointeur s'appelle *Chef de Pièce*, et c'est lui qui fait tous les commandemens, *halte, pied à terre*, lorsqu'on met ou ôte la Prolonge, ou qu'on exécute les Pièces ; et celui *à cheval* toutes les fois qu'on se remet en marche.

L'Artillerie à pied ne met la Prolonge que pour passer des fossés, etc. et pour faire des feux de retraite.

L'Artillerie à cheval la met dans toutes ses manœuvres, à 12 pieds de longueur, c'est-à-dire, doublée.

L'Artillerie à pied se retourne du côté opposé à son front par un demi-tour à droite, comme il est décrit dans l'exercice. Mais si la Pièce est sur l'Avant-train, elle se retourne comme l'Artillerie à cheval.

L'Artillerie à cheval fait toujours son demi-tour à droite, en tournant vers la gauche, et les deux Artilleries commandent *demi-tour à gauche ;* les chevaux tournent à gauche, à Prolonge lâche, pour ne pas occuper trop de terrain. Les Bouches-à-feu doivent toujours occuper 4 toises en ligne, sur-tout pour l'Artillerie à cheval.

La division de Bouches-à-feu de l'Artillerie à pied doit être de 6, elle est quelquefois de 8... celle de l'Artillerie à cheval est toujours de 6 ; 2 forment une section, 4 la double section.

2. Les Bouches-à-feu s'alignent entre elles sur leur essieu. Dans chaque division ou dans chaque batterie, l'ordre primitif est de placer les plus hauts calibres à droite, et les obusiers à la gauche.

Cet ordre se modifie suivant les circonstances.

3. Dans l'Artillerie à pied, soit en colonne, soit en ligne ou en bataille, les Canonniers et Servans marchent constamment à droite et à gauche de leur Bouche-à-feu, occupant les places déterminées dans l'exercice des Bouches-à-feu. Il en est de même lorsqu'ils sont de pied-ferme.

Dans l'Artillerie à cheval, en marchant en avant en bataille, les Canonniers et Servans de chaque Bouche-à-feu marchent en arrière d'elle sur deux files répondant aux roues, dans l'ordre qu'ils ont en exécutant la Pièce.

En marchant en retraite, lorsque la Pièce est sur l'Avant-train, ils marchent de même; mais si la Prolonge est mise, les Canonniers et Servans marchent sur deux files. Les premiers chevaux de chaque file à hauteur des premiers chevaux de l'attelage.

En marchant en colonne, les Canonniers et Servans sont à droite et à gauche de la Pièce en file, le premier de chaque file à hauteur des premiers chevaux de l'attelage. Mais cette position n'est commode que lorsque la colonne est sur une seule file; car, lorsqu'il y en a deux, deux files d'hommes se trouvant entre deux files de Pièces qui peuvent se rapprocher par la mal-adresse des soldats du train, risquent de se faire estropier. Les Canon- à pied, ayant besoin de moins d'espace, et se jetant contre les flasques, risquent bien moins. L'Artillerie à cheval devrait se mettre sur deux files à droite ou à gauche des Pièces, suivant le terrain, et lorsqu'on doublerait le front de la colonne, elle redoublerait aussi ses files, en obliquant du côté qu'il faudrait.

4. Dans l'Artillerie à pied, le Sous-Officier qui est dans chaque section est toujours entre ses 2 Pièces, à la tête des premiers chevaux, et l'Officier à la hauteur de la volée : lorsqu'on marche, et en action, leur place est déterminée dans le réglement de l'exercice des Bouches-à-feu.

Il devrait en être de même pour l'Artillerie à cheval; cependant le Commandant des Pièces ou de Section est toujours 2 pas en avant des premiers chevaux de l'attelage.

Le Commandant de la Division est à 4 pas en avant de sa ligne ou de sa colonne, ou sur l'un des flancs, à portée du Commandant en chef pour en répéter les commandemens.

Le Commandant en chef se place de façon à être entendu de tous les Commandans divisionnaires.

5. Les commandemens du Commandant en chef sont répétés par les Commandans divisionnaires à voix pleine; les Commandans de Section les répètent, sans crier, s'il est nécessaire.

6. La position de l'Avant-train est prescrite par le réglement.

Celle des Caissons est en arrière de leur pièce, à 16 ou 20 toises alignées entre eux, ou en colonnes semblables à celles des Pièces.

On ne met qu'un Caisson par Bouche-à-feu : les autres parquent à portée dans les abris, s'il s'en rencontre, pour remplacer ceux qui deviennent vides.

Lorsqu'on fait demi-tour à droite, les Caissons n'exécutent ce mouvement que lorsqu'on fait le commandement de *marche* aux Bouches-à-feu.

En général, ils ne se meuvent que dans les grands changemens de position des Pièces ; ils doivent faire leurs mouvemens semblables à ceux des Pièces, en sorte qu'ils se trouvent toujours derrière elles et ne les gênent jamais.

7. Lorsque l'Artillerie manœuvre avec les Troupes, elle est ordinairement par batterie de deux Bouches-à-feu ou Section. Elle doit observer de ne jamais gêner les troupes dans leur mouvement, d'éviter de se trouver sur le chemin qu'elles doivent parcourir dans leurs manœuvres, et d'arriver à leur nouvelle position le plus promptement qu'elles pourront le faire.

Dans l'exécution des feux d'attaque, les Pièces se portent en avant des intervalles qu'elles occupent dans la ligne de bataille ou dans les colonnes; elles s'avancent suivant le recul que la nature et la pente du sol permettent aux Pièces, et pour profiter des accidens du terrain qui peuvent favoriser leur effet. Au commandement fait aux troupes pour les feux, le commandant des Pièces dit, *en avant pour les feux*, (avertissement) *Marche.*

Dans les Feux de retraite, les Pièces sont menées à la Prolonge. L'exécution de ce feu est dans le livret d'exercice.

8. Aussitôt qu'on fait le commandement aux troupes de rompre leur ligne pour se mettre en colonne, il faut retirer à bras en arrière les Bouches-à-feu pour démasquer la colonne, les mettre sur l'Avant-train, si le trajet à parcourir est long, et les mettre en colonne parallèle à celle des troupes ; si elles sont dans la position des feux, il faut les faire passer de même en arrière de la ligne pour les rapprocher des Avant-trains.

Dès-lors, en suivant les mouvemens de l'aile à laquelle sont attachées les 2 Bouches-à-feu, en jugeant, d'après les commandemens faits aux troupes, des positions qu'elles vont prendre, on conduira aisément l'Artillerie à la place qu'elle doit occuper, en lui faisant à-propos les simples commandemens de *tournez à droite* ou *à gauche*, et *oblique à droite* ou *à gauche.*

L'Artillerie à cheval ne met pas ses Pièces sur l'Avant-train, elle les manœuvre toujours à la Prolonge, ce qui est plus expéditif pour elle, mais plus destructeur des attirails et plus embarrassant pour les troupes. Elle n'a pas besoin de se porter en arrière lorsque les troupes se mettent en colonne ; il suffit qu'elle les démasque en se portant du côté de l'ennemi.

9. Si une ou plusieurs divisions de Bouches-à-feu manœuvrent

indépendamment des troupes, on peut réduire à un très-petit nombre leurs mouvemens ou leurs évolutions.

Garde à vous est un commandement général d'avertissement qu'on fait toujours avant celui de *halte*, et dont on peut faire précéder les autres pour réveiller l'attention.

A droite ou *à gauche* ou sur le centre; (avertissement) *alignement*, les Canonniers et Servans s'alignent à droite, etc. les seconds Servans et les 2 Canonniers alignent les Pièces sur les essieux.

En avant (avertissement) *marche*. On marche en s'alignant sur le centre ou sur une aile indiquée. *Garde à vous. Halte*. On s'arrête.

En retraite ou *demi-tour à droite;* si l'on manœuvre à bras, le mouvement est expliqué dans le livret d'exercice des Bouches-à-feu; si on manœuvre avec des chevaux, on tourne à gauche en faisant une demi-conversion; les chevaux ne doivent tourner court, sans tendre la Prolonge, qu'après avoir tourné, ce qu'on appelle *tourner à Prolonge lâche*. Et lorsqu'on est en colonne, et qu'on veut faire demi-tour à gauche, il faut que les Canonniers à cheval, qui sont à gauche, tournent tout de suite et se portent 6 pas en avant pous laisser passer les chevaux des Pièces, puis ils achèvent de tourner à gauche, et se portent en file à la hauteur des chevaux de l'attelage.

Oblique à droite ou *à gauche*. (avertissement) *marche*. On marche du côté indiqué jusqu'au commandement. *En avant*. (avertissement) *Marche*.

10. *Par Pièce*, ou *par Section*, ou *par double Section*, etc. *rompez la Division*. (avertissement) *Marche*... La Pièce ou les deux Pièces, etc. tournent à droite ou à gauche, en faisant un quart de conversion. Les Commandans des subdivisions commandent *halte* à la fin du mouvement, et répètent les commandemens du Commandant de la Division jusqu'à ce qu'on soit de nouveau en ligne.

11. Si on a rompu la Division par Pièce, on est en colonne sur une seule file. Si on veut la mettre sur deux, pour lui donner le front d'une Section, le Commandant de la Division dira : *En colonne, par Section, doublez les files*. A ce commandement, les Commandans des Pièces paires diront : *Garde à vous. Oblique à gauche*. (avertissement) Les Commandans des Pièces impaires, hors celui de la première, diront : *En avant*. (avertissement) Le Commandant de la Division dira, *Marche*. Tous les Commandans de Pièces, hors celui de la première, répéteront *Marche*. A ce commandement la seconde Pièce se déboîte de la file, et va se placer à côté de la première, en gardant l'intervalle prescrit en batterie, en même tems les Pièces paires se mettent en file derrière elle, et toutes se serrent à 2 pas de distance, et en conservant leur intervalle latéral.

12. Si pour passer un défilé, on veut se mettre sur une seule file, le Commandant de la Division dira : *En colonne par Pièce, dédoublez les files* (avertissement) *file de droite, donnez les distances*. A ce commandement, la première Pièce de droite continue de marcher, et chacune de celles qui la suivent, laisse la distance d'une Pièce entre elle et celle qui la précède. Les Pièces de gauche se ralentissent pour se placer vis-à-vis leur intervalle respectif : quand ces intervalles sont bien marqués, le Commandant de la Division dit : *File de gauche, oblique à droite*. A ce commandement, les Commandans des Pièces de gauche répètent : *Oblique à droite*. Le Commandant de la Division dit : *Marche;* les Commandans des Pièces de gauche répétent : *Marche*, et entrent dans leur intervalle respectif.

13. Pour déployer la colonne sur quelque Pièce ou Section que ce soit (Pièce ou Section, la manœuvre est la même, en changeant le mot), si la droite est en tête, le Commandant de la Division dit : *Sur la première Pièce, déployez la colonne*, — *Pièces de gauche* (1), *oblique à gauche;* les Commandans des Pièces répètent : *Pièce oblique à gauche* (avertissement) ; le Commandant de la Division dit : *Marche*, les Commandans particuliers répètent : *Marche*. A ce commandement, les Pièces marchent obliquement à gauche, prennent leur intervalle de ligne en marchant, observent de se laisser précéder par la Pièce qui est à leur droite, et viennent s'aligner sur la Pièce désignée pour base du déploiement qui a toujours marché devant elle. Les Commandans particuliers disent : *Halte*, quand ils sont arrivés.

Si la gauche est en tête, on fait le contraire, on oblique à droite, on s'aligne à gauche.

Si on désigne toute autre Pièce pour base du déploiement, et que la droite soit en tête, la Pièce désignée va toujours devant elle du même pas ; toutes les Pièces en avant d'elle obliquent à droite ; toutes les Pièces en arrière d'elle obliquent à gauche, au commandement qu'on leur fait : *Pièces de droite, oblique à droite*, *Pièces de gauche, oblique à gauche*, que les Commandans particuliers répètent respectivement à la position des Pièces... Si la gauche est en tête, on fait le contraire ; toutes les Pièces en avant de celles sur laquelle on déploie, obliquent à gauche : toutes celles qui sont en arrière, obliquent à droite.

L'Artillerie à cheval prend l'allure du trot dans toutes les Pièces dont l'alignement est en avant d'elles, et en général dès que l'espace à parcourir a quelque étendue.

On suppose dans cette manœuvre qu'on a suivi ce qu'on a proposé, de mettre les Canonniers sur une aile, lorsque la

---

(1) Il ne peut y avoir d'amphibologie, parce que si on était en Colonne par Section, on dirait, Section de gauche, oblique, etc.

colonne a une section de front, ou est sur deux files. Car si les Canonniers sont en file entre les Pièces, on risquerait de s'écraser, et on tomberait dans la confusion. Aussi quelques Régimens se déploient-ils sur la droite et la gauche de la première Section, mais ils intervertissent leurs Pièces ; ce qui est vicieux.

Une méthode qui me semble préférable, est de faire ce déploiement, comme on dit, *par tiroir*. Si la droite est en tête, toutes les Sections en avant de la Section sur laquelle on veut se développer, tournent à droite, toutes celles qui sont en arrière d'elle tournent à gauche, et elles marchent en avant jusqu'à ce qu'elles aient dépassé la Section, qui sert de base au déploiement, ou celle qui les avoisine de ce côté ; alors, par un à-gauche ou un à-droite, elles reviennent à marcher dans le sens où était la colonne, et elles s'alignent à mesure sur la Section, base du déploiement, qui a toujours marché suivant la même direction.

14. La Division marchant en ligne peut trouver inopinément un défilé très-serré, un pont, etc. devant telle ou telle Pièce ou Section ; alors on fait le passage d'obstacle. La Section vis-à-vis le défilé y entre ; les Pièces de droite par *un oblique à gauche*, celle de gauche par *un oblique à droite*, se plient en colonne successivement derrière les Pièces qui les avoisinent du côté où se fait le passage ; et le défilé franchi, on se remet en ligne par le mouvement contraire.

Si le défilé ne permet le passage qu'à une seule Pièce à la fois, celle qui est vis-à-vis passe et est suivie par toutes celles qui font à droite, qui font *oblique à gauche*, et passent successivement ; ensuite l'aile gauche faisant *oblique à droite*, suivra l'aile droite. Aussitôt que le terrain le permettra, l'aile gauche déboîtera de la colonne par un *oblique à gauche*, et marchant en avant, se placera à côté de la file formée par l'aile droite. On déploiera la colonne par les mouvemens contraires *oblique à droite*, *oblique à gauche* : ce moyen de dépasser le défilé est plus prompt.

L'Artillerie à pied marche toujours à côté de ses Pièces.

L'Artillerie à cheval se place à côté d'elles, si le défilé le permet : sinon, tous les Canonniers de l'aile droite se portent en avant de leurs Pièces, et passent le défilé devant elles, ceux des Pièces de gauche le passent après.

15. Si marchant en avant, ou marchant en retraite, on voulait se mettre en colonne sur une Section, on ferait la même manœuvre que pour le passage d'obstacle. La Section qui forme la tête, quand c'est de l'Artillerie à cheval, se porte en avant au trot.

16. Si la colonne, ayant la droite en tête, on veut la mettre en bataille, le Commandant de la Division dira : *à gauche en*

bataille. Les Commandans des Pièces ou des Sections répètent : *à gauche en bataille* (avertissement.) Le Commandant de la Division dit : *Marche ;* les Commandans particuliers répètent : *Marche*, font faire un quart de conversion à gauche à leur Pièce ou à leur Section, et s'alignent à droite.

Si on a la gauche en tête, les commandemens sont *à droite en bataille*, — *Marche*, etc.

17. Lorsqu'on est en colonne, qu'on lui fait prendre une nouvelle direction, et qu'on veut se mettre en bataille sur cette nouvelle direction ; si la Colonne ayant la $\genfrac{}{}{0pt}{}{\text{droite}}{\text{gauche}}$ en tête, entre par la $\genfrac{}{}{0pt}{}{\text{droite}}{\text{gauche}}$ de la ligne de direction qu'elle va occuper, elle doit faire face à $\genfrac{}{}{0pt}{}{\text{droite}}{\text{gauche}}$. Le Commandant divisionnaire dira : *sur la* $\genfrac{}{}{0pt}{}{\textit{droite}}{\textit{gauche}}$ *en bataille*, *Marche.* A ces commandemens, répétés par les Commandans sectionnaires, la première Pièce ou Section tourne à $\genfrac{}{}{0pt}{}{\text{droire}}{\text{gauche}}$, et se place par un quart de conversion sur la ligne ; les sections suivantes continuent à marcher jusqu'à ce qu'elles aient dépassé, de leur distance en bataille, la section qui les a précédées immédiatement, puis, elles tournent successivement à $\genfrac{}{}{0pt}{}{\text{droite}}{\text{gauche}}$, et s'alignent sur la $\genfrac{}{}{0pt}{}{\text{droite}}{\text{gauche}}$.

18. Changement de front ou de position. On peut faire le changement de position en avant ou en arrière de la ligne qu'on occupe ; sur la droite ou sur la gauche, et dans chacune de ces 4 positions, on peut faire face à droite ou à gauche, ce qui fait 8 manœuvres semblables, aux mots près de droite et de gauche.

Changement de front sur la $\genfrac{}{}{0pt}{}{\text{droite}}{\text{gauche}}$ pour faire face à $\genfrac{}{}{0pt}{}{\text{droite}}{\text{gauche}}$. Le Commandant de division dit : *changement de front sur la* $\genfrac{}{}{0pt}{}{\textit{droite}}{\textit{gauche}}$ *pour faire face à* $\genfrac{}{}{0pt}{}{\textit{droite}}{\textit{gauche}}$ (avertissement.) *à* $\genfrac{}{}{0pt}{}{\textit{droite}}{\textit{gauche}}$ *par Pièce ou par section, rompez la Division* (avertissem.) *Marche ;* on tourne à $\genfrac{}{}{0pt}{}{\text{droite}}{\text{gauche}}$, les Commandans des Pièces disent : *Halte, Alignement.*

Le Commandant de la division dit : *en avant*, (avert.) *Marche.* Les Commandans particuliers répètent *en avant*, *Marche.* On marche jusqu'à ce que la division de la Colonne soit sur la ligne du front qu'on veut occuper.

Le Commandant de la division dit *Halte ;* les Commandans particuliers répètent *Halte*, la Colonne s'arrête.

Le Commandant de la division dit : *par Pièce demi-à-*$\genfrac{}{}{0pt}{}{\textit{gauche}}{\textit{droite}}$ (avertissement), les Commandans particuliers répètent : *par Pièce demi-à-*$\genfrac{}{}{0pt}{}{\textit{gauche}}{\textit{droite}}$, (avert.) Le Commandant de la division dit *Marche*, les Commandans particuliers répètent *Marche.* La Pièce en tête de la Colonne ne bouge, ou marche sur la même direction (suivant que l'annonce le Commandant de la division). Les autres Pièces se portent en avant, prennent leur intervalle de ligne, en marchant, et s'alignent sur la Pièce qui est à leur droite/gauche.

19. On peut se mettre aussi en bataille comme il suit : la Pièce de la tête de la Colonne étant arrivée où elle doit être, la 2e. Pièce tourne à gauche/droite, la dépasse, prend son intervalle de ligne, et tournant à droite/gauche, vient s'aligner sur elle. La 3e. tourne où a tourné la 2e., dépasse les Pièces placées, prend son intervalle, tourne à droite/gauche, et se met en bataille à côté de la Pièce qui la précédait. La 4e., etc.

20. Tous les changemens de position sur la droite ou sur la gauche, en avant ou en arrière, pour faire face à droite ou à gauche, se réduisent à ceci :

On se met en colonne du côté de la position à prendre, aux commandemens du Chef-divisionnaire, *à droite/gauche, par Pièce ou par Section, rompez la Division. — Marche — Halte, etc.*

On entre sur la Direction nouvelle, au commandement *tournez à droite* ou *à gauche*, fait à la 1ere. subdivision par le Commandant Divisionnaire.

Si ayant la droite/gauche en tête, on arrive par la droite/gauche de la nouvelle direction, on doit faire face à droite/gauche, on se met sur la droite/gauche en bataille.

Si ayant la droite/gauche en tête, on arrive par la gauche/droite de la nouvelle direction, on doit faire face à gauche/droite, on se met à gauche/droite en bataille.

21. Lorsqu'on est en Colonne, et qu'on veut se mettre en Batterie à droite ou à gauche; si la Colonne a un front de Section on la dédouble, puis on commande à droite ou à gauche en Bataille ou en batterie; les Pièces tournent à gauche ou à droite et à Prolonge lâche dans l'Artillerie à cheval.

22. Pour les Feux d'attaque, on commande demi-tour à gauche, à Prolonges lâches, etc.

Dans les Feux de retraite par échelons de demi-division, de Section ou de Pièce (les mouvemens sont trop simples pour avoir besoin d'être rappelés à la mémoire), les Pièces qui doivent faire feu attendent, pour le commencer, que celles qui le font en avant d'elles, se retirant, se trouvent à leur hauteur.

Dans les Feux de flanc, on ne fait que tourner les Pièces vers l'ennemi, etc.

Voyez le Livret.

MANOEUVRES DE FORCE.

HOMMES ET AGRÈS NÉCESSAIRES POUR LES MANŒUVRES DE FORCE.

1. *Chèvre équipée à l'ordinaire, à un Brin*, etc.

Il faut pour cette Manœuvre 8 Hommes pour les Pièces de 12 et de 8, et 12 à 20 pour celle de 16 et de 24.

En Agrès : 1 Cable, quelquefois 2... 2 Echarpes simples... 6 Leviers... 2 Traits à Canons ou Jarretières.

2. *Lever une Pièce de Canon sans Echarpes.*

Il faut le même nombre d'Hommes que dans la Manœuvre précédente

En Agrès : de même, et 2 Traits à Canon de plus, avec un Rouleau.

3. *Lever une Pièce de Canon qui n'a point d'Anses.*

En Hommes comme au n°. 1.

En Agrès comme au n°. 1 : 3 Leviers de plus et 1 Prolonge double.

4. *Manière d'équiper la Chèvre à Haubans.*

Il faut 12 à 14 Hommes pour les petits calibres, et 20 à 24 pour les grands.

En Agrès : 12 Leviers... 1 Cable, quelquefois 2... 1 Prolonge double.... 1 Prolonge simple ou demi-prolonge.... 2 Traits à Canon ou Jarretières... 4 Piquets sabotés... 2 Masses... 1 manche de Pioche.... 2 grands Chantiers de Manœuvre.... 1 Echarpe simple... (et 2 Echarpes simples, ou 1 double, si on équipe à 4 Brins).

5. *Equiper la Chèvre à 2 Cables.*

En Hommes comme dans le n°. 4.
En Agrès, *idem;* c'est dans celle-ci qu'il faut les 2 Cables, et de plus 1 demi-prolonge.

6. *Lever une Pièce de Canon sur un Rempart, et la faire passer par une Embrâsure.*

Il faut 12 à 14 Hommes pour les petits calibres, et 20 à 24 pour les grands.
En Agrès 12 Leviers... 2 Cables... 1 Prolonge double... 2 Prolonges simples... 1 bout de Cable de 3 fois la longueur de la Pièce, ou 1 Prolonge simple... 3 Traits à Canon ou Jarretières... 4 Piquets sabotés... 2 Masses... 1 manche d'Outil... 2 grands Chantiers de Manœuvre... 1 Echarpe simple.

7. *Construire une Plate-forme sur une Embrasure.*

Pour y équiper la Chèvre dans la Manœuvre n°. 6, il faut 10 Madriers et 2 Piquets.

8. *Equiper la Chèvre en Cabestan.*

En Hommes et en Agrès comme dans le n°. 1... de plus 4 Piquets, 1 Masse.

9. *Embarquement des Pièces de gros Calibre, par le moyen de la Chèvre équipée en Cabestan, et Débarquement d'idem.*

Il faut 14 à 16 Hommes.
En Agrès : 10 Leviers.... 1 Prolonge double.... 1 Prolonge simple... 1 Trait à Canon... 4 Piquets... 2 Masses... 2 grands Chantiers de Manœuvre... 2 moindres.

10. *Embarquement et Débarquement des Pièces de Canon de petit Calibre.*

Il faut 7 à 8 Hommes.
En Agrès : 2 grands Chantiers... 2 moindres... 2 Piquets... 1 Masse... 4 Leviers... 1 Prolonge double... 1 Prolonge simple.

11. *Manière de faire des Pans de Roue.*

En Hommes, suivant l'obstacle.
En Agrès : 2 Prolonges simples ou 2 doubles.

12. *Retirer une Pièce de Canon du fond d'une Rivière.*

Il faut 12 Hommes.
En Agrès : 2 Pontons avec leurs Madriers, Poutrelles et Cordages... 4 demi-poutrelles de 7 à 8 pieds de longueur... 2 Chantiers de 20 à 22 pieds de longueur... 6 Crochets à Bateliers... 1 Tenaille faite pour cette Manœuvre... 1 Chèvre et ses Cordages pour l'équiper, avec ses 6 Leviers, et 1 ou 2 Echarpes simples suivant qu'on doit l'équiper à 1 ou 2 Brins, etc... 2 autres Chantiers sur le bord, pour faire, quand on voudra, passer la Pièce du Pont-volant sur ce bord.

13. *Faire passer une Pièce de Canon sur son Affût, d'un bord à l'autre d'une Rivière, par le moyen d'un Cabestan, ou d'une Chèvre équipée en Cabestan.*

Il faut 12 à 14 Hommes pour les Pièces de petit calibre, et 24 à 26 pour celles de gros calibre.
En Agrès : ceux du nº. 1... de plus 6 Piquets... 2 Masses... 3 Prolonges simples... 1 Trait à Canon... au lieu du Cable de Chèvre ; pour l'équiper, 1 Prolonge double, ou même 1 Cinquenelle, s'il le faut, à cause de la largeur de la Rivière... 1 barque et ce qu'il faut pour la conduire...

14. *Relever à Bras une Pièce versée en cage.*

Il faut 20 Hommes pour une Pièce de 24, et, etc.
En Agrès : 1 Prolonge double... 2 Traits à Canon.

15. *Relever une Pièce de Canon versée en cage, par le moyen d'un Avant-train ou d'un Cabestan, ou d'une Chèvre équipée en Cabestan.*

Il faut 12 à 15 Hommes.
En Agrès : les mêmes que dans le nº. 14, et de plus l'Avant-train, ou, etc... Une prolonge double... 4 Traits à Canon... 4 Piquets... 1 Masse...

16. *Charger une Pièce de Canon sur son Affût, par le moyen de 2 Chantiers.*

Il faut 20 Hommes (pour 24 et 16).

En Agrès : 16 Leviers... 1 Rouleau... 2 Chantiers de 10 à 12 pieds de longs coupés en sifflet... 2 Prolonges doubles ou 2 simples.

17. *Charger une Pièce de Canon sur son Affût, dans un Chemin étroit.*

Il faut 12 Hommes pour les petits calibres, et 20 à 24 pour les autres.

En Agrès : 12 à 20 Leviers... 2 Rouleaux inégaux en grosseur... 1 Prolonge double ou simple.

18. *Monter une Pièce de Canon sur son Affût, dans un Chemin étroit, par le moyen d'un Cabestan, ou d'un Avant-train équipé en Cabestan.*

Il faut 16 à 18 Hommes.

En Agrès : 18 Leviers... 1 Prolonge double... 4 Traits à Canon... 4 Piquets... 1 Masse... 3 Rouleaux, dont 1 plus petit que l'autre.

19. *Monter une Pièce de Canon de Campagne sur son Affût, sans Machine.*

Il faut 6, 8, 10 Hommes.

En Agrès : les Leviers de l'Affût de la Pièce, 1 Prolonge simple.

20. *Monter une Pièce de Canon sur son Affût, en faisant servir de Treuil les Roues de cet Affût.*

Il faut 8 Hommes pour les Pièces de 12 et de 8... et 12 pour les Pièces de 16 et de 24.

En Agrès : 1 Prolonge double... 1 Chantier de Manœuvre, ou 1 morceau de Bois de sa grosseur, de 3 à 4 pieds de long... 4 Rouleaux... 8 Leviers... 2 morceaux de Bois de 4 à 5 pieds de longueur, et de grosseur égale au gros bout des Leviers.

21. *Monter une Pièce de Canon sur son Affût, par le moyen de l'abattage de la Crosse.*

Il faut 14 Hommes pour les petits calibres, et 20 à 26 pour les autres.

En Agrès : 2 Chantiers... 1 Prolonge double... 3 Traits à Canon... 1 Rouleau.

22. *Monter une Pièce de Campagne sur son Affût, par le moyen d'une autre Pièce placée sur le sien.*

Il faut 8 Hommes.

En Agrès : les Leviers des Affûts... 1 Poutrelle... 1 Rouleau... 1 Prolonge simple... 2 Traits à Canon.

23. *Faire monter des Voitures pesantes sur une Montagne, par des chemins rapides.*

Il faut 30 ou 40 hommes, et 5 à 6 Chevaux pour une Pièce de 24 ; et sans Chevaux il faut 150 à 200 Hommes.

En Agrès : des Moufles (à leur défaut des Echarpes doubles) .. 5 à 6 Prolonges doubles... 6 à 8 Piquets sabotés... (autant de Pinces de Fer et 4 Aiguilles à Mineur, s'il y a des Rochers sur la route)... Des Echarpes simples ou Poulies, s'il y a beaucoup de coudes dans le chemin... et des Leviers à proportion des Hommes, en pensant qu'ils tireront à la Galère, s'il n'y a pas de Chevaux... 4 à 6 Masses.

24. *Retenir des Voitures dans les descentes rapides.*

Il faut 4 Hommes dans les Descentes qui ne sont pas infiniment rapides.

En Agrès : 1 Prolonge double... quelques Piquets et des Masses... Si la Descente est très-rapide, il faut 1 Cabestan, etc.

ESSAI DE LA PRATIQUE DE QUELQUES MANŒUVRES DE FORCE.

Description de la Chèvre, etc.

Il y a deux espèces de Chèvre.

La Chèvre brisée, qu'on peut démonter et qui sert en Campagne.

Voyez dans la Nomenclature, ses parties, leur arrangement, etc.

La Chèvre ordinaire toujours assemblée, qui sert dans les Places. On les fait de Sapin, ou de Chêne à défaut de ce bois.

La Chèvre est formée de deux pièces de bois qu'on nomme les Hanches (1). Les Hanches sont assemblées par 3 épars. Les épars sont assujétis par des crochets ou des clavettes. Entre le grand et le moyen épar est un Treuil.

Les Hanches ont trois dimensions, la tête, le cintre et le bout qui est garni d'un Piton. Elles ont 3 délardemens placés entre les épars et le Treuil.

Le Treuil a trois dimensions, le corps, les mortaises et les tourillons, la partie des mortaises est garnie de Frettes.

Les Hanches sont unies à un bout par une bande de fer qu'on nomme Coiffe de Chèvre, et qui est arrêtée par 2 Boulons qui la traversent, ainsi que les 2 Hanches; entre les têtes des Hanches, sont 2 Poulies de cuivre, séparées par une Languette de fer, et traversées par un des Boulons de la tête de Chèvre qui leur sert d'axe.

La Chèvre a un pied garni d'un Piton fretté. Ce Pied s'appelait autrefois Bicoque.

La Chèvre est équipée à l'ordinaire lorsqu'elle est soutenue par son pied : à Haubans lorsqu'elle est soutenue par deux Cordages, et en Cabestan lorsqu'elle est couchée et fixée par des Piquets.

Lorsqu'elle doit être équipée à l'ordinaire ou à Haubans, elle peut l'être à un brin, à deux brins, à trois brins, etc.

Pour les manœuvres de la Chèvre équipée à l'ordinaire, il faut au moins 8 hommes quand on veut lever des Pièces de 8, de 12 ou fardeaux pareils, et 12 à 20 hommes quand ce sont des Pièces de 16 et de 24.

Les Agrès nécessaires sont un Cable, 2 Echarpes simples, 6 Leviers, 2 Traits à Caissons ou jarretières; 6 hommes portent la Chèvre, 1 septième son pied, et un huitième les Agrès.

---

(1) On les nomme aussi *Bras* ou *Jambes*.

Nouvelle Chèvre par Lombard.

Cette Chèvre est composée, comme l'ancienne, de 2 jambes, d'environ 15 pieds de longueur, assemblées par 3 épars, et d'1 pied ; elle en diffère par le treuil et les poulies.

Le treuil est divisé en deux parties cylindriques d'égale longueur, mais de grosseur différente ; les diamètres de ces deux cylindres sont dans le rapport de 9 à 7. La plus grande partie du treuil a 10 pouces 4 lignes de diamètre, et la moindre 8 pouces $\frac{1}{2}$ ligne... Ce treuil, qui a 62 pouces de longueur, est terminé par 2 tourillons de 4 pouces de diamètre, et de 6 à 7 pouces de longueur. Il est appliqué à la Chèvre par le moyen de 2 joues ou échantignoles que les tourillons traversent, et qui sont fixées sur les jambes avec 4 chevilles. Le treuil est percé à chacune de ses extrémités de deux trous qui se croisent à angle droit, pour recevoir les leviers qui servent à manœuvrer la Chèvre.

Au haut de la Chèvre, entre les deux jambes, sont deux poulies fixes, traversées par un même boulon, qui leur sert d'essieu, encastré dans une entaille faite sur le côté extérieur des jambes, et arrêté par une susbande chevillée sur ces jambes.

Pour équiper cette Chèvre, on attache l'extrémité du cable au milieu du treuil, sur le petit cylindre, et on l'y roule en la passant en dessous, du dehors en dedans, jusqu'à ce qu'il couvre entièrement ce cylindre ; on fait ensuite passer ce cable sur la poulie correspondante d'en haut, et après lui avoir fait embrasser une poulie mobile, à la chappe de laquelle est suspendu le poids à enlever, on le fait passer sur l'autre poulie d'en haut, et l'on en fixe l'autre bout aussi au milieu du treuil sur le gros cylindre, où il s'enveloppe dans un sens contraire, quand on manœuvre la Chèvre.

Il est essentiel, pour le succès de la manœuvre, lorsqu'on équipe la Chèvre, de donner au cable toute l'extension possible, et de déterminer la longueur des deux brins qui embrassent la poulie mobile, de manière que le poids soit prêt à être enlevé au premier coup de levier.

Le treuil ayant 62 pouces de long, ou chacune de ses moitiés 31 pouces, si l'on en ôte 4 pouces pour la place qu'occupent les mortaises pour les leviers, il restera dans chaque cylindre 27 pouces, qui pourront être enveloppés par le cable, et si le cable a 15 lignes de diamètre, on pourra y en rouler 21 tours. L'axe du cable forme une circonférence, dont le diamètre est de 11 pouces 7 lignes sur le gros cylindre, et de 9 pouces 3 $\frac{1}{2}$ lignes sur le petit ; en sorte que les rayons augmentés de celui du cable, sont entre eux comme 278 est à 223 : à chaque tour du treuil, le poids monte d'une quantité égale à la moitié de la différence des deux circonférences formées par l'axe du cable, c'est-à-dire, de 3 pouces

$7\frac{1}{4}$ lignes ; donc, à chaque coup de levier, il doit s'élever d'environ 11 lignes, parce qu'un coup de levier ne fait faire au treuil qu'$\frac{1}{4}$ de révolution. Ainsi, pour mettre une Pièce de 24 sur son affût, et l'élever par conséquent à 4 pieds 9 pouces de hauteur, il faut près de 16 tours de treuil, ou 64 coups de levier.

Avec 2 leviers de fer de 17 lignes de grosseur, dont la longueur jusqu'au centre du treuil est de 5 pieds, et qui pèsent ensemble 70 liv. 2 Hommes, 1 à chaque levier, levent une Pièce de 24 pesant 5307 liv., et la placent sur son affût en 19 minutes.

Lorsqu'on ne manœuvre plus au treuil, la Pièce reste suspendue en équilibre : c'est le principal avantage de cette Chèvre.

En supposant que le frottement du cuivre contre le fer, soit égal au $\frac{1}{4}$ de la pression du poids; que celui du bois contre le bois soit égal au $\frac{1}{3}$ de la même pression ; que les 2 leviers pesant 70 liv., produisaient l'effet d'un poids de 35 liv. placé au bout, il a fallu un poids de 165 liv. pour troubler l'équilibre dans cette Chèvre, la pièce qu'on levait étant de 5307 liv., et les leviers horizontaux.

On a trouvé par le calcul, abstraction faite des frottemens et de la roideur du cable, qu'il fallait une puissance de $50\frac{2}{3}$ au bout d'un levier de 5 pieds, pour faire équilibre à la même Pièce, et que les frottemens équivalaient à une puissance de $98\frac{2}{3}$ liv. appliquée aussi au bout de ce levier. Ainsi, l'on voit que la roideur du cable équivaut à une puissance de $15\frac{2}{3}$ liv. placée de même.

Formule qui indique les principales propriétés de cette Chèvre.

Poids à enlever $= P$.
Force qui fait équilibre au bout du Levier $= F$.
Rayon du gros Cylindre du Treuil $= A$.

Rapport de ce rayon à celui du petit Cylindre $= \frac{P}{Q}$

On aura $$F = \frac{PA - QA}{2P}$$

Nombre qui multiplie le diamètre pour produire la circonférence $= M$.
Diamètre du Cable $= G$.
Longueur de la partie d'un des Cylindres qui peut être enveloppée par le Cable $= K$.
Hauteur à laquelle on peut élever le poids $= H$.

On aura $$H = \frac{MPA - MQA}{P} \times \frac{K}{Q}$$

De la Chèvre postiche.

Si on n'a point de Chèvre, ou qu'elle soit trop faible pour lever un fardeau, on peut le faire au moyen d'une Chèvre postiche équipée à haubans.

Pour cela, ayez deux pièces de bois de 15 à 18 à 20 pieds de longueur, rondes ou équarries, et d'une épaisseur relative à l'effort auquel vous les destinez. Croisez ces pièces de bois en écartant les gros bouts d'un peu moins de la moitié de leur longueur, et unissez-les à 1 pied de leur petit bout, avec une demi-prolonge ou plusieurs traits, d'abord en les entourant fortement avec le cordage, puis en formant quelques tours de haut en bas qui croisent sur les autres. Accrochez à ces derniers tours une écharpe double.

Equipez cette Chèvre nouvelle à haubans en enfonçant les pieds, pour qu'ils ne glissent pas.

Si vous avez une Chèvre trop faible, attachez 3 forts épars à la Chèvre postiche, à la même hauteur que ceux de la Chèvre trop faible ; fixez-y celle-ci, son treuil suffira à la manœuvre.

Si vous n'avez pas de Chèvre, adaptez un treuil à votre Chèvre postiche. Pour cela (si vous avez des ciseaux et des frettes, faites un treuil à l'ordinaire), ayez un morceau de bois rond, de 7 à 8 pouces de diamètre, et qui, placé à 4 pieds de terre contre la Chèvre postiche, la déborde au moins d'1 pied de chaque côté. Entaillez ce morceau de bois tout autour d'1 pouce de profondeur dans les deux parties qui correspondent aux hanches de la Chèvre postiche, à 4 pieds de terre ; entaillez aussi un peu circulairement les hanches, en ces mêmes endroits, si cela ne les affaiblit pas trop. Prenez 2 morceaux de bois de 5 à 6 pouces de longueur, et assez gros pour, qu'entaillés circulairement à un bout et liés fortement sur les hanches de la Chèvre, ils recouvrent et contiennent le treuil postiche. Ayant placé ces deux morceaux de bois sur les hanches, comme on vient de le dire, enfoncez une esse ou tout autre morceau de fer équivalant à 6 pouces environ de chaque bout du treuil postiche, et attachez-y, au moyen de ce point fixe et de bonnes jarretières, 2 leviers en croix. Équipez le treuil et manœuvrez.

Du Levier d'abattage, ou Chevrette.

Le Levier d'abattage est une longue pièce de bois qui est ferrée par le bout un peu en pince.

L'ancienne Chevrette est composée de deux joues percées par plusieurs trous, pour recevoir un boulon qui sert d'appui au Levier.

Suivant la hauteur du fardeau, on place le boulon, et l'on pèse à l'extrémité du Levier.

On se sert de cette machine dans les Parcs et à l'armée, pour soulever et soutenir l'Affût, lorsqu'on veut graisser les roues.

La nouvelle Chevrette est décrite dans la nomenclature, pag. 70.

Le Cabestan.

Le Cabestan est composé de 2 Flasques, 2 Epars, 1 Treuil.

Le Treuil peut être séparé des Flasques pour la facilité de la manœuvre.

Voyez page 67.

Si l'on n'a pas de Cabestans, on peut en faire de postiches, quand on rencontre des arbres peu distans depuis 5 jusqu'à 10 pieds. On les choisit vis-à-vis le fardeau qu'on doit tirer, ou l'on se sert de poulies de renvoi. Au défaut d'arbres, on plante de forts piquets, dont on contient l'écartement et la direction verticale par des cordages; on y adapte un Treuil par des procédés analogues à ceux qu'on a suivis pour la Chèvre postiche, page 888.

Placez 2 Canons sur leurs Affûts en travers, leur bouche vis-à-vis l'une de l'autre, à la distance de la longueur d'un moyeu; prenez une roue de rechange, attachez autour du petit bout 4 Leviers qui fassent la croix, ainsi qu'on le verra pratiqué, ci-après; passez un rouleau ou un fort Levier dans le moyeu, dont vous ferez entrer un bout dans l'ame de chaque Pièce; attachez une prolonge au fardeau que vous devez tirer, et équipez le restant de cette prolonge au gros bout du moyeu, le brin du fardeau en-dessus et contre les rais, le brin de retraite par conséquent en dehors. Mettez des hommes à la retraite, et manœuvrez en mettant 4 hommes aux Leviers, 2 sur le même se faisant face.

Tenez la pièce du côté de la prolonge plus éloignée de la direction du fardeau que l'autre, pour que la prolonge n'échappe pas de dessus le moyeu,

S'il n'est point d'homme pour la retraite, passez-la entre les rais, puis sous le brin du fardeau qui la retiendra.

Si vous n'avez qu'une pièce, élevez un peu la volée, brêlez la culasse sur l'Affût, placez une roue équipée comme ci-dessus, et contenez l'autre bout du rouleau, ou du Levier qui lui sert d'axe, par le moyen d'un cordage que vous fixerez à un arbre voisin, ou à un fort piquet planté à cet effet.

Si l'on rencontre deux arbres placés favorablement et peu distans, on y fera des entailles à 4 pieds, et on y amarrera l'axe de la roue.

Enfin, on peut amarrer cet axe à un seul arbre d'un côté, et le fixer de l'autre au moyen d'un cordage attaché à un arbre ou à un piquet, comme dans le cas où l'on n'a qu'une pièce de canon.

Si l'on n'a pas de roue, etc. dont on puisse se servir, et qu'on rencontre un gros arbre, on pourra suppléer au Cabestan de cette manière. Prenez une prolonge, amarrez-la par un bout au fardeau qu'il faut tirer. Près du fardeau, faites avec cette prolonge deux gances distantes de 4 à 5 pieds. (Ces gances doivent être faites comme celle de la prolonge des pièces de bataille.) Faites passer l'autre bout de la prolonge dans la gance, près du fardeau, ensuite dans l'autre, et ramenez ce bout vers le fardeau; un homme tiendra dans ses mains ces deux parties de la prolonge, et les serrera fortement après qu'on l'aura étendue, en sorte que la partie doublée vienne aboutir à l'arbre. Embarrez un Levier de 12 à 15 pieds dans la partie doublée de la prolonge, faites effort en tournant autour de l'arbre contre le derrière duquel ce Levier doit s'appuyer. Lorsque la prolonge sera prête à s'engager sur l'arbre, mettez un rouleau entre elle et lui; lorsque ce rouleau aura fait $\frac{1}{3}$ environ du tour de l'arbre, mettez-en un second; lorsque le Levier aura fait le tour de l'arbre, calez le fardeau, débarrez, raccourcissez la prolonge en tirant le bout qui est passé dans les gances; embarrez de nouveau, manœuvrez, etc.

De la Galère.

La Galère est un moyen employé pour conduire à bras d'hommes les Voitures, etc. à de petites distances, et de suppléer au défaut de chevaux, où on a la difficulté de s'en servir.

Pour tirer à la Galère, fixez par son milieu une prolonge double au timon, aux bras de limonières, etc. Placez parallèlement entre eux des leviers qui passent également dans les deux parties de la prolonge, et en soient embrassés par le nœud de galère. Le dernier s'arrête par un nœud allemand à chaque brin de la prolonge, afin que les Leviers ne s'échappent pas. Il faut espacer les Leviers à 3 pieds, afin que les hommes ne soient pas gênés en tirant, et laisser 5 à 6 pieds de libre à chaque bout de prolonge, pour qu'un homme puisse tirer dessus en faisant passer ce bout de prolonge sur son épaule. On place 3 hommes à chaque Levier: un entre les brins de la prolonge, et un de chaque côté, ils doivent porter le Levier sur le pli des bras, à hauteur du bas de l'estomac.

Lorsqu'on n'a point d'avant-train, on fixe la prolonge en l'amarrant par un nœud d'artificier, fait dans son milieu au timon.

Si on a un avant-train, on amarre la prolonge par un nœud d'artificier à la tête de la flèche, derrière le premier anneau d'embrelage; après quoi placez l'avant-train; fixez chaque brin de la prolonge à un bras de limonière par deux ganses, la première près de l'entre-toise de limonière, la seconde à environ 2 pieds du bout des bras ; dans les secondes ganses passez un Levier, placez 3 hommes à ce levier, un entre les bras, les deux autres à côté pour diriger l'avant-train.

Du Diable.

Le Diable est un petit charriot composé de 2 forts brancards, posés sur 2 essieux de fer, porté par 4 roulettes de fer coulé. A chaque extrémité, il y a un crochet d'attelage, afin de pouvoir le traîner indifféremment en avant ou en arrière.

On se sert du Diable pour transporter dans les chemins étroits et creux, les Canons, les Mortiers et leurs crapauds ou affûts, etc.

Du Triqueballe.

Le Triqueballe est composé d'une flèche, de 2 empanons, d'1 essieu en bois, d'1 sellette, et de 2 grandes roues. Il y en a sur des roues plus basses (de charrettes), pour servir dans les Places, et il y en a où l'on soulève les fardeaux qu'on doit transporter par le moyen d'une vis verticale qui traverse la sellette et l'essieu. Voyez la Nomenclature, pag. 72.

On conduit, le Triqueballe chargé, à bras, ou on brêle sa flèche à la sellette d'un avant-train, et on y attèle des chevaux.

Avancez le Triqueballe, en sorte que le fardeau, dans la partie où il doit être amarré pour être à-peu-près en équilibre, se trouve sous l'essieu ; si c'est une pièce de Canon, il faut que la volée (1) soit du côté de la flèche et les anses sous l'essieu. Calez les roues ; attachez par son milieu une prolonge double à l'extrémité de la flèche, par un nœud d'artificier ; passez un brin en arrière, et tirant dessus en lâchant doucement le brin de devant, levez la flèche, mettez-la d'à-plomb, et retenez-la dans cette situation ; en tirant également sur ces deux brins (2).

---

(1) Si c'est une Pièce de fer, la volée doit être vers la Flèche. Le contraire, si c'est une Pièce de fonte.

(La Volée de la Pièce de fer pèse $\frac{1}{20}$ de plus que la Culasse.
La Volée de la Pièce de bronze, $\frac{1}{10}$ de plus que la Culasse.)

(2) Pour lever la flèche du Triqueballe avec plus de facilité, placez un Levier sous chaque empanon, ayant la sellette pour point d'appui, 2 hommes au bout de chaque Levier qui agiront en même-tems qu'on la soulevera.. etc.

Prenez un cable (1) ou une prolonge double, ou une simple; doublez ce cordage, faites-le passer ainsi doublé sous la flèche, entre les armons ou les empanons (il y a des Triqueballes anciens, où il y a des armons au lieu d'empanons), et par dessus la sellette, embrassez des deux brins doubles du cordage, le fardeau (2) en dessous, et l'y arrêtez par un nœud droit (3); lâchez le brin qui a servi à lever la flèche, décalez les roues; tirez sur l'autre brin, pour ramener la flèche à sa première position, le fardeau sera soulevé. Si c'est une Pièce ou un arbre, etc. ou autre fardeau alongé, vous le brèlerez à la flèche, afin de le maintenir parallèlement à cette flèche (4).

Pour décharger le fardeau, débrèlez-le d'abord à la flèche, lâchez doucement le cordage amarré au bout de la flèche, elle s'élèvera, et le fardeau s'abaissera, etc.

Il faut 12 hommes pour conduire un fardeau de 2000 liv.; et 26 hommes pour mener une Pièce de 24 sur un terrain uni.

Nota. Pour les fardeaux courts, ou qui ne sont pas trop pesans, on se sert au lieu de Triqueballe, d'un ou deux Avant-trains à bras de Limonière. Si on n'en a qu'un, on l'équipe d'après ce qu'on vient de dire, et les bras abaissés, on les contient pour les empêcher de se redresser, au moyen de Leviers mis en travers dessus, et de quelques hommes. Si on met 2 Avant-trains pour un fardeau lourd et pesant, placez-les, un en avant, l'autre en arrière du fardeau, les bras de Limonière en un sens opposé; dressez leurs bras, amarrez à chaque Avant-train un bout du fardeau, et abattez en même tems les deux Limonières; pour les empêcher de se redresser, amarrez à un bras de chacune un morceau de bois qu'on fera passer sous l'Essieu, et qu'on fixera près de l'Entretoise, pour que l'Avant-train se dirige plus aisément dans les tournans. Si on se sert de Chevaux, on placera un homme ou deux à la Limonière de l'Avant-train de derrière.

---

(1) Quelquefois, au lieu d'un Cordage, on a une chaîne qui a un crochet à chaque bout; on enveloppe le fardeau, et on accroche les crochets aux mailles, le plus haut qu'on peut.

(2) Quand on lève une Pièce, il faut passer la chaîne ou le cordage dans les anses du dedans au dehors de ces anses.

(3) Au lieu d'arrêter le Cordage par un nœud droit, on peut, après avoir passé le Cordage dans les Anses, ou avoir embrassé le fardeau à son équilibre, ramener en haut les deux brins du Cordage, en entourer les Empanons, en les passant du dehors en dedans; puis les repasser sur la Sellette, les tendre et les placer sous les brins qui portent le fardeau; le poids, en les serrant, les contient, et on est dispensé de faire des nœuds.

(4) Un homme doit suivre le fardeau avec un Levier: si c'est une Pièce, il le place dans l'ame, et empêche la Pièce de battre contre les Roues; si c'est tout autre fardeau, il le dégage, et le contient, sur-tout dans les tournans.

Otez la Roue d'un Affût par le moyen d'un Pointal (1).

Du côté où l'on veut ôter la roue, 5 à 6 hommes levant la crosse d'Affût, on place un Pointal sous le flasque et contre l'essieu, perpendiculairement au terrain ; et après avoir calé la roue opposée, on pèse sur les crosses ; alors la roue qu'on doit ôter se trouve assez élevée pour qu'on puisse le faire facilement.

Remettre une Roue à l'Affût de 24, par le moyen d'un Pointal, etc.

Calez la Roue.

Placez un Pointal sous la tête du Flasque du côté où l'on veut remettre la Roue. Prenez une Poutrelle de 9 à 10 pieds de long ; placez-la sous la tête du Flasque, et appuyant sur le Pointal qui est debout, comme sur un point d'appui, abattez sur l'extrémité de ce Levier, vous souleverez l'Affût. Soutenez l'Essieu, en plaçant sous lui vers la naissance de la Fusée, un Billot qui le soutienne, et remettez la Roue.

Ou, soulevez l'Essieu par le moyen des Leviers en Tenaille, disposés sous la Fusée qui doit recevoir la Roue. Placez sous cette Fusée soulevée, la Roue, le gros bout du Moyeu en haut, présentant son trou au bout de la Fusée. Faites encore la Tenaille, et relevant la Roue en même-tems, faites entrer la Fusée dans le Moyeu.

Manière d'attacher un faux Essieu.

Si l'on n'a point de Faux-Essieu, on en fait un avec un brin d'Orme ou de Hêtre ; que la Fusée soit semblable à celle qui est cassée, que le corps du Faux-Essieu soit plus court que celui de l'Essieu cassé, pour qu'il ne touche pas contre le Moyeu de la

---

(1) Pointal, pièce de bois de 3 à 4 pouces d'équarrissage ou de diamètre, et de 3 à 3 pieds et demi de long servant dans les Manœuvres d'Artillerie à soutenir les têtes d'Affût, les Essieux, etc., et de point d'appui aux Leviers... Dans les terrains fangeux, on met sous lui une petite planche pour l'empêcher de s'enfoncer, parce qu'on l'emploie debout.

Roue opposée, et qu'il y ait des entailles d'un pouce pour les Flasques.

Calez les Roues.

Relevez la Voiture au niveau de la Roue restante, par le moyen d'un Cric ou d'un Pointal. Otez l'Equignon, le Heurtequin, et sciez la Fusée cassée contre l'Epaulement. Placez le Faux-Essieu contre le devant du corps de l'Essieu, et avec des chaînes qu'on porte à cet effet, attachez-les ensemble. Dans le dernier tour de chaque chaîne, passez la pince d'un Levier, brèlez fortement les deux Essieux, et attachez le petit bout de ces Leviers avec des Traits aux Flasques, Flèches on Brancards, etc.

Si on n'a pas de chaîne, on y supplée par des cordages.

Si c'est un Avant-train, et qu'on ne puisse faire le brèlage, on glissera des coins entre les chaînes et les Essieux, et on les y fixera par quelques clous.

Remettre un Essieu à un Affût sans ôter la Pièce.

Arrêtez la Crosse d'Affût par de bons Piquets (1). Placez le Cric sous la tête d'un Flasque, ou contre le Crochet de retraite de tête d'Affût d'un côté ; soulevez l'Affût de ce côté, placez (2) un Pointal pour le soutenir. Soulevez de même l'Affût de l'autre côté ; en faisant s'arcbouter le Pointal et le Cric, vous ôterez les Roues, et pourrez changer l'Essieu.

Pour équiper la CHÈVRE *à un brin.*

Dressez la Chèvre sur ses jambes ; placez son pied pour la soutenir, en sorte que bout garni d'un piton soit à égale distance du pied des Hanches, et l'autre bout bien logé dans l'Encastrement qui est à la tête de la Chèvre, que la Chèvre et son pied soient également inclinés l'un sur l'autre et assez distans pour laisser passer aisément le fardeau qu'on doit soulever, et la voiture qui le porte ou doit le porter. Cette distance doit être de pas ou de 9 pieds pour qu'un Affût de siége puisse passer sans heurter les Hanches ni le pied.

La droite de la Chèvre est la droite de l'homme qui lui fait face de l'autre côté du pied.

Placez le Cable à la gauche du Treuil, passez un de ses bouts

(1) On tâchera d'en planter un dans la Lunette.

(2) Il faut mettre le Pointal le plus près qu'on pourra de l'Etrier, le faisant appuyer contre le bout de la Cheville à tête plate.

par-dessus le Treuil ; et allant de gauche à droite, faites autour de lui 3 tours entiers, le cordage se touchant sans remonter sur lui-même ; passez ce brin du Cable dans la Poulie de la droite, faites défiler (1) le Cable jusqu'au fardeau. Si ce fardeau est un Canon, entrelacez une jarretière dans les Anses et l'y arrêtez par un nœud droit *, ensuite passez le brin du Cable qui descend de la Poulie entre le Canon et la jarretière, et l'y arrêtez par un nœud Allemand ; et l'on manœuvrera au Treuil.

Voyez la Manœuvre du Treuil.

Pour équiper la Chèvre à 2 Brins.

Procédez comme pour l'équiper à un jusqu'à *. Alors au lieu d'arrêter le Cable à la jarretière des Anses, passez-le dans la poulie d'une Echarpe qu'on accrochera à cette jarretière, et du brin du Cable coiffez la tête de Chèvre par un nœud allemand, en faisant pendre ce brin par la gauche, pour que la Chèvre soit uniformément chargée.

Si l'on veut soulever un Affût de Mortier ou tout autre fardeau, on l'enveloppera à son équilibre, d'un cordage arrêté par un nœud droit ; puis on y fixera le brin du Cable par un nœud allemand, et l'on y accrochera les Echarpes, en sorte que les brins ne se croisent pas. C'est pour que la Pièce présente directement ses tourillons aux encastremens de l'Affût qui doit la recevoir, qu'on a, dans ces deux cas, entrelacé un cordage dans les Anses, où l'on a arrêté le Cable dans le premier cas, et l'Echarpe dans le second ; en se servant des Anses, la Pièce se présenterait de travers.

Pour équiper la Chèvre à 3 Brins.

Procédez comme pour l'équiper à deux ; mais au lieu de coiffer la Chèvre avec le brin du Cable, faites-le passer dans la Poulie de la gauche, et dans le même sens que l'autre brin, c'est-à-dire du dehors en dedans ; en sorte que le brin se trouve pendant entre la Chèvre et son pied ; attachez ce brin à l'Anse du côté du pied de Chèvre par un nœud allemand, et accrochez l'Echarpe à l'autre Anse, la tige du Crochet en dehors des Anses.

---

(1) On dit simplement dans les Manœuvres *défiler* au lieu de *faira défiler* : on se servira de cette expression, quoique peu française.

Pour équiper la Chèvre à 4 Brins.

Procédez comme pour l'équiper à trois; mais au lieu d'arrêter le troisième brin de Cable par un nœud allemand, à l'Anse, faites-le passer dans une Echarpe qu'on accrochera à l'Anse la plus près du pied, en sorte que les tiges des Crochets de cette Echarpe, et de la première accrochée à l'autre Anse, soient l'une contre l'autre. Enfin, du bout du Cable, coiffez la tête de la Chèvre à droite par un nœud allemand.

Pour équiper la Chèvre à 5 et à 6 Brins.

Procédez comme pour l'équiper à 4 (ensuite, comme il n'y a ordinairement que deux Poulies aux têtes de Chèvres, formez, avec un Trait, une espèce de Couronne ou de Chapelet; en le roulant autour de lui-même, et lui laissant assez de largeur pour embrasser la tête de la Chèvre : coiffez-en cette tête de Chèvre, et accrochez-y une Echarpe); mais au lieu de coiffer la Chèvre avec le bout du Cable, passez ce bout dans la nouvelle Echarpe, et attachez-le par un nœud allemand à une jarretière entrelacée dans les Anses, de la manière qu'on l'y a entrelacée en équipant la Chèvre à un Brin; et pour l'équiper à six Brins, au lieu d'arrêter ce bout du Cable à cette jarretière, faite-le passer dans une Echarpe que vous accrocherez à cette jarretière, et finissez par coiffer de ce bout la tête de Chèvre par un nœud allemand.

On se sert rarement de la Chèvre équipée à plus de 4 Brins, parce que la manœuvre devient trop longue, et que 6 hommes manœuvrant au treuil, soulèvent aisément les plus grands poids qu'on puisse avoir à lever ordinairement dans l'Artillerie; mais à tel nombre de Brins qu'on équipe la Chèvre, il faut avoir attention que les Brins ne se croisent pas, et les faire passer dans l'anse de la Pièce. Si c'est une pièce de Canon, qu'on lève la pince d'un Levier qu'un homme tiendra d'une main, les ongles en bas en tenant son corps éloigné, et il aura soin d'empêcher que la Pièce qu'on lève ne heurte la Chèvre ou son pied.

Si au lieu de deux Echarpes séparées, on n'en avait qu'une à deux Poulies, il faudrait, dans tous les cas, entrelacer une jarretière dans les Anses, pour y faire passer son Crochet.

Manœuvre du Treuil, la Chèvre équipée.

Si c'est une pièce de gros Calibre, il faudra 6 hommes, *A*, *B*, *C*; *a*, *b*, *c*, pour manœuvrer au Treuil : *A*, *B*, à la droite, et *a*, *b*, à la gauche faisant face en dedans, ayant chacun un

Levier pour embarrer dans les mortaises : et *C*, à droite, et *c*, à gauche se tournant le dos, faisant face aux deux autres de droite et de gauche, précédemment placés ; les 2 hommes *C c*, n'ont point de Leviers, et sont destinés pour le secours.

1 Homme, comme on l'a déjà dit, passe la Pince d'un Levier dans l'ame de la Pièce, et tenant les ongles en bas, et son corps éloigné, la contient lorsqu'on la lève.

Le restant des hommes tient le bout du Cable équipé au Treuil, qu'on nomme Retraite, et tirant dessus, l'empêche de céder au poids en glissant (1).

On garde le silence ; les seuls hommes de droite feront les commandemens qu'on va expliquer.

Les hommes correspondans de droite et de gauche doivent toujours embarrer dans les mortaises correspondantes du Treuil.

Le Cable de la retraite tendu, deux hommes $\frac{A}{a}$ embarre son Levier de la manière suivante : $\frac{A}{a}$ tient sa main $\frac{\text{droite}}{\text{gauche}}$ à plat et en dessus sur la Pince de son Levier, environ à 6 ou 8 pouces du bout, et la main $\frac{\text{gauche}}{\text{droite}}$ vers le milieu du Levier en sens contraire, c'est-à-dire, les ongles en haut ; il enfonce son Levier dans la Mortaise jusqu'à ce que sa main $\frac{\text{droite}}{\text{gauche}}$ porte sur le Treuil : alors, montant sur le premier Epar, ou même sur le Treuil, s'il est nécessaire, pour faire un plus grand effort, il glisse ses mains jusqu'à l'extrémité du petit bout de son Levier, *A* fait le commandement, *au Secours*. A ce commandement, l'homme $\frac{C}{c}$ placé en dedans pour le secours, saisit promptement le Levier de $\frac{A}{a}$, monte comme lui sur l'Epar ou le Treuil, et s'affermit pour faire effort. *C* fait le commandement, *Débarrez*.

A ce Commandement, l'Homme $\frac{B}{b}$ débarre, et fait un grand pas en arrière ; *B* fait le Commandement, *Abattez*. $\frac{A}{a}$ et $\frac{C}{c}$ abattent ; $\frac{B}{b}$ se porte au bout du Treuil qui est de son côté, embarre comme $\frac{A}{a}$, se place comme lui, et s'affermit. *B* fait le Commandement, *au Secours*. $\frac{C}{c}$ vient au secours, et ainsi de suite.

Nota. En commençant la Manœuvre, la première fois qu'on dit : *au Secours*, *C* n'a pas besoin de dire, *Débarrez*, puisque *B* n'a point encore embarré ; mais après le commandement, *au Secours*, *B* fait celui *Abattez*.

On abat en deux mouvemens : le premier, en faisant effort

(1) Si on n'avait pas d'hommes pour la retraite, ou qu'elle fût trop courte pour tirer dessus, on passerait le bout de cette retraite, entre le Treuil et le brin qui monte à la Poulie, ce qui l'arrêterait en la serrant aussitôt qu'on manœuvrerait.

pour venir prendre terre ; le second, en abaissant les Leviers jusqu'à la hauteur des genoux.

Si le fardeau est léger, on ne met que 4 hommes au Treuil. *A* et *C* à droite se faisant face, *a* et *c* à gauche se faisant face aussi : *C* et *c* se tournant le dos. $^{A}_{a}$ embarre dans la Mortaise extérieure de son côté. *A* fait le commandement, *Débarrez.* $^{C}_{c}$ débarre. *C* fait le commandement, *Abattez.* $^{C}_{c}$ embarre après qu'on a abattu dans la Mortaise intérieure qui est de son côté. *C* fait le commandement, *Débarrez*, et ainsi de suite.

Si on n'avait que 4 hommes pour le Treuil, et que le fardeau fût pesant, on les placerait comme on vient de dire. $^{A}_{a}$ et $^{C}_{c}$ agiraient ensemble sur le même Levier. On manœuvrerait ainsi : $^{A}_{a}$ Embarrez. *A* dit : *au Secours.* $^{C}_{c}$ pose son Levier à terre, se joint à $^{A}_{a}$; *C* dit : *Abattez :* on abat ; *C* dit : *Embarrez ;* alors $^{C}_{c}$ prend le Levier qu'il a posé à terre, embarre. *C* dit : *au Secours*, $^{A}_{a}$ débarre, pose son Levier à terre, va au secours de $^{C}_{c}$. *A* dit : *Abattez ;* on abat, et ainsi de suite : c'est toujours le dernier qui agit, qui doit faire le commandement.

Quelques Régimens font précéder le commandement *au Secours* de celui *Débarrez ;* mais c'est le même qui les fait successivement, sans intervalle.

Quelques Régimens disent aussi, *Abattons*, au lieu d'*Abattez.*

Manière d'arrêter le Cable au second Epar.

Après avoir manœuvré quelque tems, le Cable qui se trouvait d'abord à la gauche du Treuil, est arrivé contre les Mortaises de la droite, il faut alors le repousser à la gauche ; et pour cela l'arrêter au 2e Epar, de cette manière. Mettez 2 Leviers dans les Mortaises du Treuil qui se trouvent en haut, et un troisième entre ces Leviers et les Hanches ; le Treuil sera fixé. Embrassez par le milieu d'une jarretière le cable au-dessous du second Epar, de façon que les deux brins de cette jarretière passent par derrière cet Epar. Réunissez ces 2 brins en les tordant, doublez-les sur eux-mêmes, et les croisez et les tordez de nouveau, en sorte qu'ils fassent une ganse que l'on tient derrière l'Epar, qu'elle ne doit pas dépasser. Passez dans cette ganse un manche d'outil, ou le petit bout d'un Levier en dessus de l'Epar : appuyez sur ce Manche ou ce Levier, le Cable se serrera contre l'Epar, et fléchissant en dessous, vous avertira qu'on peut sans risque repousser le Cable à la gauche du Treuil... Le Cable replacé ; on lâchera doucement le Levier qui arrête le Cable à l'Epar, pour qu'il n'y ait pas de secousse.

Manière d'arrêter le Cable au premier Epar.

Il est quelquefois nécessaire d'arrêter le Cable au premier Epar, lorsque la Pièce étant élevée, on a besoin des hommes qui tiennent la retraite, pour avancer l'Affût, ou pour etc., pour cela :

Empêchez le Treuil de tourner, par le moyen de trois Leviers, comme lorsqu'on veut arrêter le Cable au second Epar. Un homme appuyant la main droite à plat, les doigts ployés sur les tours que le Cable fait sur le Treuil, les empêche de glisser, et baisse de la main gauche la Retraite qu'on lâche en ce moment, jusqu'au premier Epar, où on l'arrête comme on a fait au second. Un homme tient le Levier qui passe dans la Ganse, ou, l'ayant fait passer de haut en bas dans cette Ganse, et le faisant porter contre le Treuil et l'Epar, ou contre un Levier mis en travers, il peut se dispenser de le tenir.

Lever une Pièce de Canon sans Echarpes.

Prenez un bout de Levier d'environ 2 pieds de long, ou tout autre morceau de Bois, bien fort, bien rond et bien uni, attachez-le solidement en travers sur les Anses de la Pièce, avec des Traits à Canon ou autres forts Cordages ; arrêtez par de bons nœuds, équipez la Chèvre à l'ordinaire, et passez tous les Brins de Cable autour de ce Rouleau, comme autour des Poulies des Echarpes ; la Pièce montera aisément en manœuvrant au Treuil.

Lever une Pièce de Canon qui n'a pas d'Anses.

Equipez la Chèvre à autant de Brins qu'on jugera nécessaire pour lever la Pièce. Introduisez de forts leviers dans l'ame du Canon, jusqu'à environ la moitié de leur longueur. Prenez un Cable, ou une Prolonge double : attachez un bout au bouton de la Pièce, par un nœud allemand, étendez le Cordage le long de la Pièce, embrassez par un tour les leviers qui sont dans l'ame, revenez embrasser le Bouton, et tendant le Cordage autant qu'on peut, revenez encore aux leviers, et arrêtez-y par un bon nœud ce troisième Brin. Accrochez les Echarpes à ces trois Brins ensemble, en sorte que la Pièce soulevée se trouve à-peu-près en équilibre.

Cette façon de placer le Cordage le long de la Pièce, fait éviter l'inconvénient qui se trouverait à l'embrasser en entier ; car, ces Cordages ainsi placés, l'empêcheraient de prendre la position qu'elle doit avoir sur son Affût.

Equiper la Chèvre à Haubans.

Pour exécuter cette manœuvre, il faut 12 à 14 hommes pour les Pièces de petit calibre, qu'on place : 4 pour la manœuvre du treuil, 4 à la retraite, 2 aux piquets des haubans, et 2 à 4 dans le fossé, pour préparer la Pièce et pour l'amarrer.

Pour les gros calibres, il faut 20 à 24 hommes : dont 6 pour la manœuvre du treuil, 8 à la retraite, 2 aux piquets des haubans, 6 dans le fossé pour préparer et amarrer la Pièce ; s'il en reste 2, ils se tiendront à portée, pour se porter au besoin.

Les agrès nécessaires pour équiper la Chèvre à haubans, sont, 12 leviers, 1 cable et 2 si le fossé est profond, 1 prolonge double, 1 demi-prolonge, 2 traits à caissons ou jarretières, 4 piquets sabottés (il n'en faut strictement que 2, mais souvent on les casse en les enfonçant), 2 masses pour planter ces piquets, 1 manche de pioche, et 2 grands chantiers de manœuvre.

Placez-vous sur le milieu de la ligne qui passerait par les pieds de la Chèvre, si elle était dressée où elle doit être ; marchez 10 à 12 pas (de 3 pieds), suivant une perpendiculaire à cette ligne du côté opposé au fardeau à lever : faites 5 à 6 pas à droite et à gauche, suivant des perpendiculaires, au bout de celle-ci ; ce sera l'emplacement de 2 piquets sabottés de 4 à 5 pieds de long, qu'on enfoncera des 2 tiers, en les inclinant du côté opposé à la Chèvre. S'il y avait des arbres à portée, on s'en servirait au lieu de piquets.

Couchez la Chèvre sur son cintre, le bas des hanches du côté du fardeau, et équipez-la.

Pour cela : soulevez un peu la tête de la Chèvre par le moyen d'un chantier, ou, etc. pour donner la facilité de passer les cordages dans ses poulies. Passez un des bouts du cable en dessous dans la poulie de la droite, défilez ce cable jusqu'à environ 2 tiers de sa longueur, passez ce même brin qui vient de la poulie de la droite dans une écharpe, et de là dans la poulie de la gauche du même sens que dans celle de la droite, c'est-à-dire, en-dessous ; défilez le cable, jusqu'à ce que les trois brins soient à-peu-près égaux.

Prenez une prolonge double ; faites dans son milieu un nœud d'artificier, et coiffez-en la tête de Chèvre, entre les deux boulons, à-peu-près, observant de ne pas trop baisser le nœud pour ne pas gêner les poulies ni le cable.

Placez un homme à chaque hanche de la Chèvre, qui appuyant son pied contre celui de la hanche, empêche la Chèvre de glisser, tandis que les autres hommes la dresseront. Un homme placé à chaque brin de la prolonge dont on a coiffé la Chèvre, entourera de ce brin le piquet où il doit être placé, et lâchera ou tendra le hauban, suivant qu'on le lui commandera. Lorsque la Chèvre aura l'inclinaison nécessaire, il arrêtera son hauban au piquet par un nœud d'artificier ou de batelier. Comme le poids fera étendre les haubans dans la manœuvre, il faut observer de ne point trop incliner la Chèvre.

Défilez le cable jusqu'à ce que les hommes qui sont dans le fossé, puissent atteindre les trois brins et l'écharpe. L'écharpe sera accrochée à l'anse la plus près de la Chèvre, le troisième brin à l'anse opposée. Les hommes restés au treuil l'entoureront 3 fois du cable, en le passant d'abord en dehors et dessous, de façon que la retraite se trouve à la gauche. Ils manœuvreront... Si la Pièce courait risque de s'engager dans des trous du rempart ou à son cordon, on attacherait une demi-prolonge à l'anse la plus éloignée du mur; et des hommes tirant sur cette demi-prolonge, dégageraient la Pièce quand il serait nécessaire.

La Pièce étant élevée d'environ 1 pied plus haut que le bord du rempart, pour la faire venir sur terre contre les hanches de la Chèvre, placez un cordage au bouton de la culasse et un à la volée, tirez dessus, lâchez doucement la retraite au treuil, jusqu'à ce que la Pièce soit à terre.

Si la Chèvre est trop inclinée et ne permet pas d'attacher ces deux cordages, placez des hommes à chaque hauban; tirez sur ces haubans pour redresser la Chèvre, lâchez doucement au treuil la retraite, et la Pièce viendra d'elle-même toucher les hanches et prendre terre.

Si le terrain qui doit recevoir la Pièce n'était pas favorable par ses inégalités, ou son trop grand talus, passez deux grands chantiers de manœuvre en dedans et contre les hanches de la Chèvre, poussez-les jusqu'à ce que leur bout soit au bord du rempart, et soutenez ce bout par des bois ou des pierres plates, en sorte que ces chantiers ne s'inclinent pas vers le fossé. La Pièce étant arrivée sur ces chantiers, on la calera.

Couchez la Chèvre pour la retirer, ayant attention que ses hanches ne heurtent pas la Pièce.

Equiper la Chèvre à 2 Cables.

Couchez la Chèvre comme quand on l'équipe à haubans, à l'endroit où on veut la dresser. Passez un cable dans la poulie de la gauche, de façon que les deux brins qu'il doit former descendent également, et du même côté (celui du côté du fardeau), dans le fossé. Passez l'autre cable dans la poulie de la droite, défilez-le jusqu'à ce que le brin qu'il doit former soit descendu dans le fossé, et équipez l'autre à la gauche du treuil à l'ordinaire.

Levez la Chèvre comme il est prescrit ci-devant. Alors les hommes qui sont dans le fossé attachent le brin du cable qui passe en dessus de la poulie de la gauche, à l'anse la plus éloignée de la Chèvre (par un nœud allemand), et passant l'autre brin de ce cable dans une écharpe, ils l'uniront par un nœud droit au brin du cable de la poulie de la droite, de façon qu'il reste 10 à 12 pieds du brin du cable qui passe dans l'écharpe. On met un manche d'outil dans le nœud pour l'empêcher de se trop serrer; on accroche l'écharpe à l'anse libre, et l'on manœuvre au treuil.

Le nœud arrivé aux poulies de la tête de Chèvre, arrêtez le treuil par le moyen de 3 leviers; un homme monte à la tête de la Chèvre avec une simple prolonge; d'un des bouts il l'en coiffe par un nœud allemand, et laisse l'autre descendre à terre; un homme saisissant ce bout de prolonge, en fait un nœud d'artificier, enveloppe de ses deux ganses le brin du cable de la poulie de la gauche, où est le nœud droit, et passant un manche d'outil dans les deux ganses du nœud d'artificier, il le serre jusqu'à ce que le brin du cable et la prolonge ne puissent se désunir.

On lâche la retraite; l'homme qui est à la tête de la Chèvre défait le nœud droit, retire de la poulie de la droite le brin qui y passe, met à sa place le bout de 10 à 12 pieds qu'on a laissé de l'autre cable en faisant le nœud droit, et ajoute de nouveau et de la même façon les deux cables. On fait tourner le treuil jusqu'à ce que le cable soit tendu : l'on ôte la demi-prolonge, l'homme descend, et on achève la manœuvre, en observant d'empêcher le nouveau nœud droit de s'engager au treuil.

Lever une Pièce de Canon sur un Rempart, et la faire passer par une Embrasure.

C'est ordinairement par la Culasse qu'on monte une Pièce de Canon, lorsqu'on veut la faire passer par une Embrasure. Cette manœuvre s'appelle monter une Pièce en *Bilboquet*, ou une *Pièce frondée.*

Equipez la Chèvre à haubans (ordinairement on est obligé de l'équiper à deux cables, et c'est ainsi que la manœuvre va être détaillée); ôtez le premier épar, parce que la Pièce doit passer sous le treuil; dressez la Chèvre dans l'embrasure, si elle est assez large, ou sur une Plate-forme qu'on y construira, comme il sera dit ci-après.

Les hommes qu'on enverra dans le fossé doivent avoir de plus que dans les manœuvres précédentes, un bout de cable de la longueur d'environ 3 fois la Pièce (ou à son défaut, ce qui est moins commode, une demi-prolonge), une demi-prolonge, un trait à caisson ou jarretière. (Ils portent encore une écharpe, un manche d'outil, etc., comme quand on équipe la Chèvre à deux cables et à haubans).

Les hommes qui sont dans le fossé, équiperont ainsi la Pièce.

Tournez la culasse du Canon vers le rempart; faites un nœud allemand à chaque extrémité du bout de cable qu'on a apporté :

enveloppez dans ces nœuds le collet de la Pièce, un de chaque côté, de façon que ce cable s'étende en dehors et le long des anses, jusques vers la lumière, en l'alongeant sur la Pièce; avec le brin du cable qui passe en-dessus de la poulie de la gauche de la Chèvre, faites un nœud allemand autour du collet de la Pièce, entre les deux qui y sont déjà. Passez l'autre brin de ce même cable dans une écharpe; et laissant un bout de 10 à 12 pieds, unissez-le au cable qui passe dans la poulie de la droite, par un nœud droit dans lequel on passe le manche d'outil pour l'empêcher de se serrer. Accrochez l'écharpe à la partie double du cable qui est équipé à la Pièce. Prenez la demi-prolonge, faites un nœud d'artificier autour du bouton de la Pièce. D'un de ses brins passés derrière le crochet de l'écharpe, embrassez un des brins du cable double, équipé à la Pièce, et celui du cable de Chèvre, et arrêtez ces deux brins de demi-prolonge par un nœud droit entre le bouton et l'écharpe, en observant d'en passer un en ganse dans le nœud pour le défaire avec facilité. Avec le trait à Caisson ou la jarretière, enveloppez la Pièce et les trois brins de cable qui sont sur elle, derrière les anses, et arrêtez le trait par un nœud droit.

On manœuvrera au treuil, et on dégagera la Pièce avec des leviers jusqu'à ce qu'elle soit suspendue; et avec une prolonge attachée à une anse, lorsqu'elle sera élevée.

La Pièce étant montée à 3 pieds au-dessus du lieu qu'elle doit occuper, arrêtez le treuil par le moyen des trois leviers. Alors un homme intelligent défait le nœud de la demi-prolonge qui est équipée aux boutons et aux cables, en tirant le bout qui est passé double formant une ganse; et laissant le nœud demi-fait, tenant un brin de chaque main, il les lâche peu-à-peu, tandis qu'on manœuvre de nouveau au treuil. La Pièce s'incline ainsi vers la Chèvre; on place un rouleau sous la culasse, pour la faire avancer avec plus de facilité entre les deux hanches; lorsque les cables ne sont plus arrêtés par cette demi-prolonge, il en décroise les deux brins, et les remet à des hommes qui, tirant dessus, aideront la Pièce à se placer, tandis qu'ayant défait la jarretière qui embrasse la Pièce et les Cordages derrière les anses, et la manœuvre du Treuil continuant encore, on achevera, en plaçant un second rouleau, de faire avancer la Pièce, jusqu'à ce que les Cables soient verticaux.

Pour construire la Plate-forme, quand l'embrasure n'est point assez large pour y équiper la Chèvre, il faut avoir 8 à 10 Madriers de 2 pouces d'épaisseur, qu'on place en travers à côté l'un de l'autre sur l'embrasure, le premier à 1 pied du bord du Rempart, et arrêté à chaque bout par un Piquet. On arrête de même le dernier. On équipe la Chèvre sur ce plancher, en sorte que les Pitons du pied des hanches portent sur le milieu du second Madrier, et s'y enfoncent un peu.

On peut faire passer la Culasse sur la Plate-forme entre les deux Hanches, ou dessous dans l'Embrasure, pourvu qu'il s'y puisse placer 3 hommes : l'un pour lâcher la Prolonge équipée au Bouton de la Pièce, lorsqu'elle sera élevée d'environ 2 pieds plus haut que la surface de l'Embrasure; le second pour placer les rouleaux, et le troisième pour servir au besoin.

Equiper la Chèvre en Cabestan.

Une Chèvre est équipée en Capestan ou Cabestan, lorsqu'étant couchée par terre, et assujettie avec de bons Piquets, on s'en sert comme d'un Cabestan.

Pour l'équiper ainsi, couchez la Chèvre par terre dans la direction du mouvement que doit faire le fardeau qu'on doit remuer; mettez le cintre en dessous, la tête (1) du côté de ce fardeau, placez son pied, ou un chantier en travers sous les hanches, près du premier Epar, pour les élever un peu, et par-là donner la facilité au Treuil de tourner librement : plantez deux bons Piquets, en les inclinant un peu en arrière pour qu'ils aient plus de force, un de chaque côté des Hanches; faites appuyer ces Piquets contre ces Hanches, et qu'ils soient environ un demi-pied au-dessus du second Epar, afin que cet Epar ne porte pas sur eux quand on fera force au Treuil. Si ces deux Piquets ne suffisent pas pour contenir la Chèvre, on en plantera deux autres de la même manière, entre les tourillons du Treuil et le premier Epar.

Amarrez le Cordage du fardeau au Treuil, et manœuvrez au Treuil.

Voyez la Manœuvre suivante.

---

(1) On peut aussi tourner la tête de la Chèvre du côté opposé au fardeau, et la fixer de même qu'il vient d'être dit, ou élever un peu cette tête sur un bout de chantier qu'on place en croix par dessous, et qu'on y attache avec un bout de cordage, et on amarre le tout fortement à un bon Piquet. Ensuite on peut équiper la Chèvre comme si elle était sur son pied, à 2 Brins, 3 Brins, etc., en observant de faire passer en dessus de la Chèvre le Brin à équiper au Treuil, et tous les autres en dessous, et d'arrêter au premier Epar le Cordage, et non à la tête de la Chèvre.

Manœuvre du Treuil, la Chèvre équipée en Cabestan.

Pour manœuvrer au Treuil, il faut 6 hommes, *A*, *B*, C à droite, et *a*, *b*, *c* à gauche : *A*, *B*, *a*, *b*, en dehors, faisant face en dedans, ayant chacun un Levier, et *C*, *c*, en dedans, se tournant le dos pour venir au secours.

On tire sur la retraite, ou on la fixe.

On garde le silence; les seuls hommes de droite font les commandemens.

Les hommes correspondans de droite et de gauche doivent toujours embarrer dans les mortaises correspondantes du Treuil, et doivent observer de ne pas trop enfoncer leurs Leviers, pour que la pince ne porte pas contre terre.

A, *a*, embarrent leurs Leviers dans les mortaises où ils voient que leurs Leviers étant placés se trouveront verticaux à peu près. *A* fait le commandement, *au Secours*. *C*, *c*, qui sont supposés tenir les Leviers abattus près de terre, les quittent, se portent au secours, en saisissant les Leviers de *A*, *a*, et s'affermissent prêts à faire effort. *C* fait le commandement *débarrez* : *B*, *b*, qui sont restés pour contenir les Leviers près de terre, débarrent, glissent leurs Leviers par-dessus le Treuil, la pince la première, de façon qu'il ne reste dessus que le petit bout, saisissent tout de suite les Leviers qui sont embarrés, s'affermissent prêts à faire effort. *B* fait le commandement *abattez*. Ils abattent, en se regardant pour agir ensemble, jusqu'à ce que les Leviers soient parvenus près de terre. Mais après le premier effort, *A*, *a* ont quitté les Leviers pour saisir ceux qui sont couchés sur le Treuil, et qu'ils embarrent, ainsi qu'ils ont fait, en commençant la manœuvre; etc.

Embarquement (1) *des Pièces de Canon de gros Calibre, par le moyen de la Chèvre équipée en Cabestan.*

Placez et assujettissez la Chèvre, comme on vient de le dire. Prenez deux chantiers dont un des bouts soit coupé en biseau. Placez ces chantiers de la rive au bord du bateau, en sorte que le bout coupé en biseau soit en dessus et vers le bateau. Placez

---

(1) On ne parle ici que de l'embarquement et débarquement sur des Bateaux; lorsque c'est sur des Bâtimens, les Manœuvres regardent les Marins, et leurs Vergues et leurs Moufles les rendent très-faciles et très-promptes.

deux autres chantiers contre ceux-ci et portant par l'autre bout sur le fond du bateau, observant que ce bout inférieur s'appuie sur une courbe pour ne pas percer le bateau. Posez la Pièce à embarquer sur les deux premiers chantiers.

Durant ce tems, les Bateliers prépareront les chantiers nécessaires, et apprêteront leur bateau pour recevoir les Pièces.

Prenez une Prolonge double : d'une de ses extrémités, par un nœud allemand, embrassez le piquet et la hanche de la Chèvre qu'il arrête du côté où se trouve la culasse de la Pièce, de façon que le nœud, en se serrant, contienne la Chèvre au Piquet. Du restant de cette prolonge, autour de la Pièce, derrière les anses, faites deux tours sur le premier renfort, observant de commencer à la passer en-dessous. Faites défiler la prolonge, et équipez-la au Treuil en y faisant 3 tours.

Prenez une demi-prolonge : arrêtez une de ses extrémités au piquet, contre l'autre hanche, de la même manière que la prolonge double; du restant de cette demi-prolonge, faites un tour seulement autour de la volée, placez 5 à 6 hommes sur ce cordage pour le lâcher, en le tenant tendu, lorsqu'on lâchera celui qui est équipé au Treuil.

Placez deux leviers dans les mortaises du Treuil; et les faisant porter sur le second épar, ils empêcheront le Treuil de tourner. Deux ou trois hommes, tenant la retraite, la lâcheront à mesure qu'on fera rouler la Pièce, jusqu'à ce qu'elle commence à descendre sur les chantiers qui sont en pente dans le bateau; alors un homme, appuyant ses mains à plat, sur les 3 tours du cordage équipé au Treuil (ce qu'on appelle *mouliner*), les fera tourner lentement, en faisant lâcher à la retraite, jusqu'à ce que la Pièce soit entièrement descendue dans le bateau.

Embarquement des Pièces de Canon de petit Calibre, sans Chèvre ni Cabestan.

Plantez 2 bons piquets à la distance d'environ une toise l'un de l'autre, vis-à-vis le bateau, sur une ligne parallèle à sa longueur, et à une distance convenable et commode. Disposez les chantiers, comme on a dit, pour l'embarquement des Pièces de gros calibre, et placez dessus les chantiers la Pièce prête à descendre ; alors,

Prenez une prolonge double : fixez un de ses bouts, par un nœud de batelier, au piquet qui est du côté de la culasse; faites deux tours avec cette prolonge autour du premier renfort, en commençant par la passer en-dessous de la Pièce et du côté des piquets. Faites défiler ces tours jusqu'à ce que la prolonge soit tendue, et faites autour du même piquet deux tours avec le restant du cordage; un homme assis par terre auprès de ce piquet, pourra, en faisant *mouliner* ces tours de cordage, contenir la Pièce qui, étant poussée dans le bateau, y descendra lentement, tandis qu'on retiendra la volée, par le moyen d'une demi-prolonge arrêtée à l'autre piquet, par un nœud de batelier à un bout, et l'autre bout étant tenu par 3 à 4 hommes qui lâcheront à mesure qu'on fera *mouliner* l'autre cordage.

Si l'on n'avait à embarquer que du Canon de 8 ou de 4, ou qu'on eût beaucoup de travailleurs, on arrêterait seulement les cordages au piquet par un bout, et des hommes placés en suffisance aux autres bouts, lâcheront à mesure les cordages.

Si on avait des arbres à portée, on s'en servirait au lieu de piquets, mais on n'y ferait pas *mouliner* les cordages pour n'en pas enlever l'écorce.

Débarquement des Pièces de Canon de gros Calibre, par le moyen de la Chèvre équipée en Cabestan.

On équipera la Chèvre et la Pièce comme pour l'embarquement. On placera 5 à 6 hommes pour tirer sur le Cordage équipé à la Volée, et on manœuvrera au Treuil.

Débarquement des Pièces de Canon de petit Calibre, sans Chèvre ni Cabestan.

Disposez les cordages et les chantiers comme dans l'embarquement, et des hommes en tirant sur ces cordages, débarqueront aisément les Pièces.

Manière de faire des Pans de Roue.

Prenez deux demi-prolonges ou autres cordages à peu près semblables. Fixez à chaque roue un de ces cordages par un bout, en faisant un nœud allemand et embrassant les rais de la jante, la plus près de l'eau ou de la boue, etc. opposée à l'endroit où l'on veut aller. Faites passer le reste des cordages sur la circonférence des roues, placez sur chacun un nombre égal d'hommes, et tirez dessus en les faisant agir ensemble et faisant manœuvrer au Treuil, si la Voiture est tirée par un cordage qui y soit équipé.

Retirer une Pièce de Canon du fond d'une Rivière.

Pour retirer une Pièce de Canon du fond d'une rivière ; on se sert avec succès d'une tenaille faite à peu près comme l'instrument qu'on nomme *Ecrevisse*, qu'on emploie pour monter de grosses pierres de taille ou de grandes pièces de bois sur les bâtimens, par le moyen de la grue. Cette tenaille a de plus deux petits anneaux, placés un peu plus bas et de chaque côté de son diamètre, où sont attachés deux cordages d'environ 6 lignes de diamètre, qui passent de là dans des trous ménagés au bout de chaque branche de la tenaille, qui sont courbées en dehors à cet effet, de façon qu'en tenant la tenaille suspendue par ces cordages, elle reste ouverte. Elle se ferme par le moyen d'une chaîne composée de 4 mailles et terminée au milieu par un anneau rond d'environ 4 à 5 pouces de diamètre. Les premières mailles de cette chaîne sont passées au bout de chaque branche dans des trous qui y sont réservés. On passe un bon cordage que l'on double si l'on veut dans cet anneau ; on en réunit les deux bouts par un nœud droit, observant que ce cordage ait la longueur convenable, suivant la profondeur de l'eau, pour pouvoir y accrocher les écharpes de la Chèvre. On attache un autre petit cordage à celui-ci, pour qu'en tirant dessus et lâchant ceux qui tiennent la tenaille ouverte, elle se serre en attendant que les écharpes soient placées et qu'on manœuvre au Treuil.

Faire le Pont, et équiper la Chèvre.

Faites une espèce de Pont volant avec deux pontons ou petits bateaux. Pour cela, jetez 2 pontons à l'eau ; arrêtez-les l'un à l'autre par leurs commandes, de la même manière que si l'on voulait jeter un Pont. Placez 2 poutrelles à chaque bout et à côté l'une de l'autre, aux places qui leur sont réservées les plus près des avant-becs des Pontons. Arrêtez-les chacune par leur clavette. Prenez 4 demi-poutrelles d'environ 18 pouces plus longues que la largeur du Ponton ; placez-en 2 sur chacun, également espacées entre elles, de façon qu'elles ne débordent que d'environ 6 pouces et en dedans, le plat bord des Pontons où elles seront placées. Couvrez le Pont avec des madriers ; dressez la Chèvre sur le Pont, de façon que les hanches portent sur un Ponton et le pied sur l'autre, et que les pitons des hanches et du pied portent sur le milieu des madriers où ils seront placés. Equipez la Chèvre à 2, 3 ou 4 brins suivant la pesanteur des Pièces, et de la manière accoutnmée; en passant le cable 4 ou 5 fois autour du Treuil, pour qu'un homme ou deux, tout au plus, puissent tenir la retraite, n'y ayant pas assez d'espace pour en placer davantage sur le Pont.

On fait mettre sur le Pont la tenaille (ci-devant décrite) 6 leviers, 2 chantiers assez longs pour traverser d'un ponton à l'autre, 6 crochets à batelier ou perches servant à cet usage, et 12 hommes pour la manœuvre, dont 4 aux avant-becs des Pontons, un à chacun, ils conduiront le Pont; 4 pour la manœuvre du Treuil, 2 pour tenir la retraite, et les 2 autres pour gouverner la Pièce lorsqu'on la levera.

Si la rivière est rapide, jetez une ancre à une certaine distance, et arrêtez-y le Pont lorsqu'il en sera tems, ou attachez une prolonge à chaque Ponton que des hommes tiendront de droite et de gauche sur la rive, et qu'ils arrêteront à des arbres ou à des piquets, lorsque le Pont sera arrivé au point où il doit être pour commencer la manœuvre.

Repliez les madriers qui couvrent le Pont entre les deux pontons, l'un sur l'autre, du côté du pied de Chèvre, jusqu'à ce qu'on ait un espace assez considérable pour placer librement la tenaille, et pour lever la Pièce.

Faites aller le Pont de droite et de gauche le long de la rivière, et cherchez avec les 2 crochets restans la Pièce qui est à retirer. Lorsqu'on l'aura trouvée, faites tourner le Pont de façon qu'elle se trouve parallèle aux pontons, et vis-à-vis l'ouverture qu'ont laissée les madriers repliés. Alors, arrêtez le Pont à l'ancre ou aux cordages, etc. le plus solidement possible, avec un des crocs à Bateliers; reconnaissez la culasse de la Pièce, les tourillons et les anses, et tâchez d'y arrêter le crochet. Deux hommes, prenant chacun un des petits cordages qui tiennent la tenaille ouverte lorsqu'elle est suspendue, la feront glisser bien à-plomb et bien carrément le long du crochet de Batelier, jusqu'à ce que la tenaille ait bien embrassé la Pièce derrière les tourillons, autant que faire se pourra. Un homme ou deux tenant le petit cordage qui est arrêté à celui qui passe dans l'anneau de la chaîne, tireront dessus pour faire serrer la tenaille, et ceux qui la tiennent ouverte lâcheront en même tems les cordages qu'ils ont en main. Ils tiendront ce cordage jusqu'à ce qu'on ait accroché les écharpes de la Chèvre, et qu'ayant fait quelques tours au Treuil, on soit assuré que la tenaille ne lâchera point prise. Avec un des crochets à Batelier, accrochez la bouche de la Pièce afin de la contenir droite, et qu'elle ne se mette point en travers sous les pontons, lorsqu'elle montera.

Manœuvrez au Treuil jusqu'à ce que la Pièce soit élevée de 7 à 8 pouces plus haut que la surface du Pont; remettez à leur place les madriers repliés, et placez les chantiers en travers pour recevoir la Pièce.

Arrivés à l'endroit où l'on veut débarquer, ôtez la Chèvre: placez deux chantiers de Manœuvre qui s'étendent du Pont au bord de la Rivière, et faites rouler sur eux la Pièce pour la débarquer. Ou si le bord est trop élevé, équipez une prolonge en chapelet à la culasse et à la volée de la Pièce, et vous ferez monter la Pièce aisément.

Si l'on voulait monter la Pièce sur un rempart, ou sur quelque endroit élevé, on équiperait à cet endroit une Chèvre à haubans ; et le Pont s'étant avancé suffisamment pour accrocher les écharpes à la Pièce, on se retirerait tout de suite de dessous pour éviter les accidens.

Si l'on voulait monter une Pièce du fond d'un fossé plein d'eau sur un rempart d'où elle serait tombée, l'on pourrait aussi avoir 2 petites barques à pêcheur, qu'on attacherait à côté l'une de l'autre, à 3 pieds environ de distance. L'on mettrait 3 hommes dans chaque barque : 4 seraient pour les conduire ; les 2 autres chercheraient, un dans chaque barque, à accrocher la tenaille à la Pièce, de la même manière qu'on vient de l'expliquer. Ensuite ils attacheraient au cordage de la tenaille, par un nœud allemand, le brin de la Chèvre, et ils y accrocheraient aussi l'écharpe. (La Chèvre est équipée à 3 brins, à cause qu'il faut l'équiper à 2 cables). Enfin, ils s'en iraient, et l'on manœuvrerait au Treuil.

Faire passer une Rivière à une Pièce de Canon sur son Affût, avec un Cabestan, ou avec la Chèvre équipée en Cabestan.

Faites reconnaître le fond de la rivière, si vous en avez le têms et le moyen, pour choisir l'endroit le plus convenable au passage, soit par l'égalité du fond, soit par le moins de rapidité du courant. Si les bords sont escarpés, faites-les abattre, et pratiquez une rampe à l'entrée et à la sortie. Approchez la Pièce du bord, brèlez la Pièce sur l'affût : brèlez l'affût sur l'Avant-train. Prenez une prolonge double, deux s'il le faut, que vous unirez ensemble, ou même une cinquenelle, suivant la largeur de la rivière. D'un des bouts du cordage, enveloppez l'essieu de l'Avant-train, et l'entre-toise de lunette, après l'avoir arrêté à la cheville ouvrière par un nœud allemand. Mettez le restant de ce cordage plié en rouleau, dans une barque, avec la Chèvre ou le Cabestan, les Piquets, la Masse, les Leviers, et autres Agrès dont on pourra avoir besoin, de même que quelques outils à pionniers pour abattre la rive opposée. Observez de lâcher et de défiler le cordage, à mesure que le bateau s'eloigne.

Débarquez à l'autre bord les agrès nécessaires et le restant du cordage que 2 ou 3 hommes tiendront. Cherchez l'emplacement le plus convenable pour y placer la Chèvre équipée en Cabestan, ou le Cabestan, et équipez l'un ou l'autre de ces engins, ainsi qu'il a été prescrit.

Au bord où est la Pièce, on aura laissé 4 ou 5 hommes. Il planteront un piquet à 6 à 7 pas en arrière de la Pièce, vis-à-vis la rampe où elle doit descendre (si le bord est escarpé); ils attacheront une prolonge simple aux crochets de tête d'affût, en feront 2 ou 3 tours de ce piquet, et un homme les fera *mouliner* lorsqu'on la tirera, afin qu'elle descende lentement, et ne s'embourbe pas en se précipitant.

Au même bord, 2 hommes prendront un trait, ou un autre cordage, avec lequel ils feront un tour par son milieu, autour d'un des bras de la limonière, derrière le ragot; ils corderont les 2 brins du cordage ensemble, et bien serrés jusqu'au milieu de l'entre-deux des bras de limonière; là, ils embrasseront la prolonge qui traverse la rivière, et continuant de corder de la même façon leur cordage jusqu'à l'autre bras de la limonière, ils l'y arrêteront par un nœud droit.

Les hommes qui tiennent la prolonge au bord où la Pièce doit arriver, la tireront; les hommes au piquet de retraite de l'autre rive lâcheront leur cordage à mesure, la Pièce descendra ainsi lentement dans la rivière. On équipera cette prolonge au Treuil, et l'on manœuvrera. La Pièce franchira ainsi la rivière; et si le bord de sortie est trop escarpé, et que la force du Treuil soit insuffisante, on fera des pans de roue.

Voyez page 907.

On facilite quelquefois le passage de la Pièce dans des rivières très-profondes, en attachant symétriquement à la Pièce ou à l'affût des tonneaux vides et impénétrables à l'eau, ou des outres enflées; mais le uns et les autres doivent être symétriques et égaux.

Relever à bras une Pièce versée en Cage.

Une Pièce est versée en Cage, lorsqu'étant renversée, son affût se trouve sur elle, et qu'elle n'a point quitté son logement.

Passez deux leviers de chaque côté des moyeux entre les rais, et en travers des flasques, appuyant sur ces flasques, pour enrayer les roues. Assujettissez la culasse et la volée à l'affût, en les brèlant fortement avec des traits à canon ou autres cordages, pour que la Pièce ne quitte point son logement. Prenez une prolonge double, doublez-la en 2 brins égaux : passez la partie double par-dessus, et en travers des deux roues, commençant du côté où l'on doit relever la Pièce, et où l'on doit faire effort; passez le cordage entre les 2 rais qui tiennent à la jante près de terre (à la roue opposée à celle du côté où on relèvera), de là par-dessous la Pièce, sous le premier renfort, puis entre les 2 rais de l'autre roue, et accrochez cette partie double au moyeu de cette roue. Placez des (1) hommes au restant des 2 brins de la prolonge; faites tirer dessus, tandis que 8 à 10 hommes, munis de leviers, leveront la Pièce en embarrant sous la roue et le flasque opposé, en faisant effort ensemble.

Si une Pièce de Canon se trouvait par terre, et qu'on n'eût ni Chèvre, ni grands chantiers de Manœuvre pour la monter sur son affût, on l'éleverait sur de petits chantiers, ou sur des pierres, les anses tournées en bas, on renverserait l'affût sur la Pièce, de façon que les tourillons pussent se loger dans leur encastrement, et qu'on pût placer les susbandes, s'il était possible. On brèlerait la Pièce, et on la releverait, comme il vient d'être dit.

Relever une Pièce de Canon versée en Cage, par le moyen d'un Avant-train d'Affût, ou d'un Cabestan, ou de la Chèvre équipée en Cabestan.

Si l'on a peu d'hommes pour relever la Pièce, équipez-la comme il vient d'être dit; mais au lieu de faire tirer des hommes sur la prolonge, unissez ses 2 brins à une prolonge que vous équiperez à l'Avant-train, comme il va être expliqué.

Prenez un Avant-train, placez-le à 10 à 12 pas de la Pièce du côté où vous voulez la relever, et la flèche ou la limonière perpendiculairement à la direction de l'affût, vis-à-vis son essieu; ôtez les roues, fixez cet Avant-train en l'arrêtant par deux bons piquets plantés au bout du corps de l'essieu vis-à-vis les fusées. Faites incliner un peu en arrière la cheville ouvrière, en soulevant la flèche ou les bras de limonière, par le moyen d'un morceau de bois placé en travers et en dessous. Prenez une roue de l'Avant-train, faites passer la cheville ouvrière dans son moyeu, le gros bout tourné en bas. Attachez 4 leviers en croix sur cette roue, assujettissant le bout de leur pince contre le petit bout du moyeu avec des traits à Caisson, ou autres cordages, et fixez encore avec des cordages chaque levier à la jante sur laquelle il appuie.

Equipez la prolonge double, unie aux deux brins de celle qui entoure la Pièce; équipez-la au gros bout du moyeu, par le moyen de 2 tours, en sorte que le brin de la retraite se trouve en bas. Placez 2 hommes à chaque levier, quelques hommes à la retraite, et en faisant tourner la roue, vous releverez aisément la Pièce, avec 12 à 15 hommes.

Si l'on avait un brin d'arbre assez long, on le lierait en travers

---

(1) Il faut 20 hommes pour une Pièce de 24, et 15 à 16 pour une Pièce de 16, qui tirent sur les deux brins de la prolonge.

sur la roue, et il servirait à la place des quatre leviers : la flèche même pourrait servir à cet effet.

Au lieu de l'avant-train, on pourra se servir du Cabestan, ou de la Chèvre équipée en Cabestan ; la manœuvre sera plus solide et plus sûre, mais elle sera plus longue, et l'on n'a pas toujours sous la main un Cabestan ou une Chèvre.

Charger une Pièce de Canon sur son Affût, par le moyen de deux Chantiers.

Pour charger une Pièce de Canon sur son affût, lorsqu'on n'a pas de Chèvre, il faut avoir 2 pièces de bois, qu'on appelle *Chantiers de manœuvre,* qui ont 10 à 12 pieds de long et 6 à 8 pouces d'équarrissage : 2 pièces de bois rondes, à-peu-près de la même force, et de la même longueur, pourraient également servir. Une de ces pièces doit être coupée en sifflet à ses deux bouts sur la même face ; l'autre doit l'être seulement à un bout.

Placez l'affût à 4 grands pas de la Pièce, de manière que les tourillons soient vis-à-vis leur encastrement ; ôtez l'avant-train. Otez la roue de l'affût du côté de la Pièce ; placez-la sous le bout de l'essieu, ce bout portant sur la grande ouverture du moyeu, et remettez l'esse pour l'y retenir. Placez le chantier coupé en sifflet à ses deux extrémités, le sifflet portant d'un côté dans l'encastrement des tourillons, ne dépassant l'épaisseur du flasque que de très-peu, et de l'autre, aboutissant au commencement de la volée, du côté du renfort. Placez l'autre chantier d'un côté, portant sur l'affût par son bout coupé carrément, et appuyant sur la première cheville à tête, de manière que ce chantier porte sur les deux flasques, lorsque la Pièce sera sur l'affût ; et de l'autre bout, aboutissant à la Pièce vers la culasse. Faites rouler la Pièce avec des leviers sur les chantiers, et pendant tout ce tems, 2 hommes tiendront la pince de leurs leviers entre les chantiers et la Pièce, qu'ils suivront ainsi pour l'empêcher de redescendre, lorsque les autres hommes replacent leurs leviers pour la faire continuer de monter.

Lorsque la Pièce sera assez élevée, et que les hommes n'auront plus de prise avec leurs leviers, pour, faisant effort, la faire monter encore, 2 hommes monteront sur l'affût : 2 autres, prenant un bon levier, embarreront sa pince dans une anse de la Pièce, et leveront par le petit bout, jusqu'à ce que ceux qui seront sur l'affût l'aient atteint ; pour lors, ils tireront à eux et abattront. Les 2 hommes qui sont à terre embarreront de même un nouveau levier dans l'autre anse, et leveront encore la Pièce, tandis que ceux qui sont sur l'affût débarreront le leur, le feront glisser en bas, se saisiront de l'autre, le tireront à eux, etc. On continuera ainsi jusqu'à ce que la Pièce soit sur son affût. Alors une partie des hommes, passant un levier dans l'ame, abat sur la volée; 2 hommes soulèvent le chantier qui est sous la culasse, et le font croiser sur le flasque opposé, tandis que les hommes de la volée, en pèsant sur elle, font glisser la culasse sur ce chantier : par ce moyen, les tourillons s'approchent de leur encastrement. Enfin, on met un levier dans chaque anse pour les contenir droites : on se rend fort à la volée, en mettant des leviers en croix sous celui qui est dans l'ame, et en plaçant des hommes à ces leviers, et on achève de porter entièrement la volée dans son logement. Si la Pièce est d'un gros calibre, on pourra, pour éviter les secousses qui pourraient faire blesser quelqu'un, on pourra, dis-je, placer en travers sur la tête de l'affût, un bout de bois assez fort pour porter la volée de la Pièce, et quand la Pièce sera vis-à-vis de son logement, on fait retirer les hommes, on fait sauter le bois en le frappant de la pince d'un levier, et la Pièce se loge.

Pour remettre la roue, prenez un des chantiers, faites un abattage (1) sous le bout du corps de l'essieu ou sous la tête du Flasque : quand la fusée sera élevée, tirez l'esse, relevez la roue, pour que l'essieu passe dans le moyeu; si la fusée n'est pas assez élevée, haussez le point d'appui du levier, et abattez de nouveau, après avoir mis un bout de bois, ou quelque pierre plate, sous la fusée, entre elle et le moyeu, pour l'empêcher de redescendre, et ainsi de suite jusqu'à ce qu'on ait la facilité de remettre la roue.

Pour abréger cette manœuvre, tout étant disposé, comme il vient d'être dit, et la Pièce étant prête à monter sur les Chantiers; prenez une prolonge, arrêtez un de ses bouts au moyeu ou à l'essieu de la roue opposée à la Pièce, et du restant faites 2 tours autour du premier renfort, et ramenant le cordage du même côté où on a arrêté un de ses bouts, tirez dessus, la Pièce montera aisément.

L'on peut aussi équiper de même en chapelet autour de la Pièce, 2 prolonges, une à la culasse, l'autre à la volée.

Si l'on n'a pas assez de chantiers suffisamment longs pour avoir un plan assez incliné, à l'effet de faire monter la Pièce facilement, ôtez totalement la roue et placez votre Pièce comme on vient de le décrire, vous remettrez la roue par les mêmes moyens, en renouvelant plusieurs fois les abattages.

---

(1) Faire un abattage, c'est soulever un fardeau par le moyen d'un levier, et d'un rouleau ou morceau de bois qu'on place debout, qui sert de point d'appui, et qu'on met entre le fardeau et le bras du levier, où est la puissance, sur lequel on abat.

Charger une Pièce de Canon sur son Affût dans un Chemin étroit.

Si la Pièce est versée dans un chemin fort étroit, où il n'y ait de la place que pour passer son Affût ou Porte-corps : avec des leviers placés en tenaille sous la volée, soulevez-la, et placez un chantier ou des pierres plates sous les tourillons, introduisez la crosse de l'Affût, ôté de dessus l'Avant-train, sous la volée, le plus avant possible. Otez les 2 roues : mettez un rouleau sous la volée, en le faisant porter sur les deux flasques. Placez un rouleau plus gros sous le commencement du premier renfort, et qui pose sur terre. Passez un levier en travers sous le bouton de la culasse, et 4 hommes embarreront sous lui leurs leviers, 2 de chaque côté du bouton. Deux hommes embarreront aussi sous les tourillons, et agissant ensemble ils feront avancer la Pièce. Deux hommes, un de chaque côté, embarrent leur levier entre la volée et les flasques vers le bout de cette volée, et aident à faire nager la Pièce en avant, et l'on contient les anses droites avec un levier embarré dans chacune.

Pour abréger, si l'on a des hommes suffisamment, on amarre le bout d'une prolonge aux anses de la Pièce, et l'on tire dessus.

Quand la culasse porte sur l'entre-toise de lunette, placez le gros rouleau sur les flasques comme le premier; avancez les rouleaux quand il sera nécessaire, et manœuvrez jusqu'à ce que la Pièce soit dans son logement.

On remettra les Roues, l'une après l'autre, par des abattages, comme on a dit dans la manœuvre précédente.

Monter une Pièce de Canon sur son Affût ou Porte-Corps, dans un chemin étroit, par le moyen d'un Cabestan ou de son Avant-train.

Cette manœuvre est plus prompte et plus facile que la précédente, si le terrain permet de se servir du Cabestan ou de la Chèvre équipée en Cabestan, ou de l'Avant-train lui même équipé aussi en Cabestan : on n'ôte point les roues.

Placez le Cabestan, etc., ou l'Avant-train équipé comme on a dit page 904 : Engagez la crosse de l'affût sous la volée, en soulevant celle-ci par le moyen des leviers en tenaille. Calez les roues, creusez même le terrain sous chacune pour les mieux caler. Amarrez une prolonge aux anses de la Pièce, ou au collet, par un nœud allemand, mais en sorte que le cordage se trouve alors dessous la Pièce. Passez la prolonge sur la tête de l'affût, entre les deux flasques, et équipez-la au gros bout du moyeu de la roue de l'Avant-train :

manœuvrez à la roue, tandis que des hommes, avec leurs leviers, l'aideront à monter, que d'autres tiendront les anses droites, et d'autres enfin changeront les rouleaux de place, lorsqu'ils appuieront aux têtes des chevilles qui sont sous les flasques.

Lorsque la volée commencera à déborder un peu la tête d'Affût, placez un petit rouleau dans l'encastrement des tourillons, pour faire glisser la Pièce dessus, et lui facilitez cet avancement en embarrant légèrement de chaque côté. Lorsqu'elle sera assez avancée, ôtez le rouleau, pour faire loger la Pièce.

On peut de même monter la Pièce par la tête d'Affût, en faisant monter la culasse la première. Il faut avoir 2 chantiers qu'on place de chaque côté de la tête d'Affût, un bout contre terre, l'autre élevé au niveau de cette tête d'Affût ; ensuite, par le moyen des rouleaux et de l'avant-train, on fera monter la Pièce.

Monter une Pièce de Canon de Campagne sur son Affût, sans Chèvre, etc.

Attachez au bouton de la Pièce une Prolonge ployée en deux, en tirant sur ses deux brins ; levez la Pièce perpendiculairement sur la bouche. Approchez la tête d'Affût de la Pièce, calez les roues, levez la crosse, et laissez tomber doucement la Pièce, les tourillons dans leur encastrement : ce qui se fera facilement au moyen des prolonges et des leviers que l'on passe en travers sous la Pièce.

Monter une Pièce de Canon sur son Affût, en faisant servir de Treuil les roues de cet Affût.

Il faut 12 hommes pour les Pièces de 24 et de 16, et 8 pour celles de 12, de 8 et de 4.

Il faut une prolonge double : 1 chantier de manœuvre, ou seulement 1 morceau de bois de sa grosseur de 3 à 4 pieds de long : 4 rouleaux : 8 leviers : et 2 morceaux de bois de 4 à 5 pieds de long, égaux en grosseur au gros bout des leviers ; 2 tronçons de leviers, cassés vers leur milieu, sont bons pour cet usage.

Placez la Pièce vis-à-vis la crosse de l'Affût, dans la direction de sa longueur, la culasse sous le chantier de manœuvre, la volée en avant, les anses en l'air. Doublez la prolonge, faites un nœud d'artificier dans son milieu, embrassez-en le bouton, les brins disposés en dessus. Passez les deux tronçons de levier dans ce nœud, en dessous du bouton ; serrez le nœud pour les y assujétir. A 2 pieds du nœud, de chaque côté, pliez le brin sur lui-même en anneau, et passez-le dans les tronçons, en sorte que le brin libre porte, et passe en dessus du brin qui vient du nœud. (Si celui-ci passait sur l'autre, en faisant effort sur le brin libre, l'anneau se rapprocherait du bouton). Passez chaque brin en dessus du gros bout des moyeux des roues de l'Affût, enveloppez d'un tour ces moyeux comme un treuil, en passant d'abord en dessus et contre les rais : le restant du brin qui passe aussi en dessus et est en dedans, servira de retraite. Faites glisser les anneaux qui embrassent les tronçons des leviers, jusqu'à ce que les brins qui s'étendent jusqu'aux moyeux soient parallèles à la longueur des flasques. Par le moyen des leviers en tenaille, élevez la volée de la Pièce, et reculant l'Affût, faites-la porter sur l'entretoise de lunette. Faites la tenaille en dedans des flasques, et reculez encore l'Affût. Faites la tenaille sur les flasques mêmes, en commençant de mettre les leviers en travers sur les flasques : reculez l'Affût, et vous placerez ainsi la Pièce entre les flasques aussi avant qu'il sera possible. Pour soutenir le Canon ainsi élevé, soit pour reculer l'Affût, soit pour placer les rouleaux dont on va parler, et jusqu'à ce que la Pièce porte sur ces rouleaux, on placera un rouleau debout sous le collet de la Pièce, et 2 leviers en tenaille tout contre, ce qui sera suffisant pour la soutenir. Tirez sur les retraites pour tendre la prolonge ; ôtez les autres leviers de la tenaille ; placez 2 rouleaux en travers sous la Pièce et sur les flasques, l'un aussi près que l'on pourra de l'entre-toise de lunette, et l'autre le plus avant possible. Passez un levier dans l'anse, et tournant le dos aux roues pour éviter les accidens (1), un homme contiendra la Pièce. Placez les autres rouleaux sous les flasques, l'un tout près des crosses, l'autre à quelque distance. Faites avancer l'Affût en embarrant des leviers dans les rais, comme si on voulait la mettre en batterie. Si les rouleaux sous la Pièce sont arrêtés, en avançant, par les chevilles, soulevez la Pièce avec des leviers, et replacez-les en avant de ces chevilles. Observez de commencer à placer toujours le rouleau qui porte la volée (2), parce que arrêtée en arrière par la tête des chevilles de l'Affût, la Pièce glissera moins. Lorsqu'un des rouleaux sous les flasques sera en arrière des crosses, reportez-le en avant. Continuez à faire avancer l'Affût, et par conséquent la Pièce, jusqu'à ce que les tourillons soient vis-à-vis leur encastrement, en sorte qu'en pèsant sur la volée, ou la soulevant par le moyen des leviers en croix, on puisse tirer les rouleaux, et placer la Pièce comme elle doit être.

Si l'on a des chevaux, attelez-les aux crochets de tête d'Affût, arrêtez les retraites à un rai des roues, et faites avancer ainsi la

(1) Toutes les fois qu'on contient un fardeau par le moyen d'un levier, l'homme qui le contient doit être tourné du côté par où le fardeau peut s'échapper, et avoir son levier par conséquent entre ce lieu et son corps, pour que le fardeau, entraînant le levier, ne l'en frappe pas.

(2) M. P. dit la culasse.

Pièce ; la manœuvre en sera plus prompte. . Si le terrain est difficile, faites des pans de roue... Si la Pièce n'avance pas également, faites lâcher la retraite du côté où elle avance trop.

On peut aussi faire cette manœuvre sans faire avancer l'Affût. Pour cela, plantez 2 piquets, contre lesquels on fera appuyer la crosse de l'Affût; placez sous chaque tête de flasque un pointal ou un bloc, sous la tête d'Affût tout simplement, assez haut pour que les roues ne touchant plus terre, puissent tourner avec aisance. Le reste de la manœuvre se fera comme il vient d'être décrit.

Si on manquait de morceaux de leviers ou de chantier pour équiper au bouton, on y attacherait simplement la prolonge par un nœud d'artificier; mais alors la prolonge sera sujette à tomber de dessus les moyeux.

Si on manquait de prolonge, on unirait deux traits, on arrêterait un bout par un nœud allemand, au bouton de la Pièce ; on équiperait l'autre à un moyeu en dedans de l'Affût, par le moyen d'un pointal mis sous la tête du flasque en avant de l'essieu; du côté de ce moyeu, on éleverait la roue d'1 pouce ou 2, et l'on calerait l'autre. Quatre hommes, avec 2 leviers, manœuvrant à la roue équipée, lèveront la Pièce. Pendant la manœuvre, un homme embarrera contre la culasse, du côté de la prolonge, et un homme de l'autre côté contre la volée, pour contenir la Pièce et l'empêcher de se mettre en travers. Deux hommes embarreront derrière la culasse pour l'aider à monter sur les rouleaux. Deux hommes, avec des leviers, embarreront entre les rais de la roue non équipée, contre son moyeu, l'un avant, l'autre en arrière, prenant leur point d'appui sous les flasques, et contiendront la roue à terre.

Si le terrain est incliné, et qu'on équipe les roues pour monter la Pièce en marchant, il faut profiter de l'avantage du terrain. Si la pente est en avant, on équipe, comme on l'a dit, la retraite en dessus; si la pente est en arrière, on met la retraite en dessous (le brin qui vient du fardeau), et on recule l'Affût, soit en marchant, soit en plaçant ses leviers, comme si on mettait hors de batterie.

Si on était gêné par un terrain trop court, et qu'on voulût agir en marchant, on équiperait les roues, tantôt pour aller en avant, tantôt pour aller en retraite ; mais avant de changer les prolonges, on calerait les rouleaux, et avec un cordage fixé aux anses et aux crochets de tête d'Affût, on assurerait la Pièce.

Au lieu d'équiper les prolonges aux roues de l'Affût, on peut l'équiper aux roues d'un autre Affût, d'un Chariot à Canon, ou de toute autre voiture solide placée en avant; mais il faut amarrer fortement cette voiture, à des piquets, arbres, etc. Par le moyen d'un bloc ou d'un pointal, on tient élevées deux ou une seule roue du train de derrière, etc. Si vous équipez votre prolonge amarrée par son milieu au bouton, aux 2 roues de la voiture, il faut le faire en dehors de la voiture, parce que les brins partant du même point, se rapprochent et échappent continuellement du moyeu. Si on se sert d'un Chariot à Canon, il faut aussi l'équiper en dehors, quoiqu'on ne se serve que d'une roue, à cause du brancard et de la sellette qui gênent.

Si on a une écharpe, on fait une couronne en cordage autour du collet, on y attache l'écharpe par son crochet, on équipe la prolonge à une seule roue, puis la faisant passer dans la poulie, on attache l'autre brin à la même voiture, en sorte qu'il soit parallèle à celui qui est équipé.

Pour aller ensemble, on agira aux leviers aux commandemens. Les 4 hommes sont 1 premier et 1 second de chaque côté. (On suppose qu'on va en avant). Les premiers embarrent comme pour mettre en batterie, la pince sous le flasque en abattant; les seconds dans les rais, la pince sur le flasque en soulevant : tous 4 tournant le dos aux crosses... Le second de droite, voyant que tous ont embarré, dira : *Abattons*... Aussitôt abattu, il dira : *Reprenez*... Les 2 premiers reprendront en changeant de rais; aussitôt repris, le premier de droite dira : *Reprenez*... Les seconds reprendront à leur tour, et aussitôt, le second de droite dira : *Abattons*... ainsi de suite jusqu'au commandement : *Halte*.

Monter une Pièce de Canon sur son Affût, par le moyen de l'abattage de la Crosse.

Il faut pour cette Manœuvre 20 à 26 hommes pour le Canon de 24.

Il faut 2 poutrelles ou chantiers, 1 prolonge double, 3 traits à canon, 1 rouleau.

Placez la culasse de la Pièce sur le milieu d'une poutrelle, et amarrez-l'y fortement. Cette poutrelle peut n'avoir que 6 pieds de longueur; on la met tout contre la plate-bande de la culasse. Que le cordage enveloppe la Pièce et la poutrelle, que chaque tour croise le précédent, arrêtez-le par un demi-nœud, passez les deux bouts dans les anses, faites 2 tours à chacune avec 1 brin, et fixez-le par un nœud droit.

Avancez l'affût, la tête en avant vers la Pièce, jusqu'à ce que les roues soient contre la poutrelle. Calez les roues en arrière; attachez une prolonge double par son milieu à l'anneau d'embrelage; laissez un brin en arrière, et jetez l'autre en avant : tirez sur celui-ci pour élever les Flasques perpendiculairement, et retenez-les dans cette position, en tirant également sur le brin d'avant et d'arrière. Attachez fortement la poutrelle au bas de chaque roue avec un trait à canon (1); posez l'autre poutrelle

(1) En assujétissant la poutrelle aux roues, on peut ne pas faire de nœud, et arrêter le bout du cordage en le passant dans le brin du tour qui doit servir en faisant effort. On aura plus de facilité à défaire le cordage.

dans le derrière des Roues, entre les Rais, contre le dessous des flasques (1). Passez en arrière le brin d'avant de la prolonge, décalez les roues et abattez les flasques. Si la Pièce n'est pas arrivée encore dans son logement, retirez la poutrelle qui est entre les rais, calez de nouveau les roues, relevez les flasques comme précédemment (2), replacez la poutrelle entre les rais contre le dessus des flasques (3), et abattez une seconde fois. Recommencez cette Manœuvre, jusqu'à ce que la Pièce soit logée.

On peut, pour augmenter la force et diminuer l'effort, amarrer la prolonge au bout d'une poutrelle, fixer l'autre bout de cette poutrelle à l'entre-toise de lunette, et lever les flasques, etc.

Pour fixer la poutrelle à l'entre-toise de lunette, prenez un rouleau, un morceau de levier, attachez-le sous les flasques en travers, contre l'entre-toise de lunette, en sorte que la poutrelle que vous passerez entre l'entre-toise et le rouleau, porte également sur tous les deux. Enfin, attachez la poutrelle (Dans cette Manœuvre, on a besoin de 3 chantiers ou poutrelles.)

Nota. En abattant, il faut avoir attention que personne ne reste dessous, et dès qu'on pourra saisir les crosses avec les mains, on pèsera dessus pour faire plus d'effort. Pour faciliter la Manœuvre lorsqu'on abattra, placez un homme devant la bouche de la Pièce avec un levier, qu'il l'embarre d'environ 1 pouce dans l'ame, et qu'il abatte sur un rouleau placé à terre, le plus près possible de la Pièce. Chaque fois qu'il reprendra, qu'il rapproche le rouleau qui sert de point d'appui à son levier.

Monter une Pièce sur son Affût par le moyen d'une autre Pièce posée sur le sien.

Soit *A* la Pièce montée, et *B* la Pièce à relever.

Arrêtez par son milieu une prolonge à l'extrémité d'une poutrelle. Fixez l'autre extrémité de cette poutrelle à l'entre-toise de lunette de la Pièce *A* (comme il a été dit ci-dessus), brêlez solidement sur son Affût la Pièce *A* au premier renfort avec un trait à canon; et billez ce trait, pour mieux le serrer avec un levier que vous arrêterez au flasque. Tournez la volée de la Pièce *B* vers la

---

(1) Pour ne point fatiguer les rais, il vaut mieux assujétir cette poutrelle sur les roues derrière les flasques.

(2) A cette fois le bouton doit toucher la semelle, quand les crosses sont relevées, si l'on a bien manœuvré précédemment.

(3) Placez un rouleau en travers sur la tête d'Affût, en avant des premières chevilles, appuyant sur elles, pour donner moyen aux tourillons de les franchir.

Pièce *A*, et conduisez celle-ci de façon que son bourlet réponde au dessus des anses de la Pièce *B*, dont la volée se trouvera sur la tête d'Affût de la Pièce *A*. Que six hommes lèvent les crosses d'affût de la Pièce *A*, ensorte que son bourlet touche les anses de la Pièce *B*. Passez un trait à Canon dans les anses de cette Pièce *B*, et fixez-le par un nœud droit à la volée de la Pièce *A*; serrez fortement ce trait en le billant avec un levier. Que 4 hommes tirent sur les brins de la prolonge qu'on a amarrée à la poutrelle fixée à la crosse, jusqu'à ce que ces crosses touchent terre, et qu'on avance l'Affût de la Pièce *B* sous elle, pour la recevoir dans son logement.

Cette manœuvre n'est que pour les Pièces de campagne, encore faut-il que la Pièce *A*, s'il est possible, soit d'un calibre supérieur.

Mettre une Pièce sur des Chantiers.

Pour une Pièce de 24, il faut 7 hommes, 7 Leviers et 2 Chantiers.

1 Homme met son Levier dans l'ame de la Pièce, le petit bout le premier, et restant en dehors d'un pied et demi, les 6 autres embarrant leurs leviers sous la pince de celui-ci, et 3 d'un côté, 3 de l'autre, formeront une tenaille et soulèveront la Pièce de façon à mettre un Chantier sous la volée; puis embarrant toujours en tenaille sous la volée, ils pousseront le Chantier jusques sous les anses; enfin ils iront à la culasse et la soulèveront de même, pour y placer dessous le second Chantier.

On cale la Pièce sur les Chantiers.

Décharger une Pièce de Canon de dessus son Affût, le long des Crosses.

Placez 1 Levier dans l'ame, un autre sur le collet de la Pièce : 2 hommes au premier, et 4 au second, en pèsant dessus, feront baisser la Pièce jusqu'à ce qu'elle touche la semelle. Mettez un petit rouleau sur les flasques, le plus près possible des tourillons, et qu'il ne soit pas calé par la tête des chevilles; mettez un gros rouleau sur le cintre de l'Affût. Placez 2 hommes, 1 de chaque côté de la Pièce, à hauteur de la culasse, y faisant face, qui, une main sur les anses, empêcheront la Pièce de tourner lorsqu'on lèvera la volée, et de l'autre, tenant le bout du rouleau du cintre, le soutiendront jusqu'à ce que la Pièce soit engagée dessus : ils ne quitteront les anses que lorsque la Pièce prendra son essor.

Placez le Levier qui était sur le collet en travers, sous ce même collet : placez un Levier en croix sous celui qui est dans l'ame; 10 hommes, 2 à chaque bout du Levier, faisant face à la Pièce, levant et poussant ensemble, feront mouvoir la Pièce.

Pèsez une seconde fois sur la volée, et remontez le petit rouleau, puis soulevez et poussez ensemble comme on vient de le dire, la Pièce prendra son essor, ou on recommencera à pèser une troisième fois, etc.

La Pièce tombée entre les flasques, mettez un Chantier en travers sur son côté pour la recevoir. Quelques hommes, embarrant de l'autre côté, les Leviers traversant les flasques sans les déborder, achèveront de la renverser sur le Chantier.

Décharger une Pièce de Canon de dessus son Affût, en ôtant une Roue.

Calez des deux côtés la Roue qu'on ne veut pas ôter. Levez les crosses, mettez un pointal sous le flasque du côté de la Roue qu'on veut ôter; que ce pointal soit vertical, et à 4 ou 5 pouces de l'essieu. Abattez sur les crosses du côté qu'il faudra pour que le pointal ne se renverse pas. Contenez à bras les crosses à terre. Mettez un bloc de biais sous la tête d'Affût, en sorte que le bout qui se trouve du côté de la Roue qu'on veut ôter, soit le plus près des crosses. Enlevez la Roue, et tous les hommes, passant du côté de celle qui reste, pousseront aux flasques en contenant toujours les crosses à terre, pour éviter de trop secouer l'Affût, jusqu'à ce que la fusée porte sur le terrain.

Si on n'a qu'un bloc, retirez celui qui est sous la tête d'Affût, placez-le à côté de la fusée en arrière, pour la conserver lorsque la Pièce tombera.

Pèsez sur la volée; passez un rouleau ou une pince de Levier en travers sous le premier renfort, le plus près possible des tourillons. Quatre hommes embarrant sous la volée, un homme embarrant sous le tourillon, en agissant ensemble, renverseront la Pièce. Lorsqu'elle tombera, ceux qui embarrent sous la volée doivent être prompts à se retirer.

Pour remettre la Roue, placez 2 Leviers entre les rais de la Roue restante, la pince de l'un sous la tête d'affût, l'autre sous le flasque; 2 hommes abattant à chaque Levier, soulèveront l'Affût; remettez la Roue.

Faire passer une Pièce de Canon de dessus un Affût sur un Porte-corps, *et de dessus le* Porte-corps *sur un Affût.*

On appelle vulgairement dans l'Artillerie, *Porte-corps*, le Chariot à canon.

Il y a deux façons d'exécuter chacune de ces manœuvres, en faisant sortir ou arriver la Pièce par l'avant ou par l'arrière du Porte-corps; le local oblige de se servir de l'une ou de l'autre méthode; quand on a le choix, on se sert de la première et de la troisième.

Il faut 16 à 20 hommes pour le calibre de 16, et 20 à 24 pour celui de 24.

Il faut 10 Leviers,

2 gros Rouleaux... 3 petits Rouleaux... 1 demi-Prolonge, si l'on a peu de monde.

Quoique par les dénominations il paraisse qu'on emploie plus de rouleaux, ce nombre est suffisant, parce que les premiers nommés servent aux dernières opérations.

I. *Faire passer une Pièce de Canon de dessus l'Affût sur un Porte-Corps.*

NOTA. La Culasse doit toujours porter sur l'Avant-train du Porte-Corps.

Dans cette manœuvre et les trois suivantes, aussitôt que les tourillons de la Pièce sont hors de leur encastrement, ainsi que dans toutes les manœuvres, il faut toujours contenir la Pièce droite, au moyen d'un ou de deux leviers passés dans les anses.

La méthode qu'on va suivre dans cette manœuvre vaut mieux que la suivante, qui a le même objet.

Par une semblable raison, la quatrième manœuvre, qui est l'inverse de celle-ci, est moins bonne que la troisième, qui est l'inverse de la seconde.

Calez en avant les grandes roues du Porte-corps.

Otez l'Affût de dessus l'Avant-train.

Engagez les crosses sous l'essieu de l'arrière-train du Porte-Corps.

En pèsant sous la volée, soulevez la culasse : mettez un petit rouleau *A*, le plus près possible des tourillons.

Mettez un levier dans l'ame, un levier en croix sous celui-ci; soulevez la volée, la Pièce descendra, jusqu'à ce que le rouleau soit arrêté par la tête des chevilles.

Placez un rouleau *B*, ou un levier dans les encastremens, ou en arrière des tourillons, en soulevant la volée ; puis, pèsant sur la volée, soulevez la culasse, et remontez le premier rouleau *A* tant qu'il sera possible... Placez un gros rouleau *C* entre les deux dernières chevilles, vers le cintre, en travers sur les flasques, sous la culasse, pour la recevoir et la soutenir.

Soulevez encore la volée, la Pièce descendra de nouveau.

Levez la Pièce en embarrant avec 2 leviers de chaque côté sous la volée, et en abattant sur la tête d'Affût pour remonter le rouleau *A* une troisième fois contre les chevilles à tête plate. 2 Hommes embarrant la pince d'un levier sous le bouton de la culasse, et prenant leur point d'appui sur le brancard de chaque côté, feront avancer la Pièce en nageant, jusqu'à ce que les tourillons portent sur l'extrémité des brancards.

S'il ne suffit pas de remonter pour la troisième fois le rouleau *A*, pour que les tourillons arrivent sur les brancards, on le reculera une quatrième fois, comme on vient de le faire.

Embarrez 2 leviers de chaque côté sous le bouton et la platebande de culasse, et en pèsant soulevez la culasse pour placer un petit rouleau *D* le plus près possible des tourillons.

Embarrez la pince d'un levier dans la volée, prenez pour point d'appui un rouleau *E* placé contre la bouche : pèsez, vous ferez avancer la Pièce, et le rouleau qui restera contre la bouche. Si ce rouleau *E* est fort petit, embarrez sous le bourrelet, vous produirez le même effet... Embarrez sous le bouton de chaque côté, et faites nager la Pièce jusqu'à ce qu'elle arrive à la place qu'elle doit occuper.

II. *Faire passer une Pièce de Canon de dessus l'Affût sur un Porte-Corps.*

Placez l'Affût porté sur l'avant-train, en avant du Porte-Corps, les timons tournés du même sens, celui du Porte-Corps passant sous l'essieu de l'Affût, les roues rapprochées le plus qu'on pourra.

Calez en arrière les grandes roues du Porte-Corps.

Embarrez dans la volée ; mettez en travers sur les brancards un rouleau *A* en avant de la bouche et contre elle ; pèsez sur ce rouleau pour soulever la Pièce, et placez un petit rouleau *B* en travers sur les brancards, derrière l'astragalle du collet.

Embarrez un levier de chaque côté sous la culasse, soulevez-la en abattant sur ces leviers ; placez sous le premier renfort un rouleau *C* plus gros que le rouleau *B*.

Embarrez un levier de chaque côté, derrière la culasse, et prenant un rouleau *D* pour point d'appui, faites avancer la Pièce jusqu'à ce que la culasse soit près d'échapper de dessus le rouleau *C* qui la supporte.

Placez un rouleau *E* sous le bout des brancards, et un rouleau *F* dans les encastremens.

Continuez de pousser la Pièce, comme on vient de faire, jusqu'à ce que la culasse, échappant de dessus le rouleau *C*, tombe sur le rouleau *F*.

Embarrez sous le bouton, et abattant sur les flasques, poussez la Pièce pour la faire échapper de dessus le rouleau *F* qui est dans les encastremens, et la faire porter sur le rouleau *B*, et sur le rouleau *E* qui est au bout des brancards derrière les tourillons.

Embarrez de chaque côté sous les tourillons, et faites avancer la Pièce en nageant jusqu'à ce qu'elle soit placée.

Comme cette manœuvre est moins aisée que la précédente, il faut la faciliter par des machines ; ainsi,

Avez-vous une Prolonge et beaucoup de monde, attachez-la au collet de la Pièce, et tirez dessus.

Si on a peu de monde, attachez un cordage au bouton, mettez un pointal pour soulever une des roues de l'arrière-train du Porte-Corps, et l'équiper en Cabestan, en plaçant le cordage autour de la partie extérieure du moyeu, la retraite en dehors, parce que, si on prenait le gros bout du moyeu, le cordage tomberait incessamment sur l'essieu, etc.

Si le terrain est incliné, placez l'Affût sur la partie la plus élevée, etc.

III. *Faire passer une Pièce de Canon de dessus un Porte-Corps sur un Affût.*

Mettez ou laissez la Pièce sur l'Avant-train.

Placez l'Affût en avant du Porte-Corps, les timons tournés du même sens, celui du Porte-Corps passant sous l'essieu de l'Affût, les roues rapprochées autant qu'elles pourront l'être.

Calez en avant les roues de l'Affût.

Levez la volée en embarrant sous elle 2 leviers de chaque côté, et abattant sur les brancards ; et placez un petit rouleau *A* un peu en avant des tourillons... Levez la culasse, en embarrant sous elle 2 leviers de chaque côté, et abattant sur les brancards ; et placez sous le milieu du premier renfort un rouleau *B* plus gros que le précédent... Ramenez le rouleau *A* sous le milieu de la volée : on l'avait d'abord porté près des tourillons pour placer plus aisément le rouleau *B*.

Placez 4 hommes avec des Leviers de chaque côté de la Pièce ; ils embarreront sous elle et la feront avancer en nageant.

Placez un rouleau *C* un peu fort dans l'encastrement des tourillons pour recevoir la Pièce.

Placez un rouleau *D* derrière l'encastrement : un homme montant sur le flasque embarrera sous le bouton, et abattra sur le rouleau *D* : un autre homme embarrera par côté sous le bouton, et abattra aussi sur le rouleau *D* : ils feront par ce moyen monter la culasse sur le rouleau *C* qui est dans l'encastrement.

La Pièce étant de la longueur d'un pied sur le rouleau *C*, retirez ce rouleau en faisant porter la culasse sur un petit rouleau *E*, et faites nager la Pièce jusqu'à ce que les tourillons soient vis-à-vis leur encastrement. Alors calez le rouleau *E* qui est venu sous le premier renfort, s'il ne l'est pas déjà par la tête des chevilles; car la Pièce pourrait reculer lorsqu'on baissera les crosses.

Otez l'Avant-train.

Otez le rouleau *E*, la Pièce se logera.

IV. *Faire passer une Pièce de Canon de dessus un Porte-Corps sur un Affût.*

Si l'Affût ne peut passer en avant du Porte-corps, ôtez l'Avant-train.

Engagez les flasques sous l'Arrière-train du Porte-corps aussi avant qu'on le pourra.

Embarrez sous la volée ; soulevez-la en abattant sur les brancards : placez un rouleau A en avant des tourillons.

Embarrez sous la culasse; soulevez-la en abattant sur les brancards : placez un rouleau B sous elle.

Avancez le rouleau A sous le milieu de la volée; on l'avait mis d'abord vers les tourillons pour faciliter le placement du rouleau B.

Faites avancer la Pièce en nageant.

Avant que les tourillons échappent de dessus les brancards, placez un gros rouleau C en travers sur les flasques entre les 2 dernières chevilles, pour recevoir et soutenir la Pièce.

Embarrez sous la volée et la culasse de chaque côté, en appuyant les leviers sur la tête des flasques et sur les brancards, puis faites avancer la Pièce en nageant jusqu'à ce qu'elle soit placée.

Cette manœuvre est pénible, parce que la Pièce arrivée sur le rouleau C est obligée de monter pour arriver à sa place. Il faut, si l'on a peu de monde sur-tout, il faut attacher un cordage au bouton, soulever par un pointal, ou, pour mieux dire, tenir en l'air une roue de l'Affût, l'équiper en cabestan, le cordage sur le petit bout du moyeu, la retraite en dehors; car si on l'équipait sur le gros bout, la retraite s'échapperait continuellement pour s'approcher du flasque.

Monter une Pièce de Canon de 24, etc., et autres Voitures sur une Montagne.

Le moyen le plus commode pour monter des Voitures pesantes par un chemin rapide et étroit, est de se servir de moufles. (Le moufle est l'assemblage de plusieurs poulies dans une même chappe.) Il faut, pour monter ainsi une Pièce de 24, 5 à 6 chevaux, et 30 à 40 hommes. Si l'on n'a pas de chevaux, ou s'ils deviennent trop embarrassans, ils faut 160 à 200 hommes.

Si la montagne est de longue durée, on fera plusieurs reprises.

Reconnaissez le premier endroit convenable pour équiper les moufles. Dans cet endroit, plantez en terre 2 forts piquets sabottés et frettés, des deux tiers de leur largeur à côté l'un de l'autre, et inclinés en arrière de 5 à 6 pouces. Assujettissez à ces 2 piquets la partie supérieure des moufles. Si l'endroit est un roc, avec une aiguille à mineur, percez 2 trous dans les joints, qu'offrent les bancs du roc, pour y placer 2 pinces de fer à côté l'une de l'autre, qui tiendront lieu de piquets.

S'il se trouve des arbres à droite et à gauche, quoiqu'un peu éloignés, attachez une Prolonge double un bout à chacun, qui vienne aboutir à l'endroit choisi, et vous accrocherez votre moufle supérieur à cette Prolonge. Si une Prolonge ne suffit pas, amarrez-en une à chaque arbre, et unissez-les par un nœud droit à l'endroit convenable, etc.

Fixez le bout d'une Prolonge double à la partie supérieure du moufle, faites passer cette Prolonge dans la gorge de la première poulie du moufle inférieur, de là dans la gorge de la première poulie du moufle supérieur, etc.

Jusqu'à ce que vous l'ayez passée dans toutes les poulies, tendez tous ces brins en éloignant les deux moufles, et ne conservez au bout de la Prolonge que la longueur nécessaire à pouvoir attacher une volée, si l'on se sert de chevaux, et si l'on ne s'en sert pas, pour y attacher une Prolonge double, qu'on équipera en galère.

La Prolonge qui est équipée aux moufles ne pouvant donner que peu d'étendue à ses brins, à cause de leur nombre, on attachera un Cable ou une Prolonge doublée en deux au crochet du moufle inférieur, et l'autre bout du Cable à la voiture à monter.

Attelez les chevaux à la volée équipée au dernier brin de la Prolonge (ce dernier brin doit venir du moufle supérieur), ou faites tirer à la galère; 12 à 15 hommes, munis de leviers, seront autour de la Voiture, pousseront aux roues, et aideront à franchir les endroits difficiles. 3 à 4 hommes au timon ou au bras de limonière, aideront aussi à diriger l'Avant-train. Les chevaux descendront lentement.

Quand les deux moufles seront joints, on les éloignera de nouveau, après avoir calé les roues. (Pour cela, passez un levier convenablement dans le moufle inférieur, et 4 hommes, 2 de chaque côté du levier, le tenant sur le pli du bras devant eux, marcheront en descendant, et feront tendre les brins comme ils étaient en commençant.) Les moufles étant éloignés, raccourcissez ou ôtez le cable qui va du moufle inférieur à la Voiture, s'il en est besoin; et attachant toujours la Voiture à ce moufle, agissez de nouveau avec les hommes ou les chevaux, et ainsi de suite, jusqu'à ce que la voiture soit parvenue à l'endroit où sont les moufles.

Si l'on a plusieurs Voitures à faire monter, calez les roues de la première, faites passer entre ses roues et sous elle votre équipage des moufles, et faites monter la deuxième, etc.

Durant la manœuvre, ayez soin d'envoyer 5 à 6 hommes intelligens pour chercher un nouvel emplacement et planter les piquets, etc.

Équipez les moufles à ce nouvel emplacement, et manœuvrez comme on vient de le prescrire, jusqu'à ce qu'on soit arrivé, etc.

Si au lieu de moufles, on n'a que des écharpes simples ou doubles, une moitié tiendra lieu de moufle inférieur, et l'autre de moufle supérieur; la manœuvre est un peu plus embarrassante, et se fait d'ailleurs de même. Il faut prendre garde à ne pas croiser les brins en les équipant.

Si les chemins ne sont pas droits, plantez un piquet ou une pince de fer à chaque contour. Attachez-y une poulie de retour, sur laquelle vous ferez passer le cable qui vient de la Voiture au moufle.

Si vous avez un cabestan, fixez-le solidement avec des piquets en avant, et d'autres en arrière, auxquels vous l'amarrerez avec des cordages, pour qu'il ne se soulève pas dans la manœuvre. Attachez une Prolonge double, ou un cable à la Voiture; équipez-le par trois tours au treuil du cabestan. Placez des hommes suffisamment à la retraite; manœuvrez au treuil. Vous pourrez vous passer de chevaux, et même de moufles et de poulies; mais si vous employez, avec le cabestan, des moufles ou des poulies, la manœuvre sera plus facile.

On peut se servir aussi de la Chèvre équipée en Cabestan, ou de l'Avant-train aussi équipé en Cabestan, décrits dans leur article particulier, au lieu du Cabestan; mais la manœuvre devient plus longue.

Retenir des Voitures dans les Descentes.

Ne laissez attelé que le cheval du limonier. Enrayez. Plantez un bon piquet au haut de la rampe. Attachez au derrière de la Voiture un cordage de longueur comme une Prolonge ; faites 2 tours avec cette Prolonge autour du piquet ; 2 hommes tiendront en retraite le bout qui restera, un autre fera tourner les tours à mesure que la Voiture descendra.

Si vous trouvez des arbres placés convenablement, ils vous serviront au lieu de piquets. Si la descente n'est pas trop rapide, ou si la Voiture est légère, quelques hommes suffiront à tenir à bras la Prolonge en retraite sans planter de piquet. Si la descente est très-rapide, dételez tous les chevaux : équipez, s'il le faut, un Cabestan ou une Chèvre équipée en Cabestan ; placez la Prolonge attachée au derrière de la Voiture, autour du treuil, comme on l'a fait autour du piquet, et faites *mouliner* le cordage au treuil, tandis que quelques hommes tireront les bras de limonière, ou feront avancer la Voiture, en tirant de loin sur des cordages qu'on y attachera, s'il y avait des risques à courir en restant près devant elle.

NOTA. Changez l'enrayage, pour ne pas user la même bande.

Manœuvres pour les Bateaux.

Si les Bateaux sont engerbés.... tenez en l'air celui de dessus, au moyen d'une Chèvre. Faites glisser sur des rouleaux celui de dessous : descendez le premier, etc. qu'on aura suspendu par 2 cordages, l'enveloppant dans son milieu à 2 pieds de distance entre eux.

Pour charger le Bateau sur le haquet... amenez le haquet en avant du bateau, placez 2 poutrelles sur les sellettes de devant et de derrière, à 2 pieds de distance entre elles, pour recevoir le Bateau... Placez-en deux autres, portant d'un bout à terre, de l'autre sur la sellette de derrière... Attachez une amarre à l'avant-bec du Bateau, et passez-la en avant du haquet.... Fixez une pièce de bois contre l'arrière-bec du Bateau, de 2 pieds plus large que le Bateau. Attachez une amarre à chaque bout de cette Pièce, et passez encore ces amarres en avant du haquet en dehors des roues... Placez le Bateau sur 2 rouleaux... et placez un homme de chaque côté des poutrelles inclinées, ayant un rouleau chacun. En tirant ensemble sur les cordages, en plaçant à propos les rouleaux sur les poutrelles inclinées, en aidant et soutenant le Bateau avec des leviers, en poussant en arrière avec des crics, on fera monter le Bateau, et porter sur les premières poutrelles et les sellettes : on dégagera ces poutrelles, en soulevant tour-à-tour les côtés avec des crics.

On brèle le Bateau sur le haquet, à l'avant et à l'arrière, par 2 amarres passant dans les anneaux de sellette... On le brèle aussi par des amarres qui embrassent le corps, et passent aussi dans les anneaux de sellette; puis on les roidit avec des leviers.

L'ancre se met sur la sellette de devant, son cordage sur celle de derrière : on les y arrête avec des cordages. Le reste des agrès se met dans les 2 parties du Bateau répondant aux sellettes, pour le moins fatiguer.

Pour amarrer le Combleau qui sert à l'attelage... passez un bout sous la sellette de devant, embrassez d'un tour le milieu de la flèche, passez-le sous la sellette de derrière, et fixez-le au bout de la flèche. Tirez le Combleau en avant pour le roidir, embrassez d'un tour le timon à 2 pieds du bout, passez des leviers dans le restant du cordage : ils serviront de volées pour y atteler le surplus des 4 chevaux attelés au timon, qui ne pourrait supporter l'effort de tous les chevaux.

Pour relever le Bateau renversé avec son haquet... réunissez le haquet et le Bateau comme ils doivent être en route, c'est-à-dire, brèlés ensemble. Amarrez un cordage à chaque extrémité du Bateau, qu'on tirera du côté où l'on veut le relever : placez 4 crics, deux à chaque extrémité pour le relever, 2 au vis-à-vis pour le recevoir quand il penchera du côté où il doit être relevé, et qu'on baissera ensuite : faites agir ensemble les hommes et les crics qui relèvent.

Pour changer de haquets... débrèlez le Bateau, placez le haquet qui va recevoir le Bateau en avant de celui qu'il va quitter, en le plaçant dans le même sens : ôtez les bandes qui contiennent le Bateau sur les sellettes, amarrez des cordages au Bateau, tirez dessus avec des leviers, contenez-le, et facilitez le mouvement. Arrivés sur le nouveau haquet, soulevez avec des crics tour-à-tour l'avant et l'arrière, pour replacer les bandes qui soutiennent les reins du Bateau.

Pour décharger les Bateaux quand on veut faire le pont... mettez 2 nacelles à l'eau, montées de 4 bateliers chacune. Conduisez-les à droite et à gauche de la rampe, par où descendront les haquets.

Si l'attelage est bon, les charretiers adroits, la rive commode et débarrassée, faites entrer les haquets dans l'eau en reculant. Sinon, dételez, renvoyez les chevaux. Conservez le Combleau équipé pour l'attelage, fixez une ou deux commandes à la flèche et à la sellette de derrière, au moyen de leviers mis en galère; faites descendre le haquet au bord de l'eau, en le retenant au besoin par le Combleau sur lequel des hommes tireront en retraite. 2 Bateliers débrèleront le Bateau, et laisseront seulement 2 cordages attachés aux anneaux d'embrelage de l'arrière, et entreront dans ce Bateau. Fixez 5 leviers en forme de volée sur le timon ; par leur moyen faites entrer à bras le haquet dans l'eau, aidé au besoin des Bateliers des nacelles tirant sur les 2 cordages de l'arrière, jusqu'à ce que le Bateau, soulevé par l'eau, abandonne les sellettes.

Les Bateliers appareillent alors le Bateau de son gouvernail et de ses 2 rames, et vont chercher les madriers, poutrelles et cordages nécessaires, si on fait le Pont par travées.

Pour charger les Bateaux qui sont à l'eau...... pratiquez une rampe pour faire descendre les haquets dans la rivière. Amarrez le Combleau, comme à l'ordinaire, avec les leviers mis en volée pour y atteler les chevaux ; ou faire tirer dessus par des hommes, ce qui vaut mieux. Faites descendre le haquet dans la rivière, le train de derrière le premier, jusqu'à ce que l'eau s'élève à un demi-pied au-dessus des sellettes. Par le moyen des 2 nacelles, l'une à droite, l'autre à gauche, faites arriver le Bateau sur le haquet : puis attachant une commande à chaque anneau d'embrelage par un bout, et faisant passer l'autre dans le trou des ranchets, etc.

Voyez page 271.

PRÉCIS D'UNE INSTRUCTION

POUR LES GARDES D'ARTILLERIE.

Le Garde d'Artillerie est chargé :

1°. Dans les Arsenaux et dans les Places, du soin des Magasins et de leurs dépendances, comme cours, hangars, etc.; et dans les Armées, des voitures qui composent l'équipage d'Artillerie, soit dans les Parcs, soit dans les Routes;

2°. De la Consommation des effets, Voitures et Attirails d'Artillerie;

3°. De l'Inventaire général et détaillé de ces divers objets;

4°. Des Recettes et Dépenses;

5°. Des Remises et des Consommations.

I et II.

Le Garde d'Artillerie, chargé du soin des Magasins, etc., doit:

Entrer souvent dans les Magasins, les rendre sains en les aérant à propos, et avertir le Directeur des réparations qui peuvent survenir pour la conservation de ses Magasins, et des attirails qu'ils renferment.

Arranger les Magasins dans le plus grand ordre, le faire faire sous ses yeux, et l'avoir pour ainsi dire dans la tête, afin de trouver promptement ce qui lui est demandé.

Avoir un Inventaire pour lui seul, où à l'observation il désignera l'emplacement de chaque objet.

Classer, s'il y a plusieurs Magasins, les Attirails suivant cette division :

Objets pour les Places.
——— les Siéges.
——— les Côtes.
——— la Campagne.
——— les Ponts.

Ou partager le local suivant ces premières divisions.

Mettre ensemble les mêmes espèces, et arranger par calibres, grandeurs, etc., dans chaque espèce.

Disposer les Bouches à feu inclinées, la volée en bas, la culasse sur un chantier, la lumière en dessus, tourillon contre tourillon.

Le moyen d'arranger les différentes voitures d'Artillerie, pour occuper le moins d'espace et ne pas nuire à leur conservation, est décrit dans cet Ouvrage, page 256. Il faut avoir soin, en général, dès que les Voitures portent à terre et doivent y rester long-tems, soit dans les Magasins, soit dans les Parcs, de mettre, lorsqu'on le peut, des bouts de madriers sous les roues; de faire tourner quelquefois ces roues, pour que la même jante ne soit pas toujours chargée du poids, ou la plus exposée à l'humidité; et au retour des convois ou dans les Parcs, d'en faire ôter la boue, lorsqu'elle est sèche, à coups de maillet; enfin dans les Parcs, de tenir toujours l'herbe rase.

Pour les Pièces qui sont sur les Remparts ou sur les Côtes, il doit, dans les Magasins à portée destinés pour ces Pièces, mettre les armemens, les rondelles de bout d'essieu, les esses, en les numérotant d'un même numero que leur affût, et remplacer ces esses par une forte cheville en bois dur, en sorte qu'on puisse tirer dans un cas pressé, et qu'on ne puisse les voler. Il doit d'ailleurs faire des rondes fréquentes, soit à ses Pièces, soit à l'extérieur et dans l'interieur des Magasins.

Pour mettre de l'ordre, placez les Bois débités par espèces et par années sous les hangars. Empilez dans les Magasins ou dans les greniers solides et aérés, les rais, les jantes, les manches, les leviers, etc., et autres menus bois nombreux; disposez-les en treillage, et mettez à chaque pile l'année de la coupe.

Les Moyeux, lorsqu'on le peut, doivent rester long-tems dans des fosses pleines d'eau (1).

Les Bois non débités sont, dans les Arsenaux, sous l'inspection immédiate du Chef des ouvriers d'état, qui est chargé de leur arrangement, de leur conservation, du tems et du mode du débit.

Les Fers doivent être dans un Magasin divisé en cases, numérotées comme les Fers.

Les Ferrures façonnées, dans un local divisé par cases, étiquetées du nom de chaque espèce.

Les Riblons et Ferrailles, dans un local, ensemble.

Les Boulets, Bombes et Obus doivent être empilés par calibre.

Les Boulets des Pièces de campagne, et les Grenades, doivent être dans des lieux à couvert et fermés, au moins les Grenades et les Boulets de 4, s'il se peut.

Les Balles de fer et celles de plomb doivent être séparées par calibres et renfermées.

---

(1) On conteste aujourd'hui l'utilité de cette ancienne pratique.

Les Outils à Pionniers, par espèces, formant des piles en treillage, lorsqu'ils sont emmanchés.

Les Cordages par rouleaux, étiquetés du nom, dans un local sec.

Le Salpêtre, en barils, étiquetés du poids, dans un local sec.

Le Soufre, en barils.

Le Papier, les Sacs à terre, les Toiles, dans un local sec.

Le Goudron, dans des fosses maçonnées.

Les Huiles, dans des jarres; les Poix, les Graisses, dans un local frais.

Les Outils d'Ouvriers, dans un local sec, renfermés et classés, comme dans l'Inventaire, par cases étiquetées du nom.

Les Engins à lever et peser, dans un endroit sous la main.

Les Ustensiles d'Artifices, par espèces ensemble, dans des armoires.

Les Menus Achats, *idem*.

Les Gargousses faites, dans des tonnes ou caisses étiquetées du calibre et du nombre.

Les Cartouches à Canon, dans un local sec et frais, distribué en étagères solides, le boulet en bas, le sac debout, pour que celui-ci, aéré, ne soit pas rongé des vers.

Les Cartouches d'Infanterie, dans des caisses égales, ou par barils, étiquetés du nombre; et si elles doivent voyager, examiner si les barils, préférables aux caisses, ne prennent pas l'eau.

Les Poudres, dans leur magasin, engerbées sur 3 rangs ou 4 au plus, suivant la date de leur réception; l'année d'épreuve en dehors, pour pouvoir être lue : les Poudres avariées désignées par une marque sûre.

Les Salles d'Armes ont la position des objets déterminée; il ne s'agit que de les aérer dans le tems sec, de les fermer dans les tems humides; de mettre un tampon à chaque canon de fusil, si l'on peut, et de les visiter pour mettre aux réparations, nettoiemens, les armes qui en ont besoin.

La conservation et l'arrangement de ces objets dans les Magasins, dans les Parcs, dans les Envois, dans les Convois, concernent le Garde d'Artillerie; il doit donc connaître les différens Chargemens des Voitures d'Artillerie, et les Manœuvres de force : aussi pour les faire exécuter, dans le besoin, par les détachemens d'artillerie, a-t-il rang de premier Sergent-major.

III.

De l'Inventaire général.

Le Garde d'Artillerie doit avoir quatre Registres, tous cotés et paraphés par le Commissaire des Guerres, qui marque à la première page le nombre de celles qu'il cote et paraphe dans chacun d'eux.

Le premier Registre, assez grand, mais d'un format portatif, lui sert d'*agenda* ou carnet, pour inscrire les recettes et les dépenses, les remises et les consommations, à *mesure* qu'il les fait, sans attendre la fin du jour pour les enregistrer. C'est sur cet *agenda* qu'il dressera, à la fin du mois ou des trois mois, suivant le réglement, ses quatre états de recette, etc.

Sur le second Registre, sera transcrit l'Inventaire général et détaillé de tous les Attirails de l'Artillerie de la Place ou du Parc : sur le troisième, les recettes et dépenses : sur le quatrième, les remises et consommations,

L'Inventaire se fait, 1°. toutes les fois qu'un Garde entre en fonctions dans une Place quelconque.... 2°. Dans les Places, au commencement de chaque année, le datant du premier jour de janvier; dans les Armées, lorsqu'on entre en campagne pour la première fois, et ensuite à la fin de chaque Campagne.

En avant de l'Inventaire fait au premier janvier de chaque année, est l'Etat ayant pour titre *Signalement des Bouches à feu en bronze existantes dans la Place de...*

Il est sur 14 colonnes;

La 1re., *Désignation*, subdivisée en 2, *de l'espèce... du calibre.*

La 2e., *Noms*, subdivisée en 3, *des Bouches à feu... des Fondeurs... du lieu de la Fonte.*

La 3e., *Numéros de la Fonte.*

La 4e., *Dates de la Fonte.*

La 5e., *Longueur des Bouches à feu.*

La 6e., *Diamètre de l'Ame.*

La 7e., *Poids en kilogrammes.*

La 8e., *De service.*

La 9e., *A réparer.*

La 10e., *Hors de service.*

La 11e., *Observations.*

Les Bouches à feu Françaises y seront classées par calibre, et suivant la date de leur fonte dans chaque calibre; celles Etrangères seront portées à la suite.

On dira à l'observation les causes qui font regarder comme *hors de service* ou *à réparer* les Bouches à feu, que l'on classera dans ces 2 colonnes.

On indiquera à la colonne *Désignation de l'espèce*, si les Canons sont de Siége ou de Bataille; si les Mortiers sont coulés sur Semelle, et quelle est la forme ou la capacité de leur chambre.

La longueur sera prise, pour les Canons, depuis la Plate-bande de culasse jusqu'à la tranche de la bouche. On donnera la longueur totale des Mortiers et Obusiers.

L'Inventaire doit être fait avec beaucoup d'ordre; on suit à-peu-près l'arrangement et la forme suivans (1) :

(1) On a envoyé dans les Places un Modèle d'état général et uniforme, qu'on doit suivre : il est en cinq colonnes. *Espèces... de service... à réparer... hors de service... Observations.*

N°. 1. *Bouches à feu.*

Canons en bronze, de Siége ou de Place, de 36, 24 long, 24 court, 16, 12, 8, 6, 4.

Il y a encore quelques Pièces de 48. On le mentionnera à la colonne d'observations.

Canons en bronze de Bataille, ancien modèle, de 12, 8, et 4; nouveau modèle, 12, 6... de Montagne, 6, 3.

S'il y a du Canon pour Troupes légères, qui a 2 pouces de calibre, on le mentionnera dans la colonne d'observations, vis-à-vis les Pièces de Bataille.

Canons en fer de 48, 36, 24, 18, 16, 12, 8 long et court, 6, 4 et 3.
Mortiers en bronze de 12 pouces, sur semelle ordinaire... *idem* à la Gomer... à la Gomer... ordinaires.
Mortiers en bronze de 10 pouces, à grande... petite portée... à la Gomer, à 11 livres de charge... à 7 livres 8 onc. de 6 pouc. et 5 pouc. 7 lig. 2 points.
Mortiers en fer de 12 pouces à semelle, de 12 pouces à tourillons,
Obusiers de 8, de 6 pouces ordinaires, de 6 pouces grande portée, de 5 pouces 7 lignes, dits de 24.
Pierriers.
Eprouvettes.
Caronades en bronze de 36 et de 24.
Bouches à feu étrangères.

On désignera les Canons par le poids de leur boulet en livres françaises : les Mortiers, Obusiers et Pierriers par le diamètre de l'ame.

N°. 2. *Projectiles.*

Boulets pleins, de 48, 36, 24, 18, 16, 12, 8, 6, 4, 3.
Boulets creux, de 24, 18, 12.
Boulets ramés, de 36, 24, 18.

Notez à l'observation le nombre de ceux ensabottés.

Bombes de 12 renforcées, ordinaires de 12, 10, 8, 6 pouces.
Obus de 8, 6, 6 pouces 7 lignes.

S'il y a quelques Bombes et Obus chargés, on les portera à la colonne d'observations à leur ligne respective. (On doit éviter d'en avoir de chargés).

Balles de fer forgé de 12, 8, n°s. 1, 2, 3... de 4, n°s. 1, 2... de 6, un seul n°.

Balles de fer forgé de 24, 16 et Obusier; 1 n°. pour chaque calibre.

Grenades de rempart (on distinguera leur calibre par leur poids)

— *à main* (s'il en est de chargées, ce qu'on doit éviter, on le mentionnera à la colonne d'observations, en mettant le nombre de chargées).

Projectiles étrangers. On les désigne, dans la première colonne, par leur diamètre et leur poids.

Caffûts. On comprendra dans cet article les projectiles cassés, éclats et morceaux de fer coulés, estimés en kilogr.

No. 3. *Affûts*.

Affûts à Flèche de 24 long, 24 court, de 12, de 6.

——— *de Siége* de 24, 16, 12, 8, 4.

——— *à Canon de Place* de 24, 16, 12, 8.

——— *à Canon de Côte* de 36, 24, 18 et 16, 12 et 8.

——— *marins* de 48, 36, 24, 18, 12, 8, 6, 4.

——— *de casemate* de 36, 24.

——— *de Bataille sans Avant-train*, ancien modèle, de 12, 8, 4.

————————————— nouveau modèle, de 12, 6.

Affûts de Montagne de 12, 8, 6, 4, 3.

——— (en bronze) *pour Mortiers* de 12, 10, 8 pouces.

——— (à Flasques en fer) *pour Mortiers* de 12 et 10 pouces à grande portée... de 10 pouces à petite portée et Pierriers... de 8 pouces.

Affûts en bois, ou en fer coulé d'une seule pièce.

S'il en existe encore, on les mentionnera par calibre après ceux en fer.

Affûts d'Obusiers de 8 pouces, de 6 pouc., de 5 pouc. 7 lignes.

Flasques d'Affût à Mortier en fer coulé.

S'il en existe de non assemblés, on les mentionnera après les Affûts, par espèces de matières et par calibre.

Plateaux d'Eprouvettes, ou pour les Mortiers coulés sur semelle.

Avant-trains pour Affûts à flèche... de siége... de bataille, nouveau modèle... de bataille de 12, 8 et Obusier de 6 pouces... de bataille de 4... de montagne.

On notera à l'observation ceux à timon et à limonière.

Chassis d'affût de place de 24 et 16... de 12 et 8...

——— *de transport* pour Affûts de place.

——— d'Affût de côte, grands de 36 et 24, de 18 et 12... petits de 36 et 24, de 18 et 12.

Coffrets d'Affût ancien modèle, de 12, de 8, de 4, d'obusiers... nouveau modèle de

Affûts étrangers.

No. 4. *Voitures.*

Caissons avec leur Avant-train, ancien modèle, de 12, 8, 4, d'Obusiers (*Wurst* d'Obusiers, de 8), d'Infanterie, de Parc, d'Outils.

On marquera à l'observation ceux sans Avant-trains.

Avant-trains de Caissons de rechange, ancien modèle, nouveau modèle.
Camions.
Chariots à Canon, ou Porte-corps, à munitions (nommés improprement *Prolonges*).
Charrettes à munitions, à Boulets, à Pompe.
Forges de Campagne à 4 roues, à 2 roues... portatives.
Haquets (ancien modèle) à Pontons, à Bateau, à Nacelles... nouveau modèle à Bateau.
Ponts roulans.
Tombereaux, grands, à bras.
Traîneaux à roulettes.
Triqueballes à vis, ordinaires, à chaîne ou sans chaîne.
Voitures étrangères.

No. 5. *Armes portatives.*

Fusils Français d'Infanterie ancien modèle, modèle dépareillé, modèle n°. 1, modèle de 1777, modèle de 1777 corrigé. . . . — *de Dragons* d'ancien modèle, modèle an 9.... — *d'Artillerie.* — *de Marine.*

On portera à l'observation les Fusils français de service dont les canons n'ont pas 40 pouces... Pour l'ancien modèle ceux faits avant 1777; pour le modèle dépareillé, ceux ayant des platines de 1777; et du n°. 1, avec des garnitures qui ne sont pas de ce modèle.

Fusils de Rempart de 12 (balles) à la livre, de 14, etc.
Fusils Etrangers de... à la livre, de... etc. — De Chasse à 2 coups, à 1 coup.
Mousquetons ancien modèle, modèle an 9 étrangers.
Carabines de Voltigeurs, de Cavalerie, étrangères.
Pistolets (paires de) *de Cavalerie* modèle de 1763, modèle de 1777, modèle an 9, dernier modèle (an 1807)... — De Gendarmerie... — Etrangers.
Arquebuses à croc, ordinaires.
Spingoles à canon de cuivre, à canon de fer.
Mousquets à rouet, à mèche.

Sabres nouveau modèle d'Infanterie, de Cavalerie, de Cavalerie légère, de Dragons... — *Ancien modèle* d'Infanterie, de Cavalerie, de Dragon, de Chasseur, de Hussard, de Gendarmerie, de Carabiniers, d'Artillerie à pied, d'Artillerie à cheval, de Mineurs... —*Etrangers*, de Cavalerie, d'Infanterie.

Baïonnettes ancien modèle et étrangères, modèle de 1763, modèle de 1777, modèle de 1777 corrigé de 15 pouces, Baïonnettes de 18 pouces.

On ne porte à cet article que celles pour rechange, ou en approvisionnement.

Couteaux de Chasse.
Dards.
Epées.
Espontons.
Faux à revers.
Fourches ferrées.
Hallebardes.
Lances.
Piques.
Poignards.

Canons de Fusil d'ancien modèle, modèle de 1777, étrangers.... de Mousqueton... de Pistolets... de Carabines.

On mettra à l'observation ceux de 1777 au dessous de 38 pouces et de service.

Platines complètes d'ancien modèle, de 1777 et n°. 1, étrangères.

Baguettes de Fusil d'Infanterie, de Fusil-Dragon, de Mousqueton, de Pistolet.

Pièces de Platine : Corps, Batteries, Chiens, Bassinets en cuivre, noix, Ressorts grands, de Batterie, de Gachette... Vis grandes.

On marquera à l'observation si les pièces sont de forge ou proviennent de démolition.

Pièce de garniture : Embouchoirs, Grenadières, Capucines, Sous-gardes, Plaques de couche, Porte-vis.

Bois de Fusils, de Mousqueton, de Pistolet.

Lames de Sabre.

Fourreaux de rechange en fer, en cuir.

Poignées et Gardes d'Infanterie, de Cavalerie, de Cavalerie légère.

Cuirasses de Cavalerie, de Sapeurs.

N°. 6. *Munitions.*

Poudre de guerre (le poids en kil.) fine, ordinaire, étrangère, de mine, provenant de démolition.

Cartouches à Boulets de 12, de 8, de 6, de 4, de 3.

Cartouches à Balles de 12, de 8, de 6, de 4, de 3, d'Obusier de 6 pouces, d'Obusier de 5 pouces 7 lignes.

On met à l'observation le nombre de sachets manquans pour les calibres où ils sont séparés des boîtes à balles.

Cartouches d'Infanterie de 12 à la livre, de 14, de 16, de 18, de 20, de 22, de 26, à poudre.

Cartouches à mitrailles de

On porte à cet article les cartouches faites avec des morceaux de fer irréguliers.

Sachets à poudre remplis pour (le calibre).

N°. 7. *Artifices.*

Artifices préparés.

Balles à feu pour Mortier, à main.
Ballons à Grenades, à Bombes.
Barils ardens, foudroyans.
Boulets incendiaires de 36, 24, 18.
Carcasses vides, chargées.
Étoupilles garnies, ou *Roseaux* vides.
Fusées à projectiles des n°s. 1, 2, 3, 4, 5.
Fusées de Signaux.
Fascines goudronnées.
Lances à feu.
Mèches incendiaires.
Pétard avec *Plateau*, sans Plateau.
Pots à feu garnis.
Réchauds de rempart.
Roche à feu (kil.).
Torches.
Tourteaux goudronnés.

Matières.

Alun de roche.
Antimoine.
Bandelettes pour Sabots.
Boîtes vides pour Cartouches à balles de 12, de 8, de 6, de 4, d'Obusiers.

Borax.
Camphre.
Carton.
Charbon pilé.
Cire blanche, jaune.
Colle forte, d'Allemagne.
Coton filé.
Couvercles de Boîtes en tôle de 12, de 8, de 6, de 4, d'Obusiers.
Culots plats en fer de 12, de 8, de 6, de 4, d'Obusiers.
Culots sphériques en fer pour 24, 16, 12, 8, 4, Obusiers.
Eau-de-vie.
Esprit-de-vin.
Etoupes.
Fil-de-Fer, de Laiton.
Feuilles de Fer-blanc. Longueur, Largeur.
Fusées vides pour Projectiles des nos. 1, 2, 3, 4, 5.
Gargousses de 24, etc.

Indiquez à l'observation si elles sont de papier ou de parchemin.

Gomme arabique.
Goudron en tonnes.
Huiles de lin, d'olive, pétrole, de poisson, de térébenthine.
Papier (rames) pour Cartouches d'infanterie, Gargousses, Lances à feu.
Papiers (kil.).
Parchemin (feuilles).
Poix blanche, noire.
Sabots à Boulets pour 12, 8, 6, 4, 3.
Sabots à Cartouches de 6, de 4, cylindriques, coniques.
Sachets vides de Serge pour 12, 8, etc.
Salpêtre.
Savon.
Serge (mètres).
Soufre (kil.).
Suif (kil.).

Ustensiles pour Artifices.

Voyez page 235.

No. 8. *Approvisionnemens.*

Métaux (en kil.).

Acier de France, étranger.
Bronze.
Cuivre... neuf Laiton, neuf Rosette... en feuille... vieux.

Etain.
Fer échantillonné platiné A... platiné B... carré C... à 8 pans.
Fers non échantillonnés.

Portez à cet article les Fers neufs qui n'ont pas les dimensions des Tables d'Artillerie.

Fers ébauchés.
Fers vieux à réappliquer... provenant de démolitions... en riblons.
Feuilles de Tôle, épaisseur de....
Plomb en saumons... de démolition... en balles de calibres... en balles de calibre irrégulier.

Bois.

En grume (m^3.) de chêne, d'orme, de frêne, de hêtre.
Equarris (m^3.) de chêne, d'orme, de frêne, de hêtre.
En plateaux (m^3.) de chêne, d'orme, de frêne, de hêtre.
En planches (m. courants) chêne, hêtre, peuplier, sapin.
Débités... Flasques d'Affût de Siége, de Bataille, de Place, de Côte, de Mortier, d'Obusier.... Flèches.... Jantes de Roues d'affût de Siége, de Place, de Bataille, d'avant-train... Moyeux de chêne, d'orme... Rais de Roues d'affût, d'avant-train.

No. 9. *Rechanges.*

En Fer.

Boîtes de Roues.
Boulons.
Chevilles, ouvrières, à tête ronde, à tête plate, à mentonnet.
Ecrous.
Essieux de 12, de 8, de 4, de Charrettes.
Sousbandes d'affût de 12, de 8, de 6, de 4, d'Obusiers de Siége.
Susbandes d'Affût de 12, de 8, de 6, de 4, d'Obusiers, de Siége.
Vis de pointage d'Affût de 12, de 8, de 6, de 4, d'Obusier, de Siége.

En Cuivre.

Boîtes de Roues de 12, de 8, de 6, de 4, de 3.
Ecrous pour Vis de pointage.

En Bois.

Armons.
Brancards.
Corps d'Essieu.
Corps de Caisson, ferrés, en blanc.

Essieux.
Flèches.
Jantes de chêne, de hêtre, d'orme.
Moyeux de chêne, d'orme.
Palonniers.
Rais.
Roues d'Affût : à Flèche, de Siége, de Place... d'Affût de Bataille de 12, de 8, de 6, de 4, de 3, d'Obusier... de Caisson, nouveau modèle, ancien modèle... d'Avant-trains d'Affût à Flèche, de Siége, de Bataille.
Rouleaux d'Affût de Côte: grands, petits.
Timons.
Volées.

No. 10. *Armemens et Assortimens des Bouches à feu.*

Amorçoirs. Voyez *Cornes d'amorce.*
Balais.
Boute-feux.
Bricolles garnies de Cordages, Clefs, etc.
Chapiteaux pour Canons de tout calibre.
Chasse-fusées.
Coins de mire pour Mortier, le Coin, les Cales.
—— *d'arrêt* pour Affûts de Place, de Recul.
Coffrets d'Affût de Campagne de 12, 8, 6, 4, d'Obusiers.
Cornes d'amorce en Corne, Métal.
Coussinets d'Auget.
——— pour boucher la Lumière.
Couvre-Lumière en Plomb.
Crochets à Bombes.
Cuillers.

Voyez *Ustensiles à Boulets rouges.*

Curettes.
Dégorgeoirs ordinaires, à vrilles.
Dames.
Doigtiers.
Eclisses.

Ecouvillons hampés
- pour Canons de Siége, Place et Côte, de 36, 24, 18, 16, 12, 8, 6, 4.
- pour Canons de Campagne de 12, 8, 6, 4, 3.

  Les Ecouvillons de campagne doivent porter leurs Refouloirs.
- pour Mortiers et Pierriers de 12, 10 et 8 pouces.

  Anciennement, le Refouloir tenait à l'Ecouvillon. S'il y en avait encore, il faudrait les porter à l'article des Ecouvillons.
- pour Obusiers de 8 pouces, de 6 pouces, de 5 pouces 7 lignes.

Ecouvillons sans hampes, ou *Tête d'Ecouvillons*.

S'il y a des têtes d'Ecouvillons, on les mettra à la suite des Ecouvillons, avec les mêmes détails et le même ordre.

Enrayures.

Voyez les Cordages.

Etuis de cuir pour Lances à feu.
Fiches pour le tir des Mortiers.
Gargoussiers de 36, 24, 18, 16, 12, 8, 6, 4.
Grils.

Voyez Ustensiles à Boulets rouges.

Hampes d'Ecouvillons et de Refouloirs.

On les détaillera suivant le même ordre que les Ecouvillons.

Hampes à Piques.
Hausses pour Pièces de bataille, de 12, 8, 6, 4.
Lanternes de 36, 24, 18, 16, 12, 8, 6, 4.
Leviers de Manœuvre — d'Affûts de place, ferrés — d'Affûts de campagne de 12, 8, 6, 4, d'Obusiers de 6 pouces — d'Affûts de montagne, de pointage, brisés — d'Affût de Côte, directeur, de manœuvre, — d'Affût à Mortier.
Masses.
Mèches à dégorger les Lumières.
Paniers pour Pierriers — pour Armemens des Mortiers.
Plateaux.
Plombs pour pointer les Mortiers.
Porte-lances.
Prolonges.

Voyez Cordages.

Refouloirs hampés de 36, 24, 18, 16, 12, 8, 6, 4.

On ne doit mentionner ici que les Refouloirs de Siége et de Place. Ceux de Campagne tenant aux Ecouvillons, ont été mentionnés avec eux.

Refouloirs sans hampe, ou têtes de Refouloirs, de 36, 24, 18, 16, 12, 8, 6, 4.
Refouloirs pour Mortiers de 12, 10, 8 pouces.
——— pour Obusiers.

Voyez la note des Ecouvillons.

Sacs de cuir à Cartouches, à Canon, à Etoupilles.
Seaux d'Affûts de Campagne.
Spatules pour les Mortiers et Caissons.
Tampons pour Mortiers.

S'il y a des Tampons pour les Canons de côte, on les mentionnera.

Tenailles.

Voyez les Ustensiles à Boulets rouges.

Tire-bourres de 36, 24, 18, 16, 12, 8, 6, 4.
Tire-fusées, Chassis pour 12 et 10, 8 et 6 pouces.
Tenailles, 12 et 10, 8 et 6 pouces.
Vis pour Affûts de Siége — de Place — de Côte — d'Obusiers — de Campagne de 12, 8, 4 — d'Affûts de Mortier.
Ustensiles à Boulets rouges, Crochets à attiser, Cuillers, Emportes-pièce à gazons, Fourches à retirer les Boulets, Grils, Soufflets, Tenailles.

No. 11. *Machines et Instrumens.*

Balances.
Bassins non montés.
Barils à arrondir les Balles.
Bourriquets.
Boussoles.
Brouettes.
Cabestans.
Chaînes à Saucissons.
Chaînes d'Arpenteurs.
Chats.
Chausse-trapes.
Chèvres de Place, de Campagne.
Chevrettes simples, à graisser, doubles, d'affût.
Chevaux de Frise.

Cylindre à calibrer les Boulets de 36, 24, 18, 16, 13, 8, 4.
Civières.
Compas courbes, droits.
Cribles à Balles.
Crics, grands, petits.
Cuillers à fondre le plomb, grandes, petites.
Echelles d'escalade, ordinaires.
Echarpes.
Voyez Poulies.

Épissoir.
Éprouvettes et leurs globes, nouveau modèle, ancien modèle.
Éprouvette à main.
Équipages à tarauder.
Etoiles mobiles.
Etuis de Mathématiques, complets.
Fallots.
Fanaux.
Fourneaux à rougir les Boulets.
Graphomètres et leurs pieds.
Hausses.
Lanternes claires, sourdes.
Lunettes à calibrer, grandes, petites, à Boulets de 36, 24, 18, 16, 12, 8, 4.
— à Bombes de 12, 10, 8 pouces, grandes, petites.
Idem à Obusiers de 6 pouces.
— Doubles pour Balles de fer de 12 : n°. 1, 2, 3, — de 8, n°. 1, 2, 3; — de 4, n°. 1, 2; — de 6, n°. 1.
Machine à tarauder, pour mettre les Grains de lumière.
Mètres, en cuivre, en bois.
Moules à Balles de 12 à la livre, de 14, etc.
Moutons à Sonnettes.
——— à Emporte-Pièce.
Niveaux d'eau, bulle d'air.
Palans.
Pieux.
Pieds-de-Roi (vieux style).
Pincettes.
Piquets frettés.
——— frettés et sabotés.
——— ordinaires.
Plateaux d'Eprouvette.
Planchettes garnies de leurs alidades.
Poids de fer, de cuivre, de plomb (en kilogr.).
Poinçons à épisser.
Pompes pour incendies.
Poulies de cuivre, simples, mouflées ou écharpes.
——— de bois, simples, mouflées ou écharpes non montées.

Quarts de cercle à pinules, ordinaires, en cuivre.
Romaines.
Rouleaux fretés, ordinaires.
Tenailles à ébarber.
Tire-fusées.
Tours à brosse, grands, petits.
——en fer.
——à moyeux.
——en l'air.
Traîneaux ordinaires, glissans, à rouleaux, à roulettes.
Vindax.

No. 12. *Equipages de Ponts.*

Ancres.
Bateaux, ancien modèle, nouveau modèle, de commerce, de débarquement.
Chevalets de culées, doubles.
Clameaux.
Clavettes doubles.
Cravattes de Mâts.
Crocs hampés.
Ecopes, grandes, petites.
Gaffes.
Gouvernails.
Grappins.
Jas d'Ancre.
Madriers pour Bateaux, pour Pontons.
Mâts.
Moutons à bras.
Nacelles.
Nayes, grandes, moyennes, petites.
Pompes pour Bateaux.
Pontons.
Poutrelles pour Bateaux, pour Pontons.
Rames, grandes, petites.
Rouleaux ferrés.
Sondes.

No. 13. *Cordages.*

Amarres de Bateau, de Ponton.
Bretelles.
Cables de Chèvre, d'Ancre.
Cinquenelles de mètres de longueur.
Combleaux de ——

Commandes.
Cordages, d'Ancre, à enrayer.
Cordes (kil.).
Elingues.
Ficelles (kil.).
Jarretières.
Mailles, grandes, petites.
Menus Cordages (kil.).
Prolonges doubles, simples.
Traits à Canon, de Manœuvre, de Paysans.
Traversières.

No. 14. *Outils* (1).

Outils à Pionniers et tranchans.

Indiquez à l'observation les Outils non emmanchés.

Haches.
Hoyaux.
Louchets ou *Bèches.*
Pelles rondes, carrées.
Pics à Hoyau, à Tranche, à 2 Pointes, à Roc, à feuille de Sauge.
Serpes.

Outils d'Ouvriers en Fer.

Archets ou *Arçons.*
Baguettes à Mèches.
Becs-d'ânes.
Bigornes d'Etabli, de Forge.
Boutoirs.
Burins.
Calettes.
Calibres.

---

(1) Les Outils des Chantiers sont comptés existans : le Garde doit en avoir un état séparé général ; le Chef de chaque atelier, un état particulier de son atelier, dont il est responsable ; parce qu'il doit avoir un état de distribution à chaque ouvrier, qui lui en est responsable. A mesure qu'un outil se détruit, le Chef d'atelier le porte au Garde qui le remplace, et alors il est porté en consommation par le Chef des ouvriers d'état. L'état général des outils est fait d'après la première distribution, comme un Inventaire, il est signé du Commissaire et du Capitaine surveillant ; et la vérification doit s'en faire en leur présence tous les mois, ou au moins tous les 3 mois.

Carreaux d'acier, de fer.
Châsses rondes, carrées, à biseau.
Cisailles.
Ciseaux à froid, à chaud, à langue de carpe.
Clefs à écrous, doubles, simples.
Compas d'épaisseur, de forge, à tête.
Clouyères à boulons, à clous de bandes; *idem* à tête ronde; *idem* à tête plate; *idem* à tête fraisée; *idem* rivés; *idem* à caboches; *idem* à ferrer les chevaux, à vis.
Débouchoirs.
Diables à ferrer les Roues.
Emporte-Pièces.
Enclume de Forgeron, de Cloutiers.
Equerres en fer.
Etampes.
Etaux de Forgeron, d'Etabli, à main, à chanfrein.
Fers à souder.
Filières avec leurs Tarauds, nos. 1, 2, etc. 9, 10, 11.
Forets.
Fraises.
Fûts à Forets.
Gouges.
Limes.
Mandrins à Tire-bourres, de différens calibres.
Marteaux de devant, à main; Rivoirs, à panne fendue, d'établi.
Masses à main.
Palettes.
Perçoirs.
Pinces (petites) à main.
Pieds-de-biche.
Poinçons carrés, ronds, plats, à équarrir.
Pointes à tracer.
Pointeaux.
Rapes à chaud.
Seaux de forge.
Sergens à vis.
Soufflets de forge, à main.
Tas ou *Tasseaux* de Cloutier.
Tenailles à embattre, grandes à crochets, petites à crochet, à boulons, creuses, droites, à vis, à chanfrein, doubles.
Tisonniers.
Tourne-à-gauche.
Tourne-vis.
Tour à main.
Tranches à froid, à chaud, à gouges.
Trépans.

Outils d'Ouvriers en Bois.

Amorçoirs.
Becs-d'ânes de, etc.
Besaigues.
Bondax.
Bouvets, simples, à 2 pièces.
Chantiers à percer les Moyeux.
Chasse-Boîtes.
Chevalets.
Ciseaux de.... largeur.
Clous de Scieur de long.
Coignées de Charron, de Charpentier.
Colombes à joindre.
Compas, grands courbés, grands droits, moyens, petits.
Couteaux à osier.
Crics d'assemblage.
Crochets de Scieur de long.
Diables.
Doloirs.
Epaules-de-Mouton.
Equerres de bois, de fer, à chapeau, à onglets.
Equerres fausses de bois, de fer.
Essettes.
Etablis.
Fers de grande Varlope, de demi-Varlope, de Rabot.
Fermoirs.
Feuillerets.
Forets.
Fûts de Villebrequin en fer, en bois.
Gouges, grandes rondes, petites rondes, carrées.
Guillaumes.
Guimbardes.
Grattoirs.
Haches à tête, à main, de Charpentier.
Langues de carpe.
Maillets.
Marteaux, Rivoirs, à panne fendue.
Masses en cuivre.
Masses en fer à enrayer, à assembler.
Massettes.
Mèches de Villebrequin, ordinaires.
Meules montées.
Mouchettes (grandes).
Niveaux, grands, petits.
Pierres à affiler.
Piochons de Charpentier.

Planes droites, demi-courbes, creuses, de Charron.
Presses en bois.
Rabots.
Rapes à bois.
Règles.
Reinettes.
Repoussoirs.
Sergens à vis, à coulisses.
Serpes.
Serre-Rais.
Scies, Passe-partouts, à main, grandes, moyennes, de long, à cremailles, tournantes, à refendre.
Tarauds à ouvrir les Moyeux.
Tarières, du diamètre de..., etc.
Tire-Cercles.
Tire-fonds.
Tricoises.
Trusquins.
Valets d'établi.
Varlopes à onglets, ordinaires.
Villebrequins.
Vrilles, grandes, moyennes, petites.
Vidoirs.

No. 15. *Menus Approvisionnemens.*

Charbon (kil.) de terre, de bois.
Mèches à Canons.
Pierres à feu de Fusils d'infanterie, de Fusils de rempart, à Mousquetons, à Pistolets.
Sacs à terre.

Barils à Poudre vides, de 100 kil., de 50 kil.
Chapes pour Barils à Poudre.
Caisses à Munitions, de nouveau modèle, de 12, de 8, de 6, de 4, d'Obusiers, d'Infanterie.
Caisses d'Armes, pour Fusils, Pistolets, Sabres... à Tasseaux.
Coffrets de rempart d'Outils.
Fascines.
Gabions.
Gîtes.
Heurtoirs.
Lambourdes.
Madriers pour Plate-forme ordinaire, circulaire.
Saucissons.
Plate-forme en place pour Canons, pour Mortiers.
Clous (kil.).

Monte-Ressorts.
Tourne-vis.
Tire-Balles.
Tire-Bourres.
Fourreaux de Baïonnettes de 15 pouces... de 18 pouces.

Harnais à la Française, à l'Allemande... de devant, de derrière.
Brides.
Selles.
Panneaux.
Bâts.

Peinture, olive, noire.
Céruse.
Essence de térébenthine.
Huile de lin.
Litharge.
Noir de fumée.
Ocre.
Vieux-Oing.

No. 16. *Objets étrangers au Service.*

On classera sous ce n°. les objets existans dans les Magasins d'Artillerie qui n'ont pas de rapport à son service, comme les objets d'équipemens abandonnés par les Troupes, les matériaux pour bâtisses, les meubles, et autres effets des Bureaux, Salles et Logemens des Officiers, ou des Gardes d'Artillerie, dont ces derniers sont comptables, et généralement tous les effets appartenans au Gouvernement, et qui ne font pas partie des autres divisions de l'Inventaire.

Les Officiers d'Artillerie veillent à ce que les Gardes inscrivent tous les effets confiés à leur surveillance, d'une manière exacte et conforme à la nomenclature ci-devant : les objets qui peuvent y être omis seront mis à la suite des divisions respectives.

Les Equipages d'Artillerie sont des Inventaires dégagés des objets qu'on ne traîne pas immédiatement à la suite de l'armée, et qui contiennent la totalité des attirails dont on a besoin. C'est le Directeur d'artillerie, d'après les projets du Général en chef et du Général d'artillerie qui lui en donne les bases, qui forme ces états.

Il y a 4 espèces d'Equipage d'artillerie.
Equipage d'Artillerie de Siége.
——— de Campagne pour la plaine.
——— de Campagne pour la montagne.
——— de Ponts.

Chaque Etat d'équipage est divisé en 6 colonnes.

1re. Espèce.
2e. Nécessaire (le nombre nécessaire).
3e. Existant.
4e. Manquant.
5e. Poids (c'est le poids des objets nécessaires de la 2e. colonne).
6e. Observations.

D'après les poids, etc., à porter, on constate le nombre des Voitures qu'il faudra.

Voyez ce qu'on a dit précédemment, page 391, pour les états à dresser, soit du personnel, soit du matériel.

Au commencement ou à la fin de l'Etat, faites un résumé de tous les Affûts et de toutes les Voitures. Ajoutez une colonne des Chevaux nécessaires à chaque espèce de Voiture, totalisez cette colonne des Chevaux, et indiquez le nombre de Compagnies du Train qu'il faudra.

Sous ce total mettez le nombre de Chevaux existans, mettez en dessous la différence de ces deux nombres, qui sera celui des Chevaux manquans.

Les Gardes, dans les directions maritimes, doivent fournir un état des Batteries de côte de la direction, conforme à la note suivante.

Etat des Batteries de Côte, en 33 colonnes.

1re. Désignation de la Place et de l'arrondissement.
2e. Désignation des Batteries.

Canons de Siége, (En 2 Colon.: la 1re. subdivisée en 4 autres, et la 2e. en 6.)	En Bronze.	3e.	24.
		4e.	16.
		5e.	12.
		6e.	8.
	En Fer.	7e.	36.
		8e.	24.
		9e.	18.
		10e.	12.
		11e.	8.
		12e.	6.
Canons de Bataille, (Subdivisés 4 colonn.)		13e.	12.
		14e.	8.
		15e.	4.

		16e.	Obusiers de 6 pouces.
Mortiers en Bronze, (Subdivisés en 3 colon., dont la 1re. l'est en 3, la 2e. en 2 autr. la 3e. en 2 autres.)	de 12 po.	17e.	sur Semelle.
		18e.	à la Gomer.
		19e.	ordinaires.
	de 10 po.	20e.	à la Gomer.
		21e.	ordinaires.
	de 8 po.	22e.	à la Gomer.
		23e.	ordinaires.
Mortiers en Fer de 12 po.		24e.	sur Semelle.
		25e.	à Tourillons.
		26e.	Fourneaux à Réverbère.
		27e.	Grils à rougir les Boulets.
Approvisionnemens en (Subdivisés en 3 colonnes.)		28e.	Poudres (kil.).
		29e.	Boulets.
		30e.	Bombes.
		31e.	Nombre d'hommes par Batteries.
		32e.	Numéros des Compagnies.
		33e.	Observations.

L'Inventaire d'installation de Garde d'artillerie doit être fait devant le Commissaire et l'Officier nommé par le Directeur, qui font la vérification des Magasins, et doit être signé par les deux Gardes, l'Officier et le Commissaire. Les autres inventaires sont signés du Garde, certifiés par l'Officier, vérifiés par le Commissaire, vus par le Directeur d'artillerie.

Pour faire l'Inventaire général :

A la fin de chaque Campagne, ou quand les Généraux le demandent, ou au commencement de chaque année, le Garde d'artillerie doit avoir un cahier de très-grand format, qui offrira en tableau le résumé des remises et consommations de toute l'année. Il peut le faire à mesure qu'il donne ses états partiels; sa besogne en sera plus aisée. On suppose ici qu'il a fourni ses états de remise et de consommations tous les mois. (S'il ne les donnait que tous les trois mois, ce tableau serait plus simple et plus court). Voici comment il faut ordonner ce tableau.

Divisez chaque deux pages en regard en 29 colonnes.

(Titres).

La 1re. espèces... *Mettez tous les noms d'Attirails suivant la classification suivie dans l'Inventaire.*

2 Existans au 1er. de l'an... *Mettez les nombres de l'Inventaire à cette époque.*

3 et 4 *jusqu'à* 14 *inclus.* Remis dans le courant du mois de... *Mettez les remises de chaque mois.*

15 Total des remises... *Totalisez les 13 dernières colonnes, ligne par ligne.*

16 et 17 *jusqu'à* 27. Consommations dans le courant du mois de... *Mettez les consommations de chaque mois.*

28 Total des consommations.... *Totalisez ces 12 dernières colonnes, ligne par ligne.*

29 Existans au 1er. de... *Portez à cette colonne la différence de la 15e. et de la 28e.; ce sera ce nombre qu'il faudra porter sur le nouvel Inventaire.*

NOTA. Il serait, je crois, plus commode pour les vérifications d'exiger que les Gardes eussent leur Registre de remise et celui de consommation divisés ainsi en 14 colonnes, les deux Registres se correspondant page par page, ligne par ligne, pour la désignation des objets; et qu'ils inscrivissent les remises et les consommations à mesure qu'elles s'opèrent. Le travail ne serait rien au bout de l'année, et d'un coup-d'œil, comparant les 2 lignes correspondantes de ses Registres, il verrait et on saurait ce qui lui reste de chaque objet.

IV.

Recettes et Dépenses.

Suivez le Réglement de Comptabilité du 1er. brumaire an 14, où les dépenses sont divisées en 8 articles de dépenses fixes et en 10 de variables.

On doit sur-tout observer de ne jamais outrepasser les fonds accordés pour les dépenses d'une année, quand même les dépenses seraient autorisées : il faut ajourner l'exécution de ces dépenses à l'année suivante pour les porter en compte.

V.

Remises et Consommations.

Suivez le Réglement de Comptabilité — matières du 15 décembre 1806, pour les Arsenaux.

PRÉCIS D'INSTRUCTION

POUR LES CONDUCTEURS D'ARTILLERIE.

Le Conducteur général d'Artillerie commande les Conducteurs principaux et ordinaires, leur fait exécuter tout ce qui leur est prescrit; les instruit, les dirige dans leurs diverses opérations, quand il le peut, et est à portée; les nomme à leur tour ou à son choix, pour les convois et les différentes besognes dont ils peuvent être chargés. Les Conducteurs principaux remplacent, au besoin, les Conducteurs généraux.

1°. Le Conducteur ordinaire d'Artillerie fait les fonctions de Garde d'Artillerie, dans un Poste, dans les Convois qui lui sont confiés, et dans les différentes Divisions d'infanterie, de Canon de Parc, d'Equipages de Pont où il est détaché.

Dans les Places, il est chargé des convois et des divers Transports d'Artillerie dans les magasins ou le polygone, etc.

Dans un *Poste*, il doit :

Veiller à la conservation, à l'arrangement des magasins et des objets qu'ils renferment, en faire l'inventaire, et l'avoir toujours prêt à donner, soit à son successeur, soit au Commandant du Poste, ou au Général qui le visite.

Fournir ses états de recette et de dépense, de remise et de consommation aux époques qui lui seront prescrites.

Prendre une décharge de tout, au bas d'une copie d'inventaire, en remettant son poste à un successeur, toujours en présence d'un Commissaire des Guerres.

2°. Dans un *Convoi*, il doit :

Se conformer à l'instruction que le Directeur lui donne.

Examiner, la veille du départ, la situation des Voitures qu'il aura à conduire; les faire graisser, voir la graisse qui lui sera nécessaire pour tout le tems du Convoi, la demander au Garde, en faire un bon emploi, et en conséquence du nombre, de l'espèce et de la situation des Voitures qu'il aura, des lieux de ressources, de la longueur du Convoi, prendre des roues et des Pièces de rechange; enfin se munir d'une hache, d'une serpe et de quelques outils à pionniers, pour les mauvais pas et les accidens de la route.

Donner au Garde le récépissé des objets que celui-ci lui remettra.

Avoir l'état détaillé du chargement.

Faire charger la veille du départ, si les circonstances et la nature des objets le permettent ; veiller à ce chargement, le faire avec ordre, et retenir l'arrangement qu'il donne à ses attirails, dont la conservation le regarde.

NOTA. La connaissance des Manœuvres de force lui est nécessaire pour opérer les chargemens et les déchargemens.

On ne doit laisser charger aucun objet étranger sur les Voitures, et n'y laisser monter personne.

Le Convoi doit marcher lentement, sur une file, ou deux suivant la largeur de la route (1) ; il faut que les Voitures suivent sans interruption et sans s'arrêter : si quelque accident arrive à une Voiture, elle sort de la file pour y remédier, et vient rejoindre la queue du Convoi, après qu'on y a remédié : le Conducteur fait distribuer son chargement sur les autres, et la Voiture elle-même, s'il est possible; elle continue la route, et si cela ne se peut, on laisse un Brigadier avec un Soldat ; on ramène les Chevaux jusqu'au logement ou au premier endroit voisin, d'où l'on pourra avoir des secours pour la ramener ou pour la mettre en sureté; on requiert ces secours au Commandant militaire, s'il y en a, ou à la Municipalité.

En conséquence des radoubs, s'il y a des forges et des ouvriers dans le Convoi, elles doivent marcher les dernières, avec les ouvriers et les Pièces de rechange.

Le Convoi prend la droite du chemin, et jamais ne le coupe sans necessité ; on ne permet pas aux Soldats de quitter leurs chevaux. Le Conducteur se porte souvent de la tête à la queue du Convoi, pour les soins à donner à la conservation des Voitures.

On tire les chevilles à la romaine des timons, dans les montées et à la descente rapide du passage d'un fossé, ou ravin, etc. étroit et encaissé, pour faciliter le tirage, le passage, et conserver les timons; on replace les chevilles aussitôt après.

Il faut enrayer à propos en marchant, et à la jante convenable (2). Les chaînes d'enrayage et enrayures sont proportionnées de façon que la bande qui doit frotter lorsqu'on enraye où on doit, porte à terre par son milieu, qui est vis-à-vis la jonction des jantes ; sans cela, si la bande porte par son bout, les pierres font sauter les clous de bandes. Si les chaînes sont trop longues, elles couperont le rai, qui résiste seul à l'effort que doit supporter la jante, et la bande ne porte plus sur son milieu. Le Conducteur d'Artillerie doit se hâter de faire raccourcir la chaîne, et d'en avertir à son arrivée pour qu'on le fasse. S'il a bien examiné ses Voitures la veille du départ, il se sera aperçu de ce défaut. Si l'enrayure est trop longue, il la raccourcira par un nœud.

---

(1) Il faut toujours que le service public se fasse ; ainsi il faut que deux Voitures puissent aisément passer à côté de la file du Convoi.

(2) La chaîne doit passer entre 2 rais où se trouve la jonction de 2 jantes.

Il faut faire reconnaître le lieu favorable à parquer le Convoi. Les terrains incultes secs sont ceux qui conviennent le plus. Si les objets qu'on porte craignent l'humidité, on demande au Commandant militaire ou à la Municipalité du logement un endroit à l'abri. Si les objets ne sont pas renfermés, on demande un lieu où ils puissent l'être surement; si on ne peut obtenir ce local favorable, si on n'a pas d'escorte, si le Train ne peut fournir une garde, on en demande une jusqu'au départ. On fait la visite du Convoi avec le Commandant de cette garde, en le lui remettant lorsqu'il est arrivé et parqué; on fait de même avant de se remettre en route, pour s'assurer que rien n'y manque; et comme ce Commandant en est responsable, dans l'intervalle de l'arrivée au départ, le Conducteur ne visite jamais les Voitures sans l'appeler à la visite.

Le Conducteur visite en arrivant toutes les Voitures : il fait réparer ce qui est urgent; il vérifie si rien n'a été perdu ou dérobé : il prévient des pertes le Commandant du Train, parce que les Soldats sont responsables des Voitures qu'ils conduisent. Si quelque Voiture ne peut continuer la route, il la remet à celui que le Commandant militaire ou la Municipalité désigne pour la garder; il en prend un reçu qui constate son état, et il en donne avis sur-le-champ au Directeur d'Artillerie.

Arrivé à sa destination suivant l'ordre de route, le Conducteur remet le Convoi à la personne désignée dans l'ordre du Directeur, et en prend un récépissé.

Dans toutes les Places où il y a des Commandans militaires et des Officiers d'Artillerie employés, le Conducteur d'Artillerie doit les prévenir du Convoi dont il est chargé, parce qu'ils peuvent avoir des ordres pour lui donner une autre destination, et ces nouveaux ordres doivent lui être donnés par écrit.

Si, revenant à vide, quelque Commandant militaire ou Commissaire des Guerres fait charger les Voitures par raison d'urgence, il doit en rapporter l'ordre par écrit au Directeur; prendre soin de ce nouveau chargement; veiller à ce que les Voitures ne portent que 15 à 1600 livres, et suivre toujours sa première route.

Dans les Convois de poudre, les précautions les plus minutieuses sont souvent de la plus grande importance. Les lieux où ils parquent doivent être éloignés de tout feu; il faut veiller à ce que les Soldats, les Voyageurs qu'on rencontre, etc. ne fument pas : il faut faire précéder par un Sous-Officier le Convoi dans les villes, hameaux, etc. qu'il doit traverser; faire fermer les boutiques d'ouvriers en fer; faire éteindre tout feu à portée du chemin; prévenir de la nature du Convoi, énoncer les dangers que la moindre imprudence ferait courir (1).

Le Conducteur est toujours chargé des clefs.

---

(1) Voyez les précautions à prendre, page 667.

S'il y a des Pièces de divers calibres, les plus forts calibres doivent marcher les premiers.

3°. Dans les Divisions, il doit :

Avoir l'Etat précis et détaillé de sa Division ; faire les fonctions de Garde en tout comme dans les Postes pour la conservation de la Division ; pour les recettes et les dépenses ; pour les remises et les consommations ; en avoir les clefs sur lui pour donner sur-le-champ ce que l'on demande ;

Aérer les Caissons avec précaution par les tems bien secs ;

Dans les actions, se tenir aux Caissons pour fournir les munitions, etc. ; veiller à ce que les Caissons ne soient pas sous le vent des Pièces ; tâcher de les mettre dans des fonds, derrière des tertres, etc., à l'abri enfin, sans cesser d'être à portée ; les ouvrir de façon que le couvert soit toujours opposé au feu ;

Donner tout de suite, après l'action, l'état des consommations ; pourvoir à leur remplacement, aux réparations des voitures, au complet des charretiers, des chevaux.

Dans les Divisions des Bouches à feu, le Caporal-fourrier peut remplacer le Conducteur.

Dans les Divisions d'Equipage de Pont, les Conducteurs d'Artillerie rempliront les fonctions de Gardes, et exécuteront l'instruction du Directeur de l'Equipage de Pont, ou de l'Officier qui le remplace.

En résumant, on verra que les Conducteurs d'Artillerie, pour être bons, doivent savoir bien des choses ;

Au moins les 4 Règles ;

Les noms des différentes Pièces qui composent les voitures, etc. d'Artillerie ; l'usage des plus essentielles, le chargement et l'assortiment de ces voitures, etc. ;

Les manœuvres de force.

Comme les Conducteurs, les Gardiens de Batteries de côte, et les Gardes sur-tout ayant des places à peu près fixes, doivent connaître parfaitement les localités et les objets confiés à leur surveillance, qu'ils dressent les divers états envoyés au Ministre de la guerre, il peut leur être utile de trouver ici le résumé des différens points que l'Inspecteur général d'Artillerie observe, pour rendre compte de sa tournée, afin que les Gardes, etc., puissent se préparer à satisfaire à leurs demandes.

Personnel. L'Inspecteur suit pour les Corps l'instruction générale du Ministre : il donne par direction l'état nominatif des Officiers et Employés civils et militaires, avec des notes sur leur âge, leurs services, leur moralité, leurs connaissances, leurs moyens, leur utilité, leurs droits à la retraite, à la réforme.

Matériel. Dans les *Directions* et *Places*, il examine l'armement et l'approvisionnement des forteresses, ou le fixe pour en déterminer l'excédant, le manquant, suivant les moyens d'atttaque et de défense.

Il constate si les bâtimens, magasins, hangars, terrains affectés à l'Artillerie sont suffisans à leur objet, bien disposés, sains, en état ; règle les logemens d'après les grades, fait détruire les jardins, demande l'accroissement ou la suppression des localités, les constructions nouvelles, les réparations, les démolitions; présente les projets en conséquence.

Il s'assure dans les Magasins qu'ils sont bien ordonnés, aérés, les objets bien classés, arrangés, appropriés, conservés, les armes bonnes, bien entretenues, l'embarrillage des Poudres soigné, leur engerbement régulier, et leur portée conforme à l'arrêté pour les Poudres anciennes, moyennes et récentes.

Il vérifie si la comptabilité des Matières est bien tenue d'après les réglemens, si les remises et consommations y sont portées et prouvées par pièces régulières, l'arrête sur les registres depuis la dernière inspection jusqu'à l'époque fixée par le Ministre, la fait rectifier si elle est vicieuse, punit ou fait destituer les Gardes coupables.

Les classifications de l'inventaire pour la situation des objets ne sont changées que d'après les ordres de l'Inspecteur, qui s'assure des quantités d'objets de service à réparer ou hors d'état de servir ou à démolir.

Il vérifie et arrête la comptabilité en deniers par exercice depuis la dernière inspection, s'assure que les registres sont bien tenus, les dépenses autorisées et les comptes arrêtés par les Conseils d'administration d'après les pièces justificatives. En cas d'erreur ou de désordre, il fait rectifier, punir ou destituer les coupables en rendant compte au Ministre.

Il fixe la demande de fonds pour l'année suivante, d'après un résumé des dépenses à faire.

Dans les *Arsenaux*, l'Inspecteur s'assure que les Ouvriers sont bien surveillés, travaillent le nombre d'heures fixé.

Que les approvisionnemens sont relatifs aux commandes, de bonne qualité, bien classés, bien conservés, les ouvrages bien faits, conforme aux Tables.

Il compare les consommations, aux ouvrages faits, aux journées employées, et en déduit le prix de chaque espèce d'attirail-confectionné.

Il examine les marchés pour s'assurer que les prix n'excèdent pas les prix courans, et que les clauses ont été remplies par les Fournisseurs.

Il présente l'aperçu des fonds nécessaires pour les approvisionnemens, d'après les commandes finies et celles annoncées.

Les Directions maritimes ne doivent faire au plus que des Affûts marins, et remplacer les bois dans ceux de côte dont les fortes ferrures sont presque éternelles, si on en soigne la peinture.

Dans les *Fonderies*, l'Inspecteur vérifie si les marchés et les commandes sont fidèlement exécutés;

Si les approvisionnemens en métaux et combustibles peuvent suffire aux commandes à exécuter : il indique les Places d'où l'on peut tirer des Bouches à feu hors de service pour suppléer au manque de métaux, et de quels lieux et à quel prix on peut se procurer des métaux neufs.

Il fait vérifier sous ses yeux l'exactitude des Instrumens servant à la réception des Bouches à feu, ensuite les dimensions de celles-ci, enfin le titre des métaux et de l'alliage employés, par leur analyse.

Il fait éprouver quelques-unes des Bouches à feu coulées depuis la dernière inspection.

Il s'assure qu'à chaque chargement de fourneau on a dressé un procès-verbal en règle des différentes matières employées, et de leur titre.

Il arrête la comptabilité-matières, d'après la dernière faite, et la vérifie par la comparaison des métaux existans alors, des déchets stipulés par les marchés, et accordés seulement sur les produits finis, et des métaux restans à la disposition de l'Entrepreneur, avec les ouvrages remis par cet Entrepreneur.

Il constate la situation des machines, etc., remis à l'Entrepreneur par le Gouvernement.

Il détermine le prix de chaque objet exécuté dans la Fonderie, d'après celui des matières et de la main-d'œuvre, pour faire voir que les prix payés par le Gouvernement sont justes ou réductibles.

Il propose les améliorations en bâtimens, en procédés de fabrication de Bouches à feu, Machines.

Dans les Fonderies en régie, il porte encore plus de scrupule dans toutes les vérifications, parce que l'Inspecteur étant juge et partie, pourrait incliner au relâchement sur les dimensions, l'alliage, les épreuves, etc.

Dans les *Forges*, l'Inspecteur décrit pour les hauts Fourneaux, la nature, la qualité, les préparations des mines, des castines et des charbons qu'on y emploie, et leurs différentes proportions suivant tels ou tels objets à couler.

Il indique les dimensions générales des Fourneaux, leur produit, leur durée, leur mode pour activer le feu.

Il s'assure de l'exactitude des Instrumens vérificateurs, et, conformément au réglement, suit, pour quelques objets pris dans chaque espèce à fournir, les procédés d'épreuve et de réception.

Dans les Forges, il observe les méthodes qu'on y emploie pour obtenir le fer, la qualité, la quantité de fer qu'elles produisent, des charbons qu'on y consume.

Il s'assure que tous les fers pour l'Artillerie ont les dimensions ou la tolérance, pour s'en écarter, fixées, et que tous, hors ceux de bandage, sont redoublés.

Il examine les marchés, s'assure de leur exécution, et qu'ils ne sont point onéreux ; les commandes, et qu'elles sont ou seront finies aux époques fixées, et qu'on pourra les porter à tel ou tel point, d'après les approvisionnemens arrivés ou certains.

Il s'informe des ressources qu'offrent ces établissemens au besoin, des prix courans du commerce pour tout ce qui est relatif à leur produit soit en matières, soit en main-d'œuvre ; enfin il tâche d'en déduire le vrai prix des divers devis que donne le Gouvernement.

Dans les *Manufactures d'Armes*, l'Inspecteur constate si les commandes peuvent être remplies en bonnes armes, et ne perd jamais de vue que la qualité est l'objet principal, et la quantité l'objet secondaire.

Il s'assure que toutes les matières reçues sont bonnes, ont été éprouvées, sont dans les proportions fixées, emmagasinées avec tous les soins qu'exige leur conservation, et que les précautions sont prises pour empêcher toute substitution frauduleuse. Il en fait essayer quelques-unes dans chaque espèce. Il constate sur-tout que les bois ont leurs 3 ans de coupe et 2 de magasin ; que les fers à canon sont de première qualité ; que ceux de platine soutiennent la trempe ; que les objets rebutés ne peuvent plus être représentés ; que les Instrumens vérificateurs ont la justesse prescrite ; par leur moyen, que toutes les parties d'armes prises au hasard ont leurs dimensions précises ; et par les épreuves fixées, toute la bonté exigée.

Il rend compte des procédés de fabrication du Canon différemment soudé, dressé, tourné, etc., suivant les lieux ; de la Platine, dont le travail est plus ou moins divisé, et dont les pièces sont faites par des moyens mécaniques ou simples ; forgées dans des matrices ou sur des enclumes ; limées suivant le coup-d'œil, ou entre des patrons, etc.

Il vérifie si l'exécution du marché du Gouvernement avec l'Entrepreneur a lieu ; si les ouvriers sont régulièrement payés en *argent*, d'après le prix fixé au Devis ; si les prix des matières sont réellement ceux énoncés dans le même Devis ; si les différentes classes d'ouvriers sont assorties entre elles, et sont relatives à la fabrication ; si tous les conscrits accordés depuis l'an 9 à chaque Manufacture y sont, ou l'ont quittée par juste motif, et d'après autorisation du Ministre ; si les Poudres employées aux épreuves ont la force prescrite, et il en arrête la comptabilité d'après les envois et la fabrication des armes.

Dans les Manufactures d'armes en régie, il arrête de plus les comptabilités en matières et en deniers, et propose les réparations et constructions des bâtimens.

Relativement *aux Poudres*, l'Inspecteur visite les Moulins à Poudre et les Raffineries de son arrondissement.

Il essaye la qualité des Poudres par des épreuves faites sous ses yeux, après avoir fait vérifier l'Eprouvette et les Instrumens vérificateurs, la qualité des matières, le dosage, la durée du battage, la grosseur du grainage prescrits.

Il examine le mode de séchage, les procédés de carbonisation, la qualité de l'embarrillage, dont les cercles sur-tout doivent avoir été écorcés pour obtenir leur durée, qui par ce moyen s'étend bien au-delà de 20 ans.

Il rend compte de la quantité d'ouvriers qui doit être relative aux produits des établissemens; des quantités et du prix des les matières quand les approvisionnemens sont faits.

Il propose les constructions et réparations des Bâtimens nécessaires, dont il fait dresser les Devis.

Dans les Batteries de côte, l'Inspecteur, après s'être conformé à l'instruction pour le personnel, vérifie leur but, leur utilité, leur armement, leur approvisionnement, et les moyens de leur conservation, le bon état des corps-de-garde, magasins et épaulemens.

Il fait dresser un état qui indique ces différens objets, la nature des épaulemens, l'élévation des Batteries au dessus du niveau de la mer, leur distance à celles de droite et de gauche, leur éloignement des postes d'observation, des vigies, des signaux.

Il propose l'établissement des nouvelles Batteries nécessaires, la suppression des inutiles, la modification qu'exigent celles qui restent.

Il s'assure que le service se fait régulièrement par moitié du nombre d'hommes; sans congés illégaux, sans retenues illégales, sans masses illégales; que les compagnies sont bien réparties relativement au nombre et à l'espèce des Bouches à feu; que les officiers et soldats savent l'exercice des Bouches à feu, et les manœuvres de force relatives à leur service.

PRÉCIS
DE FORTIFICATION DE CAMPAGNE.

Des Redoutes simples.

Quoique, à pourtour égal, les Redoutes qui ont plus de côtés, aient plus de capacité, et qu'à développement égal, celles qui ont plus de capacité soient les meilleures; on fait les Redoutes ordinairement quarrées; et c'est de celles-ci qu'on va parler.

Le plus petit pourtour doit être de 24 toises.

Le plus grand pourtour doit être de 64 toises.

Un parapet est bien bordé à 2 hommes par toise.

Mais comme les petites Redoutes n'ont pas assez de capacité pour ce nombre d'hommes qu'exige leur pourtour, suivez les 2 formules suivantes.

L'étendue en toises du pourtour d'une Redoute est égal au quadruple de la racine quarrée du nombre d'hommes qu'on veut mettre dans cette Redoute.

Le nombre d'hommes qu'il faut pour défendre une Redoute est égal au quarré du quart de son pourtour mesuré en toises.

Pour fortifier les saillans de la Redoute, placez une pièce de canon à barbette sur chaque capitale; *ou :*

Arrondissez le parapet intérieurement aux saillans; *ou :*

Rabattez cet angle des saillans en pan coupé; *ou :*

Si vous avez le tems et les moyens, coupez le pourtour du parapet intérieurement en crémaillères à angle droit, dont les deux côtés de chaque cran de la crémaillère soient chacun de 3 pieds, et dont l'un soit parallèle, et l'autre perpendiculaire à leur capitale respective.

REDOUTE COMPOSÉE, *dite* REDOUTE *à flèche de M*****. (fig. 14).

Cette Redoute est composée d'un *Couvre-face*, d'une *Flèche*, et d'une *Redoute* proprement dite.

Le Couvre-face a la forme d'une demi-lune à flancs... La flèche d'un pentagone irrégulier, mais symétrique; ses 2 flancs qui sont les longs côtés, sont parallèles à la capitale, et perpendiculaires à la gorge... La Redoute proprement dite a la forme d'un quarré long: les longs côtés sont parallèles à la gorge de la flèche.

Le solide du rempart de cette redoute est de 696 toises cubes... 500 soldats outillés peuvent la construire en 3 jours,

L'angle flanqué du Couvre-face et celui de la flèche sont droits, ainsi que ceux de la Redoute proprement dite... Le fossé a 3 toises de largeur dans le haut, il est parallèle à l'ouvrage, excepté dans les flancs du Couvre-face, où il suit le prolongement de celui de la face. La profondeur du fossé est de 7 à 8 pieds... L'épaisseur du parapet en haut, c'est-à-dire, sans y comprendre ses talus, est de 8 pieds.

On peut sur-tout, lorsque ces Redoutes sont employées à fortifier des Lignes, pratiquer au bord des fossés un chemin couvert de 2 toises avec son glacis.

On communique de la Redoute proprement dite à la flèche par une espèce de petite Caponnière qui débouche au milieu de la gorge et de la flèche dans le Couvre-face, etc. par des Poternes fermées à claire-voie, pratiquées sous le rempart et débouchant dans les fossés.

On plante des palissades dans le milieu des fossés.

La capitale de la flèche est de 25 toises, ses faces de 9 à 10 toises, sa gorge de 12 toises.

La capitale du Couvre-face, mesure prise de l'angle flanqué de la flèche est de 10 toises..., ses faces sont 20 à 22 toises..., ses flancs, parallèles à ceux de la flèche, ont 5 toises; on fait à ce Couvre-face une coupure intérieurement à 5 à 6 toises de l'angle de l'épaule, mesure prise en-dedans. Cette coupure est perpendiculaire à la face; son fossé communique à celui de la flèche, et se termine au parapet de la face.

Les grands côtés de la Redoute proprement dite ont 30 toises, et les petits 18; les petits côtés sont dans le prolongement des flancs du Couvre-face; le côté intérieur du parapet du grand côté le plus près de la gorge de la flèche, est sur le prolongement de cette gorge, pour les parties qui sont en-dehors du côté des flancs de la flèche; et le reste de ce long côté, a son parapet, vis-à-vis la gorge; au bord du fossé de cette gorge, il n'y a point de parapet vis-à-vis la largeur du fossé de la gorge de la flèche.

Le grand défaut de cette Redoute isolée, est que, si on peut attaquer et prendre la Redoute proprement dite, la flèche et le Couvre-face deviennent inutiles.

REDOUTE CONTREMINÉE A TOURELLES.

On ne décrit pas ici la Redoute contreminée et à tourelle ou réduit de sûreté, exécutée à Metz, etc. en 1792, parce que cette Redoute n'étant pas d'une fortification passagère sera exécutée par les ingénieurs. Elles paraissent devoir être construites autour des Places : leur communication est souterraine et aboutit dans la tourelle qui est toute en maçonnerie, elle est voûtée et crénelée. De la tourelle on arrive par une galerie sous terre à l'arrondissement de la contrescarpe d'où se tire la défense du fossé ; cette idée se trouve dans le traité des mines d'Etienne, et celle de la tourelle dans, etc.

FORT A ÉTOILE, TÊTE DE PONT.

Les Forts à étoile sont de meilleure défense à mesure qu'ils ont plus de côtés ; cependant on n'en fait qu'à 4, 5, 6 et 8 pointes.

Pour construire ceux à 4 pointes, faites un quarré ; tirez une perpendiculaire au milieu de chaque côté du quarré égale à un huitième de ce côté, etc... L'angle flanquant sera de 152 degrés.

Pour construire ceux à 5 pointes, faites la perpendiculaire égale à $\frac{1}{6}$ du côté du pentagone... L'angle flanquant sera de 143 degrés.

Pour ceux à 6 pointes, faites un triangle équilatéral, et prenant le tiers du milieu de chaque côté pour base, formez d'autres triangles équilatéraux... L'angle flanquant sera de 120 degrés.

Pour ceux à 8 pointes, faites un quarré, sur le tiers du milieu de chaque côté, pris pour base, faites des triangles équilatéraux.

Ou si on veut donner une forme plus régulière, mais moins expéditive pour la construction, brisez les côtés du quarré comme pour l'étoile à 4 pointes, et élevez au milieu de chaque front un redan équilatéral dont le tiers de chacun des 8 côtés soit la demi-gorge... L'angle flanquant sera d'environ 106 degrés et le flanqué de 61 degrés.

La moitié d'un de ces forts à étoile peut servir à fortifier la *Tête d'un pont*... ou on peut y construire des flèches de 20 à 25 toises de capitale, et de 25 à 30 toises de face (fig. 13) ; on peut faire ces flèches ou lunettes à flancs, en prenant 10 toises sur la face, et 5 sur la gorge, en tirant une ligne par ces points. On peut donner encore plus d'étendue à ces flèches, couper chaque face en crémaillère, leur donner un flanc perpendiculaire à leur extrémité, et aussi étendu que la quantité de troupes qu'on a, et que les circonstances locales peuvent le permettre... On peut encore faire usage des *Lignes* ou parties de Lignes, qu'on va décrire... On peut encore y faire un Ouvrage à corne dans les règles.

DES LIGNES.

Le feu des retranchemens ne peut détruire que par sa *quantité* et *sa durée* (1).

La *quantité* dépend du nombre de troupes qui peuvent l'exécuter sur la même étendue de terrain.

La *durée* dépend, ou de la grandeur des obstacles que l'attaquant aura à franchir, ou de la longueur de l'espace qu'il aura à parcourir sous la direction de ce feu.

Le moyen de résister aux efforts d'un ennemi supérieur n'est intrinsèquement un ordre ni étendu, ni continu; c'est un ordre partiel, rapproché, refusant des parties dans la Ligne même, ne présentant que des points où toutes les forces sont réunies. Derrière ces points d'appui, l'armée attendra tranquillement que l'ennemi dirige ses attaques, afin d'y conformer sa défense.

On voit par-là qu'il ne faut que des bouts de lignes, des redoutes, des flèches, etc. séparés et disposés avec intelligence (2); mais quoique les désavantages des Lignes soient bien reconnus, on peut en vouloir, et il faut savoir les construire. (3).

Il faut que :

Les angles saillans ou flanqués soient au moins de 60 degrés.

Les angles flanquans soient de 90 à 100 degrés.

La distance des flancs à l'angle flanqué, ne soit que de 80 à 90 toises.

---

(1) Quelques modifications que des circonstances locales et autres peuvent apporter à ces principes généraux, ne les détruisent pas.

(2) Voyez ci-après l'article *Lignes à Ouvrages détachés*.

(3) Pour défendre 20 lieues de pays, B** propose la disposition suivante :
Construisez des Redans espacés de 135 t... de capitale en capitale;
Mettez 20 hommes de garde par Redan;
Placez 1 pièce de Canon de 3 en 3 Redans.
Il y aura donc 300 hommes et 5 Canons par lieue de 2000 t... environ.
Formez une réserve de 300 hommes et de 5 Canons par lieue.
On aura donc par lieue 600 hommes et 10 Canons, et pour 20 lieues, 12000 hommes et 200 Canons.
Occupez par des Redoutes les points essentiels des positions intérieures des Lignes.

Lignes à Courtine droite et Redan (fig. 1re.)

Front ou côté extérieur = 120 toises.
Demi-gorge du Redan = 15 toises.
Capitale du Redan = 22 toises (sur le milieu du front, extérieurement.)
La face se trouve avoir 27 toises.
Le développement est de 144 toises.

Lignes à Courtine brisée (fig. 2e.).

Front = 120 toises.
Capitale du Redan servant à briser la Courtine, 22 toises (tirée intérieurement).
Demi-gorge du Redan = 15 toises.

On brise la Courtine, en sorte que l'angle saillant se trouve sur l'alignement de celui des Redans.

Développement = 154 toises.

On peut étendre le front de ces lignes et le faire de 150 toises, alors la brisure de la Courtine ou la capitale du Redan = 1 cinquième du front = 30 toises.

Demi-gorge = 1 demi-capitale, plus 1 toise = 16 toises.
Les faces se trouvent avoir 28 toises pour le Redan.
Le développement = 185 toises.

Nota. Il vaut mieux raccourcir les fronts que de les alonger. On peut faire ces Lignes de 30 à 50 toises plus courtes.

Lignes à Tenailles jointes. (fig. 3e.).

Côté ou front = 100 toises.

Perpendiculaire au milieu du front (extérieurement) = 1 tiers du front = 33 toises 2 pieds.

Du bout de ces perpendiculaires aux extrémités des côtés, on mène des lignes qui forment la figure du retranchement.

Le front de ces lignes peut se réduire jusqu'à 50 toises; mais il faut que la perpendiculaire n'excède jamais la moitié du front.

Lignes à Crémaillère (fig. 4e.).

Portions de front = 60 toises... à chaque extrémité élevez une perpendiculaire extérieurement = 1 quart du front = 15 toises. Du sommet de chaque perpendiculaire au pied de la perpendiculaire voisine, tirez une ligne qui sera le long côté de la crémaillère ou la branche. Pour former le crochet ou la petite branche, du pied de la perpendiculaire, prenez 5 toises sur la branche, et de ce point au sommet de la perpendiculaire, tirez la ligne qui formera le crochet.

L'angle du crochet et de la branche sera de 95 degrés 21 minutes.

Par cette construction les flancs ou crochets auront 14 à 15 toises.

Le développement sera de 71 toises 2 pieds.

On pourrait prendre un front de 400 toises (fig. 5 et 6) former au milieu un saillant par 2 branches égales à celles qu'on vient de former; flanquer ce saillant de part et d'autre par 2 Redans de crémaillère, et terminer chaque extrémité par un bastion. Les demi-gorges de ce bastion seraient chacune de 20 toises, prises de la perpendiculaire du dernier crochet, les flancs seraient ces derniers crochets, et la capitale serait de 35 toises.

Le développement de ce front serait de 485 toises.

On pourrait isoler les bastions et les retrancher par la gorge... sur la face des bastions, on placerait le canon.

Les portions de front de la crémaillère, fixées à 60 toises peuvent n'être que de 30 toises; mais le flanc que l'on fera, dans ce cas, perpendiculaire, doit avoir au moins 12 toises, et sa branche doit d'ailleurs être protégée par un feu voisin, tel que serait celui d'un crochet antérieur.

Lignes à Lunettes.

Nota. Ce Front et les Fronts suivans peuvent être raccourcis d'un quart; mais il faut observer la proportion des dimensions prescrites, pour que les figures étant semblables, la direction des feux soit toujours la même.

Les Lunettes contruites sur les courtines non brisées des Lignes à Redans, ne peuvent être flanquées, d'un feu rasant perpendiculaire, par la Courtine: et si elles le sont par les Redans, les Redans trop obliques cessent de l'être eux-mêmes. Ainsi, il faut les construire comme il suit, pour avoir deux flancs, l'un pour défendre la Ligne, l'autre pour défendre la Lunette (fig. 7).

Front = 120 toises.

Perpendiculaire sur le milieu du front (intérieurement) pour la brisure des branches = 35 toises.

Demi-gorge du Redan = 18 toises.

Capitale du Redan, prise de l'angle des demi-gorges sur la perpendiculaire = 25 toises.

L'angle flanqué de la Lunette doit être à 60 toises du milieu du front d'où part la perpendiculaire. Faites ses faces de 25 toises, et alignez-les à 20 toises de l'extrémité des branches du retranchement, qui forment le saillant... la communication des lignes à la lunette est une Caponnière qui part du fossé du Redan, vis-à-vis l'angle flanqué, et aboutit au milieu de la gorge de la Lunette, elle a 15 pieds de largeur vers la Lunette, et 30 pieds du côté des Lignes. A l'extrémité du côté des Lignes, élevez un Tambour en glacis qui en enfile toute la longueur, et terminez la Communication et son parapet à 2 lignes parallèles à 3 toises du fossé du Redan. Il faut enterrer cette communication de 16 pouces et se couvrir de 3 pieds, ce qui donnera un parapet de hauteur suffisante; le sommet de ce parapet doit être de niveau et sans plongée, pour avoir un feu plus rasant... On ne fera par conséquent point de banquette dans cette Communication, parce que, si on en faisait, il faudrait rendre la Communication plus large, et on s'exposerait par-là aux coups de revers; si on en faisait, il faudrait s'enterrer encore de leur hauteur, et l'ennemi, quand il serait maître de la Communication, serait moins plongé du feu des Lignes.

Comme les Communications seront battues l'une par l'autre, il faudra, pour remédier à cet inconvénient, ne faire des Lunettes qu'alternativement sur chaque Courtine brisée.

Si on avait plus de tems, ces Lignes pourraient être construites d'une manière plus avantageuse, en suivant le tracé qui suit. (fig. 8.).

Front = 120 toises. Brisez ce front par le moyen ordinaire, en élevant à son milieu une perpendiculaire (intérieurement) de 35 toises, etc... de l'angle flanqué que forment les branches, tirez à 45 toises du saillant voisin une ligne de défense : et du point de 20 toises de l'angle flanqué qui sert d'alignement aux faces de la Lunette, abaissez une perpendiculaire sur cette ligne de défense. Cette perpendiculaire sera un flanc. Par ce moyen on emploie tout le feu de la Ligne, qu'on était obligé de dégarnir en partie, pour ne pas tirer dans la Lunette... On construit la Lunette comme dans le tracé précédent. On pourrait aussi faire de pareilles Lignes sans Lunette.

Lignes à Bastions.

Front = 130 toises.
Perpendiculaire = 25 toises (tirée intérieurement).
Faces = 35 toises.
Flancs perpendiculaires aux lignes de défense.

Le feu que peut fournir un Front étant toujours relatif à son développement, si l'on en dirige trop vers une partie, une autre en sera dégarnie. C'est le défaut de ces lignes, qui portent tout leur feu vis-à-vis de la Courtine déjà la plus forte, parce que c'est la partie rentrante. Un second défaut, c'est le fossé qui, étant parallèle, donne un couvert à l'ennemi dans la partie qui est vis-à-vis le flanc.

Pour remédier au premier de ces défauts, qui est le plus grand, suivez le tracé suivant (fig. 9.).

Front = 120 toises.

Perpendiculaire = $\frac{1}{5}$ = 24 toises (tirée intérieurement).

Faces = $\frac{2}{7}$ de la distance de l'angle de la tenaille à l'angle flanqué.

Flancs perpendiculaires aux lignes de défense.

Les lignes de défense depuis l'angle de la tenaille jusques à l'angle du flanc forment la courtine qui est ainsi brisée.

Pour remédier au second défaut, celui du fossé, rabattez sur la largeur de ce fossé, la partie nuisible de la contrescarpe, jusqu'à 3 pieds du fond, en forme de glacis renversé, que l'on dirigera de manière qu'il soit rasé par la ligne tirée du sommet du parapet, au point où doit se terminer ce recoupement.

Lignes à Bastions détachés.

Il faut pouvoir remplir d'eau les fossés des Lignes et des Ouvrages. On trace les lignes droites, sans flancs, et on fait des Bastions ou des Lunettes simples ou à flancs, qui se flanquent par des feux rasans et perpendiculaires. On ne les sépare des Lignes que par le fossé. Le fossé de ces Ouvrages étant plein d'eau, empêche l'ennemi de les surprendre par la gorge ; et il ne peut tenir dans ces Ouvrages, dont les gorges sont ouvertes, qu'après qu'il s'est emparé des Lignes.

Lignes à Ouvrages détachés.

Quand on est fort pressé, et qu'on a peu de travailleurs, on peut de 240 en 240 toises environ, construire des Lunettes simples ou à flancs, ou quelques Redans, ou quelques bouts de Lignes à crémaillère. Si l'on est attaqué par les intervalles, l'ennemi est battu en flanc par ces Ouvrages, ou il est obligé de s'en emparer. Il faut avoir soin que ces Ouvrages se flanquent, et qu'ils ne puissent être battus l'un par l'autre, ni même battre ou être battus par ceux que l'on peut construire, si l'on a plus de tems, dans les intervalles qui les séparent.

On peut en tracer de cette manière : (fig. 11.) Tirez des lignes de 100 toises, éloignées entre elles d'autant. Au milieu de chacune de ces lignes tracez (extérieurement) un Redan de 30 toises de gorge et de 24 de capitale. Elevez (extérieurement) aux extrémités de ces lignes des perpendiculaires de 20 toises pour la brisure des branches. Du pied de ces perpendiculaires aux sommets de celles qui terminent les Fronts voisins, tirez des lignes de défense, sur lesquelles vous prendrez 6 toises, à compter du pied des perpendiculaires, pour l'évasement des crochets. Les crochets seront formés en tirant des lignes de ces derniers points au haut des perpendiculaires voisines.

(ou suivez le tracé des figures 10 et 12).

M***. substitue aux Lignes ses Redoutes composées. Il les espace de 500 à 530 toises sur le terrain qu'il veut occuper ; et si on veut absolument faire des Lignes , il les joint par un parapet en ligne droite , aboutissant au fossé des flancs de la Flèche des Redoutes , et bordant le fossé des demi-gorges de leur Couvre-face. (fig. 14.).

Observations.

Tous les Fossés se tracent parallèlement aux Lignes , Redoutes , etc.

Pour juger de la bonté , ou des défauts des Ouvrages dont on a parlé , tracez-les , et tirez les lignes de feu de tous les flancs.

En général , les Lignes de défense ne doivent être que de 60 à 80 toises , lorsqu'elles partent de deux flancs séparés par des branches qui forment un angle saillant : ou lorsqu'elles ne sont pas faites pour se croiser , même en les prolongeant , comme dans les crémaillères.

Si l'on est dominé , il faut se défiler , c'est-à-dire , tenir le saillant plus haut.

Si l'on craint le ricochet , il faut aussi élever le saillant.

Lorsqu'on construit , si l'on descend , ou si l'on monte , il ne faut plus tracer en ligne droite , mais briser son front , en se retirant , en sorte que le saillant soit sur la hauteur , et le rentrant dans le bas.

Pour fortifier les angles... si l'angle est moindre de 60 degrés , rapprochez-en le sommet pour avoir un angle de 60 degrés.

L'angle de 60 degrés ne peut être diminué : prenez les flancs extérieurement , fortifiez à crochets de crémaillère.

Pour l'angle de 90 degrés , prenez les flancs intérieurement , fortifiez à crémaillère ; l'angle flanqué sera encore de 61 à 62 degrés. On peut aussi le fortifier à Bastion ou à demi-Bastion , ce qui vaut mieux.

L'angle de 120 degrés se fortifie de toutes les façons , seulement diminuez la perpendiculaire d'1 toise en le fortifiant en Tenailles ou en Tenailles brisées.

Les angles au-dessus se fortifient de toutes les façons.

Pour les Angles rentrans , à 90 et 100 degrés, ils se défendent ; mais les branches ne doivent avoir que 80 à 90 toises... 70 toises à 100 degrés... et 50 toises à 120 degrés , parce que les lignes de feu s'éloignant des Saillans , à mesure que l'angle rentrant est plus obtus , les feux se croisent d'autant plus loin sur la capitale que les branches sont plus longues. L'inclinaison du terrain modifie quelquefois cette observation.

Si le Rentrant est au-dessous de 90 degrés, il devient dangereux pour l'assaillant; néanmoins brisez-en les côtés, pour faire usage du feu sans risquer de tirer les uns sur les autres.

Profils.

Banquettes. La largeur de la Banquette qui est au pied du parapet, doit avoir 4 pieds 6 pouces et 10 à 12 pieds, si on y met des pièces de campagne... Quand elle a moins de deux pieds de hauteur, son talus est égal à 1 fois et demie cette hauteur. Celles de 2 à 3 pieds de haut, ont leur talus égal à 2 fois leur hauteur.

La seconde Banquette, qui est plus basse que la précédente, n'a que 3 pieds de large, son talus est égal à sa hauteur.

Parapet. Son épaisseur en haut est de 3 pieds lorsqu'il n'est fait que contre la mousqueterie, comme dans les Retranchemens de grand'garde, etc.

Elle est de 4 pieds 6 pouces pour les Ouvrages qui ne doivent être battus du canon que de loin.

Elle est de 6, 8, 12 pieds pour les Camps, Redoutes, Têtes de pont, etc.

Plongée du Parapet... Il faut en général qu'elle soit de 12 à 15 pouces par toise d'épaisseur. Mais, pour diminuer les lieux morts, il faut l'augmenter à proportion de l'élévation du parapet. Cette augmentation doit être d'1 pouce par demi-pied d'élévation de plus. Par-là, sur un terrain de niveau, les feux tomberont sur la contrescarpe à 6 toises de l'à-plomb de la crête du parapet. Donc:

Pour 6 pieds de hauteur 12 pouces de plongée.
— $6\frac{1}{2}$ ———————— 13
— 7 ———————— 14
— $7\frac{1}{2}$ ———————— 15

Hauteur intérieur du parapet... On la fixe en généra l à 4 pieds 6 pouces.

Observez que cette hauteur qu'on donne dans les Places diminue par l'affaissement des terres.

Observez qu'il faudrait qu'un soldat eût 6 pieds de hauteur pour tirer par-dessus un parapet de 4 pieds 6 pouces de haut, ayant 18 pouces de plongée par toise; et qu'un homme de 5 pieds 6 pouces ne tire qu'avec gêne par-dessus un parapet de cette élévation, qui n'aurait que 8 pouces par toises de plongée.

Ainsi, la hauteur intérieure du parapet doit être de 4 pieds

2 pouces, si la plongée a 1 pied par toise : et de 4 pieds 1 pouces, si la plongée est plus considérable.

Nota. Cette hauteur intérieure du parapet dont on vient de parler, est celle qu'il a au-dessus de la banquette : on trouve dans l'article précédent **Plongée**, les différentes hauteurs totales que le Parapet peut avoir.

Talus intérieur du Parapet. Ce talus est égal à un tiers de sa hauteur.

Talus extérieur du Parapet... Il dépend de la tenacité des terres. On le fera égal à la hauteur dans les terres sablonneuses... aux 2 tiers de la hauteur dans les terres moyennes entre les sablonneuses et les terres fortes ; et dans ces dernières, il sera de la moitié.

Berme. On laisse une Berme large de 3 pieds au bord de l'escarpe, si les terres sont trop légères : et on la rabat en pan coupé, pour que l'ennemi ne puisse s'y arrêter.

Fossés, etc... Les Fossés doivent avoir au moins 9 pieds dans le haut, et jusqu'à 15, 18 et 27, suivant le besoin de terres. Leur profondeur doit être de 6 à 7 pieds et demi.

Le Talus de l'escarpe suit la même règle que le Talus extérieur du parapet, dans les fossés secs. Dans les fossés pleins d'eau, on peut adoucir les talus du fossé pour éviter les dégradations causées par les eaux.

Le Talus de la contrescarpe doit être plus roide que celui de l'escarpe, parce qu'il y a moins de terres à soutenir. On pourra donner 1 tiers de la hauteur dans les terres sablonneuses, et 1 sixième dans les terres fortes.

Dans les fossés flanqués, préférez le plus de largeur.

Dans ceux qui ne le sont pas, préférez le plus de profondeur.

Le Glacis qui, trop élevé, servirait de Cavalier de tranchée à l'ennemi, et trop bas, ne le releverait pas assez pour le mettre en prise aux coups directs qui, dans les parapets peu plongeans, n'atteignent l'assaillant que loin du fossé, doit être de 4 pieds 6 pouces au-dessous de la crête du parapet, ou au niveau du terre-plein de la banquette. Sa pente est parfaite lorsqu'elle forme un même alignement avec la plongée du parapet. Si on forme un petit *Chemin couvert*, on baissera la contrescarpe de 16 pouces, afin de pouvoir y mettre des hommes pour le défendre, et l'on tiendra la crête du Glacis horizontale jusqu'à 3 à 4 pieds, pour que le soldat fasse un feu rasant,

On a rarement le tems de construire un tel Glacis.

Aide Mémoire Tome 2.me
Pag. 974

3.

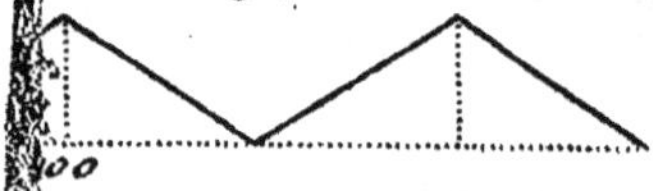

7.

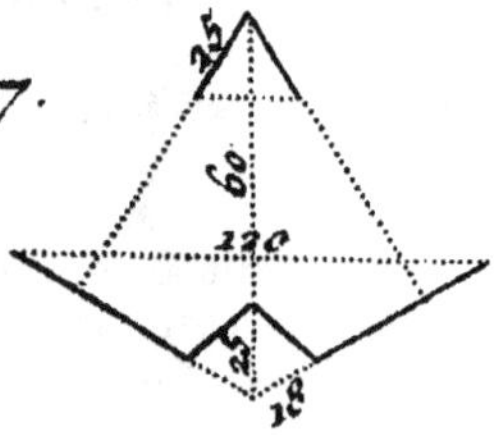

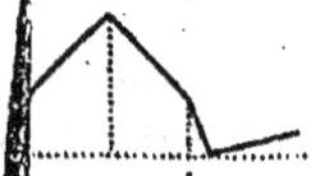

14.

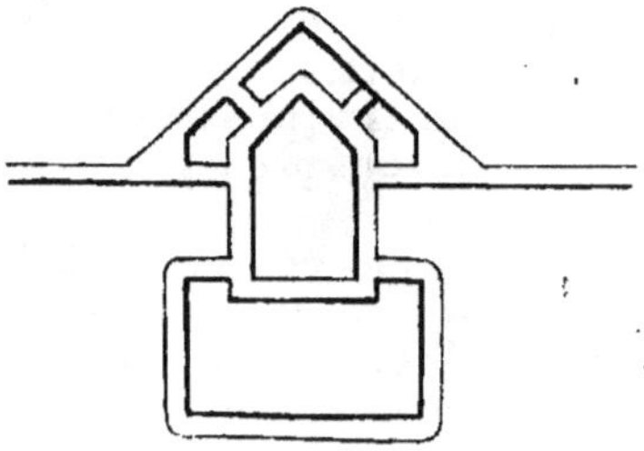

12.

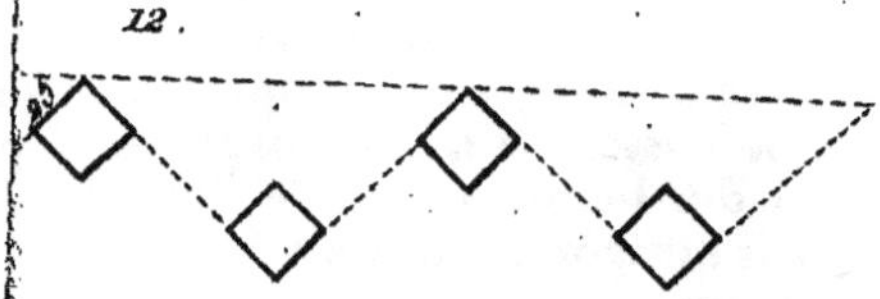

Fig. 1.re
2.
150 t.
30
16
3.
33 1/3
100
4.
60
5.
60
20
7.
25
60
120
6.
8.
120
33
20
9.
120
24
13.
14.
11.
20
24
6
100
100
10.
12.
80

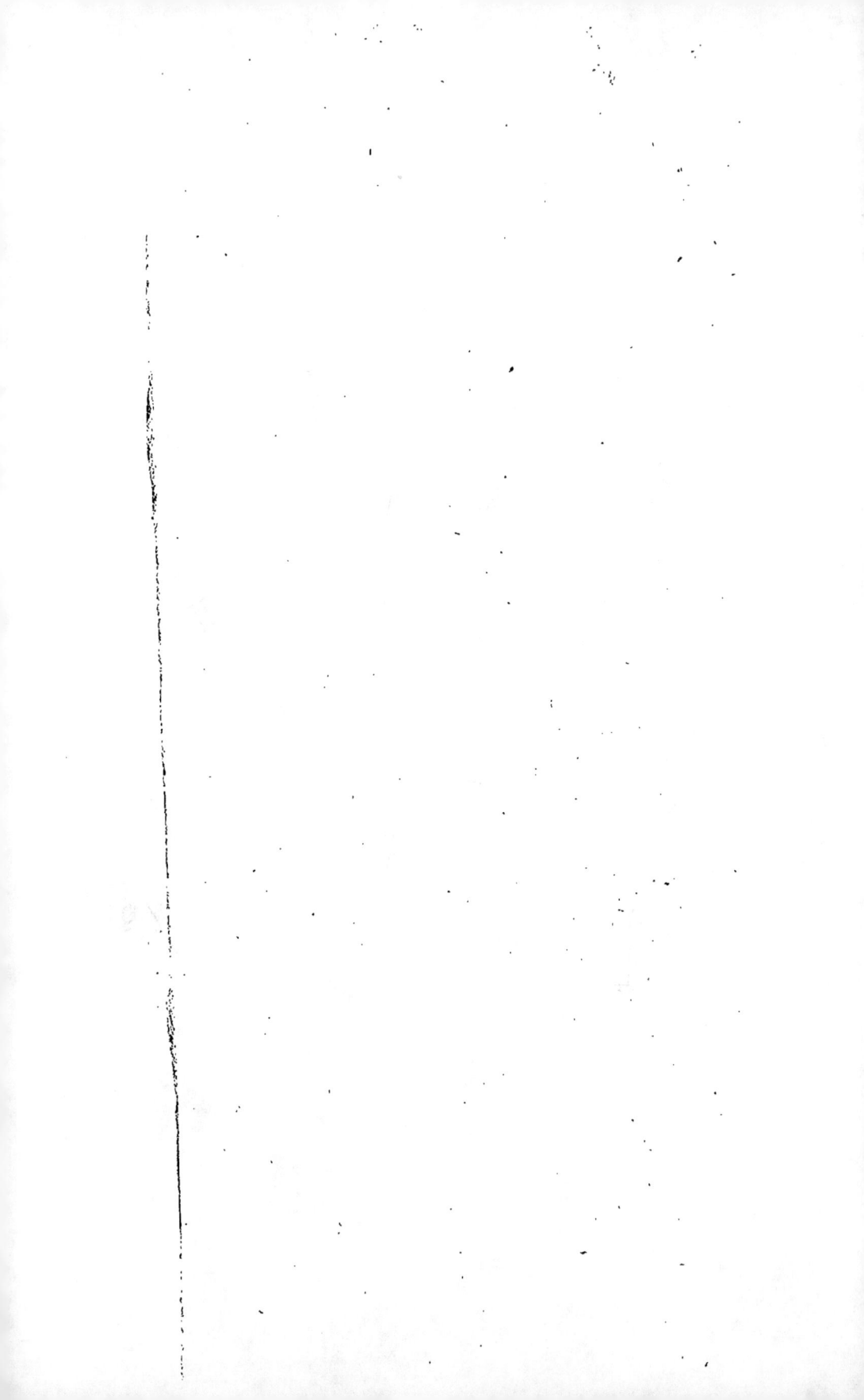

Avant-Fossé. A 9 à 10 pieds du Glacis, on peut construire encore, si l'on a le tems, un Avant-fossé de 8 pieds de large dans le haut, et de 6 pieds de profondeur ; dont il faut faire réunir les deux talus dans le fond du fossé, pour que l'ennemi ne puisse y demeurer.

Table *pour servir au Tracé de 4 Profils différens.*

	1er. Pr.		2e. Pro.		3e. Pro.		4e. Pro.	
	pi.	po.	pi.	po.	pi.	po.	pi.	po.
Talus de la banquette la plus basse.	»	»	»	»	2	9	6	»
Terre-plein d'*idem*.	»	»	»	»	3	»	3	»
Hauteur d'*idem*.	»	»	»	»	1	10	3	»
Talus de la plus haute banquette.	3	»	5	2	2	7½	4	»
Terre-plein d'*idem*.	4	6	4	6	4	6	4	6
Hauteur d'*idem*.	1	10	2	7	1	9	2	1
—— du parapet au-dessus de l'horizon.	6	»	6	6	7	6	9	»
Talus intérieur du parapet. . . .	1	6	1	6	1	6	1	6
Epaisseur du parapet à la crête. .	3	»	4	6	8	»	12	»
Plongée du parapet.	»	6	»	9	1	8	2	6
Talus extérieur du parapet. . . .	2	9	3	9½	5	10	4	4
Largeur de la berme.	»	»	»	»	2	»	3	»
Profondeur du fossé.	6	»	6	6	7	6	9	»
Talus de l'escarpe.	3	»	4	4	7	6	9	»
Largeur du fossé en haut.	9	»	12	»	18	»	30	»
Talus de la contrescarpe.	1	»	»	2	3	9	4	8
Largeur du chemin couvert. . . .	»	»	»	»	8	»	10	»
Abaissement d'*idem* au-dessous de l'horizon.	»	»	»	»	1	4	1	8
Hauteur du glacis.	1	»	1	»	4	4	6	»
Talus extérieur d'*idem* (1). . . .	6	»	6	»	18	»	36	»
Largeur de l'avant-fossé.	»	»	»	»	8	»	»	»
Profondeur d'*idem*.	»	»	»	»	6	»	»	»

(1) Le Talus intérieur du Glacis est égal à un tiers de sa hauteur.

DIMENSIONS *de quelques Objets relatifs à la Fortification de Campagne.*

Palissades.

Les Palissades se placent verticalement, ou inclinées vers l'ennemi, et alors elles prennent ordinairement le nom de Fraises. Les Palissades et les Fraises sont en prisme triangulaire, une des arêtes est tournée vers l'ennemi. Les Palissades sont clouées sur une latte ou linteau, les Fraises sur une ou deux poutrelles ou longrines.

	pi.	po.
Longueur de 8 à	10	6
Côté du prisme, 5 à	»	7
Distance entre les Palissades ou Fraises, 2 à	»	3
Largeur du linteau de 2 pouces d'épaisseur	»	6
Enfoncement en terre (suivant la hauteur des objets à défendre) ordinairement	2	6
Longueur de la pointe	1	»
Hauteur au-dessus de la crête de l'Ouvrage	»	9
Distance du Linteau à la pointe	2	6
Longueur des clous	»	8

1 Palissade en chêne pèse environ 70 livres, 2 ouvriers en font 80 par jour... 2 charpentiers et 1 manœuvre en placent 56.

Fraises.

Les Fraises se placent sur la berme, ou vers le milieu du talus extérieur d'un Ouvrage : quelquefois sur tous les deux ensemble : on en met aussi quelquefois sur le talus de la contrescarpe.

On les plante horizontalement ou différemment inclinées.

Horizontales, elles sont moins en prise au canon, relèvent plus aisément le ricochet, et valent mieux.

Inclinées vers l'ennemi, elles ne retiennent point les mobiles creux et foudroyans qu'on peut y jeter, mais il faut les attacher à 2 poutrelles ou longrines, et elles peuvent servir d'abris.

Relevées vers l'Ouvrage, elles offrent moins de couvert.

On les place quelquefois faisant un angle de 45°. avec l'horizon ; la méthode la plus simple est de les planter perpendiculairement au talus ; celles de contrescarpe se mettent toujours ainsi.

Dans aucun cas elles ne doivent s'élever au-dessus de la plongée du parapet, et on doit tâcher de les dérober au canon tirant de plein fouet, ou à la vue de l'ennemi.

	pi.	po.
Longueur.	8	»
Côté du prisme, 5 à.	«	7
Distance entre elles.	«	2
Longueur de la pointe et des clous, comme aux palissades.		
Equarissage de la poutrelle.	«	6

2 Hommes font 12 Fraises en 1 heure.

Abattis.

Les Abattis se placent au fond du fossé, en les appuyant à la contrescarpe, branches en l'air, sur le chemin couvert, sur le glacis, en avant d'un retranchement, sur les chemins et avenues, pour les barrer, etc.

Il faut les dégarnir des feuilles et menus branchages, pour qu'ils soient moins en prise aux artifices, etc., et si on a le tems il faut aiguiser le bout des branches et les durcir au feu.

Les troncs doivent être tournés vers le retranchement, etc. il est bon de les lier entre eux avec des harts, des cordages, etc., ou de les fixer par des piquets crochus.

Pour dérober l'Abattis au canon, baissez le terrain sur lequel vous l'établissez. S'il est exposé au feu du canon, éloignez-le de 9 à 10 toises des hommes qu'il défend, et flanquez-le s'il est en un lieu découvert, pour que l'ennemi ne s'y abrite pas.

Gazons.

Il faut que l'herbe des Gazons destinés à faire un revêtement soit serrée, humide, et rasée de très-près : on place les Gazons l'herbe en dessous.

Dimensions pour un gazonnage en Gazons égaux mis de boutisse.

Longueur.	15 pouc.
Largeur.	6
Epaisseur.	6
Avant de placer le gazon, on réduit l'épaisseur à.	$4\frac{1}{2}$

Il y a 55 Gazons dans une toise carrée qu'on découpe.
1 homme en coupe 1000 en un jour.
Il en faut 200 par toise carrée.

1 gazonneur en fait 10 toises carrées par jour.

Dans le Gazonnage de Gazons placés de boutisse et en paneresse, voici les dimensions qu'on leur donne :

		Gazons de Boutisse.	Gazons de Paneresse.
Nota. Le côté de l'herbe doit avoir de plus que ces dimensions, le talus de gazon proportionnel au talus total qu'on revêt.	Longueur. .	18 po.	12 po.
	Largeur. . .	12	12
	Epaissseur. .	4	4
Piquets. (On en met 3 par gazon).	Longueur. .	8	*idem.*
	Diamètre. . .	5 à 6 li.	*idem.*

Un atelier de 3 hommes taille 100 Gazons par heure : 1 les arrache, 1 les coupe carrément, 1 leur donne le talus. On donne au second et au troisième un modèle en bois de la surface des Gazons.

Pour un talus de parapet intérieur haut de 4 pieds 6 pouces, il faut 84 Gazons par toise courante.

Pour un talus extérieur de 6 pieds de hauteur, il faut 108 Gazons par toise courante.

Pour mieux résister à la poussée des terres, mettez les Gazons (qu'on coupera alors sans talus) par lits perpendiculaires au talus qu'on revet.

Pour chaque Gazon formant boutisse, on place 2 Gazons formant paneresse, on fait répondre la jonction de 2 Gazons au milieu du Gazon inférieur et supérieur.

Digues pour Inondations.

La moindre profondeur de l'inondation doit être de 4 pieds.

A représente la hauteur du déversoir qu'il faut chercher au moyen du niveau.

B représente la profondeur du volume d'eau du ruisseau dans son état naturel, et D sa largeur.

C représente la hauteur de la digue $= A + B$. Largeur de la digue en haut $= C$.

Les talus varient suivant la rapidité du courant et la consistance des terres : celui d'Aval $= C$... celui d'Amont, $= A$, jusqu'à 2 A.

Largeur du déservoir un peu plus grand que D.

Les Bajoyers ou côtés du déversoir sont plus sôlides en talus que verticaux.

Le talus d'Amont doit être revêtu solidement. On le fait par couches horizontales de 2 pieds.

Il faut, pour faire le massif qui doit arrêter l'eau :

Des fascines.

Quelques centaines de piquets de 2 à 3 pouces de diamètre, dont la hauteur = B + 4 pieds.

Quelques toises cubes de pierres mêlées de graviers.

Quelques charretées de branchages, longs, flexibles, propres au clayonnage.

Des masses, des crocs.

On met 2 pieds de distance entre les piquets enfoncés dans le premier lit de fascines placés suivant le fil de l'eau.

On enfonce de 3 pieds les piquets alignés.

La saillie des piquets, hors des fascines, servant à faire le clayonnage qu'on remplit de pierres, est d'1 pied.

Claies pour Revêtement.

Longueur.		6 pi.	» po.
Largeur.		4	6
7 Piquets équidistans liés à 2 traversines par les bouts, quand on fait la Claie.	Diamètre.	»	$1\frac{1}{2}$
	Longueur.	5	6
Poteaux espacés de 6 pieds, servant à fixer les Claies verticalement.	Equarrissage.	»	3 à 4
	Hauteur = hauteur du parapet.	2	»
2 Piquets équidistans entre chaque poteau, servant à empêcher les Claies de plier.	Diamètre.	»	2
	Saillie (sur la banquette).	2	»

Criques.

Profondeur.	4 à 5 pi.
Largeur.	5 à 6
Longueur, quelques toises.	

Barbettes pour Redoute.

Le Terre-plein.	Longueur par pièce.	12 pieds.
	Largeur.	20 à 24
La Genouillère (suivant les pièces) a de 3 pieds 8 pouces à.		3
Rampes pour monter aux Barbettes.	Largeur.	12
	Talus de 6 à 9 fois leur hauteur.	

Baraques.

La distance des poteaux montans, liés par deux poutrelles, une semelle ; une sablière et quelques chevrons formant une carcasse qu'on revet en planches, cette distance, dis-je, est de 6 pieds.

La hauteur des poteaux est suivant la consistance du terrain : et dans celui qui est sec, on les enfonce de $\frac{1}{7}$ de leur hauteur.

La hauteur de la Baraque du sol aux poutrelles est de 6 pieds et demi... sa largeur, pour 2 rangées de soldats, est de 7 à 8 pieds... sa longueur, par 2 hommes, est de 2 pieds ; ainsi, pour 100 hommes, elle peut avoir 16 pieds sur 50, ou 24 sur 33.

Les Baraques construites à Boulogne avaient les dimensions suivantes :

	pieds.	pouc.
Pour quarante Hommes.		
Longueur	30	
Largeur	15	
Hauteur	10	
Pour les Chevaux.		
Longueur	»	
Largeur	24	
Hauteur	15	

Crénaux pour un Mur épais.

Largeur intérieure	»	4 po.
Hauteur *idem.*	»	18
Largeur extérieure	»	18
Hauteur *idem.*	»	24
Pour une épaisseur de 6 pouces telle qu'ont les bois.		
Hauteur ou longueur	»	8
Largeur intérieure	»	2
——— extérieure	»	6
Hauteur au-dessus du sol extérieur	7 à 8 pi.	
——— au-dessus de la banquette intérieure	4	

NOTA. On fait quelquefois des Crénaux vers le bas d'un mur ; et pour pouvoir faire feu par ce second rang de Crénaux, on creuse en arrière, au pied de ce mur, (si par-là on ne risque pas de le renverser), un fossé de 3 pieds 6 pouces de profondeur.

Chevaux de Frise.

	pieds.	pouc.
Le Corps pèse 41 liv., et chacune des 33 lances 2 liv.		
Longueur du corps (1).	9	»
Equarrissage à 6 pans.	»	6
Longueur des lances.	5	»
Diamètre des lances.	»	1 $\frac{1}{4}$
Distance des lances entre elles.	»	9 $\frac{1}{2}$
——— des lances des bouts aux, etc.	»	3 $\frac{1}{2}$

Il faut armer ces lances d'une pointe en fer.

Trou de Loup, ou *Trape*, ou *Puits.*

On les fait en cône renversé... on met 1 piquet dans leur milieu... on les met d'ordinaire sur 3 rangs disposés en quinconce... on en fait 2 par 3 toises... leur déblai est de 3 quarts toise cube.

	pieds.	pouc.
Diamètre supérieur.	4	6
Profondeur, 6 à.	7	»
Longueur du piquet.	6	»
Equarrissage ou diamètre d'*idem*.	»	4 à 5

On peut aussi faire ces Puits en cône-tronqué de 10 en 10 pieds, et rejeter la terre entre les trous, ce qui relevera le terrain et le rendra moins accessible. On trace des triangles équilatéraux de 10 pieds de côté, et on creuse un Puits à chaque angle ; on leur donne les dimensions ci-après :

	pieds.	pouc.
Diamètre supérieur.	6	6
——— inférieur	2	6
Hauteur ou profondeur.	4	6
Les piquets s'élèvent au-dessus du fond de. . . .	5	»

(1) A l'Armée d'Italie, en 1794, on ne leur avait donné que la moitié de cette longueur ; il y avait un anneau à un bout, et à l'autre, 2 mailles de chaîne et un T en fer, servant à lier les Chevaux de frise entre eux, et on les avait fait en bois blanc pour être plus légers.

ESSAI

SUR LA FORTIFICATION.

L'ordre profond, chez les Anciens, dérivait de la nature de leurs armes. Cet ordre est très-favorable au choc ; et l'infanterie qui y mettait toute sa confiance, loin de chercher les pays coupés et difficiles, combattait toujours en plaine rase. Aujourd'hui l'ordonnance du feu offre plus d'avantage à l'attaqué qu'à l'assaillant, et l'infanterie doit se placer de préférence dans les positions défensives. Dans une défensive active, le choix et la conservation de ces points principaux ne sont pas un des moindres talens d'un général. Quoique, par leur front et par leurs flancs, les bonnes positions présentent un emplacement avantageux à l'armée qui les doit occuper, et des obstacles difficiles à vaincre à l'ennemi qui voudrait l'en déposter, elles peuvent néanmoins être tournées et attaquées par derrière. Cet inconvénient disparaîtra, lorsqu'on les aura retranchées d'une manière solide et permanente ; et dès-lors, converties en Places de guerre, elles seront avantageusement occupées par de médiocres garnisons, et serviront à couvrir l'intérieur du pays, ou à porter la guerre au-dehors. Les places de guerre ne sont donc que des positions d'armées qu'on a reconnues utiles à occuper, d'après l'étude de la ligne d'opération d'une frontière, et d'où la retraite ne serait pas toujours praticable. Par conséquent, la sûreté de l'état doit dépendre en grande partie de la valeur intrinsèque de ces boulevarts élevés pour sa défense.

L'Artillerie étant un des principaux agens qu'on emploie pour conserver ou pour réduire les Places fortes, il est important pour nous de connaître la théorie de la fortification. C'est dans cette vue qu'on a tâché de rassembler les principes qui ont conduit cet art au point où il est aujourd'hui.

Tracé, Relief et Défilement, voilà les trois objets auxquels est subordonné l'examen ou la discussion du projet d'une fortification quelconque. Nous allons considérer ces trois parties séparément.

§ I.

TRACÉ.

I.

Le meilleur Tracé d'une fortification consiste dans la disposition la plus avantageuse, relativement au terrain de l'enceinte avec ses dehors, pour que toutes les parties se flanquent et se communiquent parfaitement ; pour que les fronts attaqués obligent l'assiégeant à resserrer ses attaques, et lui donnent le moins de facilité possible pour établir ses ricochets. Des variations de ce Tracé, dérivent les différens systêmes de fortification, dont les principaux sont ceux d'Errard, de Deville, de Pagan, de Coëhorn, de Vauban et de Cormontaigne.

On a cherché dès les commencemens à donner aux flancs des bastions une forme et une disposition relatives à leur importance ; on aurait desiré sur-tout pouvoir les dérober aux contre-batteries. Errard fit son flanc perpendiculaire à la face ou ligne de défense, mais il annulla son flanc, en prétendant le cacher. Deville le fit perpendiculaire à la courtine, et son flanc devint un peu moins mauvais ; on garantit les flancs des feux croisés, en y plaçant des orillons. Il résulta de cette construction une Pièce cachée, mais qui ne défend qu'imparfaitement le passage du fossé.

C'est à Pagan que l'on doit les idées exactes sur le feu direct, par lequel il faut que les différens ouvrages se défendent réciproquement. Il reconnut aussi le premier les inconvéniens des flancs perpendiculaires à la courtine, et jugea que le flanc devait être perpendiculaire sur la face et sur le fossé qu'il doit défendre, afin de bien protéger la brèche, battre le passage du fossé, et nuire à l'établissement des batteries sur les crêtes des chemins couverts qui lui sont opposés. Vauban, qui vint ensuite, fit faire au flanc un angle de 100 degrés avec la courtine. L'angle droit du flanc sur la ligne de défense, est l'ouverture que l'on doit prendre, toutes les fois qu'on veut flanquer avec avantage.

II.

La courtine, par ses feux directs, et par sa position entre les flancs, et derrière les ouvrages extérieurs, est la partie la plus forte de la fortification ; les faces en sont, au contraire, la partie la plus faible ; elles tirent leur défense des flancs, qui n'en doivent par conséquent être éloignés que de 100 à 120 toises, portée de fusil bien fournie.

La tenaille couvre la poterne de sortie, et le revêtement des flancs ; l'espace entre elle et la courtine sert de place d'armes ou d'abri pour les bateaux, suivant que le fossé est sec ou plein d'eau. Par ce moyen, on peut disputer la descente et le passage du fossé à l'ennemi, après la prise des chemins couverts, soutenir les dehors attaqués, et en assurer les retraites.

Les demi-lunes, qu'on appelait autrefois ravelins, sont destinées à couvrir les courtines et les flancs, à flanquer le chemin couvert et le glacis des faces, à retarder les approches des bastions. D'après cela, les demi-lunes à flancs sont vicieuses, quand elles ne sont pas couvertes de contre-gardes, parce qu'elles ne couvrent point les flancs des bastions.

Les meilleurs fossés sont ceux qu'on peut remplir et vider à volonté ; ils ont la commodité des fossés secs pour les manœuvres de l'assiégé, et opposent à leur passage toute la défense des fossés pleins d'eau. Les ponts, pour la communication des fossés pleins d'eau, sont détruits journellement par les bombes et les ricochets ; ce qui donne beaucoup de soins pour les tenir en bon état. L'escarpe doit être revêtue dans toute sa partie, couverte par la contrescarpe et le glacis. Les demi-revêtemens abrègent à la vérité le tems et la dépense ; mais leur berme permet à l'ennemi de s'étendre à droite ou à gauche de la brèche pour se former sur un plus grand front, et même de dépasser et de tourner, pour attaquer par derrière les retranchemens qui défendent ces brèches. La contrescarpe doit être également revêtue, afin de rendre la descente du fossé moins praticable.

Le chemin couvert est une des parties les plus essentielles de la fortification d'une Place ; il fait que les surprises et les escalades sont moins faciles, en rendant plus aisée la garde la Place. En couvrant les ouvrages, il oblige l'ennemi à venir établir ses batteries de brèche sur la crête de son glacis ; il favorise les sorties, protège les retraites, et empêche que l'assiégeant, dès la première nuit, ne pousse ses approches jusques sur la contrescarpe.

Les places d'armes rentrantes servent aux troupes de point de rassemblement pour les sorties, et de retraite à celles qui sont chassées des places d'armes saillantes, qui sont les premières insultées ; ces dernières ont l'avantage d'incommoder de près les travaux de l'ennemi. Les unes et les autres sont fermées par des traverses. Leur usage, ainsi que de celles du chemin couvert, est d'empêcher le feu du ricochet.

III.

Afin de mieux remarquer les progrès de la fortification, nous nous arrêterons, pour le moment, à l'enceinte et aux dehors dont nous venons de parler.

Des considérations attentives sur la direction des feux, ont indiqué des corrections dans le Tracé et la disposition de ces ouvrages. Après l'invention de la poudre, on crut pouvoir profiter de l'élévation des anciens remparts pour prendre des commandemens dans la campagne ; mais on s'aperçut bientôt que ces remparts étaient trop exposés au canon, et on les abaissa. Aujourd'hui, pour préserver encore davantage la fortification des vues et de l'action du dehors, on dirige le glacis de manière que l'herbe qui le couvre se confonde avec celle du parapet. On a supprimé l'orillon, parce que la pièce cachée qu'il procurait, peut être facilement démontée par les bombes qu'on sait employer avec succès pour ruiner les défenses des flancs. La contrescarpe est alignée maintenant à 6 toises de l'angle de l'épaule, parce que la première pièce ne peut être placée qu'à cette distance, à cause de l'épaisseur de la rencontre des parapets. On a éloigné la brèche de l'angle de l'épaule, en faisant aboutir le prolongement des faces de la demi-lune à 15 toises de cet angle. La demi-lune a obtenu par ce moyen une plus grande capacité, qui donne la facilité d'y établir un réduit ou un retranchement à sa gorge. Le bastion lui-même est susceptible d'un retranchement, qu'on peut conduire d'une épaule à l'autre. Les flancs des tenailles ont été supprimés, parce qu'ils étaient enfilés du rempart de la demi-lune, vus de revers par les batteries dans le logement des places d'armes rentrantes, et contrebattus par les batteries dans les places d'armes saillantes. On a échancré les demi-lunes à la gorge, parce qu'on a considéré qu'une Pièce de Canon, placée sur le saillant du chemin couvert, découvrait le saillant de cette gorge, au débouché de la communication.

IV.

Le Tracé dont nous venons de rendre compte, est le premier système de Vauban, un peu corrigé ; mais il n'est pas, à beaucoup près, à son point de perfection. Pour pouvoir en apprécier les avantages et les défauts, il faut encore examiner quel est l'effet de l'attaque sur l'ensemble de la disposition des ouvrages : ou ce qui est la même chose, supputer la durée du siége qu'une Place doit soutenir. La méthode qu'on emploie pour cela, est fondée sur l'examen qu'on fait de la conduite générale des attaques, de la force des lignes qu'on est obligé de leur faire parcourir, c'est-à-dire, les capitales des bastions et demi-lunes sur lesquelles on doit conduire les tranchées. Celles qui, dans ces différentes attaques, se trouvent peu chargées de feux, ou plus proches du feu des chemins couverts, seront regardées comme les plus fortes. On y remarque l'étendue et le développement des travaux à faire pour l'assiégeant, et leur difficulté pour le danger qui les accompagne ; celle de l'établissement des batteries et leur multiplicité de part et d'autre : enfin, combien il y aura de coups de main ou d'attaques de vive force dans chacune de ces attaques.

V.

Nous observerons, d'après cela, que dans l'ancien Tracé, les angles flanqués étant très-aigus, les attaques n'avaient que fort peu de développement. Les demi-lunes ne présentaient presque point de saillie dans la campagne, au-delà des bastions, l'ennemi s'emparait presque aussitôt des rentrans que des saillans, et faisait brèche aux bastions en même-tems qu'aux demi-lunes. Au lieu que le nouveau Tracé donnant une grande capacité et une grande saillie aux demi-lunes, elles défendent plus directectement les approches des bastions, et forment par leurs saillans, une espèce de première enceinte qu'il faut forcer avant celle que forment les saillans du corps de la Place. Pour pouvoir protéger la brèche, et retarder la reddition de la Place, on construit dans les demi-lunes, et dans les Places d'armes rentrantes, des réduits que l'on fait ou en poutrelles crénelées, ou en terre, ou en maçonnerie, avec un fossé et un bon revêtement; ces ouvrages obligent l'ennemi à cheminer avec plus de lenteur, et à détailler la prise de ces différens ouvrages, avant d'en venir au corps de Place.

Malgré cette amélioration, l'expérience de la Guerre prouve que dès que le bastion est ouvert, l'assiégé n'oppose plus qu'une faible résistance, dans la crainte d'être emporté d'assaut : cette considération avait engagé Vauban à proposer un système qui portât naturellement son retranchement indépendant des bastions. Cette idée a été exécutée à Befort, à Landau, et perfectionnée au Neubrisack. C'est le système des tours bastionnées qui donne une fortification dont les avantages sont dans une proportion plus forte que l'augmentation des dépenses qu'elle exige. Ce troisième système de Vauban n'est pas sans défaut ; et Cormontaigne, en soumettant l'ordonnance d'un front de Neubrisack aux effets de l'attaque, a été amené à indiquer des corrections, qui, sans augmenter la dépense, prolongent la défense de 15 jours.

Quelques soins qu'on ait pris pour créer de nouveaux ouvrages qui eussent des propriétés favorables à la défense, il a fallu toujours en revenir à la même enceinte, et aux mêmes dehors ; mais on peut donner à cette enceinte avec ses dehors, une disposition telle, que lorsque l'ennemi voudra s'attacher à l'un, il soit vu de revers des autres ; de sorte qu'il soit forcé de prendre plusieurs ouvrages pour y pénétrer ; Cormontaigne a obtenu ces avantages et plusieurs autres, en fortifiant sur des polygones d'un grand nombre de côtés, ce qui procurant des fronts presqu'en ligne droite, oblige à faire les angles flanqués des bastions très-ouverts, et alors les demi-lunes collatérales forment un grand rentrant devant ces angles. Il résulte encore de ces dispositions, que les prolongemens des faces des ouvrages tombant dans les ouvrages contigus, ces faces sont irrécochables ; et ces prolongemens, à cause de l'ouverture de l'angle flanqué, ayant beaucoup de divergence, obligent l'ennemi, pour pouvoir embrasser le front d'attaque, à un plus grand développement d'ouvrages, ce qui le jette dans des dépenses considérables, et lui fait perdre des hommes et du tems ; ainsi la meilleure Fortification sera celle dont les fronts formeront l'enceinte la moins convexe.

Les Contregardes sur les demi-lunes sont préférables à celles sur les bastions ; mais les premières sont remplacées avec avantage par les grandes demi-lunes à réduit. Celles sur les bastions n'empêchent pas que du saillant des demi-lunes collatérales, on ne batte en brèche les épaules du bastion ; et son saillant avec celui des demi-lunes collatérales ne débordant pas les unes sur les autres, n'offrent point la disposition heureuse que nous avons dit précédemment devoir être donnée aux fortifications d'une Place. Mais si les bastions avaient un fossé sec, et si leur revêtement fort élevé pouvait être ruiné par les premières batteries, il faudrait adopter les contregardes sur les bastions, en les prolongeant en arrière des faces des demi-lunes, pour leur ôter le premier défaut qu'on vient d'indiquer.

Les Tenaillons ou *grandes Lunettes*, ouvrages plus chers qu'une grande demi-lune, lui sont fort inférieurs en défense, et ils ont été abandonnés, parce que les batteries placées au-devant de leur rentrant, peuvent faire brèche aux Tenaillons, au saillant de la demi-lune, aux faces et aux épaules des bastions collatéraux.

Les Ouvrages à Corne et à Couronne, autrefois si multipliés, ont été appréciés par l'expérience ; elle a prouvé que l'augmentation de défense qu'ils procurent, n'est point en proportion de la dépense qu'ils occasionnent ; on leur préfère une suite d'ouvrages détachés, qui se protègent réciproquement, et que l'assiégeant est obligé de prendre en détail.

L'ouvrage à Corne et l'ouvrage à Couronne qui est en outre plus cher et plus difficile à retrancher, exigeant beaucoup de monde pour leur défense, ne conviennent qu'aux très-grandes Places ; leur tête forme des saillans trop avancés pour être bien flanqués par des ouvrages de l'enceinte. Leurs fronts, toujours trop courts, n'obligent qu'à un très-petit développement de tranchées : les trouées que l'assiégeant peut faire dans leurs longues branches mal flanquées, lui permettent de battre les demi-lunes intérieures. L'ouvrage pris, l'assiégeant conduit son attaque dans son intérieur, sans craindre ni les revers ni les sorties ; et sans faire de batteries, il force l'assiégé d'abandonner les chemins couverts des demi-lunes et des bastions collatéraux qu'il domine et qu'il plonge. Ainsi, quand il faudra construire de ces ouvrages, et quand les dispositions du terrain le permettront, il faut avoir attention de ne porter qu'à 80 ou 100 toises les saillans des demi-bastions, pour pouvoir les bien défendre ; de donner au côté extérieur au moins 100 toises, pour avoir un développement de front susceptible d'une bonne défense ; de faire dans l'intérieur des coupures bien disposées, pour voir directement et de front le débouché des brèches, et qui aboutissent à la hauteur de la face du réduit fait dans la place d'armes rentrante du bout de la branche. Enfin, de ne point construire un chemin couvert dans l'intérieur, qui devient inutile, étant plongé du rempart des branches.

L'Avant-fossé retarde l'assiégeant, mais rend les sorties difficiles, l'ennemi pouvant aisément ruiner les ponts qui servent à le passer. Il faut que le glacis vienne mourir au niveau de l'eau, si on ne peut le saigner ; et s'il peut l'être, il faut que sa pente se prolonge jusqu'à sa contrescarpe, pour qu'il n'offre point d'abri à l'assiégeant.

L'Avant-chemin couvert par son développement, exige beaucoup de monde pour sa défense ; il ne peut donc convenir qu'aux grandes Places. Trop éloigné de l'enceinte pour être bien flanqué, il a besoin de l'être par quelques ouvrages avancés ; il doit être commandé par le chemin couvert de la Place.

Les Flèches, petits redans de 12 toises environ de face, sont placées sur les angles du glacis. Si elles sont sur les saillans, elles sont mal flanquées, ne défendent rien, et offrent, par leur communication, une tranchée toute faite à l'ennemi ; sur les rentrans elles n'ont aucun de ces défauts. On ne doit pas les élever assez pour masquer le feu des ouvrages qui sont en arrière ; et il faut aligner leurs faces à 2 ou 3 toises de la crête du glacis qui est en avant, pour qu'elles ne soient pas enfilées par l'ennemi parvenu sur cette crête ; il faut enfin que ces flèches, pour être défendues et n'offrir point d'abri à l'assiégeant, soient précédées d'un fossé non saignable ou d'un chemin couvert.

Les Lunettes, espèce de petite demi-lune, qu'on place sur les angles du chemin couvert au bout du glacis ou au bord de l'avant-fossé, s'il y en a un, rendent les approches difficiles, protègent les sorties, flanquent toutes les parties de l'avant-fossé et de l'avant-chemin couvert, et forment une première enceinte, qui, même prise, gêne les logemens de l'ennemi : il faut leur donner un fossé et un glacis pour les empêcher d'être tournées, et dérober leur escarpe aux premières batteries. Il faut qu'elles aient une capacité à pouvoir contenir environ 200 hommes, et les disposer de façon qu'elles forment des rentrans et des saillans : une enceinte à grande demi-lune, quand ses angles sont obtus, se prête à cette disposition : la Place est alors considérable, et ce n'est qu'à celles de ce genre, que cette ceinture de lunette peut convenir.

Voilà pour la disposition générale des ouvrages. Mais la construction de chacun d'eux doit encore être soumise à une discussion particulière, qui consiste à calculer la dépense d'une pièce de fortification, ainsi que la résistance, d'après un journal de siége, afin de pouvoir estimer lequel des deux ouvrages que l'on compare, doit être adopté de préférence à l'autre. Ainsi, lorsqu'un projet coûte moins qu'un autre, et procure une défense plus longue, on l'affirme meilleur.

§ II.

RELIEF.

Après avoir examiné l'ordonnance des ouvrages d'un front de fortification, dans un plan horizontal, ou faisant avec l'horizon un angle quelconque, ce qui donne les différentes longueurs et inclinaisons des faces, des flancs et des courtines, il faut considérer l'ordonnance de ces mêmes ouvrages dans le plan vertical, ou, ce qui est la même chose, dans le profil, qui nous laissera apercevoir les dimensions horizontales des objets, et leurs hauteurs absolues et relatives.

La largeur des remparts a été déterminée sur la longueur d'une Pièce de 24 en batterie, son recul, et l'espace nécessaire pour la manœuvre. Leur talus, sur celui que prennent naturellement les terres. L'épaisseur des parapets est réglée d'après ce principe d'expérience, qu'un boulet de 16 ou de 24, entre de 14 à 15 pieds dans une terre bien assise. Le parapet de la Place doit avoir 20 à 22 pieds de commandement snr la campagne, afin de dominer sur les ouvrages de l'ennemi; et le parapet de tout autre ouvrage, même le plus rasant, 5 pieds de commandement sur le chemin couvert qui l'enveloppe; d'après cela, et pour se mettre à l'abri de l'escalade, il faut donner au moins 30 pieds de hauteur au revêtement de l'escarpe; ainsi la contrescarpe doit en avoir 22. La largeur et la profondeur des fossés sont arbitraires à quelques égards. Le chemin couvert ne peut pas avoir plus de 5 toises de largeur; car il serait facilement plongé par les établissemens de l'ennemi, sur les glacis, et cet espace est suffisant pour ses manœuvres. Son parapet doit être élevé de 8 pieds, parce que la hauteur d'un homme à cheval n'étant que de $7\frac{1}{2}$ pieds, toute reconnaissance de la Place, faite de cette manière, devient impossible. Sa pente doit être de 3 pouces par toise, quand les circonstances locales le permettent.

Le plan auquel on rapporte la hauteur de la crête du chemin couvert, s'appelle *plan de site*, ou rez-de-chaussée de la fortification. Il peut être horizontal, ou incliné d'une manière quelconque à l'horizon. Dans ce dernier cas, il faut que prolongé à 8 à 900 toises en avant, et à droite et à gauche, dans la campagne, il rase le terrain environnant sans le couper nulle part. Les plans de défilement des ouvrages extérieurs et du corps de Place, c'est-à-dire, les plans rasant la crète intérieure des parapets, doivent être parallèles au plan de site..... On a dû s'apercevoir que tout est constant dans les dimensions que nous avons rapportées ci-dessus. La coupe verticale qu'elles représentent, s'appelle *profil primitif*, parce qu'il règle d'une manière invariable les commandemens (1) que les différens ouvrages doivent avoir les uns à l'égard des autres; les largeurs, hauteurs et épaisseurs qu'il convient de leur donner, relativement aux agens et moyens employés dans sa défense, et à la violence des armes auxquelles ils doivent résister. Ce profil reste encore le même, quel que soit le défilement de la fortification; et en effet, l'inclinaison du plan de site ne peut apporter aucun changement aux dimensions horizontales, et aux hauteurs verticales des objets, puisqu'il faut, dans tous les cas, que les Pièces conservent les mêmes commandemens les uns au-dessus des autres.

§ III.

DÉFILEMENT.

Le Tracé d'une fortification étant déterminé, il s'agit de trouver la hauteur qui doit convenir à chaque point, pour que le relief qui en résultera, soit défilé des hauteurs environnantes. On conçoit que pour cela on a besoin de connaître les profils du terrain, dirigés sur les faces des ouvrages, et poussés jusqu'à 8 ou 900 toises. Au lieu de différens profils rapportés à des lignes, ce qui jetterait dans des développemens immenses, on les rapporte à un plan horizontal passant à une distance déterminée, mais arbitraire au-dessus du point le plus élevé de la campagne (2). On attache à chaque point la cote numérique, qui convient à l'ordonnée qui lui répond verticalement. La différence de ces cotes donne le rapport et la différence du relief à ces mêmes points, et fait connaître l'ensemble du terrain. Au moyen de ces cotes et des profils primitifs, on pourrait à la rigueur défiler par parties; mais on conçoit combien cette façon d'opérer serait longue; en rapportant le défilement à des plans, on parviendra au même but d'une manière beaucoup plus simple, puisqu'on défile par une

(1) On appelle commandement d'une pièce sur une autre, la verticale comprise entre le plan de défilement de la première, et le plan de défilement inférieur et parallèle de la seconde.

(2) On appelle ce plan, *Plan de comparaison.*

suite de points. Il est nécessaire d'établir autant de plans tangents, qu'il y a de fronts à défiler, soit que ces fronts se trouvent en avant, soit qu'il existe des hauteurs qui peuvent prendre des revers. On y est souvent contraint par la nature du terrain, et le développement de l'enceinte, comme il est arrivé à Béfort, place assise sur plusieurs plans.

Il nous reste à parler du relief de la tenaille. Ce relief est soumis à des considérations particulières; il faut que la Pièce placée à l'angle flanquant du bastion, puisse battre le pied de la brèche du bastion opposé, et que de plus la tenaille puisse voir dans le terre-plein de la demi-lune.

Fait par le Général A........

PRÉCIS D'OBSERVATIONS

RELATIVES A L'ARTILLERIE,

SUR LA DÉFENSE DES PLACES.

Voyez page 441, dans l'Approvisionnement des Places, plusieurs objets déterminés en 1800, et des observations utiles.

Observations Préliminaires.

1. Approvisionnement de guerre (1), quantité, qualité, augmentations à faire, arrangement.

2. Magasins pour l'Artillerie (2), étendue, solidité : sont à l'épreuve de la bombe : exposés : à couvert.... leur état... leur emploi.

3. Fortification, naturelle, artificielle : ancienne, moderne : durable, passagère : à demi-revêtement : revêtue en maçonnerie, en briques, en gazon : rasante, élevée... contre-minée... son état : réparations : améliorations (3).

4. Communications de la Place aux dehors relativement à l'Artillerie.

5. Contre-mines.

6. Environs de la Place : peut-on les inonder ? Positions de l'ennemi, limitées, étendues... Peut-il attaquer tous les fronts ? Détruire les positions favorables à l'assiégeant, ou, si on ne peut le

---

(1) L'Approvisionnement de Palissades, Fascines, Gabions, Saucissons, Piquets, regarde les Ingénieurs.

(2) Avant et durant le Siége, ne pas laisser connaître la situation de leur approvisionnement.

(3) Rendre tous les fronts également forts, etc.

faire, y opposer quelque ouvrage... Avantage que peut offrir le terrain entre le glacis et les positions de l'ennemi pour retarder ses travaux.

7. Garnison, nombre (1)... Force physique, morale... Instructions... Répartitions... Logement.

Dispositions éloignées.

8. Détails d'Approvisionement.... Bouches-à-feu : dans chaque espèce, quantité, qualité, calibres... Leurs Attirails, affûts, boulets, bombes, obus, armemens, assortimens... Voitures d'Artillerie... Armes, espèces, quantités, qualités... Plomb... Poudres et autres munitions de guerre.

Ustensiles d'Artifices, matières d'Artifices, Artifices faits.

NOTA. Il faut beaucoup d'Artifices pour les Places sur les hauteurs, parce que, etc.

Il en faut peu ou point dans les Places maritimes. Il faut des Boulets incendiaires.

Pour un Exagone, ANTONI demande 1200 fagots de sarmens pour faire des fascines goudronnées, 400 balles à feu, 5400 liv. de roche à feu.

Laboratoire d'Artificiers.... Commode, isolé, sûr, à l'abri des bombes, un seul dans une grande Place, disposé loin de l'at-

---

(1) M. de Vauban l'évalue à 500 hommes par bastion (200 hommes en tems de paix).

D'autres, 600 par Bastion, dont $\frac{1}{10}$ en cavalerie dragons 600 hommes par ouvrage à corne... 150 hommes par redoutes détachés.

Ou : Cherchez le développement du chemin couvert du front d'attaque, jusques aux Places d'armes collatérales comprises; et par 3 toises prenez :

6 Hommes, s'il n'y a que des demi-lunes.

8 Hommes ($\frac{1}{3}$ en sus) s'il y a des contre-gardes.

10 Hommes ($\frac{2}{3}$ en sus) si les demi-lunes ont des contre-gardes, ou si la Place est contreminée à un étage.

12 Hommes (le double) s'il y a de grands dehors, ou si la Place est contreminée à 2 étages.

Joignez à ce nombre celui qu'il faut pour la sûreté des portes, des descentes dans le fossé, des magasins, et pour le bon ordre de la Place.

Triplez le tout, et vous aurez le nombre des Soldats d'infanterie de la garnison... Voyez page 453.

Pour les Soldats d'artillerie, prenez $\frac{1}{10}$ du nombre précédent, ou 3 Canonniers par Pièce, et 1 par Mortier, Pierriers et Obusiers, non compris 6 Sergens par 100 hommes, si c'est un détachement.

On attache 9 à 10 hommes d'infanterie à chaque Pièce, et on la fait exécuter par 5 ou par 8. Voyez page 450.

Mineurs, etc.

taque ; plusieurs dans les Citadelles, etc., parce qu'elles sont en butte à tous les feux.

Outils d'Ouvriers en fer.... En bois... d'Armuriers... Les Boutiques d'ouvriers doivent être placées, comme les Laboratoires d'Artificiers.

Distribution de l'Approvisionnement en magasins (1).

NOTA. Il faut parcourir l'Inventaire des Garde-Magasins, et voir si l'Approvisionnement est tel qu'il doit être... Cet Approvisionnement doit être mesuré :

Sur les moyens d'attaques; sur la possibilité ou la nécessité de la faire sur tel ou tel Front; sur les forces de l'ennemi.

Et sur une bonne défense calculée, d'après la connaissance des Fortifications, des Contremines, des obstacles du dehors. Voyez page 441.

9. Répartition des Bouches-à-feu.

Pour la Place le 24 et le 16.

Aux Flancs le 24.

Aux Courtines le canon qui reste après les premières défenses.

Aux Barbettes le 12, 8, 4 long.

Pour les Dehors 12, 8, 4 long.

Pour les Sorties le 4 léger.

Les grands Mortiers dans les Bastions collatéraux à l'attaque.

Les petits Mortiers sur le Front attaqué.

Les Obusiers, (35).

Les Pierriers, (36).

10. *Estimation des Bouches à feu* nécessaires pour armer le Front d'attaque (2), laissez pour toutes les Barbettes 8 à 10 toises... laissez 6 toises de l'angle de l'épaule à l'angle flanqué.

---

(1) Les Magasins doivent être secs, pour la Poudre, les Cordages, les Fers, la Mèche.

Ils doivent être frais pour les graisses, huiles, poix.

En général, ils doivent être placés de façon à ne pas compromettre l'existence des habitans et la défense des Places.

Assez réunis pour que la surveillance en soit facile et puisse être exercée par peu de personnes.

Bien clos, bien isolés de toute habitation, pour prévenir les vols et la communication du feu.

Avoir des abords et des débouchés faciles.

(2) Si le Canon n'était pas transportable d'un Front à l'autre, par des circonstances locales, il faudrait armer tous les Fronts.

Le reste sera l'espace que devra occuper le Canon ; ainsi il faut au moins ;

Pour les demi-Bastions. . . . . 20 Pièces.
Pour les 2 Faces de la demi-lune. 12
Pour les deux Faces des demi-lunes collatérales. . . 12
Pour les deux Barbettes et pour les flancs du Front. 18

62 Pièces.

6 Pierriers.
6 Obusiers.
4 grands Mortiers.
8 petits Mortiers au moins.

Des Mortiers pour battre les lieux creux, s'il en est autour de la Place (1).

En Approvisionnement, il faut par jour de Siége :

60 coups par Pièce, pour celles de flanc et celles qui peuvent tirer dès le commencement du Siège ; moins que ce nombre, si l'ennemi peut opposer un feu supérieur.

30 coups par Pièce, pour celles qui ne peuvent tirer que par intervalles.

50 coups par Mortiers.
40 coups par Homme.
250 coups en tout par Pièce à Barbette et par Arquebuse à croc.
100 Grenades à main. { par brèche et par jour que peut durer
100 Bombes en sus. { le passage du fossé.
500 Grenades de Rempart.

On fera bien de se conformer aux bases nouvelles, page 441.

11. *Durée du Siége.*

NOTA. On suppose une Place fortifiée suivant le premier système de M. de Vauban, à 6 Bastions, Demi-Lunes, Remparts revêtus...

9 jours pour l'Investissement de la Place, amas de matériaux, préparatifs du Parc, établissement des Lignes jusqu'à l'ouverture de la tranchée.

9 jours pour l'ouverture de la Tranchée, jusqu'à l'attaque du chemin couvert.

3 jours (quelquefois 4), pour l'attaque, la prise du chemin couvert et des Places d'armes retranchées.

3 jours pour la Descente et le passage du Fossé de la Demi-lune.

---

(1) Pour une Place de la première force, Du Puget demande 100 Pièces de canon, 30 Mortiers, 10 Pierriers, et 340 Canonniers avec 20 Sergens. Son Approvisionnement est de, etc. Voyez son *Essai sur l'Artillerie.*

3 jours (souvent 4), pour l'attachement du Mineur à la Demi-lune, les Batteries de Brèche, et rendre la Brèche praticable.
3 jours pour l'Attaque et l'établissement dans la demi-lune.
4 jours pour attacher le Mineur au corps de la Place, et ouvrir la Brèche.
3 jours, (quelquefois 4) pour le passage du grand Fossé.
3 jours, (peut-être 4) jusqu'à la reddition.
4 jours pour fautes ou négligences de l'Assiégeant.

44 jours en total.

On peut ajouter :

4 à 5 jours pour le réduit de la Demi-lune.
3 à 4 jours pour les Tenailles.
10 à 11 jours pour ouvrage à corne, ou à couronne, avec Demi-lune.

Dispositions instantes avant l'Investissement.

12. Faire les cartouches d'Infanterie... les artifices, tourteaux, balles à feu, fascines goudronnées; charger les fusées à bombes, les bombes qui doivent contenir la roche à feu; garnir les réchauds de rempart.

Quand la Place sera investie, on continuera ces travaux pour remplacer à mesure ce qu'on consommé.

13. Armer les Barbettes; garnir de leurs Canons les fronts susceptibles d'être attaqués; ouvrir les embâsures des flancs, si on n'a pas d'Affûts à hauts-rouage, et y placer le canon, si l'on craint d'être insulté, sur-tout si les Fossés sont secs. Mettre dans les Dépôts (1) à portée des Batteries l'Approvisionnement nécessaires pour les premiers momens de la défense.

---

(1) Ces Dépôts ou petits Magasins sont pour le service journalier des Batteries; il en faut par

Attaque 9 { 6 au corps de la Place. { 2 aux Faces du Front. / 2 aux Flancs d'*idem.* / 2 aux Flancs collatéraux. } / 3 aux Demi-Lunes. }

Ils sont sous le Terre-plein des Ouvrages à portée des Batteries.

On les fait en charpente comme des Gâleries de Mines.

Ils ont 6 pieds de terre au dessus.

On leur donne 4 toises de longueur, 1 de largeur et 1 de hauteur, non compris 1 toise de longueur de passage et la coupe du talus du Rempart.

2 Mineurs et 6 Servans travaillant 12 heures par jour, en font un en 3 jours.

Il faut pour leur construction 60 toises courantes, de bois de 6 pouces sur

14. Si la Place est contre-minée, amasser de la terre tamisée dans les différens endroits des galeries : préparer les chassis et les planches pour construire de nouveaux rameaux. (*Antoni.*)

15. Disposer les Boutiques d'Ouvriers en bois, des Forgeurs, des Armuriers.

16. Avoir quelques chevaux pour les transports intérieurs de l'Artillerie, et leur Approvisionnement de nourriture.

Dispositions après l'Investissement.

17. *Division de la Garnison pour le Service.*

En tems de Siége, on divise la Garnison en 3 parties : 1 de garde, 1 de bivouac, 1 de repos.

Celle de garde se divise en 3 parties : 2 aux postes attaqués, 1 aux autres postes.

Celle de bivouac se divise de même, et reste à portée de secourir celle de garde.

Celle de repos reste dans ses logemens prête à secourir si besoin est.

Des hommes de garde aux postes attaqués, $\frac{2}{3}$ feront feu durant les 2 premières heures de la nuit : ensuite d'heure en heure, on en relevera $\frac{1}{3}$ par le tiers restant, tant que la nuit durera. Le jour il suffit d'entretenir le feu par 8 à 10 hommes postés dans les angles saillans du chemin couvert.

La Cavalerie se partage de même ; celle de garde occupe la droite et la gauche des attaques. Celle de bivouac, les Places... celle de repos tient le jour ses chevaux sellés pour être prête à monter à cheval.

Les Servans d'Artillerie restent 24 heures de service.

18. Répartir la Poudre dans les différens Abris, Dépôts ou Magasins... charger les Bombes et les Grenades, et les répartir aussi en des abris sûrs.

19. Porter les Arquebuses à croc dans les Ouvrages avancés et menacés.

---

6 pouces, pour les chassis et le revêtement des Profils de l'entrée : plus 18 toises 3 pieds carrés de Madriers de 2 pouces d'épaisseur.

Ils contiennent 8 Barils de 200 liv., ou 16 Barils de 100 liv. engerbés à 2 de hauteur.

Il faut encore 6 petits Magasins portatifs en bois, avec un couvert en dos-d'âne revêtu de tôle pour 5 Places-d'armes du chemin couvert (le 6e. est de rechange) on leur donne 6 pieds de longueur, 3 de largeur, et 2 pieds 6 pouces de hauteur.

20. Approvisionner en Poudre et en Boulets les Batteries à barbette, y attacher pour tout le Siége, ainsi qu'aux Arquebuses, des Servans qui, du chemin couvert, et même du glacis, pourront tirer sur les ennemis chargés de la reconnaissance de la Place.

Défense immédiate.

21. Armer les Fronts attaqués, en Canon, Poudres et Boulets.. Faire les Plate-formes des Flancs.

Faire les petits Magasins (1) à portée des lieux attaqués, pour la consommation durant chaque garde, de la Poudre et des Cartouches d'Infanterie.

Cette disposition regarde les Ingénieurs, ou doit se faire de concert avec eux.

22. Choisir pour le Canon les Servans d'Infanterie qui doivent être les mêmes durant tout le Siége, et être de service 24 heures de suite, si on n'a pas assez de Canonniers.

23. Combiner le plan de défense avec les autres Officiers d'Artillerie.

24. Avoir pour diriger les feux de la Place et éclairer les travaux de l'Assiégeant, (avec des pots-à-feu qui vont au-delà de 200 toises, lancés par des Mortiers de 12 pouces. *Du Puget*) des Bombes chargées d'artifices au commencement du Siège...Des Balles-à-feu quand l'ennemi est à 150 toises des Ouvrages...quand il approche du chemin couvert, des fascines goudronnées mises sur les glacis... Quand il veut se loger dans le chemin couvert ou dans les ouvrages, des fascines goudronnées et des réchauds de rempart placés sur les Parapets voisins.

25. Faire précéder d'un grand feu les Sorties, les protéger de même au retour... Mener du 4 léger avec les troupes dans les sorties, et des travailleurs à la suite des troupes qui portent des Bombes chargées et à Fusées lentes : ces Bombes, auxquelles on mettra le feu, après les avoir placées entre les flasques des Affûts ennemis, en éclatant les briseront... porter d'ailleurs ce qui est nécessaire pour l'enclouage du Canon.

26. Tirer sur les Parcs et le Dépôt des Fascines, si on le peut; mais attendre qu'ils soient bien établis avant de tirer un seul coup.

---

(1) Voyez la note précédente.

Ouverture de la Tranchée.

(Elle s'ouvre la nuit).

27. Eclairer les travaux de l'Assiégeant : tirer de toutes les Pièces, à petites charges, à ricochet et à feux croisés sur les Ouvrages ; les plus gros calibres sur les communications du Camp, du Parc, du Dépôt des Fascines, aux Tranchées... au jour, réunir ses feux sur les parties ébauchées des Ouvrages et des Barbettes, enfiler les Communications des queues des Tranchées aux Parallèles... la nuit, tirer d'après les renseignemens pris le jour, sur les parties qu'on peut le plus endommager, ou retarder le plus ; enfin où l'on peut nuire davantage.

28. Avec des gabions faire des traverses de deux en deux Pièces pour les couvrir ; elles doivent avoir un pied de hauteur de plus que les Parapets, et 2 toises d'épaisseur... Il faut aussi construire des Parados (avec des arbres), car ces deux ouvrages ne pourront plus être bien faits, lorsque l'ennemi aura établi ses feux.

29. Tirer à ricochet, en plongeant et de plein fouet sur les Batteries ennemies aussitôt qu'on reconnaît leur emplacement, et sur les têtes de Sappe... couvrir de toutes les manières ces pièces importantes qui battent les Sappes... ne tirer pas sur les Ouvrages perfectionnés, ni sur plusieurs points à-la-fois, ce serait perdre son tems ; mais commencer par les plus essentiels, puis successivement les autres, et toujours par un feu supérieur pour les écraser.

30. Le Commandant de l'Artillerie doit visiter les Batteries.

Le Matin pour reconnaître les travaux de l'Assiégeant, et désigner les lieux à battre.

Le Soir pour faire remplacer les Munitions consommées.

La Nuit pour éclairer les travaux de l'Assiégeant, et faire tirer l'Artillerie et l'Infanterie sur ceux qui ne sont qu'ébauchés.

31. Retirez le Canon des Barbettes le jour, quand l'ennemi a armé ses Batteries, ramenez-le sur ces Barbestes, à nuit close pour plonger ou ricocher les Communications en les enfilant ; enfin retirez-le tout-à-fait, lorsque le feu de la Mousqueterie en rendra l'exécution trop dangereuse.

32. Si on ne peut opposer que Canon à Canon, et qu'on soit en butte au feu direct et au ricochet : mettez à couvert votre Canon, ne laissez que quelques Pièces contre les traverses, pour inquiéter les têtes de Sappe. Tirez de tous les endroits collatéraux qui ont vue sur les Tranchées en portant et en déportant votre Canon.

Les meilleures positions sont celles qui sont le moins battues, pourvu qu'en les occupant on puisse nuire ; autrement, on perd son Artillerie. En général placez et déplacez vos Pièces à propos, de manière à rester le moins possible en prise aux Batteries une fois dégorgées ; par-là l'ennemi ne peut éteindre vos feux, croit les avoir éteints, s'avance, s'expose, etc. et l'Assiégé revenant à ses positions abandonnées l'attaque de nouveau, etc.

33. Tirez les grands Mortiers avec vivacité, et sans éparpiller leur feu, contre les Batteries de l'ennemi. Par exemple, employez contre une Batterie meurtrière 10 à 12 Mortiers, tirant 30 Bombes chacun dans 10 à 12 heures.

34. Tirez les Mortiers de 8 pouces avec vivacité, et sans éparpiller leurs feux, sur les communications de la seconde à la troisième parallèle, et sur le cheminement de la Sappe.

35. Tirez les Obusiers dès qu'on débouche de la seconde Parallèle. Placez-en sur les saillans du chemin couvert. Lorsqu'on fera la troisième parallèle (1), placez-les dans les Ouvrages vis-à-vis ces saillans derrière les Barbettes, tirez cette arme comme le Canon, sur les Batteries, les têtes de Sappes, etc.

36. Placez les Pierriers d'abord dans les saillans du chemin couvert : puis aux angles flanqués des demi-lunes, et aux angles flanqués et de l'épaule des bastions quand l'ennemi arrivera sur les glacis.

37. Ne laissez pas engorger les Batteries par les débris des Affuts, etc.

38. Dès que l'Assiégeant sera arrivé à la troisième Parallèle, disposez des Pièces qui enfilent les glacis et le chemin couvert pour culbuter les logemens qu'il voudra faire sur sa crète... Préparez les cartouches de Canon à balles pour la défense du chemin couvert... La nuit placez des fascines goudronnées sur la crète du glacis et allumez les réchauds de rempart qu'on placera aux angles flanqués voisins du chemin couvert menacé.

39. Tirez à boulet sur la tête du glacis, tant que la garnison est maîtresse du chemin couvert.

40. Tirez les Pierriers sur tous les angles saillans où sont les communications.

---

(1) Il faudra abandonner vraisemblablement plutôt cette position du saillant ; dès que l'Assiégeant aura construit ses demi-parallèles, entre la seconde et la troisième parallèle, et aura mis à leur extrémité des Batteries d'obusiers qui battront d'enfilade les branches du chemin couvert, la position des saillans ne sera pas tenable. Voyez l'Essai sur les Batteries.

41. Placez, s'il se peut, du Canon extérieurement à la prolongation des branches du chemin couvert, et un peu au-delà, pour prendre des revers; mettez des Mortiers et des Obusiers partout où le Canon ne peut tirer.

42. Battez avec les Mortiers, Pierriers, Obusiers et d'enfilade et de front avec le Canon, le couronnement du chemin couvert, et les Batteries de brèche dès qu'on les construira ; et quand elles seront construites, que des fusiliers choisis, par leurs embrasures, ajustent l'Assiégeant.

43. Il faut réparer les Traverses, le Parapet, et si on le peut, s'en former un nouveau, en s'enfonçant dans le Terre-plein.

44. Battez la descente du fossé par le feu des flancs, par des Bombes et des Grenades jetées ou roulées, quand l'ennemi est au pied de la Brèche.

45. Quand les Brèches aux Ouvrages extérieurs sont praticables, retirez l'Artillerie, disposez-la sur les courtines pour en battre l'intérieur ; jetez sur les brèches des fascines embrâsées, des incendiaires et du bois pour y faire un feu qui les rendent inaccessibles... Placez au haut de la brèche, s'il se peut, quelques Canons, ou plutôt des Obusiers pour tirer à cartouches, ou à Obus à fusée courte et vive, contre le front de la colonne qui se présentera pour monter à l'assaut.

46. Perfectionnez les Batteries du Retranchement de l'ouvrage ouvert par la brèche.

47. Si on se rend et qu'on puisse emmener des Chariots couverts, on mettra le gros Canon sur des Chariots couverts de toile cirée, et on ne les portera pas sur l'Inventaire (*Antoni*).

48. Si on lève le Siége, retirez dans les magasins toutes les munitions... Procédez à l'Inventaire,.. visitez les Bouches-à-feu pour constater le service dont elles sont encore susceptibles.

PRÉCIS
SUR LES BATTERIES.

NOTA. Comme les Auteurs militaires ont donné quelquefois des sens différens aux mêmes expressions, et qu'il en est résulté des discussions, j'ai cru devoir commencer par définir ces expressions, quoique ceci ne soit qu'un PRÉCIS et non un TRAITÉ.

1. *Une Batterie* est une ou plusieurs Bouches-à-feu réunies pour tirer sur des troupes, et sur les objets qui les couvrent ou les protègent ; et quelquefois, comme dans les Ecoles d'Artillerie, pour faire le simulacre de ces différentes opérations.... On appelle aussi *Batterie*, le lieu qu'ont occupé ou que doivent occuper des Bouches-à-feu emplacées pour tirer.

2. *L'Epaulement d'une Batterie* est une élévation de terre en forme de parapet, qui garantit du feu de l'ennemi les Bouches-à-feu et les hommes qui les servent. (On l'appelle quelquefois *Coffre.*)

3. *Les Embrasures* sont des vides que l'on ménage dans un épaulement ou dans un parapet, pour y faire passer une partie de la volée du Canon ou de l'Obusier, quand on les tire. Ces vides ou ouvertures ont la forme d'un prisme, qui a pour base un trapèze ; la Bouche-à-feu entre par le côté le plus étroit.

4. La *Genouillère* ou *Genouillière d'une Batterie*, est l'épaulement qui s'étend du sol jusqu'au bas de l'embrasure.

5. Les *Merlons* sont les parties de l'épaulement comprises entre deux embrasures.

6. Les *demi-Merlons* sont les parties de l'épaulement comprises entre ses extrémités et la première et dernière embrasure.

7. *La Directrice d'une Embrasure* est une ligne qu'on imagine, tirée du milieu de son ouverture intérieure à l'objet qu'on doit battre.

8. *L'Embrasure est directe*, quand sa directrice est perpendiculaire au côté intérieur de la Batterie ; sinon *l'Embrasure est oblique.*

9. *Les Joues de l'Embrasure* sont les revêtemens en *Saucissons* A (1), en gazons, etc., qui soutiennent les Merlons ou demi-Merlons dans l'intérieur de l'Embrasure... Si ces parties n'étaient pas revêtues, ce serait alors le profil de ces Merlons ou demi-Merlons, pris dans l'intérieur de l'Embrasure.

10. *Les Plate-formes à Canon et à Obusiers* sont 3 ou 5 poutrelles (qu'on nomme Gîtes ou quelquefois Lambourdes) parallèles, recouvertes de madriers, qu'on dispose en forme de plancher horizontal, ou un peu incliné, vis-à-vis les Embrasures, pour supporter les Affûts, et en rendre la manœuvre plus facile. (Ceci ne convient pas aux Plate-formes pour le nouvel Affût de côte.)

11. *Les Plate-formes pour le nouvel Affût de Côte*, ne sont que des bouts de madriers cintrés, disposés bout à bout en figure circulaire, qui a pour centre la cheville ouvrière du chassis d'affût; leurs joints et leurs extrémités portent sur d'autres bouts de madriers. C'est sur cet assemblage, qui répond aux roulettes du chassis, que se fait le mouvement de l'Affût.

12. *Les Plate-formes à Mortiers et à Pierriers*, sont 3 ou 5 Poutrelles (elles sont plus particulièrement nommées Lambourdes), d'un équarrissage plus fort que celles employées dans les Plate-formes à canon. Ces Poutrelles parallèles ayant leur surface supérieure dans un même plan, recouvertes d'autres Poutrelles, sont disposées en forme de plancher horizontal, dans les Batteries, pour soutenir les Affûts à Mortiers et à Pierriers, et en rendre la manœuvre plus facile.

13. *Le Heurtoir* est une pièce de bois de 8 pieds de longueur et de 8 pouces d'équarrissage, qu'on place sur le sol de la Plate-forme, perpendiculairement à la directrice de l'Embrasure, touchant au moins d'un côté à l'épaulement; il sert, quand la Piece est en batterie, à caler les roues de l'Affût, (pour qu'elles n'appuient pas contre la chemise (2) de la Batterie, qu'elles dégraderaient), et à mettre la Bouche-à-feu dans l'alignement de la directrice de son Embrasure.

14. On voit par-là qu'il n'y a de Heurtoir qu'aux Plate-formes des Bouches-à-feu, portées sur des Affûts à roues; et comme l'Affût de Place porte sur un Chassis qui a un Heurtoir, il n'y en a pas non plus dans les Plate-formes pour les Pièces de Place.

15. Les Batteries prennent leurs noms des Bouches-à-feu dont

---

(1) Voyez les grandes notes à la fin du Précis.

(2) On appelle *Chemises de la Batterie* le revêtement qu'on fait avec des fagots bien cylindriques qu'on nomme *Saucissons*, pour soutenir les terres de l'épaulement.

elles sont composées; ainsi, il y a des *Batteries de Canons*, *de Mortiers*, *d'Obusiers* et *de Pierriers*.

16. Pour abréger le discours, on donne souvent aux Batteries de Canons le nom du *Tir* (1), qu'on emploie dans l'exécution de

---

(1) On peut tirer le Canon, à toute volée, de plein fouet, de but en blanc et à ricochet; mais pour définir clairement ces différentes espèces de Tir, il faut donner auparavant la signification précise de quelques termes en usage dans l'Artillerie.

La Ligne de mire est la ligne dirigée par les points les plus élevés de la culasse et de la bouche du Canon ou de l'Obusier.

La Trajectoire, ou la Ligne de tir, est la courbe que décrit le boulet. Cette Trajectoire coupe deux fois la ligne de mire : la première en un point peu distant de la bouche de la Pièce, l'autre en un point beaucoup plus *éloigné*, et comme le mobile en sortant de la Pièce a une direction approchante de l'axe de cette Pièce, on regarde cet axe comme la ligne de Tir, lorsque l'on parle de la position de la ligne de tir, relativement à la Ligne de mire, depuis la bouche de la Pièce jusqu'à leur première intersection.

Le But en blanc est le point où la Trajectoire coupe pour la seconde fois la ligne de mire.

Le But en blanc primitif ou naturel est le point où la Trajectoire coupe pour la seconde fois la Ligne de mire, lorsque la Pièce est pointée de façon que la Ligne de mire est horizontale, et que cette Pièce est chargée de la plus forte quantité de Poudre réglée pour son calibre.

Les Obusiers ayant leur diamètre au bourlet égal ou plus grand que leur diamètre à la culasse, n'ont point de but en blanc primitif.

Le But en blanc artificiel est le nouveau But en blanc qu'on se procure, lorsqu'étant obligé de tirer sous un grand angle, et ne pouvant alors diriger la Ligne de mire sur l'objet qu'on veut atteindre, on élève la Ligne de mire du côté de la culasse pour voir cet objet. La quantité dont on élève la Ligne de mire à la culasse s'appelle *la Hausse*, ainsi que l'instrument qui sert à donner cette élévation.

La Hausse, dans les Pièces de campagne, est une verge de bronze divisée en lignes du même métal que le Canon, adaptée à la culasse où elle est cachée; on peut la faire sortir et la fixer à la division qu'on veut, depuis 1 ligne jusqu'à 18, par le moyen d'une vis de pression (c'est la nouvelle Hausse de 1789, faite par le capitaine Bouquero, et adoptée). Pour les autres Bouches à feu, où la Hausse n'est pas d'un usage si fréquent, on se sert d'un morceau de bois coupé à la longueur nécessaire, et que le Pointeur tient lui-même sur la culasse, en visant; ou de la Hausse décrite dans les Tables de Tir de Lombard.

On tire le Canon à toute volée lorsqu'on le tire avec la plus forte charge de guerre réglée pour son calibre, et sous la plus grande élévation qu'il puisse avoir sur son Affût. Cette espèce de Tir n'est jamais employée que dans des épreuves, ou à moins de ne vouloir que faire du bruit et perdre ses munitions.

On tire le Canon de But en blanc, lorsque l'objet qu'on veut atteindre se

cette arme. Ainsi on nomme *Batterie de plein fouet*, une Batterie de Canon qui tire de plein fouet; et *Batterie à ricochet*, celle qui tire à ricochet.

17. On donne quelquefois aux Batteries le nom de la direction de leurs feux, relativement à l'objet qu'elles battent. Ainsi on appelle :

Batterie directe celle qui bat perpendiculairement le flanc ou la face d'un ouvrage, ou le front d'une troupe;

Batterie d'écharpe, celle dont la direction du Tir fait un angle de 20°. au plus, avec la longueur d'une Pièce de fortification, ou avec une ligne de troupe;

Batterie de revers, celle qui bat le derrière d'un ouvrage, ou du front d'une troupe;

Batterie d'enfilade, celle dont les projectiles parcourent la longueur de quelque partie d'ouvrage ou de tranchée, ou du front d'une troupe. On dit d'une Batterie ainsi emplacée, qu'elle *bat* une troupe *en flanc*, si elle tire sur une troupe; qu'elle *bat* ou *prend en rouage*, si elle tire contre une Batterie, ou contre un ouvrage de fortification;

Batteries croisées, celles dont les feux se croisent sur une face d'ouvrage, ou sur le front d'une troupe.

18. *Une Batterie à redans* est celle dont l'épaulement est dirigé suivant plusieurs lignes droites, formant entre elles des angles rentrans et saillans.

19. *Une Batterie à Barbette* est celle dont l'épaulement terminé à la genouillère, n'a ni Merlons ni Embrasures.

20. Enfin, les Batteries, relativement à l'objet auquel on les emploie pour l'attaque et pour la défense, se divisent en *Batteries de Siége, Batteries de Place, Batteries de Côte, et Batteries de Campagne.*

---

trouve à-peu-près au point où la Trajectoire coupe la Ligne de mire pour la seconde fois.

On tire le Canon à Ricochet, lorsqu'on fait arriver son Boulet sur les points les plus près de l'objet qu'on veut battre, et que ce boulet le parcourt ensuite en bondissant. Il n'y a plus de ricochet lorsque l'angle de chute excède 7°.

On tire le Canon de plein fouet, lorsque le boulet frappe ou parcourt l'objet qu'on veut battre, suivant la direction de sa Trajectoire, c'est-à-dire sans bonds ou ricochets. On se sert sur-tout de cette expression quand l'objet se trouve à-peu-près à la distance du But en blanc primitif, et qu'on tire au tiers du poids du boulet qui est la charge usitée en guerre.

BATTERIES DE SIÉGE.

21. On appelle *Batteries de Siége*, celles qu'on construit devant une Forteresse pour s'en rendre maître.... Ces Batteries ont un épaulement, en avant duquel sont une berme et un fossé.... Les terres de cet épaulement sont retenues par un revêtement en Saucissons (A), qu'on appelle *Chemise de la Batterie*.

22. Les Batteries de Siége sont de deux espèces. Par les *Premières*, on se propose d'éteindre le feu de la Place, ou, pour parvenir à ce premeir but, de ruiner les Parapets qui couvrent son Canon, et de détruire ses autres défenses, afin de s'approcher de plus près, avec moins de risque de ses remparts, et alors établir sur la crête du glacis, et dans le chemin couvert, les *Secondes Batteries*, qu'on appelle *Batteries de Brèche*, pour ouvrir des remparts et entrer dans la Place.

Pour le nombre de ces Batteries, et les objets qu'elles doivent battre, *voyez la note* B.

Des premières Batteries de Canon.

Position.

23. On construit les premières Batteries, dans les 1.ere, 2.e et 3.e Parallèles, ou à 10 à 12 toises en avant de ces Parallèles, pour éteindre tous les feux de la Place qui peuvent incommoder l'attaque; mais c'est d'abord contre les feux des faces des Bastions, Demi-Lunes, Lunettes, etc., qu'on dirige ses premiers efforts. Ces Batteries peuvent avoir quatre positions différentes, relativement à la face que l'on veut battre.

1°. Les Batteries à ricochet d'enfilade contre une face, sont les plus propres à démonter son Canon, ce qui en éteint le feu. On les établit par conséquent sur une ligne perpendiculaire au prolongement de cette face.

2°. Si cette position ne peut se prendre à cause des circonstances locales, comme rivière, marais, etc., placez la Batterie en-deçà du prolongement, prenant cette Face d'écharpe et de revers intérieurement; cette Batterie tirera à ricochet.

3°. Si les mêmes circonstances empêchent de prendre la position précédente, placez la Batterie de l'autre côté du Prolongement, battant la face d'écharpe extérieurement; cette Batterie tirera de plein fouet.

4°. Dans la 4.ᵉ position qui reste à prendre, faites la Batterie directe, en la construisant parallèlement à la Face qu'on veut battre ; cette Batterie tirera de plein fouet.

24. La première de ces 4 Positions est la meilleure, 1°. parce qu'elle bat toute la longueur de la Face où le Canon ennemi est emplacé ; 2°. les coups obliques d'un côté prennent d'écharpe le parapet intérieurement, et le détruisent avec plus de facilité qu'en le battant directement, sur-tout s'il est percé d'embrasures ; 3°. les coups obliques de l'autre côté labourent l'ouvrage, et vont frapper de revers le flanc voisin ; 4°. enfin, les coups trop bas dégradent le parapet de la Face vis-à-vis. Mais des circonstances locales et la nature du terrain peuvent empêcher de prendre cette Position.

La seconde Position a évidemment les 3 derniers avantages de la première ; mais les mêmes obstacles qui peuvent empêcher de prendre celle-ci, s'opposeront peut-être à ce qu'on prenne l'autre. Ce qui la rend moins bonne encore, c'est qu'en s'éloignant du Prolongement pour prendre de revers, on s'écarte de la tranchée, on s'isole trop, on est moins à portée des secours (1); aussi ne doit-on occuper cette Position que lorsque les circonstances locales nous favorisent; comme serait une rivière qui empêcherait l'assiégé de venir jusqu'à vous, ou un front de tranchée assez étendu pour vous protéger, ou, etc.

La 3.ᵉ et la 4.ᵉ Positions, pour parvenir au même but d'éteindre le feu de la Place, ont besoin de ruiner auparavant son parapet, ce qui rend l'opération bien moins longue : la 3.ᵉ Position a sur la 4.ᵉ les avantages suivans : en battant le parapet d'écharpe on le détruit plus aisément, et la Position oblique de la Batterie l'expose moins au feu de la Face qu'elle attaque ; son emplacement indéterminé à raison de son obliquité pour prendre d'écharpe, et être moins en butte au feu de l'ennemi, est plus aisé à trouver que celui de la 4.ᵉ, qui est déterminé, puisqu'on doit être sur une parallèle à la Face (2) (23).

---

(1) Cette raison n'a pas lieu pour les Faces dont les prolongemens sont dans le terrain qu'embrasse l'attaque; mais quelquefois alors, par cette position, on empêcherait de placer d'autres Batteries absolument nécessaires.

(2) On a proposé de placer les Batteries sur le prolongement d'une face, et parallèlement à l'autre, de manière que l'Epaulement et la Ligne de tir fissent un angle égal à celui formé par les deux faces. Cette position, qui n'a aucun avantage particulier, rend le Tir très-incertain, en jetant dans l'inconvénient des embrasures obliques (99) lorsqu'on voudra battre à ricochet la face prolongée.

25. Il résulte de l'examen des Positions qu'on peut prendre pour battre une Face d'ouvrage, que :

Leurs degrés de bonté sont dans l'ordre qui suit :	La probabilité de pouvoir occuper ces Positions suit cet ordre :
D'enfilade ou en rouage.	D'écharpe.
De revers.	Directement.
D'écharpe.	D'enfilade.
Directement.	De revers.

26. On voit que, dans tous les cas, la connaissance du Prolongement de la Face qu'on bat est utile ou nécessaire. Ce Prolongement est celui du côté extérieur du parapet de cette Face.

Manière de prendre les Prolongemens.

27. A l'aide du Plan de la Place, ou du Front qu'on attaque, et d'une position avantageuse (comme arbres, clochers, monticules, ballons, etc.), étudiez de loin la disposition des ouvrages dont il faut prendre les Prolongemens, afin de les reconnaître plus aisément de près. Approchez de la Place à la distance nécessaire *pour bien voir :* marchez devant une Face, jusqu'à ce que vous soyez sur le Prolongement de l'autre; alors marquez ce Prolongement par 4 ou 5 piquets enfoncés d'un demi-pied, dont les têtes soient marquées d'un même nombre de crans, pour ne pas confondre les piquets d'un Prolongement avec ceux d'un autre ; *pour bien voir*, aidez-vous des guérites placées aux angles flanqués et de l'épaule, des arbres plantés sur le terre-plein des Remparts ; saisissez le tems de la journée où des 2 Faces qui forment l'angle flanqué, l'une est éclairée par le soleil, et l'autre ne l'est pas. Si on manque de ces secours ; si la fortification est rasante ; si elle est à demi-revêtement, il faudra s'approcher le plus près possible de la Place, afin de voir bien distinctement dans son opération.

28. Dès l'ouverture de la première Parallèle, déterminez les Prolongemens. Dès que les Parallèles sont ébauchées, marquez les points où les Prolongemens les rencontrent.

29. On a besoin, pour la justesse du Tir, de savoir à-peu-près la distance où la Batterie se trouve de l'angle flanqué dont on doit battre les Faces qui le forment. A l'aide de la Trigonométrie, on pourra aisément résoudre le triangle formé par les 2 Prolongemens et la ligne menée par leurs points de rencontre avec les Parallèles; ce qui donne, 1°. la distance de ces points au sommet de l'angle flanqué, d'où l'on déduira aisément la distance des Batteries à ce même sommet; 2°. la grandeur de l'angle flanqué, connaissance nécessaire à l'établissement de la Batterie directe, qui est parallèle à une Face; 3°. la position de la capitale.

Si on ne veut, ou ne peut employer la Trigonométrie, on se servira des autres moyens expéditifs et moins exacts, qui le seront cependant assez pour ce qu'on se propose. La détermination de l'angle flanqué peut se faire avec une boussole, il est égal à la somme des Angles que chaque Prolongement fait avec l'aiguille aimantée.

Emplacement.

30. Placez les Batteries à 12 ou 15 toises en avant des Parallèles (1). Joignez les Batteries à la Parallèle par des Boyaux de Communication aboutissans à chacune des extrémités d'une Batterie; défilez ces deux Boyaux avec soin. (Quelquefois on se contente de ne faire qu'un Boyau.)

31. On peut placer ces mêmes Batteries dans la Parallèle même, et pendant qu'on les construit, pratiquer en arrière une espèce de demi-Parallèle, pour laisser une libre communication aux troupes de service, et ne pas gêner celles de l'Artillerie. Il faut que la demi-Parallèle n'avoisine point trop la Batterie, et qu'il reste entre elles assez d'espace pour établir les petits magasins à poudre qu'on éloigne de 6 à 7 toises de l'épaulement. En prenant cette position, on peut travailler aux Batteries dès la pointe du jour qui suit la nuit où l'on a ouvert la Parallèle, quand même celle-ci ne serait pas perfectionnée; par ce moyen, on peut tirer 24 heures plutôt; employer 12 heures de moins à la construction de la Batterie, et moins exposer les troupes destinées au service de l'artillerie... Mais la Parallèle est interrompue; sa construction, à cause des demi-Parallèles, en devient plus longue, et elle se trouve par-là moins en état de résister, dès la première nuit, aux sorties des Assiégés.

Si l'on fait les Batteries dans les Parallèles, il faut avoir soin de ne pas trop s'enfoncer, de s'élever même s'il le faut pour bien découvrir l'objet, et d'affermir le terrain où doivent être les Plateformes, si ce terrain était mouvant.

---

(1) Du Puget dit..... que les Batteries portées en avant masquent le feu des Troupes : elles ne masquent que le feu de la partie de la Parallèle qui est en arrière; et les deux boyaux étant construits comme la Parallèle, remplaceront et au-delà cette perte de feu... Qu'elles embarrassent les manœuvres qu'il y aurait à faire contre les sorties; cela peut être... Qu'elles sont cause que la tranchée devient l'égout d'une quantité de bombes et de boulets qui auraient passé sans faire aucun mal : cet inconvénient subsiste pour les demi ou bouts de Parallèles qu'on fait en arrière, en plaçant les Batteries dans la Parallèle (31),.. Qu'elles sont moins protégées : il se trompe, puisque les Parallèles servent de flancs aux Batteries qui forment comme des redans en avant d'elles.

32. Toutes les fois que la position de l'objet à battre et la situation de l'emplacement de la Batterie, permettront de l'enterrer jusqu'à la genouillère, il faut profiter de cet avantage, qui réunit le double mérite de procurer une construction plus solide et plus promptement faite.

Construction.

33. Le *Côté intérieur* de la Batterie est le côté de l'épaulement où doivent être les Bouches à feu.

34. Le *Côté extérieur* de la Batterie est le côté de l'épaulement qui est vers l'ennemi, et qui est parallèle au côté intérieur.

35. C'est le Capitaine ou le plus ancien Officier des divisions d'Officiers qu'on a formées en entrant en campagne, qui est chargé du Tracé et de la Construction d'une Batterie.

36. Comme c'est ordinairement la nuit qu'on fait le Tracé d'une Batterie, et qu'on est à découvert, il faut se munir d'une lanterne sourde pour se reconnaître dans les opérations et ne pas se faire voir. Il est utile encore d'avoir quelque instrument propre à tracer vîte et sans tâtonnement des perpendiculaires sur le terrain : une équerre de corde est un des plus commodes.

37. *Tracé de la Batterie.* Pour le nombre des Travailleurs (1), des Outils, etc., nécessaire, voyez page 749 et suivantes.

Pour les dimensions de la Batterie, voyez page 753.

Le Tracé se fait avec de la mèche, et mieux encore avec des fascines, qu'on met le long de la mèche, pour forcer les travailleurs à le suivre.

C'est à l'entrée de la nuit qu'on commence la construction d'une Batterie : elle doit être finie en 36 heures.

38. (1ere. *nuit,* 1ers *Travailleurs*). La Position de la Batterie étant déterminée et reconnue (23 et 27), conduisez le détachement qui doit la construire dans la partie de la tranchée ou de la Parallèle le plus à portée de cette position, où il doit rester en ordre et en silence, jusqu'à ce que l'Officier qui commande leur ordonne d'avancer.

39. Prenez une partie des Officiers de la division avec quelques Canonniers portant la mèche, les cordeaux, 2 pioches, 2 masses.

40. Reconnaissez le prolongement sur lequel vous devez établir votre Batterie (27), et le point marqué pour sa distance; élevez une perpendiculaire sur le prolongement à ce point, ce sera l'ali-

---

(1) Si le dépôt des Saucissons, etc., n'est pas très-à-portée de la Batterie, prenez 20 travailleurs par Pièce, au lieu de 12.

gnement du côté intérieur de la Batterie. A 2 toises 3 pieds de ce point, doit commencer le côté intérieur; fixez la longueur qu'il doit avoir relativement au nombre de Pièces; élevez des perpendiculaires aux extrémités de ce côté intérieur vers la Place, sur lesquelles vous marquerez l'épaisseur de l'Epaulement, la largeur de la Berme, celle du Fossé; les alignemens passant par ces points, donneront le Tracé de l'Epaulement, de la Berme et du Fossé.

41. On commence à tracer le côté intérieur de la Batterie, parce que de sa position bien prise dépend la justesse du Tir. Si on commençait à tracer le Fossé, on risquerait, par les erreurs des opérations suivantes, de tracer un côté intérieur oblique au Prolongement: au lieu que dans le Tracé de la Berme et du Fossé, les erreurs qu'on peut commettre ne sont d'aucune conséquence. D'ailleurs, en traçant le premier le côté intérieur, on choisit mieux le terrain que doivent occuper les Pièces; ce terrain, pour diminuer le travail, doit être ferme et uni.

42. On a fixé le point où doit commencer l'épaulement de la Batterie, à 2 toises 3 pieds du Prolongement, parce que la première Pièce devant être placée à 9 pieds (80) du commencement de l'épaulement, aura par cette construction sa ligne de Tir parallèle au côté intérieur du parapet de la Face qu'on doit battre, à la distance d'une toise au plus de ce côté intérieur.

43. Le Tracé des Batteries directes, d'écharpe et de revers, est absolument le même, le côté intérieur une fois déterminé pour sa position (23: 2°., 3°., 4°.,) et sa longueur (40). Tout ce qui suit pour la construction d'une Batterie d'enfilade, leur est aussi absolument commun; s'il doit y avoir quelques différences dans les détails, on en fera mention.

44. Si on n'a pu éviter en traçant la Batterie qu'elle ne soit prise en rouage par quelqu'ouvrage de la Place, tracez de suite à l'extrémité de la Batterie, une traverse ou épaulement qui l'en garantisse; donnez-lui 3 toises 3 pieds d'épaisseur dans le bas, travaillez à cet épaulement en même tems qu'à celui de la Batterie, en observant les mêmes talus pour son revêtement, et tels qu'ils seront prescrits ci-après.

45. L'officier qui trace la Batterie, doit avoir prévu la nécessité de s'épauler contre les feux en rouage, lorsqu'il a fait la première reconnaissance de l'emplacement de la Batterie, et avoir demandé en conséquence un plus grand nombre de Travailleurs, d'outils, etc.

46. Le Tracé fini, faites venir le reste du détachement qui est resté dans la Parallèle ou dans la tranchée (38).

47. *Dispositions des Travailleurs et des Canonniers.* (La dis-

position des hommes du détachement pour la construction d'une Batterie d'un nombre quelconque de Pièces, se fera semblablement à celle qu'on va donner aux Travailleurs de l'épaulement pour une seule).

Des 12 Travailleurs de la ligne, 6 creuseront le fossé et jetteront les terres sur la berme; 3 sur la berme les jetteront dans le Coffre, et 3 sur le Coffre égaliseront et dameront ces terres.

48. Les 6 Hommes dans le fossé se placeront à 3 pieds les uns des autres... Si vous imaginez la longueur du fossé divisée en 6 rectangles de 3 pieds de large et de 2 toises de longueur, chaque rectangle sera la tâche d'un Travailleur; et si alternativement 3 commencent à creuser leur rectangle vers la berme, et les 3 autres vers le milieu, en s'éloignant tous du Coffre, par exemple, les Travailleurs seront disposés le plus commodément, pour arracher et jeter les terres. On sent que la nuit et sous le feu de la Place, cet ordre d'arrangement sera difficile à observer à la rigueur; mais si on accoutumait les soldats à cet ordre, en paix, ils s'en écarteraient moins en guerre; et quoi qu'il en soit, il faut se rapprocher d'un ordre quelconque pour ne pas augmenter, par la confusion et le murmure des Travailleurs, les retards multipliés que tant d'accidens inévitables apportent à l'ouvrage.

49. Les 3 Hommes sur la berme, seront en file à 6 pieds l'un de l'autre.

50. Les 3 Hommes sur le Coffre, seront à 6 pieds l'un de l'autre.

51. Commencez à amonceler les terres du Coffre vers le côté intérieur, qu'on appelle Derrière de la Batterie, pour qu'on puisse travailler avec moins de danger, et le plutôt possible au revêtement.

52. Les 11 Canonniers s'occuperont d'abord à égaliser et raffermir avec la dame le terrain dans l'intérieur de la Batterie, sur-tout dans les endroits que doivent occuper les Pièces; puis ils ramasseront et jetteront dans le Coffre les terres les plus à portée. Quand il y en aura dans le Coffre de quoi en couvrir toute sa surface à 1 ou 2 pieds de hauteur, ils commenceront le Revêtement ou Chemise de la Batterie.

53. 3 Canonniers travailleront au revêtement des côtés du Coffre.

54. 5 Canonniers travailleront au revêtement du côté intérieur du Coffre.

55. 3 Canonniers soutiendront les terres du devant de la Batterie par un rang de gabions inclinés en arrière d'1 pied : puis ils travailleront aux embrasures, et en attendant aideront les autres

ou jetteront des terres dans le Coffre, en applanissant les petits monticules d'alentour.

56. S'il n'y a que 12 Travailleurs de la Ligne par Pièce (37), les Canonniers, quelque tems avant de commencer leur Revêtement, iront, conduits par un Sergent et par un officier, chercher les Saucissons qui leur sont nécessaires pour commencer cet ouvrage; en attendant que les Travailleurs de jour leur apportent le restant qu'il leur faut pour les travaux de la journée, et que les Travailleurs et les Canonniers, qui viendront à l'entrée de la nuit, achèvent d'apporter le reste des matériaux... 4 Hommes suffisent pour porter un Saucisson de 18 à 20 pieds de longueur et d'1 pied de diamètre.

57. S'il y a plus de 12 Travailleurs (37); le surplus, avec ou sans les Canonniers, ira chercher les Saucissons dont on vient de parler dans l'article précédent.

58. Les Boyaux de communication de la Batterie à la Parallèle, se font avec d'autres Travailleurs que ceux de la Batterie. Un des Officiers de la Division les fera construire en même tems que la Batterie. Ils doivent avoir 12 pieds de large, avec un parapet comme la Tranchée, et il faut qu'ils soient achevés dès la première nuit.

59. Comme dans l'arrangement des Travailleurs de la Batterie, il y en a qui sont plus fatigués et plus exposés, on les fera passer tour-à-tour, et rester le même tems aux endroits pénibles et dangereux.

60. Les Officiers doivent être par-tout où il sera nécessaire pour faire exécuter les ordres du Commandant, diriger, hâter le travail et encourager le Soldat, en s'exposant aux mêmes dangers qu'il court.

61. Le solide de la Batterie de Siége pour une Pièce est en nombre rond de 2100 PPP (1); celui de l'embrasure de 300 PPP : il reste donc 1800 pieds cubes à tirer du fossé. Un homme en 8 heures, doit arracher et placer 50 pieds cubes; ainsi les 12 Travailleurs placeront en 8 heures $\frac{1}{3}$ des terres de l'épaulement de la

(1) Un homme, dans un terrain ordinaire, peut enlever 7 PPP par heure. (Encyclopédie).

Du P** dit 6 PPP.

Bezout dit 4 PPP.

Les Ingénieurs, dans l'Ouvrage contre la Fortification perpendiculaire, disent : qu'un homme peut arracher et placer sur une brouette 2 toises cubes par jour, ce qui fait 432 PPP, qui divisés par 10 heures de travail, font 43 PPP par heure. A cause des dangers et de l'élévation où il faut jeter la terre, si on réduit cette estimation au quart, elle sera encore au dessus de celle que j'ai suivie, qui paraît la plus juste.

Batterie. D'ailleurs, les Canonniers en ayant amassé de leur côté, on pourra commencer le revêtement à la pointe du jour au plus tard.

62. On relève les Travailleurs de la ligne aux Batteries toutes les 12 heures, et les Canonniers toutes les 24 heures... Ne laissez partir les uns et les autres qu'après que ceux qui les releveront seront arrivés, pour ne pas ralentir l'ouvrage.

63. 2 Heures avant que les Travailleurs on Canonniers soient relevés, un Officier partira de la Batterie pour aller au dépôt recevoir ceux qui doivent les remplacer, et il leur fera prendre les Saucissons et autres objets suivant l'ordre qu'il en aura reçu du Commandant de la Batterie. Il fera aussi la demande des Travailleurs extraordinaires, pour ce moment, ou pour le soir, s'il en est besoin.

64. (*Premier jour, seconds Travailleurs.*) Les Travailleurs de jour continueront à épaissir l'épaulement comme on fait les autres; s'ils sont trop exposés, ils ne feront que jeter les terres sur la berme; et ceux qui étaient sur la berme et sur le Coffre, en chercheront dans l'intérieur de la Batterie, aux endroits abrités du feu de l'ennemi, pour les jeter dans ce Coffre; ou enfin ils iront chercher les bois pour les Plate-formes (10).

65. *Revêtement de la Batterie.* Faites une rigole de 10 à 12 pouc. de large, le long du côté intérieur, en dedans du Tracé si vous avez pris les dimensions prescrites (40), et en dehors si vous n'avez pris que 20 pieds pour la largeur du Coffre. Si vous avez des Saucissons de 10 pouces de diamètre, faites la rigole de 6 pouces de profondeur; si les Saucissons sont de 12 pouces de diamètre, ne donnez de profondeur à cette rigole que 4 pouces. Mettez de niveau le fond de la rigole; et si on est forcé par une pente trop forte, dans le local de la Batterie, de tomber dans l'inconvénient de faire des ressauts, mettez au moins de niveau les parties de la rigole qui correspondent à l'emplacement de chaque Pièce.

66. L'inégalité de profondeur qu'on donne à la rigole, provient de la différente épaisseur des Saucissons, dont 4 de 12 pouces de diamètre, ou 5 de 10 pouces doivent faire la hauteur de la genouillère, qui est de 3 pieds 8 pouces.

67. 1er. *Saucisson du* 1er. *rang...* Sciez à 1 pied du bout, entre deux harts, un Saucisson perpendiculairement à son axe (ce qu'on appelle le scier carrément); placez-le dans la rigole ci-devant creusée et nivelée, les nœuds des harts en dedans du Coffre. (Pour tous les Saucissons qu'on place, il faudra observer de mettre les nœuds des harts en-dedans du Coffre: l'ouvrage est plus solide et mieux paré.) Le bout scié au point où commence l'épaulement; piquetez ce Saucisson: c'est-à-dire, fixez-le par 6

ou 7 piquets de 2 pouces de diamètre à la tête, et de 2 pieds 6 pouces de longueur, qui, également espacés, le traversent dans son milieu. Il faut qu'ils soient verticaux (1), et placés à égale distance de deux harts pour les moins fatiguer, et que leur tête soit perdue d'1 pouce dans le Saucisson. Ne mettez les 2 derniers piquets du côté qui n'est pas scié, que lorsqu'on aura placé le second Saucisson du même rang.

68. Revêtez aussitôt le côté de la Batterie adjacent à ce Saucisson. Pour cela, à un pied du bout, sciez carrément (67) un Saucisson; creusez une rigole pareille à la précédente, en dehors du tracé, couchez-y le Saucisson, le bout scié appuyant contre le Saucisson déjà placé, dont il doit être couvert en entier, sans en être dépassé. Piquetez ce Saucisson, comme l'a été le précédent, avec 6 à 7 piquets.

69. Le Revêtement des côtés de la Batterie peut se continuer sans interruption. Après avoir placé le premier Saucisson d'un côté, remplissez de terre le derrière de ce Saucisson, et damez-la bien; après quoi on peut mettre le second du même côté, parce qu'on le fait porter sur le premier Saucisson (67) déjà placé du côté intérieur. Observez de donner à ce second Saucisson le talus qu'il doit avoir pour que la Batterie ait celui des $\frac{2}{7}$ de sa hauteur: ce qui fait 3 pouces par Saucisson s'ils ont 10 pouces de diamètre, et 4 pouces s'ils ont 1 pied. Observez encore de reculer ce Saucisson, dans le sens de sa longueur vers le fossé, de 3 à 4 pouces du devant du premier Saucisson du côté intérieur, pour qu'on puisse donner à cet endroit le talus prescrit à la chemise de la Batterie.

70. Ce second Saucisson, ainsi que tous les autres, qu'on emploiera au revêtement des côtés de la Batterie, doivent être coupés carrément à un bout, et ce bout est celui qu'on place touchant les Saucissons qui revêtent le côté intérieur de la Batterie. On le piquette comme le précédent, et on dame bien exactement la terre qu'on met derrière lui.

71. Ces 2 Saucissons du premier côté de la Batterie, placés, piquetés, et la terre en arrière bien damée, le premier rang de Saucissons du côté intérieur sera fini, et les 3 mêmes Canonniers qui viennent de placer 2 Saucissons au premier côté, iront en placer 2 de même au second.

72. Les 3 mêmes Canonniers finiront ainsi le revêtement des côtés de l'épaulement, en plaçant alternativement 2 Saucissons d'un côté, puis deux de l'autre, et en suivant tout ce que nous

---

(1) Un Canonnier les maintient verticaux en les poussant ou les tirant à soi avec une pioche, lorsqu'on les enfonce à coups de masse.

avons prescrit pour les 2 premiers, soit pour les seier, soit pour le talus du devant et du côté, soit pour les terres qu'on met et affermit derrière eux, soit pour leur entrelacement.

73. *Second Saucisson du premier rang.* Le premier Saucisson du premier rang du côté intérieur, est placé, ses piquets sont enfoncés, excepté les 2 derniers du côté non scié (67)...... Elevez le premier Saucisson du côté non scié, en plaçant sous lui, à 1 pied du bout, une masse, etc. Un Canonnier s'assied sur le Saucisson, un peu en arrière de la masse, faisant face au bout non scié, une jambe sur le Coffre, l'autre dans l'intérieur de la Batterie; 4 Canonniers prennent le second Saucisson, l'apportent dans la rigole à la suite du premier, puis faisant face au Canonnier assis et tenant ce second Saucisson entre les jambes, ils le soulèvent vis-à-vis la tête du premier porté sur la masse, lui donnent 2 ou 3 balancemens en s'alignant bien à ce premier Saucisson; et au balancement convenu entre eux, ils font effort ensemble pour enfoncer la tête du second dans celle du premier. On appelle cette opération *larder les Saucissons.* Pour qu'ils soient bien lardés, il faut que l'un ne dépasse pas l'autre en aucun sens. S'ils sont mal lardés, on arrache le second Saucisson, et on recommence à le larder. Pour le faire avec succès, il faut que le Canonnier assis sur la tête du premier, avertisse les autres, s'ils donnent à droite ou à gauche dans leurs balancemens préliminaires, et que les 3 Canonniers qui sont derrière celui placé le plus près de la tête du second Saucisson, obéissent bien à la direction qu'il donne : car c'est à lui à diriger, et c'est de son adresse, non contrariée par les faux mouvemens des autres, que dépend le bien larder.

74. Le second Saucisson placé, achevez de piqueter le premier, et posez comme dans celui-ci les piquets du second, hors les 2 derniers, s'il y en a un troisième à placer.

Remplissez de terre le creux derrière le Saucisson, et damez-la bien exactement pour qu'il soit bien affermi.

75. 3e. *Saucisson du 1er. rang, etc.* Le troisième Saucisson et tous les autres du premier rang, se placent de même que le second : on scie carrément la tête du dernier du côté où finit la Batterie, de façon qu'il recouvre précisément le profil du Saucisson correspondant qui revêt le côté du Coffre. On garnit aussi de même avec de la terre bien damée, le derrière de tous les Saucissons, à mesure qu'ils sont achevés de piqueter.

76. *Second rang de Saucissons.* Placez le second rang de Saucissons comme le premier. Observez seulement : 1°. que le premier et le dernier Saucissons se coupent carrément pour atteindre au juste les Saucissons correspondans des côtés du Coffre, qui doivent couvrir leur profil (71)... 2°. De donner à ce second rang le talus qu'il doit avoir, qui est de 3 pouces, si les Saucissons ont 10 pouc.

de diamètre, et de 4 s'ils ont 1 pied (1). 3°. De faire que les joints des Saucissons de ce rang, ne soient pas en-dessus des joints de ceux du premier rang, ce qui ôterait de la solidité à la chemise de la Batterie; il faudra donc, si le 1er. Saucisson du premier rang a 18 pieds de longueur, commencer à employer au second rang un Saucisson de 9 à 12 pieds, etc. 4°. Que les piquets soient placés bien verticalement, traversant le milieu du Saucisson de ce second rang, entrant dans le Saucisson du rang de dessous, un peu en-delà de son milieu (on est supposé faire face à la Batterie), et de là se perdant dans la terre; car si les piquets traversaient seulement les Saucissons par leur milieu, en suivant le talus de la Batterie, il arriverait que la chemise se détacherait des terres tout d'une pièce.

77. 3e. *rang, etc.* Les autres rangs de Saucissons, jusqu'à ce que la genouillère soit finie, se font de même que le second rang. On a déjà observé (71) que les Saucissons extrêmes du 3e. rang et autres rangs impairs de la chemise, portaient sur les Saucissons du rang inférieur des côtés de la Batterie, sans nuire au talus de ces côtés; et que les Saucissons extrêmes du second rang et autres rangs pairs de la chemise, s'appuyaient contre le derrière des Saucissons correspondans des mêmes côtés de la Batterie, dont ils ne doivent pas gêner le talus.

78. Observez dans le plus haut rang de la genouillère, qu'ils n'y ait point de joints de Saucissons aux endroits où doivent être les ouvertures des embrasures; ces ouvertures seront placées à 9 pieds des extrêmités de la Batterie, et à 18 pieds de distance entre elles.

79. Si les piquets étaient mauvais, si les terres étaient légères, et avaient beaucoup de poussée; si on craignait enfin que la chemise de la Batterie ne fût pas solide, la genouillère finie, on pourrait mettre des *Harts de retraite* pour consolider cette chemise. A cet effet, au milieu de chaque Merlon (5), plantez dans le Saucisson supérieur, comme à l'ordinaire, un piquet de choix : puis embrassez ce piquet au-dessous du Saucisson par une très-forte Hart, et arrêtez-la, en la tendant le plus possible à un piquet solide, planté à quelques pieds dans l'intérieur du Coffre, en sorte que la Hart ait une direction perpendiculaire au Saucisson.

80. Le Capitaine marque le milieu de l'ouverture de toutes les embrasures avec de petits piquets; la première et la dernière sont

---

(1) Les inégalités extérieures des Saucissons rendant un peu arbitraire la façon de prendre ce talus en détail; pour plus de promptitude et d'uniformité, on a une fausse équerre qui donne au juste le talus de la Batterie, et qu'on ne fait que présenter au devant du Revêtement, pour donner aux Saucissons le vrai talus qu'ils doivent avoir.

à 9 pieds des extrémités respectives de l'épaulement, les autres sont éloignées de celles-ci et entre elles de 18 pieds.

81. Le Capitaine marque avec des piquets plantés à 10 pouces à droite et à gauche des précédens, l'ouverture de l'embrasure, qui doit être de 20 pouces.

82. *Revêtemens des Merlons.* Continuez de placer les 3 ou 4 Saucissons (suivant qu'ils ont 1 pied ou 10 pouces de diamètre), qui composent le Revêtement des Merlons. Observez de leur donner le même talus qu'à la genouillère, et de les couper bien carrément aux deux bouts, afin de conserver à l'ouverture de l'Embrasure la même dimension de 20 pouces dans toute sa hauteur. Il faut que les coupes des bouts des Saucissons posés, se trouvent toutes dans un même plan vertical.

83. Au-dessus de chaque embrasure, mettez un bout de Saucisson de 4 à 5 pieds de longueur, arrêté par des piquets, et portant sur les Saucissons du rang supérieur des Merlons; ce bout de Saucisson raffermit ceux des Merlons, en les liant par le haut, et pare toujours quelques coups de fusils aux Canonniers pointeurs.

Ce travail doit être fini au commencement de la seconde nuit.

84. Durant ce travail, le Capitaine trace les *Directrices* (7) des embrasures, en plantant un piquet sur le côté extérieur de la Batterie, dans l'alignement du piquet du milieu de l'ouverture intérieure de l'Embrasure (80) et de l'objet à battre.

85. Comme la Directrice est nécessaire à la construction des Plates-formes, pour ne pas perdre sa direction, on la fixe dans l'intérieur de la Batterie, par 2 ou 3 bons piquets enfoncés presque au niveau du terrain.

86. S'il fait nuit, ou qu'on ne puisse viser à l'objet, ce qui est le moyen le plus sûr et le plus expéditif pour tracer les Directrices des Embrasures, on en viendra aisément à bout, connaissant la distance où l'on est de l'objet à battre.

Dans les Batteries à ricochet sur des prolongemens de faces, par exemple, les 2 premières Embrasures sont directes, et les autres s'alignent sur le milieu de la face qu'on bat.

87. Dans les Batteries de revers ou d'écharpe, la première Directrice oblique déterminée, si on ne peut viser à l'objet même, on tracera les autres Directrices par le moyen des triangles semblables.

On peut, si le Revêtement des Merlons est achevé, occuper les Canonniers à l'établissement des Plates-formes (64).

88. (2de. *nuit*, 3e. *Travailleurs.*) Les Travailleurs de la seconde nuit doivent apporter le reste des Saucissons (56, 63), 8 gabions remplis de Fascines par Embrasure, et les autres matériaux nécessaires (37).

89. A leur arrivée, les uns jettent dans le Coffre les terres amassées sur la berme ou à l'entour de la Batterie; d'autres en amassent s'il en faut encore.

90. On applanit l'intérieur de la Batterie pour les Plate-formes; on fait les petits Magasins à Poudre (129); on prépare le Chemin par où l'on doit conduire cette seconde nuit les Pièces et les Munitions.

91. Les Canonniers font les Joues des Embrasures, et construisent les Plate-formes.

92. *Joues d'Embrasures*. Lorsque la Directrice est perpendiculaire, prenez de son extrémité sur le côté extérieur de la Batterie, 4 pieds 6 pouces à droite et à gauche; ces points fixés par des piquets, déterminent l'ouverture extérieure de l'Embrasure, et les lignes qu'on imagine tirées de ces piquets aux extrémités respectives de l'ouverture intérieure de l'Embrasure, en fixent la grandeur et l'alignement des Joues.

93. Une longue expérience a prouvé que c'était les dimensions ci-devant prescrites (81, 92) que devait avoir une embrasure pour n'être pas dégradée aisément par le souffle enflammé du Canon, et qu'elle laissait assez de solidité aux Merlons qui la forment, pour résister le tems nécessaire au feu de la Place.

C'est donc de cette forme d'Embrasure qu'on doit se rapprocher dans la construction des Embrasures obliques, c'est-à-dire, qu'il faudra les proportionner de façon que le Canon placé dans l'Embrasure oblique, tel qu'il doit être pour tirer, ait sa bouche éloignée des Joues autant qu'il l'aurait, si l'Embrasure était directe.

94. L'ouverture extérieure déterminée dans les Embrasures directes (92), il faut, pour la construction de leurs Joues, se couvrir du feu de la Place, en faisant ce qu'on appelle un *Masque* vis-à-vis l'ouverture extérieure des Embrasures.

95. Pour faire ce Masque : sur la berme à droite et à gauche de la Directrice, placez debout 6 des 8 Gabions qu'on a apportés (88): mettez les deux autres devant la jonction des deux Gabions extrêmes de chaque bout. Si ces Gabions ne sont pas bien pleins de Fascines (on les place debout devant le Gabion), achevez de les remplir avec la terre qui occupe à-peu-près la capacité qu'il faut donner à l'Embrasure, en se tenant de niveau avec le bas de l'ouverture intérieure qui est déterminée. Amoncelez aussi une partie de cette terre devant la ligne de Gabions intérieurement, et rejetez le surplus à droite et à gauche sur les Merlons.

96. Au lieu de ce masque, on se contente quelquefois de laisser un massif de terre vers le milieu de l'ouverture extérieure de l'Embrasure, et sur la berme, en ne creusant qu'une rigole, sui-

vant l'alignement des Joues, capable de recevoir un Saucisson; mais cette méthode met à la gêne dans la construction des Joues: la terre empêche de placer aisément les Saucissons dans les Embrasures directes, de tracer commodément les Embrasures obliques (97), et elle garantit moins bien du feu de l'ennemi, sur-tout si elle est sablonneuse. Ce massif est même dangereux, lorsqu'il est mélangé de cailloux.

Le travail qu'on fait pour ouvrir les Embrasures, s'appelle *Dégorgement des Embrasures.*

Quand la Batterie est achevée, on renverse le Masque ou le massif dans le fossé; les premiers coups de Canon qu'on tire en épargnent la peine, si l'on veut.

97. Si la Directrice est oblique, et que l'Embrasure voisine soit directe, on peut tracer l'alignement des Joues, comme on vient de le faire, en prenant 4 pieds 6 pouces à droite et à gauche de la directrice, quoique oblique sur le côté extérieur, et s'aligner de ces points aux extrémités de l'ouverture intérieure de l'Embrasure (92). Cette embrasure, à cause de l'obliquité de sa Directrice, se trouvera un peu plus serrée que l'Embrasure directe: mais cette différence est si peu de chose, qu'elle ne vaut pas la peine d'alonger le Tracé, pour corriger le petit défaut qui en résulte.

Si l'Embrasure est très-oblique, en suivant le Tracé précédent, on tomberait dans l'inconvénient d'avoir une Embrasure trop serrée, et dont les Joues trop rapprochées seraient promptement détruites par le souffle du Canon. Pour obvier à cet inconvénient, suivez ce qu'on a dit n°. 93, et pour y parvenir, prenez sur la Directrice oblique de l'Embrasure, à commencer de son ouverture intérieure, 18 pieds, longueur de la Directrice perpendiculaire; retranchez-en du côté extérieur de la Batterie, la quantité dont le Canon est plus éloigné de la Chemise, quand il est placé tel qu'il doit l'être dans cette embrasure oblique, que lorsqu'il l'est dans l'Embrasure directe (98): de ce point, tirez à droite et à gauche des perpendiculaires de 4 pieds 6 pouces, leurs extrémités avec l'extrémité respective de l'ouverture intérieure de l'Embrasure, détermineront l'alignement des Joues.

On voit que, par ce moyen, l'Embrasure oblique, depuis les perpendiculaires qui déterminent l'écartement des Joues, jusqu'à l'ouverture intérieure, est, à très-peu de chose près, égale à une Embrasure directe, et que par conséquent, les Joues ont l'éloignement convenable de la bouche du Canon.

98. Pour trouver la quantité dont le Canon est plus éloigné de la chemise, dans l'Embrasure oblique que dans l'Embrasure directe, il faut observer que le Canon placé dans l'Embrasure, doit être sur l'alignement de la Directrice, ayant ses roues appuyées contre une pièce de bois de 8 pieds de longueur, qu'on appelle Heurtoir (13), perpendiculaire à la Directrice qui doit le

partager également. Dans l'Embrasure directe, ce Heurtoir touche de toute sa longueur l'épaulement; dans l'Embrasure oblique, il ne le touche qu'à un bout.

On peut mécaniquement trouver la distance du milieu du Heurtoir à la Batterie, en le plaçant tel qu'il doit être, et la mesurant. Cette distance est évidemment et précisément la quantité dont le canon est plus éloigné de la chemise dans l'Embrasure oblique que dans l'Embrasure directe, et c'est cette distance qu'on voulait déterminer.

Si on veut trouver géométriquement cette même quantité, on verra sans peine que la Directrice oblique, la Directrice perpendiculaire, avec la partie du côté extérieur de la Batterie comprise entre elles, forment un triangle rectangle dont les trois côtés sont connus; et que le Heurtoir étant placé, sa moitié, la partie de la Directrice oblique comprise entre lui et la chemise, enfin la portion du côté intérieur de la Batterie comprise entre elles, forment un triangle rectangle semblable au premier (car l'angle aigu formé par le côté intérieur et le Heurtoir a ses côtés perpendiculaires à ceux de l'angle formé par les deux Directrices). Le côté, qui est le demi-Heurtoir, étant connu dans le second triangle, on connaîtra aisément la partie de la Directrice oblique comprise entre le Heurtoir et la Chemise, autre côté du second triangle, qui est la distance qu'on cherche.

99. On voit par le Tracé de l'Embrasure qu'elle affaiblit d'autant plus l'épaulement, qu'elle a un plus grand degré d'obliquité. C'est un des plus grands défauts de cette espèce d'embrasure.

100. L'alignement des Joues étant fixé par des piquets, posez le premier Saucisson de chaque Joue; qu'ils assurent leur alignement, coupez-les carrément du côté où ils aboutissent au côté intérieur, où ils doivent se raccorder avec les Saucissons des Merlons; donnez-leur la pente nécessaire, suivant celle que le fond de l'Embrasure doit avoir. Celle-ci doit être du côté intérieur à l'extérieur, lorsque le tir doit plonger, c'est l'inverse quand on tire sur un objet élevé. Ce talus est variable, suivant la position des objets; on le règle sur le principe de bien découvrir son but, en se couvrant le plus possible du feu de l'ennemi. D'où il suit que quelquefois pour poser le premier Saucisson de chaque Joue, il faudra faire une rigole pour l'enterrer dans la totalité ou dans une partie de sa longueur. Piquetez solidement ces premiers Saucissons, et damez la terre derrière eux.

Dans les Batteries qu'on fait dans les Ecoles, on donne au fond de l'Embrasure deux pouces par toise pour son talus de l'intérieur à l'extérieur.

Placez le restant des Saucissons de chaque Joue, en sorte qu'ils posent verticalement et totalement les uns sur les autres, à l'entrée de l'Embrasure, en se raccordant bien avec les Saucissons des Merlons, sans les déborder ni être débordés par eux, et que de là ils se dégagent peu à peu, jusqu'à ce que l'autre extrémité de chacun cesse de s'appuyer sur celui qui est immédiatement dessous. Piquetez ces Saucissons comme les autres, à mesure qu'on les place, et damez avec soin la terre derrière chacun d'eux, avant d'en poser un autre au dessus.

On peut, par le moyen d'un piquet fort et bien droit, planté à droite et à gauche de l'ouverture intérieure de l'Embrasure, et à la distance de l'épaisseur des Saucissons; contenir mieux, dans leur position verticale, les Saucissons des Joues.

101. *Dans les Batteries à ricochet* (conférences du Régiment d'Auxonne), Vauban, Mouy et du Puget élèvent la genouillère jusqu'à 5 pieds, ne mettent que deux Saucissons aux Joues, et donnent aux Embrasures 4 à 5 pouces de pente de l'extérieur à l'intérieur. D'autres pensent qu'on peut se dispenser de faire des Embrasures, et n'observent que la pente de l'extérieur à l'intérieur de l'épaulement de la Batterie. Cette pente doit être proportionnée à l'angle sous lequel on doit tirer.

Supposons une Batterie à Ricochet, dont le Coffre ait 18 pieds d'épaisseur, la hauteur extérieure de l'épaulement 7 pieds, et que l'inclinaison de sa pente soit de 6°, angle sous lequel on doit tirer, on trouvera par la Trigonométrie que la hauteur intérieure sera d'environ 5 pieds 1 pouce, et qu'il faut que la bouche d'une Pièce de 24, pointée à 6°, en soit éloignée de 4 pieds 2 pouces 8 lignes, pour que le boulet passe 6 pouces au-dessus de l'épaulement. En donnant plus de degrés, on pourra rapprocher davantage la Pièce, et il faudra l'éloigner si l'on en donne moins.

Etablissement des Plate-formes (10).

Pour la dimension et la quantité des objets nécessaires à la construction des Plate-formes.

Voyez page 749 et suivantes.

102. Applanissez, égalisez et damez le terrain de l'intérieur de la Batterie, dans la partie que doivent occuper les Plate-formes. Si ce terrain est par ressauts, qu'on ne puisse réduire au même plan, sans un long travail, applanissez-le partiellement par étages: et par le moyen de terres rapportées, mêlées de Fascines, de Saucissons, procurez-vous pour chaque Plate-forme, un sol plan et bien affermi de 15 pieds de longueur sur 10 de large contre la Batterie. Abaissez ou rehaussez le sol, en sorte que contre la chemise de la Batterie, il soit environ à 3 pieds 8 pouces du bord de l'ouverture intérieure de l'Embrasure.

103. *Position des Gîtes.* Sur l'alignement de la Directrice de l'Embrasure, dans le sol qu'on vient d'aplanir, à commencer de la Batterie, creusez une rigole; donnez-lui 15 à 16 pieds de lon-

gueur, 7 à 8 pouces de largeur, 5 pouces de profondeur vers l'épaulement, et diminuez insensiblement cette profondeur en allant à l'autre bout, jusqu'à la rendre nulle en finissant de la creuser. A droite et à gauche de celle-ci; faites une rigole pareille, en sorte que leur milieu soit à 2 pieds 6 pouces de distance de celui de la première. Raffermissez le fond des rigoles en le damant, sur-tout, si ce sont des terres rapportées.

104. Posez le premier Gîte dans la rigole du milieu et dans le plan vertical qu'on imagine passer par la Directrice de l'Embrasure, en sorte que ce plan le divise en deux dans sa longueur. Pour cela, présentez un fil à plomb sur plusieurs points de l'alignement de la Directrice déterminée, et faites répondre à ce fil le milieu du Gîte. Placez le bout de ce Gîte, qui est contre la Batterie et qui doit toucher le Saucisson, en sorte que son bord supérieur soit à 3 pieds 8 pouces (66) du commencement de l'ouverture de l'Embrasure, et que tout le plan supérieur du Gîte n'incline d'aucun côté dans sa largeur.

105. Si la Batterie est à ricochet, le Gîte doit être de niveau dans sa longueur.

106. Si la Batterie est de plein-fouet, si on tire à la plus forte charge de guerre, donnez au Gîte un talus de 3 pouces par toise; et comme on ne tire pas toujours à la plus forte charge, (114) 6 pouces de talus suffiront pour le Gîte qui a 14 pieds de longueur.

107. Prenez en conséquence un morceau de bois de 6 pouces de longueur, mettez-le debout à l'extrémité du Gîte qui est vers l'épaulement, placez un niveau de maçon sur une règle, que vous ferez porter sur ce morceau de bois et sur l'autre extrémité du Gîte, que vous hausserez ou baisserez jusqu'à ce que le fil à plomb du niveau soit dans sa rainure.

108. Dans les Batteries des Écoles d'instruction où on ne tire qu'au quart du poids du boulet, et où par conséquent le recul est moindre qu'aux Batteries de guerre, on ne donne que 2 pouces de talus par toise.

109. Placez les 2 autres Gîtes dans les deux autres rigoles creusées, parallèlement à celui-ci, leur milieu éloigné de 2 pieds 6 pouces du milieu du Gîte placé, donnez-leur la même inclinaison, ou le même niveau qu'à celui-ci; qu'un de leurs bouts soit aussi contre la Chemise de la Batterie. Mettez en dessus le côté le mieux dressé des Gîtes; enfin, que les bouts des 3 Gîtes vers la Batterie et à l'opposite, soient de niveau entre eux, et dans le même plan.

110. Pour vérifier si les Gîtes sont bien placés, il faut, en présentant une règle perpendiculairement à leur longueur, qu'elle soit de niveau et porte sur le plan supérieur de tous les trois.

111. Achevez à la main de remplir de terre les rigoles. Damez par lits cette terre : avec soin, pour bien affermir les Gîtes : avec précaution, pour ne pas les déranger.

112. Quand le terrain est fort mouvant, au lieu de 3 Gîtes, on en met 5 équidistans; les deux extrêmes éloignés de celui du milieu, comme s'il n'y en avait que 3.

113. Le parallélisme qu'on donne aux Gîtes, et la distance de 5 pieds qu'on met entre les milieux des deux Gîtes extrêmes, font que les roues de l'affût, dont la voie est de 56 pouces $\frac{1}{2}$, portent sur ces Gîtes, et par conséquent sur la partie la plus solide de la Plate-forme.

114. Le talus de 6 pouces qu'on donne aux Gîtes, lorsqu'on tire de plein-fouet, sert à diminuer le recul des Pièces et à donner de la facilité pour les remettre en Batterie. Quoique ce talus puisse être de 3 pouces par toise, on se contente de le faire de 6 pouces sur 14 pieds (106), parce qu'on ne tire pas toujours à la plus forte charge de guerre : en effet dans les Batteries de brèche, lorsqu'on a rompu le revêtement, on diminue les charges pour produire l'éboulement. Dans les Batteries pour la défense des Places, on ne tire pas non plus à la plus forte charge contre les tranchées, etc. Les Pièces qui tirent à ricochet ayant peu de recul, on ne donne point de talus à leur Plate-forme.

115. *Position du Heurtoir....* Le Heurtoir doit être perpendiculaire à la Directrice de l'Embrasure, et le plus près possible de la Batterie, pour que la Pièce ait la direction qu'elle doit avoir, et que s'avançant bien dans l'Embrasure, elle ne dégrade pas les Joues.

116. Marquez le milieu du Heurtoir : doublez un bout de cordeau ou de mèche, faites tenir chaque bout à l'extrémité d'une même arête d'en bas (celle qui est vers vous) du Heurtoir; et placez ce Heurtoir sur les Gîtes, touchant d'un bout la Batterie, son milieu sur l'alignement de la Directrice (cet alignement est celui du 1.er Gîte qu'on a placé) (104); tenant en main le milieu du cordeau, et toujours sur cet alignement de la Directrice, éloignez-vous de la Batterie jusqu'à ce que ces deux parties soient tendues : alors le Heurtoir aura la position qu'il doit avoir.

Fixez invariablement le Heurtoir, en enfonçant deux forts piquets, un à chaque bout vis-à-vis son épaisseur, et remplissez de terre l'espace qui se trouve entre lui et l'Epaulement, quand la Directrice est oblique; enfin damez cette terre.

117. Si le Heurtoir n'était pas bien perpendiculaire à la Directrice, la Pièce dont les roues seraient appuyées contre le Heurtoir, ne pourrait tirer suivant l'alignement de cette Directrice, et pour la mettre sur cet alignement, il faudrait qu'une roue touchât le

Heurtoir, et l'autre n'y touchât pas : position peu solide, difficile à prendre le jour, et impossible la nuit.

118. C'est afin de mieux placer, et mieux assurer le Heurtoir, qu'on le fait porter sur les Gîtes (116) ; car on a observé qu'une bombe, en tombant sur les Gîtes culbutait ce Heurtoir, et comme l'opération de le placer est minutieuse et essentielle, on trouvait qu'il serait moins souvent dérangé, si on le plaçait sur le sol, les Gîtes seulement aboutissant à lui ; malgré cette opération, on le pose comme nous avons dit.

119. *Placement des Madriers.* Posez les Madriers sur leur plat perpendiculairement aux Gîtes, les 1.er appuyant contre le Heurtoir, et tous joignant le mieux possible entre eux, sans déborder les uns sur les autres par leur épaisseur (1). Ils doivent tous avoir la même longueur : s'ils étaient inégaux (2), on mettrait le plus court vers le Heurtoir, et les autres successivement suivant leur longueur.

120. Fixez le dernier Madrier par le moyen de 3 piquets, dont un à chaque bout et un au milieu ; qu'ils appuient bien exactement contre son bord extérieur ; qu'ils arrasent bien, sans les déborder, son plan supérieur. Ils servent à contenir tous les Madriers de la Plate-forme dans la position qu'on leur a donnée.

Les Etrangers font leurs Plate-formes plus simples : ils se contentent de mettre un Madrier sur les Gîtes et dans le même sens.

121. Donnez un talus au terrain qui est entre deux Plate-formes, pour faire écouler les eaux hors et en arrière de la Batterie.

Chevalets.

122. A la gauche de chaque Plate-forme, et vers le milieu de l'intervalle qui se trouve entre elles, placez 2 chevalets distans entre eux de 9 pieds, pour porter les armemens de chaque Pièce.

Chacun de ces Chevalets est fait de deux piquets de 2 pieds 6 pouces de longueur, qu'on enfonce en terre, d'environ 1 pied,

---

(1) Quand ces inégalités sont considérables et qu'on n'a pu les éviter, un ouvrier d'Artillerie les fait disparaître à coups d'essette. Il est essentiel que la Plate-forme soit unie, pour la facilité de la manœuvre.

(2) Ils l'étaient autrefois, parce qu'on faisait les Plate-formes en queue d'aronde, les Gîtes plus rapprochés entre eux vers l'épaulement. Cette construction plus difficile n'avait aucun avantage.

en sautoir, se coupant à angle droit, à peu près, vers le milieu de la partie qui est hors de terre, et qu'on assujétit dans cette position en les liant fortement avec de la mèche, dans l'endroit où ils se croisent.

Précautions à prendre pour faire arriver les Bouches à feu.

123. On doit les faire venir durant la seconde nuit. Le Capitaine doit reconnaître les chemins, au moins depuis la queue de la Tranchée jusqu'à sa Batterie, il doit faire affermir les parties fangeuses, combler les fossés, ou y construire de petits ponts solides, adoucir les rampes, remplir les trous de bombes, ouvrir les Parallèles pour son passage, les refermer après, ou mieux encore y faire un masque : c'est-à-dire, élever devant la Trouée ce qu'on appelle un Tambour, ou une Traverse en fortification, afin de pouvoir y passer quand on voudra, sans laisser à découvert cette partie de la Parallèle.

124. Il faut éviter de n'avoir qu'un seul débouché pour plusieurs Batteries, à cause de l'embarras qui en résulterait.

125. Si le Chemin est difficile et battu per le feu de la Place trop vivement, conduisez le Canon avec des Hommes, du moins dans les parties périlleuses, elles seront plutôt franchies.

126. Si les Plates-formes sont construites, placez-y les Pièces : sinon mettez-les à couvert vis-à-vis les Merlons.

127. Si, le jour venant, vous êtes obligé d'abandonner une Pièce exposée au feu de la Place, couvrez-la avec des Fascines, afin que l'ennemi ne l'aperçoive pas.

128. Il faut qu'un Officier; et quelquefois le Capitaine, aille présider à cette conduite des Pièces, sur-tout si l'opération est difficultueuse.

Des Magasins à Poudre.

129. On ne fait plus que de petits Magasins à Poudre. Ce sont des endroits abrités du feu de la Place, de 8 à 9 pieds en carré, à portée de la Batterie, où l'on met deux tonnes de gargousses pour fournir à la consommation des Pièces : faites-en un pour 2 ou 3 Pièces; construisez-les vis-à-vis le milieu des Merlons, à 6 ou 7 toises en arrière de la Batterie (1), parce qu'à cette distance

(1) La Batterie étant supposée à 20 toises, et haute de 7 pieds vis-à-vis

Ils seront à couvert du feu du Canon ennemi. Enterrez ces Magasins, si le terrain le permet, sinon entourez-les avec soin de Gabions ou de sacs à terre, et rendez facile et sûre leur communication avec la Batterie.

Autrefois à 20 ou 25 toises des Épaulemens, on construisait de grands Magasins pour fournir à la consommation des petits. Vu l'inconvénient des bombes, on conseilla depuis d'espacer à la même distance les tonnes de Poudre qu'ils devaient contenir, parce que la perte de l'une par le feu d'une bombe, n'entraînerait pas la perte de toutes les autres.

Comme aujourd'hui l'on tire avec des gargousses de papier, il est plus simple d'apporter d'un dépôt sûr, formé à la queue de la tranchée, les tonnes de gargousses, en remplacement de celles qui seront consommées, ce qu'on pourra faire avec des Camions ou Charrettes à bras, en y employant des chevaux ou des hommes.

Des secondes Batteries de Canon, ou Batteries de Brèche.

130. Ces Batteries se construisent d'ordinaire dans la sape du couronnement du chemin couvert. Cette sape n'étant qu'à 12 pieds de la Crête du Glacis, l'Épaulement de la Batterie n'a que ces 12 pieds d'épaisseur; il n'est en effet que le Parapet de la Sape, perfectionné et adapté au tir du Canon. Si la sape était à plus de 12 pieds, on pourrait lui donner plus d'épaisseur, pourvu qu'on découvrît bien le pied du Rempart, et qu'il lui fût parallèle.

131. Comme pour faire brèche à un Rempart, il est nécessaire de couper son revêtement vers son pied (139), il faut pouvoir découvrir jusques vers le pied de ce Rempart. Si on ne peut le faire de l'emplacement de la Batterie pris dans la sape, à cause de la profondeur du fossé, ou de la largeur du chemin couvert vis-à-vis, il faut descendre dans ce chemin couvert, s'y loger, et construire la Batterie à 15 pieds au moins du bord du fossé, dont 3 serviront de berme, et 12 seront pour l'épaulement. On pourra s'en éloigner davantage sans inconvénient, si on découvre également bien le pied du Rempart.

132. Dans ces deux cas, construisez la Batterie par son intérieur, en profitant de la sape qu'on aura faite pour le couronnement et le logement du chemin couvert, c'est-à-dire qu'on pourra s'enterrer

---

d'un Rempart de 25 pieds d'élévation sur un sol de niveau avec la Batterie, on trouvera que la Trajectoire du Canon de ce Rempart, supposée en ligne droite (comme on peut le supposer à cette distance), aboutira à 46 pieds seulement du derrière de la Batterie.

jusqu'à la genouillère, et jeter les terres du dedans de la sape sur la partie de son Parapet, qui doit servir d'épaulement à la Batterie. Dans les deux cas, retirez les Gabions de la sape, parce qu'ils gêneraient le dégorgement des Embrasures.

133. Les Place-d'armes du chemin couvert, les traverses, etc., raccourcissent ordinairement la longueur de l'espace que devrait occuper la Batterie de brèche faite dans la sape du couronnement. Il faut que ces Batteries soient au moins de quatre Pièces; si l'espace est resserré, ne donnez que 12 à 15 pieds par Pièce; évitez qu'aucune Embrasure ne se trouve vis-à-vis d'une Traverse.

134. Construisez le Revêtement comme aux premières Batteries (65, 66, etc.).

135. Les Embrasures sont directes; mais comme l'épaulement n'a que 12 pieds d'épaisseur, l'ouverture extérieure de ces Embrasures ne doit être que de 6 pieds 8 pouces. Le reste de leur construction comme aux premières Batteries (81, 84, etc.).

136. Les Plate-formes se construisent comme aux premières Batteries (102, 103, etc.) Il faut avoir soin de bien affermir leur sol, ordinairement rendu mouvant par les fougasses, les fourneaux, etc., qui l'ont culbuté.

137. Lorsqu'on fait, dans le couronnement du chemin couvert, des Batteries pour éteindre le feu des flancs et les ruiner, il faut tâcher de donner plus de 12 pieds d'épaisseur à l'Épaulement de ces Batteries.

138. C'est sur-tout dans les Batteries de brèche qu'il faut des Portières d'Embrasures et des Tireurs adroits, pour contenir par un feu de mousqueterie le feu de l'Infanterie de la Place, devenu très-dangereux à cause de sa proximité.

139. Pour faire Brèche, coupez le Revêtement vers son pied, à une toise du fond du Fossé, s'il est sec, et à fleur d'eau s'il ne l'est pas, par une ligne horizontale, dans toute la longueur que doit avoir la Brèche, et de distance en distance par des lignes verticales, jusques au cordon; ébranlez ensuite, en tirant par salve, chaque portion comprise entre deux coupures verticales, pour la faire écrouler dans le Fossé, en sapant toujours de bas en haut.

Pour couper la maçonnerie, donnez la plus grande vitesse initiale aux Boulets; celle de 1500 à 1600 pieds par seconde leur convient. Pour ébranler et faire écrouler les portions de maçonnerie coupée, la vitesse initiale de 1000 à 1200 pieds sera préférable.

La Brèche doit avoir $\frac{1}{3}$ de la longueur de la Face, à commencer de son milieu vers l'angle flanqué.

Dès que l'éboulement est fait, qu'il ne paraît plus de mur, et que le Parapet est effacé, la Brèche est parfaite; si on a suivi la pratique qu'on vient de prescrire, continuer de tirer n'en rendra pas le talus plus doux.

Si la Brèche est trop escarpée, parce qu'on a commencé la coupure horizontale trop haut, le Canon ne pourra point la rendre plus praticable.

Quatre Pièces de 24, du logement du Chemin couvert, font Brèche en 4 ou 5 jours, et la Brèche est praticable trois jours après.

Batteries à Redans (18).

140. Les circonstances locales peuvent obliger de faire des Batteries à Redans.

141. Les Redans ne peuvent être à angles aigus, ils pourraient être à angles obtus, mais on les fait à angles droits.

142. On regardait les Batteries à Redans comme bonnes ; 1°. pour se couvrir lorsqu'on était battu en rouage ; 2°. pour avoir des Embrasures directes, et par conséquent plus solides (99). Le général Mouy paraissait en faire grand cas pour cette dernière raison. (*Voyez ses Mémoires*) (1), et ne leur trouvait qu'un peu plus de difficulté dans la construction.

Voici le sentiment du général Du Puget (page 174), et du géneral P***. (Encyclopédie, *Genève*, *Pelet*, 1777) « Les Batteries à Redans sont très-difficiles à construire, demandent plus de tems, donnent plus de prise par le nombre de leurs angles, ou par leurs Joues alternativement fort longues. Si l'on veut éviter les angles, les retours en sont trop faibles ; ou leur Parapet devient immense quand les Redans ont de la profondeur. S'ils n'en ont pas, pourquoi les faire ? Un retour à l'extrémité de la Batterie, du côté où l'on craint l'enfilade, ou les coups d'écharpe, et des traverses en Gabion de 2 en 2 Pièces, coûtent moins de peine et de tems que les Redans, et valent peut-être mieux ».

(1) « Il y a dans les Siéges (dit cet Officier) bien des situations où l'on ne doit pas former la Batterie sur une ligne droite, soit parce que la Batterie est destinée à battre plusieurs objets en même tems, soit parce que vous devez réunir vos coups, pour ainsi dire, au même point, pour faire plus sûrement l'effet demandé ; en ce cas on y fait un ou plusieurs Redans. Ces espèces de Batteries demandent un peu plus de soin, plus d'espace de terrain, et plus de tems pour leur construction ; mais ordinairement quand elles sont bien faites, elles font plus d'effet que les autres, puisque chaque Pièce bat carrément son objet, et qu'ainsi les Embrasures n'étant point obliques en durent bien davantage, sans être obligé de les raccommoder : outre que les Heurtoirs, étant alors parallèles à la Genouillère de la Batterie, les 2 roues la joignent exactement, et les Pièces entrent dans l'Embrasure de toute la longueur possible ».

Quant à la raison de pouvoir rendre toutes les Embrasures directes, raison qui faisait trouver les Batteries à Redans bonnes au général Mouy; il me semble qu'on ne peut rendre les Embrasures directes que par des Redans à angles obtus, dont la construction est très-difficile; et on observe qu'à moins d'avoir à battre de très-près un seul point, ce qui n'arrivera peut-être jamais, si la première Embrasure d'une Batterie est directe, ou sa Directrice assez peu oblique pour qu'on ait donné à la Batterie cette première direction, les Embrasures suivantes ne peuvent être assez obliques pour avoir besoin de les faire à Redans.

D'où on conclut, que si on est enfilé, il faut se couvrir par un retour et des traverses, et que le local seul peut forcer de construire des Batteries à Redans.

143. Au reste, ces Batteries ne diffèrent des autres que par le Tracé du côté intérieur; le côté extérieur lui est parallèle, etc.

144. Pour le Tracé du côté intérieur, Du Puget dit que les Redans prennent ordinairement 6 pieds l'un sur l'autre, et rentrent de 12 vers le recul. Ce Tracé n'est pas possible (peut-être est-ce une faute des copistes). La 2e., 3e., etc. Embrasures, se trouveraient barrées de 18 pouces par l'Epaulement de la 1re., 2e., etc.

145. Les Redans ne doivent prendre que 4 pieds 6 pouces l'un sur l'autre, et rentrer de 12 pieds vers le Recul.

Batteries d'Obusiers.

146. Ces Batteries peuvent s'établir à 300 toises de la Place assiégée, sur les prolongemens des Faces des Ouvrages; mais à cette distance le Canon leur est préférable, et si on y emploie les Obusiers, il faut se servir de préférence de ceux de 6 pouces dont les Obus sont susceptibles d'une plus grande vitesse.

147. La vraie position des Batteries d'Obusiers est : 1°. au bout des demi-Parallèles qu'on fait entre la 2e. et 3e. Parallèle. On les dispose perpendiculairement au prolongement des branches du chemin couvert du Front d'attaque; elles sont de 3 Obusiers de 8 pouces : le 1er. doit porter son Obus sur la Banquette, on fera donc la 1re. Embrasure directe, et on biaisera un peu les 2 autres. Leur objet principal est de détruire les Palissades, et d'empêcher l'ennemi de rester dans le chemin couvert... 2°. L'autre position avantageuse qu'on peut donner aux Batteries d'Obusiers, est à la 3e. Parallèle, à 20 ou 30 toises du chemin couvert, pour battre les 6 Faces du Front d'attaque; il n'y a ordinairement que 2 Obusiers à ces Batteries, dont les Embrasures sont directes, et elles sont perpendiculaires au Prolongement qu'elles doivent battre.

148. Les Batteries d'Obusiers ont les mêmes dimensions que celles de Canons; leur Genouillère est aussi de 3 pieds 8 pouces.

149. On peut, dans tous les cas, enterrer ces Batteries jusqu'à la Genouillère.

150. On donne 2 pieds 6 pouces à l'ouverture intérieure de l'Embrasure, à cause du grand diamètre de la Bouche de cette Arme, et de son peu de longueur.

L'ouverture extérieure de l'Embrasure est de 9 pieds.

Chaque Joue d'Embrasure peut se faire avec 3 Gabions, parce que les Joues sont très-courtes.

Le fond de l'Embrasure a ordinairement une pente de 10 degrés de l'extérieur à l'intérieur de la Batterie, ce qui fait pouces de talus.

Cette pente a été fixée ainsi, parce qu'on tire souvent sous cet angle, et que l'axe de l'Obusier se trouvant par ce moyen parallèle à la Directrice de l'Embrasure, on est à couvert autant qu'on puisse l'être.

151. Les Plates-formes sont sans talus, et se construisent comme celles de Canon (102 et suiv.).

152. Dans les Ecoles d'Artillerie on revêt presque toujours ces Batteries en gazons.

153. On fait en arrière de la Batterie des Magasins à Poudre comme, etc. (129).

154. A 5 ou 6 toises en arrière de la Batterie, on construit un petit Magasin abrité contre le feu de la Place, pour y charger les Obus.

Batteries de Mortiers.

155. Les Batteries de Mortiers pourraient se placer dès la 1re. Parallèle. Des circonstances locales, qui empêchent de les rapprocher de la Place, forcent à les mettre à cette distance, et quelquefois même à de plus éloignées; mais leur position la plus avantageuse est en avant de la 2e. et 3e. Parallèle, et au couronnement du chemin couvert.

156. On les place à côté des Batteries d'enfilade, sur le même alignement, quand on le peut, pour empêcher l'ennemi de tenir dans un ouvrage..., ou sur les Capitales des ouvrages; là elles sont moins exposées... On les construit aussi autour des Places-d'armes rentrantes, sur-tout quand on les dirige contre les flancs des Bastions du Front d'attaque... Enfin, on peut les placer sur une direction quelconque, peu importe, pourvu qu'on sache la distance

de leur emplacement à l'ouvrage qu'on doit battre et écraser de Bombes.

157. On peut, dans tous les cas, enterrer ces Batteries de 3 à 4 pieds.

158. L'Epaulement est sans Embrasures; ses dimensions, dans tout le reste, sont conformes à celles des Batteries de Canon, et elle se construit de même (33 et suiv.); mais si on s'enfonce pour établir la Batterie, on aura moins besoin de terre, le fossé sera donc moins large, ou moins profond, etc. En un mot, on jugera que plusieurs de ces dimensions doivent changer.

Voyez page 756, où les dimensions variables sont marquées d'un (1).

159. Au reste, pourvu qu'on soit couvert par un Épaulement bien solide, peu importe sa régularité. « On peut se contenter, » dit Du Puget, de former le Revêtement avec des Gabions fort » inclinés sur le devant ». Un Revêtement pareil serait, je crois, peu solide; mais si, dans une terre forte, on s'enfonçait de 4 pieds, un rang de gabions au-dessus de ces 4 pieds, avec une berme de 2 à 3 pieds, pourrait peut-être suffire à former le Revêtement des 3 pieds de terre qu'il faudrait encore pour finir l'Epaulement.

160. Il suffit de donner 15 pieds, par Mortier, de longueur à l'épaulement : on peut même, sans inconvénient, n'en donner que 12; il faut seulement, dans ce cas, éloigner de 9 pieds de l'extrémité de la Batterie les Mortiers extrêmes, ou, ce qui revient au même, que la Plate-forme du premier et dernier Mortier ne commence qu'à 6 pieds du bout de la Batterie.

161. La solidité des Plate-formes est l'objet essentiel dans la construction des Batteries des Mortiers; elles doivent être de niveau, leur centre éloigné de 10 pieds de l'Epaulement, et de 15 pieds ou de 12 pieds entre eux, suivant qu'on aura donné de longueur à l'Epaulement; 15 ou 12 pieds par Mortier.

162. *Construction des Plate-formes.* Marquez les lignes de tir par de petits piquets sur l'Epaulement et dans l'intérieur de la Batterie. A 4 pouces au-dessous du niveau que vous voulez donner au sol de votre Batterie, creusez 3 rigoles équidistantes, parallèles entre elles; celle du milieu sur la ligne de tir; qu'elles aient environ 8 pieds de longueur, 10 pouces de largeur et de profondeur; que leurs bords soient distans de 20 pouces, et leur bout à 7 pieds de l'Epaulement; placez les 3 Gîtes du fond dans ces rigoles : le premier partagé suivant sa longueur, en 2 également par la ligne de tir, les deux autres parallèles à celui-ci, l'un à droite, l'autre à gauche, le milieu de ces Gîtes extrêmes à 2 pieds 6 pouces du milieu du Gîte le premier placé. Le bout des Gîtes vers le Coffre doit en être éloigné de 7 pieds pour tous les calibres; en général, cette distance doit être de la hauteur intérieure de

l'Epaulement, à moins que faute d'Obusiers, on ne tirât les Mortiers sous un angle très-aigu, auquel cas il faudrait les éloigner de 9 pieds de l'Epaulement, pour que le Mortier placé sur le milieu de sa Plate-forme en fût lui-même à environ 12 pieds. Ces 3 Gîtes du fond ainsi établis bien parallèlement de niveau entre eux dans toute leur longueur, remplissez de terre chaque rigole sans les déranger, et damez fortement cette terre; placez dessus les Lambourdes de recouvrement perpendiculairement aux Gîtes du fond, la première du côté de la Batterie, arrasant le bord des Gîtes, et se joignant entre eux le plus exactement possible; contenez ces Lambourdes par 4 forts piquets, 2 en avant de la Plate-forme et 2 en arrière.

163. Si on a suivi les dimensions pour le creusement des rigoles (162), la Plate-forme dominera un peu le sol; on mettra de la terre tout autour qu'on damera bien, faisant un petit talus depuis le bord supérieur des Lambourdes. Les Plate-formes en seront plus au sec.

164. Donnez de l'écoulement aux eaux en arrière et hors de la Batterie, dans tout le terrain qu'occupent les Plate-formes.

165. Dans les Ecoles d'Artillerie, on met toutes les Plate-formes de niveau entre elles; mais ce soin est superflu dans un Siége.

166. *Les Magasins à Poudre.* Comme pour le Canon (129).

167. *Les Magasins pour le chargement des Bombes.* Comme ceux pour les Obus (154).

168. Dans les Batteries de Bombes placées au couronnement du chemin couvert, l'épaisseur de l'Épaulement peut n'avoir que 12 pieds comme aux Batteries de Canon.

Batteries de Pierriers.

169. On construit les Batteries de Pierriers à la troisième Parallèle, et dans le couronnement du chemin couvert, à 50 ou 60 toises au plus des objets qu'elles doivent battre.

170. On place les Batteries de Pierriers sur les Capitales ou sur les prolongemens des Faces et des Flancs des Ouvrages. Quand on doit battre les Places d'Armes et leur Réduit, il faut sur-tout se placer sur leur commune Capitale, dès qu'on est parvenu à la troisième Parallèle. Si des Batteries plus essentielles, comme celles des Bouches à feu tirant à Ricochet, occupent les Prolongemens des Ouvrages, il faut mettre à côté d'elles les Batteries de Pierriers; la pointe des Places d'Armes saillantes est un lieu favorable pour les placer.

171. Pour l'Epaulement, les Plate-formes, etc. des Batteries de Pierriers, suivez ce qu'on a dit sur les Batteries de Mortiers (157, 158 et suivans).

Des Obstacles qu'on a le plus souvent à surmonter dans la construction des Batteries de Siége.

Les Feux de Mousqueterie.

172. On a proposé différens moyens pour se mettre à couvert du feu de la Mousqueterie de la Place.

173. Voici ce que propose le Général Mouy dans ses Mémoires : « Supposé qu'on soit obligé d'établir une Batterie pour ruiner des » défenses assez près de quelques Ouvrages avancés, pour souffrir » beaucoup de la Mousqueterie, et que d'ailleurs le terrain fût si » bas, qu'on ne pût pas prendre de terre dans le terre-plein pour » aider à remplir le Coffre : commencez à faire une sape à 18 pieds » en avant de l'extrémité de l'épaulement ; quand cette sape » courante est à-peu-près en état, poussez de petits boyaux à 5 » ou 6 pieds de distance les uns des autres jusqu'à la berme de » l'épaulement ; la terre que l'on tire de ces boyaux servira à » fortifier la sape, s'il en est besoin. Les Travailleurs parvenus » près de la berme, jettent les terres pour former l'épaulement, » et en prennent à droite et à gauche des petits boyaux, en for- » mant au pied de la berme un fossé, que l'on élargit toujours » pour remplir le coffre de la Batterie ; de cette façon, les Tra- » vailleurs sont à couvert ; mais il faut souvent le travail de deux » nuits avant que l'on puisse entrer dans la Batterie pour piqueter » la genouillère, puisqu'il faut tout le travail de la première nuit » et du premier jour au moins jusqu'à midi, avant que d'être ar- » rivé au pied de la berme par les petites tranchées ou boyaux, » et par conséquent avant d'avoir jeté une pelletée de terre dans » le Coffre de la Batterie ; ainsi il faut avoir un bien grand feu à » essuyer pour se déterminer à suivre cette méthode, qui alonge » la besogne de 24 heures, mais aussi empêche la trop grande » consommation d'hommes, etc. »

Ce moyen ne met à l'abri que les Travailleurs qui creusent le fossé ; or cet Ouvrage étant commencé la nuit, le feu ne peut être bien dangereux pour eux que dans les momens où l'on jette des pots à feu ; d'ailleurs, pour peu qu'ils aient eu le tems de faire un trou, ils sont à-peu-près couverts pendant qu'ils travaillent, parce qu'ils sont presque toujours baissés. Il faut en conclure, comme le Général Mouy, que son expédient étant fort long, il faut être exposé à un feu très-vif et très-destructeur pour le suivre... Il n'est rien dit, du moins dans l'exemplaire des Mémoires manuscrits de cet Officier que j'ai lus, des moyens de couvrir les Travailleurs qui sont sur l'épaulement.

174. Voici ce que dit Du Puget (page 171 de l'*Essai sur l'Ar-*

tillerie), et ce que le Général P** a dit d'après lui dans l'Encyclopédie : « D'abord, il faut couvrir les premiers Travailleurs par une sape parallèle à la ligne du front, et éloignée de 5 à 6 pieds de la berme. A la faveur de cette tranchée, ils commencent, sans beaucoup de risque, la masse du parapet ; lorsqu'ils sont suffisamment enfoncés, ils renversent la gabionade et continuent le travail, en élargissant le fossé, jusqu'à ce qu'il y ait autant de terre amassée que l'on en veut. Ensuite, pour diminuer le péril de ceux qui forment l'épaulement, on enveloppera le circuit de la Batterie d'une double rangée de gabions hauts de 3 pieds, les pointes en bas et fichées dans le sol. Pendant qu'un nombre de Travailleurs, conduits par nos Canonniers et nos Sergens, remplissent le Coffre de terre et de fascines entremêlées, d'autres font, contre la Place seulement, un nouveau masque de gabions posés sur les premiers, et à mesure que le parapet s'élève, un troisième sur le second, laissant des intervalles par où les Travailleurs du fossé puissent jeter la terre. Tout étant fini, le troisième masque est renversé dans le fossé de la Batterie ».

« La Batterie peut-être si près de la Place, et le feu si violent, qu'il y aurait de l'imprudence à la vouloir faire par le dehors. Dans ces occasions, supposez qu'il ne soit pas possible de profiter de la tranchée, l'on fait une sape sur la ligne du front, qui s'élève et s'épaissit successivement par le dedans, jusqu'à ce que le parapet soit formé, sauf à relever les Plate-formes lorsqu'on le jugera nécessaire.

« Cette dernière méthode est applicable à tous les cas, et fort expéditive en relayant souvent les Travailleurs. Elle paraît même préférable aux autres, dont on n'a parlé que pour ne pas omettre des pratiques consacrées par l'usage ».

Si on relève les Plate-formes, il faudra relever l'Épaulement ; et construites sur un sol rapporté, elles seront peu solides ; le travail de creuser une tranchée, pour la combler ensuite en partie, etc., est assurément long.

175. Ne pourrait-on pas masquer les Travailleurs du fossé, comme on a fait, par une sape volante ; ensuite creuser un fossé sur les côtés de la Batterie, de 6 pieds de large, prolongé de quelques pieds dans l'intérieur, par lequel les Travailleurs du fossé, en se donnant les uns aux autres les terres qu'ils en arrachent, les feraient parvenir dans l'intérieur de la Batterie, d'où on les jetterait dans le Coffre ; et masquer les Travailleurs sur l'épaulement par 2 rangs de Gabions pleins de terre, sur lesquels on placerait un rang de Gabions pleins de terre, qui porterait un rang de Gabions farcis de fascines. On éviterait, par ce moyen, de creuser une tranchée, de la combler ensuite en partie, et d'avoir des Plate-formes sur un sol mouvant.

Les Terrains Pierreux.

176. En construisant des Batteries sur ces Terrains, il faut mettre dans le bas du Coffre les terres les plus mêlées de pierres, employer beaucoup de Gabions, même dans l'intérieur de l'Epaulement jusqu'à la Genouillère, pour contenir ces dangereux matériaux, et se ménager pour les Merlons de la terre sans mélange, ou au moins peu mêlée de pierres, afin d'éviter leurs éclats toujours inquiétans.

Les Rochers nuds.

177. Puisqu'on ne peut se mettre à couvert en creusant un fossé, et qu'on ne pourra apporter les terres que lentement, commencez par faire un Masque.

178. Ce Masque doit avoir 7 pieds de hauteur. Du Puget dit que les sacs de bourre ou de laine dont on propose de se servir dans ces circonstances, sont un moyen trop dispendieux, etc.

Les Gabions farcis de Fascines de 7 pieds de haut, mises debout dans ces Gabions, sont un moyen moins bon que le suivant; en effet, si ces Fascines sont reliées, elles laisseront des vides entre elles, en les mettant debout dans les Gabions; si elles ne sont pas reliées, elles ne seront pas assez serrées par le haut pour arrêter les balles.

Préférez le moyen suivant : ayez des Chandeliers haut de 7 pieds, sur 2 de large entre les Montans; mettez entre ces Montans des Fascines de 9 pieds de long et de 6 pouces de diamètre; il faudra 2 Chandeliers et 60 Fascines par toise et demie d'Épaulement.

179. On peut faire plusieurs Masques et ne travailler que derrière un seul, pour tromper l'ennemi, lui donner le change, ou au moins lui faire partager son feu.

180. Derrière ce Masque, l'Officier fait son Tracé.

Faites transporter dans des hottes, des paniers, des sacs à terre, etc., les terres nécessaires. Si de l'endroit où on les prend, la communication à la Batterie est trop exposée au feu, couvrez-la aussi d'un Masque, ainsi que la communication avec les Tranchées ou les Parallèles.

Commencez le Revêtement par un rang de Gabions de 3 pieds de haut, bien égaux, bien cylindriques, dont la tête des Piquets soit coupée bien carrément; inclinez-les suivant la règle du Talus. On ne fait pas le bas du Revêtement en Saucissons, parce qu'on ne peut enfoncer des Piquets pour les fixer. Sur ces Gabions placez le Saucisson de la Genouillère qui sera fixé par leurs pointes et par de bons Piquets; faites le reste de la Batterie comme à l'ordinaire.

Revêtez en Gabions les côtés de l'Épaulement, ce qui est plus expéditif dans toutes les espèces de Batteries pour tous les cas.

181. Si on ne peut avoir ni terre ni Fascines, servez-vous de sacs à laine de 3 pieds de diamètre et de 3 pieds de long. Il en faudra une grande quantité, et il sera nécessaire d'humécter souvent les Joues pour empêcher le feu d'y prendre.

Le général Mouy dit que ces Sacs seront commodes étant de 3 pieds à 3 ½ de haut, et de 2 pieds de diamètre. Les premières et les secondes dimensions sont également bonnes.

Les Marais.

182. Il faut commencer par faire un chemin solide pour conduire les hommes, les matériaux et les Bouches à feu, à l'emplacement qu'on a choisi pour la Batterie. Ce chemin doit avoir au moins 10 pieds dans le haut.

Si le Marais n'a que quelques pieds de profondeur, entre deux files de gros Saucissons fixés par de forts Piquets, faites un lit de Fascines placées suivant la direction du chemin, ayant d'épaisseur environ les deux tiers de la profondeur, et ayant 12 pieds de large. Sur ce lit étendez des claies; sur ces claies faites un second lit de Fascines, longues de 10 pieds, posées suivant la largeur du chemin; arrêtez leurs bouts avec des Piquets traversant les claies et le lit inférieur. Couvrez ce second lit d'une épaisseur suffisante de terre et de paille, pour garantir les Fascines et unir le chemin.

Si ce chemin n'est point encore praticable, il faut le consolider en doublant sa masse, et conséquemment le travail, c'est-à-dire, en lui donnant une largeur double.

Si le Marais avait beaucoup de profondeur, faites plusieurs lits de Fascines tels qu'on vient de les décrire; mais dans le lit supérieur, il faut toujours que les Fascines soient posées dans le sens de la largeur du chemin, pour qu'il soit plus solide et plus résistant au charroi.

183. Etablissez et consolidez de même le sol de l'Épaulement, (auquel on donnera une Berme de 3 pieds sur le devant et *sur les côtés*) des Plates-formes, du recul en arrière d'elles, et des magasins.

184. Faites l'amas des terres comme dans les Batteries, sur les rochers nus, les Masques seront construits et placés aussi de même.

Emplacement qui manque de largeur.

185. Il faut qu'une Batterie dans la partie où sont les Plate-formes, ait 20 pieds de largeur, pour pouvoir fournir l'espace nécessaire à l'emplacement des Pièces et à leur recul.

186. S'il ne manque qu'une petite partie de la largeur nécessaire au sol des Plates-formes, comblez de Fascines, de Saucissons, etc., le fond qui vous arrête en avant, s'il n'est ni trop escarpé, ni trop profond; approchez de ce bord antérieur autant que vous pourrez, l'Épaulement de la Batterie, en le soutenant par des Gabions qui portent sur le remblai déjà fait. Si après cela il ne manque que quelques pieds au recul des Pièces, employez pour Gîtes des Poutrelles de 30 pieds de long, dont on scellera le tiers dans l'Epaulement à la hauteur convenable, et dont l'autre bout sera porté sur des Chevalets; ensorte que la Plate-forme qu'on établira dessus ait la largeur et le talus prescrits (102 et suiv.). Ces Poutrelles auront 6 à 7 pouces d'équarrissage: afin d'obvier à un trop grand recul, on mettra un Contre-heurtoir à la distance nécessaire, pour pouvoir charger avec aisance.

187. S'il manquait une très-grande partie de la largeur nécessaire au sol des Plate-formes, on se servirait aussi de ces Poutrelles de 30 pieds de long sur 7 pouces d'équarrissage; on les placerait de même; mais on en mettrait sur toute la longueur de la Batterie, à 2 pieds de distance entre elles.

188. Du Puget recommande encore de couvrir cette espèce de pont, de Fascines, de Claies, de Gabions, quand le sol n'est pas assez ferme; et il ne parle, dit-il, que d'après le Général Mouy: on ne trouve pas cela dans les Mémoires de cet Officier. Que veut dire: *Quand le sol n'est pas assez ferme?* puisque tout cela est en l'air: parle-t-il du sol que portent les Chévalets? S'il n'est pas assez ferme, pourquoi le charger encore du poids des Fascines, des Gabions et de la Terre? C'est plutôt ce dernier sol, qu'il faut consolider, au lieu de charger le Pont d'un poids superflu.

(A) *Note des Numéros* 9, 21.

Des Saucissons, etc.

Dès que l'attaque est déterminée, formez à portée de la queue de chaque tranchée des dépôts de tout ce qui est nécessaire à l'entretien et aux radoubs journaliers des Batteries, etc. Tenez-y toujours et abondamment des outils à Pionniers de toute espèce...

des Serpes... des Scies... des Masses... des Dames... des Sacs à terre... de la Mèche... des Niveaux.

Il faut qu'il y ait toujours quelqu'un de confiance à chaque dépôt, pour faire les livraisons de ces objets, et en rendre compte au Directeur, qui veillera à leur remplacement.

Etablissez le dépôt des Fascines, vers ces dépôts dont on vient de parler, et là, placez les Ateliers des ouvriers qui doivent faire les Saucissons, de façon qu'ils ne soient pas exposés.

La Fascine ordinaire, telle qu'on la fait faire à l'Infanterie de l'armée, doit être de 12 pieds de longueur et de 2 pieds de circonférence; 6 de ces Fascines suffisent à la construction d'un Saucisson de 20 à 21 pieds de longueur, et d'un pied de diamètre.

Si la Fascine n'avait que 6 pieds de long, 18 à 20 pouces de tour, il en faudrait 14 pour le même Saucisson.

Si la Fascine avait 12 à 14 pieds de long, et 3 pieds de tour, il n'en faudrait que 3, ou en général 1 par toise de Saucisson.

Il faut pour la construction d'un Saucisson de quelque longueur qu'il soit, 4 hommes, 2 Serpes, (on peut n'en prendre qu'une si l'on veut, mais le travail est plus long), 2 Leviers, un bout de Mèche pour mesurer la grosseur du Saucisson, et un cordage de 6 pieds de long avec une boucle à chaque extrémité pour passer les Leviers et serrer les Saucissons. Les canonniers appellent ce cordage *Cabestan* ou *Capestan*.

Si les Chevalets ne sont pas faits, il faut par Chevalet 2 Piquets de 5 pieds de longueur, de forme ronde, ayant 3 à 4 pouces de diamètre à la tête, une Scie et une brassée de Mèche : il faut enfin une Masse pour enfoncer les Piquets.

Pour établir ces Chevalets, enfoncez obliquement en terre d'un tiers de leur longueur les Piquets, formant de deux en deux des croix de Saint-André à 2 pieds et demi ou 3 pieds de distance les unes des autres; que l'angle supérieur soit de 90 à 100 degrés à-peu-près; garnissez bien cet angle dans le fond, en liant les Piquets avec de la Mèche, le Saucisson en sera plus rond, parce qu'il s'approchera moins du sommet de l'angle. Le nombre des Chevalets est relatif à la longueur des Saucissons qu'on doit faire. Les Piquets doivent être enfoncés solidement et bien alignés dans chaque côté; enfin il faut que le fond de l'angle supérieur des Chevalets soit de niveau et horizontal l'un avec l'autre.

Les Saucissons sont des faisceaux de bois bien cylindriques, composés de branchages non tortueux, sans feuilles, mais conservant leurs petits rameaux et ayant de 4 à 6 pouces de tour au gros bout, qu'on coupe en sifflet : garnis (c'est-à-dire sans vide) avec soin, et liés de 8 en 8 pouces, ou de 10 en 10 pouces, de bonnes Harts, dont les nœuds doivent être du même côté.

Les Harts se font de Chêne, de Bourdaine, de Coudrier, de Saule, d'Osier.

Les Saucissons se font de Chêne, ou à défaut de ce bois, de ceux qu'on peut avoir.

1 Homme ou 2 avec la serpe coupent tous les brins de bois en sifflet uni, ôtent les rameaux qui ne peuvent se plier dans le sens de ce brin, redressent les parties tortueuses, en donnant de biais un coup de serpe dans le rentrant du coude, et arrachent les feuilles qui peuvent y être encore.

1 Homme à chaque bout et quelquefois seulement le plus ancien qui dirige l'ouvrage, couche alternativement un brin de bois à chaque bout du rang des Chevalets, les sifflets tournés du côté de l'axe du Saucisson, les rameaux s'entrelaçant vers le milieu, en sorte que le Saucisson ait la longueur précise qu'on veut lui donner, observant que les brins de bois, du côté du sifflet, ne se dépassent pas, et forment une espèce de tranche verticale.

Dans les endroits où l'on aperçoit que les bois inégalement fournis de rameaux laissent des vides, on insère quelques branchages, ce qu'on appelle *bien garnir* le Saucisson, afin qu'il soit sans vide et bien égal. Commencez à placer une Hart à 6 pouces chacune des extrémités du Saucisson, puis continuez à en mettre alternativement 2 ou 3 à chaque bout, en avançant et finissant d'en mettre dans le milieu. Ces Harts doivent être à 6, ou 8 ou 10 pouces de distance entre elles, suivant le nombre qu'on en a, et la force du bois qu'on emploie. Il faut que les Harts soient bien tordues (1), pour être flexibles et pouvoir bien serrer le Saucisson.

Pour placer les Harts : embrassez ce faisceau de bois avec le Cordage, en sorte qu'en passant un Levier dans chaque boucle, et faisant effort à leur extrémité, en pèsant, on le serre peu-à-peu. La pince des Leviers appuie contre le dessous du Faisceau. On lui donne une forme cylindrique, à mesure qu'on serre, en arrangeant à la main les brins de bois, dont il faut maintenir les sifflets en-dedans tant que l'on peut, sur-tout à l'extérieur; sans cette précaution, le Saucisson aurait l'air diminué à ses extrémités, et se larderait moins bien. On continue à serrer jusqu'à ce que le Faisceau ait un peu moins que la circonférence qu'il doit avoir, parce que les Harts ne serrent jamais aussi bien que le cordage.

Avec un bout de mèche coupé à cet effet, on vérifie de tems en

---

(1) Pour bien tordre et pour faire la Boucle de la Hart, placez sous le pied le petit bout de la Hart à l'endroit qui commence à être assez fort pour former la Boucle : de-là, commencez à tortiller la Hart sur elle-même, de la main droite, en tenant le gros bout dans la gauche en l'air, sans l'empêcher de tourner par ce bout, mais seulement du petit, en tenant ferme le pied; continuez à tortiller, en remontant et vous redressant, lorsque vous sentez que par le tortillage le bois a perdu sa roideur, et finissez lorsque la partie tortillée suffit à embrasser le Saucisson. Formez la Boucle en faisant un nœud allemand double qui puisse laisser passer librement le gros bout de la Hart.

tems cette circonférence à mesure qu'on serre. Quand on est parvenu au point déterminé, placez la Hart; pour cela, passez le bout dans la ganse ou boucle, après avoir entouré le Faisceau de cette Hart; serrez-la tout contre le Faisceau, avec le pied ou un bout de bois, puis la contenant avec le pied, tordez-la au-dessus de la boucle, en sorte que faisant une espèce de spirale sur elle-même, elle arrête la boucle; c'est ce qu'on appelle le nœud. Il faut que tous les nœuds des Harts des Saucissons soient du même côté; le nœud fait, passez le restant de la Hart entre les brins du bois du Saucisson.

Quand le Saucisson est fini, on le retire de dessus le Chevalet, on le redresse à coups de masse, et les 4 hommes le portent au dépôt.

Le Saucisson de 20 pieds doit être fait en 3 heures de travail, par les 4 hommes.

Des Gabions.

Les Gabions sont des Paniers sans fond, de forme ronde, qui, remplis de terre ou de branchages, servent à couvrir les Sapeurs, et à former les Parapets des tranchées, Sapes, etc. Il y en a de deux grandeurs; les moins grands s'appellent *Gabions de Tranchées*, et servent à leurs Parapets; les autres s'appellent *Gabions farcis ou roulans*, parce qu'on les remplit de Fascines, et que le premier Sapeur s'en couvre en le faisant rouler devant lui, à mesure qu'il avance dans son travail.

Ils se construisent tous de la même façon. Pour les dimensions des Piquets, leur nombre et leur distance, voyez page 748.

Pour construire un Gabion, choisissez un terrain uni et horizontal; au moyen d'un petit cordeau, tracez un cercle d'un diamètre égal à celui prescrit pour le Gabion. Plantez au centre et à la circonférence le nombre de Piquets prescrit par la table, à la profondeur de 6 po., bien droits, bien verticaux, ayant les dimensions fixées, leurs têtes bien coupées, et à-peu-près dans un plan horizontal. Choisissez des brins de bois de 12 à 15 lignes au gros bout, sans feuilles, s'il se peut, garnis pourtant de leurs petits rameaux, les plus longs et les plus droits, les moins noueux; redressez les tortus, si vous êtes forcés d'en employer; entrelacez ces brins ou branches, en commençant par le gros bout, dans les Piquets de la circonférence, en mettant ce gros bout en dedans du Gabion, et laissant alternativement un des piquets en dedans et en dehors. Quand la branche qu'on entrelace devient trop mince, ou qu'on approche du bout, on y en joint une seconde, et on a soin de les tortiller ensemble, en continuant l'entrelacement.

A mesure qu'on a fait quelques tours, serrez l'entrelacement à coups de maillet, pour faire bien joindre les branchages. Arrivé au niveau du haut des Piquets, et les derniers coups de maillets donnés, liez ensemble trois tours avec quatre petites Harts, également espacées ; arrachez votre Gabion, et liez-le du même côté des pointes. A mesure qu'on le construit, il faut vérifier souvent si les Piquets ont leur distance entre eux, et avec le Piquet du milieu. Lorsqu'il est fini, il faut aviver les pointes, si elles sont émoussées.

Il faut que les bois soient verts et flexibles; on y emploie le chêne, etc.

Il faut 3 hommes par atelier, qui en font un de tranchée en 2 heures. 1 dirige, 1 lui aide, le 3e. choisit et prépare les bois.

Il leur faut en outils : 1 cordeau, 1 niveau, 1 scie, 2 serpes, 1 maillet, 1 pic-hoyau.

(B) *Note du* No. 22.

Le nombre des Batteries de Siége et leur objet, tiennent précisément à l'art de l'attaque des Places ; voilà pourquoi on n'en parle qu'en note, et très-légèrement.

Dans le Siége d'une Place, on attaque ordinairement un front, et l'on chemine par des tranchées en même tems sur trois Capitales, celle de deux Bastions et celle de la Demi-lune. L'objet des premières Batteries doit être d'éteindre le feu des ouvrages qui se dirigent sur ces Tranchées : il est aisé de voir, à l'inspection d'un plan, qu'il faut pour cela construire une Batterie contre chacune des 4 Faces qui sont dans ce Front.

Le Feu des deux Faces des Bastions ne pouvant être bien éteint que par des Batteries à Ricochet, perpendiculaires à leur prolongement, et ces Batteries étant battues par les deux Demi-lunes collatérales au Front d'attaque, il faut encore deux Batteries de plein fouet contre les Faces de ces Demi-lunes, et deux Batteries à Ricochet sur le prolongement des Faces des demi-Bastions du Front d'attaque. Il faut donc en tout 8 Batteries dans le commencement d'un Siége. On suppose que la Place dont on parle n'a que des Demi-lunes ; la multiplicité des dehors, l'irrégularité de l'enceinte, les accidens topographiques peuvent apporter bien des changemens dans ce premier aperçu.

BATTERIES DE PLACE.

189. Les Batteries de Canon pour la défense des Places, lorsqu'on a des Affûts à la Gribeauval, ont des Embrasures si peu profondes, qu'on les regarde comme tirant à Barbette.

190. Il peut arriver qu'on n'ait pas, dans toutes les Forteresses, des Affûts de Place à la Gribeauval pour le Canon, et qu'on soit

forcé de se servir d'Affûts de Siége : dans ce cas les Batteries se construisent absolument comme celles de Siége, en observant de faire les Embrasures directes (193), ou d'aligner leur Directrice sur l'objet qu'elles doivent battre, s'il y en a un déterminé.

191. Quoiqu'on ait des Affûts de Place à la Gribeauval, si l'on veut les ménager, et qu'on ait quelques Affûts de Siége, on peut faire des Batteries à Barbette (19), jusqu'à ce que l'ennemi soit arrivé à la seconde Parallèle, ou qu'on soit trop incommodé de son feu. Ces Batteries sont un exhaussement des terres du Rempart qu'on pratique à droite et à gauche de l'angle flanqué des Ouvrages, qui peuvent battre l'attaque, sur la longueur de 10 à 12 toises. Sur cet exhaussement on construit des Plate-formes, de façon à tirer le Canon par-dessus le parapet, sans ouvrir d'Embrasure.

On place ainsi sur chaque Face 5 à 6 Pièces qui battent l'ennemi, en le découvrant mieux dans les premiers jours du Siége, où elles ne peuvent guères être en prise à ses coups. Par ce moyen on ménage son rempart, en ne l'affaiblissant pas par l'excavation des Embrasures : ces Batteries sont bientôt construites, et le sont d'autant plus vite, que dans beaucoup de Places cet exhaussement de terre est déjà fait.

Les Directrices sont directes; les Plate-formes doivent avoir leur plan supérieur, au bout vers le parapet, à 3 pieds 8 pouces de la crête de ce parapet; tout le reste est conforme à ce qu'on a prescrit pour les Batteries de Siége.

192. Si l'on a des Affûts de Place à la Gribeauval, les Batteries en seront plutôt construites, parce qu'il n'y a proprement point d'embrasure à faire : le Rempart n'étant point affaibli par leur excavation, on pourra mettre les Pièces à deux toises l'une de l'autre.

193. *Construction.* De 2 en 2 toises marquez par des Piquets l'emplacement des Pièces : comme elles doivent tirer sur des espaces considérables, des perpendiculaires sur le côté intérieur du parapet, menées de ces Piquets, marqueront la Directrice des embrasures qui seront directes, ainsi que les Plate-formes. Le champ de tir des Pièces s'étendant par ce moyen à droite et à gauche de leur Directrice, elles pourront battre successivement divers points.

J'appellerai *Plan Directeur,* un plan vertical qu'on imagine passer par les Directrices des embrasures.

La Genouillère, à compter du plan supérieur des Gîtes, vers le parapet, doit être de 5 pieds, parce que l'élévation de la Pièce de

Place au dessus de son chassis, est de 4 pieds 10 pouces; les madriers de la Plate-forme ayant 2 pouces d'épaisseur, achèvent d'élever la Pièce de Place à 5 pieds, et l'épaisseur du chassis sert à donner du jeu à la volée, pour passer par-dessus cette Genouillère.

194. *Embrasure.* Ouvrez le Parapet pour former l'embrasure symétriquement à droite et à gauche du Plan Directeur, en sorte qu'elle ait 1 pied (ou 18 pouces Artillerie nouv.) de profondeur, et 20 pouces de large à son ouverture intérieure, 9 pieds de largeur à son ouverture extérieure, avec la profondeur nécessaire dans cet endroit, pour découvrir l'objet qu'on veut battre; rejetez les terres à droite et à gauche sur les Merlons.

Pour plus de solidité, agrandissez l'embrasure d'un pied de plus de chaque côté de sa largeur, et revêtez chaque joue d'un Saucisson d'un pied de diamètre, bien piqueté, si l'embrasure n'a qu'un pied de profondeur; ou mettez 2 Saucissons à chaque joue, si l'embrasure a 18 pouces de profondeur.

On peut se dispenser de faire des joues en formant la Plate-forme à 5 pieds au dessous de la crête du Parapet, au lieu de 6 (195); placer un Saucisson à droite et à gauche du Plan Directeur, avec l'écartement entre eux de 20 pouces à l'intérieur, et de 9 pieds à l'extérieur; les bien piqueter, et mettre, pour les soutenir, de la terre derrière eux, sur les Merlons. De cette façon, les embrasures sont plutôt faites, mais on est bien moins couvert, et le sol des Plate-formes étant plus élevé, elles sont plus longues à construire, et moins solides.

195. *Plate-formes.* Abaissez la banquette jusqu'à 6 pieds au dessous de la crête du Parapet, et sur 10 pieds de longueur, 5 à droite, 5 à gauche du Plan directeur. Placez 3 Gîtes parallèles entre eux; celui du milieu partagé également suivant sa longueur par le Plan Directeur, le milieu des autres éloignés chacun de 6 pieds 6 pouces de celui-ci. Placez ces Gîtes touchant d'un bout le parapet: leur bord supérieur en cet endroit à 6 pieds au dessous de la crête du parapet, ou à 5 pieds du bord inférieur de l'embrasure (193, 194). Donnez à ces Gîtes 3 pouces de talus par toise de longueur, et mettez leur extrémité de niveau entre elles et horizontales. Affermissez ces Gîtes en remplissant de terre les intervalles qui sont entre eux, et en la damant avec soin lit par lit. Pour les rendre encore plus solides, ne les mettez qu'à 4 ou 5 pouces du parapet, et plantez à chaque bout un Piquet qui les contienne dans la position prescrite. Sur les Gîtes, placez les Madriers; le premier contre le Parapet; le trou dont ce Madrier est percé pour recevoir la Cheville-ouvrière du chassis, doit répondre au Gîte du milieu. Placez les autres Madriers successivement, joignant le mieux possible les uns aux autres, et arrêtez le dernier au recul par deux Piquets qui le pressent et l'arrasent.

En 1790, on a ajouté un Lisoir au chassis d'Affût de Place, et la Cheville ouvrière, au lieu d'être placée au heurtoir, le sera à ce Lisoir, qui correspond au-dessous des tourillons, et au-dessous de l'essieu des roues quand la Pièce est en batterie. Ce changement rend le chassis plus mobile, parce que le point de rotation se trouve placé à-peu-près au centre de gravité du poids que supporte le chassis; la direction des Pièces est plus facile à donner; les semelles sont mieux soutenues, et on économise les bois à Plate-forme.

Le Lisoir est parallèle au heurtoir du chassis, et est à 20 pouc. de celui-ci, mesure prise du devant des bouts du heurtoir au centre du Lisoir; il affleure en dessous les semelles, et est fixé au chassis par 2 boulons qui traversent le milieu de la largeur des tringles; il y a une rondelle à oreilles, encastrée dans le dessous du Lisoir. À 18 lignes de l'entre-toise de derrière, on a ajouté à l'auget en dehors, une plaque d'appui qui garnit le dessous, et une partie des côtés, ce qui empêchera cette partie d'être dégradée par les leviers qu'on embarrera contre elle pour diriger la Pièce.

Le dessus des bouts du Contre-Lisoir est entaillé de 5 pouces de longueur sur 5 pouces de profondeur, pour recevoir 2 des Gîtes qui forment la base de la Plate-forme.

Il est percé au milieu d'un trou de 17 lignes pour le passage de la Cheville ouvrière.

Une rondelle à oreilles, semblable à celle du Lisoir du chassis, et encastrée de même de l'épaisseur des oreilles, est clouée dessus.

Il est enterré près l'épaulement de la Batterie; le trou pour la Cheville ouvrière sur la ligne du tir, à laquelle sa longueur doit être perpendiculaire.

Le trou de la Cheville ouvrière doit être à 2 pieds de l'épaulement.

Le dessus du Contre-Lisoir est de niveau avec le terre-plein de la Batterie près l'épaulement.

Ces changemens en ont apporté aussi dans les Plate-formes. Il faut, pour une Plate-forme,

3 Poutrelles.	Longueur, 14 pieds. Equarrissage, 5 pouces.
1 Contre-Lisoir.	Longueur, 4 pieds 11 pouces. Hauteur, 8 pouces. Epaisseur, 9 pouces.
1 Gîte cintré.	Longueur, 6 pieds. Hauteur, 5 pouces. Largeur, avant d'être cintré, 6 pouces, réduit à 4 aux extrémités.

2 Gîtes droits. { Longueur, { 8 pieds pour le dernier. 6 pieds 6 pouces pour le premier, celui du milieu. } Equarrissage, 5 pouces. }

Le premier Gîte est cintré pour ne point arrêter le Lisoir lorsqu'on tournera le Chassis à droite ou à gauche pour donner à la Pièce dans son Tir 15°. d'éloignement de chaque côté de sa Directrice d'Embrasure ; pour avoir cette facilité, il faut qu'il soit à 7 pouces du derrière du Lisoir, mesure prise du Cintre.

Il faut donc que le heurtoir soit à la même distance du Coffre pour ne pas en être gêné, et à cause des deux pouces du cintre, il faudra qu'il en soit à 9 pouces.

Le Contre-Lisoir devant répondre au Lisoir et ayant même largeur, et celui-ci ayant son centre, ou le trou pour la Cheville ouvrière, à 20 pouces du devant du Heurtoir; il faudra (1) placer le devant du Contre-Lisoir à 24 pouces 6 lignes (24 po. suffiront) du Parapet ou Epaulement; son milieu répondant à la ligne de Tir ou Directrice, son plan supérieur à 4 pieds 10 pouces du plan horizontal passant par la crête du Parapet. Cette élévation est celle de la Pièce au-dessus du chassis : l'épaisseur de 3 pouces de celui-ci servira à donner du jeu à la Volée.

Les 3 Poutrelles sont placées parallèlement entre elles, leur plan supérieur dans un même plan, et ayant 5 pouces de talus de l'arrière à l'avant. Les deux Poutrelles extérieures sont logées dans l'encastrement des bouts du Contre-Lisoir : la Poutrelle du milieu s'appuie contre le derrière du Contre-Lisoir seulement, et elle répond au-dessous de l'Auget. On garnit de terre l'entre-deux des Poutrelles.

Les 3 Gîtes sont placés sur les Poutrelles.

Le Gîte cintré est à 7 pouces derrière le Contre-Lisoir, mesure prise de son Cintre, ce Cintre tourné vers le Lisoir.

Le premier Gîte droit (est à { $31\frac{1}{2}$ pouces / 25 pouces } du derrière du Gîte cintré) doit répondre à la première Entre-toise du Chassis, et par conséquent il sera à 3 pieds 8 pouces 6 lignes du derrière du Contre-Lisoir pour les Chassis de 24 et de 16, et à 3 pieds 2 pouces pour ceux de 12 et de 8.

Le second Gîte droit est à 1 pied du bout du chassis.

Les 3 Gîtes sont contenus à chaque bout par 3 Piquets de 3 pieds $\frac{1}{2}$ de long, équarris, ayant 3 pouces à la tête. Au lieu de ces

---

(1) Cette distance de 24 pouces du Contre-Lisoir au Parapet est suffisante lorsque le Talus intérieur du Parapet est des $\frac{2}{7}$ de la hauteur; mais si ce Talus intérieur est nul, comme dans un Revêtement en maçonnerie, alors il faut que cette distance soit de 30 pouces.

18 Piquets, on a trouvé moins coûteux de mettre 6 boulons traversant le milieu des Poutrelles et du bout des Gîtes ; la tige a 9 lignes de diamètre, la tête carrée a 18 lignes d'équarrissage, 6 lignes d'épaisseur ; le boulon a un pied de longueur.

Dans les Tables imprimées, on appelle les Gîtes *Poutrelles de travers ;* elles ont des dimensions et des emplacemens différens de ceux qu'on donne ici, et qu'on a souvent suivis. Voici ces variations.

Poutrelles de travers.	Longueur	de celle de devant. .	5 pi.	» pouc.
		de celle du milieu. .	6	6
		de celle de derrière.	8	»
	Equarrissage, 5 pouces.			

Elles sont placées en travers sur les Gîtes ; les mesures qui déterminent leur position se prennent sur le Chassis. La première doit se trouver à 8 pouces du Lisoir ; la seconde sous l'Entre-toise du milieu ; et la troisième à 5 pouces du côté intérieur de l'Entretoise de derrière.

On les fixe en place avec des Piquets.

Les Poutrelles fixées, on garnit leurs intervalles de terre ; il ne reste de vide que celui entre la Poutrelle de devant et l'Epaulement. Ce vide est nécessaire pour le jeu du Lisoir.

196. Dans les Ecoles d'Artillerie, on ne pratique presque jamais d'embrasures pour les Pièces de Place ; on fait les Plate-formes à 5 pieds de la crête de l'Epaulement, qui figure le Parapet, mesure prise du dessus des Gîtes au bout contre l'Epaulement.

197. On fait les Chevalets pour les armemens comme aux Batteries de Siége, et on donne de l'écoulement aux eaux de l'avant à l'arrière de la Batterie.

198. Si, dans les Batteries de Place, on est trop en prise au Ricochet, de deux en deux Pièces on retirera la troisième, ce qui donnera un espace de 2 toises suffisant pour y élever avec des Gabions, etc. une traverse de 7 pieds d'élévation qui mettra à couvert le restant des Pièces.

199. Si on est pris de revers, on construira des Parados ; les meilleurs se font avec des Poutres, ou fortes Poutrelles, ou avec des troncs d'arbres bien dressés, qu'on incline en forme de toit sous un angle de 45°. au plus, en arrière de la partie du Rempart qu'occupe la Batterie.

200. Les Batteries de Mortiers, de Pierriers et d'Obusiers, se construisent de même que dans les Siéges.

BATTERIES DE CÔTE.

NOTA. Ce qui concerne les Batteries de Côte ayant été clairement et brièvement exposé dans deux Mémoires attribués au général Gribeauval, on ne croit pas pouvoir mieux faire que de les copier ici mot à mot. On place avant ces Mémoires un extrait de ce que dit le général La Rosière (auteur du Projet agréé pour la défense de la Rade et du Goulet de Brest, en 1767) sur ces Batteries, où on fera remarquer en quoi il est contraire au sentiment du général Gribeauval.

201. En général, il faut observer, 1°. par rapport au *nombre* de ces Batteries, que plus on les multipliera (1) plus il y aura

---

(1) De cette première Observation ou principe, qu'on a trop suivi, il en est résulté une multiplication étonnante de Batteries de Côte; on a voulu faire de la Frontière maritime une enceinte de Place; on y a disposé plus de 3000 Bouches à feu; il a fallu des Canonniers, etc., en conséquence: ce nombre n'a pu être fourni: les Batteries ont été mal approvisionnées, mal exécutées, et la défense des Côtes est devenue presque nulle.

On ne peut empêcher les Descentes à cause du long développement des Côtes, de la mobilité des Escadres qui les menacent, de l'impossibilité de garder tous les points où l'on peut aborder: et à quoi sert de garder tant de points si on ne les garde tous? D'ailleurs ces points sont d'une très-faible défense, lorsqu'ils sont en butte à la nombreuse Artillerie des Flottes.

Donc il ne faut de Batteries qu'à l'entrée des Ports; que pour protéger les Rades de sûreté (celles où l'on peut rassembler un Convoi, où le fond est bon, où l'on est à l'abri des vents dangereux, où les Passes sont défendues par des feux croisés): les anses qui, à marée basse, ont encore 12 à 15 pieds d'eau, et qui peuvent servir aux Embarcations de 10 à 12 Bâtimens; enfin les Mouillages principaux lorsqu'ils ne sont pas trop rapprochés entre eux, parce que les Vigies avertissant, par leurs signaux, des Bâtimens à craindre, ceux de la Nation concerteront leur départ et leur route en conséquence. Il faut supprimer les autres Batteries isolées qui n'ont aucune de ces destinations.

Donc il faut que les Batteries de Côte soient fermées à leur gorge, parce que pouvant être aisément tournées, elles seraient enlevées facilement en restant ouvertes. (L'Affût de Côte peut, en plaçant le grand Chassis en sens contraire, battre du côté de la mer et du côté de la terre. Cette disposition ingénieuse est due à l'adjudant-commandant Mayer).

Donc il faut d'autres moyens que des Batteries pour défendre les Côtes, et il faut que ces moyens soient mobiles comme l'ennemi qui les insulte ou les attaque.

Donc ces moyens sont les Bâtimens Côtiers de guerre escortant les Flotilles (défense qui concerne la Marine), les Troupes et de l'Artillerie mobiles, placées à portée des points de débarquement.

On a dit, page 378, qu'on pensait que le général Gribeauval ne voulait

d'asiles pour les bâtimens de toute espèce, et moins l'ennemi pourra s'approcher de la Côte..... 2°. Par rapport à leur *emplacement*; de les établir sur des îles, sur des bancs de rochers ou de sable, ou sur les pointes les plus avancées en mer, et, autant qu'il sera possible, de manière qu'elles découvrent parfaitement l'endroit qu'elles doivent battre, et que les Vaisseaux ne puissent point, ou que difficilement, se mettre à portée de les faire taire ou de les détruire; qu'il y en ait, si c'est pour défendre une descente, de cachées derrière quelque Rideau ou Epaulement, pour pouvoir tirer sur les Chaloupes et sur les Troupes, au moment que l'ennemi approchera du rivage, et voudra s'en rendre maître; que leur communication soit aisée et assurée..... 3°. Quant à leur *direction*, que leur feu se croise et se répande de toute manière sur les différens points où l'ennemi pourra se présenter ou s'ancrer.... 4°. Quant à leur *construction*, qu'on les fasse en maçonnerie (erreur, voy. n°. 210), et solides en raison de la distance à laquelle elles pourront être battues; que celles qui devront battre au loin soient à Barbette (elles le seront toutes, au moyen du nouvel Affût de Côte); et celles qui seront placées pour battre de près, à Merlons: que les unes et les autres soient à différentes élévations, mais plutôt basses (erreur, voy. n°. 202) que hautes, le feu horizontal étant le plus dangereux pour les vaisseaux; qu'elles soient fermées par-tout où elles ne pourront être assurées, par des escarpemens de rochers, ou autres défenses naturelles, et sur-tout dans les points qu'il importe le plus de conserver, et

---

employer que du Canon de 4 contre l'ennemi qui tenterait un débarquement; car l'essentiel est de se porter sur lui avec rapidité, pour foudroyer les Chaloupes, culbuter ses Troupes, les couper, empêcher leur embarquement: or le Canon de 4 remplit tous ces objets. Si l'ennemi tentait la descente en votre présence, les Pièces de 12 et de 8 n'en imposeraient pas à l'Artillerie de ses Vaisseaux qui balaierait le rivage: il faudrait donc attendre que ses Troupes ne fussent plus sous leur protection, ou couvrir vos Pièces, quel que fût leur calibre, pour tirer de cet abri contre les Chaloupes et les Soldats.

Ainsi, en me conformant à-peu-près aux dispositions attribuées au général Gribeauval, et en les étendant à la défense de l'accroissement de notre frontière maritime; en adoptant de plus le principe assez généralement reçu d'avoir 3 Bouches à feu par 1000 hommes, il faudra:

36000 hommes d'Infanterie. . .	108 Pièces de 4.	de Flessingue à Nantes.
8000 hommes de Cavalerie. . .	24 *idem.*	
10000 hommes d'Infanterie. . .	30 *idem.*	de l'Embouchure de la Loire à Bayonne.
3000 hommes de Cavalerie. . .	9 *idem.*	
16000 hommes d'Infanterie. . .	48 *idem.*	sur les Côtes de la Méditerranée.
2000 hommes de Cavalerie. . .	6 *idem.*	

75000 hommes et 225 Pièces de 4 en tout.

qu'elles soient entourées au moins d'un fossé; enfin qu'il y ait dans toutes, autant qu'il sera nécessaire, un Corps-de-Garde et un Magasin à poudre proportionnés à leur étendue et au nombre de bouches à feu qu'elles contiendront..... 5°. Pour ce qui est de leur *armement*, que les Pièces soient de gros calibre, excepté celles de Batteries cachées, comme on l'a dit ci-dessus, où il suffira d'avoir du 8 et du 4, mais de fonte, autant qu'il sera possible, ces Pièces devant être remuées promptement, et servies de même; qu'on y emploie autant de Mortiers qu'on pourra, qui est ce que les Vaisseaux craignent plus que toute autre chose, essentiellement pour battre les mouillages (1); qu'on y établisse des grils, afin de pouvoir tirer à Boulet rouge, et qu'elles soient suffisamment pourvues d'ustensiles et de munitions de toutes espèces. D. L. R.

Premier Mémoire sur les Batteries de Côte (1778).

202. Nous croyons qu'il convient d'établir des principes qui ne sont pas encore assez connus, sur l'emplacement des Batteries de Côte.

Les Boulets ricochent sur l'eau mieux que sur terre, et tous les ricochets sous deux ou trois degrés, font perdre peu de force aux gros Boulets. Ceux de 24, sous 4 degrés, conservent encore plus de force qu'il ne faut pour percer le flanc d'un Vaisseau, tel fort qu'il soit, à 300 toises et plus; ainsi toute Batterie qui, par son peu d'élévation sera exposée à l'égoût des ricochets d'un Vaisseau, recevra tous ses coups traînans qui lui feront encore beaucoup de mal; et toute Batterie qui sera assez élevée pour tirer à bonne portée sur un Vaisseau, sous l'angle de 4 à 5 degrés lui fera tout le mal possible, puisque les boulets traînans de la Batterie iront tous au Vaisseau, mais ceux partant du Vaisseau, qui est plus bas que la Batterie, ne pourront ricocher assez haut pour monter jusqu'à elle, si elle a la hauteur supposée ci-dessous.

203. Pour trouver la hauteur de la Batterie qui aura cet avantage, on observera que les boulets de cette Batterie devant toucher l'eau sous 4 à 5 degrés, vers 100 toises de distance, l'éloignement du Vaisseau à la Batterie, sera le sinus total, et la hauteur de cette Batterie sera la tangente de l'angle de 4 ou 5 degrés, elle se trouve de 7 à 9 toises: élevons donc nos Batteries de 7 à 9 toises, nous ricocherons bien et très-bien vers 100 toises sur les Vaisseaux, si nous les manquons de plein fouet; au lieu que les ricochets des Vaisseaux, qui ne partent que d'une, deux ou

(1) Les Obus sont encore plus à redouter que les Bombes.

trois toises d'élévation, ne peuvent monter par ricochet jusqu'à la Batterie. Alors nous aurons tout avantage sur les Vaisseaux, puisqu'ils ne pourront nous toucher que par le plein fouet, et que nous aurons pour nous le ricochet et le plein fouet, premier avantage qui tourne à notre profit toutes les maladresses, qui sont bien nombreuses en ce genre.

204. Comparons à présent les avantages de notre plein fouet sur le leur. Nous avons pour objet tout le corps du Vaisseau, et lui ne peut tirer profit que des boulets qui passent à un pied et demi au-dessus de notre épaulement, puisque nos Pièces ne se découvrent pas plus, et que la pièce couvre la tête de l'homme qui la pointe, tout le reste du service étant couvert par l'épaulement; ainsi le Vaisseau, sur trois toises courantes d'épaulement, n'aura pour objet que la Pièce, qui ne présente qu'un pied et demi de haut, sur autant de large, ou deux pieds carrés, pendant que nous avons plus de 2700 pieds pour nous sur un Vaisseau supposé de 150 pieds de quille seulement, et cela sans comprendre les Voilures, Cordages et Mâtures. On voit que ce second avantage est encore bien plus considérable que le premier.

205. Mais il en est encore un troisième, au-dessus des deux précédens; c'est celui du pointage. Le Canonnier du Vaisseau sous voile ne voit point son objet; lorsqu'il donne la hauteur, il ne peut le faire que par estimation, et ayant pointé dans le vague de l'air, c'est au moins le hasard de 100 contre un, s'il a rencontré la hauteur d'un $\frac{1}{2}$ pied que lui offrent les Pièces, et si dans ces mouvemens que fait le Vaisseau, il conserve ou rencontre cette hauteur, puisqu'une seule ligne de roulis la lui fait encore manquer; et en supposant que le hasard le porte à cette hauteur, il n'y aura encore qu'un douzième de ses coups qui touchera, puisque la pièce n'occupe que $\frac{1}{2}$ pied de longueur, sur 3 toises de longueur de parapet.

206. Concluons donc que le feu des Vaisseaux n'est dangereux que quand, par maladresse, on s'expose au ricochet de leurs Boulets; qu'il y a plus de 500 à parier contre un, que quand on se place assez haut pour ricocher, et n'être point ricoché, et qu'on a des Affûts élevés qui permettent de tirer au-dessus d'un épaulement de 5 pieds, une Batterie de 4 Pièces de 16 ou de 24 aura toujours un avantage immense sur un Vaisseau de 100 Pièces, de tel calibre qu'elles soient.

207. On croit inutile de dire à des Officiers d'Artillerie, qu'une Batterie que les Vaisseaux peuvent approcher à 100 toises, ne devant avoir qu'environ 8 toises d'élévation; si les Vaisseaux ne peuvent approcher qu'à 200 toises, elle peut être élevée de 12 à 16 toises, sans perdre les avantages du ricochet, et que si le terrain entre la mer et la Batterie forme un talus qui puisse élever les

ricochets du Vaisseau jusqu'à la Batterie, il faut couper ce talus en une ou plusieurs banquettes horizontales.

208. Il est encore un préjugé qu'il est essentiel de détruire, parce que tout faux qu'il est, il répand la terreur sur les Côtes; c'est celui que des Vaisseaux embossés peuvent raser des Forts. Cependant le Risban de Dunkerque a souvent embarrassé les Anglais, et leurs Vaisseaux ne l'ont point rasé dans le tems. La Citadelle du Hâvre et la Tour de l'entrée du port, ne l'ont point été. Les Tours de l'île Tathiou leur déplaisent depuis plusieurs siècles, et ne l'ont point été, non plus que les forts de Saint-Malo, le Château du Taureau, ceux de Bertheaume et de Camaret, la petite Citadelle du Port-Louis, celle de Belle-Isle, etc.

Je crois qu'il serait essentiel d'engager les gens instruits à décrier les préjugés qui ont épouvanté bien du monde, et notamment ceux qui ont été chargés de défendre Houat, Hedic et l'Isle-d'Aix, où rien n'a été détruit par le Canon des Vaisseaux, et que la peur seule a fait rendre.

209. On dit que lorsque les Vaisseaux peuvent approcher à la portée du fusil, la mousqueterie des hunes plonge dans les Batteries et en arrête le service... Le premier remède à cela est d'élever sur les derrières de la Batterie 2 ou 3 Pièces de 12, qui étant aussi hautes ou plus hautes que les hunes, seront tirées de près à grosses cartouches, pour enlever le bastingage des hunes et les hommes qui seront derrière.... Le 2.e remède, qui remplirait aussi beaucoup d'autres objets, puisqu'il empêcherait tout Vaisseau d'approcher, serait d'éprouver des compositions d'artifice, qu'on mettrait dans les Pièces à la place des cartouches, et qui, jusqu'à la portée du fusil, qui est de 150 toises, porteraient le feu dans les voilures, cordages et mâtures. Il y en a d'indiquées dans le traité de Perinet d'Orval, imprimé à la fin de la guerre de 1741 : on n'a pas été jusqu'ici à même de les éprouver.

Il faudrait encore faire l'épreuve des Boulets incendiaires (1) de Biétry, médecin d'Auxonne : on n'a pu, faute d'emplacement, que les éprouver imparfaitement à Metz, où environ moitié de ces Boulets ont porté le feu jusqu'à 800 toises. Il faudrait voir s'ils ne s'éteindraient pas avec des charges plus fortes, et s'ils porteraient le feu plus loin; alors on défendrait bien des mouillages à peu de frais. Ces Boulets ont du poids et toute la solidité nécessaire pour percer ou de moins se loger dans le bois des Vaisseaux.

Il faudrait encore éprouver l'Obusier (2) de 6 pouces; il se trans-

(1) Voyez page 492.

(2) La présomption du Général Gribeauval a été parfaitement confirmée par des épreuves répétées, dont plusieurs personnes se sont donné l'honneur de l'invention.

porte et se sert comme une Pièce de Régiment, et porte son Obus jusqu'à 13 ou 1400 toises. Il faudrait éprouver si la roche à feu, ou autre artifice de peu de volume, mis dans sa charge, ne se dissoudra ou ne se détruira point par l'inflammation de la charge avant d'être jeté au loin. Peut-être pourrait-on couler de la roche à feu dans l'Obus même, pour que les éclats en portassent partout, ou des mèches incendiaires; en cas de réussite, ce serait un des bons moyens de défense.

210. Les Batteries qui battent à la mer, et qui péchent presque toutes par le trop peu d'élévation, ont encore le vice d'être construites en maçonnerie. Il n'est pas possible de se bien défendre derrière un pareil épaulement, parce qu'un seul Boulet qui touche dans l'Embrasure, ou sur la crête du Parapet, chasse des quantités de pierres dans la Batterie, et y fait plus de mal que ne feraient plusieurs cartouches à la fois. A moins de cas extraordinaires, il ne faut point conserver d'Embrasure, dès qu'on aura des Affûts de côte; et comme il faudra élever les genouillères jusqu'à 5 pieds au moins, ce rehaussement doit se faire avec des terres franches et tenaces; si elles contiennent des pierres, on les passera dans une claie très-serrée pour les en purger. Toute genouillère ou épaulement quelconque, doit être recouvert à son sommet de 2 pieds $\frac{1}{2}$ de pareille terre (1).

211. Il est encore un préjugé à détruire : c'est qu'il y a des Vaisseaux d'assez fort échantillon pour n'être point percés par le Canon; voyez pour cela la traduction de Robins, imprimée à Grenoble, en 1771, pages 541 et 544, où, par les Epreuves publiques faites à Chattam, un Boulet de 18, chassé par 6 liv. de poudre (2), pénètre dans le bois le plus dur, depuis 37 jusqu'à 46 pouces; or il n'y a point d'échantillon de Vaisseaux de cette force.

Second Mémoire sur les Batteries de Côte.

212. L'entrée des Ports et des Rivières, les mouillages sur la Côte, tout point d'où l'on peut protéger le cabotage, et qui ont été reconnus, ont servi à déterminer l'emplacement des Batteries de Côte. On a fixé et démontré à ce sujet, dans un mémoire,

(1) Comme la légéreté des Terres et la rareté des Bois à Saucissons sur les Côtes, nécessitent presque toujours à revêtir les Batteries; on les entoure d'un demi-Revêtement en pierres rengrouées, qui a 3 pieds de haut et 2 pieds 6 pouces d'épaisseur. 8 Journées de Maçons (qu'on paye ordinairement 20 à 25 sols chacune) suffisent pour construire un pareil Revêtement à une Batterie de 4 Pièces.

(2) Ces Epreuves ne sont pas décisives : la différence des climats où croît le chêne en met une énorme dans la dureté de son bois.

l'élévation que ces Batteries doivent avoir au-dessus de la mer, relativement aux distances où les Vaisseaux pourraient en approcher ; il n'est question ici que de la construction de ces Batteries.

213. La hauteur de l'Epaulement, 5 pieds, sera fixée par celle du bourlet de la Pièce placée horizontalement sur son Affût. Le talus intérieur doit être diminué autant que les terres pourront le permettre, afin que dans la direction fort oblique à l'épaulement, la volée passe assez par dessus pour ne point le dégrader, ni brûler les Saucissons.

214. A cet effet, le petit Chassis qui porte le grand Chassis de l'Affût, doit être placé près du premier Saucisson, ne laissant d'intervalle que la place d'un piquet qui doit le retenir et empêcher le mouvement qu'il pourrait avoir sur l'épaulement, en remettant la Pièce en Batterie (1).

215. Le petit Chassis doit être placé bien horizontalement, afin que le grand Chassis qui est fixé par une cheville ouvrière, ne soit point arrêté dans son mouvement circulaire, et n'éprouve que le moindre frottement possible. De même aussi la portion de cercle sur laquelle porteront les roulettes du grand Chassis, sera bien horizontale, et aura pour centre le point (2) qu'occupera la cheville-ouvrière. Le dessus de cette portion de cercle sera de niveau avec le dessous du petit Chassis (3). Le petit Chassis sera posé sur terre, après avoir damé et affermi la place sur laquelle il sera assujetti par 6 piquets. L'arc du cercle sera enterré de toute son épaisseur, après avoir bien également affermi le terrain. On a éprouvé que dans cette position, la Pièce n'a pas trop de recul, la manœuvre est facile, et par-tout les Canonniers sont à couvert de

---

(1) Pour empêcher que l'Entre-toise du milieu du petit Chassis qui supporte le grand Chassis, ne plie sous sa charge, ce qui rendrait ce dernier moins mobile, on soutient cette Entre-toise dans son milieu, en plaçant dessous un bout de Madrier de 3 pieds de long, et de 2 pouces 8 lignes à 3 pouces d'épaisseur, parallèlement aux côtés de ce petit Chassis.

(2) La distance de la Cheville ouvrière au milieu des Roulettes, est de 11 pieds 8 pouces 6 lignes.

(3) Cette disposition horizontale n'est telle que pour les Pièces de 24. Comme tous les Chassis sont les mêmes (celui de la Pièce de 36 a seulement plus d'Ecartement), et qu'on croit (ce qui est douteux) que sur des plans également inclinés les Pièces de plus gros Calibre ont plus de recul, il faudra que le plan sur lequel doit reposer le petit Chassis, et être enterrée la partie circulaire de la Plate-forme, soit incliné vers la Batterie, pour les Pièces du Calibre au-dessus de celui de 24 ; et qu'au contraire ce même plan soit incliné en arrière de la Batterie pour les Pièces du Calibre au-dessous.

toute la hauteur de l'épaulement. L'arc de cercle sera formé de 3 pièces de bois cintrées, ayant 8 pouces de largé et 3 pouces d'épaisseur ; elles se rejoindront sur des bouts de madriers d'1 pied de long, qui seront fixés par des clous de 5 à 6 pouces, et maintenus entre 2 piquets à chaque jointure.

216. Chaque bout de l'arc portera un bout de madrier en travers, de 16 pouces de long, qui dépassera de 4 pouces sur la traverse, y sera fixé par 2 clous, et maintenu par 2 piquets placés au-dessus des bras de cette croix.

217. On pense que tous les Piquets seront de force suffisante à 3 pouces de diamètre, et à 3 pieds de longueur. On aura soin d'équarrir le côté qui fera résistance, la longueur sera relative à la qualité du terrain. A l'égard de la longueur de l'arc, il est à remarquer, que lorsque la direction de la Pièce fait un angle de 45°. avec l'Epaulement, si le talus est le quart de la hauteur, le gros rouleau de l'Affût en Batterie touche le Saucisson. Si le talus était plus considérable, ou si l'Affût était plus éloigné de l'Epaulement pour que l'angle fût encore diminué, la volée de la Pièce ne passerait plus sur l'Epaulement, qui serait exposé à être détruit par son feu ; d'où il résulte qu'une Pièce ne pourra être dirigée que sous 45°. de chaque côté de la direction première de la Batterie. Son feu embrassera par conséquent le quart de la circonférence ; ainsi on pourrait toujours tirer sur un Vaisseau qui ne ferait que passer devant une Batterie pendant qu'il sera à parcourir le double de la distance où il approchera (le plus) de la Côte, et un coup de plus par Pièce à son arrivée.

218. Il suffit donc que l'arc soit égal au quart de la circonférence plus la largeur du Chassis ; nous y ajouterons de chaque côté le pied qui fait la croix, afin que la roulette ne porte jamais sur le bout, qui serait plus aisé à détruire.

219. Il faut pour la Plate-forme 3 pièces de bois de 8 pouces de large sur 3 pouces d'épaisseur, et de 8 pieds de long, cintrées à 8 pouces 6 lignes de flèche ; 4 bouts de Madriers, dont 2 d'1 pied et 2 de 16 pouces de long ; 14 Piquets de 3 pouces de diamètre, et 12 clous de 5 à 6 pouces de long.

S'il était difficile d'avoir des pièces de bois de 8 pieds de long, cintrées à 8 pouces 6 lignes de flèche, on ferait l'arc en 4 parties, chacune de 6 pieds cintrés, à 4 pouces 8 lignes de flèche ; alors il faudrait pour un joint de plus, un bout de Madrier d'1 pied, 2 Piquets et 4 clous.

On demande des bois à-peu-près cintrés naturellement, comme il est dit ci-dessus, parce que s'ils étaient contre-taillés en entier, ils seraient sujets à se fendre, vu la grande charge qu'ils ont à supporter.

220. Ces Batteries exigent plus de distance d'une Pièce à l'autre que dans les Batteries de terre ; il est d'usage pour ces derniers, d'espacer les Pièces à 3 toises ; si l'on s'en tenait à ces distances, pour les Batteries de Côte, lorsque la direction des Pièces ferait un angle de 45°. avec l'Epaulement, il ne resterait pas 9 pieds d'intervalle entre les Chassis, sur lesquels les rouleaux dépassent de 13 pouces ; ainsi il ne resterait que 6 à 7 pieds de passage libre, ce qui serait fort incommode pour la manœuvre. Il faudra donc, autant que faire se pourra, espacer les Pièces de 3 toises et demie, d'autant qu'il n'en peut résulter d'inconvéniens, mais au contraire l'avantage de diviser sur un plus grand espace, le feu des Vaisseaux.

Nota. On doit avoir à portée des Batteries de Côte des Gardiens ou Gardes à qui on confie le soin des Affûts, etc. Ils doivent tenir en lieu sûr les Vis, les Leviers directeurs, les Leviers de Manœuvre et autres Attirails faciles à dérober : ils doivent en répondre ; toutes les Pièces doivent avoir des Chapitaux et des Tampons. Ces Gardes doivent avertir les Officiers d'Artillerie Directeurs, des Affûts qui auront besoin d'être repeints. Il faut essayer si les Affûts ne se conserveraient pas mieux étant goudronnés et saupoudrés d'un sable fin, que lorsqu'ils sont peints comme on le pratique. On donne une livre d'huile par an pour chaque Pièce, afin d'entretenir sa Vis, et 3 livres de savon noir pour oindre les Crapaudines des Roulettes, les Rondelles à oreilles et les Rouleaux, sur-tout dans leurs parties qui touchent les Flasques.

Batteries de Campagne, ou *Canon de Bataille*.

221. Les Bouches-à-feu de Campagne ne sont point couvertes d'un Epaulement lorsqu'elles sont en Batterie : parce qu'on n'en fait qu'un usage momentané dans chaque position ; si cependant elles étaient dans un emplacement, qui pût avoir de la stabilité dans une action ; et qu'on eût le tems, les bras et les outils nécessaires, on pourrait les couvrir d'un Epaulement jusqu'à la genouillère, ou élever en avant, de la terre à 2 ou 3 pieds ; mais il faut dans toute position profiter des accidens du terrain qui peuvent les mettre à couvert sans nuire à l'effet de leur Tir.

222. Le Canon de Campagne se divise en Canon de Bataillon (1), et Canon de Parc.

223. Le Canon de Bataillon est celui de 4 attaché à chaque Bataillon, qui le suit dans toutes ses manœuvres pour les faciliter et les assurer.

---

(1) Quoiqu'on ait supprimé le Canon des Demi-Brigades ou de Bataillons, celui attaché aux Divisions manœuvrera quelquefois avec les Régimens.

224. Le Canon de Parc, est composé de Pièces des 3 calibres, de Campagne et d'Obusiers de 6 pouces. Il est destiné à former les Batteries de positions, c'est-à-dire à occuper des emplacemens avantageux pour produire de grands effets déterminés, analogues aux mouvemens généraux de l'armée, sans les suivre dans leur détail, comme le Canon des Bataillons.

Canon de Bataillon.

225. Il faut 4 toises de terrain (ordonnance de 1791) sur le front d'une ligne pour la place et la manœuvre d'une Bouche-à-feu de Campagne.

226. Le Canon de Bataillon se porte à quelques toises en avant de l'intervalle des bataillons pour l'exécution des feux.

227. Il se porte en avant dans la formation des Colonnes pour les protéger.

228. Dans les autres manœuvres, le Canon de Bataillon suit, presque toujours et à peu de choses près, les mouvemens de la Troupe à laquelle il est attaché.

229. Dans la Colonne contre la Cavalerie, sa position est variable, et déterminée par les commandans de la Troupe, d'après les circonstances : il doit occuper les parties faibles et menacées, les angles en général.

230. Si quelquefois on réunit, pour quelque cas particulier, les Pièces de plusieurs Bataillons, les principes pour leur position sont les mêmes que ceux qu'on va trouver sur le Canon de Parc.

231. Il faut, lorsqu'on commande le Canon de Bataillon, bien connaître les évolutions des Troupes. Alors, 1°. Sachant le chemin que la Troupe va tenir pour faire telle manœuvre, évitez de lui faire obstacle, en suivant ce même chemin... 2°. Arrivez le plus promptement possible à la position qu'on doit prendre ; par conséquent, prenez le chemin le plus court.

232. Si le chemin est difficile et la position à prendre trop éloignée, mettez les Pièces sur l'Avant-train.

Canon de Parc.

233. L'Artillerie du Parc se partage presque en entier aux Divisions et à la Réserve qui composent les différens Corps d'Armée, et suit en général leurs mouvemens : on la subdivise au besoin.

234. Autrefois on partageait le Canon de Parc en plusieurs Batteries pour n'offrir qu'un but morcelé au feu de l'ennemi ; mais ces diverses Batteries conservaient leur unité de but, c'est-à-dire, qu'elles devaient toujours pouvoir battre les mêmes objets, dont la destruction était l'effet que devait opérer la totalité des Bouches-à feu. On a changé ce mode. *Voyez* les raisons, pag. 380.

235. Dans les positions défensives, placez le Canon de gros calibre dans les points d'où l'on découvre l'ennemi de plus loin, et d'où l'on voit les parties les plus étendues de son front.

236. En attaquant, placez le Canon de gros calibre dans les parties de votre ordre de bataille, les plus faibles, et par conséquent les plus éloignées de l'ennemi, du côté des fausses attaques, sur les hauteurs qui peuvent en le mettant hors d'insulte, lui fournir les moyens d'appuyer les flancs des véritables attaques, et battre de revers, s'il se peut, les points attaqués.

237. Formez la réserve d'$\frac{1}{6}$ du Canon de Parc dont les $\frac{3}{4}$ en Pièces de 4... (1) placez la Réserve derrière la première Ligne... Subdivisez la Réserve, si le front de l'armée est étendu.

Il faut :

238. Savoir l'effet qu'on doit produire : les troupes qu'on doit seconder... Connaître les points d'attaque... s'emplacer sans gêner les Troupes, ni prendre les terrains où leurs dispositions pourront être plus utiles que l'Artillerie... ne point placer ces Batteries trop tôt, ni trop à découvert... couvrir son front et sur-tout ses flancs en profitant des accidens du terrain : ne point s'aventurer hors de la protection des Troupes, à moins d'être sûr de produire un effet décisif.

239. Traverser de ses feux, en les croisant, la position de l'ennemi, et le terrain qu'il doit parcourir pour vous attaquer... concentrer ses feux ; c'est-à-dire, en subdivisant ses Batteries, pour n'offrir qu'un but morcelé au feu de l'ennemi ; pouvoir, de divers emplacemens, battre les mêmes objets.

(1) C'est ou ce sera le 6 lorsqu'on n'aura plus de 4.

240. Ces mêmes objets sont, dans la *défensive*, les débouchés de l'ennemi, la tête de ses colonnes qui vous menacent, le terrain en avant de vos parties les plus faibles.

241. Et dans l'*offensive :* tout le front de l'armée ennemie, pour le tenir en échec en l'inquiétant, et les parties qu'on doit attaquer, qu'il faut écraser.

242. Rendre ses feux directs, avant que ses feux croisés puissent gêner vos Troupes attaquantes, et battre les Troupes collatérales aux points attaqués de l'ennemi, quand on ne pourra plus tirer sur ces points attaqués.

243. Tirer sur une étendue qui remplisse l'amplitude de la divergence des coups.

244. Faire parcourir au boulet la plus grande dimension d'une Troupe ; en conséquence, battre d'écharpe ou de flanc une Ligne, et de front une Colonne ; mais toujours sans s'aventurer hors de la protection de vos Troupes.

245. S'emplacer de manière à n'être battu ni d'écharpe, ni de flanc, ni de revers, à moins de pouvoir se couvrir, ou d'être sûr de produire l'effet demandé, avant qu'on vous mette hors de combat.

246. Considérer en s'emplaçant, la nature du terrain, pour éviter ceux qui sont marécageux, pierreux, coupés, etc.

247. Faciliter les moyens d'aller en avant et en arrière.

248. Ne pas choisir les positions trop élevées ; le maximum avantageux est de 15 à 20 toises sur 300, et 8 toises sur 100 toises.

249. Eviter les emplacemens derrière vos Troupes ; parce qu'on les inquiète en tirant, et qu'on offre à l'ennemi deux buts en un seul.

250. Donner de l'étendue aux emplacemens qu'on prend (au moins 18 pieds par Pièce) : à moins d'être pris d'écharpe sous un angle très-favorable à l'ennemi ; car on tire sur un front tant plein que vide, et non sur une Pièce.

251. Préférer les emplacemens d'où l'on puisse battre long-tems l'ennemi.

252. Ne point engager de combats d'Artillerie contre Artillerie, à moins que les Troupes de l'ennemi ne soient à couvert et son Canon exposé ; à moins encore, que vos Troupes souffrant plus de son feu que les siennes du vôtre, ne puissent remplir l'objet qu'on leur demande.

253. Embrasser de son feu tout le terrain du Champ de Bataille, ou le terrain le plus couvert de Troupes, et non tirer sur un but resserré.

254. Tirer avec plus de vitesse à mesure qu'on peut tirer avec plus d'exactitude.

255. User de la Cartouche à des distances moindres que celles prescrites par les Tables, si le Champ de Bataille est un terrain inégal, mou, couvert, plongeant ou plongé.

256. Ménager à propos ses Munitions. Pour parcourir 100 toises, il faut 3 minutes à l'infanterie marchant au pas accéléré et une $\frac{1}{2}$ minute à la Cavalerie au galop.

257. N'abandonner son Canon que lorsque l'ennemi entre dans vos Batteries. Les dernières décharges sont les plus meurtrières; elles feront votre salut, peut-être, et à coup sûr votre gloire.

NOTA. On sent assez qu'il faut que le Général de l'Armée et le Commandant de l'Artillerie agissent de concert.

OBJETS A CONSIDÉRER

SUR UN TERRAIN VU MILITAIREMENT(1).

Bois et Forêts.

1. Leur position respective.... leur étendue... leur épaisseur... Les Arbres sont-ils de futaie ou de taillis... Plusieurs masses forment-elles des Trouées ? Leur étendue. Les Bois de droite et de gauche : sont-ils fourrés ? Peuvent-ils être tournés ? En quel endroit la Trouée est-elle plus large... Le terrain de la Forêt est-il plat ou montueux ?... Les Routes, les Chemins : d'où viennent-ils, où vont-ils ? Leur qualité : faudra-t-il les élargir ?... La nécessité, la facilité d'y ouvrir de nouvelles Routes, la direction à leur donner pour n'être pas pris en flanc... Les moyens de se retrancher dans la Forêt, d'y faire des abatis, de tirer parti des endroits fourrés, de ceux qu'on découvrirait en faisant des abatis... La nature du terrain en-deça et en-delà de la Forêt : offre-t-il des Positions ?... Les Champs cultivés, les Prés, les Ravins dont il faut noter la direction et le fond, (pour les grands seulement). Les Ruisseaux, les Marécages, les Sources, les Châteaux, les Villages, etc. assigner la distance de ces objets aux lisières.

2. Pour bien reconnaître une Forêt : Faites-en le tour ; examinez les chemins qui en sortent, informez-vous d'où ils viennent, où ils vont ; observez de même les Ruisseaux et les Ravins qui sortent de cette Forêt. S'ils sont considérables, suivez-les jusqu'à leur naissance, notez tous les chemins qui les coupent, et les lieux marécageux qu'ils traversent.

(1) La plupart de ces Considérations étant nécessaires à l'Officier d'Artillerie, on a cru que ce Précis serait utile. Il a été fait d'après un Mémoire manuscrit, en 299 numéros, rempli d'observations intéressantes, composé par un Officier de l'Etat-Major de l'Armée, avant 1780, d'après l'Encyclopédie, et d'après un autre Précis rédigé dans la Guerre d'Amérique, par le Capitaine d'Artillerie, Maisonneuve.

Bruyères, Haies.

3. Pour quelles Troupes sont-elles praticables ? De quelle nature sont les Broussailles, les Ravins, les Ruisseaux, les Routes ? Les Haies telles qu'en Bretagne et Normandie, sont de très-bons postes, parce qu'elles fournissent des Parapets d'un excellent profil... Qualité des Haies : elles sont peu épaisses dans un terrain sablonneux, et très obstaculeuses dans les terres fortes (1).

Canaux.

4. Voyez l'article Rivière en entier, excepté le n°. 13... leur communication... la nature des terrains où ils sont creusés... le moyen de les saigner, de les détourner... les écluses : le moyen de les ruiner, de les protéger... comment défendre ou empêcher leur navigation ?

Camps.

5. Sont établis : ou pour former quelqu'entreprise en avant : expliquez les points à menacer pour donner de la jalousie et le change à l'ennemi ; ou pour couvrir un pays : marquez les points à défendre, tâchez pour les protéger de n'avoir à parcourir que la corde de l'arc que l'ennemi décrira dans ses marches... comment augmenter les obstacles du front et des flancs par des Batardeaux et des Retranchemens, etc. comment éviter d'être tourné ; et si on peut l'être, se ménager une retraite sur les derrières.

Dans tous les Camps, il faut bien développer les moyens d'établir les subsistances et d'empêcher qu'elles ne soient interceptées... tâchez de couvrir le front par des ruisseaux et d'appuyer les aîles à des marais, à des bois impraticables... marquez la profondeur du Camp, le Champ de bataille, les Eaux dont on peut disposer, leur qualité ; si elles sont de nature à tarir.

---

(1) Les Bruyères élevées sont praticables en tout tems. Les Bruyères basses sont sujettes à être marécageuses. Quand le sable des Bruyères est de la couleur ordinaire, les Chemins en sont toujours bons : si le sable est noirâtre ou mêlé de petit sable blanc, les Chemins sont impraticables l'hiver, et même dans un été pluvieux.

Châteaux et Citadelles.

6. Leur position... leur étendue... la protection qu'ils donnent à la Ville ; leur objet ; leur liaison... leur fortification actuelle ; celle dont ils sont suceptibles... leur défensive, quant à la Campagne et à la Ville... les souterrains qu'on y trouve ; la qualité de leurs voûtes.

Chemins.

7. Leur direction... leur terme... leur largeur variable ou constante... la nature de leur sol ; pavés, ferrés, battus... les montées, les descentes évaluées en heures de marches... praticables, dans quelles saisons... bordés d'arbres, de haies, de fossés... pays, Rivières, Villes, etc., qu'ils traversent... Chemins qui viennent y tomber ; jusques où ils s'étendent... les Hauteurs qui les dominent... (dans les montagnes) s'ils sont en corniche ou en tourniquet... les encaissemens ; les pas dangereux (1) ; les réparations à faire pour le transport de l'Artillerie... s'ils sont creux ; leur longueur (2), et noter la largeur de la voie du pays... si le Chemin qu'on observe est le seul dans cette direction, il faudra voir si on peut ouvrir, relativement à lui, des routes pour les autres colonnes, et tracer l'itinéraire de ces colonnes.

Climat.

8. Causes physiques qui peuvent influer sur la santé... qualité de l'air... froid, chaud, humide, sec... saisons et longueurs des intempéries ; moyens de s'en garantir, usage des habitans à cet égard.

---

(1) Il n'y a que les Chemins, dont le fonds est de gros sable ou de Gravier, ou pierreux, qui soient bons en tous tems. Ceux qui traversent des Terres fortes qui sont encaissés, bordés, ou serrés par des Haies, sont certainement mauvais en tems de pluies. Quelquefois on en trouve de ce genre sur les hauteurs : le vent les tient secs ; ils sont bons dans l'arrière-saison : mais ce sont presque toujours des Chemins verts, peu connus, peu fréquentés ; il faut les indiquer, il ne faut pas négliger les Sentiers ; les gens du pays les regardent souvent impraticables pour les Troupes, par les Fossés et autres obstacles qui les rétrécissent, et on en fait souvent de bons Chemins avec peu de travail.

(2) Il faut éviter les Chemins creux en les comblant, etc., parce que si une voiture s'y brise, la Colonne est arrêtée.

Cols et Passages.

9. Praticables pour l'infanterie, la Cavalerie, les Voitures... leur communication directe... leur communication entre eux par les crêtes ou sommités... moyen de les garder..., le tems qu'il faut pour arriver à la plus grande élévation par les routes établies... peut-on s'ouvrir de nouveaux passages.

Côtes.

10. La nature des Côtes, bordées de dunes, couvertes de rochers plats qui rendent leur abord plus ou moins dangereux; hérissées de falaises qui en interdisent absolument l'accès... les parties développées et découvertes propres aux descentes... les parties rentrantes offrant des anses et des ports... les pointes et les caps propres aux Forts, aux Batteries qui pourront défendre les points accessibles... les îles adjacentes servant d'ouvrages avancés qui forment des barrières aux tentatives de l'ennemi... les laisses... les anses... les baies... les rades... les ports; la nature des vents qui sont nécessaires pour l'entrée et pour la sortie de ces ports, dont il faut indiquer les avantages et les inconvéniens... les différentes Batteries établies pour la défense des mouillages, des passes... les retranchemens, les épaulemens pratiqués dans les parties où l'on peut tenter les descentes... les camps, les postes qui doivent couvrir les principaux établissemens et l'intérieur du pays... exposer tout ce qui caractérise les endroits accessibles; les dangers qu'on aura à courir; les obstacles à surmonter; les moyens de les augmenter, les tems des marées plus ou moins favorables à l'approche des endroits. Indiquer les lieux donnant des positions plus avantageuses aux moyens de défense et aux points à défendre... l'état actuel des Forts qui protègent la Côte; des Batteries; des Corps-de-garde et de toutes les pièces d'Artillerie qui peuvent s'y trouver... analyser les systèmes de défense donnés; les améliorer, en faire un nouveau... calculer les forces que peuvent fournir, dans un moment de surprise, les Canonniers gardes-côtes, en attendant que les Troupes réglées de tels et tels lieux puissent arriver aux points attaqués... S'il est des Rivières qui aient leur embouchure sur ces Côtes; les marées apportent des variations sur leur passage; il faut rendre un compte exact de cette influence.

Défilés.

11. Leurs gorges plus ou moins serrées... leur longueur... les postes à occuper pour couvrir une retraite... la nature du terrain à leur débouché... comment y mettre en bataille un nombre de troupes supposé?

Etangs, Marais, Prairies marécageuses.

12. Leur cause; est-ce un terrain humide? sont-ils nourris par des sources? sont-ils formés par le débordement d'une rivière sur un terrain ferme?... leur position... comment les traverser?... sont-ils coupés par des chaussées? peut-on y en établir, ou les rétablir? comment défendre ces chaussées, pour protéger ou empêcher le passage des colonnes?... y a-t-il des bouquets de bois?... quelle est leur bordure?... quels terrains leur succèdent dans toutes les directions?... y a-t-il des brouillards? dans quels tems sont-ils mal sains?... dans quels tems sont-ils praticables (1)?... fournissent-ils des tourbes?...

Fontaines, Sources.

13. Qualité des eaux... facilité de les puiser... leur usage pour la Cavalerie... quantité qu'elles peuvent fournir... leur position relativement à un camp... Est-on maître de la source dans tout son cours?...

---

(1) Dans les Pays de sables et de bruyères, il y a beaucoup de Marais couverts d'eau en hiver, et presque secs en été: on y trouve souvent d'anciennes traces de chariots, qu'il faudra faire suivre et sonder.

Les Prairies marécageuses qui paraissent quelquefois en été très-praticables, ne supporteraient pas une Colonne de Cavalerie: il faut les examiner avec soin, et se méfier des prairies dont l'herbe est haute et serrée, ou dans lesquelles il y a des parties de mousse d'un vert jaunâtre; elles sont impraticables pour la Cavalerie et même pour l'Infanterie, en tems de pluie.

Forts et Fortins.

14. Leur fortification, durable, passagère, rasante, élevée; revêtue; à demi-revêtement, en maçonnerie, en briques, en gazon; naturelle, artificielle, ancienne, moderne... le terrain qui les entoure, favorable ou non... leur position, par rapport aux débouchés par où l'ennemi peut pénétrer... la défense dont ils sont susceptibles par eux-mêmes, et par la dépense qu'on peut y faire.

Gués.

15. Le Gué pour la Cavalerie, doit être au plus de 4 pieds; le Gué pour l'Infanterie, doit être au plus de 3 pieds... rives; leur forme, leur nature, leur niveau à l'entrée et à la sortie du Gué... leur position dans les coudes, sinuosités, etc... les points de repert qui les indiquent... les points des environs qui peuvent donner le change à l'ennemi... leur fond (1)... leur abord... leur débouché... la hauteur de l'eau; sa rapidité; si le courant est fort, le Gué ne doit avoir que 2 pieds et demi, sur-tout pour l'Infanterie... leur direction... leur largeur... moyens de rompre les Gués (2).

18. Il ne faut pas s'en rapporter aux paysans sur la quantité et la qualité des Gués... Quand, dans le tems des basses eaux, on verra une rivière passer entre deux bancs de sable avec rapidité, il faudra la faire sonder d'un banc de sable à l'autre; quoiqu'il n'y

(1) 16. Les Gués, dans les Pays montueux, sont souvent embarrassés de grosses pierres: ils sont incommodes pour les chevaux, et impraticables pour les voitures... Les Gués dont le fond est de gravier sont les meilleurs: tels sont presque toujours ceux des Pays des plaines cultivées... Dans les Pays de sable et de bruyères, le fond est ordinairement un sable mouvant ou un gravier fin: ce fond est dangereux, parce que si on y fait passer une grande quantité de chevaux, le sable se délaye, l'eau l'entraîne, le Gué se creuse et les derniers passent à la nage.

(2) 17. Pour rompre les Gués, mettez dans l'eau, sur plusieurs rangs, en échiquier des Herses de laboureur, les chevilles en dessus, et fixez ces Herses avec des Piquets ou de grosses pierres, ou:

Coupez des arbres, jetez-les dans le Gué, leur tête vers la rive opposée, occupant toute la largeur; et si l'eau est rapide, opposez obliquement ces têtes au fil de l'eau, ou:

Coupez la largeur du Gué par un fossé, c'est le meilleur moyen; celui de couper à pic la sortie est insuffisant.

ait pas de Gué frayé, et que les gens du pays n'y en connaissent pas, il est rare qu'une rivière ne soit pas guéable en pareil cas.

19. Le moyen le plus sûr de reconnaître les Gués, est de descendre une rivière dans une Nacelle, à laquelle on attache une sonde qui est arrêtée par un cordage, et que l'on met de 3 pieds dans l'eau, la sonde vous avertit des Gués par le mouvement qu'elle fait quand elle touche le fond. Vous reconnaissez alors la longueur, la largeur, la qualité, etc. du Gué.

20. Remarquez le degré d'eau au moment où on reconnaît le Gué. Plantez un Piquet, où, par le moyen des pouces et des lignes que vous y aurez tracés, vous puissiez savoir au juste si la rivière a augmenté ou diminué depuis ce moment; car il arrive souvent que, par les pluies ou par un vent du Midi, une rivière grossit d'un pied et plus en peu de tems; alors le Gué n'est plus praticable. Si la rivière a crû et diminué, sondez de rechef, car la crue des eaux peut augmenter le courant, et creuser le lit.

21. La meilleure façon pour assurer un Gué, est de mettre deux rangs de Piquets sur les extrémités de la largeur du Gué, en laissant une distance convenable entre ces Piquets, et d'y faire passer un cordage de l'un à l'autre, en guise de garde-fou.

Hameaux.

22. La disposition des Fermes; le terrain qu'elles occupent ensemble; la façon dont elles sont bâties; les secours qu'elles peuvent procurer.

Inondations.

23. Le niveau de leur retenue... le jeu des écluses; leur effet est-il prompt? Dans quel tems estime-t-on que l'inondation sera tendue? Comment s'emparer de ces Ecluses, ou les défendre? Comment empêcher ou retarder leur effet?... Comment pourrait-on saigner l'inondation? Où serait-il nécessaire d'élever des digues pour l'assurer?

Montagnes.

24. Dans les hautes Montagnes, comme dans les Alpes et dans les Pyrénées, les chemins sont fort rares; il n'y a que les Vallées qui soient habitées et praticables. Ainsi, en connaissant bien ces Vallées, leur abord, leurs débouchés, et les cols ou passages connus, on sera dispensé de parcourir les Montagnes ailleurs que par les chemins et sentiers.

Distinguez les chaînes principables qui servent d'enceinte à un pays, les différens rameaux, qui en défendent ou favorisent les issues... Les hauteurs relatives de leurs parties... si les chaînes de Montagnes sont assez étendues pour y former un plan de défense, indiquez les communications, les abattis, les lieux propres à des redoutes, les chemins à détruire, et les autres moyens d'y traverser l'ennemi.

25. Position... pentes... revers... moyens d'arriver au sommet... nature du terrain. Sa forme... Sont-elles couvertes de bois, de rochers nuds?... Leur fertilité, pâturages, fourrages, habitations, villes, villages, châteaux, censes, routes, sentiers... positions propres aux Camps.

26. Les Montagnes qui ne sont que des plaines élevées, sont plus difficiles à observer, parce que les formes du terrain y sont moins prononcées; elles exigent plus de détails.

Voyez le N°. 27.

Pays Montueux.

27. Un Pays montueux, en partie cultivé, en partie boisé, est le plus difficile à bien reconnaître. C'est un pays à position qui demande de grands détails.

Voyez le N°. 25.

Commencez la reconnaissance par la partie la plus élevée d'où reversent les ravins, et les eaux de droite et de gauche, et dont on marque la naissance, avant d'entrer dans le détail du reste... suivez les principaux ravins, les ruisseaux, les rivières, aussi loin qu'on pourra, en marquant avec soin le nombre et la position de tous les ravins et ruisseaux confluens de droite et de gauche avec celui qu'on reconnaîtra.

Pour les routes, observez qu'il y a des vallons coupés par tant de sinuosités, de ruisseaux allant de l'un à l'autre côté du vallon, qu'ils sont impraticables aux Troupes, à cause de la multiplicité des ponts qu'il faudrait faire. Il y a peu de crêtes de Montagnes où il n'y ait des chemins frayés sur toute la longueur; ces chemins peu pratiqués, peu connus, sont souvent très-utiles (1).

---

(1) Dans un Pays de plaines montueuses, quand deux Vallées ou deux Rivières courent parallèlement l'une à l'autre à-peu-près et à la distance de 2 à 3 lieues; l'entre-deux de ces Vallées ou Rivières forme ordinairement une montagne dont les pentes de droite et de gauche sont sillonnées de chemins creux et de ravins, mais dont la crête est praticable dans toute sa longueur. Il faut bien reconnaître cette crête jusqu'à la jonction des vallées, elle offrira un chemin plus commode que les côtés.

Il y a quelquefois des ravins dont les débouchés sont faciles, dont le fond est en rampe douce et en prairie sèche, du moins en été; ces sortes de ravins peuvent servir de route à une colonne. Il faut les bien reconnaître, noter le travail à faire pour les rendre praticables pour telle ou telle espèce de troupe, et à quels chemins ils aboutissent. Il faut garder les débouchés de ces ravins contre l'ennemi.

Pays Plats.

28. Ces pays, lorsqu'ils sont fertiles, sont très-coupés. Haies... fossés... villages... maisons... ruisseaux... canaux... marécages... chemins... rivières... ponts... terrains découverts et libres où on peut camper. Leur étendue.

Plaines.

29. Plaines découvertes. Rivières... ruisseaux... villes... villages... chemins principaux... positions... tout ce qui peut faire obstacle.

Plaines boisées et en partie cultivées. Plus de détails. Bois grands et petits; leur qualité, leur étendue.

Plaines montueuses. (*Voyez n°.* 27). Observez avec soin les chemins presque toujours creux aux approches des villes, villages, etc.

Ponts.

30. Leur position... leur utilité... leur communication... leurs dimensions... leur matière, bois, pierre, etc... leur solidité; s'ils peuvent soutenir l'Artillerie... le moyen de les détruire, de les rétablir le plus avantageusement, eu égard aux rivages, au courant, à la largeur, à l'encaissement, aux gués, etc. de la rivière, et aux chemins qui y aboutissent... comment en fortifier la tête... la rive dominante...

Voyez N°. 43.

31. Pour les Ponts des villes, villages, etc., détaillez les rues qui sont en-deçà et en-delà; leur abord, leur débouché, le pays en avant.

Des Positions.

32. Toute Position supposant un avantage décidé du terrain, doit n'être dominée de nulle part sur son front et sur ses flancs. C'est hors de la portée du Canon que doivent être les hauteurs

séparées de cette position, s'il en est qui ont la même élévation qu'elle.

On doit avoir trois objets dans la reconnaissance d'une Position : 1°. le détail du terrain ; 2°. les abords et les débouchés ; 3°. les communications ou derrières de la Position.

En supposant une Armée campée sur deux lignes, son camp doit avoir au moins 300 toises de profondeur en terrain libre ou très-aisé à rendre tel, et 60 toises de front pour 1000 hommes, y compris tous les intervalles.

Le défaut de bois ou d'eau, ou le trop grand éloignement de l'un et de l'autre, rend les autres avantages d'une Position inutiles, et elle n'est en pareil cas tenable que momentanément, ou dans un grand éloignement de l'ennemi. Il ne faut pas regarder pour l'eau, comme une ressource, des rivières ou des ruisseaux qui peuvent se trouver en avant du camp, et dont l'ennemi pourrait interdire l'usage.

Les flancs d'une Position doivent être appuyés à des villes, villages, ravins, ruisseaux, ou à des escarpemens.

Le front d'un Camp doit être couvert par des ruisseaux ou de petites rivières, par des ravins, des escarpemens, et en général par des obstacles dans ce terrain, qui empêchent l'ennemi de s'y porter en bataille sur-le-champ, et qui par conséquent le mettent dans le cas de ne pouvoir y arriver que par des défilés.

Une Position devient inutile, lorsque le front est couvert par des obstacles insurmontables, à travers lesquels l'armée n'aura nul débouché pour sortir de son camp. Mais il n'y a jamais d'inconvénient que les flancs soient bien couverts.

Les Troupes sont très-inutiles sur un terrain dont l'ennemi ne peut approcher ; il est dangereux et superflu de les y multiplier.

Dans les Pays montueux, il faut que les obstacles qui couvrent le front d'une Position, ainsi que les défilés pour y arriver, soient toujours soumis au feu du Canon, placé sur le champ de bataille, ou à la tête du camp. Si les débouchés étaient hors de la vue ou de la portée du Canon, l'ennemi pourrait les passer et se former sans gêne.

Dans un pays de plaines où les Positions n'ont pas l'avantage des commandemens, elles ne sont plus ou moins bonnes, que par la nature des obstables qui les couvrent. Il est essentiel que le terrain en avant de ces obstacles soit découvert, parce qu'en plaçant l'Artillerie à leur portée, ils en sont défendus, à moins que ces mêmes obstacles ne soient d'une assez grande étendue pour occasionner de longs défilés aisés à rompre ou a garder.

Ces obstacles qui gênent les approches de l'ennemi, sont les bois très-fourrés dans lesquels les chemins sont rares ; les gros ruisseaux qui ne peuvent pas être enjambés, ni passés à gué, et dont le passage demande du tems pour y construire des Ponts ; des Marais, des Chemins creux, des Ravins profonds et escarpés ; un pays fort coupé de haies, de fossés, etc.

Il est toujours dangereux d'occuper une Position qui a derrière elle des Marais, ou des ruisseaux marécageux, ou tout terrain à défilés, qui, dans un cas de retraite, rendrait le déblai de la Position lent et difficile. Il faut toujours examiner par combien de débouchés pratiqués ou praticables, on pourra passer ces obstacles; il en faut au moins 5 à 6.

Le terrain d'un Camp ne doit jamais être trop embarrassé de haies, ni trop coupé de Ravins qui occasionnent de grands intervalles dans les Lignes, et des Détours pour la communication des Troupes.

Position offensive.

33. Un terrain avantageux; des débouchés aisés suffisent; mais on n'en couvre pas moins le front par des obstacles praticables, et on appuie les flancs à des villes, etc.

Position défensive.

34. Le choix et la reconnaissance d'un Camp défensif exigent une attention particulière, non seulement par le détail du terrain, mais encore par le rapport qu'il doit avoir avec l'ensemble et la nature du pays qui l'environne.

Les fronts et les flancs d'une Position défensive doivent être couverts de façon à ne laisser que très-peu de débouchés pour en approcher, et le moins sera le mieux. Il est nécessaire que les obstacles qui sont sur les flancs soient assez prolongés, pour que l'ennemi ne puisse pas les tourner sans faire un grand circuit.

Il faut reconnaître dans le plus grand détail, et au loin, les obstables qui couvrent le front ou les flancs d'un Camp défensif.

Si le terrain refuse une partie des obstacles nécessaires, il faut y suppléer par des Redoutes, des Abattis, des Retranchemens, des Inondations, etc., et par des Batteries qui doivent dominer sans être dominées, ne pas trop prolonger, et croiser leurs feux sur les débouchés.

Il faut rendre compte de la direction, de la qualité, etc., de tous les chemins qui arrivent à cette position défensive, en avant, en arrière et sur les flancs du camp;.... des noms, de la force, de la distance des Villages, Bourgs, Villes qui sont dans la proximité du camp, et détailler plus particulièrement ceux en avant du front, des flancs de la Position, et qui seront dans le cas d'être occupés.

Il n'y a pas d'inconvénient qu'un Camp défensif ait derrière lui un pays couvert et coupé, pourvu qu'il n'y ait pas d'obstacles insurmontables et qu'il y ait assez de débouchés pour la retraite, en cas d'événement : un tel pays la favorisera.

Une Position défensive n'est bonne qu'autant que l'ennemi ne peut la dépasser, ni la tourner en corps d'armée, sans trop prêter le flanc, et sans découvrir ses communications. S'il ne peut envoyer qu'un détachement sur les derrières de cette Position, il faut que le front soit d'assez bonne défense pour permettre au Général de faire un gros détachement de son armée, qui marchera au détachement ennemi ; en un mot, il faut que l'ennemi ne puisse vous faire quitter cette position en manœuvrant.

Il faut n'avoir rien à craindre des incursions de l'ennemi sur ses Communications avec le Dépôt des subsistances. Si le Dépôt est trop éloigné, si les Postes intermédiaires ne sont pas hors d'insulte, la Position n'est pas tenable. Il faudrait que ce Dépôt ne fût qu'à 4 ou 5 lieues.

Il faut détailler les ressources du Pays en vert et en sec, et reconnaître la quantité des Fourrages que les derrières d'une Position peuvent fournir à 4 ou 5 lieues.

Il faut détailler la force et l'éloignement des Villages, Hameaux qui se trouvent derrière la Position, à 3 ou 4 lieues, pour pouvoir y cantonner quand il le faudra, et rassembler ses quartiers en 4 ou 5 heures, sur le terrain de la Position.

Profils.

35. Dans les Profils des terrains dont on examine les détails, observez les parties qui peuvent cacher l'Infanterie, la Cavalerie, l'Artillerie. Rendez compte des Montées et des Descentes, évaluées en heures de marche.

Quartiers d'hiver.

36. Les moyens pour rendre les Communications assurées entre tous les quartiers d'une Armée.... ces Quartiers ne doivent pas couvrir une trop grande étendue de pays pour que les Troupes soient à portée de se secourir réciproquement, et de se rassembler, s'il est possible, sur un champ de bataille, avant que l'ennemi puisse tenter de les enlever séparement.... Déterminez les Villes qui peuvent servir de Magasin, les Fortifications qu'elles exigent pour éviter les surprises, et tenir avec sûreté un certain nombre de jours contre les attaques les plus vives.... les Travaux à faire dans chaque Quartier, sur les Rivières, Marais, etc., en Forts, Redoutes, etc., pour assurer les Communications que pourraient rompre ces obstacles.

Ravins.

37. Nature du terrain, en rochers, terres, cailloux mouvans, sable, etc..... Peut-on réduire en Talus faciles leurs escarpemens rapides?.... A-t-on à craindre les orages, la fonte des neiges, les éboulemens?....

Rivières.

38. D'où viennent-elles, où vont-elles?.... la nature du pays qu'elles arrosent; est-il à nous ou à l'ennemi? quel secours en tirer avant et durant la guerre?.. . la qualité des eaux.... leur lit (1), leur encaissement.... leur cours.... leurs courans.... leur fond, vaseux, couvert de graviers, etc..... gèlent-elles? la glace peut-elle porter?..... les moulins qu'on y rencontre..... les ponts.... les bacs.... les gués..... les crues d'eau : le tems où elles arrivent (2); occasionnent-elles des inondations?.... dans les points de passage, leur largeur, leur profondeur, leurs bords, les chemins, sentiers qui aboutissent à ces points.

39. Sont-elles navigables?.... depuis quel endroit.... la grandeur des bateaux qu'elles peuvent porter: ceux dont on fait usage; la quantité qu'elles peuvent en fournir.

40. Les isles qu'elles forment. Sont-elles habitées, boisées, cultivées, en bruyères? la grandeur de ces isles, leur escarpement, leur commandement relativement aux rives.

41. Leurs coudes, leurs sinuosités... la forme des presqu'isles... peut-on y jeter des ponts?.... les montagnes, collines, rideaux qui les bordent; leur commandement, leur pente, leur forme, leur distance aux bords..... les ravins qui aboutissent aux rives; (il faut remonter ces ravins, pour voir s'ils sont praticables.)...... les bras ou confluens d'autres rivières qui se trouvent à portée et au-dessus des points où l'on peut établir des ponts.

42. Les positions que le terrain peut offrir à une Armée parallèlement ou de flanc à l'une ou l'autre rive.

NOTA. Il faut, en décrivant les Rivières, y joindre l'itinéraire de 3 à 4 colonnes pour une armée qui longerait ses bords.

---

(1) Les Rivières qui se divisent en plusieurs bras et forment des îles, sont sujettes à changer le lit principal de leur cours à chaque crue d'eau; ce qui peut, d'une année à l'autre, rendre toutes les reconnaissances inutiles.

(2) Les Rivières qui sortent des hautes Montagnes où la neige ne fond pas

Reconnaissance pour l'Offensive.

43. C'est au point le plus rentrant des sinuosités qu'on établit les ponts; il faut bien examiner si les deux rives permettent de les faire. Si de la surface de l'eau à la crête du bord il y a plus de 6 à 7 pieds, l'emplacement ne vaut rien (1). Sur les côtés du coude, on met les Batteries pour protéger le passage; plus elles sont en avant du coude, plus elles éloignent l'ennemi. Il faut que cet emplacement ne soit ni commandé, ni pris en rouage..... S'il n'y a pas de sinuosité, on choisira les points où la rive *intérieure*, c'est-à-dire celle où l'on arrive, et d'où l'on jettera le pont, ait de la supériorité sur l'autre rive.... Si les rives sont également plates, il faut indiquer les points où la rive opposée sera la plus découverte et la plus favorable à l'action de l'Artillerie.

Si dans un emplacement propre à jeter des Ponts, la rive opposée se trouve embarrassée de Haies, de Buissons, etc., ce pays couvert sera favorable à la construction du Pont, pourvu que la rive intérieure ait une supériorité décidée sur la rive opposée, et que rien ne gêne l'effet de l'Artillerie. Dans ce pays couvert, on pourra cacher de l'Infanterie; mais il ne doit pas être trop étendu, ni trop difficile à rendre praticable. Le pays sur lequel on débouche ne doit pas être coupé de marais, de bois, etc. Le voisinage des Rivières et gros Ruisseaux dont le confluent est sur la rive intérieure, est avantageux pour l'établissement des Ponts.

Reconnaissance pour la Défensive.

44. Indiquez les moyens qu'a l'ennemi de passer la rivière par les gués, et les avantages de la rive qu'il occupe..... la nature du pays que l'ennemi aura à parcourir après son passage. Les moyens militaires qu'on a de garder la rive dont on est maître par les postes (2).

---

tout-à-fait vers le milieu de l'été, ont presque toutes deux crues d'eau périodiques par année; la première en mars ou avril, à la fonte des grandes neiges: la seconde en juillet et août, quand le reste des neiges est fondu par les grandes chaleurs. Les Rivières qui ont leur source et se forment successivement dans un Pays uni et peu élevé, n'ont de crues d'eau extraordinaires qu'en hiver, et en général dans le tems des grandes pluies.

(1) C'est suivant l'espèce de Pont, voyez l'*Essai sur les Ponts.*

(2) 45. Pour placer les Troupes, si la rive est plate et découverte, on met les Postes de Cavalerie sur les hauteurs les plus voisines de la rivière, s'il y en a, et le plus à portée des Postes d'Infanterie. On met ceux-ci dans les villages,

Indiquez les positions que l'Armée peut prendre pour garder la plus grande longueur possible d'une Rivière, en restant en mesure de se porter sur les points de cette longueur où l'ennemi peut tenter un passage.... Reconnaissez les chemins que suivront les patrouilles, pour communiquer d'un poste à l'autre : ils doivent être le plus près du bord qu'on pourra.... Rompez les gués... Si le terrain est difficile et n'offre que rarement des rentrans ou points propres à jeter des Ponts, mettez dans ces points des Redoutes ou des Batteries.

Ruisseaux.

46. Les Rivières médiocres ou les gros Ruisseaux exigent presqu'autant de détails que les grandes rivières. Il faut même s'occuper plus particulièrement de la profondeur de l'eau, et faire sonder les petites Rivières plus que les grandes. Toutes les fois que par la rapidité on aura lieu de soupçonner peu de profondeur à l'eau, on pourra se dispenser de chercher les points de ces Rivières favorables à l'établissement des Ponts... comme les Ruisseaux, etc. servent à couvrir le front ou les flancs d'une armée, il faut en bien connaître tous les passages fréquentés ou praticables.

47. Leur direction.... leur cours.... leur lit.... la qualité des eaux.... la quantité d'eau.... leurs crues, leur desséchement.... les prés, les marais qu'ils traversent.... les moulins qui sont sur leurs bords (1).... la largeur du vallon, les collines, rideaux, etc. qui les bordent; de quel côté sont ceux qui dominent... les Ruisseaux encaissés; les ravins, etc. qui tombent dans le vallon du Ruisseau, et leur distance entre eux, afin de savoir si on peut y appuyer les flancs.

---

les bois, les maisons, les clos entourés de haies, etc., qui ne sont qu'à 100 pas de la rive, et dans les points où l'on découvrira le mieux la rive opposée et le cours de la Rivière. Les Postes d'Infanterie trop près de la Rivière sont exposés au feu des patrouilles ennemies, à moins qu'ils ne soient couverts de bois, de retranchemens, etc. On les éloigne donc hors de la portée du fusil, et on ne met que des sentinelles sur le bord.

(1) 48. Les Moulins rendent souvent les Rivières guéables ou non par la retenue des eaux; il faudrait s'instruire : 1°. de la hauteur de l'eau depuis le réservoir supérieur, toutes les Vannes du Moulin étant fermées; 2°. ce qui reste de hauteur d'eau entre les 2 réservoirs, toutes les Vannes levées; le tems que met l'eau à s'écouler, car souvent l'on défend ou l'on force un Poste par la retenue ou l'écoulement des eaux.

Terres.

49. Incultes... cultivées... leurs productions... leur fertilité... tems où l'on recueille leurs différens fruits.... quantités de mesures de froment, de seigle, d'orge, d'avoine, ou autres grains qu'elles produisent, en défalquant la subsistance des habitans et les semailles... quantité de foin que donne l'arpent.

Vergers.

50. A quoi tiennent-ils?.... sont-ils très-couverts?.... sont-ils clos en haies vives, en fossés, en murs, en gazons, etc.?

Vignes.

51. Nature de leur terrain.... sont-elles plantées en sillons? leur profondeur... sont-elles soutenues par des échalas, des arbres, etc.? sont-elles entourées de haies, de fossés, etc.?

Villages.

52. Leur situation.... leur nombre de feux..... la nature des terres... La qualité et quantité des récoltes... les marchés; les environs qui vont à ces marchés... les bêtes de somme: les troupeaux; les bœufs, la volaille qu'on y trouve... les fours... la qualité des eaux... la bâtisse des maisons, des granges, des bergeries... la position de l'église... le cimetière; est-il clos de murs, de buissons, de fossés?.... les moulins à eau et à vent... le village est-il entouré d'un fossé, d'une haie, d'un mur, d'une gazonnade; peut-on s'y retrancher?

Villes fortifiées.

53. Le rapport des Places, avec le mouvement des Armées, sur le terrain où elles sont assises.

54. Les positions respectives de plusieurs villes, soit en 1re. soit en 2e. ligne; leur enchaînement réciproque... les secours qu'elles peuvent se donner, les secours qu'elles peuvent recevoir en cas d'insulte ou de siége; le moyen de diriger ces secours suivant la direction des attaques... les secours en vivres; le moyen de les

faire parvenir... Peut-on les faire servir d'entrepôt essentiel? Peut-on y établir des hôpitaux?

55. Les rivières... les fortifications... (14) La force de chaque front... les environs de la Place à la portée du Canon.

56. La forme de l'investissement; les postes à lier aux lignes de circonvallation; la manière de fortifier les lignes, la plus relative au terrain, aux positions, aux moyens. Les communications les plus sûres à établir entre les quartiers, et les moyens de les couper.

57. Les avantages que peut offrir le terrain entre les Glacis et les Lignes, pour s'opposer aux travaux de l'Assiégeant.

Villes ouvertes.

58. Leur situation.... leur construction... leur population.... leur commerce... les denrées qu'on y enferme... les secours qu'on peut en tirer, en hommes, chevaux, etc... les places... les bâtimens considérables... la défense dont elles sont susceptibles... les murs qui les entourent; si les maisons leur sont adossées... s'il y a des tours, des fossés secs, marécageux, pleins d'eau... le nombre de portes... les jardins des environs... les chemins qui y aboutissent.

ESSAI

SUR LES PONTS MILITAIRES.

On a laissé cet Essai, qui n'est que le Précis des principales notions qu'ont tous les Officiers d'Artillerie sur les Ponts. On n'a jamais eu la prétention d'avoir fait en quelques pages un Traité sur un objet aussi important ; et on attend avec impatience celui qu'on a annoncé du Général D...., qui a prouvé, par ses services dans plusieurs campagnes, l'instruction étendue qu'il a dans cette partie essentielle de la guerre....

NOTIONS GÉNÉRALES.

1. Il faut des Ponts à la suite des Armées, afin qu'elles ne soient jamais arrêtées dans leur marche. Il faut différentes espèces de Ponts relativement aux poids plus ou moins grands qu'on a à transporter, et relativement au plus ou moins de largeur, de profondeur, et de rapidité des eaux qu'on doit traverser.

2. Les Ponts qu'on mène d'ordinaire à la suite des Armées, sont les Ponts-roulans, les Ponts de Pontons (1) et les Ponts de Bateaux. C'est de ces 3 espèces de Ponts qu'on va particulièrement s'occuper.

3. Les autres espèces de Pont, dont on parlera, sont ceux : de Cordages et de Tonneaux : les Ponts-volans : les Ponts de Cordages suspendus : les Ponts de Chevalets : les Ponts de Pilotis : les Ponts de Radeaux, etc.

4. L'Artillerie est chargée de la construction de tous ces Ponts momentanés : et on les nomme Militaires.

Les Ponts de Maçonnerie ne regardent pas l'Artillerie.

5. Les Bateaux sont destinés à la construction des Ponts sur les

(1) On laisse subsister ce qu'on avait dit sur les Ponts de Pontons, parce qu'on use les Pontons restans, et qu'on peut revenir à s'en servir de nouveau, si on n'avait que des Rivières tranquilles à passer, etc.

fleuves, ou sur les Rivières larges et rapides (1) : il leur faut une grande capacité, circonscrite par une forme avantageuse pour résister à la force des courans, afin de porter, sans être submergés, les fardeaux les plus lourds. Les Ponts de Bateaux doivent pouvoir soutenir 8 milliers au moins. Les Bateaux dont les dimensions sont dans les Tables d'Artillerie, ont été figurés et dimensionnés d'après ces bases, et peuvent porter 15 milliers. On les appelle depuis l'an 11 Bateaux pour Ponts stables.

Les Ponts de Bateaux construits sur des Rivières rapides de 4 à 500 toises de largeur, s'ils ont à craindre les vents et les orages, ne peuvent rester long-tems formés sans courir le risque d'être rompus.

6. La grandeur des Bateaux les rendant fort embarrassans, on a, pour faire des Ponts sur les Rivières tranquilles et de médiocre largeur, des Pontons de cuivre moins gros et plus faciles à manœuvrer. Les Ponts de Pontons ne doivent être construits que sur des Rivières sans courans rapides, et larges au plus de 80 toises; on ne doit y faire passer des fardeaux que de 4 à 5 milliers (2).

---

(1) Le Bateau chargé de ses Agrès et Haquets tire 22 pouces d'eau, et vide environ 9 pouces.

Le Bateau ponté tire 20 pouces d'eau.

Il faut donc que la Rivière ait 30 pouces de profondeur pour y établir un Pont de Bateaux.

(2) *Calcul de la Charge d'un Pont de Pontons.*

Dimensions du Ponton, nécessaires pour trouver sa solidité.	La plus grande largeur.	4 pieds	4 pouces.
	La plus petite largeur.	4	2
	Profondeur.	2	4
	Longueur en haut.	18	»
	Longueur en bas.	13	4

La solidité d'un Ponton qui a les dimensions ci-dessus, est de 155 PPP 6 PPp.

Si l'on veut que le Ponton chargé soit d'un pied hors de l'eau, la solidité de cette partie surnageante sera de 76 PPP — 6 PPl. On aura donc pour le volume de la partie plongée 79 PPP, en négligeant les autres membres de la soustraction qui sont de peu de conséquence dans ce calcul.

Multipliant 155 PPP, volume du Ponton (on néglige les autres quantités), par 70 livres, poids d'un pied cube d'eau, on aura 10850 livres pour le poids du volume d'eau ou de la charge du Ponton à l'instant qu'il sera submergé.

Multipliant 79 PPP, volume de la partie plongée dans l'eau, du Ponton chargé, par 70 livres, poids d'un pied cube d'eau, on aura 5530 livres pour le poids du volume d'eau que déplacera le Ponton chargé, mais surnageant

Depuis l'an 11 on a substitué aux Pontons des Bateaux légers qu'on nomme d'Avant-garde : ils doivent aussi suppléer les Bateaux anciens sur la plupart des rivières. *Voyez* p. 61.

7. On transporte les Bateaux sur des Voitures qu'on appelle Haquets, et leurs Agrès sont portés sur des Chariots ou sur des Charrettes à leur suite; mais lorsqu'on peut faire aller les Bateaux par eau, on ne manque jamais de le faire. Chaque Bateau porte alors son Haquet, les Poutrelles, les Madriers, qui servent à le couvrir quand on fait le Pont, etc. On les assemble par 4 ou par 8 (1), pour employer moins d'hommes à les conduire : on

---

d'un pied : et 5530 livres sera donc le poids de la charge qu'il pourra soutenir, en y comprenant le poids de la Travée.

Poids de la Travée.	Pour les Poutrelles. . . .	6 × 63 = 378 liv.	2462 liv.
	Pour les Madriers.	12 × 67 = 804	
	Pour le Ponton.	1280	

Si de 10850 livres, poids du volume d'eau que déplace le Ponton plongé en entier, on retranche 2462 livres, poids de la Travée; le reste 8388 livres indique le vrai poids qui fait submerger le Ponton; par conséquent sa charge doit être moindre. Quoique le poids de la Pièce de 24 sur son affût ne soit que de 8173 livres, ce fardeau submergerait le Pont, en y passant, parce que le premier Ponton sur-tout s'enfonce beaucoup sous le choc qu'il reçoit au premier instant que la Pièce porte sur lui.

La Pièce de 16 sur son affût pèse 6534 liv. Elle pourrait absolument passer sur un Pont de Pontons, avec des précautions pour éviter la première secousse.... On a exécuté ce passage avec succès et plus de sureté en redoublant les Poutrelles du tablier du Pont; ce qui lui donne plus d'ensemble, et, par ce moyen, fait soutenir les Pontons chargés par les Pontons voisins. Cette Manœuvre est toujours dangereuse... On a proposé aussi de remettre un Ponton dans les vides des Pontons placés; mais ce moyen, possible sur des eaux dormantes, est impraticable sur celles qui ont le cours le plus faible, parce qu'un pareil Pont empêchant les eaux de s'écouler, ne peut qu'être rompu et emporté par elles.

Si de 5530 livres, poids du volume d'eau que déplace un Ponton chargé, mais surnageant d'un pied, on retranche 2462 livres, poids d'une Travée, le reste 3068 livres indiquera la vraie charge que pourra supporter le Pont dont les Pontons auront un pied hors de l'eau.

Quoique la Pièce de 12 sur son affût pèse 3832 livres, elle peut y passer sans risque, parce que son poids est bien inférieur au volume d'eau que déplacerait le Ponton étant submergé, et que d'ailleurs le fardeau n'est pas supporté en entier par un seul Ponton. C'est par cette dernière considération qu'on ne comprend point dans le poids dont on charge le Pont, celui des Chevaux de l'attelage, dont chacun avec son harnais pèse 400 liv.

(1) Si le courant n'est pas fort, on fait les Trains de 5 Bateaux, tirés par 20 hommes, ou par 4 à 5 chevaux, qui valent mieux que le halage, quand les bords permettent un tirage continu.

Si le courant est fort, on fait les Trains de 2 Bateaux, tirés par 10

appelle cela un *Train ;* on ne met qu'un gouvernail à chaque Train : on fait précéder les Trains d'une Nacelle qui sonde les fonds, etc. On y met 4 Bateliers : les autres Nacelles vont à côté des Trains.

8. On transporte les Pontons sur des Voitures qu'on nomme aussi Haquets, et qui portent avec eux les Poutrelles et les Madriers nécessaires à les couvrir, lorsqu'on forme le Pont. On ne pourrait les conduire par eau sur des Rivières rapides ; à cause de leur forme qui présente une grande surface au courant, et à cause du peu d'épaisseur de cuivre de leur garniture, ce qui les exposerait à être brisés contre les rochers, et à se froisser entre eux en les conduisant par Trains comme les Bateaux (1). Leur transport n'est praticable que sur les Rivières les plus tranquilles : le Ponton ne peut jamais porter son Haquet, mais tout au plus, avec beaucoup de difficultés et avec infiniment de précautions, ses Poutrelles et ses Madriers, à cause de leur longueur, et à cause du danger de percer sa garniture et de la facilité de le faire.

Les Pontons n'étant point propres à la navigation, on est obligé d'avoir à leur suite quelques Nacelles ou petits Bateaux pour passer sur la rive opposée, les hommes, agrès, etc. Quand la construction ou les manœuvres du Pont le demandent, enfin pour jeter et lever les Ancres, ces Nacelles ont des Haquets particuliers.

9. Les Bateaux et les Pontons, lorsqu'ils forment un Pont, sont espacés entre eux à des distances proportionnées aux fardeaux qu'ils ont à supporter, en sorte que le poids soit partagé entre plusieurs Bateaux ou Pontons. S'ils étaient trop éloignés, le Pont ne serait pas solide : le fardeau pourrait se trouver sur un seul Bateau ou Ponton, et le submerger... Le Pont de Bateaux se forme $\frac{2}{3}$ plein et $\frac{1}{3}$ vide; celui de Pontons, tant plein que vide.

10. Dans les guerres d'Italie on ne mène point d'Equipage de Ponts, à cause de la difficulté de leur faire traverser les Montagnes; on s'approvisionne seulement d'Ancres, de Cordages, d'Outils, etc. pour construire des Ponts sur les affluens du Pô et sur les Rivières secondaires : et en arrivant dans les Plaines, on fait faire des Bateaux de 22 à 27 pieds de long pour tenir lieu de

---

hommes, et au besoin, on hale Bateau par Bateau ; on y met 6 hommes pour remonter, et 4 pour descendre ; en outre, il faut 2 Bateliers par Bateau, un au gouvernail, l'autre à l'avant avec le croc à 2 pointes.

On amarre dans chaque train, l'avant-bec d'un Bateau à l'arrière-bec de l'autre, par de fortes amarres.

Les Trains doivent marcher à une certaine distance les uns des autres.

(1) Cependant, en 1793, les Entrepreneurs des Convois militaires en firent descendre ainsi par le Rhône ; on ignore s'ils arrivèrent, et dans quel état ce voyage les mit.

Pontons (1). On s'empare des Bateaux des Rivières, et on fait construire des Bateaux de 50 pieds de longueur pour former les Ponts sur le Pô.

Outre les Bateliers-calfats pour la construction des Bateaux, il faut avoir encore des Bandes de Scieurs de long pour débiter les Poutrelles, Madriers, Pilots, etc. nécessaires. Au lieu d'Ancres qu'on s'y procure difficilement, si l'on n'en peut tirer de France, on se sert de Pilotis, de blocs de pierre, dans lesquels on scelle en plomb ou en soufre des anneaux à pitons de fer, ou de grands paniers d'osier en tronc de cône, et traversés par une tige d'arbre, conservant une partie de ses racines, ou des filets de cordes; les uns et les autres remplis de pierres, auxquels on amarre les cordages. Mais cette méthode de paniers ne peut servir que sur un fond vaseux : par exemple, on s'en sert vers Pavie, et on ne peut les employer à Plaisance. Enfin il faut un Officier très-intelligent, prévoyant et actif, pour diriger la partie des Ponts, car à chaque pas on trouve des Ruisseaux, des Rivières, etc. et on manque de ressources. La création des Bataillons de Pontonniers obvie à toutes ces difficultés : on y trouve réunis des Ouvriers, des Bateliers intelligens, à des Officiers très-instruits.

ÉQUIPAGE DE PONTS.

11. On trouve, page 429 et suivantes, tous les élémens nécessaires pour composer un Equipage de Pont de Bateaux ou de Pontons. Le nombre de Bateaux ou de Pontons doit être réglé sur la plus grande largeur des Rivières qu'on aura à traverser, et sur la nécessité de faire toujours 2 Ponts à la fois.

12. Les Bateaux dont on fait les Ponts ne pouvant, à cause de leur pesanteur, être traînés à la suite des Troupes, l'Equipage de Pont de Bateaux reste sur les derrières de l'Armée, et on le fait conduire, au besoin, par les chevaux du pays.

13. Les grands Bateaux de Rivières n'étant point transportables par terre, on ne s'en sert que dans les lieux même où on les trouve, et dans ceux où on ne peut les faire venir par eau.

14. Les Equipages de Pont sont conduits par le train, ou à leur défaut par des chevaux de réquisition.

15. Dans les Marches, l'Equipage de Pont de Pontons, etc. doit être prêt à se porter avec promptitude aux endroits que le Général désignera : ses projets, et les circonstances locales que la nature du pays peut offrir, détermineront sa place.

---

(1) En 1795, on en fit faire 40 de 22 pieds de longueur, et de 6 pieds 10 pouces de largeur.

16. Dans les Camps, la place ordinaire de l'Equipage de Pont est à côté du petit Parc.

17. A la suite d'un Equipage de Pont de Bateaux, il faut :
2 Compagnies de Pontonniers : elle est composée (en 1809) de 100 hommes.
Autrefois les compagnies d'ouvriers jetaient les Ponts : on avait des compagnies de Bateliers, et des hommes de secours qu'on leur réunissait.
En général, il faut 100 hommes par Pont.

18. Pour un Equipage de Pont de Pontons, il faudrait à-peu-près ½ compagnie de pontonniers.

NOTIONS PRÉLIMINAIRES *à l'emplacement des Ponts.*

19. Il faut connaître tous les Agrès qui entrent dans la construction des différentes espèces de Ponts : en distinguer la qualité, en savoir l'emploi.
Il faut avoir des états exacts de chaque Equipage, classés avec ordre, et y noter l'emplacement des différens objets pour les trouver aisément et sans confusion.

20. Dans les pays, théâtre de la guerre, on doit tâcher de faire la reconnaissance (1) des Rivières qui les traversent à mesure qu'on peut la faire ; ou tâcher au moins de savoir en général leur largeur, leur rapidité, la qualité de leur fond; leur profondeur, les endroits propres à la construction des Ponts, les Gués qui avoisinent ces endroits, la saison des crues, leur élévation, dans les plus grandes, au-dessus du niveau ordinaire des eaux, pour déterminer le commencement des culées, etc.

21. Il est nécessaire de savoir mesurer promptement et avec peu de moyens, la largeur des Rivières, pour, d'après la connaissance qu'on a de la grandeur des Bateaux, etc. déterminer la quantité qu'il en faut pour construire un Pont dans tel endroit déterminé.

22. En arrivant dans un pays, on s'empare de tous les Bateaux qui sont sur les Rivières, soit qu'on veuille les faire servir à la construction des Ponts, ou au transport des vivres, munitions, etc. Ce soin est confié aux Troupes légères. On doit s'informer de ces opérations, pour savoir quelles ressources elles peuvent offrir.

---

(1) Voyez dans la reconnaissance des Terrains vus militairement, les articles *Rivières*, *Ruisseaux*, *Ravins* et *Ponts*.

23. On ne doit point risquer de construire un Pont en présence de l'Ennemi ; il faut par ses batteries, ou, soit en le tournant, soit, etc. le déposter avant de l'entreprendre, et que des Troupes passées sur la rive où l'on veut arriver, puissent le repousser pendant qu'on le construira.

EMPLACEMENT DES PONTS.

24. Evitez de construire un Pont au-dessous des tournans couverts de bois ou de rochers. Si on est forcé de le faire, mettez plusieurs postes qui se répondent, le long de la rivière et en dessus du Pont, et que leurs sentinelles puissent avertir à tems des Bateaux, etc. qu'on pourrait envoyer pour le détruire, afin qu'en ouvrant le Pont, on puisse le garantir.

Evitez les lieux où il faudrait beaucoup de travail pour rendre commode l'entrée et la sortie du Pont.

Choisissez l'endroit où les deux rives soient prononcées, où le lit soit bien plein, pour éviter d'alonger le Pont dans les crues d'eau, ou de le voir se briser dans les baisses, quand les Bateaux viennent à toucher le fond ; enfin pour avoir la facilité de faire les autres manœuvres de Pont, et se passer de Chevalets pour établir les Culées.

25. En choisissant l'emplacement du Pont, cherchez à profiter des îles qu'offrent quelquefois les Rivières ; le Pont aura moins de longueur, moins de portée ; le courant sera moins rapide en cet endroit ; mais il y aurait de l'inconvénient à trop le morceler : il faut que le local n'offre que 2 ou 3 îles, et que leur fond soit ferme à cause du chemin qu'il faut y pratiquer.

NOTA. J'appellerai dorénavant *Rive A*, première Rive, Rive intérieure, celle où l'on est ; et celle où l'on veut arriver, je la nommerai *Rive B*, seconde Rive, Rive extérieure, et cela pour éviter toute amphibologie et circonlocution.

26. Etablissez les Ponts au point le plus rentrant (1) des sinuo-

---

(1) Dans l'article *Pont*, de l'Encyclopédie, (édit. de Genève, chez Pellet, 1777), on trouve un principe contraire ; le voici : « Il ne faut jamais construire de Pont dont la tête soit dans le rentrant de la Rivière, parce que l'ennemi pouvant à l'autre Rive se développer sur les Saillans, vous bat de ses Batteries, en tirant de la circonférence au centre, tandis que les vôtres sont dans une position contraire, et conséquemment défavorable ».

Ce principe, contraire à celui qu'on avance, et qui est généralement admis, est mal défendu ; car quelque part qu'on jette le Pont, il n'en sera pas moins le centre des feux de l'ennemi ; et l'arc sur lequel il se développera sera bien plus étendu, si la tête du Pont se trouve au saillant qu'au rentrant : enfin,

sités de la rivière... que de la surface de l'eau à la crête du bord il y ait au plus 6 à 7 pieds de hauteur verticale, pour en rendre l'entrée et la sortie faciles... que l'emplacement ne soit ni commandé ni pris en rouage... sur les côtés du coude, on met les Batteries pour protéger le passage; plus elles sont en avant du coude, plus elles tiennent éloigné l'ennemi.

Ces principes d'emplacement, généralement adoptés, doivent être modifiés. Si le Pont ne doit exister que passagèrement, on peut s'y conformer; mais s'il doit être conservé, sur-tout dans le tems des crues, il faut éviter cette position; parce que les eaux dans les Tournans ont un fort courant du côté du coude, et peu de fond au vis-à-vis, ce qui nécessiterait d'avoir un grand supplément d'attirails pour alonger le Pont de ce côté, où il doit suivre l'extension des eaux. Ce travail inopiné, cette variété dans le Pont, la difficulté de conserver ce supplément, le danger où est le Pont de se briser quand les eaux, se retirant tout-à-coup, exposent les Bateaux des bouts à porter sur le fond, etc. doivent faire rejeter cette position, et lui faire préférer celle où la Rivière, sans être trop encaissée, a ses 2 rives bien prononcées (24), ce qui simplifie tout.

Au reste encore, l'élévation des rives est relative à l'espèce de Pont. Dans celui de Bateaux, par exemple, le Tablier se trouvant à 4 pieds de l'eau, si l'on fixe la hauteur de la rive à 7 pieds on n'aura que 3 pieds à recouper en rampe, ce qui est peu de chose; on pourra donc choisir des rives plus fortement prononcées.

Nota. Le Talus d'une Rampe, quand il est de 6 fois sa hauteur, est encore assez doux.

Evitez les positions où la seconde rive domine la première : et celle où les eaux sans profondeur exposeraient les Pontons ou les Bateaux à toucher le fond.

27. S'il n'y a pas de sinuosités, choisissez le point où la première rive commande la seconde... Si les rives sont de niveau, choisissez le point où la seconde rive soit la plus découverte, la plus favorable à votre Artillerie.

28. Si dans un emplacement propre à jeter un Pont, la seconde rive se trouve embarrassée de Haies, de Buissons, etc. il faut absolument que la première rive la domine, et que les obstacles qu'offre la seconde ne gênent point l'effet de l'Artillerie, ne soient pas trop étendus, ni trop difficiles à rendre praticables, tels que

---

les Batteries qui doivent le protéger sont bien moins avantageusement placées, si la tête du Pont est dans un saillant. Ce qu'il y a de spécieux à dire en faveur de cette position, c'est que l'ennemi peut vous enfermer dans un rentrant serré.

des Marais, etc. qu'il faut par conséquent éviter de trouver au débouché du Pont.

29. Cherchez les Confluens des Rivières qui sont de votre côté. Placez votre Pont au-dessous du Confluent ; et dans la Rivière adjacente, mettez à l'eau vos Bateaux, vos Pontons ; pontez-les de 2 en 2, ou de 4 à 4, puis faisant descendre ces Travées au point désigné pour le Pont, vous le construirez plus facilement, plus rapidement... Sur les Travées qui formeront la tête du Pont, placez une partie des Troupes qui doivent le défendre.

30. En campagne, placez les Ponts à portée des grands Chemins: rendez-en l'abord et le débouché faciles et commodes, en adoucissant les rampes qui y conduisent, et en affermissant le terrain à l'entrée et à la sortie, ménagez-vous toujours 2 Ponts, ni trop éloignés, ni trop voisins (1), et emplacez-les relativement à la position de la ligne qu'occupe l'Armée.

31. Dans les Siéges, les Ponts sont faits pour établir une communication entre les quartiers de l'Armée les différentes part[illegible] de l'attaque, etc. Il faut en construire au moins deux, pour p[illegible] sur l'un et repasser sur l'autre; on évite par ce moyen l'embar[illegible] auquel est sujet un Pont où l'on va et revient continuellement... Tâchez de construire vos Ponts au-dessus de la Ville; pour qu'ils ne soient pas insultés par les assiégés, qui, profitant du courant. essayeraient de les détruire, en envoyant contre eux de gros troncs d'arbres, des Bateaux chargés de pierres, d'artifices, etc... Si l'on est forcé de placer les Ponts au-dessous de la Ville (2) entre elle et ces Ponts, plantez une chaîne de Pilotis pour arrêtez ces tentatives des ennemis. Mais dans les Rivières rapides, ce moyen jette dans des inconvéniens graves (194).

32. L'emplacement du Pont déterminé, cherchez les Gués qui sont voisins en-dessus et en-dessous : tant que vous pourrez, ne vous servez que des derniers, sur-tout pour le passage des Bœufs. Faites exactement la (3) reconnaissance de ces Gués en les sondant, en observant le fond et les parcourant en entier, pour être sûr que l'ennemi ne les a pas rompus. Assurez-en la direction par des Jallons plantés à l'entrée, à la sortie, et dans la rivière même pour en indiquer la direction, la largeur et les contours. Durant la nuit, marquez ces objets par des réchauds de rempart, ou si l'on craint le grand éclat à cause de l'ennemi ou des chevaux,

---

(1) On peut cependant quelquefois, dans les Ponts de bateaux, appuyer le second Pont au premier.

(2) On est toujours forcé d'en établir au dessous pour la communication des quartiers; mais les plus importans seront placés au-dessus.

(3) Voyez l'article Gué, dans la Reconnaissance des Terrains militairement vus.

faites-le au moyen des mèches allumées, que vous cacherez aussi à l'ennemi. Les Gués au-dessus du Pont, doivent être à une certaine distance au-delà des Ancres, à cause des accidens que ces Ancres et leurs Cordages peuvent occasionner à ce qui passera au Gué, et qui peuvent avoir des suites pour le Pont. Si on est forcé d'y laisser passer les Bœufs, il faut les empêcher d'y entrer en nombre, parce qu'ils s'aglomèrent, luttent contre le courant, se laissent entraîner par lui, viennent heurter le Pont, et le dérangent.

CONSTRUCTION ET MANŒUVRES *des Ponts de Bateaux*.

33. Hommes nécessaires à la Construction du Pont.

Nombre d'Hommes.

1 Sergent au Dépôt des Bateaux.
1 Sergent au Dépôt des Poutrelles et des Madriers.
1 Sergent à la première culée du Pont.
1 Sergent à la Travée qu'on couvre.
14 Hommes pour porter 7 Poutrelles.
20 Hommes pour porter 20 Madriers.
2 Hommes pour placer les Madriers.
2 Hommes pour égaliser (avec des Masses), les Madriers.
8 Hommes pour aider les Bateliers (4 Hommes par Bateau.)
6 Hommes pour fixer les Poutrelles avec des clameaux, etc... (on en met 3 dans le 1er. Bateau, qui passent successivement dans le 3e. 5e. 7e. etc.; et les 3 autres dans le 2e. Bateau, qui passent dans le 4e. 6e. 8e. etc.)
4 Hommes pour aider à jeter les Ancres.

60 Hommes au total.

34. Un Pont de Bateaux doit se faire en un jour.

NOTA. Il faut 5 heures pour décharger et jeter à l'eau 80 Bateaux... 2 heures pour appareiller, s'embarquer, déboucher, passer, aborder et débarquer 1200 hommes... et 7 heures au moins pour faire un Pont de 80 Bateaux.

35. L'emplacement choisi; mettez les Batteaux à l'eau (1),

(1) On fait entrer les Haquets dans la rivière pour les décharger plus facilement; il faut alors mettre en rampe de 25 pieds de large, un endroit de la rivière pour entrer et sortir sans confusion, et l'étendre jusqu'au lieu où les Haquets auront au moins 6 pouces d'eau au dessus des Sellettes. Si on construit le Pont dans la nuit, si on craint que l'ennemi puisse entendre le bruit de l'opération, et faire des dispositions en conséquence, on fait arrêter les Haquets loin de la rive, et on porte les Bateaux, qui doivent être ceux d'avant-garde, sur les épaules, dans la rivière.

disposez les agrès sur la rive, espèces par espèces, dans un lieu commode.

36. Faites la première Culée. Pour faire la Culée, élevez ou abaissez le terrain, jusqu'à ce qu'il soit à-peu-près de niveau avec le plat-bord du Bateau; placez à 6 pieds de distance de l'eau, parallèlement au courant de la Rivière, quelques Madriers, pour servir d'appui solide aux premières Poutrelles du Pont: fixez les Madriers au moyen de forts Piquets: on chevillera, on clamaudera les Poutrelles aux Madriers; enfin assurez et affermissez bien la Culée, par des Fascines, etc.

Quand le fond ne permet pas de faire approcher le premier Bateau au moins à 13 pieds de la rive, on met un Chevalet, et on l'enfonce, s'il est nécessaire, pour adoucir la montée de la Culée du Pont, ou plutôt pour qu'il soit de niveau avec le plat-bord du premier Bateau quand il sera chargé.

Nota. Pour éviter toute amphibologie, toute circonlocution, dans les Bateaux et Pontons placés pour faire un Pont, j'appellerai Plat-bord *a* celui qui est du côté de la rive *A*, ou première rive, ou rive qu'on occupe (25), et l'autre Plat-bord je le nommerai *b*.

37. Lorsque les Bateaux sont d'inégale grandeur, on conserve les plus gros pour les placer au plus fort du courant.

38. Quand les Bateaux sont inégaux, il faut, pour que le dessus du Pont soit sans ressauts, placer dans chacun un Chevalet, non dans le milieu, ce qui ferait enfoncer la proue, mais dans le centre de gravité de chaque Bateau. Tous ces Chevalets doivent être égaux et placés dans le sens de la longueur du Bateau: leur dessus doit être de 8 pouces plus haut que le niveau des plat-bords. Ces Chevalets sont en sapin, et ne sont point semblables à ceux avec lesquels on fait les Ponts des Chevalets.

Voyez leur description, n°. 73.

39. L'intervalle entre 2 Bateaux pontés ensemble, doit être double de la largeur d'un Bateau (9). C'est sur ce principe qu'on a déterminé la longueur des Poutrelles destinées à cette espèce de Pont, à 28 pieds; car les Poutrelles doivent dépasser d'1 pied de chaque côté les plats-Bords du Bateau, et le Bateau a 6 pieds 6 pouces de largeur en haut; il faut donc ôter 15 pieds de 28 qu'elles ont de longueur; le reste, 13 pieds, sera l'intervalle entre 2 Bateaux, et 19 pieds 6 pouces sera la longueur d'une Travée, ou la distance qui se trouve entre le milieu de 2 Bateaux pontés et voisins... C'est d'après la distance des Bateaux que se règle celle du premier Bateau à la Culée.

40. Parallèlement et à la hauteur de ces Madriers (36), faites approcher le premier Bateau à 13 pieds de la rive (39), amarrez-le par les deux bouts avec un cordage fixé d'un côté à la poupée,

et de l'autre à un piquet planté à 2 ou 3 toises en dessus ou en-dessous de la culée... Posez sur le Bateau 7 Poutrelles (1) dont les bouts doivent dépasser d'environ 1 pied le plat-bord *b*... Arrêtez les Poutrelles extrêmes avec les 4 Clameaux ou Crampons, à pointe et à crochet, qui, fixés au Bateau intérieurement, et piqués dans le côté extérieur de ces Poutrelles, en déterminent l'écartement. Espacez les 5 autres Poutrelles parallèlement aux 2 premières, à égales distances entre elles, et perpendiculairement aux plat-bords du Bateau ; vous le ferez aisément, au moyen des trous qui sont à 18 pouces de l'extrémité des plat-bords, et qui reçoivent des chevilles pour déterminer sans tâtonnement cette position des Poutrelles.

NOTA. Il vaudrait mieux que les Poutrelles et les Plat-bords fussent percés de trous convenablement pour recevoir des Boulons, on éviterait toutes longueurs, etc. On a proposé de clouer sous les Poutrelles des Taquets entre lesquels se logeraient les Plat-bords.

Poussez en avant le premier Bateau, en élevant (du côté de la culée) l'extrémité des Poutrelles fixées à son plat-bord *b*, jusqu'à ce que leur bout arrase le dernier madrier (36) placé à la

---

(1) *Soins et ordre à observer dans la construction du Pont.*

Le Sergent qui est au dépôt des Poutrelles, doit veiller à ce que les hommes qui portent les Poutrelles, les chargent sur l'épaule droite, et ceux qui portent les Madriers les placent sur le bras droit, le bras gauche en dehors du Madrier, le soutenant en dessous, la partie du Madrier qui est en avant un peu plus élevée que l'autre. Quand ces hommes marchent sur le Pont, la longueur des Poutrelles et des Madriers doit être suivant la direction du Pont.

Le Sergent qui va à la Culée, fera passer par la droite du Pont, les Porte-Poutrelles et les Porte-Madriers à la file les uns des autres.

Le Sergent qui est à la Travée qu'on couvre, fera observer ce qui suit.... Lorsque les Porte-Poutrelles arrivent vers la Travée qu'on va commencer, ils doivent marcher obliquement à gauche pour poser la première des 7 nouvelles Poutrelles au dessus / au dessous de la première, la plus à gauche de celles qui sont posées, et ainsi de suite... Les hommes placés à l'extrémité des 7 Poutrelles la plus voisine de la première Culée du Pont, fileront par la gauche pour revenir au Dépôt général ; ceux qui sont à l'autre extrémité de ces mêmes Poutrelles viendront prendre leur place pour aider à pousser le Bateau au large, quand les Poutrelles seront fixées à son Plat-bord *b*, puis ils s'en retourneront aussi par la gauche... Les Porte-Madriers, venus d'abord par la droite du Pont, doivent, en approchant de la Travée à couvrir, se diriger vers son milieu, rendre leur Madrier parallèle à la largeur du Pont, et le remettre aux 2 hommes placés aux Poutrelles extrêmes de la Travée à couvrir, et à mesure qu'ils seront débarrassés de leur fardeau, ils reviendront au Dépôt par la gauche du Pont.

culée en portant sur lui. Chevillez ou clamaudez ces Poutrelles au madrier.

Couvrez de madriers ces Poutrelles, jusques à environ 2 pieds du plat-bord *a* du premier Bateau.

41. Pendant qu'on couvre, faites avancer le second Bateau vis-à-vis du premier. Faites apporter ses 7 Poutrelles : placez-les sur le second comme on a disposé celles du premier ; c'est-à-dire, que les bouts doivent dépasser d'environ 1 pied son plat-bord *b*; qu'on arrête les Poutrelles extrêmes avec les crampons fixés au Bateau, et qu'on place les 5 autres parallèlement entre elles et équidistantes.

Poussez en avant ce second Bateau, en élevant du côté de la culée l'extrémité des Poutrelles fixées à son plat-bord *b*, jusqu'à ce qu'elles dépassent d'1 pied le plat-bord *a* du premier Bateau, sur lequel elles doivent s'appuyer. Observez qu'elles soient toutes en-dessus, ou toutes en-dessous de celles du premier Bateau... faites joindre sur le premier Bateau ces secondes Poutrelles contre les premières, et les liez, ainsi jumellées, au moyen de 2 crampons placés à 18 pouces du bout de chacune : par-là, les Bateaux seront contenus et conserveront la distance qu'on leur a donnée.

42. Amarrez le second Bateau comme le premier (40) à des arbres, ou à des piquets plantés sur le rivage en-dessus ou en-dessous de la culée, mais qu'ils soient plus éloignés de cette culée que ceux du premier Bateau.

43. Amarrez entre eux ces 2 Bateaux, qu'on vient de placer, avec 4 cordages nommés *amarres*. Faites-en passer 2, qui se croisent, par les trous faits à leurs bordages à 6 pouces des extrémités du corps des Bateaux : attachez les 2 autres à leurs poupées.

44. Continuez à couvrir les Poutrelles placées de Madriers jusqu'à environ 2 pieds du plat-bord *a* du second Bateau.

45. Faites approcher le troisième Bateau vis-à-vis le second... Faites apporter 7 Poutrelles... Placez-les sur ce troisième Bateau comme on en a placé 7 sur le second (41). Observez de placer toutes les Poutrelles du troisième Bateau comme celles du premier, toutes au-dessus, ou toutes au-dessous de celles du second ; ce qu'on doit continuer de faire jusqu'à la fin du Pont, de manière que les Poutrelles des Bateaux pairs soient toutes en-dessus ou toutes en-dessous de celles des Bateaux impairs. Joignez et cramponnez ces Poutrelles avec celles du second Bateau comme précédemment (41).

Amarrez le troisième Bateau au second, comme le second l'a été au premier (43).

Continuez à couvrir, etc. (44).

46. Achevez le Pont en suivant les mêmes procédés.

47. Parvenu à la rive opposée B, formez-y une culée semblable à la première (36).

48. Amarrez au rivage les deux derniers Bateaux comme on a fait pour les deux premiers (40, 42).

49. Si les Poutrelles du dernier Bateau n'arrivent pas bien exactement à la rive opposée, ou que ne débordant pas assez sur la culée, leur portée trop longue, les mette dans le cas de plier, et ôte au Pont sa solidité dans cette partie, tâchez de placer encore un Bateau ; si cela n'est pas possible, mettez-y un Chevalet : faites porter les Poutrelles du dernier Bateau sur son chapeau, vous les y fixerez par des chevilles ou des clamaux... Vous placerez de nouvelles Poutrelles contre celles-ci qui porteront sur la culée, vous les cramponnerez ensemble comme celles des Bateaux (41).

Au défaut d'un Chevalet, plantez quelques Pilotis, sur la tête desquels on mettra une forte traverse, arrêtée par des clous ou des clameaux, qui tiendra lieu d'un chapeau de Chevalet.

50. A 30, 40 ou 50 toises au-dessus du Pont, jetez des Ancres pour le contenir... 2 ou 3 Bateliers dans une Nacelle doivent le faire, avec 4 hommes de secours, à mesure qu'on place les Bateaux.

Voyez le 7°. du n°. 199.

La distance où on jette les Ancres dépend de la profondeur de la rivière : plus cette profondeur est considérable, plus on doit les jeter loin des Bateaux. On en met en-dessus et en-dessous du Pont pour l'empêcher de flotter. En-dessus du Pont, il en faut une alternativement à chaque Bateau non amarré au rivage. En-dessous, on en met la moitié moins et on les amarre aux mêmes Bateaux où l'on a amarré celles du dessus.

Il faut que la ligne de Tir des cables d'Ancre soit suivant le courant de l'eau.... L'angle le plus petit que puisse faire le cordage d'Ancre avec le lit de la rivière est le plus avantageux, parce que la direction du cordage se rapproche alors le plus du parallélisme de la direction des forces qui tendent à entraîner le Bateau... Les cordages d'Ancre doivent faire des angles égaux avec la superficie de l'eau.... Si la rivière a 21 pieds de profondeur, un cordage d'Ancre de 30 toises sera de longueur suffisante, et fera avec le fond de la rivière un angle de 6°. 42'.

Les cordages d'Ancre bien ou mal placés décident de la force du Pont, quand on ne parle que des efforts qu'il a à vaincre de la part du courant (1).

(1) On a posé ainsi la question suivante dans un Mémoire sur les Ponts, (attribué au général M***.) « Quelle doit être la longueur des Cordages,

51. Pour donner au Pont plus de solidité, au plus fort du courant, faites-lui faire un coude opposé à ce courant, pour lui résister mieux. On conserve ce coude, que la rapidité des eaux détruit peu à peu, en tirant de tems à autres sur les Ancres des Bateaux qui le forment, pour les remonter à leur première position.

52. Pour augmenter encore la solidité du Pont, faites placer 2 Cinquenelles, l'une en dessus, l'autre en dessous de lui; qu'elles traversent toute la largeur de la rivière. Arrêtez-les à chaque bord avec un Cabestan ou Vindax, pour pouvoir les tendre plus ou moins, suivant le besoin. Amarrez aux Cinquenelles chaque Bateau avec des cordages qu'on fait passer dans des trous percés à leurs bordages à 2 pieds des extrémités du corps de Bateau; par ce moyen, si les Ancres viennent à chasser, le Pont ne sera ni rompu, ni emporté par le courant (*V.* 66). Mais alors on ne pourra faire de coupure, ou il faudra élever beaucoup les Cinquenelles, et faire passer par-dessus les cordages d'Ancre.

Voyez le 7°. du n°. 199, et le n°. 93.

53. Quand le Pont est fini, formez une espèce de garde-fou, en plaçant de chaque côté et vers le bout des Madriers un double rang de Poutrelles, de manière qu'elles correspondent avec celles du dessous les plus extrêmes. Embrassez ensemble ces 4 Poutrelles avec un cordage de 7 à 8 pieds de longueur, et de 4 lignes d'épaisseur, que l'on fait passer au défaut des plat-bords, entre 2 Madriers, dans l'intérieur du Bateau. Brêlez fortement ce cordage

---

» relativement aux différentes profondeurs de l'eau, pour qu'il en résulte des » angles égaux à celui que fait le plus long Cordage avec le lit de la Rivière, » et que par-là tous les Cordages, étant dans le même plan, soutiennent le » Pont dans une direction uniforme, ce qui en fait la force et l'ensemble ».

La résolution de cette question, qu'on a compliquée dans le Mémoire, est fort simple... Dès que les Cordages d'ancres *A* doivent être dans le même plan, ils font des angles égaux avec les différentes profondeurs *B* de la Rivière, prises à chaque Bateau. Imaginant la ligne *C* menée de l'ancre au pied de la ligne de profondeur *B*, on a pour chaque Bateau des triangles semblables *A B C*, *a b c*, dont on connaît un côté *B* ou *b* (profondeur qu'on mesure). En supposant que *B* représente une profondeur de 3 toises, et qu'alors la longueur du Cordage *A* doive être de 30 toises (comme l'expérience le prouve), on trouvera la longueur *a* des Cordages d'ancre des autres Bateaux, en multipliant par 10 le nombre de pieds de la profondeur *b* de l'eau à chaque Bateau.

On sent qu'il ne peut être question que de la profondeur uniformément inégale de la Rivière, car celle qui serait accidentelle, comme serait un creux, serait inutilement soumise au calcul; puisque lorsqu'on aurait déterminé la longueur du Cordage, il pourrait se trouver au local de l'Ancre, ou un creux plus profond, ou une élévation de terre.

avec un levier de 2 à 3 pieds de longueur, qu'on arrête au-dessus des Poutrelles avec un crampon. Ce brêlage ainsi répété deux fois à chaque Bateau, donne une très-grande solidité au Pont, et empêche sur-tout le Madrier de se déranger quand les voitures passent dessus, ou quand on veut lui faire faire un quart de conversion.

Coupure du Pont.

54. Pour ne pas interrompre la navigation, faites au Pont une Coupure qui puisse s'ouvrir et se fermer toutes les fois qu'il est nécessaire. Cette Coupure consiste en 2 ou 3 Bateaux pontés ensemble, qui ne sont liés avec le reste du Pont que par de fausses Poutrelles, non cramponées avec les Poutrelles adjacentes. Ces fausses Poutrelles ont 16 pieds de longueur et 5 pouces 3 lignes d'épaisseur, c'est-à-dire 3 lignes de moins que les Poutrelles, afin de glisser plus aisément sous le tablier du Pont. L'interruption du Pont s'appelle Coupure, et les 2 ou 3 Bateaux pontés ensemble s'appellent la Portière.

55. Choisissez pour la Coupure l'endroit de la Rivière où il y a le plus d'eau, et où le courant soit le plus rapide, les Bateaux trouveront plus de facilité à leur passage. Supposons que cet endroit se trouve après le troisième Bateau, vis-à-vis de lui placez les Bateaux déjà pontés qui doivent former la Portière : rapprochez-les de ce troisième Bateau, à 2 ou 3 pieds de distance, de façon que leurs Poutrelles soient bout à bout les unes des autres. Amarrez, comme on l'a décrit ci-devant (43), les Bateaux du Pont à ceux de la Portière. Placez entre leurs Poutrelles 5 fausses Poutrelles, non cramponnées, qui s'appuyant sur le troisième et quatrième Bateau, leur servent de liaison et de point d'appui.

Joignez de la même manière l'autre côté de la Portière au Bateau suivant.

Amarrez à une Ancre chacun des Bateaux contigus à la Coupure, pour conserver la même solidité au Pont.

Amarrez à une Ancre un des Bateauxde la Portière, pour qu'en filant dessus on puisse ouvrir le Pont.

56. Pour ouvrir le Pont, découvrez-le à l'endroit des jointures de la Portière avec les Bateaux contigus, en ôtant 5 à 6 Madriers à chaque jointure. Passez en arrière dans les Bateaux fixes, les fausses Poutrelles. Détachez les cordages qui tiennent les Bateaux de la Portière liés à ceux du Pont qui leur sont contigus. Laissez aller la Portière au courant en filant sur le cable de son Ancre : lorsqu'on est descendu à quelques pieds du Pont, on se range à côté pour laisser le passage libre.

57. Pour fermer le Pont : faites une manœuvre contraire à la précédente. Ramenez la Portière vis-à-vis le passage : remontez-la à sa première position, en tirant sur le cable de son Ancre : remettez les fausses Poutrelles, puis les Madriers du tablier, comme ils étaient avant d'ouvrir le Pont.

Du Quart de Conversion.

58. Supposons que l'ennemi s'avance vers la Rive droite de la Rivière, et que l'on veuille en conséquence replier le Pont sur la rive gauche : voici les précautions à prendre pour exécuter cette manœuvre.

1°. Le Pont doit être construit de la manière la plus solide, et telle qu'on vient de le décrire. S'il y a une Coupure, il faut cramponner les fausses Poutrelles aux Poutrelles contiguës, pour que la Portière fasse corps avec le Pont. 2°. Il faut que le Bateau de chaque extrémité du Pont, ne soit lié que par de fausses Poutrelles au Bateau qui le suit, parce que ces deux Bateaux ne devant pas tourner avec le reste du Pont, il sera plus aisé de les en détacher.

59. Attachez au pénultième Bateau de la droite et à chaque bout, un cordage (une ou plusieurs grandes mailles), faites-les passer sur la rive gauche, l'un en dessus, l'autre en dessous du Pont, respectivement au bout du Bateau où chacun est fixé. Placez 10 à 12 hommes en dessus du Pont et autant en dessous, à une distance égale à la longueur du Pont, pour tenir ces cordages et tirer dessus, quand il faudra.

60. Si le Pont n'est que d'une vingtaine de Bateaux, amarrez le troisième Bateau de la gauche par une grande maille à un fort piquet, planté à 30 ou 40 toises au dessus du Pont, sur la rive gauche, et le plus près du bord qu'il est possible, pour que le tir se fasse moins obliquement. Si le Pont était de 36 à 40 Bateaux, on amarrerait au piquet le cinquième ou sixième Bateau ; car le Pont devant tourner beaucoup plus vîte par la droite que par la gauche, il faut pouvoir le contenir au moyen de ce Cordage : plus le Pont sera long, plus la gauche aura besoin d'être soutenue ; ce qui devient moins difficile à mesure qu'on rapproche du milieu le Cordage qui sert comme de pivot ou de point d'appui.

61. Placez obliquement et en vous rapprochant du bord de la Rivière, les Vindax ou Cabestans de la rive gauche, de manière que leur ligne de tir fasse à-peu-près un angle de 45°. avec le courant de la rivière, et retenez cependant toujours les Cinquenelles tendues.

62. Détachez le dernier Bateau de chaque bout du Pont, en suivant la même manœuvre qu'on a décrite pour ouvrir la Coupure (56).

Détachez sur la rive droite les Cinquenelles de leur Cabestan.

Faites tirer sur le Cordage attaché au pénultième Bateau de droite (59) et qui va sur la rive gauche au-dessous du Pont..... Lachez tous les cables des Ancres sur lesquels on file en se laissant aller au courant, à mesure que la droite du Pont commence à descendre.... Lâchez aussi insensiblement le Cordage qui soutient la gauche (60), ainsi que les Cinquenelles qui tiennent aux Vindax de la rive gauche, jusqu'à ce que le Pont soit tout-à-fait replié sur cette rive, et soutenez la droite du Pont par le Cordage qui va du pénultième Bateau (59) sur la rive gauche au-dessus du Pont, afin que le mouvement se fasse d'une manière uniforme.

63. Cette manœuvre donne à une arrière-garde la facilité de se retirer, après avoir combattu jusqu'à la dernière extrémité, parce qu'il ne faut qu'$\frac{1}{4}$ d'heure pour l'exécuter, si l'on a 2 ou 3 heures d'avance pour s'y préparer. Elle est toujours praticable, même sur une Rivière très-large et très-rapide, et cependant elle manque souvent et a fait perdre plusieurs Ponts.

64. *Pour remonter le Pont à sa première place*, il faut faire une manœuvre contraire à la précédente. 1°. Il faut passer sur la rive droite les Cordages amarrés au pénultième Bateau de ce côté, devenu le premier (59), et les hommes qui manœuvraient ces cordages : celui qui était tiré par les hommes au-dessus du Pont le serait du vis-à-vis, et l'autre serait tiré par des hommes qui remonteraient le long de la Rivière, à mesure que le Pont remonterait aussi..... 2°. Il faut repasser sur la rive droite les Cabestans, etc., qui y étaient, et y amarrer de nouveau les Cinquenelles ; replacer les Cabestans de la rive gauche, comme ils étaient avant leur seconde position (61), et retendre peu-à-peu les Cinquenelles.... 3°. Il faut enfin remonter les Bateaux à leur première place, en tirant sur le Cordage des Ancres qui sont au dessus du Pont. Ces 3 manœuvres doivent se faire à la fois, peu à peu et avec beaucoup d'ensemble, pour ne pas rompre le Pont, qui souffrira beaucoup malgré ces précautions.

65. La manœuvre de faire remonter le Pont à sa première position est très-difficile ; quoiqu'on l'ait exécutée plusieurs fois avec succès à Strasbourg sur un bras du Rhin assez considérable, on ne se flatte point de pouvoir la faire sur le grand Rhin, ou sur toute autre Rivière d'égale grandeur, dont le Pont aurait plus de 20 à 25 Bateaux.

Il sera toujours plus prudent, si on est dans le cas de remonter un Pont à sa première position, de le faire, par 2 ou par 4 Bateaux (et même par 6 ou par 8) pontés ensemble, qu'on fera placer successivement. Cela s'appelle construire un Pont par Travées : on le replie aussi de même. De cette manière on en abrégera la construction, sans courir aucun risque. Il sera même utile de suivre cette méthode, toutes les fois qu'on sera pressé de construire un Pont, et lorsqu'on sera à portée du confluent d'une Rivière où l'on pourra mettre plus commodément à l'eau les Bateaux et former ces différentes Travées.

66. On a proposé, pour les Rivières peu larges, de commencer à placer la Cinquenelle au dessus du Pont, et d'y amarrer les Bateaux à mesure qu'on le forme; mais les Bateaux venant ordinairement suivant le courant de l'eau, quelque bien que soit tendue la Cinquenelle, elle les gênera toujours pour venir prendre leur position.

(1) NOTES *sur différentes espèces de Bateaux propres aux Ponts.*

(Extrait des Mémoires attribués au général M***.).

Bateaux pour passer le Tanaro, faits en 1745.

67. M**, en 15 jours, fit faire 20 Bateaux avec leurs agrès, et la couverture du Pont, sans avoir nul approvisionnement : il n'avait pour tout secours que sa compagnie d'Ouvriers et tous les Scieurs de long qu'il put rassembler.

(Il y a apparence que ces 20 Bateaux lui servirent à jeter 2 Ponts.)

Ces Bateaux n'étaient pas d'un grand poids : ils étaient construits sur une Quille, à l'instar de la Marine, pour plus de facilité, pouvant faire une courbe avec des Madriers de 2 pouces d'épaisseur.

		pi.	po.	lig.
Quille.	Longueur	22		
	Largeur	1		
	Epaisseur	»	2	

(1) Quoique ces Notes et les suivantes, jusqu'au n°. 74, ne soient pas relatives aux constructions déterminées pour l'Artillerie, elles pourront être utiles dans les circonstances où on ne pourra s'y conformer, et dans celles où il faudra suppléer au dénuement de bien des objets.

		pi.	po.	lig.
Bateau.	Largeur dans le fond, prise extérieurement	6	8	«
	Largeur dans le haut, la même sur 12 pieds de long	8	«	«
	Hauteur dans cette même longueur	3	4	«
Bordages formant le fond du Bateau.	Longueur	22	«	«
	Largeur	«	15	«
	Epaisseur	«	1	6
Bordages des Reins.	Longueur	27	«	«
	Largeur	1	«	«
	Epaisseur	«	1	«
Plat-Bords.	Longueur. de ceux de proue	7	6	«
	Longueur. de ceux de poupe	6	8	«
	Largeur	«	5	«
	Epaisseur	«	1	«
4 Poupées à tête rabattue.	Longueur	3	5	«
	Equarrissage	«	3	«
2 Demi-Ponts, cintrés par-dessus, servant à arc-bouter les reins du Bateau.	Longueur	7	6	«
	Largeur	«	4	«
	Epaisseur	«	$4\frac{1}{2}$	«

Ces Bateaux sont formés de 17 membres qui en font la carcasse. Le Gabari de ces membres est le même dans la longueur de 12 pieds : il varie à mesure qu'on approche de la Poupe et de la Proue. Ces membres sont espacés également, et se font de 3 pièces assemblées à moitié bois à leur jonction ; ils ont 2 pouces d'épaisseur et 3 de largeur : leur hauteur est de 3 pieds 2 pouces 6 lignes, et augmente jusqu'à 3 pieds 4 pouces 6 lignes. Ils sont entaillés sur la Quille de 6 lignes.

68. *Bateaux propres aux Ponts sur le Danube.*

Longueur, 60 pieds.

Largeur, prise au niveau de Plat-bord dans son milieu, 12 pieds.

Hauteur extérieure, 2 pieds 10 pouces.

30 Courbes.

Epaisseur des planches du fond, 21 lignes.

Epaisseur des planches du côté.

« Les Bateaux les plus propres à manœuvrer sur le Danube, sont ceux de 60 pieds de long, de 9 pieds de large et de 4 de hauteur, armés de 4 Pièces de Canon ; le Pont devant et derrière d'un médiocre volume, pour donner moins de prise au vent ;

on pourrait y mettre un mât; mais on en ignore l'usage sur ce fleuve. » (C'est apparemment ce que M** appelle Galiote.)

Le prix du Bateau est de 140 florins.

Le prix de la Galiote est double.

Bateau garni de 3 rames coûte 56 florins. La poutrelle de 30 pieds de long sur 6 à sept pouces d'équarrissage, coûte un florin 20 kreutz. Le Madrier coûte 20 kreutz.	Prix à Ulm en 1742.

On a dit à la page 66 qu'on craignait que les nouveaux Bateaux n'eussent pas la légéreté qu'on leur supposait, et qu'on eût dû peut-être adopter la forme de ceux que le Général La Riboisière fit construire à Munich en l'an 9. Voici quelques-unes de leurs dimensions générales.

pi.	po.	
36	«	Longueur.
5	9	Largeur au milieu.
2	3	Profondeur, *id.*

Poids, 1400 liv.

16 Hommes le jettent à l'eau aisément sans machines. Les bordages étaient en planches de sapin d'1 pouce d'épaisseur, fixées aux courbes avec des chevilles de bois.

12 Courbes en chêne de chaque côté.

Les joints recouverts avec des baguettes triangulaires contenus avec des fils de fer.

6 Charpentiers en faisaient 1 en 7 jours.

Le Bateau ne revenait qu'à 144 fr. sans le bois.

Il pourrait porter 50 hommes outre les Rameurs et le Pontonnier du gouvernail.

Les Poutrelles avaient 22 pi. de longueur et 4 po. 6 lig. d'équarrissage.

Les Madriers avaient 18 lignes d'épaisseur.

On transportait aisément ce Bateau sur un Haquet, avec les roues de l'Affut bavarois.

69. *Bateaux propres aux Ponts sur le Pô.*

		pieds.	pouces.
Longueur.		50	
Largeur intérieure au fond.		10	
Largeur au-dessus des reins		12	
Hauteur extérieure.		2	6
Plat-Bords.	Longueur.	26	»
	Largeur.	»	8
	Epaisseur.	»	4

Planches, épaisseur, 20 lignes.

24 Courbes.	Longueur.	7	
	Epaisseur	»	2 ½

2 Chaînes à chaque Bateau.
Demi-Pont comme au Ponton en bois (70).

On a proposé pour les Ponts d'Italie de les faire en melèze avec les Courbes et Plats-bords en chêne ; de donner au bateau 26 pieds de longueur.

6 Pieds de largeur, mesure prise en haut extérieurement et 2 pieds 6 pouces au nez.

2 Pieds 6 pouces de hauteur.

4 Ouvriers construisent ce Bateau en 6 jours au plus.

70. *Ponton en bois pour suppléer au Bateau.*

Longueur de 22 pieds 6 pouces.

Largeur en haut : 8 pieds.

Hauteur en dehors : 2 pieds 4 pouces.

L'avant-bec relevé de 8 pouces.

Les courbes en chêne espacées de 18 pouces auront 2 pouces d'épaisseur sur 3 pouces de largeur.

Largeur du nez : 2 pieds.

4 Tourillons servant à amarrer.

Les planches en chêne d'un pouce d'épaisseur attachées aux courbes avec des broches de fer.

Les joints garnis de mousse ou d'étoupe.

Tout le Bateau ou Ponton calfaté et goudronné.

2 Demi-Ponts, qui sont une Pièce de bois un peu cintrée en dessus, traversant le Bateau à la jonction des avant-becs : ils servent à renforcer le Bateau dans la manœuvre du chargement et du déchargement, et à fortifier les reins.

Percez les Plat-bords pour recevoir les Boulons à charnière des Poutrelles.

Le Ponton doit coûter.	220 liv.	Prix à Pavie, en 1734.
Son Haquet.	150	
L'Ancre.	35	Le Bateau pesait 2400 liv.
La Poutrelle garnie de son boulon. .	2	
Le Madrier.	1	Le Haquet pesait 1334 liv.

Il faudrait 169 Pontons pareils pour un Pont sur le Pô, qui a jusqu'à 500 toises de largeur, (ce qui est peu praticable).

Bateau portatif à dos de Mulet, se brisant par moitié dans sa longueur.

71. L'Orme sera préféré au Chêne pour les membres seulement. Les bordages seront en Sapin.

		pieds.	pouc.	lign.
Longueur, les deux moitiés réunies. . . .		14		
Largeur extérieure au fond.		3	6	
Largeur extérieure en haut.		5		
Hauteur dans son milieu.		2	4	
Hauteur vers les bouts.		2	10	
Membres,	Largeur.	»	2	6
	Epaisseur.	»	1	6
Bordages,	Du fond, épaisseur.	»	»	12
	Des reins, épaisseur.	»	»	10
Quilles.	Longueur.	12	»	»
	Largeur.	»	3	»
	Epaisseur.	»	1	9
Etambaux.	Longueur.	4	10	
	Equarrissage	»	3	
Plat-Bords.	Largeur.	2	6	
	Epaisseur	1	»	

Le Bateau a 12 membres, dont ceux des jonctions ont une feuillure, et par conséquent plus d'épaisseur que les autres.

On assemble les 2 parties qui composent ce Bateau, par le moyen de 4 clefs qui seront chacune traversées par 4 boulons de fer avec rondelles et clavettes.

On peut assembler les parties du Bateau avec des chevilles de bois, pour qu'il soit plus léger; mais il faut se servir de clous.

Il faut que le Bateau soit bien calfaté et goudronné.

La Quille, qui est brisée à son milieu, sera assemblée par un boulon à clavette.

Notes sur les Ponts de Bateaux.

72. Les Bateaux pour les Ponts construits dans les Arsenaux d'Artillerie, ont 37 pieds de longueur développée, et pèsent 3800 liv. (1) Ceux dont il va être question dans cet article, ont 35 pieds de longueur, 4 pieds 6 pouces de largeur extérieure en bas, ils pèsent

(1) Ce sont les Bateaux pour les Ponts stables; 5 équipages de ces Ponts paraissent suffisans.

5250 liv. en bois, et 5670 liv. avec leurs ferrures et leurs agrès : il en faut 75 pour un Pont de 200 toises, (ce qui fait 16 pieds par Travée,) et le Pont est estimé coûter 54820 liv. (Cette estimation a été faite à Strasbourg, dans les guerres de 1740).

Les bois de Bateau doivent être de chêne, et coupés depuis 2 ou 3 ans.

On laisse un intervalle de 5 à 6 lignes entre les planches qu'on remplit de mousse et de goudron, et qu'on naye ensuite.

On met 2 couches de goudron sur les superficies intérieure et extérieure du Bateau.

Il faut :

38 Solives de bois par Bateau.

90. Nayes par toise : il y a 70 toises de joints nayés par Bateau, donc 6480 nayes par Bateau... Donc 100 liv. de nayes par Bateau ; car il y a 65 nayes à la livre... La livre de nayes coûte 12 sols.

45 Broches de fer par courbe de 5 à 6 pouces de longueur : donc pour 35 courbes du Bateau.	1575 br.
25 Broches pour un Madrier de fond, donc pour 19 Madriers, 475 broches par Bateau, ci.	475 br.
Donc en tout par Bateau.	2050 br.

Il y a 20 broches à la livre : la livre coûte 9 sols.

6 Bandes de fer pour attacher les nez du Bateau, pesant ensemble 20 liv., à 5 sols la livre.

20 Barils de goudron de 15 pouces de longueur et de 6 pouces de diamètre, pesant 12 liv., à 40 s. la livre pour goudronner un Bateau et ses cordages. On donne 1 sol par toise de cordage à goudronner.

4 Sacs de mousse pour calfater un Bateau, à 24 sols le sac.

3 Calfats peuvent construire un Bateau en 18 jours d'été.

Ou 6 Calfats, en 10 jours d'été, à 40 sols par journée.

On mettra 1 Inspecteur par 6 ateliers, à 3 livres par journée.

Les Entrepreneurs fourniront les crics, haches, scies, etc. et outils.

L'ancre pèse 337 liv., à 7 liv. 10 sols le quintal.	25 l.	5 s.	6 d.
Pour la façon des aîles, pour le bois, les broches.	4	10	»
	29 l.	15 s.	6 d.

100 Piquets de chêne à bonne pointe durcie, de 4 pieds de longueur, et de 4 à 5 pouces de diamètre, à 10 sols l'un valent 50 livres.

Il faut pour un Pont de 75 de ces Bateaux.

245 Chênes.
889 Sapins.

738 Perches, etc. de Sapin.
3120 Courbes ou Tourillons, à 38 Courbes et 4 Tourillons par Bateau.

1 Charpentier en un jour peut jeter à bas un arbre, (Chêne et Sapin l'un dans l'autre) et l'équarrir... Sa journée est de 24 sols.

8 Scieurs de long, faisant aller 2 scies, peuvent faire 100 toises de planches et de Madriers dans 3 jours. C'est la quantité qu'il en faut pour un Bateau.

Un Moulin à scie peut scier 30 Madriers par 24 heures.

Si on faisait le Pont sur 3 bras à la fois, on mettrait 3 brigades de 6 Charpentiers chacune, (1 maître et 5 garçons). Les paysans qui conduisent les Bateaux doivent aider à les placer pour former le Pont.

Des Chevalets à être mis dans les Bateaux.

73 Dans les Bateaux inégaux, on doit mettre un Chevalet (38) pour porter le tablier du Pont.

Ce Chevalet sera composé d'un grand seuil et d'un chapeau de 19 pieds de longueur ; de deux autres petits seuils posés en croix vers les extrémités du grand, le tout entretenu par 7 Entre-toises et 4 Liens.

Tous ces bois sont de 6 pouces d'équarrissage, hors les Liens, qui ne sont que de 4 sur 5.

Les Chevalets sont fixés sur le fond du Bateau avec des Taquets cloués, dont les Broches n'entrent que de 2 pouces, pour ne pas percer les Madriers en entier.

On met sur les Chevalets entre 2 Bateaux, 7 Longerons sur un intervalle de 16 pieds de longueur, qui est la distance entre les Chevalets (72), et on les fait déborder aux deux bouts, d'environ 2 pieds 6 pouces, ce qui fait 22 pieds de longueur que doivent avoir les Longerons.

On fixe les Longerons sur les Chevalets au moyen de Taquets cloués en-dessous avec des broches de 5 à 6 pouces.

Les Longerons ont 6 à 7 pouces d'équarrissage, et doivent être de brin.

Les Madriers ont 16 pieds de longueur, 1 pied de largeur, et 2 pouces d'épaisseur.

Tous ces Bois doivent être de Sapin.

Toisé d'une Travée de Chevalets.

Le grand Seuil et le Chapeau.	3 soliv.	1 pi.	» p.	l.
Les 2 petits Seuils.	»	3	»	
Les 4 Liens	»	2	9	4
Les 7 Entretoises	6	»	»	»
Les 7 Longerons	13	3	8	
Les 16 Madriers	14	1	4	
Les 2 Longerons pour assujettir les Madriers.	2	5	»	»
Total.	40	4	9	4

Ajoutez $\frac{1}{12}$ pour le déchet, en tout 40 solives environ. Il faut 68 Broches pour clouer les Taquets sur les Longerons.

Avec de plus gros Bateaux, tels qu'on en trouve sur le Rhin, on fera des Chevalets de 6 pieds de hauteur.

L'intervalle entre le milieu des Travées sera de 5 toises.

Pour 200 toises, il faudra 40 Bateaux; plus 5 pour les approvisionnemens, etc. nécessaires.

NOTE *sur la longueur et le tems employé à construire quelques Ponts de Bateaux.*

En 1734, deux Ponts jetés sous Guastalla, par M. Guille, Brigadier des Armées du Roi, Capitaine d'Ouvriers du Corps-Royal d'Artillerie; ils étaient de 169 Bateaux chacun, et avaient 3360 pieds de longueur.

En 1743, Pont à Deckendorf, sur le Danube, de 1140 pieds de longueur, construit par M. Hugel, Officier d'Artillerie, replié en entier dans une retraite, par un quart de conversion.

En 1746, 3 Ponts de Bateaux de 1500 pieds de longueur, sous Plaisance, par M. Guille, Brigadier des Armées du Roi, jetés en moins de 8 heures. Les Français étaient poursuivis par les Autrichiens et le Roi de Sardaigne, 20,000 Autrichiens s'opposaient à leur passage, et les attendaient au-delà du Pô. L'Artillerie du Roi d'Espagne passa sur ces Ponts avec l'Armée française. L'Officier qui les avait construits les brisa chacun en trois parties, et les brûla aussitôt après le passage.

En 1757, 2 Ponts de Bateaux sur le Rhin, vis-à-vis Wesel, furent jetés, par M. Guille, en un demi-jour : ils servirent au passage de l'Armée et de ses Bagages, et à la communication avec l'Armée tant qu'elle fut au-delà du Rhin.

En 1757, Pont de Bateaux sur le Rhin, près de Dusseldorff, jeté en 6 h. par le même, M. Guille. Cet Officier ayant ses approvisionnemens, ses Bateaux, ses Ouvriers, n'employait que 4 heures pour jeter des Ponts de 700 pieds sur le Weser, etc.

En 1758, Pont de Bateaux de 2400 pieds sur le Rhin, jeté près de Cologne, par M. Hugel, à l'Armée du Prince de Clermont; il fut fait avec des Agrès et des Bateaux de toute espèce; rassemblés dans 3 jours.

74. Construction et Manœuvres *des Ponts de Pontons.*

Hommes nécessaires à la Construction d'un Pont.

2 Sergens au déchargement des Pontons.
1 Sergent à la 1re. Culée du Pont.
1 Sergent à la Travée qu'on couvre.
7 Hommes pour porter 7 Poutrelles.
3 Hommes dans le 1er. Ponton, qui passeront successivement dans le 3e., 5e., etc.
3 Hommes dans le 2e. Ponton, qui passeront successivement dans le 4e., 6e. etc.
} pour arranger les Poutrelles, les Clavettes, etc.
10 Hommes pour porter les 10 Madriers.... peut-être 11, si les Madriers ne sont pas de la largeur fixée d'un pied.
2 Hommes pour placer les Madriers.
2 Hommes pour aligner les Madriers par les bouts, à coups de masse.
2 Hommes pour amener les Pontons et les amarrer avec les cordages.
3 Hommes pour jeter et placer les Ancres.

36 Hommes au total.

75. Il faut 14 Hommes pour décharger avec facilité un Ponton de dessus son haquet : le Ponton pesant 1280 liv... Il en faut autant pour le charger.

76. Les Pontons étant rangés à portée sur la rive, ou si les Haquets ne peuvent s'en approcher assez, les Poutrelles et les Madriers étant empilés sur cette rive, il faut pour construire un Pont $1\frac{1}{2}$ minute par Ponton. On suppose de plus pour le construire avec cette vîtesse, qu'il n'y a que des Ouvriers d'Artillerie, et qu'ils sont bien exercés à cette manœuvre.

77. Soit pour construire, soit pour replier le Pont, contenez les Soldats qui portent les Poutrelles et les Madriers sur une seule file, venant d'un côté de la largeur du Pont, et retournant dans

le même ordre par l'autre côté. Dans la construction, on vient ordinairement par la droite, et on s'en retourne par la gauche.

Voyez pour les détails, la note 1 du n°. 40.

78. Le Pont de Pontons se construit tant plein que vide. Il faut 1 Ponton par 10 pieds : ainsi la largeur de la Rivière fixera la quantité de Pontons nécessaires. Elle doit avoir au plus 70 à 80 toises de large, et être peu rapide, si elle a cette grande largeur.

79. Si la Rivière est encaissée, faites pratiquer plusieurs rampes faciles, afin qu'on puisse amener les Haquets le plus près de l'eau qu'on pourra. Déchargez les Pontons en arrière, en les faisant couler de dessus les Haquets : puis les mettant sur des rouleaux, faites-les glisser tout de suite dans la Rivière. Placez dans les Pontons 1 ou 2 Ouvriers qui les manœuvrent.

80. Faites la première culée en exhaussant ou abaissant le terrain au niveau des plat-bords du Ponton mis à l'eau : rendez ce terrain horizontal, affermissez-le, et couvrez-le vers le bord avec 2 ou 3 Madriers.

81. Faites approcher et ranger le premier Ponton près de la culée, parallèlement à 5 pieds de la rive. Placez sur le Ponton 6 Poutrelles (1), le traversant en entier; d'un côté portant sur le plat-bord *b* (36), de l'autre sur la culée, ou sur un Chevalet, si la rive est trop plate pour la flotaison du Ponton.

Si la rive est trop plate, le Ponton ne pourra être à flot qu'à une certaine distance; alors les Poutrelles seraient trop courtes. On les fait donc porter sur un Chevalet mis entre la Culée et le Ponton, et d'autres Poutrelles porteront sur le Chevalet et sur la Rive; car il faut toujours éviter que le Ponton touche le fond de la rivière, pour qu'il ne soit pas crevé. Il faudra quelquefois plus d'un Chevalet; si la Rive est excessivement plate, et que le Ponton ne puisse s'approcher que de 15 pieds de la Culée, il en faudra 2, etc. Il faut que les Poutrelles n'aient que 5 pieds de portée.

82. Placez le second Ponton parallèlement au premier à 5 pieds de distance. Mettez ses 6 Poutrelles, qui doivent aboutir d'un côté au plat-bord *a* du premier Ponton, et de l'autre au plat-bord *b* du second; ainsi chaque Ponton est traversé par ses Poutrelles, et par celles du Ponton que l'on place après lui.

Couvrez les Poutrelles placées, de Madriers, jusqu'à 2 pieds du second Ponton.

83. Placez le troisième Ponton comme le second (82). Observez

---

(1) Il y a 7 Poutrelles sur chaque Haquet; mais la septième est pour les Culées, les Rechanges, le dessus du Tablier, etc.

que si les Poutrelles du premier Ponton sont au-dessus de celles du second, celles du troisième, etc. et des Pontons impairs, doivent être au-dessus de celles du second, etc. et des Pontons pairs.

Couvrez les Poutrelles placées, de Madriers, jusqu'à 2 pieds du troisième Ponton.

84. Les autres Pontons se placent de même.

85. Amarrez ensemble les Pontons. Pour cela, faites une boucle à un des bouts de chaque Amarre : fixez une Amarre à chacun des 4 anneaux des Pontons; en passant le Cordage dans l'anneau, puis dans la boucle, ou ganse. Attachez à 2 Piquets, plantés sur le rivage, les 2 Amarres passées dans les anneaux du Plat-bord a/b du premier/dernier Ponton : les 2 autres passées dans les anneaux du Plat-bord *b* du 1er. Ponton seront fixées par un nœud en ganse aux anneaux du Plat-bord *a* du 2e. Ponton, et les 2 Amarres de ceux-ci le seront aux anneaux du Plat-bord *b* du 1er., ainsi de suite. Par ce moyen, chaque Ponton sera uni au Ponton voisin par 2 Amarres qui se croiseront.

86. Jetez les Ancres à mesure qu'on place les Pontons. Mettez-en une par 4 Pontons du côté du courant : une par 6 (1) Pontons de l'autre côté : amarrez les Pontons à ces Ancres.

Les Ancres attachées aux Pontons les font baisser, ce qui tourmente le Pont et nuit à la solidité : il vaudra mieux, s'il n'y a pas de coupure, et s'il ne doit pas faire de quart de conversion, amarrer la Cinquenelle, qu'on va placer, aux Cordages d'Ancre, dans les Rivières rapides sur-tout.

Pour le placement des Ancres, voyez le n°. 50.

87. Si le courant est rapide, dans l'endroit où il l'est le plus, faites former un coude au Pont, pour qu'il résiste mieux aux efforts des eaux. On forme ce coude en tirant plus ou moins sur les Cordages d'Ancre qui tiennent aux Pontons qui sont dans le courant.

88. Arrivé à la rive opposée *b*, passez-y un bout de la Cinquenelle (la Cinquenelle d'un Pont de Ponton n'est, le plus souvent, qu'un Cordage d'Ancre de Bateau. *Voyez page* 269). Attachez-là à des pieux ou piquets plantés solidement, ou à des arbres, ou, etc. et tendez-la avec un Cabestan placé sur la rive A. Amarrez à la Cinquenelle les Pontons avec les Commandes, ou, plutôt, car ces cordages ne sont plus guères d'usage, attachez les Pon-

---

(1) Dans les Rivières rapides, il vaut mieux n'en mettre qu'une par 8 Pontons, afin que les Ancres au dessous du courant tiennent aux mêmes Pontons que celles au dessus, ce qui les rend plus fixes, moins flottans.

tons à la Cinquenelle avec le restant des Amarres qui les unissent entre eux (85). Ce nœud qu'on fait doit être en ganse, pour pouvoir détacher les Pontons promptement.

La Cinquenelle doit être tendue à 5 pieds au plus de l'extrémité des Pontons, si on se sert des Amarres.

89. Relevez les Ancres que la promptitude aura fait mal jeter, et placez-les plus correctement.

90. Si on est maître des deux rives, commencez par tendre la Cinquenelle; on aura plus de facilité pour faire le Pont; et si vous connaissez exactement la longueur qu'il doit avoir, commencez-le à la fois des deux côtés.

91. La seconde Culée se fait comme la première (80).

92. Si la Rivière est peu large et peu rapide, placez les Poutrelles du premier Ponton, couvrez-les de Madriers, poussez-le en avant; remplacez-le par un autre, et faites de même; en observant de les contenir du rivage avec des Cordages passés dans les anneaux du plat-bord *a*, et que tiendront 2 ou 3 hommes. On peut, par ce moyen, employé pour les 4 ou 5 premiers Pontons, accélérer l'ouvrage.

Coupure du Pont.

93. Si la Rivière est navigable, laissez vers l'endroit le plus usité pour le passage, une Passe ou Coupure de 2 ou 3 Pontons liés ensemble (suivant la grandeur des Bateaux usités pour cette Rivière). Ces 2 ou 3 Pontons forment un Pont-volant, qui filant au besoin sur son ancre et se rangeant de côté, laisse le passage libre. Il faut aussi, dans ce moment, lâcher la Cinquenelle; par conséquent, il faut que les Pontons soient amarrés immédiatement aux ancres (86). Quand on veut fermer la Coupure, on tire sur le Cordage d'ancre de la Portière, jusqu'à ce qu'elle soit remontée à sa place.

Les Pontons de la Portière ne sont liés aux Pontons contigus du Pont, que par de fausses Poutrelles qui n'ont que 13 pieds de longueur et 3 lignes de moins d'épaisseur que les Poutrelles, pour glisser plus aisément sous le tablier lorsqu'on voudra ouvrir la Coupure: et après avoir ôté 2 ou 3 Madriers à chaque jointure.

On ne doit ouvrir les Ponts et sur-tout ceux de Pontons, que le moins possible, parce que cette manœuvre les dérange toujours plus ou moins.

Du Quart de Conversion.

94. Supposons qu'on veuille replier le Pont sur la rive gauche. Il faut que les Pontons soient amarrés aux ancres (86).

Enlevez les Poutrelles et les Madriers du Ponton adjacent à chaque culée; retirez ces 2 Pontons pour laisser tout le jeu nécessaire à la masse du Pont.

S'il y a une Coupure, liez les fausses Poutrelles de la Portière par des crampons aux Poutrelles adjacentes des Pontons contigus du Pont, pour faire corps avec lui.

Attachez un Cordage au second ou troisième Ponton, (suivant la longueur du Pont), et amarrez ce Cordage à un fort piquet, planté à 6 ou 8 toises au-dessus du Pont, et le plus près possible du bord de la Rivière.

Otez les Cinquenelles, qui sont inutiles pour cette manœuvre. On peut se contenter de les détacher simplement sur la rive droite.

Détachez les Cordages d'Ancre, sans lever les Ancres, et laissez sur chaque travée du Pont, vis-à-vis chacun de ces Cordages, 2, 3 ou 4 hommes (suivant le courant), pour soutenir le Pont et l'empêcher de fléchir inégalement.

A ce moment, où la partie droite du Pont commence à se mettre en mouvement et le Pont à tourner, lâchez doucement et peu à peu le Cordage amarré au second ou troisième Ponton de gauche et à un piquet. Si on n'avait point de piquet, et que l'eau eût peu de rapidité en cet endroit, on pourrait se contenter de faire tenir ce Cordage en retraite par quelques hommes placés sur la rive gauche au-dessus du Pont.

Pour hâter les parties du Pont qui sont dans les eaux dormantes, amarrez les Pontons de ces parties tardives à des Nacelles qui les précéderont et iront à rames. Car la grande attention qu'on doit avoir, est que le Pont ne fléchisse pas, et tourne en masse et en ligne.

Retirez les ancres, si le Pont ne doit plus se refaire en cette position, au moyen de Pontons ou de Nacelles qui se présentent sur ces ancres, en repliant les Cordages et se hissant dessus.

On ne peut guères remonter les Ponts de Pontons à leur première position, sans risquer de les endommager beaucoup.

95. *Pour replier le Pont de Pontons.* Faites atteler les Haquets, et qu'ils s'approchent sans confusion du bord de la Rivière, ou au moins jusques au haut de la rampe... Retirez les Madriers, les Poutrelles et les autres Agrès, en commençant par les Pontons qui sont du côté qu'on veut abandonner... Détachez successivement des Cinquenelles les Pontons découverts; et les faites approcher du bord que vous occupez.

Faites charger sur les Haquets, les Poutrelles et Madriers, qu'ils doivent porter, par d'autres hommes que ceux qui les apportent : faites retirer à bras les Pontons de l'eau, et les placez sur les Haquets, qu'on amène aussi près de l'eau qu'on peut pour ce chargement.

Retirez les Ancres.

96. On peut construire et replier un Pont par travée, ce qui accélère la manœuvre... On ponte ensemble de 2 en 2 ou de 4 en 4, tous les Pontons, puis on réunit ces différentes portions de Pont qu'on appelle Travées... On morcèle de même un Pont, en séparant de 2 en 2, ou de 4 en 4, les Pontons qui le composent : puis on amène au rivage ces différentes Travées qu'on achève de découvrir.

97. En repliant un Pont vis-à-vis de l'ennemi, pour éviter la confusion que son feu bien dirigé pourrait occasionner dans le chargement, tenez les Haquets dans un lieu éloigné de la rive et à couvert, s'il se peut ; ne faites approcher du bord que 2 Haquets à la fois : et dès que l'un est chargé, faites-le partir et remplacer par un autre.

DES SOINS QU'EXIGENT LES PONTS.

98. Fortifiez la tête des Ponts sans embrasser trop de terrain,

Voyez page 966.

99. Si les Ponts doivent rester long-tems construits, visitez souvent les Bateaux, ou Pontons et Agrès ; faites relever de tems en tems les Ancres, qui s'enterrant peu à peu, finiraient par ne pouvoir plus être retirées.

Pour éviter de relever les Ancres quand le Pont doit subsister long-tems, plantez au lieu d'Ancres, des Pilotis où on amarrera les Cordages nécessaires à la stabilité du Pont. Pour planter ces Pilotis, il faut une Sonnette disposée et équipée sur 2 Bateaux pontés ensemble.

100. Il faut dans tous les Ponts, des Ouvriers sans cesse occupés à égaliser avec des masses les Madriers dérangés par le passage, et des Bateliers pour les égoûter.

101. Faites visiter souvent les Pontons par les Chaudronniers. Tâchez d'avoir une pompe, si l'on peut, pour les accidens.

102. N'ouvrez les Ponts que le moins possible, parce que cette manœuvre les dérange toujours : attendez pour le faire qu'il y ait

plusieurs Bateaux à laisser passer (1). Faites reconnaître et arrêter ces Bateaux, avant qu'ils soient en mesure de nuire, pour qu'on ait le tems d'ouvrir la Portière.

103. Si le Pont est construit vers quelque embouchure de Fleuve, sujet au flux et au reflux, assurez-le entre 2 Cinquenelles, et retenez les Bateaux ou Pontons par une Ancre à chaque bout... Quand le flot se fait sentir, tendez fortement la Cinquenelle, qui doit faire résistance, ainsi que les Cordages d'Ancre qui sont de ce côté... Manœuvrez de même sur l'autre Cinquenelle à marée descendante... Il faut pour ces Ponts des Ouvriers qui veillent continuellement aux accidens très-fréquens qui leur arrivent : il faut avoir à portée, sur la rive, un dépôt de Madriers de rechange, dont quelques-uns soient coupés en coin pour les placer entre les Madriers désunis ; mais il ne faut les mettre qu'aux culées, et tenir joints les Madriers du reste du Pont, quoique obliques sur les Poutrelles ; parce que ces Madriers en coin sortent toujours de leur place par les manœuvres du Pont, et outre les accidens qui peuvent résulter de la disjonction des Madriers, c'est qu'elle amène bien vite leur destruction, leurs arêtes étant rongées par les pieds des chevaux en très-peu de tems.

104. Placez des Sentinelles aux deux bouts des Ponts, et de distance en distance, pour faire exécuter à la rigueur les consignes précises que vous leur donnerez, d'après les n°s. 105, 106, 107, 108.

105. Ne laissez point défiler sur les Ponts en même tems une colonne de Voitures et une colonne d'Infanterie, parce que le Fantassin ne marche point avec assurance à côté des Voitures, à cause que leur poids fait onduler le Pont, dérange les Madriers, et qu'il craint que les chevaux ne le heurtent en se déviant à droite ou à gauche... Ce n'est même que sur les Ponts construits avec des Bateaux du pays, Bateaux plus grands que ceux qu'on traîne à la suite des Armées, qu'on peut faire défiler deux colonnes d'Infanterie à la fois ; et dans ce cas, on fait une séparation dans le milieu du Pont.

106. Ne laissez jamais passer sur un Pont plusieurs Voitures à la fois, mais successivement et à une certaine distance l'une de l'autre, pour qu'elles ne le chargent pas trop ; par conséquent, 2 Voitures ne doivent jamais se croiser sur un Pont.

107. La Cavalerie doit passer à pied sur un pont, tenant ses chevaux par la bride, marchant dans le milieu du Pont, sur 2

(1) Ordinairement on fait arrêter les Bateaux de la navigation au dessus du Pont dans un lieu déterminé, pour les laisser passer ensemble le soir et le matin, à une heure fixe.

ou 3 hommes au plus de front. Un Cavalier ne doit jamais y passer en trottant, quand même il serait seul.

108. Ne laissez jamais passer les Troupeaux de Bœufs sur un Pont de Pontons, parce qu'ils se mettent en masse, et qu'ils submergeraient le Pont (32).

Les pièces de 24 et de 16, ni les Voitures équipesantes, ne peuvent être supportées par un Pont de Pontons, sans risques; quoiqu'en redoublant les Poutrelles du Tablier, on ait réussi à les y faire passer quelquefois. (N°. 6, note).

109. Si la Rivière sur laquelle est votre Pont, charrie des arbres, etc., à cause des Torrens qui s'y jettent, placez une Garde au-dessus du Pont, qui arrête ces objets dangereux, ou avertisse de leur venue (24) : mais ne comptez guères sur les seuls moyens d'avertissement; il n'est presque jamais assez prompt.

Si le Pont est à portée de l'ennemi, mettez une Garde au-dessus et au-dessous, qui arrête tout ce qu'il pourrait envoyer pour le rompre on l'endommager.

Pour les Objets chariés par les eaux, on a de petits Batelets qui se tiennent à portée des courans; on va au-devant de ces Objets, on les accroche à des grappins tenus par des cordages fixés sur la rive, et l'eau y pousse ces Objets d'elle-même.

Pour les Glaces, il faut la rompre à mesure qu'elle se forme autour des Bateaux, Pontons, etc.; et dans le dégel, garantir les Bateaux, les Cordages, si l'on peut, ou plutôt replier le Pont à propos.

110. Quand les Ponts sont faits avec les Bateaux du Pays, on les brûle d'ordinaire en les abandonnant, si on se retire devant l'ennemi. Il faut garder un grand secret sur ce projet, de peur que les Bateliers-habitans, pour se les conserver, ne les fassent couler à fond, en les perçant avec une tarière. Au reste, il faut être très-sûr de n'avoir plus besoin de Ponts, être dans une situation désespérée, ou s'en promettre un avantage bien important, pour prendre le parti de les brûler.

Construction et Manoeuvres *des Ponts-Roulans.*

111. Le Pont-Roulant est une Voiture composée de deux Trains réunis par une Flèche, et qui porte tous les Agrès nécessaires à sa construction. C'est sur ces deux Trains, qui font l'office de Chevalets, que l'on établit les Travées du Pont.

Voyez pour les parties qui la composent, page 77.

112. On ne peut construire cette espèce de Pont, que sur des Ruisseaux ou petites Rivières, qui auraient au plus 5 $\frac{1}{2}$ pieds de profondeur.

Le développement total du Pont étant de 42 pieds, si la Rivière a plus de largeur, il faudra y ajouter des Chevalets, ou employer plusieurs Ponts roulans.

Pour établir un Pont-Roulant.

113. Il faut 12 hommes pour l'établissement d'un Pont roulant, et 8 minutes pour le faire, avec des Ouvriers d'Artillerie exercés.

Arrivé sur le bord, à l'endroit choisi,

Otez la Volée du bout de Timon;

Débrêlez les Prolonges; laissez leur bout noué et arrêté dans les Anneaux d'Embrêlage;

Laissez le bout de celle de l'Avant-train sur le bord où vous êtes.

Otez les Clefs, la Masse, les Crocs à pointe, les Supports, et la Cheville à la romaine la plus près du bout du Timon, pour le manœuvrer avec plus d'aisance quand vous avancerez les Trains dans la Rivière.

Otez les 4 Poutrelles de dessus la Charge, mettez-les ensemble; placées sur les Supports, elles formeront le milieu du Pont.

Déchargez les Volets: placez-les de côté.

Otez les 8 Poutrelles du fond; placez ensemble les 4 qui ont les Boulons à patte du même côté, et dans le même sens qu'elles étaient sur la Voiture.

Otez les Esses de Flèche, écartez les Trains à leur plus grande distance; remettez les Esses.

Mettez les deux Verrouils qui arrêtent le jeu des Moutons sur l'Avant-train.

Placez les deux Supports à la hauteur convenable, au moyen des 4 Chevilles à la romaine.

Placez les 4 Poutrelles du milieu, qui ont 1 Boulon à charnière à chaque bout, et qui ont été les premières déchargées (1).

Des Poutrelles qui ont à 1 bout 1 Boulon à charnière, et à l'autre 1 boulon à patte: placez extérieurement, 2 à l'avant, 2 à l'arrière, les 4 qui ont une plaque percée de plusieurs trous. La

---

(1) On pense que pour empêcher les Volets, qu'on va placer sur ces Poutrelles, de se soulever quand on marchera, ou qu'on pesera sur leurs bords, il faut placer, un peu obliquement, ces Poutrelles sur les Supports. Pour cela, si l'on fait passer le boulon d'une des Poutrelles extérieures du milieu du Pont, dans le premier trou du Support de devant, on fera passer le boulon de son autre extrémité, dans le second trou du Support de derrière.

plaque doit être en-dessous, et le Boulon à charnière du côté du Support; Arrêtez ces Poutrelles par les Clavettes, passez leur Boulon à patte dans le Directeur, et les y fixez par les Chevillettes.

Soulevez ces Poutrelles avec les Crocs, et relevez les 4 Servantes, pour les soutenir à la hauteur convenable, suivant l'élévation des bords (1).

Passez la Prolonge du Train de derrière en-dessous du Directeur, puis en-dessus; et attachez-en le bout au Support de ce côté.

Conduisez le Pont dans la Rivière, en gouvernant le Timon, jusqu'à ce que les Poutrelles de l'avant puissent porter sur le rivage.

Dégagez les Servantes au bout d'où vous partez, (et faites porter les Poutrelles sur un petit Chevalet, s'il est nécessaire).

Examinez, avant de couvrir le Pont, si les Poutrelles sont bien de niveau; si elles ne le sont pas, ce qui provient de l'inégalité du fond, ou des culées trop hautes ou trop basses, élevez ou abaissez les Supports : pour cela, ôtez la Cheville à la romaine, du côté où vous voulez toucher au Support : placez la Servante de ce même côté, dans un des trous de la Poutrelle à plaque, en élevant la Poutrelle par l'autre extrémité; pèsez sur cette Poutrelle, à qui la Servante sert de point d'appui, et vous ferez monter ou descendre le Support. Enfin, placez la Cheville à la romaine dans le trou qui convient le mieux.

Posez les Volets; un des petits, après les six premiers, au coude de la culée et du dessus du Pont, et 6 autres sur le Pont.

Tirez sur le Cordage qui passe en-dessous et en-dessus du Directeur du train de derrière, qui fait l'avant du Pont, pour dégager les Servantes de ce côté, et faire porter les Poutrelles sur le bord vis-à-vis.

Faites passer un homme à ce bord, sur ces Poutrelles; placez les 2 autres Poutrelles du milieu de cette culée, les Boulons à patte vers le Directeur; en les faisant glisser sur les 2 premières... fixez-les... mettez le second petit Volet au coude du dessus du Pont et de la culée, puis les 6 autres grands Volets restans.

---

(1) Des Capitaines d'Ouvriers pensent que cette méthode de faire avancer la Voiture dans la Rivière, en tenant soulevées et soutenues par leurs servantes, les 4 Poutrelles extérieures de l'avant et de l'arrière-Pont, fait flotter la Voiture, et la rend difficile à conduire et à placer dans cette Rivière, où les inégalités du fond ne la rendent encore que trop vacillante.

Ils pensent que, pour éviter ces balancemens, il ne faut mettre ces Poutrelles que lorsque la Voiture est placée dans la Rivière.

Pour placer le second Pont-Roulant.

114. Si la largeur de la Rivière exige un second Pont-Roulant, on ne forme point la seconde culée du premier. Il y a, dans les Agrès des Ponts-Roulans, 2 Coulisses, qui sont des espèces d'Augets, dans lesquelles peuvent rouler les Roues.

Placez les 2 Coulisses, portant par un bout sur le Support et contre les Moutons de derrière du premier Pont: et de l'autre, dans le fond de la Rivière, parallèlement entre elles et à l'écartement de la voie de la Voiture.

Faites passer le second Pont-Roulant sur le premier, et faisant entrer ses Roues dans les Coulisses, conduisez-le descendant dans la Rivière à la distance convenable, pour que les Poutrelles puissent porter, du support de derrière du premier Pont, au Support de devant du Second: ces deux Supports doivent être à-peu-près de niveau, etc.: le reste de la manœuvre est facile.

Pour replier le Pont-Roulant.

115. Otez les Volets de la Culée que vous quittez, et les 2 Poutrelles intérieures de cette Culée.

Passez la Prolonge qui est de ce côté, en-dessous du Directeur, puis en-dessus. Tirez sur ce Cordage, pour relever les Poutrelles et placer les Servantes.

Otez les Volets du milieu du Pont, ceux de la Culée qui est de votre côté, et les Poutrelles de cette Culée.

Retirez la Voiture de l'eau.

Otez le restant des Poutrelles.

Pour charger le Pont-Roulant.

116. Otez les Verrouils; remettez la Cheville à la romaine la plus près du bout du Timon; rapprochez les Trains, remettez les Esses qui les fixent. Placez de champ les 8 Poutrelles des Culées dans le fond entre les Moutons: à l'extérieur, celles qui ont des Taquets, et les plaques d'appui de roue: les autres, dans le même sens que vous les avez retirées, c'est-à-dire, les Boulons à patte du côté des Culées qu'elles formaient; par-là, on n'est jamais obligé de les tourner; et à toutes, observez de mettre en-dessus le côté des Boulons à charnière, pour qu'ils se logent dans leur encastrement.

Posez les 18 grands Volets dessus les Poutrelles, 9 d'un côté, 9 de l'autre, se touchant exactement au milieu de la longueur des Poutrelles. Les 2 premiers forment le fond, la traverse en bas; les autres se touchent de 2 en 2 du côté de leurs Traverses, les Traverses entrelacées, c'est-à-dire, à côté l'une de l'autre, et non l'une sur l'autre.

Placez en-dessus les 4 Poutrelles restantes, 2 à droite et 2 à gauche contre les Moutons.

Mettez les Clefs, puis les Boulons qui les arrêtent : placez dans l'intervalle des 4 Poutrelles, les 2 petits Chassis, les 2 Supports, les 2 Crocs, et la Masse.

Brêlez la charge : pour cela, observez que la Prolonge passée dans les anneaux d'embrêlage, et arrêtée par le nœud de prolonge à un de ses bouts, forme une grande ganse qui retient par ses 2 brins les Volets, lorsqu'on relèvera la prolonge sur la voiture chargée pour la brêler, mais qu'il faut que ce nœud n'aboutisse pas tout-à-fait à la clef, pour que la ganse puisse être tendue. Passez dans la poignée de la clef cette prolonge, et embrassez la charge vers son tiers, en la faisant passer sous la voiture, et là autour de la flèche, faites-lui faire un tour; puis en la ramenant en-dessus, faites encore passer cette prolonge sous elle-même, en sorte qu'en tirant sur ce brin, elle serre la charge. Arrangez de même l'autre prolonge; les 2 brins de chaque prolonge étant ainsi vis-à-vis et au milieu supérieur de la charge, tortillez-les ensemble, brêlez-les avec un Levier, et arrêtez les 2 bouts du Levier, avec le restant des prolonges, par un nœud d'artificier.

Remettez la Volée.

DES PONTS VOLANS.

117. On appelle Pont volant l'assemblage de 2 Pontons ou de 2 Bateaux pontés ensemble, et quelquefois 1 seul Bateau, retenus par un Cordage fixé à une Ancre jetée dans la Rivière, ou attaché sur un des bords à un piquet, un arbre, etc. : le Cordage doit être assez long pour aller de l'une à l'autre rive; on naviguera d'autant plus aisément et promptement, que l'arc que décrira le Pont sera plus court, c'est-à-dire que le Cordage aura plus de longueur.

Il faut soutenir le Cordage sur des Batelets, Barils, etc., pour qu'il ne s'engage pas dans le fond de la rivière.

On peut amarrer le Pont volant à un Cordage fixé à chaque bord, et se hisser tour-à-tour sur chacun, tandis que l'autre sert de rayon à l'arc qu'on décrit en traversant la Rivière.

Sur l'une et l'autre rive, à l'endroit où doit aborder le Pont, on forme une Culée.

118. On peut établir sur une Rivière de 50 à 60 toises de largeur une circulation commode d'une rive à l'autre, au moyen d'un Radeau, mu seulement par la force du courant. Pour cela : tendez

en travers sur la Rivière un Cordage dans un endroit favorable au passage. Formez un Radeau qui, au lieu d'être carré, soit coupé en trapèze faisant un angle de 54°. 44'., et le fixez par 2 Cordages ou Amarres à 2 (1) poulies mobiles qui courent sur le Cordage premièrement placé. Une des Amarres du Radeau tient à l'angle aigu, l'autre alternativement à un anneau placé sur chacun des côtés formant l'angle aigu de 54°. 44'., et à égale distance du sommet de l'angle : car il faut que le côté du Radeau, vis-à-vis la rive où l'on vogue, soit suivant le fil de l'eau, et que l'autre, frappé par le courant, le soit sous l'angle de 54°. 44'., le plus avantageux pour produire l'effet qu'on se propose, qui est que la force du courant pousse lui seul le Radeau vers la rive.

Quant à la longueur des Amarres, celle de l'angle aigu est égale à la hauteur du 1.er Cordage au-dessus de l'eau de la Rivière, et l'autre est l'hypothénuse du triangle rectangle, dont un des côtés de l'angle droit est égal à la première Amarre, et l'autre est égal à la distance horizontale de chaque anneau au plan vertical du premier Cordage; cette ligne faisant l'angle de 54°. 44'. avec le côté du Radeau.

PONTS DE TONNEAUX ET DE CORDAGES.

119. Les Ponts faits avec des Cordages unissant des Tonneaux goudronnés, ne peuvent servir tout au plus que pour de l'infanterie sur des Rivières peu larges et peu rapides.

---

(1) Il est plus commode d'avoir 3 Poulies sur ce premier Cordage, à cause du changement du point d'attache des Amarres : mais le Radeau ne se sert jamais que de deux à la fois.

PONTS DE CHEVALETS.

120. *Equipage de Ponts de Chevalets.*

Voyez page 437.

121. *Outils et Assortimens nécessaires à un Pont de { Chevalets. Cordages.*

Espèces.		*Quantité.*	*Observations.*
75. Outils à Pionniers.	Pic à roc.	»	Suivant la nature du terrain, on déterminera le nombre de chaque espèce.
	Pic-Hoyau. . . .	»	
	Pelles carrées. . .	»	
	—— rondes. . .	»	
Outils à Mineurs.	Pistolets.	6	4 fois cette quantité pour les Ponts de Cordages, à cause des points de résistance.
	Aiguilles.	3	
	Pinces.	3	
	Masses en fer. . .	6	
Ciseaux de Tailleur de pierre.	à 1 Biseau pour évider dans le bas le trou des Pitons à anneau.	8	Ces 5 objets sont pour le Pont de Cordages seulement.
	à 2 Biseaux. . . .	12	
Marmite à fondre le plomb. . . .		3	
Cuiller pour le plomb fondu. . . .		6	
Plomb pour sceller les pitons. . .		50 liv.	
Sondes en bois de 7 pieds.		12	
Crics.		2	Pour relever les Chevalets, etc.
Serpes.		12	
Haches à main.		8	

	Espèces.	*Quantité.*	*Observations.*
Outils d'Ouvriers en bois.	Haches de Charpentier. . . .	6	Les Outils suivans pour ouvriers en bois, sont pour réparer les dégradations des attirails ou préparer des rechanges, quand on trouvera des bois et qu'on aura le tems.
	Essettes.	4	
	Besaigües.	3	
	Passe-partouts.	3	
	Scies de long.	3	
	—— ordinaires.	6	
	Ciseaux de Charpentier. . . .	6	
	Maillets.	6	
	Tarières de 6 jusqu'à 15 lig. .	12	
	Villebrequins.	6	
	Tricoises.	6	
	Marteau-rivoir.	12	
	Varlopes (paires de).	3	
	Rabots.	6	
	Limes, Tiers-points.	12	
	Pierres à aiguiser.	4	
	Masses en fer.	3	Le double pour le Pont de Cordages.
	Chevrettes.	3	Pour graisser les Voitures.
	Réchauds de rempart.	12	
	Tourteaux goudronnés.	240	
	Mèche (livres de).	24 liv.	
	Flambeaux.	30	
	Chandelles (livres de).	30	
	Lanternes.	10	
	Briquets assortis.	5	
	Charbon (livres de).	300 liv.	Pour alimenter la forge.
	Roues de rechange, et bois *idem*.	»	Pour { 25 / 30 Chariots, suivant leur etat.

Observations sur les Chevalets.

122. Les bois étant équarris, 2 Ouvriers en 10 heures de travail, font un Chevalet, ayant les dimensions de ceux de la page 437, il leur faut en Outils :

1 Passe-partout.
1 Hache.
1 Bésaiguë.
1 Herminette.
2 Ciseaux.
1 Scie pour 2 ateliers.
1 Tarière de 6 lignes.

1 Tarière de 9 lignes.
1 ——— de 13 lignes.
1 ——— de 15 lignes.
1 Double décimètre.
1 Compas.
1 Equerre.
1 Maillet.
1 Fil à tracer.
1 Eponge et de la sanguine.

123. Si les Chevalets doivent être transportés à dos de mulet, réduisez la longueur de 16 pieds du chapeau, à 13 ou 14 pieds. Si les chemins sont encaissés et tournans, réduisez à 10 pieds 6 pouces la longueur des Poutrelles et des Madriers, qui est de 12 pieds : et alors portez 1 ou 2 Chevalets de plus par équipage de 12 Chevalets, avec leur assortiment en Poutrelles et Madriers; parce qu'il faudra, dans la construction du Pont, n'espacer les Chevalets que de 9 pieds au lieu de 10.

Si on n'a pas le tems de laisser sécher les bois qui forment les Chevalets, pour que les 2 chapeaux n'excèdent pas la charge d'un mulet (*Voyez page* 438); diminuez de 2 pouces la largeur du chapeau; mais c'est la dernière dimension à laquelle on doive toucher. 1 chapeau de 13 pieds en peuplier, pesant 33 liv. le pied cube (sec, il pèse 26 liv.), serait du poids de 143 liv., et 1 mulet vigoureux pourrait en porter 2.

124. Il faut que l'assemblage des pieds du Chevalet soit à queue d'hironde; que celui des traverses soit fait carrément, qu'il n'y ait que des Chevilles de bois coniques et saillantes, pour qu'on puisse les retirer, repousser et affermir facilement; enfin, les Chevalets doivent être solides et faciles à désasembler.

125. Pour assembler promptement et avec facilité les Chevalets, lorsqu'il le faudra, numérotez du même numéro les différentes parties qui composent chaque Chevalet.

126. Tracez au-dessus du chapeau, perpendiculairement à sa longueur, en couleur durable, ou mieux, au ciseau, 1 ligne droite et 3 parallèles à droite et à gauche de cette ligne-ci, à 16 pouces l'une de l'autre. Ces lignes serviront à placer sans tâtonnement et avec précision les Poutrelles du Pont.

127. Si le fond où l'on doit placer les Chevalets est trop limoneux, comme un marais, etc., formez avec des planches des semelles en double T, qui unissent les pieds des Chevalets.

128. Si la rivière sur laquelle on se propose d'établir un Pont de Chevalets, est torrentueuse, son fond sera inégal, et les Chevalets seront difficiles à *placer* et à *fixer*.

129. Pour obvier au premier inconvénient, on peut adapter au

Chevalet, des pieds ou montans mobiles, qu'on écarterait plus ou moins suivant les obstacles; mais alors le Chevalet deviendrait un engin compliqué, de très-simple qu'il est : il vaut mieux agir avec patience et intelligence pour écarter ou éviter l'obstacle.

Voici pourtant au besoin le moyen de rendre ces pieds mobiles... Donnez aux pieds ou montans de Chevalet, 18 pouces de plus qu'à l'ordinaire, et n'entaillez pas le chapeau pour les recevoir.... Ouvrez le haut des montans dans leur milieu, par une entaille de 14 lignes de large et de 2 pieds de longueur.... Placez une frette en fer, à cette extrémité du montant, que vous arrêterez solidement avec des caboches, après que vous aurez fait passer dans l'entaille la partie arrondie de l'anneau qu'on va décrire.

Faites par Chevalet 2 grands anneaux carrés en fer, dont les longs côtés aient 8 pouces de plus que la largeur du chapeau, et 6 à 8 lignes d'épaisseur, et dont les petits côtés arrondis aient 6 lig. de plus que l'épaisseur des montans, et que ces côtés aient 1 pouce de diamètre. Chaque anneau sera traversé dans sa largeur par une pièce de fer plate de la même épaisseur que les longs côtés, de 30 lignes de largeur, percée dans son milieu d'un trou propre à recevoir 1 boulon d'1 pouce de diamètre. L'anneau et cette pièce seront soudés ensemble. Le chapeau vers l'emplacement des pieds, à 18 pouces du bout (ce chapeau ayant 16 pieds de longueur), sera percé dans son milieu pour recevoir ce boulon, qu'on arrêtera par un écrou sur rosette au-dessus du chapeau, quand on aura mis l'anneau au-dessous du même chapeau.

A 1 pied du bas de chaque montant, mettez une traverve de 6 pieds de longueur, et de 4 pouces d'équarrissage, qui y sera retenue par un boulon autour duquel elle puisse tourner avec aisance. L'autre extrémité de la traverse sera percée de 4 trous de 15 lignes de diamètre de 3 en 3 pouces. Les montans à 1 pied au-dessous du chapeau, seront percés dans le milieu de leur épaisseur, d'un trou pareil à ceux des traverses. On arrêtera chaque traverse, partant du bas d'un montant, au trou du montant vis-à-vis, avec une Cheville de bois un peu conique, qu'on fera entrer dans un des trous de la traverse, convenablement à l'inclinaison qu'on sera forcé de donner au premier montant.

Au moyen de la traverse et de l'excédant du montant, au-dessus du chapeau, on éloignera ou rapprochera les montans avec assez de facilité, et on leur donnera l'assiette solide et nécessaire.

On a mis les pieds à 18 pouces du bout du chapeau, pour qu'il restât 13 pieds entre eux, et qu'on pût établir avec aisance le Pont, qui doit avoir 12 pieds de largeur.

130. Pour obvier au second inconvénient, ou pour l'affermissement des Chevalets contre le courant rapide de l'eau, amarrez, ainsi qu'on le pratique pour les Pontons, amarrez, dis-je, les Chevalets à 2 cordages mis en travers sur la Rivière, l'un au-dessus, l'autre au-dessous : c'est l'expédient le plus simple. Si on en

veut un second, adaptez à chaque Chevalet, ou du moins à ceux qui seront placés dans le courant, un arc-boutant mobile et incliné, qui agira pour arrêter le Chevalet à mesure que l'action du courant se fera sentir.

Cet arc-boutant de 14 à 15 pieds de longueur ayant 7 pouces sur 8 pouces d'équarrissage, est à fourche : par cette fourche, il embrasse la tête du Chevalet, autour de laquelle il tourne dans un plan vertical, au moyen d'un boulon qui traverse la tête et la fourche; à son autre extrémité, l'arc-boutant est armé d'une pince en fer de la figure du ciseau de menuisier, qu'on appelle Bedane : le boulon en fer est de 14 lignes de diamètre, et est à clavette : son trou dans le chapeau doit être vers un de ses bouts, immédiatement après l'assemblage des pieds, dans la partie comprise entre les pieds.

Observations préliminaires sur les Ponts de Chevalets.

131. N'établissez les Ponts de Chevalets, tant qu'il vous sera possible, que sur des Rivières tranquilles, qui n'aient que 4 pieds de profondeur : parce qu'il faut 2 pieds de distance entre la hauteur moyenne des eaux et le dessous du Tablier, pour que ce Tablier ne soit pas soulevé et emporté par les crues ordinaires, et parce que les Chevalets qui ont plus de 6 pieds de haut, sont difficiles à placer. On pourra cependant leur en donner jusqu'à 7, si les circonstances le nécessitent, et faire alors le Pont sur des eaux plus profondes.

132. Il ne faut pas espacer les Chevalets à moins de 9 pieds, pour laisser passer aisément les objets que les eaux charrient ; ni à plus de 12, parce que les Poutrelles auraient trop de portée, et les Chevalets seraient trop difficiles à mouvoir ; encore, dans ce dernier cas, faut-il employer les Poutrelles de Ponton qui ont 14 pieds de longueur.

133. Construisez votre Pont relativement aux fardeaux qu'il doit supporter.

134. Si le Pont ne doit supporter que des Pièces de campagne, les Poutrelles semblables à celles des Pontons pour la grosseur, suffiront, et on les espacera à 16 pouces : si le Pont doit servir aux Pièces de Siége, il faut des Poutrelles de grosseur pareille à celle de Bateau, et ne les espacer qu'à 12 pouces.

Construction d'un Pont de Chevalets.

135. *Hommes nécessaires à l'Établissement du Pont.*

Pour les points fixes sur le bord B. (36).	4 Soldats.	1 Sous-Of.
Pour placer les Cabestans, les Cordages, et les Poutrelles du dessus.	14	2
Pour apporter les Chevalets et les placer.	20	2
Pour porter et placer les Poutrelles et les Madriers (7+12).	19	1
Pour surveiller à la Culée et à la Travée.	»	2
Totaux.	57 Soldats.	8 Sous-Of.

136. Tâchez d'avoir 1 ou 2 Batelets à votre disposition, sinon faites déshabiller 4 Hommes et 1 Sous-officier, etc., si vous êtes obligé d'assurer vos Chevalets entre 2 Cordages (130).

137. L'emplacement du Pont choisi, faites décharger les Chevalets et les Outils à Pionniers à portée de cet emplacement.

Rassemblez les Chevalets près du bord sans les pelotonner, pour éviter l'embarras et la confusion.

Adoucissez la rampe de la rive A (36) pour arriver aisément sur le Pont, et faites la première culée relativement à la hauteur des Chevalets, en exhaussant ou abaissant le terrain du bord, que vous raffermirez ensuite.

Placez le premier Chevalet à 10 pieds du bord, sa tête ou chapeau perpendiculairement à la direction que doit avoir le Pont. Mettez dessus 7 poutrelles équidistantes et parallèles; toutes arrasant du même côté les 7 lignes tracées sur le chapeau (126) à 16 pouces de distance les unes des autres. Que les Poutrelles débordent le chapeau de 4 pouces du côté de la Rive B, et portent d'1 pied sur un Madrier du côté de la Rive A, où on les fixera par des Clameaux. Faites apporter 10 Madriers, et placez-les sur les Poutrelles perpendiculairement à ces Poutrelles.

Observez de faire apporter les Poutrelles et les Madriers dans l'ordre prescrit pour la formation des autres Ponts (40, note *a*), c'est-à-dire, en général, les hommes chargés marchant à la file, venant par la droite du Pont, et s'en retournant par la gauche.

Si l'on doit assurer le Pont par une ou deux Cinquenelles, c'est à ce moment qu'on doit passer sur la Rive B, et y travailler (130).

Placez 2 Poutrelles parallèlement entre elles à 6 ou 7 pieds de distance, qui s'appuyant par le haut contre le chapeau du premier Chevalet, et aboutissant dans l'eau à peu près à l'emplacement du second Chevalet, formeront un talus vers la Rive B. Faites apporter ce second Chevalet au bout de la partie couverte du Pont, au-dessus du premier. Liez avec une Amarre formant un nœud coulant chaque bout du chapeau du second Chevalet en dehors des pieds ; mettez trois hommes en retraite à chaque Amarre ; par un Cordage doublé, embrassez sous la traverse chacun des deux montans qui doivent être du côté de la Rive A, quand ce second Chevalet sera placé, et mettez un homme en retraite à chacun de ces Cordages. Faites glisser ce second Chevalet, les pieds en avant, ceux non amarrés en-dessus, sur les 2 Poutrelles inclinées, en le retenant par les Cordages, pour qu'il descende également : quand ses pieds toucheront le fond, poussez-le avec les Crocs à pointe, pour le mettre debout sur ses pieds, à la distance de 10 pieds, et parallèlement au premier Chevalet. S'il est trop loin, on le rapproche en tirant sur les Cordages doubles, embrassant les pieds, etc.

Retirez les 2 Poutrelles et les 2 Cordages doubles qui ont servi à placer le second Chevalet. Faites apporter 7 Poutrelles : placez-les d'un bout sur le premier Chevalet, et les soutenant avec les Crocs, faites porter l'autre bout sur le second, l'extrémité des Poutrelles débordant de 4 pouces chaque Chapeau, et toutes se jumellant aux Poutrelles du premier Chevalet, et arrasant du même côté les lignes tracées sur les Chapeaux (126) des 2 Chevalets.

Unissez avec des crampons les bouts jumellés des Poutrelles, et fixez avec des Clameaux, sur le chapeau du premier Chevalet, les Poutrelles extrêmes et la Poutrelle moyenne.

Couvrez les Poutrelles de Madriers jusqu'au Chapeau du second Chevalet, et retirez les Cordages amarrés à sa tête.

Amarrez le second Chevalet aux Cinquenelles, si on doit le faire (130).

Placez successivement, et par les mêmes moyens, les autres Chevalets, en observant que si les premières Poutrelles placées sont à droite, et les secondes à gauche des lignes tracées sur les Chapeaux (126), toutes les Poutrelles des Chevalets impairs seront à droite, et celles des Chevalets pairs à gauche de ces lignes de renseignement.

Faites la seconde Culée semblablement à la première, et adoucissez les rampes de la sortie ou tête du Pont.

Placez des deux côtés du Pont, au-dessus des Madriers, pour les contenir, un cours de Poutrelles correspondant aux Poutrelles extérieures des Chevalets, et se croisant entre elles environ d'1 pied. Unissez avec des Crampons les bouts qui se jumellent, et liez-les aux Poutrelles du dessous avec des bouts de Cordage de 2 toises. On écarte un peu les Madriers, pour laisser passer le Cordage, et on le brêle fortement en-dessus.

138. Si les Chevalets n'ont point d'Arc-boutant pour résister au courant (130), et que l'on doive les amarrer à 2 Cinquenelles, il faut s'en occuper dès qu'on place le premier Chevalet. Ces 2

Cinquenelles sont 2 Cables de Chèvre. Pour cela, faites passer sur la Rive B (136) 1 Sous-Officier et 4 Hommes avec 2 masses, 4 grands piquets, 2 petits piquets (pour commencer le trou des grands piquets), et le bout des Cinquenelles, tandis qu'on en équipera l'autre sur la Rive A au treuil de 2 Cabestans établis à 3 toises au-dessus, et à 3 toises au-dessous du Pont. Les 2 Cinquenelles doivent être parallèles et distantes de 8 toises. On les attachera sur la Rive B aux grands Piquets solidement plantés, ou à des arbres, ou à d'autres points fixes qu'on pourra y trouver.

Au moyen de Batelets ou d'hommes qui se mettront dans l'eau, amarrez successivement aux 2 Cinquenelles chacun des Chevalets, en fixant l'amarre, par un nœud de Batelier, au Cordage; puis au Chevalet, en embrassant son chapeau en arrière des Montans.

Si la saison était rigoureuse, et qu'on manquât de Batelets, on pourrait, avant de tendre les Cordages ou Cinquenelles, y attacher, dans la partie moyenne, les Amarres de 10 en 10 pieds, puis tendre les Cinquenelles, de façon que les Amarres correspondissent aux Chevalets, puis avec un Croc hampé on saisirait l'Amarre, qu'on lierait au Chevalet.

139. Si le fond de la Rivière est limoneux, que les Chevalets soient sans semelles (127), ou qu'elles soient insuffisantes pour les soutenir sur la vase, ou que l'on craigne l'affouillement des eaux, qui les enterre, soutenez le chapeau des Chevalets par des Piquets sabottés et à Mentonnet, qu'on plantera tout contre, jusqu'à ce que le dessous du chapeau s'appuie sur le Mentonnet; liez le Chevalet aux Piquets, pour qu'ils ne puissent pas se séparer, avec un trait à Canon. Cette opération se fait aux Chevalets qui en ont besoin, vers les deux extrémités du chapeau, ou à une seule, en observant de mettre toujours 2 Piquets l'un vis-à-vis de l'autre. C'est pour employer ce moyen, qu'il faut que les Chapeaux soient plus longs que le Pont ne doit avoir de largeur.

On peut aussi mettre un de ces Piquets contre le milieu de la largeur du Chapeau, du côté d'Aval.

Il sera plus expéditif, pour lier les Piquets au Chapeau, de le faire avec de grands Crampons, dont le corps ait 5 pouces, qu'on enfoncera d'un côté dans le milieu de la tête du Piquet, et de l'autre dans le Chapeau.

C'est improprement qu'on a nommé ces Piquets à *Mentonnet*, il faudrait plutôt dire à *Epaulement*, parce que ce prétendu Mentonnet est la moitié de la tête du Piquet, qui est sciée à 3 pouces de profondeur suivant l'axe, puis perpendiculairement à l'axe, pour emporter la moitié du bois. Mais la difficulté de planter ces Piquets, cette tête réduite à moitié, qui se brise sous le Mouton ou la Masse, font qu'il est préférable de ne pas faire d'épaulement, mais seulement un trou à 3 pouces de la tête, capable de recevoir aisément un trait à Canon qu'on fait passer sous le chapeau du Chevalet, et qu'on brèle en-dessus. Il faut que le trou des 2 Piquets reste, en les enfonçant à-peu-près au niveau du dessous du Chapeau : à mesure que le Chevalet s'enfonce, on rebrèle le trait à Canon.

Repliement du Pont.

140. Le Repliement du Pont est très-simple.

Commencez par débrèler le cours de Poutrelles qui est au-dessus du Pont, en ôtant les Crampons, puis les brins de Cordage qui les lient : retirez les Poutrelles.

Détachez les Cordages tenant lieu de Cinquenelles ; emportez les Cabestans ; arrachez les Piquets servant de points fixes.

Repliez, Travée par Travée, en commençant du côté qu'on veut abandonner: 1°. les Madriers : 2°. les Poutrelles, en ôtant avec soin préalablement les Crampons et les Clameaux qui les unissent ou les fixent : 3°. les Chevalets, en détachant les Amarres à mesure.

Retirez les Cinquenelles, dès que toutes les Amarres sont détachées.

Prenez soin à ce qu'on ne brise pas les bois cramponnés, à ce qu'on mette ensemble chaque objet, espèce par espèce, en rapportant tout sur la rive où l'on se retire, à ce que rien ne s'oublie, ne se dérobe, ne s'égare.

Observations relatives aux Ponts de Chevalets pour les Siéges.

141. Ces Ponts, qui se font sur des Ravins, des Ruisseaux, des Canaux, etc. pour la communication des attaques, ou des parties d'un Camp, ont besoin de plus de solidité et de largeur, pour supporter les Pièces de Siége qui doivent y passer. Il faut y employer les Poutrelles et les Madriers des Ponts de Bateaux, et n'espacer les Chevalets que de 12 pieds au plus, afin d'y placer les Poutrelles, de façon qu'elles soient toujours jumellées dans toute la longueur des Travées et des Culées : ce qui rendra le Pont plus solide. Comme les Poutrelles ont 1 pouce de plus d'équarrissage, et qu'elles sont jumellées, l'espaoe de 16 pouces, fixé (134) entre les Poutrelles, serait réduit à 9 pouces 6 lignes : on le portera à 1 pied, ce qui donnera 9 pieds 6 pouces de distance entre les Poutrelles extérieures, c'est-à-dire, pour la partie du Pont où doit passer le fardeau.

Du reste, ces Ponts se construisent comme l'on vient de le décrire, et comme d'ordinaire on est moins pressé, on les fait avec plus de facilité, et on y met plus de soin, parce qu'ils doivent avoir plus de durée.

DES PONTS DE CORDAGES.

142. *Equipage de Pont de Cordages pour une Rivière de 25 toises de largeur.*

Voyez page 434.

143. *Notes sur l'Equipage de Ponts de Cordages.*

Voyez page 435.

144. *Outils et Assortimens pour un Pont de Cordages.*

Voyez n°. 121.

Observations sur les Ponts de Cordages.

145. Ces Ponts sont destinés à être jetés sur des Ravins profonds, des Torrens impétueux; quand la rapidité de leurs courans, et leurs bords élevés et escarpés ne permettent pas d'y faire des Ponts de Chevalets, ni d'autres Ponts comme ceux de pilotis, parce qu'on manque de tems et de moyens. Au reste, ces Ponts ne peuvent guères supporter que des Pièces de 4 et des Troupes.

146. Cette espèce de Pont, dont on a fait usage à la guerre depuis long-tems, car il est parlé d'un Pont de Cordes fait sur le Clain au fameux Siége de Poitiers sous Charles IX (*Voyez l'Histoire des Guerres civiles, par Davila, tome I*), cette espèce de Pont dont on s'est servi à la guerre d'Italie en 1742, et qui est le pays où elle sera d'un plus fréquent usage, n'ayant pas été décrite dans les Mémoires du tems, il a fallu tâtonner dans les guerres de 1792 pour le construire. Le peu d'épreuves qu'on en a pu faire, n'a pas permis encore d'assigner au juste la forme et les dimensions les plus avantageuses à donner aux divers attirails qui composent cette espèce de Pont. On va donc commencer par donner une idée générale des Ponts de Cordages, pour discuter leurs différentes parties avec plus de clarté : ensuite on en décrira la construction.

147. *Pour former un Pont de Cordages*, on tend d'un bord à l'autre de la Rivière, 2 Cinquenelles exactement parallèles, et ayant 10 pieds de distance entre elles, ce qui détermine la largeur du Pont et sa direction. On élève à chaque bout les Cinquenelles sur des Chevalets ayant 3 et 4 jambes, et on les tend en arrière de ces Chevalets avec des Cabestans, en sorte que ces Cinquenelles, dans le plus bas de leur courbure, soient élevées à 2 pieds au-dessus des plus hautes eaux à craindre, et soient à-peu-près de niveau avec le dessus d'un Chevalet à chapeau mis à chaque bout du Pont, vers le point où commencent les eaux, pour y pratiquer les Culées. A 10 pieds d'un de ces Chevalets à chapeau, et de 10 en 10 pieds jusqu'à l'autre, on suspend aux Cinquenelles des Poutrelles nommées Traverses, de manière qu'elles soient perpendiculaires au plan vertical qui passe par chaque Cinquenelle; il faut aussi que ces mêmes Traverses se trouvent dans le même plan à peu près que le chapeau des Chevalets mis aux Culées. Sur ces 2 chapeaux et ces traverses, on fait passer 6 Cordages parallèles tendus en arrière des Chevalets à chapeaux, où on a taillé des gorges pour les recevoir (p. 435, note *a*). Enfin perpendiculairement en travers sur ces Cordages, on met les Madriers formant le tablier du Pont.

148. On peut aussi, pour plus de solidité, placer, entre les 6 Cordages, des Poutrelles portant sur les Traverses, et puis placer les Madriers sur ces Poutrelles. On peut mettre 5 ou 7 de ces Poutrelles; dans ce dernier cas, les extrêmes seront placées en-dehors des 6 Cordages. Ces Poutrelles doivent avoir 11 pieds de longueur, 3 ou 4 pouces d'équarissage, et être percées à chaque bout d'une mortaise de 2 pouces de longueur et d'un trou perpendiculaire au milieu de cette mortaise; la mortaise recevra un boulon de 8 à 10 pouces de longueur, et de 6 lignes de diamètre, et le trou un pivot rond à clavette double, autour duquel tournera le boulon comme s'il était à charnière: le boulon sera aussi à clavette double; par ce moyen, les Cordages qui soutiennent les Traverses, auront plus de liberté pour prendre leur position verticale; mais pour plus de simplicité, on pourra se contenter de percer à 6 pouces de chaque bout des Poutrelles, un trou propre à recevoir un boulon à tête ronde de 8 ou 10 pouc. de longueur, de 6 lignes de diamètre, propre à recevoir une clavette double.

Ces Poutrelles rendent le Pont embarrassant pour les transports, et trop lourd pour les Cinquenelles: on présume qu'on peut s'en dispenser.

149. On a donné ci-devant le nombre, le poids et les dimensions de différens agrès et attirails qui entrent dans la composition d'un Pont de Cordages de 25 toises de longueur. Résumons le poids

qu'auront à porter les Cinquenelles, en ne supposant que 12 Traverses ou 130 pieds de Pont suspendu.

1	Cinquenelle, (il n'y a que ½ de chaque Cinquenelle de suspendu.)	500 liv.
6	Cordages de 60 toises	768
26	Amarres	260
2	Cordeaux	50
12	Traverses	720
156	Madriers	9984
26	Poulies	208
	Total	12490 liv.

Si à ce poids, on ajoute pour consolider le Pont, celui de 7 Poutrelles par Travée de 4 pouces d'équarissage, ou seulement celui de 5 qui peuvent suffire, on aura : 12490 liv. + 5880 liv. = 18370 liv. ou 12490 liv. + 4200 liv. = 16690.

Si on ne veut mettre que des Poutrelles de 3 pouces d'équarrissage qui paraissent suffisantes, on aura, suivant qu'on en mettra 7 ou 5 : 12490 liv. + 3332 liv. = 15822 liv., ou 12490 liv. + 2380 liv. = 14870 liv. pour le plus petit poids que puisse avoir le Pont ; mais l'on pourra (148), comme on l'a déjà dit, supprimer ces Poutrelles, et alléger ainsi le Pont de quelques milliers.

150. Si on ajoute à ce poids du Pont, le plus grand poids (1) qu'il puisse avoir à supporter, qui est celui de trois files d'hommes, pèsant chacun avec ses armes 180 liv., et marchant à 3 pieds l'un de l'autre, ce qui fait 40 hommes à la fois sur le Pont, et par conséquent un fardeau de 21,600 liv. on aura le poids de 46,470 liv. à faire porter aux Cinquenelles, et aux 4 Chevalets à jambes.

Ainsi chaque Cinquenelle aura à supporter plus de 23 milliers ; et chaque Chevalet à jambes, ou chacun des 4 points d'appui plus de 12 milliers, sans compter l'effort des tensions des Cinquenelles qui pèsent sur eux.

151. Les Cinquenelles sous ce grand poids prenant beaucoup de courbure, il faudra les tendre beaucoup, pour qu'elles n'en prennent pas assez pour empêcher la construction du Pont : cette tension les affaiblira et sera une nouvelle charge pour les points d'appui. Afin de diminuer l'inconvénient de la courbure, et la

(1) Les 130 pieds de Pont ne soutiendraient que 13 chevaux à la fois, parce que les chevaux occupent 10 pieds, et passeraient sur une seule file, ce qui ne fait (un cheval harnaché pesant 400 liv.) que. . . . . . 5200 liv.
La file de 6 Pièces de 12, tirée par 15 hommes, pèserait. . . . 25692
La file de 6 Pièces de 8, tirées par 13 hommes, pèserait. . . . 20412
La file de 6 Pièces de 4, trainées par 8 hommes, pèserait. . . 13600

tension qu'elle nécessite, il faudra élever les points d'appui quand le local s'y prêtera.

Enfin pour fixer les extrémités de ces Cinquenelles ainsi chargées et tendues, il faut des points de résistance bien assurés, si on ne veut pas s'exposer au plus grand et plus rapide désastre, la chute du Pont.

152. Voilà donc les trois points les plus importans à examiner : 1°. Les Cinquenelles et leur tension, ou les moyens de les tendre... 2°. Les points d'appui.... 3°. Les points de résistance.

153. Une Cinquenelle bien faite, de bon chanvre, qui n'a pas été fatiguée de service, est susceptible de soutenir sans risque de se casser, le poids de 23 milliers, parce qu'on évitera de lui donner trop de tension, comme on le verra ci-après (182). Enfin comme sa rupture n'est pas subite, on confiera à des Sous-Officiers attentifs, et qui aient de bons yeux, le soin d'examiner sans cesse les Cinquenelles entières, tout le tems que les grands fardeaux seront sur le Pont.

154. Les Chevalets à 3 jambes semblables à des Chèvres sans Treuil et sans Poulies, de 14 pieds de hauteur, auxquels on suspend dans le haut une Poulie (1), au moyen d'un Cordage, sont insuffisans. Outre qu'ils sont trop bas, la position de la Poulie et le Cordage qui la tient suspendue, qui s'alonge dans la manœuvre, font que la Cinquenelle n'est pas assez élevée. D'ailleurs, la Cinquenelle laissant 2 jambes du Chevalet d'un côté, par conséquent une seule de l'autre, sa position n'est plus géométriquement régulière, elle peut même osciller, ce qui rend les Chevalets d'appui faciles à culbuter, ou à se briser sous un poids qui charge inégalement ses jambes.

Un autre inconvénient, c'est que le crochet d'une seule Poulie porte plus de 12 milliers, et on a vu plusieurs fois ce crochet se casser subitement dans les Manœuvres de Chèvre, en supportant seulement une Pièce de 24, c'est-à-dire 5400 livres; or, rien ne peut vous assurer de la bonté du fer dont on a fait le crochet de la Poulie.

Il faut observer encore que la Cinquenelle, en passant sur cette seule Poulie, se courbe beaucoup à ce point, se fatigue, et essuie un grand frottement.

155. Pour obvier à tous ces inconvéniens, voici ce qu'on propose.... Faites des Chevalets à 4 jambes, dont chaque moitié sera comme une Chèvre brisée, sans pieds, n'ayant qu'une seule Poulie entre les 2 hanches, et dont une seule de ces moitiés aura un

---

(1) Si la Poulie était placée comme dans la Chèvre entre les deux jambes, la troisième jambe empêcherait le Cordage de passer, parce que ce Cordage n'est pas tiré verticalement comme dans les Manœuvres de Chèvre.

Treuil : mais donnez aux branches ou jambes de ces Chevalets 18 à 19 pieds de longueur ; observez encore de laisser la tête de ces demi-Chèvres assez fortes en bois : dans le sens de l'épaisseur, pour qu'étant appuyées l'une contre l'autre par la tête, et distantes dans le bas de l'écartement de leurs pieds respectifs, les deux Poulies qui se trouveront exactement vis-à-vis, puissent tourner sans se toucher. Dans cette position, une coiffe solide et mobile en fer, embrassant la tête des 2 demi-Chèvres, et arrêtée par des boulons clavettés, ou par des écrous à oreilles, les unira invariablement.

Ce Chevalet, dont les 4 pieds formeront un carré, et entre les jambes duquel la Cinquenelle sera symétriquement placée, en passant sur les deux Poulies, sera très-solide : il soutiendra la Cinquenelle à 18 pieds d'élévation, c'est-à-dire, 6 pieds au moins plus haut que l'autre (154). La Cinquenelle chargée et tendue sera portée par deux Poulies, ou par leurs deux boulons, au lieu de l'être par un crochet ; enfin la Cinquenelle faisant un angle plus ouvert en passant sur deux Poulies, qu'en passant sur une seule, sera moins courbée, moins fatiguée, et il y aura moins de frottement.

Il faudra une Charrette pour porter ces Chevalets, ayant trop de longueur pour l'être par les Chariots à munitions.

156. Si on n'avait pas le tems de faire construire ces Chevalets, on y suppléerait, excepté pour le Treuil, par 4 pièces de bois de brins de 20 pieds de longueur et d'une grosseur convenable suivant l'espèce du bois : on les assemblerait dans le haut, en les croisant ensemble au moyen d'une couronne de Cordages, et on les ferait entrer d'un pied en terre, en leur donnant l'inclinaison nécessaire pour que le Chevalet eût de l'assiette : les pieds seraient équidistans. Dans le haut, au-dessus de l'assemblage, on mettrait, dans le sens que doivent avoir ces Cinquenelles, un brin de bois horizontal très-fort, de 3 pieds de longueur, auquel on accrocherait 2 Poulies qu'on y lierait de façon qu'elles ne pussent pas glisser, et que leurs Roulettes pussent tourner, sans se toucher dans le même plan. On sent que ce rouleau doit être porté par les 2 fourches que font dans le haut les 4 jambes du Chevalet.

Si on n'y mettait qu'une seule Poulie, il faudrait, au moyen d'une élingue faite avec un cordage de 5 pieds de longueur et de 18 lignes de diamètre, ou avec tout autre cordage qui l'imiterait, embrasser, par une ganse en-deçà et en-delà du Chevalet, la Cinquenelle qui y passe : le milieu de l'élingue réuni passerait sur et entre les 2 fourches que font dans le haut les 4 jambes du Chevalet. Par ce moyen, si le crochet de la Poulie se rompait sous le poids, la Cinquenelle resterait suspendue, et sa secousse, tirant également le Chevalet en deux sens opposés et symétriques, ne le culbuterait pas.

157. Ce Chevalet assez simple, et le précédent (155) qui est à Treuil, peuvent être consolidés encore par le moyen des Haubans : on fera bien de prendre cette précaution et en conséquence de porter de plus 4 cordages de 60 toises de longueur et d'un pouce de diamètre.

158. Le Chevalet à Treuil doit être placé de façon que le Treuil soit du côté opposé au Pont : on y équipera la Cinquenelle, et on y manœuvrera pour la tendre, ce qui abrégera, simplifiera l'établissement du Pont, et sur-tout diminuera l'effort qu'auront à faire les points de résistance dont nous allons parler ; parce qu'au lieu de soutenir l'effort direct des Cinquenelles chargées et tendues, ils ne soutiendront plus que celui des mêmes Cinquenelles en retraite.

159. Pour affermir les pieds du Chevalet qui portent le Treuil, contre leur manœuvre pour tendre les Cinquenelles, qui tend à les relever, on enterrera un peu le bas des jambes, et on leur opposera, en avant, des obstacles capables de les arrêter, comme une Poutrelle mise vis-à-vis l'Epar du bas, en travers et arrêtée en dehors solidement, au moins par 3 grands piquets : ou on plantera en dedans et en dehors du Chevalet, contre l'Epar du bas, des piquets vis-à-vis les uns des autres, et on liera fortement ensemble leur tête de 2 en 2 au-dessus de cet Epar, en l'embrassant du même Cordage, etc.

160. Quand on emploie les Chevalets à 3 jambes ou celui à 4 sans Treuil, on attache chaque bout de Cinquenelle, qui descend du Chevalet du côté opposé au Pont, au crochet d'un Moufle à 2 Poulies, équipé à une autre semblable, au moyen d'un cable de 36 toises de longueur et de 18 lignes de diamètre ; le 2e. Moufle est fixé à un point de résistance : on équipe un bout du cable des Moufles à un Cabestan, et en manœuvrant à son Treuil, on rapproche les Moufles, et on tend par là les Cinquenelles.

Après cette manœuvre, il faudrait attacher un nouveau cordage au bout de la Cinquenelle et puis à un point fixe ; sans cela le crochet de Moufle qui soutient tout le poids, risque aussi de se casser, comme on l'a dit ci-devant (154).

Si on équipe immédiatement les Cinquenelles aux Cabestans ; comme elles viennent d'en haut, que l'effort est très-grand, les piquets s'arrachent, et les Cabestans sont soulevés et emportés : d'ailleurs le Treuil des Cabestans étant fort court, on est excessivement gêné dans la manœuvre pour replacer les Cinquenelles où il faut : enfin la tension des Cinquenelles n'est plus directe, ce qui est sujet à inconvénient.

161. Quelques Chevalets qu'on emploie, il faut des points de résistance plus ou moins solides. Le local pourra fournir des

arbres, des rochers susceptibles d'être entourés de Cordages, des bois à pilotis qu'on enfoncerait avec les Moutons à bras. On pourra se procurer de ces points dans les locaux à terrain ferme, par les grands piquets sabotés; et dans les lieux à rochers, par les pinces en fer de mineurs, qu'on portera toujours par prévoyance.

Ce qui vaut mieux, ce sont de grands anneaux de fer à piton; on les scelle dans les rochers avec du plomb, après avoir mis entre les branches du piton un coin de fer dont la tête vers le fond du trou, rend impossible la sortie du piton. (pag. 436, note *o*).

On peut même les sceller sous l'eau, si on y est forcé; et faute de plomb, les sceller avec du soufre.

On peut se procurer encore plus promptement de ces points fixes très-solides par le moyen des Ancres, soit de Ponts de Pontons, soit de Ponts de Bateaux. Il faudra donc en joindre au moins 6 à l'équipage de Pont de Cordage.

Construction d'un Pont de Cordages.

162. Que l'emplacement du Pont que vous choisirez vous offre de chaque côté de la Rivière deux positions à peu près de niveau, et sur des lignes distantes entre elles de 10 pieds, pour y placer les Chevalets à jambes, et en arrière sur le même alignement des Chevalets, que le local vous offre des points de résistance, ou des lieux propres à en établir.

163. Disposez, comme il suit, les Cinquenelles de 50 toises; et cette disposition une fois faite, conservez-la, en repliant le Pont, pour servir dans toutes les autres occasions. Cette disposition devrait même être faite d'avance et à loisir.

A 13 toises 2 pieds d'un bout de chaque Cinquenelle, ayant 50 toises de longueur, placez de 10 en 10 pieds 15 clous ou broches de fer de 5 à 6 pouces de longueur, qui la traversent de part en part; et en tordant le bout de chaque clou, ou ceux de chaque broche, mettez-les hors d'état de pouvoir se séparer de la Cinquenelle.

Faites un Nœud simple au bout de chaque Amarre; puis, immédiatement après ce Nœud, fixez une Amarre contre chaque clou des Cinquenelles, par un Nœud d'Artificier, en sorte que le Nœud passe par les angles opposés au sommet que forment les clous traversant les Cinquenelles; en faisant que le Nœud d'Artificier touche au Nœud simple, l'Amarre tendue ne peut plus quitter la Cinquenelle, et le clou la maintient à une position invariable.

Passez chaque Amarre dans une Poulie de bois, de celles destinées aux Traverses, puis dans une autre Poulie semblable, que vous fixerez par le Cordage de sa Chappe à la Cinquenelle, à 6 pouces de chaque clou, mesure prise du même côté, dans tous les clous de la même Cinquenelle. On tirera l'Amarre tant qu'on pourra, ce qui rapprochera les 2 Poulies; puis, contre la Poulie de la Cinquenelle, on fera une ganse coulante et ferme autour de la Cinquenelle, et on laissera pendre le restant de l'Amarre.

164. Cherchez sur chaque bord de la Rivière, à portée de l'emplacement du Pont, deux points fixes à peu près vis-à-vis, pour y amarrer un des Cordages de 60 toises, dans lequel vous ferez passer préalablement une Poulie, au crochet de laquelle on attachera deux autres Cordages pareils. Faites passer 12 à 15 hommes sur la Rive B (36), avec le bout du premier Cordage, et le bout d'un de ceux attachés au crochet de la Poulie; arrivés à la rive B, ils roidiront et attacheront le premier Cordage au point fixe de leur bord, et formeront ainsi une espèce de Bac, pour faire passer d'une Rive à l'autre les objets dont ils auront besoin, qu'on suspendra au crochet de la Poulie.

165. Par ce moyen ou autres, faites passer sur la Rive B la moitié des Chevalets à 3 ou 4 pieds, des Poulies pour les Chevalets, des Moufles, des Piquets, des Leviers, des Cabestans, des Masses, des Moutons, des Traits à Canons, des Cables pour Moufles, des Pitons pour points de résistance, et un des Chevalets de Culée, si l'on peut, sinon on le fera passer tout-à-l'heure sur le Pont.

166. Sur 2 lignes parallèles, distantes de 10 pieds, qui traversent la Rivière dans l'emplacement du Pont, et sur 4 points à peu près de niveau, bien près de l'eau (1), si les Rives sont plates (2); plus éloignées de l'eau, si les Rives s'élèvent : établissez les 4 Chevalets à jambes (peu importe que sur la même Rive ils soient vis-à-vis l'un de l'autre), de façon que leurs Poulies soient dans leurs plans verticaux de leur alignement.

167. Passez le bout d'une Cinquenelle dans les Poulies de chaque Chevalet de la Rive A, en allant de la Rivière en arrière, et fixez le bout du Cable passé au Treuil du Chevalet, si on se sert de Chevalets à Treuil, ou au crochet d'un Moufle équipé à un second, arrêté à un point fixe. Placez tout de suite, convenablement à chaque paire de Moufles, un Cabestan; équipez-y le Cable qui passe dans les Moufles, et qu'on tient de toute sa longueur : enfin, fixez ce Cable en retraite.

---

(1) Bien près de l'eau, pour diminuer la longueur des Cinquenelles, et par conséquent leur courbure.

(2) Plus éloignées, pour que les Cinquenelles étant plus élevées on souffre moins de leur courbure.

168. Assurez les Chevalets par des Haubans, en les opposant à l'effort que fera le Pont.

169. Faites passer sur la Rive B les bouts restans de chaque Cinquenelle, qu'on y équipera comme on vient de le faire sur la Rive A.

170. Placez sur la Rive A le Chevalet de la Culée, son Chapeau dans un plan perpendiculaire au plan vertical passant par les Cinquenelles parallèles, et de façon qu'après avoir mis les Poutrelles de la Culée, on ne marche pas dans l'eau pour monter sur le Pont.

171. Manœuvrez aux 4 Treuils, ou aux 4 Cabestans, pour tendre les Cinquenelles jusqu'à ce que leur courbure la plus basse soit au moins à 2 pieds de l'eau, et que les premières Amarres de chacune sur la Rive A, soient à 10 pieds du Chevalet de la Culée en avant de lui.

172. Placez les 6 Cordages du Tablier sur la Rive A parallèlement entre eux; 3 sont arrêtés à des points fixes, 3 sont tendus par des Cabestans alternativement. Faites-les passer dans les rainures du chapeau du Chevalet de Culée, qui sont à 19 pouces entre elles. Passez l'autre bout de ces Cordages sur la Rive B, où on amarrera à des Cabestans ceux attachés à des points fixes sur la Rive A, et à des points fixes ceux équipés aux Cabestans.

Placez le faux chapeau du Chevalet, et les 5 Poutrelles du rampant de la Culée, le bout en biseau dans les entailles du Chevalet; mettez-y quelques Madriers en travers par-dessus, arrêtés avec des Crampons, si le local a forcé de porter en-delà des Poutrelles l'établissement des 6 Cordages du Tablier. Mais si ces Cordages, avec leurs Cabestans et points fixes, sont au-dessous de la Culée, et que les Madriers de la Culée n'empêchent pas d'y manœuvrer, placez sur les 5 Poutrelles tous les Madriers nécessaires pour faire le Tablier de la Culée.

173. Faites monter 3 hommes A, B, C, sur le faux chapeau formant un rang au bord dans cet ordre de lettres, A et C auront chacun un croc à pointe hampé. Faites placer derrière eux trois autres hommes *a*, *b*, *c* : *a* et *c* tenant une traverse.. . A et C avec leur croc rapprochent de chaque côté la première Amarre pendante de la Cinquenelle (153), tirent dessus pour défaire la ganse qui est coulante, et remettent le bout de chaque Amarre à B qui est au milieu : B ne doit jamais laisser aller les Amarres, mais céder à mesure aux efforts qu'on va faire.

A et C avec leur croc saisissent le Cordage qui tient à la chappe de la poulie, dans lequel l'Amarre passe (153), rapprochent la Poulie pour la saisir de la main gauche; de la droite passent leur croc aux hommes *a* et *c* qui sont derrière eux, et en reçoivent en échange la traverse.

C, remettant à B sa Poulie, s'il est nécessaire, pour la tenir un moment, fait passer la traverse sous les 6 Cordages du Tablier. A et C attachent au piton de la traverse qui est de leur côté par un nœud droit, le Cordage de la Chappe de leur Poulie : ils attachent ensuite à ce Cordage, par un nœud allemand, le brin de leur Amarre respective que tient B.

a et *c* remettent leur croc à *b*.

Portez à *a* et *c* 5 Madriers (les longs) de 11 pieds, dont 3 au premier et 2 à l'autre, et remettez à B 5 bouts de Cordage de 3 pieds (p. 436, note *n*) : il les tiendra d'une main, et de l'autre il saisira, en se baissant, le milieu de la traverse.

a et *c* passent chacun un Madrier à A et C par le bout, et *b* donne un bout de Cordage à A et C.

A et C passent le Cordage dans le trou du Madrier, puis en enveloppent la traverse et les unissent par un nœud droit gansé... Ils placent de même les 3 autres Madriers : ces 5 Madriers doivent être dans les 5 intervalles des 6 Cordages.

A et C poussent doucement la Traverse à son à-plomb, au moyen des Madriers, et arrêtent les 2 extrêmes en arrière solidement par un Crampon ou un Cordage.

A et C se portent à l'Amarre, et hissent la Traverse au niveau du faux chapeau du Chevalet de la Culée. Ils mettent 1 ou 2 Madriers en travers sur les 5 qu'ils viennent de placer, si le jour qui est entre ces Madriers les fatigue.

Continuez à placer les Traverses suivantes avec 6 hommes sur 2 rangs, le premier rang au bord de la dernière Traverse placée.

174. Arrivés à la Rive B, faites-y passer par le Pont le second Chevalet de la Culée (165) : placez-le comme le premier. Tendez les Cordages du Tablier : faites la seconde Culée comme la première, que vous acheverez alors (172).

175. Retirez tous les Madriers que vous venez de placer en longueur, en commençant par détacher ceux qui sont vers la Rive B, et emportez-les tous sur la Rive A.

176. Placez les Madriers en travers sur les 6 Cordages tendus, en commençant vers la Rive A; observez de mettre les courts (ceux de 10 pieds) au-dessus des traverses : passez les Cordeaux dans les Anneaux de bout des Madriers, et roidissez-les.

177. Si l'on veut mettre 5 ou 7 Poutrelles par Travée sur les Traverses pour porter les Madriers (148) : il faut les placer quand la Traverse est suspendue à ses deux Amarres, avant qu'elle soit mise à son à-plomb (173). Il faut fixer celles de la première Traverse à un bout sur le faux chapeau du Chevalet par des clameaux, et attacher toujours les 2 extrêmes aux Traverses avec des bouts de Cordage qui embrassent les boulons auxquels on passe leur Clavette : on retire ces bouts de Cordage quand on place les Poutrelles de la Traverse suivante, parce qu'alors on lie les Pou-

trelles de celle-ci avec celles de la précédente par des boulons qui les traversent toutes de 2 en 2, et qu'on clavette tout de suite; ces boulons sont mis horizontalement au contraire des autres Ponts, où ils sont verticaux. On sent aisément qu'il n'est besoin de fixer en arrière que les Poutrelles de la première Traverse, parce qu'on jumellera les autres avec celles de la Traverse qui les précède, en les boulonnant ensemble aussitôt qu'on les place.

A mesure que les Poutrelles sont mises, on pose en travers les Madriers tels qu'ils doivent être.

Il faut observer de mettre alternativement par Travée tantôt les Poutrelles en-dedans, tantôt en-dehors de celles qui les précèdent.

Pour replier le Pont.

178. Rétablissez le Bac (164) pour rapporter les Chevalets, etc.

Détachez les cordeaux qui passent dans les anneaux des Madriers... repliez les Madriers par culée, par travée, en commençant par la Rive B si on l'abandonne... à mesure que les Madriers d'une travée sont ôtés, séparez les Poutrelles jumellées, si on en a mis (177) en ôtant la clavette et les boulons qui les unissent. Mais avant de séparer les moyennes, liez à la traverse, qui doit encore soutenir les hommes, les Poutrelles extrêmes dès qu'elles seront déjumellées : sans cela, les cordages du tablier cessant d'être soutenus et se courbant, ne lient plus les différentes travées, et dès-lors le moindre balancement ferait échapper les Poutrelles qui sont sous les hommes de dessus la traverse, etc.

S'il n'y a point de Poutrelles : après avoir ôté les Madriers, retirez les cordages du tablier, détachez les Cinquenelles sur la Rive A qu'on abandonne, et retirez-les ensemble avec les traversès, qu'on détachera ensuite sur la Rive A.

Retirez les autres objets en les faisant repasser par le moyen du Bac, et en démontant, s'il le faut, le Chevalet de la culée, qui est le plus lourd et le plus embarrassant des attirails à ramener.

179. Rassemblez pour le chargement tous les attirails, espèces par espèces, après avoir fait vérifier si rien n'est oublié... faites remplacer les objets perdus ou hors de service.

180. Le Pont, s'il reste long-temps construit, exigera qu'on examine souvent : 1°. l'état des cordages, des autres engins et des points fixes... 2°. la tension des Cinquenelles et des cordages du tablier, pour les retendre... 3°. la position des travèrses, pour remonter au niveau les soubaissées. Ces différentes manœuvres exigent que le Pont soit libre de tout fardeau.

181. Le Pont, à raison de sa suspension, fera des oscillations, ce qui pourrait effaroucher les chevaux, etc.; pour les diminuer,

on attachera au milieu de la courbure de chaque Cinquenelle, 2 cordages qu'on fixera sur les deux rives.

182. Pour diminuer le surbaissement du milieu des Cinquenelles du Pont, on peut : 1°. si la Rivière et les autres circonstances le permettent, planter un pilotis dans le milieu pour supporter chaque Cinquenelle dans le bas de sa courbure.

2°. Si le bord et le lit de la Rivière le permettent, on pourrait mettre les Chevalets un peu dans l'eau (les Chevalets à 4 jambes); ne les mît-on qu'à 20 pieds de la Rive, on gagnerait 4 traverses, dont le poids ferait en partie équilibre avec les 9 restantes.

3°. On pourrait doubler le nombre des Chevalets à 4 jambes qui portent les Cinquenelles, et on en mettrait 4 dans l'eau.

4°. On pourrait essayer de mettre les Cinquenelles à 12 pieds de distance entre elles, au lieu de 10 (166, 167); les traverses, par le poids qui les charge, tendraient à les rapprocher, les rapprocheraient en effet, et diminueraient par là, et le surbaissement, et les oscillations; mais il faudrait placer bien correctement les haubans des Chevalets à jambes (168), pour les raffermir contre cet effort oblique à leur position. Il faudrait peut-être alors aligner le plan des poulies, du haut des Chevalets, au milieu du Pont, qui serait le point où les Cinquenelles se rapprocheraient le plus.

Des Ponts pour Arches rompues, etc.

183. Le Pont roulant ne peut être employé pour des Arches rompues, ni sur des ravins, ou torrens, dont le lit est hérissé de rochers, dont les bords sont escarpés et obstaculeux; enfin nulle part, dans les pays de montagnes, où l'Artillerie ne peut faire arriver ses voitures.

184. Pour se procurer, dans ces circonstances, des Ponts d'environ 30 à 35 pieds de longueur, on avait imaginé dans les guerres de 1792, pour l'armée d'Italie, de porter 5 pièces de bois de 35 pi. de longueur et de 8 pouces d'équarrissage, composées chacune de 4 ou 6 pièces coupées en biseau et à épaulement, assemblées à chaque jointure par deux fortes frettes et un boulon à écrou (ce que les Ouvriers appellent *assembler en trait de Jupiter*), placé entre les 2 frettes.... Au moyen d'un cordage, on faisait passer chaque pièce assemblée d'un bord à l'autre : on les plaçait parallèlement et à 2 pieds de distance entre elles, ce qui donnait une largeur de 11 pieds 4 pouces, qu'on recouvrait de Madriers ordinaires de 12 pieds de longueur mis en travers. Ce Pont, dont chaque Poutre pesait environ 1200 liv., pesait lui-même environ 12 milliers.

Mais ce Pont ne put servir, il s'écrasait sous son seul poids. Les défauts de l'assemblage, augmentés continuellement par le dessèchement du bois, et la grande portée de ces poutres mal jointes, faisaient sa faiblesse. La trop grande portée des Madriers, n'ayant d'appui que de 2 en 2 pieds, l'aurait aussi rendu vicieux (134), s'il eût pu réussir, et eût nécessité encore 2 poutres. D'ailleurs ces poutres étaient très-difficiles à placer par leur grand poids.

185. Pour remédier à ces défauts, on avait proposé de placer 7 pièces de bois, telles qu'on va les décrire, à 16 pouces de distance : ce qui formait une carcasse de tablier de 10 pieds 4 pouces de large, sur laquelle on mettait en travers des Madriers de 12 pi. de longueur.

Chaque pièce de bois était composée d'une partie qu'on appellera Semelle, et d'une autre qu'on appellera Faîte.

La Semelle était formée par 3 pièces de bois de 14 pieds de long et 5 pouces d'équarrissage, assemblées en deux endroits en trait de Jupiter (184), avec 2 frettes et 1 boulon entre elles, traversant les parties coupées en biseau pour l'assemblage. A chaque bout de cette Poutrelle en 3 pièces, et du même côté, on fixait une pièce de bois de 3 pieds de longueur et de même équarrissage, en entaillant à crémaillère, et la longue Poutrelle et les 2 petites, à crans inégaux et correspondans ; puis on les joignait solidement au moyen de 4 frettes et de 3 boulons équidistans.... Je nommerai Culées ces petites Poutrelles ainsi fixées.

Le Faîte était composé de 2 pièces de bois de 19 pieds de longueur et de 6 pouces sur 4 d'équarrissage. Chacune de ces Poutrelles était coupée en sifflet à un bout, formant un angle d'environ 80°., par un plan traversant la plus grande dimension du bois. Le sifflet, à 2 pieds en avant et en arrière, était embrassé par une bande de fer de 6 lignes d'épaisseur et de la largeur de 4 pouces ; cette bande, dans la partie inclinée du sifflet, et dans une des 2 pièces de bois, était formée en demi-cylindre concave, sur la largeur d'1 pouce, et dans l'autre pièce en demi-cylindre convexe, de façon à s'engrener fortement ensemble sans pouvoir s'échapper... L'angle du dessous de ces 2 demi-Faîtes, joints ensemble par leur sifflet, comme on vient de le dire, était garni d'une charnière de 4 pouces de largeur, de 5 à 6 lignes d'épaisseur, et de 18 pouces de longueur pour chaque partie. L'une de ces parties était fixée solidement à un demi-Faîte, et l'autre partie devait glisser, sans pouvoir sortir, dans 2 étriers fixés au bout de l'autre demi-Faîte à 8 pouces de distance entre eux.

A 6 pieds du bout non en sifflet de chaque demi-Faîte, et à 6 pieds plus loin, dans le milieu de chacune des faces latérales de 6 pouces de large, étaient des boulons saillans de 16 lignes d'épaisseur de tige, dont la tête était formée en anneau d'1 pouce de diamètre intérieur. Vis-à-vis ces boulons, dans le côté de la Semelle, c'est-à-dire, à 6 pieds du bout des culées et à 6 pieds plus loin, étaient des étriers de 15 pouces de longueur, posés dans le sens de la longueur de la Semelle, dans le milieu de son épaisseur, d'un fer de 10 lignes, en laissant entre eux et le bois de la Semelle, un jour d'1 pouce de largeur.

186. On avait par chacune des 7 pièces de bois servant à la construction du Pont, 8 boulons à tête ronde, peu saillante, de 2 pieds de longueur et de 10 lignes de diamètre, destinés à être mis dans les anneaux de boulons des demi-Faîtes, et dans les étriers correspondans de Semelle.

187. La construction du Pont était fort simple. Par le moyen des cordages, on faisait passer les 7 Semelles en les posant solidement à un bord par un bout, et les suspendant et abaissant jusqu'à l'autre bord : on les mettait parallèles, de niveau, et à 15 pouces de distance entre elles. On les bâtissait dans les piliers de l'Arche : ou, les faisant porter sur un fort Madrier par leurs bouts, on les y assujétissait avec des piquets plantés à droite et à gauche, quand ce n'était pas une Arche rompue.

En le suspendant de même par un bout avec un cordage, on plaçait sur chaque Semelle son Faîte, en le faisant arc-bouter, à chaque extrémité, contre les Culées de la Semelle. On plaçait à droite et à gauche, dans les anneaux à boulons de Faîte et dans l'étrier correspondant de Semelle, les boulons de 10 lignes d'épaisseur.

On mettait les Madriers en travers sur les Faîtes pour former le Tablier du Pont.

188. On s'aperçoit aisément par cette construction, que tout le poids dont on chargeait le Pont, agissant contre les Culées, tendait à relever les Semelles, qui n'avaient rien à supporter, et ne faisaient résistance que dans le sens de leur longueur pour ne pas se séparer. On s'aperçoit aussi que cet équipage est très-léger, que les Poutrelles du Faîte n'ayant que la portée à peu près de celles des Bateaux, et ayant environ l'équivalent de leur équarrissage, sont en état de soutenir les plus lourds fardeaux. Malgré ces vraisemblances, il faut soumettte ce genre de Pont à l'épreuve, qu'on n'eut pas le tems d'en faire.

DES PONTS DE PILOTIS.

189. Les Ponts de Pilotis se font sur les Torrens, et sur les rivières qui leur ressemblent (comme le Var, etc.), où on ne peut même établir des Ponts de Bateaux, parce que leurs eaux charrient des sables, forment des bancs qui changent continuellement de position, arrachent les Ancres, ou emportent les paniers pleins de pierres qui en tiennent lieu et entraînent les Bateaux.

190. Quand ces Ponts sont considérables, et doivent subsister long-tems, tels que ceux sur le Var, ils ne sont pas construits par

l'Artillerie : ce qui fait qu'on n'entrera pas dans de grands détails sur cette espèce de Pont.

191. Il faut des bois à portée, des Agrès, des Outils, des Ouvriers.

Les Pilots ou Pilotis seront de Chêne, d'Orme, de Mélèze, de Pin, de Sapins, etc. Les premiers sont les meilleurs, etc.; on les enfonce avec des Sonnettes.

Les Chapeaux ou Traverses se font de toute espèce de bois, ainsi que les Longerons ou Poutrelles, Madriers, Poteaux, Garde-fous, Appuis, Liens, Entretoises.

Si on n'a que deux Sonnettes, chacune enfonce une file de Pilotis... Si on a 4 Sonnettes, on commence l'ouvrage sur les deux rives, en suivant exactement l'alignement.

Si on est obligé de s'échafauder, on le fait avec des Chevalets que l'on couvre de Madriers.

Si on ne peut mettre les Chevalets dans l'eau, on met les Sonnettes sur des Bateaux, et l'ouvrage va plus vîte.

192. Les Pilots s'enfoncent de 2 en 2, ou de 4 en 4 sur la largeur du Pont : et ces rangs de 2 ou de 4 Pilots sont espacés de 18 à 20, à pieds suivant la rapidité de la rivière.

Les Pilots enfoncés, on fait les tenons de leur tête (1) et les mortaises du chapeau, qui est une pièce de bois qu'on pose en travers sur la tête des Pilots.

Sur les chapeaux *on place*, comme dans les autres Ponts, des Longerons ou Poutrelles, puis des Madriers.

Deux Pilots suffisent par Travée, si le volume d'eau et sa rapidité ne sont pas considérables : on en avait mis 4 au Pont fait sur le Var en 1792, et on n'avait espacé les Travées que de 9 pi. Cette distance était trop petite : les bois, que les eaux charriaient dans les orages, ne trouvant que des espaces de 9 pieds pour passer, s'arrêtaient aux Pilots, et les entraînant, rompaient le Pont. Ce grand défaut ne pouvant être corrigé (2) qu'en refaisant le Pont, nécessita des réparations continuelles, et interrompit souvent la communication avec la France.

193. Les accidens sont presque inévitables à cette espèce de Pont.

Il arrive souvent que les eaux fouillent au pied des Pilotis, les soulèvent et les emportent. On se garantit de ces affouillemens quand ils ne sont pas violens, en enveloppant de fascinage le pied des Pilotis.

---

(1) Si le Pont doit être de peu de durée, on ne forme point de tenons, et on se contente d'unir le chapeau aux Pilots, par des Crampons, ou des Clameaux, ou des Broches de fer.

(2) Si on eût arraché alternativement un rang de Pilots, ceux qui seraient restés eussent été trop faibles, les autres Bois trop courts, etc.

Pour donner de la solidité aux Pilotis, on met un Pilotis en arrière de chaque rang de 2 ou 4 Pilotis, dont la tête ne s'élève au-dessus des eaux que de 3 à 4 pieds ; on joint par une moise, les Pilotis des Travées, avec le dernier enfoncé, en faisant une retraite à la moise qui puisse les embrasser tous ; et on l'assure avec des broches de fer ; cette moise est parallèle à l'eau, puis on en met une autre qui prend en écharpe les Pilotis, et est arrêtée de même.

On garantit ces Ponts d'insulte, comme on l'a prescrit ci-devant (109).

On peut aussi, en avant des Piles, planter 3 Pilots, en tiers-points, liés par des pièces de bois, qu'on peut même coffrer, ce qui fait une espèce d'éperon qui détourne tout ce qui veut passer, et garantit de leur choc les Pilots.

On peut encore planter en avant des Piles, un rang de Pilotis assez près, pour arrêter les premiers efforts de ce qui sera charrié ou envoyé contre le Pont : on joint ces Pilotis par des pièces de bois (194).

194. Comme le Var est une des rivières torrentueuses, qui offre le plus de difficulté à l'établissement des Ponts de Pilotis, on va rapporter quelques notes relatives aux Ponts qu'on y a construits.

Le Var grossit beaucoup du 15 juin au 15 juillet, et à la fin de septembre.

On fit, en 1708, un Pont de Pilotis sur le Var, du 12 juin au 15 juillet, devant le village de Saint-Laurent, à une lieue de Nice, sur une largeur d'envion 660 toises. Il fut emporté le 27 septembre.

On a fait un Pont de Pilotis sur le Var, en 1744.

On a fait un Pont de Pilotis sur le Var, en 1792...... Il fut commencé en octobre, et mis à 200 toises au-dessous du village de Saint-Laurent. Ce pont fut mal conçu, faiblement exécuté, mal réparé, mal entretenu. On l'avait recouvert de gravier.

Pour conserver ce Pont, continuellement endommagé par les eaux, etc., on avait employé en partie le moyen de la ligne de Pilots plantés en avant du Pont, indiqué précédemment (193).... Le grand courant du Var était alors tout à fait contre la rive droite. A 200 toises environ au-dessus du Pont, sur la rive droite, on avait planté sur un alignement, qui aboutissait à peu près au milieu du lit du Var, deux rangs de Pilotis en quinconce : les Pilots de chaque rang distans d'environ 18 pieds, et les 2 rangs éloignés de 12. Du lieu où finissait cet alignement dans le lit du Var, parallèlement et à quelques (6 t.) toises du Pont, jusqu'à la rive gauche, on devait continuer de planter 2 rangs de Pilots en quinconce ; mais cette dernière partie du travail ne fut pas achevée. Ces rangs de Pilots obliques, partant de la rive droite, ne rejetaient pas vers le milieu de la Rivière, les bois qu'elle charriait, comme on se l'était promis ; mais ces bois s'engageaient dans les Pilots, on ne pouvait les retirer, ils les culbutaient et venaient en masse contre le Pont, au lieu de venir en détail. Les eaux, arrêtés par ces bois engagés dans les Pilots, allaient creuser de nouveaux courans, en prenant une autre direction : ce qui obligeait de se fortifier sur toute la longueur du Pont.

On voulut profiter de ces Pilots plantés obliquement, pour faire faire une bifurcation au Pont, dans le passage des grandes eaux, où il risquait le plus d'être rompu ; mais cette idée ingénieuse et peut-être bonne, ne fut pas exécutée.

M** imagina, pour conserver ce Pont du Var fait en 1792, de le garnir, en 1794, dans toute sa longueur, d'un rang de poutres entées les unes sur les autres, portant de chaque côté sur les Pilots extérieurs du Pont : il prétendait que, quand l'eau entraînerait quelques piles, il rétablirait le Pont sur ces poutres faisant office de longerons sur les brèches : mais on a vu (184) combien ce moyen était impraticable ; aussi le fut-il, et le calcul sur la force des bois aurait dû le faire présumer.

195. *Bois pour les Ponts de Pilotis.*

Noms.	Longueur.	Largeur.	Epaisseur.	*Observations.*
	pieds.	pouces.		
Pilots ou Pilotis	18 à 20	12	*Idem.*	On les enfonce de 8 à 10 pieds sous les eaux. La distance des Piles ou Travées, est de 18 pi. On en met 2 ou 4 par Travée.
Chapeaux. . .	18 à 20	10, 12, 14	*Idem.*	
Longerons. . .	21 à 22	8 et plus.	*Idem.*	Ils doivent déborder au moins d'1 pied chaque Chapeau : on en met 5 ou 7, suivant les fardeaux à supporter et la largeur du Pont.
Madriers. . . .	16	12 et plus.	2 à 3 pouc.	
Poteaux. . . .	»	»	»	
Liens.	»	»	»	
Garde-foux. . .	»	3 à 4	*Idem.*	
Entre-toises. .	»	»	»	
Appuis.	»	»	»	

196. *Objets nécessaires à la construction des Ponts de Pilotis.*

Noms.	Quantités.	*Observations.*
Sonnettes équipées.	2 ou 4	Assorties de leurs Mouton, Poulies, Boulons de rechange, Cordages, etc. Il faut 20 travailleurs par Sonnette, et 25 si le Mouton est un peu fort... Voyez dans Bélidor la description des Sonnettes, et d'une machine pour arracher les Pilots, lorsqu'on ne veut pas les couper dans la destruction d'un Pont.
Palans simples.	»	
Masses de bois.	»	
Piquets.	»	Pour assurer la retraite des Sonnettes.
Leviers.	»	Pour la Manœuvre.
Sabots.	»	Pour les Pilots (si le terrain est difficile) dont les branches auront 18 pouces de longueur.
Clous de 6 pouces.	»	Pour la Couverture.
—— de 4 ponces.	»	Pour les Garde-fous.
—— de 3 pouces.	»	Pour les Sabots.
Broches de fer de 15 pouc.	»	
———— de 9, 10, 12 pouces.	»	
Grandes Pinces.	»	A pied de biche.
Outils à Charpentier. . . .	»	
Tarrières.	»	
Vrilles.	»	

DES PONTS DE RADEAUX.

197. Les Ponts de Radeaux sont propres aux plus grandes Rivières : ils se font avec célérité et se replient aisément sur les eaux tranquilles : ils exigent moins de préparatifs que les Ponts de Bateaux, et sont très-commodes pour brusquer et cacher un passage de Rivière, lorsqu'on y trouve des Radeaux, ou qu'on est à portée d'en construire.

A la retraite de Deckendorf, en 1744, par le comte de Saxe, on fit un Pont sur le Danube en une matinée, et on le replia par un quart de conversion. On en a jeté sur le Pô un en 4 heures, et replié en 2; il était de 34 Radeaux, et avait 180 toises de longueur.

198. Les Radeaux sont faits des bois les plus légers, de Sapin ordinairement (le Chêne ne peut servir, parce qu'il pèse plus que l'eau) (1), assemblés par des perches, qui servent de traverses, par des liens d'osier et des chevilles, quelquefois on emploie des liens de fer. Le tout est recouvert de planches.

Pour faire les Ponts, les Radeaux se placent dans les Rivières en sorte que les arbres ont leur longueur suivant le cours de l'eau : *la tête* du Radeau est la partie en Amont qui est frappée par le courant : la partie opposée s'appelle *Queue* du Radeau : *les Côtés* sont les deux autres faces. Le bout des arbres de la tête doit être taillé en cône, ou au moins coupé en sifflet, et le sifflet être placé vers l'eau; le bout opposé est coupé carrément.

Les grands Radeaux sont composés de 34 arbres (sapins) de 38 à 40 pieds de longueur, et de 10 à 12 pouces de grosseur: 60 de ces Radeaux peuvent former un Pont d'environ 400 toises. Les uns joignent les arbres en les construisant; d'autres les mettent à 6 à 7 pouces les uns des autres pour faciliter le passage des eaux.

Plus un Radeau doit être chargé, plus il doit être léger; il faut alors éviter de serrer les poutres près-à-près, et en placer 2 ou 3 rangs recroisés les uns sur les autres, afin de rester plus élevé au-dessus de l'eau.

---

(1) D'après la Table des pesanteurs spécifiques (voyez page 789, le chêne non sec pèse de 72 jusqu'à 76 liv.; donc plus que l'eau (qui pèse 70 liv.).

1 PPP de Hêtre, pèse.	59 liv.	2 onces.
—— d'Orme.	46	9
—— de Peuplier.	26	9
—— de Sapin.	35	4
—— de Tilleul.	41	15

Cette considération a lieu principalement dans les Radeaux employés au passage d'une Rivière à force ouverte, c'est-à-dire, sous le feu de l'ennemi : parce que, dans ce cas, on le borde d'un parapet de sacs à laine ; on y met des Pièces de Campagne et beaucoup de Troupes. Ce moyen de passer les Rivières, souvent employé avec succès par Charles XII, ne concerne pas la manœuvre de jeter des Ponts.

Il faut 4 Bateliers par Radeau pour le gouverner (1).

199. Pour construire un Pont de Radeaux, on assemble les Radeaux en les joignant les uns aux autres, dans le travers de la Rivière.

Autrefois on ne laissait point de vides entre eux, on croyait ne pouvoir les établir que sur des Rivières tranquilles par la difficulté qu'ils opposaient au courant des eaux, et ne pouvoir laisser ces Ponts à demeure ; on fixait les Radeaux par des ancres, et on clouait des Longerons sur les Radeaux qu'on recouvrait de planches lorsqu'on voulait y faire passer de la cavalerie ou les rendre plus commodes. Depuis on a mis plus d'art dans leur construction.

Dans la brillante campagne de 1796, le chef de Brigade A..., en fit construire à Ravazone, vis-à-vis Roveredo en laissant des intervalles entre les Radeaux, et qui subsistèrent et cette campagne et la suivante (2). Les arbres étaient espacés de 6 à 7 pouces et la Portière était faite avec des Batelets.

---

(1) Les plus forts Radeaux sur l'Isère sont faits de 20 gros Sapins de grosseur inégale, les gros et les petits placés alternativement, liés entre eux par des harts de chêne ou de châtaignier d'1 pouce de diamètre.

Ces Radeaux ont de 20 à 40 pieds de largeur, et 60 jusqu'à 100 pieds de longueur.

L'avant et l'arrière des Radeaux sont renforcés par des Traverses de 4 pouces de grosseur, liées aux pièces du Radeau par des harts : c'est sur chacune des Traverses qu'on met 2 rames, et 2 hommes à chaque rame.

On recroise le premier lit de Sapin par un second, mais ce n'est pas comme on l'a avancé, parce que le Sapin des Alpes, flotté, au bout de 15 jours, devient à peu près aussi pesant que le volume d'eau qu'il déplace ; des expériences récentes, faites avec soin, prouvent que le Sapin des Alpes, au bout d'un an, ne cale que d'un pouce. Un Radeau construit de cette façon, de 30 pieds de large sur 90 pieds de long, peut porter 400 quintaux, et il lui faut 3 pieds d'eau pour naviguer.

Les Radeaux, sur la Saône, sont faits en partie avec des Caisses, faute de Sapin.

Les Radeaux, sur le Rhône au dessus de Lyon, sont plus petits que ceux sur l'Isère, à cause des Ponts qu'ils ont à passer.

(2) Le premier Pont de Radeaux de Ravazone, avec portières et à rampes mobiles, fut établi le 26 fructidor an 4 : il fut abandonné lors de la retraite du général Vaubois, et rétabli par l'ennemi. Il fut abandonné par l'ennemi

Le Chef de Bataillon P. en a fait construire un à Borgo-Forte sur le Pô en 1807, sans laisser de vides entre les arbres, en laissant des vides entre les Bateaux, et de façon que chaque Radeau peut servir de Portière, ce qui est très-commode pour la navigation.

On va présenter ces deux modes de Ponts.

Il faut pourtant convenir que les Bateaux sont préférables aux Radeaux par leur assemblage solide, par la facilité qu'ils donnent aux eaux de couler, etc.; mais souvent on ne peut mener un équipage de Pont de Bateaux, un ennemi prévoyant détruit ceux du pays, et les Radeaux alors peuvent être d'une grande ressource dans les pays boisés.

Pour construire solidement un Pont de Radeaux à demeure sur une Rivière rapide, observez ce qui suit:

1°. Espacez de 6 à 7 pouces le corps d'arbres qui forment les Radeaux, pour que les eaux, trouvant plus de facilité pour couler, le Pont ait moins de résistance à opposer à leur impulsion. Si l'on fait porter le Tablier. (*Voy. le* 9°.) sur des billons de bois, ces intervalles seront commodes pour les placer et les fixer comme on voudra... Employez des Radeaux d'une grande longueur: ils porteront davantage, seront plus susceptibles de stabilité, et (*Voy. le* 4°.)

2°. Etablissez les Radeaux en formant le Pont, en sorte que la longueur des arbres soit dans le sens du courant, comme on l'a prescrit (199); parce que si on les mettait en travers, les eaux ne pouvant passer librement, rompraient le Pont.

3°. Mettez des intervalles entre les Radeaux, et réglez ces espaces suivant la grosseur des Poutrelles du Tablier; par ce moyen, les eaux ayant la plus grande facilité de s'écouler, fatigueront moins le Pont par leur impulsion.

On sait que les sept Poutrelles de Pont de

Bateaux } qui ont { 5 pouces 5 lignes } d'équarrissage, étant
Pontons } { 4 6 }

placées; ont { 13 pieds / 5 } de portée : on se réglera en conséquence.

---

dans la nuit du 9 au 10 pluviose an 5, et rétabli par les Français dans la nuit du 11 au 12 pluviose, où il a subsisté jusqu'à la paix, soit entre nos mains, soit dans celles des Autrichiens.

Le Pont de Radeaux de Trente fut construit par les Français le 3 ventose an 5.

L'Adige a, à Ravazone, 60 à 62 toises de largeur.

Les Radeaux qu'on emploie sur l'Adige sont faits en bois équarris; ceux dont on s'est servi pour le Pont dont il s'agit, avaient 15 pieds de largeur, 50 de longueur: les arbres étaient distans de 6 à 7 pouces, et avaient environ 15 pouces d'équarrissage.

4°. Placez le Tablier (composé comme dans les autres Ponts de Poutrelles et de Madriers) plus sur la queue que sur la tête des Radeaux, afin que dans les crues, les flots le surmontent moins; il faut même, dans ces circonstances, charger de grosses pierres ou de corps d'arbres, l'intervalle compris entre le Tablier et la queue du Radeau; on voit encore par-là que la longueur des Radeaux est avantageuse.

5°. Assurez la direction générale du Pont, et s'il y a une Coupure, donnez-lui la force de résister à la tendance qu'auront les deux parties de se porter sur leur rive respective, en plaçant des arc-boutans à chaque extrémité du Pont... Ces arc-boutans, dans les bons terrains, sont 2 pilots, ou 2 très-forts piquets, plantés sur ou près le bord; et dans les mauvais, un appareil de charpente qui les supplée. On fait appuyer contre ces pilots le côté du premier et du dernier Radeau du Pont.

6°. Placez une Cinquenelle en travers sur la Rivière, comme au Pont de Bateau, et amarrez-y chaque Radeau par un seul cordage, tournant à demi autour de la Cinquenelle, et arrêté aux deux extrémités de la tête du Radeau.

Lorsqu'il doit y avoir une Coupure, il faut que la Cinquenelle soit soutenue par des poteaux élevés.

7°. Fixez alternativement chaque Radeau par un cordage tenant une Ancre jetée du côté d'Amont, et amarrez sur le rivage à des piquets, arbres, etc. les deux côtés du premier et du dernier, ou des 2 premiers et des 2 derniers Radeaux du Pont.

Faute d'Ancre, on amarrera les cordages de chaque Radeau à des points fixes sur l'une ou l'autre rive, suivant la place qu'occupera chaque Radeau dans le Pont.

On peut, sur les rivières secondaires, c'est-à-dire, sur celles dont la largeur n'est pas excessive, faire passer les cordages d'Ancre au-dessus de la Cinquenelle, pour les dérober aux impulsions inégales des eaux, au choc et à la rencontre des corps flottans. Il faut alors que la Cinquenelle soit plus élevée.

8°. Liez ou arc-boutez les Radeaux entre eux vers leur tête, au moyen d'une forte poutrelle qui aille de l'une à l'autre dans cette partie, et qu'on y cheville avec soin (1).

9°. Faites la Coupure du Pont, s'il en faut une, au plus fort du courant, ainsi qu'on l'a prescrit pour les autres espèces de Ponts; et employez pour la Portière 2 petits Batelets pontés ensemble; ce qui nécessitera de faire deux rampes mobiles pour la lier aux deux parties du Pont, et pour qu'elle puisse quitter sa position et la reprendre.

---

(1) Des Auteurs disent d'encastrer cette Poutrelle à queue d'aronde et à coups de mouton; mais ce moyen est long, destructeur des bois verts et blancs, et à rejeter.

La raison qui fait employer 2 Batelets pour faire la portière, est que la hauteur de la partie supérieure des Radeaux au-dessus de l'eau n'étant que de 3 à 4 pouces, cette hauteur du haut-bord est insuffisante pour les Radeaux de la Portière, qui, à cause de la rapidité du courant, ont besoin d'en avoir un pied, pour n'être pas couverts par l'eau lorsque la Portière remonte fermer la Coupure. Les Batelets, laissant plus de vide, laissent couler les eaux plus librement dans cet endroit où elles ont le plus de rapidité; d'où il résulte plus de facilité pour la manœuvre de la Portière, moins de fatigue pour son Ancre et ses cordages : ce même avantage pour les Radeaux de la Coupure, et de plus la fixité dans ces derniers et dans la direction générale du Pont, direction très-difficile à rétablir et importante à conserver.

Si l'on veut éviter de faire des rampes, qui sont en effet difficiles à pratiquer, élevez tout le Pont au moyen de 3 billons de bois placés sur chaque Radeau qui porteront les Poutrelles du Tablier. Boulonnez-les sur les billons extrêmes de chaque Radeau comme sur les plats-bords des Bateaux.

10°. Donnez de la solidité à la Portière, en la liant fortement au Pont par 4 arc-boutans fixés à droite et à gauche aux Radeaux de la Coupure. On consolidera le Pont par cette liaison, et on l'empêchera d'obéir dans les crues à la tendance qu'ont ses deux parties de se porter sur leur rive respective : effet qui est encore détruit par l'appareil du n°. 5.

11°. Conservez le parallélisme des Radeaux de la Coupure, pour loger et arc-bouter solidement sur eux les rampes de la Portière. On y parviendra mieux en observant d'amarrer à des Ancres, non les 2 Radeaux de la Coupure, mais les 2 Radeaux adjacens à ceux-ci, parce que le mouvement des eaux dans les crues, leur charriage, etc., variant sans cesse la tension des cordages d'Ancre, déplace les Radeaux amarrés à ces cordages, et ce mouvement s'affaiblit en se communiquant aux Radeaux voisins.

12°. Aplanissez (à l'herminette) les endroits où doivent poser les poutrelles du Tablier, si les Radeaux sont faits d'arbres non équarris, afin d'asseoir solidement ces poutrelles.

13°. Etablissez sur chaque côté du Pont un cours de Poutrelles, que vous lierez avec les Poutrelles extérieures du Tablier, et que vous affermirez en les brêlant. Le Pont acquiert par ce brêlage une solidité surprenante. Ce brêlage, s'il est fait avec adresse, n'aura pas besoin de crampons pour retenir le billot, qui est un manche d'outils. On évitera par-là le bruit, les retards et les dégradations. Pour le faire de cette manière, prenez un cordage de 6 lignes de diamètre et d'environ 3 pieds; embrassez par ce cordage, redoublé sur lui-même en couronne, les deux poutrelles correspondantes : serrez cette couronne convenablement, pour que le billot, que vous passerez dans la partie qui est dans l'angle que forment les Madriers avec la poutrelle supérieure, ayant fait un tour, soit arrêté par le plan supérieur des Madriers.

Pour le Pont de Radeaux, ou les arbres des Radeaux se joignent, ou on laisse un vide entre chaque Radeau, et dont chaque Radeau peut servir de Portière, voici les objets nécessaires pour leur construction.

Il faut pour 1 Radeau.

22 Poutres de Sapin ou de Peuplier, etc. de 30 pieds de long sur un pied de diamètre moyen. Comme les pièces de 40 à 42 pieds, longueur que devrait avoir le Radeau, seraient difficiles à trouver, on préfère de prendre ces pièces de 30 pieds, qu'on unit par leur petit bout sur 20 pieds de longueur.

4 traverses de 22 pieds de longueur sur 8 pouces d'équarrissage. La 1re. et la 4e se placent à 2 pieds 6 pouces de la tête et de la queue du Radeau, on les boulonne sur la 1re et la 11e poutres. Elles sont liées aux autres avec des Harts de 6 à 7 pieds de longueur et d'1 pouce de diamètre au gros bout, et par des chevilles de chêne bien sec de 17 pouces de longueur sur 15 lignes de diamètre : ces chevilles sont elles-mêmes retenues par des coins prisonniers enfoncés à leur extrémité. La seconde traverse est à 11 pieds de l'extérieur de la 1re. et la 3e. à 10 pieds de l'extérieur de la 4e. Elles sont boulonnées, chevillées et liées comme les 2 autres. Si on peut donner plus d'épaisseur aux 2e. et 3e. traverses on le fera, pour donner plus d'élévation au Pont, ce qui est très-avantageux.

3 Pièces de 18 pieds de long sur 10 pouces de large et 14 pouces de hauteur pour élever et supporter le Tablier (on les prendra de 12 pouces d'équarrissage si on en trouve de toutes faites.) On les place parallèlement aux poutres du Radeau en-dessus de la 1re., la 6e. et la 11e. dépassant de 9 pouces la 3e. traverse, pour que le Radeau plus chargé sur la queue, empêche la tête de s'enfoncer.

9 Poutrelles de 28 pieds sur 6 pouces d'équarrissage, dont 7 pour le Tablier et 2 pour son brêlage. Des 7 du Tablier la 1re. en aval se place à 1 pied du bout des 3 poutres précédentes : les autres équidistantes à 18 pouces de distance entr'elles, et liées à ces poutres par des clameaux. Les 7 poutrelles occuperont un espace de 12 pieds 6 pouces, et le Tablier offrira une voie de 11 pieds 4 pouces entre les poutrelles du brêlage. Si l'on n'avait que 6 poutrelles pour le Tablier, on les espacerait de façon à parvenir au même résultat.

40 Madriers de 14 pieds de long sur 1 pied de large et 2 pouces d'épaisseur, dont 28 pour le Tablier et les autres pour les manœuvres, etc.

4 Pièces de 20 pieds de long, sur 8 pouces d'équarrissage pour clefs, *anguilles* (on donne ce nom aux pièces qui lient les Radeaux en fixant leur écartement.) On en place une de chaque côté du Pont dans le sens des Poutrelles extérieures du Tablier

immédiatement au-dessus de chacune d'elles; afin de les brêler plus solidement on les réunit à leur extrémité avec un collier de fer dit à la Prussienne... Les autres 2 Pièces se placent contre la 1re et 4e Traverses du Radeau intérieurement dans les Radeaux qui serviront ordinairement de portière.

2 Poutrelles de 16 pieds sur 6 à 7 pouces d'équarrissage : qu'on fixe sous l'extrémité des Poutrelles du Tablier au bout de la 1re et de la 6e ou 7e par une bride en fer, et qu'on brêle avec l'anguille et la poutrelle en les embrassant par un cordage d'un pouce de diamètre serré par un levier. Pour brêler les Madriers qui se trouvent entre les extrémités des anguilles, on place une poutrelle de 7 pieds de longueur qui remplit l'intervalle et se réunit bout à bout avec elle, et on la brêle avec la partie correspondante de la Poutrelle du Tablier qui est en dessous.

4 Colliers de fer pour lier les Poutrelles traversières sous l'extrémité de celles du Tablier.

12 Boulons de 2 pieds de long, sur 1 pouce de diamètre.

1 $\frac{1}{2}$ ancre. On en met 1 à chaque Radeau en Amont et 1 de 2 en 2 en aval : ou ce qui vaut mieux, sur-tout pour les Ponts stables, des cônes d'osier remplis de pierres de 6 pieds de diamètre, 10 de hauteur, dont l'arbre qui le traverse s'élève beaucoup au-dessus des eaux.

4 Gouvernails de 20 pieds.

2 Cinquenelles de 150 toises pour tout le Pont.

1 $\frac{1}{2}$ Cordages d'ancre de 14 à 15 lignes de diamètre et de 50 à 60 toises de long. Ou, ce qui vaut mieux et est économique, des chaînes en bois flottans, qui sont des perches liées par des anneaux.

60 Toises de Cordages de 10 à 12 lignes pour lier, etc. moins, si on a des Harts.

8 Toises de Cordages de 6 lignes pour brêlage.

50 à 60 Crocs.

5 à 600 Clameaux... Crampons... Clous...

24 Piquets ferrés, sabottés.

Cabestan.

2 Passe-partouts... 12 Scies à main... 12 Marteaux... 15 Haches de charpentier... 10 Haches à main (Outils pour 20 ouvriers). 12 Pelles.... 12 Pioches.

Ces Radeaux ne s'enfoncent par leur poids que de 9 pouces, chargé de 15 milliers. La queue s'enfonce de 14 pouces. Ainsi il reste encore sous le Tablier l'espace nécessaire à l'écoulement des eaux; mais il ne faut leur faire supporter que 10 milliers pesant : car le volume du Radeau est de 600 pieds cubiques.

Son déplacement sera donc de 42000 PPP.

Son poids est d'environ (en sapin) 31000.

Le prix d'un tel Pont est d'environ 2000 fr. par Radeau en Italie; mais vers le Rhin il ne couterait pas la moitié de ce prix.

On peut construire ces Radeaux sur terre ou sur eau. Sur terre: On met le chantier sur le bord du fleuve : on l'incline vers lui, et on le fait de 4 poutres distantes de 8 pieds et nivellées entre elles : on trace un trait d'équerre sur le milieu du diamètre de la première poutre, ce qui détermine son emplacement et la longueur du Radeau, afin qu'il soit exactement bien rectangulaire.

On met toutes les poutres sur le chantier dans le sens qu'elles doivent avoir : on les cale, on fixe l'emplacement des traverses : on taille les sifflets du côté de la tête : on perce les trous pour les Harts : on met les Harts et les Chevilles en faisant bien joindre les Poutres : on met les 3 supports du Tablier ; on décale le Radeau, il glisse dans la rivière.

Pour le construire sur l'eau, il faut, si l'on peut, faire les sifflets, les encastremens, les trous sur le chantier à terre, puis on assemble les poutres dans l'eau.

D'UN PONT DE CAISSES,

Proposé en 1719 *par un Ingénieur de Cambrai, nommé Herman.*

200. On faisait ce Pont avec des Caisses de 5 pieds de longueur, et d'un pied en quarré extérieurement, divisées en 4 compartimens égaux, par des planches dont celle du milieu était plus épaisse.

Les planches du bout avaient 1 pouce d'épaisseur.

Celles du dessus et du dessous, 8 lignes.

Celles des côtés, 6 lignes.

Les Planches des bouts avaient une espèce de tenon à l'oreille, percé pour recevoir une clef de bois.

On mettait 4 Caisses par Travées, ne laissant qu'un petit vide entre elles.

On joignait ces Caisses par 2 traverses percées pour recevoir les 2 tenons.

Ces Travées s'assemblaient encore de l'une à l'autre par des clefs de bois.

4 Hommes portaient une Travée.

On poussait en avant la première Travée, retenue par un cordage, et ses Traverses étaient armées de grappins pour s'accrocher en arrivant sur la rive opposée.

PONTS DE CHASSIS,

Soutenus par des Caisses ou par des Outres.

201. Les Chassis faits de soliveaux de Sapins équarris, ont de 15 à 16 pieds de longueur sur 10 à 12 de largeur.

Sous les Chassis, on met plusieurs rangs de Caisses poissées, les unes près des autres, liées et serrées aux Chassis.

Les Caisses ont 4 à 5 pieds de longueur sur 2 de largeur.

On couvre les Chassis de planches légères qu'on y cloue.

On joint les uns aux autres plusieurs de ces Chassis, avec de fortes amarres et des bouts de soliveaux.

Chaque Chassis doit avoir une paire de mantelets de 7 à 8 pieds de hauteur, qu'on élève et baisse en manière de Pont-levis.

Ces mantelets sont doublés de matelas qui entrent dans l'eau pour garantir les *Caisses* des coups de fusil.

On attache aux extrémités de ces Ponts mobiles, des griffes de fer, qui, cramponnant la terre, empêcheront que la machine ne soit emportée par les courans.

Aux 2 côtés du Radeau, on met des montans en forme de Chevalets, pour y placer des rames.

On borde le derrière de chaque Chassis d'une fascine d'osier de 6 pouces de diamètre.

Les Soldats se rangent sur chaque Radeau comme sur terre, rangs et files serrés : l'on couvre le côté du Radeau exposé à l'ennemi, d'une blinde de 5 à 6 pieds de hauteur.

Au lieu de Caisses, on peut se servir de peaux de bouc enflées. 1 Chariot peut en porter pour 6 Radeaux, qui peuvent débarquer d'un seul coup 7500 hommes.

Voyez pour plus de détails, Follard.... L'Encyclopédie parle aussi de cette espèce de Pont... M**. estime ce Pont.

QUELQUES IDÉES

D'AMÉLIORATIONS A FAIRE DANS LE PERSONNEL ET LE MATÉRIEL DE L'ARTILLERIE.

On ne doit regarder ce qui suit que comme des premiers aperçus de l'expérience ou de l'observation ; ce sont des souvenirs que l'on offre à l'esprit, pour soumettre ce que l'on propose, à des épreuves justes, et à des discussions éclairées.

Comme ces idées peuvent être le résultat de conversations, ou de combinaisons qu'elles auront fait naître, plusieurs personnes pourraient se les attribuer ; je serai de bon accord : je cède toutes les idées qu'on pourra revendiquer justement, ou non, et je ne prends pour mon compte que les idées bizarres.

On indiquera, quelques corrections proposées, des projets, des censures peu justes, etc.

PERSONNEL.

*Plusieurs des idées proposées ici ayant été adoptées, on a laissé subsister la masse entière présentée en l'an 9, à cause des rapports qu'elles ont entre elles ; on a marqué seulement d'une * astérisque ce que l'expérience à indiqué de mieux à faire.*

L'Organisation de l'Artillerie comprend la composition de toutes ses troupes, leur mode d'admission, d'avancement, de recrutement, les réglemens relatifs à leur service, ou du moins les bases de tous ces objets, sur-tout lorsque plusieurs sont effacées ; ou qu'il est connu, d'après l'expérience, qu'il en faut de nouvelles pour procéder à des changemens ou améliorations nécessaires. Bien des personnes ont cru cependant avoir donné des projets d'organisation d'Artillerie, en disant qu'il fallait tant de Régimens, tant de Compagnies, de tant d'hommes, et en donnant le total des Officiers et des Soldats qui résultaient de ces compositions faites au hasard, sans assigner la moindre base ; d'autres ont cru avoir fait des réglemens nouveaux, en prenant les anciens et substituant le mot de Directoire au mot de Roi ; on sent la nullité d'un pareil travail. Il n'entre point dans mon plan de donner ici une organisation de l'Artillerie ; je vais seulement rappeler les bases principales les plus justes, et donner quelques notes sur plusieurs objets importans, qui, sujets à discussion, peuvent même être éclairés par une opinion ou vraie ou erronée du plus au moins.

L'armée française doit être (ou peut être) de 400,000 hommes, dont $\frac{1}{5}$ en Troupes à cheval, qui peuvent être réduites de $\frac{1}{4}$ ou à 60,000 hommes.

L'Artillerie de campagne doit être de 3 Bouches-à-feu par 1000 hommes de toutes armes. Donc il faut 960 Bouches-à-feu pour l'infanterie servies par l'Artillerie à pied, et 180 pour être servies par l'Artillerie à cheval (ou si l'on veut 240).

Toutes les divisions de l'Artillerie à pied et de l'Artillerie à cheval doivent être de 6 Bouches à feu. Ce mode est simple, uniforme, analogue au nombre le plus ordinaire dont sont composées les Batteries à la guerre, et il a été suivi sans inconvénient aux armées. Il en résultera d'ailleurs l'égalité en nombre d'hommes pour les Compagnies à pied et à cheval. Nouvelle simplification utile.

Toute Compagnie d'Artillerie à pied ou à cheval, au complet de guerre, exécute 6 Bouches-à-feu. Toutes les Compagnies sont du même nombre d'hommes, parce que s'il en faut plus à l'Artillerie à cheval pour tenir les chevaux des Canonniers-servans, il faut aussi que l'Artillerie à pied fournisse des hommes aux différens travaux du Parc. D'ailleurs, en cas de besoin, la Compagnie à pied pourra exécuter 8 Bouches-à-feu, mais momentanément. On donnera ci-après la formation d'une Compagnie.

Il faut donc pour les 960 Bouches-à-feu de l'Artillerie à pied, 160 Compagnies, formant 8 Régimens de 20 Compagnies l'un, et pour les 180 Bouches-à-feu de l'Artillerie à cheval 30 Compagnies faisant 5 Régimens à 6 Compagnies l'un. * Mais peut-être les Régimens d'Artillerie à pied ont-ils trop de 20 et même 22 Compagnies, quand on leur laisse leurs Compagnies coloniales : et ceux à cheval pas assez de 8 : d'ailleurs, vu l'étendue de l'Empire, on pourrait avoir besoin de plus d'artillerie, et on croit qu'il vaudrait mieux avoir 10 Régimens à pied de 16 à 18 Compagnies, et 5 à cheval de 8 Compagnies chacun.

Le service du Canon des Places se fera par les Canonniers, à mesure et en proportion de l'infanterie, qui au lieu d'être aux armées, y sera en garnison; d'ailleurs on pense que des 3 Bouches à feu qu'on a par 1000 hommes, 2 au plus seront aux Armées, et la troisième en réserve avec ses Canonniers dans les Places en arrière.

Il y a 7100 Bouches à feu dans les Places : si on y mettait des Canonniers en raison de ce Canon, il faudrait 3 Régimens de plus; mais on ne les croit pas nécessaires. Au reste, les 8 Régimens à pied sont le plus petit nombre qu'on puisse avoir, à moins de porter les Compagnies au-delà de ce qui sera fixé; ce qui jette dans l'inconvénient de ne pouvoir bien les surveiller, etc.

Le service du Canon des *Batteries de Côtes* se fait par les Canonniers Gardes-Côtes (celui du Canon des forts, l'est par 18 Compagnies de Canonniers vétérans, qui font partie du Corps des vétérans). C'est sur la fixation des Batteries de Côte nécessaires, qu'on a déterminé à 109 le nombre de ces Compagnies, et à 28 celles de Canonniers sédentaires dans les isles. Il y a aujourd'hui environ 3000 Bouches à feu en Batterie, mais sont-elles nécessaires ? On croit qu'elles peuvent être réduites à peu près à la moitié d'utiles : on compte 5 hommes par Bouche à feu ; mais on croit qu'il n'est pas nécessaire de 5 hommes par Bouche à feu, aux Batteries où il y a plusieurs Pièces, parce qu'ils s'entre aident réciproquement, le service n'étant que très-momentané ; et peut-être les Batteries sont réductibles à 800 Bouches à feu.

Il faut déterminer les lieux où se fera la circonscription pour la levée de ces Compagnies. Le pays le plus près du bord de la mer est le plus convenable pour être plus à portée de les rassembler, et les attacher à leur service par l'intérêt de la défense de leurs propriétés : * d'ailleurs on les fatigue gratuitement quand ils sont éloignés, parce qu'on les relève tous les 5 jours ; tandis que pour la Marine qui les envoie au-delà des mers, peu lui importe que ses marins soient sur le bord de la mer ou à 10 et 15 lieues de ce bord.

Si on n'assigne pas des Cantons spécialement à cette circonscription ; si on y est en concurrence avec la Marine, on sera toujours en discussion : il suffira de laisser la liberté aux Canonniers de passer dans la Marine ; mais le réciproque ne doit avoir lieu qu'après avoir servi quelques années : enfin, comme ce service est aux trois quarts sédentaire, il faut étendre l'âge de la Conscription jusqu'à 35 ans, et les dispenser de celui de terre, à moins qu'il ne soit volontaire.

Le service des Batteries de Côte simple et peu fatigant, parce qu'il est accidentel, ne peut se faire sans inconvénient par l'Artillerie à pied. Les Compagnies de celle-ci, trop morcelées, ne faisant que le moindre de tous les services auxquels on doit les occuper, perdraient leur discipline, leur activité, leur instruction : le Soldat, trop oisif, deviendrait mauvais sujet ; il n'aurait pas le zèle qu'aura le Canonnier Garde-côte de défendre sa propriété, etc. Enfin, il faudrait à la paix réformer les 4 Régimens que ce service exigerait ; ce qui produit des mécontens, et nuit toujours à un Corps.

* Mais ces Compagnies formées à la hâte, à la tête desquelles on avait placé des Officiers réformés, qu'on a remplacés à mesure des vacances, par des Officiers tirés des Sous-Officiers de ces compagnies, de l'Artillerie de terre et de celle de la marine, se sont ressenties de ces premiers choix. Il est essentiel de les mieux composer à l'avenir : pour les Soldats, on les prendra, comme on vient de le dire, dans les Cantons littoraux ; les places de Capitaine devraient être données pour avancement aux Lieutenans

d'Artillerie de terre, sortis de la classe des Sous-Officiers, comme on va l'expliquer en parlant de l'*avancement;* et celles de Lieutenant aux Sous-officiers de ces compagnies. Enfin, pour avoir de bons Officiers et Sous-Officiers qui formeront bien vîte de bonnes Compagnies quand il le faudra, il faut toujours les avoir sous la main et instruits. On propose donc que les 2 Officiers, les 2 Sergens-majors, ou Caporal-fourrier, les 4 Sergens, les 4 Caporaux et les 2 Tambours qu'il y a par Compagnie, soient par moitié et tour-à-tour à la solde entière et à la demi-solde par année : que la moitié de ces 14 individus qui seront à l'année de solde, se rendent au mois d'avril à l'Ecole d'Artillerie la plus voisine, pour y suivre l'instruction jusqu'au mois de mars l'an d'après, où ils retourneront chez eux, passeront à la demi-solde, et seront remplacés par la seconde moitié. Par cette mesure on aurait des Officiers et des Sous-Officiers dont on connaîtrait l'instruction, les moyens, la moralité, et qui formeraient en tems de guerre bien promptement de bons Canonniers Garde-côtes. On rassemblerait toutes les années les Compagnies durant 4 jours, sans armes, pour constater leur existence (ces Compagnies sont de 121 hommes, officiers compris); on leur donnerait leur habit complet tous les 5 ans, pour toute solde; il n'en couterait que 600,000 fr. pour les 14 Officiers et Sous-Officiers par an : et si on voulait économiser la plus grande partie de cette dépense, on pourrait les faire compter dans les Compagnies d'Artillerie, en leur donnant une des quatre places de Sergens, Caporaux, qu'on laisserait pour eux vacantes à la paix, et qu'on remplirait au moment de la guerre. Ce mode a été proposé, avec quelques autres détails, au Gouvernement, qui ne l'a pas adopté, il y a plus de 8 ans.

On propose pour le service des Colonies, des Compagnies d'Artillerie Coloniales. Ces Compagnies ne sont que celles des Régimens portées au complet de guerre, et augmentées lors de leur départ d'1 Lieutenant en second et de 16 seconds Canonniers. Tous les Régimens fournissent également et à la fois des Compagnies entières, suivant l'étendue, le besoin des Colonies. Au moment du départ, la comptabilité et l'avancement sont séparés du Régiment, qui dédouble autant de Compagnies qu'il en fournit; le n°. des Compagnies à dédoubler et le mode de dédoublement, sont fixés par le réglement. Chaque Compagnie ne reste que 3 ans aux Colonies, non compris l'aller et le retour. En rentrant, elle reprend le rang de la Compagnie qui la remplace, ou si elle n'est pas remplacée, elle est incorporée dans les autres; les Officiers jouissent des grades où ils ont passé; mais leurs anciens, en montant à leur grade, reprennent leur rang sur eux. Par ce moyen, les Régimens restent toujours au complet, ce qui est un avantage, lorsqu'on veut entrer en campagne; on a autant de Compagnies que l'on veut en avoir : les Colonies ont toujours des corps instruits pour les défendre : les Compagnies n'ont pas le tems de se *créoliser* dans le court espace de 3 ans : un plus grand nombre d'Officiers prend connaissance des moyens de défendre les Colonies ; enfin, ces Compagnies tenant à un corps, profitent de son avancement, des progrès de son instruction, et sont soutenues par lui contre les injustices, les dégoûts qu'ont éprouvés jadis celles qu'on avait envoyées à demeure dans les Colonies. On croit donc ce mode avantageux, considéré *politiquement*, *militairement* et *personnellement*.

* On a dénaturé ce mode de Compagnies, en ne les incorporant pas dans les autres Compagnies lors de leur rentrée, ou en les formant sans les faire partir : de là des Régimens sont à 20 Compagnies, d'autres à 21, d'autres à 22.

Il faut établir 4 Artificiers par Compagnies, et 1 Maître Artificier de seconde classe par Régiment ; parce qu'on a senti que tout Canonnier ne peut être Artificier comme on le prétendait ; et l'instruction dans cette partie du service est totalement perdue.

* On a voulu outrer cette institution, et on a demandé de créer une Compagnie d'Artificiers en l'an 12. Mais on a observé 1°. que partout où il y a des Bouches à feu à exécuter, il y a des Artifices à préparer ou à réparer; qu'en conséquence partout où il y a des Bouches à feu, il faudra des Artificiers, et qu'ainsi cette Compagnie serait incessamment morcelée, et qu'on n'en obtiendrait aucun secours ; 2°. que partout où il y a des Bouches à feu à exécuter, il y a des Troupes d'Artillerie, et dans ces Troupes quatre Artificiers par Compagnie, qui font et radoubent les Artifices ; 3°. que distribués ainsi dans les Compagnies, les Sous-Officiers ont les moyens de s'instruire en passant par cette classe ; 4°. que rien n'empêche sur tout point où on a besoin d'un grand nombre d'Artificiers, comme Parc de Siége, etc., d'y détacher momentanément les Artificiers de plusieurs Compagnies ; 5°. que l'exemple d'en avoir fait une en Egypte qui avait été utile, ne prouvait rien, parce qu'à cette époque on avait supprimé les Artificiers par Compagnie ; 6°. Qu'en tems de paix et souvent en tems de guerre, on serait embarrassé de cette Compagnie, ou de ces Compagnies, car en la morcelant, une seule ne pourrait suffire, parce qu'on ne pourrait les occuper. Par semblable raison, c'est déjà peut-être un vice d'avoir fait un corps de Pontonniers séparé des Ouvriers.

On ne doit jamais perdre de vue qu'une Compagnie d'Artillerie bien organisée, telle qu'elle est aujourd'hui, avec ses 4 Ouvriers, se suffit pour tous ses besoins dans le service d'une division de 6 ou 8 Bouches à feu, en cas urgent. 1 Capitaine pour commander le tout.... 2 Lieutenans.... 1 Capitaine en second pour son Parc.... 1 Caporal-fourrier pour garde.... 4 Artificiers pour ses Artifices.... 4 Ouvriers pour ses réparations.

Mais les Compagnies d'Armuriers, au contraire des Compagnies d'Artificiers, sont très-nécessaires, parce qu'on peut toujours les occuper avec la plus grande utilité.

Il faut rétablir aussi 4 Ouvriers par Compagnie, 2 en bois qui soient Charrons, et 2 en fer; ils ont la double utilité de multiplier et d'avoir à portée les moyens de faire les petites réparations dont les attirails d'Artillerie ont besoin si fréquemment, et de dispenser de morceler les Compagnies d'Ouvriers en petits détachemens, qui ne sont plus occupés qu'accidentellement, tandis que les travaux manquent de bras pour être exécutés. Durant la paix, on les emploiera dans les Arsenaux comme Ouvriers externes. Les Canonniers ne passeront au rang d'Ouvriers, qu'après un examen fait de leur ouvrage. Il faut que l'Ouvrier en bois sache faire une roue, et celui en fer la ferrer. * Ils ont été rétablis.

Les Artificiers et les Ouvriers auront 1 sol de haute-paie. Les Artificiers sauront lire et écrire.

Nul ne sera fait sergent en tems de paix, s'il n'a été Artificier, ou s'il n'a suivi une année entière les travaux d'artifice : ce qui sera constaté par un certificat.

20 Compagnies d'Ouvriers-Pontonniers suffiront au service d'Ouvriers à faire les Bateaux, etc., et à jeter toutes les espèces de Ponts : 1 escouade par Compagnie sera en entier de Bateliers; on les exercera à la navigation par le transport des Approvisionnemens sur le Rhin, etc. Si on ne peut les occuper à cet objet, ou aux Ecoles de Pont toute l'année, on leur donnera des congés de 6 mois à tiers de solde, pour aller naviguer au service des particuliers. 5 Chefs de Bataillon dans les Places sur les grandes Rivières, seront spécialement chargés des Ecoles de Pont.

Comme il faut, pour jeter un Pont, à-peu-près le même nombre d'hommes que pour servir une Division d'Artillerie, les Compagnies d'Ouvriers Pontonniers seront composées comme celles des Canonniers; mais elles seront au complet de guerre durant la paix, tant que les travaux l'exigeront, et une escouade sera de Bateliers. * On a conservé les Corps de Pontonniers, et on s'en est bien trouvé.

Il est utile de mettre dans les Directions 2 Ouvriers vétérans, pour les petites réparations nécessaires aux Attirails, ou pour diriger les Ouvriers dans les grandes.

Les Canonniers en résidence (nommés jadis Canonniers d'état) ont été supprimés; ils paraissent nécessaires dans chaque Place sans Arsenal, pour aider le Garde, pour bien tenir les magasins, pour diriger et surveiller les Travailleurs. Cette institution servira à donner des retraites aux bons et vieux Canonniers, qui ne savent ni lire, ni écrire, il en faut 2 par Place.

Composition de toute Compagnie d'Artillerie.

Le complet de guerre doit être à celui de paix, comme 8 est à 5 (parce qu'il faut 5 Canonniers instruits dans les 8 qui servent une Pièce) pour l'Artillerie à pied, et comme 10 est à 5 pour l'Artillerie à cheval.

La base de cette composition est qu'il faut 8 Canonniers pour servir toute Bouche-à-feu de Campagne, et pour servir le Canon de Siége; s'il n'en faut que 5 pour le Canon de Place, de Côte, les gros Mortiers et les Obusiers de siége, il ne faut aussi que 3 hommes pour les petits Mortiers qui sont nombreux; enfin par la suite, les Bouches-à-feu qui ont besoin de 5 hommes pour être servies, pourront l'être par 4 (p. 446.) L'Artillerie à cheval a besoin de 10 hommes par Pièce pour tenir les 8 chevaux des Servans; de cette base, et ayant égard aux malades, à l'incomplet, etc. on a formé les escouades, qui doivent chacune exécuter 2 Bouches-à-feu.

On a formé dans l'Artillerie à pied 4 escouades par Compagnie, quoiqu'on ne lui fasse exécuter que 6 Bouches-à-feu, pour que la 4e., qui se tiendra aux Caissons suivant l'action, remplace à mesure les tués et les blessés. On n'a divisé la Compagnie d'Artillerie à cheval qu'en 3 escouades, parce que ses 6 Pièces seront plus rarement réunies que les 6 de la Compagnie d'Artillerie à pied, et on a distribué dans les 3 escouades le même nombre d'hommes surnuméraires pour fournir à la consommation des hommes durant l'action. * Toutes les Compagnies sont de 4 escouades.

On a prétendu qu'il fallait 10 hommes par Pièce, et quelques Officiers ont organisé les Compagnies et l'Artillerie en conséquence; mais cette augmentation d'$\frac{1}{4}$ des Canonniers dans l'Artillerie, n'est pas fondée. L'Artillerie à cheval ne manœuvre jamais à bras : l'Artillerie à pied le fait si peu, qu'on peut dire aussi *jamais*. Si cela arrivait, l'escouade supplémentaire qui est à portée, fournirait les hommes nécessaires : cette escouade supplée aux morts et aux blessés, et c'était là les deux raisons qu'on donnait de cette augmentation. A l'inconvénient d'avoir $\frac{1}{4}$ d'hommes de trop, qu'on mettait autour de la Pièce, se joint celui de faire courir des risques gratuitement à des hommes précieux.

Il faut un Sergent et 1 Officier par 2 Pièces et pour la surveillance de 20 à 24 hommes : toute proportion au-delà entre les surveillans et les surveillés, est vicieuse dans l'Artillerie, et les Compagnies au-delà de cent hommes sont embarrassantes, pour qu'un premier Capitaine veille avec soin à la discipline, à l'instruction, à la tenue, etc.

Compagnies d'Artillerie à pied.	*Compagnies d'Artillerie à cheval.*
4 { 1 Capitaine en premier.	1 Capitaine en premier. } 4
1 Capitaine en second.	1 Capitaine en second.
1 Lieutenant en premier.	1 Lieutenant en premier.
1 Lieutenant en second. }	1 Lieutenant en second.
1 Sergent-major.	1 Maréchal-des-logis chef.
4 Sergens.	3 ——— des-logis ordinaires.
1 Caporal-fourrier.	1 Brigadier-fourrier.
4 Caporaux.	3 Brigadiers ordinaires.
2 Tambours, dont 1 Musicien.	2 Trompettes.
4 Artificiers.	
4 Ouvriers, dont { 2 en bois. 2 en fer.	4 Ouvriers. { 1 en bois. 1 en fer. 1 Maréchal. 1 Bourrelier.
28 Premiers Canonniers.	29 Premiers Canonniers.
40 Seconds Canonniers.	45 Seconds Canonniers.
88 Hommes au total.	88 Hommes.

Dans les Compagnies d'Ouvriers, on met à-peu-près cette proportion dans les Ouvriers de différens métiers sur 75 Ouvriers.

35 Charrons dont 2 Tourneurs et Tonneliers.

10 Charpentiers-Menuisiers.

30 Forgeurs, dont 5 Serruriers, 3 Cloutiers et 1 Ferblantier, ou Chaudronnier; et si ces Compagnies font le service des Pontonniers, il faut de plus 2 Cordiers.

Les Ouvriers seront de 3 classes, 28 premiers, 24 seconds, et 20 Apprentis.

Les 4 Compagnies d'Armuriers qu'on propose de créer pour faire les réparations des Armes-à-feu portatives, et dont on a parlé à l'article de l'entretien des Armes, seront composées pour le nombre comme les Compagnies d'Ouvriers, et auront le même supplément de solde lorsqu'elles travailleront. La moitié des places de Contrôleur et de Réviseur qui viendront à vaquer dans les Manufactures, seront pour les Sous-Officiers de ces Compagnies; le choix sera fait par le Directeur-général des Manufactures, sur une liste double des places à nommer, faite par les Officiers des Compagnies. Il en sera de même pour celles de Lieutenant; et comme ces Compagnies n'iront pas à l'Ennemi, leur avancement sera borné à ces places; celles de Capitaine seront pour les Officiers sortant de l'École. * Ces Compagnies sont aujourd'hui de 48 hommes non compris les Officiers.

Ces Compagnies suivront les Armées, et au moyen d'un Caisson-Atelier (1) ou de plusieurs, feront les radoubs d'armes à la suite de tous les Corps de l'Armée.

Il y a 213 Places ou Forts : il faut 1 Capitaine en résidence au moins par 2 Places et les autres seront dans les Manufactures d'armes, Fonderies, Forges, Arsenaux; mais 2 ans seulement dans chaque établissement. En tems de guerre, il faut 60 Capitaines de plus.

Il faut 213 Gardes, environ 200 Conducteurs en tems de guerre. * On les prend dans les Sergens : les Caporaux-Fourriers servent de Conducteurs dans les Divisions au besoin, on les remplace par un Volontaire-Survivancier. Il faut des Ouvriers-Vétérans : Contrôleurs ou Réviseurs de Manufactures d'armes, etc.

Dans l'*Admission* pour être Canonnier, on devrait, au contraire de ce qu'on fait, choisir les plus grands pour l'Artillerie à pied; ils exécutent les plus grands calibres, etc., et les chevaux seront moins fatigués du poids des Canonniers.

Pour les Officiers, il faudrait que ceux venant de l'Ecole eussent au moins 5 pieds, et qu'à toutes les sciences qu'ils apprennent dans les différentes écoles où on les fait passer, ils joignissent l'art de lire et d'écrire passablement, ce qui devrait être constaté par un examen.* On a exécuté cette idée à l'Ecole Polytechnique.

Les rapports continuels qu'il y a entre l'Artillerie et le Génie, qui font, pour ainsi dire, que ces deux services se pénètrent; bien des circonstances où les Officiers de ces deux armes sont obligés de se suppléer réciproquement, la réunion qu'on fera peut-être un jour de ces deux corps, lorsque le grand plobléme des avantages de cette réunion sera éclairci et résolu, ont décidé le Gouvernement, qui faisait donner à l'Ecole Polytechnique une instruction commune aux jeunes gens qui se destinaient à l'Artillerie et au Génie, d'avoir une Ecole d'application semblable pour tous. Il ne reste plus qu'à leur donner la même; car elle ne peut s'établir à Châlons; et à Metz, tous les genres d'instruction pour l'artilleriese trouveront réunis, en y reportant la Fonderie de Strasbourg, qui sera mieux placée et moins dispendieuse. Cette réunion sera d'ailleurs économique. *On a fait la réunion des Ecoles spéciales des deux Corps à Metz.

L'examen de sortie sera le même pour tous; les Elèves seront choisis en nombre égal aux places vacantes des deux corps; on en

---

(1) Ce Caisson-Atelier, dont il existe plusieurs projets, est un assemblage de bancs d'Armuriers, garni d'étaux qui se développent hors du Caisson, quand on le veut, et offre un Atelier pour 16 Armuriers; il y en a même où l'on a pratiqué une petite forge.

fera une liste ; la liste faite, chacun choisira le corps où il voudra entrer suivant son rang de liste : ce droit de choisir sera un encouragement pour bien faire.

Il ne devrait y avoir que des Lieutenans en second dans l'Artillerie à cheval : au sortir de l'Ecole, on deviendrait Lieutenant en second dans l'Artillerie à cheval, et de là dans celle à pied. Ce mode conviendrait aux jeunes gens, et leur donnerait une habitude du cheval qui leur serait utile toute la vie.

Les Elèves, en sortant de l'Ecole d'application, feront exactement, durant un an, le service de Canonnier ou de Sergent ; s'ils sont 4 dans un Régiment, ils feront chambrée, etc.

$\frac{1}{4}$ des places existantes de Lieutenant en second, sera donné aux Sous-Officiers (Voyez la raison de ce changement à l'article *Avancement.*), et les $\frac{3}{4}$ restans aux Elèves. Le choix des Sous-Officiers, pour ce $\frac{1}{4}$, sera fait dans les Sergens-majors seulement.

L'école des Elèves doit être de 50, dont $\frac{1}{2}$ doit en sortir toutes les années ; car il y a 1200 Officiers d'Artillerie, dont 900 doivent être des Officiers sortis de l'Ecole. Or, supposant tous les Elèves faits Officiers âgés de 20 ans, ils ont 34 ans à vivre ; donc il faudra par année $\frac{1}{34}$ de 900, ou environ 26 remplaçans.

*On a supprimé les dépôts de 500 hommes destinés à recruter les Corps d'Artillerie. Il est nécessaire qu'on mette une Compagnie de dépôt par Corps d'Artillerie, peut être même une pour les 16 Compagnies d'Ouvriers, pour leur habillement, etc, en tems de guerre.

On ne doit jamais composer de nouveaux corps par des détachemens : on demande le choix des sujets, et on donne la lie. D'ailleurs, l'esprit de ce ramas d'hommes est toujours mauvais. Mais veut-on une compagnie nouvelle ? On ordonne de refaire dans telle compagnie la nomination de tous les grades dont il n'y a qu'un individu, comme Sergent-major et Caporal-fourrier. Puis, le contrôle à la main, on prend tous les hommes qui ont le numéro impair pour former l'une, et tous ceux qui ont le numéro pair pour former l'autre. Ensuite on fait les nominations dans chacune, etc., et on la complette de même, si on veut composer un nouveau Régiment.

Avancement. Le mode d'élection par liste, prescrit par l'ordonnance de 1791, paraît, à peu de chose près, le mode convenable à l'avancement des Canonniers aux grades de Caporaux et de Sergens. Mais il faut exiger, pour être sur la liste, d'avoir servi 4 ans en tems de paix dans le grade inférieur, et la moitié de ce tems durant la guerre : ainsi on ne sera Sergent-major qu'au bout de 8 ans. Il faut exiger que les Sergens aient été Artificiers ; mais comme on serait trop gêné pour les choix, on permettra chaque année à 4 Canonniers d'être Artificiers volontaires ; ils seront tenus de faire le service d'Artificiers toutes les fois que leur service particulier le leur permettra.

Les Lieutenans et les Capitaines roulent par Régiment pour changer de classe par leur avancement.

Les Lieutenans roulent sur tout le corps pour devenir Capitaines en second.

J'ai dit autrefois que les passe-droits dans l'avancement des Corps à talens, leur étaient très-nuisibles, malgré que Guibert, le premier auteur militaire, fût d'une opinion contraire à la mienne. Mon sentiment n'a pas changé ; et si lorsque je l'ai manifestée, je n'y ai pas ajouté la correction suivante, c'est que je voulais laisser sentir un abus, qui est aujourd'hui constaté.

La composition actuelle exige que tous les grades d'Officiers supérieurs soient donnés au choix. Mais nul ne doit être promu à un nouveau grade, s'il n'a servi quatre ans complets, en tems de paix, et 2 ans en tems de guerre, dans le grade immédiatement inférieur.

Je vais donner les raisons pour lesquelles je n'ai laissé aux Sous-Officiers qu'un quart des places de Lieutenans qui viennent à vaquer, et quelques observations sur l'Arrêté du 2 germinal an 11. Pour remplir ces deux objets, Voici un Extrait de ce que j'écrivis en floréal an 13, à M. le Tribun D*, chargé de rédiger un Code militaire.

« Vous me faites l'honneur, Monsieur, de me demander, par votre lettre du 28 germinal dernier, des notes sur les lacunes et les fautes que j'ai pu apercevoir dans l'arrêté du 2 germinal an 11, portant Réglement sur l'Avancement du corps impérial de l'Artillerie.

» Il est dans mon caractère, ou de me taire, ou de dire la vérité toute entière, sur les objets pour lesquels on demande mon opinion. Je la dirai donc, Monsieur, vous en ferez l'usage que vous voudrez.

» Cet arrêté pouvait être proposé en l'an 8, quoiqu'il ne remédie à aucun des inconvéniens amenés par les arrêtés pris dans la Révolution, et qu'on avait déjà adoucis par des décisions ; mais il est totalement vicieux à l'époque où on le produit. Un arrêté sur l'Avancement dans l'Artillerie, ne peut être bon, que quand l'organisation de ce Corps sera ce qu'elle doit être. L'organisation actuelle est vicieuse sous tous les rapports ; elle est injuste, puisqu'elle exige d'une partie des Officiers, une instruction qu'on n'exige pas des autres ; elle est absurde, puisqu'elle pense qu'on peut indifféremment exécuter les devoirs d'une place, qu'on soit instruit ou qu'on ne le soit pas. L'organisation convenable est celle de 1776, donnée par M. de Gribeauval, qui connaissait parfaitement l'arme de l'Artillerie. Les Officiers sortis de la classe des Sous-Officiers restaient Lieutenans en second, et ils étaient contens et honorés de leur place, parce qu'ils la remplissaient bien. Il n'y a qu'une seule objection contre cette organisation ; elle est forte, la voici : Le Général . . . . , le premier général d'Artillerie de France, sans contredit, serait-il parvenu à son grade? Peut-être non; mais fils d'un Chevalier de Saint-Louis, qui avait soigné son instruction, mais choisi pour aller à Naples avec le général chargé d'y organiser l'Artillerie, on eût pu sentir en entier tout ce qu'il valait; car cette mission annonçait déjà l'estime qu'on faisait de ses talens; mais enfin tous les avantages qu'on retire et retirera du Général .... compensent-ils toutes les fautes qu'ont commises les nuées d'Officiers d'Artillerie sans instruction? Par qui ont été remplies tant de places?.... Mais, dira-t-on, ces fautes n'ont pas empêché nos succès. Cette objection ne peut être faite par un homme qui réfléchit; car on peut répondre, que ces succès eussent été plus prompts, plus décisifs avec des Officiers instruits, et eussent eu moins de victimes; enfin, si les hordes barbares du Nord ont été victorieuses, pense-t-on pour cela qu'il faille abandonner, comme elles, l'art de la guerre, et ne plus attaquer ou se défendre qu'avec des torrens de soldats qu'on fait déborder sur l'ennemi?

» La solide objection est que dans les autres armes, le soldat parvient à tous les grades, et que celui d'Artillerie, qui mérite plus, doit obtenir au moins autant. Voici le mode qui leverait les difficultés: Les Canonniers Garde-côtes servent dans leurs foyers; ils ne sont ou ne pourraient être tenus à servir que quelques années, et dès-lors ils ont moins de droits aux récompenses militaires par les grades. Les places de Capitaines pourraient donc être données aux Lieutenans d'Artillerie, tirés de la classe des Sous-Officiers. Ainsi,

» Le Corps Impérial a 488 Capitaines; $\frac{1}{3}$ des places pour les Sous-Officiers donne 163
Idem de Lieutenans donne 163

326

» Ces 326 Places se composeront de
244 Places de Lieutenans en second dans les Régimens comme jadis;
102 Places de Capitaines dans les Compagnies de Garde-côtes. (Il y en a 112 aujourd'hui).
30 Places de Capitaines en second; grade auquel on élevera les Adjudans ordinaires des Régimens, pris dans les Lieutenans en second.

376

» Ainsi, les Sous-Officiers auront 376 places de Capitaines ou Lieutenans à prétendre au lieu de 326: ce mode leur est donc avantageux.

» Les 14 places d'Adjudans de Côtes Chefs de Bataillons, leur seront données; ce qui les mettra à même de développer leurs talens dans les grades supérieurs, et d'avancer, s'ils le méritent, jusqu'au premier de tous les grades, parce qu'on pourra faire repasser dans l'Artillerie ceux susceptibles d'être Colonels.

» Les Capitaines sont les Officiers essentiels de l'arme ; ils commandent dans tous les détachemens, et tous ces détachemens se font ou doivent se faire par compagnie ; car une compagnie fut et doit être toujours un corps assorti pour exécuter une division d'Artillerie (6 Bouches à feu)…….

» Enfin je vais mettre sous vos yeux la proportion qui règne dans l'Artillerie entre les Officiers tirés de la classe des Sous-Officiers et ceux sortis de l'Ecole ; vous verrez que cette proportion, fixée à un tiers pour les premiers, ne peut s'établir que difficilement, et que le désavantage qu'ils ont dans les grades supérieurs, prouve la difficulté de faire des choix parmi eux ».

. . . .

Observations sur l'Arrêté contenant Réglement sur l'Artillerie, du 2 Germinal an 11.

Article 6. — Puisque les premiers Lieutenans sont pris dans les Adjudans Sous-Officiers, ceux-ci sont donc Lieutenans en second? Ce qui implique contradiction (art. 25). Ils sont choisis par les Colonels ; ils le sont sans examen ; ils ne comptent point dans la proportion où on doit nommer les Officiers tirés de la classe des Sous-Officiers. D'où il résulte, souvent des choix très-faibles et une surabondance d'Officiers tirés de la classe des Sous-Officiers ; car à chaque nomination de Colonel, celui-ci se défait des anciens et nomme ses créatures. J'avais, pendant 3 ans, empêché cet abus, en les maintenant Sous-Officiers, par l'interprétation de l'obscurité des art. 20 et 21 de la Loi du 18 floréal an 3. Sa Majesté avait prononcé trois fois en faveur de l'explication ; mais on obtint cet Arrêté du 2 germinal an 11, et on a laissé recommencer cet abus, très-essentiel à réprimer, sans injustice ; ce qui se peut aisément ; en laissant porter les Adjudans sur la liste des candidats, comme les Sergens-majors : on les choisira, s'ils le méritent.

Titre II. — On exige tant de savoir, qu'on sent que cette exigeance est injuste, et on prend sans rien exiger. Si on avait voulu tirer parti de ce Titre, on le pouvait, en conseillant aux jeunes gens qui ont reçu de l'éducation, d'entrer, par les Ecoles, dans l'Artillerie, de s'instruire sur les objets de l'examen, et on eût pu faire de bons choix ; mais ceci n'a été encore qu'une source d'abus, heureusement peu multipliés.

Art. 24. — Les Adjudans-majors peuvent rester dans cette place jusqu'à ce qu'ils soient Capitaines-commandans ;…. c'est le moyen qu'ils restent ignorans toute leur vie ; car c'est lors qu'ils sont Capitaines en second qu'ils passent par les Arsenaux, les Manufactures, les Forges, et qu'ils apprennent le matériel de leur métier. Heureusement un autre abus détruit souvent celui-ci : un Colonel veut avoir un Adjudant-major de son goût, et en arrivant, il déplace souvent ceux qui le sont. Le remède, au reste, est aisé : les Adjudans-majors doivent quitter la place dès qu'ils sont Capitaines en second.

Art. 27. — La nomination des Adjudans Sous-Officiers empêche la proportion de se rétablir au tiers, ou du moins en est une cause.

Art. 28. — Voilà encore les Adjudans Sous-Officiers considérés comme Officiers, puisqu'ils avancent, avec les Lieutenans en second, pour être Lieutenans en premier, suivant leur ancienneté. (Voyez l'*article* 6).

Art. 29. — Cette mesure est vicieuse de toutes les façons........ aussi depuis deux promotions, Sa Majesté nomme-t-elle par ancienneté, et c'est ce qui doit être suivi; car, qui a pu être Lieutenant doit pouvoir être Capitaine au bout de quelques années. Le 1 quart au choix ne fait que donner des désagrémens, et flétrir le cœur de celui qui essuie le passe-droit, presque toujours injuste. Si les Lieutenans sont bien choisis, qu'arrive-t-il? Le Lieutenant qui a de l'ame est mortifié; celui qui n'en a pas s'en moque, et se dit, je n'en serai pas moins Capitaine, les trois quarts des Places sont pour l'ancienneté. Enfin, il en résulte que le corps des Capitaines n'en est pas moins composé tout de même, excepté que c'est quelques années plus tard, lorsque la guerre aura lieu, parce que je suppose gratuitement que les bons choix auront fait avancer rapidement les meilleurs sujets.

Art. 30. — Lié au précédent, mais une erreur de plus; c'est lorsqu'un officier verse son sang qu'on l'expose à plus de désagrémens; au lieu d'un quart, c'est le tiers qui est au choix!...

L'article 13, 1er. alinéa : Cette disposition a été rapportée; parce qu'on ne trouvait pas à faire un bon choix dans les 80 premiers; on prend, par décision de Sa Majesté, du 9 ventose an 13; les Chefs de Bataillon dans les Capitaines ayant 4 ans de service dans ce grade.

2e. Alinéa. — Par ce moyen on prolonge le service d'officiers qui se retireraient. Vicieux sans objet.

3e. Alinéa. — Jusqu'à ce que le Corps soit composé comme il doit l'être, d'après le mode de 1776, il faut en agir ainsi; mais cette composition améliorée, ce choix dans un Corps à talens, est souverainement injuste, je l'ai dit, prouvé et imprimé.

L'article 34. — Cet article est incomplet, car comment fera-t-on quand il y aura moins de 4 Compagnies.

Les Corps aux Colonies doivent avoir 1 Officier de plus, et les remplacemens en Europe se faire toujours.

Art. 37. — Il faut au moins faire approuver par le Ministre; car les Colonels, le premier Inspecteur, nomment à toutes les places des Officiers subalternes; Sa Majesté à celles d'Officiers supérieurs; le Ministre seul ne nomme à rien.

Art. 39. — Mais après la guerre, que fera-t-on de ces gardes et conducteurs surpayés et multipliés, sans raison, aux armées? Il faut leur annoncer ici ce qu'on a fait en l'an 9, qu'ils pourront se retirer chez eux, ou rentrer à leur choix dans leur premier grade de Sergent-major ou Sergent.

Art. 40.—On ne peut leur donner ce grade d'officier, parce qu'on sera nécessité de prendre la mesure indiquée au n°. 39.

Art. 41.—Même inconvénient qu'au n°. 25. C'est le moyen d'avoir des ignorans pour toute la vie.

Art. 48—(3e. ligne) après *Maréchaux-des-logis chefs*, je crois qu'il faut ajouter, et *des Adjudans Sous-Officiers*.

4e. ligne—après, et *à l'Armée*, au lieu du *Chef de l'Etat-Major*, il faut du *général d'Artillerie;* sans cela il y aurait une bizarrerie avec l'article 51.

Art. 49.—Tirer 4 sujets d'un autre corps, pour un qui n'a que 6 Officiers subalternes, c'est trop, 2 suffisent, et peut-être même aujourd'hui n'en faut-il point, car le corps des Sous-Officiers d'Artillerie est faible en instruction, par les Officiers, les Gardes, les Conducteurs qu'on en tire, et le Train sert bien.

(*Ici finit la Lettre*).

Les Directions devraient être circonscrites dans les Divisions: suivant leur étendue, on y mettrait ou 2, ou 1, ou point de Sous-directeur. Les Directeurs ont assez de peine à exécuter toutes les demandes d'un Général de Division, sans être nécessités de satisfaire à deux. Il est tems que les Réglemens soient exécutés, non pas seulement par les Officiers d'Artillerie, mais par les Généraux de la ligne qui y dérogent sans cesse, sans urgence.

Retraites. J'ai dit, et je répète, ayant trouvé beaucoup de monde de mon sentiment, qu'on doit donner la retraite à tout Officier dès qu'il est parvenu à l'âge de 64 ans. Par ce moyen on aura dans les Corps un avancement assez régulier, et des grades relatifs à l'âge. Le poids des années cause des lenteurs aux opérations de l'esprit, qui influent sur le service: quelques exceptions heureuses à cette loi de la nature, n'empêchent pas que ce mode de retraite ne soit utile.

Les Soldats ne doivent se marier que du consentement de leur Chef, obtenu par leur Commandant immédiat. Ces permissions doivent être très-rares. On ne doit tolérer que deux femmes par Bataillon, et une par Compagnie d'Ouvriers.

Les Officiers ne doivent se marier qu'après en avoir obtenu le consentement du Ministre *(Enfin cette idée ancienne a été décrétée en 1808, et on ne verra plus de mariages inconvenans.); on ne devrait le leur permettre qu'après 40 ans, et peut-être jamais, tant qu'ils serviraient: car, si le mariage qu'ils font est avantageux, ils n'ont plus besoin du service; s'il ne l'est pas, c'est une charge qu'on prépare à l'Etat. Tout Officier qui se marie sans permission, ne doit plus avoir de traitement de réforme ni de retraite.

Cette proscription du mariage aux Militaires, est motivée sur ce qu'il est bien prouvé que le Soldat marié vaut peu de chose, et que l'Officier marié devient aussi inférieur à ce qu'il était. Il est dans la nature que cela soit ainsi, et depuis 30 ans, je vois peu d'exceptions à ma règle. Le célibat est moins contraire aux bonnes mœurs que les mauvais mariages. Enfin, en peu de mots, car je ne veux pas faire un Traité, je trouve que les mariages des Militaires servans ne sont bons qu'à produire de *Vertueuses adultères* (1), de vertueuses lâchetés, de vertueuses injustices.

Tout Officier qui refuse de s'embarquer, ou de marcher aux Armées, par raison d'infirmités habituelles ou accidentelles, si elles ne sont constatées avant l'ordre qu'il reçoit, est rayé du Tableau, sans avoir droit au traitement de réforme ou de retraite : si la maladie accidentelle est constatée avant l'ordre, il a droit à des congés pour rétablir sa santé ; et après, il suit sa destination.

L'*Armement* de l'Artillerie à pied, doit être le Mousqueton avec la Baïonnette alongée, et une petite boîte de cuir contenant 10 Cartouches. Cette arme pèse 7 à 8 liv. ; l'Artilleur ne doit jamais la quitter ; même en exécutant son canon ; il la porte en bandoulière. Il met son sac autour du Caisson, il n'oubliera pas de le prendre en arrivant, et il oublierait son Mousqueton s'il l'y mettait, comme on l'avait proposé ; d'ailleurs, ce Mousqueton s'y détruirait bien vîte. Il ne doit plus avoir de sabre, à quoi lui servirait-il ?

L'Artillerie à Cheval sera armée du Sabre de Hussards, mais il faut qu'il puisse, pour sa commodité, en exécutant son Canon, le remonter vers l'épaule droite en position de carquois.

L'uniforme des deux Artilleries doit être le même ; en bottines, en pantalon, mais en habit.

Artillerie à Cheval. Qu'est-ce que de l'Artillerie à cheval ? C'est un moyen de faire arriver l'Artillerie plus vîte, quand il le faut, aux lieux où elle doit se rendre.... Dans quelles occasions faudra-t-il qu'elle arrive le plus promptement possible ? Dans les Avant-gardes, pour s'emparer d'une position, d'un passage, etc., avec une réserve, pour renforcer une partie de la Ligne, pour frapper un coup décisif. Voilà, je crois, la mesure de sa quantité ; ainsi un Régiment de 6 compagnies suffit à une armée de 70 à 80,000 hommes. Car vouloir tout mettre en Artillerie à cheval à une armée, et n'employer l'Artillerie à pied qu'aux Siéges et aux réserves, comme on l'a proposé, est un excès peut-être plus mal fondé que de ne pas vouloir du tout d'Artillerie à cheval. Le général M...., à la dernière campagne d'Italie, a très-bien senti que c'était-là la vraie destination de l'Artillerie, et a été le premier à organiser ainsi l'Artillerie qu'il commandait à cette Armée.

---

(1) Expression horrible par son immoralité, dans un Poème justement estimé.

Au reste, l'invention de cette nuance dans l'Artillerie, qu'on a attribuée au grand Frédéric, a peut-être pris sa naissance en France ; j'en citerai l'exemple le plus ancien que je connaisse. En 1762, M. de Clausen, campé vers Wolfenbuttel, ayant une expédition à faire qui exigeait une grande célérité, se plaignit à M. de Vrégilles, Officier d'Artillerie distingué qui vit encore, de la pesanteur de l'Artillerie (elle fut allégée depuis par le général Gribeauval), et lui demanda de le seconder dans son opération, qui devait être exécutée rapidement. M. de Vrégilles ne prit qu'un Caisson par Pièce, doubla ses attelages, fit monter sur leurs chevaux les Canonniers, partit, arriva à 10 heures du matin, fut 3 heures en batterie, et revint ayant fait 16 lieues dans la journée. L'Artillerie à cheval la mieux exercée ne serait pas plus célère. Cet officier parla depuis de cette opération au général Gribeauval, et du projet d'organiser une Artillerie à cheval en conséquence. Ce général lui répondit : « Vous voyez la peine que j'ai à détruire d'anciens pré- » jugés, et les ennemis que m'ont suscités les changemens que j'ai » opérés : un jour nous exécuterons votre projet ; préparez-le ; » pour le présent, ce serait trop vouloir ».

Les deux sentimens opposés, de ne vouloir que de l'Artillerie à cheval et de n'en vouloir point du tout, défendus par des Généraux d'Artillerie, ont sans doute des motifs. Les uns, voyant que dans la guerre de la Révolution, l'Artillerie à cheval avait presque tout fait, ont pensé qu'elle devait tout faire. Les autres ont observé que l'Artillerie à pied, énervée dès la première campagne, en fournissant les sujets de choix pour composer celle à cheval, soit en Canonniers, soit en Officiers : affaiblie encore par un recrutement fait dans l'Infanterie, en Soldats au moins médiocres, qu'elle n'a pas eu le tems d'instruire ; mal conduite par des Officiers parvenus avant le tems aux places des démissionnaires ou des émigrés, paralysée par la Régie des Transports (1), n'a pu servir avec la même distinction que par le passé : que de là est venu le préjugé qu'on ne pouvait rien faire que par l'Artillerie à cheval ; ce qui a fait que celle à pied n'a plus été presque employée ; que ce dédain a contribué à la rabaisser encore ; mais que c'était la faute des circonstances et non de l'arme ; qu'elle pouvait presque par-tout remplacer l'Artillerie à cheval avec avantage, parce qu'elle était plus patiente dans ses travaux, plus soigneuse de ses attirails, plus économe de ses munitions, moins amoureuse d'un vain bruit, et moins coûteuse dans le rapport à peu près de 1 : 2.

Le grand avantage de l'Artillerie à cheval est d'avoir des hommes habitués au cheval, qui arrivent frais et dispos au moment d'être en action, tandis que le Canonnier à pied arrive fatigué.

---

(1) On en parlera aux Bataillons du Train.

Si l'on manquait d'Artillerie à cheval, on pourrait peut-être y suppléer par la disposition qui suit, faite d'après quelques observations.

1°. L'Artillerie à cheval ne doit jamais servir comme Troupes légères ; elle ne doit qu'exécuter et défendre son Canon ; elle doit avoir la bravoure et l'antique bonhommie du Canonnier, et non les habitudes et les mœurs des Troupes légères ; ainsi elle ne doit jamais devancer ses Pièces que pour les éclairer, et la masse des Canonniers n'a pas besoin d'arriver avant elles.

2°. Un cheval traîne 1500 sur un terrain horizontal, et $\frac{1}{4}$ de moins en chemin ardu. Il peut en même tems porter 150 livres (poids d'un homme), et traîner 750 livres en terrain uni, $\frac{1}{4}$ de moins, etc.

Donc si on double les attelages des Pièces et des Caissons de l'Artillerie à pied, et qu'on mette 1 Canonnier sur chacun des seconds chevaux des attelages, les 8 Canonniers arrivent en même tems que la Pièce ; la Pièce peut aller avec la vîtesse de celles de l'Artillerie à cheval ; en arrivant, les Canonniers de l'Artillerie à pied ne sont pas plus fatigués que ne le seraient ceux de l'Artillerie à cheval, et ont de moins l'embarras et le soin des chevaux.

Pour traîner la Pièce de 8, pesant avec son Affût 3000 (idem à peu près pour le Caisson), auquel poids il faut ajouter $\frac{1}{4}$ en sus pour la difficulté des chemins, ce qui fait 3750 livres :

Il faudrait, pour l'Artillerie à pied, 8 chevaux tirant chacun 750 liv., et en tout 6000 liv.

Et pour l'Artillerie à cheval, 6 chevaux, dont 3 tirent 1500 liv. ou 4500 liv., et 3 tirent 750 liv. ou 2250 liv. : en tout 6750 liv.

Ainsi l'attelage de l'Artillerie à pied sera suffisant pour aller très-rapidement ; les chevaux auront un conducteur chacun, et si on ajoutait à l'attelage un 9e. cheval, il aurait exactement la même force de tirage que celui de l'Artillerie à cheval ; mais dans l'un et dans l'autre, cet excédant de force n'est pas nécessaire.

Observez qu'en totalité, il faut 8 chevaux de moins à l'Artillerie à pied, pour exécuter le même trajet. Il semble d'abord que c'est un essai qu'il faut tenter : mais lorsqu'on examine, comme on l'a déjà fait, que le Canonnier n'a pas besoin d'arriver plutôt que son Canon, et que le Canon doit arriver aussi vîte des deux manières, il paraît inutile d'en venir à l'essai, et l'on doit être convaincu de l'égalité des deux services.

Il ne s'agit que d'être à même d'exécuter la chose au besoin, en ayant toujours quelques centaines de selles ou panneaux, et en exerçant les Canonniers à monter à cheval par la droite. (Ils seront aussi en pantalons et bottines habituellement, si on les habille comme on vient de le proposer.)

Le Canon de 4 et l'Obusier sont, en général, les Bouches-à-feu que doit servir l'Artillerie à cheval. Destinée à occuper, le plus rapidement possible, une position essentielle, ou à écraser une troupe inopinément, ce calibre léger est celui qui lui convient, et l'aide singulièrement dans la vîtesse qu'elle doit mettre à sa manœuvre. Si l'on objecte la plus grande portée, je dirai : à quelle distance tire-t-on avec succès? A 4 ou 500 toises au plus; le 4 fournit cette portée; quand votre Pièce aurait dix pieds de long, les Pointeurs n'y verront pas plus loin; le 4 écrasera les hommes, etc. veut-on battre les abbattis, des retranchemens, etc.? Ces buts immobiles laisseront au 8 et au 12 le temps d'arriver. * On a abandonné depuis l'an 11 le calibre de 4.

Comité central de l'Artillerie.

Ce Comité, destiné à hâter les progrès de l'art de l'Artillerie, doit être le foyer où se réuniront toutes les nouvelles connaissances, théoriques et pratiques, vraies ou prétendues; là elles seront épurées, constatées par les épreuves et leraisonnement; de là enfin on les fera jaillir sur le Corps pour l'éclairer. Il faut donc que ceux qui inspectent l'Artillerie, qui les auront recueillies, les y déposent. Mais il faut des esprits actifs et bien dirigés pour faire cette épuration et pour les répandre. Ainsi, je crois que son ancienne composition est la meilleure : 2 Généraux, 2 Chefs de Brigade, 2 Chefs de Bataillon, dont l'un Secrétaire-Rédacteur (c'est la seule innovation qu'on propose), ne délibérant pas. Les Généraux président, conduisent, modèrent : les autres rassemblent, opèrent, composent. Tous les Généraux-Inspecteurs sont invités à y assister et à donner leur avis, sans y avoir voix délibérative, parce qu'étant en majorité à Paris, par convention entre eux, ils feraient passer au Comité des opinions, qui ne seraient pas les siennes, et dont il serait seul responsable.

La nouvelle composition est toute en Généraux-Inspecteurs et quelques Adjoints. Le travail est trop considérable pour des Officiers qui ont conquis des droits au repos par leurs services. S'ils ne font pas la besogne et la font faire par les Adjoints, on sent que ceux-ci ne prennent pas le même intérêt à faire le travail des autres : ils ne sont plus que des manœuvres. C'est d'ailleurs un rôle de mannequin de faire faire un travail par quelqu'un, et d'en avoir la louange ou le blâme.

De la Réunion du Génie et de l'Artillerie.

On a supprimé cet article dans cette édition, parce que cette Réunion n'est plus possible : le sentiment des deux Corps est bien prononcé pour qu'elle n'ait pas lieu.

Bataillons du Train.

On a donné ce nom aux corps formés en l'an 8 pour conduire l'Artillerie aux Armées. Le nom d'Escadrons du Train paraissait plus convenable.

Cette partie du service de l'Artillerie se faisait autrefois par des Entrepreneurs, avec qui l'on passait un marché lorsqu'on pressentait une guerre, pour fournir tous les chevaux nécessaires à l'Artillerie. Les conditions du marché étaient très-variables, surtout pour le prix qu'on donnait par cheval. Le plus ordinairement le Gouvernement nourrissait les chevaux, donnait double ration de pain aux Charretiers, et de 25 à 26 sous jusqu'à 48 s., et même au-delà, par cheval, payait les chevaux tués par l'ennemi, ou par fatigue extraordinaire, et l'Entrepreneur soldait tout le reste. L'âge et la taille des chevaux étaient fixés, ils étaient marqués; on regardait comme une base, qu'un équipage de chevaux d'artillerie se renouvelait tous les cinq ans en Allemagne, et tous les 3 ans en Italie. Plusieurs Entrepreneurs avaient bien fait leur service, et très-bien fait leurs affaires : il y avait beaucoup de menées pour la fixation des prix, beaucoup d'abus dans le régime de ces Equipages; tout cela pouvait se corriger, ou être diminué en grande partie.

La révolution arriva : le principe que tout ce qu'on avait fait par le passé était détestable s'étendit à tout, et l'on mit les chevaux d'Artillerie en régie.

Dans ce temps, quiconque sut articuler les trois magiques mots de *Liberté*, d'*Aristocrate* et de *Sans-Culotte*, tout-à-coup d'Ignare devint Savant, et de Scélérat, Vertueux. Les indignes Proconsuls arrivés aux Armées, bouleversèrent tout; repoussèrent les lumières, traînèrent à l'échafaud les honnêtes gens, ou les menacèrent mille fois de les y envoyer; ils ne soutinrent que les fripons, et il s'en présenta des nuées. Pourquoi faut-il que ces lâches et odieux brigands occupent encore des places, et insultent, par leur existence, les parens de ceux qu'ils ont persécutés ou égorgés (1)? Les personnages qui régirent les transports militaires, hideux d'ineptie et de scélératesse, dévorèrent des moyens im-

---

(1) Il faut se consoler peut-être en lisant ces vers d'un observateur sur ces parvenus ou maintenus.

. . . .
Quelques-uns qu'aux Enfers la justice dévoue,
Elèvent bien encore leur front audacieux;
Mais comme Dieu, sans doute, un héros généreux
A pu recréer l'homme en soufflant sur la boue.

menses, confondirent tout, et ne firent rien : en sorte que quelques fripons ont décidé le sort de l'Europe; car si dans la première campagne de Bonaparte, l'armée eût eu son Artillerie bien attelée, la paix eût été signée dans Vienne. Il fallut donc par force quitter les Régies, et revenir aux Entreprises.

Le premier Consul, qui connaissait la cherté et les abus des Entreprises, a voulu les éviter, et l'arrêté du 13 nivôse et celui du 14 pluviôse an 8, les abolirent, et créèrent les Bataillons du Train.

20,000 Chevaux des Bataillons du Train, en y comprenant toutes les dépenses, coûtent 2 millions et demi de moins que le même nombre de chevaux d'entreprise, payés à 28 sous par jour; il faut avouer que les Bataillons du Train, formés à la hâte en l'an 8 avec des élémens vicieux, n'ont point produit cette économie, et ont coûté peut-être même plus cher que l'entreprise; mais on les composera mieux à l'avenir, et cette innovation, que j'ai combattue d'abord, me paraît devoir être adoptée. Seulement le mode de licenciement paraît cher (car en 4 ans, la dépense serait le prix de 15000 chevaux); impraticable (puisqu'il n'y a eu que 134 soumissionnaires); insuffisant, oppressif, etc., mais il y a d'autres modes, celui de vendre les chevaux aux enchères est le plus simple.

Un autre mode qui obvierait à beaucoup d'inconvéniens, et qui offrirait la mesure la plus économique, la plus juste, la plus relative à la nécessité de réorganiser ultérieurement les Bataillons du Train, serait de répartir les chevaux à licencier dans les départemens, proportionnellement au nombre de chevaux fournis par ces départemens lors de la levée des 40,000 chevaux; de charger les préfets de faire les répartitions par sous-préfecture, et les sous-préfets par cantons et communes, de leur abandonner le prix des chevaux et des harnais, à la charge de fournir au Gouvernement, d'après la répartition susdite, le même nombre de chevaux de trait, de la taille de 4 pieds 7 pouces à 5 pieds, et de l'âge de 4 à 9 ans, ni aveugle ni borgne, avec le harnais conforme à ceux donnés, ou du moins susceptible du même usage, à la première réquisition qui leur en sera faite; et de laisser libre dans chaque Commune de donner le cheval que licencie la République, aux mêmes charges énoncées, avec une indemnité à la charge des Communes, soit actuelle, soit lors de la levée ultérieure : ou de vendre lesdits chevaux et harnais, placer l'argent, pour que le prix grossi des intérêts puisse fournir les chevaux de la levée ultérieure.

On objecte contre cette mesure, qu'il est injuste de ne donner aux Communes que des chevaux de 150 fr. pour en exiger ensuite un de 350.

Cette objection n'est que spécieuse, et provient de ce qu'on veut toujours mettre en parallèle la conduite du Gouvernement vis-à-vis les gouvernés, avec celles d'un particulier vis-à-vis un particulier.

Le Gouvernement n'a d'argent à disposer que celui que lui donnent les Communes ; si le Gouvernement ne donne qu'un objet de 150 fr. et en exige un de 350, ne faudra-t-il pas toujours qu'au moment de la guerre il ait cet objet de 350 francs ? Et comment l'aura-t-il ? par une imposition que les Communes paieront toujours. Cet impôt, ou surcroît d'impôt ne sera pas au juste de 350 f., multipliés par le nombre de chevaux nécessaires ; mais il sera surement au-dessus. Quand la paix viendra, on ne supprimera pas de suite cet impôt, ou surcroît d'impôt. Ainsi les Communes seront bien plus grevées que par le mode que je présente, où elles ne payent que ces objets de 350 fr. au juste, à fur et à mesure des besoins, et dont elles rentrent en possession au moment où la guerre cesse.

Les véritables inconvéniens de ce mode, que l'on sent très-bien, mais qui paraissent moindres que ceux des autres modes, les voici :

1°. La répartition à raison des chevaux fournis lors de la levée des 40,000, ne porte pas sur tous les départemens à raison de leurs richesses, parce que plusieurs départemens ont très-peu de chevaux, quoique riches, à cause que leurs labours et transports se font par des bœufs, etc..... Mais le Gouvernement peut avoir égard à cette inégalité dans la répartition des autres impositions.

2°. Dès que le moment du licenciement arrivera, les délégués du pouvoir exécutif diront : les chevaux appartiennent aux Communes, négligeons leur entretien, récompensons avec ces chevaux, etc. etc. etc.... Il faut espérer que les Généraux, Inspecteurs aux revues, Commissaires, etc. s'opposeront à ces dilapidations ; et que les soldats du Train à l'avenir, mieux composés, n'auront pas besoin de répression ; mais cet espoir est nul pour ceux d'aujourd'hui.

* Quant au personnel, les Bataillons du Train servent bien tels qu'ils sont : il faudrait y ajouter un Chef de Bataillon tiré du Corps de l'Artillerie, mais y conservant son avancement, un Adjudant ordinaire de plus, 2 Sous-Officiers, et 1 Compagnie de dépôt en tems de guerre.

La comptabilité en est très-difficile, à cause des divisions et subdivisions des Compagnies.

MATÉRIEL.

Bouches à feu.

Les épreuves faites, en 1786, à l'occasion des Pièces fondues par les frères Potevin, ont prouvé que les Bouches-à-feu de Siége nouvelles (1) n'avaient point de durée, et étaient inférieures, de ce côté, aux anciennes. Le meilleur service de celles-ci viendrait-il :

Du vent du Boulet, aujourd'hui uniforme et jadis proportionné, dit-on, au calibre des Bouches-à-feu.

Du Zinc qui entrait dans la composition de leur métal, et est entré encore dans les Pièces postérieures, par la refonte des anciennes.

Ou la bonté des anciennes Pièces ne serait-elle qu'apparente, et ne proviendrait-elle que de la Poudre, qui, autrefois, était en général bien moins forte qu'aujourd'hui ?

Quoi qu'il en soit, il faut commencer par constater, au moyen d'épreuves comparatives, les qualités des Fontes anciennes et modernes; et si les anciennes ne sont pas meilleures, comme on le présume, il faut chercher à se procurer des Pièces durables de Siége.

Le G. La M. a proposé de substituer les Pièces de fer à celles de bronze. Mais si on est forcé d'en venir là, il est inutile d'étendre ce changement aux Pièces de Campagne, parce que celles-ci en bronze, quand elles sont bien faites, supportent au-delà de 3000 coups, et qu'elles sont sans danger. Au lieu que celles de fer s'échauffent aisément, et qu'il est à craindre dans l'exécution rapide des Pièces de Bataille, que l'écouvillon qui traîne souvent par terre, n'introduise dans l'ame des Canons des graviers dangereux. Enfin, je crois que les Pièces de fer se gercent en tirant, que l'humidité s'infiltre par ces gerçures, oxide le métal, et est cause qu'une Pièce qui n'a pas crevé à l'épreuve, crève dans la suite, quand on s'en sert.

Ce Général a aussi proposé d'avoir 3 alliages différens, de 13 liv., de 11 liv., de 8 liv. d'étain sur 100 liv. d'alliage, pour les Bouches-à-feu de gros, de moyen et de petit calibre (2).

---

(1) Canons de 24, 16, et Mortiers... La plupart des premiers n'ont pu fournir 100 coups.

(2) Ces différens alliages ont été éprouvés lors des Fontes et des épreuves des frères Potevin; ils ont varié la quantité d'étain depuis 5 liv. jusqu'à 11 liv., sans avoir obtenu de succès. On croit donc qu'il est inutile d'essayer l'alliage de 13 liv.

On a proposé l'alliage de fer et de cuivre pour composer la matière des Bouches-à-feu ; ce moyen, tenté par Bregeot, Officier d'Artillerie, il y a environ 25 ans, mais sans succès, a été exécuté, mais en petit, par le citoyen Darcet, célèbre Chimiste.

Mais je crois que ces deux moyens seront infructueux ; car tout prouve que le fer et le cuivre perdent leur ténacité sitôt qu'ils sont alliés avec quelque substance que ce soit ; et il faut, pour faire des Canons, non-seulement que le métal soit dur, mais qu'il soit de la plus grande tenacité.

Le fer ayant la dureté, le cuivre la tenacité suffisantes pour les Bouches à feu, on a proposé, il y a plus de 25 ans, d'en composer les Bouches à feu, mais par juxta-position, c'est-à-dire, de faire les Canons avec des ames de fer, recouvertes par une enveloppe de bronze, qui empêche ou arrête les accidens de l'éclatement. Les Artistes assurent qu'ils peuvent ajuster parfaitement cette ame un peu conique en dehors, dans l'enveloppe, et l'y fixer par le moyen d'une culasse vissée.

On ferait de même l'ame des Mortiers et des Obusiers.

On ne dissimule pas l'inconvénient que l'on redoute, et la grande difficulté d'y remédier. Le cuivre et le fer se dilatant inégalement par la chaleur, quoique parfaitement joints, se sépareront ; dès-lors le fer sans appui éclatera. Cependant comme le cuivre est plus loin de l'action de la poudre, il pourrait, s'échauffant moins, se dilater moins, et adhérer toujours au fer ; on pourrait aussi, en augmentant son épaisseur, le mettre à l'abri de cet excès de dilatation, qui opérerait l'éclatement de l'ame. Ce projet tient à des épreuves délicates dont on s'occupe (1) ; s'il ne réussit pas, on croit qu'on sera forcé de faire en fer les Canons de Siége.

Le moyen de donner des ames en fer aux Bouches à feu en bronze, les rendrait plus légères, et procurerait une immense économie.

Il paraît nécessaire de raccourcir les Mortiers pour les alléger, leur donner plus de durée et plus de justesse.

L'Obusier de 6 pouces donnant plus de vîtesse à son Obus que celui de 8 pouces, peut le remplacer presque toujours ; ou bien il faut procurer la même vîtesse à l'Obus de 8 pouces, et donner ainsi à cet Obusier toute la supériorité qu'il peut et doit avoir. Ces 2 Obusiers ont leur chambre exactement égale.

On se plaint que l'Obusier de 6 pouces n'a pas assez de portée ; elle peut être cependant de 12 à 1400 toises ; et je ne conçois pas ce que l'on veut atteindre en campagne à cette distance ; l'ennemi tire sur nous de plus loin, répète-t-on sans cesse ; tant mieux pour nous, il perd ses munitions, et le Français prend de la

(1) Il faut avouer encore, contre ce projet, qu'on a apporté, il y a 12 ans, à Paris, de gros Mortiers en bronze qui ont une ame en fer très-épaisse, et que cette ame est brisée.

confiance en écoutant ce vain bruit. Si cependant on veut augmenter la portée de l'Obusier de 6 et de 8 pouces, on le peut aisément en élargissant la chambre (1); mais nos Affûts sont plus forts que les Affûts d'Obusiers étrangers, et ils ne peuvent résister au tir de l'Obusier; donc ils ont une bonne portée. On sait que les Obus étrangers ne sont que de 5 pouces à 5 pouces 6 lignes, et qu'alors ils doivent moins fatiguer leur Affût; mais nous aurions tort de l'adopter, parce que l'Obusier de 6 pouces peut remplacer celui de 8 pouces, ce qui est une simplification très-utile, et si on le réduit à 5 pouces, l'Obus n'a plus assez de capacité pour produire les effets qu'on attend des boulets creux, et il faut un Obusier de 8 pouces. On trouve le Canon de 4 trop faible pour tuer des hommes et briser des voitures; on trouve l'Obus de 6 pouces trop gros pour opérer de semblables effets et d'autres plus considérables. * On a supprimé par l'arrêté de l'an 11 les calibres de 16, de 8, de 4; les Obusiers de 6 pouces, de 8 pouces; les Mortiers de 10. (Voyez ci-après les observations sur cet arrêté.)

Je crois nos calibres très-bien proportionnés, en supprimant le Canon de Troupes légères, l'Obusier de 8 pouces, et le Mortier de 12 pouces.

La Lumière des Canons pourrait être plus avantageusement disposée. Il faut la faire partir du haut du listel du collet du bouton, et la faire aboutir au centre de l'ame: il en résultera... 1°. Une plus grande portée: le feu commençant au centre de la charge... 2°. Le feu de la lumière sera moins aperçu de l'ennemi, et l'on dit que la vue de ce feu, combinée avec celle du feu de la bouche, sert à éviter le coup de Canon... 3°. La Lumière serait plus aisée à boucher, le recul serait moins fort, etc.

On remplirait le collet du bouton, et on applatirait le bouton en-dessus, pour avoir un champ de Lumière dans les Pièces de Siége, ou bien l'on se servirait d'étoupilles pour toutes les Bouches à feu.

La Sous-bande gauche des Affûts, au lieu d'être grattée, pourrait être limée et arrondie exactement au tourillon de la Pièce, sur lequel tourillon on tracerait un diamètre horizontal, et un rayon vertical du côté du dessous de la Pièce; un de ces quarts de cercle serait divisé en degrés. La Pièce posée horizontalement sur l'Affût, on marquerait d'un cran, sur la sous-bande, le point vis-à-vis le rayon vertical tracé sur le tourillon: par ce moyen, on jugerait aisément quand la Pièce serait à son but-en-blanc naturel, sous quel degré on la tirerait; on vérifierait l'égalité et les variétés du pointement; on pourrait même juger plus aisément des distances.

(1) Alors, dès qu'on tirera à chambre pleine, et à 15 ou 20°, il faudrait metttre l'Affût par terre, en ôtant les Roues, et rendre la semelle mobile, pour, etc.

On ferait de même pour les autres Bouches à feu : et on n'aurait plus besoin de quart de cercle pour les Mortiers, etc.

Les Hausses des Pièces de Bataille ne doivent pas être divisées en lignes, parce que la mémoire ne pouvant suffire à retenir les lignes de hausses qu'il faut donner à telle ou telle distance, il faut toujours avoir une Table à la main. Il faut les diviser suivant les longueurs à donner à la Hausse à telle ou telle distance (de 50 en 50 toises), et mettre à ces divisions cette distance, et non le nombre de lignes.

On pourrait aussi partager la Hausse en 3 colonnes relatives à la force de la poudre ; l'une serait pour la poudre de 90 toises de portée d'épreuve, l'autre pour celle de 105, et la troisième pour celle de 120. On pourrait aussi ne faire que les deux colonnes extrêmes, et tirer les lignes de divisions des points de la première, aux points correspondans de la seconde ; sur le haut de chaque ligne on mettrait la distance : et l'officier qui connaîtrait la force de la poudre, indiquerait si la hausse devrait être fixée à $\frac{1}{3}$ ou $\frac{1}{4}$, etc., de la ligne de division.

Il faudrait graver sur le dehors des Mortiers et Pierriers, à droite et à gauche de la Lumière, 3 à 4 lignes droites bien visibles, parallèles à l'axe du Mortier et à 1 pouce de distance entre elles, dont l'une passerait par la Lumière. Le Bombardier-Pointeur diviserait en deux son Mortier plus exactement : au lieu qu'il le divise toujours par la Lumière, et lorsque le Mortier est incliné, la Lumière n'étant plus le point supérieur du Mortier, en cet endroit, il le divise mal, et par conséquent donne une mauvaise direction.

Sur le derrière de la culasse du Mortier, on graverait une ligne verticale, dans le plan vertical, qu'on imagine diviser en deux le Mortier, lorsqu'il est sur une Plate-forme horizontale ; au haut de cette ligne on percerait un petit trou, et au moyen d'un fil à plomb qu'on fixerait à ce petit trou avec une chevillette, on vérifierait si le Mortier a son axe des tourillons horizontal, et s'il faut suivre la ligne qui passe par la Lumière pour diviser en deux le Mortier... On pourrait *scientifier* cela en numérotant les lignes tracées sur les côtés du Mortier, et faisant indiquer, par le fil à plomb, sur un limbe, divisé à cet effet, le numéro de celle que le Bombardier-Pointeur doit suivre avec son à-plomb, pour bien partager en deux son Mortier.

Le Capitaine Bouquero a proposé de faire faire les travaux des Fonderies par des Compagnies de Fondeurs. Il prouve, par des calculs qui paraissent justes, que 1 Compagnie de Fondeurs de 54 hommes, y compris ses Officiers, avec 1 Inspecteur et 1 Garde-Magasin, pourrait fournir un produit net de 300 milliers en ouvrages, et que les appointemens, etc. de la Compagnie, avec les autres frais pour ces diverses fontes, ne coûteraient que 81,000 fr. tandis qu'ils coûtent 152,000 francs au Gouvernement.

L'impossibilité de pouvoir occuper toujours ces compagnies de Fondeurs, la responsabilité du Directeur des Fontes, pour ses ouvrages, que ne pourrait offrir cette Compagnie, sont, je crois, deux puissans motifs pour ne pas établir ce nouveau régime.

Il résulte cependant de ce projet un trait de lumière, qui fait voir : que les prix accordés par le Gouvernement sont trop forts, et qu'on peut les diminuer dans le rapport à-peu-près de 152 : 81 (1). Le 10 pour $\frac{0}{0}$ seul qu'accorde le Gouvernement pour le déchet offre un gain d'environ 12,000 francs sur 300 milliers d'ouvrage. * Aussi a-t-on réduit le déchet au 3 ou au 4 au plus. La Fonderie de Turin a été mise en régie faute d'entrepreneur, et M. Bouquero la conduit très-bien.

Le Fusil de Rempart étant une arme bonne et nécessaire, il faut en fixer le calibre.

Pour conserver au Fusil (modèle de 1777) sa portée qui est déjà trop courte, il faut revenir à le tirer avec les balles de 18 à la livre.

Il y a encore 3 espèces de Fusils : celui d'infanterie dont le canon à 42 pouces, celui de Dragon qui en a 38, et est garni en cuivre, celui d'Artillerie qui n'en a que 34, et est aussi garni en cuivre * On a supprimé ce dernier.

Le Fantassin est presque toujours trop petit pour bien charger son Fusil, il ne le domine pas assez. Il faudrait diminuer le canon de 2 pouces, et alonger la baïonnette de 4 pouces, afin que le 3e. rang puisse fraiser également le premier. Ce Fusil raccourci dans les mains du soldat du 3e. rang, ne peut incommoder le soldat du premier par son explosion dans les feux. La portée de l'arme sera peu diminuée. En garnissant les Fusils de même, on n'aurait qu'une espèce de Fusil, car celui de l'Artillerie ne pesant que 6 onces de moins, est trop lourd pour le Canonnier; on a été contraint de le lui retirer, parce qu'il s'en débarrassait dès qu'il le pouvait, et l'abandonnait. Cependant il est bien prouvé qu'il faut un Fusil au Canonnier pour faire son service, pour défendre ses Convois, pour être mieux contenu luimême, etc. Ce n'est qu'à la dernière extrémité que le Canonnier est employé en ligne au lieu des Grenadiers ; dans ce cas, il trouvera à s'armer de longs Fusils autour de lui, et en attendant, il faut l'armer d'un Fusil court, léger, à baïonnette, qu'il ne quitte jamais, et qu'il porte en bandoulière ; ce Fusil est le Mousqueton à baïonnette, pesant 6 livres environ ; il portera dans une petite boîte de cuir 15 cartouches ; n'aura plus son inutile sabre, et pourra, ainsi armé, escorter les Convois d'Ar-

(1) Ou au moins dans ce rapport en l'augmentant de 20 pour 100, par conséquent à peu près dans le rapport de 3 : 2.

tillerie, faire le métier de Chasseur et non de Tirailleur (1)*. On a rendu le Fusil au Canonnier, on lui a donné celui de Dragon qui est trop lourd et inutilement long pour lui, sous le prétexte qu'un grand homme avait mauvaise grace armé d'un mousqueton, tandis que le corps le plus élevé en taille en est armé ; mais l'inconvénient s'est encore acru, on a baissé la taille des Canonniers.

Quant aux Dragons, je crois que leur Fusil est embarrassant pour eux, et très-peu utile, puisqu'on ne s'en sert pas comme fantassin, malgré que ce soit là la raison de leur armement en Fusils longs. Le Mousqueton leur serait plus commode : mais c'est aux généraux à décider ce changement, * que tous les Dragons demandent.

Mon but est la simplification, sans nuire au service; je crois y avoir atteint, en réduisant les 3 espèces de Fusils à une seule.

On a abandonné le Pistolet d'arçon (modèle de 1777, dit *Pistolet à coffre*), parce qu'il était trop difficile à démonter pour le soldat ; un Armurier y était quelquefois embarrassé, parce que la disposition de la détente placée perpendiculairement sous l'axe de la noix, donnant peu de mouvement au bec de la gachette, il arrivait que si le cran du bandé était suffisamment entaillé dans la noix, il fallait un grand effort pour faire partir le Pistolet ; ou que, si ce cran avait peu de profondeur, pour qu'on pût faire décrocher plus aisément le bec de gachette, ce bec était sujet à accrocher le cran de repos, et le chien s'arrêtait au milieu de sa chûte.

On est revenu au modèle de 1763, qu'on a un peu raccourci, parce que la Cavalerie le desirait. Il est garni en cuivre : le canon est cylindrique et non en gueule, comme dans celui à coffre. On l'appelle modèle an 9. * Depuis quelques années, on a adopté le modèle du Pistolet de la marine, qui n'a qu'un demi-bois avec une virole au lieu d'un embouchoir. Ce Pistolet est plus simple, plus solide, et évite d'avoir un modèle de plus.

Le Pistolet de la Gendarmerie à pied est semblable au modèle de Pistolet de l'an 9 ; il est plus petit et garni en fer.

Les Fusils, etc. doivent être, pour ainsi dire, éternels en tems de paix, entre les mains du soldat, s'ils sont bien entretenus, et non usés par un polissage superflu. On a tiré jusqu'à 24,000 coups avec un Fusil sans l'avoir mis hors de service. Il faudrait substituer

(1) Un Officier a proposé naguères d'armer les Canonniers de Spingoles, qu'ils porteraient pendues à une bandoulière, et traînantes comme un sabre. Cette innovation n'est ni neuve ni heureuse. Outre l'embarras de cette arme traînante, son poids et celui de son approvisionnement, le manque d'une baïonnette nécessaire, il faut observer que dans l'escorte des Convois, le Canonnier n'est point attaqué en masse, mais par des Tirailleurs ou des Hussards en Fourageurs; il faut alors qu'il puisse mirer juste, et non tirer au hasard ; il lui faut donc un Mousqueton et non une Spingole.

le bruni au poli pour le canon des armes à feu portatives, et ne donner aux Troupes qu'⅒ d'armes neuves en remplacement des vieilles, c'est-à-dire, que celles-ci ne fussent rendues qu'après 30 ans de service.

Il faut astreindre les Corps à ne faire que des demandes justes d'armes; à rendre des Fusils *en état*, lorsque tombant à l'incomplet, ils les déposeront dans les arsenaux : à n'obtenir des armes que par ordre du Ministre, si on veut éviter de grandes dépenses, de grands abus, et l'épuisement d'un approvisionnement si précieux. * On lutte sans cesse pour parvenir à ce but.

Pour empêcher les autres dilapidations d'armes, et faire rentrer celles qui ont été détournées, il y a une mesure simple et juste : c'est de proscrire aux particuliers l'usage des Fusils, etc., du calibre adopté par le Gouvernement, et réserver ce calibre pour lui seul exclusivement. Cette mesure peut s'étendre aux Armes blanches, à la Poudre, aux Chevaux. Par échange avec les Fusils étrangers qu'il a, ou par un rachat peu cher, le Gouvernement ferait rentrer dans ses Magasins beaucoup d'armes qui ne conviennent qu'aux Troupes, parce que leur calibre et leur forme ne sont pas commodes pour les particuliers. * Le Gouvernement a défendu aux fabricans la fabrication, aux particuliers l'usage du Fusil à calibre de guerre.

On avait proposé, même du vivant du général Gribeauval, de faire emballer sans paille les Fusils, et de les disposer dans des Caisses qui en contiendraient 28 en 2 couches de 14 chacune, les Fusils portant sur des traverses entaillées, et contenus en dessus par des tringles. La Caisse devait être entourée en dehors de paille retenue par une serpillière. On peut les disposer en 5 couches de 5, contenues entre des Tasseaux entaillés, et entrant à coulisse dans les côtés de la caisse, qui seront de 25. * Ces caisses à Tasseaux sont actuellement en usage. Voyez ci-devant l'article Encaissement.

Sans doute la paille est nuisible aux Armes quand elle est humide; mais quand elle est sèche, ne préserve-t-elle pas aussi les Fusils de l'impression humide de l'air qui pénétrera dans les Caisses, où il n'y en aura pas? car il faut s'attendre que l'emballage extérieur sera souvent oublié dans les momens de presse, ou détruit dans les transports. Enfin si une tringle ou une traverse viennent à céder à l'effort des Fusils dans une route longue et cahotante, il est très-sur que les Fusils arriveront brisés, pulvérisés.

Il faut charger une Caisse; suivant chaque méthode, les faire voyager ensemble et au loin, et se décider après plusieurs épreuves pareilles. * C'est ce qu'on a fait.

Entretien des Armes à feu portatives. Il y a deux choses à considérer dans l'entretien des Armes : la propreté de l'arme, qui consiste à empêcher la rouille de l'attaquer, et qui résulte d'un nettoiement léger fait à propos ; et la réparation ou le remplacement des Pièces qui se détériorent ou se brisent.

Il y a 25 ans que les Gardes d'Artillerie étaient chargés de l'entretien des armes. On leur donnait 1 sol par Fusil, et 2 sols du premier mille, 6 den. par baïonnette, et 3 den. par baguette ; en sorte que le million de Fusils, approvisionnement des Places et de l'Armée, supposé réparti dans 100 Places, coûtait 92,000 francs, et était supposé aller jusqu'à 152,000 francs, avec les Fusils de rempart, Carabines, Arquebuses à croc, Hallebardes, etc. qu'on payait de même 1 sol. Les Gardes négligeaient l'entretien, ou même, sans le négliger absolument, ils sous-allouaient cet entretien à des Armuriers à $\frac{1}{3}$, à $\frac{1}{3}$, à $\frac{1}{4}$ de ce que le Gouvernement leur donnait. Cet abus fit employer, il y a 12 à 15 ans, des Armuriers à appointemens pour entretenir les Armes ; mais ces Armuriers travaillant à leur compte à la dérobée, cassant, dégradant, dérobant les pièces qu'ils remplaçaient et faisaient payer, jetèrent le Gouvernement dans un surcroît de dépense. On proposa et on essaya des Contrôleurs ambulans, qui venaient visiter les armes, déterminaient les réparations, et les confiaient à des Armuriers-entrepreneurs ; eux-mêmes étaient souvent les Entrepreneurs directs ou indirects ; choisis par la faveur, ils étaient souvent sans talens, et bravaient impunément les Officiers d'Artillerie surveillans. Enfin la Révolution fit instituer les Ateliers d'Armes, où on fit à grands frais des réparations souvent fictives, et toujours très-chères.

Forcé de choisir entre les abus, il faut les diminuer, éviter surtout que la négligence dans l'entretien devienne gain pour celui qui en est chargé ; bien assurer la suveillance, déterminer une juste responsabilité, exécuter les réglemens sans faveur, et mettre un frein à la cupidité. Voici les principales bases de ce régime à établir.

L'entretien sera divisé en nettoiement de propreté, et en réparations des pièces dégradées.

Le nétoiement sera confié aux Gardes, qui en demeureront responsables ; 1°. par retenue du nétoiement négligé ; 2°. par la perte de leur place.

Les réparations se feront par les Compagnies ambulantes d'Armuriers, qui se transporteront dans les Places d'après l'ordre du Ministre de la Guerre, sur la demande des Directeurs.

Les pièces à remplacer seront fournies par la Direction, qui les tirera des Manufactures, ou des lieux plus à portée qui fabriqueront aussi bien.

Les parties en bois et en fer des Armes bien nétoyées à leur entrée en magasin, suffisamment huilées, les canons tamponnés, il suffira d'empêcher la rouille de les attaquer, soit à raison des mouches, de l'humidité, etc. Le cambouis produit par les huiles étant conservateur et non destructeur des armes, son enlèvement ne sera exigé, que lorsque les Armes devront être remises aux Troupes. En conséquence, il n'y aura qu'un certain nombre de Fusils par place maintenus dans cet état : le Ministre en déterminera le nombre, et l'époque où ils y seront mis.

Il sera donné au Garde 6 d. par fusil, baïonnette et baguette comprises, et 1 sol pour le premier mille. Toutes les vis sont à sa charge.

Il sera donné 2 sols par Fusil complet, qui sera remis aux Troupes, et dont la platine, etc. seront démontés de toutes pièces, pour en ôter tout cambouis et graisser d'huile fraîche : ce qu'on appellera nétoyage à fond. Les petites vis sont à sa charge : les grandes et autres pièces lui seront remplacées par des pièces de forge comme on dit *près de la lime* pour la platine, et limées pour les garnitures, qu'on tirera des Manufactures, et seront payées, ainsi qu'on l'a dit, par la direction, à la charge par lui d'apporter toutes les parties des pièces cassées pour être brisées de suite, et être mises hors d'état d'être représentées comme pièces provenant d'une arme.

Toutes ces réparations seront faites par les compagnies d'Armuriers; mais le nétoyage à fond sera fait par un Armurier de la Place ou de Régiment, moyennant les 2 sols. Ce prix est basé sur ce qu'un Ouvrier démonte, ressuye et graisse 4 fusils par heure ou 40 par jour, et doit gagner 40 s. : et qu'il reste au Garde pour huile et petites vis 40 sols, indépendamment des 6 deniers du nétoiement ordinaire.

Le décompte de nétoiement sera arrêté tous les trois mois, et sera payé du trimestre entier pour tout Fusil qui en sortirait même le premier jour. Mais l'époque sera celle de l'ordre de livraison du Ministre. * On a mis en pratique une partie de ces idées : Voyez le règlement du 1er. vendémiaire an 13.

Affûts, Voitures, etc.

Il y a dans les Affûts et Voitures d'Artillerie une simplification générale à faire, que j'ai déjà indiquée dans une note de l'Equipage d'Artillerie de Montagne, page 315, cette simplification consiste à rendre parfaitement égales les Pièces semblables, et qui ont dans leur destination à-peu-près le même effort à faire ou à supporter. Cette simplification rendra les constructions plus aisées, plus rapides, et les rechanges plus faciles. Il est aisé de sentir la possibilité et la nécessité de ce changement, en jetant un coup-d'œil réfléchi sur les Tables générales de construction. Son exécution demande d'avoir les Affûts, etc. exactement construits sous les yeux, et de faire discuter chaque objet séparément par l'Officier éclairé et l'Artiste intelligent, afin de marcher toujours appuyé sur ces grands principes du Matériel de l'Artillerie, *Solidité, Uniformité, Simplicité.*

Il est un second travail à faire, qui exige beaucoup de lumières et de réserve ; c'est de déterminer les différentes pièces des Attirails d'Artillerie, où l'on peut, en cas de besoin, de presse, d'ouvriers mal-adroits (ce qui arrive fréquemment à la guerre), etc. s'éloigner des dimensions prescrites, sans qu'il en résulte de grands inconvéniens, par rapport à ces Pièces même, et relativement aux autres Pièces qui doivent être unies, agir, faire effort, etc. avec celles-ci.

Il y a enfin dans les Attirails d'Artillerie des simplifications de menu détail, dont les Ouvriers intelligens feront apercevoir, qu'il faut examiner, admettre ou rejeter : mais pour maintenir l'uniformité, dont on s'est déjà trop éloigné, toute innovation doit partir d'un centre commun, et il ne faut pas laisser la liberté d'en faire dans les divers Arsenaux, à moins que ce ne soit de simples essais. Ce centre est le Comité central.

Les Affûts de Siége seront ce qu'ils doivent être, si on peut leur adapter des roues excentriques.

Si le moyen indiqué dans le premier volume, page 33, ne peut réussir à rendre roulantes les roues excentriques, en voici un second. Comme l'Affût de Siége ne voyage pas chargé de son Canon, on pourrait essayer de lui faire des roues excentriques sans écuanteur, dont les rais, au lieu d'être empâtés dans un moyeu, le seraient dans une roue intérieure elliptique, dont le grand diamètre serait celui de la roue de l'Affût diminué de la longueur de deux petits rais. Les jantes de cette roue elliptique seraient faites de façon que l'intérieur vide de la roue, serait un quarré long, dans lequel s'emboîterait un très-petit moyeu mobile, qu'on pourrait peut-être même faire en fonte de cuivre, et qu'on rendrait centrique ou excentrique, suivant le besoin. Ce moyeu aurait une gorge des deux côtés, qui recevrait le long côté du quarré long de la roue elliptique, contre lequel ce moyeu glisserait; et des chevilles de fer perpendiculaires aux longs côtés, et retenues par des écrous, les fixeraient tour-à-tour à ses deux positions. * L'auteur lui-même a trouvé un autre moyen.

Les Affûts de Place doivent avoir des roues excentriques, parce qu'alors ils seront plus simples, et n'auront pas le défaut qu'on leur reproche d'être trop massifs et trop en prise aux coups de Canon : et qu'enfin avec des roues centriques, on les changera au besoin en Affût de Siége, si celui-ci ne peut se prêter à ce changement de roues.

Si cette innovation n'a pas lieu, il faut rendre cet Affût plus mobile, en adoptant la correction indiquée par le Général A***., dans une brochure ayant pour titre : *De quelques idées relatives à l'usage de l'Artillerie, dans l'attaque et la défense*, imprimée l'an 2 de la République, et qui consiste à substituer une roue à la roulette de derrière de l'Affût, et à adapter à cette roue une roulette en fonte de fer, dont le plan soit perpendiculaire à celui de cette roue et la déborde un peu, pour que, la roue portant sur la roulette, quand on voudra diriger la Pièce, on puisse lui donner avec facilité le mouvement latéral. La perfection de cet Affût, suivant ce même Officier, exigerait encore que le mouvement vertical et horizontal nécessaires au pointement, fussent dans la main du Canonnier-Pointeur.

Je ne suis plus du sentiment du G. A***. Après y avoir bien réfléchi, il me semble, que le défaut de mobilité de cet Affût, est précisément en lui une qualité essentielle; parce que destiné à ruiner des Batteries, à enfiler des boyaux de tranchée, des communications, etc. à battre enfin durant la nuit des objets fixes et reconnus pendant le jour, la mobilité qu'on donnerait à cet Affût exposerait à faire perdre aisément les directions déterminées et impossibles à reprendre dans l'obscurité. D'ailleurs cette roue à roulette obligerait à n'avoir plus de chassis de plate-forme : ce qui multiplierait les erreurs dans la direction à donner aux Pièces.

On a reproché à cet Affût d'offrir plus de prise au Canon ennemi qui le bat en rouage que l'Affût de Siége, ce qui est vrai pour le fond, et faux pour l'effet. La surface de cet Affût est à celle de l'Affût de Siége : : 3 : 1 ; mais si l'Affût de Siége est pris en rouage, il faut le couvrir par une traverse, ainsi que l'Affût de Place, et alors peu importe d'offrir plus ou moins de surface ; mais l'Affût de Siége occupe sur la largeur du rempart, un espace qui est à celui occupé par l'Affût de Place (non compris l'auget du chassis), comme 3 : 2 ; et dès-lors il faut des traverses d'$\frac{1}{3}$ plus longues pour l'Affût de Siége que pour l'Affût de Place : ce qui serait un grand inconvénient.

Les Chassis se détruisent aisément par l'humidité ; il faut avoir soin d'arracher l'herbe qui l'entretient pour prévenir leur dépérissement.

Tous les autres Affûts qu'on a proposés pour remplacer l'Affût du G. Gribeauval, ont plus d'inconvéniens et moins d'avantages. L'Affût du Comte de Rostaing, exécuté en 1789, qui peut servir comme Affût de Place et comme Affût de Côte, n'ayant pas de hauts rouages, et son chassis porté sur une petite roue donnant plus de facilité dans le pointement, sans offrir une mobilité dangereuse, et par son plus d'élévation étant moins sujet à se pourrir, enfin la Pièce pouvant retourner d'elle-même en batterie, cet Affût, dis-je, mérite qu'un examen approfondi décide si tous ces avantages sont réels, et ne sont pas couverts par des défauts que je n'ai pas aperçus.

* On pourrait peut-être remplacer l'Affût de Place par le moyen qu'on va décrire. Et il peut arriver dans un Siége qu'on y soit forcé par le défaut de bois et le manque de temps.

Adaptez aux tourillons des Pièces de Siége une roulette en métal ou en bois dur cerclé et boîté en fer, retenez-les au moyen d'un trou au bout du tourillon qui recevra une esse : cette Roulette pourra avoir 18 pouces de diamètre. Placez une Roulette de 12 pouces de diamètre en métal ou bois dur, au moyen d'une Chappe en fer au bouton de la Pièce,... construisez un Chassis semblable à celui des Affûts de Place de 2 pieds de longueur de moins, et en rapprochant les semelles en sorte que les Roulettes des tourillons portent sur elles, et celle du bouton dans l'auget; terminez les semelles et l'auget du côté opposé au heurtoir en plan incliné ayant une forme elliptique, afin que le Canon après son recul retourne de lui-même à la position pour être chargé. Le heurtoir sera percé pour recevoir une cheville ouvrière; la Pièce sera pointée au moyen d'un coin placé sous la culasse en sens contraire de la façon qu'on les place ordinairement, c'est-à-dire le tranchant du coin en arrière : il glissera sur les tringles de l'auget dans lequel il s'encastrera, et on le fera avancer et reculer au moyen de 2 tringlettes en fer placées sur ses côtés et venant en arrière; le Canon par son recul descendra de dessus le coin et portant sur la Roulette du bouton achèvera son recul; enfin 2 cliquets seront placés en avant des Roulettes dans la position où le Canon doit être, pour qu'on le charge : ils seront faits de façon que les roulettes dans le recul les feront enfoncer dans leur logement, d'où ils se relèveront pour arrêter les Roulettes, lorsque le Canon après être monté dans son recul sur le plan incliné à l'arrière des semelles et de l'auget, retournera en avant.

A chaque point du Rempart où l'on voudra placer un Canon sur ce Chassis, on fera une traverse de 6 pieds environ de haut et de 12 de largeur et de longueur, en laissant un intervalle de 2 pieds entre le devant de la traverse et le parapet. On plantera un fort piquet ou un bois équarri aux 4 coins et on clayonnera ou revêtira en planches les côtés et le devant pour avoir peu de talus. On placera en arrière des piquets de devant un contre-heurtoir, dans lequel entrera la cheville ouvrière, et le derrière du Chassis portera sur 2 madriers. On bouchera la lumière par le moyen indiqué page 446.

Pour se garantir des feux d'enfilade de l'assiégeant on est obligé de construire de pareilles traverses : ainsi elles serviront à se garantir des feux de l'ennemi et à porter le Canon de l'assiégé, qui offrira peu de prise aux coups, passera par-dessus le parapet sans avoir besoin d'embrasure, et sera chargé par des Canonniers bien à couvert, en se plaçant dans les 2 pieds d'intervalle entre la traverse et le Parapet.

*Dans un grand dénuement d'Affûts, peut-être serait-il possible d'exécuter le Canon de Place, au moyen de 2 Pièces de bois assemblées sur une semelle et formant avec elles des angles de 40°, on fera croiser ces 2 Pièces de bois à 4 pieds des semelles, en formant un angle de 100°. Il faudrait que ces Pièces de bois se prolongeassent d'un pied au-dessus de leur croisière. On formerait 2 assemblages pareils qu'on appellera *Chevalets*, ayant une base solide par le moyen de 2 traverses liées, et perpendiculaires à la semelle. Un de ces Chevalets aurait sa croisière plus élevée d'1 pied que celle de l'autre. On mettrait ce Chevalet derrière le premier, on placerait une barre de fer ronde au dessus des croisières, de l'une à l'autre; et on suspendrait le Canon par les anses et le bouton, avec deux chaînes terminées en un fort anneau qui serait enfilé dans la barre de fer. Le Canon passerait sous les croisières; la chaîne du bouton serait en 2 morceaux joints par une vis, qui en tournant hausserait ou baisserait la culasse pour opérer le pointement, etc. Ce moyen paraît simple et facile, mais il faut pratiquer des embrasures : on ne le propose que pour exciter l'esprit à chercher des moyens prompts pour suppléer momentanément, et en cas d'urgence au manque d'Affûts dans une Place assiégée.

L'Affût de Côte paraît bien tel qu'il est.

Il faut mentionner ici que l'Adjudant-commandant Mayer a proposé pour cet Affût une disposition qui sera très-avantageuse dans beaucoup de localités. Elle consiste à mettre le Chassis dans une position contraire à celle qu'on lui donne, en plaçant les roulettes vers l'épaulement et la cheville-ouvrière en arrière, en continuant de donner au Chassis, par la disposition du terrain, le talus qu'il doit avoir pour que la Pièce retourne aisément en Batterie. Par ce moyen, on peut tirer sur tous les points d'une circonférence, et défendre la gorge des Batteries par le moyen du Canon. Le même Officier a ajouté au Chassis un moyen ingénieux pour le faire circuler plus aisément; c'est un treuil vertical au heurtoir où est la cheville-ouvrière, et une poulie à chaque extrémité du Chassis qui est vers l'épaulement; en plaçant un Cable qui fasse 2 tours sur ce treuil, et dont chaque bout passe dans la gorge de la poulie qui lui répond, puis sur des crochets de fer scellés dans l'épaulement, et est fixé au plus éloigné de ces crochets; on peut, en faisant tourner le treuil avec un levier, diriger l'Affût comme l'on veut; mais ce moyen n'est pas nécessaire, il n'est que commode; on peut faire mouvoir le Chassis comme à l'ordinaire; ou avec un cordage attaché par un bout à l'entre-toise des roulettes, et un levier de 9 à 10 pieds, passant dans une ganse faite à l'autre bout, qui prenne ses points d'appui dans l'épaulement, on peut faire circuler aisément le Chassis.

La réputation du général Meunier, la haute idée qu'on a de son Affût de côte, employé à Cherbourg, m'engage à en parler ici, quoique je le trouve moins simple, moins solide, moins économique que celui du général Gribeauval.

Affût du général Meunier. Les Flasques de cet Affût ont à peu près la configuration de ceux de l'Affût de côte; ils sont assemblés par plusieurs entre-toises, et ont intérieurement 2 rouleaux évidés dans leur milieu, en sorte que les extrémités ont l'apparence de roulettes, mais l'Affût ne porte qu'accidentellement sur ses rouleaux. Celui de derrière a 10 pouces de diamètre et est en avant de l'entre-toise la plus en arrière : le rouleau de devant a 14 pouces de diamètre et répond à peu près au dessous des tourillons. Le bas antérieur des flasques est délardé suivant le profil du dessus du grand Chassis, à partir de la verticale qui répond au-devant des tourillons.

Cet Affût a 2 Chassis.... Le grand Chassis est extérieur, et de la largeur de l'Affût qui porte sur lui par le bas des flasques : du milieu de l'entre-toise de devant s'avance une pièce de bois percée à son extrémité d'un trou formant lunette et recevant la cheville-ouvrière. Cette pièce qui entre sous l'embrasure et peut tourner autour de la cheville-ouvrière, s'appelle *aiguille ;* c'est d'elle que l'Affût tire son nom. L'intérieur des côtés du Chassis est délardé en forme de feuillure ; ce vide s'appelle coulisse, et répond à la partie en roulette du grand rouleau qui s'appuie quelquefois dans le fond de cette coulisse. Ce Chassis, placé sur un sol convenable, doit avoir 5°. de pente de l'arrière à l'avant. L'Affût dans sa position naturelle et dans son recul, porte sur les côtés ou semelles de ces Chassis par l'épaisseur du bas des flasques. La partie de chaque semelle vers le heurtoir est délardée en forme de coin ; ce délardement est rempli par un Taquet fixé au heurtoir par une cheville mobile à la romaine ; ce Taquet a 2 pouces 6 lignes à la tête, et un pouce au côté opposé, qui, lorsque le Taquet est placé, répond à 2 pouces en avant de la verticale des tourillons. Ces Taquets, qui vont ainsi en pente de l'avant à l'arrière, sont destinés à ralentir et éteindre le mouvement de l'Affût qui retourne en batterie, en l'obligeant à remonter sur leur pente. Aussi, quand on met pour la première fois la Pièce hors de Batterie pour la charger, lève-t-on ces Taquets, pour pouvoir la retirer aisément par la diminution du frottement de la partie antérieure des flasques qui ne porte sur rien, lorsque ce Taquet ne s'y trouve plus. Le grand Chassis est porté sur 4 roulettes de métal dont le prolongement des essieux va aboutir à la cheville-ouvrière.

Le petit Chassis est placé dans l'intérieur du grand. Son bout de derrière, porte sur un rouleau adapté au grand Chassis. Ce rouleau a deux parties circulaires saillantes hors du grand Chassis, ces parties extérieures ont des mortaises propres à recevoir des leviers de manœuvre ; la partie de ce rouleau qui est dans l'intérieur du grand Chassis, est formée en demi-ellipse ; une chaîne de quelques mailles accrochée à la partie antérieure elliptique du rouleau est arrêtée de l'autre, à l'extrémité de dessous du bout du petit Chassis. L'autre extrémité est coupée en dessous, en forme de sifflet du derrière à l'avant, et le bout des semelles ainsi en sifflet, porte sur la partie formant roulettes d'un cylindre évidé dans son milieu.

Le milieu du petit Chassis est vide, et reçoit une cheville en fer garnie d'une roulette cylindrique en bronze ; cette cheville verticale est fixée à l'arrière de l'Affût et sert à contenir celui-ci et à l'empêcher de s'incliner latéralement dans ses mouvemens sur les Chassis.

Il faut 6 hommes avec des palans à 6 brins, pour mettre hors de batterie cet Affût pour la première fois; lorsqu'il s'y trouve, on remet les Taquets.

L'Affût étant hors de batterie, par ce moyen, ou par le recul de la Pièce qui a tiré, voici en quoi consiste le mécanisme de cet Affût.

On embarre dans la partie saillante du rouleau de derrière du Chassis; et en inclinant les leviers en avant, c'est-à-dire vers l'embrasure, la partie intérieure elliptique se relève sur son grand axe, soulève le petit Chassis, et le fait avancer par son autre bout en sifflet sur le petit rouleau du grand Chassis; l'Affût se trouve alors porté sur un talus considérable; sa partie antérieure s'incline en avant, et son grand rouleau, qui n'est qu'à 3 lignes du fond des coulisses, porte sur ce fond, son petit rouleau est aussi porté par le derrière du petit Chassis qui, en s'élevant, l'a rencontré; l'Affût retourne en batterie, et en remontant sur les Taquets, son mouvement se perd; il se redresse, porte sur le derrière, fait retomber le petit Chassis, et porte sur l'épaisseur du bas des flasques. Dans le tir, le frottement du bas des flasques sur le Chassis en diminue le recul.

Cet Affût a été dimensionné d'après les localités qu'offrent les Casemates de Cherbourg; il est moins élevé que l'Affût de côte, et il faut moins d'espace pour le manœuvrer; le saillant de l'entretoise de derrière et du Chassis s'enchasse dans le passage des Casemates, lorsqu'on tourne les Pièces à droite ou à gauche dans le Pointement.

Les Affûts de Campagne paraissent bien tels qu'ils sont; cependant on se plaint du peu de durée de l'Affût d'Obusier, ce que j'attribue à la mal-façon des constructions faites depuis quelques années, car on ne s'en plaignait pas auparavant, *et à l'encastrement des tourillons qui n'est pas assez profond, ni assez solide : on y a remédié en partie, si on revient à en construire, en approfondissant le logement, en y mettant une susbande à oreilles, et en diminuant le cintre de l'Affût. L'Artillerie légère a jugé aussi nécessaire de rendre plus mobile l'Affût d'Obusier pour les feux de retraite, en arrondissant davantage la crosse de cet Affût, et rendant cette partie arrondie plus saillante; ce changement doit conserver l'Affût, en augmentant l'inclinaison des flasques, et l'augmentation de recul n'a pas été regardée comme un inconvénient. On pourrait donc rendre plus mobiles les Affûts de Campagne, en terminant chaque flasque non en crosse arrondie, mais par une roulette qui serait dans leur plan et de leur épaisseur. Dans l'exécution des feux, on enrayerait les 2 roulettes par un boulon qui les traverserait, et ces roulettes non enrayées, donneraient la facilité de se porter en avant à bras, sans soutenir les crosses, et de manœuvrer plus rapidement à la prolonge.

Cette correction conduit à l'idée de mettre l'Affût de Campagne constamment sur 4 roues, ce qui rendrait les manœuvres plus faciles et plus célères. Le général Montalambert, qui a eu des idées justes et grandes en Fortification et en Artillerie, mais qui s'est trompé dans les moyens d'exécution, pensait que l'Affût de Campagne devait être porté sur 4 roues, pour rester sans cesse attelé; mais l'Affût qu'il proposait, trop exhaussé, trop versant, trop masse, est inadmissible. Je crois pourtant qu'on pourra trouver le moyen d'éviter ces défauts, et de construire un Affût qui ne sera qu'un simple Chassis toujours porté sur un Avant-train. Ce Chassis doit avoir beaucoup de pente de l'arrière à l'avant, pour que la Pièce, après avoir tiré, revienne promptement d'elle-même en batterie; il faudrait aussi, que lorsque l'Avant-train sera brisé, le Chassis pût servir comme un Affût, jusqu'à ce qu'on eût réparé ou remplacé cet Avant-train : on pourrait peut-être obtenir un pareil Chassis, en diminuant de très-peu la hauteur des flasques dont on se sert, en brisant chaque flasque au cintre de mire, et unissant les deux parties par une charnière en dessus et une autre en dessous, dont une partie de celle-ci glisserait dans des brides. Par ce moyen, les flasques redressés formeraient le Chassis, et on pourrait leur rendre leur cintre pour tirer à l'ordinaire. Il serait, je crois, nécessaire que la sellette fût mobile, au moyen d'une espèce de petit cric, pour donner au Chassis la pente de l'arrière à l'avant, quand le terrain serait en contre-pente. La lunette, pour la cheville-ouvrière, serait en portion de cercle, pour pouvoir donner des directions latérales au Chassis, quand on pointerait la Pièce. Le Canon porterait sur 4 roulettes en bronze, 2 aux tourillons, 2 vis-à-vis le bouton de culasse, portées par un essieu qui le traverserait. La hauteur dans le pointement, serait donnée par un coin qui tiendrait au bouton par une chaîne, et que la Pièce emporterait en reculant.

* Le Chef de Bataillon Laurent a proposé un Affût à un seul flasque de fer, qui n'est qu'une forte barre carrée contournée comme un bord de flasque : sur l'essieu on y adapte des porte-tourillons mobiles et en fer : dans la crosse s'adapte un levier. Cet Affût servirait à tous les calibres, en changeant les porte-tourillons. Cette invention était séduisante, la réflexion a détruit le prestige. Le flasque peut, malgré toute surveillance, être de mauvais fer, et il l'est souvent sous cet échantillon; quel embarras, s'il se casse! Mais fût-il bon, en hiver le meilleur fer se gèle et se rompt sous un effort médiocre; et quel effort n'a pas à supporter le flasque, dans le tir?.... C'est ingénieux; mais bon? non.

Les Affûts de Troupes Légères doivent être renforcés pour recevoir des Pièces de 3, pareilles aux Pièces Piémontaises légères de ce calibre; il faut y adapter la semelle mobile en fer de l'Affût Piémontais; enfin, en faire un Affût de Montagne et de Plaine, et supprimer le calibre d'une livre de balle. * Il a été supprimé avec son Affût.

Les Affûts à Mortiers sont fort lourds et se cassent : les faire en fonte de cuivre, comme on l'a proposé, serait très-cher, et ils seraient encore peut-être plus lourds. Il faut les réduire tous à l'épaisseur du calibre de 8, et faire des encastremens qui puissent recevoir d'abord une garniture en plomb ou en cuivre rouge, et par-dessus cette garniture, des sous-bandes de bon fer bien étiré. * Les *Théoristes* disent que ce moyen ne vaut rien. On pourrait aussi essayer de faire porter les Affûts à Mortier sur deux rouleaux de fer de 15 lignes de diamètre, pour leur donner la facilité du recul.

La Chariot à Canon doit avoir à chaque extrémité de ses brancards un petit treuil percé d'une mortaise propre à recevoir la pince d'un levier. Si ce treuil ne peut être en bois, on le fera en fer, avec un quarré à chaque bout, propre à recevoir une pince de levier; il faut que ces quarrés soient disposés de façon que lorsqu'on mettra un levier dans chacun, si l'un est vertical, l'autre soit horizontal. Ce moyen simplifiera et abrégera la manœuvre qu'il faut faire, pour passer le Canon de l'Affût sur le Chariot.

Il faudrait peut-être adapter un pareil treuil à la tête des flasques dans tous les Affûts.

Le Chariot à Munitions n'a besoin que d'avoir des brancards un peu renforcés : on peut en supprimer le délardement, et renforcer de 6 lignes la partie qui n'est pas délardée. Cette Voiture est précieuse par sa légèreté, mais il ne faut pas la surcharger.

On doit observer que l'Artillerie n'a pas de Voitures propres à porter de lourds et volumineux fardeaux. Le Chariot à Munitions ne peut porter des troncs d'arbres, etc., pour l'approvisionnement d'un Parc, d'un Arsenal; il ne peut même être chargé en Caisses d'armes; 2 de ces Caisses sont plus longues et plus larges que le corps du Chariot; si on n'en met qu'une au fond et 2 en-dessus, elles portent sur les ridelles, les fatiguent, les brisent. Il faut donc une Voiture différente pour les porter, ou bien changer les dimensions des Caisses, les faire plus petites, ce qui sera coûteux. * Ce qu'on a fait dans les Caisses à tasseaux. Il faut aussi des Voitures à plus hautes ridelles, qu'on puisse couvrir et fermer, pour les harnais des Bataillons du Train, de l'Artillerie à cheval, etc. une espèce de Fourgon.

Tous les Caissons doivent être couverts en cuivre : il faut pour conserver les Munitions dans ceux couverts en tôle, qu'on achevera d'user, garnir de soudure, la jonction des feuilles, les têtes des clous, etc. (1). *Voy.* page 849.

Il est utile que chaque Cartouche à Boulet ou à Balle ait sa Case : mais il faut que les petites planchettes qui formeront ces Cases dans les Caissons à Munitions, ne s'élèvent qu'aux deux tiers de la Cartouche, afin qu'on puisse la saisir aisément ; et pour que ces planchettes aient quelque solidité, il faut agrandir la longueur et la largeur du caisson, ce qui n'est pas une petite affaire.

On répète journellement que le Caisson est une Voiture pleine de défauts. Le Ministre, fatigué de ces plaintes, voulut remédier aux trois grands reproches qu'on fait au Caisson, et proposa, il y 3 ans, d'en construire un moins versant, garantissant mieux les Cartouches du tamisage des Poudres, et ayant un tournant plus court. Voici comment le C. de B. Gr. exécuta ses intentions : Sur deux trains plus élevés que les petites roues, on plaça un large et long chassis, on suspendit au Chassis un corps de Caisson très-volumineux ; on remplit ainsi les trois conditions, et on présenta un Caisson plus défectueux ; car on ne peut pas le charger, etc., sans être obligé de grimper et de risquer de se casser les jambes, ou de se faire écraser ; si on baisse le corps du Caisson, il plonge dans les rivières ou flaques d'eau ; de plus le Chassis offre une plate-forme pour surcharger la voiture de tous les bagages qu'on y entassera, malgré toutes les défenses. Enfin, les Artistes de Paris ont proposé et exigé la construction de cent moyens pour suspendre le Caisson, tels que Cols de Cygne, Soupentes, Ressorts à lames, Ressorts à boudins, etc., tous aussi ingénieux qu'impraticables ou inutiles.

Pour donner à cette Voiture un tournant plus court, ils ont imaginé aussi de baisser les roues, de faire des Cols de Cygne, de briser, arquer ou ponter les brancards, etc. autres moyens chers et insolides.

---

(1) J'ai su depuis que ce moyen, nécessaire pour garantir des eaux, ne préserve pas le Caisson de l'humidité qu'il reçoit de l'air qui s'insinue par toutes les jointures, etc. Il faut une seconde enveloppe en bois pour conserver les Munitions. Dans la première et immortelle campagne de Bonaparte, on a employé à leur Place les grands Caissons de Parc, contenant les Munitions en deux grandes Caisses divisées et couvertes ; les Munitions s'y sont bien conservées. Il faut essayer cette innovation, n'avoir qu'une espèce de coffre de Caisson pour tout, le fermer avec une espagnolette, resserrer les brancards, et mettre la Cheville-ouvrière à la grande Sassoire pour tourner plus court sans verser. * On renferme aujourd'hui le chargement du Caisson en 4 grandes Caisses ; mais ces grandes Caisses qui, chargées ne sont plus mobiles, ne donnent pas les moyens d'emmagasiner aisément les Munitions. Si on y substitue de petites Caisses, on les vole, on surcharge le Caisson, on augmente la dépense.

Le Caisson me paraît en tout dans les proportions à peu près les moins défectueuses, et les plus sagement combinées. Si l'on baisse les roues pour tourner plus court, les roues de devant s'enchasseront dans les ornières ; si on relève le coffre pour les faire passer dessous, le Canonnier est trop petit pour charger et décharger son Caisson, et la Voiture devient plus versante.

Il faut essayer ce que propose le chef de B. Dar. de supprimer la flèche, et de donner au Caisson l'Avant-train du Chariot à munitions pour rendre son tournant plus court, ce qui est une simplification, mettre des volets en dedans, comme au Caisson à cartouche d'infanterie pour conserver les Munitions, faire une case pour chaque cartouche, renforcer le lisoir, etc. et il faudra voir si la suppression de la flèche ne jette pas dans l'inconvénient de voir séparer les trains, et briser le Caisson, et si l'on peut ajouter des volets, etc., sans changer toutes les dimensions. * On a mis au Caisson l'Avant-train du charriot à Munition.

En attendant, il faut renforcer le lisoir qui est trop faible par des rivets ; consolider l'essieu porte-roue (* le Général Eblé en à donné le moyen). Mettre en cuivre les plaques de frottement ; couvrir le dessus en cuivre, et souder les coutures, enfin mettre des espagnolettes, ou mieux si l'on trouve ; mais assurer la fermeture des Caissons.

Pour ce qui est du tamisage de la Poudre, et de la suspension des Caissons pour l'éviter ; il paraît bien prouvé que si la Cartouche est bien faite, la serge bien serrée et non percée, l'étoupement fait avec soin, il est impossible que la Poudre puisse tamiser ; et que si ces trois conditions manquent, le Caisson suspendu produira les mêmes inconvéniens à une très-petite différence de tems près : et cette innovation de le suspendre étant coûteuse, il faut par des épreuves prouver que j'ai tort.

Pour éviter les accidens provenant de la Poudre répandue, on pourrait dans la suite adapter au Caisson le double fond mis aux Caisses de la Charrette-Caisson ; et en inclinant un peu le Caisson de l'arrière à l'avant, la marche réunirait vers un seul endroit les Poudres échappées et on les retirerait.

Si la Poudre s'échappe de la gargousse, si elle s'insinue dans la jonction du côté et du brancard, où le dessèchement du bois opère un vide, elle peut se trouver dans un cahot subitement et violemment pressée par le brancard qui n'a que 3 à 4 pouces d'épaisseur, qui se courbe sous la charge du Caisson, et qui se redressant par l'élasticité du bois, vient toucher le côté du Caisson ; ce côté d'un pouce d'épaisseur, et d'un pied de hauteur, ne portant rien, reste inflexible. Cette pression instantanée de quelques grains de Poudre glissés entre le brancard et le côté, peut-elle enflammer cette Poudre ? L'explosion de quelques Caissons, voyageant avec célérité, est-elle venue de cette cause ? Si cela est jugé possible, il faut changer la construction.

*On pourrait peut-être obvier à tous les défauts qu'on vient de détailler, en se conformant à la *Note sur le Caisson à Munitions*, que je donnai en l'an XI, et que je vais rapporter.

Puisqu'on s'accorde à trouver défectueux le Caisson à Munitions, en usage dans l'Artillerie, il faut le changer ou le corriger;

Tous les Caissons que j'ai vus proposer depuis 4 à 5 ans pour substituer à celui en usage, sont plus défectueux encore.

Il faut donc rectifier le Caisson qu'on a puisqu'on n'a pu faire mieux.

Ses défauts sont: 1°. L'Avant-train qui ne tournant pas sous le Caisson, le fait verser lorsqu'on tourne rapidement. 2°. La manière de porter la roue de rechange, qui détruit promptement l'essieu-porte-roue, et qui dans les balancemens du Caisson en marche le détermine à verser dans les mauvais chemins. 3°. Les Munitions qui ne sont pas bien à couvert de l'humidité. 4°. La destruction de ces mêmes munitions par les cahots, le Caisson n'étant pas suspendu.

Les qualités du Caisson-Gribeauval sont sa légèreté, son peu de volume, la facilité de porter beaucoup de rechanges qu'on a sous la main, l'aisance qu'on a de le charger et décharger, parce qu'il n'est ni trop haut ni trop bas pour le Canonnier; ses roues sont aussi de la grandeur et légèreté les plus convenables.

Je veux essayer de remédier à ces défauts en lui conservant ses qualités.

Sur le 4°. J'observe sur le défaut de suspension, que lorsque le Caisson est bien chargé, les Munitions ne se détériorent pas par les cahots; les sachets bien pressés par les étoupes ne peuvent se déchirer, ni tamiser, si l'étoffe en est saine, la suspension complique, est couteuse; si le caisson est suspendu par des chaînes, les cahots sont aussi durs; s'il l'est par des cuirs, ils s'alongent, se dessèchent, se pourrisent, se rompent, redoublent les embarras.

Sur le 3°. Tout Caisson laisse l'humidité altérer plus ou moins les Munitions qu'il renferme: Le Caisson Gribeauval bien conditionné les conserve le mieux; et le moyen pour les mettre parfaitement à l'abri, c'est de les encaisser, et de mettre les caisses dans le Caisson. C'est le parti que je suivrai dans ce projet.

Sur le 2°. Si vers le milieu de la flèche on met un bout de chaîne terminé par un T plus grand que le diamètre du trou du moyeu; on pourra suspendre sous le Caisson la roue de Rechange, et la retenir en outre à chaque brancard du Caisson par une jarretière ayant une ganse à chaque extrémité, dont la première s'accrochera au crochet du brancard, ainsi que la seconde après lui avoir fait embrasser la jante la plus voisine de cette roue de rechange, en remontant le moyeu aussi haut qu'on pourra. Ou bien suivez la correction du G. Eblé pour l'essieu-porte-roue.

Sur le 1°. L'Avant-train tournera sous le Caisson, si on construit la Voiture d'après les données ci-après.

J'adopte, d'après le comité, la proposition du G. Eblé de ne point lier le boulet au sabot, et de faire celui-ci conique ; trop d'avantages en résultent pour ne pas suivre cette innovation.

Les brancards ont 11 pieds 1 pouce de longueur et 4 pouces de hauteur.

Le Caisson 9 pieds 1 pouce de longueur et 12 pouces 6 lignes de hauteur sous les pignons.

Les grandes Roues 58 pouces de hauteur.

Les petites Roues 42 pouces de hauteur.

L'Echantignolle, 8 pouces de hauteur ; l'Essieu s'y encastre en entier ;

Les côtés du Caisson s'encastrent d'1 pouce dans les Brancards ; ainsi le Caisson a son bord supérieur à 51 pouces de terre.

Rayon de la Roue. . .	29 po.	» l.
Echantignolle.	7	»
Brancard.	3	»
Côté du Caisson. . .	12	6
	51 po.	6 l.

Les petites Roues ayant 42 pouces de hauteur, il faut que les Brancards soient à cette élévation pour que l'Avant-train puisse tourner sous le Caisson. Les grandes Roues ayant 29 pouces de rayon, je donne 14 pouces de hauteur aux échantignolles ; et les Brancards se trouvent élevés de 43 pouces à l'Arrière-train : je les élève à la même hauteur à l'Avant-train par le moyen du corps d'essieu, d'échantignolles de selette et d'un contre-lisoir ; je n'assigne point les dimensions de détail parce qu'il faut prendre conseil de l'ouvrier, puis de l'épreuve.

La Selette porte la cheville ouvrière qui traversera le lisoir des Brancards, et entrera dans le Caisson à boulets. De l'extrémité de la ligne qui partage le lisoir en deux et passe par le centre du trou qui reçoit la cheville ouvrière, je prends sur les Brancards en allant à l'arrière 22 pouces, quantité égale à la demi-voie ($\frac{58}{2}$), moins la moitié environ de la longueur du moyeu de la petite Roue (longueur du moyeu 15 pouces), ce point est celui où finit le Caisson à boulets et où commence celui des charges : les 2 Caissons occupent toute la longueur des Brancards. J'écarte les Brancards de façon à donner 1 pouce de plus de largeur intérieure au Caisson à charges.

Le Caisson à charges a ses côtés faits avec des planches de 9 lignes seulement d'épaisseur, au lieu d'1 pouce qu'elles ont ; il est contenu par les Brancards sans y être encastré ; le fond est soutenu par des étriers qui s'accrochent aux Brancards, et les côtés ne le dépassent que de 5 pouces, ce qui met le bord supérieur à 51 pouces de terre, la plus grande hauteur qu'il puisse avoir pour être chargé et déchargé facilement.

Une des Caisses que contiendra le Caisson à charges servira de petit Coffret qu'on a supprimé.

Le Caisson à boulets sera encastré de 2 pouces dans les Brancards, à l'angle formé par ses côtés et le fond : son pignon ou dessus sera dans le prolongement du dessus du Caisson à charges, il n'aura donc que 7 pouces sous le pignon : les planches qui formeront ce Caisson auront 1 pouce d'épaisseur, le fond sera d'ailleurs soutenu par le contre-lisoir et un épar au besoin.

Ce Caisson ayant 2 pieds de longueur contiendra une couche de boulets rectangulaire de 8 sur 4, et une seconde de 3 sur 6, ce qui ferait 50 boulets ; mais le logement de la cheville ouvrière en fera peut-être retrancher 2, ce qui les portera à 48, même nombre que celui des boulets contenus dans le Caisson-Gribeauval de 12.

La partie la plus pesante est sur l'Avant-train comme cela doit être ; mais la charge de l'Arrière-train, prolongée d'1 pied, et accrue de la pesanteur de la Roue de rechange, répartira la charge ainsi qu'elle doit l'être, et de plus les charges à cartouches équivalentes à 30 boulets seront en arrière.

Les charges et cartouches seront en petites caisses de 8 en 8. On les placera transversalement au Caisson. Les planches des côtés auront 4 à 5 lignes : elles seront séparées en deux suivant leur longueur. Les planches des bouts auront 10 lignes, avec une rainure vers chaque angle, de 6 lignes de profondeur, qui recevra un cordage de 6 lignes formant anse, ces caisses pourront contenir au besoin 10 à 12 sachets : en cas qu'on veuille porter plus de coups, ce qu'on pourra au besoin, le Caisson à boulets se prêtant aussi à cette augmentation.

Le Caisson est réellement peu commode dans les pays montueux, dans les embarquemens. Il faut n'en avoir que dans les pays de plaine ; dans les terrains difficiles et pour les expéditions d'Outre-mer, il faut adopter la Charrette-Caisson, malgré ses défauts, et tâcher de les faire disparaître.

Le grand Caisson pour les Menus achats, a besoin d'être ordonné ; c'est-à-dire, qu'il faut déterminer ce qui doit composer son chargement et la façon de le faire, ainsi qu'on l'a réglé pour celui d'*Outils*, et celui d'*Ustensiles d'Artifices*.

Il en est de même du *Caisson pour Matières d'Artifices*, et pour *Artifices faits*.

Voyez la note ci-après, sur les compositions d'Artifices qui doivent fournir une des bases de ces chargemens.

Les Chaines d'enrayage usent les bandes, coupent les rais, rongent les jantes ; les enrayures en cordage ont une partie de ces défauts, et étant trop aisément volées, il n'en faut que pour les rechanges, ou remplacement des chaînes. Il faut substituer aux chaînes des *Sabots d'enrayage*, qui n'ont pas leurs défauts, et dont le seul inconvénient est d'être obligé d'arrêter la Voiture pour désenrayer, ce qui fait morceler la colonne des Voitures, l'alonge, et force les dernières à prendre et à aller au trot. On fera disparaître cet inconvénient, en donnant à la chaîne du Sabot la longueur nécessaire pour qu'elle puisse s'étendre au-delà du bas de la roue à enrayer. A la longueur convenable pour l'enrayage, une maille de la chaîne du Sabot, distinguée des autres à cet effet, recevra librement une tige de fer avec une poignée qui lui sera perpendiculaire, et qui entrera par quelques pas de vis, dans un écrou, placé au brancard, ou à, etc.; cette tige de fer, pour qu'elle ne se perde pas, sera retenue près de l'écrou par une petite chaînette, et le Sabot sera suspendu à un crochet voisin. Si l'on veut enrayer, on décroche le Sabot qu'on présente à la roue. Veut-on désenrayer? On retire la poignée, la chaîne s'étend de sa longueur, le Sabot est franchi par la roue, le charretier relève la chaîne et le Sabot, raccroche celui-ci, et place sa poignée dans la maille de la chaîne et dans son écrou; tout cela se fait en marchant. Le seul soin du charretier est, en ôtant sa poignée (lorsqu'il désenraye), de tirer la chaîne un peu en dedans ou en dehors, pour que la Roue ne passe pas sur elle.

La Chèvre n'est propre qu'à des manœuvres longues et visibles: ce qui est vicieux en tems de guerre. Il faut essayer de la remplacer, quand il le faudra, par un levier brisé solide, de 2 à 3 pièces, faciles à assembler. Un appui à 3 pieds, portant un boulon vertical, servira de soutien au levier, qui aura vers un bout un trou conique pour recevoir ce boulon; au moyen de ce levier, il faut pouvoir enlever, placer aisément et promptement toute Pièce sur son Affût, ou sur son porte-corps, en la soulevant par les anses.

Le Mouton à bras n'est pas d'un usage commode; il faut essayer de le remplacer par une espèce de Sonnette de la grosseur d'un moyeu de Roue de Siége. On le garnira d'un anneau en fer dans la partie supérieure et d'un piton à anneau par côté; l'anneau servira à le soulever au moyen d'un cordage et d'une poulie en bois, qu'on attachera au haut d'un *trois-pieds* formé avec 3 timons de rechange assemblés par une couronne de cordage. Il faut que l'anneau à piton du côté, laisse passer librement la hampe d'un écouvillon de Siége. Dans le pieu à enfoncer, on vissera sur le côté un piton à anneau un peu plus petit: on fera passer la hampe bien droite d'un écouvillon de Siége dans ces 2 pitons à anneau, et on la fixera en l'enterrant un peu; cette hampe servira de Directrice au Mouton, quand on le laissera tomber pour enfoncer le pieu, qui doit l'être.

Les Porte-lances doivent rester à anneau tels qu'ils sont, et ne pas y substituer des vis, ce qui est moins simple, plus long à construire, facile à se déranger, trop sujet à la rouille, qui détruit la vis; trop machine enfin, pour une bagatelle.

Il faut en revenir à l'exactitude scrupuleuse des *Fers coulés*. Il faut rejeter tous les boulets coulés en sable, dont la superficie limeuse détruit l'ame des Canons en très-peu de tems. * Aujourd'hui *on dit* qu'ils valent mieux coulés en sable.

Cependant ce mode est vicieux; car il est plus long et plus coûteux : de plus, si le sable est frais, il occasionne des souflures; s'il est bien sec le boulet se grossit quelque bien que le sable soit tassé; aussi le haut du boulet s'affaisse-t-il; on retourne le chassis pour obvier à ce défaut tout de suite après la coulée, alors il s'affaisse de l'autre, on ne fait que partager l'inconvénient, et le boulet se chambre un peu vers le centre : le moulage en coquille est donc préférable.

Il faudrait essayer de faire pour les Batteries de Côte des *Obus*, dont le culot serait du côté de la lumière, pour qu'ils s'enfonçassent dans les vaisseaux du côté de cette lumière, et y vomissent les matières incendiaires et enflammées dont on les chargerait; il faudrait, pour que la percussion n'éteignît pas le feu, que ces matières fussent déjà enflammées lorsque l'Obus frapperait le bois.

Toutes les Compositions d'Artifices doivent être refaites et constatées exactement. En les faisant, il faut connaître la portée d'épreuve de la poudre qu'on emploiera, et l'énoncer dans la formule de composition; enfin il faut faire ces formules en se servant de poudres de différentes portées.

Ces Compositions doivent être plus simples qu'elles ne sont. A quoi bon, par exemple, employer dans telle ou telle composition de la Poudre ou du Pulverin, et puis les 3 matières qui forment la Poudre; jamais le mélange de ces 3 matières qu'on ajoutera à la Poudre, ne sera aussi parfait que dans la Poudre même : et il est clair qu'au moins une des 3 matières doit être supprimée, en augmentant ou diminuant la quantité de Poudre.

Ce ne sera qu'après la détermination de ces formules, et de la durée de chaque Artifice, qu'on pourra fixer le chargement du Caisson de *Matières d'Artifices*, et celui des *Artifices faits*, qui ne se font que très-vaguement, parce que cette première base manque; la seconde sera les projets qu'on aura.

Il faut qu'on ajoute aux formules, à la description des manipulations et des Outils qu'on y emploie, le tems nécessaire à confectionner chaque Artifice et sa durée.

On a dit qu'il faudrait remettre à la discussion le mode d'attelage dans l'Artillerie; on ne dit pas de revenir à la limonière exclusivement ; mais on dit que dans les pays montueux, où elle est presque absolument nécessaire, on est bien embarrassé si on n'en a pas, et on s'embarrasse beaucoup en les portant et allant à timon jusqu'au pied des montagnes ; il faut donc chercher un mode d'attelage, qui diminue les embarras, et réunisse les avantages du timon et de la limonière.

Les avantages de l'attelage à timon sont incontestables dans les pays où l'on peut s'en servir.

Le timon est peu embarrassant à porter en rechange ; la limonière l'est beaucoup. L'un pèse de 40 à 50 liv. ; l'autre autour de 90.

Le timon fini coûte 14 fr. en tout, et le bois 6 fr. La limonière coûte 51 fr. en tout, et son bois seul 24.

L'Attelage à timon répartit également l'effort du tirage sur tous les chevaux, leur laisse plus de liberté pour poser le pied : ne fait passer que la moitié des chevaux sur la même trace, ce qui conserve les chemins : raccourcit les files de chevaux de moitié, ce qui diminue la longueur des colonnes, et en fait arriver la totalité plus vîte: donne la facilité aux Soldats du Train de mieux guider et contenir leurs chevaux : enfin permet de conduire la voiture au trot et même au galop au besoin. Les inconvéniens qu'on lui a trouvés, sont que les chevaux marchant dans les ornières (1) ont le pied moins ferme, et tirent quelquefois mal ou inégalement et que dans les pays difficiles, les timons se cassent si aisément qu'on ne peut suffire à leur remplacement.

Les Limonières résistent davantage : aussi l'Artillerie les employe-t-elle dans les pays montueux ; mais l'attelage à limoniere allonge les colonnes, les chevaux n'étant que sur une seule file : les Soldats du Train ne peuvent contenir qu'un cheval ; le cheval limonier est bientôt ruiné, parce qu'il est balotté sans cesse entre les limons, qu'il retient seul la voiture à la descente, qu'au haut des montées, il est écrasé par le poids des chevaux de devant, qui

(1) On a pensé qu'on ferait des ornières moins profondes, qu'on détruirait en conséquence moins les chemins, en donnant une grande largeur aux jantes des roues, et on a fait des roues si excessivement lourdes, que l'ancien usage a prévalu long-tems. Mais on aurait le même avantage pour le résultat sans tomber dans le même inconvénient, en donnant des voies différentes aux deux trains d'une Voiture, du moins dans celles d'Artillerie, qui ne peuvent adopter les Roues à larges jantes. On obtiendrait par-là un reversement de terre, d'une ornière à l'autre, qui, les remplirait en partie. On croit que le tirage serait plus difficile ; mais je ne vois pas sur quoi l'on se fonde : il ne faut pas qu'une roue passe sur le bord de l'ornière à pouvoir glisser dedans, parce qu'en effet, alors, le tirage serait plus considérable ; mais si elle appuie à 2 pouces, cet inconvénient n'arrive pas, et elle reverse la terre d'une ornière à l'autre, comme a dit.

tirent sur lui et l'entraînent par cet effort dans les trous, etc. : enfin on ne peut trotter avec cet attelage.

On travaillait à opérer ces corrections et quelques autres pour simplifier le Matériel de l'Artillerie, lorsque l'Arrêté du 12 floréal an 11 redoubla l'embarras où on se trouvait : on va résumer quelques observations auxquelles il a donné lieu, et le parti qu'on a cru devoir prendre pour l'exécuter avec le moins d'inconvéniens possibles.

TITRE 1er. — *Bouches à feu.*

Article 1er. — 1°. *Les Pièces de Campagne, du calibre de 4 et de 8;*
2°. *Les Pièces de Siége de 16;*
3°. *Les Pièces longues de 8 et de 4;*
4°. *Les Obusiers de 6 et de 8 pouces,*
5°. *Et les Mortiers de 10 pouces, sont supprimés.*
6°. *En conséquence, il ne sera plus coulé de Bouches à feu ni de mobiles de ces différens calibres.*

1°. *Sa Majesté* avait pensé qu'il fallait supprimer les Pièces de Campagne de 4 et de 8, et les remplacer par celles de 6, parce que les nations de l'Europe en général se servent de ce calibre, et qu'il ne fallait pas être inférieurs à elles en employant le 4, et inutilement supérieurs et appesantis en se servant du 8. La plus forte raison était peut-être une simplification à apporter dans les équipages d'Artillerie.

Tous les avantages que l'on peut trouver au calibre de 6 sur celui de 4, se trouvent aussi dans le calibre de 8, comparé à celui de 6 : donc ce n'était qu'une simplification qu'on avait en vue ; mais elle n'était que pour l'avenir, car on avait alors 900 Pièces de 8 et 2700 de 4 avec 3 millions de boulets, qu'on ne pouvait traiter comme hors de service sans une perte énorme.

L'article 46 de l'Arrêté prescrit de refondre ces calibres dès qu'on aura 800 Bouches à feu de Campagne du nouveau modèle de fabriquées, ce qui n'est pas en effet l'affaire d'un jour; car on a entendu qu'il fallait que ces 800 Bouches à feu eussent leurs Boulets, Affûts, etc. Voilà donc un 4e. calibre de campagne pendant plusieurs années.

On proposa vainement aux Auteurs de ces changemens de rejeter ces calibres proscrits, d'Auxonne au Nord de la France, pour les épuiser par les guerres qu'on aurait à soutenir de ce côté, et de construire le nouveau système à Auxonne, Grenoble et Turin au nombre de 200 Bouches à feu... pour les guerres d'Italie. Par ce moyen, on simplifiait et épargnait.

2°. *Les Pièces de* 16.... L'Empereur avait aussi indiqué cette simplification; on pourrait penser qu'elle fut décidée par le Comité chargé de l'examen des changemens à faire dans l'Artillerie après une discussion approfondie, mais la discussion n'eut pas lieu. Il paraît que Sa Majesté n'annonçait pas cette suppression du calibre de 16 comme irrévocable; car dans l'armement prescrit par elle des Places du Royaume d'Italie, elle y a employé le 18, analogue au 16 de France.

En effet, la Pièce de 16 pèse $\frac{1}{3}$ de moins que celle de 24, et consomme, en poids, $\frac{1}{3}$ de moins de munitions; elle détruit, aussi bien que le 24, les Batteries, Tranchées et autres Ouvrages passagers des Assiégeans : 3 coups de 16 feront même contre eux plus d'effet que 2 de 24. Ayant moins de poids que le 24, elle est plus mobile, plus aisément exécutée; donc elle vaut mieux pour la défense des Places....

Aussi le Général Gribeauval, dont le suffrage doit être compté, estimait-il beaucoup le 16 pour la défense, et l'y avait employé uniquement; car les Pièces de 24 qu'il avait mises dans leur armement, n'y étaient que d'une façon précaire; elles étaient destinées à servir au besoin pour former les Equipages de Siége. Cette disposition avait encore cet avantage, que le 16 étant inférieur au 24 pour les Siéges, on ne désarmait pas une Place pour aller assiéger une Forteresse ennemie; imprévoyance qui, en cas de revers, pouvait entraîner de graves inconvéniens.

3°. *Les Pièces longues de* 4 *et de* 8..... La Pièce longue de 4 avait déjà été supprimée par M. Gribeauval; mais il avait prescrit de consommer celles qui existaient. Il y en a encore dans les Places.

Quant à la Pièce de 8 longue, elle est utile pour la défense des Ouvrages extérieurs, sur-tout quand les communications sont difficiles, et elle a sur le 12 long une partie des avantages du 16 sur le 24.

Donc il faut conserver la Pièce de 8 longue, et supprimer celles de 4 longues, lorsque celles-ci seront usées.

4°. *Les Obusiers de* 6 *pouces et de* 8 *pouces*.

On a remplacé ces 2 Obusiers par celui de 5 pou. 7 lignes, ou du calibre de 24.

Comme Obusier de Campagne, on paraît d'accord que celui de 5 pouces 7 lignes est préférable à celui de 6 pouces; mais les raisons que l'on en donne ne sont pas toutes justes. On dit le premier plus léger, et il pèse autant que le second. On dit qu'il a plus de portée, ce qui est peu utile, puisque celui de 6 pouces portait à plus de 1200 toises, et que c'est perdre ses coups que de tirer à cette distance. On se plaignait de la prompte destruction de l'affût de l'obusier de 6 pouces. Ce vice, s'il était reprochable au tracé et non à la mauvaise fabrication moderne, pouvait se corriger, en approfondissant le logement des Tourillons et donnant des oreilles aux susbandes. La meilleure et seule raison pour préférer l'obusier de 5 pouces 7 lignes, est que son approvisionnement est d'$\frac{1}{3}$ plus léger; mais cet obusier ayant 5 calibres de longueur d'ame, est difficile à charger; il faut absolument le corriger. (*Il* y en a déjà malheureusement .... de faits).

On est forcé de conserver l'obus de 6 pouces pour le tirer contre les vaisseaux avec le canon de 36; et pour produire en ce cas un grand effet, on desirerait qu'il contînt plus de poudre.

Enfin, l'Obusier de 5 pouces 7 lignes est loin de pouvoir remplacer celui de 8 pouces dans l'attaque et la défense des Places: il est déjà même inférieur au 6 pouces pour les Côtes, et peut-être pour les Batailles (1); car avec une trop grande vélocité, et un moindre diamètre que l'obus de 6 pouces, il peut quelquefois agir comme le boulet, percer sans briser.

Donc il faut encore un Obusier d'un calibre plus fort que celui de 5 pouces 7 lignes, et il faut rectifier celui-ci.

5°. *Et les Mortiers de 10 pouces... En conséquence, il ne sera plus coulé de Bouches à feu, ni de mobiles de ces différens calibres.*

Il y avait 2 espèces de Mortiers de 10 pouces, les uns à grande portée, et d'autres plus légers à petite portée, ayant les uns et les autres les mêmes Bombes.

On s'était assuré que la Bombe de 10 pouces, pesant 100 liv., que lançaient les Mortiers de cecalibre, détruisaient assez promptement les Bâtimens, etc. qu'on avait à ruiner dans les Siéges, à plus forte raison, les Vaisseaux; et on avait abandonné les Mortiers de 12 pouces, plus lourds et plus frayeux, en consommant ceux qu'on avait encore de ce calibre.

Il n'y a donc rien à dire contre ces Mortiers de 10 pouces; leur bonté est prouvée, et si on veut leur donner des portées excessives, on y parviendra plus aisément que pour les Mortiers de 12 pouc.

Donc il faut conserver les Mortiers de 10 pouces, et supprimer ceux de 12 pouces, quand ils seront usés.

---

(1) MM. les Généraux La R...., E...., etc. pensent que cet Obus est trop léger; il se dévie, dit-on, d'une façon étonnante.

Art. 2. — *Les Equipages d'Artillerie de Campagne seront composés à l'avenir de :*

Pièces de 12 { de 17 calibres de longueur d'ame, et du poids de
Pièces de 6 { 130 kil. de métal par kil. du poids du boulet.
D'Obusiers de 5 pouces 7 lignes 7 points, de 5 calibres de longueur d'ame.

Ces Pièces de 12 et de 6 sont pour remplacer les Canons de 12, de 8 et de 4, qu'on employait dans les Equipages de Campagne.

On a dit au n°. 1, que cette simplification n'était que pour l'avenir, et que pour le présent c'était le contraire qu'on opérait.

Dans l'Artillerie Gribeauval, on mettait 150 livres de métal par livre de Boulet : on prescrit de n'en mettre que 130 dans les nouveaux Canons de Bataille. Voilà pour le 12 un allégement de 240 livres, qui n'a été fondé sur aucune épreuve, et qu'on peut donner à la Pièce de 12 de Gribeauval, si l'on veut, sans rien changer aux Affûts, en épaississant seulement les embases des tourillons.

La Pièce de 12 de Gribeauval avait aussi l'ame de 17 calibres à peu près : les 18 calibres qu'on lui attribuait comptaient du bord de la plate-bande de culasse.

On a donné à cette Pièce de 12 de l'an 11, la forme qu'on donna aux Canons vers le tems à peu près de leur invention : on l'a faite tronc-conique de la plate-bande de culasse à la tulipe, sans employer la forme moderne à renforts, ou ressauts de métal ; par cette construction, on n'a pu donner à la Pièce, vers les embases des tourillons, l'épaisseur qu'avait celle de Gribeauval ; ou pour l'obtenir il eût fallu augmenter l'épaisseur du métal à la culasse ou à la bouche, ce qui eût appesanti cette nouvelle Pièce qu'on prétendait faire plus légère : il résulte de cela que le Canon de 12 de l'an 11, a 16 lignes 3 points de moins en cet endroit que le 12 de Gribeauval, et que son Affût, fait en conséquence de cette dimension, ne peut recevoir entre ses flasques le 12 de Gribeauval, pour lequel l'arrêté de l'an 11, article 26, défend de faire des Affûts ; ce qui rend ce Canon de 12 inutile. Aussi Sa Majesté, à qui on en a rendu compte, a-t-elle apostillé le rapport par cette note : « Il ne peut pas tomber sous le sens de rendre six cents Pièces inutiles. »

On s'est remis en conséquence à construire les Affûts nécessaires pour le Canon de 12 de Gribeauval.

Il faut observer que le Canon, à cause de la masse de métal qui forme les tourillons et leur embase, se refroidissant inégalement après la coulée, a souvent son alliage altéré dans cette partie, et qu'il est nécessaire, par cette raison, de le renforcer par plus d'épaisseur : en outre, cette partie reçoit toute la tourmente du tir. On parvenait à donner au Canon ce surplus d'épaisseur en cet endroit, sans trop l'appesantir, par le moyen des renforts, qui sont d'ailleurs utiles dans les manœuvres.

Quant à l'Obusier de 5 pouces 7 lignes 7 points, voyez le n°. 1, ses vrais avantages, et la nécessité de le corriger, parce que la profondeur de 28 pouces qu'a son ame, ne permet pas de le charger aisément. Celui de 6 pouces n'avait que 18 pouces d'ame.

Donc il faut supprimer le Canon de 12 de l'an 11, revenir pour les Canons à l'ancienne forme extérieure, et rectifier, comme on l'a déjà dit, l'Obusier de 5 pouces 7 lignes 7 points, si on le conserve.

Art. 3. — *Les Equipages de Montagne seront composés à l'avenir de:*
Pièces de 6, du poids total de 360 livres.
Obusiers de 5 pouces 7 lignes 7 points.
Pièces de 3, du poids de 160 livres.

On ne s'est point encore servi de ce calibre de 6 court; il n'est pas à présumer que ce Canon ait de la durée, vu le peu d'épaisseur du métal, à moins de le tirer à petite charge; et alors ayant peu de longueur, quelle portée aura-t-on?

Sur l'Obusier, voyez ce qu'on a dit au n°. 1.

Sa Majesté, en voyant à Turin les 30 pièces de 3 légères (du poids de 160 livres), qu'on venait de couler, a dit que cela ne valait rien, et de les refondre.

Art. 4. — *L'Artillerie de Siége et de Place sera composée à l'avenir de:*
Pièces longues de 24.
(*) . . . .
Pièces de 12 longues.
Pièces de 6 longues.
(**) . . . .
Mortiers de 12 pouces.
Mortiers de 8 pouces.
Mortiers de 5 pouces 7 lignes.
Pierriers de 15 pouces.
Tous les Mortiers seront à la Gomer.
Les seuls Mortiers de 12 pouces seront coulés à semelle.

Ces deux calibres de 24 et de 12, qui doivent composer en partie le Canon de siége et de place, ont aux embases des tourillons la même grosseur que les anciennes Pièces de 24 et de 12 long, et peuvent être placés sur les anciens Affûts; mais on a fait ces nou-

(*) On a développé, N°. 2, l'avantage qu'on aurait à conserver la Pièce de 16.

(**) On aurait dû faire mention ici des Obusiers.

veaux Canons sans renforts, ce qui est vicieux, voyez en la raison, n°. 2.

On a fait le bouton de culasse cylindrique et applati en dessus pour y poser un quart de cercle, qui n'est jamais nécessaire pour le pointement.

							pi.	po.	li.
Pour alléger le	24	de	800l.,	on a raccourci le	24	de	1	5	2
	12		1100l.,		12		1	4	10

et comme ce raccourcissement aurait produit dans le tir la prompte destruction des joues d'embrasures, on a ajouté, mais au 24 seulement (qui est le plus raccourci), en de là de la tulipe, un cylindre en dehors plus petit que la tulipe, et en dedans plus évasé que l'ame, qu'on a nommé Parasouffle : le plus grand évasement ne peut que diminuer la portée et égarer le Boulet; le métal étant coupé carrément au bout du Parasouffle, au lieu d'être arrondi; et la tulipe conservant une grande saillie sur lui, expose la Pièce à être arrêtée doublement par les côtés de l'embrasure, lorsqu'on la met en batterie. Au reste, le Parasouffle a paru si ridicule, que l'on ne croit pas qu'on ait encore osé couler du 24 qui en ait.

Voyez n°. 1, les raisons qui avaient fait préférer les Mortiers de 10 pouces au nombre de 200 en France, avec environ 110,000 bombes de ce calibre.

Les Mortiers de 8 pouces sont un calibre ancien conservé.

Les Mortiers de 5 pouces 7 lignes sont à peu près les Mortiers Cœhorn, qu'on a trouvés dans les pays conquis et qu'on a employés avec succès : on compte que l'Obus de 5 pouces 7 lignes leur servira de bombe ; on pourra les construire de facon à recevoir aussi dans leur ame tronc-conique l'Obus de 6 pouces.

C'est le Pierrier de l'Artillerie Gribeauval qu'on a conservé.

On a prescrit de donner à tous les Mortiers la forme de l'ame des Mortiers à la Gomer, et on a bien fait : cette forme tronc-conique est la meilleure Peut-être faudrait-il faire de même pour l'ame du Canon au logement du Boulet.

Si au lieu des Mortiers de 12 pouces on n'en avait que de 10 pouces, on devrait ne pas les couler à semelle, afin de les faire servir également à l'attaque, à la défense des places, et sur les côtes. Les Mortiers à semelle ont le grand inconvénient d'obliger à varier la charge pour obtenir des portées diverses. Il est aisé de faire un coussinet qui, sans tâtonnement, laissera le mortier pointé à 45°. quand on le jugera nécessaire.

NOTA. Au reste, les Pièces de 6 longues ne devraient être coulées qu'au fur et à mesure que les Pièces de 8 longues seront hors de service, et doivent être faites avec les renforts usités.

Donc, il faut revenir à couler les Pièces à renforts, rétablir peut-être le 16, suspendre la fabrication des Pièces de 6 longues.

Supprimer les Mortiers de 12 et à semelle.

Fabriquer des Obusiers d'un calibre plus fort que celui de 5 pouces 7 lignes.

Art. 5. — *Il sera coulé, pour être employé à la suite des différentes Armées, un équipage de Siége mobile composé de Pièces de 24, de 16 calibres de longueur, du poids de 120 kil. par kil. du poids du Boulet.*

Si cette Pièce doit tirer en Batterie de Siége, car comment l'entendre autrement, cette Pièce, dis-je, à 16 calibres de longueur est trop courte, et détruira son embrâsure avant d'avoir atteint son but de faire brèche. Si elle est destinée à tirer l'obus de 5 pou. 7 li. 2 poi. en bataille, l'Obusier de ce calibre qu'on a dans les Equipages de campagne, produit l'effet dont on a besoin.

Ce Canon est d'origine révolutionnaire, inventé sans motifs, et mal proportionné ; il a eu 12 calibres de longueur d'ame, puis 14, puis 16 à 14 calibres de longueur et pesant 2700 liv., il était trop faible de métal pour résister à un tir soutenu ; il en est de même de celui-ci qui a 2 calibres de plus de longueur et ne pèse que 2850 liv.

Ce qu'on peut faire de mieux est de supprimer cette Pièce, pour ne pas appesantir inutilement et embarrasser l'Artillerie de Campagne sans objet d'utilité quelconque.

Art. 6. — *L'Armement des Côtes sera fait avec des Pièces de 36 et de 24 en fer.*

On n'a rien changé dans l'arrêté du 12 floréal an 11, aux pièces de 36 et de 24 en fer.

Les Pièces de 18, de 16 et de 12 en fer, sont très-utiles dans bien des localités peu étendues, et il existe environ 1200 de ces Bouches à feu. On pense donc qu'il faut conserver les Pièces de 18, de 16 et de 12 en fer puisqu'on les a, et les bien placer.

Art. 7. — *L'usage des Grains de Lumière à Ecrou * sera adopté pour toutes les Bouches à feu.*

Cette Complication non-seulement inutile, mais dangereuse, n'a pas eu lieu, et personne n'a réclamé l'exécution de cet article. Voici quelques-uns des inconvéniens de cette invention : l'oubli, la perte de ce Bassinet en fer, qui se vissant au haut de la lumière pouvait être aisément volé, ce qui nécessitait de le retirer après le service.

(*) Ce grain se termine en dessus en forme de godet ou de bassinet.

Le faussement de l'Ecrou opéré par quelques coups de Marteau empêchait de le replacer, et arrêtait le service. Dans le tir des Pièces de Siége et de place, il fallait supprimer la traînée de Poudre qu'on fait pour y mettre le feu, et forcer le Canonnier à tenir le boute-feu sur la lumière, ce qui l'expose à voir sauter ce boute-feu, et à une secousse douloureuse pour le canonnier.

Il n'est pas inutile de remarquer pour les Novateurs sans principes, qu'au Fusil où le Bassinet devrait être naturellement en fer, on le fait de cuivre; et qu'au Canon où il devait être naturellement en bronze, on le faisait en fer. Il faut avouer que ces deux Bassinets sont l'ouvrage du hazard et n'ont eu aucun motif, on en est sûr pour le Fusil : on veut bien se taire pour le Canon.

Donc, il faut rejeter l'usage des grains de lumière à Ecrou.

Art. 8. — *On coulera à l'avenir les Pièces sans ornemens et sans Moulures, et l'on se conformera pour ces différentes Bouches à feu, ainsi que pour le Mortier à éprouver la Poudre aux formes et dimensions qui seront indiquées aux Tables de Construction.*

Voyez n°. 2. L'inconvénient où l'on tombe en coulant les Pièces sans Moulures ou sans renforts.

Pour le Mortier à éprouver les Poudres, on a été obligé de revenir aux anciennes dimensions, et on était tombé dans la confusion pour s'en être écarté; s'il faut abandonner l'éprouvette de 1684 et celle de l'an 7, il faut adopter celle-ci coulée comme les Mortiers à la Gomer, avec l'ame Tronc-conique.

Donc, il faut revenir à couler les Pièces avec des Moulures, c'est-à-dire, avec des renforts et conserver l'Eprouvette de 1684.

TITRE II. — *Projectiles.*

Art. 9. — *L'usage des Boulets creux des calibres de 24 et de 36 est adopté.*

On tirait l'Obus de 6 pouces avec la Pièce de 36, avant l'article de cet arrêté du 12 floréal an 11; donc rien de neuf.

Art. 10. — *L'Approvisionnement des Pièces de 24 destinées à l'attaque et à la défense des Places, et celui des Pièces de 24 et de 36, destinées à la défense des Côtes, sera composé de* $\frac{3}{4}$ *en Boulets pleins, et de* $\frac{1}{4}$ *en Boulets creux.*

On a déjà dit N°. 1 que le Boulet creux de 24 qui est l'Obus de 5 pouces 7 lignes était peut-être inférieur à l'Obus de 6 pouces auquel on l'a substitué dans les Batailles; cette infériorité est bien plus grande et moins douteuse dans l'attaque et la défense des places.

En effet, l'Obus de 24 ayant moins de pesanteur que celui de 6 pouces, et étant projeté par des charges égales, aura plus de vîtesse que cet Obus de 6 pouces : cette vîtesse croîtra encore si ces deux Mobiles sont tirés par leurs Obusiers respectifs, puisque l'ame de celui de 5 pouces 7 lignes a deux calibres de plus de longueur que celui de 6 pouc. Ce Boulet creux ou Obus de 24 ayant plus de vîtesse et moins de volume que celui de 6 pouces lorsqu'il sera tiré contre des Tranchées ou des Batteries, percera le but sans s'arrêter et ne fera que l'effet du Boulet plein. S'il s'arrête dans ces Batteries ou ces Tranchées, il lui arrivera plus souvent qu'au Boulet creux de 6 pouces de faire un globe de compression au lieu de produire l'effet d'une fougasse, parce qu'il contient moins de poudre et s'enfoncera plus profondément : ce dernier inconvénient sera plus sensible encore dans l'attaque.

La proportion entre les Boulets creux et pleins est donnée sans principes ; elle ne peut être la même pour l'attaque des Places, pour leur défense et pour celle des Côtes ; car il est clair que dans la défense des places, par exemple, s'il ne fallait tout en Boulets creux, pour tirer contre des terres remuées, au moins en faudrait-il les $\frac{1}{4}$ ou toute proportion plus forte que $\frac{1}{4}$.

De tout cela il faut conclure de nouveau qu'il faut encore un Obusier d'un calibre plus fort que celui de 5 pouces 7 lignes.

Art. 11. — *Les Boulets creux, les Obus et les Bombes seront renforcés du côté opposé à l'œil.*

On présume que l'on a voulu dire seront renforcés du côté de l'œil, car les Tables de cette Artillerie de l'an 11 tracent ainsi les Obus de 5 pouces 7 lignes, et que si en effet on eût voulu dire du côté opposé à l'œil, c'était inutile, parce qu'on aurait voulu désigner par-là le Culot, et qu'en France les Bombes et Obus ont des Culots. Au reste, le renforcement du côté de l'œil dans l'Obus de 5 pouces 7 lignes est vicieux ; il rétrécit sa capacité, déjà trop petite, rend le mobile plus irrégulier, l'épaissit en un endroit où il est assez fort, et où souvent se trouvent de petites chambres ; or, plus il y a de métal, plus ces soufflures ou petites chambres se multiplient.

Donc, il ne faut pas renforcer les Obus à l'œil mais donner comme à l'ordinaire des Culots à tous les projectiles creux.

Art. 12. — *Les Obus seront tirés avec des Sabots.*

Art. 13. — *Les Pièces de gros calibres seront toujours tirées avec des Boulets ensabottés, on fera usage à cet effet du Sabot conique.*

Oui, les Sabots conservent les Pièces : il faut en faire usage tant que l'on pourra ; mais on ne le pourra pas toujours, et on n'y parviendra souvent qu'avec de très-grands frais à cause des Approvisionnemens immenses qu'il faudra en faire, pour n'être pas pris au dépourvu, à cause de leur peu de durée; car les espèces de bois légers dont on fait les Sabots sont bientôt vermoulues; mais de ce que les Sabots conservent les Bouches à feu, il ne fallait pas imaginer un Obusier qui à cause de la longueur de son ame ne peut être chargé qu'avec des Obus ensabottés.

Puisqu'on voulait remédier à la prompte destruction des Pièces, il ne fallait pas se contenter d'étendre aux Pièces de Siége la méthode d'ensabotter les boulets, prescrite pour celles de Bataille, méthode qu'on ne pourra presque jamais mettre en pratique pour ces grands calibres; mais il fallait chercher à perfectionner l'alliage des Canons, et à trouver par des épreuves une meilleure combinaison de proportions, au lieu d'innover sans principes, sans épreuves, pour avoir des Pièces plus vicieuses et des remèdes impraticables.

Au lieu de ce Sabot conique qu'on ne pourra toujours se procurer, que ne tentait-on de former le fond de l'ame du Canon en avant de la charge en cône tronqué, comme aux Mortiers à la Gomer, afin que le Boulet pût s'y loger sans vent?

C'est ce que le général Eblé essaya avec succès à Douay; car, tandis que dans l'hiver de l'an 10 à l'an 11, les novateurs à Strasbourg faisaient leurs prétendues épreuves de leur nouveau système d'Artillerie, le Ministre de la Guerre qui voulait perfectionner cette arme de bonne foi, ordonna au général Eblé de faire à Douay des épreuves relatives à cet objet; ce Général les commença, mais la rigueur de la saison ne permit pas de les finir. On s'obstina de les faire à Strasbourg et on les fit mal; malgré toutes les observations; on redouta celles de Douay, qui eussent eu des résultats contradictoires. On se glorifia d'avoir triomphé de la saison, des obstacles, et on ne triompha que de la bonne foi et de la vérité. Car si la bonne foi eût présidé à ce système, eût-on repoussé le conseil qu'on leur donnait; attendez la belle saison pour faire ces épreuves, vous les ferez mieux; et durant l'hiver, on rappellera les principes théoriques, les inconvéniens que la guerre a offerts, car on sortait de la faire; enfin, on formera le tableau de la marche à suivre dans les épreuves qui constateront les innovations à opérer dans l'Artillerie.

Art. 14. — *Le Vent des mobiles pour les Pièces de Campagne, de Siége et pour les Obusiers, sera fixé à 1 ligne.*

Le vent des Bouches-à-feu avait été réduit, régularisé et fixé par M. Gribeauval à 1 ligne pour celles de Campagne, et à 1 ½ pour celles de Siége et de Place. Cette fixation était fondée sur une observation très-simple, et donna lieu à des mesures d'ordre qu'il prescrivit. On avait observé que souvent et en très-peu de tems les Boulets empilés en plein air, se couvraient d'une rouille de plus de 6 points d'épaisseur, ce qui n'arrivait pas à ceux qu'on emmagasinait. En conséquence, on prescrivit d'enfermer dans les magasins les Boulets de Campagne, ou au moins celui de quatre, et si on ne le pouvait en quelques Places, de choisir ces Boulets, pour les Pièces de Campagne dans les moins rouillés, et de les vérifier en les passant à la grande lunette avant de les ensabotter. Ceux qui n'y passaient pas, ou qui étaient plus rouillés, enfin les Boulets des hauts calibres toujours empilés en plein air furent réservés pour les Canons de Siége et de Place. Observez encore qu'il faut conserver aux Pièces de Siége le moyen de pouvoir tirer à Boulet rouge, et que le Boulet de 24 se grossit, en rougissant, de 4 à 9 points. Le vent des Bouches-à-feu fut donc alors fixé à 1 $\frac{1}{2}$ lig. pour celle de Siége et de Place, afin d'éviter de ne pouvoir charger, ou de les engorger, et seulement à 1 ligne pour celles de campagne, parce qu'on n'avait à craindre aucun de ces accidens, par les précautions indiquées, et parce qu'il était nécessaire d'avoir un tir plus exact pour ces sortes de Pièces.

Cette innovation irréfléchie doit donc être abandonnée, et il faut rendre aux Bouches à feu de Siége et de Place leur ancien vent d'1 $\frac{1}{2}$ ligne.

Art. 15. — *Le diamètre et les dimensions des diverses espèces de Projectiles, ainsi que ceux du Sabot conique, seront fixés conformément aux nouvelles Tables de construction.*

TITRE III. *Affûts et Voitures.*

Art. 16. — *A l'avenir les Affûts de 12, de 6, et d'Obusiers seront à flasques droits.*

Les premiers Affûts qu'on fit pour l'Artillerie étaient à flasques droits (sans cintre); fit-on bien de les changer? A-t-on eu des raisons d'y revenir? Y est-on revenu en effet.

M. de Gribeauval augmenta le cintre des flasques pour diminuer le recul de l'Affût dans le tir; ce qu'on peut prouver par la décomposition de la force du recul, et peut-être par le dire des chasseurs, qui assurent que le fusil repousse d'autant moins que la crosse en est plus coudée.

Si le cintre affaiblit les flasques en les contretaillant pour l'obtenir; si l'on est revenu à l'ancienne forme par cette raison; si enfin cette forme est meilleure, pourquoi n'a-t-on pas fait la même correction aux Affûts de Siége? C'est, dira-t-on peut-être, parce qu'on les remplace par l'Affût à flèche : on parlera de cet Affût à l'article 23. M. de Gribeauval avait tout observé, tout prévu, tout pesé; pour remédier à l'affaiblissement des flasques cintrés, il avait recommandé de les prendre dans les madriers cintrés naturellement. Mais pour loger l'essieu dans les flasques droits, on est forcé de les contretailler bien plus dangereusement, et on n'a rien prescrit pour remédier à cet inconvénient.

En dernier résultat, on n'a point fait les flasques droits; on s'est contenté de diminuer le cintre (d'$\frac{1}{2}$ environ). L'usage prouvera si on a bien ou mal fait.

Art. 17. — *Les Pièces de Campagne auront à l'avenir leur Coffret placé sur l'Avant-train, mais susceptible d'en être ôté.*

Cette façon d'avoir le Coffret toujours sur l'Avant-train, empruntée des Puissances étrangères, qui ne pouvaient adopter la nôtre, sans changer totalement leurs constructions, a été employée ou modifiée pour l'Artillerie de l'an 11, mais si malheureusement, qu'il n'en est résulté que de graves inconvéniens.

Le Coffret des Pièces de campagne d'Artillerie Gribeauval, porté dans la marche entre les flasques de l'Affût, et durant le tir entre les armons de l'Avant-train, derrière la sellette, était léger, commode à charger et à décharger, ne gênait en rien les mouvemens de l'Avant-train, ne l'appesantissait pas, et pouvait être aisément caché dans un fossé, dans un creux, pour être à l'abri du feu de l'ennemi dans les actions.

Le nouveau Coffret de 12 (seul calibre qu'on puisse comparer à l'ancien, puisque le 8 et le 4 sont supprimés), contient 2 coups de plus que le Coffret qu'il remplace; il a 30 pouces de longueur sur 15 pouces de largeur, et 17 pouces de hauteur; les planches qui le forment ont 11 lignes d'épaisseur, et les munitions sont encore dans une Caisse dont les planches ont 9 lignes d'épaisseur; Il est placé en avant de l'essieu, est excessivement lourd et élevé, s'ouvre du côté des chevaux, et ne peut être retiré que très-difficilement de dessus l'Avant-train, à cause de la manière dont il y est retenu. La Cheville-ouvrière que reçoit l'Affût, lorsqu'on le met sur l'Avant-train, est portée par une Sassoire, qui assemble les bouts d'armons très-alongés. Il suit de là que l'Affût, trop en arrière de l'essieu, et le lourd Coffret qui est en avant du même essieu, font, quand la Pièce marche, incessamment basculer le timon, qui va heurtant avec force, tantôt la jambe du soldat du train, tantôt la ganache des chevaux. Le Canonnier approvisionneur, pour tirer les cartouches du Coffret, est forcé de se placer dans les traits des Chevaux, et en avant des roues de l'Avant-train, et lorsque les Chevaux s'effarouchent par le feu, ce qui arrive souvent, il est nécessairement estropié. Tous ces accidens qu'on rapporte ici sont arrivés.

De ce Coffret, de cet Avant-train qu'il faut absolument changer, et des difficultés d'adapter l'ancien Coffret à ce nouvel Affût, parce qu'on a serré les flasques, et qu'en rétrécissant l'ancien Coffret pour l'y placer, on se priverait d'un tiers de son chargement, naît l'obligation d'abandonner l'Affût et l'Avant-train de campagne de l'artillerie de l'an 11.

Art. 18. *Les Affûts et autres Voitures d'Artillerie de campagne, seront disposés de manière à avoir 2 voies.*

Cette invention est morte en naissant. L'impossibilité d'arrêter le vol des rondelles qui devaient couvrir le vide de l'essieu, en mettant la Voiture à la petite voie, a fait regarder cette nouveauté en Artillerie comme impraticable.

D'ailleurs si la route est large et la voie non conforme à celle de l'Artillerie, on carteyera; si c'est pour obvier aux routes enterrées, la longueur de l'essieu nuirait tout de même, et on a des Pionniers pour les élargir. Les 2 Voïes sont: l'ancienne, 4 pi. 8 po. 6 li. La 2e, qui est la nouvelle, 4 pi. — pouc. — 6 li.

Art. 19. — *Le Caisson actuellement en usage est supprimé, en conséquence il n'en sera plus construit de ce modèle.*

Les roues de l'Avant-train du nouveau Caisson devront tourner sous les brancards, sans être moins élevées, et sans donner plus de hauteur au Caisson.

L'intérieur du Caisson devra être disposé de manière à ce que son chargement y soit mis dans des caisses.

Le Caisson, que dans l'Artillerie de l'an 11 on a substitué au Caisson Gribeauval, et auquel on a dû donner les propriétés prescrites par l'arrêté, est si lourd, et malgré qu'il soit couvert de ferrures, il est si peu solide par la brisure des brancards, qu'il paraît abandonné sans réclamations en sa faveur.

Art. 20. — *Il sera apporté aux Chariots à munitions et aux Forges de campagne les changemens indiqués dans les Tables de construction.*

Dans le Chariot à munitions, on a alongé les brancards d'environ 3 pieds, ils ont 14 pieds, et dans le Chariot à munitions de l'Artillerie Gribeauval, ils n'ont que 11 pieds 4 pouces; l'écartement des nouveaux est aussi augmenté de 5 pouces (quoique les Tables ne soient pas conformes aux planches pour l'écartement, ceux qu'on a construits et que j'ai vus avaient cette augmentation). Il est résulté de là un énorme Chariot, qui est très-lourd, et qui pouvant recevoir un chargement de 5 à 6 milliers en attirails qu'il doit porter, les recevra infailliblement toujours en campagne, ce qui écrasera les chevaux et ralentira les marches. L'ancien Chariot, que celui-ci doit remplacer, était très-léger, ne devait et ne pouvait guères être chargé au-delà de 1500 liv. à 2 milliers. La seule amélioration qu'on avait à y faire était de ne pas délarder les brancards pour les rendre plus forts.

A la Forge de l'Artillerie Gribeauval, reconnue excellente par l'usage, on en a substitué une nouvelle, ayant Brancards supérieurs, Brancards inférieurs et petits Brancards, avec une charge mal distribuée; le tout pour faire tourner l'avant-train sous la forge; amélioration fort inutile pour cette voiture, qui n'a pas besoin de manœuvrer avec une célérité qui l'expose à verser; amélioration qui ne compense pas la simplicité et la légèreté de celle qu'on abandonne. L'âtre, dans la nouvelle forge, a été mis au bout de derrière; ce qui peut être plus commode, mais a produit le vice de mal répartir la charge. Au reste, ce changement était facile à opérer dans la forge Gribeauval, en reportant, vers le milieu des brancards, le coffre du bout de derrière, où on transporterait l'âtre qui est vers ce milieu. Dans la Forge de l'an 11, on a réuni les 2 coffres d'outils de forgeurs et de serruriers en un seul sur le devant : simplification qui expose les ouvriers de deux métiers différens à se prendre leurs outils respectifs, et à les confusionner en les rassemblant.

Il faut donc abandonner et la Forge et le Chariot à munitions nouveaux.

Art. 21. — *Les Essieux en fer seront réduits à 3 espèces pour l'équipage de Campagne;*

L'Essieu actuel de 12, avec des fusées de 4, servira pour les Pièces de 12 et les Obusiers;

L'Essieu actuel de 8, avec des fusées de 4, servira aux Pièces de 6;

L'Essieu de 4 actuel servira pour les Caissons, Chariots, Forges et Haquets à Pontons.

C'était une chose bien vue que de simplifier le nombre d'Essieux en fer, quoiqu'il n'y en eût que de trois espèces dans l'Artillerie de Campagne de Gribeauval; mais on n'en a rien fait, puisqu'on en conserve le même nombre, et l'on n'a fait qu'altérer les essieux reconnus bons par 40 ans de service.

En effet, il est prouvé par l'expérience que le faible des Essieux en fer est au bout de la fusée contre l'épaulement, parce qu'on est obligé de couper le nerf du métal en cet endroit pour réduire en fusée le fer, qui est, au premier moment de la fabrication, égal à celui du corps. Le fer sera d'autant plus altéré, qu'on coupera davantage de son nerf, et l'Essieu sera par conséquent plus faible, en réduisant celui de 12 à avoir des fusées d'essieu de 4; et c'est pourtant cet essieu qui est employé au plus fort calibre de campagne, celui de 12. Bien plus, on fait servir cet essieu à l'obusier de 5 pouces 7 lignes; cet obusier est aussi pesant que celui de 6 pouces; on en obtient des portées plus fortes, à ce qu'on dit, que celles de l'obusier de 6 pouces. Cet essieu résistera-t-il? On n'avait pas osé donner un essieu de fer à l'obusier de 6 pouces : il était en bois, et on avait fait prudemment, parce que l'obusier se tirant sous un plus grand angle que le canon, étonne et fatigue singulièrement son essieu.

Il faut, je crois, conserver l'essieu de 8, constater par des épreuves s'il pourra résister au service de l'obusier, et le faire servir au 6. (L'essieu de 8 pèse 170 liv.)

Nota. La réduction des Fusées coûte plus que l'essieu même.

Art. 22. *On ne construira dorénavant que 3 espèces de roues de campagne.*

La Roue de 4 actuelle servira pour les Pièces de 12, les Obusiers et les Pièces de 6.

La Roue de Caisson actuelle, pour toutes les autres Voitures d'Artillerie de campagne.

La Roue d'Avant-train de Caisson servira pour tous les Avant-trains des Bouches à feu et autres Voitures de campagne.

Long-tems avant ce Système d'Artillerie de l'an 11, on avait dit qu'il fallait et qu'on pouvait diminuer le nombre des 25 espèces de Roues en usage dans l'Artillerie Gribeauval; mais l'a-t-on fait heureusement en l'an 11?

Si la Roue de 4 suffit aux Pièces de 12, comme elle a 4 pouces de hauteur de moins que la Roue de 12, le tirage de la Pièce de 12 deviendra plus difficile, et cette même Roue employée au 6 sera trop pesante pour ce calibre. Ainsi, l'on rend gratuitement plus difficile le tirage des deux calibres de 12 et de 6. Si on eût fait pour le 12 la roue convenable ayant 4 pouces de plus de hauteur, et qu'on l'eut employée au 6, on eût évité ce double inconvénient; car si pour le 6 la roue eût été plus pesante, du moins sa plus grande hauteur relativement à ce calibre en eût facilité le tirage.

Il en était ainsi dans l'Artillerie Gribeauval, la grande Roue de Caisson servait au Chariot à munitions et à la Forge.

Il en est de même pour ce 3e. article; la roue d'Avant-train pour 12, 8, obusiers, chariots à munitions, caissons et forges, était commune. Il n'y avait que l'affût de 4, calibre supprimé, qui eût à son Avant-train une roue différente. En supposant le 4 supprimé, on a donc réduit à 3 les 4 espèces de roues employées dans l'Artillerie de Campagne Gribeauval; et par le mauvais choix de la roue conservée pour les affûts, on a augmenté le tirage; enfin, pour gagner cet inconvénient, il a fallu altérer les essieux, inconvénient bien plus grave. (Voyez le N°. 21 sur ce choix malheureux).

Il faut donc:

Une roue pour le 12;

Peut-être une autre roue pour l'obusier, si l'essieu de 8 ne peut lui servir;

Une roue pour le 6, si on y emploie l'essieu de 4 ou de 8;
Une roue pour les autres voitures de l'Equipage de campagne;
Et une roue pour tous les Avant-trains.

Ainsi la simplification ne peut s'opérer que d'après les épreuves d'essieu.

Art. 23. — *On fera usage, pour toutes les roues, de moyeux de métal.*

Ces moyeux de métal, bons peut-être pour des voitures de particuliers faites avec une exactitude scrupuleuse, avec des Rais de faible échantillon, et presque toujours abritées, ne pouvaient être employés dans les roues de l'Artillerie; l'inconvénient d'être exposé au vol des moyeux en dévissant ou brisant quelques écrous, était d'une gravité majeure, et suffisait seul pour faire abandonner cette innovation, aussi n'en parle-t-on même pas dans les Tables nouvelles; si on l'eût faite il aurait fallu changer 32000 essieux, et 64000 roues, ou avoir des roues et des essieux différens dans les équipages, pour tous les calibres et toutes les voitures, ces moyeux comporteraient des essieux plus courts. Les aurait-on adoptés? on eût rendu les voitures plus versantes, etc.

Art. 24. — *Il sera construit pour l'Equipage de montagne des Affûts-Traîneaux du calibre de 6, d'Obusiers de 5 pouc. 7 lig. 7 points, des Affûts portatifs pour les Pièces de 3... et des Forges portatives à dos de mulet.*

Ces constructions inconnues à peu près avant la révolution, ou du moins hors d'usage en France, car on avait construit seulement quelques Affûts-traîneaux dans la guerre de Corse, n'étaient point mentionnées dans les Tables de l'Artillerie Gribeauval. On trouve dans Saint-Remi l'Affût-traîneau à peu près tel qu'il a été exécuté dans la révolution, à la première armée d'Italie, en 1793, et c'est celui qu'on propose dans les Tables nouvelles.

L'Affût portatif de 3 est la copie de ceux de ce calibre pris sur les Piémontais, dans la guerre précitée, sauf quelques complications de ferrures et un sac de cuir plein de pierres suspendu vers le milieu de l'Affût pour l'appesantir et diminuer le recul, innovation bisarre qui ne produit pas l'effet de la caisse placée à la crosse dans l'Affût Piémontais, qui, remplie de terre ou de pierre, donnait vraiment de la stabilité à l'Affût.

Art. 25. — *Il sera construit et fait usage pour le transport des Approvisionnemens de munitions de toute espèce de l'Equipage de montagne, des Caisses portatives à dos de mulet.*

C'est le mode Piémontais qu'on a prescrit dans cet article, et c'est à peu près le seul praticable dans les montagnes.

Art. 26. — *Les Affûts et Voitures de l'Equipage de campagne et de montagne indiqués au présent titre, seront construits conformément aux formes et dimensions qui seront fixées dans les Tables de construction.*

TITRE IV. — *Affûts de Place et de Côte.*

Art. 27. — *L'Affût de Siége et de Place actuel est supprimé; en conséquence il n'en sera plus construit de ce modèle : il sera adopté à leur place, pour l'attaque et la défense des Places, un Affût à flèche élevant la Pièce à 5 pieds 9 pouces au dessus de la plate-forme, et susceptible d'être manœuvré avec facilité par 5 Canonniers.*

Cet Affût à flèche adopté pour l'attaque et la défense, etc., est la plus bisarre des conceptions que l'inventeur du Système d'Artillerie de l'an 11 ait produites. Elle a été à peu près unanimement improuvée par les officiers et les soldats, et on s'est cependant hâté d'en faire construire.

C'est une invention originairement barbare, apportée d'Egypte, et qui, dans ces climats, pouvait être motivée sur le dénuement des bois de longueur; mais au moins elle était simple dans son pays natal, et on l'a compliquée pour lui ôter le seul avantage qu'elle avait. On appelle cet Affût, *Affût à flèche*, parce qu'en Égypte c'était 2 flasques peu élevés, accolés à une pièce de bois, qui servait en effet de flèche, lorsqu'on voulait mouvoir cette espèce d'Affût. En France on a mis une de ces pièces de bois sous chaque flasque, ce qui forme un brancard qu'on met sur l'Avant-train quand on fait voyager l'Affût.

Considérons cet Affût sous trois points de vue, 1°. en route; 2°. servant à l'attaque; 3°. servant à la défense.

1°. (*En route*). Cet Affût est excessivement lourd, et porte sa Pièce en route; malgré qu'on l'ait contourné dans le haut pour abaisser l'encastrement de route, la Pièce se trouve très-élevée sur un Affût porté par les plus grandes roues en usage dans l'Artillerie, (hors celles du triqueballe) les roues de 4 pieds 10 pouces de hauteur. Ainsi, pour la route, cet Affût est lourd, versant, et hors d'état de remplir son objet.

2°. (*Dans l'attaque*). On ne peut, dans l'attaque des Places, se dispenser d'avoir des Pièces peu élevées, des embrasures profondes et à genouillères, si l'on ne veut s'exposer à voir périr tous ses Canonniers et démonter toutes ses Pièces. Tracez le profil d'une batterie de brèche et d'un rempart de Place à la distance où on doit construire cette batterie, tirez les lignes de feu de la Place, et vous verrez que la position de la batterie n'est pas tenable, parce que hommes et canons sont à découvert. Cet Affût à flèche ne peut donc absolument servir à l'attaque.

3°. (*Dans la défense*). Cet Affût élève la Pièce à 5 pieds 9 pouc., celui de Gribeauval à 5 pieds 2 pouces... les roues de l'Affût à flèche ont 4 pieds 10 pouces de hauteur, et varient pour le calibre de ; celles de l'Affût Gribeauval n'étaient que de 4 pieds 4 pouces de hauteur, et étaient les mêmes pour les 4 calibres de Place. L'Affût à flèche élève donc la Pièce à une hauteur superflue, est plus en prise au feu de l'ennemi, nécessite des établissemens de Plate-formes différens par l'inégalité de la hauteur des roues des divers calibres, il est donc extrêmement défectueux, et aucune qualité ne compense ses vices.

Joignez à tous ces défauts une complication générale, un escabeau pour élever les Canonniers quand ils chargent la Pièce; des roulettes qu'il faut mettre ou retirer suivant qu'on tire haut ou bas; une chevrette à roulettes lorsqu'on veut tirer par-dessus un parapet peu élevé, ou je ne sais en quelle circonstance; une manœuvre difficile et dangereuse pour changer la Pièce d'encastrement, et vous aurez l'idée d'un Affût réunissant tous les défauts majeurs, et ne remédiant à aucun de ceux qu'on reprochait aux Affûts qu'il doit remplacer.

Il faut observer encore que de faire servir le même Affût à l'attaque et à la défense, a l'inconvénient d'exposer les Places frontières à être désarmées pour accroître de leur Canon les équipages de Siége. M. de Gribeauval avait voulu éviter cette imprudence dangereuse, en donnant aux Places un Affût différent de celui de Siége, en adoptant le calibre de 16 pour la défense. Je sais bien que je me répète sur ce principe : mais c'est qu'il paraît très-important.

Art. 28. — *L'Affût de Côte actuel est conservé; en conséquence il continuera à en être construit de ce modèle.*

Malgré cet article formel et cette seule exception de l'arrêté, on a changé aussi le modèle des Affûts de Côte pour les défigurer, les raccourcir, et augmenter la difficulté de les manœuvrer.

Art. 29 — *Il sera construit des Affûts à flèche de 24, pour Pièces de 24 courtes; ces Affûts seront légers, et auront des encastremens de route.*

Cet Affût n'a pas été fait.

Art. 30. — *On se conformera, dans la construction des Affûts des Pièces destinées à l'attaque et à la défense, ainsi que des Voitures et attirails de l'équipage de Siége, aux formes et dimensions qui seront indiquées dans les nouvelles Tables de construction.*

TITRE V. — *Ponts.*

Art. 31. — *Les équipages des Ponts de Pontons actuellement en usage dans l'Artillerie sont supprimés; en conséquence il n'en sera plus construit de ce modèle.*

Les Pontons étaient bons pour les rivières encaissées et à bord peu élevé au dessus des eaux comme les rivières de l'ancienne Flandre; ils pesaient 1200 liv. Les Pontons ayant manqué en bien des circonstances dans les guerres de la révolution, on leur a substitué des Bateaux légers; on s'en est bien trouvé; on doit le faire dorénavant, ce sera plus simple et moins coûteux. Dès long-tems avant cet arrêté de l'an 11, on ne faisait plus de tels Pontons doublés en cuivre, mais on consommait ceux existans, quand l'occasion de s'en servir venait à s'offrir.

Art. 32. — *Les Bateaux actuellement en usage dans l'Artillerie seront conservés pour l'établissement des Ponts stables sur les grands fleuves.*

Les Equipages de Ponts mobiles, et destinés à suivre les Armées, seront composés de Bateaux de 33 pieds de longueur, sur 5 pieds 6 pouces de large, du poids de 1500 liv.

Il sera construit pour la navigation et l'établissement des Ponts volans sur les grands fleuves, des Bateaux de 8 pieds 1 pouce de largeur, de 46 pieds de longueur, du poids de 4700 liv.

Les grands Bateaux de l'Artillerie sont conservés ; voilà la seconde exception qu'on a faite à la destruction générale ; mais il paraît que celle-ci n'est que précaire, et qu'on ne conserve ces Bateaux que pour consommer ceux qui existent.

On aurait dû dire que les Bateaux nouveaux seraient en sapin, car même de ce bois, avec les dimensions énoncées, ils pèseront plus de 1500 liv.

Art. 33. — *Les Haquets actuels seront conservés pour le transport des Bateaux destinés à l'établissement des Ponts stables.*

Il en sera construit de légers, et de nouveau modèle, pour le transport des Bateaux des Equipages mobiles. *Voyez page* 66.

Art. 34. — *On se conformera, pour les nouvelles Constructions indiquées par le présent titre, aux formes et aux dimensions qui seront prescrites par les nouvelles Tables de construction.*

TITRE VI.

Art. 35. — *Le modèle de Fusil de 1777 corrigé est exclusivement adopté pour l'infanterie, à l'exception de la baïonnette, qui sera alongée d'1 pouce.*

L'alongement d'un pouce n'était fondé sur rien ; on l'a alongée de 2 pouces parce qu'on n'avait d'abord raccourci le Fusil de dragon que de cette quantité.

Art. 36. — *Les Dragons, les troupes d'Artillerie et du Génie seront armés d'un Fusil d'un modèle particulier.*

Nota. Cet article semble amphibologique ; mais les novateurs l'ont expliqué en disant qu'il fallait un Fusil particulier à l'Artillerie.

C'est le Fusil de Dragon qui sert pour les 3 corps.

Art. 37. — *Il n'est rien changé aux modèles des Pistolets et des Mousquetons en usage.*

On a changé par la suite le Pistolet de cavalerie, et adopté celui de la marine pour modèle, parce qu'il est plus simple, plus solide, moins coûteux; parce que la Marine tenait à ce modèle de Pistolet; que la guerre devait lui fournir cette espèce d'arme, et qu'enfin par ce changement on n'avait pour les Troupes que le même Pistolet d'arçon, ce qui est simple et commode.

Art. 38. — *On ne fabriquera que 5 espèces de Sabres.*
1 d'Infanterie... 1 d'Artillerie et du Génie...
1 de Cavalerie de ligne... 1 de Dragons et Chasseurs... 1 de Hussards.

On avait réduit, dès l'an 9, à 3 espèces de Sabres les 11 espèces qui existaient dans la révolution; pourquoi en vouloir 5, et compliquer ainsi sans raison les Approvisionnemens?

L'Artillerie et le Génie font le même usage du Sabre que l'Infanterie : il leur faut le même modèle.

Les Dragons font le même service que la Cavalerie de ligne : ils chargent en pointant; il leur faut le même Sabre à lame droite et roide. Mais le Dragon étant destiné à servir quelquefois à pied, on a allégé le fourreau de son Sabre, et on l'a fait en cuir, au lieu que celui de Cavalerie a le fourreau en tôle épaisse de 13 points.

Les Chasseurs et les Hussards, comme troupes légères à cheval, ont le même Sabre à lame cambrée, plus propre à tailler.

L'innovation proposée sans motifs est donc vicieuse en tout, et à rejeter.

Art. 39. — *L'usage des Armes dont les parties sont similaires, sera adopté pour toutes les troupes, et le Ministre de la guerre prendra les mesures d'administration convenables, pour que ces armes puissent, avec le tems, être exécutées dans toutes les Manufactures.*

Cet article 39 porte : « L'usage des Armes dont les parties sont « similaires ». On a voulu dire identiques, car tous les Fusils sont composés de parties semblables, ce que signifie le mot similaires; mais identiques signifie parfaitement, mathématiquement égales. Observez encore qu'il n'est question que des Platines de fusil, et non de toute l'arme, car les Canons de fusil diffèrent de longueur et non les Platines. . . . . . Voy. page 589, les raisons qui ont fait abandonner pour la seconde fois ces Platines, que quelques partisans outrés défendent encore; car, comme dit Rhulières :

Ce mot, j'ai tort, ce mot nous déchire la bouche.

Art. 40. — *Toutes les Armes portatives seront fabriquées conformément aux formes et dimensions qui seront indiquées dans les nouvelles Tables de construction.*

Sur cet article 40, qui est le dernier des innovations, il n'y a rien à dire, sinon que les formes et dimensions des armes portatives annoncées, ne sont pas dans les nouvelles Tables : heureux oubli!

De toutes ces observations on doit conclure :

Qu'on n'a rien simplifié ni perfectionné, mais au contraire; et qu'on a mal inventé;

Que puisque les calibres de 8 et de 4 existaient, il était préférable de les conserver et de ne point admettre le 6;

Que le 8 long est bon pour la défense, et doit être au moins consommé;

Que le 16 est nécessaire à l'attaque et sur-tout à la défense;

Qu'il faut supprimer le 24 court;

Qu'il faut un Obusier plus fort que celui de 5 pouces 7 lignes, et corriger les vices de celui-ci;

Qu'il faut conserver les Mortiers de 10 pouces et supprimer ceux de 12 après les avoir consommés; ne plus couler de Mortiers à semelle, et construire un Mortier pour tirer les Obus de 5 pouces 7 lignes, et ceux de 6;

Qu'il faut supprimer les nouvelles Pièces de 24, de 12, et couler les Canons comme par le passé, avec renforts et moulures;

Que tous les calibres de montagne sont à éprouver;

Qu'il faut consommer le 18, le 16 et le 12 en fer, puisqu'on les a, et conserver au moins le 16 ou le 18 pour la défense des Côtes;

Qu'il faut abandonner l'innovation des grains de lumière à écrou;

Qu'il faut couler les Bombes et Obus avec un culot, et non avec le renfort à l'œil;

Qu'au lieu d'user du Sabot pour toutes les Pièces, ce qu'on ne pourra pas toujours, il faut essayer de donner au fond de l'ame, vers la charge, au logement du Boulet la forme tronc-conique;

Qu'il faut conserver aux Bouches à feu le même vent qu'elles avaient avant l'an 11 (18 points au 24 et au 16, et 1 ligne aux autres Canons);

Qu'il faut abandonner en entier les nouveaux Affûts, Avant-trains, Coffrets, Caissons, Chariots, Forges;

Que la simplification en Roues et en Essieux est mal entendue, et à refaire; en substituant au 12, au 6, et à l'Obusier, après épreuve, des Roues et l'Essieu de 8, on aurait pour tous les calibres, hors celui de 4, les mêmes Roues, le même Essieu, et on peut employer aussi le même Avant-train pour ces 3 Affûts;

Qu'il faut vérifier tout ce qu'on avance sur les Ponts;

Qu'il faut supprimer tout ce qu'on propose pour les Armes portatives, soit à feu, soit blanches.

On n'a pas suivi toutes ces conclusions, mais on a décidé que :

Seront conformes aux Tables imprimées :

Les Canons de 24, de 12, de Siége... de 12, de Campagne... les Mortiers à la Gomer de 12 pouces, de 8 pouces, et les Pierriers... l'Eprouvette... les Canons de 36, 24, et de 12 en fer... les grains de lumière... le vent des Boulets...

Les Affûts de Siége de 24... les Affûts de Place de 24, 12 et de 8, pour servir au canon de 6... l'Affût de Campagne de 12... le Chariot à Canon... le Chariot à munitions, les Charrettes à munitions et à boulets... la Forge... les Triqueballes (les Affûts de Côte de 36, 24 et 12).

Seront conformes aux Tables manuscrites :

Le Canon de 6 de Siége, en modifiant ses dimensions pour qu'il aille sur l'Affût de 8 de Siége et de Place... le 6 de Campagne en le faisant à renfort...

L'Obusier de 24... l'Affût de 6, en modifiant l'entre-toise de lunette, pour qu'on puisse le placer sur l'Avant-train de 12... l'Affût d'Obusier de 24, corrigé comme celui de 6... les Affûts de Montagne de 6, de 3, et d'Obusiers de 24... les Bateaux et leurs Haquets.

Qu'on ne refondra point de Bouches à feu des calibres supprimés, si elles ne sont hors de service;

Qu'il n'y aura qu'une espèce de Balle à cartouche pour chaque calibre; qu'on déterminera les dimensions d'un Affût de Siége pour 12;

Que le Canon de 24 court sera monté sur l'Affût de Siége et de Place, de 16;

Qu'on fera à l'Affût nouveau de 6 des simplifications analogues à l'Affût de 8 ancien;

Qu'on modifiera l'entre-toise de lunette du nouvel Affût de 6 de Campagne, pour qu'il puisse servir sur l'Avant-train de 12;

Que les Affûts de 12, de 6, et d'Obusier de 24, auront l'Essieu, les Roues et l'Avant-train de 8;

Que les Caissons seront tous de l'ancien modèle de 12, mis sur l'Avant-train du Chariot à munitions : que les Tôles des couverts seront agraffées; que la faîtière règnera sur toute l'arête, et que l'Essieu porte-roue sera consolidé;

Que tous les Affûts à Mortiers seront assemblés pour Mortiers à la Gomer, et qu'il sera ajouté un boulon à l'entre-toise de derrière de ceux de 12 pouces;

Qu'on renoncera aux Moyeux de métal pour toutes les voitures d'Artillerie.

On sera peut-être étonné de ce que la multitude d'innovations qu'on a proposées pour l'Artillerie pendant plus de 16 ans, n'a point fait naître plus d'idées, n'a point opéré de changemens dans le Matériel de cette arme ; car ce Matériel est encore ce qu'il fut à sa régénération en 1765, sauf les innovations malheureuses et abandonnées prescrites en l'an 11. La raison en est, que les Officiers d'Artillerie ont eu le bon esprit de résister à ce torrent de découvertes prétendues et proposées, et de les rejeter après les avoir examinées, éprouvées et jugées; celles qui ont eu un cours éphémère, comme les Affûts-Fardier, etc., l'ont obtenu malgré leur désaveu. C'est, je crois aussi, qu'il en est de tous les Arts comme des Arbres qui n'ont de fruits que dans une saison déterminée, après avoir essuyé les frimats et les chaleurs. La France, toujours aux extrêmes (*C'est de l'esprit français l'éternelle devise.* VOLT.), a passé du Vandalisme à la manie des Arts, ce qui leur est également nuisible. La faveur aveugle ou éclairée des Gouvernemens, leur indifférence, leur Vandalisme même, ne hâtent ni n'entravent le progrès des lumières; Corneille parut lorsqu'on récompensait les Colletets; La Fontaine s'immortalisait sans obtenir de graces; Delille brillait durant le Vandalisme. Rien ne s'améliore depuis long-tems: les produits des Arts mécaniques coûtent plus, et valent moins qu'il y a 30 ans; les Arts libéraux, les Sciences, sauf les Sciences exactes, qui ne peuvent reculer, n'ont pas fait un pas depuis Louis XIV, ou même sont au-dessous de ce qu'elles ont été; plus de Voltaire ni de Massillon, encore moins de Racine et de Bossuet. La Musique change sans cesse de genre, et ce changement continuel prouve qu'elle ne trouve pas le bon. On vantait, il y a 30 ans, autant de chef-d'œuvres des Peintres d'alors, oubliés aujourd'hui, qu'on en préconise maintenant; ce qui peut bien justifier le doute que nous ayions acquis des chef-d'œuvres nouveaux en Peinture. La Chimie a créé une autre langue, qui a donné un travail de plus, pour le moment, à ceux qui veulent étudier cette science: elle recueille des faits, et se contredit dans ses analyses. La Physique ne s'explique que par des systèmes, ce qui ne la débrouille pas. Les Mathématiques creusent la théorie sans produire des applications utiles. Les Fortifications sont au même point. L'Art de la Guerre a fait seul un grand pas sous deux grands Hommes. La Morale!... On a vanté de vertueuses adultères!! Dans les Modes même, en *nudaïsant* les Femmes, on a trouvé le moyen d'anéantir la magie de l'Amour, cet....

Amoroso pensier,
Che non ben pago di bellezza esterna,
Ne' gli occulti secreti ancò s'interna.

Il faut donc attendre que le tems marqué pour les progrès des Arts et des Sciences arrive de nouveau pour la France; et en considérant que ces progrès ont toujours été contemporains d'un grand Prince, tel qu'Alexandre, Auguste, Léon X, Louis XIV, ne doit-on pas espérer de voir luire bientôt cette glorieuse époque? car:

Des grands hommes, flambeaux de ce monde étonné,
NAPOLÉON déploie à lui seul le génie;
Législateur, ses lois ont éteint l'anarchie;
Guerrier, de quels lauriers son front est couronné!
Magistrat, par ses soins la France est embellie;
L'Univers le contemple, il l'admire, il s'écrie:
Mille Rois ont vécu, lui seul a gouverné.

FIN.